3주만에 완전정복하기

이 책을 매일 1시간 30분 동안 공부할 때, 97개의 필수개념을 3주에 모두 끝낼 수 있도록 계획을 짠 Study Plan입니다.

	1일차	2일차	3일차	4일차	5일차	6일차	7일차
	I. 수와 연산			II. 문자와 식			
1주차	☐ 001 ☐ 002 ☐ 003 ☐ 004	☐ 005 ☐ 006 ☐ 007 ☐ 008	☐ 009 ☐ 010 ☐ 011 ☐ 012 ☐ 013	☐ 014 ☐ 015 ☐ 016 ☐ 017 ☐ 018 ☐ 019	☐ 020 ☐ 021 ☐ 022 ☐ 023 ☐ 024 ☐ 025	☐ 026 ☐ 027 ☐ 028 ☐ 029 ☐ 030	☐ 031 ☐ 032 ☐ 033 ☐ 034 ☐ 035
공부한 날	월 일	월 일	월 일	월 일	월 일	월 일	월 일

	8일차	9일차	10일차	11일차	12일차	13일차	14일차
	III. 함수				IV. 확률과 통계		V. 기하
2주차	☐ 036 ☐ 037 ☐ 038 ☐ 039	☐ 040 ☐ 041 ☐ 042 ☐ 043	☐ 044 ☐ 045 ☐ 046 ☐ 047	☐ 048 ☐ 049 ☐ 050	☐ 051 ☐ 052 ☐ 053 ☐ 054 ☐ 055	☐ 056 ☐ 057 ☐ 058 ☐ 059 ☐ 060	☐ 061 ☐ 062 ☐ 063 ☐ 064 ☐ 065
공부한 날	월 일	월 일	월 일	월 일	월 일	월 일	월 일

	15일차	16일차	17일차	18일차	19일차	20일차	21일차
	V. 기하						
3주차	☐ 066 ☐ 067 ☐ 068 ☐ 069 ☐ 070	☐ 071 ☐ 072 ☐ 073 ☐ 074 ☐ 075	☐ 076 ☐ 077 ☐ 078 ☐ 079 ☐ 080	☐ 081 ☐ 082 ☐ 083 ☐ 084 ☐ 085	☐ 086 ☐ 087 ☐ 088 ☐ 089 ☐ 090	☐ 091 ☐ 092 ☐ 093 ☐ 094	☐ 095 ☐ 096 ☐ 097
공부한 날	월 일	월 일	월 일	월 일	월 일	월 일	월 일

1 계획적인 '꾸준한' 공부 이 책에 실려있는 97개의 필수개념을 3주에 모두 끝내려면 하루에 3~6개의 필수개념을 꼬박꼬박 공부해야 합니다. 가능하면 매일 정해진 학습 분량에 맞춰 꾸준히 공부하세요. 만약 이 계획이 너무 느슨하다고 느낀다면 하루에 공부해야 할 필수개념을 더 늘려 각자의 상황에 맞게 자신만의 계획을 세워 공부하세요.

2 학습수준에 맞는 공부 이 책은 {PART Ⓐ : 필수개념편}과 {PART Ⓑ : 필수문제편}으로 구성되어 있습니다. 개념만 빠르게 정리하고 싶다면 PART Ⓐ를 집중적으로 공부하고, 좀 더 수준을 높여 공부하고 싶다면 PART Ⓑ의 문제까지 풀어보세요.

3 하루 공부량 꼭 체크 필수개념을 공부한 후에 ☐에 꼭 ✓체크를 하고, 공부한 날짜도 적으세요.

중학수학 필수개념 BEST 40

중학교에서 배운 수학개념 중에는, 고등수학에서 매우 빈번하게 쓰이므로 정확히 알아야 하는 수학개념이 있는 반면, 고등학교 3학년 동안 전혀 쓰이지 않는 수학개념도 꽤 많이 있다. 물론 중학교에서 배운 모든 수학개념을 정확히 이해하는 것이 바람직하지만 쉽지 않은 일이므로 고등수학에서 자주 쓰이는 개념만큼이라도 정확히 이해하는 것이 좋다.

다음 [중학수학 필수개념 BEST 40]은 고등학생이 꼭 알아야 하는 중요한 중학수학 개념을 선정한 것이다.

영역	필수개념편/필수문제편	페이지	중1	중2	중3	고등수학에서 중요도
I. 수와 연산	001 소수와 합성수, 소인수분해	10 / 214	●			★★★★★
	002 최대공약수와 최소공배수	12 / 215	●			★★★★★
	004 절댓값	16 / 217	●			★★★★★
	009 제곱근의 뜻과 성질	26 / 222			●	★★★★★
	012 제곱근의 곱셈과 나눗셈, 분모의 유리화	32 / 225			●	★★★★★
II. 문자와 식	016 항등식	42 / 229	●			★★★★★
	018 소금물의 농도	46 / 231	●			★★★★★
	020 지수법칙	50 / 233		●		★★★★★
	023 일차부등식의 풀이	56 / 236		●		★★★★★
	028 곱셈공식	66 / 241			●	★★★★★
	029 이차식의 인수분해	68 / 242			●	★★★★★
	031 이차방정식의 풀이	72 / 244			●	★★★★★
	032 이차방정식의 근의 공식	74 / 245			●	★★★★★
	033 이차방정식의 근과 계수의 관계	76 / 246			●	★★★★★
	034 이차방정식 구하기	78 / 247			●	★★★★★
III. 함수	041 일차함수의 절편과 기울기	94 / 254		●		★★★★★
	042 일차함수의 그래프의 성질	96 / 255		●		★★★★★
	044 직선의 방정식 구하기	100 / 257		●		★★★★★
	047 이차함수의 그래프(기본형)	106 / 260			●	★★★★★
	048 이차함수의 그래프(표준형)	108 / 261			●	★★★★★
	049 이차함수의 그래프(일반형)	110 / 262			●	★★★★★
IV. 확률과 통계	052 여러 가지 경우의 수 – 한 줄로 세우기	118 / 265		●		★★★★★
	053 여러 가지 경우의 수 – 대표 뽑기	120 / 266		●		★★★★★
	055 확률의 계산	124 / 268		●		★★★★★
	059 도수분포표에서의 분산과 표준편차	132 / 272			●	★★★★★
V. 기하	065 동위각과 엇각, 평행선의 성질	146 / 278	●			★★★★★
	067 삼각형의 합동	150 / 280	●			★★★★★
	069 원과 부채꼴	154 / 282	●			★★★★★
	072 기둥, 뿔, 구의 겉넓이와 부피	160 / 285	●			★★★★★
	074 삼각형의 외심	164 / 287		●		★★★★★
	075 삼각형의 내심	166 / 288		●		★★★★★
	080 닮은 도형	176 / 293		●		★★★★★
	084 삼각형의 중선과 무게중심	184 / 297		●		★★★★★
	085 닮은 도형의 넓이와 부피	186 / 298		●		★★★★★
	086 피타고라스의 정리	188 / 299			●	★★★★★
	089 피타고라스의 정리(평면 활용)	194 / 302			●	★★★★★
	091 삼각비	198 / 304			●	★★★★★
	093 삼각비의 활용(도형의 넓이)	202 / 306			●	★★★★★
	095 원의 접선	206 / 308			●	★★★★★
	096 원주각	208 / 309			●	★★★★★

중학수학 총정리

한권으로 끝내기

중학수학 총정리

한권으로 끝내기

4판 3쇄 2025년 11월 20일

지은이 이규영·고희권
펴낸이 유인생
편집인 고희권
마케팅 박성하·김기진
디자인 NAMIJIN DESIGN
편집 · 조판 진기획
펴낸곳 (주) 쏠티북스
주소 (121-839) 서울시 마포구 양화로 7길 20 (서교동, 남경빌딩 2층)
대표전화 070-8615-7800
팩스 02-322-7732
이메일 saltybooks@naver.com
출판등록 제313-2009-140호

ISBN 979-11-92967-18-9

중학수학 총정리

한권으로 끝내기

이규영·고희권 | 지음

쏠티북스

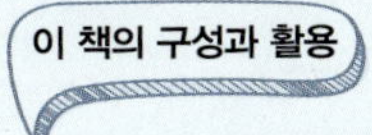

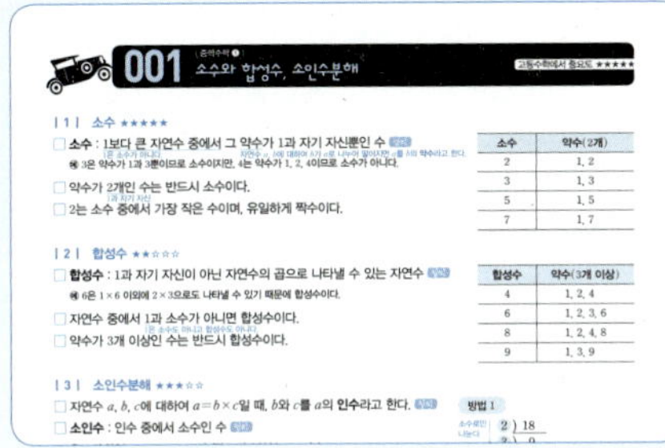

필수개념

중학교 1·2·3학년 교과서를 모두 비교 분석하여 핵심개념을 일목요연하게 정리해 놓았다. 또한, 곳곳에 풍부한 '첨삭'을 덧붙여 좀 더 쉽고 빠르게 이해할 수 있도록 하였다. 더욱이 '예'는 앞서 제시한 개념을 곧바로 이해하는 데 큰 도움을 제공하며, 헷갈려 주의가 필요할 때는 '주'를, 내용을 이해하는 데 보충설명이 필요할 때는 '참'을 이용하였다. 여기에 '고등수학'이란 코너를 두어 중학 수학이 어떻게 고등수학으로 발전, 확장하는지를 보여주고자 하였다.

● 정확하게 이해하였거나 암기한 개념과 공식은 □에 꼭 체크표시(✓)를 한다.
● 체크표시가 되어 있지 않은 개념과 공식은 다시 공부하여 꼭 체크표시를 한다.

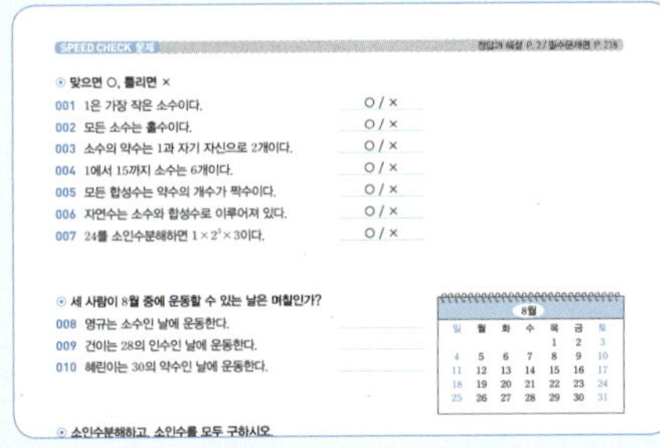

SPEED CHECK 문제

필수개념을 정확히 이해했는지 스스로 확인하고, 풀면서 수학개념을 이해할 수 있도록 비교적 난이도가 낮은 기본 절대 문항을 엄선하고 또 엄선하여 실었다. 이 스피드 체크 문제는 아주 다양한 유형이 어느 것 하나 빠지지 않고 골고루 제시되었으므로 문제 하나 놓치지 말고 모두 풀어 보아야 한다. 특히, '맞으면 ○, 틀리면 ×'라는 참·거짓 판별 유형을 빈번히 두어 수학개념을 정확히 이해하고 있는지 확인할 수 있도록 하였으니 잘 활용하기 바란다.

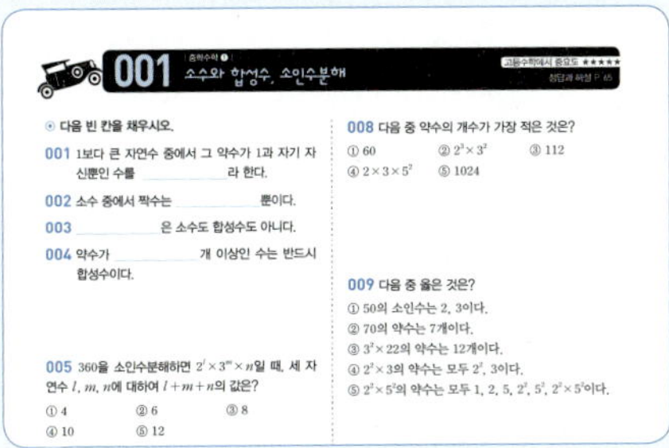

필수문제

스피드 체크 문제가 수학개념을 잘 이해하고 있는지 확인하거나, 풀면서 수학개념을 이해하는 데 도움이 되는 도구이라면, 필수문제는 학교 시험에 반드시 출제될 만큼 중요한 유형이거나 기본개념을 좀 더 응용 출제하여 사고력을 확장할 수 있는 유형을 엄선 또 엄선한 것이다. 난이도가 조금 높아졌다고 두려워할 필요는 없다. '필수개념'과 '스피드 체크 문제'를 충실히 공부한 친구라면 어렵지 않게 풀 수 있기 때문이다. 그러나 간혹 난관에 부딪히는 문제가 하나 둘 있다면 '필수개념' 부분을 다시 정독한 후 풀어보길 바란다. 여기에 '공략기술'은 작지 않은 도움이 될 것이다.

생 각 한 만 큼 만 수 학 이 다

PART Ⓐ

필수개념 97개로 완성하는

필수개념편

I

수와 연산

| 1 | 소수 ★★★★★

☐ **소수** : 1보다 큰 자연수 중에서 그 약수가 1과 자기 자신뿐인 수 〔정의〕
   1은 소수가 아니다.   자연수 a, b에 대하여 b가 a로 나누어 떨어지면 a를 b의 **약수**라고 한다.
   (예) 3은 약수가 1과 3뿐이므로 소수이지만, 4는 약수가 1, 2, 4이므로 소수가 아니다.

☐ 약수가 2개인 수는 반드시 소수이다.
   1과 자기 자신
☐ 2는 소수 중에서 가장 작은 수이며, 유일하게 짝수이다.

소수	약수(2개)
2	1, 2
3	1, 3
5	1, 5
7	1, 7

| 2 | 합성수 ★★☆☆☆

☐ **합성수** : 1과 자기 자신이 아닌 자연수의 곱으로 나타낼 수 있는 자연수 〔정의〕

   (예) 6은 1×6 이외에 2×3으로도 나타낼 수 있기 때문에 합성수이다.

☐ 자연수 중에서 1과 소수가 아니면 합성수이다.
   1은 소수도 아니고 합성수도 아니다.
☐ 약수가 3개 이상인 수는 반드시 합성수이다.

합성수	약수(3개 이상)
4	1, 2, 4
6	1, 2, 3, 6
8	1, 2, 4, 8
9	1, 3, 9

| 3 | 소인수분해 ★★★☆☆

☐ 자연수 a, b, c에 대하여 $a = b \times c$일 때, b와 c를 a의 **인수**라고 한다. 〔정의〕
☐ **소인수** : 인수 중에서 소수인 수 〔정의〕

   (예) 12의 인수는 1, 2, 3, 4, 6, 12이지만 12의 소인수는 2, 3이다.

☐ **소인수분해** : 자연수를 소인수만의 곱으로 나타낸 것 〔정의〕
☐ 같은 소인수의 곱은 거듭제곱을 이용하여 나타낸다.
   1은 소수가 아니므로 소인수분해할 때 1을 곱해서는 안 된다.
   같은 수가 거듭해서 곱해질 때, 사용하는 수학적 기호
   (예) $2 \times 2 \times 2 = 2^3$, $5 \times 5 \times 5 \times 5 = 5^4$

방법 1

소수로만 나눈다.
$$\begin{array}{r} 2\ )\ \underline{18} \\ 3\ )\ \underline{9} \\ 3 \end{array}$$
← 몫이 소수가 될 때까지 계속 나눈다.

방법 2

18 → 2, 9 → 3, 3
소수가 될 때까지 계속 가지를 뻗어 나간다.

소인수분해의 결과

$18 = 2 \times 3 \times 3 = 2 \times 3^2$
18의 소인수이다.
같은 소인수의 곱은 거듭제곱으로 나타낸다.

| 4 | 소인수분해를 이용하여 약수 구하기 ★★★★★

• 자연수 N이 $N = a^m \times b^n$(a, b는 서로 다른 소수)로 소인수분해될 때

☐ N의 약수 ➡ (a^m의 약수들 중의 하나) × (b^n의 약수들 중의 하나)
   $1, a, a^2, \cdots, a^m$이므로 $(m+1)$개 $1, b, b^2, \cdots, b^n$이므로 $(n+1)$개
☐ N의 약수의 개수 ➡ $(m+1) \times (n+1)$

   (예) $18 = 2^1 \times 3^2$이다. 3^2의 약수인 1, 3, 3^2을 가로 칸에, 2의 약수인 1, 2를 세로 칸에 놓고 가로 축에 있는 수(3^2의 약수)와 세로 축에 있는 수(2의 약수)를 각각 곱하면 약수를 빠짐없이 구할 수 있다.

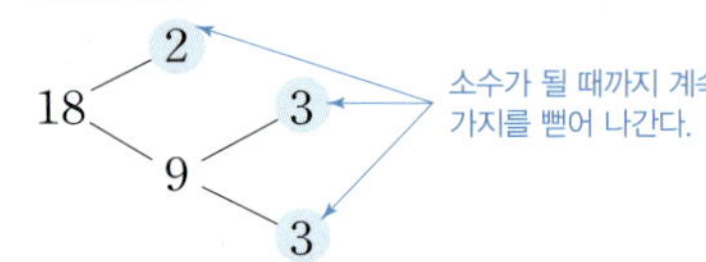

×	1	3	$3^2 = 9$
1	1	3	9
2	2	6	18

3^2의 약수 : $(2+1)$개
2^1의 약수 : $(1+1)$개
18의 약수

➡ 약수의 개수 : $(1+1) \times (2+1) = 6$

| 고등수학 |

❶ 〔내신〕 〔수능〕 자연수 N이 $N = a^m \times b^n$(a, b는 서로 다른 소수)로 소인수분해될 때
   ☐ N의 약수의 총합 ➡ $(1 + a + a^2 + \cdots + a^m) \times (1 + b + b^2 + \cdots + b^n)$
      (예) $18 = 2 \times 3^2$이므로 18의 약수의 총합은 $(1+2) \times (1+3+3^2) = 39$이다.
         이것은 18의 약수 1, 2, 3, 6, 9, 18의 합 $1+2+3+6+9+18 = 39$와 같다.

⊙ **맞으면 ○, 틀리면 ×**

001 1은 가장 작은 소수이다. ○ / ×

002 모든 소수는 홀수이다. ○ / ×

003 소수의 약수는 1과 자기 자신으로 2개이다. ○ / ×

004 1에서 15까지 소수는 6개이다. ○ / ×

005 모든 합성수는 약수의 개수가 짝수이다. ○ / ×

006 자연수는 소수와 합성수로 이루어져 있다. ○ / ×

007 24를 소인수분해하면 $1 \times 2^3 \times 3$이다. ○ / ×

⊙ **세 사람이 8월 중에 운동할 수 있는 날은 며칠인가?**

008 영규는 소수인 날에 운동한다.

009 건이는 28의 인수인 날에 운동한다.

010 혜린이는 30의 약수인 날에 운동한다.

8월

일	월	화	수	목	금	토
				1	2	3
4	5	6	7	8	9	10
11	12	13	14	15	16	17
18	19	20	21	22	23	24
25	26	27	28	29	30	31

⊙ **소인수분해하고, 소인수를 모두 구하시오.**

011 60

012 72

013 90

014 121

⊙ **$144 = 2^4 \times 3^2$의 약수와 그 개수를 구하는 과정이다.**

015 2^4의 약수는 __________ 로 __________ 개이다.

016 3^2의 약수는 __________ 로 __________ 개이다.

017 표를 완성하여, 144의 약수를 모두 구하시오.

018 144의 약수는 모두 __________ 개이다.

$\times$			2^2		
		6			
3^2					

⊙ **약수의 개수를 구하시오.**

019 $2^2 \times 7$

020 $2^3 \times 3^2 \times 5$

021 100

022 180

고등수학

- -

023 $72 = 2^3 \times 3^2$이다. 72의 약수의 총합은 얼마인가? __________

002 최대공약수와 최소공배수

고등수학에서 중요도 ★★★★★

| 1 | 공약수와 최대공약수 ★★☆☆☆

- **공약수** : 2개 이상의 자연수의 공통인 약수 정의
- **최대공약수** : 공약수 중에서 가장 큰 수 정의
  공약수는 최대공약수의 약수이다.
- **서로소** : 최대공약수가 1인 두 자연수 정의

  예 2와 3, 5와 9, 9와 10은 모두 서로소이다.

두 자연수	6	12
약수	1, 2, 3, 6	1, 2, 3, 4, 6, 12
공약수	1, 2, 3, 6	
최대공약수	6	같다.
최대공약수의 약수	1, 2, 3, 6	

| 2 | 최대공약수를 구하는 법 ★★★★★

- 나눗셈 이용법

  ❶ 몫이 **서로소**가 될 때까지 1이 아닌 공약수로 계속 나눈다.

  ❷ 나눈 공약수들을 모두 곱한다.

$$\begin{array}{r} 2\,)\underline{24\quad 30}\\ 3\,)\underline{12\quad 15}\\ 4\qquad 5 \end{array}$$

← 4와 5가 서로소이므로 멈춘다.

$$(최대공약수)=2\times 3=6$$

- 소인수분해 이용법

  ❶ 각 수를 소인수분해한다.

  ❷ 공통인 소인수를 찾아 **지수가 같거나 작은 쪽**을 선택하여 곱한다.

$$\begin{aligned} 24 &= 2\times 2\times 2\times 3 &&= 2^3\times 3\\ 30 &= 2\qquad\quad \times 3\times 5 &&= 2\times 3\times 5\\ \hline (최대공약수) &= 2\qquad\quad \times 3 &&= 2\times 3 = 6 \end{aligned}$$

지수가 작은 쪽을 선택한다.   지수가 같으면 그대로 곱한다.

| 3 | 공배수와 최소공배수 ★★☆☆☆

- **공배수** : 2개 이상의 자연수의 공통인 배수 정의
- **최소공배수** : 공배수 중에서 가장 작은 수 정의
  공배수는 최소공배수의 배수이다.
- 두 자연수가 서로소일 때, 이 두 수의 최소공배수는 두 수의 곱과 같다.

  예 서로소인 5와 7의 최소공배수는 $5\times 7=35$이다.

두 자연수	6	12
배수	6, 12, 18, 24, ⋯	12, 24, ⋯
공배수	12, 24, ⋯	
최소공배수	12	같다.
최소공배수의 배수	12, 24, ⋯	

| 4 | 최소공배수를 구하는 법 ★★★★★

- 나눗셈 이용법

  ❶ 어떤 2개의 몫이 **서로소**가 될 때까지 1이 아닌 공약수로 계속 나눈다.

  ❷ 나눈 공약수들과 몫들을 모두 곱한다.

10은 3을 공약수로 갖지 않으므로 그대로 내려쓴다.

$$\begin{array}{r} 2\,)\underline{18\quad 20\quad 30}\\ 3\,)\underline{9\quad 10\quad 15}\\ 5\,)\underline{3\quad 10\quad 5}\\ 3\quad 2\quad 1 \end{array}$$

← 세 수의 최소공배수를 구할 때, 두 수의 약수로도 나누는 것에 주의한다. 이때 공약수가 없는 수는 그대로 아래로 내려쓴다.

← 3과 2, 2와 1, 1과 3이 모두 서로소이므로 멈춘다.

$$(최소공배수)=2\times 3\times 5\times 3\times 2\times 1=180$$

㊵ 세 수 18, 20, 30의 최대공약수는 $2\times 3\times 5$가 아닌 2이다.

- 소인수분해 이용법

  ❶ 각 수를 소인수분해한다.

  ❷ 공통인 소인수를 찾아 **지수가 같거나 큰 쪽**을 선택하여 곱한다.

  ❸ 공통이 아닌 소인수도 모두 곱한다.

$$\begin{aligned} 24 &= 2\times 2\times 2\times 3 &&= 2^3\times 3\\ 30 &= 2\qquad\quad \times 3\times 5 &&= 2\times 3\times 5\\ \hline (최소공배수) &= 2\times 2\times 2\times 3\times 5 &&= 2^3\times 3\times 5 = 120 \end{aligned}$$

공통이 아닌 소인수도 곱한다.

지수가 큰 쪽을 선택한다.   지수가 같으면 그대로 곱한다.

⊙ **두 수가 서로소이면 ○, 아니면 ×**

001 5, 12   ○ / ×

002 8, 12   ○ / ×

003 13, 65   ○ / ×

004 28, 45   ○ / ×

⊙ **두 자연수 32, 40이 있다.**

005 32의 약수

006 40의 약수

007 32, 40의 공약수

008 32, 40의 최대공약수

⊙ **최대공약수를 구하여, 소인수의 곱으로 나타내시오.**

009 $2^2 \times 3^2$
$2^4 \times 3$

010 $2^2 \times 3 \times 7$
$2^3 \times 3^2 \quad \times 5$

011 $2^3 \times 3^2 \times 5$
$2 \times 3^4 \quad \times 7$

012 $)\ 24 \quad 32$

013 $)\ 36 \quad 54$

014 $)\ 60 \quad 72$

⊙ **두 자연수 8, 12가 있다.**

015 8의 배수

016 12의 배수

017 8, 12의 공배수

018 8, 12의 최소공배수

⊙ **최소공배수를 구하여, 소인수의 곱으로 나타내시오.**

019 $2^2 \times 3$
2×3^2

020 $2 \times 3^2 \times 5$
$2^2 \times 3 \quad \times 7$

021 $2^3 \times 3^2 \times 5$
$2 \times 3^4 \quad \times 7$

022 $)\ 16 \quad 24$

023 $)\ 36 \quad 60$

024 $)\ 54 \quad 72$

⊙ **세 자연수 $2^3 \times 3^2$, $2^2 \times 3^2 \times 5$, $2 \times 3^3 \times 7$이 있다.**
최대공약수와 최소공배수를 구하여, 소인수의 곱으로 나타내시오.

025 최대공약수

026 최소공배수

| 1 | 정수 ★☆☆☆☆

☐ 양의 정수, 0, 음의 정수를 통틀어 **정수**라고 한다. 정의

☐ **양의 정수** : 자연수에 양의 부호(+)를 붙인 수 정의
양의 정수는 + 부호를 생략하여 나타낼 수 있으므로 자연수와 같다.

☐ **음의 정수** : 자연수에 음의 부호(−)를 붙인 수 정의

☐ **0** : 양의 정수도 음의 정수도 아닌 정수 정의
기준

+	영상	증가	이익	지상	수입
−	영하	감소	손해	지하	지출

| 2 | 유리수 ★★☆☆☆

☐ **유리수** : 분자와 분모(≠ 0) 모두가 정수인 분수로 나타낼 수 있는 수 정의
분모는 항상 0이 되어서는 안 된다. 즉, 어떤 수를 0으로 절대 나눌 수 없다.
= '분수 $\dfrac{a}{b}$ (a, b는 정수, $b \neq 0$)꼴로 나타낼 수 있는 수'

☐ 유리수의 분류

$$
\text{유리수}\begin{cases} \text{정수}\begin{cases} \text{양의 정수(자연수)} : 1,\ 2,\ 3,\ \cdots \\ 0 \\ \text{음의 정수} : -1,\ -2,\ -3,\ \cdots \end{cases} \\ \text{정수가 아닌 유리수} : \dfrac{1}{2},\ -0.5,\ +\dfrac{2}{3},\ \cdots \end{cases}
$$

자연수가 아닌 정수

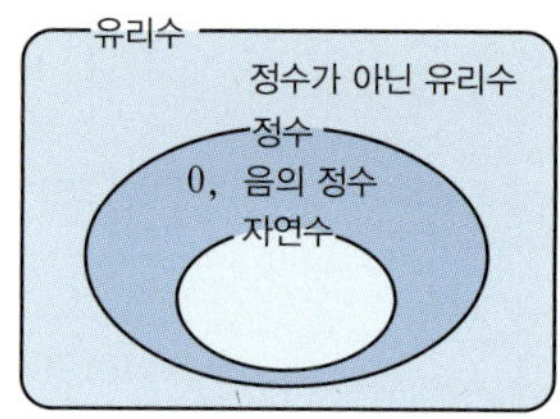

☐ 모든 정수는 유리수이다.

㉐ $0 = \dfrac{0}{1}$, $2 = \dfrac{2}{1}$, $-4 = -\dfrac{8}{2}$ 처럼 모든 정수는 분수꼴로 나타낼 수 있으므로 유리수이다.

☐ **기약분수** : 분자와 분모가 1이 아닌 수로는 더 이상 나누어 떨어지지 않는 분수 정의
= '분자와 분모가 서로소인 분수' = '분자와 분모의 최대공약수가 1인 분수' = '분자와 분모가 1 이외의 공통된 약수로 더 이상 약분되지 않는 분수'
㉐ $\dfrac{5}{6}$ 는 기약분수이지만 $\dfrac{4}{6}$ 는 분자와 분모가 모두 2로 나누어 떨어지기 때문에 기약분수가 아니다.

| 3 | 수직선과 수의 대소 ★★☆☆☆

☐ 수직선에서 원점을 기준으로 오른쪽은 양수, 왼쪽은 음
수를 나타내는 직선
수직선에서 수 0에 대응하는 기준이 되는 점 O를 **원점**이라 한다.
수를 나타낸다.

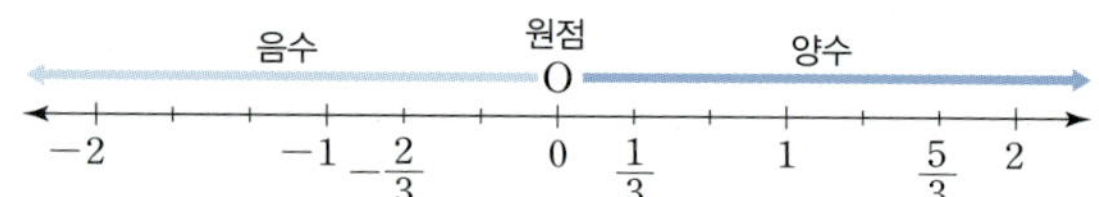

☐ 양수는 원점에서 멀어질수록 큰 수이고, 음수는 원점에
서 멀어질수록 작은 수이다.

☐ 두 수를 수직선 위에 나타내었을 때, 오른쪽에 있는 수가 큰 수이다.

☐ 분모가 다른 두 유리수의 대소 관계는 분모를 통분하여 크기를 비교한다.
둘 이상의 분수의 분모를 같게 만드는 것
㉐ $\dfrac{2}{3}$, $\dfrac{3}{4}$ 을 통분하면 $\dfrac{2 \times 4}{3 \times 4}$, $\dfrac{3 \times 3}{4 \times 3}$ 이므로 $\dfrac{2}{3} < \dfrac{3}{4}$ 이다.

| 4 | 부등호의 사용 ★☆☆☆☆

☐ $>$, $<$, $\geq$, $\leq$ 4가지 기호를 사용하여 두 수의 대소를 나타낸다.

		$a > b$ 또는 $a = b$	$a < b$ 또는 $a = b$
$a > b$	$a < b$	$a \geq b$	$a \leq b$
a는 b보다 크다.	a는 b보다 작다.	a는 b보다 크거나 같다.	a는 b보다 작거나 같다.
a는 b 초과이다.	a는 b 미만이다.	a는 b보다 작지 않다.	a는 b보다 크지 않다.
		a는 b 이상이다.	a는 b 이하이다.

'초과'와 '미만'은 '='를 포함하지 않는다.   '이'가 들어가면 '='를 포함한다.

◉ **맞으면 ○, 틀리면 ×**

001 양의 정수와 자연수는 같다.   ○ / ×

002 정수와 정수를 나누면 항상 정수가 된다.   ○ / ×

003 분수의 분모에 0을 써도 된다.   ○ / ×

004 -3은 0보다 3만큼 작은 수이다.   ○ / ×

005 $\dfrac{9}{4}$는 기약분수가 아니다.   ○ / ×

006 $\dfrac{32}{8}$는 정수가 아닌 유리수이다.   ○ / ×

007 서로 다른 두 유리수 사이에는 또 다른 유리수가 반드시 존재한다.   ○ / ×

008 0과 1 사이에는 무수히 많은 유리수가 존재한다.   ○ / ×

◉ $-2, 0, +\dfrac{1}{2}, -\dfrac{2}{3}, +5, 3.14, -1.5, 10, -\dfrac{10}{5}, 1\dfrac{1}{2}$**이 있다.**

009 정수

010 정수가 아닌 유리수

011 양의 유리수

012 음의 유리수

◉ **점 A, B, C, D에 대응하는 수를 구하시오.**

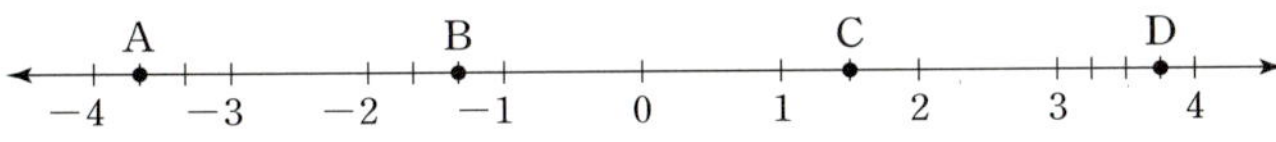

013 A   **014** B

015 C   **016** D

◉ **작은 수부터 차례로 나열하시오.**

017 $-5, +0.4, -\dfrac{3}{2}, 0, 3$ **018** $-\dfrac{2}{3}, 2, 0, -0.25, \dfrac{4}{3}$

◉ **부등호를 사용하여 나타내시오.**

019 x는 4 미만이다.

020 x는 3보다 크거나 같다.

021 x는 -2보다 크지 않다.

022 x는 1보다 작지 않고 3보다 작다.

023 x는 -2 초과 5 미만이다.

| 1 | 절댓값 ★★★★★

☐ '절댓값 기호'를 보면 '거리'를 떠올려야 한다.

☐ **절댓값** : 수직선 위에서 원점으로부터 어떤 수에 대응하는 점까지의

거리 

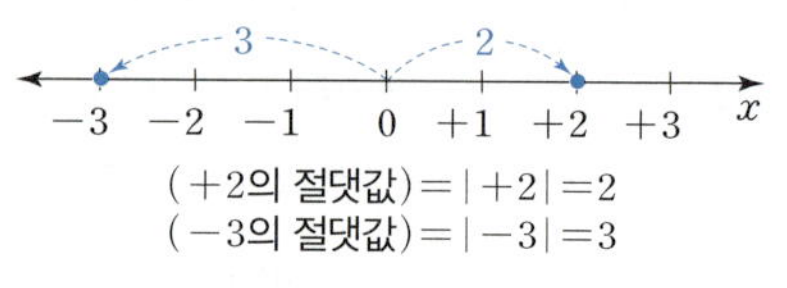

☐ $|a|$: 수직선에서 원점과 점 a 사이의 거리

예 $|2|=2$, $|-3|=3$, $|0|=0$

☐ $|a| \geq 0$: 절댓값은 항상 0보다 크거나 같다. (거리 개념이므로)

☐ 절댓값이 $a(a>0)$인 수는 $+a$, $-a$의 2개이다.

절댓값 기호는 '마이너스 부호'를 제거하는 장치이다.

$+a$와 $-a$는 원점에서 같은 거리에 있다.

| 2 | 두 점 사이의 거리와 절댓값

☐ 수직선 위의 두 점 $A(a)$, $B(b)$ 사이의 거리 ➡ $\overline{AB}=|b-a|=|a-b|$

예 두 점 $A(1)$, $B(3)$ 사이의 거리는 $\overline{AB}=|3-1|=|1-3|=2$이다.

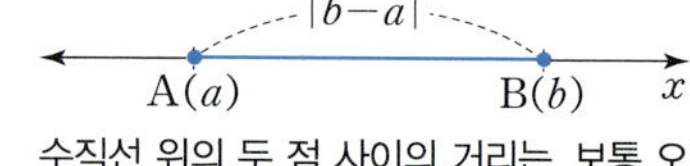

수직선 위의 두 점 사이의 거리는, 보통 오른쪽의 수에서 왼쪽의 수를 빼면 항상 양수가 나와 편리하다.

| **고등수학** |

❶ 내신 절댓값 기호를 없애는 법

☐ $|x|=\begin{cases} x & (x \geq 0) \\ -x & (x < 0) \end{cases}$ ➡ x가 0 또는 양수이면 그대로, 음수이면 '$-$'를 붙이고 나온다.

예 $|2|=2$, $|-3|=-(-3)=3$

❷ 내신 등식 · 부등식과 절댓값

· $k>0$일 때

☐ $|x|=k$ ➡ $x=-k$ 또는 $x=k$ 예 $|x|=2$ ➡ $x=-2$ 또는 $x=2$

☐ $|x|<k$ ➡ $-k<x<k$ 예 $|x|<3$ ➡ $-3<x<3$

☐ $|x| \leq k$ ➡ $-k \leq x \leq k$ 예 $|x| \leq 3$ ➡ $-3 \leq x \leq 3$

☐ $|x|>k$ ➡ $x<-k$ 또는 $x>k$ 예 $|x|>4$ ➡ $x<-4$ 또는 $x>4$

☐ $|x| \geq k$ ➡ $x \leq -k$ 또는 $x \geq k$ 예 $|x| \geq 4$ ➡ $x \leq -4$ 또는 $x \geq 4$

◉ 맞으면 ○, 틀리면 ×

001 절댓값은 항상 0보다 크다.   ○ / ×

002 절댓값이 가장 작은 수는 0이다.   ○ / ×

003 절댓값은 마이너스 부호(−)를 생각하지 않는 수의 크기이다.   ○ / ×

004 절댓값이 큰 수는 원점에서 멀리 있는 수이다.   ○ / ×

005 음수는 절댓값이 작을수록 크다.   ○ / ×

◉ 다음을 구하시오.

006 $|+7|$

007 $\left|-\dfrac{3}{2}\right|$

008 절댓값이 0.2인 수

009 절댓값이 $\dfrac{1}{3}$인 음수

◉ 절댓값이 큰 수를 고르시오.

010 $-1, 0$

011 $-3, -2$

012 $-4, 3$

013 $-2, 5$

고등수학

◉ 등식을 만족하는 x의 값을 구하시오.

014 $|x|=0$

015 $|x|=1$

◉ 부등식을 만족하는 x의 값의 범위를 구하시오.

016 $|x|<2$

017 $|x-2|\leq 1$

018 $|x|\geq 3$

019 $|x-1|>2$

| 1 | 수의 덧셈 ★★☆☆☆

☐ 같은 부호일 때 ➡ 두 수의 **절댓값의 합**에 **공통인 부호**를 붙인다.

$$(+)+(+)=+(\text{절댓값의 합}) \quad (-)+(-)=-(\text{절댓값의 합})$$
　　　　공통 부호　　　　　　　　　　　　　　　공통 부호

⟮예⟯ $(+2)+(+3)=+(2+3)=+5,\ (-2)+(-3)=-(2+3)=-5$

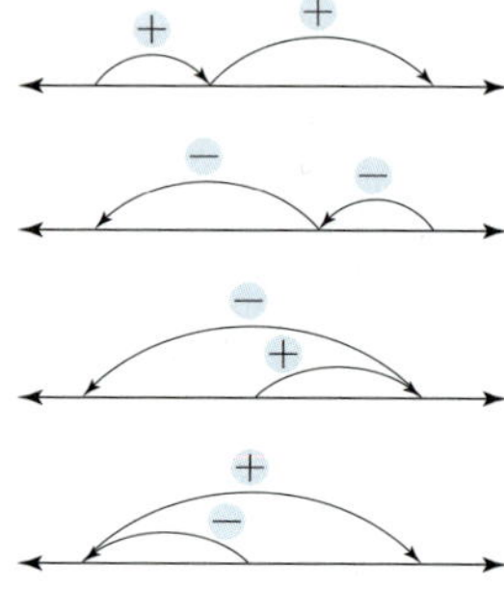

☐ 다른 부호일 때 ➡ 두 수의 **절댓값의 차**에 **절댓값이 큰 수의 부호**를 붙인다.

$$(+)+(-)=\bigcirc(\text{절댓값의 차}) \quad (-)+(+)=\bigcirc(\text{절댓값의 차})$$
　　　　절댓값이 큰 수의 부호　　　　　　　　　절댓값이 큰 수의 부호

⟮예⟯ $(+2)+(-3)=-(3-2)=-1,\ (-2)+(+3)=+(3-2)=+1$

☐ 절댓값이 같고 부호가 반대인 두 수의 합은 0이다.

⟮예⟯ $(+3)+(-3)=0$

| 2 | 덧셈의 연산법칙 ★☆☆☆☆

☐ 교환법칙과 결합법칙이 성립하므로 순서를 적당히 바꾸거나 수를 모아서 계산하면 편리하다.

☐ 덧셈의 교환법칙 : 앞뒤의 순서를 바꿔도 계산 결과는 같다. ➡ $\bigcirc+\square=\square+\bigcirc$
　　어떤 순서로 더해도
⟮예⟯ $(-3)+(+5)=(+5)+(-3)$

☐ 덧셈의 결합법칙 : 괄호의 위치를 바꿔도 계산 결과는 같다. ➡ $(\bigcirc+\square)+\blacksquare=\bigcirc+(\square+\blacksquare)$
　　어느 두 수를 먼저 더해도
⟮예⟯ $\{(-3)+(+5)\}+(-2)=(-3)+\{(+5)+(-2)\}$

| 3 | 수의 뺄셈 ★★☆☆☆

☐ 두 수의 뺄셈은 빼는 수의 부호를 반대로 바꾸어 **덧셈으로 고쳐서** 계산한다.

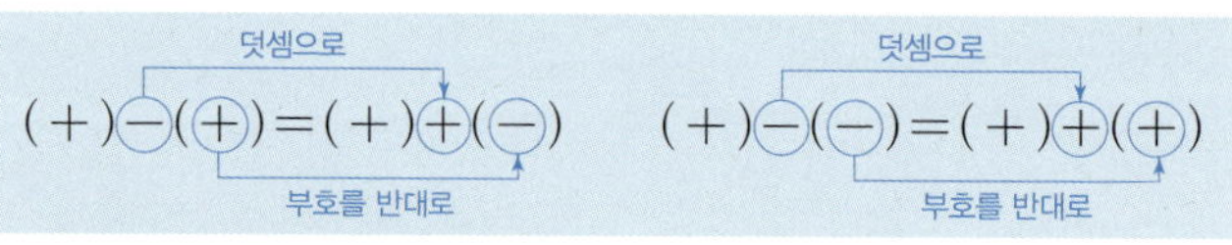

$$(+)-(+)=(+)+(-) \qquad (+)-(-)=(+)+(+)$$
　　　부호를 반대로　　　　　　　　　　부호를 반대로

⟮예⟯ $(-)-(+)=(-)+(-),\ (-)-(-)=(-)+(+)$

⟮예⟯ $(+3)-(+2)=(+3)+(-2)=+(3-2)=+1,\ (+3)-(-2)=(+3)+(+2)=+(3+2)=+5$

☐ 뺄셈에서는 교환법칙과 결합법칙이 성립하지 않는다.

⟮예⟯ $3-2=2-3\ (\times),\ (4-2)-1=4-(2-1)\ (\times)$

| 4 | 덧셈과 뺄셈의 혼합 계산 ★★☆☆☆

☐ 뺄셈은 모두 덧셈으로 고쳐서 계산한다.

⟮예⟯ $(+2)+(-3)-(-4)=(+2)+(-3)+(+4)$

☐ 덧셈의 교환법칙과 결합법칙을 이용하여 양수는 양수끼리, 음수는 음수끼리 모아서 계산하면 편리하다.

⟮예⟯ $(+2)+(-3)+(+4)=(+2)+(+4)+(-3)=(+6)+(-3)=+(6-3)=+3$

☐ 생략된 ʻ+ʼ 부호를 다시 살려서 괄호가 있는 식으로 나타낸다.

⟮예⟯ $-2+3=(-2)+(+3)=+(3-2)=+1,\ -2-3=(-2)-(+3)=(-2)+(-3)=-(2+3)=-5$

SPEED CHECK 문제

⊙ 계산하시오.

001 $(+2)+(+4)$

002 $(-3)+(-5)$

003 $(+5)+(-2)$

004 $(-3)+(+4)$

005 $\left(-\dfrac{3}{4}\right)+\left(+\dfrac{1}{4}\right)$

006 $\left(+\dfrac{3}{4}\right)+\left(+\dfrac{2}{3}\right)$

007 $(+0.5)+\left(-\dfrac{3}{4}\right)$

008 $(-2.1)+(-3.4)$

⊙ 계산에서 사용된 덧셈의 연산법칙을 말하시오.

009 ⓐ

010 ⓑ

$$
\begin{aligned}
&(-2)+(+3)+(-4) \quad\}\ ⓐ\\
&=(+3)+(-2)+(-4) \quad\}\ ⓑ\\
&=(+3)+\{(-2)+(-4)\}\\
&=(+3)+(-6)\\
&=-(6-3)=-3
\end{aligned}
$$

⊙ 계산하시오.

011 $(+3)-(+7)$

012 $(+4)-(-7)$

013 $(-7)-(+2)$

014 $(-8)-(-3)$

015 $\left(-\dfrac{2}{3}\right)-\left(+\dfrac{4}{3}\right)$

016 $\left(+\dfrac{2}{3}\right)-\left(-\dfrac{3}{2}\right)$

017 $(+0.2)-\left(+\dfrac{2}{5}\right)$

018 $(-5.3)-(-1.2)$

019 $(-3)-(-10)+(+4)$

020 $(+2)-\left(+\dfrac{1}{3}\right)+(+3)$

021 $\left(+\dfrac{2}{3}\right)+\left(-\dfrac{1}{2}\right)-(-1)$

022 $(-0.3)-\left(+\dfrac{3}{5}\right)-(+0.5)+\left(+\dfrac{3}{2}\right)$

023 $9-11+3$

024 $-10+6.4-1.2-3.2$

025 $-\dfrac{2}{3}+\dfrac{1}{2}-\dfrac{5}{6}$

026 $-\dfrac{3}{2}+1.2+\dfrac{2}{5}-0.6$

006 정수와 유리수의 곱셈, 나눗셈

| 1 | 수의 곱셈 ★★☆☆☆

☐ 같은 부호일 때 ➡ 두 수의 **절댓값의 곱**에 양의 부호($+$)를 붙인다.

$$(+)\times(+)=+(\text{절댓값의 곱}) \quad (-)\times(-)=+(\text{절댓값의 곱})$$
양의 부호 · 양의 부호

예 $(+2)\times(+3)=+(2\times3)=+6$
예 $(-2)\times(-3)=+(2\times3)=+6$

☐ 다른 부호일 때 ➡ 두 수의 **절댓값의 곱**에 음의 부호($-$)를 붙인다.

$$(+)\times(-)=-(\text{절댓값의 곱}) \quad (-)\times(+)=-(\text{절댓값의 곱})$$
음의 부호 · 음의 부호

예 $(+2)\times(-3)=-(2\times3)=-6$
예 $(-2)\times(+3)=-(2\times3)=-6$

☐ 세 수 이상의 곱셈

❶ (1단계) 부호 결정 : 음수가 없거나 짝수개이면 **양의 부호**($+$), 홀수개이면 **음의 부호**($-$)를 갖는다.

❷ (2단계) 각 수의 절댓값을 곱한 후, (1단계)에서 결정된 부호를 붙인다.

예 $(-2)\times(+3)\times(-4)=+(2\times3\times4)=+24,\ (-2)\times(-3)\times(-4)=-(2\times3\times4)=-24$

☐ 거듭제곱 : 양수의 거듭제곱은 항상 양수, 음수의 거듭제곱은 지수에 따라 달라진다.

$$(\text{양수})^{(\text{홀수})},\ (\text{양수})^{(\text{짝수})} \Rightarrow +\text{부호} \qquad (\text{음수})^{(\text{홀수})} \Rightarrow -\text{부호},\ (\text{음수})^{(\text{짝수})} \Rightarrow +\text{부호}$$

예 $(+2)^3=(+2)\times(+2)\times(+2)=+8,\ (-2)^3=(-2)\times(-2)\times(-2)=-8$

| 2 | 곱셈의 연산법칙 ★☆☆☆☆

☐ 곱셈의 교환법칙 : 앞뒤의 순서를 바꿔도 계산 결과는 같다. ➡ $\bigcirc\times\square=\square\times\bigcirc$
어떤 순서로 곱해도

☐ 곱셈의 결합법칙 : 괄호의 위치를 바꿔도 계산 결과는 같다. ➡ $(\bigcirc\times\square)\times\blacksquare=\bigcirc\times(\square\times\blacksquare)$
어느 두 수를 먼저 곱해도

☐ 분배법칙 : 괄호 밖의 수와 괄호 안의 수의 곱셈 법칙 ➡ $\blacksquare\times(\bigcirc+\square)=(\blacksquare\times\bigcirc)+(\blacksquare\times\square)$

예 $5\times99=5\times(100-1)=5\times100-5\times1=495$

| 3 | 수의 나눗셈 ★★☆☆☆

☐ 같은 부호일 때 ➡ $(+)\div(+)=+(\text{절댓값의 몫}),\ (-)\div(-)=+(\text{절댓값의 몫})$

☐ 다른 부호일 때 ➡ $(+)\div(-)=-(\text{절댓값의 몫}),\ (-)\div(+)=-(\text{절댓값의 몫})$

☐ 나눗셈에 대한 교환법칙과 결합법칙은 성립하지 않는다. 예 $3\div2=2\div3\ (\times),\ (1\div2)\div4=1\div(2\div4)\ (\times)$

| 4 | 역수를 이용한 나눗셈 ★★★★☆
$$\frac{\blacksquare}{\bullet}\times\frac{\bullet}{\blacksquare}=1$$

☐ 두 수의 곱이 1일 때, 한 수를 다른 수의 **역수**라고 한다. 정의
역수를 구할 때, 부호는 바뀌지 않는다.

☐ 0의 역수는 존재하지 않는다.
$0\times a=1$을 만족하는 a가 없으므로 0의 역수는 존재하지 않는다.

☐ 유리수의 나눗셈 : 역수를 이용하여 **나눗셈을**
나누는 수를 역수로 바꾸어
곱셈으로 고쳐서 계산한다.

예 $(+6)\div(-2)=-(6\div2)=-3$

➡ $(+6)\div(-2)=(+6)\times\left(-\dfrac{1}{2}\right)=-3$

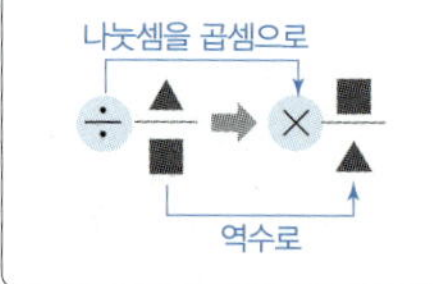

역수 구하는 법	Before ➡ After	
분수는 분자와 분모를 서로 바꾼다.	$\dfrac{3}{4},\ \dfrac{\bullet}{\blacksquare}$	$\dfrac{4}{3},\ \dfrac{\blacksquare}{\bullet}$
정수는 분모가 1인 분수로 고친다.	$2\left(=\dfrac{2}{1}\right)$	$\dfrac{1}{2}$
대분수는 가분수로 고친다.	$1\dfrac{2}{3}\left(=\dfrac{5}{3}\right)$	$\dfrac{3}{5}$
소수는 분수로 고친다.	$1.5\left(=\dfrac{3}{2}\right)$	$\dfrac{2}{3}$

⊙ **계산하시오.**

001 $(+7) \times (+2)$

002 $\left(-\dfrac{2}{3}\right) \times (-12)$

003 $\left(+\dfrac{8}{9}\right) \times \left(-\dfrac{3}{4}\right)$

004 $(-0.6) \times (+5)$

005 $(-2) \times (-3) \times \left(-\dfrac{1}{2}\right)$

006 $\left(-\dfrac{5}{6}\right) \times \dfrac{3}{8} \times (-4)$

007 $(-1)^{101} - 1^{100}$

008 $-2^4 \times (-3)^2 \times \left(-\dfrac{1}{2}\right)^3$

⊙ **맞으면 ○, 틀리면 ×**

009 어떤 수와 0의 곱은 항상 0이다.   ○ / ×

010 0을 0이 아닌 수로 나누면 그 몫은 항상 0이다.   ○ / ×

011 $2 \div 0$처럼 어떤 수를 0으로 나누면 안 된다.   ○ / ×

012 수는 나눗셈에 대한 결합법칙이 성립한다.   ○ / ×

013 $(-3)^2$과 -3^2은 같은 값이다.   ○ / ×

⊙ **계산에서 사용된 곱셈의 연산법칙을 말하시오.**

014 ⓐ :

015 ⓑ :

$$(-2) \times (+0.7) \times (+5)$$
$$= (+0.7) \times (-2) \times (+5) \quad \text{ⓐ}$$
$$= (+0.7) \times \{(-2) \times (+5)\} \quad \text{ⓑ}$$
$$= (+0.7) \times (-10)$$
$$= -(0.7 \times 10) = -7$$

⊙ **빈 칸을 채우시오.**

016 $\left(+\dfrac{3}{4}\right) \times \underline{\hspace{3cm}} = 1$

017 $(-6) \times \underline{\hspace{3cm}} = 1$

018 $+3\dfrac{1}{2}$의 역수는 ____________이다.

019 -1.5의 역수는 ____________이다.

⊙ **계산하시오.**

020 $(+12) \div (+3)$

021 $(-4.2) \div (-6)$

022 $(-0.2) \div (+0.5)$

023 $(+6) \div \left(-\dfrac{2}{3}\right)$

024 $\left(+\dfrac{14}{3}\right) \div \left(-\dfrac{7}{4}\right)$

025 $\left(-\dfrac{3}{14}\right) \div \left(+1\dfrac{2}{7}\right)$

026 $\left(+\dfrac{2}{5}\right) \div \left(-\dfrac{3}{10}\right) \div \left(-\dfrac{2}{3}\right)$

027 $\left(-\dfrac{2}{3}\right) \div \left(-\dfrac{1}{6}\right) \div (-8)$

| 1 | 유리수 ★★☆☆☆

☐ **유리수** : 분자와 분모($\neq 0$) 모두가 정수인 분수로 나타낼 수 있는 수 [정의]

└ 분모는 0이 되어서는 안 된다. 즉, 어떤 수를 0으로 절대 나눌 수 없다.

$=$ '분수 $\dfrac{a}{b}$(a, b는 정수, $b \neq 0$)꼴로 나타낼 수 있는 수'

☐ 유리수의 분류

$$
\text{유리수} \begin{cases} \text{정수} \begin{cases} \text{양의 정수(자연수)} : 1, 2, 3, \cdots \\ 0 \\ \text{음의 정수} : -1, -2, -3, \cdots \end{cases} \\ \text{정수가 아닌 유리수} : \dfrac{1}{2}, -0.5, +\dfrac{2}{3}, \cdots \end{cases}
$$

자연수가 아닌 정수

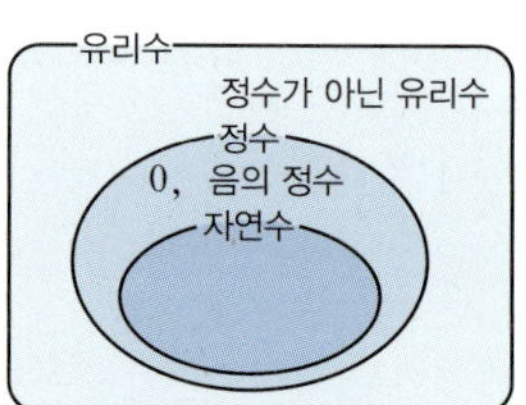

| 2 | 소수 ★☆☆☆☆

☐ 모든 유리수는 (분자)÷(분모)를 계산하면 정수, 유한소수, 무한소수 중의 하나가 된다.

☐ **유한소수** : 소수점 아래의 0이 아닌 숫자가 유한개인 소수 [정의]

(예) $\dfrac{1}{2} = 1 \div 2 = 0.5$, $\dfrac{3}{2} = 3 \div 2 = 1.5$

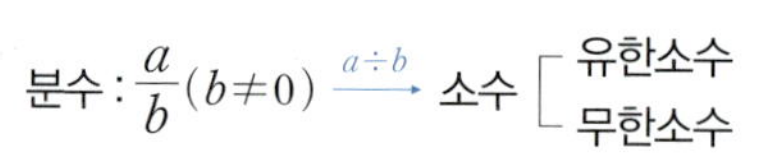

☐ **무한소수** : 소수점 아래의 0이 아닌 숫자가 무한히 많은 소수 [정의]

(예) $\dfrac{1}{3} = 1 \div 3 = 0.333\cdots$, $\dfrac{4}{9} = 4 \div 9 = 0.444\cdots$

| 3 | 유한소수의 특징 ★★☆☆☆

☐ 유한소수는 분모가 10의 거듭제곱꼴인 분수로 나타낼 수 있다.

10^n(n은 자연수) : $10, 10^2, 10^3, \cdots$

(예) $0.3 = \dfrac{3}{10}$, $0.11 = \dfrac{11}{100} = \dfrac{11}{10^2}$, $0.123 = \dfrac{123}{1000} = \dfrac{123}{10^3}$

☐ 10^n(n은 자연수)을 소인수분해하면 $(2 \times 5)^n = 2^n \times 5^n$이므로

10^n의 소인수는 2와 5뿐이다.

분수의 분모를 10의 거듭제곱꼴로 고치는데 필요한 소인수는 2와 5뿐이다.

☐ 유한소수를 기약분수로 나타내면 분모의 소인수는 2나 5뿐이다.

(예) $0.1 = \dfrac{1}{10} = \dfrac{1}{2 \times 5}$, $0.25 = \dfrac{25}{100} = \dfrac{1}{4} = \dfrac{1}{2^2}$

$$0.14 = \frac{14}{100} = \frac{7}{50} = \frac{7}{2 \times 5^2}$$

유한소수 / 기약분수

| 4 | 유한소수가 되는 분수 ★★★★★

• 분수를 기약분수로 고치고, 그 분모를 소인수분해했을 때

☐ 분모의 소인수가 **2나 5뿐이면** 10의 거듭제곱꼴로 만들 수 있으므로 그 분수는 유한소수로 나타낼 수 있다.

(예) $\dfrac{1}{2} = \dfrac{1 \times 5}{2 \times 5} = \dfrac{5}{10} = 0.5$, $\dfrac{3}{5} = \dfrac{3 \times 2}{5 \times 2} = \dfrac{6}{10} = 0.6$, $\dfrac{7}{2^2 \times 5} = \dfrac{7 \times 5}{(2^2 \times 5) \times 5} = \dfrac{35}{2^2 \times 5^2} = \dfrac{35}{100} = 0.35$

☐ 분모의 소인수 중에서 **2나 5 이외의** 소인수가 있으면 그 분수는 유한소수로 나타낼 수 없다.

무한소수가 된다.

(예) $\dfrac{1}{6} = \dfrac{1}{2 \times 3} = 0.1666\cdots$ ➡ 분모에 2나 5 이외에 3이 있으므로 유한소수로 나타낼 수 없다.

☐ 분수를 소수로 나타낼 때, 유한소수로 나타낼 수 없는 분수는 순환소수가 된다.

$=$ '유리수' 소수점 아래의 어떤 자리에서부터 일정한 숫자의 배열이 한없이 되풀이되는 무한소수

(예) $\dfrac{1}{7} = 0.\underline{142857}\,\underline{142857}\cdots$은 분모에 2나 5 이외에 7이 있으므로 유한소수로 나타낼 수 없고,

142857이 계속 되풀이되는 무한소수, 즉 순환소수가 된다.

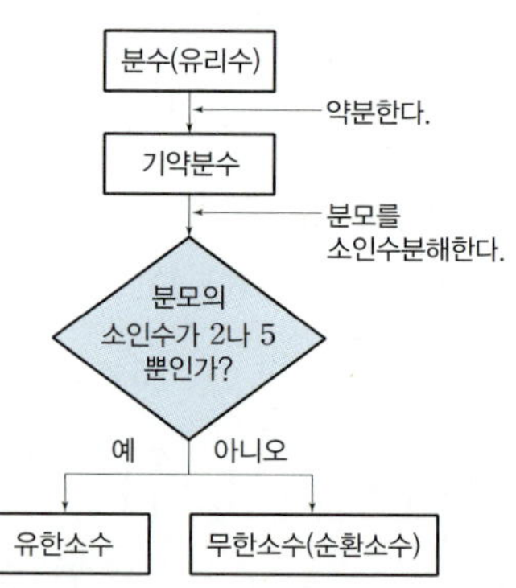

◉ **맞으면 ○, 틀리면 ×**

001 0은 유리수가 아니다.　　　　　　　　　　　　　○ / ×

002 소수점 아래의 0이 아닌 수가 유한개이면 유한소수이다.　　○ / ×

003 기약분수의 분모에 2와 5 이외의 소인수가 있으면 무한소수이다.　○ / ×

004 유리수는 소수로 나타내면 모두 유한소수가 된다.　　　　○ / ×

005 모든 기약분수는 유한소수로 나타낼 수 있다.　　　　　○ / ×

006 모든 무한소수는 유리수가 아니다.　　　　　　　　　○ / ×

◉ **유한소수로 나타낼 수 있으면 ○, 아니면 ×**

007 $\dfrac{5}{2^3}$　　　　○ / ×　　　　**008** $\dfrac{7}{2^2\times3}$　　　　○ / ×

009 $\dfrac{7}{2^2\times5\times7}$　　　　○ / ×　　　　**010** $\dfrac{2\times7}{2^3\times3\times5}$　　　　○ / ×

011 $\dfrac{21}{2\times3^2\times5}$　　　　○ / ×　　　　**012** $\dfrac{78}{2^2\times5\times13}$　　　　○ / ×

013 $\dfrac{7}{32}$　　　　○ / ×　　　　**014** $\dfrac{6}{54}$　　　　○ / ×

015 $\dfrac{17}{68}$　　　　○ / ×　　　　**016** $\dfrac{28}{75}$　　　　○ / ×

◉ **유한소수가 되도록 하기 위해 곱해야 할 가장 작은 자연수를 구하시오.**

017 $\dfrac{1}{3\times5}\times$＿＿＿＿＿　　　　**018** $\dfrac{2\times3}{5^2\times7}\times$＿＿＿＿＿

019 $\dfrac{3\times7}{2^2\times5\times7^2}\times$＿＿＿＿＿　　　　**020** $\dfrac{2^3\times3}{3^2\times5\times11}\times$＿＿＿＿＿

◉ **유한소수로 나타내시오.**

021 $\dfrac{3}{4}$　　　　　　　　**022** $\dfrac{11}{25}$

023 $\dfrac{2\times7}{2^3\times7}$　　　　　　　　**024** $\dfrac{2^2\times3\times7}{3\times5\times7}$

008 순환소수

고등수학에서 중요도 ★★★★☆

| 1 | 순환소수 ★☆☆☆☆

☐ **순환소수** : 소수점 아래의 어떤 자리에서부터 일정한 숫자의 배열이 한없이 되풀이되는 무한소수 [정의]
기약분수의 분모에 2나 5 이외의 소인수가 있으면 순환소수가 된다.

☐ **순환마디** : 순환소수의 소수점 아래에서 숫자의 배열이 한없이 되풀이되는 부분 [정의]

☐ 순환마디의 양 끝 숫자 위에 점을 찍어 순환소수를 나타낸다.

(예) $0.111\cdots=0.\dot{1}$, $0.121212\cdots=0.\dot{1}\dot{2}$, $1.2345345345\cdots=1.2\dot{3}4\dot{5}$

| 2 | 순환소수를 분수로 나타내기 ★★★☆☆

☐ 소수점 아래 바로 순환마디가 오는 순환소수
= '순순환소수'

(예) $0.\dot{1}$, $0.\dot{2}\dot{3}$, $0.\dot{4}5\dot{6}$은 순순환소수이다.

❶ 순환소수를 x로 놓는다.

❷ 순환마디 숫자의 개수(n)만큼 양변에 10의 거듭제곱(10^n)을 곱하여 **소수 부분이 같은** 식을 만든다.
10^n(n은 자연수) : $10, 10^2, 10^3, \cdots$

❸ ❷식에서 ❶식을 빼서 x의 값을 구한다.

☐ 소수점 아래 바로 순환마디가 오지 않는 순환소수
= '혼순환소수'

(예) $0.1\dot{2}$, $0.3\dot{4}\dot{5}$, $0.6\dot{7}8\dot{9}$는 혼순환소수이다.

❶ 순환소수를 x로 놓는다.

❷ 소수점 바로 아래 순환마디가 오도록 양변에 10의 거듭제곱을 곱한다.

❸ 순환마디 숫자의 개수(n)만큼 양변에 10의 거듭제곱(10^n)을 더 곱하여 **소수 부분이 같은** 식을 만든다.

❹ ❸식에서 ❷식을 빼서 x의 값을 구한다.

> 순순환소수 $0.\dot{2}\dot{3}$을 분수로 나타내기
> ❶ $x=0.232323\cdots$으로 놓는다.
> ❷ $\quad 100x=23.232323\cdots$
> $\quad -)\quad\;\; x=\;\;0.232323\cdots$
> ❸ $\quad 99x=23 \Rightarrow x=\dfrac{23}{99}$

> 혼순환소수 $0.3\dot{4}\dot{5}$를 분수로 나타내기
> ❶ $x=0.3454545\cdots$로 놓는다.
> ❷ $\quad 10x=3.454545\cdots$
> ❸ $\quad 1000x=345.454545\cdots$
> $\quad -)\quad\; 10x=\;\;\;3.454545\cdots$
> ❹ $\quad 990x=342 \Rightarrow x=\dfrac{342}{990}$

| 3 | 순환소수를 분수로 나타내는 공식 ★★★★★

☐ 분모 : 순환마디 숫자의 개수만큼 **9**를 쓰고, 소수점 아래 순환하지 않는 숫자의 개수만큼 **0**을 쓴다.

☐ 분자 : (전체의 수) − (순환하지 않는 부분의 수)
소수점을 없앤

(예) $0.\dot{1}=\dfrac{1}{9}$, $0.\dot{1}\dot{2}=\dfrac{12}{99}$, $0.1\dot{2}\dot{3}=\dfrac{123-1}{990}$, $1.2\dot{3}\dot{4}=\dfrac{1234-12}{990}$

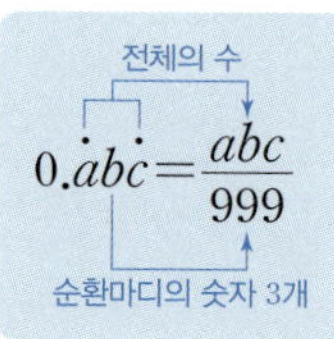

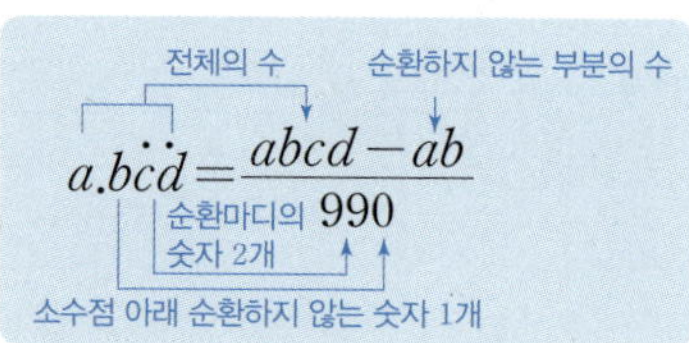

| 4 | 유리수와 소수의 관계 ★☆☆☆☆

☐ 유한소수와 순환소수는 **분수로** 나타낼 수 있으므로 유리수이다.

☐ 순환하지 않는 무한소수는 **분수로** 나타낼 수 없으므로 유리수가 아니다.
유리수가 아닌 수를 **무리수**라고 한다.

소수
  ┬ 유한소수 ─────── 유리수=분수
  └ 무한소수 ┬ 순환소수
              └ 순환하지 않는 무한소수 =무리수

⊙ 순환마디를 이용하여, 간단히 나타내시오.

001 $0.999\cdots$ ___________   **002** $0.1666\cdots$ ___________

003 $0.474747\cdots$ ___________   **004** $2.35777\cdots$ ___________

005 $2.154154154\cdots$ ___________   **006** $1.4959595\cdots$ ___________

⊙ 순환소수를 분수로 만들기 위해 필요한 식을 고르시오.

$$10x-x,\ 100x-x,\ 1000x-x,\ 100x-10x,\ 1000x-10x,\ 1000x-100x$$

007 $0.\dot{5}$ ___________   **008** $3.\dot{1}\dot{6}$ ___________

009 $1.\dot{7}\dot{2}$ ___________   **010** $2.9\dot{1}\dot{7}$ ___________

011 $2.3\dot{4}\dot{5}$ ___________   **012** $0.3\dot{2}\dot{4}$ ___________

⊙ 10의 거듭제곱을 곱하는 방법으로, 순환소수를 분수로 나타내시오.

013 $0.\dot{7}$ ___________   **014** $2.3\dot{5}$ ___________

015 $3.\dot{4}\dot{1}$ ___________   **016** $0.01\dot{3}$ ___________

017 $1.0\dot{0}\dot{6}$ ___________   **018** $0.1\dot{4}\dot{2}$ ___________

⊙ 공식을 이용하여, 순환소수를 분수로 나타내시오.

019 $0.\dot{4}$ ___________   **020** $2.4\dot{7}$ ___________

021 $3.\dot{2}\dot{4}$ ___________   **022** $0.00\dot{4}$ ___________

023 $1.0\dot{2}\dot{9}$ ___________   **024** $0.1\dot{3}\dot{5}$ ___________

⊙ 맞으면 ○, 틀리면 ×

025 순환소수는 무한소수이고 유리수이다.   ○ / ×

026 모든 무한소수는 순환소수이다.   ○ / ×

027 유한소수와 순환소수는 모두 유리수이다.   ○ / ×

028 순환하지 않는 무한소수는 유리수이다.   ○ / ×

029 소수 중에는 유리수가 아닌 것도 있다.   ○ / ×

009 제곱근의 뜻과 성질

| 1 | 제곱근 ★★★★☆

☐ 어떤 수 x를 제곱하면 $a(a \geq 0)$가 될 때, x를 **a의 제곱근**이라 한다. 정의

➡ 제곱하여 a가 되는 수 ➡ $x^2 = a$를 만족하는 x의 값

예 2를 제곱하면 4가 되므로 2는 4의 제곱근이다.

> x는 a의 제곱근이다.
> ➡ x를 제곱하면 a가 된다.
> ➡ x는 $x^2 = a$를 만족한다.

☐ 양수의 제곱근은 양수와 음수 2개가 있고, 그 절댓값은 서로 같다.

예 제곱하면 4가 되는 수는 2 외에 -2도 있다. 즉, 4의 제곱근은 2와 -2이고, 그 절댓값은 2로 서로 같다.

☐ 제곱하면 음수가 되는 수는 없으므로 음수의 제곱근은 생각하지 않는다.
고등학교에서 제곱하면 음수가 되는 수, 즉 허수를 다룬다.

☐ 0의 제곱근은 0 하나뿐이다.

| 2 | 제곱근의 표현 ★★★★☆

☐ 제곱근은 $\sqrt{}$ (근호)를 사용하여 나타내고 **'제곱근'** 또는 **'루트'**라고 읽는다. 정의

예 $\sqrt{a}$를 '제곱근 a' 또는 '루트 a'라고 읽는다.

☐ 양수 a의 제곱근 중에서 양수인 것을 **양의 제곱근**($\sqrt{a}$), 음수인 것을 **음의 제곱근**($-\sqrt{a}$)이라 한다. 정의

➡ $x^2 = a(a > 0) \iff x = \pm\sqrt{a}$

☐ a의 제곱근은 $\pm\sqrt{a}$이고 제곱근 a는 $\sqrt{a}$이다.

a	a의 양의 제곱근	a의 음의 제곱근	a의 제곱근
1	$\sqrt{1} = 1$	$-\sqrt{1} = -1$	± 1
2	$\sqrt{2}$	$-\sqrt{2}$	$\pm\sqrt{2}$
3	$\sqrt{3}$	$-\sqrt{3}$	$\pm\sqrt{3}$
4	$\sqrt{4} = 2$	$-\sqrt{4} = -2$	± 2

<a의 제곱근과 제곱근 a의 차이>

a의 제곱근	제곱근 a
제곱하면 a가 되는 수	a의 양의 제곱근
$\pm\sqrt{a}$	$\sqrt{a}$
2개	1개

| 3 | 제곱근의 성질 ★★★★★

• $a > 0$일 때

☐ $(\sqrt{a})^2 = a$, $(-\sqrt{a})^2 = a$ ⬅ a의 제곱근($\sqrt{a}$, $-\sqrt{a}$)을 제곱하면 다시 a가 된다.

예 $(\sqrt{2})^2 = 2$, $(-\sqrt{3})^2 = (\sqrt{3})^2 = 3$

☐ $\sqrt{a^2} = a$, $\sqrt{(-a)^2} = \sqrt{a^2} = a$

예 $\sqrt{2^2} = 2$, $\sqrt{(-3)^2} = \sqrt{3^2} = 3$

| 4 | $\sqrt{A^2}$의 성질 ★★★★★

먼저 A의 값이 양수인지 음수인지 확인한다.

☐ $A \geq 0$일 때 ➡ $\sqrt{A^2} = |A| = A$
양수이거나 0이면 그대로 나온다.

예 $\sqrt{(양수)^2} = |(양수)| = (양수)$, $\sqrt{2^2} = |2| = 2$

☐ $A < 0$일 때 ➡ $\sqrt{A^2} = |A| = -A$
음수이면 마이너스 부호를 붙이고 나온다.

예 $\sqrt{(음수)^2} = |(음수)| = -(음수)$, $\sqrt{(-3)^2} = |-3| = -(-3) = 3$

☐ $\sqrt{A^2}$은 A의 부호에 관계없이 항상 음이 아닌 값을 갖는다.

$$\sqrt{A^2} = |A| = \begin{cases} A & (A \geq 0) \\ -A & (A < 0) \end{cases}$$

$$\sqrt{A^2} \geq 0$$

◉ **맞으면 ○, 틀리면 ×**

001 9의 제곱근은 3이다.   ○ / ×

002 제곱근 9는 ±3이다.   ○ / ×

003 $\sqrt{25}$의 제곱근과 제곱근 5는 같다.   ○ / ×

004 음수가 아닌 수의 제곱근은 항상 2개이다.   ○ / ×

005 양수의 제곱근은 절댓값이 서로 같은 양수와 음수 2개이다.   ○ / ×

006 $\sqrt{(-3)^2}$의 제곱근은 $\pm\sqrt{3}$이다.   ○ / ×

007 -2의 음의 제곱근은 $-\sqrt{2}$이다.   ○ / ×

008 $\sqrt{A^2}=|A|$ ○ / ×

009 $\sqrt{(-A)^2}=-A$ ○ / ×

010 $\sqrt{A^2}$은 항상 양수이다.   ○ / ×

◉ **제곱근을 구하시오.**

011 49   **012** 0

013 -4 **014** $(-0.5)^2$

015 $\dfrac{16}{25}$ **016** 0.09

◉ **근호를 사용하지 않고 나타내시오.**

017 $(\sqrt{7})^2$ **018** $(-\sqrt{0.3})^2$

019 $\sqrt{3^2}$ **020** $\sqrt{(-5)^2}$

021 $\left(-\sqrt{\dfrac{1}{2}}\right)^2$ **022** $\sqrt{\left(-\dfrac{2}{3}\right)^2}$

023 $\sqrt{(-3)^2}+(\sqrt{2})^2$ **024** $\sqrt{4^2}+(-\sqrt{3})^2$

◉ **간단히 하시오.**

025 $x>1$일 때, $\sqrt{(1-x)^2}$

026 $0<x<2$일 때, $\sqrt{x^2}+\sqrt{(x-2)^2}$

027 $-2<x<3$일 때, $\sqrt{(x+2)^2}+\sqrt{(x-3)^2}$

◉ $a>0$, $b<0$**일 때, 간단히 하시오.**

028 $\sqrt{a^2}$

029 $\sqrt{(a-b)^2}$

030 $\sqrt{a^2}+\sqrt{b^2}-\sqrt{(b-a)^2}$

010 무리수와 실수

| 1 | 유리수와 무리수 ★★★☆☆

- **유리수** : 분자와 분모($\neq 0$) 모두가 정수인 분수로 나타낼 수 있는 수 [정의]

  └ 분모는 0이 되어서는 안 된다. 즉, 어떤 수를 0으로 절대 나눌 수 없다.

  = '분수 $\dfrac{a}{b}$(a, b는 정수, $b \neq 0$)꼴로 나타낼 수 있는 수'

  (예) -2, $\dfrac{3}{4}=0.75$, $0.\dot{3}=\dfrac{1}{3}$, $\sqrt{4}=2$

- **무리수** : 유리수가 아닌 수, 즉 순환하지 않는 무한소수로 나타내어지는 수 [정의]

  (예) $\sqrt{2}=1.414\cdots$, $\pi=3.141592\cdots$, $\sqrt{3}+1$

> 무리수 : $\dfrac{(정수)}{(0이\ 아닌\ 정수)}$ 꼴로 나타낼 수 없는 수
>
> ➡ 순환하지 않는 무한소수
>
> ➡ 근호를 사용하지 않고 나타낼 수 없는 수

| 2 | 실수 ★★★☆☆

- 유리수와 무리수를 통틀어 **실수**라고 한다. [정의]

  중학교 과정에서 '수'라고 하면 일반적으로 '실수'를 의미한다.

- 실수의 분류

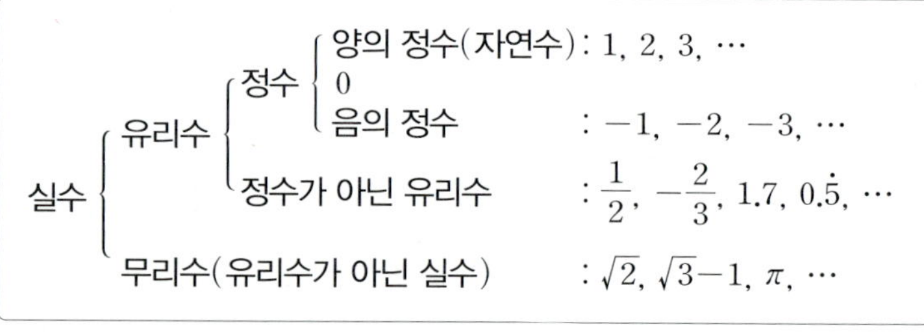

$$
\text{실수}
\begin{cases}
\text{유리수}
\begin{cases}
\text{정수}
\begin{cases}
\text{양의 정수(자연수)} : 1,\ 2,\ 3,\ \cdots \\
0 \\
\text{음의 정수} \qquad : -1,\ -2,\ -3,\ \cdots
\end{cases} \\
\text{정수가 아닌 유리수} \quad : \dfrac{1}{2},\ -\dfrac{2}{3},\ 1.7,\ 0.\dot{5},\ \cdots
\end{cases} \\
\text{무리수(유리수가 아닌 실수)} \quad : \sqrt{2},\ \sqrt{3}-1,\ \pi,\ \cdots
\end{cases}
$$

| 3 | 무리수를 수직선 위에 나타내기 ★☆☆☆☆

- 모눈을 이용하여 정사각형의 넓이 S를 구한다.

  ➡ 정사각형의 한 변의 길이는 $\sqrt{S}$이다.

- 기준점(p)에서 오른쪽에 있으면 $p+\sqrt{S}$, 왼쪽에 있으면 $p-\sqrt{S}$이다.

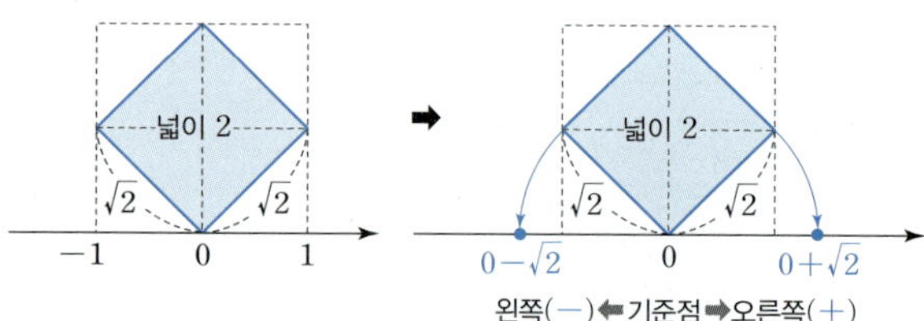

정사각형의 넓이가 2이므로 정사각형의 한 변의 길이는 $\sqrt{2}$이다.

기준점(0)에서 오른쪽에 있으면 $0+\sqrt{2}=\sqrt{2}$, 왼쪽에 있으면 $0-\sqrt{2}=-\sqrt{2}$이다.

| 4 | 실수와 수직선 ★☆☆☆☆

- 모든 실수는 각각 수직선 위의 한 점에 대응한다.

- 서로 다른 두 실수 사이에는 무수히 많은 실수가 존재한다.

- 실수에 대응하는 점들로 수직선을 완전히 메울 수 있다.

  결국, 수직선은 실수를 나타내는 직선이다.

| 5 | 유리수, 무리수와 수직선 ★☆☆☆☆

- 모든 유리수와 무리수는 각각 수직선 위의 한 점에 대응한다.

  ➡ 유리수(또는 무리수)에 대응하는 점들만으로 수직선을 완전히 메울 수 없다.

- 서로 다른 두 유리수(또는 무리수) 사이에는 무수히 많은 유리수와 무리수가 존재한다.

⊙ **맞으면 ○, 틀리면 ×**

001 유한소수는 모두 유리수이다.   ○ / ×

002 무한소수는 모두 무리수이다.   ○ / ×

003 실수 중에서 유리수가 아닌 수는 모두 무리수이다.   ○ / ×

004 무리수는 순환하지 않는 무한소수이다.   ○ / ×

005 순환하는 무한소수는 유리수이다.   ○ / ×

006 $\sqrt{2}$는 분자, 분모가 정수인 분수로 나타낼 수 있다.   ○ / ×

007 $\sqrt{0.04}=0.2$이므로 $\sqrt{0.04}$는 유리수이다.   ○ / ×

⊙ $-2,\ 0.1,\ \sqrt{4},\ -\dfrac{2}{3},\ \sqrt{5},\ \sqrt{0.09},\ 3.14,\ \sqrt{\dfrac{3}{12}},\ \pi,\ -\dfrac{10}{5},\ 1.1\dot{6},\ \sqrt{2}-1$**이 있다.**

008 정수 _______________

009 무리수 _______________

010 유리수 _______________

011 실수 _______________

⊙ **점 A, B, C, D에 대응하는 수를 구하시오.**

012 A _______________

013 B _______________

014 C _______________

015 D _______________

016 A _______________

017 B _______________

018 C _______________

019 D _______________

⊙ **맞으면 ○, 틀리면 ×**

020 0과 1 사이에는 무수히 많은 무리수가 있다.   ○ / ×

021 $\sqrt{2}$와 3 사이에는 무수히 많은 실수가 있다.   ○ / ×

022 $2+\sqrt{3}$에 대응하는 점을 수직선 위에 나타낼 수 없다.   ○ / ×

023 유리수와 무리수에 대응하는 점들만으로 수직선을 완전히 메울 수 있다.   ○ / ×

011 실수의 대소 관계

| 1 | 무리수의 정수 부분과 소수 부분 ★★★★☆

☐ 무리수는 순환하지 않는 무한소수로 나타내어지는 수이므로
정수 부분과 소수 부분으로 구분하여 나타낼 수 있다.

➡ (무리수) = (정수 부분) + (소수 부분)

$0 \leq$ (소수 부분) < 1

⑩ $\sqrt{2}=1.414\times\times\times=1$(정수 부분) $+0.414\times\times\times$(소수 부분)

☐ 소수 부분은 무리수에서 **정수 부분을 뺀** 값이다.

· $a>0$이고 n이 정수일 때

$$n<\sqrt{a}<n+1 \ \Rightarrow \ \begin{cases} (\sqrt{a}\text{의 정수 부분})=n \\ (\sqrt{a}\text{의 소수 부분})=\sqrt{a}-n \end{cases}$$

⑩ $\sqrt{2}=1.414\times\times\times$, 즉 $1<\sqrt{2}<2$이므로 ($\sqrt{2}$의 정수 부분)$=1$,
($\sqrt{2}$의 소수 부분)$=\sqrt{2}-1$이다.

	$\sqrt{1}=1$
$1<\sqrt{2}<\sqrt{4}(=2)$	$\sqrt{2}=1.414\times\times\times$
$1<\sqrt{3}<\sqrt{4}(=2)$	$\sqrt{3}=1.732\times\times\times$
	$\sqrt{4}=2$
$\sqrt{4}(=2)<\sqrt{5}<\sqrt{9}(=3)$	$\sqrt{5}=2.\times\times\times$
$\sqrt{4}(=2)<\sqrt{6}<\sqrt{9}(=3)$	$\sqrt{6}=2.\times\times\times$
$\sqrt{4}(=2)<\sqrt{7}<\sqrt{9}(=3)$	$\sqrt{7}=2.\times\times\times$
$\sqrt{4}(=2)<\sqrt{8}<\sqrt{9}(=3)$	$\sqrt{8}=2.\times\times\times$
	$\sqrt{9}=3$
$\sqrt{9}(=3)<\sqrt{10}<\sqrt{16}(=4)$	$\sqrt{10}=3.\times\times\times$

| 2 | 제곱근의 대소 관계 ★★☆☆☆

· $a>0$, $b>0$일 때

☐ $a<b$이면 $\sqrt{a}<\sqrt{b}$이다.

☐ $\sqrt{a}<\sqrt{b}$이면 $a<b$이다.

양변을 제곱한다.

| 3 | 실수의 대소 관계 ★★☆☆☆

☐ 제곱근의 값 이용하기 : $n<\sqrt{a}<n+1$을 이용하여 $\sqrt{a}$의 값을 구한다.

⑩ $\sqrt{10}\ \square\ 3+\sqrt{2}\ \Rightarrow\ 3<\sqrt{10}<4$, $1<\sqrt{2}<2$에서 $\sqrt{10}=3.\times\times\times$, $\sqrt{2}=1.414\times\times\times$이므로 $\sqrt{10}<3+\sqrt{2}$이다.

☐ 부등식의 성질 이용하기 : 양변에 적당한 수를 더하거나 뺀다.

⑩ $\sqrt{3}+\sqrt{2}\ \square\ 2+\sqrt{2}\ \Rightarrow$ 양변에서 $\sqrt{2}$를 빼면 $\sqrt{3}<2$이므로 $\sqrt{3}+\sqrt{2}<2+\sqrt{2}$이다.

☐ 두 수의 차 이용하기 : a, b가 실수일 때

두 수의 대소 비교는 두 수의 차를 이용한다.

❶ $a-b>0$이면 $a>b$이다.

❷ $a-b<0$이면 $a<b$이다.

❸ $a-b=0$이면 $a=b$이다.

⑩ $2\ \square\ \sqrt{3}+1\ \Rightarrow\ 2-(\sqrt{3}+1)=1-\sqrt{3}<0$이므로 $2<1+\sqrt{3}$이다.

☐ 세 실수 a, b, c에 대하여 $a<b$이고 $b<c$이면 $a<b<c$이다.

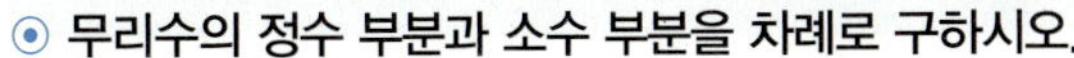

◉ 무리수의 정수 부분과 소수 부분을 차례로 구하시오.

001 $\sqrt{3}$ ________________ ________________ 　　**002** $\sqrt{11}$ ________________

003 $\sqrt{27}$ ________________ ________________ 　　**004** $\sqrt{48}$ ________________

005 $\sqrt{60}$ ________________ ________________ 　　**006** $\sqrt{101}$ ________________

007 $\sqrt{2}-1$ ________________ 　　**008** $1+\sqrt{2}$ ________________

009 $2+\sqrt{5}$ ________________ 　　**010** $5-\sqrt{3}$ ________________

011 $\sqrt{7}-2$ ________________ 　　**012** $\sqrt{8}+3$ ________________

◉ 알맞은 부등호를 써넣으시오.

013 $\sqrt{3}+1$ ________ 3 　　**014** $\sqrt{6}-1$ ________ 2

015 $6-\sqrt{2}$ ________ 4 　　**016** $\sqrt{15}+3$ ________ 6

017 $2+\sqrt{2}$ ________ $\sqrt{5}+\sqrt{2}$ 　　**018** $\sqrt{13}-\sqrt{26}$ ________ $\sqrt{13}-5$

019 $4-\sqrt{7}$ ________ $\sqrt{15}-\sqrt{7}$ 　　**020** $-\sqrt{11}-3$ ________ $-\sqrt{12}-3$

◉ 세 실수의 대소를 비교하시오.

021 $\sqrt{5}+1,\ \sqrt{5}+\sqrt{3},\ 3+\sqrt{3}$ ________________

022 $1+\sqrt{2},\ 3,\ 5-\sqrt{3}$ ________________

012 제곱근의 곱셈과 나눗셈, 분모의 유리화

| 1 | 제곱근의 곱셈과 나눗셈 ★★★★★

나눗셈은 역수의 곱셈으로 고쳐서 계산한다.

• $a>0,\ b>0$일 때

☐ $\sqrt{a}\times\sqrt{b}=\sqrt{a}\sqrt{b}=\sqrt{ab}$

　예 $\sqrt{2}\sqrt{3}=\sqrt{2\times3}=\sqrt{6}$ ◀ 근호 안의 수끼리 곱한다.

☐ $\sqrt{a}\div\sqrt{b}=\dfrac{\sqrt{a}}{\sqrt{b}}=\sqrt{\dfrac{a}{b}}$

　예 $\sqrt{2}\div\sqrt{3}=\dfrac{\sqrt{2}}{\sqrt{3}}=\sqrt{\dfrac{2}{3}}$ ◀ 근호 안의 수끼리 나눈다.

| 2 | 근호가 있는 식의 변형 ★★★★★

• $a>0,\ b>0$일 때

☐ $\sqrt{a^2b}=a\sqrt{b},\ \sqrt{\dfrac{a}{b^2}}=\dfrac{\sqrt{a}}{b}$

근호 안에 제곱인 인수가 있으면 근호 밖으로 꺼낼 수 있다.

　예 $\sqrt{12}=\sqrt{2^2\times3}=2\sqrt{3},\ \sqrt{\dfrac{3}{16}}=\sqrt{\dfrac{3}{4^2}}=\dfrac{\sqrt{3}}{4}$

☐ $a\sqrt{b}=\sqrt{a^2b},\ \dfrac{\sqrt{a}}{b}=\sqrt{\dfrac{a}{b^2}}$

근호 밖의 양수는 제곱하여 근호 안으로 넣을 수 있다.

　예 $3\sqrt{2}=\sqrt{3^2\times2}=\sqrt{18},\ \dfrac{\sqrt{5}}{3}=\sqrt{\dfrac{5}{3^2}}=\sqrt{\dfrac{5}{9}}$

| 3 | 분모의 유리화 ★★★★★

☐ **분모의 유리화** : 분모에 근호가 있는 무리수가 있을 때, 분모와 분자에 0이 아닌 같은 수를 곱하여 분모를 유리수로 고치는 것 [정의]

☐ $\dfrac{a}{\sqrt{b}}=\dfrac{a\times\sqrt{b}}{\sqrt{b}\times\sqrt{b}}=\dfrac{a\sqrt{b}}{b}$ (단, $b>0$)

　예 $\dfrac{1}{\sqrt{2}}=\dfrac{1\times\sqrt{2}}{\sqrt{2}\times\sqrt{2}}=\dfrac{\sqrt{2}}{2}$

☐ $\dfrac{\sqrt{a}}{\sqrt{b}}=\dfrac{\sqrt{a}\times\sqrt{b}}{\sqrt{b}\times\sqrt{b}}=\dfrac{\sqrt{ab}}{b}$ (단, $a>0,\ b>0$)

　예 $\dfrac{\sqrt{3}}{\sqrt{2}}=\dfrac{\sqrt{3}\times\sqrt{2}}{\sqrt{2}\times\sqrt{2}}=\dfrac{\sqrt{6}}{2}$

☐ 분모의 근호 안에 제곱인 인수가 있으면 $\sqrt{a^2b}=a\sqrt{b}$를 이용하여 인수를 근호 밖으로 꺼낸 후 분모를 유리화한다.

　예 $\dfrac{1}{\sqrt{12}}=\dfrac{1}{\sqrt{2^2\times3}}=\dfrac{1}{2\sqrt{3}}=\dfrac{1\times\sqrt{3}}{2\sqrt{3}\times\sqrt{3}}=\dfrac{\sqrt{3}}{6}$

| 4 | 제곱근표 ★☆☆☆☆

☐ **제곱근표** : 1.00부터 99.9까지의 수에 대한 양의 제곱근의 값을 소수점 아래 넷째 자리에서 반올림하여 나타낸 표 [정의]

☐ 제곱근표에 없는 수의 제곱근의 값은 $\sqrt{a^2b}=a\sqrt{b}$를 이용하여 제곱근표에 있는 수로 바꾸어 구한다.

제곱근표에 있는 수가 되도록 소수점의 위치를 두 자리씩 이동하여 본다.

❶ 100 이상인 수 ➡ $\sqrt{100a}=10\sqrt{a},\ \sqrt{10000a}=100\sqrt{a},\ \cdots$

　예 $\sqrt{123}=\sqrt{1.23\times100}=\sqrt{1.23}\times\sqrt{100}=1.109\times10=11.09$

❷ 0 이상 1 미만인 수 ➡ $\sqrt{\dfrac{a}{100}}=\dfrac{\sqrt{a}}{10},\ \sqrt{\dfrac{a}{10000}}=\dfrac{\sqrt{a}}{100},\ \cdots$

　예 $\sqrt{0.0142}=\sqrt{\dfrac{1.42}{100}}=\dfrac{\sqrt{1.42}}{10}=\dfrac{1.192}{10}=0.1192$

수	0	1	2	3
1.0	1.000	1.005	1.010	1.015
1.1	1.049	1.054	1.058	1.663
1.2	1.005	1.100	1.105	1.109
1.3	1.140	1.145	1.149	1.153
1.4	1.183	1.187	1.192	1.196

<제곱근표 읽는 법>

처음 두 자리 수의 가로줄과 끝자리 수의 세로줄이 만나는 곳에 있는 수를 읽는다.

예 $\sqrt{1.23}=1.109,\ \sqrt{1.42}=1.192$

◉ 간단히 하시오.

001 $\sqrt{5}\,\sqrt{3}$ __________

002 $\sqrt{3}\,\sqrt{27}$ __________

003 $-\sqrt{2}\,\sqrt{5}\,\sqrt{10}$ __________

004 $2\sqrt{3}\times4\sqrt{\dfrac{2}{3}}$ __________

005 $\dfrac{\sqrt{21}}{\sqrt{3}}$ __________

006 $-\sqrt{35}\div\sqrt{5}$ __________

007 $4\sqrt{6}\div(-2\sqrt{2})$ __________

008 $\sqrt{\dfrac{2}{5}}\div\sqrt{\dfrac{2}{15}}$ __________

◉ $a\sqrt{b}$꼴로 나타내시오. (단, b는 가장 작은 자연수이다.)

009 $\sqrt{8}$ __________

010 $-\sqrt{20}$ __________

011 $-\sqrt{125}$ __________

012 $\sqrt{200}$ __________

013 $\sqrt{\dfrac{3}{25}}$ __________

014 $-\sqrt{\dfrac{10}{49}}$ __________

015 $\sqrt{0.03}$ __________

016 $\sqrt{0.12}$ __________

◉ $\sqrt{a}$꼴로 나타내시오.

017 $2\sqrt{7}$ __________

018 $-3\sqrt{2}$ __________

019 $-\dfrac{\sqrt{2}}{5}$ __________

020 $2\sqrt{\dfrac{2}{3}}$ __________

◉ 분모를 유리화하시오.

021 $\dfrac{\sqrt{2}}{\sqrt{3}}$ __________

022 $\dfrac{3}{2\sqrt{3}}$ __________

023 $\dfrac{3}{\sqrt{8}}$ __________

024 $\dfrac{2}{\sqrt{20}}$ __________

025 $\dfrac{2\sqrt{3}}{3\sqrt{2}}$ __________

026 $\dfrac{5}{\sqrt{2}\sqrt{3}}$ __________

◉ $\sqrt{2}$를 1.414로, $\sqrt{20}$을 4.472로 계산할 때, 제곱근의 값을 구하시오.

027 $\sqrt{200}$ __________

028 $\sqrt{2000}$ __________

029 $\sqrt{0.02}$ __________

030 $\sqrt{0.2}$ __________

| 1 | 제곱근의 덧셈과 뺄셈 ★★★★★

- $a>0$이고 m, n이 유리수일 때

☐ $m\sqrt{a}+n\sqrt{a}=(m+n)\sqrt{a}$　　　㉖ $\sqrt{2}+3\sqrt{2}=(1+3)\sqrt{2}=4\sqrt{2}$

☐ $m\sqrt{a}-n\sqrt{a}=(m-n)\sqrt{a}$　　　㉖ $4\sqrt{3}-2\sqrt{3}=(4-2)\sqrt{3}=2\sqrt{3}$

☐ $\sqrt{a^2 b}$꼴이 포함된 경우는 $a\sqrt{b}$꼴로 근호 안을 가장 작은 자연수로 바꾼 후 계산한다.

㉖ $3\sqrt{2}+\sqrt{8}=3\sqrt{2}+2\sqrt{2}=(3+2)\sqrt{2}=5\sqrt{2}$, $\ 3\sqrt{3}-\sqrt{12}=3\sqrt{3}-2\sqrt{3}=(3-2)\sqrt{2}=\sqrt{3}$

　　$\sqrt{8}$을 $2\sqrt{2}$로 변형하면 덧셈이 가능해진다.　　　$\sqrt{12}$를 $2\sqrt{3}$으로 변형하면 뺄셈이 가능해진다.

| 2 | 근호가 있는 식의 혼합 계산 ★★★★★

- $a>0$, $b>0$, $c>0$일 때

☐ $\sqrt{a}(\sqrt{b}+\sqrt{c})=\sqrt{a}\sqrt{b}+\sqrt{a}\sqrt{c}=\sqrt{ab}+\sqrt{ac}$

㉖ $\sqrt{3}(\sqrt{2}+\sqrt{3})=\sqrt{3}\sqrt{2}+\sqrt{3}\sqrt{3}=\sqrt{6}+3$

☐ $(\sqrt{a}+\sqrt{b})\sqrt{c}=\sqrt{a}\sqrt{c}+\sqrt{b}\sqrt{c}=\sqrt{ac}+\sqrt{bc}$

㉖ $(\sqrt{3}+\sqrt{2})\sqrt{2}=\sqrt{3}\sqrt{2}+\sqrt{2}\sqrt{2}=\sqrt{6}+2$

☐ $(\sqrt{a}\pm\sqrt{b})^2=a\pm2\sqrt{ab}+b$　⬅ $(a\pm b)^2=a^2\pm2ab+b^2$

㉖ $(\sqrt{2}+\sqrt{3})^2=(\sqrt{2})^2+2\sqrt{2}\sqrt{3}+(\sqrt{3})^2=2+2\sqrt{6}+3=5+2\sqrt{6}$

☐ $(\sqrt{a}+\sqrt{b})(\sqrt{a}-\sqrt{b})=a-b$　⬅ $(a+b)(a-b)=a^2-b^2$

㉖ $(\sqrt{3}+\sqrt{2})(\sqrt{3}-\sqrt{2})=(\sqrt{3})^2-(\sqrt{2})^2=3-2=1$

근호가 있는 식의 혼합 계산
↓
괄호 풀기
↓
$\sqrt{\ }$ 안 간단히 하기
↓
분모 유리화하기
↓
곱셈, 나눗셈 → 덧셈, 뺄셈

| 3 | 합차 공식을 이용한 분모의 유리화 ★★★★★

☐ 분모가 두 수의 합 또는 차로 되어 있는 무리수일 때, 곱셈공식 $(\sqrt{a}+\sqrt{b})(\sqrt{a}-\sqrt{b})=a-b$를 이용하여 분모를 유리화한다.

합차 공식 $(a+b)(a-b)=a^2-b^2$

이때 분모가 $\sqrt{a}+\sqrt{b}$꼴이면 $\sqrt{a}-\sqrt{b}$를, 분모가 $\sqrt{a}-\sqrt{b}$꼴이면 $\sqrt{a}+\sqrt{b}$를 분자와 분모에 모두 곱한다.

분모	분자, 분모에 곱하는 수
$a+\sqrt{b}$	$a-\sqrt{b}$
$a-\sqrt{b}$	$a+\sqrt{b}$
$\sqrt{a}+b$	$\sqrt{a}-b$
$\sqrt{a}-b$	$\sqrt{a}+b$
$\sqrt{a}+\sqrt{b}$	$\sqrt{a}-\sqrt{b}$
$\sqrt{a}-\sqrt{b}$	$\sqrt{a}+\sqrt{b}$

부호 반대로

☐ $\dfrac{\sqrt{a}+\sqrt{b}}{\sqrt{c}}=\dfrac{(\sqrt{a}+\sqrt{b})\sqrt{c}}{\sqrt{c}\sqrt{c}}=\dfrac{\sqrt{ac}+\sqrt{bc}}{c}$

☐ $\dfrac{c}{\sqrt{a}+\sqrt{b}}=\dfrac{c(\sqrt{a}-\sqrt{b})}{(\sqrt{a}+\sqrt{b})(\sqrt{a}-\sqrt{b})}=\dfrac{c(\sqrt{a}-\sqrt{b})}{a-b}$

부호 반대로

㉖ $\dfrac{1}{\sqrt{3}+\sqrt{2}}=\dfrac{\sqrt{3}-\sqrt{2}}{(\sqrt{3}+\sqrt{2})(\sqrt{3}-\sqrt{2})}=\dfrac{\sqrt{3}-\sqrt{2}}{3-2}$

☐ $\dfrac{c}{\sqrt{a}-\sqrt{b}}=\dfrac{c(\sqrt{a}+\sqrt{b})}{(\sqrt{a}-\sqrt{b})(\sqrt{a}+\sqrt{b})}=\dfrac{c(\sqrt{a}+\sqrt{b})}{a-b}$

부호 반대로

㉖ $\dfrac{\sqrt{2}}{\sqrt{5}-\sqrt{3}}=\dfrac{\sqrt{2}(\sqrt{5}+\sqrt{3})}{(\sqrt{5}-\sqrt{3})(\sqrt{5}+\sqrt{3})}=\dfrac{\sqrt{10}+\sqrt{6}}{5-3}$

◉ 계산하시오.

001 $4\sqrt{3}+2\sqrt{3}$ _______________

002 $5\sqrt{2}+\sqrt{8}-3\sqrt{2}$ _______________

003 $2\sqrt{48}-3\sqrt{12}+\sqrt{3}$ _______________

004 $\sqrt{8}+\sqrt{12}+\sqrt{18}+\sqrt{27}$ _______________

005 $\sqrt{18}-\dfrac{\sqrt{6}}{\sqrt{3}}$ _______________

006 $\sqrt{50}-\sqrt{8}-\dfrac{8}{\sqrt{2}}$ _______________

007 $3\sqrt{2}(\sqrt{6}+\sqrt{2})$ _______________

008 $(\sqrt{12}-\sqrt{6})\div\sqrt{2}$ _______________

009 $(2+\sqrt{3})^2$ _______________

010 $(\sqrt{3}-\sqrt{2})^2$ _______________

011 $(3+2\sqrt{2})(3-2\sqrt{2})$ _______________

012 $(2\sqrt{3}-1)(3\sqrt{3}+2)$ _______________

◉ 분모를 유리화하시오.

013 $\dfrac{1}{\sqrt{2}}$ _______________

014 $\dfrac{9}{\sqrt{3}}$ _______________

015 $\dfrac{1}{\sqrt{2}+1}$ _______________

016 $\dfrac{2}{3-\sqrt{8}}$ _______________

017 $\dfrac{\sqrt{5}+2}{\sqrt{5}-2}$ _______________

018 $\dfrac{\sqrt{3}-\sqrt{2}}{\sqrt{3}+\sqrt{2}}$ _______________

019 $\dfrac{1}{\sqrt{3}+\sqrt{2}}+\dfrac{1}{\sqrt{3}-\sqrt{2}}$ _______________

020 $\dfrac{2}{3+2\sqrt{2}}-\dfrac{2}{3-2\sqrt{2}}$ _______________

◉ 계산하시오.

021 $(2\sqrt{3}+\sqrt{8})\div\sqrt{2}$ _______________

022 $2\sqrt{3}(\sqrt{6}+\sqrt{3})-4\sqrt{2}$ _______________

023 $\sqrt{5}+(2\sqrt{15}-\sqrt{27})\div\sqrt{3}$ _______________

024 $\sqrt{2}\left(\sqrt{3}-\dfrac{\sqrt{2}}{2}\right)-\sqrt{3}\left(2\sqrt{2}-\dfrac{5}{\sqrt{3}}\right)$ _______________

025 $\dfrac{1}{\sqrt{2}+1}+\dfrac{1}{\sqrt{3}+\sqrt{2}}+\dfrac{1}{2+\sqrt{3}}$ _______________

PART Ⓐ

필수개념 97개로 완성하는
필수개념편

014 문자와 식

고등수학에서 중요도 ★★★☆☆

| 1 | 문자식을 세우는 데 필요한 공식 ★★★★☆

수 대신 문자로 수량을 나타낸 식

☐ (물건 값) = (물건 1개의 값) × (물건의 개수)

☐ (거리) = (속력) × (시간)
　　시속 $2\,km$는 1시간 동안 $2\,km$를, 분속 $200\,m$는 1분 동안 $200\,m$를 이동한다는 뜻이다.

☐ (삼각형의 넓이) = $\dfrac{1}{2}$ × (밑변의 길이) × (높이)

☐ (직사각형의 둘레의 길이) = 2 × {(가로의 길이) + (세로의 길이)}

☐ (사다리꼴의 넓이) = $\dfrac{1}{2}$ × {(밑변의 길이) + (윗변의 길이)} × (높이)

☐ (소금의 양) = (소금물의 양) × $\dfrac{(\text{소금물의 농도})}{100}$ ⬅ (소금물의 농도) = $\dfrac{(\text{소금의 양})}{(\text{소금물의 양})}$ × 100(%)

☐ (두 자리 자연수) = 10 × (십의 자리의 숫자) + 1 × (일의 자리의 숫자)　　예 $25 = 10 \times 2 + 1 \times 5$

☐ $a\%$ ➡ $a \times \dfrac{1}{100}$　　예 x의 $a\%$ ➡ $x \times \dfrac{a}{100}$

☐ (판매 금액) = (정가) − (할인 금액)
　　정가에서 $a\%$ 할인한 할인 금액은 (정가) × $\dfrac{a}{100}$ 이다.

| 2 | 곱셈, 나눗셈 기호의 생략 ★★☆☆☆

☐ 수는 문자 앞에 쓰고 곱셈 기호(×)를 생략한다.　　예 $a \times 2 = 2a$, $b \times (-3) = -3b$

☐ $1 \times$ (문자), $-1 \times$ (문자)에서 1은 생략한다.　　예 $1 \times a = a$, $b \times (-1) = -b$
　　$0.1 \times a$는 $0.a$로 쓰지 않고 $0.1a$로 쓴다.

☐ 문자는 알파벳 순서로 쓴다.　　예 $b \times a = ab$, $c \times b \times a = abc$

☐ 같은 문자의 곱은 거듭제곱꼴로 나타낸다.　　예 $a \times a \times b \times b \times b = a^2 b^3$

☐ 괄호가 있을 때는 수를 괄호 앞에 쓴다.　　예 $(a+b) \times 2 = 2(a+b)$

☐ 나눗셈 기호(÷)를 생략하고 분수꼴로 나타낸다.　　예 $a \div 2 = \dfrac{a}{2}$

☐ 나눗셈 기호는 **역수를** 이용하여 곱셈 기호로 바꾼다.　　예 $a \div 2 = a \times \dfrac{1}{2} = \dfrac{1}{2}a$

| 3 | 대입과 식의 값 ★☆☆☆☆

☐ **대입** : 문자를 사용한 식에서 문자에 어떤 수를 바꾸어 넣는 것 정의

☐ **식의 값** : 문자를 사용 한 식에서 문자에 어떤 수를 대입하여 계산한 결과 정의

☐ 문자에 어떤 수를 대입할 때는 생략된 곱셈 기호(×)를 다시 나타낸다.

　　예 $x = 2$를 $3x + 1$에 대입하면 $3x + 1 = 3 \times 2 + 1 = 7$이다.

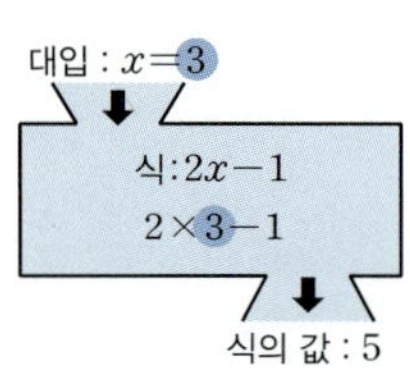

☐ 문자에 음수를 대입할 때는 반드시 괄호를 사용한다.

　　예 $x = -1$을 $2x + 3$에 대입하면 $2x + 3 = 2 \times (-1) + 3 = 1$이다.

☐ 분모에 분수를 대입할 때는 생략된 나눗셈 기호(÷)를 다시 나타낸 후 곱셈으로 고친다.

　　예 $x = \dfrac{1}{2}$ 을 $\dfrac{3}{x}$에 대입하면 $\dfrac{3}{x} = 3 \div x = 3 \div \dfrac{1}{2} = 3 \times 2 = 6$이다.

⊙ **문자를 사용한 식으로 나타내시오.**

001 한 권에 500원 하는 공책 x권의 가격

002 한 변의 길이가 $x\,\mathrm{cm}$인 정사각형의 둘레의 길이

003 $x\,\mathrm{km}$의 거리를 시속 $4\,\mathrm{km}$로 걷는 데 걸리는 시간

004 농도가 5%인 소금물 $x\,\mathrm{g}$ 속에 녹아 있는 소금의 양

005 십의 자리의 숫자가 x, 일의 자리의 숫자가 y인 두 자리의 자연수

006 정가가 a원인 과자를 20% 할인하여 판매하는 금액

⊙ **기호 $\times$, $\div$를 생략한 식으로 나타내시오.**

007 $0.1 \times a \times b$ **008** $x \times (-1)$

009 $a \times c \times b$ **010** $(-3) \times x \times x \times y \times y$

011 $a \div (b+c)$ **012** $x \times y \div 2$

013 $a \div b \div (2-c)$ **014** $2 - 3 \times x \div y$

⊙ $x=2$**일 때, 식의 값을 구하시오.**

015 $2x-3$ **016** x^2+2x

017 $\dfrac{10}{x+3}$ **018** $x\left(1+\dfrac{3}{x}\right)$

⊙ $a=-2$, $b=3$**일 때, 식의 값을 구하시오.**

019 $2a+b$ **020** a^3+b^2

021 $\dfrac{a}{2}+b$ **022** $\dfrac{4}{a}+\dfrac{9}{b}$

⊙ $x=\dfrac{1}{4}$, $y=-\dfrac{1}{2}$**일 때, 식의 값을 구하시오.**

023 $4xy-y^2$ **024** $\dfrac{3}{x}-\dfrac{2}{y}$

015 일차식의 사칙 연산

| 1 | 항과 계수 ★☆☆☆☆

☐ **항** : 수 또는 문자의 곱으로만 이루어진 식 [정의]

☐ **상수항** : 문자없이 수로만 이루어진 항 [정의]

☐ **계수** : 항에서 문자와 곱한 수 [정의]
상수항은 문자와 곱해져 있지 않지만 상수항 자신을 상수항의 계수로 간주한다.
㉠ $3x-y+2$에서 x의 계수는 3, y의 계수는 -1, 상수항의 계수는 2이다.

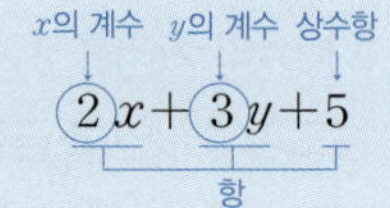

| 2 | 단항식과 다항식 ★☆☆☆☆

☐ **단항식** : 항이 하나뿐인 다항식 [정의]

㉠ $2x$, $-3y^2$, 5는 모두 단항식이다.

☐ **다항식** : 1개 또는 2개 이상의 항의 합으로 이루어진 식 [정의]
단항식을 다항식에 포함시키지 않아야 한다는 견해가 있지만 교과서에서는 단항식을 다항식에 포함시킨다.
㉠ x, $2x+y$, y^2, $3x+2y-1$은 모두 다항식이다.

| 3 | 일차식 ★☆☆☆☆

☐ **항의 차수** : 항에서 곱한 문자의 개수 [정의]

㉠ $2x^2$은 $x \times x$이므로 2차식, $2y^3$은 $y \times y \times y$이므로 3차식이다.

☐ **다항식의 차수** : 다항식에서 차수가 가장 큰 항의 차수 [정의]

㉠ $2x^2+3x-4$에서 x^2의 차수가 2차로 가장 크므로 이 다항식은 2차이다.

☐ **일차식** : 차수가 1인 다항식 [정의]

㉠ 분모에 문자가 있는 식은 다항식이 아니므로 $\dfrac{1}{x+2}$은 일차식이 아니다.

| 4 | 일차식과 수의 곱셈, 나눗셈 ★☆☆☆☆

☐ (단항식) $\times$ (수) : 수끼리 곱한 후 문자 앞에 쓴다.
곱셈의 교환법칙과 결합법칙을 이용하여
㉠ $2x \times 3 = 2 \times x \times 3 = 2 \times 3 \times x = (2 \times 3) \times x = 6x$

☐ (단항식) $\div$ (수) : 나눗셈을 곱셈으로 바꾸어 계산한다.
나누는 수의 역수를 곱한다.
㉠ $2x \div 3 = 2x \times \dfrac{1}{3} = \left(2 \times \dfrac{1}{3}\right)x = \dfrac{2}{3}x$

☐ (일차식) $\times$ (수) : 일차식의 각 항에 수를 곱한다.
분배법칙을 이용하여
㉠ $(2x+3) \times 4 = 2x \times 4 + 3 \times 4 = (2 \times 4)x + 12 = 8x + 12$

☐ (일차식) $\div$ (수) : 나눗셈을 곱셈으로 바꾸어 계산한다.
분배법칙을 이용하여, 나누는 수의 역수를 곱한다.
㉠ $(6x-4) \div 2 = (6x-4) \times \dfrac{1}{2} = 6x \times \dfrac{1}{2} - 4 \times \dfrac{1}{2} = 3x - 2$

| 5 | 일차식의 덧셈, 뺄셈 ★☆☆☆☆

☐ **동류항** : 문자와 차수가 각각 같은 항 [정의]

㉠ x와 $2x$는 동류항이지만 x와 $2x^2$은 차수가 다르기 때문에 동류항이 아니다.

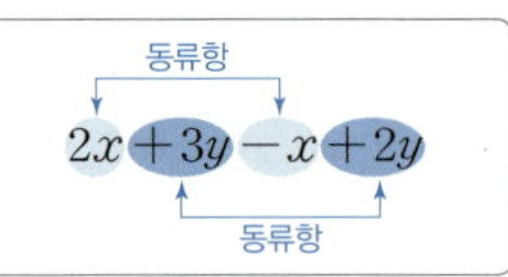

☐ **동류항의 덧셈과 뺄셈** : 동류항의 계수끼리 더하거나 뺀 후 문자 앞에 쓴다.
분배법칙을 이용하여
㉠ $2x+3x = (2+3)x = 5x$, $2x-3x = (2-3)x = -x$

☐ **일차식의 덧셈과 뺄셈** : 괄호가 있으면 모두 풀고 분수는 통분하여 동류항끼리 더하거나 뺀다.
분배법칙을 이용하여, 괄호 앞에 $-$가 있으면 괄호 안의 부호는 반대가 된다. 즉, $A-(B-C)=A-B+C$이다.
㉠ $3(2x-1)-(x-2) = 6x-3-x+2 = 5x-1$

㉠ $\dfrac{x+1}{2} + \dfrac{2x-3}{3} = \dfrac{3(x+1)}{6} + \dfrac{2(2x-3)}{6} = \dfrac{3x+3+4x-6}{6} = \dfrac{7x-3}{6}$

◉ **맞으면 ○, 틀리면 ×**

001 $3x+2y+1$의 항은 2개이다.   ○ / ×

002 $3x$의 계수는 x이다.   ○ / ×

003 $\dfrac{1}{x}$은 일차식이 아니다.   ○ / ×

004 x^2+x+2는 이차식이다.   ○ / ×

005 $3a^2$과 $2a^3$은 동류항이다.   ○ / ×

◉ **차수를 말하시오.**

006 $-2x+5$

007 $\dfrac{x}{3}-2$

008 $3+2a+a^2$

009 $-3+2y+y^2$

◉ **간단히 하시오.**

010 $(-6)\times 2a$

011 $\left(-\dfrac{3}{4}x\right)\div 6$

012 $(2a-3)\times 4$

013 $(2x-1)\div\dfrac{1}{3}$

014 $\left(\dfrac{1}{6}a-\dfrac{2}{3}\right)\times(-9)$

015 $\left(\dfrac{3}{2}-6x\right)\div\left(-\dfrac{3}{2}\right)$

◉ **다항식 $3a-2b+2+4a+b-3$이 있다.**

016 $3a$의 동류항

017 b의 동류항

018 2의 동류항

◉ **간단히 하시오.**

019 $a+3a-2a$

020 $x+3+4x-5$

021 $(0.7a-1)+(-3.7a+3)$

022 $(3x-2)-(5x+1)$

023 $\dfrac{a+2}{3}+\dfrac{2a-1}{2}$

024 $\dfrac{2x-1}{3}-\dfrac{x-1}{2}$

025 $2(4a-2)+3(a+1)$

026 $8\left(x-\dfrac{1}{4}\right)-6\left(x-\dfrac{2}{3}\right)$

| 1 | 방정식과 항등식 ★★☆☆☆

☐ **방정식** : 미지수의 값에 따라 참이 되기도 하고 거짓이 되기도 하는 등식 [정의]

　예 $2x+1=3x$ ➡ $x=1$일 때만 참이 되고, $x\neq1$일 때는 거짓이 된다. ➡ 방정식

☐ **항등식** : 미지수에 어떤 값을 대입해도 **항상** 참이 되는 등식 [정의]
　　등호(=)를 사용하여 두 수나 식이 같음을 나타내는 식
　예 $2x+x=3x$ ➡ x에 어떤 값을 대입해도 항상 참이다. ➡ x에 대한 항등식

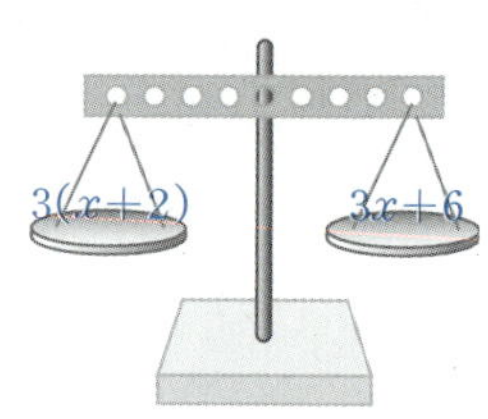
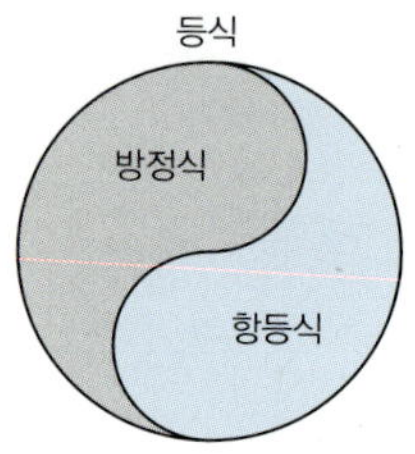

☐ 좌변과 우변을 간단히 했을 때, (좌변)＝(우변)이면 항등식이다.

　예 $(x+1)^2=x^2+2x+1$의 좌변과 우변이 다른 모습이지만 사실상 같은 식이므로 항등식이다.

| 2 | 항등식의 성질 ★★★★★

☐ $ax+b=0$이 x에 대한 항등식이다.　　　➡ $a=0,\ b=0$

☐ $ax+b=cx+d$가 x에 대한 항등식이다. ➡ $a=c,\ b=d$

　예 $ax+b=2x+3$이 x에 대한 항등식이다. ➡ $a=2,\ b=3$

☐ $ax+b=cx+d \rightarrow (a-c)x+(b-d)=0$이 x에 대한 항등식이다. ➡ $a-c=0,\ b-d=0$
　　　　　　　　　　　( )$x+$( )$=0$꼴로 정리한다.
　예 $ax+b=2x+3 \rightarrow (a-2)x+(b-3)=0$이 x에 대한 항등식이다. ➡ $a-2=0,\ b-3=0 \rightarrow a=2,\ b=3$

| 3 | 항등식의 여러 표현들 ★★★★★

☐ 'x에 대한 항등식' ＝ '모든 x에 대하여 항상 성립하는 등식'

　　　　　　　　　 ＝ 'x의 값에 관계없이 항상 성립하는 등식'

　　　　　　　　　 ＝ 'x가 어떤 값을 갖더라도 항상 성립하는 등식'

| 고등수학 |- -

❶ [내신] ☐ $ax^2+bx+c=0$이 x에 대한 항등식이다.　　　　➡ $a=0,\ b=0,\ c=0$
　　　　　☐ $ax^2+bx+c=a'x^2+b'x+c'$이 x에 대한 항등식이다. ➡ $a=a',\ b=b',\ c=c'$
　　　　　└ 아직 정해지지 않은 계수를 구하는 방법
❷ 항등식과 **미정계수법**　　　　　　　　　　동류항
　　• 문제에 따라 계수비교법과 수치대입법 중 편리한 방법을 선택하여 푼다.
　　☐ 계수비교법의 원리 : 항등식은 양변의 같은 차수의 항의 계수끼리 서로 같다.
　　　　　　　　　　 즉, $ax+b=cx+d$에서 계수끼리 비교하면 $a=c,\ b=d$이다.
　　☐ 수치대입법의 원리 : 항등식에 포함된 문자에 어떤 값을 대입해도 등식은 항상 성립한다.
　　　　　　　　　　 즉, $ax+b=0$에서 $x=0$을 대입하면 $b=0$, $x=1$을 대입하면 $a=0$이다.

정답과 해설 P. 22 / 필수문제편 P. 229

⊙ [ ] 안의 수가 방정식의 해이면 ○, 아니면 ×

001 $3x+4=-1$ [-1] ○ / ×   **002** $x+1=4x-2$ [1] ○ / ×

003 $x-(2x-3)=5$ [-2] ○ / ×   **004** $7x+1=4(x+1)$ [-1] ○ / ×

⊙ 'x에 대한 항등식'의 설명으로 맞으면 ○, 틀리면 ×

005 해가 무수히 많다. ○ / ×

006 모든 x의 값에 대하여 항상 참이다. ○ / ×

007 x의 값에 관계없이 항상 성립한다. ○ / ×

008 x의 값에 따라 참이 되기도 하고, 거짓이 되기도 한다. ○ / ×

⊙ x에 대한 항등식이면 ○, 아니면 ×

009 $0 \times x = 0$ ○ / ×   **010** $x \times x \times x = x^3$ ○ / ×

011 $2x+3x=5x$ ○ / ×   **012** $2(x+3)=2x+6$ ○ / ×

013 $(2x+1)^2=4x^2+4x+1$ ○ / ×   **014** $3(x+1)=3x$ ○ / ×

⊙ x에 대한 항등식이다.

015 $ax+b=1$ $a=$＿＿＿ $b=$＿＿＿

016 $ax-3=5x+b$ $a=$＿＿＿ $b=$＿＿＿

017 $a(x-1)=2x+b$ $a=$＿＿＿ $b=$＿＿＿

018 $(3-a)x+2-b=0$ $a=$＿＿＿ $b=$＿＿＿

019 $(a+2)x+4=b$ $a=$＿＿＿ $b=$＿＿＿

고등수학

⊙ x에 대한 항등식이다.

020 $ax^2+bx+c=1$ $a=$＿＿＿ $b=$＿＿＿ $c=$＿＿＿

021 $2x^2+ax-3=bx^2+c$ $a=$＿＿＿ $b=$＿＿＿ $c=$＿＿＿

022 $(a-1)x^2+bx+c-2=3x^2+2x+1$ $a=$＿＿＿ $b=$＿＿＿ $c=$＿＿＿

⊙ $a(x+1)+2=b(x-1)+4$는 x에 대한 항등식이다.

023 양변에 $x=1$을 대입하면 $a=$＿＿＿

024 양변에 $x=-1$을 대입하면 $b=$＿＿＿

017 일차방정식의 풀이

| 1 | 등식의 성질 ★★★★★

☐ 등식의 양변에 **같은 수를 더하거나 빼도** 등식은 여전히 성립한다.

(성질 1) $a=b$이면 $a+c=b+c$이다.

(성질 2) $a=b$이면 $a-c=b-c$이다.

☐ 등식의 양변에 **같은 수를 곱하거나 0이 아닌 같은 수로 나누어도** 등식은 여전히 성립한다.

(성질 3) $a=b$이면 $ac=bc$이다.
$ac=bc$이면 $a=b$이다. (거짓) 예 $2\times0=3\times0$이지만 $2\neq3$이다.

(성질 4) $a=b$이면 $\dfrac{a}{c}=\dfrac{b}{c}\,(c\neq0)$이다.
분수의 분모는 절대 0이 될 수 없으므로 $c\neq0$이라는 조건이 꼭 필요하다.

| 2 | 이항 ★★★★★

☐ **이항** : 등식의 한 변에 있는 항을 부호를 바꾸어 다른 변으로 옮기는 것 〔정의〕

☐ 이항은 등식의 성질 중 '등식의 양변에 같은 수를 더하거나 빼도 등식은 여전히 성립한다.'를 이용한 것이다.
$+\bullet$를 이항하면 ➡ $-\bullet$, $-\bullet$를 이항하면 ➡ $+\bullet$

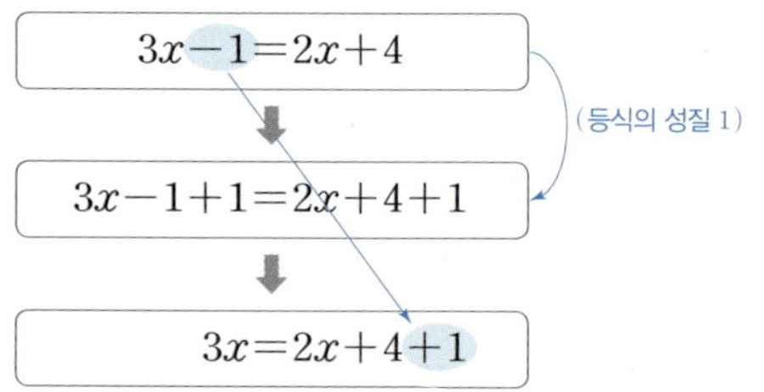

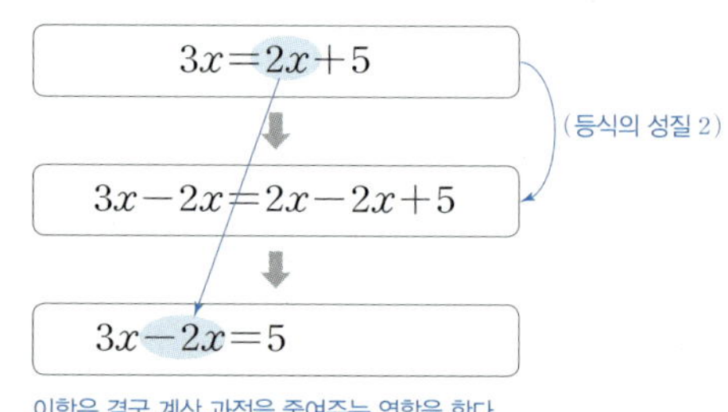

이항은 결국 계산 과정을 줄여주는 역할을 한다.

| 3 | 일차방정식의 풀이 ★★★★★

☐ **일차방정식** : 등식의 모든 항을 좌변으로 이항하여 정리하였을 때, (일차식)$=0$, 즉 $ax+b=0\,(a\neq0)$꼴로 변형되는 방정식 〔정의〕

☐ '일차방정식을 푼다'는 것은 등식의 성질을 이용하여 **좌변에 x만 남기는 것**과 다르지 않다.
'$x=$(수)'로 변형하는 일이다.

$4x-1=x+5$

⬇

$3x=6$ ← $4x-x=5+1$

(1단계) 미지수 x를 포함한 항은 좌변으로, 상수항은 우변으로 이항한다.
( )$x=$( )꼴로 정리한다.
x가 있는 항끼리 정리 └ 상수항끼리 정리

⬇

$x=2$ ← $\dfrac{3x}{3}=\dfrac{6}{3}$ 또는 $3x\times\dfrac{1}{3}=6\times\dfrac{1}{3}$

(2단계) x의 계수로 양변을 나눈다.
='x의 계수를 1로 만든다.'
양변에 3의 역수를 곱해도 된다.

| 4 | 복잡한 일차방정식의 풀이 ★★★★★

☐ 비례식인 경우 ➡ 비례식의 성질(내항의 곱은 외항의 곱과 같다.)을 이용한다.

☐ 계수가 분수인 경우 ➡ 양변에 **분모의 최소공배수**를 곱한다.
최소공배수를 곱하지 않으면 계수가 한 번에 정수가 되지 않는다. 모든 항에 빠짐없이

☐ 계수가 소수인 경우 ➡ 양변에 **10의 거듭제곱**$(10, 100, \cdots)$을 곱한다.
모든 항에 빠짐없이 왜? 계수를 정수로 고치기 위해!

예 $0.2x=0.6-0.1x$의 양변에 10을 곱하면 $2x=6-x \to 3x=6 \to x=2$이다.

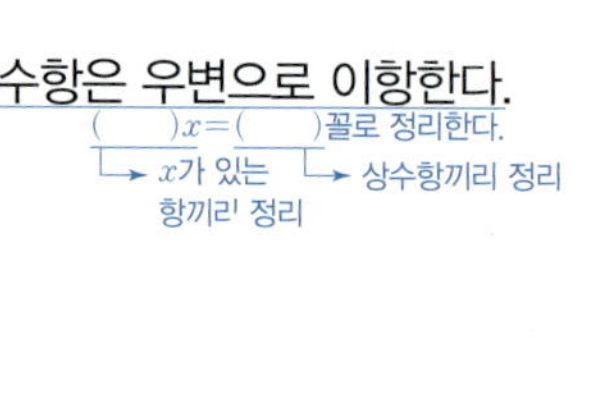

⊙ **맞으면 ○, 틀리면 ×**

001 $a=b$이면 $a+2=b+2$이다.　　　　　　　　　　　　　　○ / ×

002 $a+3=b-3$이면 $a=b$이다.　　　　　　　　　　　　　○ / ×

003 $\dfrac{a}{3}=\dfrac{b}{2}$이면 $\dfrac{a+3}{3}=\dfrac{b+2}{2}$이다.　　　　　　　○ / ×

004 $ac=bc$이면 $a=b$이다.　　　　　　　　　　　　　　○ / ×

⊙ **밑줄 친 항을 이항하시오.**

005 $2\underline{x-4}=6$　　　　　　　　**006** $-2x=\underline{x}-3$

007 $\underline{x}+1=\underline{-2x}+7$　　　　　**008** $x\underline{-5}=10\underline{-4x}$

⊙ **방정식을 푸시오.**

009 $4x-1=7$　　　　　　　　**010** $3+4x=5x$

011 $3x=5x+2$　　　　　　　**012** $x-1=2x+3$

013 $10-4x=x-5$　　　　　　**014** $2x-2=6-2x$

015 $2(2x-1)=10$　　　　　　**016** $x+10=3(x+2)$

017 $3(2x-4)=x+3$　　　　　**018** $x+8=-2(x-1)$

019 $3x+4(x+1)=-3$　　　　**020** $3(1-x)+5=2(x-6)$

021 $2:(x+3)=5:4x$　　　　　**022** $(x+2):1=(x+7):2$

023 $\dfrac{x}{2}=\dfrac{x-3}{5}$　　　　　　**024** $\dfrac{x}{2}=\dfrac{2}{3}(x-2)+1$

025 $\dfrac{3}{2}=\dfrac{x}{6}-\dfrac{x-1}{3}$　　　　**026** $\dfrac{2}{5}x+\dfrac{3}{2}=\dfrac{1}{4}x$

027 $0.2(x+1)=0.5(x-2)$　　**028** $0.1x-0.3=0.02x+0.18$

018 소금물의 농도

| 1 | 퍼센트(per + cent) (%) ★★★★★

□ 어떤 양이 전체의 양에 대해 100분의 몇이 되는가를 나타내는 단위, **백분율**이라고도 한다. [정의]

전체의 수량을 100을 기준으로 하여, 생각하는 수량이 그 중 몇이 되는가를 가리키는 수

$$\frac{1}{100} = 0.01 = 1(\%)$$

(예) 50명 중에 결석자가 2명이면 100명 중에는 결석자가 4명 있다. 이때 결석률은 $\frac{2}{50} \times 100 = 4(\%)$이다.

| 2 | 소금물의 농도 ★★★★★

□ 소금물의 농도(%)는 소금물(소금+물)의 양을 100으로 놓았을 때, 들어있는 소금의 양을 의미한다. [정의]

기준이 100이다.

$$(\text{소금물의 농도}) = \frac{(\text{소금의 양})}{(\text{소금물의 양})} \times 100(\%)$$

(예) 농도가 15%인 소금물 100g에는 소금이 15g 들어있으므로 농도가 15%인 소금물 200g에는 소금이 30g 들어있다.

$$15(\%) \ \Rightarrow \ \frac{15}{100} \ \Rightarrow \ \frac{30}{200}$$

□ $(\text{소금의 양}) = (\text{소금물의 양}) \times \dfrac{(\text{농도})}{100}$

(예) 농도가 5%인 소금물 400g에 녹아 있는 소금의 양은 $400 \times \dfrac{5}{100} = 20(\text{g})$이다.

□ 물 xg을 더 넣거나 증발시키는 경우 $\ \Rightarrow \ (\text{소금물의 농도}) = \dfrac{(\text{소금의 양})}{(\text{소금물의 양}) \pm x} \times 100(\%)$

소금의 양은 그대로이다.

□ 소금 xg을 더 넣는 경우 $\ \Rightarrow \ (\text{소금물의 농도}) = \dfrac{(\text{소금의 양}) + x}{(\text{소금물의 양}) + x} \times 100(\%)$

소금과 소금물의 양이 모두 증가한다.

| 3 | 농도문제 풀이법 ★★★★★

□ 소금물 농도문제는 소금의 양의 변화를 추적하면 효과적이다.

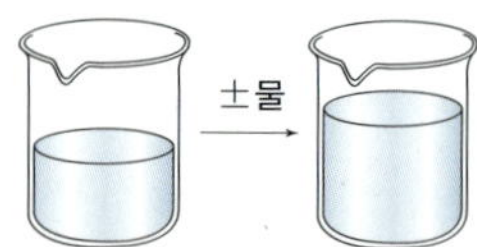

❶ 소금물에 물을 더 넣을 때
❷ 소금물에서 물을 증발시킬 때
소금의 양은 변하지 않고 그대로이다.

□ 두 소금물을 섞었을 때, 섞기 전과 섞은 후의 **소금의 양은 변하지 않고** 그대로이다.

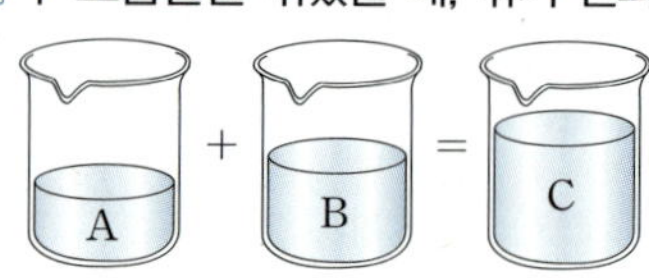

❶ 농도가 다른 두 소금물을 섞을 때
❷ 소금물에 소금을 더 넣을 때
$\Rightarrow (\text{A 소금의 양}) + (\text{B 소금의 양}) = (\text{C 소금의 양})$
$\Rightarrow (\text{A 소금물의 양}) + (\text{B 소금물의 양}) = (\text{C 소금물의 양})$

(예) 농도가 3%인 A 소금물 100g과 농도가 6%인 B 소금물 200g을 섞은 C 소금물의 농도는 얼마인가?

A 소금물, B 소금물에 들어있는 소금의 양은 각각 $100 \times \dfrac{3}{100} = 3(\text{g})$, $200 \times \dfrac{6}{100} = 12(\text{g})$이므로

C 소금물의 농도는 $\dfrac{3+12}{100+200} \times 100 = 5(\%)$이다.

⊙ **빈 칸을 채우시오.**

001 $0.07 = $ ____________ %　　　　　**002** $0.12 = $ ____________ %

003 $\dfrac{4}{5} = $ ____________ %　　　　　**004** $\dfrac{3}{4} = $ ____________ %

005 $15\% = $ ____________ (기약분수로)　　　　**006** $25\% = $ ____________ (기약분수로)

007 700g의 40%는 ____________ g이다.　　　**008** 800원의 25%는 ____________ 원이다.

009 소금 20g과 물 80g을 섞으면 농도는 ____________ %이다.

010 설탕물 200g에 설탕이 50g 들어있으면 농도는 ____________ %이다.

011 농도가 30%인 소금물 100g에 들어있는 소금의 양은 ____________ g이다.

012 농도가 10%인 소금물 200g에 물 200g을 더 넣었을 때, 농도는 ____________ %이다.

013 농도가 7%인 소금물 200g에서 물 60g을 증발시켰을 때, 농도는 ____________ %이다.

014 농도가 25%인 소금물 100g에 소금 25g을 더 넣었을 때, 농도는 ____________ %이다.

015 A 소금물에 들어있는 소금의 양은 ____________ g이다.

016 B 소금물에 들어있는 소금의 양은 ____________ g이다.

017 C 소금물에 들어있는 소금의 양은 ____________ g이다.

018 C 소금물의 농도는 ____________ %이다.

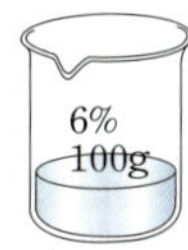

⊙ **농도가 10%인 A 소금물 50g에서 물 10g을 증발시키고, 소금 10g을 넣어 B 소금물을 만들었다.**

019 A 소금물에 들어있는 소금의 양은 ____________ g이다.

020 B 소금물에 들어있는 소금의 양은 ____________ g이다.

021 B 소금물의 농도는 ____________ %이다.

| 1 | 거리, 속력, 시간의 관계 ★★★★★

$$（거리）=（속력）\times（시간）\implies（속력）=\frac{（거리）}{（시간）},\ （시간）=\frac{（거리）}{（속력）}$$

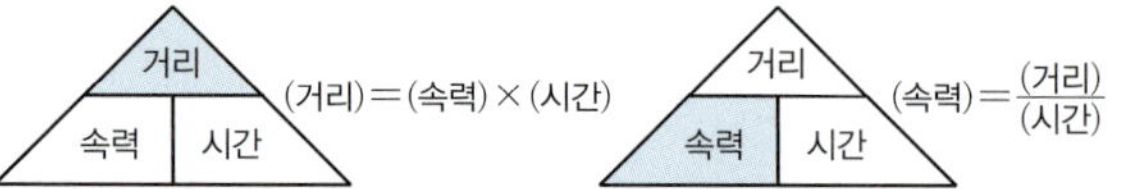

예 시속 $2\,\mathrm{km}$의 속력으로 3시간 동안 이동한 거리는 $2\times3=6(\mathrm{km})$이다.

| 2 | 거속시 문제 ★★★☆☆

□ 두 지점을 왕복할 때 ➡ （갈 때 걸린 시간）＋（올 때 걸린 시간）＝（전체 걸린 시간）

□ 운동장 트랙을 출발점에서 동시에 출발하여 **서로 반대 방향**으로 돌 때

➡ （두 사람이 이동한 **거리의 합**）＝（트랙의 길이）일 때, 다시 만난다.

예 A와 B는 길이가 $1.2\,\mathrm{km}$인 트랙의 출발점에서 서로 반대 방향으로 동시에 출발하여 A는 매분 $70\,\mathrm{m}$의 속력으로, B는 매분 $50\,\mathrm{m}$의 속력으로 걸었다. x분 동안 두 사람이 이동한 거리의 합은 $(70x+50x)\,\mathrm{m}$이므로 $70x+50x=1200$ ➡ $x=10$이다. 즉, 10분 후에 두 사람이 다시 만난다.

□ 운동장 트랙을 출발점에서 동시에 출발하여 **서로 같은 방향**으로 돌 때

➡ （두 사람이 이동한 **거리의 차**）＝（트랙의 길이）일 때, 다시 만난다.

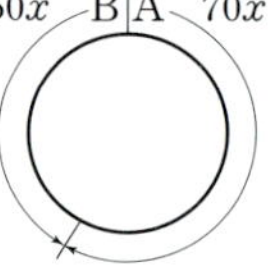

예 A와 B는 길이가 $1.2\,\mathrm{km}$인 트랙의 출발점에서 서로 같은 방향으로 동시에 출발하여 A는 매분 $70\,\mathrm{m}$의 속력으로, B는 매분 $50\,\mathrm{m}$의 속력으로 걸었다. x분 동안 두 사람이 이동한 거리의 차는 $(70x-50x)\,\mathrm{m}$이므로 $70x-50x=1200$ ➡ $x=60$이다. 즉, 1시간 후에 두 사람이 다시 만난다.

| 3 | 증가와 감소 문제 ★★★★☆

□ 증가하거나 감소하는 **기준이 되는 시점**을 미지수로 두는 것이 편리하다.

□ x가 $a\%$ 증가할 때 ➡ （증가한 양）$=x\times\dfrac{a}{100}$ ➡ （증가한 후의 양）$=x+x\times\dfrac{a}{100}=x\times\left(1+\dfrac{a}{100}\right)$

처음의 양（기준이 되는 시점）

□ x가 $b\%$ 감소할 때 ➡ （감소한 양）$=x\times\dfrac{b}{100}$ ➡ （감소한 후의 양）$=x-x\times\dfrac{b}{100}=x\times\left(1-\dfrac{b}{100}\right)$

□ 원가 x원에 $a\%$ 이익을 붙인 정가 ➡ （정가）$=$（원가）$+$（이익）$=x\times\left(1+\dfrac{a}{100}\right)$

이익이 붙지 않은 상품의 원래의 가격

□ 정가 x원에서 $b\%$ 할인한 판매 금액 ➡ （판매 금액）$=$（정가）$-$（할인 금액）$=x\times\left(1-\dfrac{b}{100}\right)$

（실제 이익）$=$（판매 금액）$-$（원가）

예 정가가 500원인 물건을 4% 할인하여 판매하는 가격은 （정가）$-$（할인 금액）$=\left\{500\times\left(1-\dfrac{4}{100}\right)\right\}$원이다.

⊙ 시속 $10\,\mathrm{km}$로 집에서 학교로 가고, 시속 $5\,\mathrm{km}$로 학교에서 집으로 왔더니 총 1시간 30분이 걸렸다.

001 집과 학교 사이의 거리를 미지수 ＿＿＿＿＿＿＿(km)로 놓았다.

002 갈 때 걸린 시간은 ＿＿＿＿＿＿＿(시간)이다.

003 올 때 걸린 시간은 ＿＿＿＿＿＿＿(시간)이다.

004 집과 학교 사이의 거리는 ＿＿＿＿＿＿＿(km)이다.

⊙ A지점에서 B지점으로 가는 데 시속 $60\,\mathrm{km}$의 버스로 가면 시속 $20\,\mathrm{km}$의 자전거로 가는 것보다 1시간 빨리 도착한다.

005 두 지점 사이의 거리를 미지수 ＿＿＿＿＿＿＿(km)로 놓았다.

006 버스로 간 시간은 ＿＿＿＿＿＿＿(시간)이다.

007 자전거로 간 시간은 ＿＿＿＿＿＿＿(시간)이다.

008 두 지점 사이의 거리는 ＿＿＿＿＿＿＿(km)이다.

⊙ 길이가 $800\,\mathrm{m}$인 운동장의 둘레를 영규는 매분 $40\,\mathrm{m}$의 속력으로, 건이는 매분 $80\,\mathrm{m}$의 속력으로 출발점에서 서로 같은 방향으로 동시에 출발하였다.

009 두 사람이 처음으로 다시 만나는 시간을 미지수 ＿＿＿＿＿＿＿(분) 후로 놓았다.

010 영규가 걸은 거리는 ＿＿＿＿＿＿＿(m)이다.

011 건이가 걸은 거리는 ＿＿＿＿＿＿＿(m)이다.

012 두 사람이 처음으로 다시 만나는 시간은 ＿＿＿＿＿＿＿(분) 후이다.

⊙ 원가에 20%의 이익을 붙여 정가를 정했다. 그러나 잘 팔리지 않아 정가에서 200원을 할인하여 팔았더니 400원의 이익이 생겼다.

013 상품의 원가를 미지수 ＿＿＿＿＿＿＿(원)으로 놓았다.

014 정가는 ＿＿＿＿＿＿＿(원)이다.

015 판매 금액은 ＿＿＿＿＿＿＿(원)이다.

016 상품의 원가는 ＿＿＿＿＿＿＿(원)이다.

| 1 | 거듭제곱과 지수 ★★★★★

□ 곱셈은 반복되는 덧셈을, 거듭제곱은 반복되는 곱셈을 압축하여 나타내는 수학적 도구이다.

□ **밑** : 거듭해서 곱하는 수나 문자 `정의`

□ **지수** : 거듭해서 곱해진 수나 문자의 개수 `정의`
　몇 번 곱했는지 가리키는 수

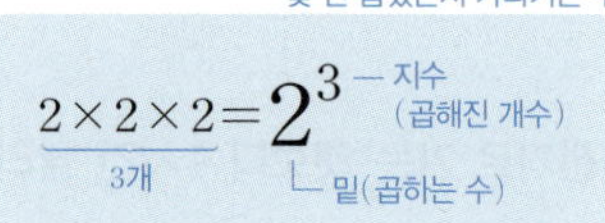

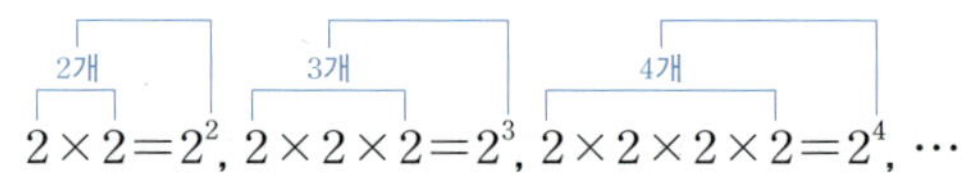

$$\underbrace{2\times2=2^2}_{2개},\ \underbrace{2\times2\times2=2^3}_{3개},\ \underbrace{2\times2\times2\times2=2^4}_{4개},\ \cdots$$

'2의 제곱'으로 읽는다.　　'2의 세제곱'으로 읽는다.　　'2의 네제곱'으로 읽는다.

| 2 | 지수법칙 ★★★★★

· m, n이 자연수일 때

□ $a^m \times a^n = a^{m+n}$ 　(곱셈 ➡ 지수를 더한다.) 예 $2^3 \times 2^2 = (2\times2\times2)\times(2\times2) = 2^{3+2}$

□ $(a^m)^n = a^{m\times n}$ 　(거듭제곱 ➡ 지수를 곱한다.) 예 $(2^3)^2 = 2^3 \times 2^3 = 2^{3+3} = 2^{3\times2}$

□ $a^m \div a^n = \begin{cases} a^{m-n} & (m>n) \\ 1 & (m=n) \\ \dfrac{1}{a^{n-m}} & (m<n) \end{cases}$ 　(나눗셈 ➡ 지수를 뺀다.)

예 $2^3 \div 2^2 = (2\times2\times2)\div(2\times2) = \dfrac{2\times2\times2}{2\times2} = 2^1 = 2^{3-2}$

예 $2^3 \div 2^3 = (2\times2\times2)\div(2\times2\times2) = \dfrac{2\times2\times2}{2\times2\times2} = 1$

예 $2^2 \div 2^3 = (2\times2)\div(2\times2\times2) = \dfrac{2\times2}{2\times2\times2} = \dfrac{1}{2^1} = \dfrac{1}{2^{3-2}}$

□ $(ab)^n = a^n b^n$, $\left(\dfrac{a}{b}\right)^n = \dfrac{a^n}{b^n}$ 　(지수의 분배)

예 $(2\times3)^2 = (2\times3)\times(2\times3) = (2\times2)\times(3\times3) = 2^2 \times 3^2$

예 $\left(\dfrac{2}{3}\right)^2 = \dfrac{2}{3}\times\dfrac{2}{3} = \dfrac{2\times2}{3\times3} = \dfrac{2^2}{3^2}$

| 3 | 지수법칙을 잘못 적용한 예 ★★★☆☆

□ $x^2 \times x^3 = x^{2\times3} = x^6$ (×) 　➡ $x^2 \times x^3 = x^{2+3} = x^5$ (○)

□ $(x^2)^3 = x^{2+3} = x^5$ (×), $(x^2)^3 = x^{2^3} = x^8$ (×) ➡ $(x^2)^3 = x^{2\times3} = x^6$ (○)

□ $x^6 \div x^2 = x^{6\div2} = x^3$ (×) 　➡ $x^6 \div x^2 = x^{6-2} = x^4$ (○)

| **고등수학** | -

❶ `내신` 지수가 '자연수 → 정수'로 확장될 때

　□ $a^0 = 1$ (어떤 수를 0제곱하면 무조건 1이 된다.) 　예 $2^3 \div 2^3 = 2^{3-3} = 2^0 = 1$

　□ $a^{-1} = \dfrac{1}{a}$, $a^{-n} = \dfrac{1}{a^n}$ (지수의 마이너스는 역수의 효과를 준다.) 예 $2^{-1} = \dfrac{1}{2}$, $2^{-3} = 2^{0-3} = 2^0 \div 2^3 = \dfrac{2^0}{2^3} = \dfrac{1}{2^3}$

❷ `내신` 지수가 '자연수 → 정수 → 유리수 → 실수'로 확장되어도 **밑만 양수이면** 지수법칙은 그대로 유효하다.

　· $a>0$, $b>0$이고 m, n이 실수일 때

　□ $a^m a^n = a^{m+n}$ 　예 $2^{\frac{1}{3}} \times 2^{\frac{2}{3}} = 2^{\frac{1}{3}+\frac{2}{3}} = 2^1 = 2$

　□ $(a^m)^n = a^{mn}$ 　예 $9^{-\frac{1}{2}} = (3^2)^{-\frac{1}{2}} = 3^{2\times\left(-\frac{1}{2}\right)} = 3^{-1} = \dfrac{1}{3}$

　□ $a^m \div a^n = a^{m-n}$ 　예 $2^{\frac{3}{2}} \div 2^{\frac{1}{2}} = 2^{\frac{3}{2}-\frac{1}{2}} = 2^1 = 2$

　□ $(ab)^n = a^n b^n$, $\left(\dfrac{a}{b}\right)^n = \dfrac{a^n}{b^n}$ 　예 $(3^{\frac{1}{2}} \times 2^{\frac{1}{4}})^4 = (3^{\frac{1}{2}})^4 \times (2^{\frac{1}{4}})^4 = 3^{\frac{1}{2}\times4} \times 2^{\frac{1}{4}\times4} = 3^2 \times 2^1 = 18$

◉ **간단히 하시오.**

001 $a^5 \times a^9 =$ _____________

002 $(-b)^2 \times (-b)^3 =$ _____________

003 $a \times a^3 \times a^5 =$ _____________

004 $(-b)^4 \times (-b)^2 \times (-b)^5 =$ _____________

005 $x \times y^5 \times x^3 \times y^2 =$ _____________

006 $(-x) \times y \times y^4 \times (-x)^3 =$ _____________

007 $(a^5)^4 =$ _____________

008 $a^2 \times (a^3)^4 =$ _____________

009 $(b^2)^3 \times (-b^3)^5 =$ _____________

010 $(c^2)^5 \times (d^3)^2 \times (c^5)^2 =$ _____________

011 $a^5 \div a^3 =$ _____________

012 $b^5 \div b^5 =$ _____________

013 $a \div a^7 =$ _____________

014 $b^7 \div b^2 \div b^3 =$ _____________

015 $(a^2)^4 \div (a^3)^2 =$ _____________

016 $(-b^2)^4 \div b^3 \div b^5 =$ _____________

017 $(ab)^5 =$ _____________

018 $(-x^3 y)^2 =$ _____________

019 $\left(\dfrac{a^2}{b^3}\right)^5 =$ _____________

020 $\left(-\dfrac{3x}{5y^2}\right)^3 =$ _____________

021 $(a^2 b)^3 \times \left(\dfrac{b^2}{a}\right)^2 =$ _____________

022 $(x^3 y)^2 \div x^2 y^3 =$ _____________

023 $3^2 + 3^2 + 3^2 =$ _____________

024 $4^3 + 4^3 + 4^3 + 4^3 =$ _____________

고등수학

◉ **간단히 하시오.**

025 $415321^0 =$ _____________

026 $(-4x)^0 =$ _____________

027 $2^{-5} =$ _____________

028 $\left(\dfrac{2}{3}\right)^{-2} =$ _____________

029 $3^{\frac{1}{2}} \times 3^{\frac{5}{2}} =$ _____________

030 $4^{0.5} =$ _____________

031 $16^{\frac{1}{3}} \div 16^{\frac{1}{12}} =$ _____________

032 $\left(3^{\frac{1}{2}} \times 2^{\frac{3}{4}}\right)^4 =$ _____________

021 단항식의 곱셈과 나눗셈

| 1 | 단항식의 곱셈 ★☆☆☆☆

☐ 부호를 결정한 후 계수는 계수끼리, 문자는 문자끼리 곱한다.

   (예) $2x \times 3y = (2 \times 3) \times (x \times y) = 6xy$

☐ 음수가 없거나 짝수개이면 **양의 부호**($+$), 홀수개이면 **음의 부호**($-$)를 갖는다.

   (예) $(-2x) \times (-3y) = (-2) \times (-3) \times (x \times y) = 6xy$, $(-2x) \times 3y = (-2 \times 3) \times (x \times y) = -6xy$

☐ 같은 문자끼리의 곱셈은 지수법칙을 이용한다.

   (예) $2xy \times 3xy^2 = (2 \times 3) \times (x \times x) \times (y \times y^2) = 6x^2y^3$

부호 결정
↓
계수의 곱
↓
문자의 곱

| 2 | 단항식의 나눗셈 ★★★★☆

☐ (방법 1) 분수꼴로 바꾸어 계산한다.   ➡ $A \div B = \dfrac{A}{B}$

☐ (방법 2) 역수의 곱셈으로 바꾸어 계산한다. ➡ $A \div B = A \times \dfrac{1}{B} = \dfrac{A}{B}$

  곱해서 1이 되게 하는 수나 식   역수로 / 곱셈으로

   (예) $\div \dfrac{a^2}{3} \Rightarrow \times \dfrac{3}{a^2}$, $\div \dfrac{1}{2}x \Rightarrow \div \dfrac{x}{2} \Rightarrow \times \dfrac{2}{x}$

☐ 계수가 분수인 식으로 나눌 때는 문자를 분자의 자리에 올려 놓고 계산한다.

   (예) $\div \left(-\dfrac{2}{3}ab^2\right) \Rightarrow \div \left(-\dfrac{2ab^2}{3}\right) \Rightarrow \times \left(-\dfrac{3}{2ab^2}\right)$

- $a \div b \div c = a \times \dfrac{1}{b} \times \dfrac{1}{c} = \dfrac{a}{bc}$
- $a \div b \times c = (a \div b) \times c$
$$= \left(a \times \dfrac{1}{b}\right) \times c = \dfrac{ac}{b}$$
- $a \div (b \times c) = a \div bc = a \times \dfrac{1}{bc} = \dfrac{a}{bc}$

| 3 | 단항식의 곱셈과 나눗셈 혼합 계산 ★★☆☆☆

☐ 괄호가 있으면 먼저 지수법칙을 이용하여 괄호를 푼다.

☐ **나눗셈은 역수의 곱셈으로** 바꾸어 계산한다.

☐ 부호를 결정한 후 계수는 계수끼리, 문자는 문자끼리 계산한다.

   (예) $(-3a)^2 \times (-a)^3 \div 3a = 9a^2 \times (-a^3) \times \dfrac{1}{3a} = -\left(9 \times \dfrac{1}{3}\right) \times \left(a^2 \times a^3 \times \dfrac{1}{a}\right) = -3a^4$

괄호 : 지수법칙 이용
↓
나눗셈 : 역수의 곱셈
↓
계수끼리, 문자끼리 계산하기

| 4 | 빈 칸 채우기 문제 ★★☆☆☆

☐ 빈 칸 채우기 문제는 양변에 역수를 곱해서 좌변에 (　　　)만 남긴다.

$$(-3x) \times (\quad\quad) = \dfrac{5}{2}x^2y$$

⬇ (1단계) 양변에 $-3x$의 역수를 곱한다.

$$\left(-\dfrac{1}{3x}\right) \times (-3x) \times (\quad\quad) = \left(-\dfrac{1}{3x}\right) \times \dfrac{5}{2}x^2y$$

⬇ (2단계) 역수끼리 곱하면 1이므로 좌변에 (　　　)만 남게 된다.

$$(\quad\quad) = \left(-\dfrac{1}{3x}\right) \times \dfrac{5}{2}x^2y = -\left(\dfrac{1}{3} \times \dfrac{5}{2}\right) \times \left(\dfrac{1}{x} \times x^2y\right) = -\dfrac{5}{6}xy$$

- $A \times \square = B \Rightarrow \square = \dfrac{B}{A}$
- $A \div \square = B \Rightarrow \dfrac{A}{\square} = B$
$$\Rightarrow A = B \times \square$$
$$\Rightarrow \square = \dfrac{A}{B}$$

⊙ 간단히 하시오.

001 $3y \times 2x$

002 $(-2a^2) \times 3ab$

003 $(-3x) \times (-4y^2)$

004 $(-a^2) \times 2a \times (-3a)^3$

005 $(-x^2y)^2 \times \dfrac{3x}{y}$

006 $6ab \times \left(-\dfrac{2}{3a}\right)^2 \times 3b^2$

007 $4xy \div 2y$

008 $16a^3 \div \dfrac{4}{3}a^2$

009 $(-2x^2)^3 \div (-4x^3)$

010 $(-3a)^3 \div \left(-\dfrac{9}{2}a^3\right)$

011 $72x^5y^4 \div (-3xy)^2 \div 2x^3$

012 $(-2ab)^2 \div 3ab \div \dfrac{4}{3}a^2b^2$

013 $2xy \times 8y \div 4x$

014 $16ab^2 \div (-4b) \times (-2a)$

015 $15xy^3 \div 3x^2y \times (-x^2y)^2$

016 $(-ab^2)^3 \times 4a^3b \div (2a^2b)^2$

017 $\dfrac{2}{3}x^4y^2 \div \left(-\dfrac{4}{3}x^2y\right) \times (-xy^3)$

018 $\dfrac{16b^2}{a^4} \times \left(-\dfrac{b}{2a}\right)^3 \div \dfrac{2b^3}{a^4}$

⊙ 알맞은 식을 써 넣으시오.

019 $(-x^2y)^3 \times \underline{\hspace{3cm}} = -2x^7y^5$

020 $18x^4y^6 \div \underline{\hspace{3cm}} = 6xy^2$

021 $\underline{\hspace{3cm}} \div (2xy)^2 = x$

022 $(x^2y)^2 \div \underline{\hspace{3cm}} \times (-2x^2y^3) = -2x^3y$

022 다항식의 사칙 연산

| 1 | 다항식의 덧셈과 뺄셈 ★☆☆☆☆

☐ 덧셈 : 괄호를 풀고, 동류항끼리 모아서 계산한다.
문자와 차수가 같은 항, 상수항은 모두 동류항이다.
예 $(2x+3y)+(3x+y)=(2x+3x)+(3y+y)=5x+4y$

☐ 뺄셈 : 빼는 식의 각 항의 부호를 바꾸어 더한다. ➡ $-(a+b)=-a-b,\ -(a-b)=-a+b$
예 $(2x+3y)-(3x+y)=2x+3y-3x-y=(2x-3x)+(3y-y)=-x+2y$

☐ 여러 가지 괄호가 있을 때는 소괄호 ( ) → 중괄호 { } → 대괄호 [ ]의 순서로 괄호를 풀어서 계산한다.
작은 괄호부터 큰 괄호 순서로
예 $y-\{x-(2x-3y)\}=y-(x-2x+3y)=y-(-x+3y)=y+x-3y=x+(y-3y)=x-2y$

| 2 | 이차식의 덧셈과 뺄셈 ★★☆☆☆

☐ **이차식** : 각 항의 차수 중에서 가장 큰 차수가 2인 다항식 정의
xy도 이차식이고 x^2도 이차식이지만 여기서는 한 문자로 이루어진 이차식을 말한다.
예 $x^2,\ 2x^2+3x,\ x^2+5x+3$은 모두 x에 대한 이차식이다.

☐ 이차식의 덧셈과 뺄셈 : 동류항끼리 모아서 계산한다.
예 $(x^2+x+1)+(x^2-2x-3)=(x^2+x^2)+(x-2x)+(1-3)=2x^2-x-2$

| 3 | 단항식과 다항식의 곱셈 ★★☆☆☆

☐ 분배법칙을 이용하여 단항식을 다항식의 각 항과 곱한다.
$a(b+c)=ab+ac,\ (a+b)c=ac+bc$
예 $2x(3x-5y)=(2x\times3x)-(2x\times5y)=6x^2-10xy$

☐ **전개** : 다항식과 단항식의 곱셈에서 괄호를 풀어 하나의 다항식으로 나타내는 것 정의
예 $3x(2x+3y)$를 전개하면 전개식 $6x^2+9xy$를 얻는다.

| 4 | 단항식과 다항식의 나눗셈 ★★★★☆

☐ $(A+B)\div C$를 계산하는 법

(방법 1) 나눗셈을 분수로 바꾸기	(방법 2) 나눗셈을 역수의 곱셈으로 바꾸기
$(A+B)\div C=\dfrac{A+B}{C}=\dfrac{A}{C}+\dfrac{B}{C}$	$(A+B)\div C=(A+B)\times\dfrac{1}{C}=A\times\dfrac{1}{C}+B\times\dfrac{1}{C}$
예 $(4x^2-6x)\div2x=\dfrac{4x^2-6x}{2x}=\dfrac{4x^2}{2x}-\dfrac{6x}{2x}=2x-3$	예 $(4x^2-6x)\div\dfrac{x}{2}=(4x^2-6x)\times\dfrac{2}{x}=4x^2\times\dfrac{2}{x}-6x\times\dfrac{2}{x}=8x-12$
나누는 식이 분수가 아닐 때, 자주 사용한다.	나누는 식이 분수일 때, 자주 사용한다.

| 5 | 혼합 계산 ★★☆☆☆

☐ 지수법칙을 이용하여 거듭제곱을 먼저 정리한다.

☐ 분배법칙을 이용하여 나눗셈과 곱셈을 먼저 계산한다.

☐ 동류항끼리 더하거나 뺀다.

$$
\begin{aligned}
\text{예 }\ 2x(x+2y)-(6x^3-4x^2y)\div2x &=2x^2+4xy-\frac{6x^3-4x^2y}{2x}=2x^2+4xy-(3x^2-2xy)\\
&=2x^2+4xy-3x^2+2xy\\
&=-x^2+6xy
\end{aligned}
$$

나눗셈을 분수로 바꿔서 계산할 때, 반드시 괄호를 붙여야 한다.

거듭제곱
↓
괄호 : ( ) → { } → [ ]
↓
×, ÷
↓
+, −

◉ **간단히 하시오.**

001 $2(a-2b)+(3a+4b-3)$ ________

002 $(3x+2y)-2(x-y)$ ________

003 $\left(\dfrac{1}{3}a+\dfrac{1}{2}b\right)+\left(\dfrac{2}{3}a-\dfrac{3}{4}b\right)$ ________

004 $\dfrac{x+2y}{3}-\dfrac{3x-y}{2}$ ________

005 $4a+\{2b-(a-3b)\}$ ________

006 $5x-[4y-\{3x-(2x+y)\}]$ ________

007 $(x^2+2x+1)+(-2x^2-3x)$ ________

008 $(2y^2-3y+1)-3(y^2-1)$ ________

009 $(x^2+3x-2)-(-x^2+2x-4)$ ________

010 $\left(\dfrac{1}{2}y^2-3y+\dfrac{1}{3}\right)-\left(\dfrac{1}{3}y^2-y\right)$ ________

011 $2a(3b-4)$ ________

012 $3x^2-2x(x+2)$ ________

013 $a(2b+3)-2b(a-4)$ ________

014 $3y(-y+2)-2(y^2-2y+1)$ ________

◉ **나눗셈을 분수로 바꾸어 계산하시오.**

015 $(2a^2-6a)\div 2a$ ________

016 $(5x^2y-10xy^2)\div 5xy$ ________

017 $(3a^2-6ab+9a)\div(-3a)$ ________

018 $(2xy^2-3x^2y)\div(-xy)$ ________

◉ **나눗셈을 역수의 곱셈으로 바꾸어 계산하시오.**

019 $(a^2-3a)\div\dfrac{a}{2}$ ________

020 $(5x^2y-10xy^2)\div\dfrac{5}{3}xy$ ________

021 $(3a^2-6ab+9a)\div\left(-\dfrac{3}{2}a\right)$ ________

022 $(10xy^2-2x^2y)\div\left(-\dfrac{2}{5}xy\right)$ ________

◉ **간단히 하시오.**

023 $(4x^2-12xy)\div 2x-(5xy-3y^2)\div y$ ________

024 $(3x^2y-6xy)\times\dfrac{1}{3y}-(2x^2-3x)\div\dfrac{1}{3}x$ ________

025 $3x(2y-4)+(5xy^2-10xy)\div\left(-\dfrac{5}{2}y\right)$ ________

023 일차부등식의 풀이

| 1 | 부등식의 성질 ★★★★★

부등식의 성질은 '양변에 같은 음수를 곱하거나 나누면 부등호의 방향이 바뀐다'는 것을 제외하면 방정식에서의 등식의 성질과 같다.

• 부등식의 양변에

☐ **같은 수를** 더하거나 빼어도 부등호의 방향은 **바뀌지 않는다.**

➡ $a<b$일 때, $a+c<b+c$이다.

➡ $a<b$일 때, $a-c<b-c$이다.

☐ **같은 양수를** 곱하거나 나누어도 부등호의 방향은 **바뀌지 않는다.**

➡ $a<b$일 때, $c>0$이면 $ac<bc$이다.

➡ $a<b$일 때, $c>0$이면 $\dfrac{a}{c}<\dfrac{b}{c}$이다.

☐ **같은 음수를** 곱하거나 나누면 부등호의 방향이 **바뀐다.**

x에 대한 일차부등식 $ax>b$의 해가 $x<k$이면 부등호의 방향이 바뀌었으므로 a는 음수이다.

➡ $a<b$일 때, $c<0$이면 $ac>bc$이다.

➡ $a<b$일 때, $c<0$이면 $\dfrac{a}{c}>\dfrac{b}{c}$이다.

| 2 | 일차부등식의 해와 수직선 ★★★☆☆

☐ 부등식의 해에 등호가 포함되면 ●로, 등호가 포함되지 않으면 ○로 나타낸다.

부등식을 참이 되게 하는 미지수의 값

❶ $x>a$　　　❷ $x<a$　　　❸ $x \geq a$　　　❹ $x \leq a$

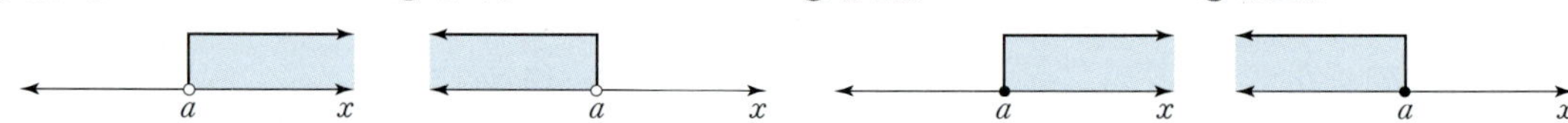

| 3 | 일차부등식의 풀이 ★★★★★

일차부등식의 풀이법은 '양변에 같은 음수를 곱하거나 나누면 부등호의 방향이 바뀐다'는 것을 제외하면 일차방정식의 풀이법과 같다.

☐ '일차부등식을 푼다'는 것은 부등식의 성질을 이용하여 **좌변에 x만 남기는 것**과 다르지 않다.

'$x<$(수)', '$x>$(수)', '$x \leq$(수)', '$x \geq$(수)'로 변형하는 일이다.

$4x-1>x+5$

⬇

$3x>6$ ⟵ $4x-x>5+1$

(1단계) 미지수 x를 포함한 항은 좌변으로, 상수항은 우변으로 이항한다.

$+●$를 이항하면 $-●$, $-●$를 이항하면 $+●$가 된다.

방정식에서 사용했던 이항이 부등식에서도 그대로 사용된다.

⬇

$(x)>2$ ⟵ $\dfrac{3x}{3}>\dfrac{6}{3}$ 또는 $3x \times \dfrac{1}{3}>6 \times \dfrac{1}{3}$

(2단계) x의 계수로 양변을 나눈다. 이때 계수가 음수이면 부등호의 방향이 바뀐다.

='x의 계수를 1로 만든다.'

양변에 3의 역수를 곱해도 된다.

| 4 | 복잡한 일차부등식의 풀이 ★★★★★

최소공배수를 곱하지 않으면 계수가 한 번에 정수가 되지 않는다.

☐ 계수가 분수인 경우 ➡ 양변에 **분모의 최소공배수**를 곱한다.

☐ 계수가 소수인 경우 ➡ 양변에 **10의 거듭제곱**($10,\ 100,\ \cdots$)을 곱한다.

모든 항에 빠짐없이　　왜? 계수를 정수로 고치기 위해!

모든 항에 빠짐없이

예 $0.2x>0.6-0.1x$의 양변에 10을 곱하면 $2x>6-x \to 3x>6 \to x>2$이다.

⊙ $a>b$일 때, 알맞은 부등호를 써넣으시오.

001 $a+2$ _______ $b+2$

002 $3a-1$ _______ $3b-1$

003 $-2a+3$ _______ $-2b+3$

004 $-\dfrac{a-2}{3}$ _______ $-\dfrac{b-2}{3}$

⊙ 알맞은 부등호를 써넣으시오.

005 $-2x\leq-2y$이면 x _______ y이다.

006 $2x-3>2y-3$이면 x _______ y이다.

007 $-\dfrac{3}{2}a+1<-\dfrac{3}{2}b+1$이면 a _______ b이다.

008 $\dfrac{2-a}{3}\geq\dfrac{2-b}{3}$이면 a _______ b이다.

⊙ 부등식을 푸시오

009 $x+2>6$ _______

010 $2x\leq x-3$ _______

011 $3x-4\leq x$ _______

012 $x+2>-x+4$ _______

013 $x-1\geq2x+3$ _______

014 $7x-3\leq11x+9$ _______

015 $2(x-3)>-x$ _______

016 $2(x-4)<4x-2$ _______

017 $4x-(5-x)\leq-10$ _______

018 $3(1-x)+4x\leq5$ _______

019 $4(x+2)\geq2(x+3)$ _______

020 $-2(2x+1)+5>3(x-6)$ _______

021 $\dfrac{x-1}{2}>\dfrac{x+3}{4}$ _______

022 $\dfrac{x}{2}-\dfrac{x+4}{3}\leq\dfrac{1}{6}$ _______

023 $\dfrac{x-1}{2}-\dfrac{x+1}{3}\leq x$ _______

024 $\dfrac{x}{2}-(2+x)\geq\dfrac{x-2}{4}$ _______

025 $0.3(x+4)<0.6$ _______

026 $0.2x-0.7<-0.1(x+1)$ _______

027 $x-1.4\geq0.5x+0.6$ _______

028 $0.01x<0.1x+0.18$ _______

| 1 | 일차부등식의 활용 문제 풀이법 ★☆☆☆☆

□ 미지수 정하기 : 무엇을 미지수로 정할 것인지가 중요하다.

↓

일차부등식 세우기 : 조건을 찾아 일차부등식을 세운다.

↓

일차부등식 풀기 : 일차부등식을 푼다.

↓

확인하기 : 구한 해가 문제의 뜻에 맞는지 확인한다.

㉾ 가장 작은 자연수를 x로 놓으면 연속하는 세 자연수는 x, $x+1$, $x+2$이다.

| 2 | 일차부등식의 활용 ★★☆☆☆

□ 미지수를 x 1개로 놓는 방법과 x, y 2개로 놓는 방법이 있다.

㉾ 한 송이에 1000원 하는 장미와 한 송이에 800원 하는 백합을 합하여 모두 20송이를 사는 데 18000원 이하로 사려고 한다. 장미는 최대 몇 송이까지 살 수 있는가?

미지수 정하기	(방법 1) 장미를 x송이 사면 백합은 $(20-x)$송이를 사야 한다.	
	(방법 2) 장미를 x송이, 백합을 y송이로 놓는다.	
일차부등식 세우기	(방법 1) 18000원 이하로 사야 하므로	➡ $1000x+800(20-x)\leq18000$
	(방법 2) 장미와 백합을 모두 더하면 20송이이므로 ➡ $x+y=20$	
	18000원 이하로 사야 하므로	➡ $1000x+800y\leq18000$
	$y=20-x$이므로	➡ $1000x+800(20-x)\leq18000$
일차부등식 풀기	일차부등식을 풀면	➡ $x\leq10$, 즉 장미를 최대 10송이까지 살 수 있다.
확인하기	장미를 10송이 사면 $1000\times10+800\times10=18000$원이 된다.	

| 3 | 일차부등식의 활용 – 속력, 농도 ★★★★☆

□ (거리) = (속력) × (시간) ➡ (속력) = $\dfrac{(거리)}{(시간)}$, (시간) = $\dfrac{(거리)}{(속력)}$

□ (소금물의 농도) = $\dfrac{(소금의 양)}{(소금물의 양)}\times100(\%)$ ➡ (소금의 양) = (소금물의 양) × $\dfrac{(소금물의 농도)}{100}$

㉾ 5%의 소금물 200g에 물을 더 넣어 4% 이하의 소금물을 만들려고 한다. 물은 몇 g 이상을 넣어야 하는가?

미지수 정하기	더 넣어야 할 물의 양을 xg으로 놓는다.	
일차부등식 세우기	5%의 소금물 200g에 들어있는 소금의 양은	➡ $200\times\dfrac{5}{100}=10$
	소금물의 농도가 4% 이하가 되어야 하므로	➡ $\dfrac{10}{200+x}\times100\leq4$
일차부등식 풀기	일차부등식을 풀면	➡ $x\geq50$, 즉 물은 50g 이상을 넣어야 한다.
확인하기	물 50g을 더 넣으면 소금물의 농도는 $\dfrac{10}{200+50}\times100=4(\%)$가 된다.	

· 두 소금물을 섞을 때

□ (섞기 전 두 소금물의 양의 합) = (섞은 후 소금물의 양)

□ (섞기 전 두 소금물의 소금의 양의 합) = (섞은 후 소금의 양)

⊙ **다음 조건을 만족하는 자연수 중에서 가장 작은 자연수는 무엇인가?**

001 어떤 자연수를 3배하여 2를 빼면 28보다 크다.

002 연속하는 세 자연수의 합이 45보다 크고 그 합이 가장 작다.

003 어떤 자연수의 5배에서 3을 뺀 수는 어떤 자연수의 2배에 6을 더한 수보다 크다.

004 밑변의 길이가 6cm인 삼각형의 넓이가 30cm^2 이상일 때, 삼각형의 높이는 몇 cm 이상인가?

005 가로의 길이가 8cm인 직사각형의 둘레의 길이가 24cm 이상일 때, 세로의 길이는 몇 cm 이상인가?

006 한 개에 500원인 초콜릿을 1000원짜리 상자에 담아서 사는데 총 금액이 3500원 이하가 되게 하려고 한다. 초콜릿은 최대 몇 개까지 살 수 있는가?

007 한 송이에 700원인 장미와 한 송이에 900원 하는 국화를 합하여 6송이를 사려고 한다. 전체 가격이 5400원을 넘지 않도록 할 때, 국화는 최대 몇 송이까지 살 수 있는가?

008 동네 문구점에서 1000원에 판매하는 공책을 할인마트에서는 500원에 판매하고 있다. 할인마트에 다녀오려면 왕복 2500원의 교통비가 든다고 할 때, 할인마트에서 사는 것이 유리하려면 공책을 몇 권 이상 사야 하는가?

009 농도가 10%인 소금물 300g에 물을 더 넣어 농도가 5% 이하인 소금물을 만들려고 한다. 최소 몇 g의 물을 더 넣어야 하는가?

010 농도가 4%인 소금물 100g에 농도가 10%인 소금물을 더 넣어 농도가 5% 이상인 소금물을 만들려고 한다. 농도가 10%인 소금물을 몇 g 이상 더 넣어야 하는가?

011 등산을 하는데 올라갈 때는 시속 2km, 내려올 때는 같은 길을 시속 3km로 걸어서 3시간 이하에 등산을 마치려고 한다. 최대 몇 km까지 올라갔다가 내려오면 되는가?

025 연립방정식의 풀이

| 1 | 미지수가 2개인 일차방정식 ★☆☆☆☆

☐ **미지수가 2개인 일차방정식** : 미지수(문자)가 2개이고 차수가 모두 1인 방정식 정의

$$ax+by+c=0 \ (a, b, c는 \ 상수, \ a\neq0, \ b\neq0)$$

㉠ $x+2y=0$은 미지수가 x, y 2개이고 차수가 모두 1이므로 미지수가 2개인 일차방정식이다.

☐ 미지수가 2개인 일차방정식을 참이 되게 하는 x, y의 값 또는 그
순서쌍 (x, y)를 **방정식의 해**라고 한다. 정의
='대입하면 등식이 성립하는'

㉠ $x+y=3$에 $x=1, y=2$를 대입하면 $1+2=3$(참) ➡ $(1, 2)$는 해이다.
㉠ $x+y=3$에 $x=2, y=2$를 대입하면 $2+2\neq3$(거짓) ➡ $(2, 2)$는 해가 아니다.

> 순서쌍 (a, b)가 일차방정식의 해이다.
> ⬇
> $x=a, y=b$를
> 일차방정식에 대입하면
> 등식이 성립한다.

| 2 | 미지수가 2개인 연립방정식 ★★★☆☆

☐ **연립방정식** : 미지수가 2개인 일차방정식 2개를 한 쌍으로 묶어 나타낸 것 정의
간단히 연립일차방정식이라고도 한다.

☐ **연립방정식의 해** : 일차방정식 2개를 **모두** 참이 되게 하는 x, y의 값 또는 그 순서쌍 (x, y) 정의
='동시에 만족하는'

㉠ $\begin{cases} x+y=2 \\ x-y=0 \end{cases}$의 해는 두 일차방정식 $x+y=2, x-y=0$이 모두 참이 되게 하는 x, y의 값이다.

$x+y=2$의 해는 무수히 많다.	$x-y=0$의 해는 무수히 많다.	연립방정식의 해
$\cdots, (0, 2), (1, 1), (2, 0), \cdots$	$\cdots, (0, 0), (1, 1), (2, 2), \cdots$	$(1, 1)$ ⬅ 모두 참이 되게 하는 (x, y)

❶ 없애려는 미지수의 계수의 절댓값이 같게 만든다.
❷ 계수의 부호가 같으면 두 방정식을 빼고, 계수의 부호가 다르면 두 방정식을 더한다.

| 3 | 연립방정식의 풀이 – 가감법 ★★★★★

☐ **가감법** : 두 일차방정식을 변끼리 **더하거나 빼서** 연립방정식의 해를 구하는 방법
더하거나(가), 뺀다(감)

㉠ 변형없이 두 식을 가감하여 한 미지수를 소거하는 경우
$$\begin{cases} x+y=2 \\ x-y=4 \end{cases}$$
➡ 두 식을 변끼리 더하여 미지수 y를 없앤다.
➡ $2x=6 \rightarrow x=3$ ='미지수 y를 소거한다.'
➡ $x=3$을 두 식 중 계산이 간단한 식에 대입하면 $y=-1$이다.

㉠ 변형한 후 두 식을 가감하여 한 미지수를 소거하는 경우
$$\begin{cases} 2x+y=3 \\ x-2y=4 \end{cases}$$
➡ 첫 번째 식의 양변에 2를 곱한다. → $\begin{cases} 4x+2y=6 \\ x-2y=4 \end{cases}$
➡ 두 식을 변끼리 더하여 미지수 y를 없앤다.
➡ $5x=10 \rightarrow x=2$
➡ $x=2$를 두 식 중 계산이 간단한 식에 대입하면 $y=-1$이다.

❶ $y=(x에 관한 식), x=(y에 관한 식)$으로 정리되었을 때, 대입법이 더 편리하다.
❷ x 또는 y의 계수의 절댓값이 1일 때, 대입법이 더 편리하다.

| 4 | 연립방정식의 풀이 – 대입법 ★★★★★

☐ **대입법** : 한 일차방정식을 다른 일차방정식에 **대입하여** 연립방정식의 해를 구하는 방법
$x=\sim, y=\sim$꼴 중에서 고치기 쉬운 식을 선택하여 대입한다.

㉠ $x=(y에 관한 식)$을 대입하는 경우
$$\begin{cases} 2x+y=3 \\ x-2y=4 \end{cases}$$
➡ 두 번째 식을 x에 대하여 풀면 $x=2y+4$이다.
➡ 첫 번째 식에 괄호로 묶어서 대입한다.
➡ $2(2y+4)+y=3 \rightarrow 5y+8=3 \rightarrow y=-1$
➡ $y=-1$을 두 식 중 계산이 간단한 식에 대입하면 $x=2$이다.

㉠ $y=(x에 관한 식)$을 대입하는 경우
$$\begin{cases} 2x+y=3 \\ x-2y=4 \end{cases}$$
➡ 첫 번째 식을 y에 대하여 풀면 $y=3-2x$이다.
➡ 두 번째 식에 괄호로 묶어서 대입한다.
➡ $x-2(3-2x)=4 \rightarrow x-6+4x=4 \rightarrow x=2$
➡ $x=2$를 두 식 중 계산이 간단한 식에 대입하면 $y=-1$이다.

⊙ **미지수가 2개인 일차방정식이면 ○, 아니면 ×**

001 $x+y-2$ ○ / ×

002 $x+3y-1=0$ ○ / ×

003 $x+y+z=3+z$ ○ / ×

004 $xy+3=0$ ○ / ×

005 $x+2y+5=x+3$ ○ / ×

006 $\dfrac{1}{x}+\dfrac{2}{y}=\dfrac{3}{5}$ ○ / ×

⊙ **x, y의 값이 자연수일 때, 표를 완성하여 방정식의 해를 구하시오.**

007 $4x+y=9$

x	1	2	3
y			

$(x, y)=$ ______________

008 $x+3y=8$

x			
y	1	2	3

$(x, y)=$ ______________

⊙ **a, b의 값을 구하시오.**

009 $\begin{cases} ax+y=3 \\ x+by=-5 \end{cases}$ 의 해가 $(1, 2)$이다.

$a=$ ______________ $b=$ ______________

010 $\begin{cases} x+2y=a \\ x+by=-3 \end{cases}$ 의 해가 $(1, -2)$이다.

$a=$ ______________ $b=$ ______________

⊙ **가감법으로 푸시오**

011 $\begin{cases} x+y=4 \\ 2x-y=5 \end{cases}$ ______________

012 $\begin{cases} x-y=5 \\ x+2y=-1 \end{cases}$ ______________

013 $\begin{cases} x-y=3 \\ x+3y=-5 \end{cases}$ ______________

014 $\begin{cases} 2x-3y=15 \\ x+y=5 \end{cases}$ ______________

⊙ **대입법으로 푸시오.**

015 $\begin{cases} y=x+3 \\ x+y=7 \end{cases}$ ______________

016 $\begin{cases} x+3y=3 \\ 2x+y=-4 \end{cases}$ ______________

017 $\begin{cases} x=y-1 \\ 2x=3-3y \end{cases}$ ______________

018 $\begin{cases} x:y=3:1 \\ x+3y=36 \end{cases}$ ______________

026 여러 가지 연립방정식

| 1 | 계수가 정수가 아닌 연립방정식 ★★★★★

☐ 계수가 분수인 경우 : 양변에 **분모의 최소공배수**를 곱하여 계수를 정수로 바꾸어 푼다.
최소공배수를 곱하지 않으면 분수가 한 번에 정수로 바뀌지 않는다.

예 $\begin{cases} \dfrac{x}{6}+\dfrac{y}{3}=\dfrac{1}{2} \\ 2x+3y=5 \end{cases}$ ➡ 첫 번째 식의 양변에 분모 6, 3, 2의 최소공배수 6을 곱하면 $\begin{cases} x+2y=3 \\ 2x+3y=5 \end{cases}$ 이다.

☐ 계수가 소수인 경우 : 양변에 **10의 거듭제곱**을 곱하여 계수를 정수로 바꾸어 푼다.
10, 100, 1000, …

예 $\begin{cases} 0.1x-0.2y=0.3 \\ x+y=0 \end{cases}$ ➡ 첫 번째 식의 양변에 10을 곱하면 $\begin{cases} x-2y=3 \\ x+y=0 \end{cases}$ 이다.

| 2 | $A=B=C$꼴의 연립방정식 ★★★★★

☐ $\begin{cases} A=B \\ A=C \end{cases}$, $\begin{cases} A=B \\ B=C \end{cases}$, $\begin{cases} A=C \\ B=C \end{cases}$ 중에서 가장 간단한 것을 선택하여 푼다. 물론 어느 것이나 해는 같다.

예 연립방정식 $x+2y=2x+y=3$을 풀 때 $\begin{cases} x+2y=2x+y \\ x+2y=3 \end{cases}$, $\begin{cases} x+2y=2x+y \\ 2x+y=3 \end{cases}$, $\begin{cases} x+2y=3 \\ 2x+y=3 \end{cases}$ 의 해는 모두 같다.

☐ $A=B=(상수)$꼴은 $\begin{cases} A=(상수) \\ B=(상수) \end{cases}$ 꼴로 고쳐서 푼다.

| 3 | 해가 특수한 연립방정식 ★★★★★

☐ 연립방정식은 일반적으로 1개의 해를 갖지만 해가 무수히 많거나 없는 경우도 있다.

☐ 해가 무수히 많은 연립방정식 :

두 방정식을 변형하면 x, y의 계수와 상수항이 각각 같은 경우
='두 방정식이 일치하는 경우'

➡ 한 미지수를 소거하면 $0 \times x=0$ 또는 $0 \times y=0$꼴인 경우
x에 어떤 값을 대입하더라도 등식은 항상 성립한다.

예 $\begin{cases} x+2y=3 \\ 2x+4y=6 \end{cases} \rightarrow \begin{cases} 2x+4y=6 \\ 2x+4y=6 \end{cases}$, 즉 두 방정식이 일치하면 해가 무수히 많다.

☐ 해가 없는 연립방정식 :

두 방정식을 변형하면 x, y의 계수는 각각 같고 상수항이 다른 경우

➡ 한 미지수를 소거하면 $0 \times x=k$ 또는 $0 \times y=k(k \neq 0$인 상수$)$꼴인 경우
x에 어떤 값을 대입하더라도 등식은 항상 성립하지 않는다.

예 $\begin{cases} x+2y=2 \\ 2x+4y=6 \end{cases} \rightarrow \begin{cases} 2x+4y=4 \\ 2x+4y=6 \end{cases}$, 즉 두 방정식이 상수항만 다르면 해가 없다.

연립방정식
$\begin{cases} ax+by=c \\ a'x+b'y=c' \end{cases}$ 에서

❶ 해가 무수히 많을 조건
$$\dfrac{a}{a'}=\dfrac{b}{b'}=\dfrac{c}{c'}$$

❷ 해가 없을 조건
$$\dfrac{a}{a'}=\dfrac{b}{b'}\neq\dfrac{c}{c'}$$

⊙ 연립방정식을 푸시오.

001 $\begin{cases} 2(x-1)+y=6 \\ \dfrac{x}{3}+\dfrac{y}{2}=2 \end{cases}$

002 $\begin{cases} \dfrac{x}{3}+\dfrac{y}{4}=\dfrac{5}{6} \\ \dfrac{x+y}{2}-\dfrac{y}{3}=\dfrac{5}{6} \end{cases}$

003 $\begin{cases} -0.2x+y=0.8 \\ 0.2(x+y)-0.1y=0.3 \end{cases}$

004 $\begin{cases} 0.1x+0.3y=0.4 \\ \dfrac{2}{3}x-\dfrac{1}{2}y=\dfrac{1}{6} \end{cases}$

005 $2x+y=3x+2y+1=x-y-4$

006 $\dfrac{x+y}{2}=\dfrac{2x+3y}{3}=\dfrac{3x+2y-3}{4}$

007 $5x-y=2x+y+3=5$

008 $\begin{cases} 6x+9y=3 \\ 2x+3y=1 \end{cases}$

009 $\begin{cases} x-5y=2 \\ -2x+10y=-6 \end{cases}$

010 $\begin{cases} x+2y=3 \\ 2(x-1)+4y=6 \end{cases}$

011 $\begin{cases} \dfrac{1}{2}x+\dfrac{1}{3}y=1 \\ 0.3x+0.2y=0.6 \end{cases}$

⊙ 연립방정식의 해가 무수히 많을 때 a, b의 값을 구하시오.

012 $\begin{cases} 2x+6y=a \\ x+by=2 \end{cases}$

013 $\begin{cases} ax+y=2 \\ 6x+by=4 \end{cases}$

⊙ 연립방정식의 해가 없을 때 a, b의 조건을 구하시오.

014 $\begin{cases} x-2y=3 \\ 2x+ay=b \end{cases}$

015 $\begin{cases} 3x+9y=a \\ x+by=1 \end{cases}$

| 1 | 연립방정식의 활용 문제 풀이법 ★★★☆☆

□ 미지수 x, y 정하기 : 무엇을 미지수(x, y)로 정할 것인지가 중요하다.

　↓

연립방정식 세우기 : 2개의 조건을 찾아 2개의 식을 세운다.

　↓

연립방정식 풀기 : 가감법, 대입법

　↓

확인하기 : 구한 해가 문제의 뜻에 맞는지 확인한다.

⑩ 총 10마리의 오리와 토끼의 다리를 세어 보니 32개였다. 오리와 토끼는 각각 몇 마리인가?

미지수 x, y 정하기	오리를 x마리, 토끼를 y마리로 놓는다.
연립방정식 세우기	오리와 토끼를 모두 더하면 10마리이므로 ➡ $x+y=10$ ➡ $\begin{cases} x+y=10 \\ 2x+4y=32 \end{cases}$ 오리와 토끼의 다리가 32개이므로 ➡ $2x+4y=32$
연립방정식 풀기	가감법을 이용하여 풀면 ➡ $x=4$, $y=6$
확인하기	$x=4$, $y=6$을 $\begin{cases} x+y=10 \\ 2x+4y=32 \end{cases}$ 에 대입하면 두 식이 모두 성립한다.

| 2 | 연립방정식의 활용 문제에 자주 쓰이는 공식 ★★★★★

□ 올해 나이가 x세일 때 ➡ a년 전의 나이 → $(x-a)$세, b년 후의 나이 → $(x+b)$세

□ (두 자리의 자연수)$=10\times$(십의 자리의 숫자)$+1\times$(일의 자리의 숫자)

□ (거리)$=$(속력)$\times$(시간) ➡ (속력)$=\dfrac{(거리)}{(시간)}$, (시간)$=\dfrac{(거리)}{(속력)}$

□ (소금물의 농도)$=\dfrac{(소금의 양)}{(소금물의 양)}\times100(\%)$ ➡ (소금의 양)$=$(소금물의 양)$\times\dfrac{(소금물의 농도)}{100}$

□ x가 $a\%$ 증가할 때 ➡ (증가한 양)$=x\times\dfrac{a}{100}$ ➡ (증가한 후의 양)$=x+x\times\dfrac{a}{100}=x\times\left(1+\dfrac{a}{100}\right)$

□ x가 $b\%$ 감소할 때 ➡ (감소한 양)$=x\times\dfrac{b}{100}$ ➡ (감소한 후의 양)$=x-x\times\dfrac{b}{100}=x\times\left(1-\dfrac{b}{100}\right)$

□ 원가 x원에 $a\%$ 이익을 붙인 정가 ➡ (정가)$=$(원가)$+$(이익)$=x\times\left(1+\dfrac{a}{100}\right)$
이익이 붙지 않은 상품의 원래의 가격

□ 정가 x원에서 $b\%$ 할인한 판매 금액 ➡ (판매 금액)$=$(정가)$-$(할인 금액)$=x\times\left(1-\dfrac{b}{100}\right)$
(실제 이익)$=$(판매 금액)$-$(원가)

⊙ **현재 아버지와 딸의 나이의 합은 50세이고, 10년 후에 아버지의 나이는 딸의 나이의 2배보다 7세만큼 많아진다.**

001 현재 아버지의 나이를 미지수 ____________(세)로, 딸의 나이를 미지수 ____________(세)로 놓았다.

002 10년 후에 아버지의 나이는 ____________(세), 딸의 나이는 ____________(세)이다.

003 연립방정식을 세우면 { ____________ 이다.

⊙ **두 자리의 자연수가 있다. 각 자리의 숫자의 합은 6이고, 십의 자리 숫자와 일의 자리 숫자를 바꾸면 처음 수보다 18이 크다.**

004 처음 수의 십의 자리 숫자를 미지수 ____________로, 일의 자리 숫자를 미지수 ____________로 놓았다.

005 처음 수는 ____________, 십의 자리 숫자와 일의 자리 숫자를 바꾼 수는 ____________이다.

006 연립방정식을 세우면 { ____________ 이다.

⊙ **둘레의 길이가 10km인 호수 공원의 산책로를 따라 시속 4km로 걷다가 시속 8km로 달려서 한 바퀴 도는 데 2시간이 걸렸다.**

007 걸어간 거리를 미지수 ____________(km)로, 달려간 거리를 미지수 ____________(km)로 놓았다.

008 걸어간 시간은 ____________(시간), 달려간 시간은 ____________(시간)이다.

009 연립방정식을 세우면 { ____________ 이다.

⊙ **4%의 소금물과 10%의 소금물을 섞어서 6%의 소금물 600g을 만들었다.**

010 4% 소금물의 양을 미지수 ____________(g)로, 10% 소금물의 양을 미지수 ____________(g)로 놓았다.

011 4% 소금물의 소금의 양은 ____________(g), 10% 소금물의 소금의 양은 ____________(g)이다.

012 연립방정식을 세우면 { ____________ 이다.

⊙ **작년 전체 학생수는 1000명이었다. 올해에 남학생 수는 6% 감소하고, 여학생 수는 4% 증가하여 전체적으로 5명이 감소하였다.**

013 작년의 남학생 수를 미지수 ____________(명)로, 여학생 수를 미지수 ____________(명)로 놓았다.

014 올해에 감소한 남학생 수는 ____________(명), 증가한 여학생 수는 ____________(명)이다.

015 연립방정식을 세우면 { ____________ 이다.

028 곱셈공식

| 1 | 다항식의 곱셈 ★★★★★

□ 분배법칙을 이용하여 전개하고, **동류항**이 있으면 동류항을 간단히 한다.

└ 문자와 차수가 같은 항, 상수항은 모두 동류항이다.

$$(a+b)(c+d)=ac+ad+bc+bd$$

➡

$$(a+2)(a+3)=a^2+3a+2a+6$$
동류항
$$=a^2+5a+6$$

□ **전개** : 다항식의 곱셈을 단항식의 합과 차로 푸는 것 정의

□ 전개(곱셈공식)는 인수분해와 서로 반대의 과정이다.

$$x^2+5x \underset{\text{전개}}{\overset{\text{인수분해}}{\longleftrightarrow}} x(x+5)$$

1개의 다항식   2개 이상의 다항식의 곱

| 2 | 합, 차의 완전제곱식 ★★★★★

□ $(\blacksquare+\bullet)^2=\blacksquare^2+2\blacksquare\bullet+\bullet^2$ ➡ $(a+b)^2=a^2+2ab+b^2$

□ $(\blacksquare-\bullet)^2=\blacksquare^2-2\blacksquare\bullet+\bullet^2$ ➡ $(a-b)^2=a^2-2ab+b^2$

  주 $(a+b)^2\neq a^2+b^2$, $(a-b)^2\neq a^2-b^2$

$$(A+B)^2=(-A-B)^2$$
$$(A-B)^2=(-A+B)^2$$

| 3 | 합, 차의 곱 ★★★★★

□ $(\blacksquare+\bullet)(\blacksquare-\bullet)=\blacksquare^2-\bullet^2$ ➡ $(a+b)(a-b)=a^2-b^2$

  합   차   제곱의 차

  예 $98\times102=(100-2)(100+2)=100^2-2^2=10000-4=9996$

$$(-A+B)(-A-B)=(-A)^2-B^2$$
$$(A-B)(-A-B)=(-B)^2-A^2$$

| 4 | x^2의 계수가 1일 때와 1이 아닐 때, 두 일차식의 곱 ★★★★★

□ $(x+\blacksquare)(x+\bullet)=x^2+(\blacksquare+\bullet)x+\blacksquare\bullet$ ➡ $(x+a)(x+b)=x^2+(a+b)x+ab$

  합   곱

□ $(ax+b)(cx+d)=acx^2+(ad+bc)x+bd$

| 5 | 곱셈공식의 변형 ★★★★★

• 문제에서 'a^2+b^2의 값을 구하여라'를 보자마자 두 수 α, β의 합 $\alpha+\beta$(또는 차 $\alpha-\beta$)와 곱 $\alpha\beta$의 값을 구한다.

□ $(a+b)^2=a^2+2ab+b^2$ ➡ $a^2+b^2=(a+b)^2-2ab$

□ $(a-b)^2=a^2-2ab+b^2$ ➡ $a^2+b^2=(a-b)^2+2ab$

➡ $\begin{cases} (a+b)^2=(a-b)^2+4ab \\ (a-b)^2=(a+b)^2-4ab \end{cases}$

• $x\times\dfrac{1}{x}=1$을 이용하면 다음을 얻는다.

□ $\left(x+\dfrac{1}{x}\right)^2=x^2+2+\dfrac{1}{x^2}$ ➡ $x^2+\dfrac{1}{x^2}=\left(x+\dfrac{1}{x}\right)^2-2$

□ $\left(x-\dfrac{1}{x}\right)^2=x^2-2+\dfrac{1}{x^2}$ ➡ $x^2+\dfrac{1}{x^2}=\left(x-\dfrac{1}{x}\right)^2+2$

  $2\cdot x\cdot\dfrac{1}{x}$

➡ $\begin{cases} \left(x+\dfrac{1}{x}\right)^2=\left(x-\dfrac{1}{x}\right)^2+4 \\ \left(x-\dfrac{1}{x}\right)^2=\left(x+\dfrac{1}{x}\right)^2-4 \end{cases}$

| 고등수학 |

❶ 내신 □ $(a+b)^3=a^3+3a^2b+3ab^2+b^3$ □ $(a+b)(a^2-ab+b^2)=a^3+b^3$

      □ $(a-b)^3=a^3-3a^2b+3ab^2-b^3$ □ $(a-b)(a^2+ab+b^2)=a^3-b^3$

◉ 전개하시오.

001 $(a+2b)(c-d)=$ _______

002 $(a-b)(3x-2y)=$ _______

003 $(x-2)(x+2y-3)=$ _______

004 $(x-2y)(x+y-3)=$ _______

005 $(x+3)^2=$ _______

006 $(x-2)^2=$ _______

007 $(2p+q)^2=$ _______

008 $(-p+5q)^2=$ _______

009 $(2a-3b)^2=$ _______

010 $(-5a-4b)^2=$ _______

011 $(2x-1)(2x+1)=$ _______

012 $(3+4x)(3-4x)=$ _______

013 $(-3a+2)(-3a-2)=$ _______

014 $(-3a+2b)(3a+2b)=$ _______

015 $(x+1)(x+2)=$ _______

016 $(x-3)(x-4)=$ _______

017 $(p+4)(p-3)=$ _______

018 $(p-3)(p+2)=$ _______

019 $(2x+3)(x+2)=$ _______

020 $(3x-2)(x-1)=$ _______

021 $(3p+1)(p-1)=$ _______

022 $(2p+3)(2p-1)=$ _______

023 $(2x+3y)(x-2y)=$ _______

024 $(2x-3y)(x-5y)=$ _______

◉ $\alpha+\beta=3$, $\alpha\beta=2$이다.

025 $\alpha^2+\beta^2=$ _______

026 $\dfrac{\beta}{\alpha}+\dfrac{\alpha}{\beta}=$ _______

◉ $\alpha+\dfrac{1}{\alpha}=3$이다.

027 $\alpha^2+\dfrac{1}{\alpha^2}=$ _______

028 $\left(\alpha-\dfrac{1}{\alpha}\right)^2=$ _______

고등수학

◉ 전개하시오.

029 $(x+1)^3=$ _______

030 $(2a-b)^3=$ _______

031 $(x+2y)(x^2-2xy+4y^2)=$ _______

032 $(a-1)(a^2+a+1)=$ _______

| 1 | 인수분해 ★★☆☆☆

- **인수** : 1개의 다항식을 2개 이상의 다항식의 곱으로 나타낼 때, 이들 각각의 식 〔정의〕

- **인수분해** : 1개의 다항식을 2개 이상의 인수의 곱으로 나타내는 것 〔정의〕

- $\underbrace{AB+AC}=A(B+C)$ (인수분해는 공통인수를 모두 찾아내어 묶는 일이다.)
  공통인수

- 인수분해는 전개(곱셈공식)와 서로 반대의 과정이다.
  인수분해가 제대로 되었는지 확인해보려면 전개해보면 된다.

$$x^2+5x \xleftarrow[\text{전개}]{\text{인수분해}} x(x+5)$$
1개의 다항식 　　　　　2개의 이상의 다항식의 곱

(소인수분해) : (인수분해)
= (자연수의 분해) : (다항식의 분해)

| 2 | 완전제곱식을 이용한 인수분해 ★★★★★

┌─ $(a+b)^2$, $k(x-2y)^2$과 같이 다항식의 제곱으로 된 식이나 다항식의 제곱에 상수를 곱한 식

- $\blacksquare^2+2\blacksquare\bullet+\bullet^2=(\blacksquare+\bullet)^2 \Rightarrow a^2+2ab+b^2=(a+b)^2$

- $\blacksquare^2-2\blacksquare\bullet+\bullet^2=(\blacksquare-\bullet)^2 \Rightarrow a^2-2ab+b^2=(a-b)^2$

- x^2+ax+b가 완전제곱식이 되기 위한 b의 조건은 $b=\left(\dfrac{a}{2}\right)^2$이다.

  b는 a의 반의 제곱 ── $x^2\pm2x+1=(x\pm1)^2,\ x^2\pm4x+4=(x\pm2)^2$
  　　　　　　　　　　　$x^2\pm6x+9=(x\pm3)^2,\ x^2\pm8x+16=(x\pm4)^2$

| 3 | 합, 차의 곱을 이용한 인수분해 ★★★★★

- $\underset{\text{제곱의 차}}{\blacksquare^2-\bullet^2}=(\underset{\text{합}}{\blacksquare+\bullet})(\underset{\text{차}}{\blacksquare-\bullet}) \Rightarrow a^2-b^2=(a+b)(a-b)$

| 4 | x^2의 계수가 1일 때와 1이 아닐 때, 이차식의 인수분해 ★★★★★

- $x^2+(\underset{\text{합}}{\blacksquare+\bullet})x+\underset{\text{곱}}{\blacksquare\bullet}=(x+\blacksquare)(x+\bullet) \Rightarrow x^2+(a+b)x+ab=(x+a)(x+b)$

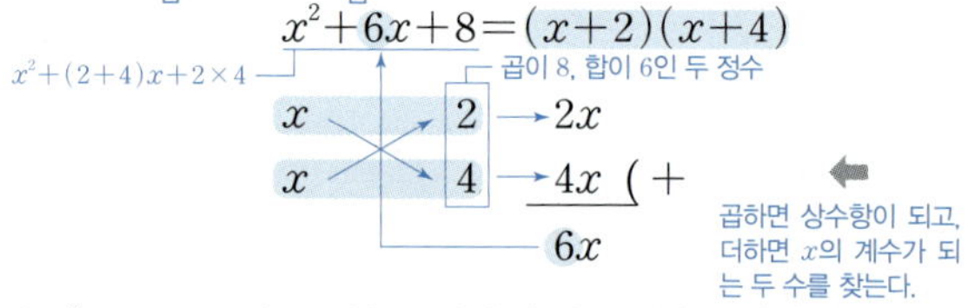

곱이 8인 두 정수	두 정수의 합
1, 8	9
2, 4	6
-8, -1	-9
-4, -2	-6

└─ 곱이 8, 합이 6인 두 정수 ➡ 2와 4

예 $x^2-5x+6 \Rightarrow (x+1)(x-6)\ (\times),\ (x-1)(x-6)\ (\times)$
　　　　 $\Rightarrow (x-2)(x-3)\ (\bigcirc)$

- $acx^2+(ad+bc)x+bd=(ax+b)(cx+d)$

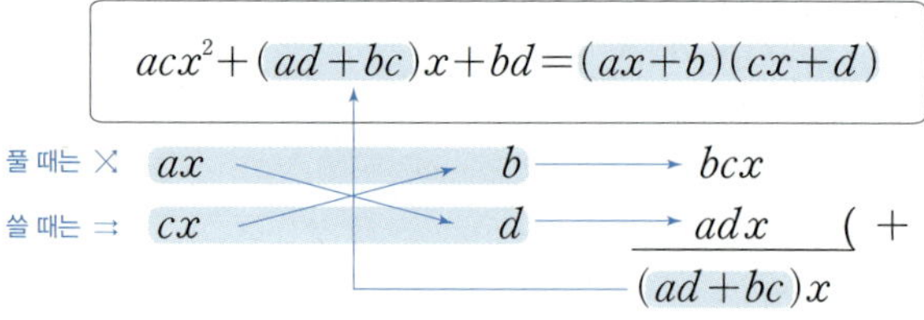

| **고등수학** |

❶ 〔내신〕
- $a^3+3a^2b+3ab^2+b^3=(a+b)^3$ ┆ $a^3+b^3=(a+b)(a^2-ab+b^2)$
- $a^3-3a^2b+3ab^2-b^3=(a-b)^3$ ┆ $a^3-b^3=(a-b)(a^2+ab+b^2)$

⊙ 공통인수를 구하시오.

001 $3x+12$

002 $2a^2-4ab$

003 $x(x-y)+4(x-y)$

004 $a(2x-y)-b(2x-y)$

⊙ 인수분해하여 완전제곱식으로 나타내시오.

005 $x^2+2x+1=$

006 $x^2-4x+4=$

007 $4p^2+4p+1=$

008 $9p^2-6p+1=$

009 $a^2+10ab+25b^2=$

010 $4a^2-12ab+9b^2=$

⊙ 인수분해하시오.

011 $x^2-4=$

012 $9-4x^2=$

013 $25a^2-4b^2=$

014 $a^2b^2-1=$

015 $x^2+4x+3=$

016 $x^2+5x+6=$

017 $x^2-3x+2=$

018 $x^2-6x+8=$

019 $p^2+p-20=$

020 $p^2-4p-12=$

021 $x^2-xy-6y^2=$

022 $x^2+2xy-15y^2=$

023 $2x^2+5x+2=$

024 $5x^2-7x+2=$

025 $2p^2-p-1=$

026 $4p^2+4p-3=$

027 $2x^2+xy-6y^2=$

028 $2x^2-11xy+15y^2=$

고등수학

⊙ 인수분해하시오.

029 $x^3+6x^2y+12xy^2+8y^3=$

030 $8x^3-12x^2y+6xy^2-y^3=$

031 $a^3+8b^3=$

032 $a^3-27b^3=$

| 1 | 치환형 ★★★★★
=‘바꾸어 놓음’

□ 공통부분이 있으면 공통부분을 한 문자로 놓는다.
=‘어떤 부분이 반복되면’   =‘치환한다’

예 $(\underline{x+2})^2-3(\underline{x+2})+2=A^2-3A+2$ ← 치환 : 공통부분 $x+2$를 A로 놓기
$\qquad\qquad\qquad\qquad\quad =(A-1)(A-2)$ ← 인수분해하기
$\qquad\qquad\qquad\qquad\quad =(\underline{x+2}-1)(\underline{x+2}-2)=(x+1)x$ ← 역치환 : A에 원래의 식 $x+2$ 넣기

| 치환형 풀이법 |

치환 : 공통부분을 A로 놓기
↓
인수분해하기
↓
역치환 : A에 원래의 식 넣기

| 2 | 항이 4개일 때의 인수분해 ★★★★★

□ (2항)+(2항)으로 묶기 : 공통인수가 생기도록 묶는다.
=‘공통부분’

예 $ab+a+b+1=(ab+a)+(b+1)=a(\underline{b+1})+(\underline{b+1})=(a+1)(b+1)$

□ (1항)+(3항) 또는 (3항)+(1항)으로 묶기 : 3개의 항이 완전제곱식이면 A^2-B^2꼴이 생기도록 묶는다.
$(a+b)^2,\ k(x-2y)^2$과 같이 다항식의 제곱으로 된 식이나 다항식의 제곱에 상수를 곱한 식

예 $x^2-y^2-2y-1=x^2-(y^2+2y+1)=x^2-(y+1)^2=(x+y+1)(x-y-1)$ ← (1항)+(3항) 묶기

예 $x^2-y^2+4x+4=(x^2+4x+4)-y^2=(x+2)^2-y^2=(x+2+y)(x+2-y)$ ← (3항)+(1항) 묶기
$\qquad\qquad\qquad\qquad\qquad\quad A^2-B^2$꼴

| 3 | 항이 5개 이상이거나 문자가 2개 이상 있을 때의 인수분해 ★★★★★

□ 다항식을 어떤 한 문자에 대하여 차수가 높은 항부터 낮은 항의 순서로 나열하는 것을 **내림차순으로 정리한다**고 한다. 정의

| 항이 여러 개일 때 |

차수가 가장 낮은 한 문자에 대하여 내림차순으로 정리한다.

□ 문자가 여러 개이고 차수가 다르면

➡ **차수가 가장 낮은** 한 문자에 대하여 **내림차순**으로 정리한다.

예 $x^2+xy-3x-2y+2$는 x에 대한 2차식, y에 대한 1차식이므로 x, y에 대한 차수가 다르다.
차수가 가장 낮은 문자 y에 대하여 내림차순으로 정리하면
$(x-2)y+(x^2-3x+2)=(x-2)y+(x-1)(x-2)=(x-2)(y+x-1)$

□ 문자가 여러 개이고 차수가 같으면

➡ 어느 한 문자에 대하여 **내림차순**으로 정리한다.

예 $x^2+y^2+2xy+5x+5y+6$은 x에 대한 2차식, y에 대한 2차식이므로 x, y에 대한 차수가 같다.
(방법 1) x에 대하여 내림차순으로 정리하면
$x^2+(2y+5)x+(y^2+5y+6)=x^2+(2y+5)x+(y+2)(y+3)=(x+y+2)(x+y+3)$
(방법 2) y에 대하여 내림차순으로 정리하면
$y^2+(2x+5)y+(x^2+5x+6)=y^2+(2x+5)y+(x+2)(x+3)=(y+x+2)(y+x+3)$

◉ **치환하여 인수분해하시오.**

001 $(x+1)^2+3(x+1)+2$ _______________

002 $(a+b)^2-2(a+b)+1$ _______________

003 $(x+y+2)(x+y)-3$ _______________

004 $(a-b)(a-b-4)+3$ _______________

005 $(x+2)^2-(y-1)^2$ _______________

006 $(2a+b)^2-(a-b)^2$ _______________

◉ **인수분해하시오.**

007 $xy-xz-y+z$ _______________

008 $ab-a-b+1$ _______________

009 $x-xy-y+y^2$ _______________

010 $a^2-b^2+2a+2b$ _______________

011 $x^2+2x+1-y^2$ _______________

012 a^2-9b^2+6b-1 _______________

013 $4-x^2+2xy-y^2$ _______________

014 a^2-b^2-4a+4 _______________

◉ **[　] 안의 문자에 대하여 내림차순으로 정리한 후, 인수분해하시오.**

015 $x^2+xy-5x-3y+6$ 　　　$[\ y\ ]$ _______________

016 $y^2+xy-x-3y+2$ 　　　$[\ x\ ]$ _______________

017 $x^2+2xy+y^2+x+y-2$ 　　　$[\ y\ ]$ _______________

018 $x^2+3xy+2y^2-3x-5y+2$ 　$[\ x\ ]$ _______________

◉ **계산하시오.**

019 $a=\dfrac{1}{2-\sqrt{3}}$, $b=\dfrac{1}{2+\sqrt{3}}$일 때　　　$a^2b-ab^2=$ _______________

020 $x+y=2$, $x-y=3$일 때　　　$x^2-y^2+4x-4y=$ _______________

021 $x+y=3$일 때　　　$x^2+2xy+y^2+3x+3y+2=$ _______________

| 1 | 이차방정식의 뜻 ★★☆☆☆

☐ 이차방정식 = 이차 + 방정식

$$ax^2+bx+c=0\,(a\neq0)$$

최고차항의 차수가 2이다.
x에 대한 이차방정식임을 나타내는 조건

☐ '이차방정식 $ax^2+bx+c=0$'처럼 방정식의 차수에 대한 정확한 언급이 있으면 $a\neq0$이므로 $a=0$인 경우를 굳이 생각할 필요가 없다.

| 2 | 이차방정식의 해 또는 근 ★★★★☆

☐ **이차방정식의 해 또는 근** : 이차방정식 $ax^2+bx+c=0$의 x에 대입하면 등식이 성립하는 값 [정의]

='을 참이 되게 하는 x의 값'

㉠ 이차방정식 $(x-2)(x+1)=0$의 x에 2나 -1을 대입하면 등식이 성립하므로 해는 $x=2$ 또는 $x=-1$이다.

☐ $x=\alpha$가 이차방정식 $ax^2+bx+c=0$의 해이다.

$\iff x=\alpha$를 $ax^2+bx+c=0$에 대입하면 <u>등식이 성립한다.</u>

='참이 된다.'

$\iff a\alpha^2+b\alpha+c=0$

| 3 | 인수분해를 이용한 이차방정식의 풀이 ★★★★★

☐ $AB=0 \iff A=0$ 또는 $B=0$

$AB=0\iff \begin{cases} A=0\text{이고 } B\neq0 \\ A\neq0\text{이고 } B=0 \\ A=0\text{이고 } B=0 \end{cases} \iff A=0$ 또는 $B=0$

☐ $ax^2+bx+c=0$

$\iff a(x-\alpha)(x-\beta)=0$ (인수분해)

$\iff x-\alpha=0$ 또는 $x-\beta=0$

$\iff x=\alpha$ 또는 $x=\beta$

㉠ $3x^2-9x+6=0 \iff 3(x-1)(x-2)=0$

$\iff x-1=0$ 또는 $x-2=0$

$\iff x=1$ 또는 $x=2$

| 4 | 이차방정식의 중근 ★★★★★

☐ 이차방정식의 두 근이 중복되어 서로 같을 때, **중근**이라 한다. [정의]

☐ 이차방정식을 인수분해하면 **(완전제곱식)=0**꼴이다. $\iff$ 이차방정식이 중근을 갖는다.

$$ax^2+bx+c=0 \xrightarrow{\text{인수분해}} a(x-m)^2=0 \xrightarrow{\text{해}} x=m\,(\text{중근})$$

(완전제곱식)

㉠ 이차방정식 $x^2-4x+4=0 \to (x-2)^2=0$은 완전제곱식으로 인수분해되어 중근 $x=2$를 갖는다.

☐ 이차방정식 $x^2+bx+c=0$이 중근을 가지려면 $c=\left(\dfrac{b}{2}\right)^2$이어야 한다. $\Rightarrow \left(x+\dfrac{b}{2}\right)^2=0$

$(\text{상수항})=\left(\dfrac{\text{일차항의 계수}}{2}\right)^2$

㉠ 이차방정식 $x^2-6x+k=0$이 중근을 가지려면 $k=\left(\dfrac{-6}{2}\right)^2=9$이어야 한다. $\Rightarrow x^2-6x+9=(x-3)^2=0 \to x=3$

| **고등수학** |

❶ [수능] ☐ $x=\alpha$가 이차방정식 $ax^2+bx+c=0$의 해이다. $\iff$ 이차식 ax^2+bx+c가 일차식 $x-\alpha$를 인수로 갖는다.

$\iff ax^2+bx+c=a(x-\alpha)(x-\square)$꼴로 인수분해된다.

❷ [내신] 인수분해를 이용한 삼차방정식의 풀이

☐ $ABC=0 \iff A=0$ 또는 $B=0$ 또는 $C=0$

☐ $ax^3+bx^2+cx+d=0 \iff a(x-\alpha)(x-\beta)(x-\gamma)=0$

$\iff x-\alpha=0$ 또는 $x-\beta=0$ 또는 $x-\gamma=0$

$\iff x=\alpha$ 또는 $x=\beta$ 또는 $x=\gamma$

◉ x에 대한 이차방정식이면 ○, 아니면 ×

001 $x^2-x=0$ ○ / ×

002 $(x+3)^2=x^2+4x$ ○ / ×

003 $x(x-5)=2x^2-1$ ○ / ×

004 $2x^2+12x+7=(2x+2)(x+5)-3$ ○ / ×

◉ [ ] 안의 수가 이차방정식의 해이면 ○, 아니면 ×

005 $x(x-2)=0$ [2]   ○ / ×   006 $x^2-5=0$ [5]   ○ / ×

007 $x^2-2x-8=0$ [4]   ○ / ×   008 $2x^2-x+1=0$ [1]   ○ / ×

◉ $x^2+3x-3=0$의 한 근이 a이다.

009 $a^2+3a=$ ________   010 $-2a^2-6a=$ ________

◉ 이차방정식을 푸시오.

011 $x(x-2)=0$ 012 $(x+2)(x-3)=0$

013 $x^2-3x+2=0$ 014 $x^2-3x-4=0$

015 $2a^2+3a-2=0$ 016 $2a^2-a-3=0$

017 $p^2-4=0$ 018 $p^2+7p=5(p+3)$

019 $x^2+2x+1=0$ 020 $x^2-4x+4=0$

021 $a^2+a+\dfrac{1}{4}=0$ 022 $9a^2-6a+1=0$

023 $4m^2+12m+9=0$ 024 $16m^2-24m+9=0$

◉ 이차방정식이 중근을 가질 때, 상수 k의 값을 구하시오

025 $x^2-8x+k=0$ 026 $x^2+14x+k=0$

027 $x^2+kx+4=0$ 028 $x^2-(k+1)x+9=0$

고등수학 --

◉ 삼차방정식을 푸시오.

029 $x(x-1)(x+1)=0$ 030 $(x-2)(x+3)(x-4)=0$

031 $b(b^2-3b+2)=0$ 032 $(2b^2+3b-2)(b+1)=0$

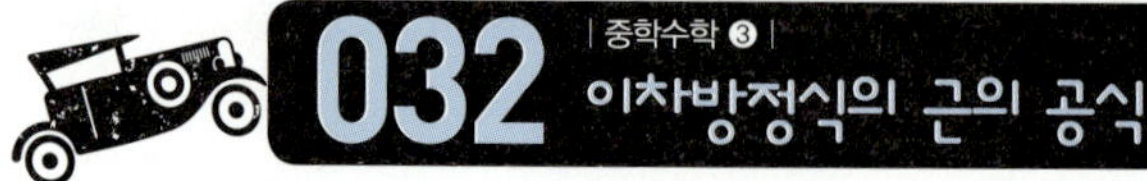

032 이차방정식의 근의 공식

| 1 | 제곱근을 이용한 이차방정식의 풀이 ★★★★★

☐ 이차방정식 $x^2=A\,(A\geq 0)$의 근은 ➡ $x=\pm\sqrt{A}$

x는 A의 제곱근이다.

(예) $x^2=3$ ➡ 3의 제곱근은 $\pm\sqrt{3}$이다. ➡ $x=\pm\sqrt{3}$

☐ 이차방정식 $(x+B)^2=A\,(A\geq 0)$의 근은 ➡ $x+B=\pm\sqrt{A}$ ➡ $x=-B\pm\sqrt{A}$

(예) $(x-1)^2=2$ ➡ $x-1=\pm\sqrt{2}$ ➡ $x=1\pm\sqrt{2}$

완전제곱식으로 변형하여 푸는 방법을 일반화시킨 것이 근의 공식이다.
즉, $(x-a)^2=b \rightarrow x-a=\pm\sqrt{b} \rightarrow x=a\pm\sqrt{b}$

| 2 | 근의 공식 ★★★★★

☐ 이차방정식 $ax^2+bx+c=0$의 근은

$$x=\frac{-b\pm\sqrt{b^2-4ac}}{2a}$$

☐ 이차방정식 $ax^2+2b'x+c=0$의 근은

일차항의 계수가 짝수이다.

$$x=\frac{-b'\pm\sqrt{b'^2-ac}}{a}$$ (짝수 공식)

(예) $x^2+2x-4=0$

➡ $x^2+2\cdot 1\cdot x-4=0$

➡ $x=\frac{-1\pm\sqrt{1^2-1\cdot(-4)}}{1}$

〈완전제곱식을 이용한 근의 공식 유도 과정〉

$ax^2+bx+c=0\,(a\neq 0)$	$3x^2+6x-12=0$
$x^2+\dfrac{b}{a}x+\dfrac{c}{a}=0$	$x^2+2x-4=0$
$x^2+\dfrac{b}{a}x=-\dfrac{c}{a}$	$x^2+2x=4$
$x^2+\dfrac{b}{a}x+\left(\dfrac{b}{2a}\right)^2=-\dfrac{c}{a}+\left(\dfrac{b}{2a}\right)^2$	$x^2+2x+\left(\dfrac{2}{2}\right)^2=4+\left(\dfrac{2}{2}\right)^2$
$\left(x+\dfrac{b}{2a}\right)^2=\dfrac{b^2-4ac}{4a^2}$	$(x+1)^2=5$
$x+\dfrac{b}{2a}=\pm\sqrt{\dfrac{b^2-4ac}{4a^2}}$	$x+1=\pm\sqrt{5}$
$x=\dfrac{-b\pm\sqrt{b^2-4ac}}{2a}$	$x=-1\pm\sqrt{5}$

x^2+ax+b가 완전제곱식이 되기 위한 b의 조건은 $b=\left(\dfrac{a}{2}\right)^2$이다.

| 3 | 판별식과 근의 개수 ★★★★★

☐ 근의 공식 $x=\dfrac{-b\pm\sqrt{b^2-4ac}}{2a}$에서 $\sqrt{}$ 안의 식 b^2-4ac를 **판별식**(D)이라 한다. [정의]

근의 개수와 종류를 판별한다.

판별식	근의 개수	설명
☐ $b^2-4ac>0$	2개(서로 다른 두 근)	$x=\dfrac{-b+\sqrt{b^2-4ac}}{2a}$ 또는 $x=\dfrac{-b-\sqrt{b^2-4ac}}{2a}$
☐ $b^2-4ac=0$	1개(한 개의 중근)	$x=\dfrac{-b\pm 0}{2a}=-\dfrac{b}{2a}$ — 고등학교에서는 서로 다른 두 허근, 즉 허근이라 한다.
☐ $b^2-4ac<0$	0개(근이 없다)	$\sqrt{(음수)}$가 되어 근이 없다.

(예) 이차방정식 $x^2-2x+k=0$이 서로 다른 두 근을 가질 때, k의 값의 범위는 $D=(-2)^2-4\cdot 1\cdot k>0$에서 $k<1$이다.

이차방정식을 인수분해하면 (완전제곱식)$=0$꼴이다.
⟺ 이차방정식이 중근을 갖는다.
⟺ 판별식 $D=0$이다.

| **고등수학** |

❶ [수능] 이차방정식 $ax^2+bx+c=0$은

실수인 근

☐ $b^2-4ac>0$이면 ➡ 서로 다른 두 **실근**을 갖는다.
☐ $b^2-4ac=0$이면 ➡ 서로 같은 두 실근(**중근**)을 갖는다.
실근을 갖는다.
☐ $b^2-4ac<0$이면 ➡ 서로 다른 두 **허근**을 갖는다.

허수인 근

◉ **이차방정식을 푸시오.**

001 $x^2=4$ **002** $x^2=3$

003 $9x^2=3$ **004** $4x^2-3=0$

005 $(x+1)^2=4$ **006** $(x-2)^2=3$

007 $4(x-1)^2-8=0$ **008** $9(x+2)^2-1=0$

◉ $(x+B)^2=A(A\geq0)$**꼴로 고치시오.**

009 $x^2+4x=2$ **010** $x^2-8x+6=0$

011 $x^2-x=1$ **012** $x^2+3x+1=0$

◉ **근의 공식을 이용하여, 이차방정식을 푸시오.**

013 $x^2+3x-1=0$ **014** $2x^2-x-2=0$

015 $x^2-4x-6=0$ **016** $x^2+2x-5=0$

017 $2x^2+4x+1=0$ **018** $2x^2-2x-3=0$

◉ **빈 칸을 채우시오.**

이차방정식	판별식 b^2-4ac의 값	근의 개수(개)
$2x^2-x-1=0$	**019**	**020**
$x^2-6x+9=0$	**021**	**022**
$x^2-3x+4=0$	**023**	**024**

◉ **이차방정식** $x^2-4x+k=0$**에 대하여, 상수** k**의 값 또는 범위를 구하시오.**

025 서로 다른 두 근을 갖는다.

026 중근을 갖는다.

027 근이 없다.

⎯⎯ 고등수학 ⎯⎯⎯⎯⎯⎯⎯⎯⎯⎯⎯⎯⎯⎯⎯⎯⎯⎯⎯⎯⎯⎯⎯⎯⎯⎯⎯⎯

◉ **이차방정식** $x^2-4x+k=0$**에 대하여, 상수** k**의 값 또는 범위를 구하시오.**

028 서로 다른 두 실근을 갖는다.

029 중근을 갖는다.

030 서로 다른 두 허근을 갖는다.

| 1 | 이차방정식의 근과 계수의 관계 ★★★★★

☐ 두 근을 직접 구하지 않고도 계수를 이용하여 이차방정식의 **두 근의 합**과 **곱**을 구할 수 있다.

☐ 이차방정식 $ax^2+bx+c=0$의 두 근을 α, β라 하면

➡ $x=\dfrac{-b\pm\sqrt{b^2-4ac}}{2a}$ (근의 공식)

➡ $\alpha=\dfrac{-b+\sqrt{b^2-4ac}}{2a}$, $\beta=\dfrac{-b-\sqrt{b^2-4ac}}{2a}$

➡ (두 근의 합) $\alpha+\beta=-\dfrac{b}{a}$

➡ (두 근의 곱) $\alpha\beta=\dfrac{c}{a}$

> • $ax^2+bx+c=0\,(a\neq 0)$의 두 근을 α, β라 하면
> $ax^2+bx+c=0$
> $\Longleftrightarrow a(x-\alpha)(x-\beta)=0$
> $\Longleftrightarrow a\{x^2-(\alpha+\beta)x+\alpha\beta\}=0$
> $\Longleftrightarrow ax^2-a(\alpha+\beta)x+a\alpha\beta=0$
> ➡ $b=-a(\alpha+\beta)$, $c=a\alpha\beta$
> ➡ $\alpha+\beta=-\dfrac{b}{a}$, $\alpha\beta=\dfrac{c}{a}$

㉃ $x^2-3x+2=0$의 두 근을 α, β라 하면 $\alpha+\beta=-\dfrac{-3}{1}=3$, $\alpha\beta=\dfrac{2}{1}=2$이다.

| 2 | 이차방정식의 근과 계수의 관계에서 자주 쓰이는 공식 ★★★★★

☐ 문제에 '이차방정식의 두 근이 α, β일 때'라는 표현이 나오면 **두 근을 직접 구하려고 하지 말고**
근과 계수의 관계를 곧바로 떠올려야 한다.

☐ $\alpha^2+\beta^2=(\alpha+\beta)^2-2\alpha\beta$

㉃ 이차방정식 $x^2-3x+2=0$의 두 근이 α, β일 때, $\alpha^2+\beta^2=(\alpha+\beta)^2-2\alpha\beta=3^2-2\times 2=5$이다.

☐ $\alpha^2+\beta^2=(\alpha-\beta)^2+2\alpha\beta$

☐ $(\alpha-\beta)^2=(\alpha+\beta)^2-4\alpha\beta$ ➡ $\alpha-\beta=\pm\sqrt{(\alpha+\beta)^2-4\alpha\beta}$
$(\alpha-\beta)^2=|\alpha-\beta|^2$ 이때 $|\alpha-\beta|$는 두 근의 차이다.

☐ $\dfrac{1}{\alpha}+\dfrac{1}{\beta}=\dfrac{\alpha+\beta}{\alpha\beta}$

☐ $\dfrac{\beta}{\alpha}+\dfrac{\alpha}{\beta}=\dfrac{\alpha^2+\beta^2}{\alpha\beta}=\dfrac{(\alpha+\beta)^2-2\alpha\beta}{\alpha\beta}$

| **고등수학** |
- -

❶ 수능 삼차방정식의 근과 계수의 관계
• 삼차방정식 $ax^3+bx^2+cx+d=0$의 세 근을 α, β, γ라 하면
$a(x-\alpha)(x-\beta)(x-\gamma)=0$
☐ $\alpha+\beta+\gamma=-\dfrac{b}{a}$(세 근의 합), $\alpha\beta+\beta\gamma+\gamma\alpha=\dfrac{c}{a}$(두 근의 곱의 합), $\alpha\beta\gamma=-\dfrac{d}{a}$(세 근의 곱)

㉃ 삼차방정식 $x^3+3x^2-2x+5=0$의 세 근을 α, β, γ라 하면 $\alpha+\beta+\gamma=-\dfrac{3}{1}$, $\alpha\beta+\beta\gamma+\gamma\alpha=\dfrac{-2}{1}$, $\alpha\beta\gamma=-\dfrac{5}{1}$이다.

❷ 내신 삼차방정식의 근과 계수의 관계에서 자주 쓰이는 공식
☐ $\alpha^3+\beta^3=(\alpha+\beta)^3-3\alpha\beta(\alpha+\beta)$ ← $(\alpha+\beta)^3=\alpha^3+3\alpha^2\beta+3\alpha\beta^2+\beta^3$
☐ $\alpha^3-\beta^3=(\alpha-\beta)^3+3\alpha\beta(\alpha-\beta)$ ← $(\alpha-\beta)^3=\alpha^3-3\alpha^2\beta+3\alpha\beta^2-\beta^3$

⊙ $\alpha+\beta$, $\alpha\beta$의 **값을 구하시오.**

001 $x^2-x-2=0$의 두 근이 α, β이다. $\alpha+\beta=$＿＿＿＿ $\alpha\beta=$＿＿＿＿

002 $2x^2+3x-2=0$의 두 근이 α, β이다. $\alpha+\beta=$＿＿＿＿ $\alpha\beta=$＿＿＿＿

003 $3x^2-4x+1=0$의 두 근이 α, β이다. $\alpha+\beta=$＿＿＿＿ $\alpha\beta=$＿＿＿＿

⊙ $x^2-3x+2=0$의 **두 근이** α, β**이다.**

004 $\alpha+\beta=$＿＿＿＿   **005** $\alpha\beta=$＿＿＿＿

006 $\alpha^2+\beta^2=$＿＿＿＿   **007** $(\alpha-\beta)^2=$＿＿＿＿

008 $\dfrac{1}{\alpha}+\dfrac{1}{\beta}=$＿＿＿＿   **009** $\dfrac{\beta}{\alpha}+\dfrac{\alpha}{\beta}=$＿＿＿＿

⊙ $2x^2+4x-6=0$의 **두 근이** α, β**이다.**

010 $\alpha+\beta=$＿＿＿＿   **011** $\alpha\beta=$＿＿＿＿

012 $\alpha^2+\beta^2=$＿＿＿＿   **013** $(\alpha-\beta)^2=$＿＿＿＿

014 $\dfrac{1}{\alpha}+\dfrac{1}{\beta}=$＿＿＿＿   **015** $\dfrac{\beta}{\alpha}+\dfrac{\alpha}{\beta}=$＿＿＿＿

⊙ k의 **값을 구하시오.**

016 $2x^2-kx+3=0$의 두 근의 합이 2이다. $k=$＿＿＿＿

017 $3x^2-4x+k=0$의 두 근의 곱이 3이다. $k=$＿＿＿＿

⊙ **이차방정식** $x^2+ax+b=0$**에 대하여** a, b**의 값을 구하시오.**

018 두 근의 합이 3, 곱이 2이다. $a=$＿＿＿＿ $b=$＿＿＿＿

019 두 근의 합이 -1, 곱이 -2이다. $a=$＿＿＿＿ $b=$＿＿＿＿

고등수학

⊙ **삼차방정식** $2x^3-3x^2+2x+4=0$**의 세 근이** α, β, γ**이다.**

020 $\alpha+\beta+\gamma=$＿＿＿＿

021 $\alpha\beta+\beta\gamma+\gamma\alpha=$＿＿＿＿

022 $\alpha\beta\gamma=$＿＿＿＿

034 이차방정식 구하기

| 1 | 이차방정식 구하기 ★★★★★

☐ 두 근이 α, β이고 x^2의 계수가 a인 이차방정식은

$$a(x-\alpha)(x-\beta)=0 \quad \Rightarrow \quad a\{x^2-(\alpha+\beta)x+\alpha\beta\}=0$$

두 근의 합   두 근의 곱

㉮ 두 근이 1, 2이고 x^2의 계수가 3인 이차방정식은

$$3(x-1)(x-2)=0 \Rightarrow 3\{x^2-(1+2)x+1\times2\}=0 \rightarrow 3x^2-9x+6=0$$

☐ 중근이 α이고 x^2의 계수가 a인 이차방정식은

$$a(x-\alpha)^2=0 \quad \leftarrow (\text{완전제곱식})=0$$

㉮ 중근이 3이고 x^2의 계수가 2인 이차방정식은 $2(x-3)^2=0$이다.

☐ 두 근의 합이 m, 곱이 n이고 x^2의 계수가 a인 이차방정식은

$$a(x^2-mx+n)=0$$

㉮ 두 근의 합이 3, 곱이 2이고 x^2의 계수가 -1인 이차방정식은 $-(x^2-3x+2)=0$이다.

| 2 | 계수가 유리수인 이차방정식의 근 ★★★★★

☐ a, b, c가 유리수일 때, 이차방정식 $ax^2+bx+c=0$의 근은 $x=\dfrac{-b\pm\sqrt{b^2-4ac}}{2a}$이다.

부호 반대로

$\Rightarrow$ 한 근이 $\dfrac{-b+\sqrt{b^2-4ac}}{2a}$이면 다른 한 근은 $\dfrac{-b-\sqrt{b^2-4ac}}{2a}$이다.

☐ 계수가 유리수인 이차방정식의 한 근이 $p+q\sqrt{m}$이면 다른 한 근은 $p-q\sqrt{m}$이다.

부호 반대로

(단, p, q는 유리수, $\sqrt{m}$은 무리수)

㉮ 한 근이 $1+\sqrt{2}$이고 계수가 유리수인 이차방정식의 다른 한 근은 $1-\sqrt{2}$이다.

정답과 해설 P. 53 / 필수문제편 P. 247

⊙ **이차방정식을 구하시오.**

001 x^2의 계수가 1, 두 근이 2, 3이다.

002 x^2의 계수가 2, 두 근이 1, -2이다.

003 x^2의 계수가 6, 두 근이 $-\dfrac{1}{2}$, $\dfrac{1}{3}$이다.

004 중근이 2이고 x^2의 계수가 -1이다.

005 중근이 -1이고 x^2의 계수가 3이다.

006 x^2의 계수가 -2, 두 근의 합이 3, 곱이 2이다.

007 x^2의 계수가 3, 두 근의 합이 -1, 곱이 -6이다.

008 한 근이 $1+\sqrt{2}$, x^2의 계수가 2이다. (단, 계수는 유리수이다.)

009 한 근이 $2-\sqrt{3}$, x^2의 계수가 -1이다. (단, 계수는 유리수이다.)

⊙ **이차방정식 $x^2+ax+b=0$에 대하여 a, b의 값을 구하시오.**

010 두 근이 2, 3이다. $a=$ ________ $b=$ ________

011 두 근이 -2, 1이다. $a=$ ________ $b=$ ________

⊙ **이차방정식 $x^2+ax+b=0$에 대하여 유리수 a, b의 값을 구하시오.**

012 한 근이 $-1+\sqrt{2}$이다. $a=$ ________ $b=$ ________

013 한 근이 $2+\sqrt{3}$이다. $a=$ ________ $b=$ ________

035 이차방정식의 활용

| 1 | 이차방정식의 활용 문제 풀이법 ★★★☆☆

☐ 미지수 x 정하기 : 구하는 것을 x로 놓는다.

⬇

이차방정식 세우기 : 문제의 뜻에 따라 이차방정식을 세운다.
(이차식)=(상수)

⬇

이차방정식 풀기 : 인수분해 또는 근의 공식

⬇

확인하기 : 구한 해가 문제의 뜻에 맞는지 확인한다.
이차방정식의 모든 해가 문제의 답이 되는 것은 아니므로

㉠ 둘레의 길이가 18인 직사각형의 넓이는 20이다. 가로의 길이가 세로의 길이보다 더 길 때, 가로의 길이는 얼마인가?

미지수 x 정하기	가로의 길이를 x로 놓는다.
이차방정식 세우기	가로의 길이와 세로의 길이의 합이 9이므로 세로의 길이는 ➡ $9-x$ 직사각형의 넓이가 20이므로 ➡ $x(9-x)=20$
이차방정식 풀기	$x^2-9x+20=0$ ➡ $(x-4)(x-5)=0$ ➡ $x=4$ 또는 $x=5$
확인하기	세로의 길이보다 더 긴 가로의 길이는 5, 세로의 길이는 4이다.

☐ 이차식이 주어지면 문제의 뜻에 맞게 이차방정식을 세운다.

㉠ 지면에서 지면에 수직인 방향으로 쏘아 올린 물체의 x초 후의 높이는 $(30x-5x^2)$m이다.
이 물체가 처음으로 높이 25m에 도달하는 것은 쏘아 올린 지 몇 초 후인가?

이차방정식 세우기	$30x-5x^2=25$
이차방정식 풀기	$5x^2-30x+25=0$ ➡ $x^2-6x+5=0$ ➡ $(x-1)(x-5)=0$ ➡ $x=1$ 또는 $x=5$
확인하기	쏘아 올린지 1초 후에 처음으로 높이 25m에 도달한다.

| 2 | 이차방정식의 활용 문제에 자주 쓰이는 공식 ★★★★☆

☐ 연속하는 두 정수 ➡ $x,\ x+1$

☐ 연속하는 세 자연수 ➡ $x-1,\ x,\ x+1$ ($x\geq 2$인 자연수)

☐ 연속하는 두 짝수 ➡ $x,\ x+2$ (x는 짝수)

☐ 연속하는 두 홀수 ➡ $x,\ x+2$ (x는 홀수)

☐ (직사각형의 넓이)=(가로의 길이)×(세로의 길이)

☐ (삼각형의 넓이)=$\dfrac{1}{2}$×(밑변의 길이)×(높이)

☐ (사다리꼴의 넓이)=$\dfrac{1}{2}$×{(윗변의 길이)+(아랫변의 길이)}×(높이)

☐ (원의 넓이)=π×(반지름의 길이)^2

☐ (원뿔의 부피)=$\dfrac{1}{3}$×π×(반지름의 길이)^2×(높이)

☐ (직육면체의 부피)=(가로의 길이)×(세로의 길이)×(높이)

☐ (n각형의 대각선의 개수)=$\dfrac{n(n-3)}{2}$

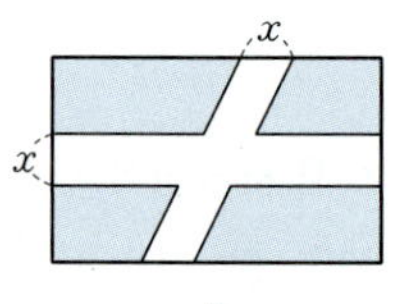
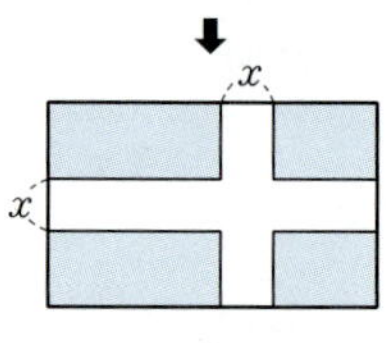
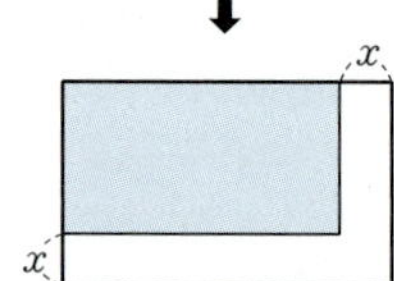

위의 세 직사각형에서
색칠한 부분의 넓이는
모두 같다.

◉ 차가 3인 두 자연수가 있다. 큰 수의 제곱은 작은 수를 제곱한 것의 3배에 1을 더한 것과 같다. 큰 자연수는 무엇인가?

001 큰 자연수를 미지수 ______________로 놓았다.

002 큰 수를 제곱하면 ______________, 작은 수를 제곱한 것의 3배에 1을 더하면 ______________이다.

003 이차방정식을 세우면 ______________이다.

004 이차방정식을 풀면, 큰 자연수는 ______________이다.

◉ 가로의 길이가 6, 세로의 길이가 9인 직사각형이 있다. 가로와 세로의 길이를 똑같이 늘렸더니 그 넓이가 처음 직사각형의 넓이의 2배가 되었다. 늘린 길이는 얼마인가?

005 늘린 길이를 미지수 ______________로 놓았다.

006 늘린 후에 가로의 길이는 ______________, 세로의 길이는 ______________이다.

007 이차방정식을 세우면 ______________이다.

008 이차방정식을 풀면, 늘린 길이는 ______________이다.

◉ 오른쪽 그림과 같이 직사각형 모양의 땅에 폭이 각각 일정한 일직선의 길을 만들었더니 길을 제외한 나머지 부분의 넓이가 $8\,\mathrm{m}^2$가 되었다. 길의 폭은 몇 m인가?

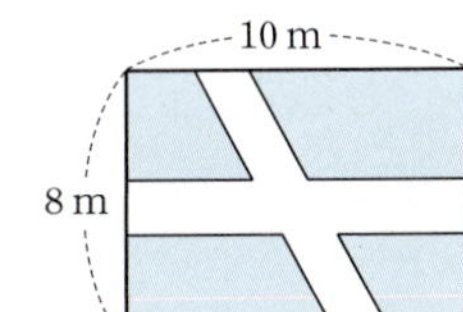

009 길의 폭을 미지수 ______________(m)로 놓았다.

010 이차방정식을 세우면 ______________이다.

011 이차방정식을 풀면, 길의 폭은 ______________(m)이다.

◉ n각형의 대각선의 개수가 $\dfrac{n(n-3)}{2}$일 때, 대각선의 개수가 27인 다각형은 무엇인가?

012 이차방정식을 세우면 ______________이다.

013 이차방정식을 풀면, ______________각형이다.

◉ 지면에서 똑바로 위로 던진 공의 t초 후의 높이가 $(70t-5t^2)\,\mathrm{m}$일 때, 공이 다시 지면에 떨어지는 것은 공을 던진 지 몇 초 후인가?

014 지면에 떨어진다는 것은 높이가 ______________(m)일 때이다.

015 이차방정식을 세우면 ______________이다.

016 이차방정식을 풀면, 공을 던진 지 ______________$(초)$ 후에 지면에 다시 떨어진다.

PART Ⓐ

필수개념 97개로 완성하는
필수개념편

III

함 수

036 순서쌍과 좌표

| 1 | 수직선 위의 점의 좌표 ★☆☆☆☆

☐ 수직선 위의 한 점에 대응하는 수를 그 점의 **좌표**라 한다. 정의
　수를 나타내는 직선

☐ $P(a)$: 점 P의 좌표가 a이다.

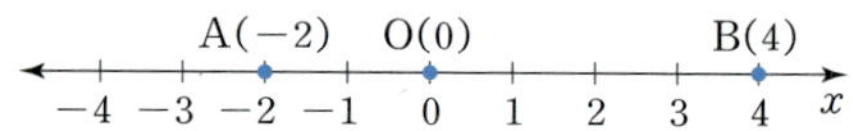

| 2 | 좌표평면 ★☆☆☆☆

• 두 수직선이 점 O에서 서로 수직으로 만날 때

☐ 가로의 수직선을 x**축**, 세로의 수직선을 y**축**, x축과 y축을 통틀어 **좌표축**,
　x축의 다른 표현은 $y=0$이다.　y축의 다른 표현은 $x=0$이다.
　두 좌표축의 교점 O를 **원점**이라 한다. 정의

☐ **좌표평면** : 좌표축이 정해져 있는 평면 정의

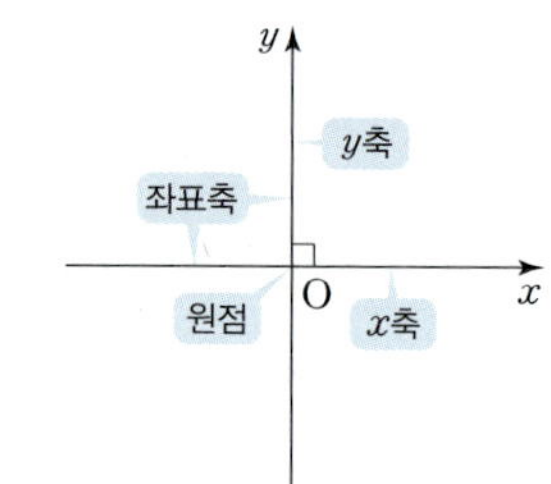

| 3 | 좌표평면 위의 점의 좌표 ★★★☆☆

☐ **순서쌍** : 순서를 생각하여 두 수를 짝지어 나타낸 것 정의
　$(1, 2)$와 순서를 바꾼 $(2, 1)$은 서로 다르다.

☐ 좌표평면 위의 한 점 P에서 x축, y축에 각각 수선을 그었을 때
　　x축, y축과 만나는 점에 대응하는 수가 각각 a, b이면
　　수직인 직선

　　순서쌍 (a, b)를 점 P의 **좌표**라 한다. 정의

☐ $P(a, b)$: 점 P의 x좌표가 a, y좌표가 b이다.

☐ 원점 O의 좌표　➡ $(0, 0)$
　점의 위치를 나타내기 위해서, 1차원 수직선에서는 1개의 변수가, 2차원 평면에서는 2개의 변수가 필요하다.

☐ x축 위의 점의 좌표　➡ $(x$좌표$, 0)$

☐ y축 위의 점의 좌표　➡ $(0, y$좌표$)$
　x축 위에 있는 모든 점의 y좌표는 0이다.

☐ 좌표평면은 좌표축에 의해 네 부분의 평면으로 나누어지는데,
　y축 위에 있는 모든 점의 x좌표는 0이다.
　　그 각각을 **제1사분면, 제2사분면, 제3사분면, 제4사분면**이라 한다. 정의
　　사분면

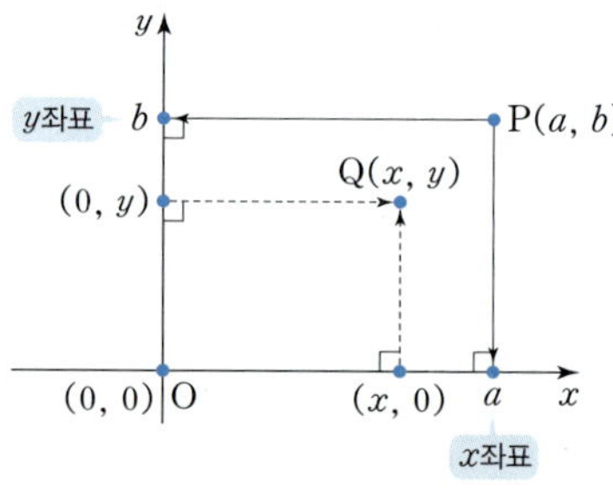

부호＼사분면	제1사분면	제2사분면	제3사분면	제4사분면
x좌표의 부호	+	−	−	+
y좌표의 부호	+	+	−	−

☐ 좌표축$(x$축, y축$)$ 위의 점은 어느 사분면에도 속하지 않는다.

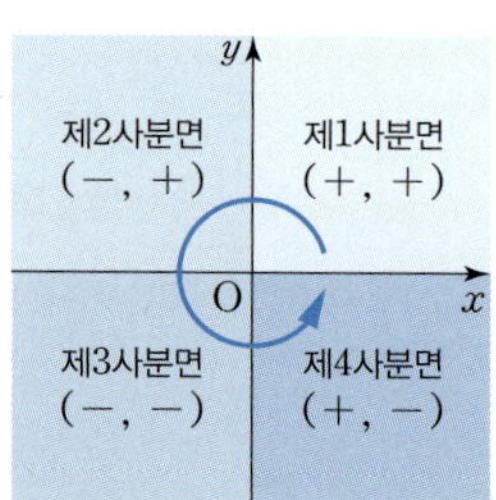

| **고등수학**

❶ 내신 좌표평면에 여러 가지 도형 나타내기

☐ 직사각형　　　　　☐ 정삼각형　　　　　☐ 이등변삼각형　　　　　☐ 직각삼각형

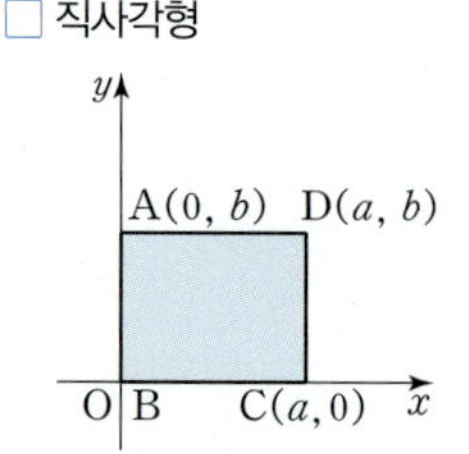

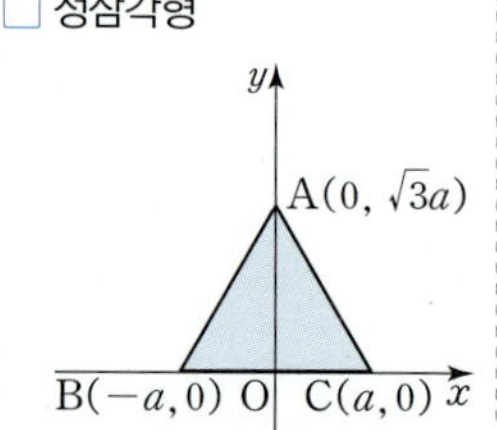

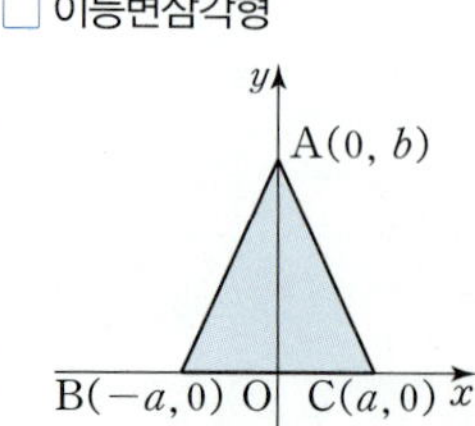

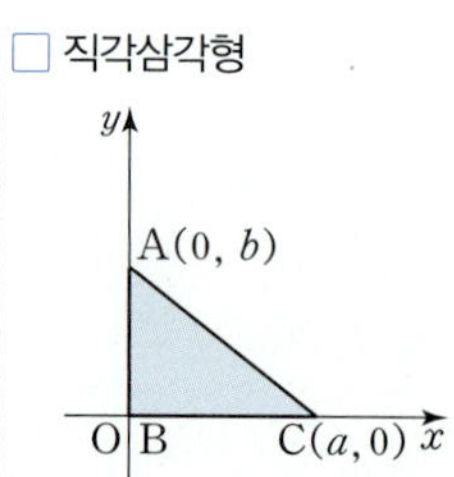

◉ 수직선을 보고, 좌표를 기호로 나타내시오.

001 A의 좌표 ____________

002 B의 좌표 ____________

003 C의 좌표 ____________

◉ 좌표평면을 보고, 좌표를 기호로 나타내시오.

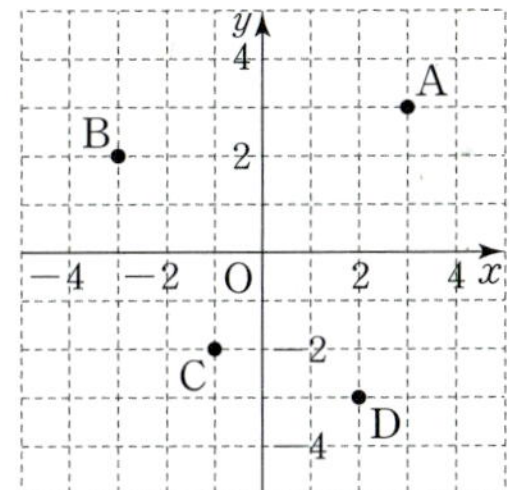

004 A의 좌표 ____________

005 B의 좌표 ____________

006 C의 좌표 ____________

007 D의 좌표 ____________

◉ 문장을 완성하시오.

008 점 $(0, 5)$는 ____________ 축 위에 있다.

009 x축 위에 있는 모든 점의 y좌표는 ____________ 이다.

010 y축 위에 있고 y좌표가 -4인 점의 좌표는 ____________ 이다.

011 점 $(2, 3)$에서 x축까지의 거리는 ____________ 이다.

012 점 $(3, 5)$에서 x축에 내린 수선의 길이는 ____________ 이다.

013 점 $(4, -3)$에서 y축에 내린 수선의 길이는 ____________ 이다.

◉ 제 몇 사분면 위의 점인가?

014 $A(-4, 2)$ ____________

015 $B(-3, -1)$ ____________

016 $C(5, 3)$ ____________

017 $D\left(6, -\dfrac{1}{2}\right)$ ____________

◉ 문장을 완성하시오.

018 점 $A(x, y)$가 제2사분면 위의 점일 때, 점 $B(x, -y)$는 제____________ 사분면 위의 점이다.

019 점 $A(-x, y)$가 제4사분면 위의 점일 때, 점 $B(-x, -y)$는 제____________ 사분면 위의 점이다.

| 1 | 함수의 그래프 ★☆☆☆☆

☐ **변수** : x, y와 같이 여러 가지로 변하는 값을 나타내는 문자

☐ **함수의 그래프** : 함수 $y=f(x)$에서 x의 값과 그에 대응하는 함숫값 y의 순서쌍 (x, y)를 좌표로 하는 점 전체를 좌표평면 위에 나타낸 것 〔정의〕

  ㉘ 순서쌍 $(-3, -6)$, $(-2, -4)$, $(-1, -2)$, $(0, 0)$, $(1, 2)$, $(2, 4)$, $(3, 6)$을 좌표로 하는 점을 좌표평면 위에 나타내면 오른쪽 그림과 같다.

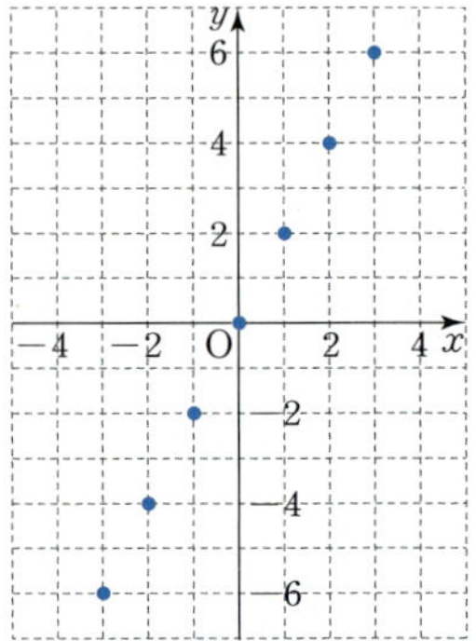

| 2 | 정비례와 함수 $y=ax\,(a \neq 0)$의 그래프 ★★☆☆☆

☐ 정비례는 두 대상을 서로 나눈 값이 일정한 것이다.

☐ x가 2배, 3배, 4배, …로 변할 때, y도 2배, 3배, 4배, …로 변하는 관계가 있으면
x, y가 서로 같은 비율로 늘거나 줄어드는 관계
y는 x에 정비례한다고 한다. ➡ **$y=ax$** 〔정의〕

☐ y는 x에 정비례 ➡ $\dfrac{y}{x}=a\,(일정)$ ➡ $y=ax\,(a는 상수)$

☐ 함수 $y=2x$에서 x값의 범위에 따라 달라지는 그래프

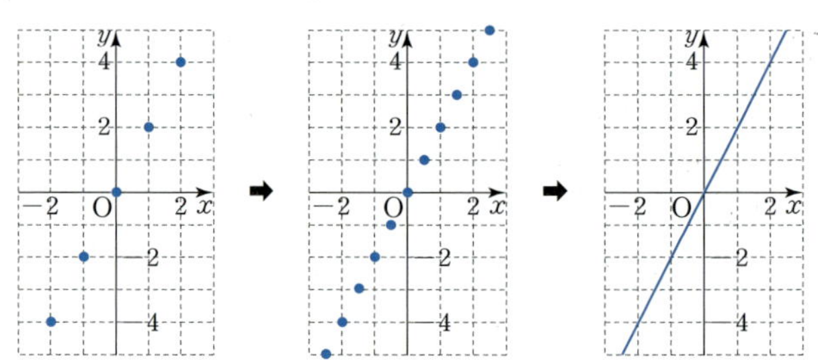

x값의 범위가 정수일 때 ➡ x값의 간격을 더 좁힌다. ➡ x값의 범위가 수 전체일 때

| 3 | 함수 $y=ax$의 그래프의 성질 ★★★★★

☐ 항상 원점 $O(0, 0)$과 점 $(1, a)$를 지나는 직선이다.

☐ $|a|$의 값이 클수록 y축에 가까워진다. ── ❶ $|-2| > |-1|$이므로 $y=-2x$의 그래프가 $y=-x$의 그래프보다 y축에 더 가깝게 그려진다.
$=$'x축으로부터 멀어진다.' ❷ $|-2| > |1|$이므로 $y=-2x$의 그래프가 $y=x$의 그래프보다 y축에 더 가깝게 그려진다.
a의 값에 관계없이

	$a>0$일 때	$a<0$일 때
☐ $y=ax$의 그래프		
☐ 지나는 사분면	제1사분면과 제3사분면	제2사분면과 제4사분면
☐ 그래프의 모양	오른쪽 위로 향하는 직선	오른쪽 아래로 향하는 직선
☐ 증가, 감소 상태	x의 값이 증가하면 y의 값도 증가한다.	x의 값이 증가하면 y의 값은 감소한다.

☐ 함수 $y=ax$의 그래프 그리는 법(← 서로 다른 두 점을 지나는 직선은 **오직 하나 뿐**이다.)

원점 $O(0, 0)$ 찍기 ➡ $y=ax$를 지나는 다른 한 점 찍기 ➡ 두 점을 연결하는 직선 그리기

◉ x값의 범위가 다음과 같을 때, 함수 $y=x$의 그래프를 그리시오.

001 자연수일 때

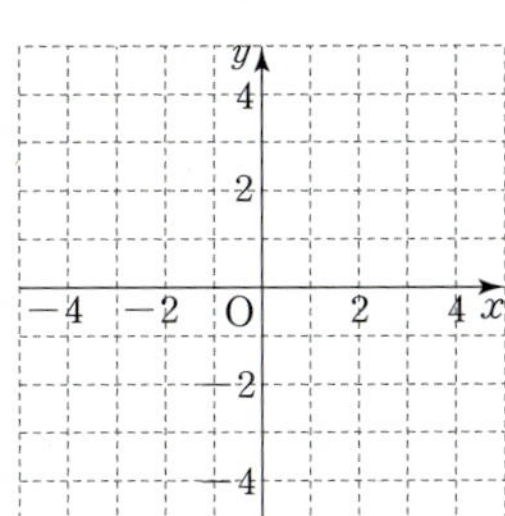

002 정수일 때

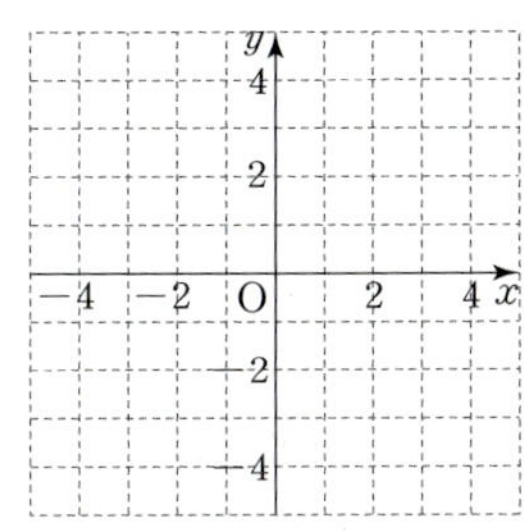

003 수 전체일 때

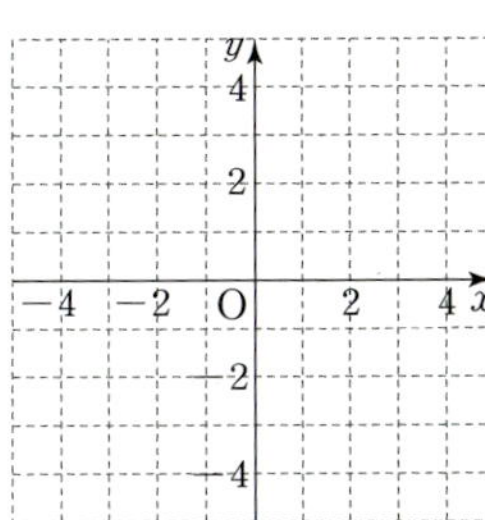

◉ 함수식과 함수의 그래프를 짝지으시오.

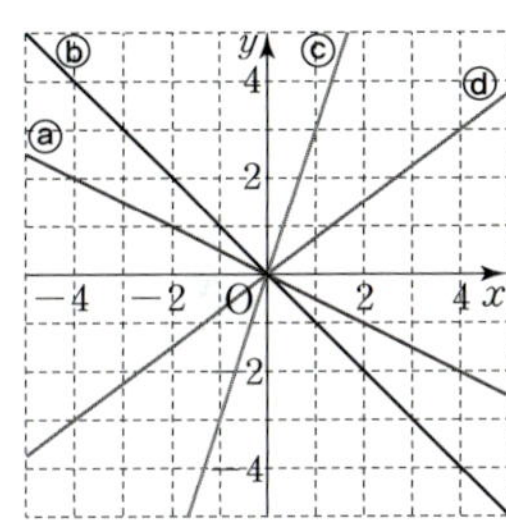

004 $y=\dfrac{3}{4}x$　　　　　　_______________

005 $y=-x$　　　　　　_______________

006 $y=3x$　　　　　　_______________

007 $y=-\dfrac{1}{2}x$　　　　　　_______________

◉ 함수 $y=-2x$와 그 그래프에 대한 설명으로 맞으면 ○, 틀리면 ×

008 점 $(1, 2)$를 지난다.　　　　　　○ / ×

009 x의 값이 증가하면 y의 값도 증가한다.　　　　　　○ / ×

010 제2사분면과 제4사분면을 지난다.　　　　　　○ / ×

011 함수 $y=-\dfrac{1}{2}x$의 그래프보다 y축에 더 가깝다.　　　　　　○ / ×

012 함수 $y=-2x$의 그래프 위의 점 (a, b)에 대하여 $\dfrac{b}{a}$의 값은 항상 -2이다. (단, $a\neq0$)

　　　　　　○ / ×

◉ 함수의 그래프를 좌표평면 위에 그리시오.

013 $y=\dfrac{3}{2}x$

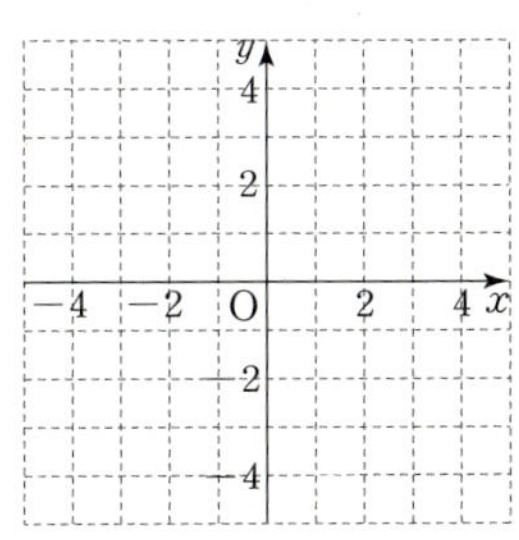

014 $y=-\dfrac{2}{3}x$

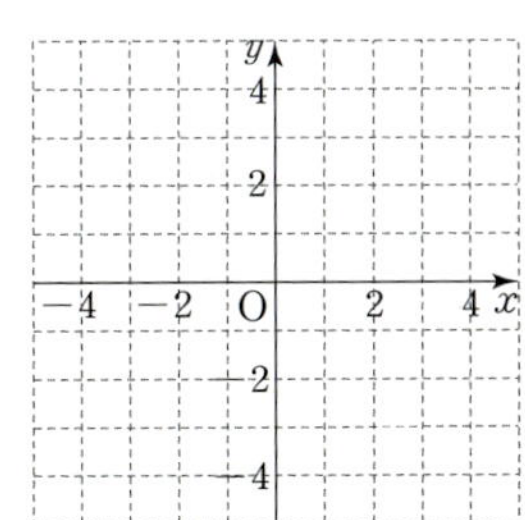

038 함수 $y=\dfrac{a}{x}$의 그래프와 반비례

| 1 | 반비례와 $y=\dfrac{a}{x}\,(a\neq0)$의 그래프 ★☆☆☆☆

☐ 반비례는 두 대상을 서로 곱한 값이 일정한 것이다.

☐ x가 2배, 3배, 4배, …로 변할때 y가 $\dfrac{1}{2}$배, $\dfrac{1}{3}$배, $\dfrac{1}{4}$배, …로 변하는 관계가 있으면 **y는 x에 반비례한다**고 한다.
x가 커질 때 y가 그와 같은 비로 작아지는 관계

➡ $y=\dfrac{a}{x}$ 정의

☐ y는 x에 반비례 ➡ $xy=a\,(일정)$ ➡ $y=\dfrac{a}{x}\,(a는 상수)$

☐ 함수 $y=\dfrac{6}{x}$에서 x값의 범위에 따라 달라지는 그래프

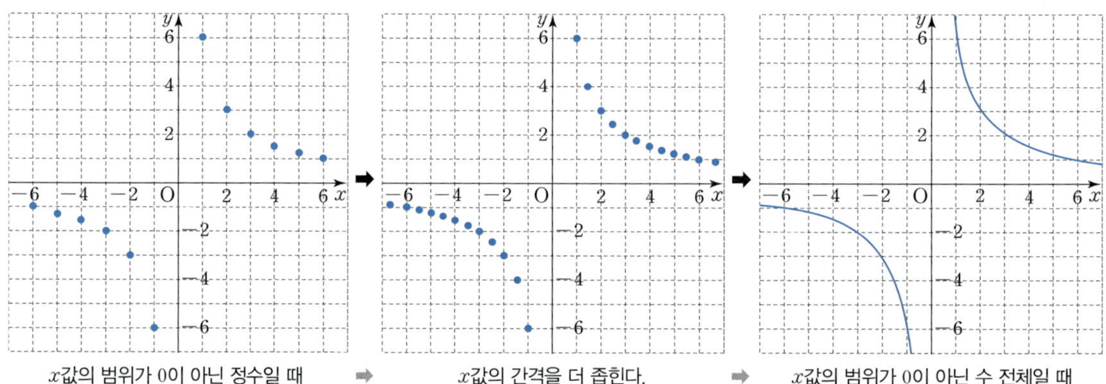

x값의 범위가 0이 아닌 정수일 때	x값의 간격을 더 좁힌다.	x값의 범위가 0이 아닌 수 전체일 때

| 2 | 함수 $y=\dfrac{a}{x}\,(x\neq0)$의 그래프 ★★★★★
x는 분모이므로 0이 될 수 없다.

☐ 항상 점 $(1,\,a)$를 지나고, 원점에 대하여 대칭인 한 쌍의 곡선이다.
a의 값에 관계없이
☐ $|a|$의 값이 클수록 원점에서 멀어진다.

❶ $|-2|>|-1|$이므로 $y=-\dfrac{2}{x}$의 그래프가 $y=-\dfrac{1}{x}$의 그래프보다 원점에서 더 멀다.
❷ $|-2|>|1|$이므로 $y=-\dfrac{2}{x}$의 그래프가 $y=\dfrac{1}{x}$의 그래프보다 원점에서 더 멀다.

	$a>0$일 때	$a<0$일 때
☐ $y=\dfrac{a}{x}$의 그래프		
☐ 지나는 사분면	제1사분면과 제3사분면	제2사분면과 제4사분면
☐ 그래프의 모양	x축, y축에 한없이 가까워지지만 만나지는 않는, 한 쌍의 매끄러운 곡선	
☐ 증가, 감소 상태	x의 값이 증가하면 y의 값은 감소한다.	x의 값이 증가하면 y의 값도 증가한다.

☐ 함수 $y=\dfrac{a}{x}$의 그래프 그리는 법

두 점 $(1,\,a)$, $(-1,\,-a)$ 찍기 ➡ 두 점을 지나면서 x축, y축에 한없이 가까워지는 한 쌍의 곡선 그리기

◉ x값의 범위가 다음과 같을 때, 함수 $y=\dfrac{4}{x}$의 그래프를 그리시오.

001 자연수일 때

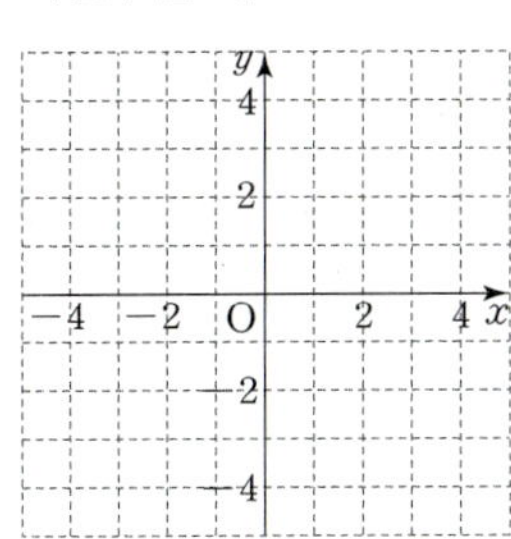

002 정수일 때

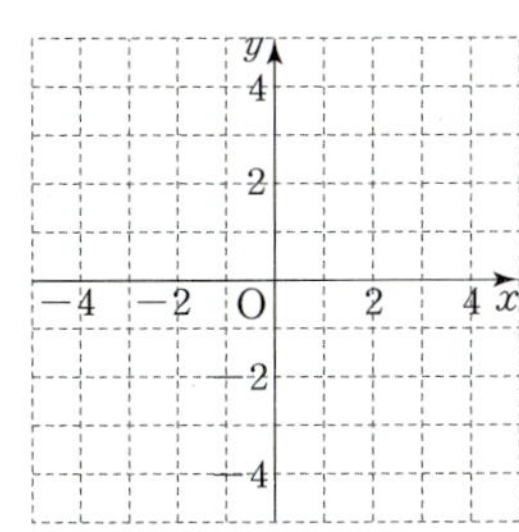

003 수 전체일 때

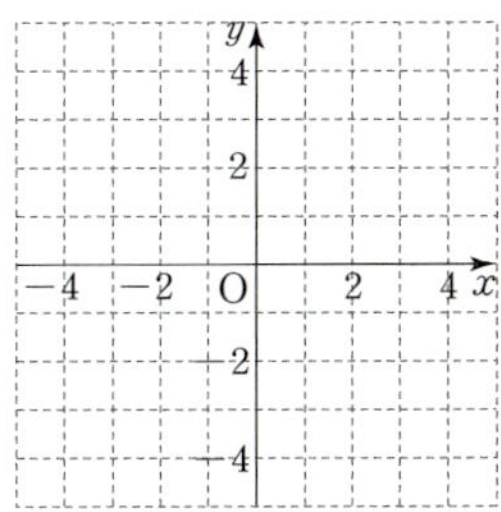

◉ 함수식과 함수의 그래프를 짝지으시오.

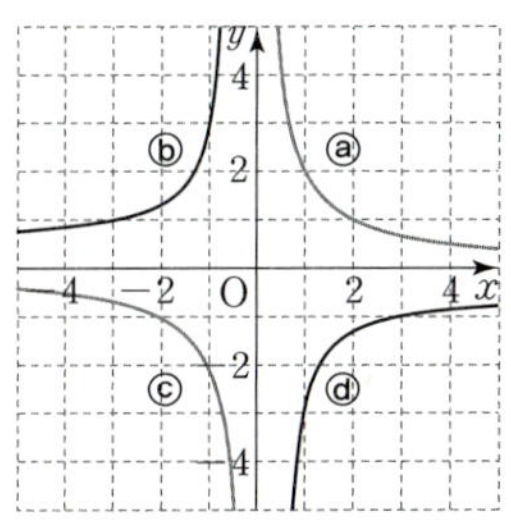

004 $y=\dfrac{2}{x}$ ____________

005 $y=-\dfrac{3}{x}$ ____________

◉ 함수 $y=-\dfrac{4}{x}$와 그 그래프에 대한 설명으로 맞으면 ○, 틀리면 ×

006 점 $(1,\ -4)$를 지난다.   ○ / ×

007 x의 값이 증가하면 y의 값은 감소한다.   ○ / ×

008 제2사분면과 제4사분면을 지난다.   ○ / ×

009 함수 $y=\dfrac{3}{x}$의 그래프보다 원점에서 더 가깝다.   ○ / ×

010 함수 $y=-\dfrac{4}{x}$의 그래프 위의 점 $(a,\ b)$에 대하여 ab의 값은 항상 -4이다.   ○ / ×

◉ 함수의 그래프를 좌표평면 위에 그리시오.

011 $y=-\dfrac{2}{x}$

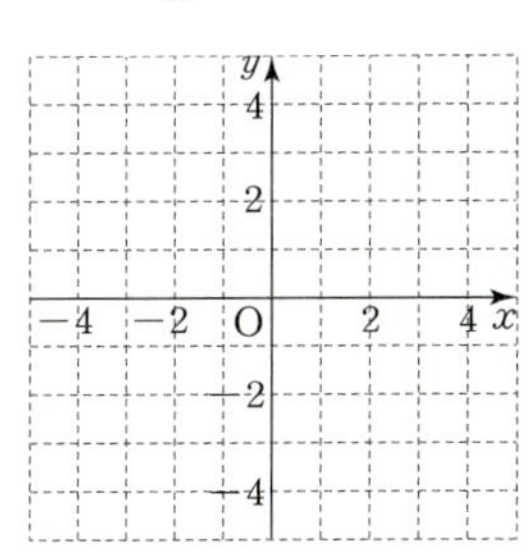

012 $y=\dfrac{3}{x}$

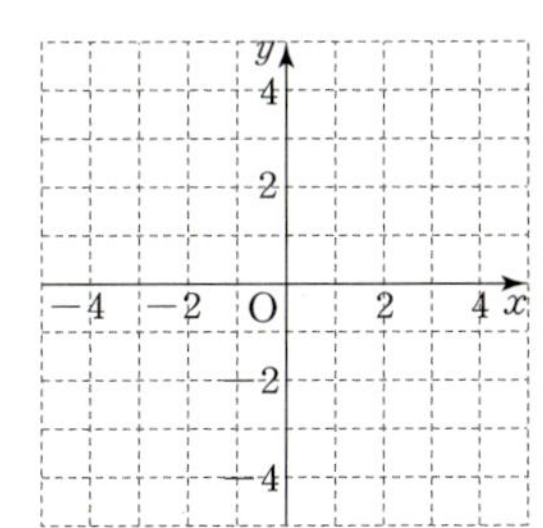

| 1 | 함수(function) ★★★☆☆

☐ 함수는 입력과 출력이 있는 상자이다.

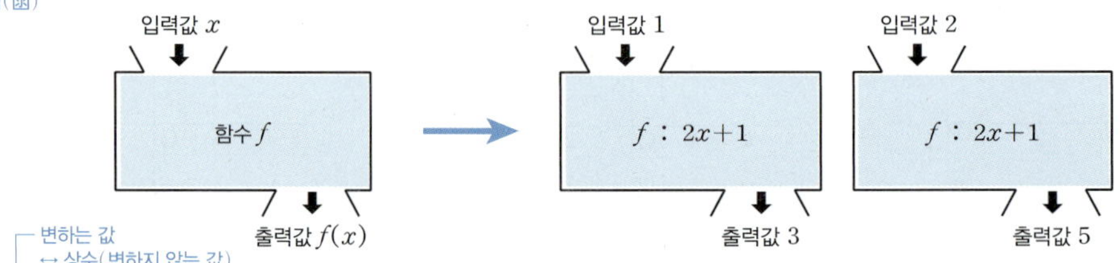

☐ 두 **변수** x, y에 대하여 x의 값이 정해지면 y의 값이 오직 하나만 정해질 때, **y는 x의 함수**라 한다.

➡ $y=f(x)$ 정의

☐ x의 값 하나에 y의 값이 대응하지 않거나, 2개 이상 대응하면 **함수가 아니다.**

   예 한 변의 길이가 x인 정사각형의 둘레의 길이 y ➡ 함수 ○ ($y=4x$)

   예 자연수 x보다 작은 소수 y ➡ 함수 × ($x=1$일 때 y의 값이 없다.) ← y의 값이 대응하지 않는 예

   예 자연수 x의 약수 y ➡ 함수 × ($x=2$일 때 $y=1, 2$)   ← y의 값이 2개 이상 대응하는 예

| 2 | 함숫값 ★★★★☆

☐ **함숫값** : 함수 $y=f(x)$에서 x의 값에 대응하는 y의 값 정의

   예 $f(x)=2x+1$에 대하여 $x=0$일 때의 함숫값은 $f(0)=2\times0+1=1$이다.

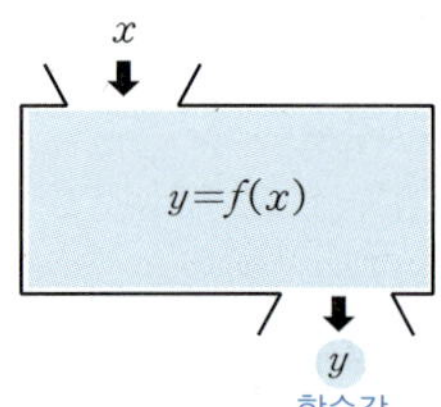

☐ 함수 $y=f(x)$에 대하여 $f(a)$ ➡ $x=a$일 때의 함숫값

                             ➡ $x=a$일 때의 y의 값

                             ➡ $f(x)$의 x에 a를 대입하여 얻은 값

☐ 함수 $y=f(x)$에 대하여 $f(a)=b$ ➡ $x=a$일 때의 함숫값이 b이다.

                                  ➡ $x=a$일 때 $y=b$이다.

                                  ➡ $y=f(x)$의 x에 a, y에 b를 대입하면 등식이 성립한다.

| **고등수학** |

                         ┌ 정의역의 원소 중에서 대응하지 않는 원소가 하나라도 있으면, 함수가 아니다.

❶ 내신 ☐ 두 집합 X, Y에서 X의 각(모든) 원소에 Y의 원소가 오직 하나씩(만) 대응할 때, ┬ 정의역의 한 원소에 공역의 원소가 2개 이상
   이 대응을 **X에서 Y로의 함수**라 한다. ➡ $f : X \longrightarrow Y$ 정의 [Figure 01]   대응하면, 함수가 아니다.

❷ 내신 ☐ 함수 $f : X \longrightarrow Y$에서 X, Y, $\{f(x) \,|\, x \in X\}$를 차례로 f의 **정의역**, **공역**, **치역**이라 한다. 정의 [Figure 02]
                        함숫값 전체의 집합

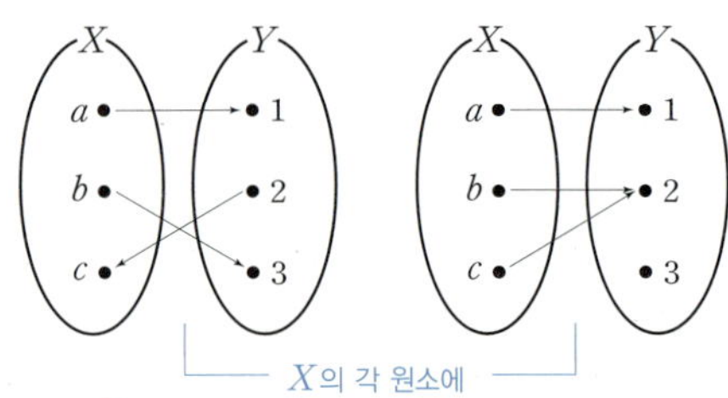

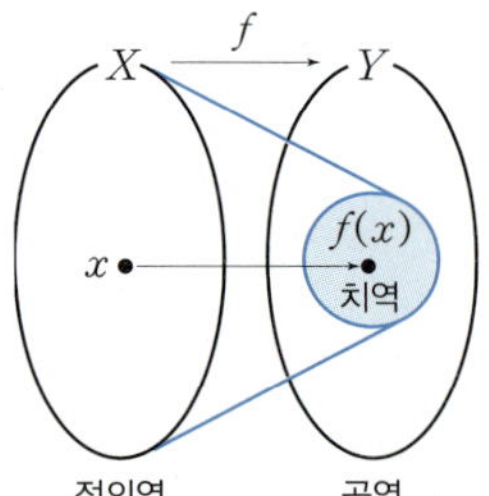

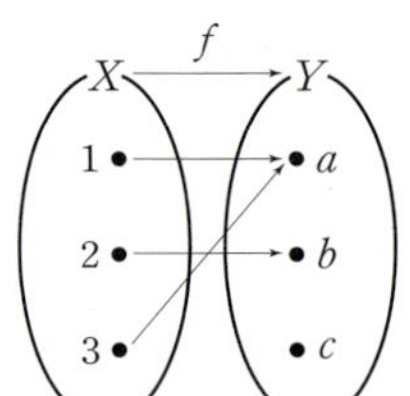

⊙ **출력값을 구하시오.**

001

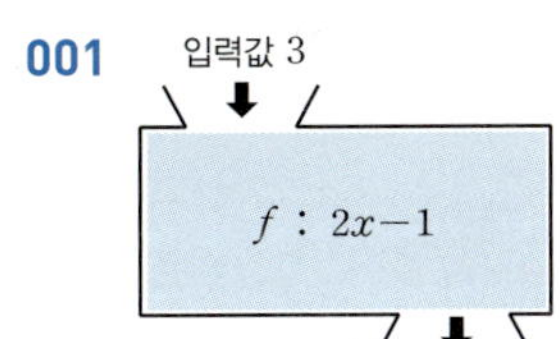

출력값 : _____________

002

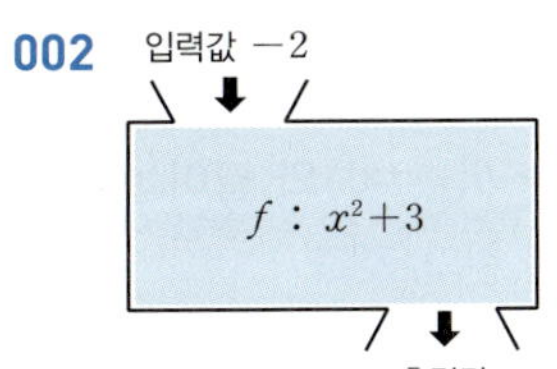

출력값 : _____________

⊙ **y가 x의 함수이면 ○, 아니면 ×**

003 자연수 x보다 큰 홀수 y 　　　　　　　　　　　　　　　○ / ×

004 자연수 x를 3으로 나눈 나머지 y 　　　　　　　　　○ / ×

005 절댓값이 x인 수 y 　　　　　　　　　　　　　　　　○ / ×

006 한 개에 800원인 빵 x개의 가격 y원 　　　　　　　○ / ×

007 시속 10km로 x시간 동안 달린 거리 $y$km 　　　　○ / ×

008 자연수 x보다 작은 소수 y 　　　　　　　　　　　　○ / ×

⊙ **다음 값을 구하시오.**

009 $f(x)=2+3x$ 　　　　　　　　　　　　　　$f(1)=$ _____________

010 $f(x)=\dfrac{8}{x}-4$ 　　　　　　　　　　　　$2f(4)=$ _____________

011 $f(x)=($자연수 x를 3으로 나눈 나머지$)$ 　　$f(14)+f(19)=$ _____________

012 $f(x)=(x$ 이하의 소수의 개수$)$ 　　　　　$3f(8)-2f(11)=$ _____________

013 함수 $f(x)=ax+1$에 대하여 $f(2)=5$이다. 　　　$a=$ _____________

014 함수 $f(x)=\dfrac{2}{x}+a$는 $f(4)=\dfrac{3}{2}$을 만족한다. 　　$f(2)=$ _____________

015 $f(x)=x+a, g(x)=\dfrac{b}{x}+2$에 대하여 $f(1)=3, g(-3)=10$이다. 　　$a+b=$ _____________

고등수학

⊙ **함수는 어느 것인가? 그 함수의 정의역, 치역을 구하시오.**

ⓐ 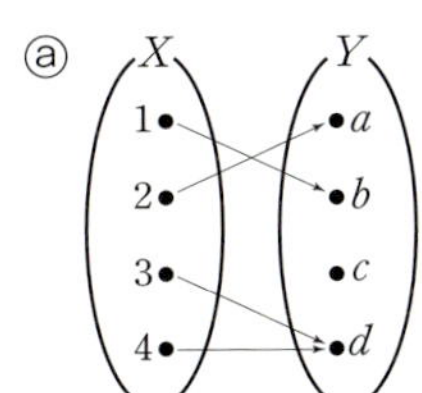　　ⓑ 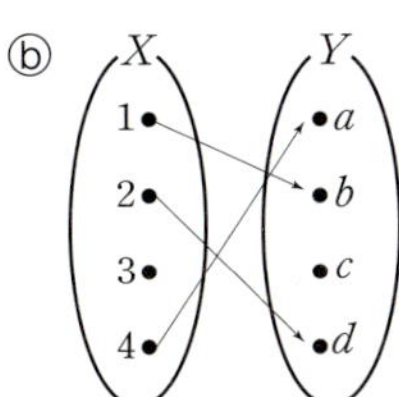　　ⓒ 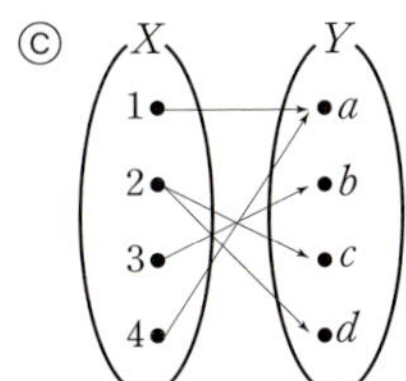

016 함수 : _____________　　**017** 정의역 : _____________　　**018** 치역 : _____________

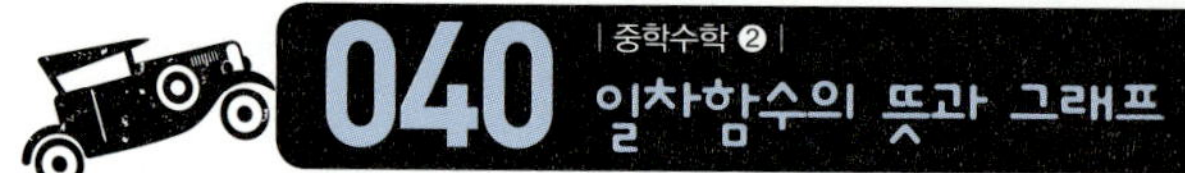

| 1 | 일차함수의 뜻 ★★☆☆☆

□ 함수 $y=f(x)$에서 $y=ax+b\,(a\neq0)$와 같이 y가 x에 대한 일차식일 때, 이 함수를 x에 대한 **일차함수**라 한다. [정의]
> $y=ax+b$와 $f(x)=ax+b$는 같은 함수를 나타내는 다른 표현이다.

> [예] $y=-x$, $y=\dfrac{3}{4}x$, $y=-2x+1$은 일차함수이지만 $y=7$(상수함수), $y=\dfrac{1}{x}$(분수함수), $y=x^2+1$(이차함수)는 모두 일차함수가 아니다.

> x에 대한
> - 일차식 　　: $ax+b$
> - 일차방정식 : $ax+b=0$
> - 일차부등식 : $ax+b>0$
> - 일차함수 　: $y=ax+b$
> 　(단, $a\neq0$)

| 2 | 일차함수 $y=ax+b\,(a\neq0)$의 그래프 ★★★★★

□ **평행이동** : 한 도형을 일정한 방향으로, 일정한 거리만큼 이동하는 것 [정의]

□ 일차함수 $y=ax+b$의 그래프는 일차함수 $y=ax$의 그래프를 **y축의 방향으로 b만큼 평행이동**한 직선이다.

$$y=ax+b \xrightarrow[b\text{만큼 평행이동}]{y\text{축의 방향으로}} y=ax+b \;=\; y-b=ax$$

> y대신에 $y-b$를 대입하는 방법도 있다.

> [예] 일차함수 $y=2x+3$의 그래프는 일차함수 $y=2x$의 그래프를 y축의 방향으로 3만큼 평행이동한 직선이다.

□ **'양수'**만큼은 **위로**, **'음수'**만큼은 **아래로** 평행이동된다.

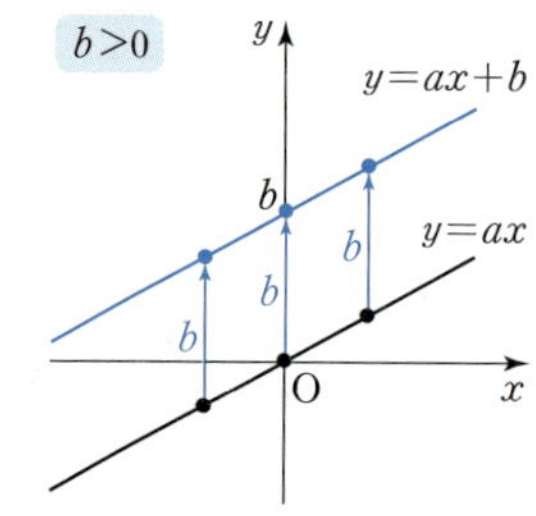

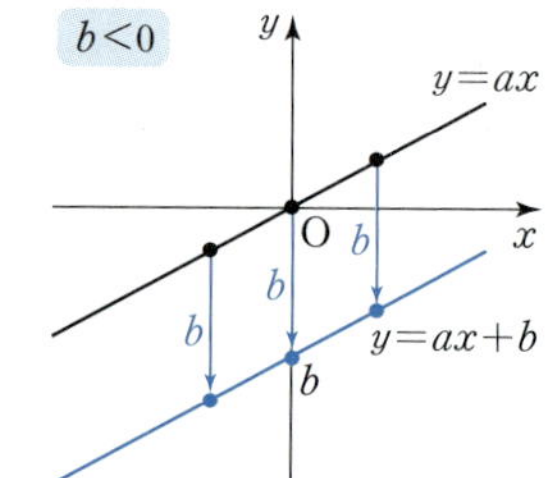

> [예] 일차함수 $y=2x$의 그래프를 y축의 방향으로 -3만큼 평행이동하면 그래프는 아래로 3만큼 평행이동된다.

□ $$y=ax+b \xrightarrow[c\text{만큼 평행이동}]{y\text{축의 방향으로}} y=(ax+b)+c$$

> [예] 직선 $y=-2x+3$을 y축의 방향으로 -2만큼 평행이동하면 직선 $y=(-2x+3)+(-2) \rightarrow y=-2x+1$이 된다.

| **고등수학** |

❶ [내신] □ 점의 평행이동

$$P(x,y) \xrightarrow[y\text{축의 방향으로 }n\text{만큼 평행이동}]{x\text{축의 방향으로 }m\text{만큼}} P'(x+m,\,y+n)$$

> x대신에 $x+m$, y대신에 $y+n$을 대입한다.

□ 도형의 평행이동

$$f(x,y)=0 \xrightarrow[y\text{축의 방향으로 }n\text{만큼 평행이동}]{x\text{축의 방향으로 }m\text{만큼}} f(x-m,\,y-n)=0$$

> $y=2x+3 \Rightarrow y=f(x)$꼴
> $2x-y+3=0 \Rightarrow f(x,y)=0$꼴

> x대신에 $x-m$, y대신에 $y-n$을 대입한다.

⊙ **일차함수이면 ○, 아니면 ×**

001 $y=2x-2$ ___ ○ / × ___   **002** $y=3$ ___ ○ / × ___

003 $y=\dfrac{5}{x}+2$ ___ ○ / × ___   **004** $y=\dfrac{2x-1}{3}$ ___ ○ / × ___

005 $y=x^2-3x+2$ ___ ○ / × ___   **006** $y=2x-2(x+1)$ ___ ○ / × ___

⊙ **일차함수 $y=2x$의 그래프를 y축의 방향으로 얼마만큼 평행이동한 것인가?**

007 $y=2x+3$ ___   **008** $y=2x-5$ ___

009 $y=2\left(x-\dfrac{1}{3}\right)$ ___   **010** $y=2\left(x+\dfrac{1}{2}\right)$ ___

⊙ **맞으면 ○, 틀리면 ×**

011 평행이동을 하면 직선 위의 모든 점이 같은 방향으로, 같은 거리만큼 이동된다. ___ ○ / × ___

012 $y=2x$의 그래프를 평행이동하면 $y=2x+1$의 그래프와 겹친다. ___ ○ / × ___

013 $y=2x+1$의 그래프를 y축의 방향으로 -2만큼 평행이동하면 제2사분면을 지난다. ___ ○ / × ___

⊙ **y축의 방향으로 [ ] 안의 수만큼 평행이동한 함수의 식을 구하시오.**

014 $y=-2x$ $[4]$ ___   **015** $y=3x$ $[-2]$ ___

016 $y=-x+3$ $[-2]$ ___   **017** $y=2x-1$ $[3]$ ___

018 $y=-3x-\dfrac{1}{2}$ $\left[\dfrac{5}{2}\right]$ ___   **019** $y=2\left(x+\dfrac{1}{3}\right)$ $\left[-\dfrac{2}{3}\right]$ ___

고등수학 -

⊙ **점 $(2,\,1)$을 다음처럼 평행이동한 점을 구하시오.**

020 x축의 방향으로 1만큼 ___

021 y축의 방향으로 -2만큼 ___

022 x축의 방향으로 1만큼, y축의 방향으로 -2만큼 ___

⊙ **도형 $x+2y+3=0$을 다음처럼 평행이동한 도형을 구하시오.**

023 x축의 방향으로 2만큼 ___

024 y축의 방향으로 -3만큼 ___

025 x축의 방향으로 2만큼, y축의 방향으로 -3만큼 ___

041 일차함수의 절편과 기울기

| 1 | 일차함수의 절편 ★★★★★

□ x**절편** : 그래프가 x축과 만나는 점의 x좌표 ➡ $y=0$일 때의 x의 값 [정의]
　　　　 축을 나누는 부분

□ y**절편** : 그래프가 y축과 만나는 점의 y좌표 ➡ $x=0$일 때의 y의 값 [정의]

□ 일차함수 $y=ax+b$의 x절편은 $-\dfrac{b}{a}$, y절편은 상수항 b이다.

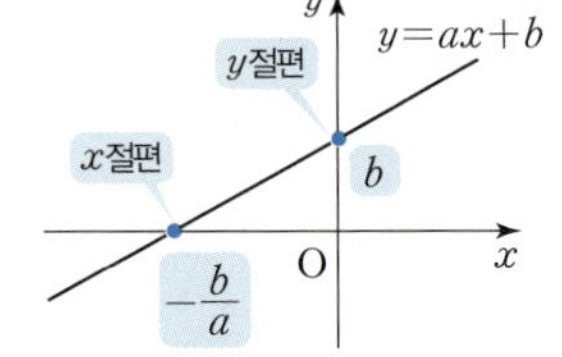

　(예) $y=-2x+4$의 그래프에서 $y=0$일 때의 x의 값이 2이므로 x절편은 2, $x=0$일 때의 y의 값이 4이므로 y절편은 4이다.

　• 'x절편이 2이다'와 같은 표현들

□ 점 $(2, 0)$을 지난다.

□ x축과 만나는 점의 x좌표가 2이다.

□ $y=0$일 때의 x의 값이 2이다.

　• 'y절편이 3이다'와 같은 표현들

□ 점 $(0, 3)$을 지난다.

□ y축과 만나는 점의 y좌표가 3이다.

□ $x=0$일 때의 y의 값이 3이다.

| 2 | 일차함수의 기울기 ★★★★★

□ **기울기** : x의 값의 증가량에 대한 y의 값의 증가량의 **비율** [정의]
　 직선의 기울어진 정도를 수로 나타낸 것

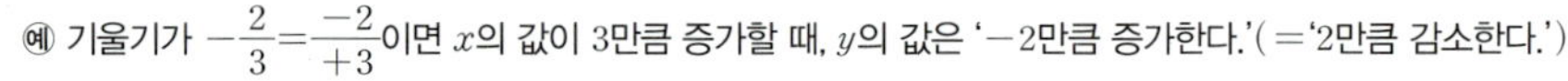

$$（기울기）= \dfrac{（y의\ 값의\ 증가량）}{（x의\ 값의\ 증가량）}=a$$

（y의 값은 a만큼 증가한다）
（x의 값이 1만큼 증가할 때）

x의 값의 증가량에 대한 y의 값의 증가량의 비율은 항상 일정하다.

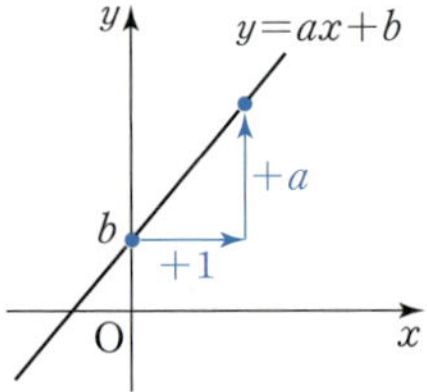

　(예) 기울기가 $-\dfrac{2}{3}=\dfrac{-2}{+3}$이면 x의 값이 3만큼 증가할 때, y의 값은 '-2만큼 증가한다.'(= '2만큼 감소한다.')

□ 일차함수 $y=ax+b$의 기울기는 x의 계수 a이다.

| 3 | 일차함수의 그래프 그리는 법 ★★★★★

□ x**절편과** y**절편으로**(← 서로 다른 두 점을 지나는 직선은 **오직 하나 뿐**이다.)

　x절편과 y절편을 구한다. ➡ 각 절편이 나타내는 두 점을 직선으로 연결한다.
　　　　　　　　　　　　　 $(x절편, 0), (0, y절편)$

　(예) $y=x+3$의 그래프는 x절편이 -3, y절편이 3이므로 두 점 $(-3, 0)$, $(0, 3)$을 찍어 연결하면 된다.

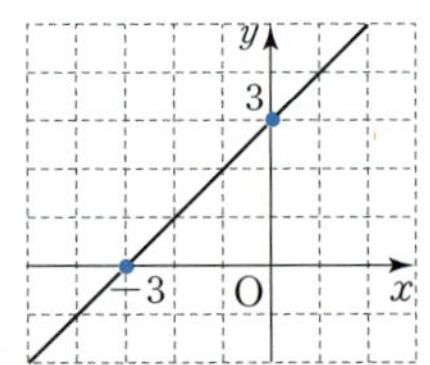

□ y**절편과 기울기로** : y절편으로 한 점을 구한다. ➡ 기울기로 다른 한 점을 구하여
　　　　　　　　　　　 $(0, y절편)$
　두 점을 직선으로 연결한다.

　(예) $y=-\dfrac{4}{3}x+1$의 그래프는 y절편이 1이므로 점 $(0, 1)$을 찍는다. 기울기가 $-\dfrac{4}{3}=\dfrac{-4}{+3}$이므로 y절편을 나타내는 점 $(0, 1)$에서 x의 값이 3만큼 증가하고, y의 값이 4만큼 감소한 점 $(3, -3)$을 찍은 다음 두 점 $(0, 1)$, $(3, -3)$을 직선으로 연결하면 된다.

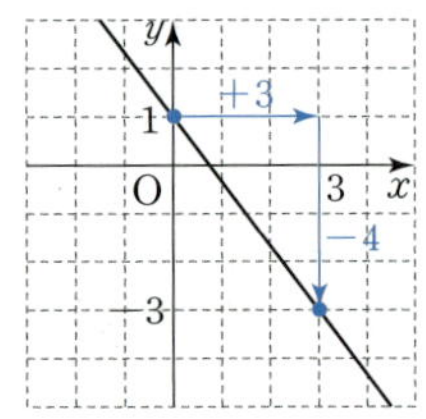

⊙ 기울기와 x절편, y절편을 구하시오.

001
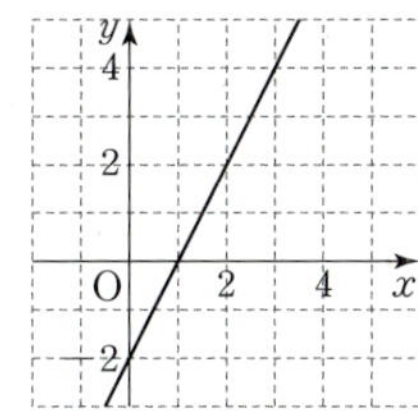

002
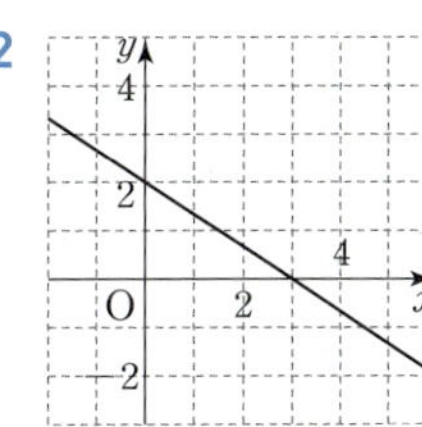

003 $y=-3x$

004 $y=2x-4$

005 $y=4x-2$

006 $y=-\dfrac{1}{2}x+3$

⊙ x절편과 y절편을 구하여, 일차함수의 그래프를 좌표평면 위에 그리시오.

007 $y=-2x+2$

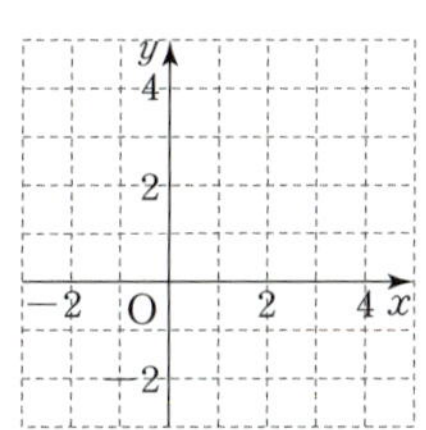

008 $y=\dfrac{2}{3}x-2$

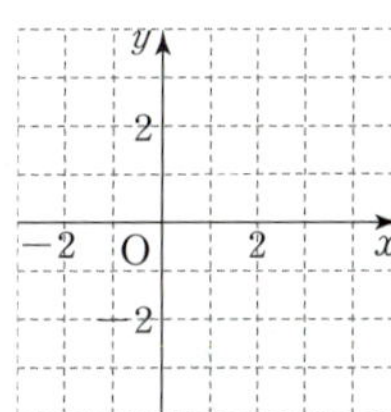

⊙ y절편과 기울기를 구하여, 일차함수의 그래프를 좌표평면 위에 그리시오.

009 $y=\dfrac{3}{2}x-1$

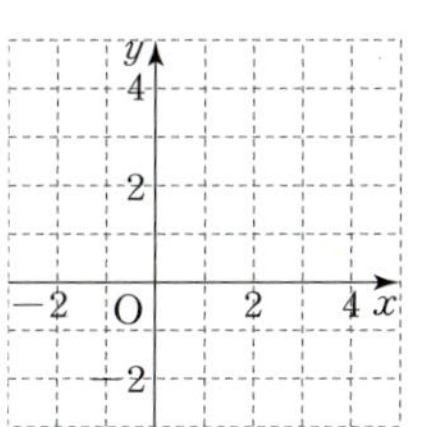

010 $y=-\dfrac{2}{3}x+3$

| 1 |　일차함수의 그래프의 모양과 위치 ★★★★★

· 일차함수 $y=ax+b$의 기울기 a는 **그래프의 모양**을 결정한다.

a 기울기

☐ $a>0$ ➡ x의 값이 증가하면 y의 값도 증가한다. ➡ 오른쪽 위로 향하는 직선

☐ $a<0$ ➡ x의 값이 증가하면 y의 값은 감소한다. ➡ 오른쪽 아래로 향하는 직선

☐ $|a|$의 값이 클수록 y축에 가까워지고 x축으로부터 멀어진다.

· 일차함수 $y=ax+b$의 y절편 b의 부호는 **그래프의 위치**를 결정한다.

b y절편

☐ $b>0$ ➡ y축과 양의 부분에서 만난다.　➡ y절편이 양수

☐ $b<0$ ➡ y축과 음의 부분에서 만난다.　➡ y절편이 음수

기울기 a의 부호	$a>0$		$a<0$	
y절편 b의 부호	$b>0$	$b<0$	$b>0$	$b<0$
☐ 그래프 모양	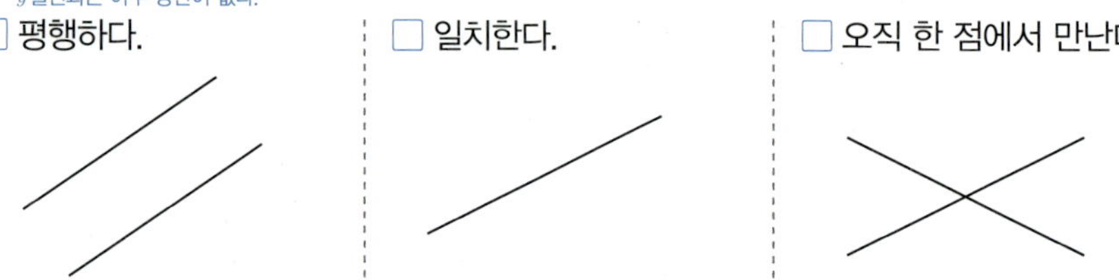			
☐ **지나는 사분면**	제1, 2, 3사분면	제1, 3, 4사분면	제1, 2, 4사분면	제2, 3, 4사분면

| 2 |　일차함수의 그래프의 평행 · 일치 ★★★★★

· 두 일차함수 $y=ax+b$, $y=cx+d$의 그래프에 대하여

☐ **평행** ➡ 기울기가 같고 y절편은 다르다. ➡　$a=c,\ b\ne d$

　두 일차함수의 그래프는 서로 만나지 않는다.
　㉲ $y=x+1$, $y=x-1$의 그래프는 기울기가 같고 y절편이 다르므로 평행하다.

☐ **일치** ➡ 기울기가 같고 y절편도 같다.　➡　$a=c,\ b=d$

☐ 기울기가 같은 두 일차함수의 그래프는 서로 평행하거나 일치한다.

☐ 기울기가 다른 두 일차함수의 그래프는 오직 한 점에서 만난다.
　y절편과는 아무 상관이 없다.

☐ 평행하다.　　☐ 일치한다.　　☐ 오직 한 점에서 만난다.

⊙ 오른쪽 위로 향하는 직선이면 ↗, 오른쪽 아래로 향하는 직선이면 ↘

001 $y=x-2$ ↗ / ↘

002 $y=-2x+3$ ↗ / ↘

003 $y=\dfrac{2}{3}x+1$ ↗ / ↘

004 $y=-\dfrac{3}{2}x-2$ ↗ / ↘

⊙ 일차함수 $y=ax+2$의 그래프이다. 다음 조건을 만족하는 그래프를 모두 고르시오.

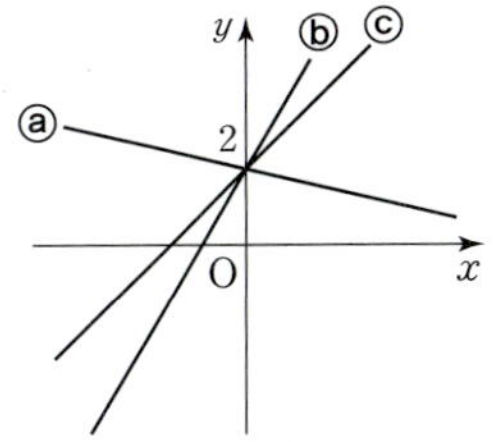

005 $a>0$인 그래프

006 $a<0$인 그래프

007 $|a|$의 값이 가장 큰 그래프

008 $|a|$의 값이 가장 작은 그래프

⊙ 기울기와 y절편의 부호를 구하시오.

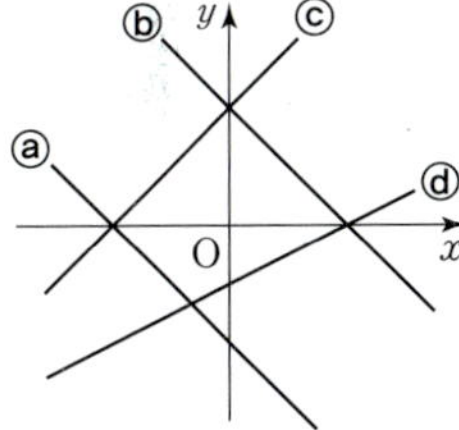

009 ⓐ

010 ⓑ

011 ⓒ

012 ⓓ

⊙ 다음을 만족하는 일차함수를 〈보기〉에서 모두 고르시오.

〈보기〉

ⓐ $y=x-1$

ⓑ $y=x+2$

ⓒ $y=-2x-3$

ⓓ $y=3x+1$

ⓔ $y=-\dfrac{1}{2}x+2$

013 x의 값이 증가할 때, y의 값도 증가하는 직선

014 x의 값이 증가할 때, y의 값은 감소하는 직선

015 x축과 가장 가까운 직선

016 y축과 가장 가까운 직선

017 제2사분면을 지나지 않는 직선

018 y축 위에서 만나는 두 직선

019 서로 평행한 두 직선

⊙ **두 직선 $y=2ax+b+2$, $y=4x-b$가 있다. a, b의 값 또는 조건을 구하시오.**

020 두 직선이 평행이다.

021 두 직선이 일치한다.

| 1 | 일차함수와 일차방정식의 관계 ★★★★☆

☐ 일차방정식 $ax+by+c=0 (a \neq 0, b \neq 0)$의 해를 나타내는 그래프는 직선이 된다. 이때 일차방정식 $ax+by+c=0$을 **직선의 방정식**이라 한다. 〔정의〕

일차방정식	$ax+by+c=0$
	y에 관하여 푼다. ⬇
일차함수	$y=-\dfrac{a}{b}x-\dfrac{c}{b}$

- 일차방정식 $ax+by+c=0$의 그래프는 일차함수 $y=-\dfrac{a}{b}x-\dfrac{c}{b}$의 그래프와 같다.

  (예) 일차방정식 $x+y-2=0$의 그래프는 일차함수 $y=-x+2$의 그래프와 서로 같다.

☐ $a \neq 0$, $b \neq 0$일 때, $y=-\dfrac{a}{b}x-\dfrac{c}{b}$ ➡ 기울기가 $-\dfrac{a}{b}$, y절편이 $-\dfrac{c}{b}$인 직선

☐ $a=0$, $b \neq 0$일 때, $y=-\dfrac{c}{b}$ ➡ x축에 평행한 직선

☐ $a \neq 0$, $b=0$일 때, $x=-\dfrac{c}{a}$ ➡ y축에 평행한 직선

☐ 일차방정식의 한 해가 $x=a$, $y=b$이다. ➡ 일차함수의 그래프가 점 (a, b)를 지난다.

| 2 | 일차방정식 $x=a$, $y=b$의 그래프 ★★★★★

- 일차방정식 $x=a$의 그래프

☐ 점 $(a, 0)$을 지나는 직선

☐ y축에 평행한 직선

☐ x축에 수직인 직선

☐ y의 값에 관계없이 x의 값은 항상 a이다.

☐ $x=0$의 그래프는 y축을 나타낸다.

- 일차방정식 $y=b$의 그래프

☐ 점 $(0, b)$를 지나는 직선

☐ x축에 평행한 직선

☐ y축에 수직인 직선

☐ x의 값에 관계없이 y의 값은 항상 b이다.

☐ $y=0$의 그래프는 x축을 나타낸다.

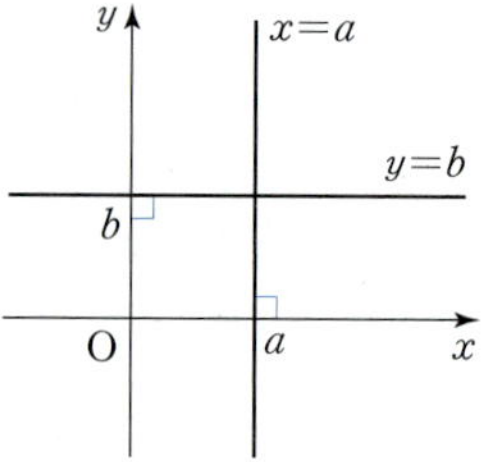

(예) 일차방정식 $x=3$의 그래프는 점 $(3, 0)$을 지나고 y축에 평행한 직선이다.

(예) 일차방정식 $y=-2$의 그래프는 점 $(0, -2)$를 지나고 x축에 평행한 직선이다.

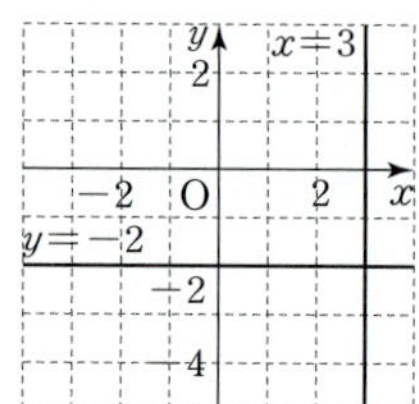

 정답과 해설 P. 63 / 필수문제편 P. 256

◉ 일차방정식의 그래프에 대하여 기울기와 y절편을 구하시오.

001 $2x+y-4=0$ ________________ ________________

002 $2x-y-3=0$ ________________ ________________

003 $x-y=2$ ________________ ________________

004 $\dfrac{x}{2}+\dfrac{y}{3}=1$ ________________ ________________

◉ 일차방정식의 그래프를 좌표평면 위에 그리시오.

005 $x-y+2=0$

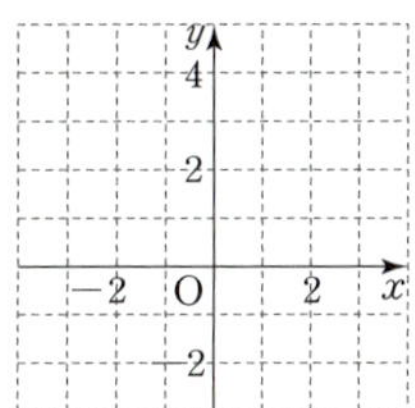

006 $x+y+1=0$

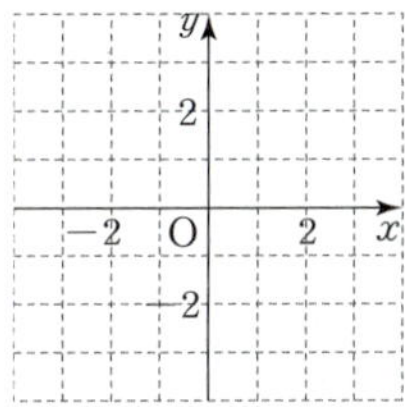

007 $x-3=0$

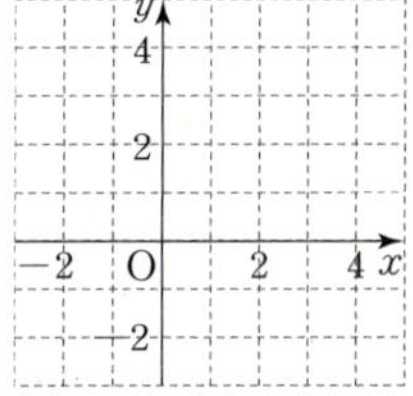

008 $y+2=0$

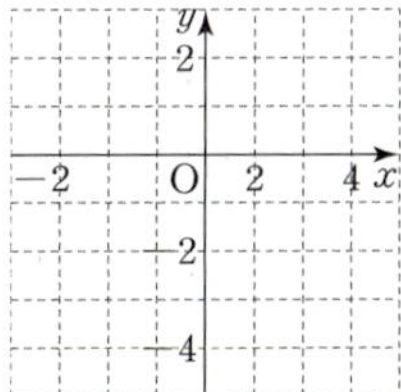

◉ 조건을 만족하는 그래프를 좌표평면 위에 그리시오.

009 점 $(1, 2)$를 지나고 y축에 수직인 직선

010 점 $(-1, -3)$을 지나고 x축에 평행한 직선

011 점 $(-2, 3)$을 지나고 x축에 수직인 직선

012 점 $(2, -2)$를 지나고 y축에 평행한 직선

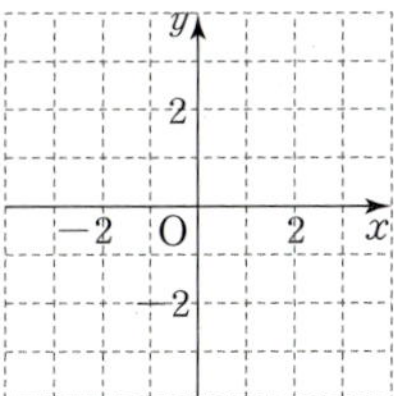

◉ 조건을 만족하는 직선의 방정식을 〈보기〉에서 고르시오.

013 점 $(-1, 3)$을 지나고 y축에 수직인 직선 ________________

014 두 점 $(3, -1)$, $(3, 1)$을 지나는 직선 ________________

015 두 점 $(-1, 3)$, $(1, -3)$을 지나는 직선 ________________

016 일차방정식 $2x+y-3=0$의 그래프와 평행하고 점 $(1, -3)$을 지나는 직선 ________________

〈보기〉
ⓐ $x-3=0$
ⓑ $y-3=0$
ⓒ $3x+y=0$
ⓓ $3x-y=0$
ⓔ $2x+y+1=0$
ⓕ $2x-y+1=0$

| 1 | 기울기와 y절편이 주어질 때 ★★★★★

☐ 기울기가 a, y절편이 b인 직선의 방정식은 ➡ $y=ax+b$

> ⓔ 기울기가 2, y절편이 3인 직선의 방정식은 $y=2x+3$이다.

$$y=ax+b$$
기울기　　y절편

| 2 | 기울기와 한 점이 주어질 때 ★★★★★

☐ 기울기가 a, 한 점 (x_1, y_1)을 지나는 직선의 방정식은

➡ (1단계) $y=ax+b$로 놓는다.

(2단계) $x=x_1$, $y=y_1$을 대입하여 b의 값을 구한다.

> ⓔ 기울기가 2, 한 점 $(1, 3)$을 지나는 직선의 방정식은 $y=2x+b$로 놓는다.
>
> 이때 점 $(1, 3)$을 대입하면 $3=2+b \rightarrow b=1$이므로 $y=2x+1$이다.

| 3 | 서로 다른 두 점이 주어질 때 ★★★★★

☐ 서로 다른 두 점 (x_1, y_1), (x_2, y_2)를 지나는 직선의 방정식은

➡ (1단계) 기울기 a를 구하여 $y=ax+b$로 놓는다. ➡ $a=\dfrac{y_2-y_1}{x_2-x_1}=\dfrac{y_1-y_2}{x_1-x_2}$

(2단계) $x=x_1$, $y=y_1$(또는 $x=x_2$, $y=y_2$)를 대입하여 b의 값을 구한다.

> ⓔ 두 점 $(1, -1)$, $(2, -3)$을 지나는 직선의 기울기는 $a=\dfrac{(-3)-(-1)}{2-1}=-2$이므로 $y=-2x+b$로 놓는다.
>
> 이때 점 $(1, -1)$을 대입하면 $-1=-2+b \rightarrow b=1$이므로 $y=-2x+1$이다.
> 점 $(2, -3)$을 대입해도 된다. 그러나 계산이 간단한 점을 선택하는 것이 좋다.

| 4 | x절편과 y절편이 주어질 때 ★★★★★

☐ x절편이 m, y절편이 n인 직선은 두 점 $(m, 0)$, $(0, n)$을 지나는 직선이다.

➡ (기울기)$=\dfrac{n-0}{0-m}=-\dfrac{n}{m}$, ($y$절편)$=n$ ➡ $y=-\dfrac{n}{m}x+n$

> ⓔ x절편이 1, y절편이 2인 직선은 두 점 $(1, 0)$, $(0, 2)$를 지나는 직선이다.

| **고등수학** |

❶ 내신 ☐ 한 점 (x_1, y_1)을 지나고 기울기가 m인 직선의 방정식은 ➡ $y-y_1=m(x-x_1)$

☐ 서로 다른 두 점 $\mathrm{A}(x_1, y_1)$, $\mathrm{B}(x_2, y_2)$를 지나는 직선의 방정식은

➡ ❶ $x_1 \neq x_2$일 때, $y-y_1=\dfrac{y_2-y_1}{x_2-x_1}(x-x_1)$

❷ $x_1=x_2$일 때, $x=x_1$

☐ x절편이 a, y절편이 b인 직선의 방정식은 ➡ $\dfrac{x}{a}+\dfrac{y}{b}=1$

⊙ **직선의 방정식을 구하시오.**

001 기울기가 1, y절편이 2인 직선

002 기울기가 2, 점 $(0, -3)$을 지나는 직선

003 기울기가 -4, 직선 $y=x+1$과 y축 위에서 만나는 직선

004 직선 $y=-x+2$와 평행하고 y절편이 3인 직선

005 기울기가 1, 점 $(1, -2)$를 지나는 직선

006 x의 값이 4만큼 증가할 때, y의 값이 3만큼 감소하고 점 $(4, -5)$를 지나는 직선

007 직선 $y=-x+4$와 평행하고 점 $(1, 2)$를 지나는 직선

008 직선 $y=\dfrac{1}{2}x-3$과 평행하고 x절편이 4인 직선

009 두 점 $(1, 1)$, $(2, 3)$을 지나는 직선과 평행하고 점 $(2, -1)$을 지나는 직선

010 직선 $4x-2y+3=0$과 평행하고 점 $(-1, 1)$을 지나는 직선

⊙ **두 점을 지나는 직선의 방정식을 구하시오.**

011 $(-2, 0)$, $(1, 3)$

012 $(1, -1)$, $(2, 1)$

013 $(0, 3)$, $(2, 1)$

014 $(-1, 4)$, $(2, -2)$

⊙ **직선의 방정식을 구하시오.**

015 x절편이 1, y절편이 -2인 직선

016 x절편이 -4, y절편이 2인 직선

017 두 점 $(2, 0)$, $(0, -3)$을 지나는 직선

⊙ **직선을 그래프로 하는 일차함수의 식을 구하시오.**

018

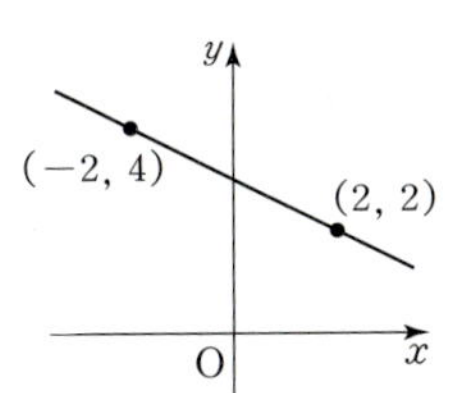

019

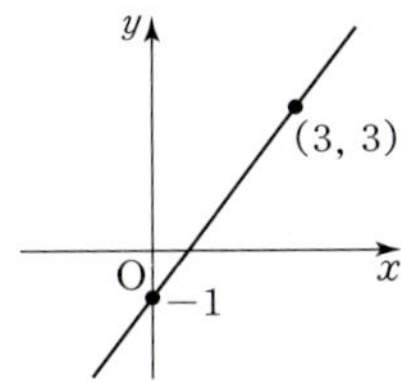

020

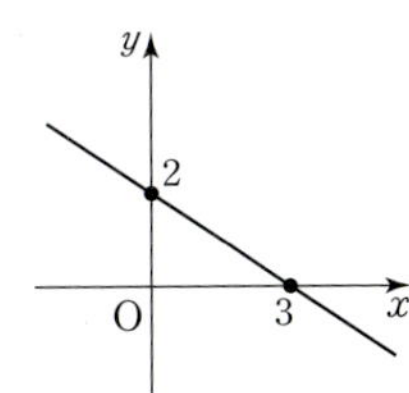

| 1 | 연립방정식의 해와 두 직선의 교점 ★★★★★

☐ 연립방정식의 해는 두 직선의 **교점**의 좌표이다.

☐ 연립방정식 $\begin{cases} ax+by+c=0 \\ a'x+b'y+c'=0 \end{cases}$ 의 해가 $x=p$, $y=q$이다.

  ⟺ 두 직선 $ax+by+c=0$, $a'x+b'y+c'=0$의 교점의 좌표가 (p, q)이다.

| 연립방정식의 해 $x=p$, $y=q$ | ⟶⟵ | 두 직선의 교점의 좌표 (p, q) |

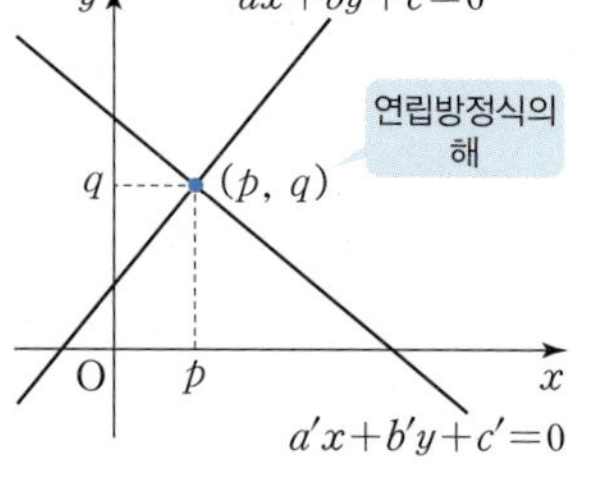

예 연립방정식 $\begin{cases} x+y-3=0 \\ x-y-1=0 \end{cases}$ 의 해가 $x=2$, $y=1$이다.

  ⟺ 두 직선 $x+y-3=0$, $x-y-1=0$의 교점의 좌표가 $(2, 1)$이다.

| 2 | 연립방정식의 해의 개수와 두 직선의 위치 관계 ★★★★★

☐ 연립방정식 $\begin{cases} ax+by+c=0 \\ a'x+b'y+c'=0 \end{cases}$ 의 해의 개수는 두 직선 $ax+by+c=0$, $a'x+b'y+c'=0$의 교점의 개수와 같다.

☐ 연립방정식의 해의 개수	해가 한 쌍이다.	해가 없다.	해가 무수히 많다.
☐ 두 직선의 교점의 개수	교점이 1개이다.	교점이 없다.	교점이 무수히 많다.
☐ 두 직선의 위치 관계	한 점에서 만난다.	평행하다. (만나지 않는다.)	일치한다.
☐ 일차방정식의 계수의 비	$\dfrac{a}{a'} \neq \dfrac{b}{b'}$	$\dfrac{a}{a'} = \dfrac{b}{b'} \neq \dfrac{c}{c'}$	$\dfrac{a}{a'} = \dfrac{b}{b'} = \dfrac{c}{c'}$
☐ 기울기와 y절편	기울기가 다르다.	기울기는 같고, y절편은 다르다.	기울기와 y절편이 각각 같다.

이때 $\dfrac{a}{a'}$와 $\dfrac{b}{b'}$는 두 직선의 **기울기** 관계를, $\dfrac{b}{b'}$와 $\dfrac{c}{c'}$는 **y절편** 관계를 나타낸다.

예 연립방정식 $\begin{cases} x+y-2=0 \\ x+y-1=0 \end{cases}$ 의 해는 없다.

  ⟺ 두 직선 $x+y-2=0$, $x+y-1=0$의 기울기가 -1로 같고, y절편이 다르므로 두 직선은 평행하다.

  ⟺ 일차방정식의 계수의 비가 $\dfrac{1}{1}=\dfrac{1}{1}\neq\dfrac{-2}{-1}$ 이므로 기울기가 같고, y절편이 다르므로 두 직선은 평행하다.

  기울기 관계 y절편 관계

◉ **문장을 완성하시오.**

001 두 직선 $x-y=-1$, $2x+y=4$를 좌표평면 위에 그리시오.

002 두 직선의 교점의 좌표는 _______________이다.

003 연립방정식 $\begin{cases} x-y=-1 \\ 2x+y=4 \end{cases}$ 의 해는 $x=$ _____________, $y=$ _____________이다.

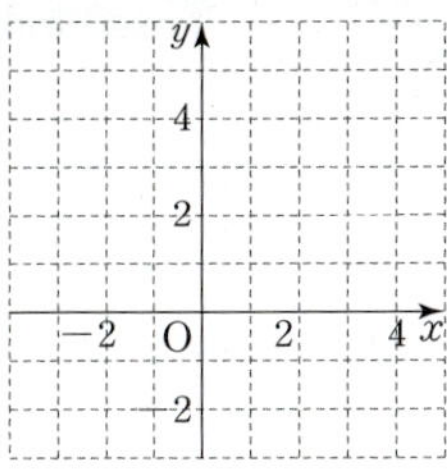

◉ **연립방정식의 해를 구하기 위해 두 직선을 그렸다.**

004 $\begin{cases} ax+y=-3 \\ x-2y=b \end{cases}$

$a=$ _____________

$b=$ _____________

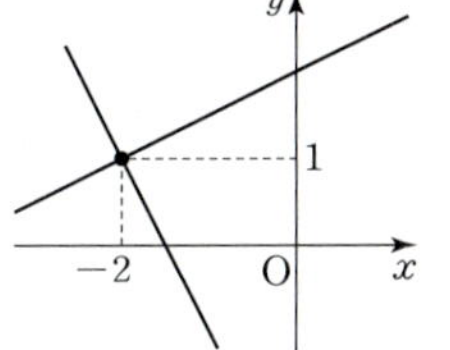

005 $\begin{cases} x+2y=a \\ x+by=1 \end{cases}$

$a=$ _____________

$b=$ _____________

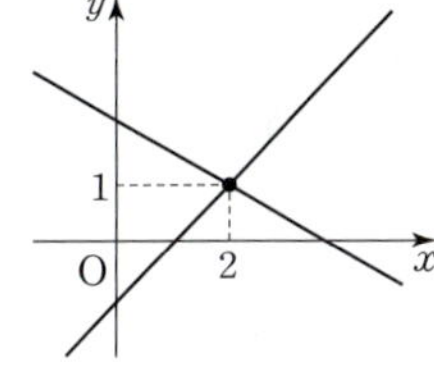

◉ **a, b의 값을 구하시오.**

006 $\begin{cases} 2x-4y=-3 \\ x+ay=3 \end{cases}$ 의 해가 없다.

$a=$ _____________

007 $\begin{cases} -x+y=2 \\ ax-2y=b \end{cases}$ 의 해가 무수히 많다.

$a=$ _____________ $b=$ _____________

◉ **a, b의 값 또는 조건을 구하시오.**

008 두 직선 $ax-y+1=0$, $4x+2y+b=0$이 서로 만나지 않는다. _______________

009 두 직선 $ax-y+2=0$, $4x-2y-b=0$이 일치한다. _______________

| 1 | 이차함수의 뜻 ★★★☆☆

☐ 함수 $y=f(x)$에서 y가 x에 대한 이차식

$y=ax^2+bx+c\,(a\neq 0)$로 나타날 때, 이 함수를 x에 대한 **이차함수**라고 한다. 정의
y는 x에 대한 이차함수 이차함수가 되기 위한 조건

㉔ $y=x^2+2x-4$, $y=-2x^2+3$, $y=\dfrac{1}{3}x^2$은 이차함수이다.

㉔ $y=x-2$(일차함수), $y=x^3+2x^2+3$(삼차함수), $y=-\dfrac{1}{x}$(분수함수)은 모두 이차함수가 아니다.

y는 x에 대한 이차함수
⇕
$y=(x$에 대한 이차식$)$
⇕
$y=ax^2+bx+c\,(a\neq 0)$

| 2 | 이차함수 $y=x^2$의 그래프 ★★★★★

꼭짓점의 좌표	원점 $O(0,\,0)$
그래프의 모양	아래로 볼록한 곡선
대칭성	❶ y축에 대칭 y축을 중심으로 접었을 때, 완전히 포개어진다. ❷ $y=-x^2$의 그래프와 x축에 서로 대칭 x축을 중심으로 접었을 때, 완전히 포개어진다.
축의 방정식	$x=0(y$축$)$
그래프의 증가 · 감소	❶ $x<0$일 때, x의 값이 증가하면 y의 값은 감소 ❷ $x>0$일 때, x의 값이 증가하면 y의 값도 증가
y값의 범위	$y\geq 0$

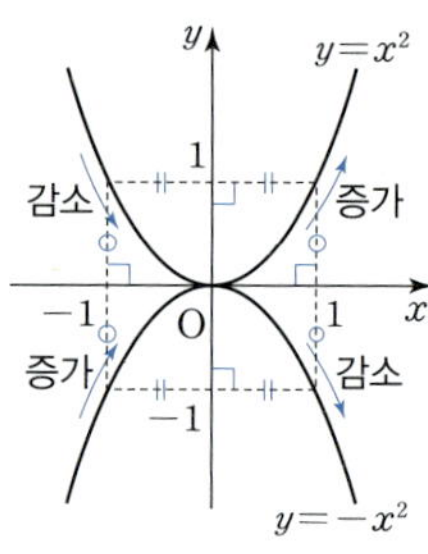

| 3 | 포물선 ★☆☆☆☆

☐ **포물선** : 이차함수 $y=x^2$, $y=-x^2$의 그래프와 같은 모양의 곡선 정의
물건을 던질 때 나타나는 곡선
☐ **포물선의 축** : 선대칭도형인 포물선의 대칭축 정의
어떤 직선(대칭축)으로 접었을 때 완전히 포개어지는 도형
☐ **포물선의 꼭짓점** : 포물선과 축의 교점 정의

㉔ 두 포물선 $y=x^2$, $y=-x^2$의 축의 방정식은 $x=0(y$축$)$, 꼭짓점의 좌표는 원점 $O(0,0)$이다.

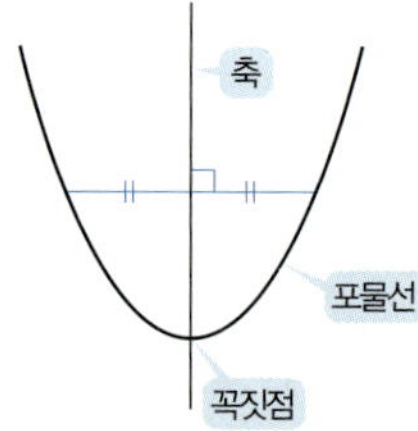

◉ **이차함수이면 ○, 아니면 ×**

001 $y=2-3x^2$ ___ ○ / × ___

002 $y=x(x+2)-x^2$ ___ ○ / × ___

003 $x^2-4x+3=0$ ___ ○ / × ___

004 $y=x^2+2x-8$ ___ ○ / × ___

005 $y=-\dfrac{2}{x^2}+3$ ___ ○ / × ___

006 $y=\dfrac{x^2-1}{2}$ ___ ○ / × ___

◉ **y를 x에 관한 식으로 나타내었을 때, 이차함수이면 ○, 아니면 ×**

007 지름의 길이가 $x\,\mathrm{cm}$인 원의 넓이 $y\,\mathrm{cm}^2$ ___ ○ / × ___

008 한 변의 길이가 $x\,\mathrm{cm}$인 정사각형의 넓이 $y\,\mathrm{cm}^2$ ___ ○ / × ___

009 3 km인 거리를 매분 $x\,\mathrm{km}$씩 갈 때 걸리는 시간 y분 ___ ○ / × ___

010 가로의 길이가 $x\,\mathrm{cm}$, 세로의 길이가 $2x\,\mathrm{cm}$인 직사각형의 둘레의 길이 $y\,\mathrm{cm}$ ___ ○ / × ___

◉ **$y=ax^2+bx+c$꼴로 나타내었을 때 a, b, c의 값을 구하시오.**

011 $y=x(2x+1)$ $a=$___ $b=$___ $c=$___

012 $y=3(x+1)(x-1)$ $a=$___ $b=$___ $c=$___

013 $y=2(x+1)^2-3$ $a=$___ $b=$___ $c=$___

◉ **이차함수 $f(x)=2(x-1)^2+3$이 있다.**

014 $f(0)=$___

015 $f(-1)=$___

016 $f(3)=$___

017 $f(-2)+f(2)=$___

◉ **포물선 $y=-x^2$에 대하여 맞으면 ○, 틀리면 ×**

018 제2사분면을 지난다. ___ ○ / × ___

019 포물선 $y=x^2$과 x축에 대하여 대칭이다. ___ ○ / × ___

020 직선 $y=-2$와 만나는 두 점의 중점은 y축 위에 있다. ___ ○ / × ___

021 x가 어떤 값을 갖더라도 y의 값은 항상 양수 또는 0이다. ___ ○ / × ___

022 x의 값이 1에서 3까지 증가할 때, y의 값도 증가한다. ___ ○ / × ___

047 이차함수의 그래프(기본형)

| 1 | 이차함수 $y=ax^2\,(a\neq0)$의 그래프 ★★★★★
기본형

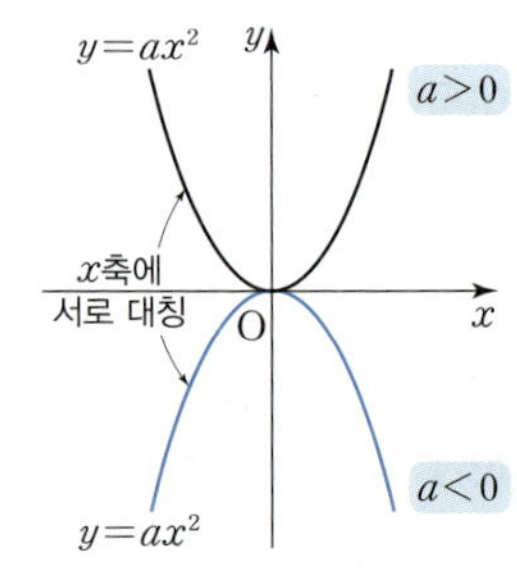

☐ **꼭짓점의 좌표**	원점 $O(0,\,0)$
☐ **그래프의 모양** a의 부호에 따라 결정	❶ $a>0$이면 아래로 볼록한 곡선 ❷ $a<0$이면 위로 볼록한 곡선
☐ **대칭성**	❶ y축에 대칭 y축을 중심으로 접었을 때, 완전히 포개어진다. ❷ $y=-ax^2$의 그래프와 x축에 서로 대칭 x축을 중심으로 접었을 때, 완전히 포개어진다.
☐ **그래프의 폭** $\|a\|$의 크기에 따라 결정	❶ $\|a\|$의 값이 클수록 폭이 좁아진다. ❷ $\|a\|$의 값이 작을수록 폭이 넓어진다.
☐ **축의 방정식**	$x=0\,(y$축$)$
☐ y**값의 범위**	❶ $a>0$이면 $y\geq0$ ❷ $a<0$이면 $y\leq0$

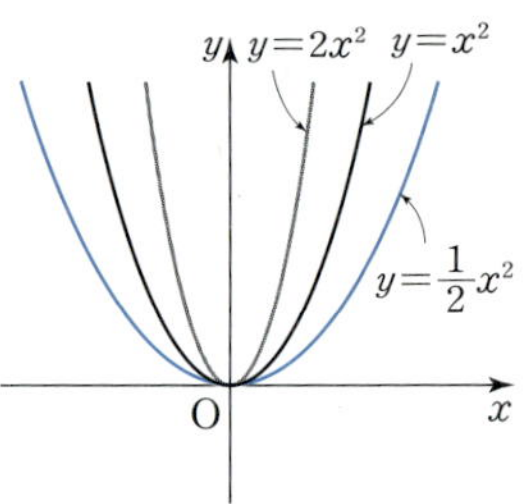

| 2 | 이차함수 $y=ax^2+q$의 그래프 ★★★★★

☐ 이차함수 $y=ax^2+q$의 그래프는 이차함수 $y=ax^2$의 그래프를 **y축의 방향으로 q만큼** 평행이동한 것이다.
$y=ax^2$의 y대신에 $y-q$를 대입한 것이다. ➡ $y-q=ax^2 \to y=ax^2+q$

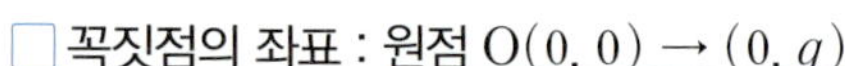

$$y=ax^2 \quad \xrightarrow[q\text{만큼 평행이동}]{y\text{축의 방향으로}} \quad y=ax^2+q$$

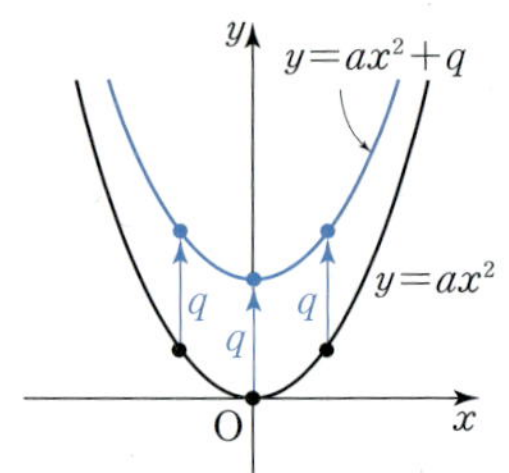

☐ 꼭짓점의 좌표 : 원점 $O(0,\,0) \to (0,\,q)$
점 $(a,\,b)$를 y축의 방향으로 n만큼 평행이동한 점의 좌표는 $(a,\,b+n)$이다.
☐ 축의 방정식 : $x=0\,(y$축$) \to x=0\,(y$축$)$
y축의 방향으로 평행이동하면 축의 방정식은 그대로이다.
☐ 이차함수의 그래프를 y축의 방향으로 평행이동해도 그래프의 모양과 폭은 변하지
x^2의 계수 a가 변하지 않으므로
않는다.

| 3 | 이차함수 $y=a(x-p)^2$의 그래프 ★★★★★

☐ 이차함수 $y=a(x-p)^2$의 그래프는 이차함수 $y=ax^2$의 그래프를 **x축의 방향으로 p만큼** 평행이동한 것이다.
$y=ax^2$의 x대신에 $x-p$를 대입한 것이다. ➡ $y=a(x-p)^2$

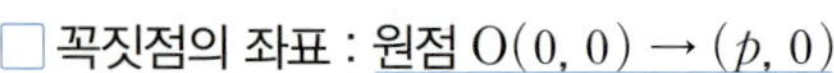

$$y=ax^2 \quad \xrightarrow[p\text{만큼 평행이동}]{x\text{축의 방향으로}} \quad y=a(x-p)^2$$

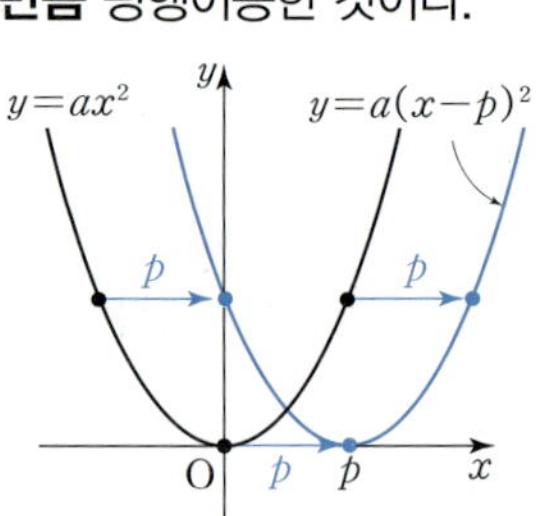

☐ 꼭짓점의 좌표 : 원점 $O(0,\,0) \to (p,\,0)$
점 $(a,\,b)$를 x축의 방향으로 m만큼 평행이동한 점의 좌표는 $(a+m,\,b)$이다.
☐ 축의 방정식 : $x=0\,(y$축$) \to x=p$
직선 $x=a$를 x축의 방향으로 m만큼 평행이동한 직선의 식은 $x=a+m$이다.
☐ $y=a(x-p)^2\,(a>0)$의 그래프에서
  ❶ $x<p$일 때, x의 값이 증가하면 y의 값은 감소한다.
  ❷ $x>p$일 때, x의 값이 증가하면 y의 값도 증가한다.
☐ 이차함수의 그래프를 x축의 방향으로 평행이동해도 그래프의 모양과 폭은 변하지 않는다.
x^2의 계수 a가 변하지 않으므로

⊙ 이차함수 $y=2x^2$, $y=-\dfrac{1}{2}x^2$, $y=3x^2$, $y=-2x^2$이 있다.

001 그래프가 위로 볼록한 것을 모두 고르시오.

002 그래프가 x축에 서로 대칭인 것을 고르시오.

003 그래프의 폭이 가장 좁은 것은 어느 것인가?

004 그래프의 폭이 가장 넓은 것은 어느 것인가?

⊙ 빈 칸을 채우시오.

처음 그래프	이동의 방향	이동의 크기	평행이동한 그래프의 식
$y=\dfrac{1}{2}x^2$	y축의 방향으로	3만큼	**005**
		-2만큼	**006**
$y=-3x^2$	x축의 방향으로	2만큼	**007**
		-3만큼	**008**

⊙ 꼭짓점의 좌표와 축의 방정식을 구하시오.

009 $y=x^2-1$

010 $y=-\dfrac{1}{2}x^2+3$

011 $y=-2(x+1)^2$

012 $y=\dfrac{1}{3}(x-2)^2$

⊙ 문장을 완성하시오.

013 $y=-x^2+3$은 $y=-x^2$을 _________ 축의 방향으로 _________ 만큼 평행이동한 것이다.

014 $y=2x^2-\dfrac{1}{2}$은 _________ 을 y축의 방향으로 _________ 만큼 평행이동한 것이다.

015 $y=-2(x-3)^2$은 $y=-2x^2$을 _________ 축의 방향으로 _________ 만큼 평행이동한 것이다.

016 $y=3\left(x+\dfrac{3}{2}\right)^2$은 _________ 을 x축의 방향으로 _________ 만큼 평행이동한 것이다.

⊙ 이차함수 그래프의 평행이동에 대하여 맞으면 ○, 틀리면 ×

017 평행이동을 하여도 그래프의 모양과 폭은 그대로이다. 　　○ / ×

018 x축의 방향으로 평행이동하면 축의 방정식이 바뀐다. 　　○ / ×

019 y축의 방향으로 양수만큼 평행이동하면 y축의 음의 방향(아래쪽)으로 이동한다. 　　○ / ×

020 $y=3x^2$의 그래프와 x축에 대칭인 그래프의 식은 $y=-3x^2$이다. 　　○ / ×

021 $y=-2(x-1)^2$의 그래프는 $x>1$일 때, x의 값이 증가하면 y의 값도 증가한다. 　　○ / ×

048 이차함수의 그래프(표준형)

| 1 | 이차함수 $y=a(x-p)^2+q$의 그래프 ★★★★★

☐ 이차함수 $y=a(x-p)^2+q$의 그래프는 이차함수 $y=ax^2$의 그래프를 x축의 방향으로 p만큼, y축의 방향으로 q만큼 평행이동한 것이다. ($y=ax^2$의 x대신에 $x-p$를, y대신에 $y-q$를 대입한 것이다. ➡ $y-q=a(x-p)^2 \to y=a(x-p)^2+q$)

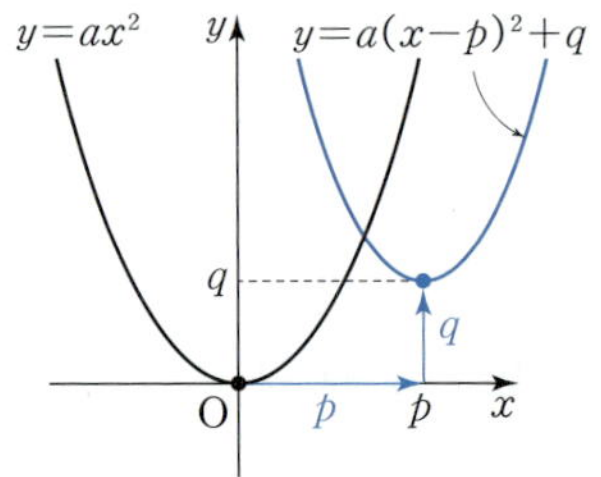

$$y=ax^2 \xrightarrow[\text{y축의 방향으로 q만큼 평행이동}]{\text{x축의 방향으로 p만큼 평행이동}} y=a(x-p)^2+q$$

☐ 꼭짓점의 좌표 : 원점 $\mathrm{O}(0, 0) \to (p, q)$ (점 (a, b)를 x축의 방향으로 m만큼, y축의 방향으로 n만큼 평행이동한 점의 좌표는 $(a+m, b+n)$이다.)

☐ 축의 방정식 : $x=0(y$축$) \to x=p$ (직선 $x=a$를 x축의 방향으로 m만큼 평행이동한 직선의 식은 $x=a+m$이다.)

㉠ $y=x^2$의 그래프를 x축의 방향으로 2만큼, y축의 방향으로 3만큼 평행이동한 그래프의 식은 $y=(x-2)^2+3$이다. 이때 꼭짓점의 좌표도 원점 $\mathrm{O}(0, 0)$에서 $(2, 3)$으로, 축의 방정식도 $x=0$에서 $x=2$로 평행이동된다.

| 2 | 이차함수 그래프의 평행이동 ★★★★★

☐ 이차함수 $y=a(x-p)^2+q$의 그래프를 x축의 방향으로 m만큼, y축의 방향으로 n만큼 평행이동하면

➡ x대신에 $x-m$을, y대신에 $y-n$을 대입한다.

$$y=a(x-p)^2+q \Rightarrow y-n=a(x-m-p)^2+q$$
$$\Rightarrow y=a\{x-(p+m)\}^2+q+n$$

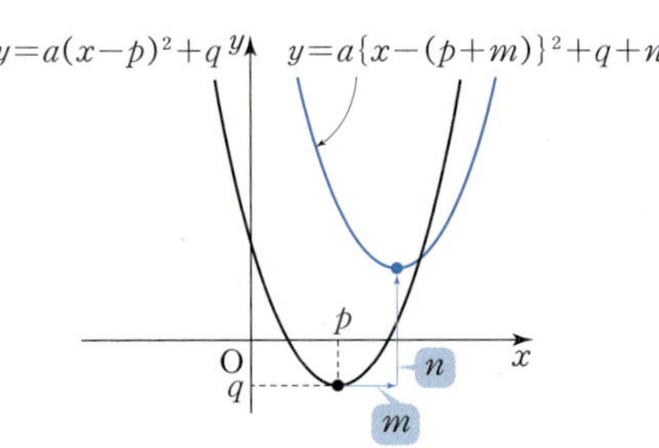

☐ 꼭짓점의 좌표 : $(p, q) \to (p+m, q+n)$

☐ 축의 방정식 : $x=p \to x=p+m$ (축의 방정식은 y축의 평행이동과 아무 상관이 없다.)

㉠ $y=2(x-1)^2+3$의 그래프를 x축의 방향으로 2만큼, y축의 방향으로 1만큼 평행이동하면 $y-1=2(x-2-1)^2+3 \to y=2(x-3)^2+4$이다.

| 3 | 이차함수 그래프의 대칭이동 ★★★★★

☐ x축에 대하여 대칭이동하면

➡ y대신에 $-y$를 대입한다.

$$y=a(x-p)^2+q \Rightarrow -y=a(x-p)^2+q$$
$$\Rightarrow y=-a(x-p)^2-q$$

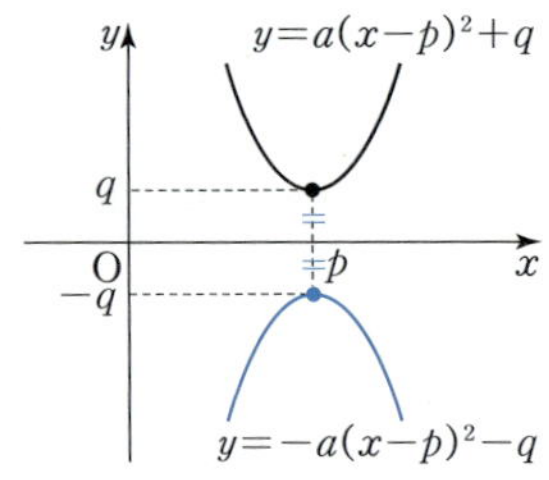

☐ y축에 대하여 대칭이동하면

➡ x대신에 $-x$를 대입한다.

$$y=a(x-p)^2+q \Rightarrow y=a(-x-p)^2+q$$
$$\Rightarrow y=a(x+p)^2+q$$

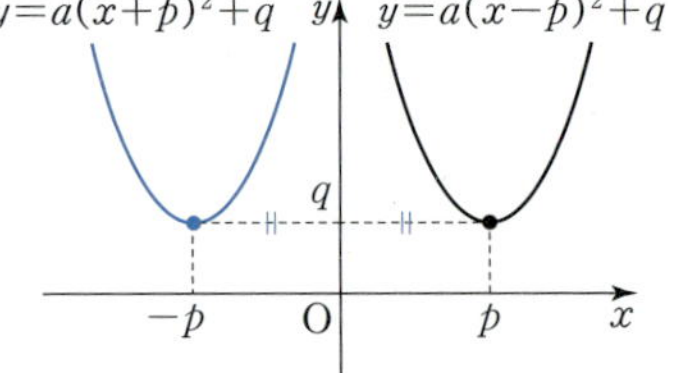

㉠ $y=2(x-1)^2+3$의 그래프를

x축에 대하여 대칭이동하면 ➡ $-y=2(x-1)^2+3 \to y=-2(x-1)^2-3$

y축에 대하여 대칭이동하면 ➡ $y=2(-x-1)^2+3 \to y=2(x+1)^2+3$

◉ **문장을 완성하시오.**

001 $y=2(x+1)^2-3$은 $y=2x^2$을 x축의 방향으로 ____________ 만큼, y축의 방향으로 ____________ 만큼 평행이동한 것이다.

002 $y=-3(x-1)^2+2$는 $y=-3x^2$을 x축의 방향으로 ____________ 만큼, y축의 방향으로 ____________ 만큼 평행이동한 것이다.

003 $y=(x-1)^2+2$는 ____________ 을 x축의 방향으로 ____________ 만큼, y축의 방향으로 2만큼 평행이동한 것이다.

004 $y=-2(x+2)^2-2$는 ____________ 을 x축의 방향으로 -2만큼, y축의 방향으로 ____________ 만큼 평행이동한 것이다.

◉ **꼭짓점의 좌표와 축의 방정식을 구하시오.**

005 $y=2(x+1)^2-3$ ____________   ____________

006 $y=-(x-3)^2+2$ ____________   ____________

007 $y=3\left(x-\dfrac{1}{2}\right)^2-1$ ____________   ____________

◉ **이차함수의 그래프를 x축, y축의 방향으로 [ ] 안의 수만큼 각각 평행이동한 그래프의 식, 꼭짓점의 좌표와 축의 방정식을 구하시오.**

008 $y=3(x-2)^2+1$ $[-1, 2]$ ____________   ____________   ____________

009 $y=2(x+2)^2-3$ $[2, 2]$ ____________   ____________   ____________

010 $y=-\dfrac{1}{2}(x-1)^2+4$ $[1, -1]$ ____________   ____________   ____________

◉ **이차함수의 그래프를 x축, y축에 대하여 대칭이동한 그래프의 식을 구하시오.**

011 $y=-x^2+3$ ____________   ____________

012 $y=2(x-1)^2+3$ ____________   ____________

013 $y=-\dfrac{1}{2}\left(x+\dfrac{3}{2}\right)^2-1$ ____________   ____________

◉ **이차함수 그래프의 평행이동과 대칭이동에 대하여 맞으면 ○, 틀리면 ×**

014 곡선을 평행이동하면 곡선 위의 점도 같은 방향으로, 같은 위치만큼 평행이동된다.   ○ / ×

015 점 (a, b)를 x축의 방향으로 m만큼 평행이동한 점은 $(a+m, b)$이다.   ○ / ×

016 곡선 $y=f(x)$를 x축의 방향으로 m만큼 평행이동한 곡선의 식은 $y-m=f(x)$이다.   ○ / ×

017 곡선 $y=f(x)$를 y축에 대하여 대칭이동한 곡선의 식은 $y=-f(x)$이다.   ○ / ×

| 1 | 이차함수 $y=ax^2+bx+c$의 그래프 ★★★★★

☐ $\underset{\text{일반형}}{y=ax^2+bx+c}$의 그래프는 $\underset{\text{표준형}}{y=a(x-p)^2+q}$꼴로 고쳐서 그린다.

$$y=ax^2+bx+c \;\Rightarrow\; y=a\left(x+\frac{b}{2a}\right)^2-\frac{b^2-4ac}{4a}$$

☐ 꼭짓점의 좌표 : $\left(-\dfrac{b}{2a},\ -\dfrac{b^2-4ac}{4a}\right)$

　　㉲ 이차함수의 꼭짓점의 좌표

　　$y=ax^2 \quad\Rightarrow\ (0,0) \qquad y=ax^2+q \quad\Rightarrow\ (0,q)$

　　$y=a(x-p)^2 \Rightarrow (p,0) \qquad y=a(x-p)^2+q \Rightarrow (p,q)$

☐ 축의 방정식 : $x=-\dfrac{b}{2a}$

☐ y축과의 교점의 좌표 : $(0,\ \underset{y\text{절편}}{c})$

　　㉲ $y=-2x^2+4x-1=-2(x^2-2x)-1$

　　　　$=-2(x^2-2x+1-1)-1=-2(x-1)^2+1$

　　즉, 꼭짓점의 좌표는 $(1,1)$, 축의 방정식은 $x=1$, y축과의 교점의 좌표는 $(0,-1)$이다.

$y=ax^2+bx+c$

$\quad=a\left(x^2+\dfrac{b}{a}x\right)+c$

　　　$\underset{\text{이차항의 계수로 묶는다.}}{}$

$\quad=a\left\{x^2+\dfrac{b}{a}x+\left(\dfrac{b}{2a}\right)^2-\left(\dfrac{b}{2a}\right)^2\right\}+c$

　　　$\underset{\text{일차항 계수의 }\frac{1}{2}\text{의 제곱을 더하고 뺀다.}}{}$

$\quad=a\left(x+\dfrac{b}{2a}\right)^2-\dfrac{b^2-4ac}{4a}$

$y=ax^2$ （기본형）

⬇ 평행이동

$y=a(x-p)^2+q$ （표준형）

⬇ 전개

$y=ax^2+bx+c$ （일반형）

| 2 | 이차함수 $y=ax^2+bx+c$의 그래프 그리는 법 ★★★★★

☐ 완전제곱식을 이용하여 표준형 $y=a(x-p)^2+q$꼴로 고쳐서 그린다.
　　$\underset{(a+b)^2,\ k(x-2y)^2\text{과 같이 다항식의 제곱으로 된 식이나 다항식의 제곱에 상수를 곱한 식}}{}$

❶ 꼭짓점 (p,q) 찍기 ➡　　❷ y축과의 교점 $(0,\underset{y\text{절편}}{c})$ 찍기 ➡　　❸ 그래프의 모양 판단하기 $(\cup,\cap)$
　　　　　　　　　　　　　　　　　　　　　　　　　　　　　　　　　　　　　　　$\underset{a>0,\ a<0}{}$

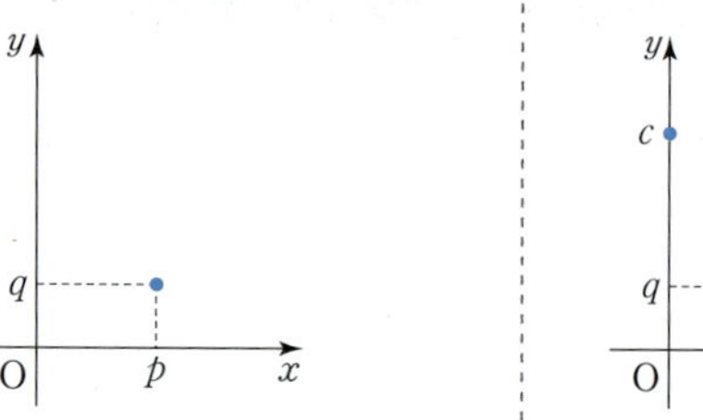

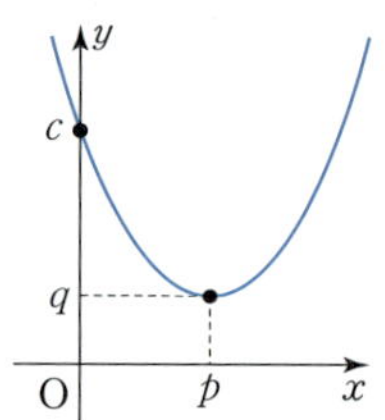

☐ x축과의 교점을 구하면 더 정확한 이차함수의 그래프를 그릴 수 있다.
　　y축과의 교점은 항상 존재하지만 x축과의 교점은 존재하지 않을 수도 있다.

| 3 | 이차함수의 그래프와 x축, y축의 교점 ★★★★★

☐ x축과의 교점 : $y=0$을 대입하여 $\underset{x\text{절편}}{x}$의 값을 구한다.

☐ y축과의 교점 : $x=0$을 대입하여 $\underset{y\text{절편}}{y}$의 값을 구한다.

　　㉲ $y=x^2-3x+2$

　　　➡ $y=0$을 대입하면 $x^2-3x+2=0 \rightarrow (x-1)(x-2)=0 \rightarrow x=1$ 또는 $x=2$이므로 x축과의 교점은 $(1,0)$, $(2,0)$이다.

　　　➡ $x=0$을 대입하면 $y=2$이므로 y축과의 교점은 $(0,2)$이다.

⊙ $y=a(x-p)^2+q$꼴로 고치고, 꼭짓점의 좌표와 축의 방정식, y축과의 교점의 좌표를 구하시오.

001 $y=x^2+4x+3$

002 $y=-x^2+6x-7$

003 $y=2x^2-4x-1$

004 $y=-\dfrac{1}{2}x^2-2x+1$

⊙ 꼭짓점의 좌표, y축과의 교점의 좌표, 축의 방정식, 그래프의 모양($\cup$, $\cap$)을 구하여, 그래프를 그리시오.

005 $y=x^2-4x+3$

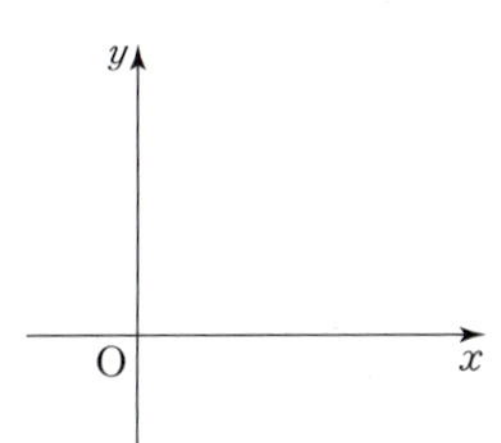

006 $y=-2x^2+4x$

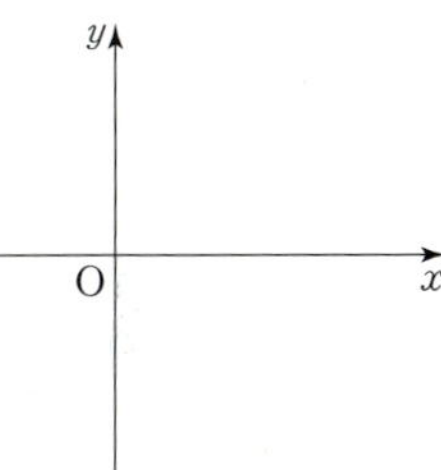

007 $y=x^2-x+\dfrac{3}{4}$

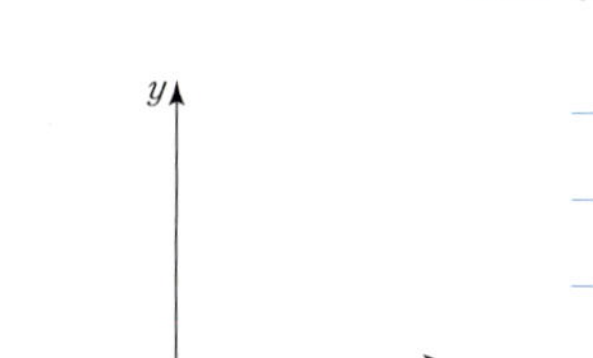

008 $y=-\dfrac{1}{2}x^2-x+\dfrac{3}{2}$

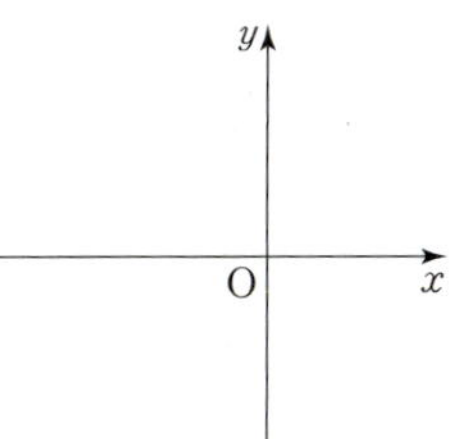

⊙ x축, y축과의 교점의 좌표를 구하시오.

009 $y=-(x+2)(x-1)$

010 $y=3x^2-6x-9$

011 $y=2x^2+3x-2$

⊙ 이차함수 $y=-2x^2+8x$의 그래프이다.

012 꼭짓점 A의 좌표

013 x축과의 교점 B의 좌표

014 $\triangle$AOB의 넓이

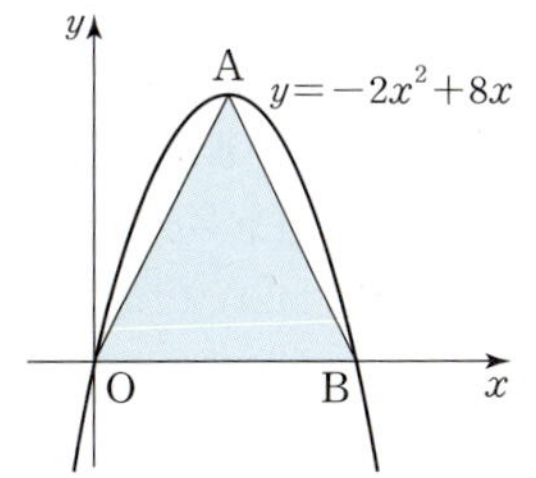

| 1 | 이차함수 $y=a(x-p)^2+q$에서 a, p, q의 부호 ★★★★★

□ a의 부호 : **그래프의 모양 결정**
  ➡ 아래로 볼록(∪) : $a>0$
  ➡ 위로 볼록(∩) : $a<0$

□ p, q의 부호 : **꼭짓점의 위치 결정**

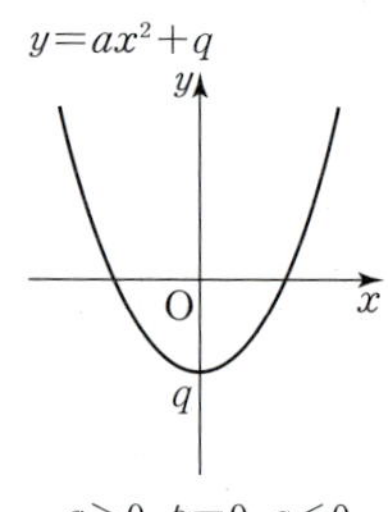

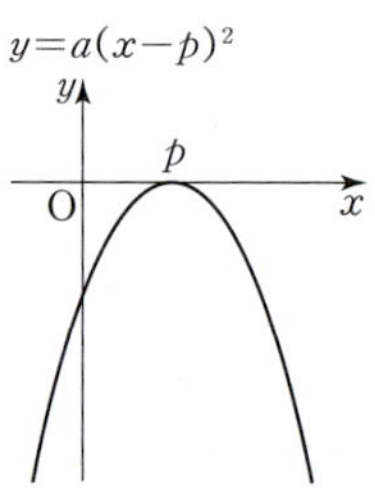

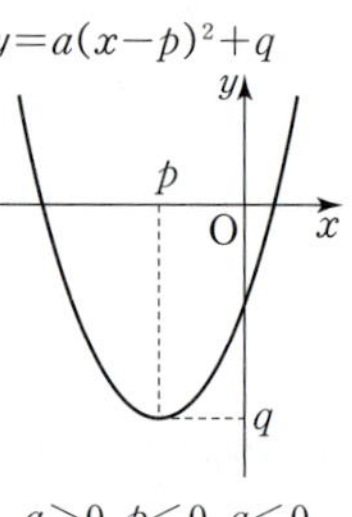

| 2 | 이차함수 $y=ax^2+bx+c$에서 a, b, c의 부호 ★★★★★

□ a의 부호 : **그래프의 모양 결정**
  ➡ 아래로 볼록(∪) : $a>0$
  ➡ 위로 볼록(∩) : $a<0$

□ b의 부호 : **축의 위치 결정**
  ➡ 축이 y축의 왼쪽 : a, b는 같은 부호 $ab>0$
  ➡ 축이 y축과 일치할 때 : $b=0$
  ➡ 축이 y축의 오른쪽 : a, b는 다른 부호 $ab<0$

□ c의 부호 : **y축과의 교점의 위치 결정**
  ➡ y축과의 교점이 x축보다 위쪽 : $c>0$
  ➡ y축과의 교점이 원점에 위치할 때 : $c=0$
  ➡ y축과의 교점이 x축보다 아래쪽 : $c<0$

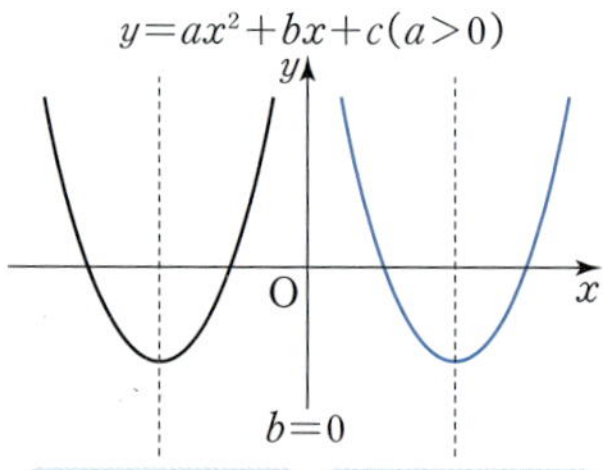

$$y=ax^2+bx+c=a\left(x+\frac{b}{2a}\right)^2-\frac{b^2-4ac}{4a}$$

에서 축의 방정식은 $x=-\dfrac{b}{2a}$이다.

• 축이 y축의 왼쪽에 있을 때
$$-\frac{b}{2a}<0 \Rightarrow \frac{b}{2a}>0 \rightarrow ab>0$$
➡ a, b는 같은 부호

• 축이 y축의 오른쪽에 있을 때
$$-\frac{b}{2a}>0 \Rightarrow \frac{b}{2a}<0 \rightarrow ab<0$$
➡ a, b는 다른 부호

| 3 | 이차함수의 식 구하기 ★★★★★

□ 꼭짓점의 좌표 (p, q)와 그래프가 지나는 다른 한 점을 알 때
  ➡ $y=a(x-p)^2+q$로 놓고 다른 한 점의 좌표를 대입하여 a의 값을 구한다.
  ㉎ 꼭짓점의 좌표가 $(1, 2)$일 때 ➡ $y=a(x-1)^2+2$로 놓는다.

□ 축의 방정식 $x=p$와 그래프가 지나는 두 점을 알 때
  ➡ $y=a(x-p)^2+q$로 놓고 두 점의 좌표를 대입하여 a, q의 값을 구한다.
  ㉎ 축의 방정식이 $x=2$일 때 ➡ $y=a(x-2)^2+q$로 놓는다.

□ 그래프가 지나는 세 점을 알 때 ➡ $y=ax^2+bx+c$로 놓고 세 점의 좌표를 대입하여 a, b, c의 값을 구한다.
  ㉎ 세 점 $(-1, 4)$, $(1, 0)$, $(2, 1)$을 지날 때 ➡ $y=ax^2+bx+c$로 놓는다.

□ 그래프가 지나는 세 점 중 두 점이 x축과의 교점 $(\alpha, 0)$, $(\beta, 0)$인 경우
  ➡ $y=a(x-\alpha)(x-\beta)$로 놓고 나머지 한 점의 좌표를 대입하여 a의 값을 구한다.
  ㉎ 세 점 $(1, 4)$, $(2, 0)$, $(3, 0)$을 지날 때 ➡ $y=a(x-2)(x-3)$으로 놓는다.

□ 그래프가 지나는 세 점 중 한 점이 y축과의 교점 $(0, \alpha)$인 경우
  ➡ $y=ax^2+bx+\alpha$로 놓고 나머지 두 점의 좌표를 대입하여 a, b의 값을 구한다.
  ㉎ 세 점 $(-1, 0)$, $(1, 6)$, $(0, 2)$를 지날 때 ➡ $y=ax^2+bx+2$로 놓는다.

꼭짓점의 위치에 따라 그래프의 식을 다음처럼 놓으면 계산이 간단하다.
• 원점 $(0, 0)$ ➡ $y=ax^2$
• y축 위의 점 $(0, q)$ ➡ $y=ax^2+q$
• x축 위의 점 $(p, 0)$ ➡ $y=a(x-p)^2$
• 점 (p, q) ➡ $y=a(x-p)^2+q$

⊙ $y=a(x-p)^2+q$의 그래프를 보고 a, p, q의 부호를 구하시오.

001

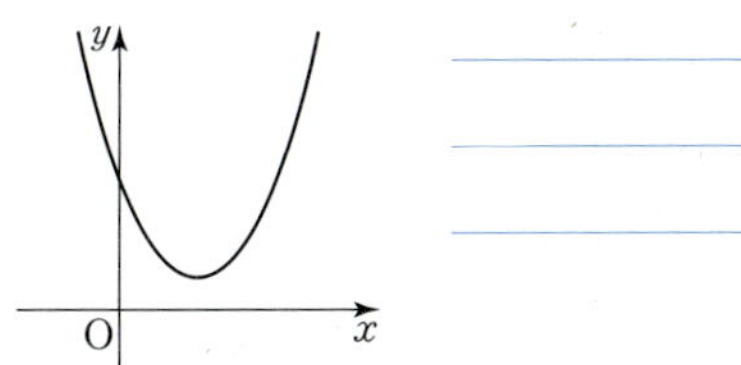

____
____
____

002

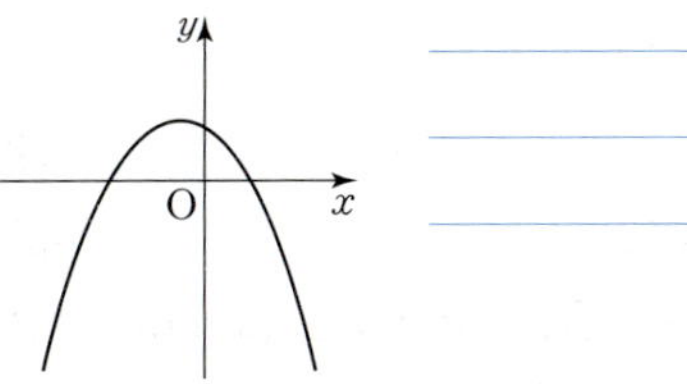

____
____
____

⊙ $y=ax^2+bx+c$의 그래프를 보고 a, b, c의 부호를 구하시오.

003

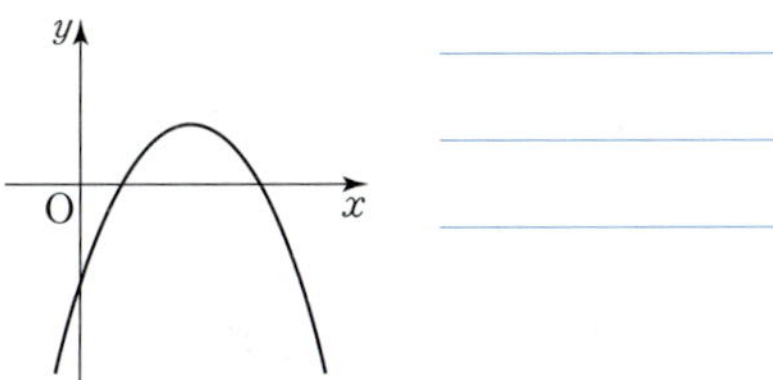

____
____
____

004

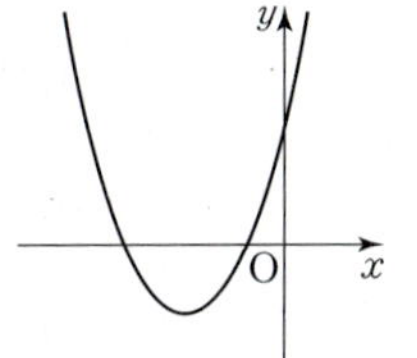

____
____
____

⊙ 이차함수의 식을 구하시오.

005 꼭짓점의 좌표가 $(2,\,0)$이고 y축과 점 $(0,\,4)$에서 만난다.

006 꼭짓점의 좌표가 $(-2,\,1)$이고 한 점 $(-1,\,4)$를 지난다.

007 축의 방정식이 $x=-1$이고 두 점 $(0,\,1)$, $(1,\,-2)$를 지난다.

008 세 점 $(0,\,4)$, $(1,\,3)$, $(2,\,6)$을 지난다.

009 세 점 $(-1,\,0)$, $(2,\,0)$, $(1,\,-6)$을 지난다.

⊙ 이차함수의 식을 구하시오.

010

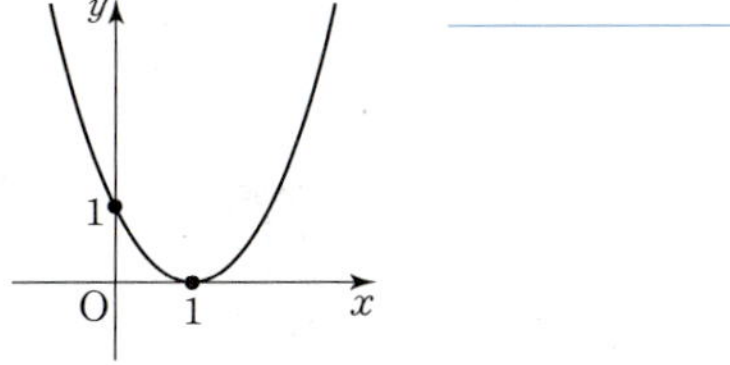

____

011

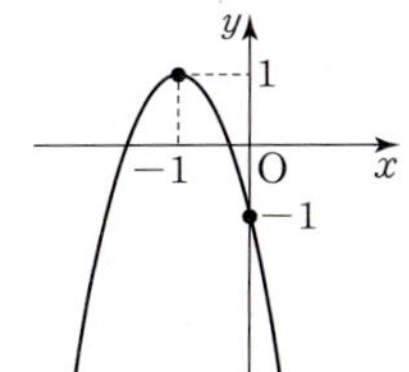

____

012

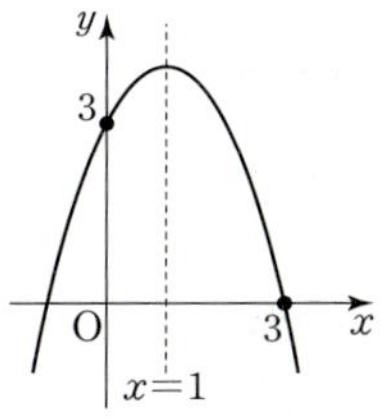

____

013

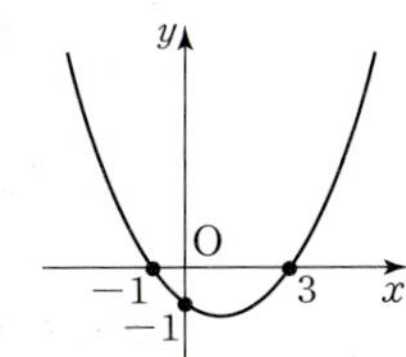

____

생 각 한 만 큼 만 수 학 이 다

PART Ⓐ

필수개념 97개로 완성하는

필수개념편

IV 확률과 통계

1. 경우의 수와 확률

2. 대푯값과 산포도

051 경우의 수
| 중학수학 ❷ |

| 1 | 경우의 수 ★☆☆☆☆

☐ **사건** : 주사위나 동전을 던지는 것처럼 반복할 수 있는 실험이나 관찰에 의해 일어나는 결과 【정의】
시행

☐ **경우의 수** : 어떤 사건이 일어날 수 있는 모든 가짓수 【정의】
조건에 적합한 것을 '빠짐없이', '중복되지 않게' 헤아린다.
㉠ 동전 2개를 던질 때, 서로 같은 면이 나오는 경우의 수는 (앞면, 앞면), (뒷면, 뒷면)으로 2가지이다.

| 2 | 합의 법칙과 곱의 법칙 ★★★★★

・사건 A가 일어나는 경우의 수가 m가지, 사건 B가 일어나는 경우의 수가 n가지이면

☐ **합의 법칙** : 두 사건 A, B가 <u>동시에 일어나지 않을</u> 때 두 사건 A, B가 동시에 일어나지 않는다는 의미는 사건 A가 일어나면 사건 B가 절대로 일어날 수 없다는 뜻이다.

$$(\text{사건 } A \text{ 또는 사건 } B \text{가 일어나는 경우의 수}) = m + n \, (\text{가지})$$
='이거나'

㉠ 주사위 1개를 던질 때, 3의 배수 또는 5의 배수의 눈이 나오는 경우의 수는 $2 + 1 = 3\,(\text{가지})$이다.
3, 6, 5

☐ **곱의 법칙** : 두 사건 A, B가 <u>동시에 일어날</u> 때 두 사건 A, B가 동시에 일어난다는 의미는 두 사건이 같은 시각에 일어난다는 것이 아니라 사건 A 각각의 경우에 대하여 사건 B가 일어난다는 뜻이다.

$$(\text{두 사건 } A, B \text{가 동시에 일어나는 경우의 수}) = m \times n \, (\text{가지})$$
='연속해서', '차례로', '함께'

㉠ 동전 1개와 주사위 1개를 동시에 던질 때, 일어나는 모든 경우의 수는 $2 \times 6 = 12\,(\text{가지})$이다.
(앞면, 1), (앞면, 2), (앞면, 3), (앞면, 4), (앞면, 5), (앞면, 6)
(뒷면, 1), (뒷면, 2), (뒷면, 3), (뒷면, 4), (뒷면, 5), (뒷면, 6)

 (앞면, 뒷면)

 (1, 2, 3, 4, 5, 6)

| 3 | 동전, 주사위를 던지는 경우의 수 ★★★★★

☐ 동전 n개를 동시에 던질 때, 일어나는 모든 경우의 수
➡ $2^n\,(\text{가지})$

☐ 주사위 n개를 동시에 던질 때, 일어나는 모든 경우의 수 ➡ $6^n\,(\text{가지})$

☐ 동전 m개와 주사위 n개를 동시에 던질 때, 일어나는 모든 경우의 수 ➡ $2^m \times 6^n\,(\text{가지})$

㉠ 동전 3개와 주사위 2개를 동시에 던질 때, 일어나는 모든 경우의 수는 $2^3 \times 6^2 = 288\,(\text{가지})$이다.

동전 1개	동전 2개	동전 3개
앞	앞〈앞 / 뒤〉	앞〈앞〈앞/뒤〉 뒤〈앞/뒤〉〉
뒤	뒤〈앞 / 뒤〉	뒤〈앞〈앞/뒤〉 뒤〈앞/뒤〉〉
2가지	$2 \times 2 = 2^2\,(\text{가지})$	$2 \times 2 \times 2 = 2^3\,(\text{가지})$

◉ 1부터 10까지의 숫자가 적혀 있는 10장의 카드 중에서 한 장의 카드를 뽑는다.

001 3의 배수가 나오는 경우의 수

002 5의 배수가 나오는 경우의 수

003 3의 배수 또는 5의 배수가 나오는 경우의 수

◉ A지점에서 B지점으로 가는 길은 3가지, B지점에서 C지점으로 가는 길은 4가지이다.

004 A지점에서 B지점으로 가는 경우의 수

005 B지점에서 C지점으로 가는 경우의 수

006 A지점에서 B지점를 거쳐 C지점으로 가는 경우의 수

◉ 서로 다른 주사위 2개를 동시에 던진다.

007 일어날 수 있는 모든 경우의 수

008 같은 눈이 나오는 경우의 수

009 두 눈의 수의 차가 4인 경우의 수

010 두 눈의 수의 합이 5의 배수인 경우의 수

◉ 서로 다른 동전 3개를 동시에 던진다.

011 일어날 수 있는 모든 경우의 수

012 모두 같은 면이 나오는 경우의 수

013 앞면이 한 개만 나오는 경우의 수

◉ 서로 다른 동전 2개와 주사위 1개를 동시에 던진다.

014 일어날 수 있는 모든 경우의 수

015 동전은 모두 앞면, 주사위는 3의 배수가 나오는 경우의 수

016 동전은 서로 다른 면, 주사위는 짝수가 나오는 경우의 수

017 동전은 서로 같은 면, 주사위는 6의 약수가 나오는 경우의 수

| 1 | 한 줄로 세우기 ★★★★★

☐ A, B를 한 줄로 세울 때, AB와 BA는 서로 다른 경우이다.

☐ n명을 한 줄로 세우는 경우의 수 ➡ $\underbrace{n(n-1)(n-2)\cdots2\cdot1}_{n개}$ (순서가 있다.)

   예) 4명을 한 줄로 세우는 경우의 수는 $4\times3\times2\times1=24$(가지)이다.

☐ n명 중 2명을 뽑아 한 줄로 세우는 경우의 수 ➡ $\underbrace{n(n-1)}_{2개}$

☐ n명 중 r명을 뽑아 한 줄로 세우는 경우의 수 ➡ $\underbrace{n(n-1)(n-2)\cdots(n-r+1)}_{r개}$

   예) 4명 중 3명을 뽑아 한 줄로 세우는 경우의 수는 $4\times3\times2=24$(가지)이다.

| 2 | 이웃하여 세우기 ★★★★★

☐ (1단계) **이웃하는 대상을 한 묶음으로 생각하고** 나머지와 함께 한 줄로 세운다.

☐ (2단계) 묶음 안의 이웃하는 대상을 한 줄로 세운다.

☐ (3단계) (1단계)과 (2단계)에서 구한 경우의 수를 곱한다.

   예) A, B, C, D, E를 한 줄로 세울 때 C, D, E를 이웃하여 세우는 경우의 수

   (1단계) 이웃하는 대상 C, D, E를 하나로 묶은 A, B, CDE를 한 줄로 세운다. ➡ $3\times2\times1=6$(가지)

   (2단계) C, D, E를 한 줄로 세운다. ➡ $3\times2\times1=6$(가지)

   (3단계) $6\times6=36$(가지)

| 3 | 정수 만들기 ★★★★★

• 서로 다른 한 자리의 숫자가 적힌 n장의 카드 중에서

☐ 카드에 0이 포함되지 않았을 때

   2장을 뽑아 만들 수 있는 두 자리 정수의 개수 ➡ $n(n-1)$

   3장을 뽑아 만들 수 있는 세 자리 정수의 개수 ➡ $n(n-1)(n-2)$

   예) 1, 2, 3, 4가 적힌 4장의 카드 중에서 3장을 뽑아 만들 수 있는 세 자리 정수는 $4\times3\times2=24$(개)이다.

☐ 카드에 0이 포함되어 있을 때

   정수의 맨 앞자리에는 0이 올 수 없으므로 맨 앞자리에 올 수 있는 숫자는 0을 제외한 $(n-1)$가지이다.

   2장을 뽑아 만들 수 있는 두 자리 정수의 개수 ➡ $(n-1)(n-1)$ 맨 앞자리의 숫자를 제외한 나머지 숫자가 올 수 있다. 이때 나머지 숫자에는 0이 포함된다.

   3장을 뽑아 만들 수 있는 세 자리 정수의 개수 ➡ $(n-1)(n-1)(n-2)$

   예) 0, 1, 2, 3, 4가 적힌 5장의 카드 중에서 3장을 뽑아 만들 수 있는 세 자리 정수는 $4\times4\times3=48$(개)이다.

| 고등수학 |

❶ 내신 서로 다른 n개에서 r개를 뽑아 한 줄로 세우는 것을 n개에서 r개를 택하는 **순열**이라 하고, 이 순열의 수를 기호 $_n\mathrm{P}_r$로 나타낸다. 정의 ＝'선택하여 한 줄로 세우기'

   ☐ $_n\mathrm{P}_r=n(n-1)(n-2)\cdots(n-r+1)\ (0<r\leq n)$ ← 나 포함, 내 밑으로 r개 곱해! 예) $_5\mathrm{P}_2=5\times4=20,\ _6\mathrm{P}_3=6\times5\times4=120$

   ☐ $_n\mathrm{P}_n=n!=n(n-1)(n-2)\cdots2\cdot1$ ← 나 포함, 내 밑으로 모두 곱해 예) $4!=4\times3\times2\times1=24$

⊙ **남자 5명이 있다.**

001 5명을 한 줄로 세우는 경우의 수 ________

002 2명을 뽑아 한 줄로 세우는 경우의 수 ________

003 3명을 뽑아 한 줄로 세우는 경우의 수 ________

⊙ **A, B, C, D, E 5명의 학생이 있다.**

004 A를 맨 앞에 세우는 경우(A□□□□)의 수 ________

005 A를 맨 앞에, B를 맨 뒤에 세우는 경우(A□□□B)의 수 ________

006 A와 B를 양 끝에 세우는 경우(A□□□B, B□□□A)의 수 ________

007 A와 B를 이웃하여 세우는 경우의 수 ________

⊙ **여자 4명과 남자 3명이 있다.**

008 남자끼리 이웃하여 세우는 경우의 수 ________

009 여자끼리 이웃하여 세우는 경우의 수 ________

⊙ **1, 2, 3, 4, 5의 숫자가 적힌 5장의 카드가 있다.**

010 2장을 뽑아 만들 수 있는 두 자리 자연수의 개수 ________

011 3장을 뽑아 만들 수 있는 세 자리 자연수의 개수 ________

012 3장을 뽑아 만들 수 있는 세 자리 자연수 중에서 짝수의 개수 ________

⊙ **0, 1, 2, 3, 4, 5의 숫자가 적힌 6장의 카드가 있다.**

013 2장을 뽑아 만들 수 있는 두 자리 자연수의 개수 ________

014 3장을 뽑아 만들 수 있는 세 자리 자연수의 개수 ________

015 3장을 뽑아 만들 수 있는 세 자리 자연수 중에서 홀수의 개수 ________

`고등수학` -

⊙ **계산하시오.**

016 $_6P_3=$ ________

017 $_4P_4=$ ________

018 $6!=$ ________

053 여러 가지 경우의 수 - 대표 뽑기

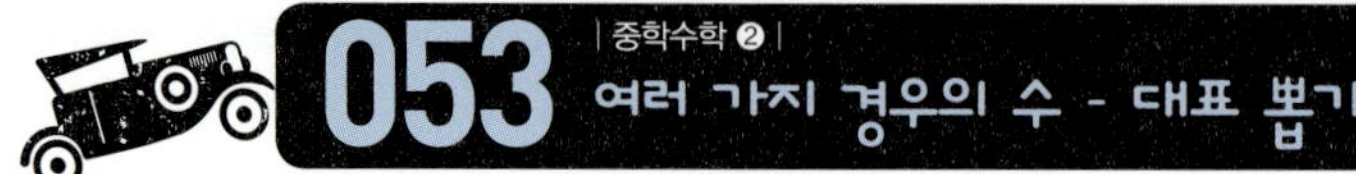

| 1 | 자격이 다른 대표를 뽑는 경우 ★★★★★

☐ n명 중 자격이 다른 대표 2명을 뽑는 경우의 수 ➡ $n(n-1)$

 <u>2명을 뽑아(선택하여) 한 줄로 세우기</u>

 ㉎ A, B, C 3명 중 대표와 부대표 각각 1명씩 뽑는 경우의 수는 $3 \times 2 = 6$(가지)이다.

☐ n명 중 자격이 다른 대표 3명을 뽑는 경우의 수 ➡ $n(n-1)(n-2)$

 (A, B), (B, A)가 같은 경우이므로 중복되는 수
 2×1(2명을 한 줄로 세우는 경우의 수)로 나누어 준다.

| 2 | 자격이 같은 대표를 뽑는 경우 ★★★★★

☐ n명 중 자격이 같은 대표 2명을 뽑는 경우의 수 ➡ $\dfrac{n(n-1)}{2 \times 1}$

 <u>2명을 뽑기(선택하기)</u>

 ㉎ A, B, C 3명 중 대표 2명을 뽑는 경우의 수는 $\dfrac{3 \times 2}{2 \times 1} = 3$(가지)이다.

☐ n명 중 자격이 같은 대표 3명을 뽑는 경우의 수

 ➡ $\dfrac{n(n-1)(n-2)}{3 \times 2 \times 1}$ (A, B, C), (A, C, B), (B, A, C), (B, C, A), (C, A, B), (C, B, A)가 같은 경우이므로 중복되는 수 $3 \times 2 \times 1$(3명을 한 줄로 세우는 경우의 수)로 나누어 준다.

 ㉎ 6명 중 진행요원 3명을 뽑는 경우의 수는 $\dfrac{6 \times 5 \times 4}{3 \times 2 \times 1} = 20$(가지)이다.

<자격이 다른 대표 뽑기>

대표 1명	부대표 1명
A	B
B	A
A	C
C	A
B	C
C	B

뽑힌 것끼리 순서를 바꾸면 차이가 있다.

$3 \times 2 = 6$(가지)

<자격이 같은 대표 뽑기>

대표 2명	
A	B
B	A
A	C

뽑힌 것끼리 순서를 바꿔도 차이가 없다.

$\dfrac{3 \times 2}{2 \times 1} = 3$(가지)

| 3 | 자격이 같은 대표를 뽑는 경우와 같은 유형 ★★★★★

☐ 자격이 같다는 것은 뽑힌 것끼리의 **순서를 바꿔도 차이가 없다**는 의미이다.

☐ (n명 중 자격이 같은 대표 2명을 뽑는 경우의 수)

 $=$ (n명 중 두 명이 악수하는 경우의 수)

 $=$ (n개의 팀 중 두 팀이 시합하는 경우의 수)

 $=$ (n개의 점 중 두 점을 이어 선분을 만드는 경우의 수)

☐ 어느 세 점도 한 직선 위에 있지 않는 n개의 점 중 두 점을 연결하여 만들 수 있는

 세 점이 한 직선 위에 있으면 직선이 1개밖에 만들어지지 않는다.

 직선의 개수 ➡ $\dfrac{n(n-1)}{2 \times 1}$

 <u>n개의 점 중 2개를 뽑는(선택하는) 경우의 수와 같다.</u>

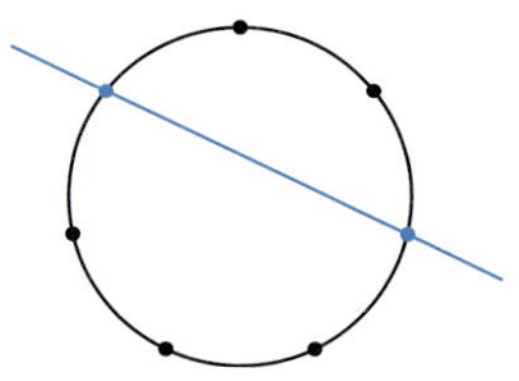

서로 다른 두 점은 하나의 직선을 결정한다.

| 고등수학 |

❶ [내신] 서로 다른 n개에서 r개를 뽑는 것을 n개에서 r개를 택하는 **조합**이라 하고, 이 조합의 수를 기호 $_n\mathrm{C}_r$로 나타낸다. [정의]

 $=$ '선택하기'

☐ $_n\mathrm{C}_r = \dfrac{_n\mathrm{P}_r}{r!} = \dfrac{n!}{r!(n-r)!}$

 ㉎ $_3\mathrm{C}_2 = \dfrac{3!}{2!(3-2)!} = \dfrac{3 \times 2}{2 \times 1} = 3$, $_6\mathrm{C}_3 = \dfrac{6!}{3!(6-3)!} = \dfrac{6 \times 5 \times 4}{3 \times 2 \times 1} = 20$

❷ [내신] 순열과 조합의 차이점

	순열	조합
☐ 순서 여부	순서가 있다.	순서가 없다.
☐ 자격 여부	자격이 다르다.	자격이 같다.
☐ 표현 방법	뽑아 한 줄로 세운다.(선택＋한 줄로 세우기)	뽑는다.(선택)
☐ 동일 판단	$(a, b) \neq (b, a)$	$(a, b) = (b, a)$
☐ 계산 방법	$_n\mathrm{P}_r$	$_n\mathrm{C}_r$

⊙ **학생 5명이 있다.**

001 대표 1명, 부대표 1명을 뽑는 경우의 수

002 대표 2명을 뽑는 경우의 수

003 대표 1명, 부대표 1명, 진행요원 1명을 뽑는 경우의 수

004 진행요원 3명을 뽑는 경우의 수

005 대표 1명, 진행요원 2명을 뽑는 경우의 수

⊙ **남학생 5명과 여학생 4명이 있다.**

006 대표 2명을 뽑는 경우의 수

007 남학생 대표 2명과 여학생 대표 2명을 뽑는 경우의 수

⊙ **자격이 같은 대표를 뽑는 상황과 같으면 ○, 다르면 ×**

008 5명의 후보 중에서 회장 1명과 부회장 1명을 뽑았다.　　　○ / ×

009 어느 모임에서 만난 5명의 사람이 서로 빠짐없이 한 번씩 악수를 했다.　　　○ / ×

010 5개의 축구팀이 서로 한 번씩 돌아가며 경기를 했다.　　　○ / ×

011 원 위에 서로 다른 5개의 점이 있다. 이 중에서 2개의 점을 연결하여 선분을 만들었다.　　　○ / ×

012 1, 2, 3, 4, 5의 숫자가 적힌 5장의 카드 중에서 2장을 뽑아 두 자리의 정수를 만들었다.　　　○ / ×

013 5명의 학생 중에서 청소당번 2명을 뽑았다.　　　○ / ×

014 갖고 있는 수학책 5권 중에서 2권은 이미 풀었다.　　　○ / ×

⊙ **경우의 수를 구하시오.**

015 스타크래프트 게임에 참가한 7명이 서로 빠짐없이 한 번씩 경기하는 경우의 수

016 6개의 농구팀이 서로 한 번씩 경기하는 경우의 수

017 국어, 영어, 수학, 사회, 과학 5권의 책 중에서 3권을 선택하는 경우의 수

⊙ **원 위에 7개의 점이 있다.**

018 두 점을 연결하여 만들 수 있는 직선의 개수

019 세 점을 연결하여 만들 수 있는 삼각형의 개수

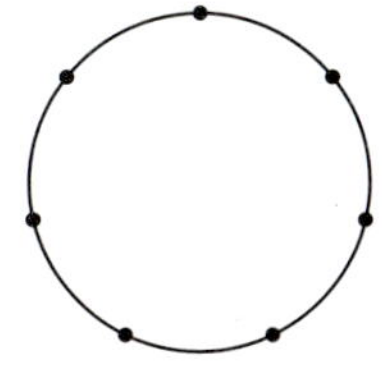

고등수학

⊙ **계산하시오.**

020 $_5C_2 =$

021 $_7C_3 =$

| 1 | 확률(**P**robability) ★★★★★

☐ **확률** : 어떤 사건이 일어날 가능성을 수로 나타낸 것 [정의]

☐ 어떤 실험이나 관찰에서 일어날 수 있는 모든 경우의 수가 n가지이고 각 경우가 일어날 가능성이 같을 때, 사건 A가 일어나는 경우의 수가 a가지이면 사건 A가 일어날 확률 p는

$$p = \frac{(\text{사건 } A\text{가 일어나는 경우의 수})}{(\text{모든 경우의 수})} = \frac{a}{n}$$

| 2 | 확률의 성질 ★★★★☆

☐ 어떤 사건이 일어날 확률을 p라 하면 $0 \le p \le 1$이다.

☐ 반드시 일어나는 사건의 확률은 1이다. $\leftarrow \dfrac{(\text{모든 경우의 수})}{(\text{모든 경우의 수})} = 1$

☐ 절대로 일어나지 않는 사건의 확률은 0이다. $\leftarrow \dfrac{0}{(\text{모든 경우의 수})} = 0$

   [예] 1부터 6까지 적혀 있는 주사위를 1번 던져 0의 눈이 나올 확률은 0이다.

| 3 | 어떤 사건이 일어나지 않을 확률 ★★★★★

☐ 사건 A가 일어날 확률을 p라 하면 사건 A가 일어나지 않을 확률은 $1 - p$이다.

   다음 경우에 '사건이 일어나지 않을 확률'을 이용한다.
   ❶ '적어도'라는 표현이 있을 때
   ❷ '~가 아닐', '~하지 못할'과 같은 부정어가 있을 때
   ❸ 일어나지 않을 확률을 계산하는 것이 더 간단할 때

   [예] 사건 A가 일어날 확률이 $\dfrac{2}{3}$이면, 사건 A가 일어나지 않을 확률은 $1 - \dfrac{2}{3} = \dfrac{1}{3}$이다.

☐ **'적어도 ~일'** 확률 문제는 반대 사건을 이용하여 푸는 것이 효과적이다.

☐ 주사위 2개를 동시에 던질 때

   (적어도 1개는 짝수의 눈이 나올 확률) $= 1 -$ (2개 모두 홀수의 눈이 나올 확률)

☐ 동전 3개를 동시에 던질 때

   (적어도 1개는 뒷면이 나올 확률) $= 1 -$ (3개 모두 앞면이 나올 확률)

☐ (양 끝에 적어도 한 명의 여자가 설 확률) $= 1 -$ (양 끝에 모두 남자가 설 확률)

| **고등수학** |

❶ [내신] ☐ 어떤 사건 A에 대하여 **'A가 일어나지 않는'** 사건을 사건 A의 **여사건**이라 하고, A^C으로 나타낸다. [정의]

    ☐ 사건 A의 여사건 A^C에 대하여 ➡ $\mathrm{P}(A^C) = 1 - \mathrm{P}(A)$
     (사건 A가 일어나지 않을 확률) $= 1 -$ (사건 A가 일어날 확률)

⊙ **맞으면 ○, 틀리면 ×**

001 1보다 큰 확률이 있다. ○ / ×

002 어떤 사건이 일어날 확률과 일어나지 않을 확률의 합은 1이다. ○ / ×

003 확률이 1에 가까울수록 일어날 가능성이 낮다. ○ / ×

⊙ **주사위 1개를 던진다.**

004 7의 눈이 나올 확률

005 6 이하의 눈이 나올 확률

006 소수가 나올 확률

007 6의 약수의 눈이 나올 확률

⊙ **서로 다른 주사위 2개를 동시에 던진다.**

008 두 눈의 수의 차가 5 이하가 될 확률

009 두 눈의 수의 합이 4가 될 확률

010 두 눈의 수의 차가 2가 될 확률

⊙ **서로 다른 주사위 2개를 동시에 던진다.**

011 두 눈의 수의 합이 4가 아닐 확률

012 두 눈의 수가 서로 다를 확률

013 적어도 1개는 짝수의 눈이 나올 확률

⊙ **남학생 2명과 여학생 3명을 한 줄로 세운다.**

014 남학생끼리 이웃하여 설 확률

015 양 끝에 남학생이 설 확률

016 남학생끼리 이웃하지 않고 설 확률

⊙ **남학생 3명과 여학생 3명 중에서 3명의 대표를 뽑는다.**

017 3명 모두 남학생일 확률

018 2명은 남학생, 1명은 여학생일 확률

확률과 통계
중 ❶
중 ❷
중 ❸

| 1 | 확률의 덧셈 – 사건 A 또는 사건 B가 일어날 확률 ★★★★★

- 두 사건 A, B가 동시에 일어나지 않을 때 　두 사건 A, B가 동시에 일어나지 않는다는 의미는 사건 A가 일어나면 사건 B가 절대로 일어날 수 없다는 뜻이다.

☐ (사건 A **또는** 사건 B가 일어날 확률) = (사건 A가 일어날 확률) + (사건 B가 일어날 확률)
　　　　　　　= '이거나'

　　예 주사위 1개를 던질 때, 3의 배수 또는 5의 배수의 눈이 나올 확률
　　　　　　　　　두 사건이 동시에 일어날 확률은 0이다.
　　(방법 1) $\dfrac{\{3,\ 6\} + \{5\}}{(\text{모든 경우의 수})} = \dfrac{2+1}{6} = \dfrac{3}{6} = \dfrac{1}{2}$

　　(방법 2) (3의 배수가 나올 확률) + (5의 배수가 나올 확률) $= \dfrac{2}{6} + \dfrac{1}{6} = \dfrac{3}{6} = \dfrac{1}{2}$

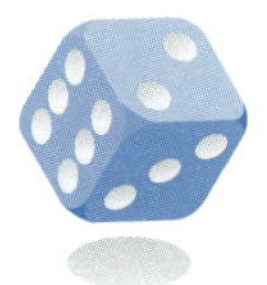

| 2 | 확률의 곱셈 – 사건 A와 사건 B가 동시에 일어날 확률 ★★★★★

- 두 사건 A, B가 서로 영향을 끼치지 않을 때 　두 사건 A, B가 동시에 일어난다는 의미는 두 사건이 같은 시각에 일어난다는 것이 아니라 사건 A 각각의 경우에 대하여 사건 B가 일어난다는 뜻이다.

☐ (사건 A와 사건 B가 **동시에** 일어날 확률) = (사건 A가 일어날 확률) × (사건 B가 일어날 확률)
　　　　　　　= '연속해서', '차례로', '함께'

　　예 동전 1개와 주사위 1개를 동시에 던질 때, 동전은 앞면, 주사위는 3의 배수의 눈이 나올 확률
　　　　　　　　　두 사건은 별개의 사건이다.
　　(방법 1) $\dfrac{\{(\text{앞면},\ 3),\ (\text{앞면},\ 6)\}}{(\text{모든 경우의 수})} = \dfrac{2}{12} = \dfrac{1}{6}$

　　(방법 2) (동전의 앞면이 나올 확률) × (주사위의 3의 배수의 눈이 나올 확률) $= \dfrac{1}{2} \times \dfrac{2}{6} = \dfrac{1}{6}$

- 두 사건 A, B가 서로 영향을 끼치지 않을 때, 두 사건 A, B가 일어날 확률이 각각 p, q이면

☐ 사건 A는 일어나고 사건 B는 일어나지 않을 확률　➡ $p \times (1-q)$

☐ 두 사건 A, B 모두 일어나지 않을 확률　➡ $(1-p) \times (1-q)$

☐ 두 사건 A, B 중에서 **적어도** 한 사건은 일어날 확률 ➡ $1 - (1-p) \times (1-q)$
　　　　　　　　　　　　　　　　　A, B 모두 일어나지 않을 확률

| 3 | 연속하여 뽑는 경우의 확률 ★★☆☆☆

☐ 꺼낸 것을 다시 넣고 뽑는 경우　➡ 처음과 나중의 조건이 같다.　➡ 처음과 나중의 확률이 같다.

☐ 꺼낸 것을 다시 넣지 않고 뽑는 경우 ➡ 처음과 나중의 조건이 다르다.　➡ 처음과 나중의 확률이 다르다.

❶ 꺼낸 공을 다시 넣고 뽑는 경우
$$\left(\begin{array}{c}\text{처음에 뽑을 때의}\\ \text{전체 개수}\end{array}\right) = \left(\begin{array}{c}\text{나중에 뽑을 때의}\\ \text{전체 개수}\end{array}\right)$$

❷ 꺼낸 공을 다시 넣지 않고 뽑는 경우
$$\left(\begin{array}{c}\text{처음에 뽑을 때의}\\ \text{전체 개수}\end{array}\right) \neq \left(\begin{array}{c}\text{나중에 뽑을 때의}\\ \text{전체 개수}\end{array}\right)$$

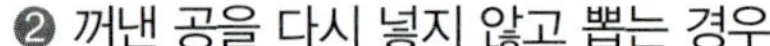
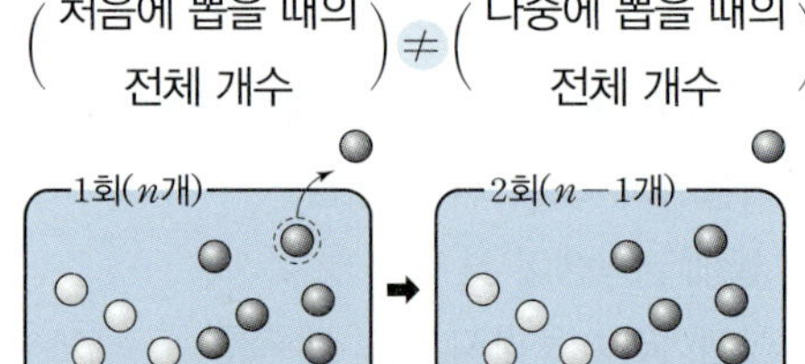

　　예 흰 공 4개와 검은 공 6개가 들어 있는 주머니에서 공을 1개씩 연속하여 두 번 꺼낼 때, 2개 모두 흰 공일 확률

❶ 첫 번째 흰 공을 뽑고, 다시 넣고 두 번째 흰 공을 뽑을 확률　➡ $\dfrac{4}{10} \times \dfrac{4}{10}$

❷ 첫 번째 흰 공을 뽑고, 다시 넣지 않고 두 번째 흰 공을 뽑을 확률 ➡ $\dfrac{4}{10} \times \dfrac{3}{9}$

⊙ 1부터 20까지의 숫자가 적혀 있는 20장의 카드 중에서 한 장의 카드를 뽑는다.

001 4의 배수가 나올 확률 ____________

002 소수가 나올 확률 ____________

003 4의 배수 또는 소수가 나올 확률 ____________

⊙ A, B 두 주머니에서 각각 1개의 공을 꺼낸다.

004 A주머니에서 흰 공, B주머니에서 검은 공이 나올 확률 ____________

005 두 주머니에서 모두 흰 공이 나올 확률 ____________

006 두 주머니에서 모두 검은 공이 나올 확률 ____________

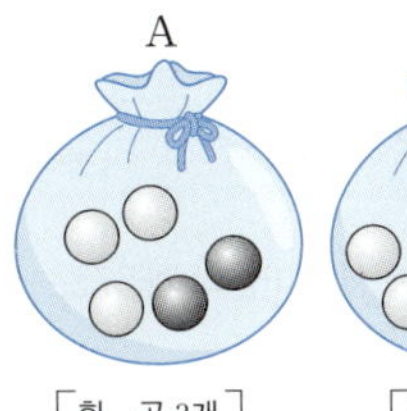
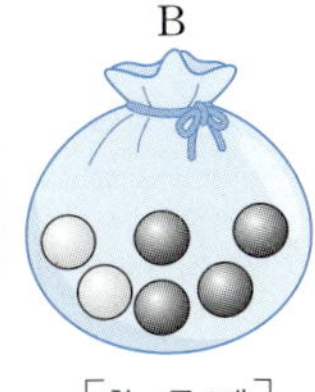

⊙ 어떤 시험에서 영규가 합격할 확률은 $\dfrac{2}{3}$, 건이가 합격할 확률은 $\dfrac{3}{4}$이다.

007 영규는 합격하고, 건이는 불합격할 확률 ____________

008 두 사람 모두 불합격할 확률 ____________

009 적어도 한 사람은 합격할 확률 ____________

⊙ 상자 안에 3개의 당첨 제비를 포함한 10개의 당첨 제비가 들어 있다.
A가 먼저 1개의 제비를 뽑아 확인한 후 상자 안에 다시 넣고 B가 1개의 제비를 뽑는다.

010 두 사람 모두 당첨될 확률 ____________

011 A는 당첨되고 B는 당첨되지 않을 확률 ____________

012 두 사람 모두 당첨되지 않을 확률 ____________

⊙ 주머니에서 연속하여 1개의 공을 두 번 꺼낼 때, 2개의 공 모두 검은 공일 확률은 얼마인가?

013 처음 꺼낸 공을 다시 넣을 때 ____________

014 처음 꺼낸 공을 다시 넣지 않을 때 ____________

| 1 | 합동 ★★☆☆☆

☐ 한 도형 P를 모양과 크기를 바꾸지 않고 다른 도형 Q에 완전히 포갤 수 있을 때, 이 두 도형을 서로 **합동**이라 한다. ➡ **P≡Q** 〔정의〕

    ⑩ △ABC≡△DEF ➡ △ABC와 △DEF의 넓이가 서로 같다.

    ⑩ △ABC≡△DEF ➡ △ABC와 △DEF가 서로 합동이다.

    📌 합동인 두 도형의 넓이는 같다. 그러나 넓이가 같다고 해서 두 도형이 반드시 합동인 것은 아니다.

☐ 서로 포개어지는 꼭짓점, 변, 각은 서로 **대응**한다고 한다. 〔정의〕

☐ 대응하는 꼭짓점을 **대응점**, 대응하는 변을 **대응변**, 대응하는 각을 **대응각**이라 한다. 〔정의〕

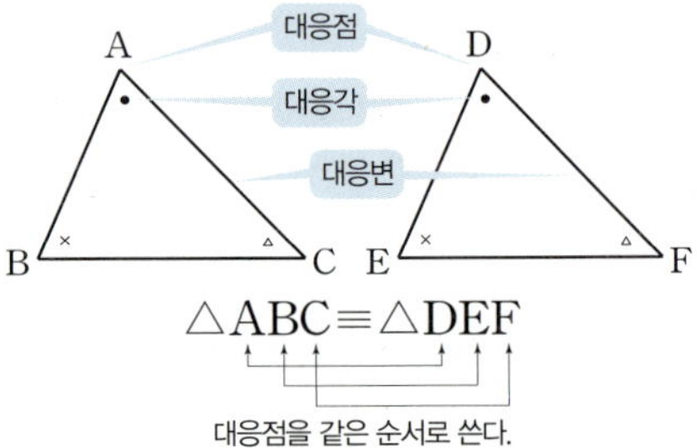

| 2 | 합동인 도형의 성질 ★★★★★

• △ABC≡△DEF일 때

☐ 두 도형이 합동이면 대응변의 길이는 서로 같다.

    ➡ $\overline{AB}=\overline{DE}$, $\overline{BC}=\overline{EF}$, $\overline{CA}=\overline{FD}$

☐ 두 도형이 합동이면 대응각의 크기는 서로 같다.

    ➡ $\angle A=\angle D$, $\angle B=\angle E$, $\angle C=\angle F$

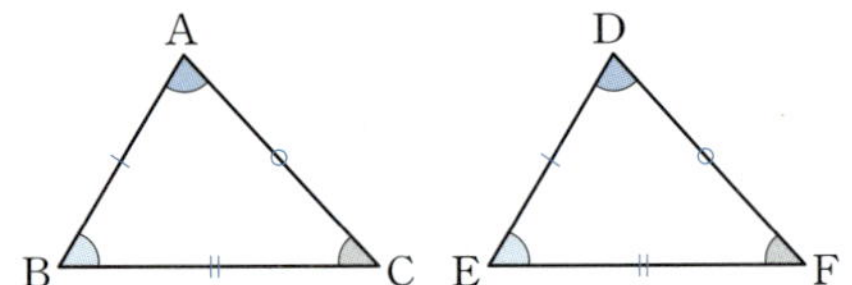

| 3 | 삼각형의 합동조건 ★★★★★

• 두 삼각형은 다음 각 경우에 서로 합동이다.

☐ **SSS합동** : 대응하는 세 변의 길이가 각각 같을 때

    ➡ $\overline{AB}=\overline{DE}$, $\overline{BC}=\overline{EF}$, $\overline{CA}=\overline{FD}$

☐ **SAS합동** : 대응하는 두 변의 길이가 각각 같고 그 끼인각의 크기가 같을 때

    ➡ $\overline{AB}=\overline{DE}$, $\overline{BC}=\overline{EF}$, $\angle B=\angle E$

☐ **ASA합동** : 대응하는 한 변의 길이가 같고 그 양 끝 각의 크기가 각각 같을 때

    ➡ $\overline{BC}=\overline{EF}$, $\angle B=\angle E$, $\angle C=\angle F$

    📌 대응하는 세 각의 크기가 각각 같다고 해서 합동이 되는 것은 아니다. 이때 두 삼각형은 닮음이다.

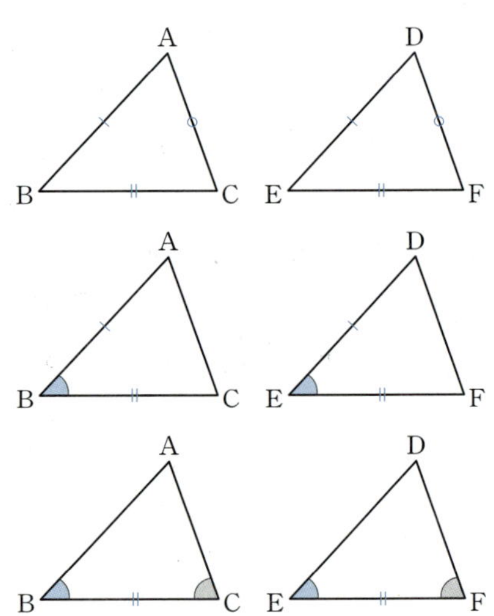

| 1 | 도수분포표 ★★★★☆

☐ **변량** : 키, 몸무게, 점수 등의 자료를 수량으로 나타낸 것 〔정의〕

☐ **계급** : 변량을 일정한 간격으로 나눈 구간 〔정의〕

☐ **계급의 크기, 개수** : 구간의 너비, 개수 〔정의〕

☐ **계급값** : 계급을 대표하는 값으로 그 계급의 가운데 값 〔정의〕

$$(계급값) = \frac{(계급의\ 양\ 끝값의\ 합)}{2}$$

〔예〕 계급 6 이상 8 미만의 계급값은 $\frac{6+8}{2} = 7$이다.

☐ **도수** : 각 계급에 속하는 변량의 개수 〔정의〕

☐ **도수분포표** : 주어진 자료를 몇 개의 계급으로 나누고, 각 계급의 도수를 조사하여 나타낸 표 〔정의〕

<20명의 턱걸이 횟수 자료>　(단위 : 회)

2	9	0	4	4
0	3	5	7	0
3	2	6	5	1
6	5	6	4	7

⬇

<도수분포표>

계급(회)		도수(명)
$0^{이상} \sim 2^{미만}$	////	4
2 ~ 4	////	4
4 ~ 6	//// /	6
6 ~ 8	////	5
8 ~ 10	/	1
합계		20

| 2 | 도수분포표를 만드는 법 ★★☆☆☆

☐ **변량 분석** : 가장 작은 변량과 가장 큰 변량을 찾는다.

☐ **계급 설정** : 두 변량이 포함되는 구간을 일정한 간격으로 나누어 계급을 정한다.
계급의 개수가 너무 적거나 많으면 자료의 분포 상태를 파악하기 어렵다. 보통 계급은 5~15개가 적당하다.

☐ **도수 세기** : 각 계급에 속하는 변량의 개수를 세어 각 계급의 도수를 구한다.

〔예〕 변량의 개수를 셀 때는 /, //, ///, ////, //// 또는 一, T, 下, 正, 正로 나타내면 편리하다.

| 3 | 상대도수 ★★★☆☆

☐ **상대도수** : 전체 도수에 대한 각 계급의 도수의 비율 〔정의〕

$$(어떤\ 계급의\ 상대도수) = \frac{(그\ 계급값의\ 도수)}{(도수의\ 총합)}$$

☐ 상대도수의 총합은 항상 1이다.

〔예〕 상대도수의 총합은 $\frac{4}{20} + \frac{4}{20} + \frac{6}{20} + \frac{5}{20} + \frac{1}{20} = \frac{20}{20} = 1$이다.

☐ 각 계급의 상대도수는 그 계급의 도수에 정비례한다.

☐ 도수의 총합이 다른 두 자료의 분포 상태를 비교할 때 편리하다.

<상대도수의 분포표>

계급(회)		도수(명)	상대도수
$0^{이상} \sim 2^{미만}$		4	$\frac{4}{20} = 0.2$
2 ~ 4		4	0.2
4 ~ 6		6	0.3
6 ~ 8		5	0.25
8 ~ 10		1	0.05
합계		20	1

◉ **맞으면 ○, 틀리면 ×**

001 계급의 개수가 많을수록 자료의 분포 상태를 알기 쉽다.　　　　○ / ×

002 각 계급에 속하는 변량의 개수를 도수라고 한다.　　　　○ / ×

003 계급값은 각 계급에서 가장 큰 값이다.　　　　○ / ×

004 계급의 크기가 4이고 계급값이 8인 계급은 6 이상 10 미만이다.　　　　○ / ×

◉ **건이네 반 20명이 갖고 있는 펜의 개수를 조사한 것이다.**

(단위 : 개)

1	5	5	4	3
6	9	2	5	3
4	3	3	8	6
2	4	8	5	7

펜의 개수(개)	도수(명)	
$1^{이상}$ ~ $3^{미만}$		
3 ~ 5		
5 ~ 7	卌 /	6
7 ~ 9		
9 ~ 11		
합계		

005 계급의 크기는 ＿＿＿＿＿＿개, 계급은 ＿＿＿＿＿＿개이다.

006 도수의 총합은 ＿＿＿＿＿＿명이다.

007 펜의 개수가 3개 이상 5개 미만인 계급의 도수는 ＿＿＿＿＿＿명이다.

008 펜의 개수가 7개 이상 9개 미만인 계급의 계급값은 ＿＿＿＿＿＿개이다.

009 도수분포표의 빈 칸을 채우시오.

◉ **학생 20명이 한 달 동안 도서관을 이용한 횟수를 조사한 것이다.**

010 A의 값은 ＿＿＿＿＿＿이다.

011 도서관 이용 횟수가 12회 이상인 학생 수는 ＿＿＿＿＿＿이다.

012 도수가 가장 작은 계급은 ＿＿＿＿＿＿이다.

013 도서관 이용 횟수가 8회 미만인 학생 수의 백분율은 ＿＿＿＿＿＿이다.

014 도서관 이용 횟수가 큰 쪽에서 4번째인 학생이 속하는 계급의 상대도수는 ＿＿＿＿＿＿이다.

이용 횟수(회)	도수(명)
$0^{이상}$ ~ $4^{미만}$	1
4 ~ 8	5
8 ~ 12	A
12 ~ 16	3
16 ~ 20	2
합계	20

◉ **맞으면 ○, 틀리면 ×**

015 상대도수의 총합은 1보다 작다.　　　　○ / ×

016 어떤 계급의 상대도수는 그 계급의 도수를 도수의 총합으로 나눈 값이다.　　　　○ / ×

017 도수의 총합이 50, 상대도수가 0.12인 계급의 도수는 6이다.　　　　○ / ×

018 상대도수는 도수의 총합이 다른 두 자료의 분포 상태를 비교할 때 편리하다.　　　　○ / ×

057 대푯값(평균, 중앙값, 최빈값)

| 1 | 대푯값과 평균 ★★★★★

- **대푯값** : 자료 전체의 특징을 하나의 수로 나타내어 전체 자료를 대표하는 값 `정의`
  자료의 중심 경향
- 대푯값에는 평균, 중앙값, 최빈값 등이 있다.
  가장 많이 사용한다.
- **평균** : 자료 값의 총합을 자료의 개수로 나눈 값 `정의`

  예 1, 2, 3, 3, 6의 평균은 자료 값의 총합 $1+2+3+3+6=15$를 자료의 개수 5로 나눈 값 3이다.

$$(\text{평균}) = \frac{(\text{자료의 값의 총합})}{(\text{자료의 개수})}$$

| 2 | 중앙값 ★☆☆☆☆

- **중앙값** : 자료를 작은 값부터 크기순으로 나열할 때, 가운데 위치한 값 `정의`

- 자료가 홀수개(n)이면 ➡ 가운데 위치한 값이 중앙값이다. ➡ $\dfrac{n+1}{2}$번째의 자료 값

  예 1, 2, 3, 3, 6의 중앙값은 가운데 위치한 $\dfrac{5+1}{2}=3$번째의 자료 3이다.

- 자료가 짝수개(n)이면 ➡ 가운데 위치한 두 값의 평균이 중앙값이다. ➡ $\dfrac{n}{2}$번째와 $\left(\dfrac{n}{2}+1\right)$번째의 자료 값의 평균

  예 1, 3, 4, 6, 9, 10의 중앙값은 가운데 위치한 $\dfrac{6}{2}=3$번째의 자료 4와 $\dfrac{6}{2}+1=4$번째의 자료 6의 평균 5이다.

- 자료 중에 특별히 작거나 큰 값이 있으면 중앙값이 평균보다 대푯값으로 더 적절하다.
  자료에 극단적인 값이 있는 경우 평균은 자료의 중심 경향을 잘 나타내지 못한다.
  예 1, 3, 3, 3, 100의 평균은 22, 중앙값은 3이다. 이때 극단적인 값 100이 있으므로 평균은 대푯값으로 적절하지 못하다.

| 3 | 최빈값 ★☆☆☆☆

- **최빈값** : 자료 중에서 가장 많이 나타나는 값, 즉 도수가 가장 큰 값 `정의`

  예 1, 2, 3, 3, 6의 최빈값은 3이다.

- 자료 중에서 도수가 가장 큰 값이 한 개 이상 있으면 그 값이 모두 최빈값이다.

  예 1, 3, 3, 4, 5, 5, 7의 최빈값은 3과 5이다.

- 자료의 도수가 모두 같으면 최빈값은 없다.
  자료 값이 모두 같거나 모두 다르면 최빈값은 없다.
  예 1, 1, 2, 2, 3, 3의 최빈값은 없다.

| 4 | 도수분포표에서 대푯값 구하는 법 ★★★☆☆

- 평균 : (계급값)×(도수)의 총합을 도수의 총합으로 나눈다.

$$(\text{평균}) = \frac{\{(\text{계급값}) \times (\text{도수})\text{의 총합}\}}{(\text{도수의 총합})}$$

- 중앙값 : 도수의 총합 N이

  홀수이면 ➡ $\dfrac{N+1}{2}$번째 도수가 속하는 계급의 계급값

  짝수이면 ➡ $\dfrac{N}{2}$번째와 $\left(\dfrac{N}{2}+1\right)$번째의 도수가 각각 속하는 계급의 계급값의 평균

- 최빈값 : 도수가 가장 큰 계급의 계급값

계급	계급값	도수
$1^{\text{이상}} \sim 3^{\text{미만}}$	2	1
$3 \quad \sim 5$	4	4
$5 \quad \sim 7$	6	5
합계		10

평균 : $\dfrac{2\times1+4\times4+6\times5}{10}=4.8$

중앙값 : 도수의 총합 10이 짝수이므로 $\dfrac{10}{2}=5$번째의 도수가 속하는 계급의 계급값 4와 $\dfrac{10}{2}+1=6$번째의 도수가 속하는 계급의 계급값 6의 평균 5이다.

최빈값 : 도수가 가장 큰 계급의 계급값은 6이다.

◉ **맞으면 ○, 틀리면 ×**

001 자료의 중심이 어디에 위치해 있는가를 나타낸 값이 대푯값이다.　　　　　○ / ×

002 가장 많이 쓰이는 대푯값은 평균이다.　　　　　○ / ×

003 중앙값은 자료 중에 극단적인 값이 있는 경우 자료 전체의 특징을 잘 나타낼 수 있다.　　○ / ×

004 5개의 자료 1, 2, 3, 4, 100에서 100은 극단적인 값이므로 평균은 대푯값으로 적절하지 않다.　○ / ×

005 8개의 자료 1, 1, 2, 2, 3, 3, 4, 4의 최빈값은 없다.　　　　　○ / ×

◉ **7개의 수 2, 3, 3, 5, 6, 7, 9가 있다.**

006 (평균) = ___________

007 (중앙값) = ___________

008 (최빈값) = ___________

◉ **8개의 수 3, 4, 5, 6, 6, 8, 8, 8이 있다.**

009 (평균) = ___________

010 (중앙값) = ___________

011 (최빈값) = ___________

◉ **도수분포표를 보고, 대푯값을 구하시오.**

012 (평균) = ___________

013 (중앙값) = ___________

014 (최빈값) = ___________

수학 수행평가 점수(점)	학생 수(명)
$0^{이상}$ ~ $4^{미만}$	1
4 ~ 8	2
8 ~ 12	3
12 ~ 16	2
16 ~ 20	1
합계	9

015 (평균) = ___________

016 (중앙값) = ___________

017 (최빈값) = ___________

윗몸일으키기 횟수(회)	학생 수(명)
$0^{이상}$ ~ $10^{미만}$	1
10 ~ 20	2
20 ~ 30	2
30 ~ 40	4
40 ~ 50	1
합계	10

확률과 통계
중❶
중❷
중❸

058 분산과 표준편차

| 1 | 산포도 ★☆☆☆☆

☐ **산포도** : 자료 전체가 대푯값을 중심으로 흩어져 있는 정도를 하나의 수로 나타낸 값 〔정의〕

자료의 값들이 대푯값에 모일수록 산포도는 작아지고, 대푯값에서 멀리 흩어질수록 산포도는 커진다.

| 2 | 편차 ★★★☆☆

☐ (**편차**) = (변량) − (평균) 〔정의〕

☐ 편차의 합은 항상 0이다.

분산을 구할 때 왜 편차를 제곱하는지에 대한 이유이다.

☐ 편차가 양수이면 평균보다 큰 변량, 편차가 음수이면 평균보다 작은 변량이다.

변량	평균	편차
60		$60 - 70 = -10$
70	$\dfrac{60+70+80}{3} = 70$	$70 - 70 = 0$
80		$80 - 70 = +10$

$\Rightarrow$

변량	평균	편차
x_1		$x_1 - m$
x_2	$\dfrac{x_1+x_2+x_3}{3} = m$	$x_2 - m$
x_3		$x_3 - m$

| 3 | 분산과 표준편차 ★★★★★

☐ **분산** : 각 변량의 편차의 제곱의 총합을 전체 변량의 개수로 나눈 값, **편차의 제곱의 평균** 〔정의〕

$$(\text{분산}) = \frac{\{(\text{편차})^2 \text{의 총합}\}}{(\text{변량의 개수})}$$

☐ 세 변량 x_1, x_2, x_3의 분산은 다음처럼 구한다.

평균 구하기	$\dfrac{x_1+x_2+x_3}{3} = m \ (m : \text{평균})$
편차 구하기	$x_1 - m, \ x_2 - m, \ x_3 - m$
$(\text{편차})^2$의 총합 구하기	$(x_1-m)^2 + (x_2-m)^2 + (x_3-m)^2$
분산 구하기	$\dfrac{(x_1-m)^2 + (x_2-m)^2 + (x_3-m)^2}{3}$ ← 편차의 제곱의 평균

☐ (**표준편차**) = $\sqrt{(\text{분산})}$ 〔정의〕

분산은 편차를 제곱하여 구한 값이기 때문에 제곱근($\sqrt{\ }$)을 취한다.

☐ 표준편차는 주어진 자료(변량)와 같은 단위를 쓰지만 분산은 단위를 쓰지 않는다.

☐ 표준편차가 작다. ➡ 자료의 **분포 상태가 고르다.**

➡ 자료의 값들이 **평균 가까이에 모여 있다.**

➡ 자료의 값들 사이의 차가 작다.

◉ **5개의 수 7, 8, 1, 5, 4가 있다.**

001 (평균) = ____________________

002

자료	7	8	1	5	4
편차					

◉ **맞으면 ○, 틀리면 ×**

003 자료의 값들이 대푯값에 모일수록 산포도는 작아진다.　　　○ / ×

004 (자료의 값) = (평균) + (편차)　　　○ / ×

005 평균보다 작은 변량의 편차는 양수이다.　　　○ / ×

006 편차의 절댓값이 클수록 변량은 평균 가까이에 있다.　　　○ / ×

◉ **5개의 수 14, 17, 18, 15, 16이 있다.**

007 (평균) = ____________________

008

자료	14	17	18	15	16
편차					

009 (분산) = ____________________

010 (표준편차) = ____________________

◉ **6개의 수 12, 7, 12, 9, 10, 10이 있다.**

011 (평균) = ____________________

012

자료	12	7	12	9	10	10
편차						

013 (분산) = ____________________

014 (표준편차) = ____________________

015 표준편차가 가장 큰 것은 ____________이고, 가장 작은 것은 ____________이다.

ⓐ 1, 5, 1, 5, 1, 5, 1, 5, 1, 5　　　　ⓑ 1, 5, 1, 5, 1, 5, 3, 3, 3, 3

ⓒ 2, 4, 2, 4, 2, 4, 2, 4, 2, 4　　　　ⓓ 2, 4, 2, 4, 2, 4, 3, 3, 3, 3

ⓔ 3, 3, 3, 3, 3, 3, 3, 3, 3, 3

059 도수분포표에서의 분산과 표준편차

| 1 | 도수분포표에서의 분산과 표준편차 ★★★★★

☐ 도수분포표에서 분산 구하는 법

평균 구하기	(계급값)×(도수)의 총합을 도수의 총합으로 나눈다.
편차 구하기	(편차)＝(계급값)－(평균)
분산 구하기	(편차)^2×(도수)의 총합을 도수의 총합으로 나눈다.
표준편차 구하기	(표준편차)＝$\sqrt{(분산)}$

예 도수분포표가 주어지면 계급값, (계급값)×(도수), 평균, 편차, (편차)^2, (편차)^2×(도수), 분산, 표준편차를 차례로 구한다.

계급	도수	계급값	(계급값)×(도수)	편차	(편차)^2	(편차)^2×(도수)
$0^{이상}$ ～ $2^{미만}$	2	1	$1×2＝2$	$1-5＝-4$	16	$16×2＝32$
2 ～ 4	4	3	$3×4＝12$	$3-5＝-2$	4	$4×4＝16$
4 ～ 6	7	5	$5×7＝35$	$5-5＝0$	0	$0×7＝0$
6 ～ 8	6	7	$7×6＝42$	$7-5＝2$	4	$4×6＝24$
8 ～ 10	1	9	$9×1＝9$	$9-5＝4$	16	$16×1＝16$
합계	20		100			88

$$(평균)=\frac{\{(계급값)×(도수)의\ 총합\}}{(도수의\ 총합)}=\frac{100}{20}=5 \Rightarrow (분산)=\frac{\{(편차)^2×(도수)의\ 총합\}}{(도수의\ 총합)}=\frac{88}{20}=4.4 \Rightarrow (표준편차)=\sqrt{4.4}$$

| 2 | 변량의 변화에 따른 평균의 변화 ★★★★★

• 변량 x_1, x_2, x_3, $\cdots$, x_n의 평균이 m일 때

☐ 변량 ax_1, ax_2, ax_3, $\cdots$, ax_n의 평균은 ➡ (평균)＝am

☐ 변량 ax_1+b, ax_2+b, ax_3+b, $\cdots$, ax_n+b의 평균은 ➡ (평균)＝$am+b$

예 a, b, c의 평균이 4일 때 $2a$, $2b$, $2c$의 평균은 $2×4＝8$이고 $2a+1$, $2b+1$, $2c+1$의 평균은 $2×4+1＝9$이다.

| 3 | 자료의 분석 ★★★★☆

☐ 집단들의 우열을 비교할 때는 평균을 사용한다.

☐ 분산(또는 표준편차)이 작다. ➡ 변량이 **평균 가까이에 모여 있다.**

➡ 자료의 **분포 상태가 고르다.** (자료의 값들 사이의 격차가 작다.)

☐ 분산(또는 표준편차)이 크다. ➡ 변량이 평균에서 멀리 떨어져 있다.

➡ 자료의 분포 상태가 고르지 않다. (자료의 값들 사이의 격차가 크다.)

☐

반	A	B
평균(점)	m_A	m_B
표준편차(점)	s_A	s_B

❶ $m_A < m_B$이면 ➡ A반보다 B반의 성적이 우수하다.

❷ $s_A < s_B$이면 ➡ B반보다 A반의 성적이 고르다.

◉ 빈 칸을 채우고, 평균과 분산, 표준편차를 구하시오.

계급	도수	계급값	(계급값)×(도수)	편차	(편차)^2	(편차)^2×(도수)
$1^{이상} \sim 3^{미만}$	2					
$3 \sim 5$	3					
$5 \sim 7$	3					
$7 \sim 9$	2					
합계	10					

001 (평균)＝＿＿＿＿＿＿＿＿＿

002 (분산)＝＿＿＿＿＿＿＿＿＿

003 (표준편차)＝＿＿＿＿＿＿＿＿＿

◉ 학생 20명이 일주일 동안 먹은 빵의 개수를 조사한 것이다.

빵의 개수(개)	학생 수(명)	계급값	(계급값)×(도수)	편차	(편차)^2	(편차)^2×(도수)
$0^{이상} \sim 2^{미만}$	2					
$2 \sim 4$	4					
$4 \sim 6$	8					
$6 \sim 8$	4					
$8 \sim 10$	2					
합계	20					

004 (평균)＝＿＿＿＿＿＿＿＿＿

005 (분산)＝＿＿＿＿＿＿＿＿＿

006 (표준편차)＝＿＿＿＿＿＿＿＿＿

◉ **3개의 수 a, b, c의 평균은 5이다.**

007 $3a$, $3b$, $3c$의 평균은 ＿＿＿＿＿＿＿＿＿이다.

008 $a-2$, $b-2$, $c-2$의 평균은 ＿＿＿＿＿＿＿＿＿이다.

009 $2a+3$, $2b+3$, $2c+3$의 평균은 ＿＿＿＿＿＿＿＿＿이다.

◉ **맞으면 ○, 틀리면 ×**

반	A	B	C
평균(점)	75	75	81
표준편차(점)	7.3	5.1	6.2

010 C반의 성적이 가장 좋다.　　　　　○ / ×

011 A반이 B반보다 성적이 좋다.　　　　○ / ×

012 B반의 성적이 가장 고르다.　　　　○ / ×

013 C반이 A반보다 성적이 고르다.　　　○ / ×

014 A반이 C보다 95점 이상의 고득점자가 많다.　　○ / ×

| 1 | 산점도 ★☆☆☆☆

☐ **산점도** : 두 변량 x, y 사이의 관련성을 알아보기 위해 두 변량 x, y의 순서쌍 (x, y)를 좌표평면 위에 나타낸 그래프

⟨예⟩ 다음은 학생 5명의 수학, 영어 점수표와 산점도이다.

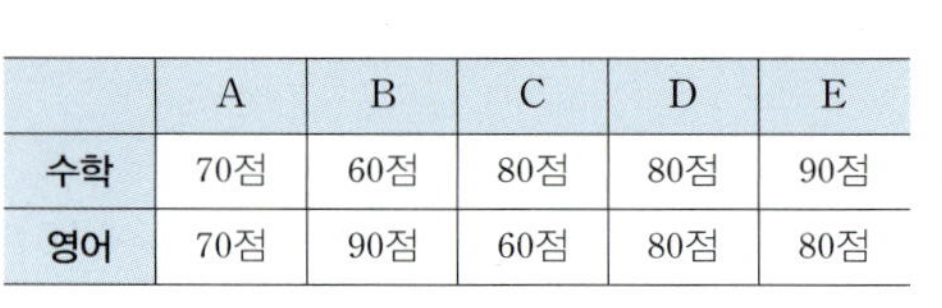

	A	B	C	D	E
수학	70점	60점	80점	80점	90점
영어	70점	90점	60점	80점	80점

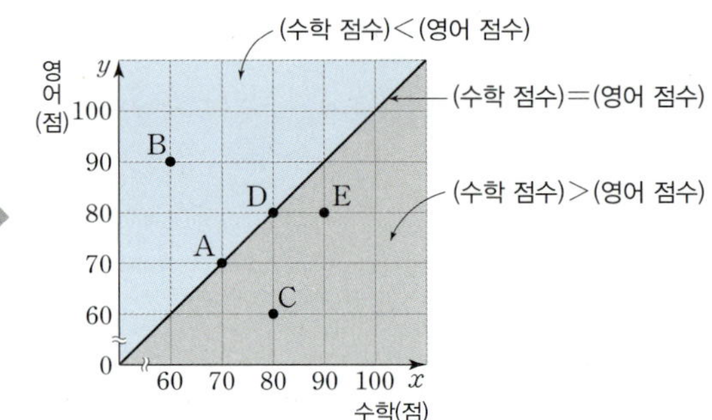

| 2 | 상관관계 ★★★☆☆

☐ **상관관계** : 두 변량 x, y 사이에 x의 값이 증가함에 따라 y의 값이 증가하거나 감소하는 경향이 있을 때, 두 변량 x, y 사이에 상관관계가 있다고 한다.

☐ **양의 상관관계** : x의 값이 증가할 때, y의 값도 증가하는 관계

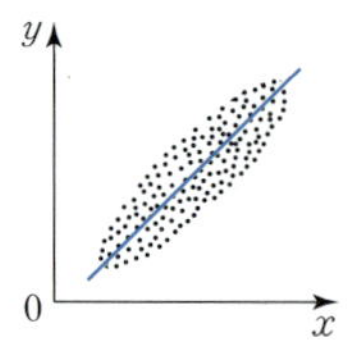

참 양의 상관관계는 대각선이 왼쪽 아래에서 오른쪽 위로(↗) 향한다.

☐ **음의 상관관계** : x의 값이 증가할 때, y의 값이 감소하는 관계

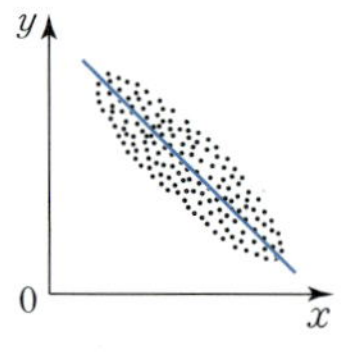

참 음의 상관관계는 대각선이 왼쪽 위에서 오른쪽 아래로(↘) 향한다.

☐ **상관관계가 없다** : x의 값이 증가함에 따라 y의 값이 증가하지도 감소하지도 않는 관계

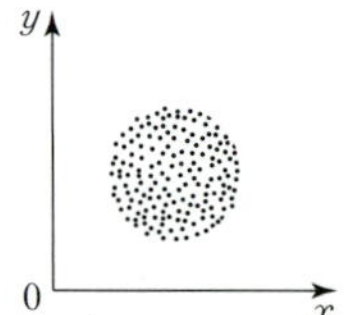
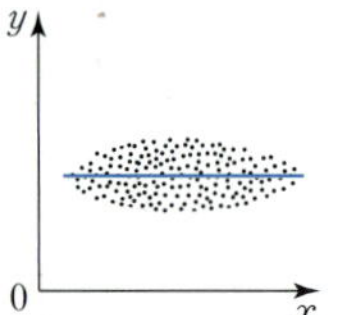
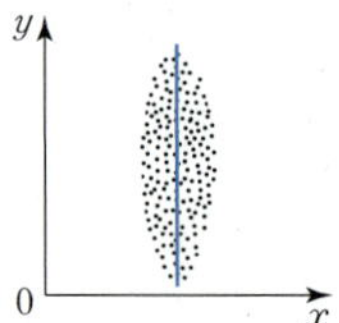

참 산점도에서 점들이 한 직선 주위에 있다고 말하기 어려울 정도로 흩어져 있거나 점들이 x축 또는 y축에 평행한 직선 주위에 분포하는 경우에는 두 변량 x, y 사이에 상관관계가 없다고 한다.

⊙ **12명의 1차, 2차 영어 듣기 평가 점수에 대한 산점도이다.**

001 A의 1차 점수는 ____________ 점이다.

002 1차 점수와 2차 점수가 같은 학생은 모두 ____________ 명이다.

003 1차 점수가 8점 이상인 학생은 ____________ 명이다.

004 2차 점수가 1차 점수보다 높은 학생은 ____________ 명이다.

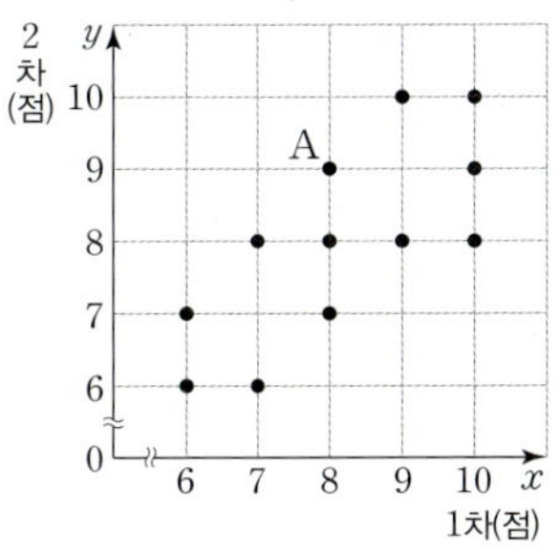

⊙ **양의 상관관계이면 '양', 음의 상관관계이면 '음', 상관관계가 없으면 '없'**

005 여름철 기온과 물 소비량 ____________

006 물건의 공급량과 가격 ____________

007 노래 실력과 수학 성적 ____________

008 낮의 길이와 밤의 길이 ____________

009 교통량과 대기 오염도 ____________

010 키와 시력 ____________

⊙ **산점도를 고르시오.**

011 도시 인구(x)와 교통량(y)

____

012 발의 크기(x)와 수학 성적(y)

____

013 장미꽃의 생산량(x)과 가격(y)

____

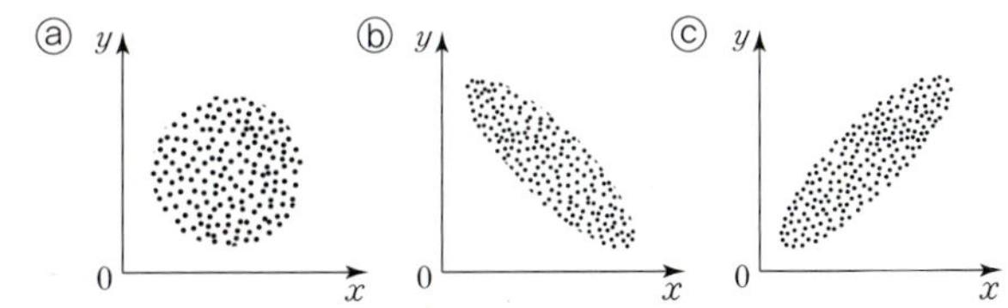

⊙ **맞으면 ○, 틀리면 ×**

014 A는 수학 성적과 영어 성적이 모두 낮은 편이다. ○ / ×

015 B는 수학 성적보다 영어 성적이 더 낮은 편이다. ○ / ×

016 C는 수학 성적과 영어 성적이 모두 높은 편이다. ○ / ×

017 D는 E보다 수학 성적이 낮으나 영어 성적은 높은 편이다. ○ / ×

018 수학 성적과 영어 성적 사이에는 음의 상관관계가 있다. ○ / ×

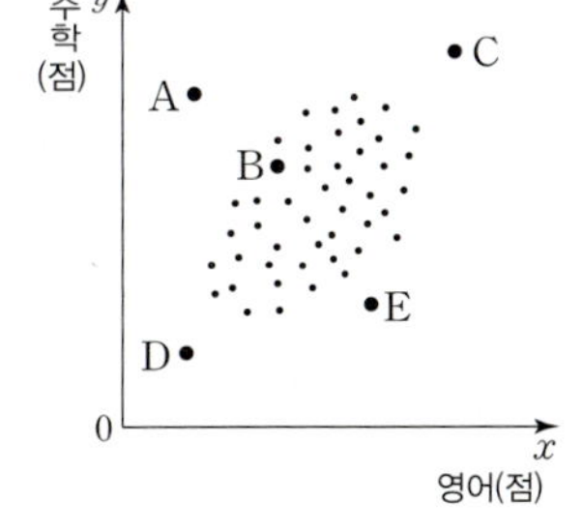

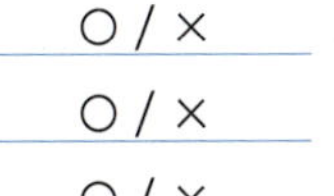

생각한만큼만수학이다

PART Ⓐ

필수개념 97개로 완성하는
필수개념편

| 1 | 도형 ★☆☆☆☆

☐ 도형의 기본 요소는 점, 선, 면이다.
점이 움직이면 선이 되고, 선이 움직이면 면이 된다.
☐ **평면도형** : 삼각형, 사각형, 원과 같이 한 평면 위에 있는 도형 정의
☐ **입체도형** : 직육면체, 원기둥과 같이 한 평면 위에 있지 않는 도형 정의

| 2 | 교점과 교선 ★☆☆☆☆

☐ **교점** : 선과 선 또는 선과 면이 만나서 생기는 점 정의
☐ **교선** : 면과 면이 만나서 생기는 선 정의
교선은 직선 외에도 곡선인 경우도 있다.

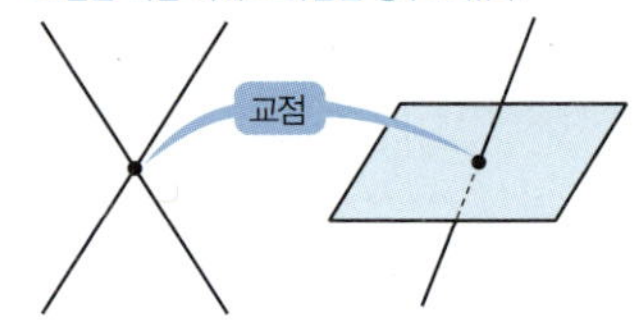

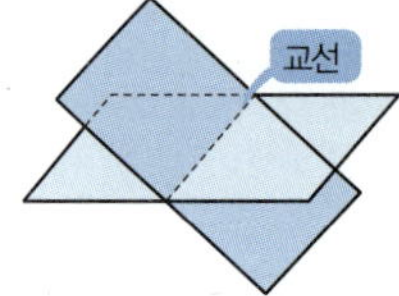

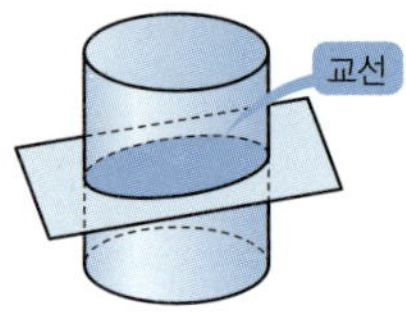

| 3 | 직선, 반직선, 선분 ★☆☆☆☆

☐ 한 점을 지나는 직선은 무수히 많지만, 서로 다른 두 점을 지나는 직선은 **오직 하나뿐**이다.
서로 다른 두 점은 오직 하나의 직선을 결정한다.

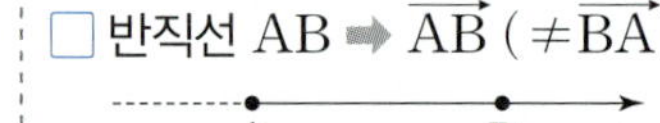

☐ 직선 AB ➡ $\overleftrightarrow{AB}$ ($=\overleftrightarrow{BA}$)   ☐ 반직선 AB ➡ $\overrightarrow{AB}$ ($\neq\overrightarrow{BA}$)   ☐ 선분 AB ➡ $\overline{AB}$ ($=\overline{BA}$)

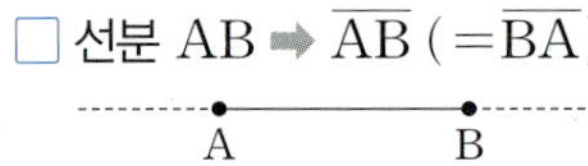

☐ 두 반직선이 같으려면 시작점과 뻗어 나가는 방향이 모두 같아야 한다.
예 $\overrightarrow{AB}$와 $\overrightarrow{BA}$는 시작점과 뻗어 나가는 방향이 모두 다르므로 서로 다른 반직선이다. ➡ $\overrightarrow{AB}\neq\overrightarrow{BA}$

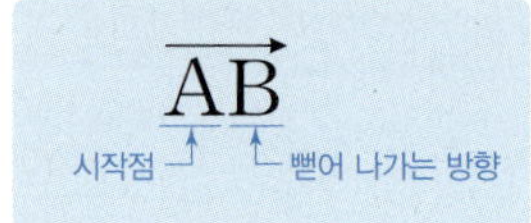

| 4 | 두 점 사이의 거리 ★★☆☆☆

☐ **두 점 A, B 사이의 거리** : 두 점 A, B를 잇는 무수히 많은 선 중에서 길이가
가장 짧은 선인 선분 AB의 길이 정의
예 기호 $\overline{AB}$는 선분을 나타내기도 하고, 선분의 길이를 나타내기도 한다. 예컨대, $\overline{AB}$의 길이가 2일 때,
$\overline{AB}=2$와 같이 나타낸다.

☐ **선분 AB의 중점** : 선분 AB 위에 있는 점으로 선분 AB를 이등분하는 점 M 정의

➡ $\overline{AM}=\overline{BM}=\dfrac{1}{2}\overline{AB}$

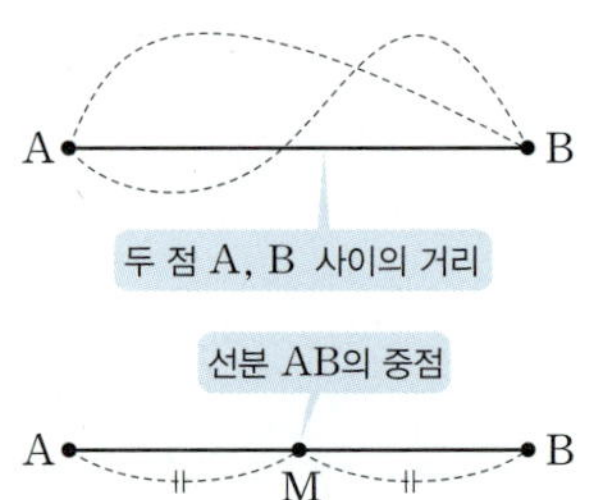

◉ 교점과 교선의 개수를 구하시오.

001 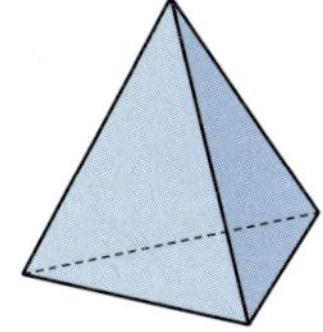 ____________

002 ____________

◉ 기호로 나타내시오.

003 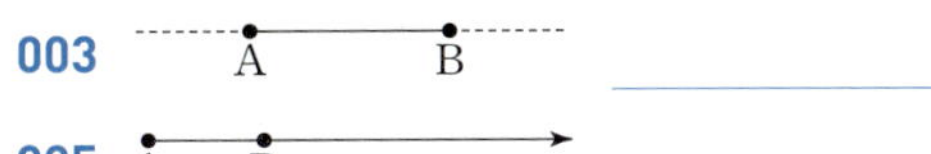 ____________

004 ____________

005 ____________

006 ____________

◉ 직선 l 위에 세 점 A, B, C가 있다. 맞으면 ○, 틀리면 ×

007 $\overline{AB}=\overline{BA}$ ○ / ×

008 $\overrightarrow{BA}=\overrightarrow{BC}$ ○ / ×

009 $\overrightarrow{AB}=\overrightarrow{AC}$ ○ / ×

010 $\overleftrightarrow{AB}=\overleftrightarrow{CA}$ ○ / ×

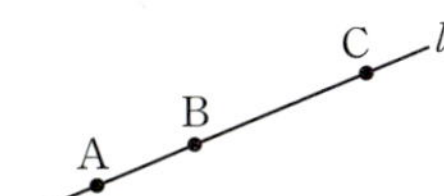

◉ 맞으면 ○, 틀리면 ×

011 교점은 선과 선이 만나는 경우에만 생긴다.   ○ / ×

012 면과 면이 만나면 직선 또는 곡선이 생긴다.   ○ / ×

013 시작점이 같은 두 반직선은 서로 같다.   ○ / ×

014 서로 다른 두 점을 지나는 직선은 오직 하나뿐이다.   ○ / ×

015 선분 AB는 두 점 A, B를 잇는 선 중에서 길이가 가장 짧은 선이다.   ○ / ×

◉ 길이를 구하시오.

016 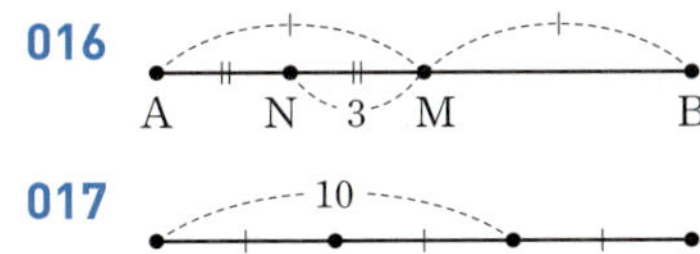 $\overline{MB}=$ ____________

017 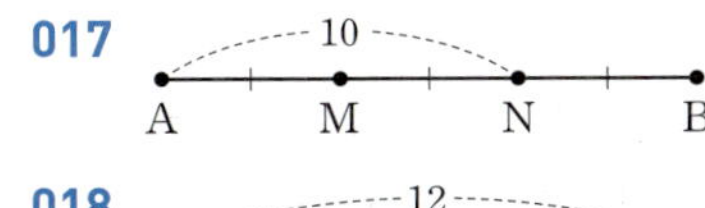 $\overline{AB}=$ ____________

018 $\overline{MN}=$ ____________ (단, $\overline{AM}=\overline{MC}=\overline{CB}$)

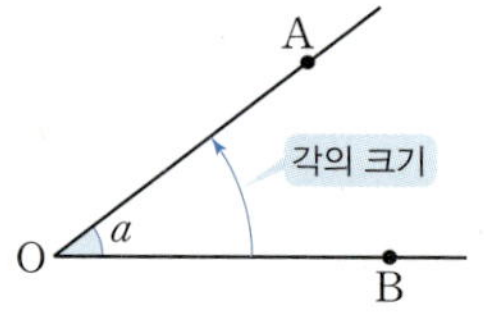

| 1 | 각 ★☆☆☆☆

☐ **각 AOB** : 한 점 O에서 시작하는 두 반직선 OA, OB로 이루어진 도형 〔정의〕

➡ $\angle AOB = \angle BOA = \angle O = \angle a$

☐ **각 AOB의 크기** : 꼭짓점 O를 중심으로 $\overrightarrow{OA}$가 $\overrightarrow{OB}$까지 회전한 양 〔정의〕

〔예〕 기호 $\angle AOB$는 각을 나타내기도 하고 각의 크기를 나타내기도 한다. 예컨대, $\angle AOB$의 크기가 30°일 때, $\angle AOB = 30°$와 같이 나타낸다.

☐ **평각(=180°)** : 각의 두 변이 한 직선을 이룰 때의 각 〔정의〕

☐ **직각(=90°)** : 평각의 크기의 $\frac{1}{2}$인 각 〔정의〕

☐ **예각** : 0°보다 크고 90°보다 작은 각 〔정의〕

☐ **둔각** : 90°보다 크고 180°보다 작은 각 〔정의〕

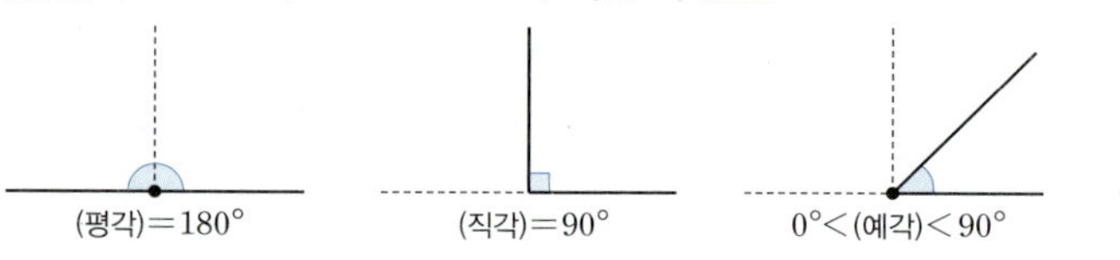

| 2 | 맞꼭지각 ★★★☆☆

☐ **교각** : 두 직선이 한 점에서 만날 때 생기는 4개의 각 〔정의〕

➡ $\angle a$, $\angle b$, $\angle c$, $\angle d$

☐ **맞꼭지각** : 교각 중에서 서로 마주보는 두 각 〔정의〕

➡ $\angle a$와 $\angle c$, $\angle b$와 $\angle d$

☐ 맞꼭지각의 크기는 서로 같다. ➡ $\angle a = \angle c$, $\angle b = \angle d$

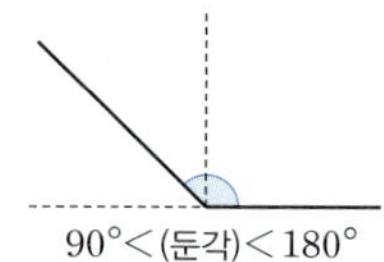

| 3 | 수직과 수선 ★★☆☆☆

☐ 두 선분 AB, CD의 교각이 직각일 때, 두 선분은 서로 **직교**한다고 한다. 〔정의〕

➡ $\overline{AB} \perp \overline{CD}$

☐ 직교하는 두 선분을 서로 **수직**이라 하고, 한 선분을 다른 선분의 **수선**이라 한다. 〔정의〕

☐ **수직이등분선** : 선분 AB의 중점 M을 지나고 선분 AB에 수직인 직선 l 〔정의〕

➡ $\overline{AM} = \overline{BM}$, $l \perp \overline{AB}$

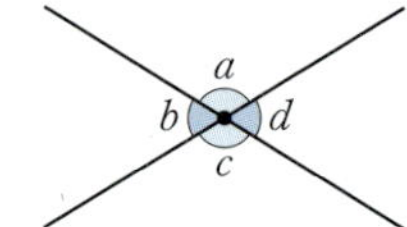

☐ **수선의 발** : 직선 l 위에 있지 않은 한 점 P에서 직선 l에 수선을 그어 생기는 교점 H 〔정의〕

☐ **점과 직선 사이의 거리** : 직선 l 위에 있지 않은 한 점 P에서 직선 l에 내린 수선의 발 H까지의 거리 ➡ $\overline{PH}$의 길이 〔정의〕

〔예〕 점 P와 직선 l 사이의 거리는 점 P와 직선 l 위의 점을 이은 선분 중에서 길이가 가장 짧은 선분의 길이이다.

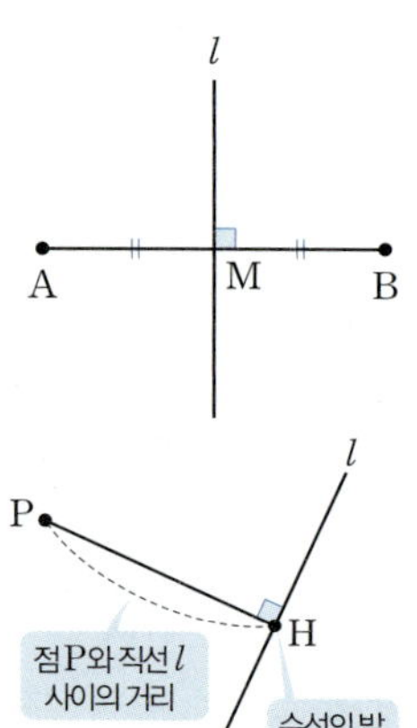

⊙ x의 값을 구하시오.

001 $x=$ ______

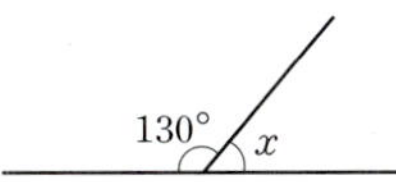

002 $x=$ ______

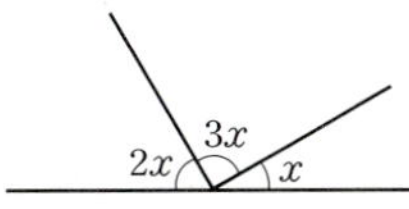

003 $x=$ ______

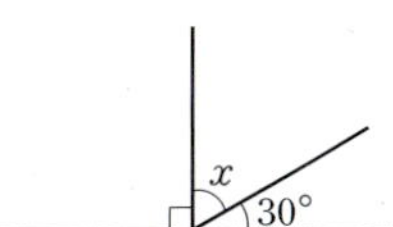

⊙ x, y의 값을 구하시오.

004 $x=$ ______
     $y=$ ______

005 $x=$ ______
     $y=$ ______

006 $x=$ ______
     $y=$ ______

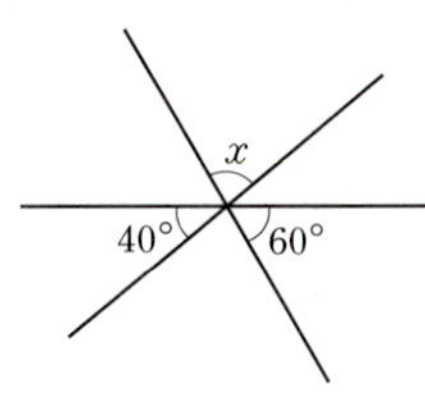
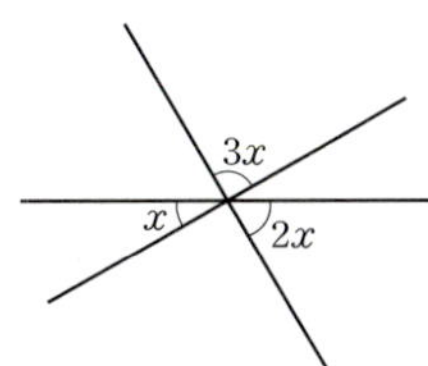
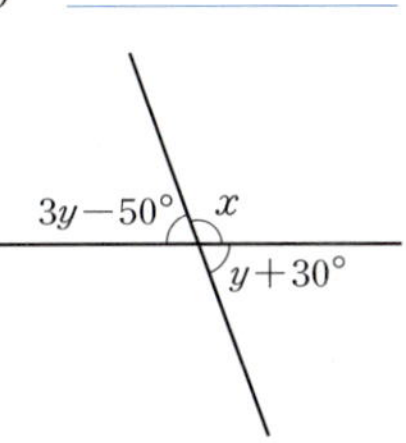

⊙ x의 값을 구하시오.

007 $x=$ ______

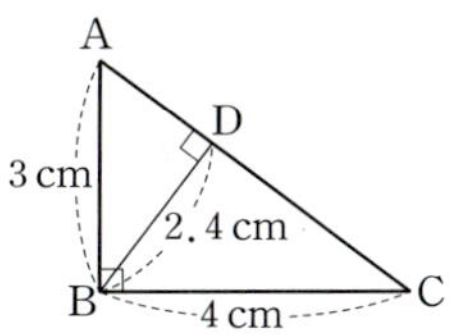

008 $x=$ ______

009 $x=$ ______

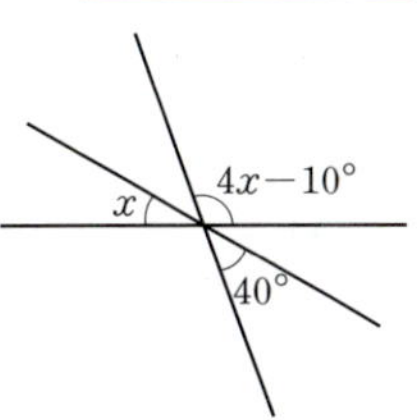

⊙ 거리를 구하시오.

010

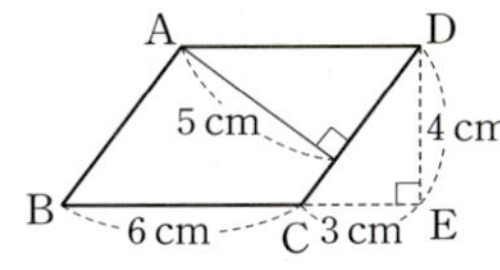

(점 B와 선분 AC 사이의 거리) = ______

(점 C와 선분 AB 사이의 거리) = ______

011

(점 A와 선분 CD 사이의 거리) = ______

(점 A와 선분 BC 사이의 거리) = ______

| 1 | 점과 직선의 위치 관계 ★☆☆☆☆

☐ 점 A는 직선 l 위에 있다. ➡ 직선 l이 점 A를 지난다.
  점 A가 직선 l보다 위쪽에 있다. (×)
☐ 점 B는 직선 l 위에 있지 않다. ➡ 직선 l이 점 B를 지나지 않는다.
  점 B가 직선 l 밖에 있다.

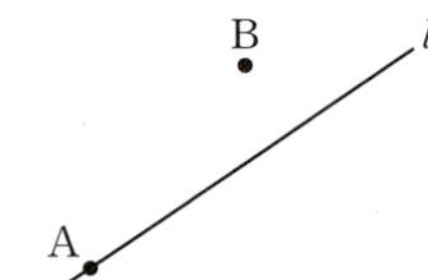

| 2 | 점과 평면의 위치 관계 ★☆☆☆☆

☐ 점 A는 평면 P 위에 있다. ➡ 평면 P가 점 A를 포함한다.
  점 A가 평면 P보다 위쪽에 있다. (×)
☐ 점 B는 평면 P 위에 있지 않다. ➡ 평면 P가 점 B를 포함하지 않는다.
  점 B가 평면 P 밖에 있다.

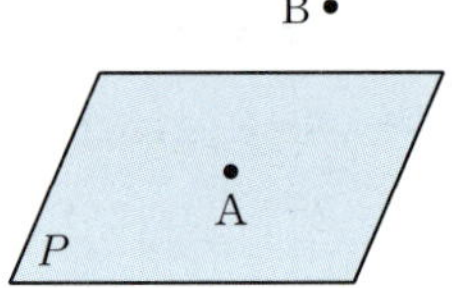

| 3 | 평면에서 두 직선의 위치 관계 ★★☆☆☆

☐ 한 평면 위에 있는 두 직선 l, m이 서로 만나지 않을 때, 두 직선 l, m은 서로 **평행**하다고
  한다. 이때 평행한 두 직선을 **평행선**이라 한다. ➡ $l /\!/ m$ 정의

☐ 평면에서의 두 직선의 위치 관계

❶ 한 점에서 만난다.
교점이 1개이다.

❷ 평행하다.
교점이 없다.

❸ 일치한다.
교점이 무수히 많다.

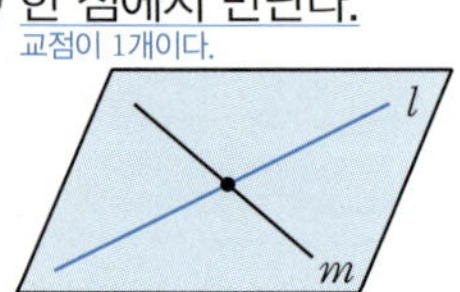
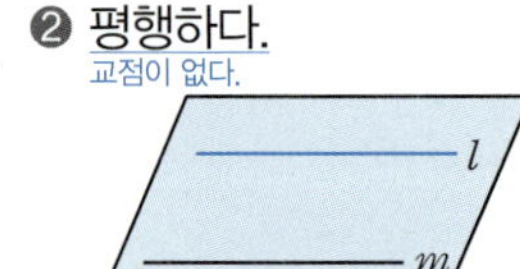
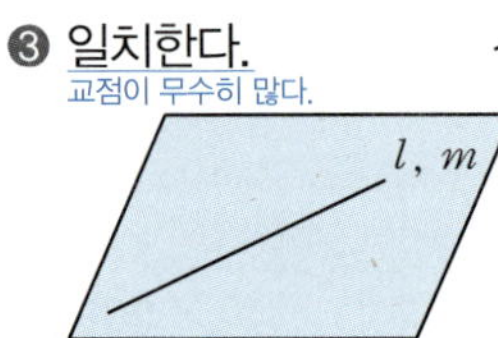

| 4 | 공간에서 두 직선의 위치 관계 ★★☆☆☆

☐ 공간에서 두 직선이 서로 만나지도 않고 평행하지도 않을 때, 두 직선은 **꼬인 위치**에 있다고 한다. 정의
  참 꼬인 위치에 있는 모서리를 찾으려면, 한 점에서 만나는 모서리와 평행한 모서리를 모두 제외하면 된다.

☐ 공간에서 두 직선의 위치 관계

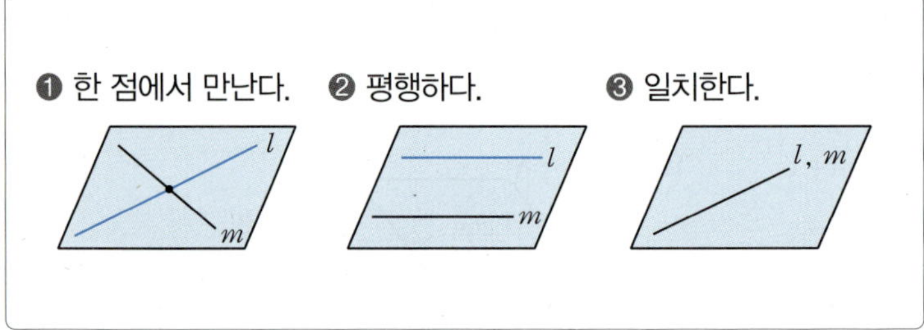

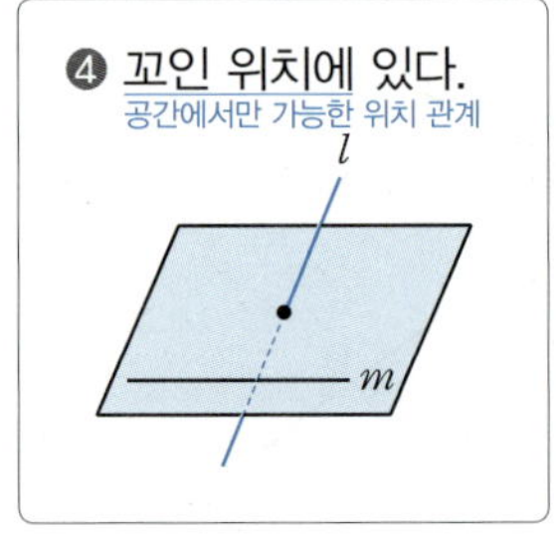

두 직선이 한 평면 위에 있다.　　　　　　　두 직선이 한 평면 위에 있지 않다.

◉ **두 직선 l, m이 있다.**

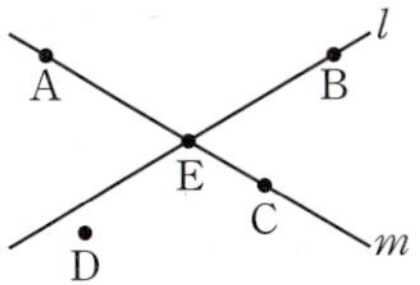

001 직선 l 위에 있는 점 ________

002 직선 l, m 위에 동시에 있는 점 ________

003 직선 l 위에 있지 않은 점 ________

004 두 직선 l, m 중에서 어느 직선 위에도 있지 않은 점 ________

◉ **사다리꼴이다.**

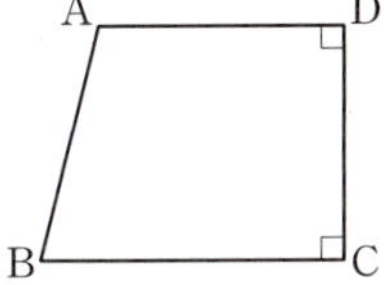

005 직선 AB 위에 있는 꼭짓점 ________

006 점 B를 지나는 직선 ________

007 직선 AB와 한 점에서 만나는 직선 ________

008 직선 AD와 평행한 직선 ________

◉ **정사면체이다.**

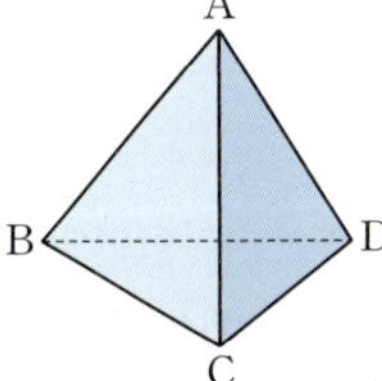

009 꼭짓점 A를 포함하는 면 ________

010 꼭짓점 B와 꼭짓점 C를 동시에 포함하는 면 ________

011 면 BCD 위에 있지 않은 꼭짓점 ________

◉ **삼각기둥이다.**

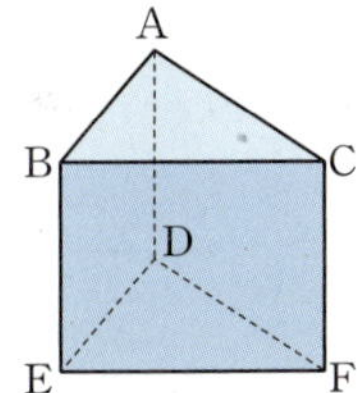

012 모서리 AB와 한 점에서 만나는 모서리 ________

013 모서리 BE와 평행한 모서리 ________

014 모서리 EF와 꼬인 위치에 있는 모서리 ________

◉ **삼각뿔이다.**

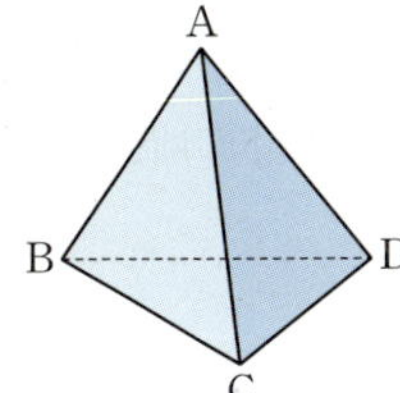

015 모서리 AB와 꼬인 위치에 있는 모서리 ________

016 모서리 BC와 꼬인 위치에 있는 모서리 ________

017 모서리 BD와 꼬인 위치에 있는 모서리 ________

| 1 | 직선과 평면의 위치 관계 ★★☆☆☆

☐ 공간에서 직선과 평면의 위치 관계

❶ 직선이 평면에 포함된다.
직선 l이 평면 P 위에 있다.

❷ 한 점에서 만난다.

❸ 평행하다. ➡ $l /\!/ P$
만나지 않는다.

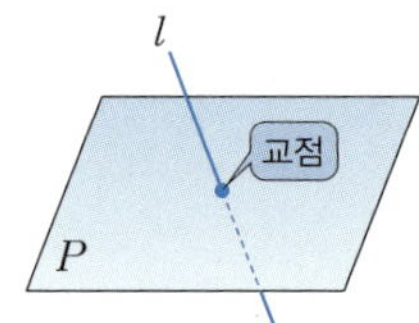

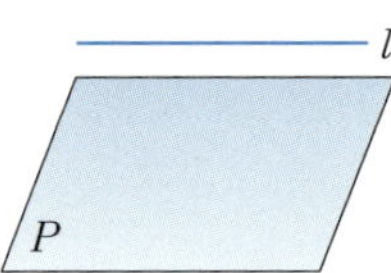

☐ 직선 l이 평면 P와 한 점 H에서 만나고 점 H를 지나는 평면 P 위의 모든 직선과
수직일 때, 직선 l과 평면 P는 서로 **수직**이라 한다. ➡ $l \perp P$ 〔정의〕
='직교'

☐ **수선의 발** : 평면 P 위에 있지 않은 한 점 A에서 평면 P에 수선을 그어 생기는
수직인 직선
교점 H 〔정의〕

☐ **점과 평면 사이의 거리** : 평면 P 위에 있지 않은 한 점 A에서 평면 P에 내린 수선의
발 H까지의 거리 ➡ $\overline{\text{AH}}$의 길이 〔정의〕

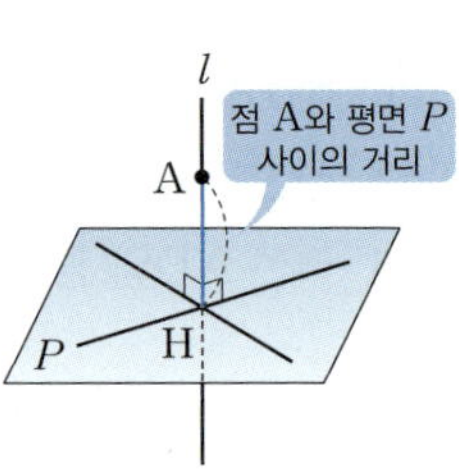

❽ 점 A와 평면 P 사이의 거리는 점 A와 평면 P 위의 점을 이은 선분 중에서 길이가 가장 짧은 선분의 길이이다.

| 2 | 두 평면의 위치 관계 ★★☆☆☆

☐ 공간에서 두 평면의 위치 관계

❶ 일치한다.

❷ 한 직선에서 만난다.

❸ 평행하다. ➡ $P /\!/ Q$
만나지 않는다.

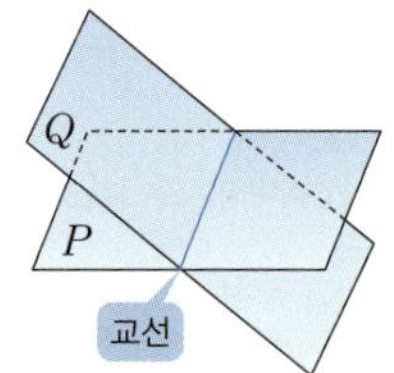

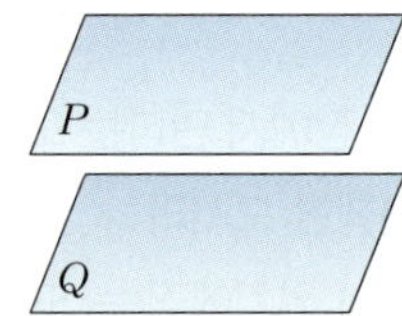

☐ 평면 P가 평면 Q에 수직인 직선 l을 포함할 때, 두 평면 P,
Q는 서로 **수직**이라 한다. ➡ $P \perp Q$ 〔정의〕

☐ **평행한 두 평면 사이의 거리** : 평면 P 위의 한 점 A에서 평
면 Q에 내린 수선의 발 H까지의 거리 ➡ $\overline{\text{AH}}$의 길이 〔정의〕

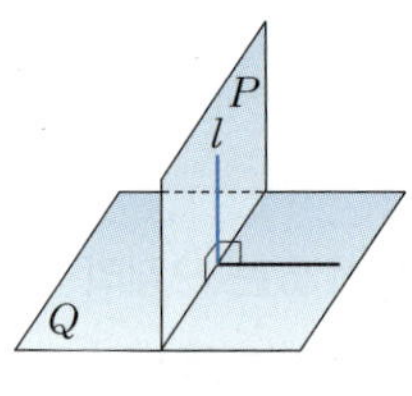

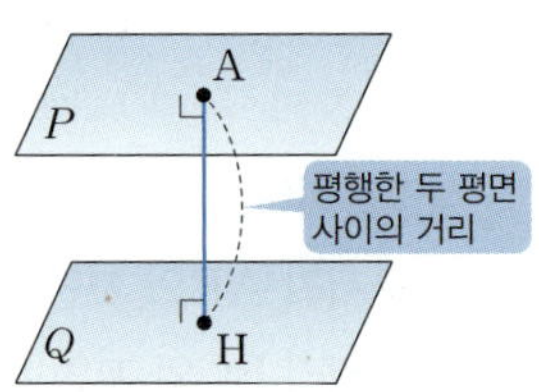

◉ **직육면체이다.**

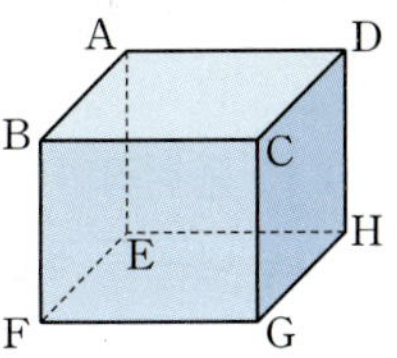

001 모서리 AB를 포함하는 면

002 모서리 BC와 한 점에서 만나는 면

003 면 ABCD와 수직인 모서리

004 면 BFGC와 평행한 모서리

◉ **삼각기둥이다.**

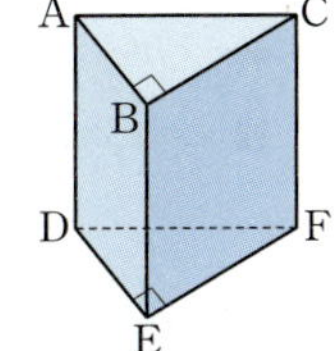

005 면 ABC에 포함되는 모서리

006 면 BEFC와 한 점에서 만나는 모서리

007 모서리 AB와 수직인 면

008 모서리 BC와 평행한 면

◉ **직육면체이다.**

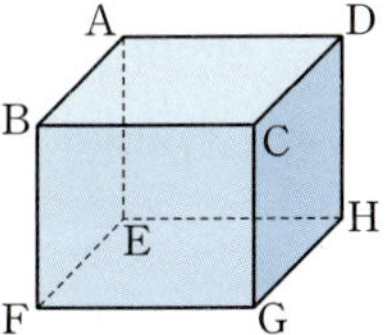

009 면 ABCD와 만나는 면

010 면 BFGC와 수직인 면

011 면 CGHD와 평행한 면

012 면 ABCD와 면 BFGC의 교선

◉ **삼각기둥이다. 맞으면 ○, 틀리면 ×**

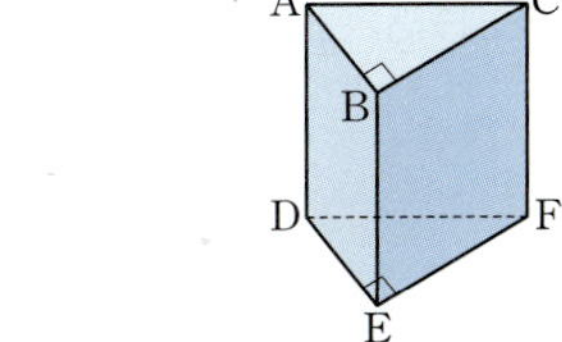

013 면 ABC와 평행한 모서리는 2개이다.　　○ / ×

014 면 ADEB와 만나는 면은 3개이다.　　○ / ×

015 면 BEFC와 수직인 면은 3개이다.　　○ / ×

016 모서리 AC와 모서리 DE는 꼬인 위치에 있다.　　○ / ×

017 모서리 BC와 모서리 DF는 한 점에서 만난다.　　○ / ×

065 동위각과 엇각, 평행선의 성질

| 1 | 동위각과 엇각 ★★☆☆☆

- 서로 다른 두 직선과 다른 한 직선이 만날 때

☐ 서로 다른 두 직선과 다른 한 직선이 만나면 4쌍의 동위각과 2쌍의 엇각이 생긴다.

☐ **동위각** : 서로 같은 위치에 있는 두 각 정의
   동 위 각
   ➡ $\angle a$와 $\angle e$, $\angle b$와 $\angle f$, $\angle c$와 $\angle g$, $\angle d$와 $\angle h$

☐ **엇각** : 서로 엇갈린 위치에 있는 두 각 정의
   엇 각
   ➡ $\angle b$와 $\angle h$, $\angle c$와 $\angle e$

   ☎ $\angle a$와 $\angle g$, $\angle d$와 $\angle f$는 엇각이 아니다.

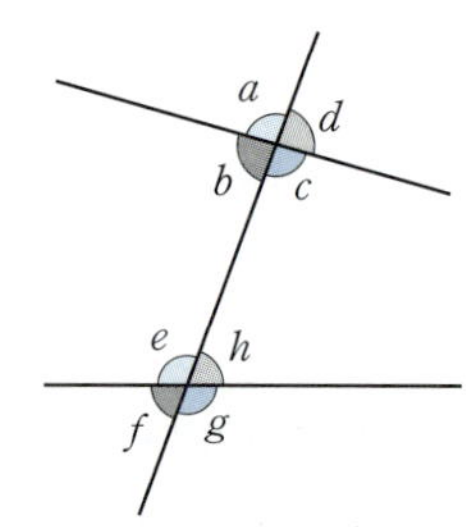

| 2 | 평행선의 성질 ★★★★★

- 서로 다른 두 직선과 다른 한 직선이 만날 때

☐ 두 직선이 평행하면 동위각의 크기는 같다.
   ➡ $l /\!/ m$이면 $\angle d = \angle h$이다.

☐ 두 직선이 평행하면 엇각의 크기는 같다.
   ➡ $l /\!/ m$이면 $\angle b = \angle h$이다.

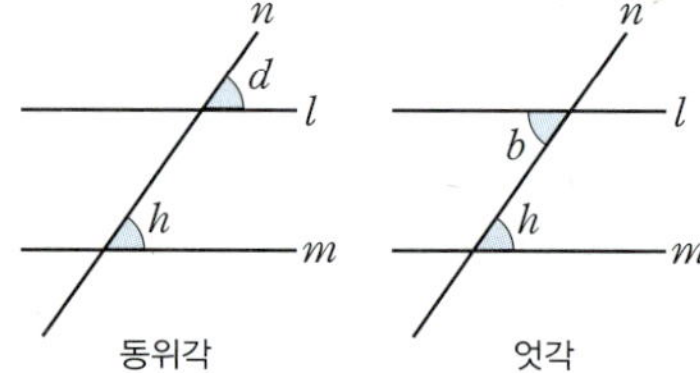

| 3 | 두 직선이 평행할 조건 ★★☆☆☆

- 서로 다른 두 직선과 다른 한 직선이 만날 때

☐ 동위각의 크기가 같으면 두 직선은 평행하다.
   ➡ $\angle d = \angle h$이면 $l /\!/ m$이다.

☐ 엇각의 크기가 같으면 두 직선은 평행하다.
   ➡ $\angle b = \angle h$이면 $l /\!/ m$이다.

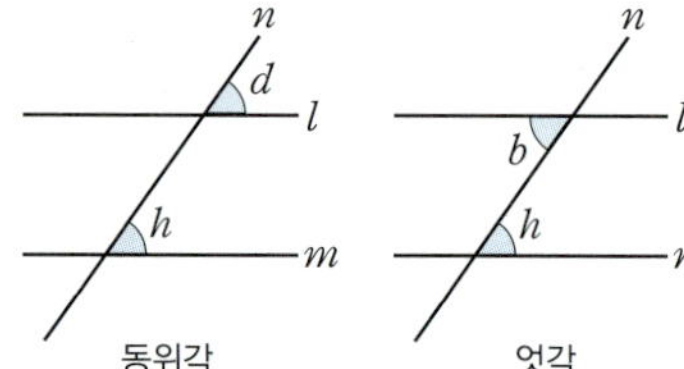

| 4 | 종이접기와 엇각 ★☆☆☆☆

- 직사각형 모양의 종이를 접었을 때

☐ 접은 각의 크기가 같다.
☐ 엇각의 크기가 같다. } ➡ **이등변삼각형**이 생긴다.

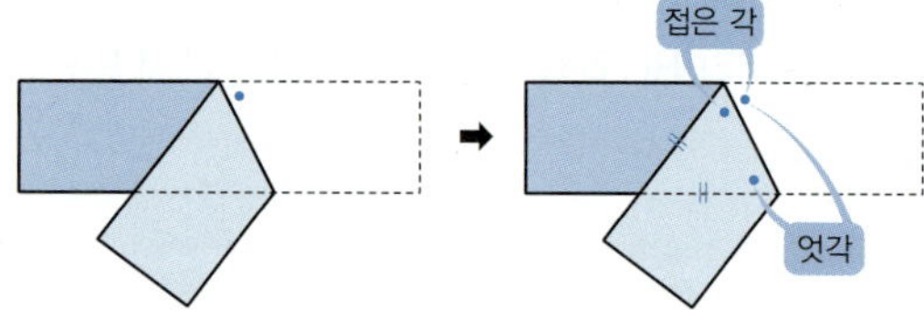

⊙ $l \parallel m$이다.

001 ∠$x=$ ________

  ∠$y=$ ________

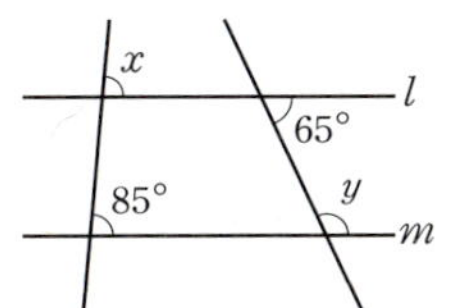

002 ∠$x=$ ________

  ∠$y=$ ________

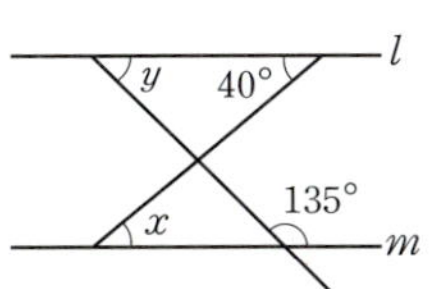

003 ∠$x=$ ________

  ∠$y=$ ________

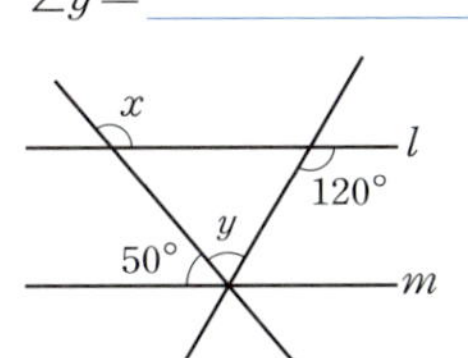

004 ∠$x=$ ________

  ∠$y=$ ________

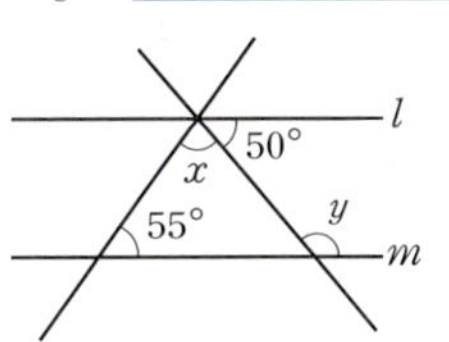

005 ∠$x=$ ________

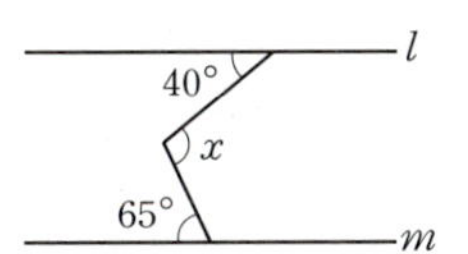

006 ∠$x=$ ________

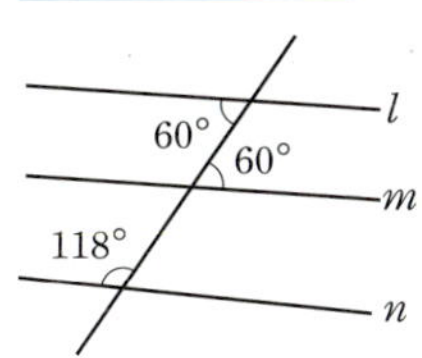

⊙ 평행인 두 직선을 찾아, 기호 ∥를 이용하여 나타내시오.

007 ________

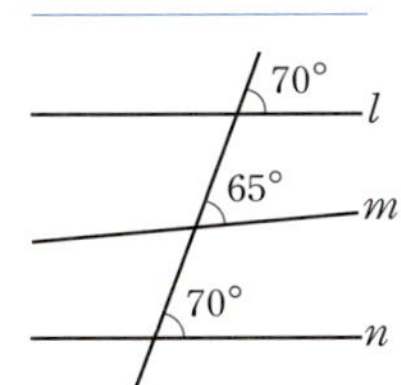

008 ________

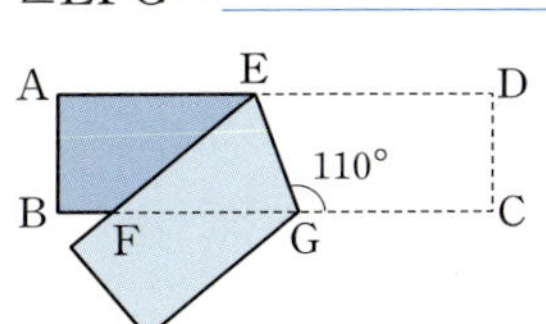

⊙ 직사각형 모양의 종이를 접었다.

009 ∠FEC$=$ ________

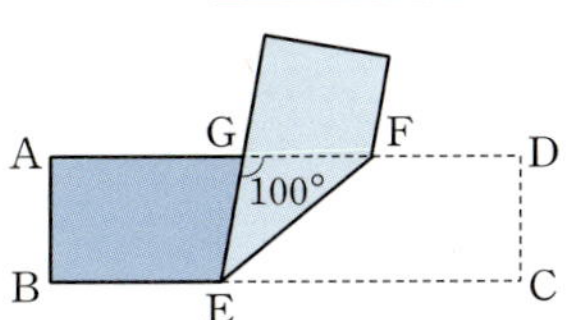

010 ∠EFG$=$ ________

| 1 | 삼각형 ★☆☆☆☆

☐ **삼각형 ABC** : 세 선분 AB, BC, CA로 이루어진 도형 ➡ **△ABC** 정의

☐ **대변** : 한 각과 마주 보는 변 정의

　예 ∠A의 대변은 $\overline{BC}$, ∠B의 대변은 $\overline{CA}$, ∠C의 대변은 $\overline{AB}$이다.

　참 보통 △ABC에서 ∠A, ∠B, ∠C의 대변의 길이를 각각 a, b, c로 나타낸다.

☐ **대각** : 한 변과 마주 보는 각 정의

　예 변 AB의 대각은 ∠C, 변 BC의 대각은 ∠A, 변 CA의 대각은 ∠B이다.

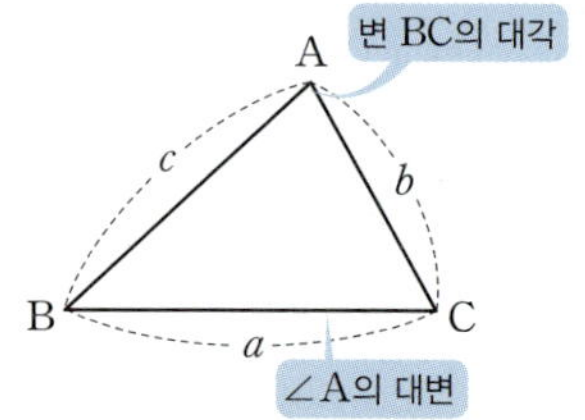

| 2 | 삼각형의 세 변의 길이 사이의 관계 ★★★☆☆

☐ (한 변의 길이)＜(나머지 두 변의 길이의 합)

　➡ (가장 긴 변의 길이)＜(나머지 두 변의 길이의 합)

　➡ (나머지 두 변의 길이의 차)＜(가장 긴 변의 길이)＜(나머지 두 변의 길이의 합)

　예 삼각형의 세 변의 길이를 a, b, c라 하면 $a<b+c$, $b<c+a$, $c<a+b$이다.

| 3 | 삼각형이 하나로 정해지는 경우 ★☆☆☆☆

☐ 세 변의 길이가 주어질 때

☐ 두 변의 길이와 그 **끼인 각**의 크기가 주어질 때

☐ 한 변의 길이와 그 **양 끝각**의 크기가 주어질 때

　예 한 변의 길이와 그 양 끝각이 아닌 두 각의 크기가 주어
　　지면 삼각형의 내각의 크기의 합이 180°임을 이용하여 나머지 한 각의 크기를 구해야 한다.

| 4 | 삼각형이 하나로 정해지는 않는 경우 ★★☆☆☆

☐ 두 변의 길이의 합이 나머지 한 변의 길이보다 작거나 같을 때

　즉, (한 변의 길이)≥(나머지 두 변의 길이의 합)일 때

　➡ 삼각형이 그려지지 않는다.

☐ 두 변의 길이와 그 **끼인 각이 아닌** 다른 한 각의 크기가 주어질 때

　➡ 삼각형이 그려지지 않거나 1개 또는 2개로 그려진다.

☐ 세 각의 크기가 주어질 때

　➡ 모양은 같고 크기가 다른, 즉 **닮음**인 삼각형이 무수히 많이 그려진다.

◉ **삼각형 ABC이다.**

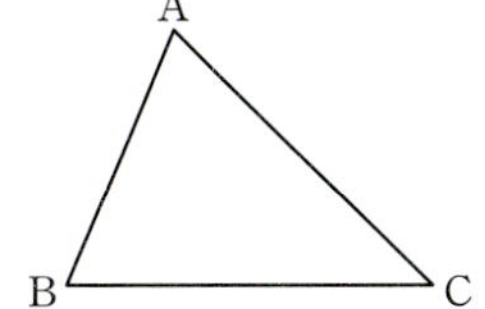

001 ∠A의 대변　　　　　　　　　　**002** $\overline{AB}$의 대각

003 ∠B의 대변　　　　　　　　　　**004** $\overline{BC}$의 대각

005 ∠C의 대변　　　　　　　　　　**006** $\overline{CA}$의 대각

◉ **세 선분의 길이이다. 삼각형을 작도할 수 있으면 ○, 없으면 ×**

007 1cm, 2cm, 3cm　　　　　　　　　　　　　　○ / ×

008 1cm, 3cm, 5cm　　　　　　　　　　　　　　○ / ×

009 2cm, 3cm, 4cm　　　　　　　　　　　　　　○ / ×

010 3cm, 4cm, 5cm　　　　　　　　　　　　　　○ / ×

011 4cm, 4cm, 4cm　　　　　　　　　　　　　　○ / ×

◉ **삼각형의 세 변의 길이이다. x의 값의 범위를 구하시오.**

012 3cm, 6cm, $x$cm

013 6cm, 9cm, $x$cm

◉ **△ABC가 하나로 정해지면 ○, 정해지지 않으면 ×**

014 $\overline{AB}$=3cm, $\overline{BC}$=6cm, $\overline{CA}$=2cm　　　　　　○ / ×

015 $\overline{AB}$=4cm, $\overline{BC}$=6cm, $\overline{CA}$=3cm　　　　　　○ / ×

016 $\overline{AB}$=8cm, $\overline{BC}$=3cm, $\overline{CA}$=5cm　　　　　　○ / ×

017 $\overline{AB}$=4cm, $\overline{BC}$=7cm, ∠B=40°　　　　　　○ / ×

018 $\overline{BC}$=5cm, $\overline{CA}$=8cm, ∠B=35°　　　　　　○ / ×

019 $\overline{BC}$=7cm, ∠B=80°, ∠C=40°　　　　　　○ / ×

020 $\overline{AB}$=5cm, ∠A=70°, ∠C=35°　　　　　　○ / ×

021 ∠A=90°, ∠B=60°, ∠C=30°　　　　　　○ / ×

◉ **두 삼각형이 서로 합동이다.**

001 합동조건은 ______________이다.

002 △ABC≡______________

003 ∠B의 대응각은 ______________이다.

004 변 AC의 대응변은 ______________이다.

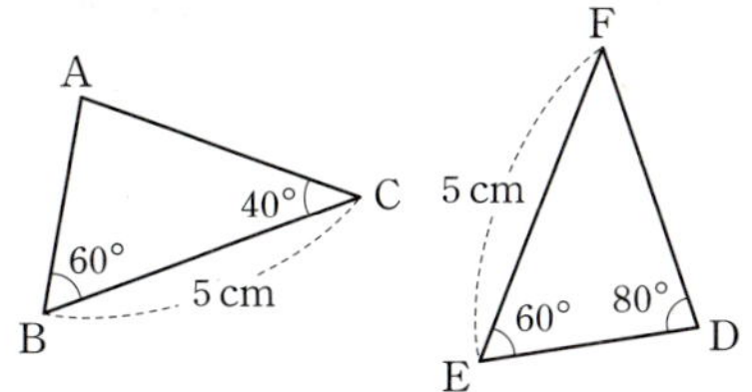

◉ **△ABC와 △DEF가 합동이면 ○, 아니면 ×**

005 $\overline{AB}=\overline{DE}$, $\overline{BC}=\overline{EF}$, $\overline{CA}=\overline{FD}$ ○ / ×

006 $\overline{AB}=\overline{DE}$, $\overline{BC}=\overline{EF}$, ∠C=∠F   ○ / ×

007 $\overline{AB}=\overline{DE}$, $\overline{BC}=\overline{EF}$, ∠B=∠E   ○ / ×

008 $\overline{AB}=\overline{DE}$, ∠A=∠D, ∠B=∠E   ○ / ×

009 ∠A=∠D, ∠B=∠E, ∠C=∠F   ○ / ×

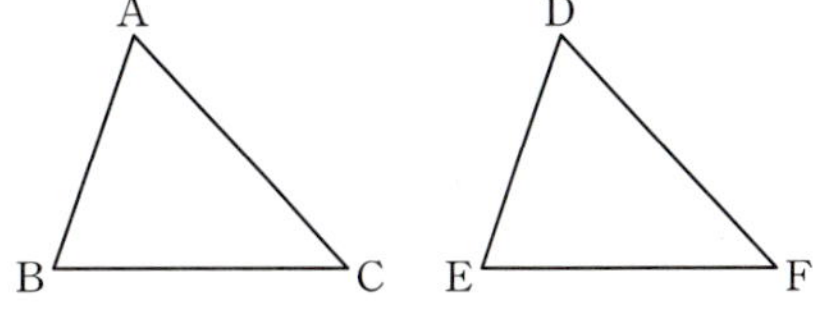

◉ **두 삼각형이 합동이면 기호 ≡를 이용하여 나타내고 합동조건을 말하시오.**

010 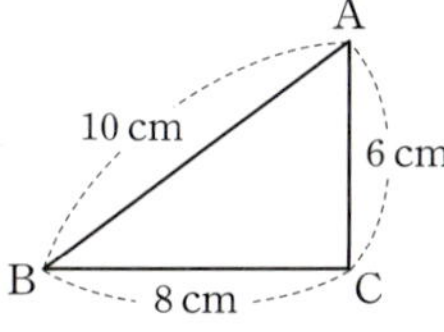 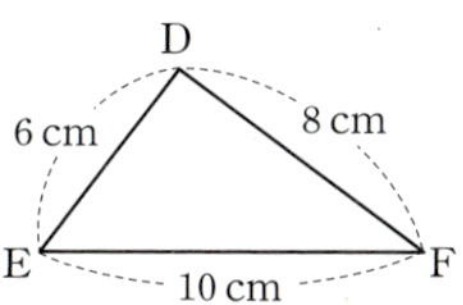

△ABC≡______________

(합동조건 : ______________)

011 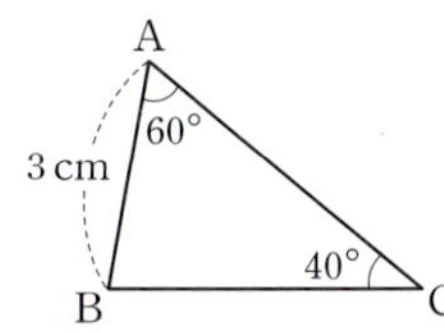 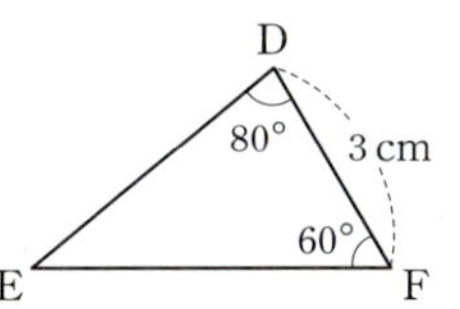

△ABC≡______________

(합동조건 : ______________)

012 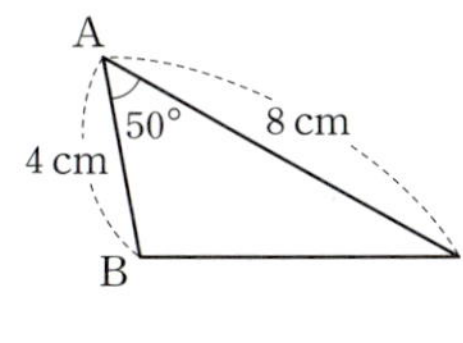 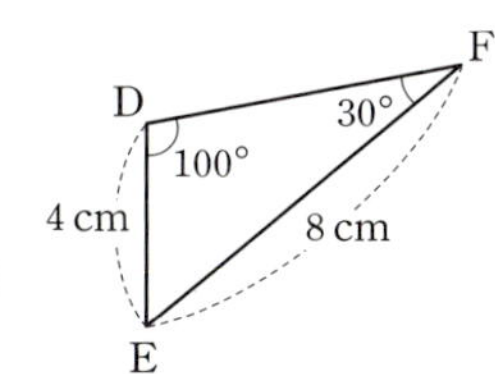

△ABC≡______________

(합동조건 : ______________)

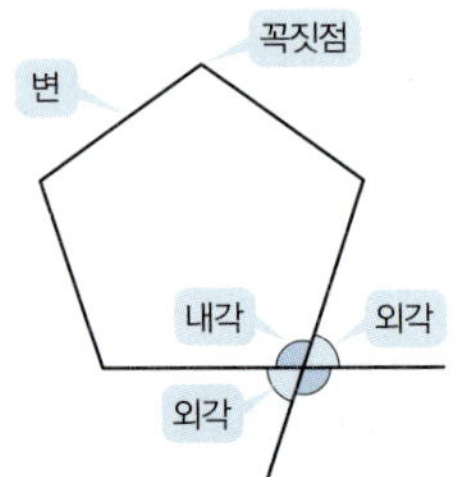

| 1 | 다각형 ★☆☆☆☆

☐ **다각형** : 여러 개의 선분으로 둘러싸인 평면도형 **정의**

☐ **내각** : 다각형에서 이웃하는 두 변으로 이루어진 각 **정의**

☐ **외각** : 다각형의 각 꼭짓점에서 한 변의 연장선과 이웃하는 다른 변이 이루는 각 **정의**

    예 다각형의 한 내각에 대한 외각은 2개씩 있고, 두 외각은 맞꼭지각이므로 그 크기가 같다.

    참 (한 내각의 크기)+(그 외각의 크기)=180°

☐ **정다각형** : 모든 변의 길이가 같고, 모든 내각의 크기가 같은 다각형 **정의**

| 2 | 다각형의 대각선 ★★★☆☆

☐ **대각선** : 다각형에서 이웃하지 않는 두 꼭짓점을 이은 선분 **정의**

☐ n각형의 한 꼭짓점에서 그을 수 있는 대각선의 개수 ➡ $n-3$

    삼각형은 대각선이 존재하지 않는다. ➡ $n \geq 4$

☐ n각형의 대각선의 총 개수 ➡ $\dfrac{n(n-3)}{2}$

    예 5각형의 한 꼭짓점에서 그을 수 있는 대각선은 $(5-3)$개이고, 5각형의 대각선은 모두 $\dfrac{5 \times (5-3)}{2}=5$(개)이다.

| 3 | 삼각형의 내각과 외각 ★★★★★

☐ 삼각형의 세 내각의 크기의 합은 180°이다. ➡ $\angle A + \angle B + \angle C = 180°$

(방법 1) 세 내각 오려 붙이기　　　　(방법 2) 세 내각 접어 모으기

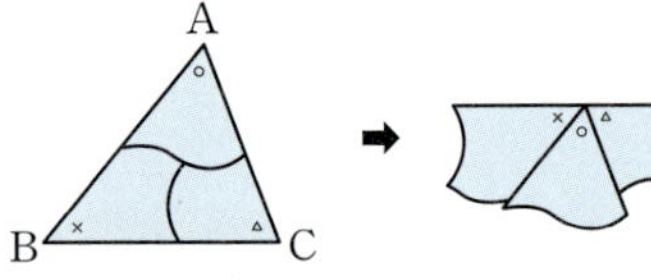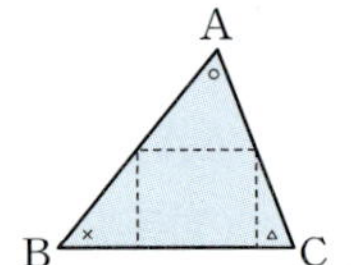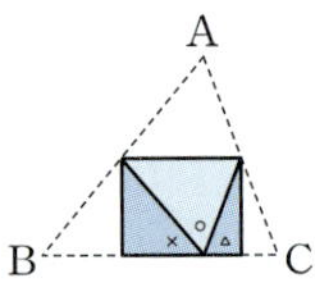

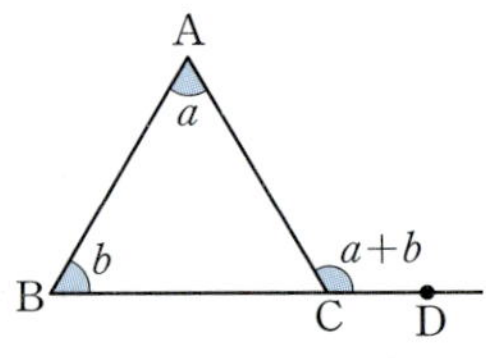

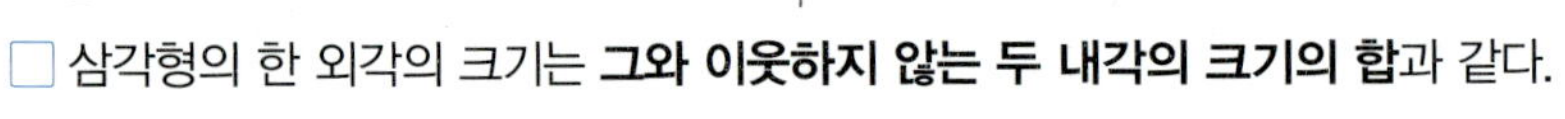

☐ 삼각형의 한 외각의 크기는 **그와 이웃하지 않는 두 내각의 크기의 합**과 같다.

    ➡ $\angle ACD = \angle A + \angle B$

| 4 | 다각형의 내각과 외각 ★★★☆☆

☐ n각형의 한 꼭짓점에서 대각선을 그어 만들어지는 삼각형의 개수 ➡ $n-2$

☐ n각형의 내각의 크기의 합 ➡ $180° \times (n-2)$

☐ 다각형의 외각의 크기의 합 ➡ $360°$

☐ 정n각형의 한 내각의 크기 ➡ $\dfrac{180° \times (n-2)}{n}$

☐ 정n각형의 한 외각의 크기 ➡ $\dfrac{360°}{n}$

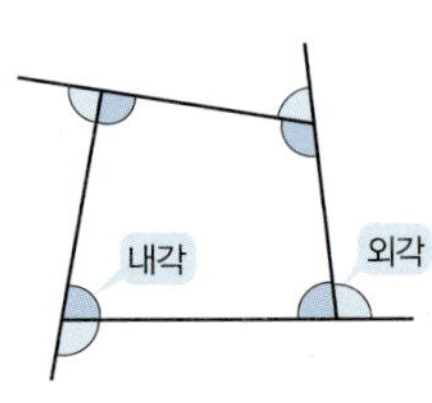

    예 정5각형의 한 내각의 크기는 $\dfrac{180° \times (5-2)}{5}=108°$, 한 외각의 크기는 $\dfrac{360°}{5}=72°$이다.

◉ **팔각형이다.**

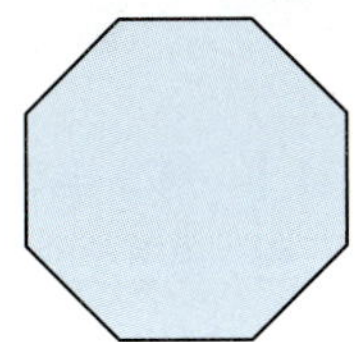

001 꼭짓점의 개수 ________________

002 한 꼭짓점에서 그을 수 있는 대각선의 개수 ________________

003 대각선의 총 개수 ________________

◉ x**의 값을 구하시오.**

004 $\angle x=$ ________________

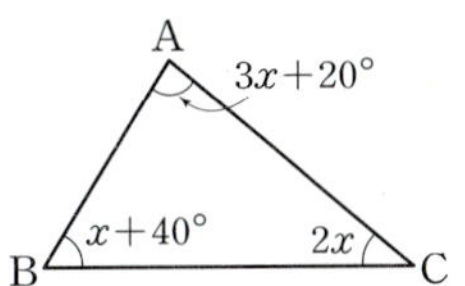

005 $\angle x=$ ________________

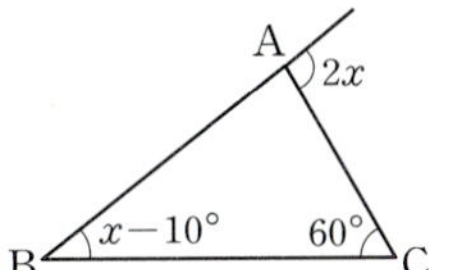

006 $\angle x=$ ________________

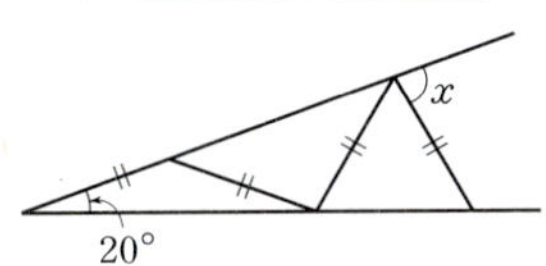

007 $\angle x=$ ________________

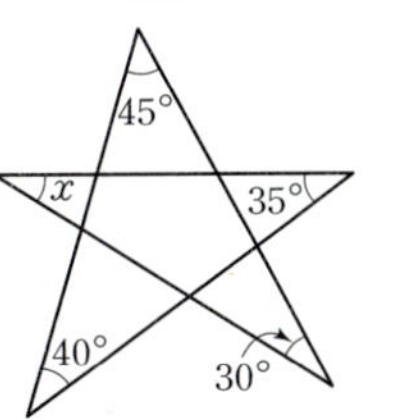

008 $\angle x=$ ________________

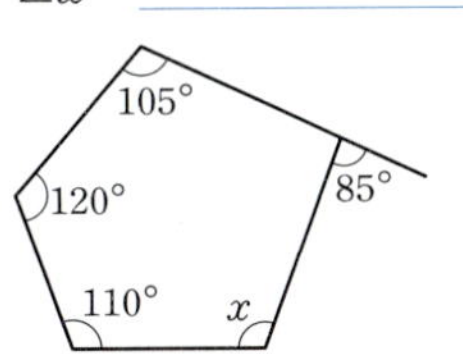

009 $\angle x=$ ________________

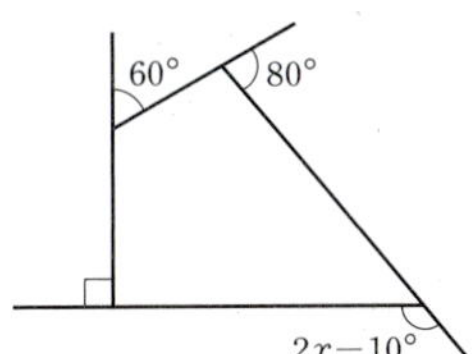

◉ **정다각형의 한 내각과 한 외각의 크기를 구하시오.**

010 정육각형 ________________ ________________

011 정팔각형 ________________ ________________

012 정십각형 ________________ ________________

| 1 | 원과 부채꼴 ★★☆☆☆

☐ **원** : 평면 위의 한 점 O로부터 일정한 거리에 있는 모든 점들로 이루어진 도형 [정의]
원의 중심　　='반지름의 길이'

☐ **호 AB** : 원 위의 두 점 A, B를 양 끝점으로 하는 원의 일부분 ➡ $\overarc{AB}$ [정의]

　🔑 보통 $\overarc{AB}$는 길이가 짧은 쪽의 호를 나타낸다.

☐ **현 CD** : 원 위의 두 점 C, D를 이은 선분 [정의]

　예 원의 중심을 지나는 현은 그 원의 지름이고, 한 원에서 길이가 가장 긴 현은 원의 지름이다.

☐ **부채꼴 AOB** : 원 O에서 두 반지름 OA, OB와 호 AB로 이루어진 도형 [정의]

☐ **중심각** : 부채꼴 AOB에서 두 반지름 OA, OB가 이루는 각 [정의]

☐ **활꼴 CD** : 현 CD와 호 CD로 이루어진 도형 [정의]

　예 반원은 한 원의 활꼴 중 넓이가 가장 큰 도형이며, 중심각의 크기가 180°인 부채꼴이다.

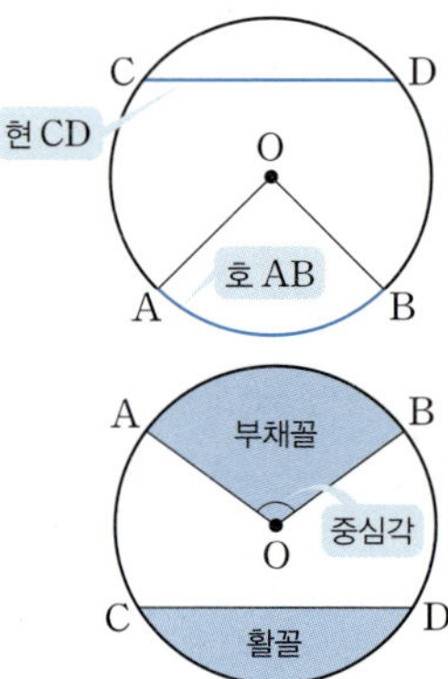

| 2 | 부채꼴의 호의 길이와 넓이의 성질 ★★★★★

· 한 원 또는 합동인 두 원에서

☐ 크기가 같은 중심각에 대한 호의 길이와 부채꼴의 넓이는 각각 같다.

☐ 호의 길이와 부채꼴의 넓이는 각각 중심각의 크기에 **정비례**한다.
중심각의 크기가 2배, 3배, …가 되면 호의 길이와 부채꼴의 넓이도 각각 2배, 3배, …가 된다.

☐ $\angle AOB : \angle COD = \overarc{AB} : \overarc{CD} =$ (부채꼴 AOB의 넓이) : (부채꼴 COD의 넓이)

☐ 크기가 같은 중심각에 대한 현의 길이는 같다.

☐ 현의 길이는 중심각의 크기에 정비례하지 않는다.

　예 오른쪽 그림에서 $\angle COE = 2\angle AOB$이지만 $\overline{CE} < \overline{CD} + \overline{DE} = 2\overline{AB}$, 즉 $\overline{CE} \neq 2\overline{AB}$이다.

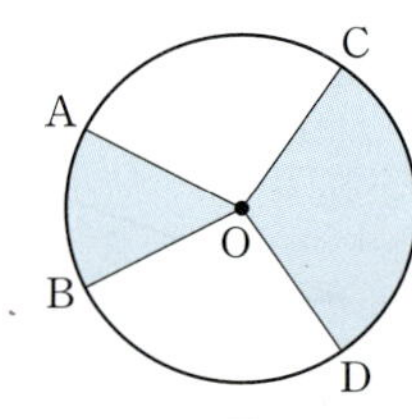

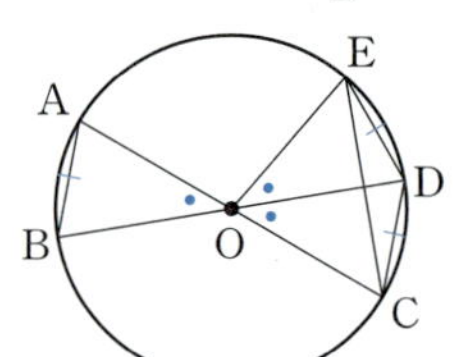

| 3 | 원의 둘레의 길이와 넓이 ★★★★★

☐ **원주율** : 원의 지름의 길이에 대한 원의 둘레의 길이의 비의 값 ➡ π [정의]
='원주'　　　'파이'라고 읽는다.

$$(\text{원주율}) = \frac{(\text{원의 둘레의 길이})}{(\text{원의 지름의 길이})} = \pi$$

　🔑 원주율은 원의 크기에 관계없이 항상 일정하고, 그 값은 3.141592…처럼 순환하지 않는 무한소수, 즉 무리수이다.

☐ 반지름의 길이가 r인 원의 둘레의 길이를 l, 넓이를 S라 하면

　➡ $l = 2\pi r$, $S = \pi r^2$

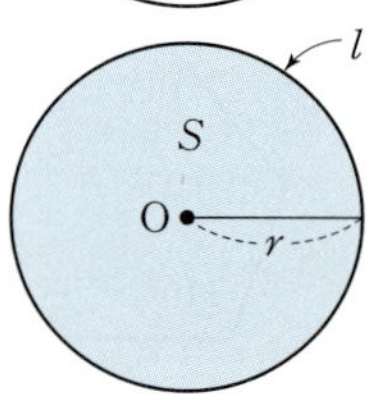

| 4 | 부채꼴의 호의 길이와 넓이 ★★★★★

· 반지름의 길이가 r, 중심각의 크기가 $x°$인 부채꼴의 호의 길이를 l, 넓이를 S라 하면

☐ (부채꼴의 호의 길이) = (원의 둘레의 길이) $\times \dfrac{(\text{중심각의 크기})}{360}$ ➡ $l = 2\pi r \times \dfrac{x}{360}$
중심각의 크기에 정비례하므로

☐ (부채꼴의 넓이) = (원의 넓이) $\times \dfrac{(\text{중심각의 크기})}{360}$ ➡ $S = \pi r^2 \times \dfrac{x}{360} = \dfrac{1}{2} rl$
중심각의 크기에 정비례하므로

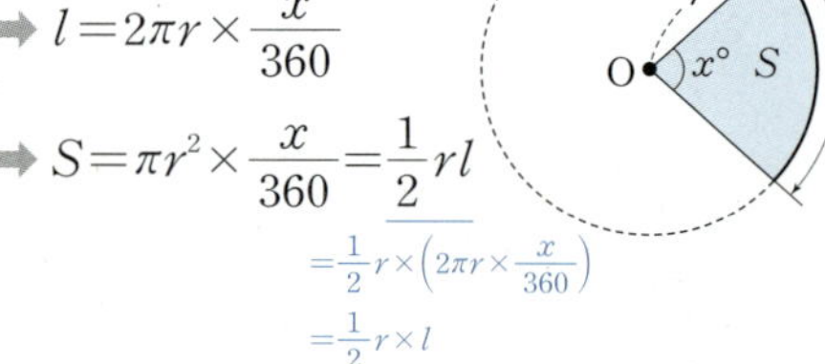

$= \dfrac{1}{2} r \times \left(2\pi r \times \dfrac{x}{360}\right)$
$= \dfrac{1}{2} r \times l$

⊙ x의 값을 구하시오.

001 $x=$ _______

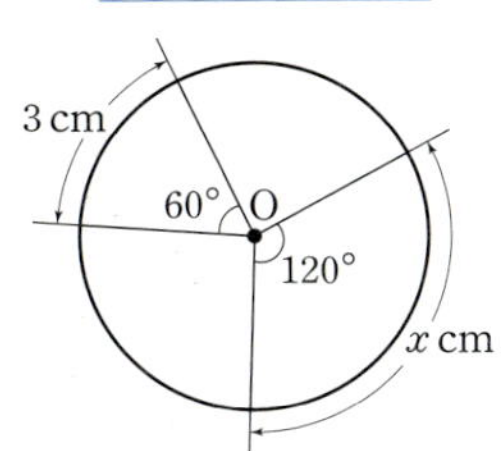

002 $x=$ _______

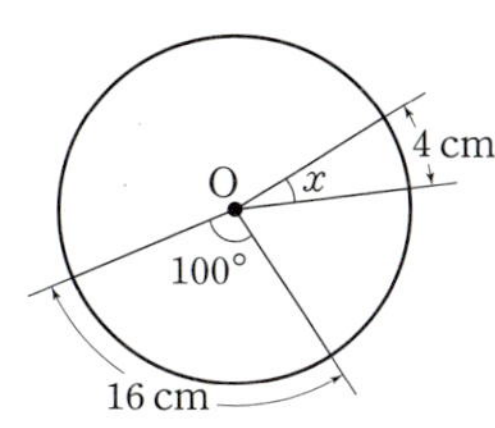

003 $x=$ _______

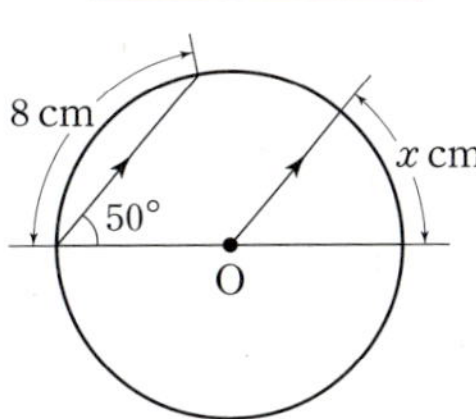

004 $x=$ _______

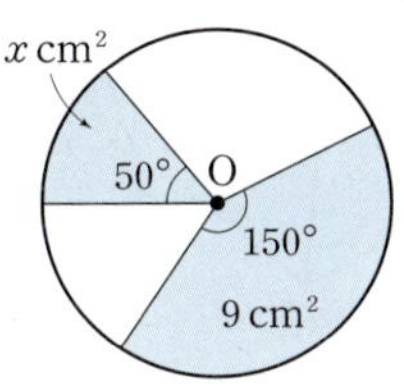

005 $x=$ _______

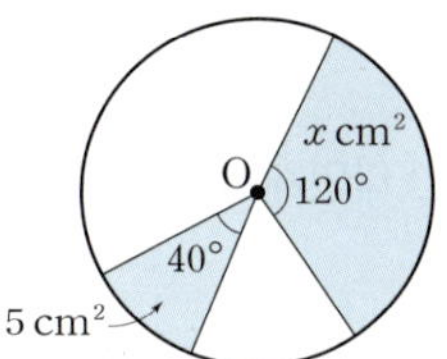

006 $x=$ _______

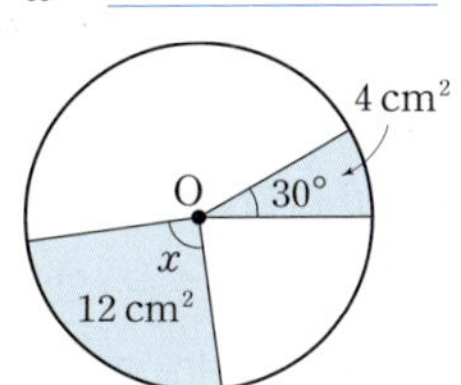

⊙ 맞으면 ○, 틀리면 ×

007 $\overparen{AB}=2\overparen{CD}$　　　　　　　　　○ / ×

008 $\overline{AB}=2\overline{CD}$　　　　　　　　　○ / ×

009 원 O의 둘레의 길이는 $6\overparen{AB}$이다.　　　○ / ×

010 △AOB의 넓이는 △COD의 넓이의 2배이다.　　○ / ×

011 부채꼴 AOB의 넓이는 부채꼴 COD의 넓이의 2배이다.　　○ / ×

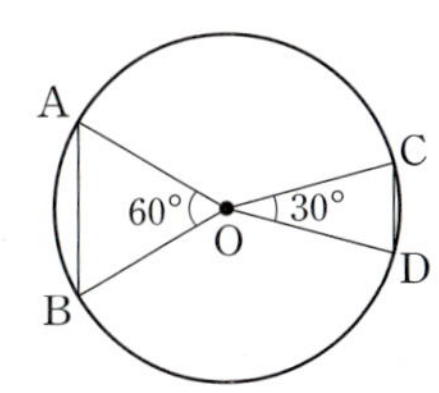

⊙ 색칠한 부분의 둘레의 길이 l과 넓이 S를 구하시오.

012 $l=$ _______

　　　$S=$ _______

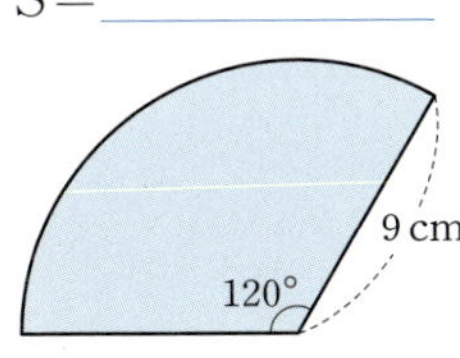

013 $l=$ _______

　　　$S=$ _______

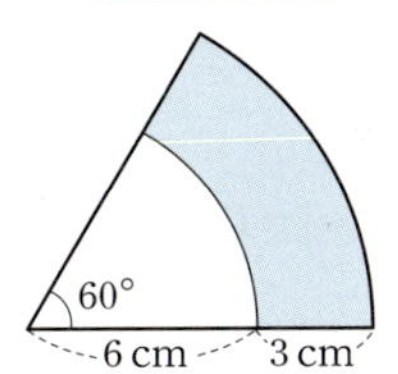

014 $l=$ _______

　　　$S=$ _______

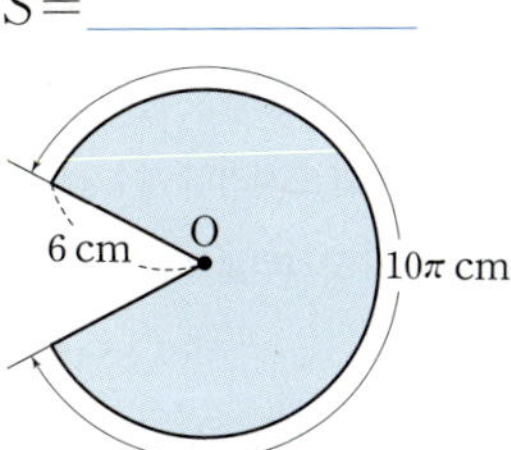

015 $S=$ _______

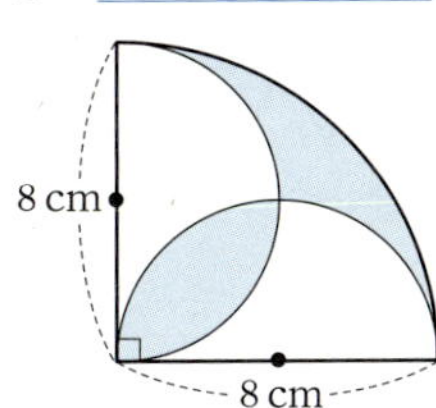

016 $S=$ _______

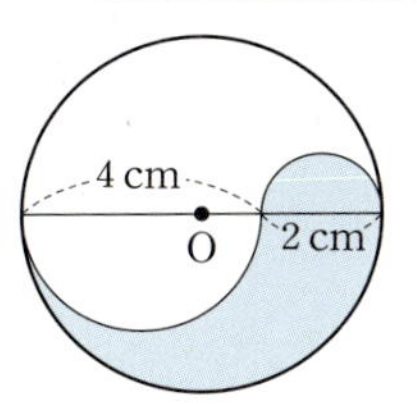

017 $S=$ _______

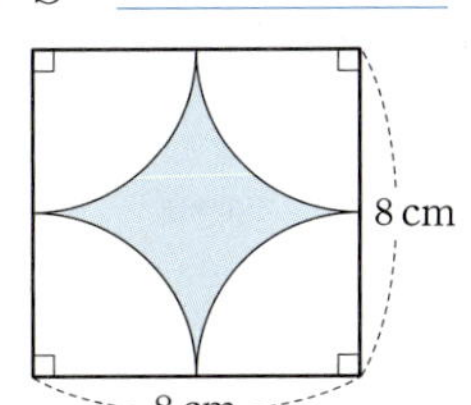

| 1 | 다면체 ★☆☆☆☆

☐ **다면체** : 다각형인 면으로만 둘러싸인 입체도형 [정의]

☐ **모서리** : 다각형의 변 [정의]

☐ **꼭짓점** : 다각형의 꼭짓점 [정의]

☐ **면** : 다면체를 둘러싸고 있는 다각형 [정의]

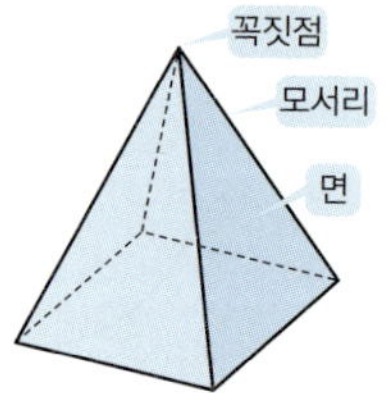

| 2 | 다면체의 종류 ★☆☆☆☆

☐ **각기둥** : 두 밑면이 서로 평행하고 합동인 다각형이고 옆면이 모두
직사각형인 다면체 [정의]

☐ **각뿔** : 밑면이 다각형이고 옆면이 모두 삼각형인 다면체 [정의]

㈎ 각뿔에서 (꼭짓점의 개수)=(면의 개수)이다.

☐ **각뿔대** : 각뿔을 밑면에 평행한 평면으로 자를 때 생기는 두 입체도
형 중에서 각뿔이 아닌 쪽의, 밑면이 다각형이고 옆면이 모두 사다리꼴인 다면체 [정의]

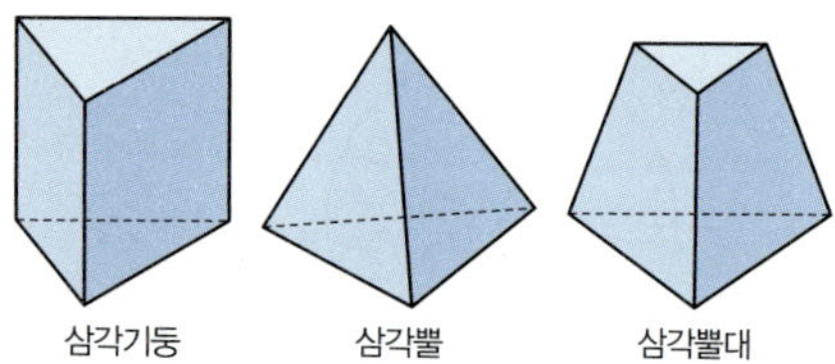

| 3 | 정다면체 ★★★☆☆

☐ **정다면체** : 모든 면이 합동인 정다각형이고 각 꼭짓점에 모인 면의 개수가 같은 다면체 [정의]

두 조건 중에서 어느 하나만 만족하는 다면체는 정다면체가 아니다.

	정사면체	정육면체	정팔면체	정십이면체	정이십면체
☐ **겨냥도**					
☐ **면의 모양**	정삼각형	정사각형	정삼각형	정오각형	정삼각형
☐ **한 꼭짓점에 모인 면의 개수**	3개	3개	4개	3개	5개
☐ **꼭짓점의 개수**	4개	8개	6개	20개	12개
☐ **모서리의 개수**	6개	12개	12개	30개	30개

㈎ 정십이면체의 꼭짓점의 개수 ➡ 정오각형이 12개이므로 꼭짓점은 $5 \times 12 = 60$(개)이다.

이때 1개의 꼭짓점을 3개의 정오각형이 공유하므로 정십이면체의 꼭짓점은 $\dfrac{60}{3} = 20$(개)이다.

㈎ 정십이면체의 모서리의 개수 ➡ 정오각형이 12개이므로 모서리는 $5 \times 12 = 60$(개)이다.

이때 1개의 모서리를 2개의 정오각형이 공유하므로 정십이면체의 모서리는 $\dfrac{60}{2} = 30$(개)이다.

| 4 | 정다면체의 전개도 ★☆☆☆☆

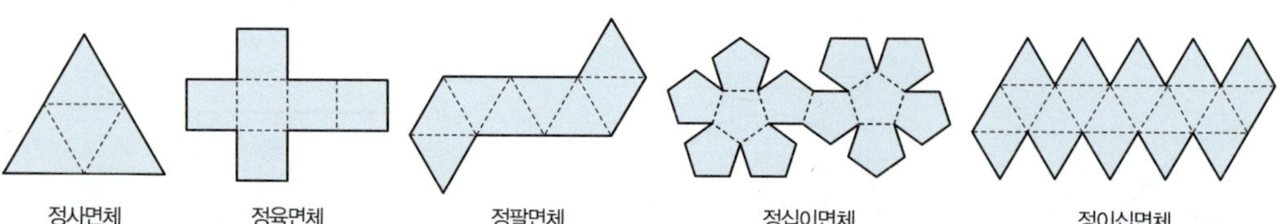

⊙ 빈 칸을 채우시오.

입체도형			
001 다면체의 이름			
002 면의 개수			
003 모서리의 개수			
004 꼭짓점의 개수			

⊙ 세 조건을 모두 만족하는 입체도형을 말하시오.

005 ____________

- 밑면은 1개이다.
- 옆면은 모두 삼각형이다.
- 모서리는 10개이다.

006 ____________

- 두 밑면은 서로 평행하다.
- 옆면은 모두 사다리꼴이다.
- 꼭짓점은 14개이다.

⊙ 정다면체에 대하여 맞으면 ○, 틀리면 ×

007 모든 면이 합동인 정다각형이면 정다면체이다.   ○ / ×

008 한 꼭짓점에 모인 면이 3개인 다면체는 모두 4가지이다.   ○ / ×

009 정사면체, 정팔면체, 정이십면체의 면의 모양은 모두 같다.   ○ / ×

010 정팔면체의 꼭짓점은 6개이다.   ○ / ×

011 정십이면체의 모서리는 30개이다.   ○ / ×

⊙ 세 조건을 모두 만족하는 정다면체를 말하시오.

012 ____________

- 모서리는 12개이다.
- 한 꼭짓점에 모인 면은 3개이다.

013 ____________

- 모든 면이 합동인 정삼각형이다.
- 한 꼭짓점에 모인 면은 5개이다.

⊙ 어떤 정다면체의 전개도이다.

014 정다면체의 이름   ____________

015 한 꼭짓점에 모인 면의 개수   ____________

016 꼭짓점의 개수   ____________

017 모서리의 개수   ____________

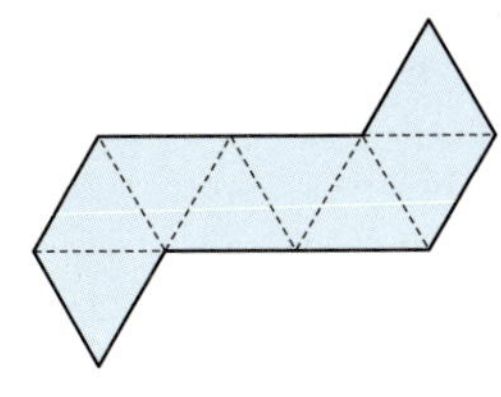

| 1 | 회전체 ★☆☆☆☆

☐ **회전체** : 평면도형을 한 직선을 회전축으로 하여 1회전시킬 때 생기는 입체도형 [정의]

☐ **회전축** : 회전시킬 때 축이 되는 직선 [정의]

☐ **모선** : 원기둥, 원뿔, 원뿔대에서처럼 회전하면서 옆면을 만드는 선분 [정의]

☐ **원뿔대** : 원뿔을 밑면에 평행한 평면으로 자를 때 생기는 두 입체도형 중에서 원뿔이 아닌 쪽의 회전체 [정의]

☐ 원기둥 ⟵ 직사각형　　☐ 원뿔 ⟵ 직각삼각형　　☐ 원뿔대 ⟵ 사다리꼴　　☐ 구 ⟵ 반원

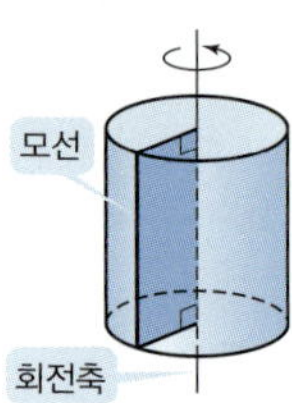

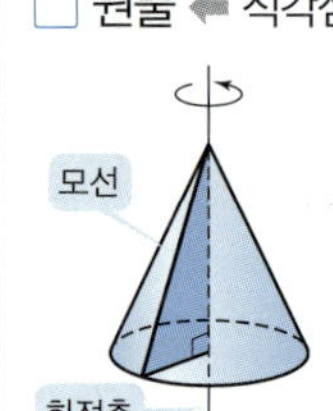

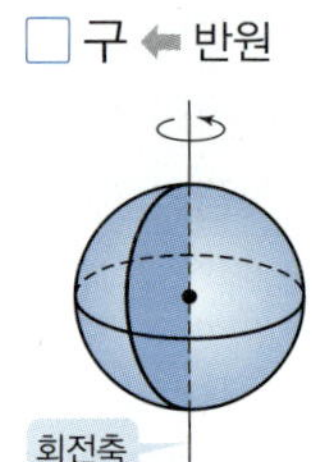

🔑 구의 옆면을 만드는 것은 곡선이므로 구에서는 모선을 생각하지 않는다.

| 2 | 회전체의 성질 ★☆☆☆☆

☐ 회전체를 회전축에 수직인 평면으로 자른 단면은 항상 원이다.

☐ 회전체를 회전축을 포함한 평면으로 자른 단면은 모두 합동이고 회전축에 대하여 선대칭도형이다.

어떤 직선으로 접었을 때, 완전히 겹쳐지는 도형

☐ 원기둥　　☐ 원뿔　　☐ 원뿔대　　☐ 구

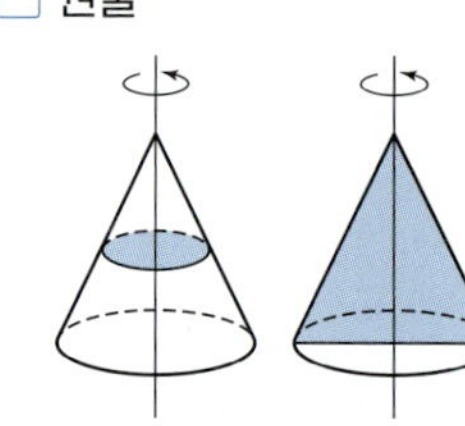
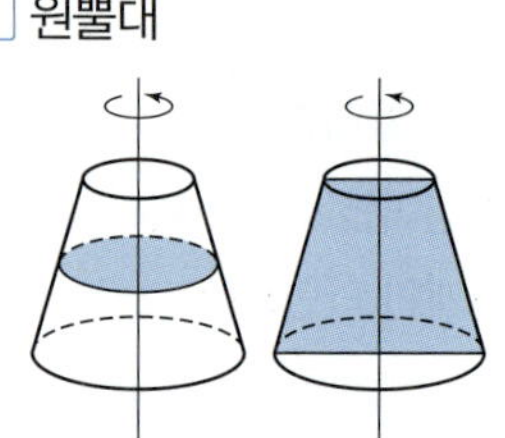
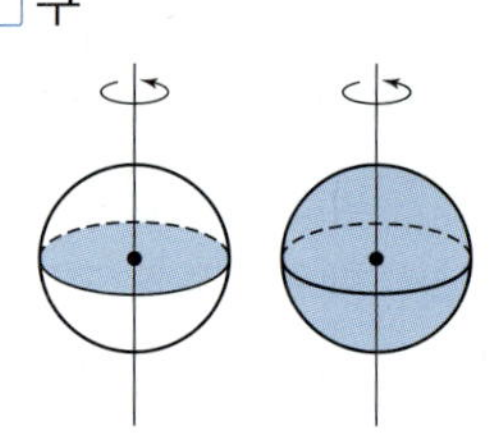

🔑 회전체를 회전축에 수직인 평면으로 자른 단면은 모두 합동이다. (거짓)

| 3 | 회전체의 전개도 ★★★★☆

구는 전개도를 그릴 수 없다.

☐ 원기둥　　☐ 원뿔　　☐ 원뿔대

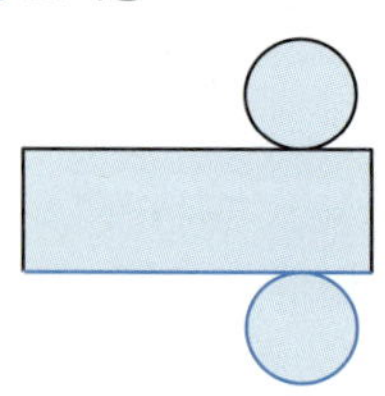
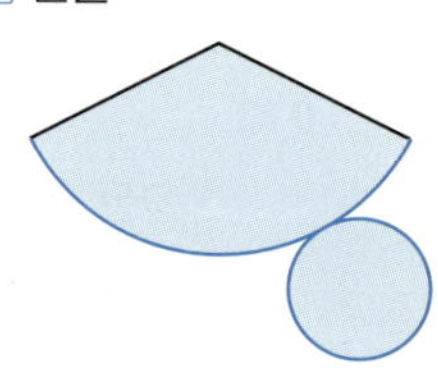
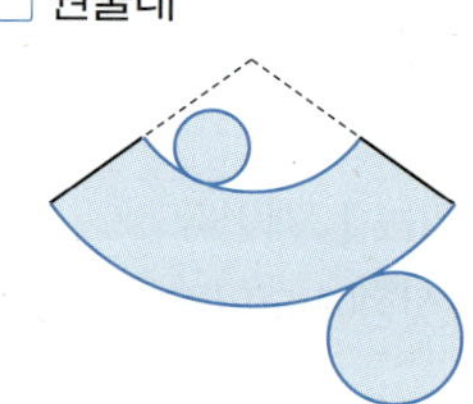

🔖 원기둥의 전개도 ➡ (직사각형의 가로의 길이) = (밑면인 원의 둘레의 길이), (직사각형의 세로의 길이) = (원기둥의 높이)

🔖 원뿔의 전개도　 ➡ (부채꼴의 반지름의 길이) = (원뿔의 모선의 길이), (부채꼴의 호의 길이) = (밑면인 원의 둘레의 길이)

🔖 원뿔대의 전개도 ➡ (위쪽 부채꼴의 호의 길이) = (위쪽 밑면인 원의 둘레의 길이)
　　　　　　　　　 (아래쪽 부채꼴의 호의 길이) = (아래쪽 밑면인 원의 둘레의 길이)

⊙ 다음 도형을 직선 l을 축으로 하여 1회전시킬 때, 생기는 회전체의 겨냥도를 그리시오.

001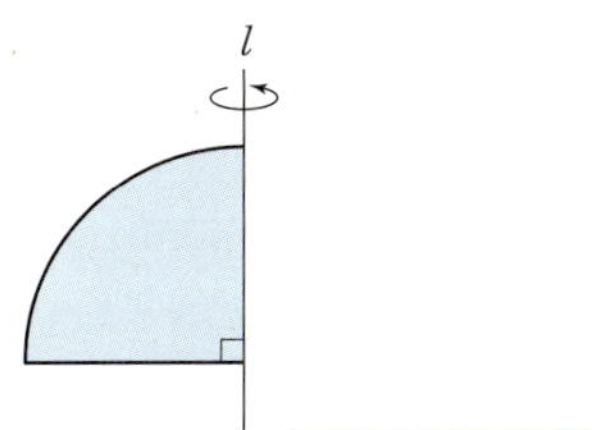　　　**002**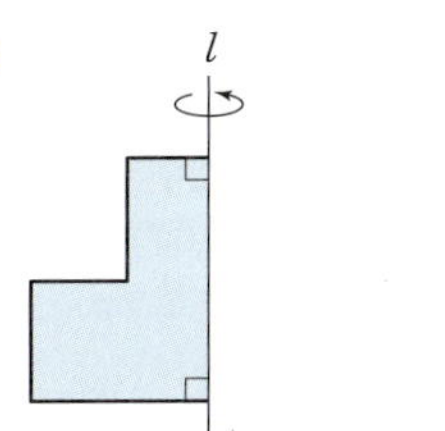　　　**003**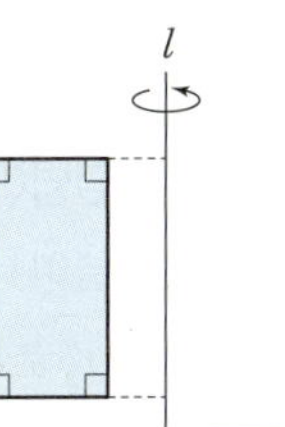

⊙ 다음 회전체를 회전축을 포함하는 평면으로 자를 때 생기는 단면의 모양을 말하시오.

004 원기둥 _______________　　　**005** 원뿔 _______________

006 원뿔대 _______________　　　**007** 반구 _______________

⊙ 회전체에 대하여 맞으면 ○, 틀리면 ×

008 구는 회전축이 무수히 많다. 　　　　　　　　　　　　　　　○ / ×

009 모든 회전체는 전개도를 그릴 수 있다. 　　　　　　　　　　　○ / ×

010 구는 어떤 평면으로 잘라도 그 단면은 항상 원이다. 　　　　　○ / ×

011 회전체를 회전축에 수직인 평면으로 자른 단면은 항상 원이다. 　○ / ×

012 원뿔을 회전축에 수직인 평면으로 자른 단면은 모두 합동이다. 　○ / ×

⊙ 원기둥의 전개도를 그린 것이다.

013 $a=$ _______________

014 $b=$ _______________

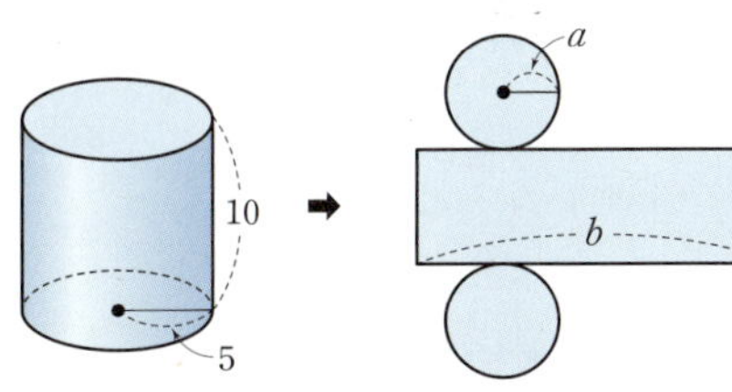

⊙ 원뿔의 전개도를 그린 것이다.

015 $a=$ _______________

016 $b=$ _______________

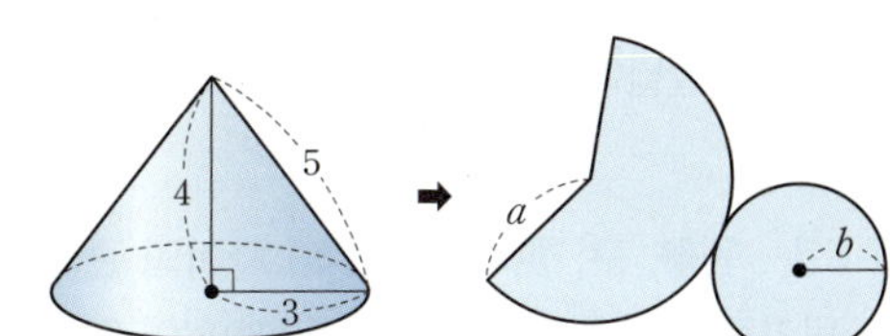

⊙ 원뿔대의 전개도를 그린 것이다.

017 (호 AB의 길이)$=$ _______________

018 (호 CD의 길이)$=$ _______________

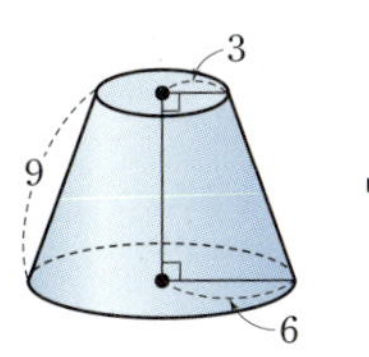
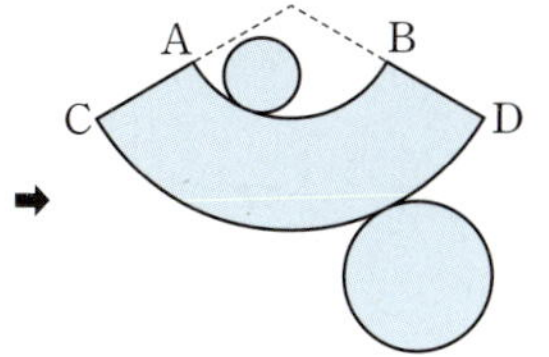

072 기둥, 뿔, 구의 겉넓이와 부피

| 1 | 각기둥과 원기둥 ★★★☆☆

□ (각기둥의 겉넓이) = (밑넓이) × 2 + (옆넓이)
  기둥의 두 밑면은 서로 합동이다.

□ (각기둥의 부피) = (밑넓이) × (높이)

• 밑면의 반지름의 길이가 r, 높이가 h인 원기둥에서

□ (원기둥의 겉넓이) = (밑넓이) × 2 + (옆넓이) = $2\pi r^2 + 2\pi r h$
  기둥의 두 밑면은 서로 합동이다.   = (밑면인 원의 둘레의 길이) × (원기둥의 높이)

□ (원기둥의 부피) = (밑넓이) × (높이) = $\pi r^2 h$

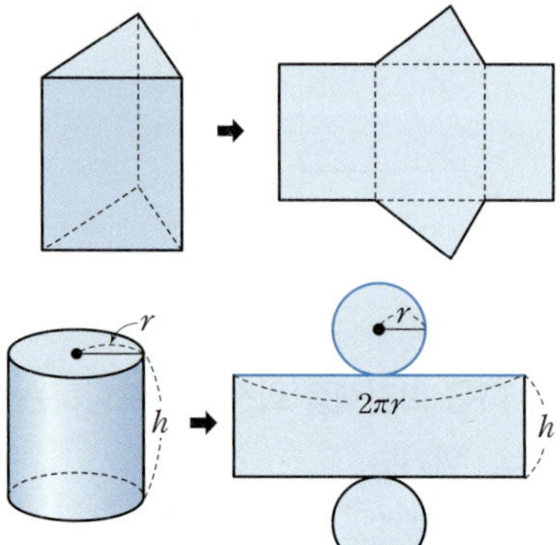

(옆면인 직사각형의 가로의 길이) = (밑면인 원의 둘레의 길이)

| 2 | 각뿔과 원뿔 ★★★★★

□ (각뿔의 겉넓이) = (밑넓이) + (옆넓이)

□ (각뿔의 부피) = $\dfrac{1}{3}$ × (각기둥의 부피) = $\dfrac{1}{3}$ × (밑넓이) × (높이)
  (뿔의 부피) = $\dfrac{1}{3}$ × (기둥의 부피)

⑩ 뿔(각뿔, 원뿔)의 부피는 밑넓이와 높이가 같은 기둥(각기둥, 원기둥)의 부피의 $\dfrac{1}{3}$이다.

• 밑면의 반지름의 길이가 r, 모선의 길이가 l, 높이가 h인 원뿔에서

□ (원뿔의 겉넓이) = (밑넓이) + (옆넓이)

□ (원뿔의 부피) = $\dfrac{1}{3}$ × (원기둥의 부피) = $\dfrac{1}{3}$ × (밑넓이) × (높이)
  (뿔의 부피) = $\dfrac{1}{3}$ × (기둥의 부피)
  $= \dfrac{1}{3}\pi r^2 h$

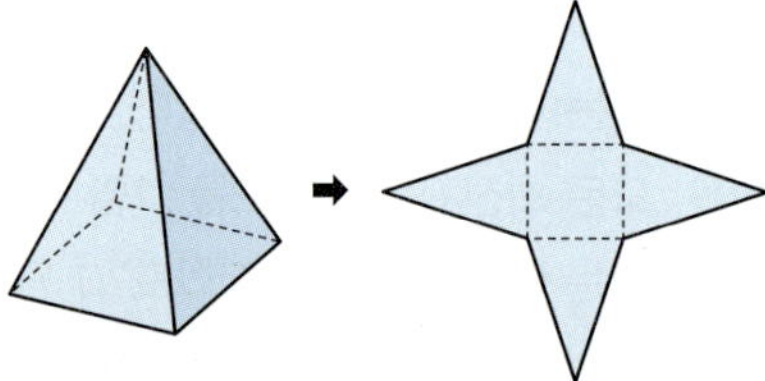
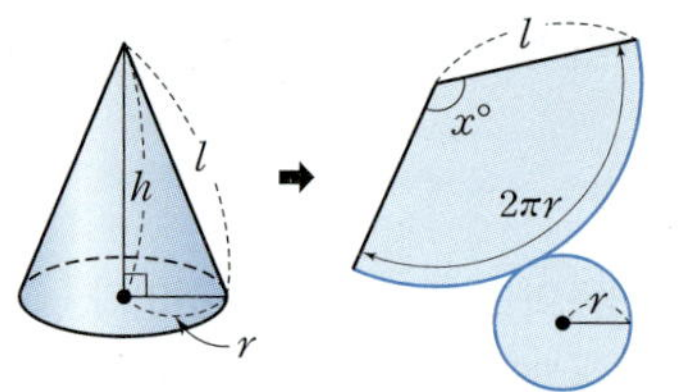

(옆면인 부채꼴의 호의 길이) = (밑면인 원의 둘레의 길이)

$$2\pi l \times \dfrac{x}{360} = 2\pi r$$

| 3 | 구 ★★★★☆

• 반지름의 길이가 r인 구에서

□ (구의 겉넓이) = $4\pi r^2$, (구의 부피) = $\dfrac{4}{3}\pi r^3$

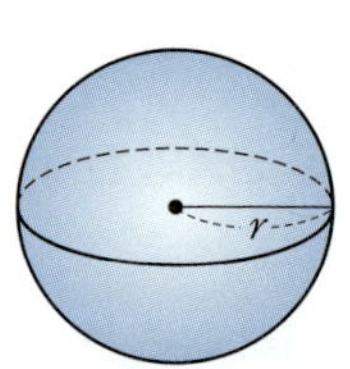

| 4 | 원뿔, 구, 원기둥의 부피 사이의 관계 ★☆☆☆☆

• 원기둥 안에 원뿔과 구가 꼭 맞게 들어 있을 때

□ (원뿔의 부피) : (구의 부피) : (원기둥의 부피)

$$= \left(\dfrac{1}{3} \times \pi r^2 \times 2r \right) : \dfrac{4}{3}\pi r^3 : (\pi r^2 \times 2r)$$

$$= \dfrac{2}{3}\pi r^3 : \dfrac{4}{3}\pi r^3 : 2\pi r^3 = 1 : 2 : 3$$

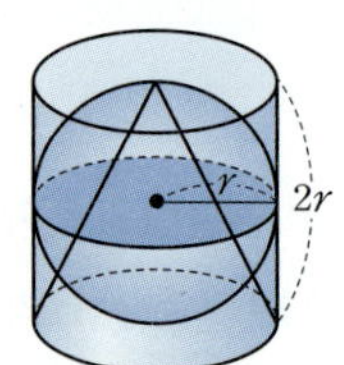

◉ **밑넓이, 옆넓이, 겉넓이, 부피를 구하시오.**

001 (밑넓이) = __________
　　(옆넓이) = __________

002 (밑넓이) = __________
　　(옆넓이) = __________

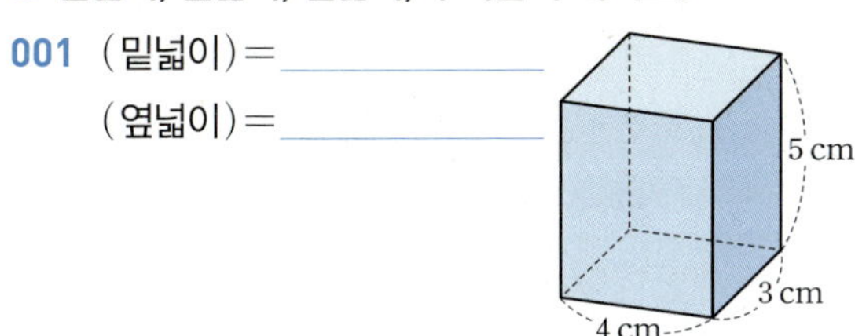

003 (밑넓이) = __________
　　(부피) = __________

004 (밑넓이) = __________
　　(부피) = __________

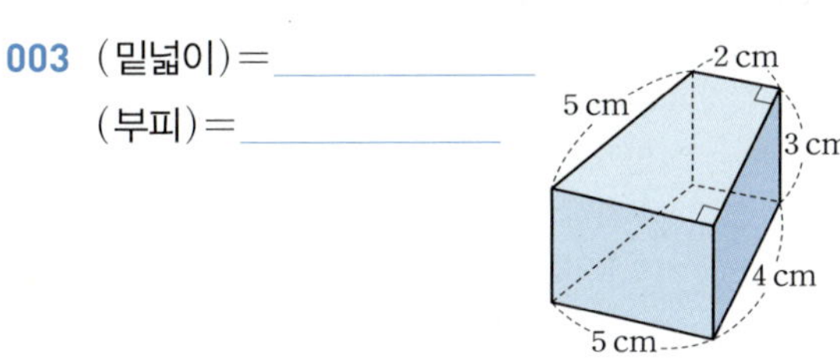

005 (밑넓이) = __________
　　(부피) = __________

006 (밑넓이) = __________
　　(부피) = __________

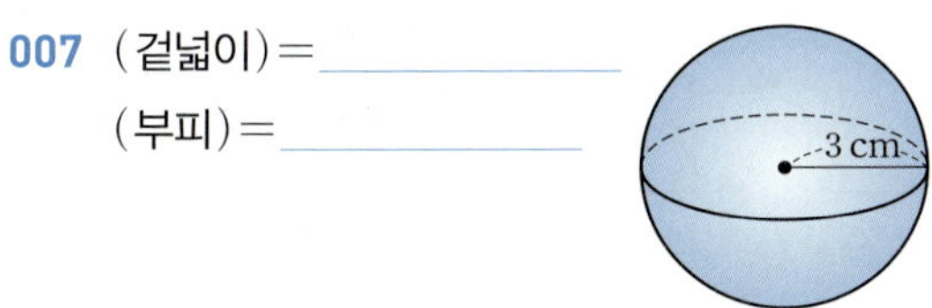

007 (겉넓이) = __________
　　(부피) = __________

008 (겉넓이) = __________
　　(부피) = __________

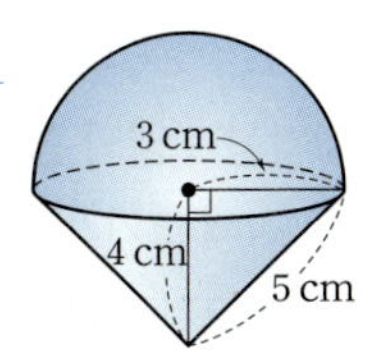

◉ **원기둥 안에 원뿔과 구가 꼭 맞게 들어 있다.**

009 (원뿔의 부피) = __________

010 (구의 부피) = __________

011 (원기둥의 부피) = __________

012 (원뿔의 부피) : (구의 부피) : (원기둥의 부피) = __________

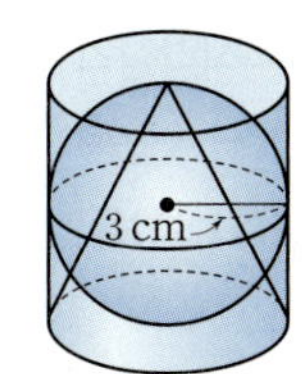

| 1 | 이등변삼각형 ★☆☆☆☆

□ **이등변삼각형** : 두 변의 길이가 같은 삼각형 [정의]

➡ $\overline{AB}=\overline{AC}$

㉎ 정삼각형은 세 변의 길이가 같으므로 이등변삼각형이다.

□ **꼭지각** : 길이가 같은 두 변이 이루는 각 [정의]

□ **밑변** : 꼭지각의 대변 [정의]

□ **밑각** : 밑변의 양 끝각 [정의]

㊊ 꼭지각, 밑각은 이등변삼각형에서만 사용하는 용어이다.

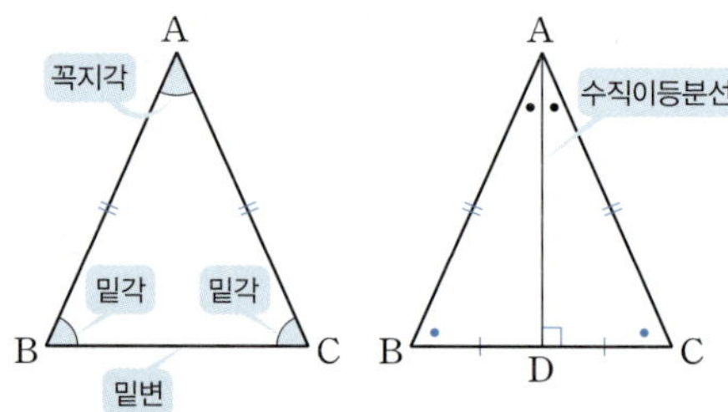

- 이등변삼각형 ➡ $\overline{AB}=\overline{AC}$
- 밑각의 크기가 같다. ➡ $\angle B=\angle C$
- 꼭지각의 이등분선 ➡ $\angle BAD=\angle CAD$
- 수직이등분한다. ➡ $\overline{AD}\perp\overline{BC},\ \overline{BD}=\overline{CD}$

| 2 | 이등변삼각형의 성질 ★★★★★

□ 이등변삼각형의 두 밑각의 크기는 같다.

➡ $\overline{AB}=\overline{AC}$이면 $\angle B=\angle C$이다.
이등변삼각형

□ 이등변삼각형의 꼭지각의 이등분선은 밑변을 수직이등분한다.

➡ $\overline{AB}=\overline{AC},\ \angle BAD=\angle CAD$이면
이등변삼각형　꼭지각 A를 이등분한다.
$\overline{AD}\perp\overline{BC},\ \overline{BD}=\overline{CD}$이다.
수직　이등분

수직이등분선 : 선분의 중점을 지나면서 선분에 수직인 직선

- 꼭지각이 A인 이등변삼각형에서
(꼭지각 A의 이등분선)
= (밑변의 수직이등분선)
= (꼭짓점 A와 밑변의 중점을 잇는 선분)
= (꼭짓점 A에서 밑변에 내린 수선)

| 3 | 이등변삼각형이 되는 조건 ★☆☆☆☆

□ 두 내각의 크기가 같은 삼각형은 이등변삼각형이다.

➡ $\angle B=\angle C$이면 $\overline{AB}=\overline{AC}$이다.
이등변삼각형

- 직사각형 모양의 종이를 접었을 때

□ 접은 각의 크기가 같다. ⎫
　　　　　　　　　　　　 ⎬ ➡ **이등변삼각형**이 생긴다.
□ 엇각의 크기가 같다. ⎭

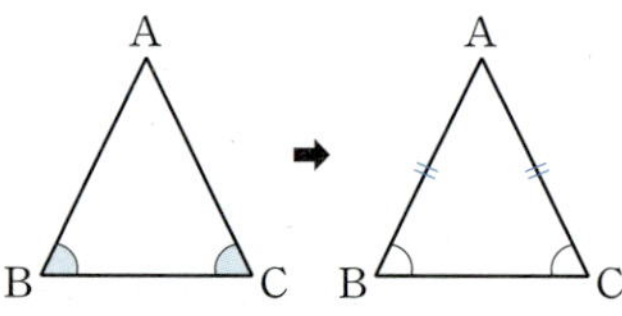
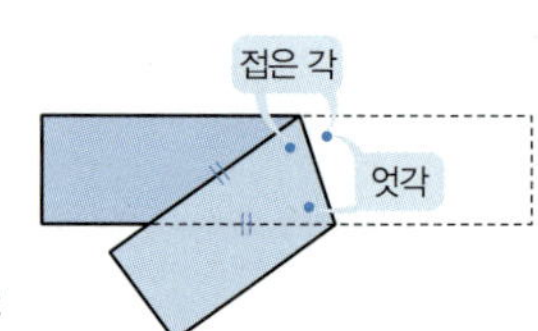

| 4 | 직각삼각형의 합동조건 ★★☆☆☆

- 두 직각삼각형은 다음 각 경우에 합동이다. ➡ $\triangle ABC\equiv\triangle DEF$
R

□ **RHA합동** : 빗변의 길이와 한 예각의 크기가 각각 같을 때　[Figure 01]
H　　　　　　　　　　　　　　A

□ **RHS합동** : 빗변의 길이와 다른 한 변의 길이가 각각 같을 때　[Figure 02]
H　　　　　　　　　　　　　　S

R : 직각($\mathbf{R}$ight angle)

H : 빗변($\mathbf{H}$ypotenuse)

A : 각($\mathbf{A}$ngle)

S : 변($\mathbf{S}$ide)

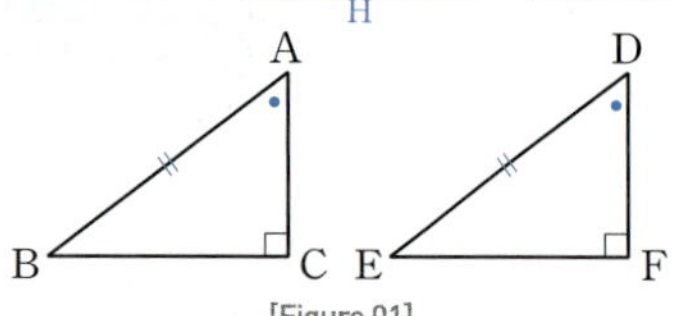
[Figure 01]

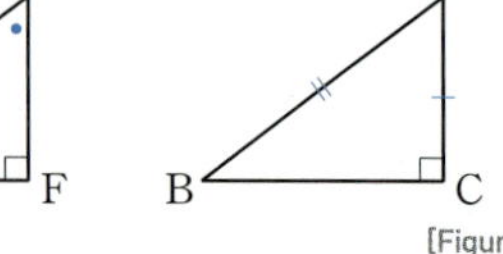
[Figure 02]

⊙ 이등변삼각형이다.

001 $x=$ ＿＿＿＿＿＿＿＿

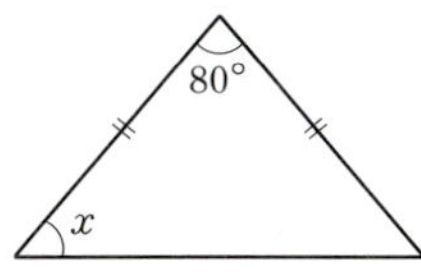

002 $x=$ ＿＿＿＿＿＿＿＿

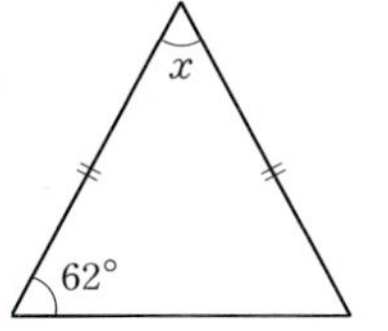

003 $x=$ ＿＿＿＿＿＿＿＿

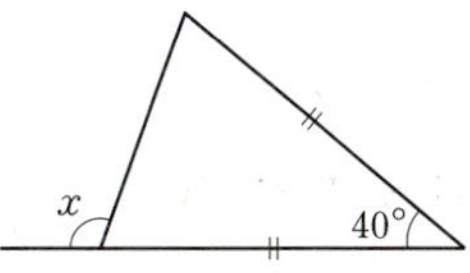

⊙ $\overline{AB}=\overline{AC}$이다.

004 $x=$ ＿＿＿＿＿＿＿＿

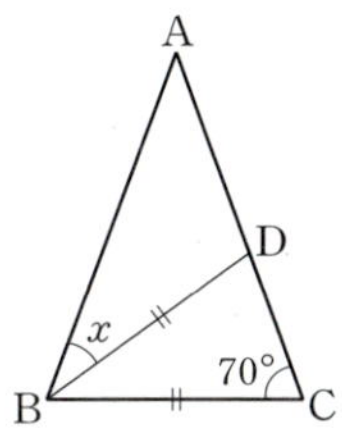

005 $x=$ ＿＿＿＿＿＿＿＿

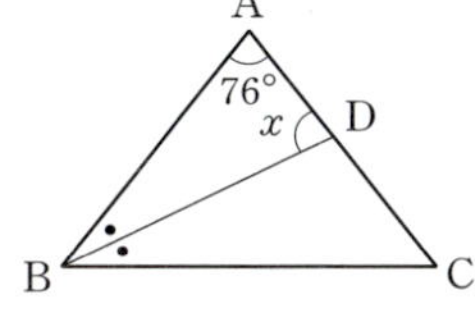

006 $x=$ ＿＿＿＿＿＿＿＿

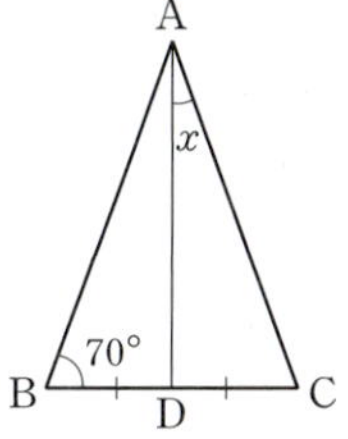

⊙ x의 길이를 구하시오.

007 $x=$ ＿＿＿＿＿＿＿＿

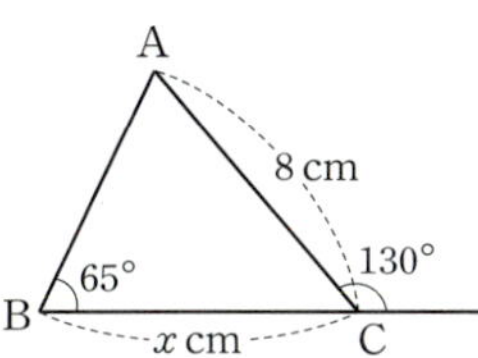

008 $x=$ ＿＿＿＿＿＿＿＿

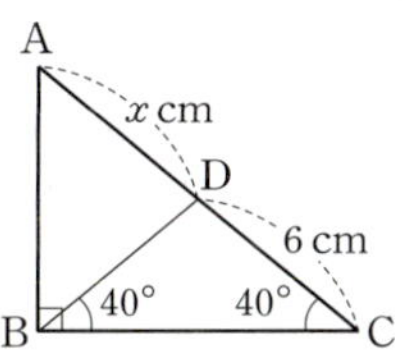

009 $x=$ ＿＿＿＿＿＿＿＿

$($단, $\overline{AB}=\overline{AC})$

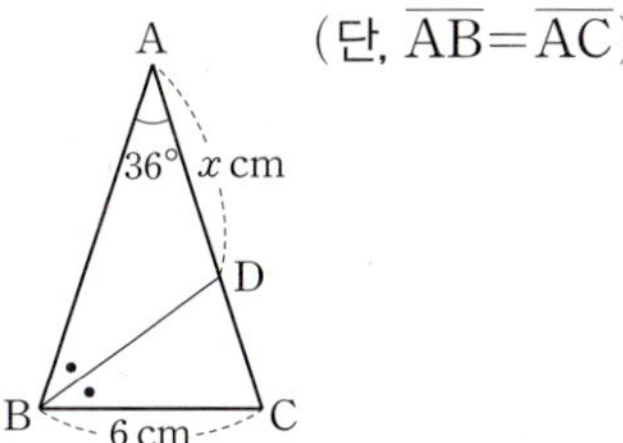

⊙ 직사각형 모양의 종이를 접었다.

010 $\angle DAC=$ ＿＿＿＿＿＿＿ $=$ ＿＿＿＿＿＿＿

011 $\overline{AB}=$ ＿＿＿＿＿＿＿

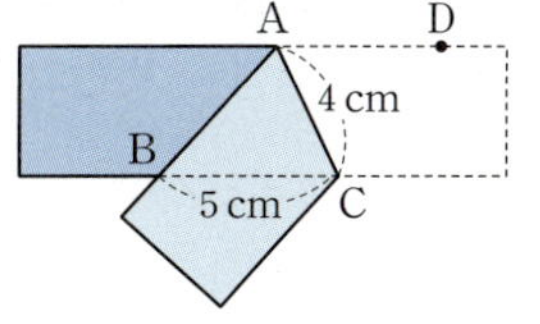

⊙ 합동인 두 직각삼각형을 찾아, 기호 ≡를 이용
하여 나타내고 합동조건을 말하시오.

012 $\triangle ABC\equiv$ ＿＿＿＿＿＿＿

　　(합동조건 : ＿＿＿＿＿＿＿)

013 $\triangle JKL\equiv$ ＿＿＿＿＿＿＿

　　(합동조건 : ＿＿＿＿＿＿＿)

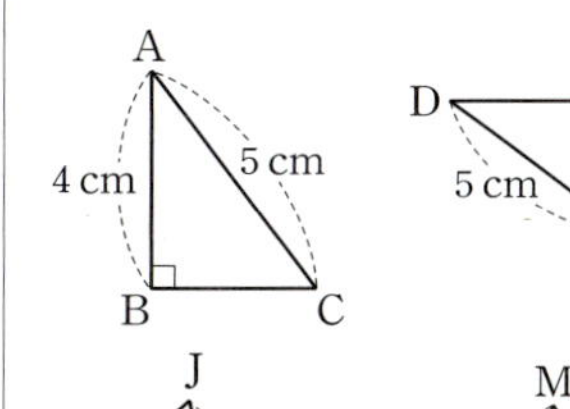
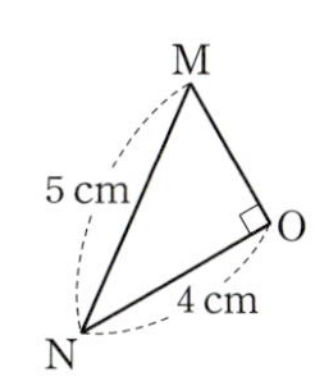
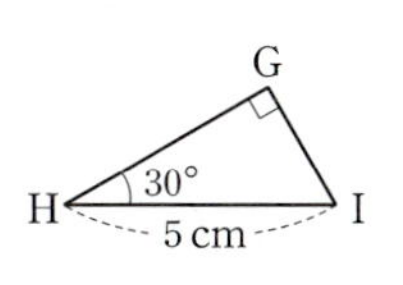
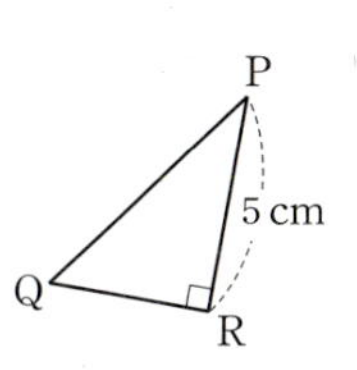

| 1 | 삼각형의 외심 ★☆☆☆☆

☐ 한 다각형의 모든 꼭짓점이 한 원 위에 있을 때, 이 원은 다각형에 **외접**한다고 한다. [정의]

☐ **외접원** : 한 다각형의 모든 꼭짓점을 지나는 원 [정의]
　　바깥쪽으로 접하는 원

☐ **외심** : 외접원의 중심 [정의]

☐ **삼각형의 외심** : 삼각형의 세 변의 수직이등분선의 교점 [정의]

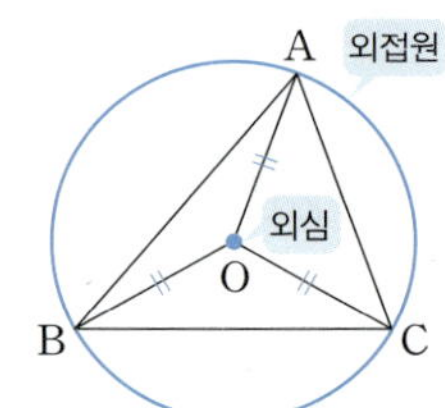

| 2 | 삼각형의 외심의 성질 ★★★★★

☐ 삼각형의 **세 변의 수직이등분선**은 한 점(O, 외심)에서 만난다.

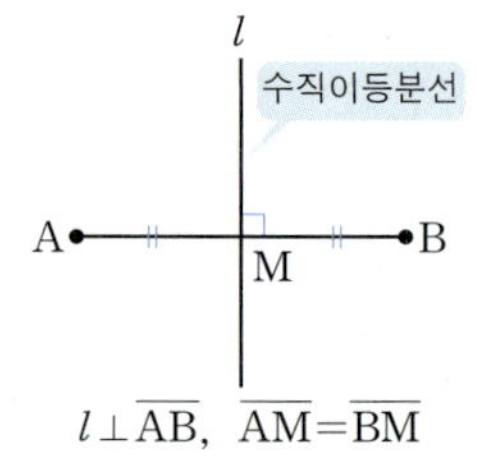

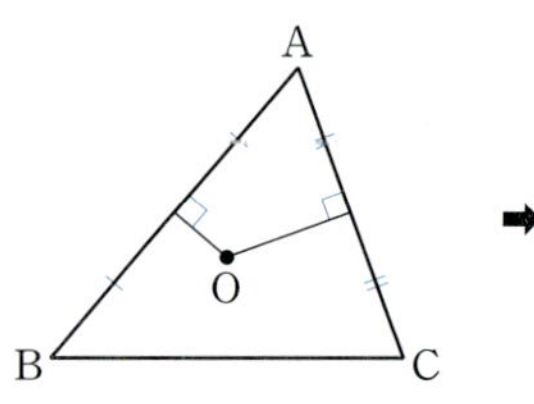
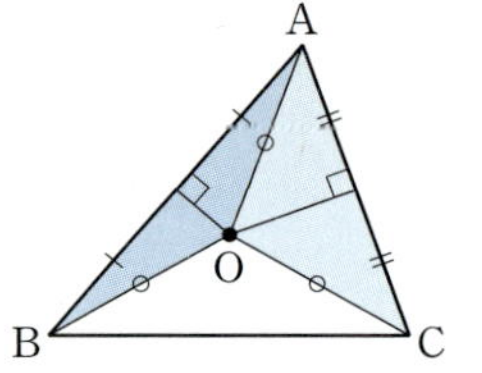
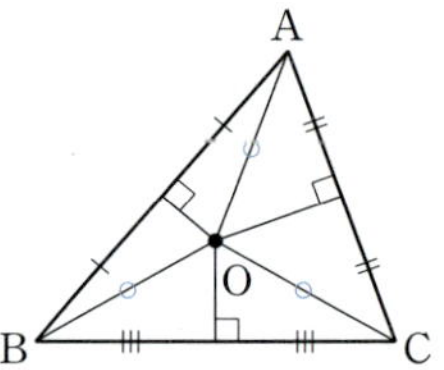

☐ 삼각형의 외심에서 세 꼭짓점에 이르는 거리는 같다.

　➡ $\overline{OA} = \overline{OB} = \overline{OC} =$ (외접원의 반지름의 길이)

　➡ $\triangle OAB$, $\triangle OBC$, $\triangle OCA$는 모두 **이등변삼각형**이다.

　　→ 이등변삼각형의 두 밑각의 크기는 같다.

☐ $\triangle ADO \equiv \triangle BDO$, $\triangle BEO \equiv \triangle CEO$, $\triangle CFO \equiv \triangle AFO$

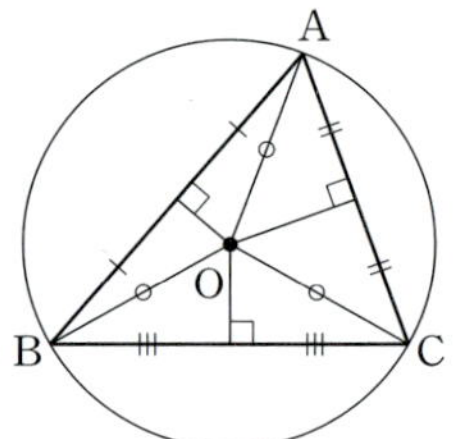
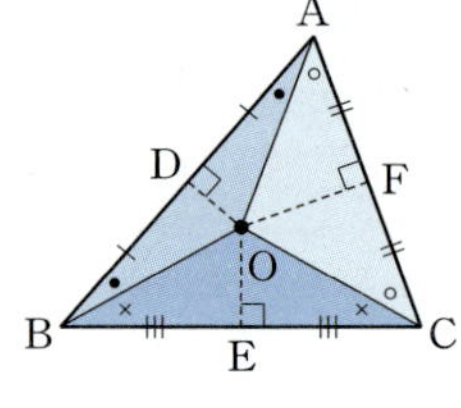

| 3 | 삼각형의 외심의 위치 ★★★★★

☐ 예각삼각형 ➡ 삼각형의 내부

☐ 둔각삼각형 ➡ 삼각형의 외부

☐ 직각삼각형 ➡ **빗변의 중점**
　（직각삼각형의 외접원의 반지름 길이）
　$= \overline{OA} = \overline{OB} = \overline{OC} = \dfrac{1}{2} \times$ (빗변의 길이)

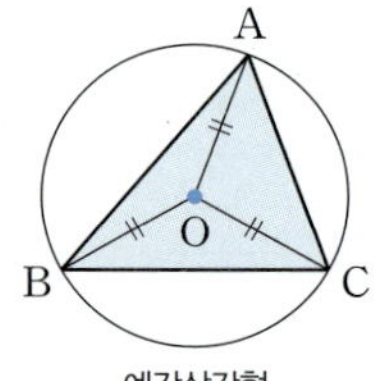
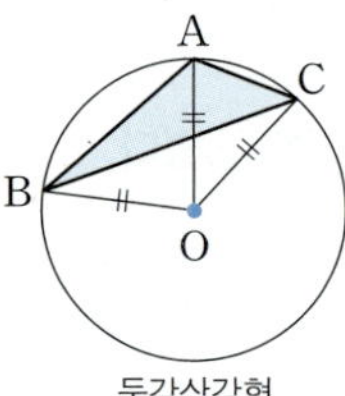
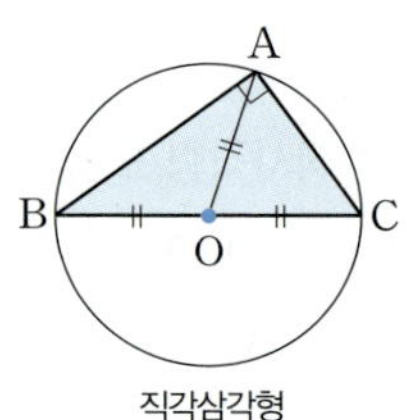

| 4 | 삼각형의 외심의 활용 ★★☆☆☆

• 점 O가 $\triangle ABC$의 외심일 때

☐ $2\angle x + 2\angle y + 2\angle z = 180°$ ➡ $\angle x + \angle y + \angle z = 90°$

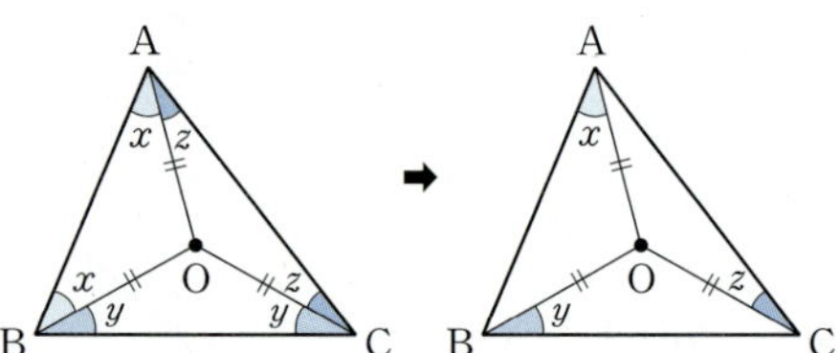

☐ $\angle BOC = 2(\bullet + \circ) = 2\angle A$

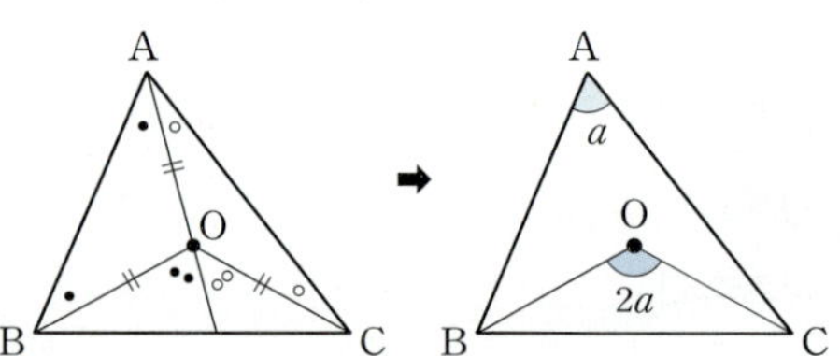

◉ 점 O는 외심이다. 맞으면 ◯, 틀리면 ×

001 $\overline{OA}=\overline{OB}$ 　　　 ◯ / ×　　**002** $\overline{CE}=\overline{CF}$ 　　　 ◯ / ×

003 $\overline{AD}=\dfrac{1}{2}\overline{AB}$ 　 ◯ / ×　　**004** $\angle DAO=\angle FAO$ 　 ◯ / ×

005 $\angle OBE=\angle OCE$ 　 ◯ / ×　　**006** $\triangle BEO\equiv\triangle CEO$ 　 ◯ / ×

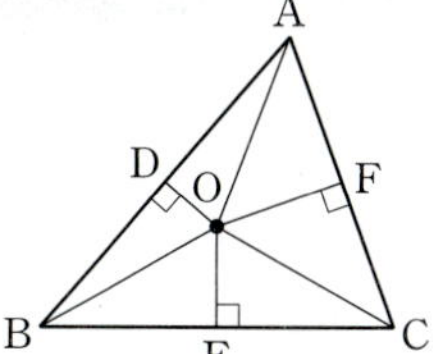

◉ 점 O는 외심이다.

007 $x=$ ________　　　**008** $x=$ ________　　　**009** $x=$ ________

　　　 $y=$ ________　　　　　 $y=$ ________　　　　　 $y=$ ________

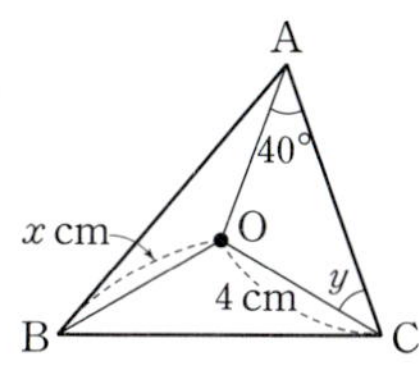 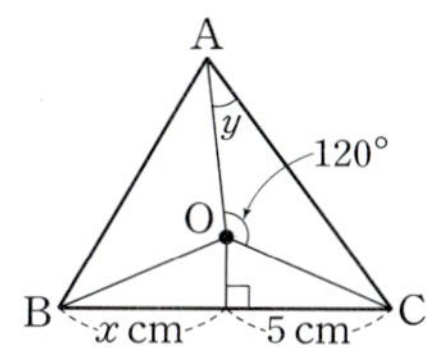

◉ 점 M은 직각삼각형 ABC의 빗변의 중점이다.

010 $x=$ ________　　　**011** $x=$ ________　　　**012** $x=$ ________

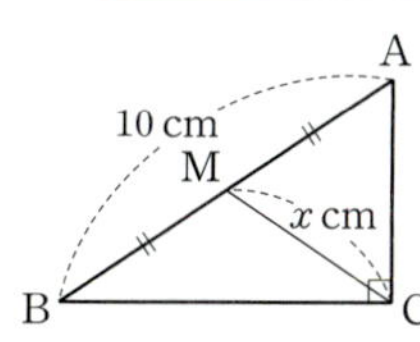 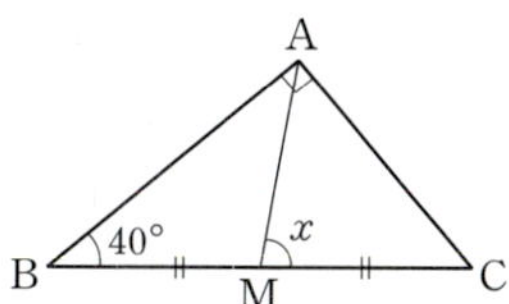 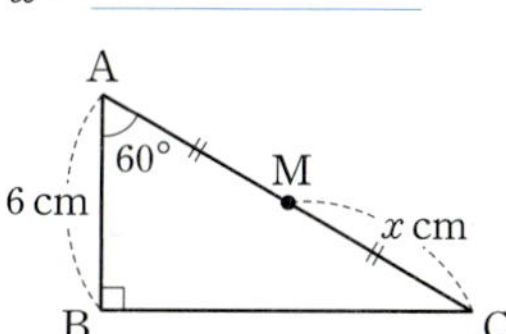

◉ 점 O는 외심이다.

013 $x=$ ________　　　**014** $x=$ ________　　　**015** $x=$ ________

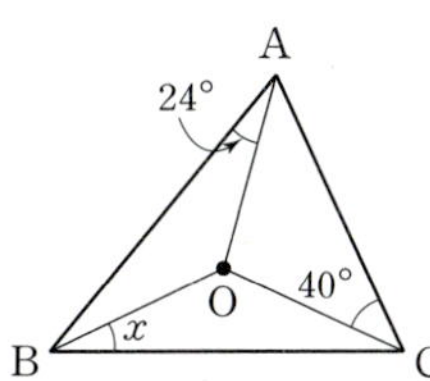 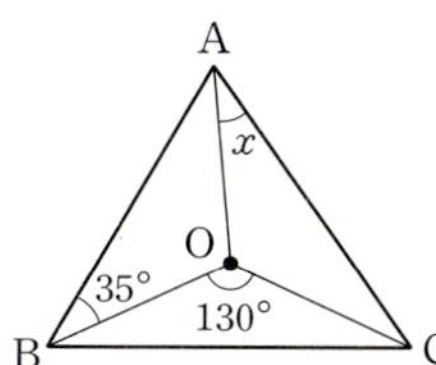 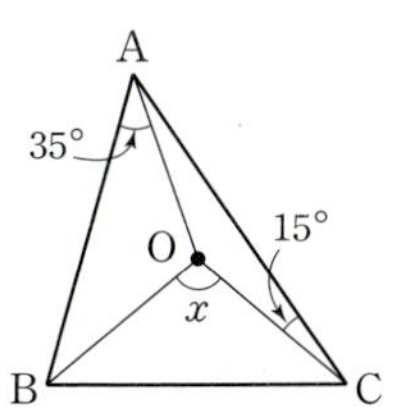

016 $x=$ ________　　　**017** $x=$ ________　　　**018** $x=$ ________

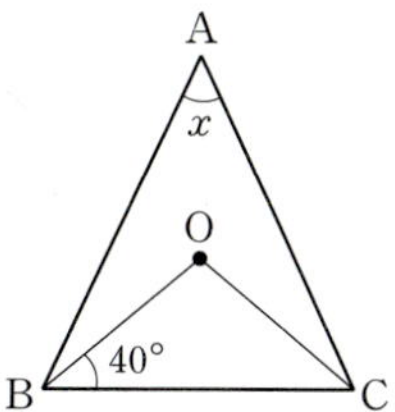 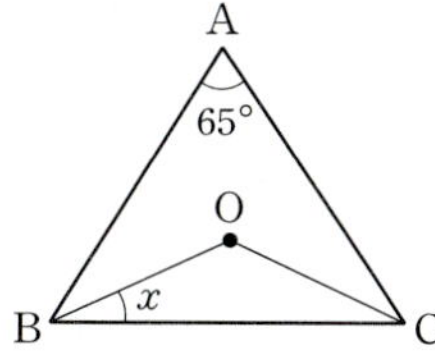 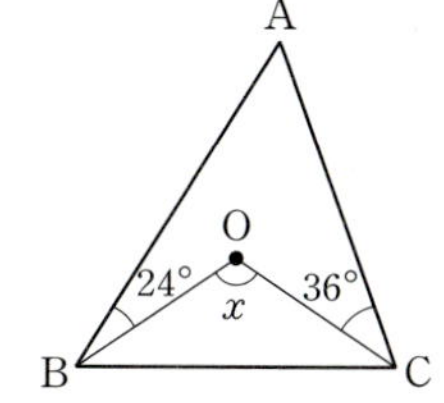

|1| 원의 접선 ★☆☆☆☆

☐ **접선** : 원과 한 점에서 만나는 직선 〔정의〕　　➡ 직선 l

☐ **접점** : 원과 접선이 만나는 점 〔정의〕　　➡ 점 T

☐ 원의 접선은 그 접점을 지나는 반지름에 수직이다. ➡ $l \perp \overline{OT}$

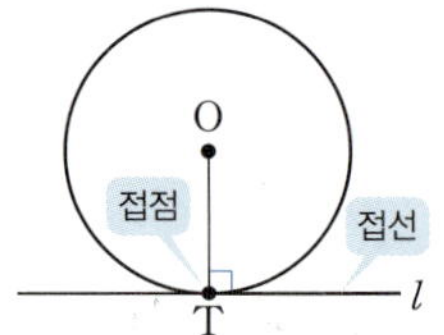

|2| 삼각형의 내심 ★★☆☆☆

☐ 한 다각형의 모든 변이 한 원에 접할 때, 이 원은 다각형에 **내접**한다고 한다. 〔정의〕

☐ **내접원** : 한 다각형의 모든 변에 접하는 원 〔정의〕

☐ **내심** : 내접원의 중심 〔정의〕

☐ **삼각형의 내심** : 삼각형의 세 내각의 이등분선의 교점 〔정의〕

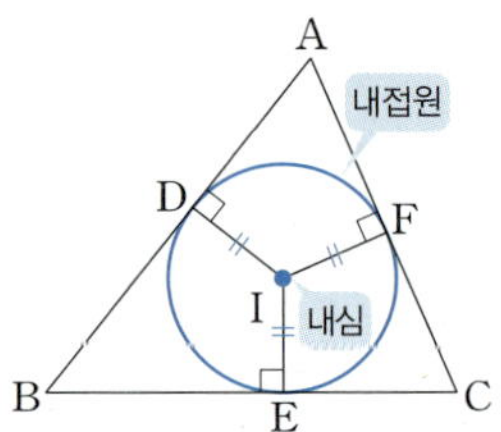

|3| 삼각형의 내심의 성질 ★★★★★

☐ 삼각형의 **세 내각의 이등분선**은 한 점(I, 내심)에서 만난다.

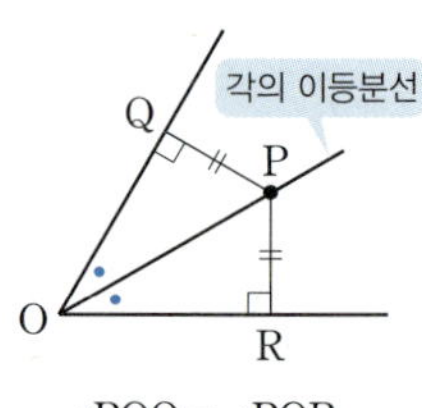

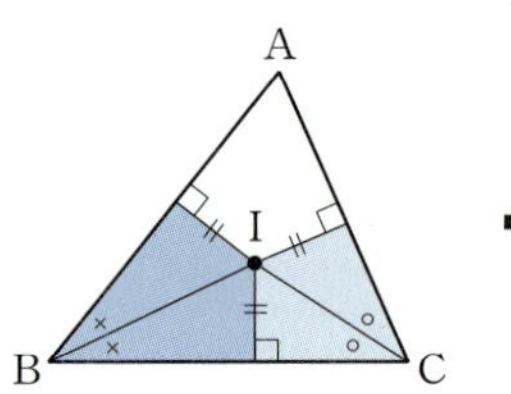

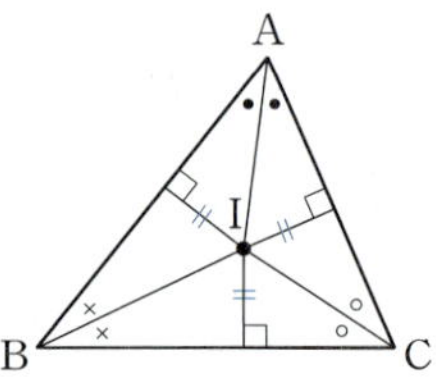

☐ 삼각형의 내심에서 세 변에 이르는 거리는 같다.

➡ $\overline{ID} = \overline{IE} = \overline{IF} =$ (내접원의 반지름의 길이)

☐ $\triangle IAD \equiv \triangle IAF$, $\triangle IBE \equiv \triangle IBD$, $\triangle ICF \equiv \triangle ICE$

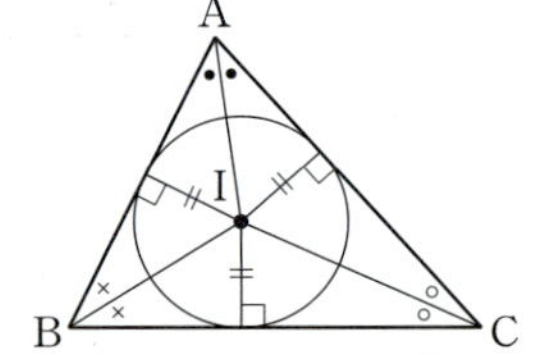

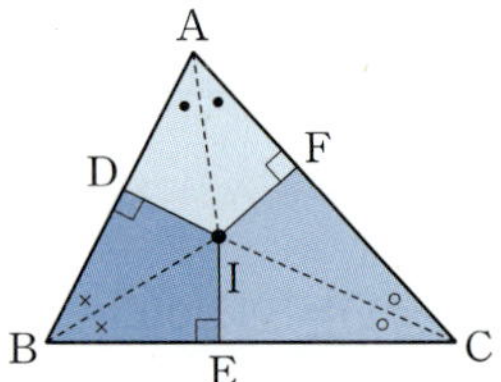

|4| 삼각형의 내심의 위치 ★★☆☆☆

☐ 모든 삼각형의 내심은 삼각형의 내부에 있다.

☐ 이등변삼각형 ➡ 외심과 내심은 꼭지각의 이등분선 위에 있다.

☐ 정삼각형　　➡ 외심과 내심이 일치한다.

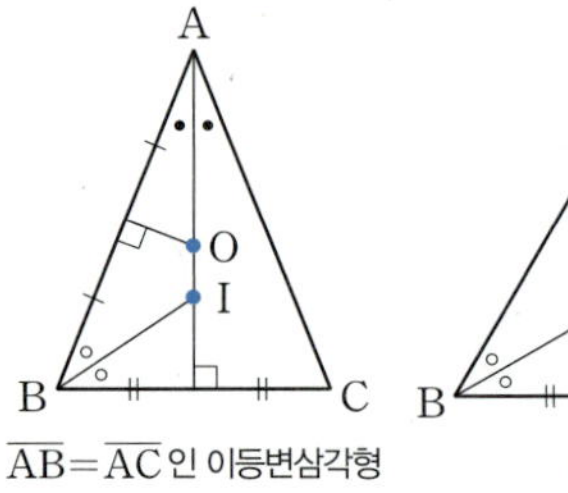

|5| 삼각형의 내심의 활용 ★★☆☆☆

• 점 I가 $\triangle ABC$의 내심일 때

☐ $2\angle x + 2\angle y + 2\angle z = 180° \Rightarrow \angle x + \angle y + \angle z = 90°$

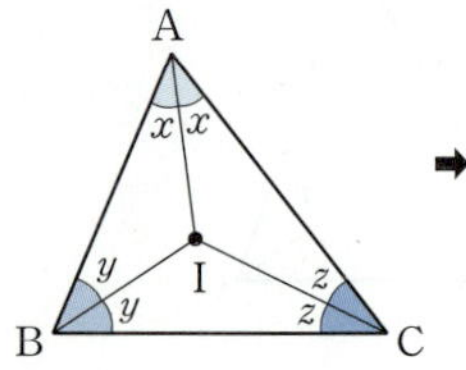

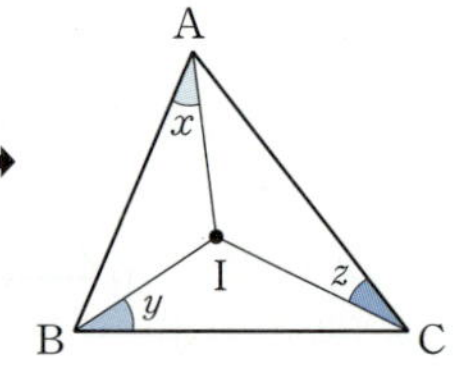

☐ $\angle BIC = (\bullet + \circ + \triangle) + \bullet = 90° + \dfrac{1}{2}\angle A$

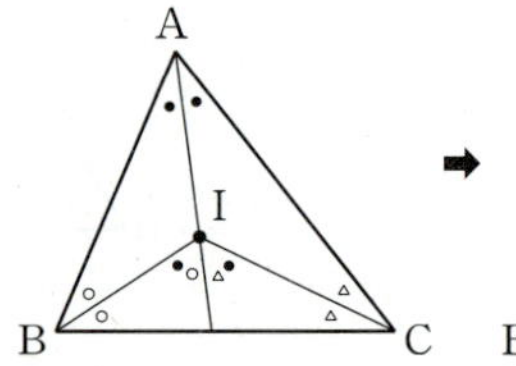

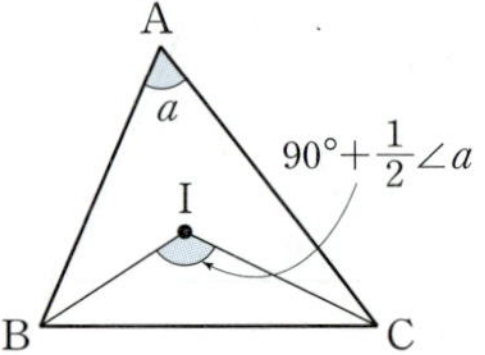

⊙ 점 P가 외심인, 내심인 삼각형을 모두 고르시오.

001 외심 ________________

002 내심 ________________

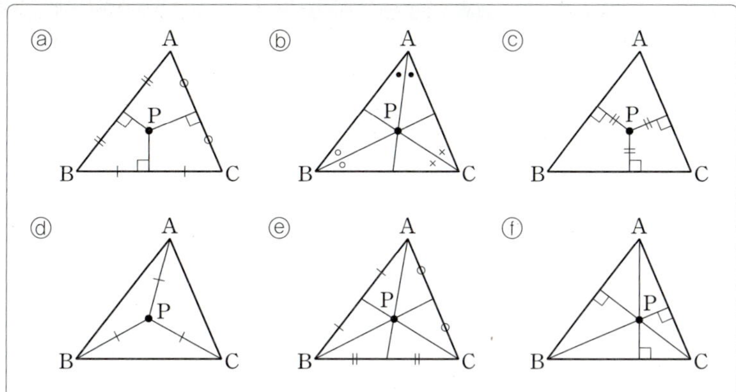

⊙ 점 I는 내심이다. 맞으면 ○, 틀리면 ×

003 $\overline{IA}=\overline{IB}$　　　　○ / ×

004 $\overline{CE}=\overline{CF}$　　　　○ / ×

005 $\overline{IE}=\overline{ID}$　　　　○ / ×

006 $\angle DAI=\angle FAI$　　　　○ / ×

007 $\triangle BEI\equiv\triangle CEI$　　　　○ / ×

008 $\triangle BDI\equiv\triangle BEI$　　　　○ / ×

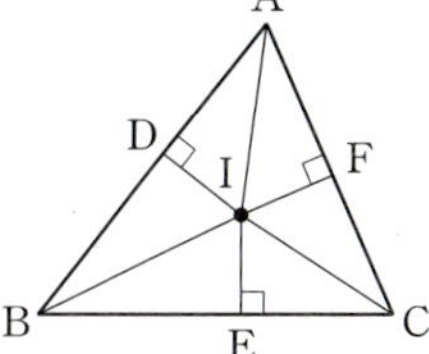

⊙ 점 I는 내심이다.

009 $x=$ ________________

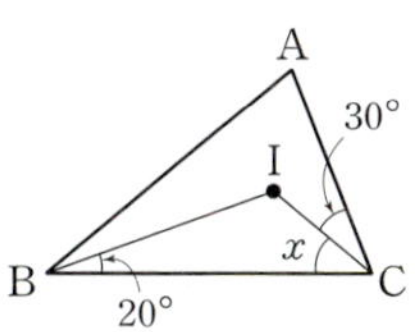

010 $x=$ ________________

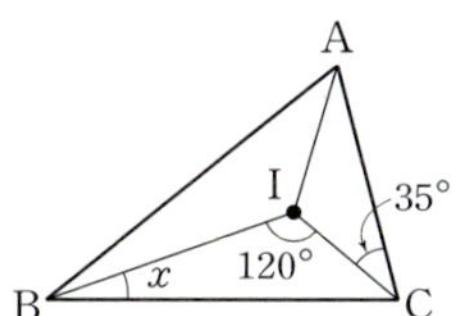

011 $x=$ ________________

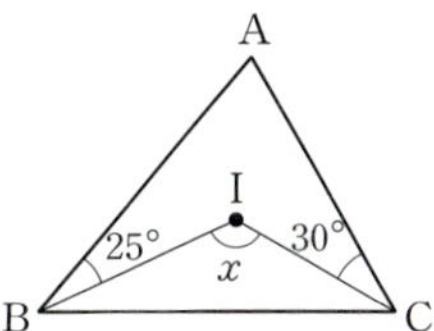

012 $x=$ ________________

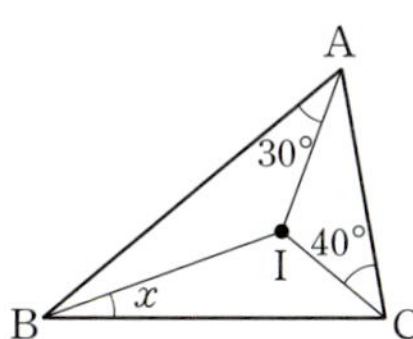

013 $x=$ ________________

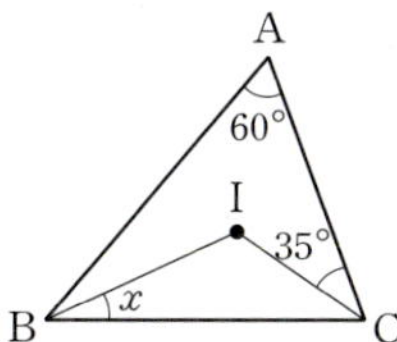

014 $x=$ ________________

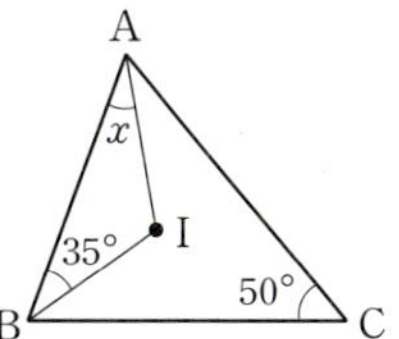

015 $x=$ ________________

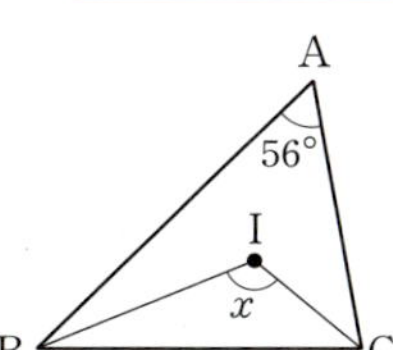

016 $x=$ ________________

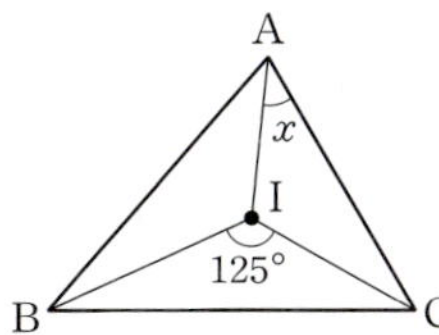

017 $x=$ ________________

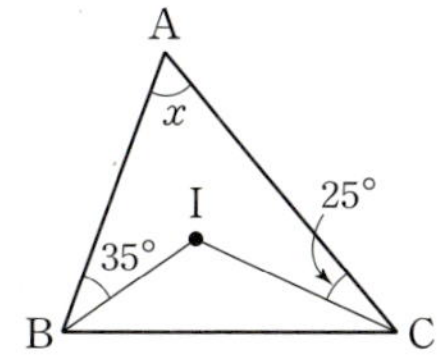

076 | 중학수학 ❷ |
삼각형의 내접원의 활용

| 1 | 내접원의 반지름의 길이 ★★★☆☆

☐ $\triangle ABC$의 내접원의 반지름의 길이가 r일 때

$$(\triangle ABC의 \ 넓이)=\frac{1}{2}r(\overline{AB}+\overline{BC}+\overline{CA})$$

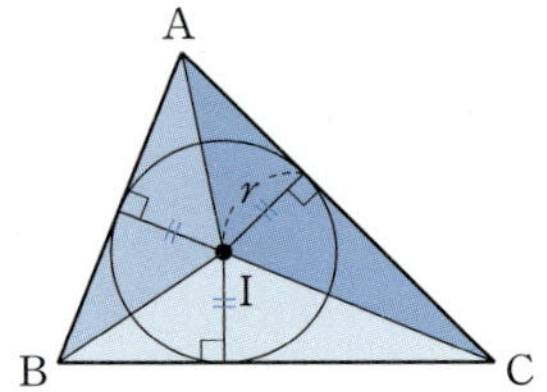

참 $\triangle ABC=\triangle IAB+\triangle IBC+\triangle ICA=\frac{1}{2}r\overline{AB}+\frac{1}{2}r\overline{BC}+\frac{1}{2}r\overline{CA}=\frac{1}{2}r(\overline{AB}+\overline{BC}+\overline{CA})$

| 2 | 내접원과 접선의 길이 ★★☆☆☆

☐ $\triangle ABC$의 내접원과 $\overline{AB}$, $\overline{BC}$, $\overline{CA}$의 접점을 각각 D, E, F라 하면

$$\overline{AD}=\overline{AF}, \ \overline{BD}=\overline{BE}, \ \overline{CE}=\overline{CF}$$

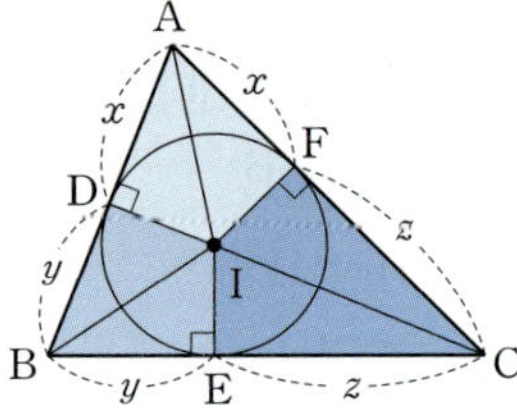

참 RHA합동에 의해 $\triangle IAD\equiv\triangle IAF$, $\triangle IBE\equiv\triangle IBD$, $\triangle ICF\equiv\triangle ICE$이다.

| 3 | 삼각형의 내심과 평행선 ★☆☆☆☆

· $\triangle ABC$에서 점 I가 내심이고 $\overline{DE}/\!/\overline{BC}$일 때

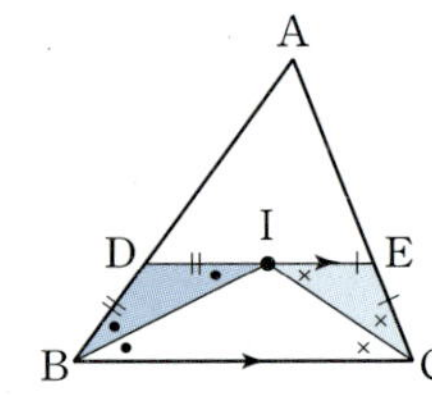

☐ $\triangle DBI$, $\triangle EIC$는 **이등변삼각형**이다. ➡ $\overline{DB}=\overline{DI}$, $\overline{EI}=\overline{EC}$

☐ $(\triangle ADE의 \ 둘레의 \ 길이)=\overline{AD}+\overline{DI}+\overline{AE}+\overline{EI}$
$$\qquad\qquad\qquad\qquad\quad =\overline{AD}+\overline{DB}+\overline{AE}+\overline{EC}$$
$$\qquad\qquad\qquad\qquad\quad =\overline{AB}+\overline{AC}$$

⊙ 점 I는 내심이다. 내접원의 반지름의 길이를 구하시오.

001 ____________

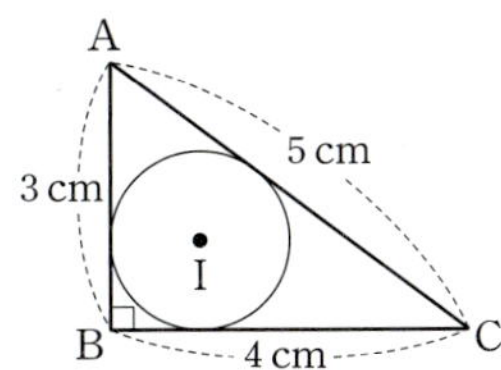

002 ____________

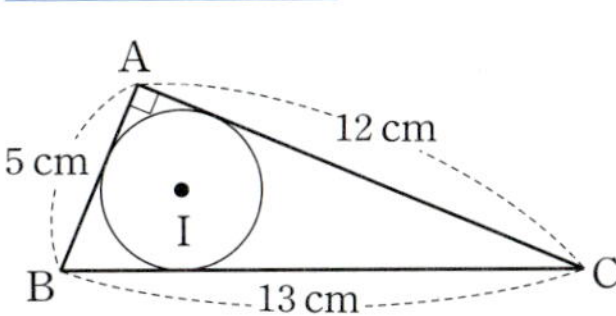

⊙ 문장을 완성하시오.

003 내접원의 반지름의 길이가 2 cm인 △ABC의 둘레의 길이가 24 cm일 때,
△ABC의 넓이는 ____________ cm^2이다.

004 내접원의 반지름의 길이가 4 cm인 △ABC의 넓이가 20 cm^2일 때,
△ABC의 둘레의 길이는 ____________ cm이다.

⊙ 점 I는 내심이다.

005 $x =$ ____________

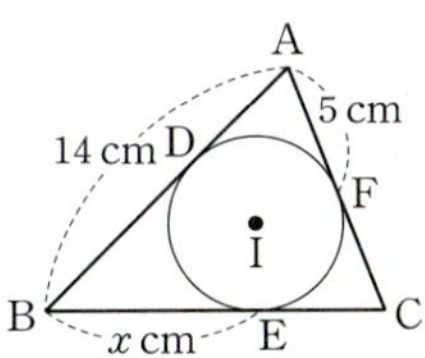

006 $x =$ ____________

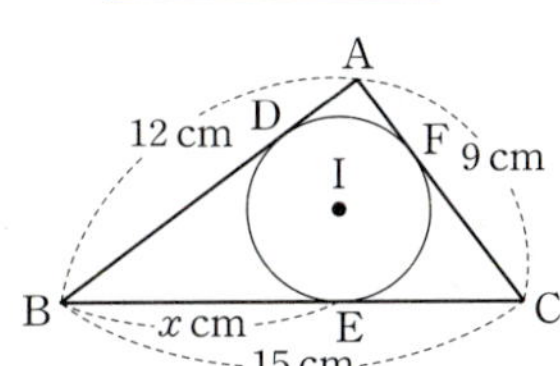

⊙ 점 I는 내심이고 $\overline{DE} /\!/ \overline{BC}$이다.

007 $\overline{IE} =$ ____________

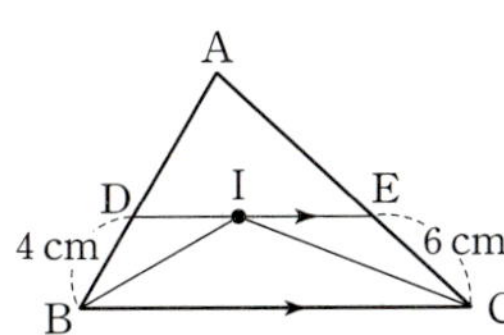

008 (△ADE의 둘레의 길이) = ____________

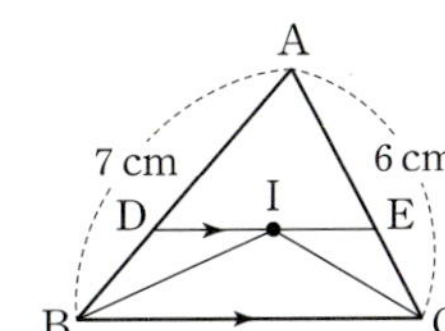

077 평행사변형

| 1 | 평행사변형 ★☆☆☆☆

☐ 두 쌍의 대변이 각각 평행한 사각형 _{정의}
서로 마주보는 변
➡ $\overline{AB} /\!/ \overline{DC}$, $\overline{AD} /\!/ \overline{BC}$

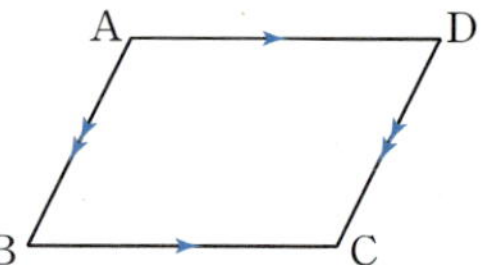

| 2 | 평행사변형의 성질 ★☆☆☆☆

☐ 두 쌍의 대변의 길이가 각각 같다. ➡ $\overline{AB} = \overline{DC}$, $\overline{AD} = \overline{BC}$ [Figure 01]

☐ 두 쌍의 대각의 크기가 각각 같다. ➡ $\angle A = \angle C$, $\angle B = \angle D$ [Figure 02]
평행사변형에서 이웃하는 두 내각의 크기의 합은 $180°$이다. ➡ $\angle A + \angle B = \angle B + \angle C = \angle C + \angle D = \angle D + \angle A = 180°$

☐ 두 대각선은 서로 다른 것을 이등분한다. ➡ $\overline{OA} = \overline{OC}$, $\overline{OB} = \overline{OD}$ [Figure 03]

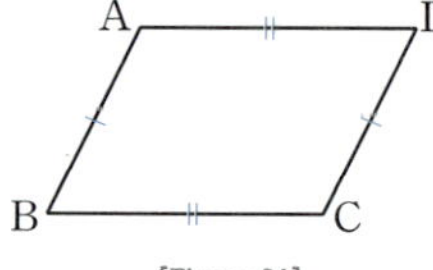

[Figure 01]

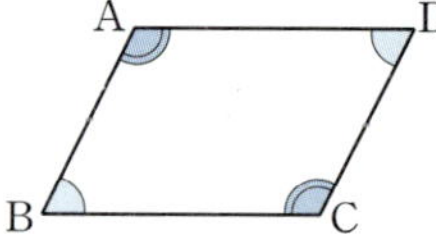

[Figure 02]

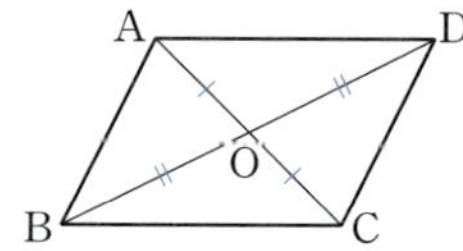

[Figure 03]

| 3 | 평행사변형이 되는 조건 ★☆☆☆☆

• □ABCD가 다음 어느 한 조건을 만족하면 평행사변형이 된다.

☐ 두 쌍의 대변이 각각 평행하다. ➡ $\overline{AB} /\!/ \overline{DC}$, $\overline{AD} /\!/ \overline{BC}$ [Figure 04]

☐ 두 쌍의 대변의 길이가 각각 같다. ➡ $\overline{AB} = \overline{DC}$, $\overline{AD} = \overline{BC}$ [Figure 05]

☐ 두 쌍의 대각의 크기가 각각 같다. ➡ $\angle A = \angle C$, $\angle B = \angle D$ [Figure 06]

☐ 두 대각선이 서로 다른 것을 이등분한다. ➡ $\overline{OA} = \overline{OC}$, $\overline{OB} = \overline{OD}$ [Figure 07]

☐ 한 쌍의 대변이 평행하고 그 길이가 같다. ➡ $\overline{AD} /\!/ \overline{BC}$, $\overline{AD} = \overline{BC}$ [Figure 08]

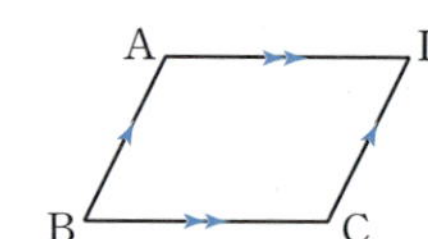

[Figure 04]

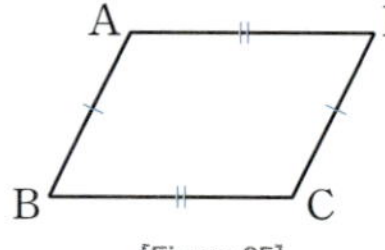

[Figure 05]

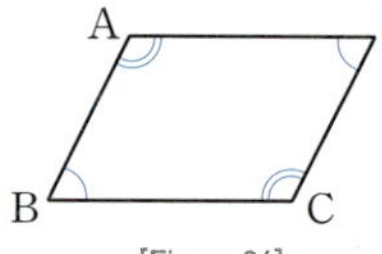

[Figure 06]

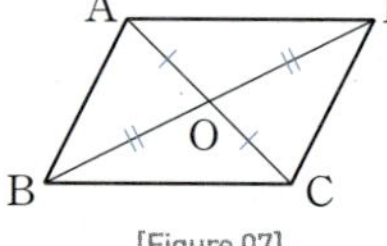

[Figure 07]

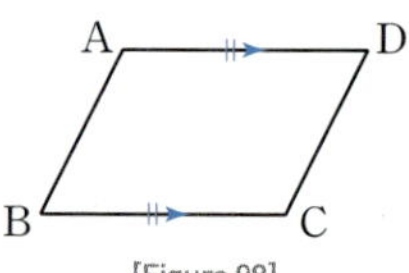

[Figure 08]

| 4 | 평행사변형과 넓이 ★★☆☆☆

☐ 평행사변형의 넓이는 한 대각선에 의해 <u>2등분된다.</u> ➡ ⓐ = ⓑ = $\dfrac{1}{2}$ □ABCD [Figure 09]
$\triangle ABC \equiv \triangle CDA$ (SSS 합동)

☐ 평행사변형의 넓이는 두 대각선에 의해 <u>4등분된다.</u> ➡ ⓐ = ⓑ = ⓒ = ⓓ = $\dfrac{1}{4}$ □ABCD [Figure 10]
$\triangle AOD \equiv \triangle COB$, $\triangle AOB \equiv \triangle COD$ (SAS 합동)

☐ 평행사변형 내부의 한 점 P에 대하여 ➡ ⓐ + ⓑ = ⓒ + ⓓ = $\dfrac{1}{2}$ □ABCD [Figure 11]

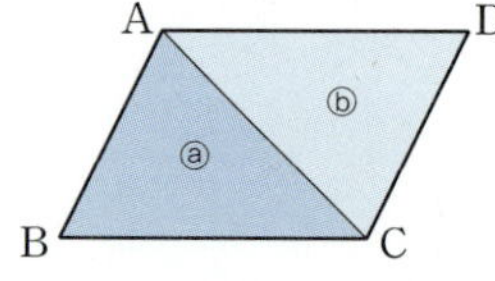

[Figure 09]

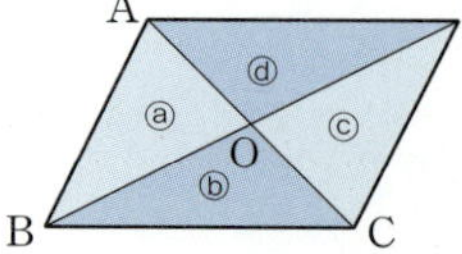

[Figure 10]

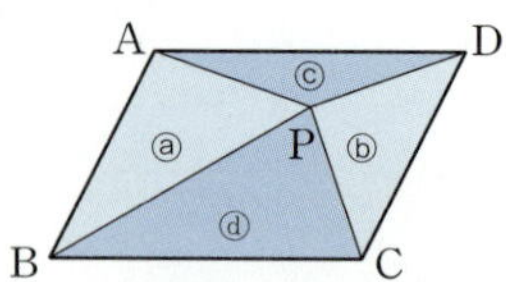

[Figure 11]

⊙ □ABCD는 평행사변형이다.

001 $x=$ ___________
　　$y=$ ___________

002 $x=$ ___________
　　$y=$ ___________

003 $x=$ ___________
　　$y=$ ___________

004 $x=$ ___________
　　$y=$ ___________

005 $x=$ ___________
　　$y=$ ___________

006 $x=$ ___________
　　$y=$ ___________

⊙ □ABCD는 평행사변형이고 ∠A : ∠D$=7:2$이다.

007 ∠B$=$ ___________

008 ∠C$=$ ___________

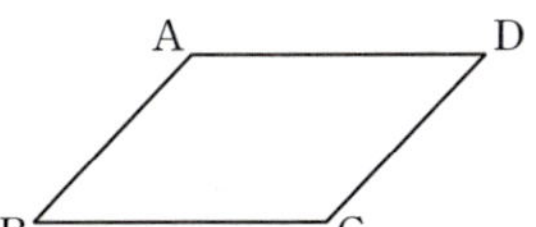

⊙ □ABCD는 평행사변형이다.

009 $\overline{AB}=$ ___________

010 $\overline{AO}=$ ___________

011 $\overline{BO}=$ ___________

012 (△ABO의 둘레의 길이)$=$ ___________

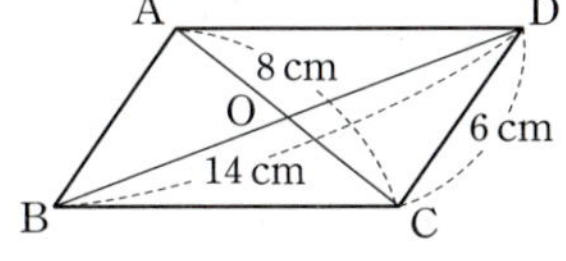

013 △ABO$=5$
　　□ABCD$=$ _______

014 □ABCD$=40$
　　△PAB$+$△PCD$=$ _______

015 □ABCD$=50$, △PAD$=17$
　　△PBC$=$ _______

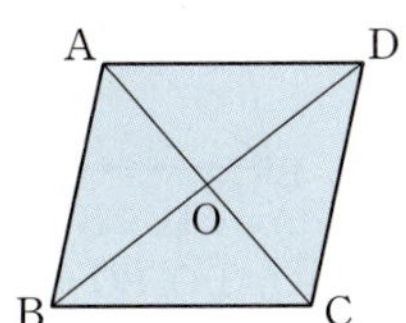

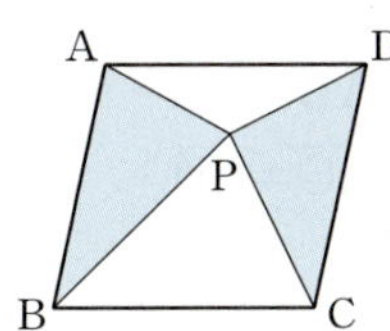

| 1 | 직사각형 ★☆☆☆☆

☐ 네 내각의 크기가 모두 같은 사각형 〔정의〕
　　$=90°$

☐ 직사각형의 성질 : 두 대각선은 길이가 같고 서로 다른 것을 이등분한다.
　　➡ $\overline{AC}=\overline{BD}$, $\overline{AO}=\overline{BO}=\overline{CO}=\overline{DO}$

☐ 평행사변형 → 직사각형이 되는 조건
　　❶ 한 내각이 직각이다. 　➡ $\angle A=90°$
　　❷ 두 대각선의 길이가 같다. ➡ $\overline{AC}=\overline{BD}$

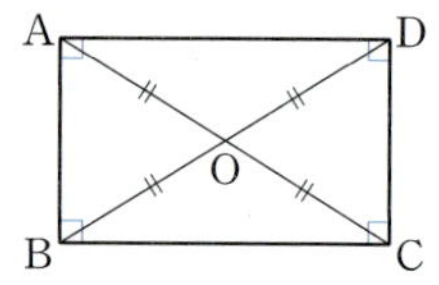

| 2 | 마름모 ★★☆☆☆

☐ 네 변의 길이가 모두 같은 사각형 〔정의〕

☐ 마름모의 성질 : 두 대각선은 서로 다른 것을 수직이등분한다.
　　➡ $\overline{AC}\perp\overline{BD}$, $\overline{AO}=\overline{CO}$, $\overline{BO}=\overline{DO}$

☐ 평행사변형 → 마름모가 되는 조건
　　❶ 이웃하는 두 변의 길이가 같다. ➡ $\overline{AB}=\overline{BC}$
　　❷ 두 대각선이 직교한다. 　➡ $\overline{AC}\perp\overline{BD}$

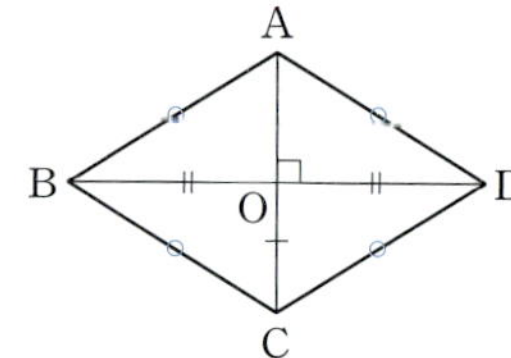

| 3 | 정사각형 ★★☆☆☆

☐ 네 변의 길이가 모두 같고 네 내각의 크기가 모두 같은 사각형 〔정의〕
　　= '마름모이고'　　　　　= '직사각형인'

☐ 정사각형의 성질 : 두 대각선은 길이가 같고 서로 다른 것을 수직이등분한다.
　　➡ $\overline{AC}=\overline{BD}$, $\overline{AC}\perp\overline{BD}$, $\overline{AO}=\overline{BO}=\overline{CO}=\overline{DO}$

☐ 직사각형 → 정사각형이 되는 조건
　　직사각형이 마름모가 되면 정사각형이다.
　　❶ 이웃하는 두 변의 길이가 같다. ➡ $\overline{AB}=\overline{BC}$
　　❷ 두 대각선이 직교한다. 　➡ $\overline{AC}\perp\overline{BD}$

☐ 마름모 → 정사각형이 되는 조건
　　마름모가 직사각형이 되면 정사각형이다.
　　❶ 한 내각이 직각이다. 　➡ $\angle A=90°$
　　❷ 두 대각선의 길이가 같다. ➡ $\overline{AC}=\overline{BD}$

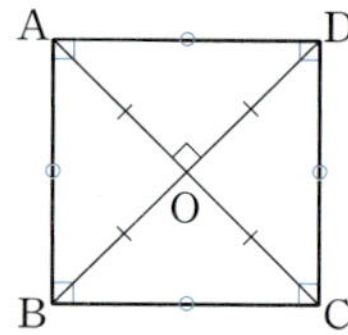

| 4 | 등변사다리꼴 ★★☆☆☆

☐ 밑변의 양 끝각의 크기가 같은 사다리꼴 〔정의〕
　　$\angle B=\angle C$　　　한 쌍의 대변이 평행한 사각형

☐ 등변사다리꼴의 성질
　　❶ 평행하지 않은 한 쌍의 대변의 길이가 같다. ➡ $\overline{AB}=\overline{DC}$
　　❷ 두 대각선의 길이가 같다. 　➡ $\overline{AC}=\overline{BD}$

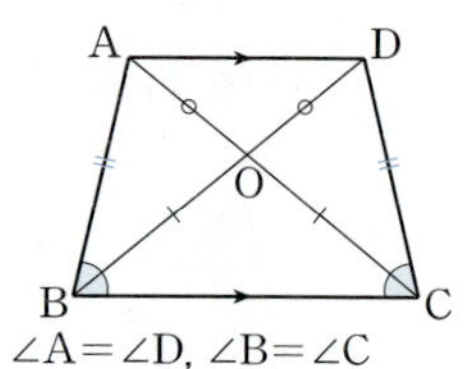

⊙ □ABCD는 **직사각형이다.**

001 $x=$ _______
    $y=$ _______

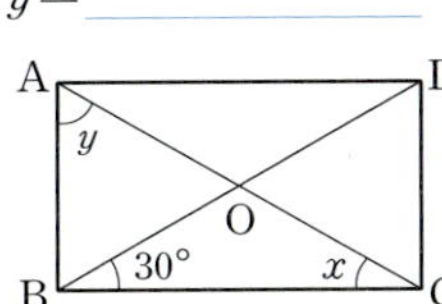

002 $x=$ _______
    $y=$ _______

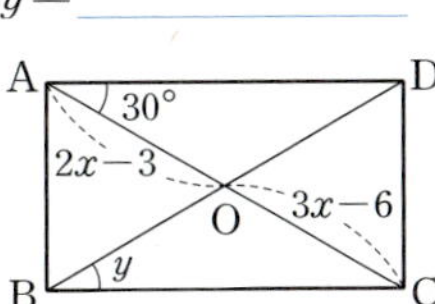

003 $x=$ _______
    $y=$ _______

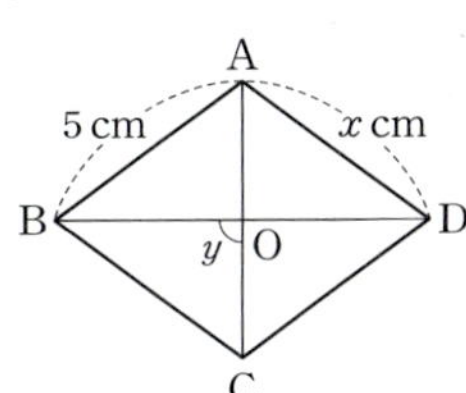

⊙ □ABCD는 **마름모이다.**

004 $x=$ _______
    $y=$ _______

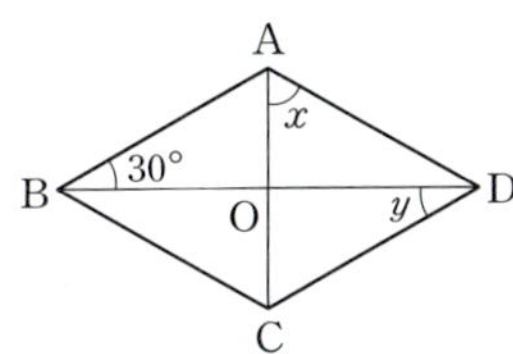

005 $x=$ _______
    $y=$ _______

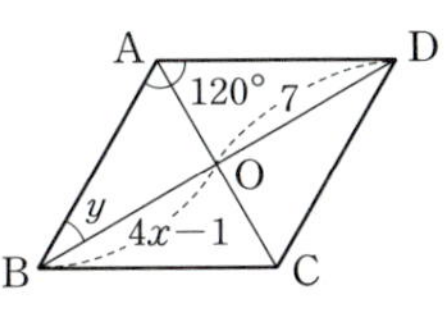

006 $x=$ _______
    $y=$ _______

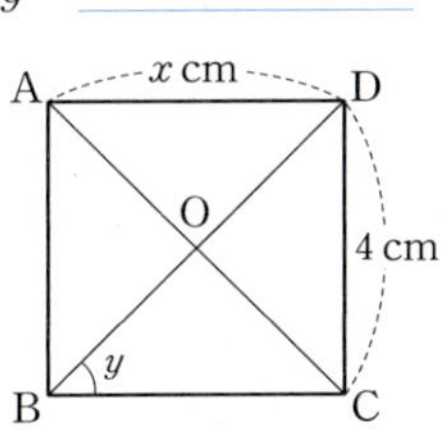

⊙ □ABCD는 **정사각형이다.**

007 $x=$ _______
    $y=$ _______

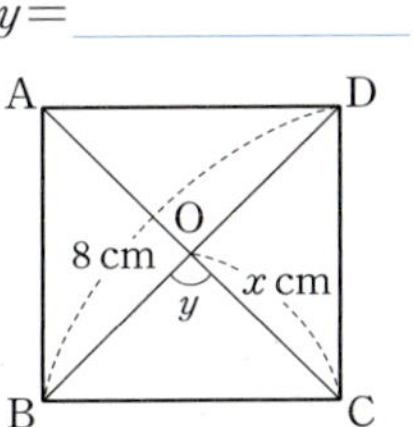

008 $x=$ _______
    $y=$ _______

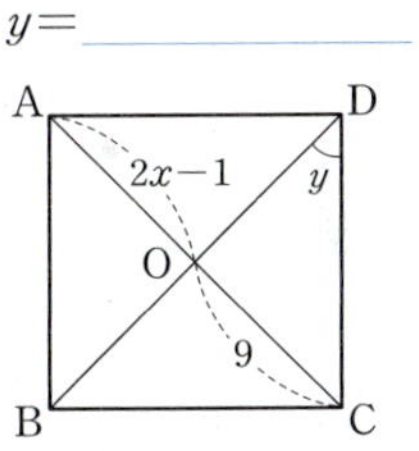

009 $x=$ _______
    $y=$ _______

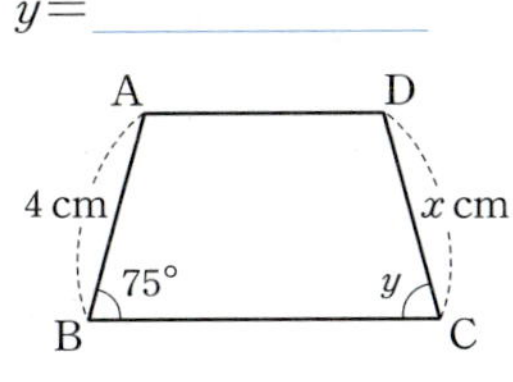

⊙ □ABCD는 **등변사다리꼴이다.**

010 $x=$ _______
    $y=$ _______

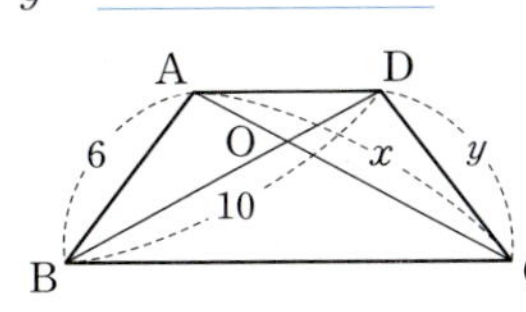

011 $x=$ _______
    $y=$ _______

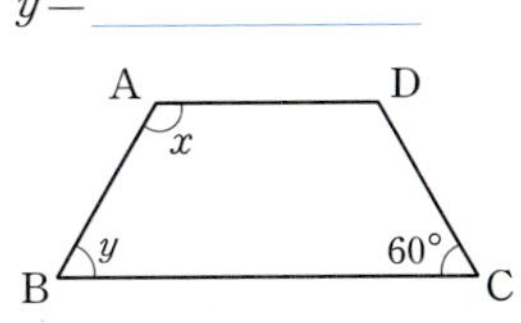

012 $x=$ _______
    $y=$ _______

⊙ **맞으면 ○, 틀리면 ×**

013 두 대각선의 길이가 같은 평행사변형은 마름모이다.   ○ / ×

014 한 내각의 크기가 90°인 평행사변형은 직사각형이다.   ○ / ×

015 이웃하는 두 변의 길이가 같은 평행사변형은 직사각형이다.   ○ / ×

016 두 대각선이 직교하는 직사각형은 정사각형이다.   ○ / ×

| 1 | 여러 가지 사각형 사이의 관계 ★☆☆☆☆

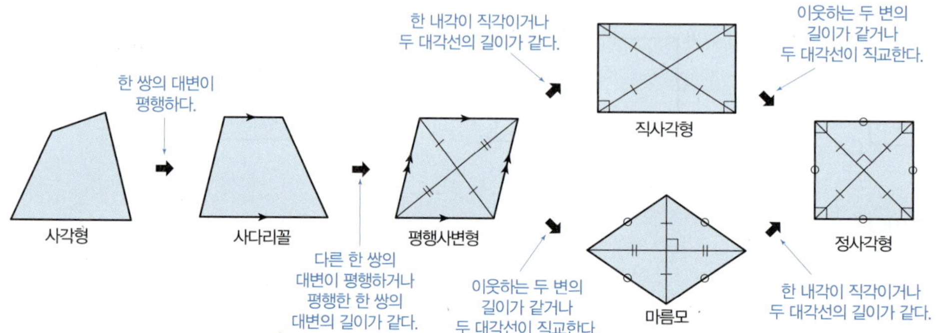

@ (평행사변형 → 직사각형), (마름모 → 정사각형)이 되는 조건 ➡ 한 내각이 직각이거나 두 대각선의 길이가 같다.

@ (평행사변형 → 마름모), (직사각형 → 정사각형)이 되는 조건 ➡ 이웃하는 두 변의 길이가 같거나 두 대각선이 직교한다.

| 2 | 여러 가지 사각형의 대각선의 성질 ★☆☆☆☆

대각선의 성질＼사각형의 종류	등변사다리꼴	평행사변형	직사각형	마름모	정사각형
☐ 두 대각선의 길이가 같다.	○	×	○	×	○
☐ 두 대각선이 직교한다.	×	×	×	○	○
☐ 두 대각선이 내각을 이등분한다.	×	×	×	○	○
☐ 두 대각선이 서로 다른 것을 이등분한다.	×	○	○	○	○

수직이등분

| 3 | 평행선과 넓이 ★★★★★

• 두 직선 l, m이 평행할 때

☐ 밑변의 길이와 높이가 같으면 삼각형의 넓이는 서로 같다.

➡ $\triangle ABC = \triangle DBC = \triangle EBC = \dfrac{1}{2} \times a \times h$

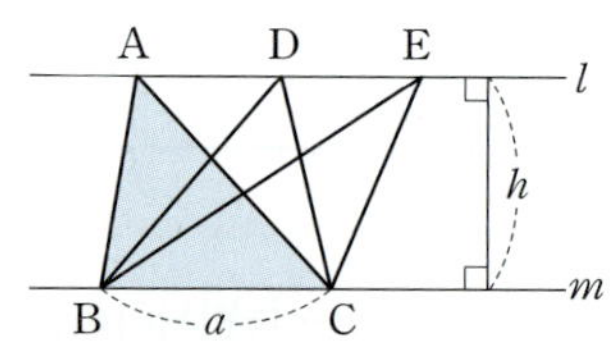

☐ 높이가 같은 두 삼각형의 넓이의 비는 밑변의 길이의 비와 같다.

➡ $\triangle ABC : \triangle ACD = \dfrac{1}{2} \times a \times h : \dfrac{1}{2} \times b \times h = a : b$

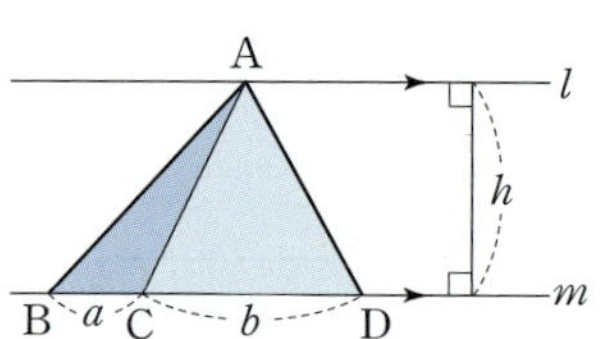

| 4 | 평행선을 이용한 도형의 넓이 ★★★☆☆

• $\overline{AC} /\!/ \overline{DE}$이므로

☐ $\triangle ACD = \triangle ACE$

☐ $\triangle DAE = \triangle DCE$

☐ $\square ABCD = \triangle ABE$
$\square ABCD = \triangle ABC + \triangle ACD$
$= \triangle ABC + \triangle ACE$
$= \triangle ABE$

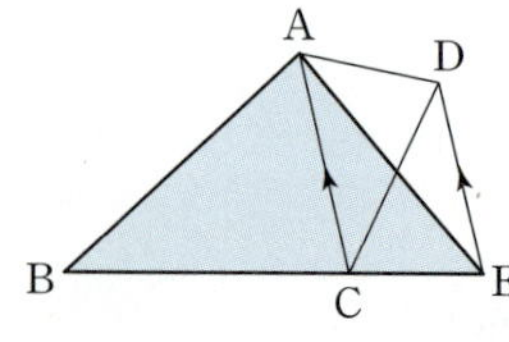

• $\overline{AD} /\!/ \overline{BC}$인 사다리꼴 ABCD에서

☐ $\triangle ABC = \triangle DCB$

☐ $\triangle ABD = \triangle DCA$

☐ $\triangle OAB = \triangle ODC$

☐ $\triangle OAB : \triangle OCB$
$= \triangle OAD : \triangle OCD = \overline{OA} : \overline{OC}$

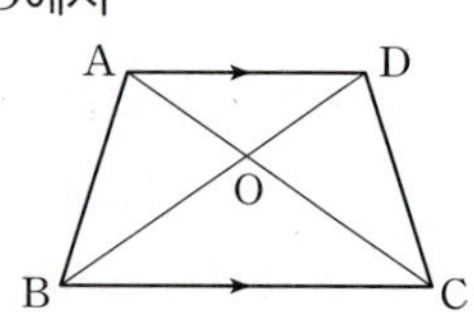

⊙ □ABCD는 평행사변형이다. 다음 조건을 만족하면 어떤 사각형이 되는지 구하시오.

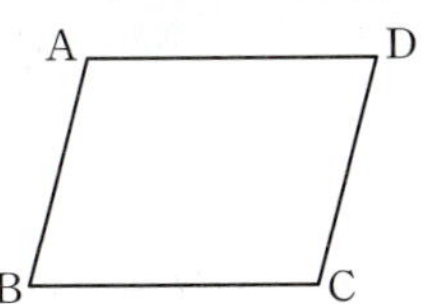

001 $\angle A = 90°$ ___________

002 $\angle A = \angle D$ ___________

003 $\overline{AC} = \overline{BD}$ ___________

004 $\overline{AB} = \overline{AD}$ ___________

005 $\overline{AC} \perp \overline{BD}$ ___________

006 $\angle A = 90°, \overline{AC} \perp \overline{BD}$ ___________

007 $\angle A = 90°, \overline{AB} = \overline{AD}$ ___________

008 $\overline{AB} = \overline{AD}, \overline{AC} = \overline{BD}$ ___________

⊙ 색칠한 부분의 넓이를 구하시오.

009 $\overline{AE} /\!/ \overline{DB}$, □ABCD=10

　　　△DEC= ___________

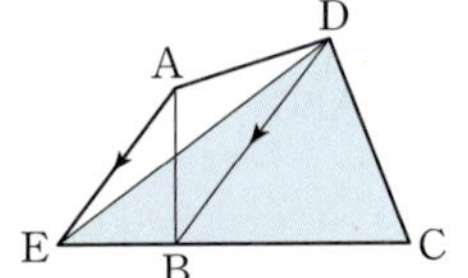

010 $\overline{AC} /\!/ \overline{DE}$, △ABC=6, △ACE=5

　　　□ABCD= ___________

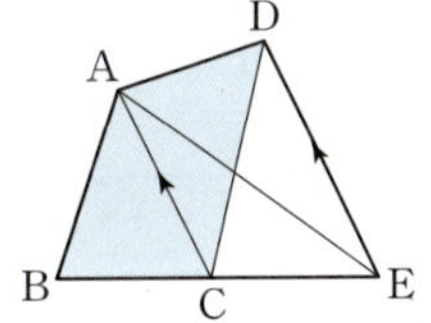

011 △ABC=10, $\overline{DB} : \overline{DC} = 2 : 3$

　　　△ADC= ___________

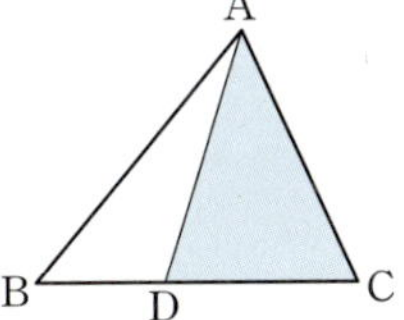

012 △ABC=9, $\overline{DB} : \overline{DC} = 1 : 2$, $\overline{EA} : \overline{EC} = 2 : 1$

　　　△EDC= ___________

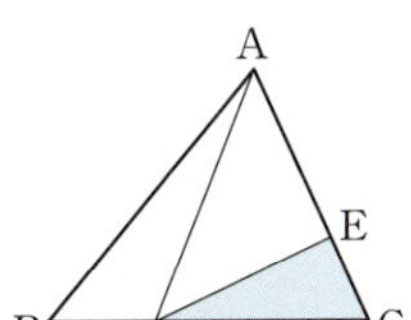

⊙ □ABCD는 평행사변형이다.

013 △ABC=10, △DBC= ___________

014 △EBC=10, △ACD= ___________

015 △ABE=4, $\overline{AE} : \overline{ED} = 2 : 3$, □ABCD= ___________

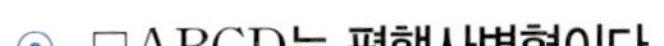
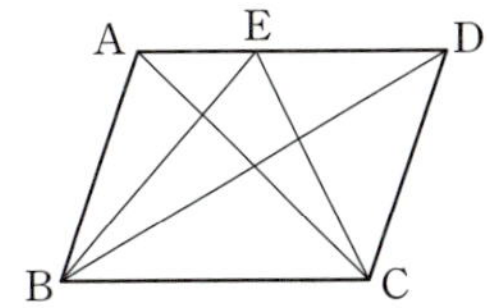

⊙ $\overline{AD} /\!/ \overline{BC}$인 사다리꼴 ABCD이고 $\overline{OB} : \overline{OD} = 2 : 1$이다.

016 △OAB= ___________

017 △OCD= ___________

018 △OBC= ___________

019 □ABCD= ___________

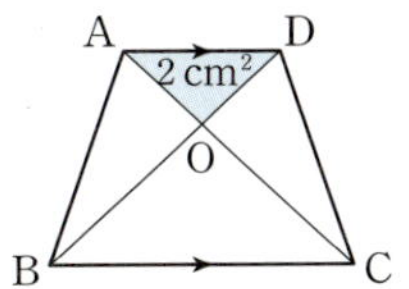

| 1 | 닮음 ★☆☆☆☆

□ 한 도형을 일정한 비율로 확대하거나 축소한 것이 다른 도형과 합동일 때, 이 두 도형은 **서로 닮음인 관계가 있다**고 한다. 정의

예 원, 구, 정사각형, 정사면체, 직각이등변삼각형, … 등은 항상 닮음이다.

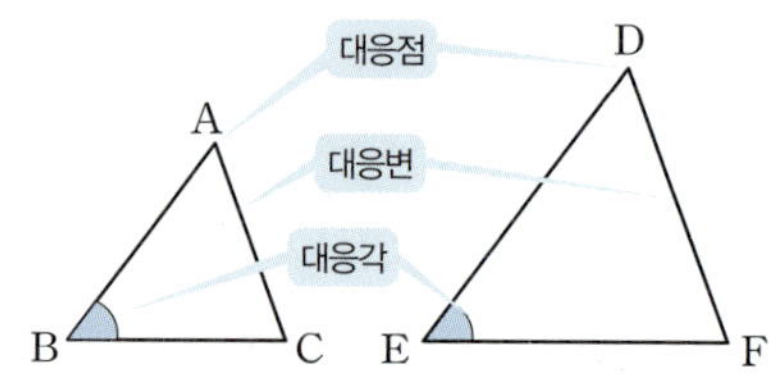

□ **닮은 도형** : 닮음인 관계가 있는 두 도형 정의

➡ $\triangle ABC \backsim \triangle DEF$ (대응하는 점의 순서를 맞추어 쓴다.)
Similar(닮음)의 첫 글자 S를 옆으로 뉘어서 쓴 것

참 $\triangle ABC$와 $\triangle DEF$가 닮음일 때 $\triangle ABC \backsim \triangle DEF$, 합동일 때 $\triangle ABC \equiv \triangle DEF$, 넓이가 같을 때 $\triangle ABC = \triangle DEF$로 나타낸다.

| 2 | 평면도형에서 닮음의 성질 ★★★★★

• 서로 닮은 두 평면도형에서

□ 대응하는 변의 길이의 비는 일정하다.

➡ $\overline{AB} : \overline{DE} = \overline{BC} : \overline{EF} = \overline{AC} : \overline{DF}$

□ 대응하는 각의 크기는 각각 같다.

➡ $\angle A = \angle D$, $\angle B = \angle E$, $\angle C = \angle F$

□ **닮음비** : 대응하는 변의 길이의 비 정의
닮음비는 가장 간단한 자연수의 비로 나타내며, 닮음비가 1 : 1인 두 도형은 합동이다.

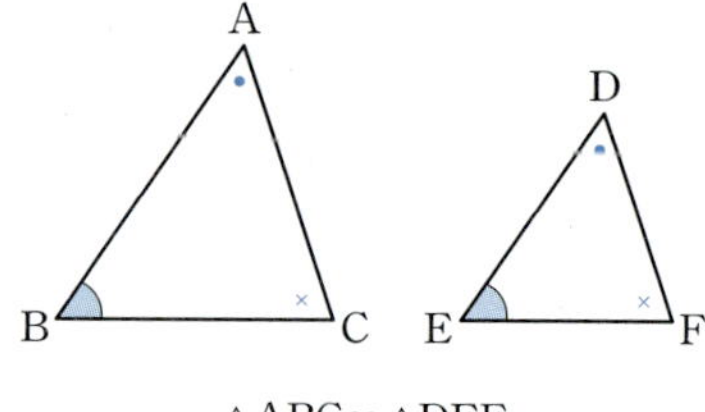

$\triangle ABC \backsim \triangle DEF$

| 3 | 입체도형에서 닮음의 성질 ★★☆☆☆

• 서로 닮은 두 입체도형에서

□ 대응하는 모서리의 길이의 비는 일정하다.

➡ $\overline{AB} : \overline{EF} = \overline{BC} : \overline{FG} = \cdots$

□ 대응하는 면은 닮은 도형이다.

➡ $\triangle ABC \backsim \triangle EFG$, $\triangle BCD \backsim \triangle FGH$, …

□ **닮음비** : 대응하는 모서리의 길이의 비 정의

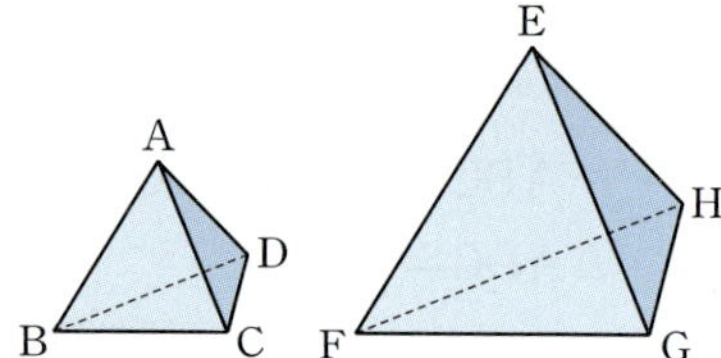

| 4 | 삼각형의 닮음조건 ★★★★★

• 두 삼각형은 다음 각 경우에 서로 닮음이다.

□ **SSS닮음** : 대응하는 세 쌍의 변의 길이의 비가 같을 때 [Figure 01]
SSS

➡ $a : a' = b : b' = c : c'$

□ **SAS닮음** : 대응하는 두 쌍의 변의 길이의 비가 같고, 그 끼인 각의 크기가 같을 때 [Figure 02]
SS   A

➡ $a : a' = c : c'$, $\angle B = \angle B'$

□ **AA닮음** : 대응하는 두 쌍의 각의 크기가 같을 때 [Figure 03]
AA

➡ $\angle B = \angle B'$, $\angle C = \angle C'$

S : 변(**S**ide)
A : 각(**A**ngle)

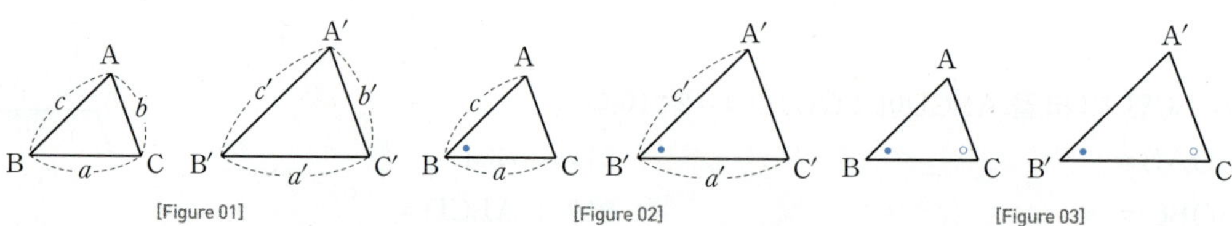

⊙ □ABCD∽□EFGH이다.

001 (닮음비)=＿＿＿＿＿＿＿＿

002 $\overline{FG}$=＿＿＿＿＿＿＿＿

003 ∠A=＿＿＿＿＿＿＿＿

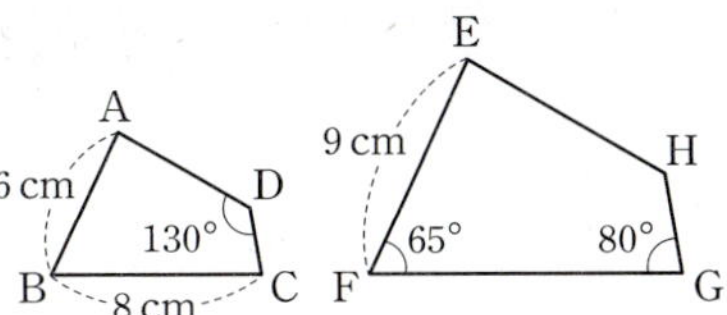

⊙ 두 삼각뿔이 닮았다.

004 (닮음비)=＿＿＿＿＿＿＿＿

005 $\overline{CD}$=＿＿＿＿＿＿＿＿

006 $\overline{FG}$=＿＿＿＿＿＿＿＿

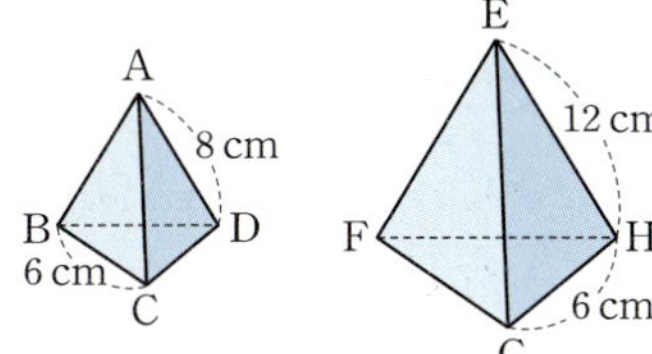

⊙ 서로 닮은 삼각형을 찾아 기호 ∽를 사용하여 나타내고, 닮음조건을 말하시오.

007 △ABC∽＿＿＿＿＿＿＿＿
（닮음조건 : ＿＿＿＿＿＿＿＿）

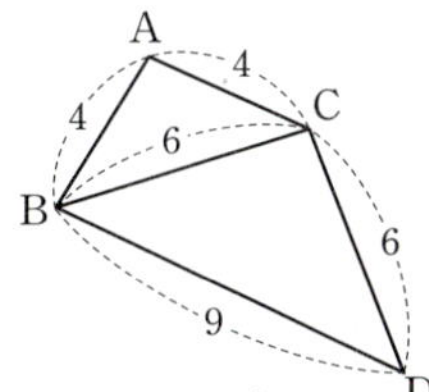

008 △ABC∽＿＿＿＿＿＿＿＿
（닮음조건 : ＿＿＿＿＿＿＿＿）

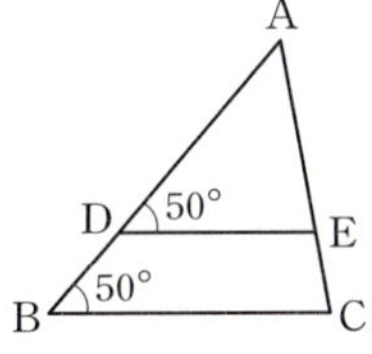

009 △ABC∽＿＿＿＿＿＿＿＿
（닮음조건 : ＿＿＿＿＿＿＿＿）

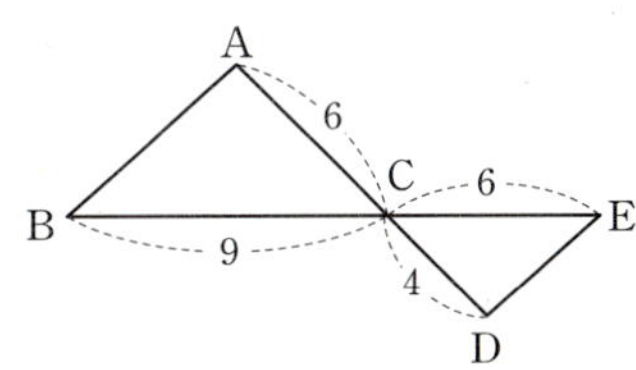

⊙ SAS닮음인 두 삼각형이다.

010 △ABC∽＿＿＿＿＿＿＿＿

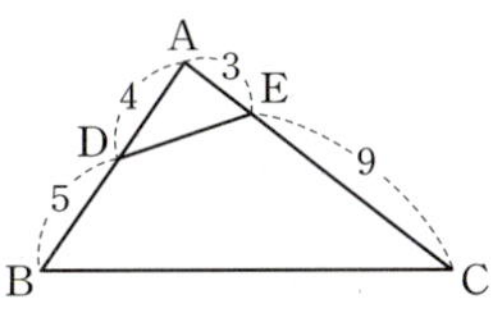

011 x=＿＿＿＿＿＿＿＿

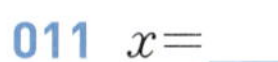
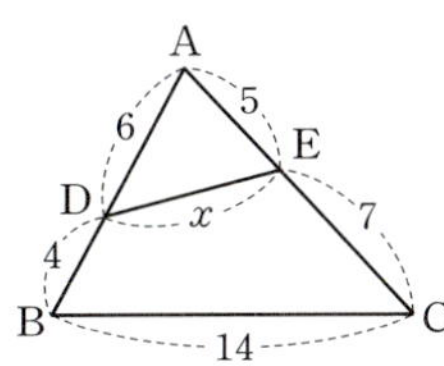

012 x=＿＿＿＿＿＿＿＿

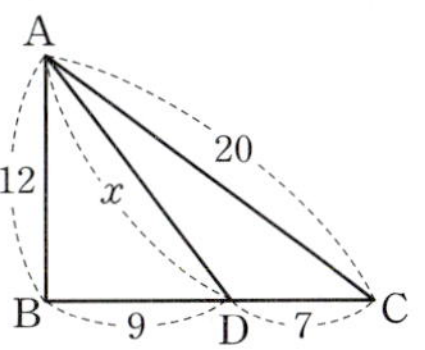

⊙ AA닮음인 두 삼각형이다.

013 △ABC∽＿＿＿＿＿＿＿＿

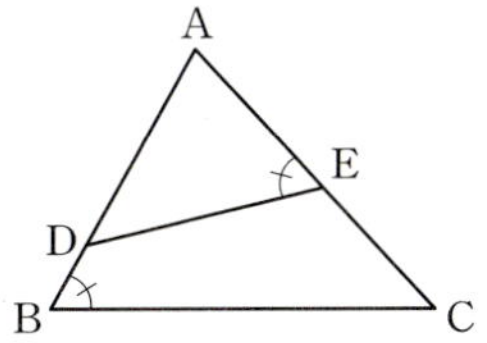

014 x=＿＿＿＿＿＿＿＿

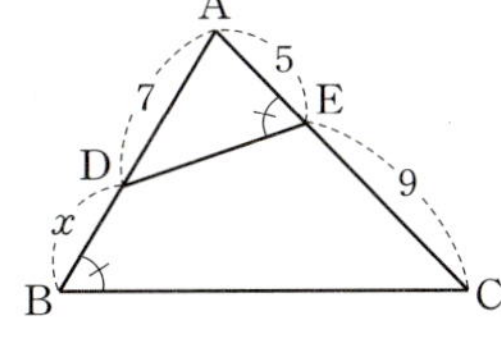

015 x=＿＿＿＿＿＿＿＿

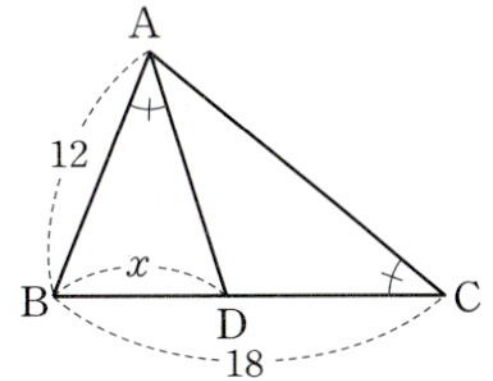

081 닮음의 활용

| 1 | 직각삼각형에서 닮음 ★★★★☆

- $\angle A = 90°$인 직각삼각형 ABC의 꼭짓점 A에서 빗변 BC에 내린 수선의 발을 H라 하면

☐ $\overline{AB}^2 = \overline{BH} \times \overline{BC}$

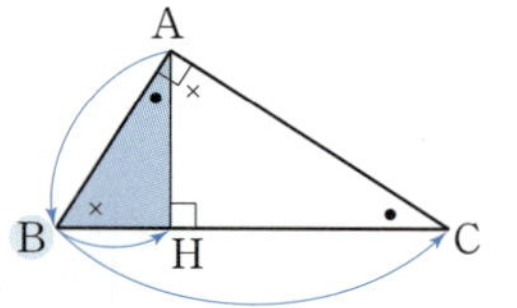

$\triangle ABC \backsim \triangle HBA\,(\text{AA닮음})$

➡ $\overline{AB} : \overline{HB} = \overline{BC} : \overline{BA}$

☐ $\overline{AC}^2 = \overline{CH} \times \overline{CB}$

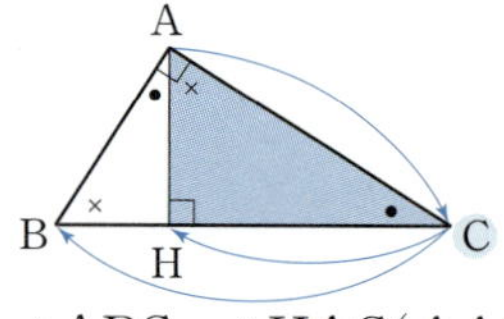

$\triangle ABC \backsim \triangle HAC\,(\text{AA닮음})$

➡ $\overline{AC} : \overline{HC} = \overline{BC} : \overline{AC}$

☐ $\overline{AH}^2 = \overline{HB} \times \overline{HC}$

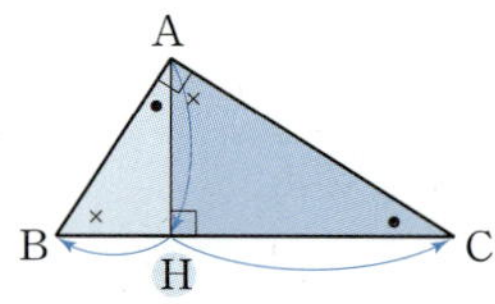

$\triangle HBA \backsim \triangle HAC\,(\text{AA닮음})$

➡ $\overline{HA} : \overline{HC} = \overline{HB} : \overline{HA}$

| 2 | 종이접기에서 닮음 ★☆☆☆☆

☐ 직사각형 ➡ $\triangle ABE \backsim \triangle DEF\,(\text{AA닮음})$

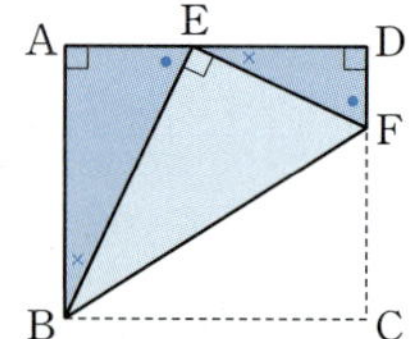

☐ 정삼각형 ➡ $\triangle DBE \backsim \triangle ECF\,(\text{AA닮음})$

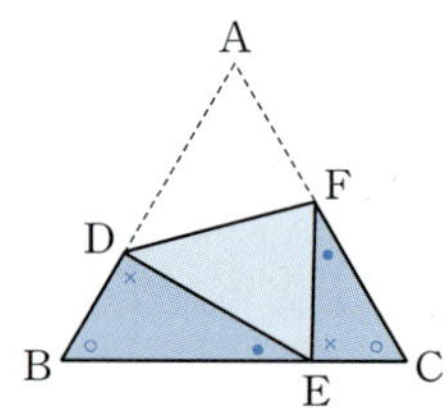

| 3 | 삼각형에서 평행선과 선분의 길이의 비 ★★★☆☆

- $\triangle ABC$에서 두 점 D, E가 각각 $\overline{AB}$, $\overline{AC}$ 또는 그 연장선 위의 점일 때

☐ $\overline{BC} /\!/ \overline{DE}$ ➡ $\overline{AB} : \overline{AD} = \overline{AC} : \overline{AE} = \overline{BC} : \overline{DE}$

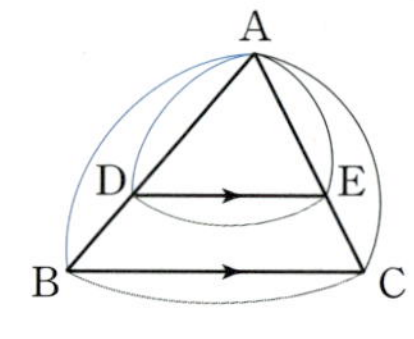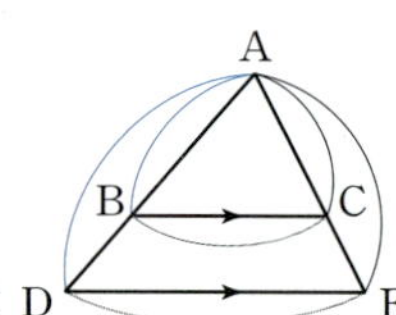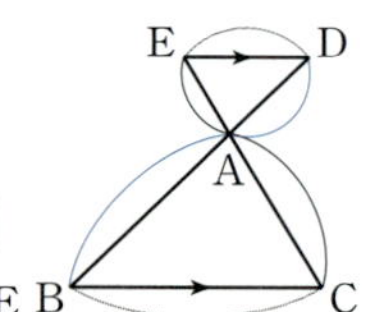

☐ $\overline{BC} /\!/ \overline{DE}$ ➡ $\overline{AD} : \overline{DB} = \overline{AE} : \overline{EC} \neq \overline{DE} : \overline{BC}$

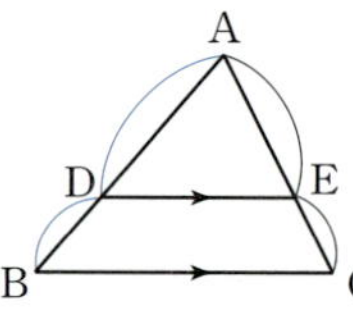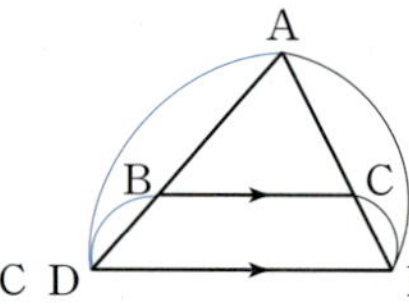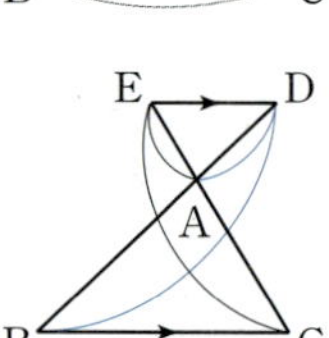

⊙ △ABC는 직각삼각형이다.

001 $x=$ _______

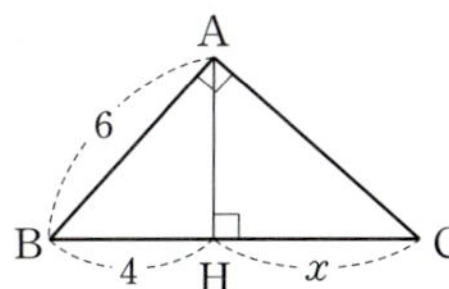

002 $x=$ _______

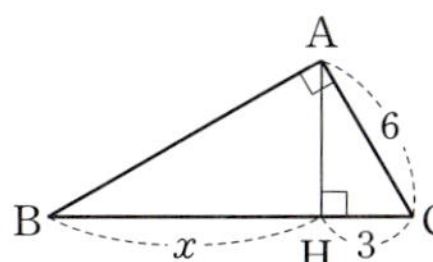

003 $x=$ _______

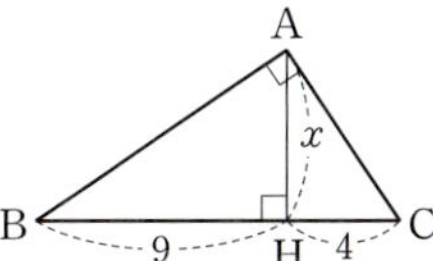

⊙ △ABC는 직각삼각형이다.

004 $\overline{AD}=$ _______

$\overline{BD}=$ _______

$\overline{CD}=$ _______

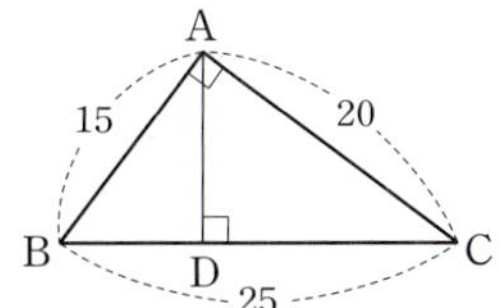

⊙ □ABCD는 직사각형, $\overline{BF}$는 접는 선이다.

005 △ABE∽ _______

$\overline{EF}=$ _______

$\overline{DF}=$ _______

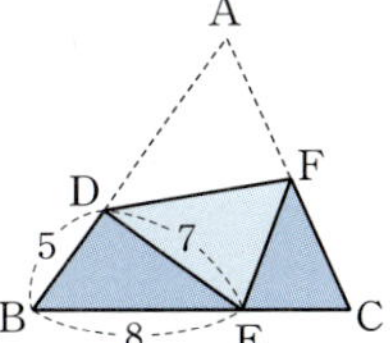

⊙ △ABC는 정삼각형, $\overline{DF}$는 접는 선이다.

006 △DBE∽ _______

$\overline{EC}=$ _______

$\overline{AF}=$ _______

⊙ $\overline{BC}\,/\!/\,\overline{DE}$이다.

007 $x=$ _______

$y=$ _______

008 $x=$ _______

$y=$ _______

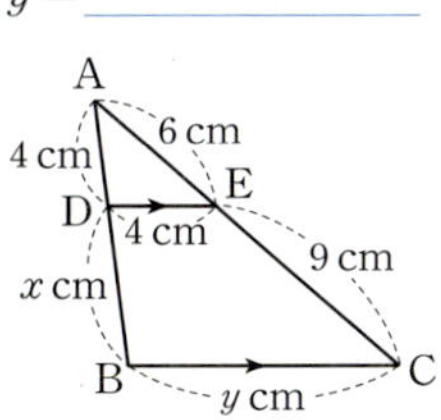

009 $x=$ _______

$y=$ _______

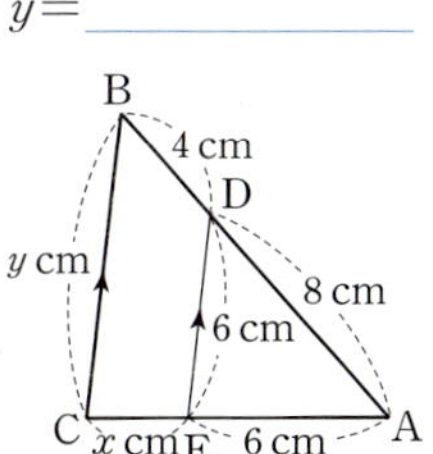

010 $x=$ _______

$y=$ _______

011 $x=$ _______

$y=$ _______

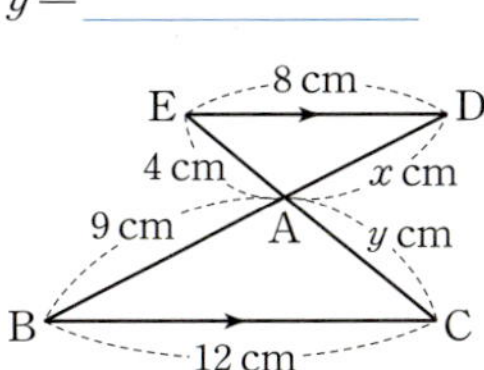

012 $x=$ _______

$y=$ _______

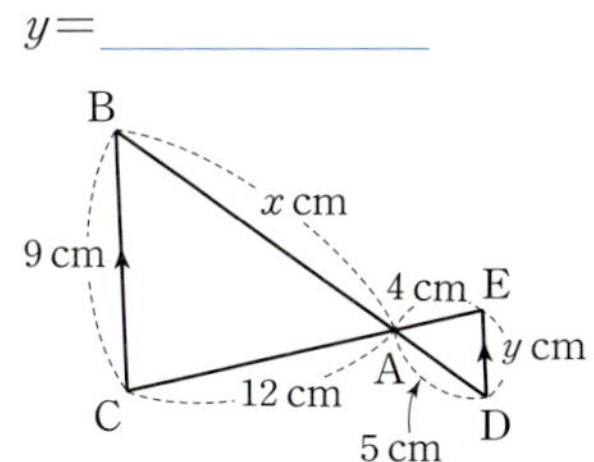

| 1 | 삼각형에서 각의 이등분선 ★★★☆☆

☐ 내각의 이등분선 : ∠A의 이등분선이 $\overline{BC}$와 만나는 점을 D ($\angle BAD = \angle CAD$)

라 하면

➡ $\overline{AB} : \overline{AC} = \overline{BD} : \overline{CD}$ ($= \triangle ABD : \triangle ADC$)

☐ 외각의 이등분선 : ∠A의 외각의 이등분선이 $\overline{BC}$의 연장선과 ($\angle CAD = \angle EAD$)

만나는 점을 D라 하면

➡ $\overline{AB} : \overline{AC} = \overline{BD} : \overline{CD}$ ($\neq BC : CD$)

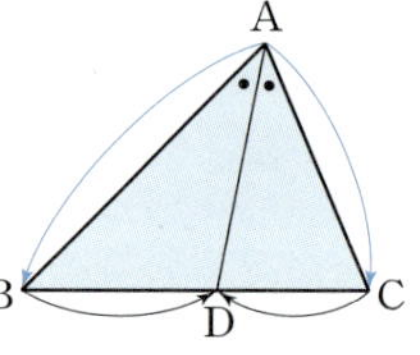
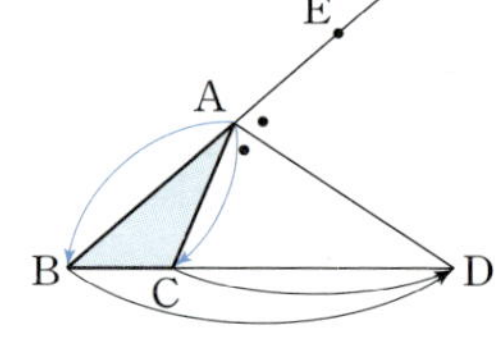

| 2 | 평행선 사이의 선분의 길이의 비 ★★☆☆☆

☐ 3개 이상의 평행선이 다른 두 직선과 만나서 생기는 선분의 길이의 비는 같다.

➡ $l /\!/ m /\!/ n$이면 $a : b = c : d$이다.

☎ '$a : b = c : d$이면 $l /\!/ m /\!/ n$이다.'는 성립하지 않는다.

☐ 하나의 선분을 평행이동한 후 '삼각형에서 평행선과 선분의 길이의 비'를 적용한다.

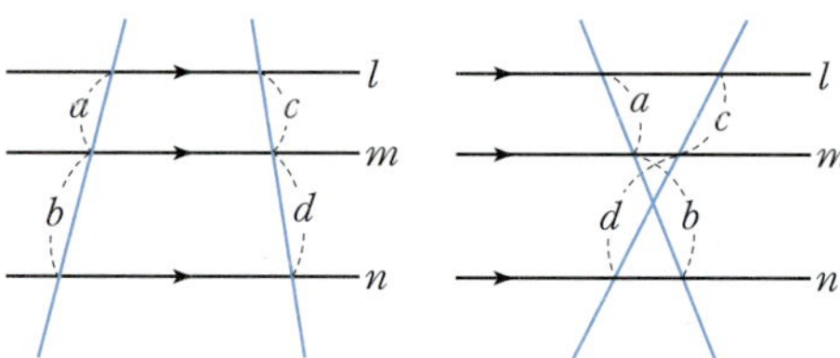

| 3 | 사다리꼴에서 평행선과 선분의 길이의 비 ★★☆☆☆

• $\overline{AD} /\!/ \overline{BC}$인 사다리꼴 ABCD에서 $\overline{EF} /\!/ \overline{BC}$일 때

☐ 평행선($\overline{AH}$) 이용

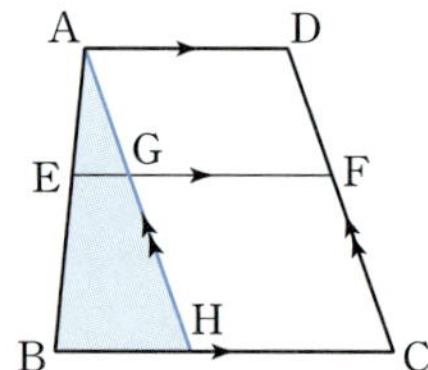

$\triangle ABH$에서 $\overline{AE} : \overline{AB} = \overline{EG} : \overline{BH}$

➡ $\overline{GF} = \overline{AD} = \overline{HC}$

➡ $\overline{EF} = \overline{EG} + \overline{GF}$

☐ 대각선($\overline{AC}$) 이용

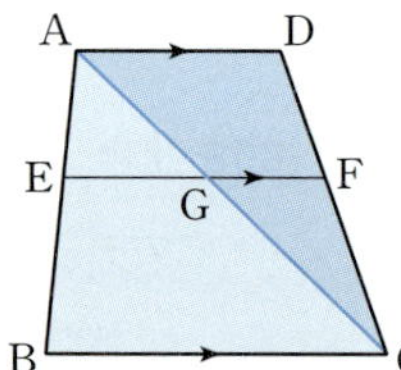

$\triangle ABC$에서 $\overline{AE} : \overline{AB} = \overline{EG} : \overline{BC}$

$\triangle CDA$에서 $\overline{CF} : \overline{CD} = \overline{GF} : \overline{AD}$

➡ $\overline{EF} = \overline{EG} + \overline{GF}$

⊙ $\overline{\text{AD}}$는 ∠A의 이등분선이다.

001 $x=$＿＿＿＿＿＿

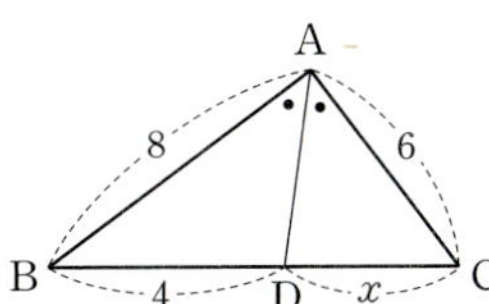

002 $x=$＿＿＿＿＿＿

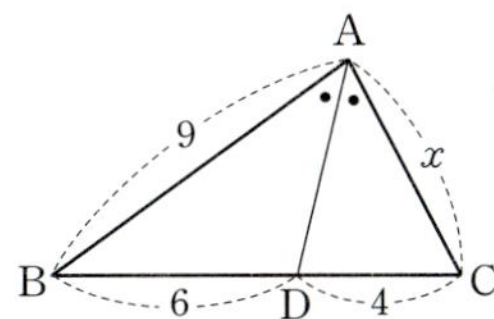

003 $x=$＿＿＿＿＿＿

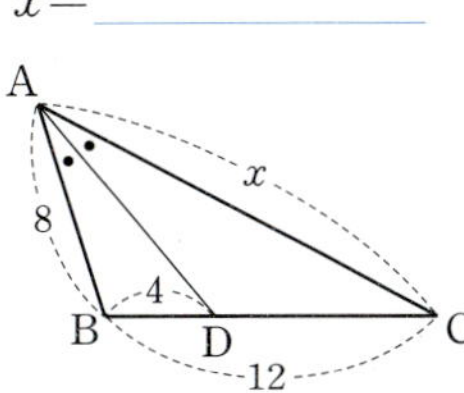

⊙ $\overline{\text{AD}}$는 ∠A의 외각의 이등분선이다.

004 $x=$＿＿＿＿＿＿

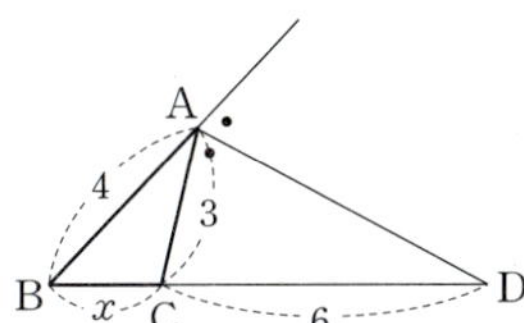

005 $x=$＿＿＿＿＿＿

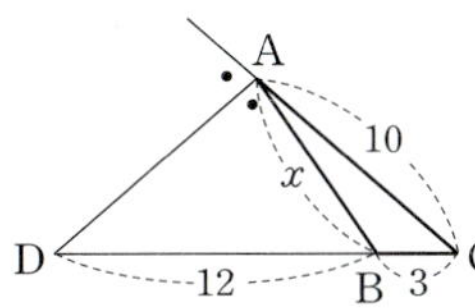

006 $x=$＿＿＿＿＿＿

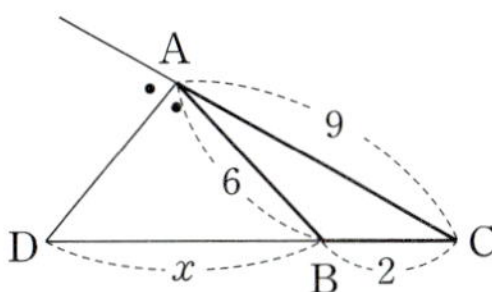

⊙ $l \mathbin{/\mkern-3mu/} m \mathbin{/\mkern-3mu/} n$이다.

007 $x=$＿＿＿＿＿＿

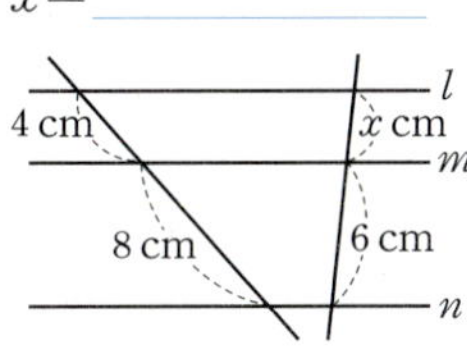

008 $x=$＿＿＿＿＿＿

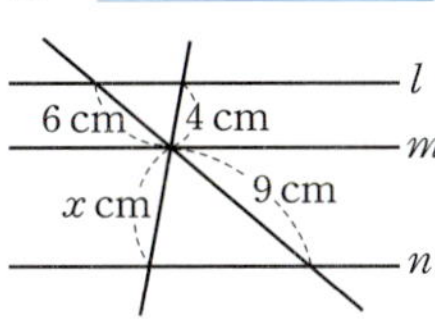

009 $x=$＿＿＿＿＿＿

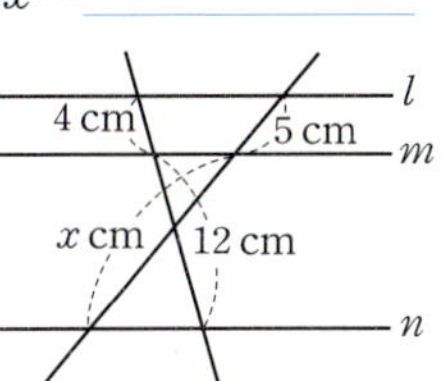

⊙ 사다리꼴 ABCD에서 $\overline{\text{AD}} \mathbin{/\mkern-3mu/} \overline{\text{EF}} \mathbin{/\mkern-3mu/} \overline{\text{BC}}$이다.

010 $\overline{\text{EG}}=$＿＿＿＿＿＿

$\overline{\text{GF}}=$＿＿＿＿＿＿

$\overline{\text{EF}}=$＿＿＿＿＿＿

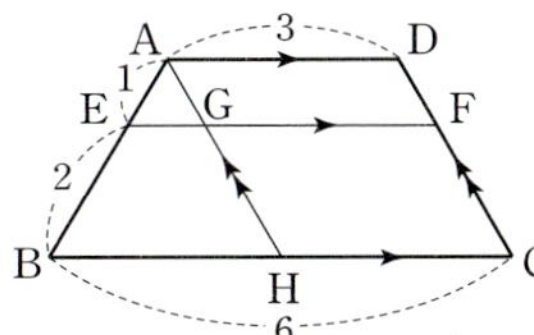

011 $\overline{\text{EG}}=$＿＿＿＿＿＿

$\overline{\text{GF}}=$＿＿＿＿＿＿

$\overline{\text{EF}}=$＿＿＿＿＿＿

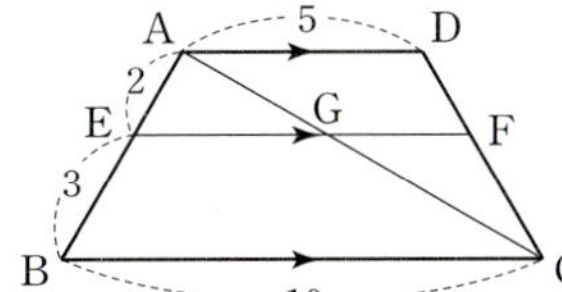

083 삼각형의 두 변의 중점을 연결한 선분의 성질

| 1 | 평행선과 선분의 길이의 비의 활용 ★☆☆☆☆

- $\overline{AC}$와 $\overline{BD}$의 교점이 E, $\overline{AB} \parallel \overline{EF} \parallel \overline{DC}$일 때

☐ $\overline{BF} : \overline{FC} = a : b$

☐ $\overline{EF} = \dfrac{ab}{a+b}$ ← $\overline{BF} : \overline{BC} = \overline{EF} : \overline{DC} \to a : (a+b) = \overline{EF} : b \to \overline{EF} = \dfrac{ab}{a+b}$

☐ △ABE ∽ △CDE (AA닮음)   ☐ △BFE ∽ △BCD (AA닮음)   ☐ △CEF ∽ △CAB (AA닮음)

➡ (닮음비) $= a : b$ ➡ (닮음비) $= a : (a+b)$ ➡ (닮음비) $= b : (a+b)$

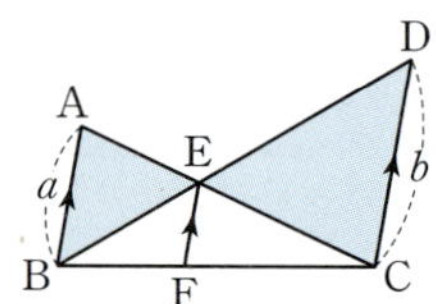 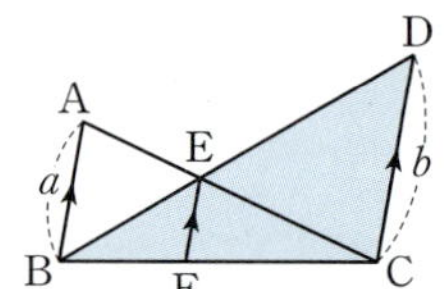 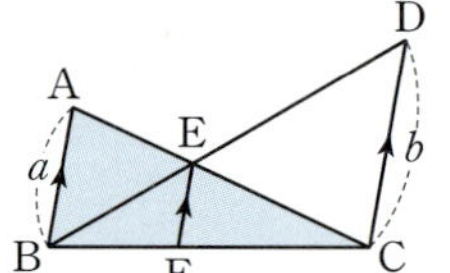

| 2 | 삼각형의 두 변의 중점을 연결한 선분의 성질 ★★★★★

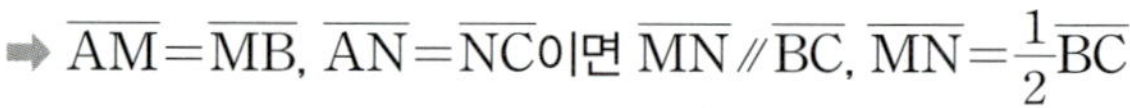

☐ 삼각형의 두 변의 중점을 연결한 선분은 나머지 한 변과 평행하고, 그 길이는 나머지 한 변의 길이의 $\dfrac{1}{2}$이다.

➡ $\overline{AM} = \overline{MB}$, $\overline{AN} = \overline{NC}$이면 $\overline{MN} \parallel \overline{BC}$, $\overline{MN} = \dfrac{1}{2}\overline{BC}$

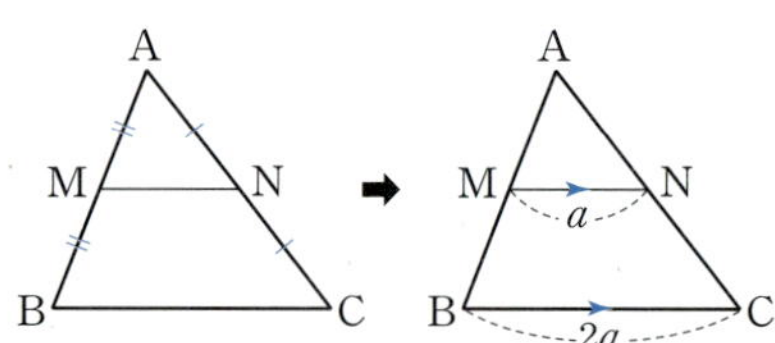

☐ 삼각형의 한 변의 중점을 지나고 다른 한 변에 평행한 직선은 나머지 한 변의 중점을 지난다.

➡ $\overline{AM} = \overline{MB}$, $\overline{MN} \parallel \overline{BC}$이면 $\overline{AN} = \overline{NC}$

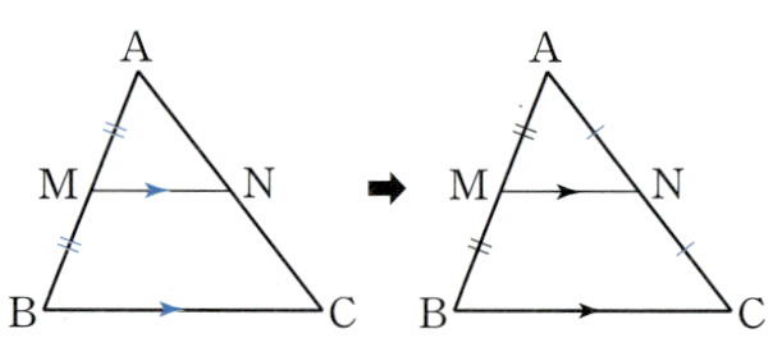

| 3 | 사다리꼴에서 삼각형의 두 변의 중점을 연결한 선분의 성질 ★☆☆☆☆

- $\overline{AD} \parallel \overline{BC}$인 사다리꼴 ABCD에서 $\overline{AM} = \overline{MB}$, $\overline{DN} = \overline{NC}$일 때

☐ $\overline{AD} \parallel \overline{MN} \parallel \overline{BC}$

☐ $\overline{MN} = \overline{MP} + \overline{PN} = \dfrac{1}{2}(\overline{BC} + \overline{AD})$ [Figure 01]

☐ $\overline{PQ} = \overline{MQ} - \overline{MP} = \dfrac{1}{2}(\overline{BC} - \overline{AD})$ [Figure 02]

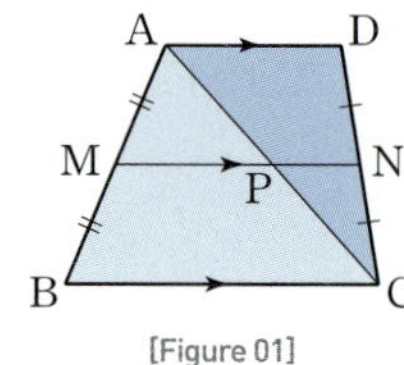

[Figure 01]   [Figure 02]

⊙ $\overline{AB} /\!/ \overline{EF} /\!/ \overline{DC}$이다.

001 $x=$ _________

$y=$ _________

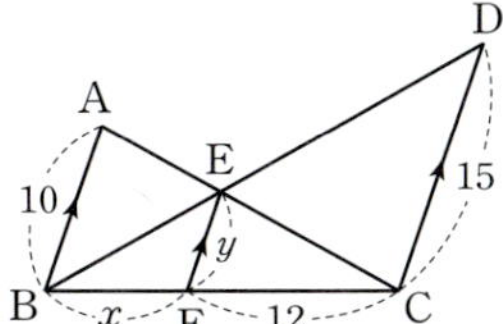

002 $x=$ _________

$y=$ _________

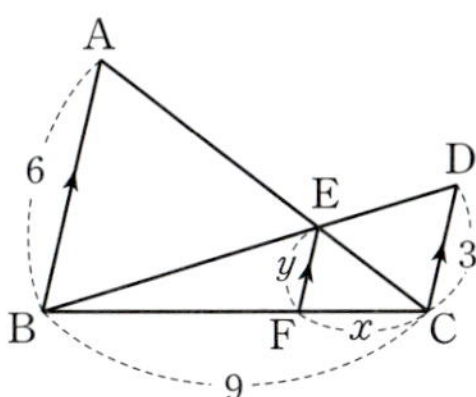

⊙ $\overline{AB}$, $\overline{EF}$, $\overline{DC}$는 모두 $\overline{BC}$와 수직이다.

003 $\overline{BE} : \overline{ED}=$ _________

004 $\overline{BF} : \overline{BC}=$ _________

005 $\overline{BF}=$ _________

006 $\overline{EF}=$ _________

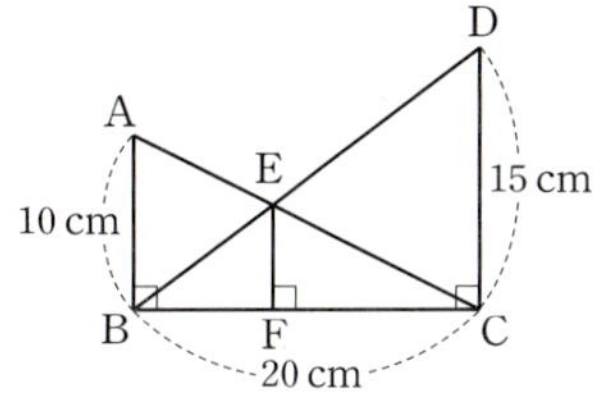

⊙ 색칠한 도형의 둘레의 길이를 구하시오.

007 _________

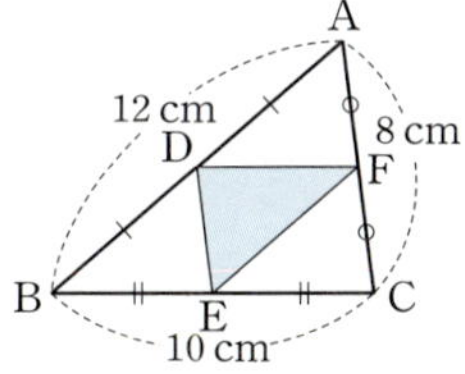

008 _________

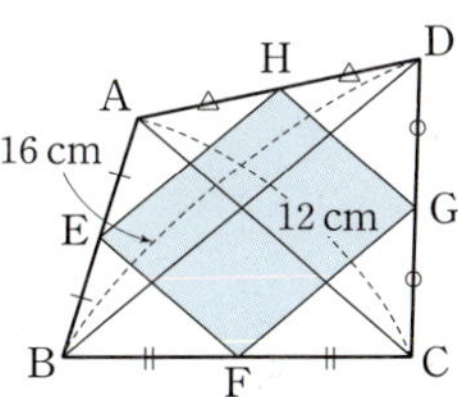

⊙ 선분의 길이를 구하시오.

009 $\overline{BF}=$ _________

$\overline{GF}=$ _________

$\overline{BG}=$ _________

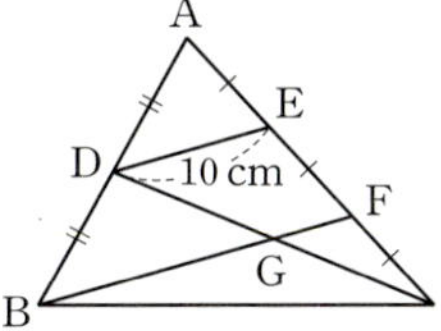

010 $\overline{DG}=$ _________

$\overline{DF}=$ _________

$\overline{FG}=$ _________

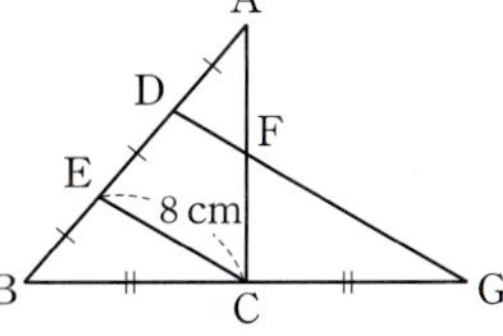

⊙ □ABCD는 $\overline{AD} /\!/ \overline{BC}$인 사다리꼴이다.

011 $\overline{MP}=$ _________

$\overline{PN}=$ _________

$\overline{MN}=$ _________

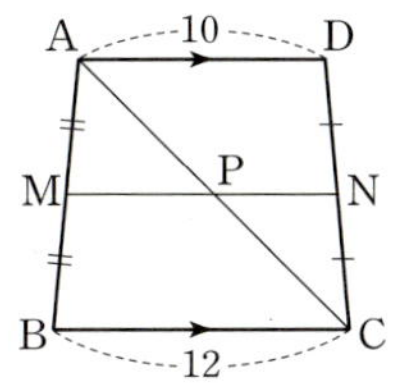

012 $\overline{MQ}=$ _________

$\overline{MP}=$ _________

$\overline{PQ}=$ _________

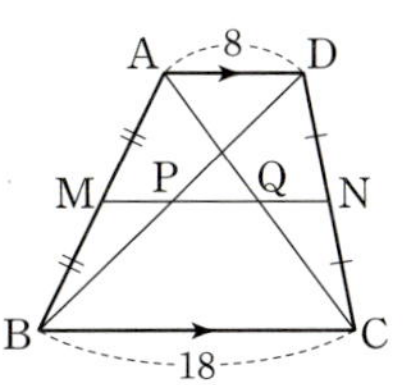

084 | 중학수학 ❷ | 삼각형의 중선과 무게중심   고등수학에서 중요도 ★★★★★

| 1 | 중선 ★★★★★

☐ **중선** : 삼각형에서 한 꼭짓점과 그 대변의 중점을 연결한 선분 `정의`

☐ 삼각형의 중선은 그 삼각형의 넓이를 **이등분한다.**

➡ $\triangle ABM = \triangle ACM = \dfrac{1}{2}\triangle ABC$ (밑변의 길이와 높이가 같으므로)

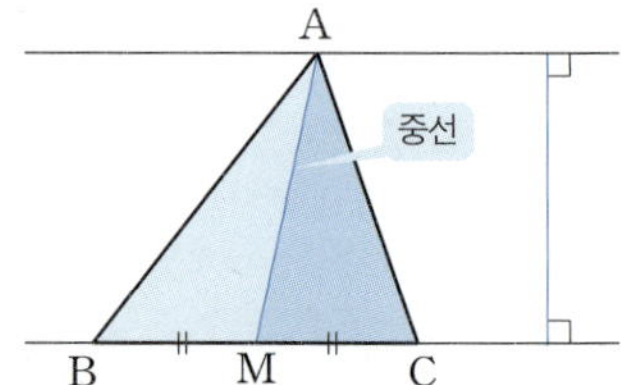

| 2 | 삼각형의 무게중심 ★★★★★

☐ **무게중심** : 삼각형의 세 중선의 교점 `정의`

☐ 무게중심은 세 중선의 길이를 각 꼭짓점으로부터 **2 : 1**로 나눈다.

➡ $\overline{AG} : \overline{GD} = \overline{BG} : \overline{GE} = \overline{CG} : \overline{GF} = 2 : 1$

☐ 3개의 중선은 삼각형의 넓이를 6등분한다.

➡ ⓐ=ⓑ=ⓒ=ⓓ=ⓔ=ⓕ$=\dfrac{1}{6}\triangle ABC$

➡ $\triangle GAB = \triangle GBC = \triangle GCA = \dfrac{1}{3}\triangle ABC$

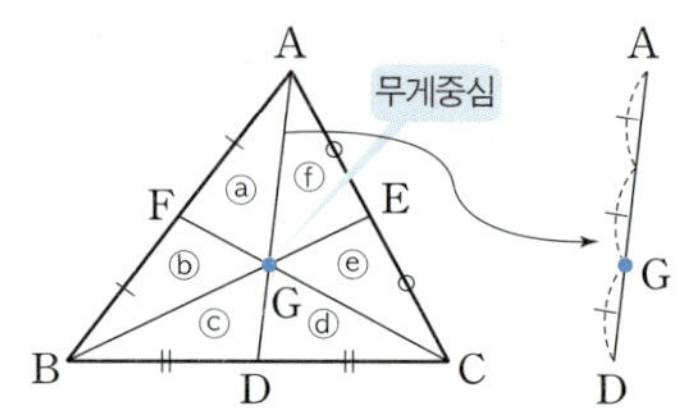

| 고등수학 |

❶ `수능` ☐ 삼각형 ABC의 무게중심 G의 좌표 ➡ $G\left(\dfrac{x_1+x_2+x_3}{3}, \dfrac{y_1+y_2+y_3}{3}\right)$ [Figure 01]

❷ `내신` ☐ 삼각형 ABC의 세 변을 각각 $m : n$으로 내분한 점을 각각 D, E, F라 하면 삼각형 DEF의 무게중심의 좌표는 삼각형 ABC의 무게중심의 좌표와 일치한다.

➡ ($\triangle$DEF의 무게중심) = ($\triangle$ABC의 무게중심) [Figure 02]

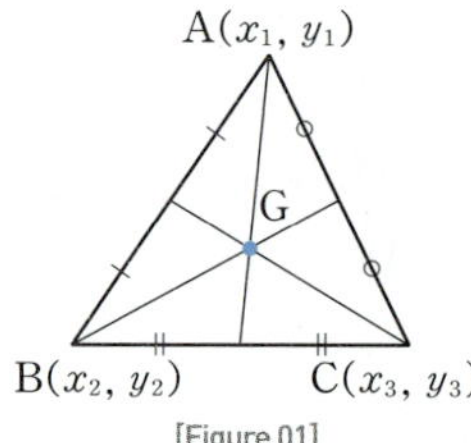

[Figure 01]

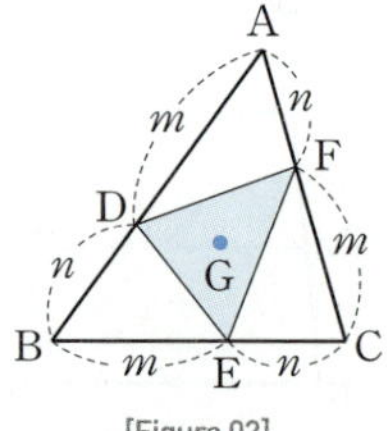

[Figure 02]

001 삼각형의 무게중심을 설명하기 위해 필요한 그림은 어느 것인가? ___________

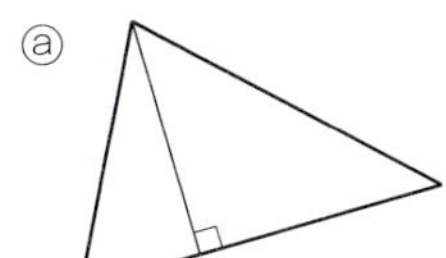

⊙ **점 G는 무게중심이다.**

002 $x=$ ___________

$y=$ ___________

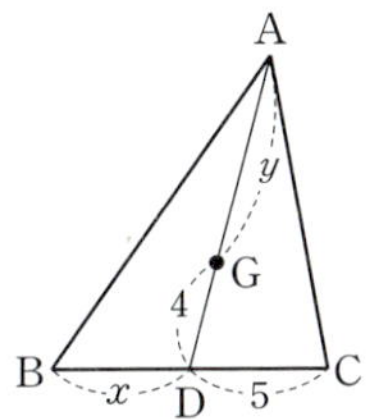

003 $x=$ ___________

$y=$ ___________

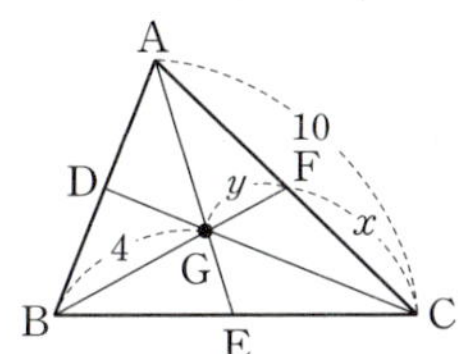

004 $x=$ ___________

$y=$ ___________

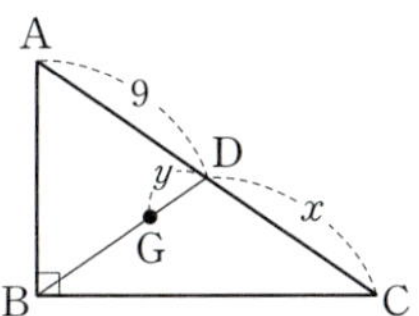

⊙ **세 삼각형의 변 위의 점은 모두 중점이다.**

005 $\triangle BAD=20$

$\triangle BCD=$ ___________

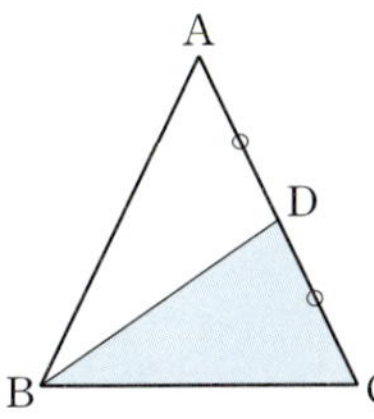

006 $\triangle CGB=15$

$\square ADGE=$ ___________

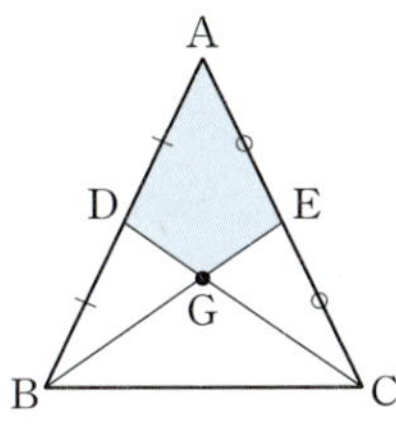

007 $\triangle DAC=15$

$\triangle BCG=$ ___________

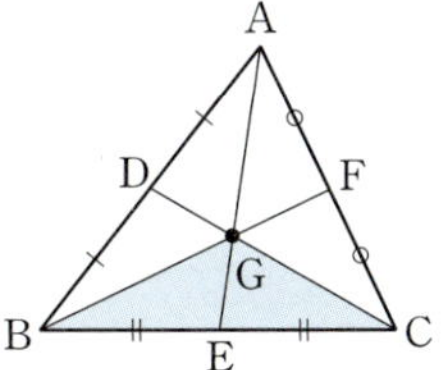

고등수학

⊙ **△ABC의 무게중심의 좌표를 구하시오.**

008 ___________

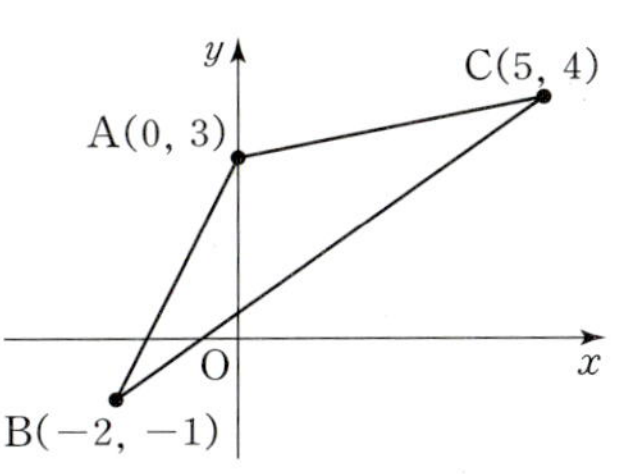

009 ___________

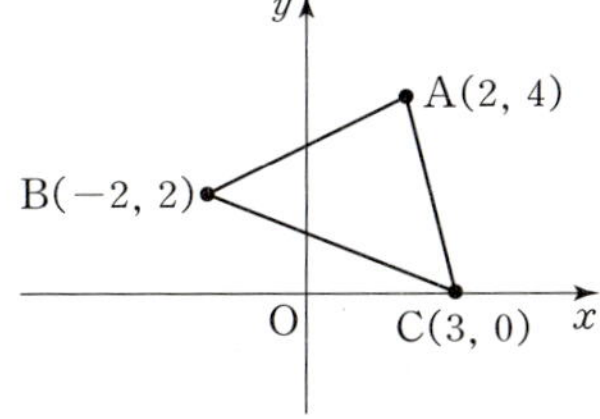

010 ___________

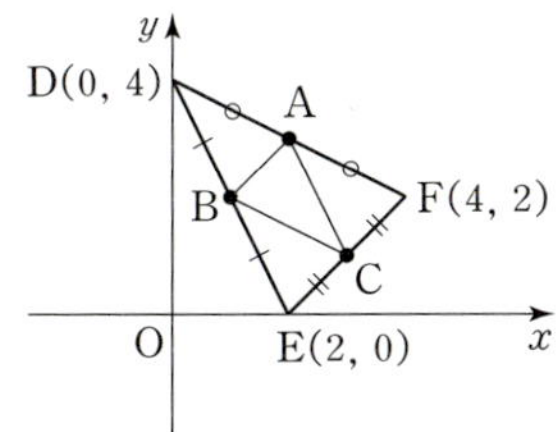

085 닮은 도형의 넓이와 부피

| 1 | 닮은 두 평면도형에서의 비 ★★★★★

- 서로 닮은 두 평면도형의 닮음비가 $m : n$일 때

□ 둘레의 길이의 비 ➡ $m : n$

　　길이의 비 ➡ $m : n$

□ 넓이의 비 ➡ $m^2 : n^2$

　예 닮음비 $2 : 3$ ➡ 둘레의 길이의 비 $2 : 3$ ➡ 넓이의 비 $2^2 : 3^2$

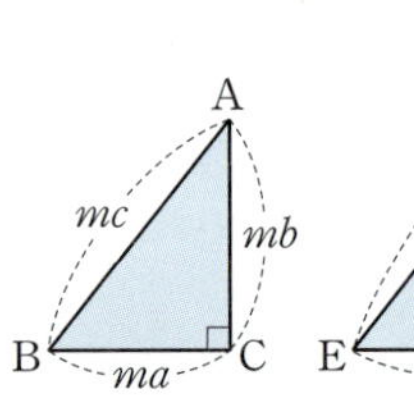

$\triangle ABC : \triangle DEF$
$= \dfrac{1}{2} \times ma \times mb : \dfrac{1}{2} \times na \times nb$
$= m^2 : n^2$

| 2 | 닮은 두 입체도형에서의 비 ★★★★★

- 서로 닮은 두 입체도형의 닮음비가 $m : n$일 때

□ 겉넓이의 비 ➡ $m^2 : n^2$

　　모서리의 길이의 비 ➡ $m : n$

□ 부피의 비 ➡ $m^3 : n^3$

　예 닮음비 $2 : 3$ ➡ 겉넓이의 비 $2^2 : 3^2$ ➡ 부피의 비 $2^3 : 3^3$

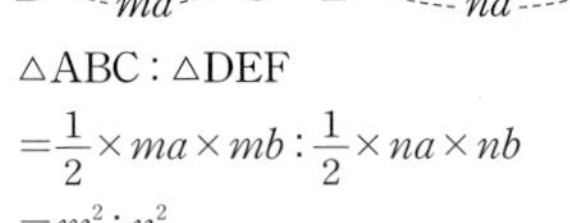

A　　　B

(A의 부피) : (B의 부피)
$= ma \times mb \times mc : na \times nb \times nc$
$= m^3 : n^3$

| 3 | 잘린 도형의 넓이와 부피의 비 ★★☆☆☆

- 잘린 평면도형에서 넓이의 비는

□ $S_1 : (S_1 + S_2) : (S_1 + S_2 + S_3)$
　$= 1^2 : 2^2 : 3^2$

➡ $S_1 : S_2 : S_3$
　$= 1^2 : (2^2 - 1^2) : (3^2 - 2^2)$
　$= 1 : 3 : 5$

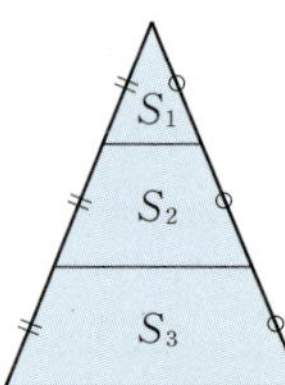

- 잘린 입체도형에서 부피의 비는

□ $V_1 : (V_1 + V_2) : (V_1 + V_2 + V_3)$
　$= 1^3 : 2^3 : 3^3$

➡ $V_1 : V_2 : V_3$
　$= 1^3 : (2^3 - 1^3) : (3^3 - 2^3)$
　$= 1 : 7 : 19$

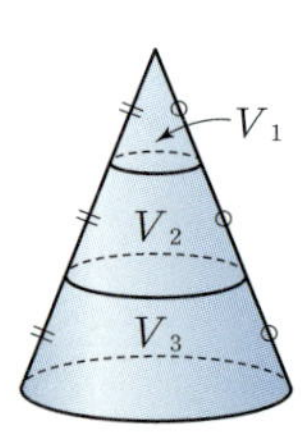

◉ **두 평면도형이 서로 닮았다.**

001 (둘레의 길이의 비) = _______________

(넓이의 비) = _______________

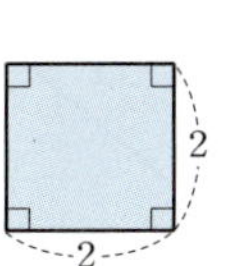 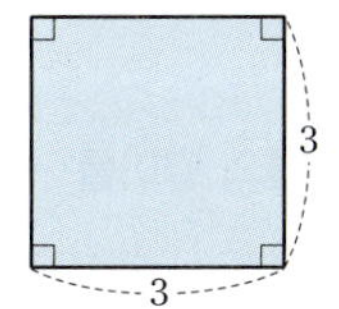

002 (둘레의 길이의 비) = _______________

(넓이의 비) = _______________

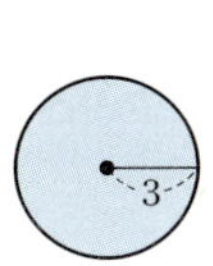 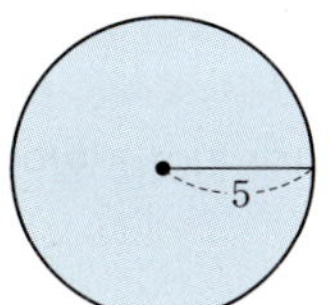

◉ **두 입체도형이 서로 닮았다.**

003 (겉넓이의 비) = _______________

(부피의 비) = _______________

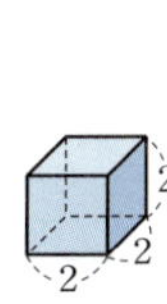 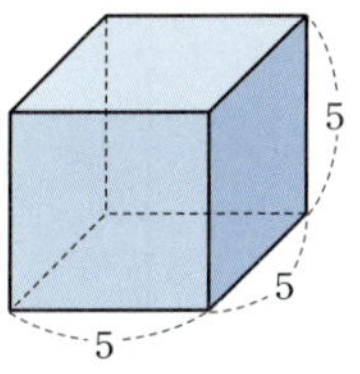

004 (겉넓이의 비) = _______________

(부피의 비) = _______________

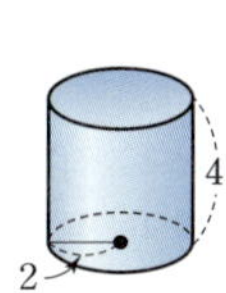 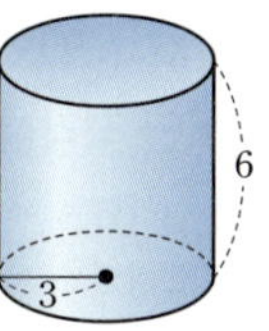

◉ **△ABC∽△ADE이다.**

005 (△ABC와 △ADE의 닮음비) = _______________

006 (△ABC와 △ADE의 넓이의 비) = _______________

007 △ADE = 3cm^2, △ABC = _______________ □DBCE = _______________

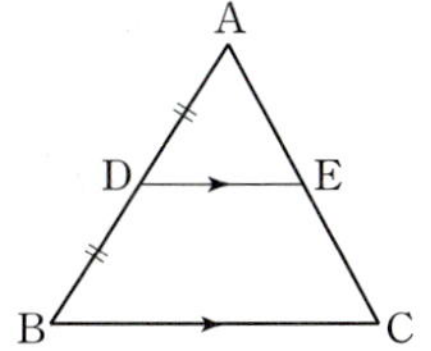

◉ **색칠한 도형의 넓이나 부피를 구하시오.**

008 $\overline{BC}$ ∥ $\overline{DE}$, △ADE = 40cm^2

□DBCE = _______________

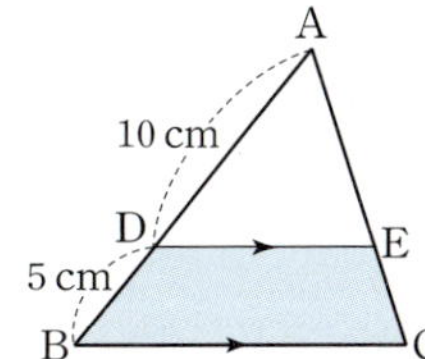

009 (큰 원뿔의 부피) = $32\pi \text{cm}^3$

(원뿔대의 부피) = _______________

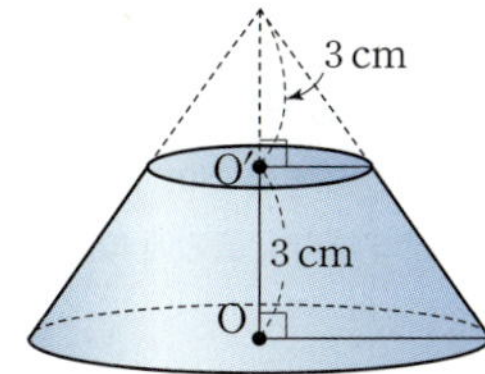

086 피타고라스의 정리

| 1 | 피타고라스의 정리 ★★★★★

□ 직각삼각형에서 직각을 낀 두 변의 길이가 a, b, 빗변의 길이가 c일 때, $a^2+b^2=c^2$이 성립한다.

- 직각삼각형에서 두 변의 길이를 알면 피타고라스의 정리를 이용하여 나머지 한 변의 길이를 구할 수 있다.
  (변의 길이)>0   직각삼각형에서만 적용할 수 있다.

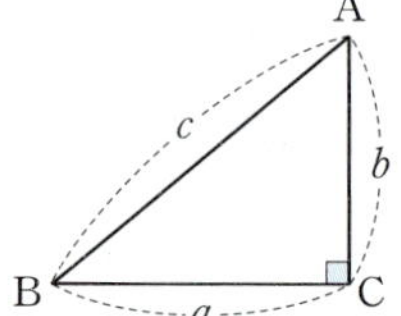

□ $a^2=c^2-b^2 \Rightarrow a=\sqrt{c^2-b^2}$

□ $b^2=c^2-a^2 \Rightarrow b=\sqrt{c^2-a^2}$

□ $c^2=a^2+b^2 \Rightarrow c=\sqrt{a^2+b^2}$
  직각삼각형에서 빗변은 길이가 가장 긴 변이다.

| 2 | 직각삼각형이 되기 위한 조건 ★★☆☆☆

□ 세 변의 길이가 a, b, c인 △ABC에서 $a^2+b^2=c^2$이 성립하면
  (나머지 두 변의 길이의 제곱의 합)=(가장 긴 변, 즉 빗변의 길이의 제곱)
  이 삼각형은 ∠C=90°인 직각삼각형이다.

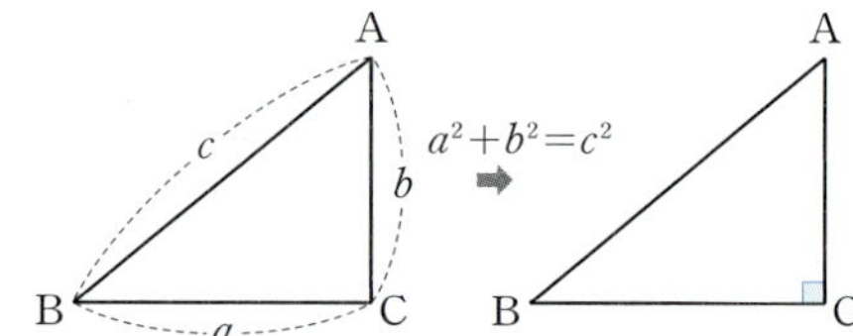

  ㉕ 세 변의 길이가 3, 4, 5인 삼각형은 $3^2+4^2=5^2$이므로 직각삼각형이다.
     세 변의 길이가 3, 4, 6인 삼각형은 $3^2+4^2\neq6^2$이므로 직각삼각형이 아니다.

- △ABC의 세 변의 길이가 a, b, c일 때

□ $a^2=b^2+c^2 \Rightarrow$ 빗변의 길이가 a인 직각삼각형, ∠A=90°인 직각삼각형

□ $b^2=a^2+c^2 \Rightarrow$ 빗변의 길이가 b인 직각삼각형, ∠B=90°인 직각삼각형

□ $c^2=a^2+b^2 \Rightarrow$ 빗변의 길이가 c인 직각삼각형, ∠C=90°인 직각삼각형

  ㉜ 삼각형의 세 변의 길이 사이의 관계 : (나머지 두 변의 길이의 차)<(한 변의 길이)<(나머지 두 변의 길이의 합)

     예컨대, 삼각형의 세 변의 길이가 2, 4, a일 때, a의 값의 범위는 $4-2<a<4+2 \rightarrow 2<a<6$이다.

□ **피타고라스의 수** : $a^2+b^2=c^2$을 만족하는 세 자연수 a, b, c 정의
  보통 순서쌍 (a, b, c)로 나타낸다.
  ㉕ $(3, 4, 5)$, $(5, 12, 13)$, $(6, 8, 10)$, …

| 3 | 삼각형의 모양을 판단하는 법 ★☆☆☆☆

- △ABC의 세 변의 길이가 a, b, c이고 c가 가장 긴 변의 길이일 때

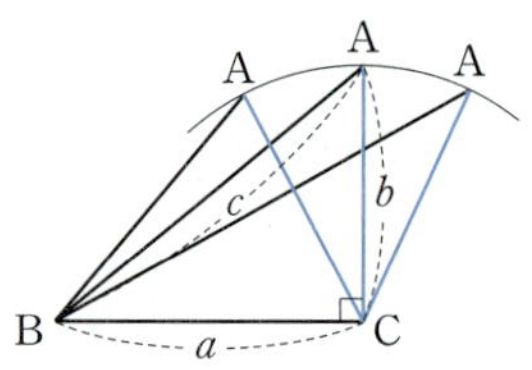

□ $c^2=a^2+b^2 \Rightarrow$ ∠C=90°인 **직각삼각형**(또는 빗변의 길이가 c인 직각삼각형)
  한 각이 직각인 삼각형   직각이 마주보는 변

□ $c^2<a^2+b^2 \Rightarrow$ ∠C<90°인 **예각삼각형**
  세 각이 모두 예각인 삼각형

□ $c^2>a^2+b^2 \Rightarrow$ ∠C>90°인 **둔각삼각형**
  한 각이 둔각인 삼각형

  ㉜ 직각을 기준으로 각의 크기가 커지면 대변의 길이가 길어지고, 각의 크기가 작아지면 대변의 길이가 작아진다. 또한, 삼각형은 가장 긴 변의 대각의 크기에 따라 예각삼각형, 직각삼각형, 둔각삼각형으로 분류한다.

⊙ △ABC는 직각삼각형이다.

001 $x=$＿＿＿＿＿

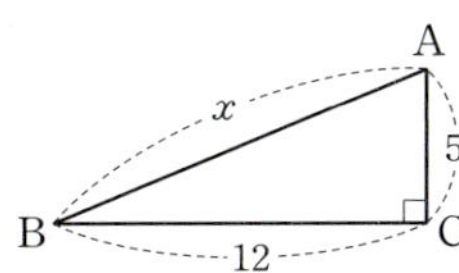

002 $x=$＿＿＿＿＿

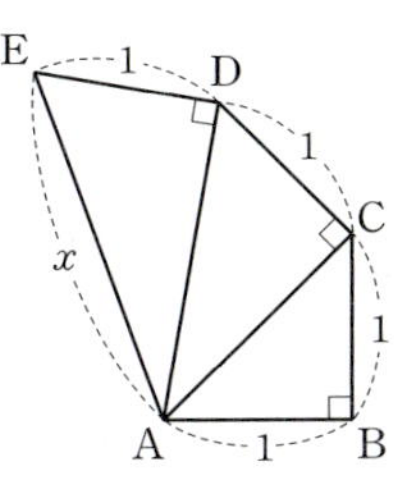

003 $x=$＿＿＿＿＿

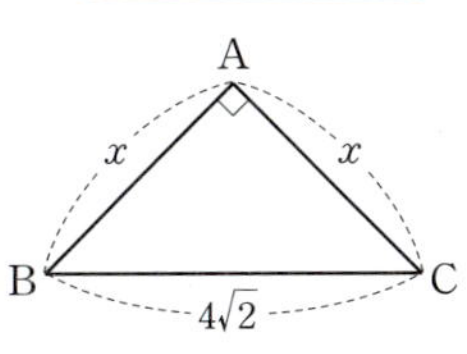

004 $x=$＿＿＿＿＿
    $y=$＿＿＿＿＿

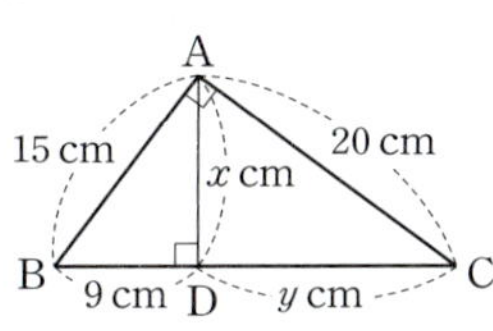

005 $x=$＿＿＿＿＿
    $y=$＿＿＿＿＿

006 $x=$＿＿＿＿＿
    $y=$＿＿＿＿＿

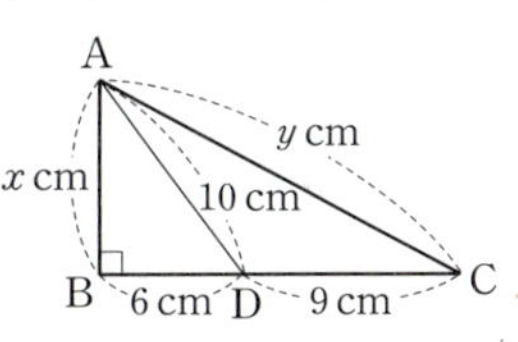

⊙ 직각삼각형의 세 변의 길이이면 ○, 아니면 ×

007 $1, \sqrt{2}, \sqrt{3}$ ○ / ×

008 $5, 6, 7$ ○ / ×

009 $2, \sqrt{5}, 3$ ○ / ×

010 $8, 15, 17$ ○ / ×

⊙ 예각삼각형, 직각삼각형, 둔각삼각형 중 어떤 삼각형의 세 변의 길이인지 말하시오.

011 $2, 3, 4$ ＿＿＿＿＿

012 $\sqrt{3}, \sqrt{4}, \sqrt{5}$ ＿＿＿＿＿

013 $6, 7, 8$ ＿＿＿＿＿

014 $1, 3, \sqrt{10}$ ＿＿＿＿＿

⊙ x의 값 또는 범위를 구하시오.

015 $x=$＿＿＿＿＿

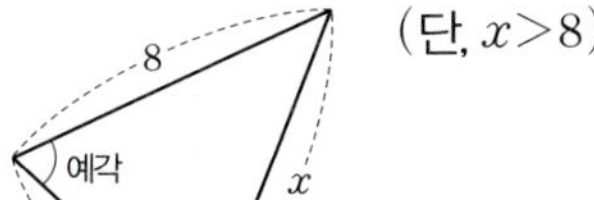

016 $x=$＿＿＿＿＿

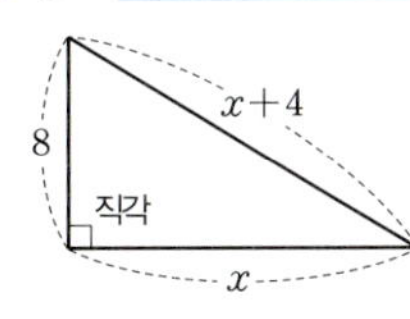

017 $x=$＿＿＿＿＿

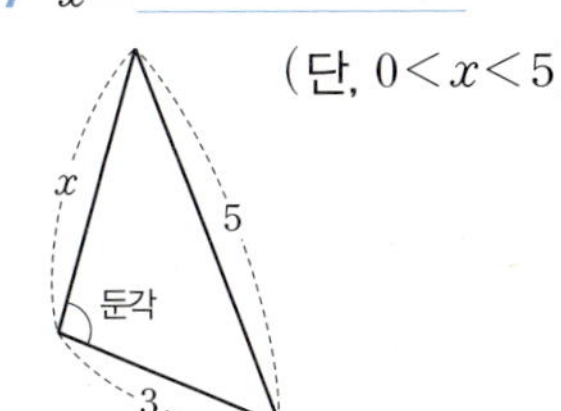

| 1 | 유클리드의 방법 ★★★★★

☐ $\triangle CDE = \triangle EAC = \underset{\triangle EAB \equiv \triangle CAF(\text{SAS 합동})}{\triangle EAB} = \triangle CAF = \triangle AFL = \dfrac{1}{2}\square ACDE$ [Figure 01]

☐ $\triangle HIC = \triangle BHC = \underset{\triangle BHA \equiv \triangle BCG(\text{SAS 합동})}{\triangle BHA} = \triangle BCG = \triangle BGL = \dfrac{1}{2}\square BHIC$ [Figure 02]

☐ $\square AFML = \square ACDE,\ \square LMGB = \square BHIC$ [Figure 03]

☐ $\square AFGB = \square AFML + \square LMGB = \square ACDE + \square BHIC$

➡ $\overline{AB}^2 = \overline{AC}^2 + \overline{BC}^2$

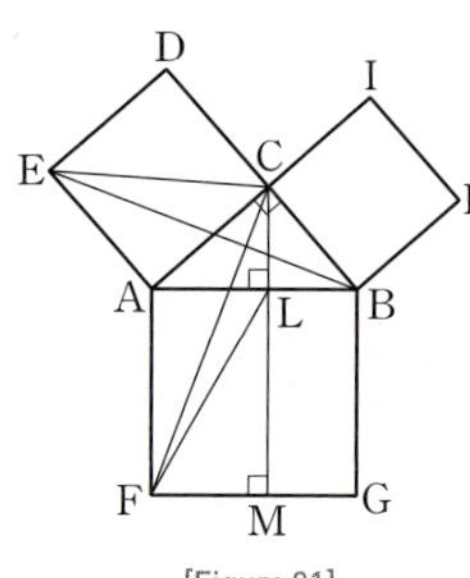
[Figure 01]

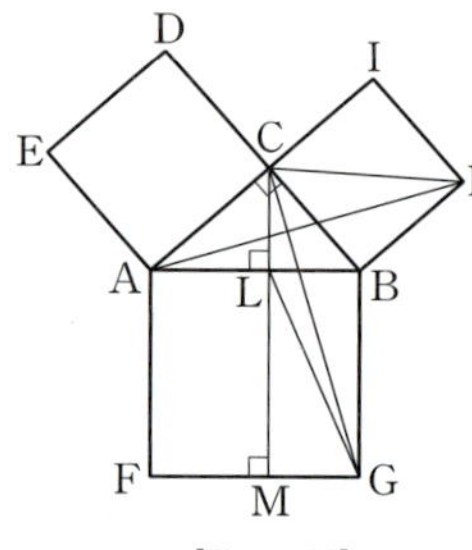
[Figure 02]

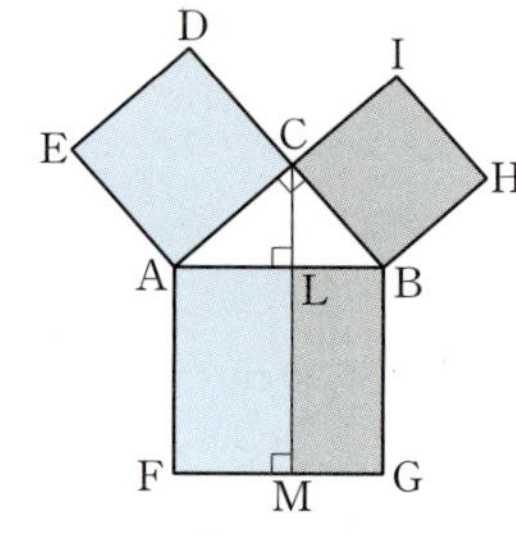
[Figure 03]

| 2 | 피타고라스의 방법 ★★☆☆☆

☐ $\triangle ABC \equiv \triangle GAD \equiv \triangle HGE \equiv \triangle BHF(\text{SAS합동})$

☐ $\square CDEF,\ \square AGHB$는 정사각형이다.

☐ $\square CDEF = \square AGHB + 4\triangle ABC$

➡ $\underset{a^2+2ab+b^2}{(a+b)^2} = c^2 + 4 \times \dfrac{1}{2}ab$　　$\therefore\ a^2 + b^2 = c^2$

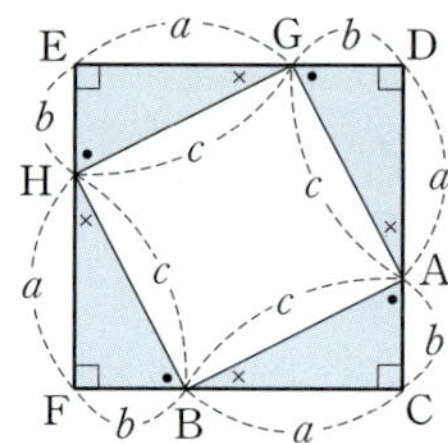

| 3 | 바스카라의 방법 ★★☆☆☆

☐ $\triangle ABC \equiv \triangle BDF \equiv \triangle DEG \equiv \triangle EAH(\text{ASA합동})$

☐ $\square CFGH$는 한 변의 길이가 $a-b$인 정사각형이다.

☐ $\square ABDE = 4\triangle ABC + \square CFGH$

➡ $c^2 = 4 \times \dfrac{1}{2}ab + \underset{a^2-2ab+b^2}{(a-b)^2}$　　$\therefore\ c^2 = a^2 + b^2$

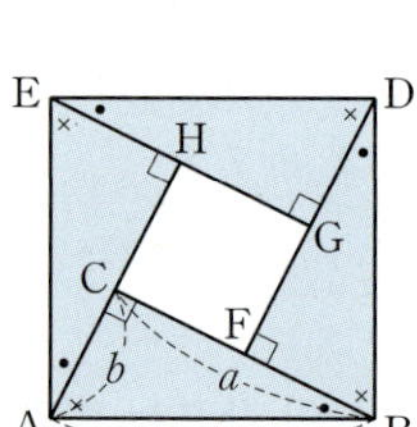

| 4 | 가필드의 방법 ★★☆☆☆

☐ $\triangle CAB \equiv \triangle BDE(\text{SAS합동})$

☐ $\triangle CBE$는 직각이등변삼각형이다.

☐ $\square CADE = 2\triangle ABC + \triangle CBE$이므로

➡ $\dfrac{1}{2}\underset{a^2+2ab+b^2}{(a+b)(a+b)} = 2 \times \dfrac{1}{2}ab + \dfrac{1}{2}c^2$　　$\therefore\ a^2 + b^2 = c^2$

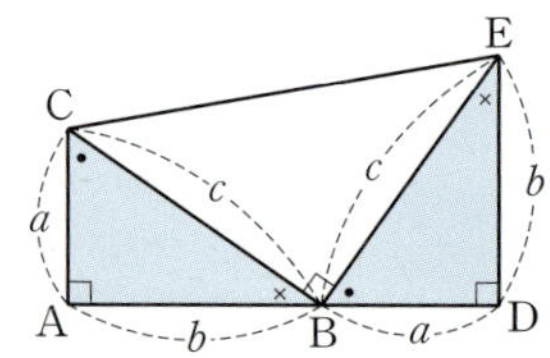

◉ 직각삼각형의 각 변을 한 변으로 하는 세 정사각형을 그린 것이다. 색칠한 부분의 넓이를 구하시오.

001 ___________

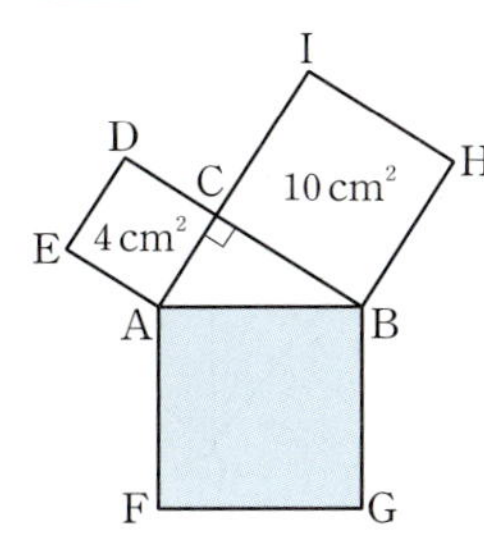

002 ___________

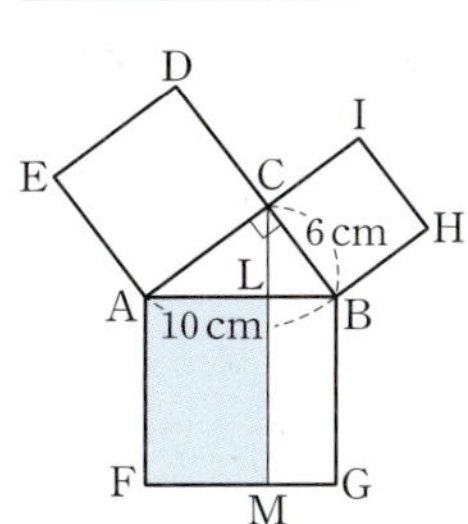

003 ___________

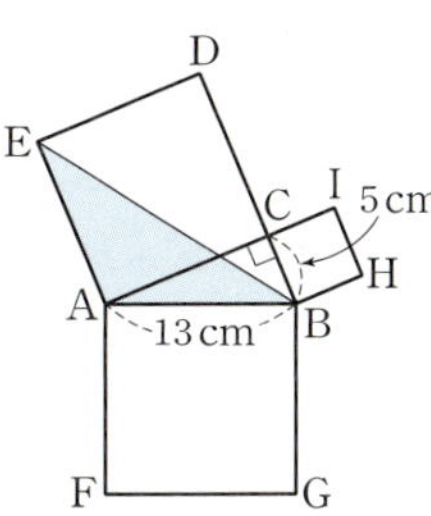

◉ □ABCD는 정사각형이고 4개의 직각삼각형이 모두 합동일 때, 색칠한 부분의 넓이를 구하시오.

004 ___________

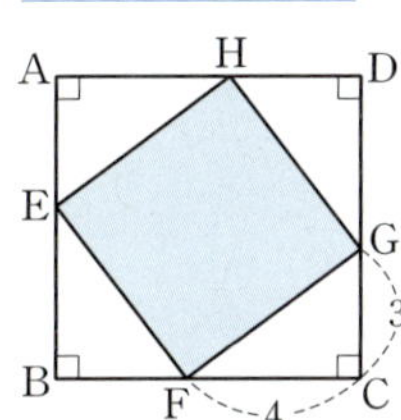

005 ___________

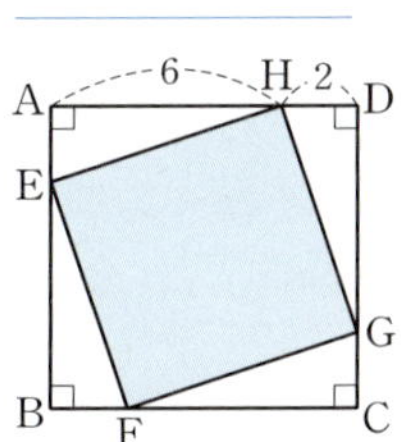

006 ___________

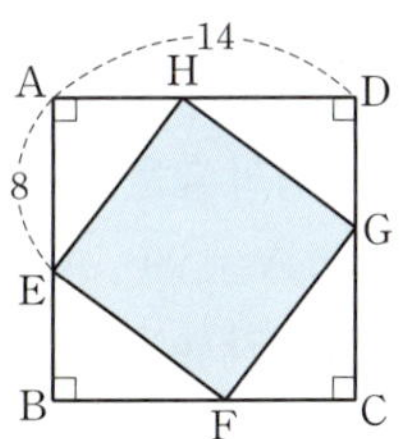

◉ 그림은 합동인 4개의 직각삼각형을 이용하여 정사각형을 만든 것이다. 색칠한 부분의 넓이를 구하시오.

007 ___________

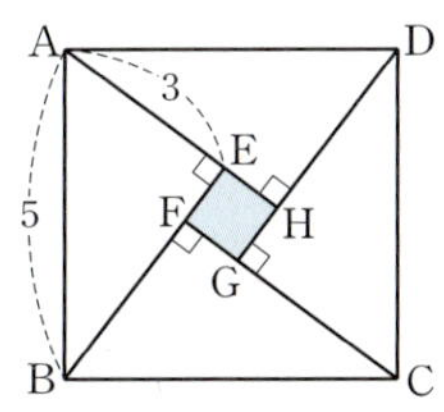

008 ___________

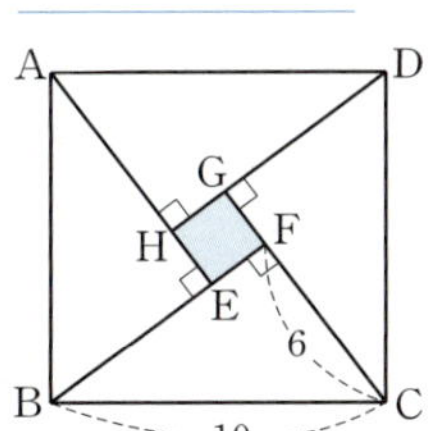

009 ___________

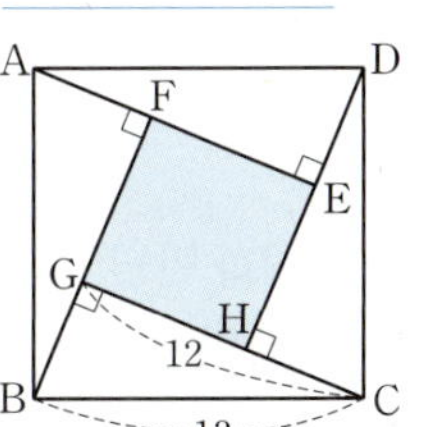

◉ 색칠한 부분의 넓이를 구하시오.

010 ___________

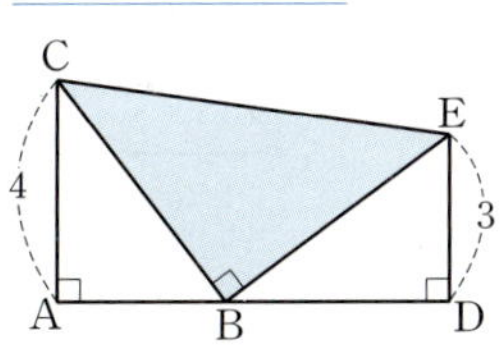

011 ___________

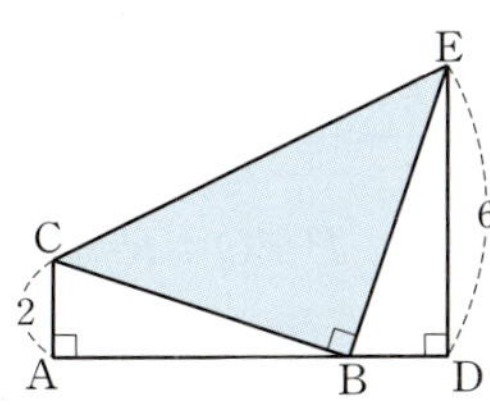

012 ___________

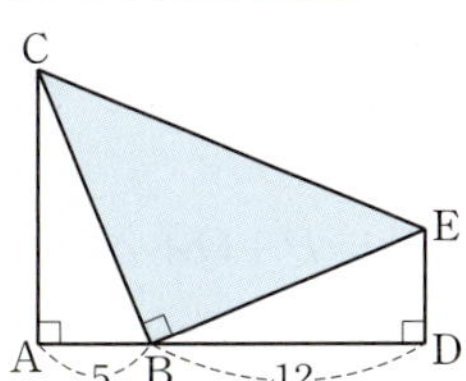

088 피타고라스의 정리(도형의 성질)

| 1 | 두 대각선이 직교하는 사각형 ★☆☆☆☆

- □ABCD에서 두 대각선이 직교할 때

$\square$ $\overline{AB}^2+\overline{CD}^2=\overline{AD}^2+\overline{BC}^2$

$\Leftarrow \overline{AB}^2+\overline{CD}^2=(a^2+b^2)+(c^2+d^2)$
$\qquad =(a^2+d^2)+(b^2+c^2)=\overline{AD}^2+\overline{BC}^2$

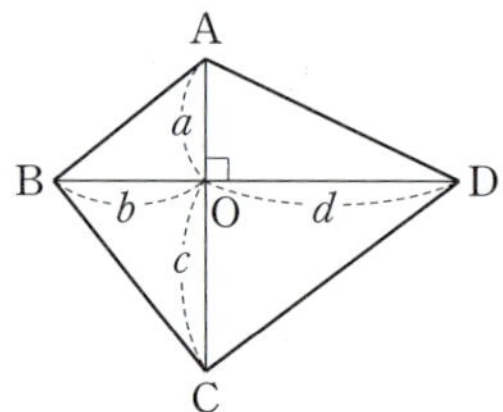

| 2 | 직사각형 ★☆☆☆☆

- □ABCD의 내부에 한 점 P가 있을 때

$\square$ $\overline{AP}^2+\overline{CP}^2=\overline{BP}^2+\overline{DP}^2$

$\Leftarrow \overline{AP}^2+\overline{CP}^2=(a^2+c^2)+(b^2+d^2)$
$\qquad =(a^2+d^2)+(b^2+c^2)=\overline{BP}^2+\overline{DP}^2$

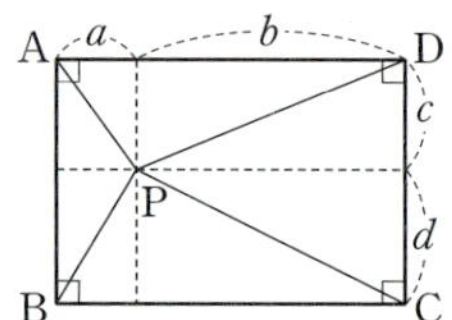

| 3 | 직각삼각형과 닮음 ★★★★☆

- △ABC에서 $\angle A=90°$, $\overline{AD}\perp\overline{BC}$일 때

$\square$ 피타고라스의 정리 $\Rightarrow b^2+c^2=a^2$

$\square$ 직각삼각형의 넓이 $\Rightarrow bc=ah \leftarrow \dfrac{1}{2}\times b\times c=\dfrac{1}{2}\times a\times h$

- 직각삼각형의 닮음을 이용하면

$\square$ $c^2=ax \Leftarrow$ △ABC∽△DBA에서 $c:x=a:c$

$\square$ $b^2=ay \Leftarrow$ △ABC∽△DAC에서 $b:y=a:b$

$\square$ $h^2=xy \Leftarrow$ △DBA∽△DAC에서 $h:y=x:h$

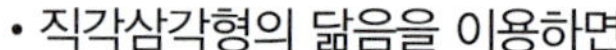

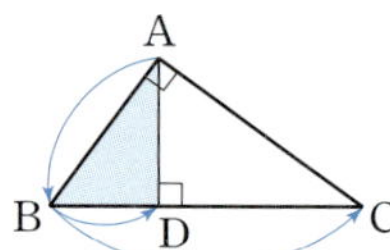
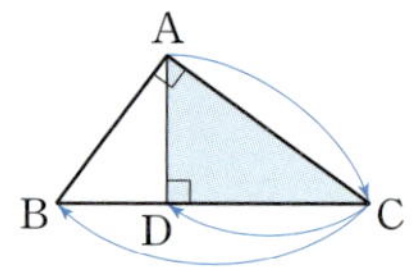
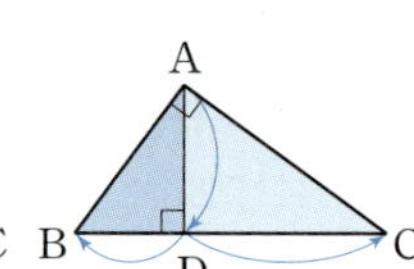

| 4 | 직각삼각형과 반원 ★☆☆☆☆

- 직각삼각형 ABC의 세 변을 지름으로 하는 반원의 넓이를 각각 S_1, S_2, S_3라 할 때

$\square$ $S_1+S_2=S_3$

$\Leftarrow S_1+S_2=\dfrac{\pi}{2}\left(\dfrac{c}{2}\right)^2+\dfrac{\pi}{2}\left(\dfrac{b}{2}\right)^2=\dfrac{\pi}{8}(c^2+b^2)=\dfrac{\pi}{8}a^2=\dfrac{\pi}{2}\left(\dfrac{a}{2}\right)^2=S_3\ (\because c^2+b^2=a^2)$

= '왜냐하면'

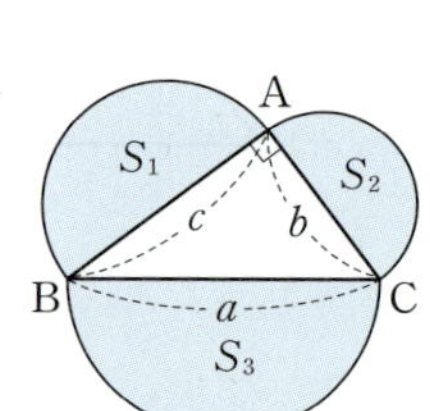

$\square$ **히포크라테스의 원의 넓이** $\Rightarrow S_1+S_2=$ △ABC $=\dfrac{1}{2}bc$

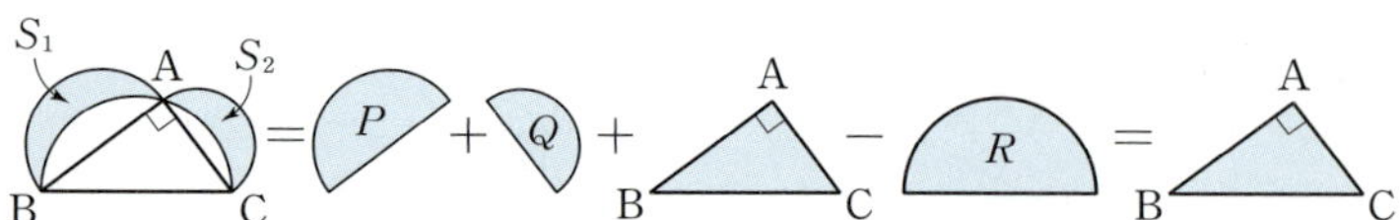
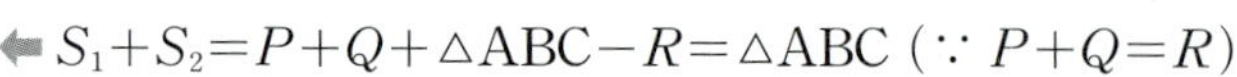
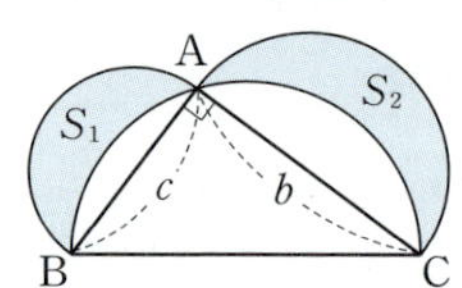

$\Leftarrow S_1+S_2=P+Q+$ △ABC $-R=$ △ABC $(\because P+Q=R)$

⊙ □ABCD는 사각형이다.

001 $x=$ ＿＿＿＿＿＿＿＿
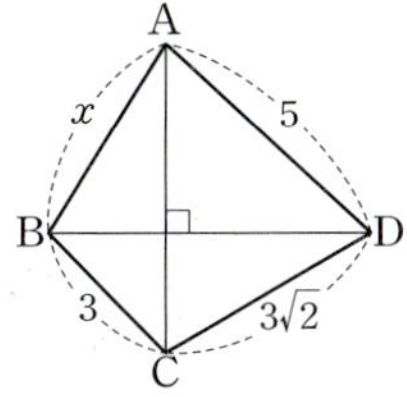

002 $x=$ ＿＿＿＿＿＿＿＿
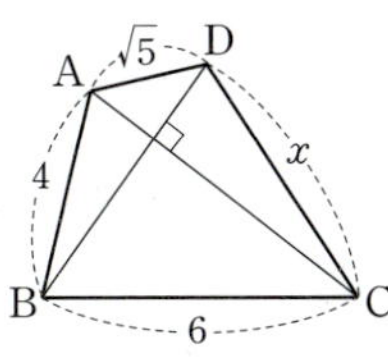

⊙ □ABCD는 직사각형이다.

003 $x=$ ＿＿＿＿＿＿＿＿
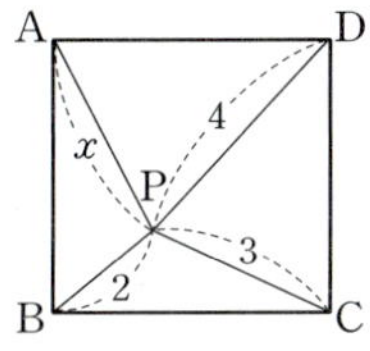

004 $x=$ ＿＿＿＿＿＿＿＿
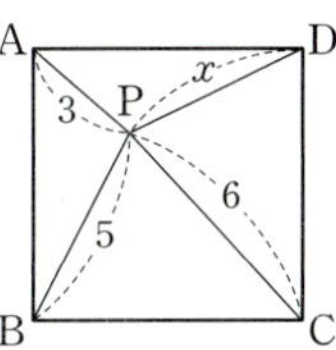

⊙ △ABC는 직각삼각형이다.

005 $x=$ ＿＿＿＿＿＿＿＿
$y=$ ＿＿＿＿＿＿＿＿
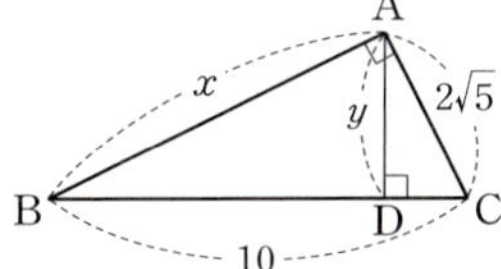

006 $x=$ ＿＿＿＿＿＿＿＿
$y=$ ＿＿＿＿＿＿＿＿
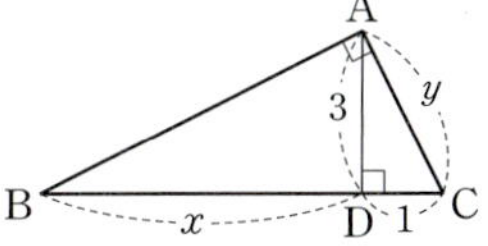

⊙ △ABC는 직각삼각형이다. 색칠한 부분의 넓이를 구하시오.

007 ＿＿＿＿＿＿＿＿
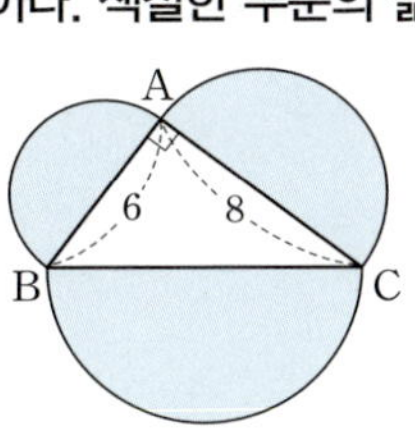

008 ＿＿＿＿＿＿＿＿
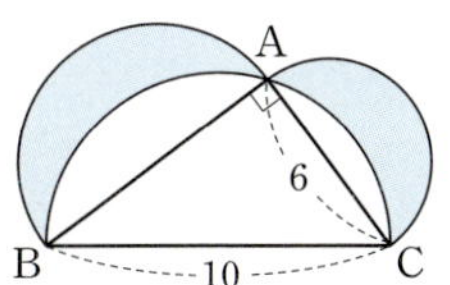

089 피타고라스의 정리(평면 활용)

| 1 | 대각선의 길이 ★★★★★

☐ 직사각형의 대각선의 길이 ➡ $l=\sqrt{a^2+b^2}$
　　　　　　　　　　　　피타고라스의 정리에 의해

☐ 정사각형의 대각선의 길이 ➡ $l=\sqrt{a^2+a^2}=\sqrt{2a^2}=\sqrt{2}a$

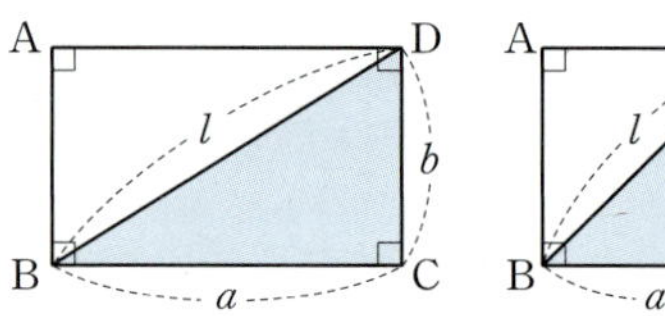

| 2 | 정삼각형의 높이와 넓이 ★★★★★

• 한 변의 길이가 a인 정삼각형의 높이를 h, 넓이를 S라 하면

☐ $h=\dfrac{\sqrt{3}}{2}a$ ⬅ $h=\sqrt{a^2-\left(\dfrac{a}{2}\right)^2}=\sqrt{\dfrac{3}{4}a^2}=\dfrac{\sqrt{3}}{2}a$

☐ $S=\dfrac{\sqrt{3}}{4}a^2$ ⬅ $S=\dfrac{1}{2}\times a\times\underset{h}{\dfrac{\sqrt{3}}{2}a}=\dfrac{\sqrt{3}}{4}a^2$

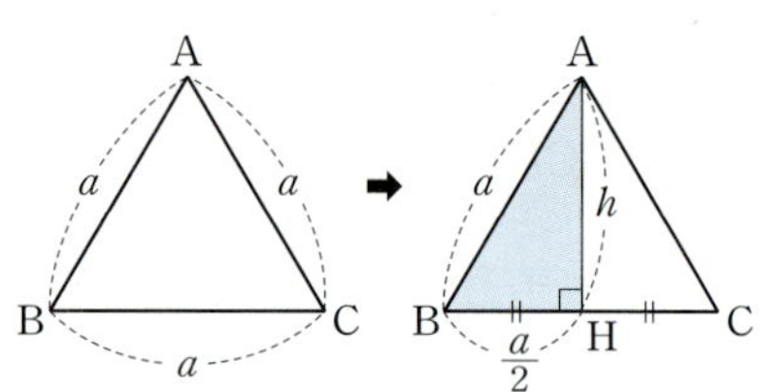

| 3 | 이등변삼각형과 일반 삼각형의 높이와 넓이 ★★★★★

• 이등변삼각형인 경우

☐ $h=\sqrt{b^2-\left(\dfrac{a}{2}\right)^2}$

☐ $S=\dfrac{1}{2}ah$

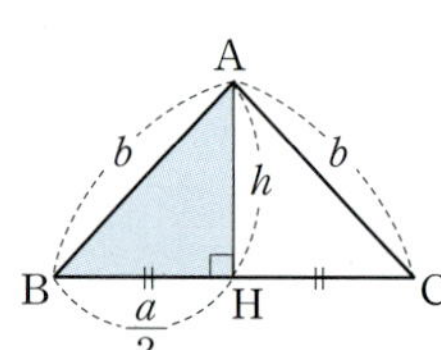

• 일반 삼각형인 경우

☐ $h=\sqrt{c^2-x^2}$
　　$=\sqrt{b^2-(a-x)^2}$

☐ $S=\dfrac{1}{2}ah$

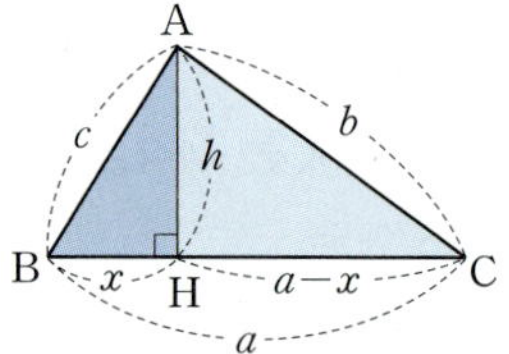

| 4 | 특수한 직각삼각형의 세 변의 길이의 비 ★★★★★

• $45°$, $45°$, $90°$인 직각이등변삼각형인 경우

☐ $\overline{BC}:\overline{CA}:\overline{AB}$
　$=a:a:\sqrt{2}a$
　$=1:1:\sqrt{2}$

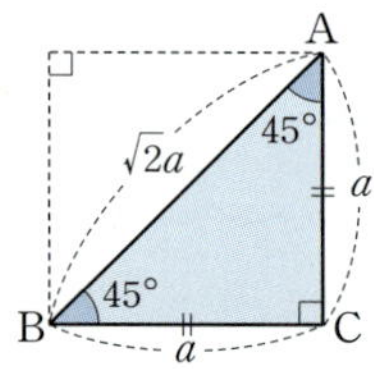

• $30°$, $60°$, $90°$인 직각삼각형인 경우

☐ $\overline{BC}:\overline{CA}:\overline{AB}$
　$=a:\sqrt{3}a:2a$
　$=1:\sqrt{3}:2$

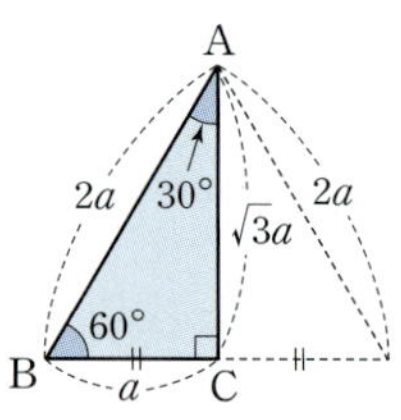

☐ 내각의 크기가 클수록 대변의 길이도 커진다.

　➡ $\underset{a}{(30°\text{의 대변의 길이})}<\underset{\sqrt{3}a}{(60°\text{의 대변의 길이})}<\underset{2a}{(90°\text{의 대변의 길이})}$

| 5 | 좌표평면 위의 두 점 사이의 거리 ★★★★★

☐ 원점 O와 점 $P(x_1,\,y_1)$ 사이의 거리
　➡ $\overline{OP}=\sqrt{x_1{}^2+y_1{}^2}$

☐ 두 점 $P(x_1,\,y_1)$, $Q(x_2,\,y_2)$ 사이의 거리
　➡ $\overline{PQ}=\sqrt{(x_2-x_1)^2+(y_2-y_1)^2}$

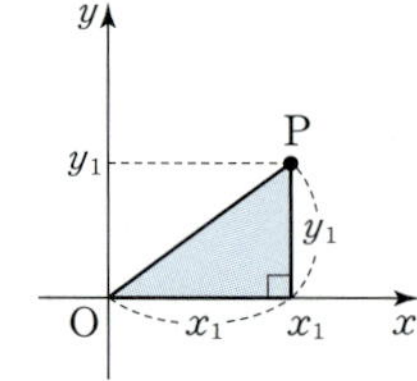
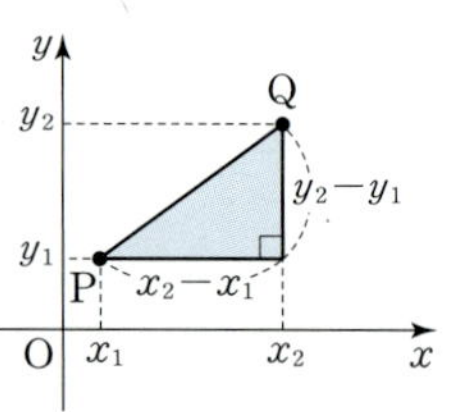

⊙ □ABCD는 직사각형이다.

001 $x=$ ___________

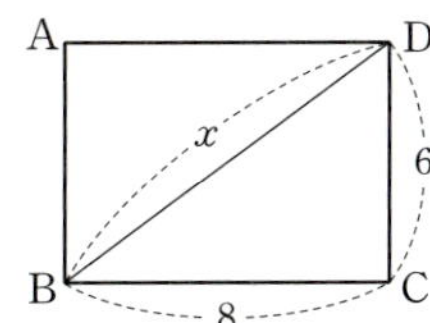

002 $x=$ ___________

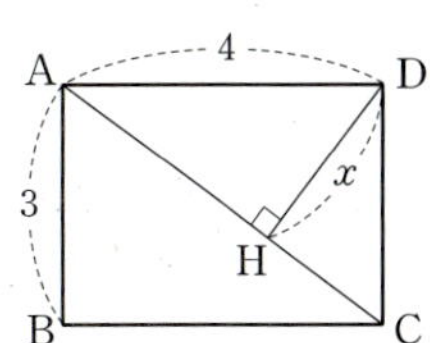

⊙ 높이 h와 넓이 S를 구하시오.

003 $h=$ ___________
$S=$ ___________

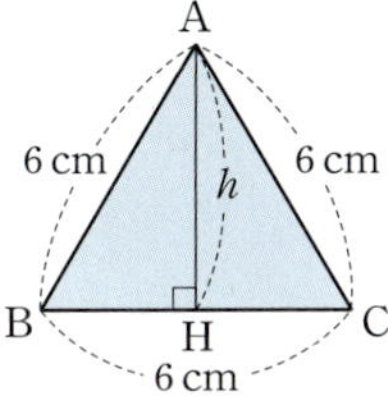

004 $h=$ ___________
$S=$ ___________

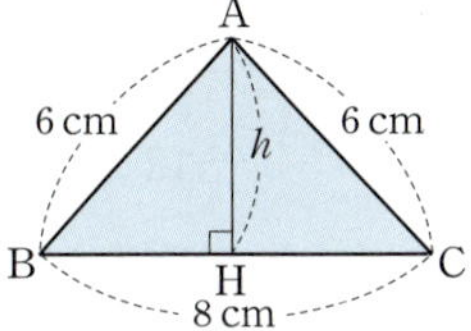

005 $h=$ ___________
$S=$ ___________

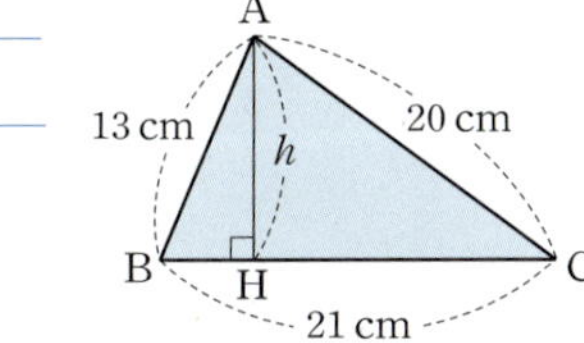

006 $h=$ ___________
$S=$ ___________

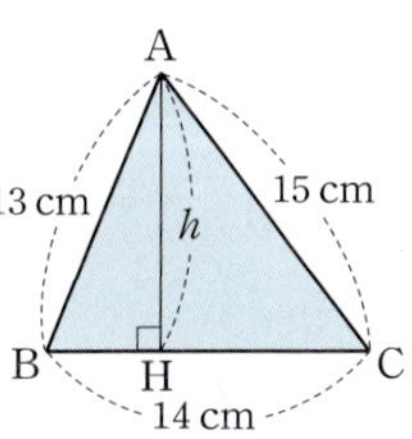

⊙ △ABC는 직각삼각형이다.

007 $x=$ ___________
$y=$ ___________

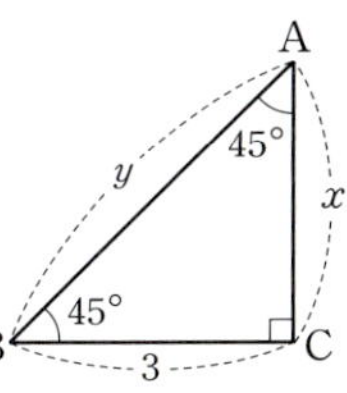

008 $x=$ ___________
$y=$ ___________

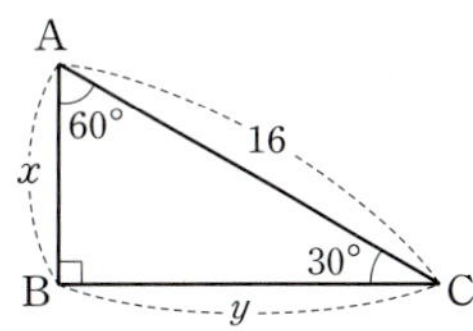

⊙ 두 점 사이의 거리를 구하시오.

009 $(0, 0)$, $(3, -4)$ ___________

010 $(4, -1)$, $(4, 3)$ ___________

011 $(-4, 3)$, $(4, -3)$ ___________

012 $(2, 3)$, $(-2, 1)$ ___________

| 1 | 입체도형에서 대각선의 길이 ★★★☆☆

☐ 직육면체의 대각선의 길이 ➡ $l=\sqrt{a^2+b^2+c^2}$
직육면체의 대각선은 4개이고 그 길이는 모두 같다.

☐ 정육면체의 대각선의 길이 ➡ $l=\sqrt{a^2+a^2+a^2}=\sqrt{3}a$

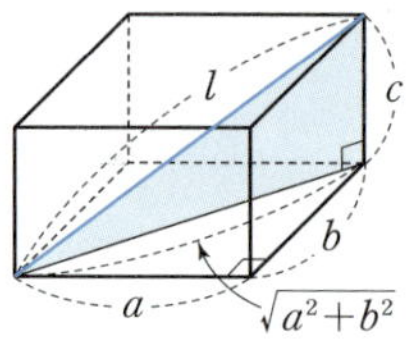
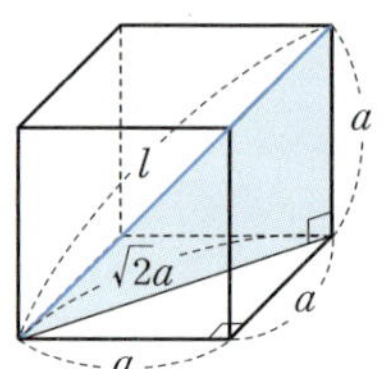

| 2 | 정사면체의 높이와 부피 ★★★★☆

모든 면이 합동인 정삼각형이고 각 꼭짓점에 모인 면이 3개로 같은 다면체

• 한 모서리의 길이가 a인 정사면체의 높이를 h, 부피를 V라 하면

☐ $h=\dfrac{\sqrt{6}}{3}a,\ V=\dfrac{\sqrt{2}}{12}a^3$

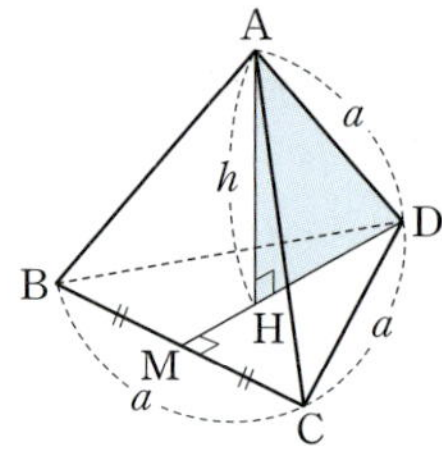

정사면체의 꼭짓점(A)에서 밑면에 내린 수선의 발(H)은 밑면인 정삼각형의 무게중심이다.

⬅ ❶ 밑면인 정삼각형 BCD의 넓이는 $\dfrac{\sqrt{3}}{4}a^2$이다.

❷ 정삼각형 BCD의 높이인 $\overline{DM}$의 길이는 $\dfrac{\sqrt{3}}{2}a$이다.

❸ 점 H는 정삼각형 BCD의 무게중심이므로 $\overline{DH}=\dfrac{\sqrt{3}}{2}a\times\dfrac{2}{3}=\dfrac{\sqrt{3}}{3}a$이다.
무게중심은 세 중선의 길이를 각 꼭짓점으로부터 2 : 1로 나눈다.

❹ 직각삼각형 AHD에서 $h=\overline{AH}=\sqrt{a^2-\overline{DH}^2}=\sqrt{a^2-\left(\dfrac{\sqrt{3}}{3}a\right)^2}=\dfrac{\sqrt{6}}{3}a$이다.
피타고라스의 정리에 의해

❺ $V=\dfrac{1}{3}\times\dfrac{\sqrt{3}}{4}a^2\times\dfrac{\sqrt{6}}{3}a=\dfrac{\sqrt{2}}{12}a^3$
정사면체 밑면의 넓이 정사면체의 높이

| 3 | 정사각뿔 · 원뿔의 높이와 부피 ★★★★☆

밑면이 정사각형이고 옆면이 모두 합동인 이등변삼각형으로 이루어진 각뿔

• 정사각뿔의 꼭짓점에서 밑면에 내린 수선의 발은 밑면인 정사각형의 두 대각선의 중점이다.

☐ $h=\sqrt{b^2-\dfrac{a^2}{2}}$

☐ $V=\dfrac{1}{3}a^2h$
뿔의 부피는 기둥의 부피의 $\dfrac{1}{3}$이다.

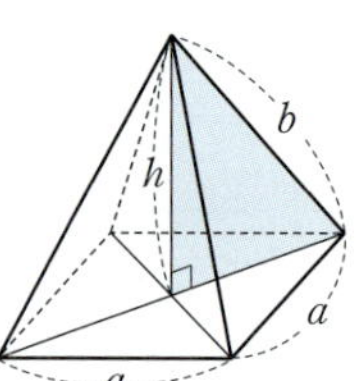

• 원뿔의 꼭짓점에서 밑면에 내린 수선의 발은 밑면인 원의 중심이다.

☐ $h=\sqrt{l^2-r^2}$

☐ $V=\dfrac{1}{3}\pi r^2 h$

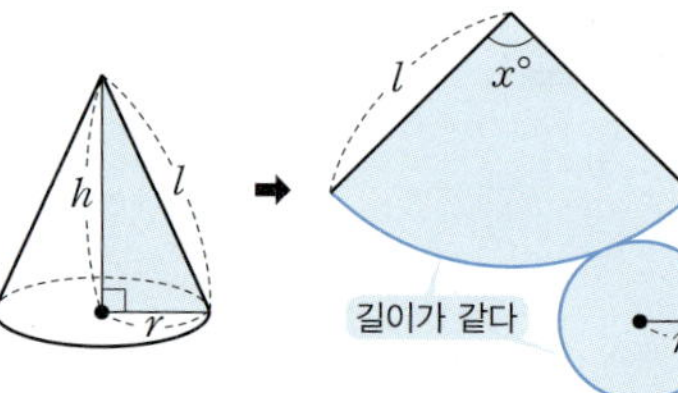

(옆면인 부채꼴의 호의 길이)＝(밑면인 원의 둘레의 길이)

$2\pi l\times\dfrac{x}{360}=2\pi r$

| 4 | 입체도형에서 최단 거리 구하는 법 ★☆☆☆☆

☐ 선이 지나는 부분의 전개도를 그린다.

➡ 선이 지나는 부분에서 시작점과 끝점을 찾아 선분으로 잇는다.

➡ 선분의 길이를 구한다.

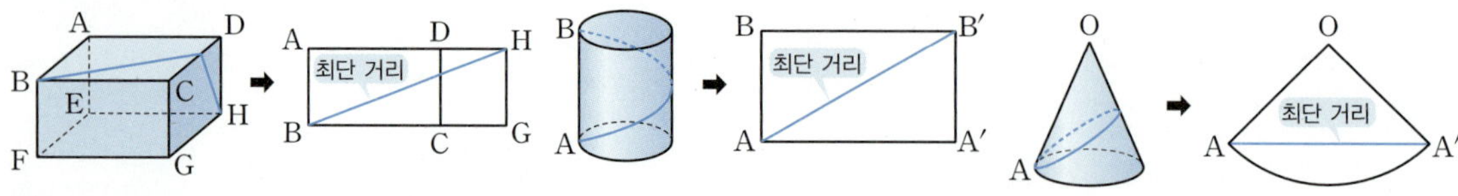

◉ **직육면체와 정육면체이다. 대각선의 길이를 구하시오.**

001 _________________

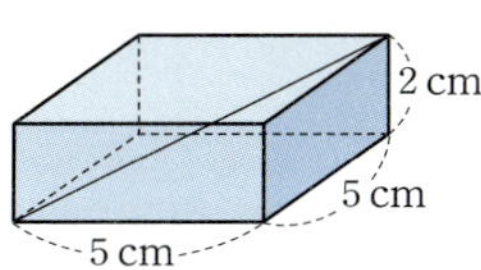

002 _________________

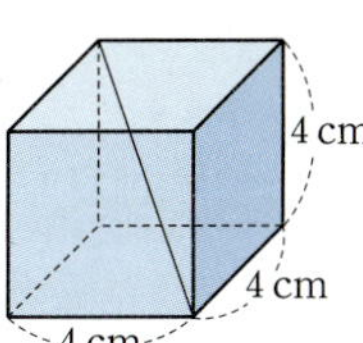

◉ **정사면체이다.**

003 $\overline{\mathrm{DM}}=$ _____________

$\overline{\mathrm{DH}}=$ _____________

$\overline{\mathrm{AH}}=$ _____________

$\triangle\mathrm{BCD}=$ _____________

（정사면체의 부피）

= _____________

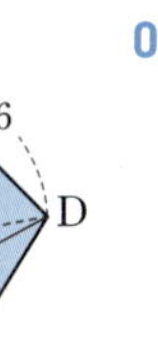

004 $\overline{\mathrm{BM}}=$ _____________

$\overline{\mathrm{BH}}=$ _____________

$\overline{\mathrm{AH}}=$ _____________

$\triangle\mathrm{BCD}=$ _____________

（정사면체의 부피）

= _____________

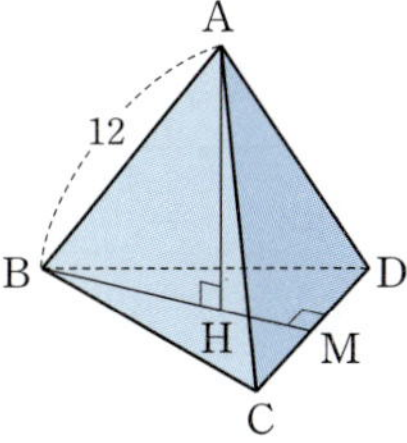

◉ **정사각뿔과 원뿔이다.**

005 $\overline{\mathrm{AC}}=$ _____________

$\overline{\mathrm{AH}}=$ _____________

$\overline{\mathrm{OH}}=$ _____________

$\square\mathrm{ABCD}=$ _____________

（정사각뿔의 부피）= _____________

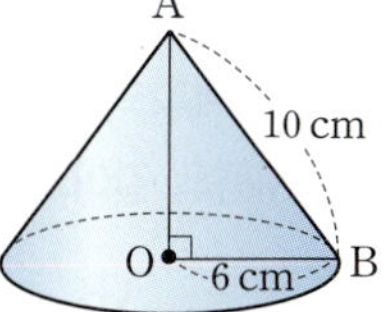

006 $\overline{\mathrm{AO}}=$ _____________

（밑면의 넓이）= _____________

（원뿔의 부피）= _____________

◉ **최단 거리를 구하시오.**

007 _________________

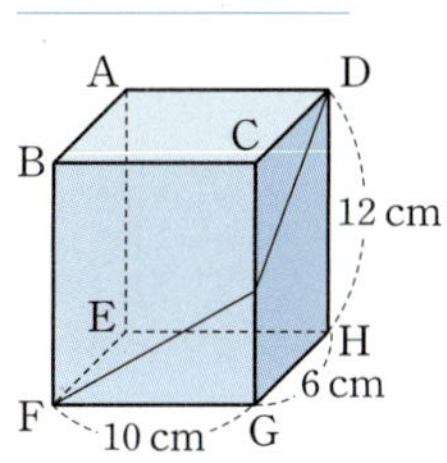

008 _________________

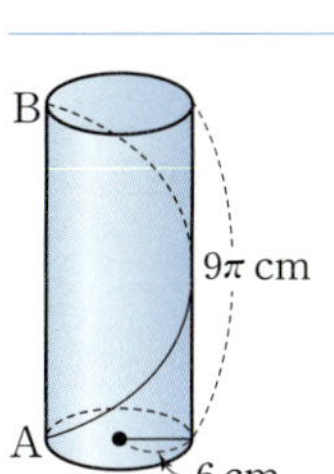

009 _________________

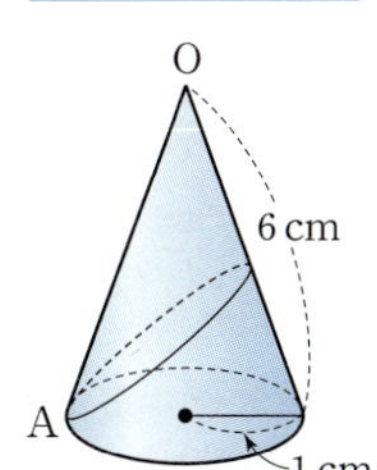

| 1 | 삼각비 ★★★★★

☐ **삼각비** : 직각삼각형에서 두 변의 길이의 비 [정의]
　└ 기준각이 마주보는 변이 높이이다.

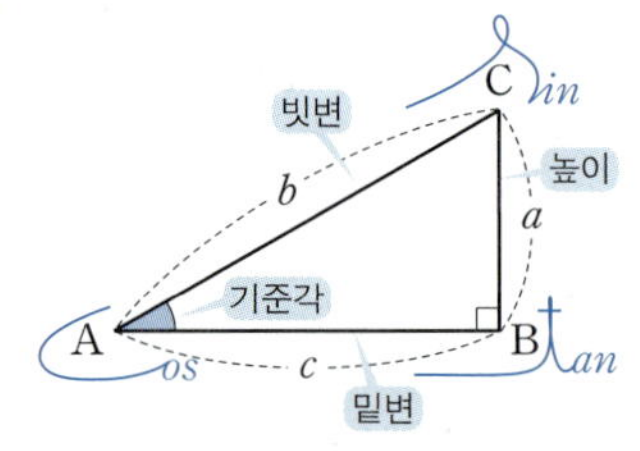

☐ $\sin A = \dfrac{(높이)}{(빗변의 \ 길이)} = \dfrac{a}{b}$
　sine

☐ $\cos A = \dfrac{(밑변의 \ 길이)}{(빗변의 \ 길이)} = \dfrac{c}{b}$
　cosine

☐ $\tan A = \dfrac{(높이)}{(밑변의 \ 길이)} = \dfrac{a}{c}$
　tangent

| 2 | 특수각의 삼각비 ★★★★★

삼각비＼A	$30°$	$45°$	$60°$
☐ $\sin A$	$\dfrac{1}{2}$	$\dfrac{\sqrt{2}}{2}\left(=\dfrac{1}{\sqrt{2}}\right)$	$\dfrac{\sqrt{3}}{2}$ ← sin 값은 증가
☐ $\cos A$	$\dfrac{\sqrt{3}}{2}$	$\dfrac{\sqrt{2}}{2}\left(=\dfrac{1}{\sqrt{2}}\right)$	$\dfrac{1}{2}$ ← cos 값은 감소
☐ $\tan A$	$\dfrac{\sqrt{3}}{3}\left(=\dfrac{1}{\sqrt{3}}\right)$	1	$\sqrt{3}$ ← tan 값은 증가

역수

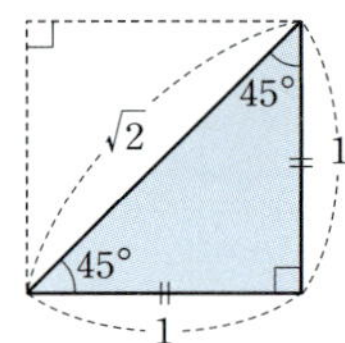

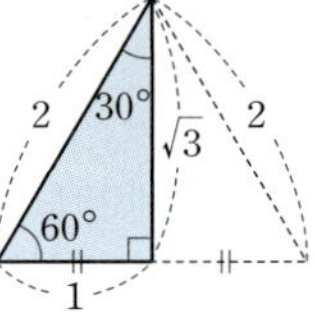

| 3 | 예각의 삼각비 ★★☆☆☆

• 반지름의 길이가 1인 사분원에서 임의의 예각 x에 대하여
　　원을 사등분했을 때의 한 부분

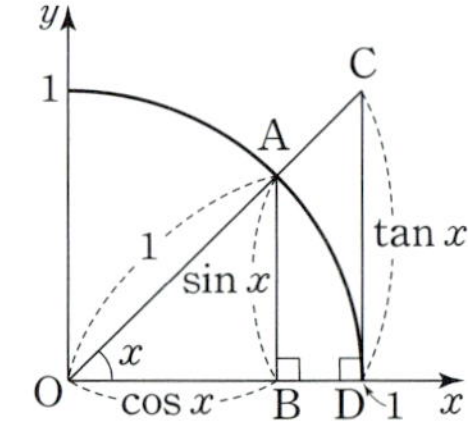

☐ $\sin x = \dfrac{\overline{AB}}{\overline{OA}} = \dfrac{\overline{AB}}{1} = \overline{AB}$

☐ $\cos x = \dfrac{\overline{OB}}{\overline{OA}} = \dfrac{\overline{OB}}{1} = \overline{OB}$

☐ $\tan x = \dfrac{\overline{CD}}{\overline{OD}} = \dfrac{\overline{CD}}{1} = \overline{CD}$

| 4 | 0°와 90°의 삼각비 ★★★★☆

• 오른쪽 그림에서 $\sin x = \overline{AB}$, $\cos x = \overline{OB}$, $\tan x = \overline{CD}$이므로

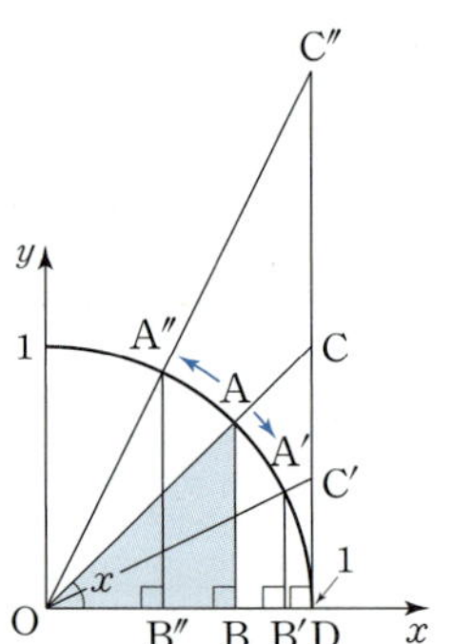

☐ $\angle x$가 $0°$에 가까워지면

　➡ $\overline{AB} \to 0$, $\overline{OB} \to 1$, $\overline{CD} \to 0$

　➡ $\sin 0° = 0$, $\cos 0° = 1$, $\tan 0° = 0$

☐ $\angle x$가 $90°$에 가까워지면

　➡ $\overline{AB} \to 1$, $\overline{OB} \to 0$, $\overline{CD} \to$ 한없이 증가한다.

　➡ $\sin 90° = 1$, $\cos 90° = 0$, $\tan 90°$의 값은 정할 수 없다.

☐ $\angle x$가 $0°$에서 $90°$로 증가하면

　➡ $\sin x$의 값은 $0 \to 1$로 증가, $\cos x$의 값은 $1 \to 0$으로 감소, $\tan x$의 값은 0에서부
　　터 한없이 증가한다.

⊙ △ABC는 직각삼각형이다.

001　$\sin A=$ ＿＿＿＿＿　$\sin C=$ ＿＿＿＿＿
　　　$\cos A=$ ＿＿＿＿＿　$\cos C=$ ＿＿＿＿＿
　　　$\tan A=$ ＿＿＿＿＿　$\tan C=$ ＿＿＿＿＿

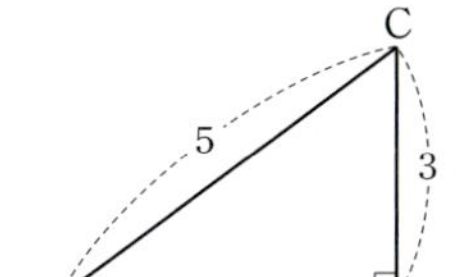

002　$\sin A=$ ＿＿＿＿＿　$\sin B=$ ＿＿＿＿＿
　　　$\cos A=$ ＿＿＿＿＿　$\cos B=$ ＿＿＿＿＿
　　　$\tan A=$ ＿＿＿＿＿　$\tan B=$ ＿＿＿＿＿

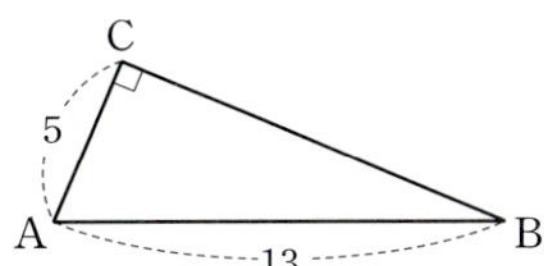

⊙ 계산하시오.

003　$\sin 30^\circ + \tan 45^\circ =$ ＿＿＿＿＿

004　$\sin 60^\circ \times \tan 60^\circ - \cos 60^\circ =$ ＿＿＿＿＿

005　$(\cos 45^\circ + \sin 45^\circ) \times \cos 30^\circ =$ ＿＿＿＿＿

006　$\sin 30^\circ + \cos 60^\circ + \sqrt{3}\,\tan 30^\circ =$ ＿＿＿＿＿

⊙ △ABC는 직각삼각형이다.

007　$x=$ ＿＿＿＿＿
　　　$y=$ ＿＿＿＿＿

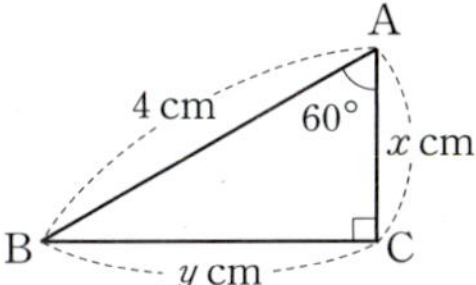

008　$x=$ ＿＿＿＿＿
　　　$y=$ ＿＿＿＿＿

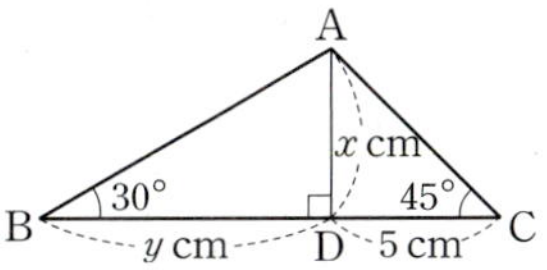

⊙ 맞으면 ○, 틀리면 ×

009　$\sin x = \overline{AB}$　　　　　○ / ×

010　$\sin y = \overline{OA}$　　　　　○ / ×

011　$\cos x = \overline{OB}$　　　　　○ / ×

012　$\cos y = \overline{OA}$　　　　　○ / ×

013　$\tan x = \overline{CD}$　　　　　○ / ×

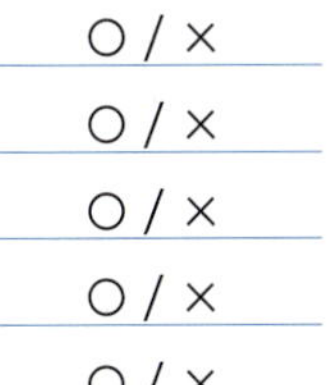
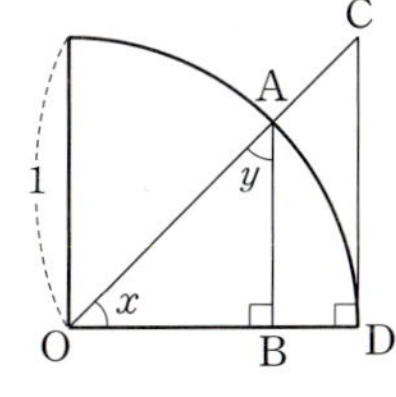
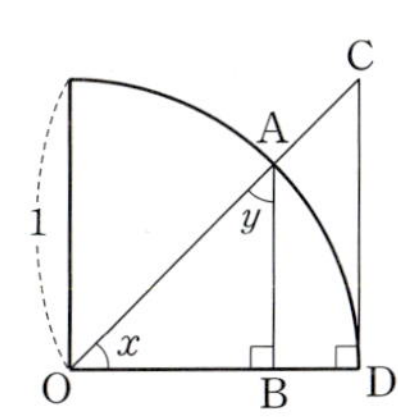

⊙ 계산하시오.

014　$(\cos 0^\circ + \tan 45^\circ) \div \sin 90^\circ$　　　　＿＿＿＿＿

015　$\cos 90^\circ \times \cos 0^\circ + \sin 0^\circ + \tan 0^\circ$　　　　＿＿＿＿＿

016　$\sin 90^\circ \times \cos 45^\circ + \cos 90^\circ \times \sin 45^\circ$　　　　＿＿＿＿＿

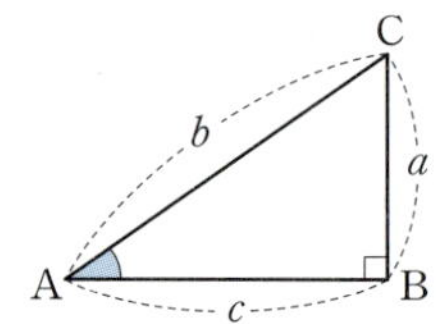

| 1 | 직각삼각형의 변의 길이 ★★★★☆

- $\angle B = 90°$인 직각삼각형 ABC에서

□ $\angle A$의 크기와 빗변의 길이 b를 알 때

$$\Rightarrow a = b\sin A,\ c = b\cos A \leftarrow \sin A = \frac{a}{b},\ \cos A = \frac{c}{b}$$

□ $\angle A$의 크기와 밑변의 길이 c를 알 때

$$\Rightarrow a = c\tan A,\ b = \frac{c}{\cos A} \leftarrow \tan A = \frac{a}{c},\ \cos A = \frac{c}{b}$$

□ $\angle A$의 크기와 높이 a를 알 때

$$\Rightarrow b = \frac{a}{\sin A},\ c = \frac{a}{\tan A} \leftarrow \sin A = \frac{a}{b},\ \tan A = \frac{a}{c}$$

| 2 | 일반 삼각형의 변의 길이 ★☆☆☆☆

- 두 변의 길이와 그 끼인 각의 크기를 알 때 (a, c, $\angle B$)

□ $\overline{AC} = \sqrt{\overline{AH}^2 + \overline{CH}^2}$

수선을 그어 구하는 변을 빗변으로 하는 직각삼각형을 만든다.

$$= \sqrt{(c\sin B)^2 + (a - c\cos B)^2}$$

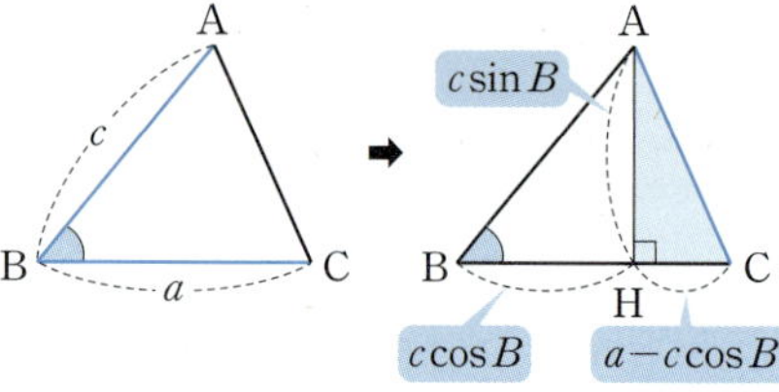

- 한 변의 길이와 그 양 끝각의 크기를 알 때 (a, $\angle B, \angle C$)

□ $\overline{AB} = \dfrac{a\sin C}{\sin A} \leftarrow \overline{BH} = \overline{AB}\sin A = a\sin C$

$\angle A = 180° - (\angle B + \angle C)$

□ $\overline{AC} = \dfrac{a\sin B}{\sin A} \leftarrow \overline{CH'} = \overline{AC}\sin A = a\sin B$

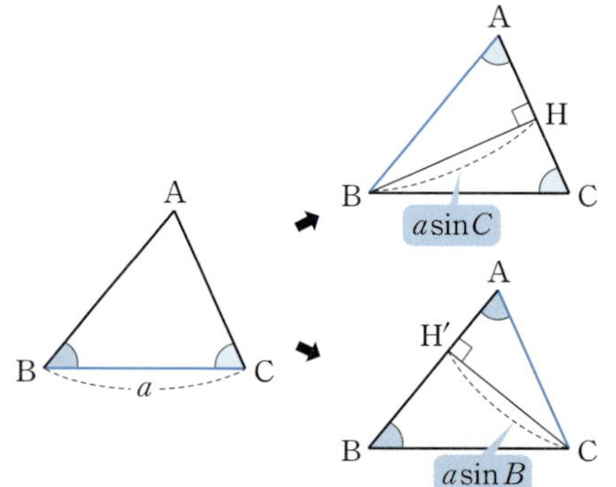

| 3 | 삼각형의 높이 ★☆☆☆☆

- 한 변의 길이와 그 양 끝각의 크기를 알 때 (a, $\angle B, \angle C$)

□ 예각삼각형인 경우

$$a = \overline{BH} + \overline{CH} = h\tan x + h\tan y$$

$$\Rightarrow h = \frac{a}{\tan x + \tan y}$$

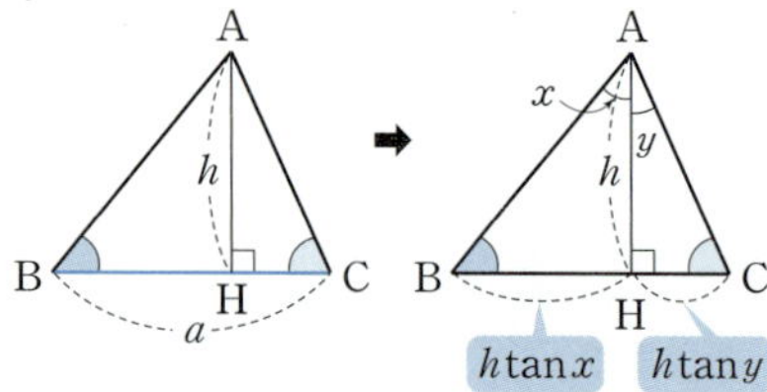

□ 둔각삼각형인 경우

$$a = \overline{BH} - \overline{CH} = h\tan x - h\tan y$$

$$\Rightarrow h = \frac{a}{\tan x - \tan y}$$

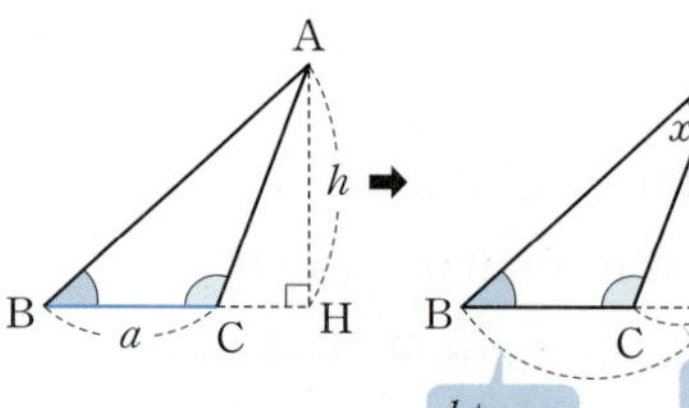

⊙ △ABC는 직각삼각형이다. x, y의 값을 ∠B의 삼각비를 이용하여 나타내시오.

001 $x=$ ______

$y=$ ______

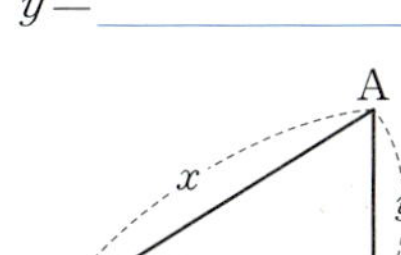

002 $x=$ ______

$y=$ ______

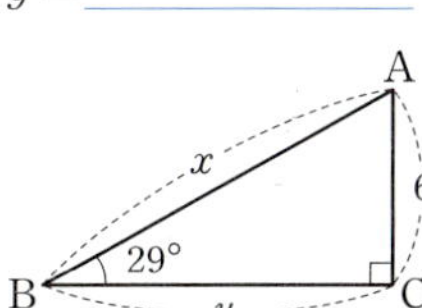

003 $x=$ ______

$y=$ ______

⊙ 점 H는 꼭짓점 A에서 변 BC 또는 변 BC의 연장선에 내린 수선의 발이다.

004 $\overline{AH}=$ ______

$\overline{BH}=$ ______

$\overline{CH}=$ ______

$\overline{AC}=$ ______

005 $\overline{AH}=$ ______

$\overline{CH}=$ ______

$\overline{BH}=$ ______

$\overline{AB}=$ ______

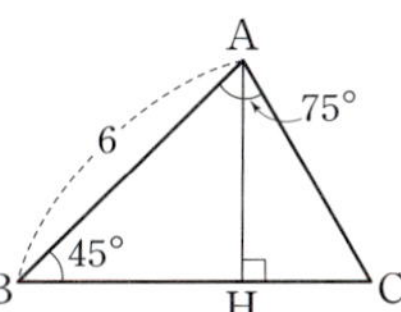

006 $\overline{AH}=$ ______

∠C$=$ ______

$\overline{AC}=$ ______

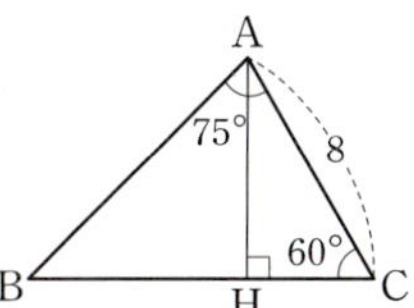

007 $\overline{AH}=$ ______

∠B$=$ ______

$\overline{AB}=$ ______

008 $\overline{AH}=$ ______

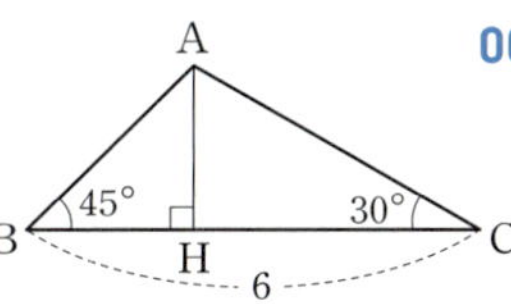

009 $\overline{AH}=$ ______

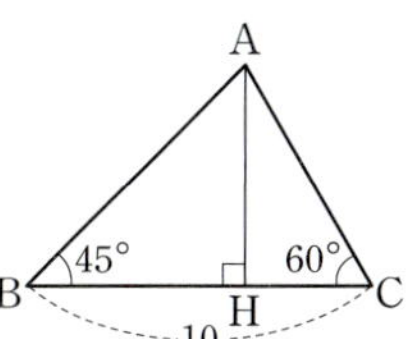

010 $\overline{AH}=$ ______

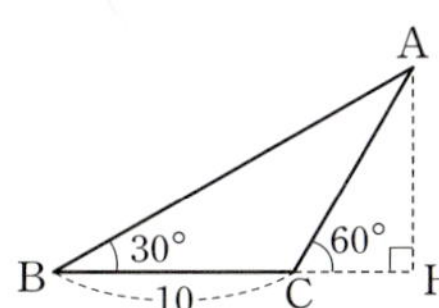

011 $\overline{AH}=$ ______

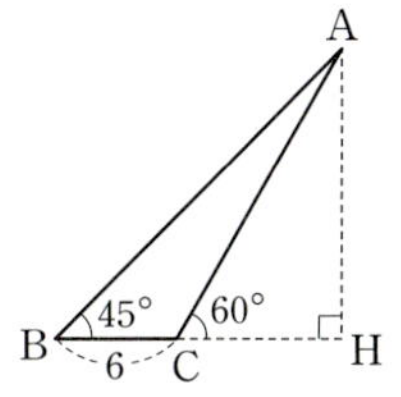

093 삼각비의 활용(도형의 넓이)

| 1 | 삼각형의 넓이 ★★★★★

- 두 변의 길이와 그 끼인 각의 크기를 알 때 (a, c / $\angle B$)

☐ $\angle B$가 예각인 경우

➡ $\triangle ABC = \dfrac{1}{2}ah = \dfrac{1}{2}ac\sin B$ ($=h$)

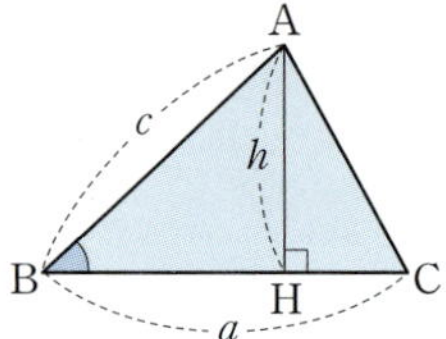

☐ $\angle B$가 둔각인 경우

➡ $\triangle ABC = \dfrac{1}{2}ah = \dfrac{1}{2}ac\sin(180°-B)$ ($=h$)

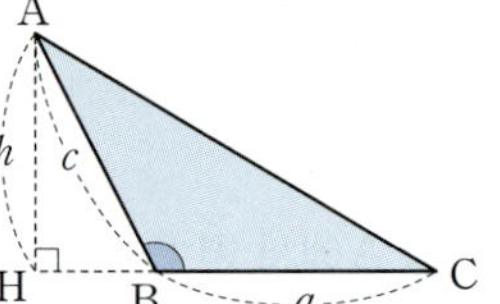

예 $\angle B = 90°$이면 $\sin B = \sin 90° = 1$이므로

$$S = \dfrac{1}{2}ac\sin 90° = \dfrac{1}{2}ac$$

| 2 | 평행사변형의 넓이 ★★★☆☆

평행사변형의 대각선은 그 넓이를 이등분한다.

- 이웃하는 두 변의 길이와 그 끼인 각의 크기를 알 때 (a, b / $\angle x$)

☐ $\angle x$가 예각인 경우

➡ $\square ABCD = ab\sin x$

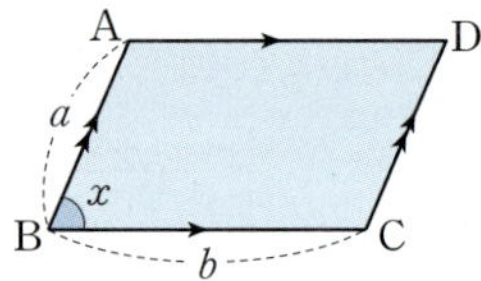

☐ $\angle x$가 둔각인 경우

➡ $\square ABCD = ab\sin(180°-x)$

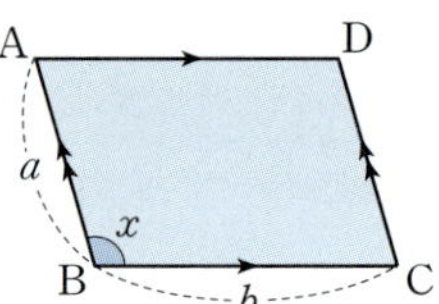

| 3 | 사각형의 넓이 ★★★☆☆

- 두 대각선의 길이와 두 대각선이 이루는 각의 크기를 알 때 (a, b / $\angle x$)

☐ $\angle x$가 예각인 경우

➡ $\square ABCD = \dfrac{1}{2}ab\sin x$

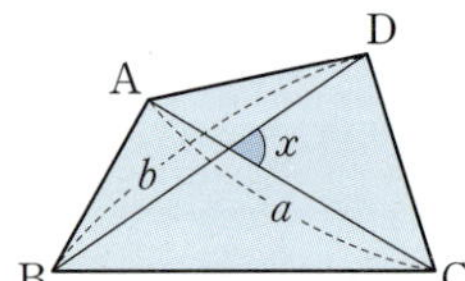

☐ $\angle x$가 둔각인 경우

➡ $\square ABCD = \dfrac{1}{2}ab\sin(180°-x)$

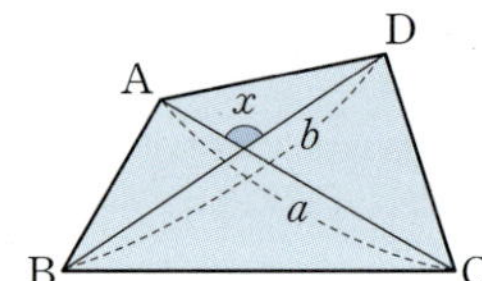

◉ 삼각형과 사각형의 넓이를 구하시오.

001
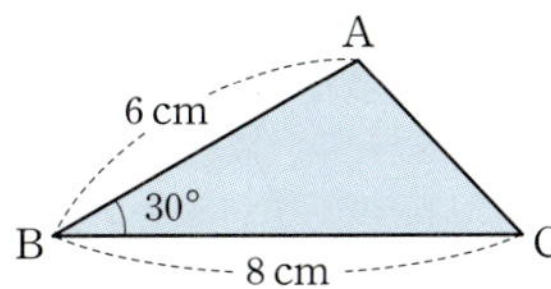

002
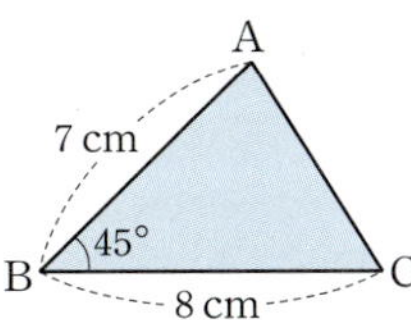

003
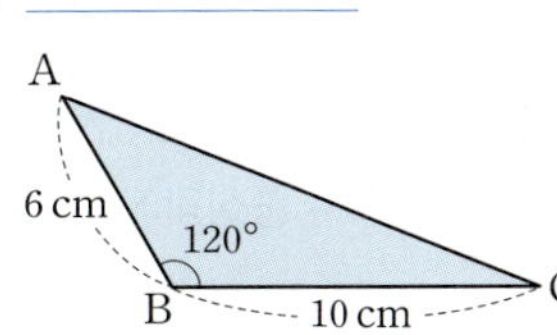

004
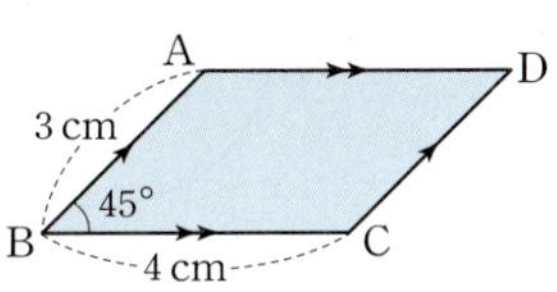

005
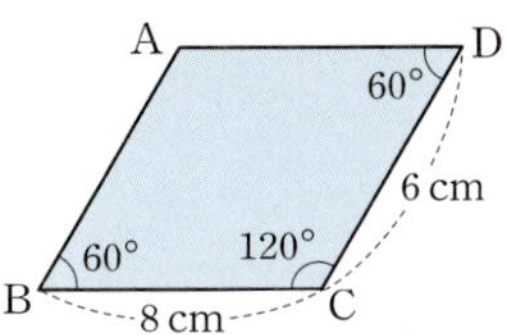

006
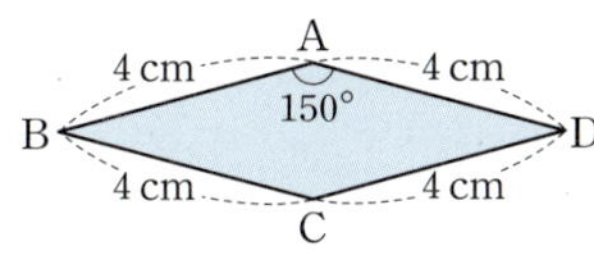

007
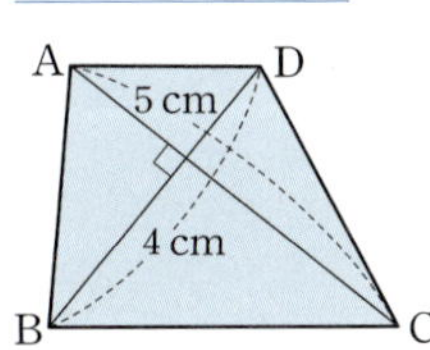

008
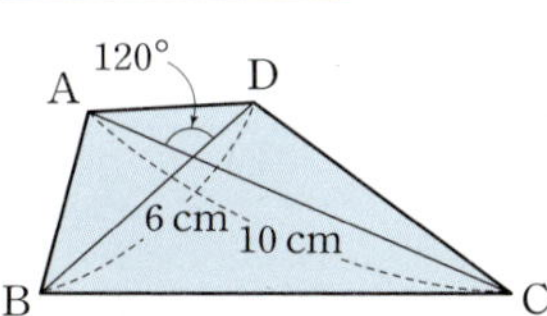

009
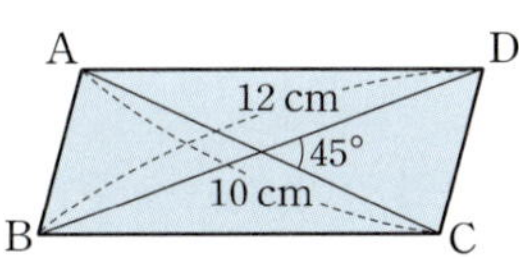

010
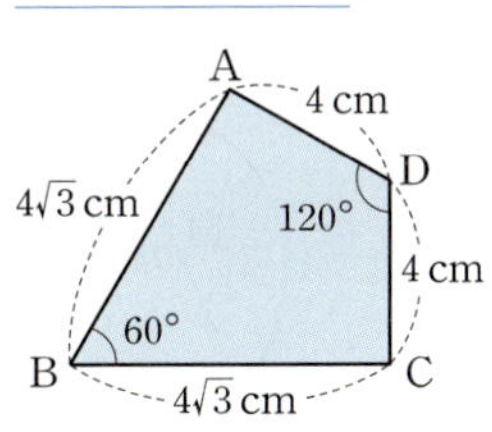

011
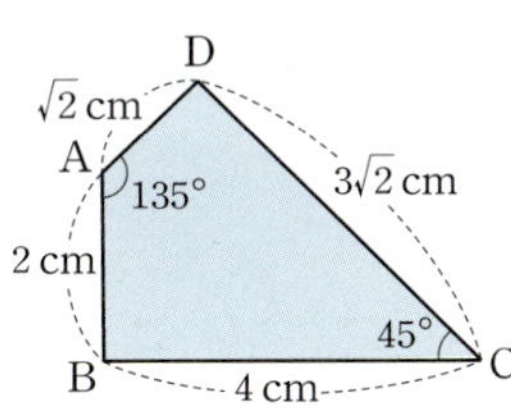

012
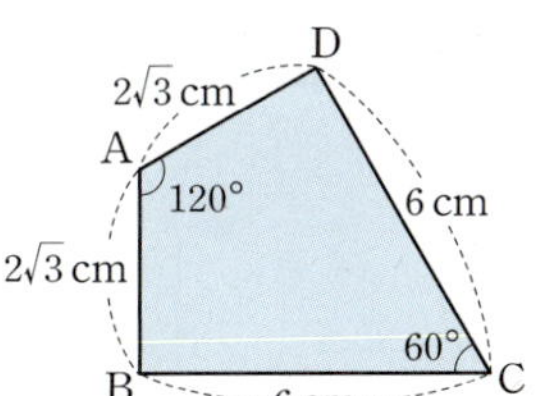

| 1 | 중심각의 크기에 대한 현의 길이 ★★☆☆☆

• 한 원 또는 합동인 두 원에서

☐ 크기가 같은 두 중심각에 대한 현의 길이는 같다.

      <u>호의 길이도 같다.</u>

 ➡ $\angle AOB = \angle COD$이면 $\overline{AB} = \overline{CD}$

☐ 길이가 같은 두 현에 대한 중심각의 크기는 같다.

    <u>또는 두 호에 대한</u>

 ➡ $\overline{AB} = \overline{CD}$이면 $\angle AOB = \angle COD$

☐ 현의 길이는 중심각의 크기에 정비례하지 않는다.

        <u>호의 길이는 중심각의 크기에 정비례한다.</u>

 ㉠ 오른쪽 그림에서 $\angle COE = 2\angle AOB$이지만 $\overline{CE} < \overline{CD} + \overline{DE} = 2\overline{AB}$, 즉 $\overline{CE} \neq 2\overline{AB}$이다.

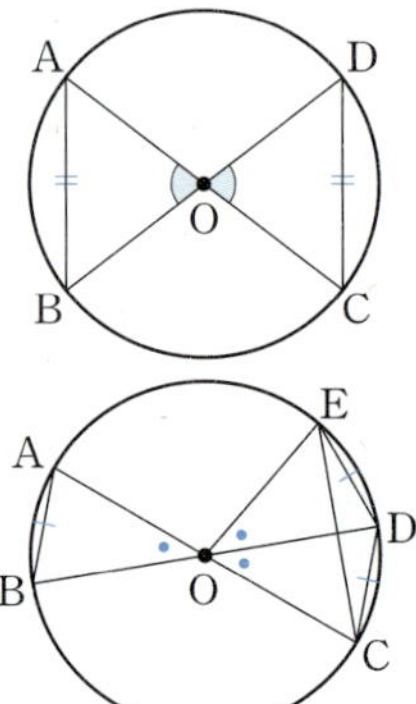

| 2 | 현의 수직이등분선 ★★★★☆

☐ 원의 중심에서 현에 내린 수선은 그 현을 **수직이등분**한다.

  <u>O</u> <u>AB</u> <u>OM</u>

 ➡ $\overline{AB} \perp \overline{OM}$이면 $\overline{AM} = \overline{BM}$

☐ 한 원에서 현의 수직이등분선은 그 **원의 중심**을 지난다.

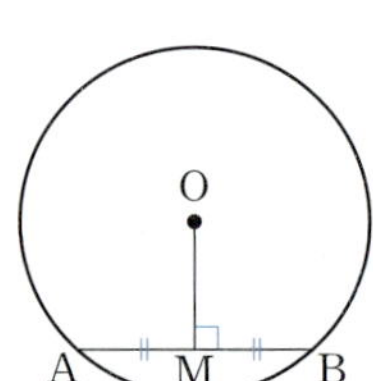

| 3 | 현의 길이 ★★☆☆☆

• 한 원 또는 합동인 두 원에서

☐ 원의 중심으로부터 같은 거리에 있는 두 현의 길이는 같다.

  <u>O</u>   <u>OM=ON</u>

 ➡ $\overline{OM} = \overline{ON}$이면 $\overline{AB} = \overline{CD}$

☐ 길이가 같은 두 현은 원의 중심으로부터 같은 거리에 있다.

 ➡ $\overline{AB} = \overline{CD}$이면 $\overline{OM} = \overline{ON}$

☐ 원 O에서 $\overline{OM} = \overline{ON}$이면 $\triangle ABC$는 $\overline{AB} = \overline{AC}$인 **이등변삼각형**이다.

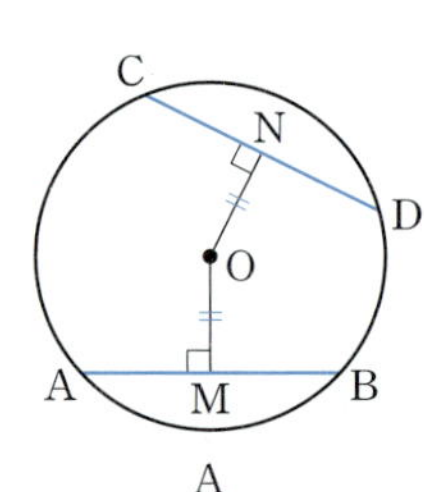

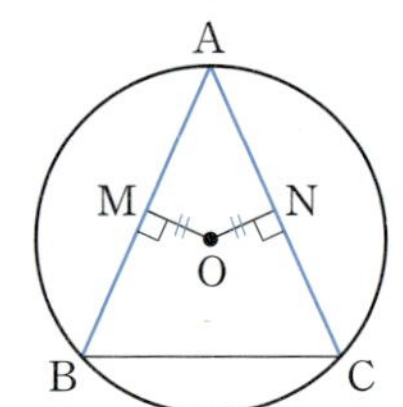

◉ x의 값을 구하시오.

001 $x=$＿＿＿＿＿＿

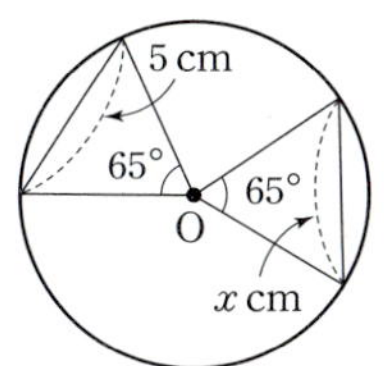

002 $x=$＿＿＿＿＿＿

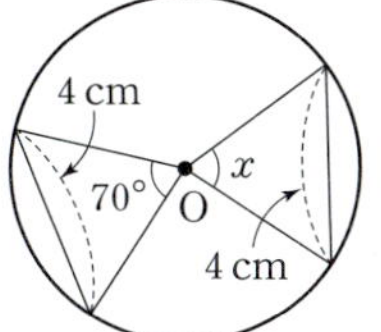

003 $x=$＿＿＿＿＿＿

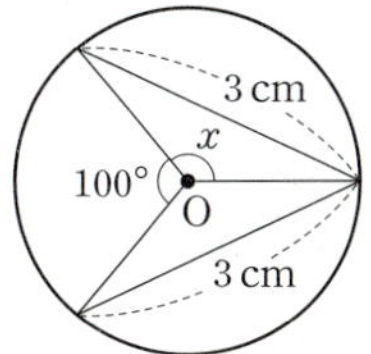

004 $x=$＿＿＿＿＿＿

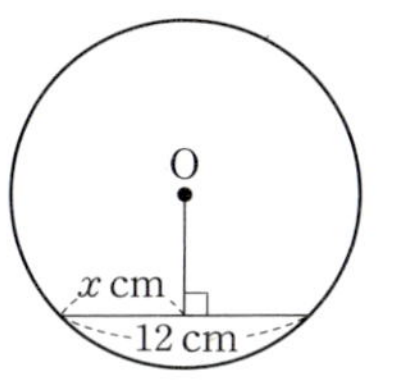

005 $x=$＿＿＿＿＿＿

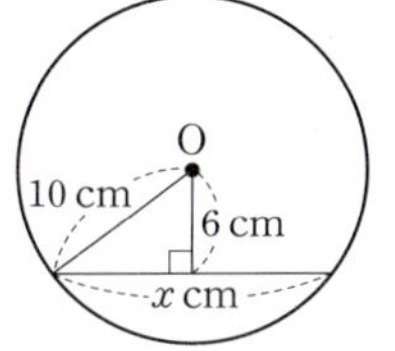

006 $x=$＿＿＿＿＿＿

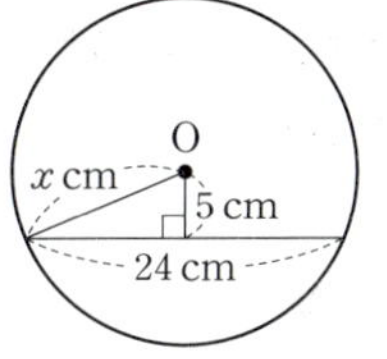

007 $x=$＿＿＿＿＿＿

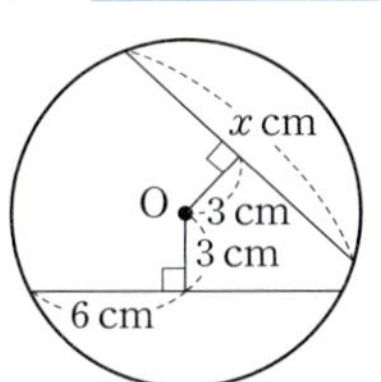

008 $x=$＿＿＿＿＿＿

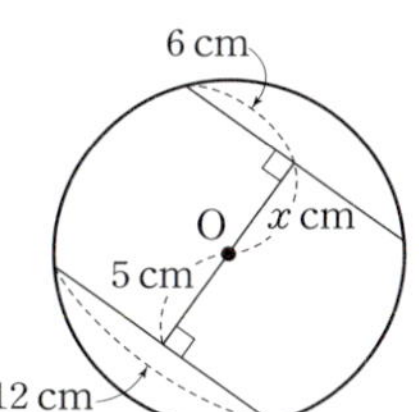

009 $x=$＿＿＿＿＿＿

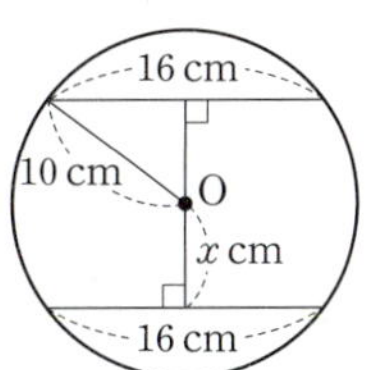

010 $x=$＿＿＿＿＿＿

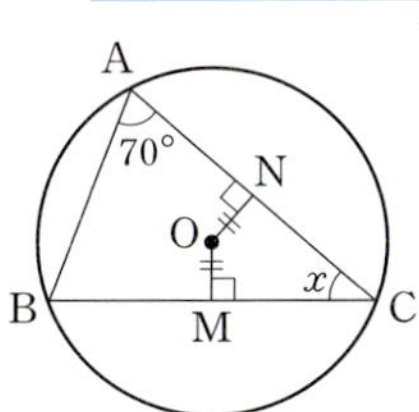

011 $x=$＿＿＿＿＿＿

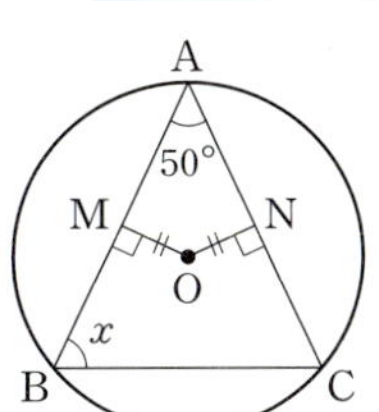

012 $x=$＿＿＿＿＿＿

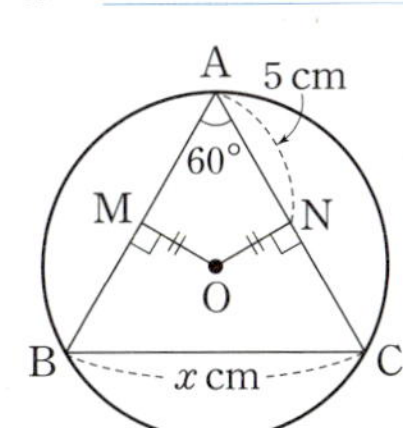

095 원의 접선

| 1 | 원의 접선과 반지름 ★★★★★

☐ 원의 접선은 그 접점을 지나는 원의 반지름과 서로 수직이다. ➡ $\overline{OT} \perp l$

☐ 원 위의 한 점을 지나고 그 점을 지나는 원의 반지름에 수직인 직선은 그 원의 접선이다.

➡ $\overline{OT} \perp l$이면 직선 l은 원 O의 접선이다.

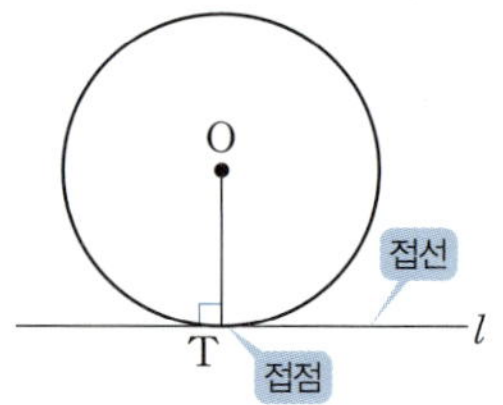

| 2 | 원의 접선의 길이 ★★☆☆

☐ 원 O 밖의 한 점 P에서 그 원에 그은 두 접선의 접점을 각각 A, B라 할 때, $\overline{PA}$, $\overline{PB}$의 길이를 점 P에서 원 O에 그은 **접선의 길이**라고 한다. 정의

㈜ 원 밖의 한 점에서 그 원에 그을 수 있는 접선은 2개이다.

☐ 원 밖의 한 점에서 그 원에 그은 두 접선의 길이는 같다. ➡ $\overline{PA} = \overline{PB}$

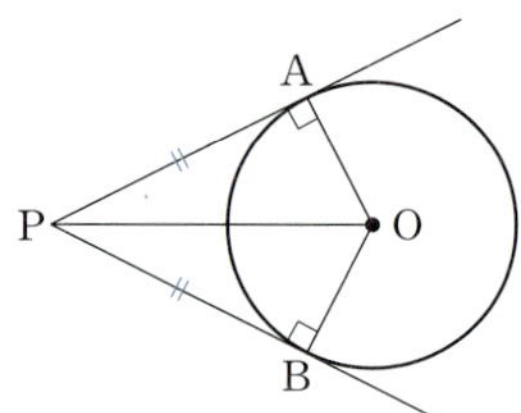

| 3 | 원의 접선의 길이의 성질 ★★☆☆

• $\overrightarrow{PA}, \overrightarrow{PB}, \overleftrightarrow{CD}$가 원 O의 접선일 때

☐ $\overline{PA} = \overline{PB}$, $\overline{CA} = \overline{CE}$, $\overline{DB} = \overline{DE}$

☐ $\angle PAO = \angle PBO = 90°$, $\angle APB + \angle AOB = 180°$

☐ $\angle APO = \angle BPO$, $\triangle APO \equiv \triangle BPO$ (RHS합동)

☐ $\overline{PA}^2 = \overline{PO}^2 - \overline{OA}^2 = \overline{PO}^2 - \overline{OB}^2$ ← 피타고라스의 정리

☐ ($\triangle PCD$의 둘레의 길이) $= \overline{PC} + \overline{CE} + \overline{PD} + \overline{DE} = (\overline{PC} + \overline{CA}) + (\overline{PD} + \overline{DB})$
$$= \overline{PA} + \overline{PB} = 2\overline{PA}$$
$$\underset{\overline{PA}=\overline{PB}}{}$$

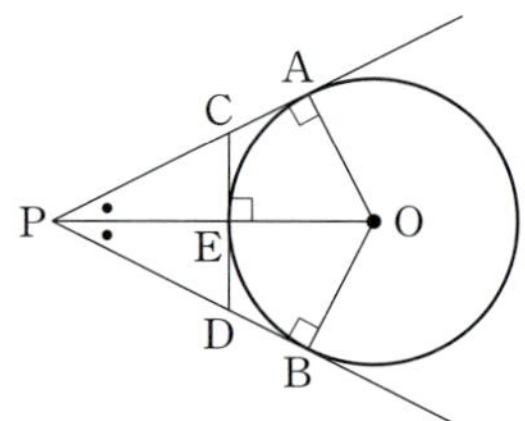

| 4 | 삼각형의 내접원 ★★☆☆

• 원 O가 $\triangle ABC$에 내접하고 내접원의 반지름의 길이가 r일 때

☐ $\overline{AD} = \overline{AF}$, $\overline{BD} = \overline{BE}$, $\overline{CE} = \overline{CF}$

☐ ($\triangle ABC$의 둘레의 길이) $= a + b + c = 2(x + y + z)$

☐ ($\triangle ABC$의 넓이) $= \triangle OBC + \triangle OCA + \triangle OAB = \dfrac{1}{2}ar + \dfrac{1}{2}br + \dfrac{1}{2}cr$
$$= \dfrac{1}{2}r(a + b + c) = r(x + y + z)$$

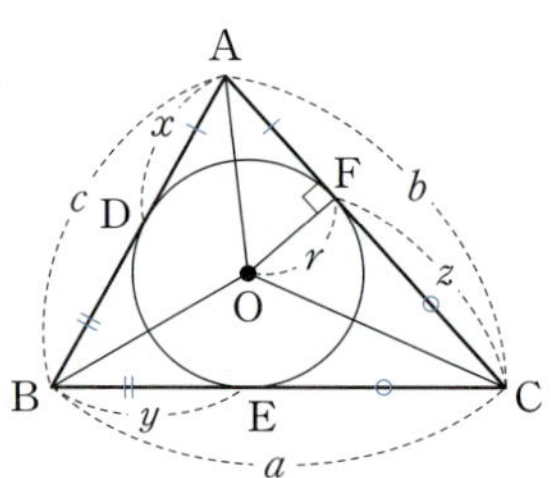

| 5 | 외접사각형 ★☆☆☆

☐ 원에 외접하는 사각형에서 두 쌍의 대변의 길이의 합은 서로 같다.
<u>이웃하는 두 변의 길이의 합 또는 두 쌍의 대변의 길이의 제곱의 합이 아니다.</u>
➡ $\overline{AB} + \overline{CD} = \overline{AD} + \overline{BC}$

☐ 두 쌍의 대변의 길이의 합이 서로 같은 사각형은 원에 외접한다.

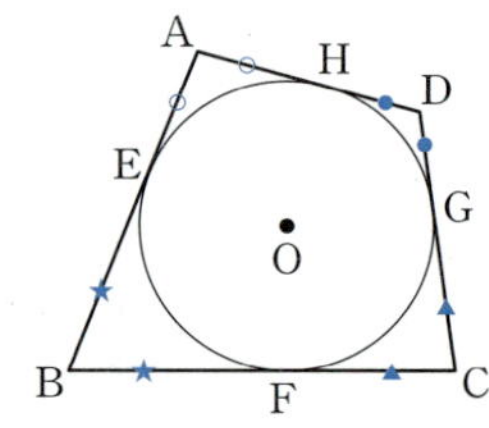

⊙ $\overline{PA}$, $\overline{PB}$, $\overline{CD}$는 원 O의 접선이다.

001 $x=$ ____________

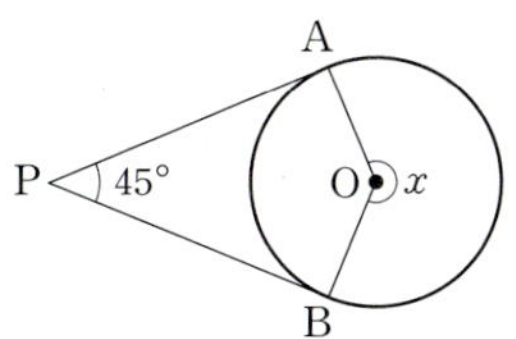

002 $x=$ ____________

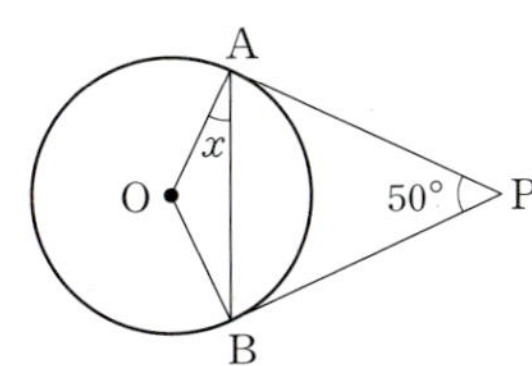

003 $x=$ ____________

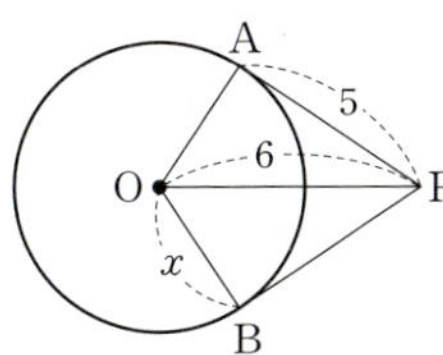

004 $x=$ ____________

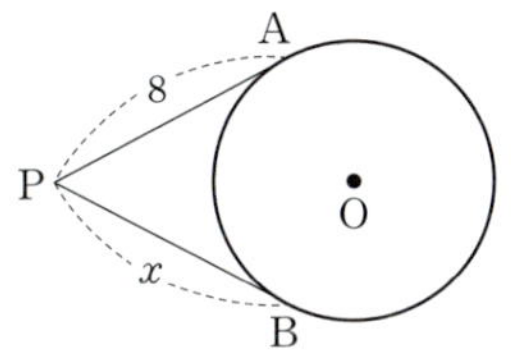

005 $x=$ ____________

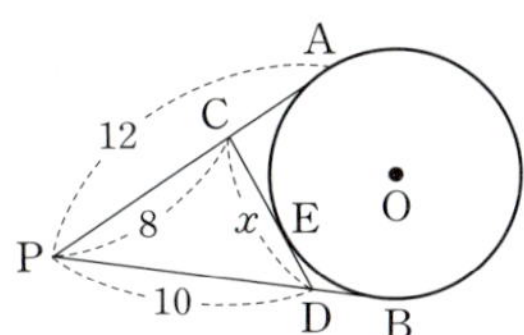

006 $x=$ ____________

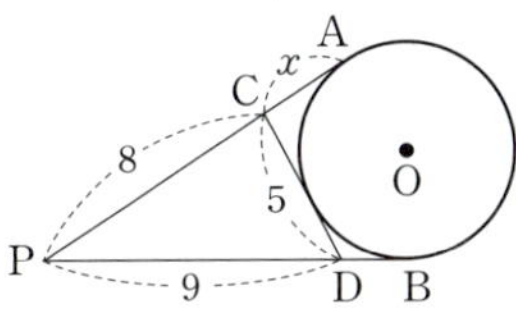

⊙ 원 O는 △ABC의 내접원이다.

007 $x=$ ____________

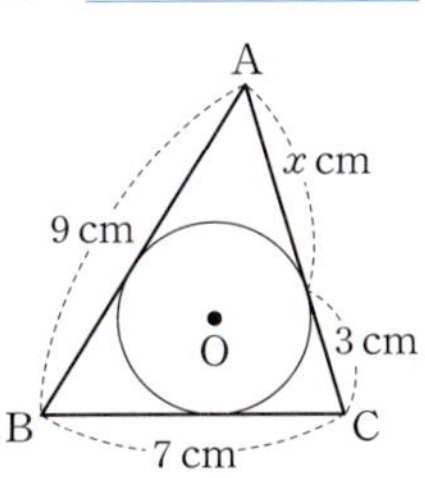

008 $x=$ ____________

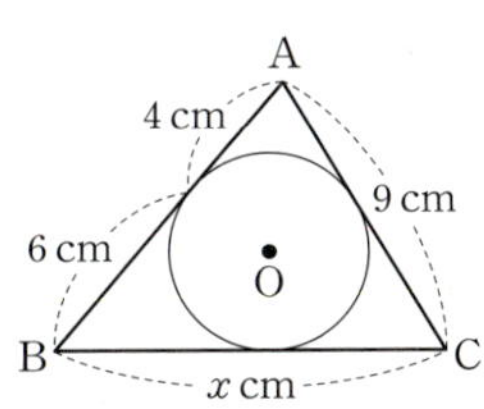

009 $x=$ ____________

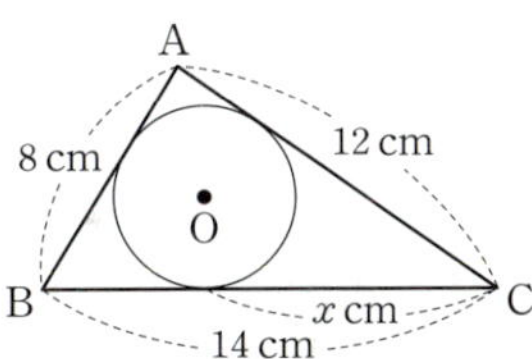

010 $\overline{AD}+\overline{BE}+\overline{CF}=$ ____________

011 $\overline{AD}=$ ____________

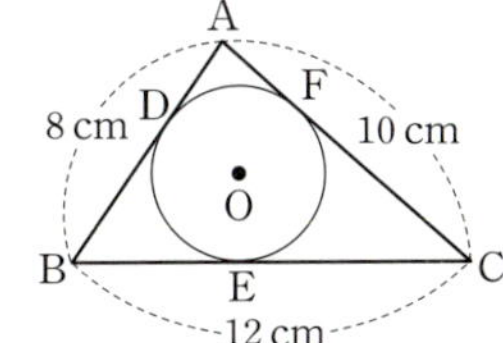

⊙ □ABCD가 원 O에 외접한다.

012 $x=$ ____________

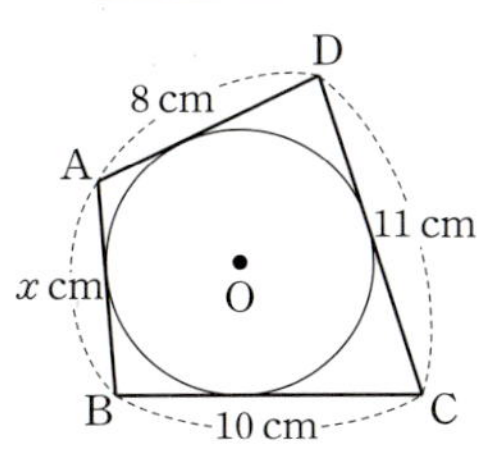

013 $x=$ ____________

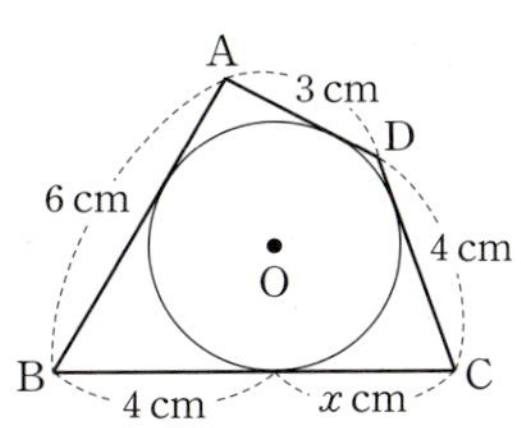

014 $x=$ ____________

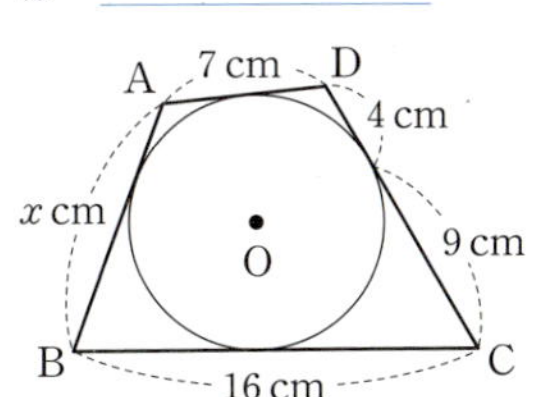

| 1 | 원주각 ★★★★☆

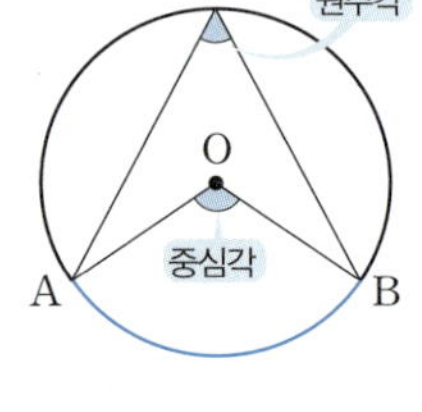

☐ 원 O에서 호 AB 위에 있지 않은 점 P에 대하여 ∠APB를 호 AB에 대한 **원주각**이라 한다. 정의

☐ 원에서 한 호에 대한 원주각의 크기는 그 호에 대한 중심각의 크기의 $\dfrac{1}{2}$이다.

➡ $\angle APB = \dfrac{1}{2}\angle AOB$ [Figure 01]

☐ 반원에 대한 원주각의 크기는 $90°$이다.

➡ $\overline{AB}$가 원의 지름이면 $\angle APB = 90°$이다.

➡ 지름을 한 변으로 하고 원에 내접하는 삼각형은 **직각삼각형**이다. [Figure 02]

☐ 원에서 한 호에 대한 원주각의 크기는 모두 같다. ➡ $\angle APB = \angle AQB = \angle ARB = \dfrac{1}{2}\angle AOB$ [Figure 03]
한 호에 대한 원주각은 여러 개이지만 그에 대한 중심각은 하나이므로

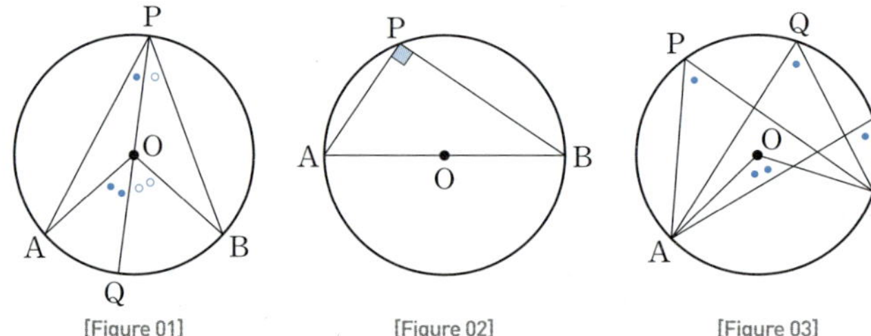

[Figure 01]   [Figure 02]   [Figure 03]

| 2 | 원주각의 크기와 호의 길이 ★★☆☆☆

• 한 원 또는 합동인 두 원에서

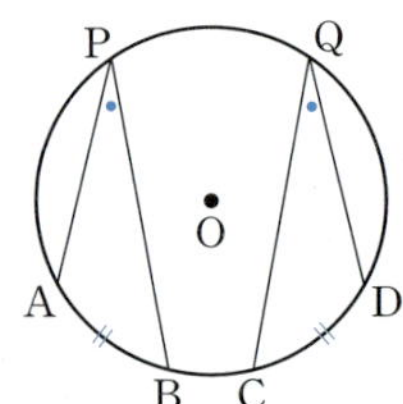

☐ 길이가 같은 호에 대한 원주각의 크기는 같다. ➡ $\overparen{AB} = \overparen{CD}$이면 $\angle APB = \angle CQD$

☐ 크기가 같은 원주각에 대한 호의 길이는 같다. ➡ $\angle APB = \angle CQD$이면 $\overparen{AB} = \overparen{CD}$

☐ 호의 길이는 원주각의 크기에 정비례한다.
현의 길이는 원주각의 크기에 정비례하지 않는다.
➡ 한 원 또는 합동인 두 원에서 중심각의 크기, 원주각의 크기, 부채꼴의 호의 길이, 부채꼴의 넓이는 서로 정비례한다.

| 3 | 네 점이 한 원 위에 있을 조건(원주각) ★☆☆☆☆

• 두 점 C, D가 직선 AB에 대하여 같은 쪽에 있을 때

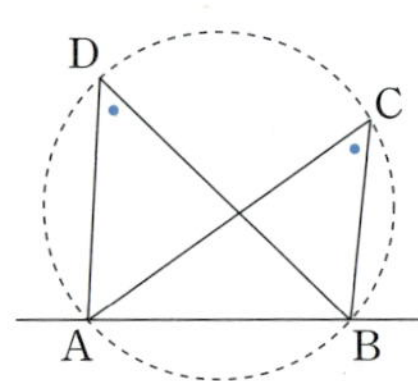

☐ $\angle ACB = \angle ADB$이면 네 점 A, B, C, D는 한 원 위에 있다.

⑩ 네 점 A, B, C, D가 한 원 위에 있으면 $\angle ACB = \angle ADB$이고 $\square ABCD$는 원에 내접하는 사각형이다.

◉ x의 값을 구하시오.

001 $x=$＿＿＿＿＿

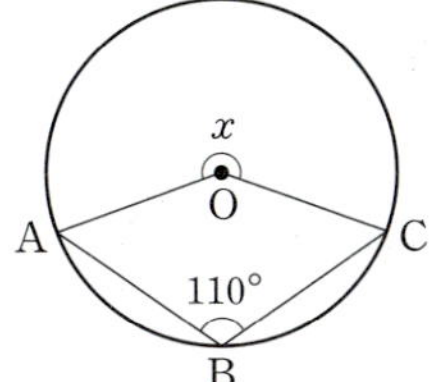

002 $x=$＿＿＿＿＿

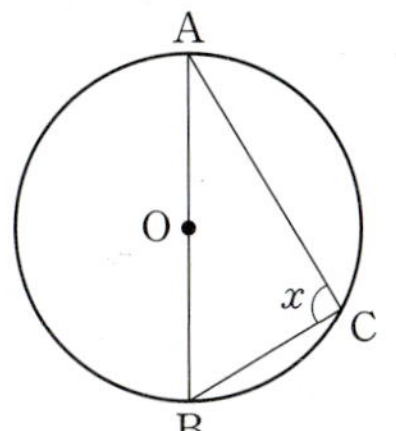

003 $x=$＿＿＿＿＿

004 $x=$＿＿＿＿＿

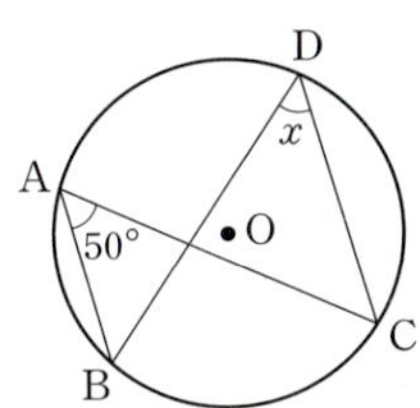

005 $x=$＿＿＿＿＿

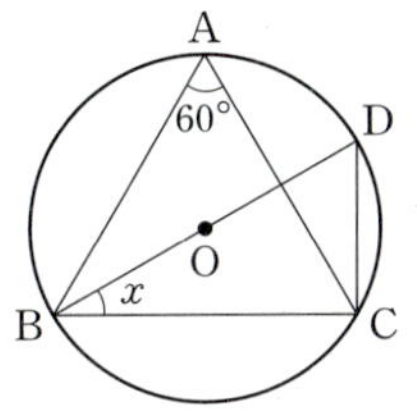

006 $x=$＿＿＿＿＿

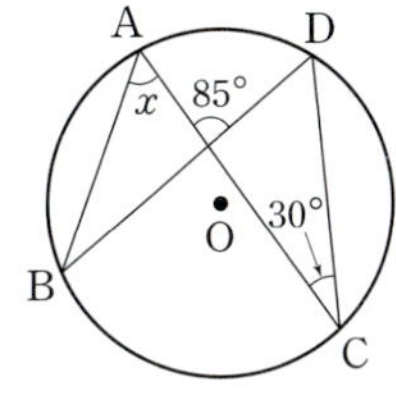

007 $x=$＿＿＿＿＿

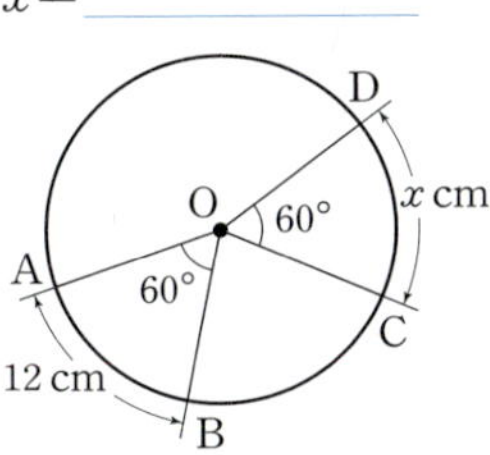

008 $x=$＿＿＿＿＿

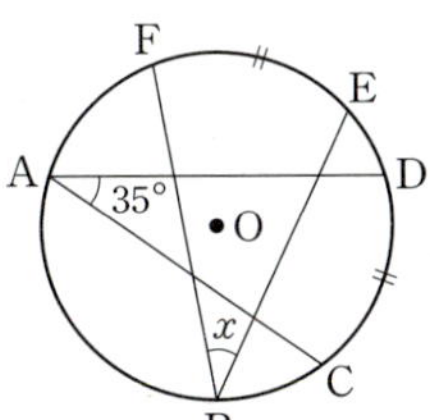

009 $x=$＿＿＿＿＿

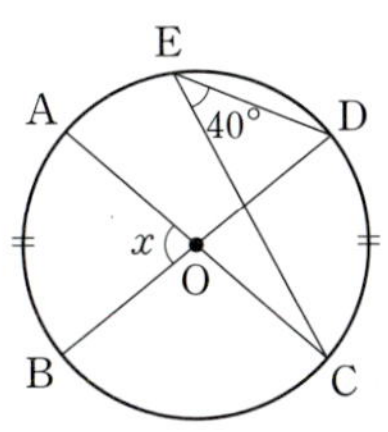

010 $x=$＿＿＿＿＿

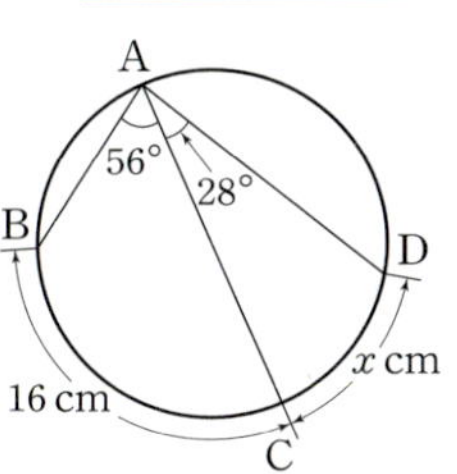

011 $x=$＿＿＿＿＿

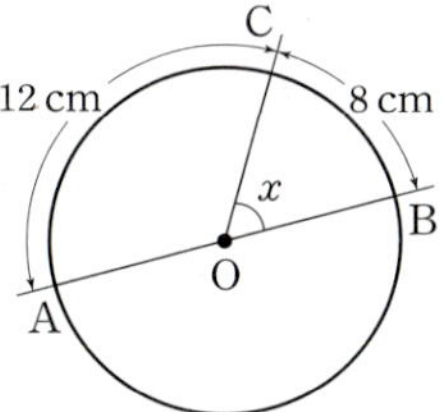

012 $x=$＿＿＿＿＿

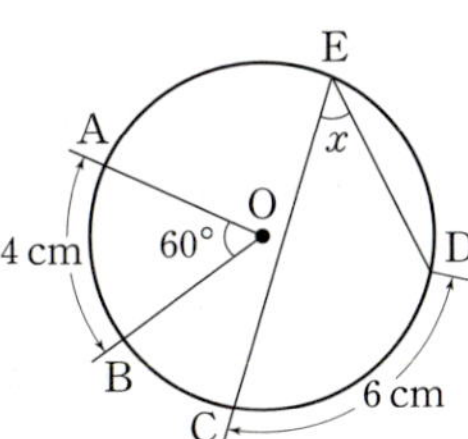

◉ 네 점 A, B, C, D가 한 원 위에 있다.

013 $x=$＿＿＿＿＿

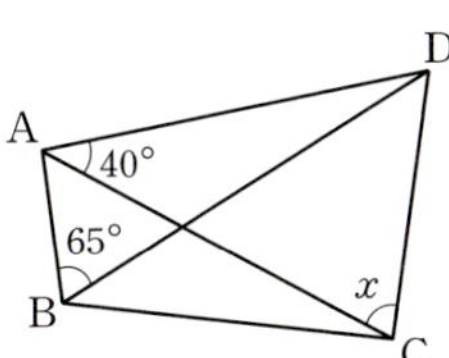

014 $x=$＿＿＿＿＿

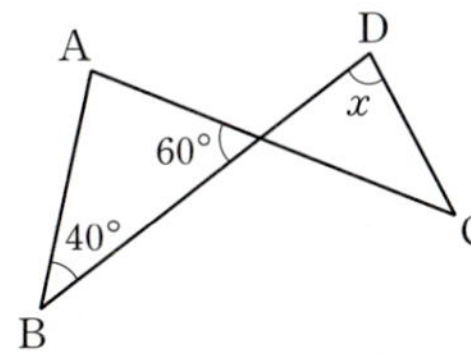

015 $x=$＿＿＿＿＿

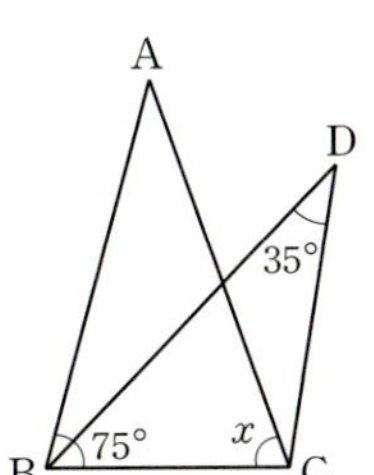

097 원주각의 활용

| 1 | 원에 내접하는 사각형의 성질 ★☆☆☆☆

☐ 원에 내접하는 사각형에서 한 쌍의 대각의 크기의 합은 180°이다.

➡ $\angle A + \angle C = 180°$, $\angle B + \angle D = 180°$

☐ 원에 내접하는 사각형의 한 외각의 크기는 그 내각의 대각의 크기와 같다.

➡ $\angle DCE = \angle A$

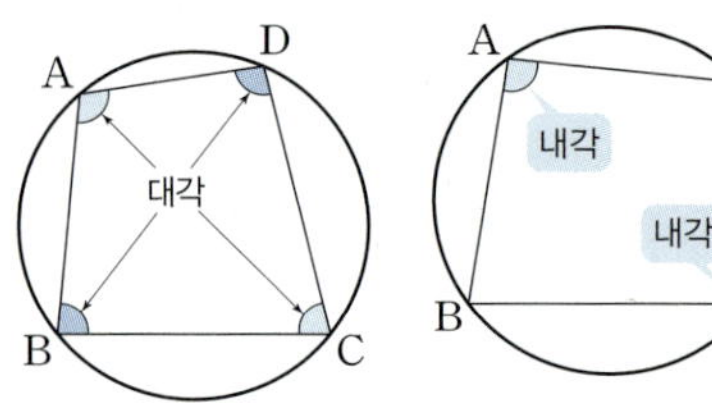

| 2 | 사각형이 원에 내접하기 위한 조건 ★☆☆☆☆

☐ 한 쌍의 대각의 크기의 합이 $180°$인 사각형은 원에 내접한다.

➡ $\angle A + \angle C = 180°$, $\angle B + \angle D = 180°$이면 □ABCD는 원에 내접한다.

☐ 한 외각의 크기가 그 내각의 대각의 크기와 같은 사각형은 원에 내접한다.

➡ $\angle DCE = \angle A$이면 □ABCD는 원에 내접한다.

㉠ 정사각형, 직사각형은 모두 한 쌍의 대각의 크기의 합이 180°이므로 항상 원에 내접한다.

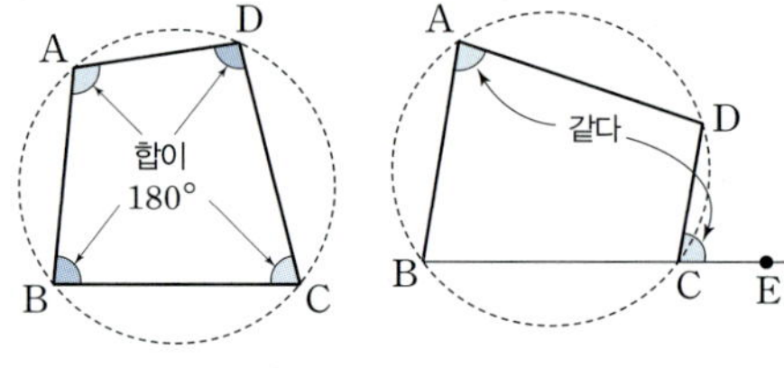

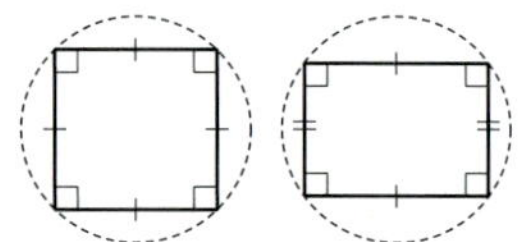

| 3 | 접선과 현이 이루는 각 ★☆☆☆☆

☐ 원의 접선과 그 접점을 지나는 현이 이루는 각의 크기는 그 각의 내부에 있는 호에 대한 원주각의 크기와 같다.

➡ $\angle BAT = \angle BPA$

☐ 원 O에서 $\angle BAT = \angle BPA$이면 $\overrightarrow{AT}$는 원 O의 접선이다.

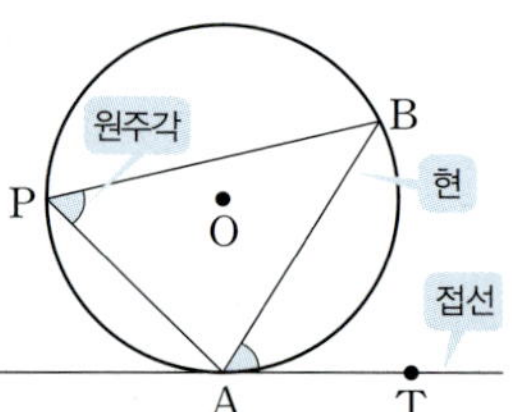

| 4 | 두 원에 공통인 접선과 현이 이루는 각 ★☆☆☆☆

· $\overleftrightarrow{PQ}$가 두 원 O, O′의 공통인 접선이고 점 T가 그 접점일 때, 다음 각 경우에 $\overline{AB} /\!/ \overline{CD}$이다.

☐ $\angle BAT = \angle BTQ = \angle DTP = \angle DCT$

➡ $\overline{AB} /\!/ \overline{CD}$(엇각의 크기가 같으므로)

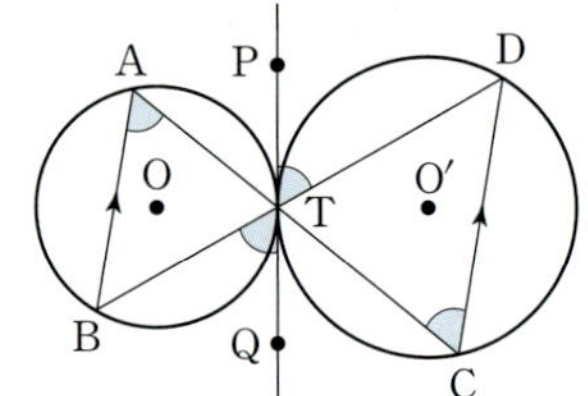

☐ $\angle BAT = \angle BTQ = \angle CDT$

➡ $\overline{AB} /\!/ \overline{CD}$(동위각의 크기가 같으므로)

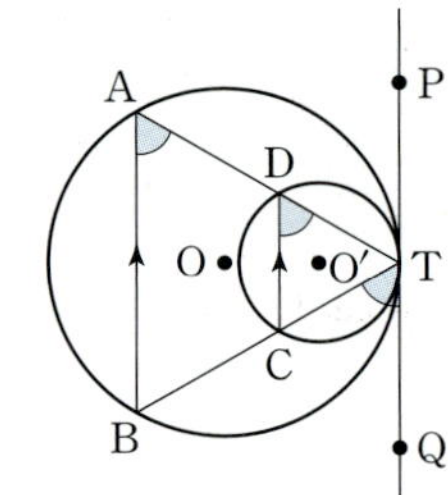

◉ x의 값을 구하시오.

001 $x=$ _________

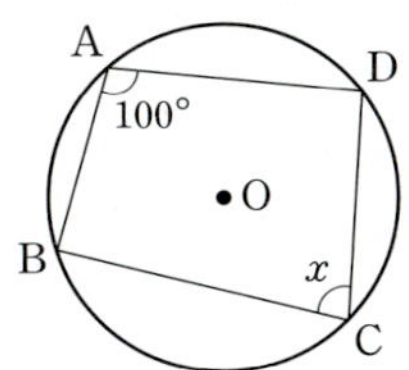

002 $x=$ _________

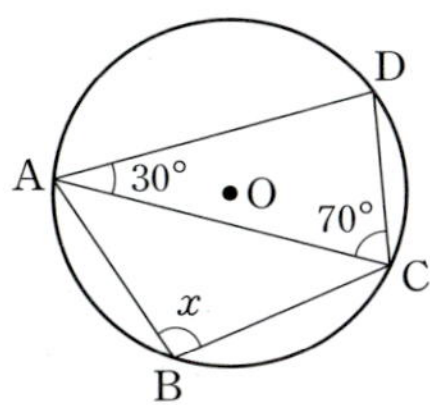

003 $x=$ _________

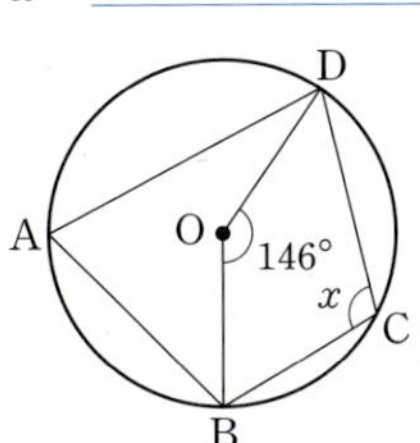

◉ x, y의 값을 구하시오.

004 $x=$ _________
     $y=$ _________

005 $x=$ _________
     $y=$ _________

006 $x=$ _________
     $y=$ _________

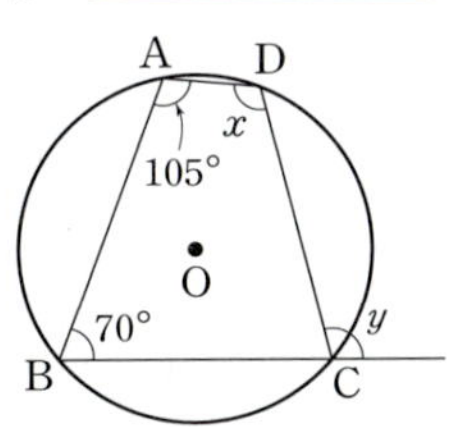

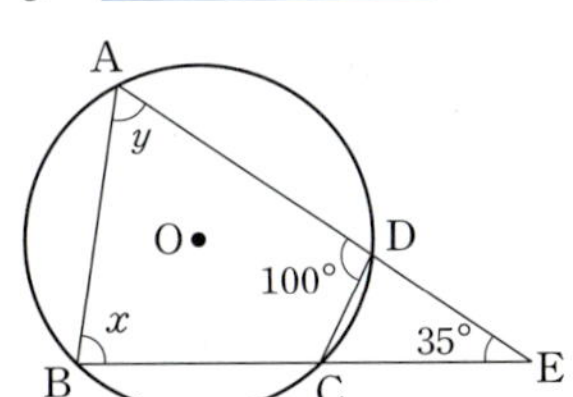

◉ $\overleftrightarrow{\text{AT}}$는 원 O의 접선이다.

007 $x=$ _________
     $y=$ _________

008 $x=$ _________
     $y=$ _________

009 $x=$ _________
     $y=$ _________

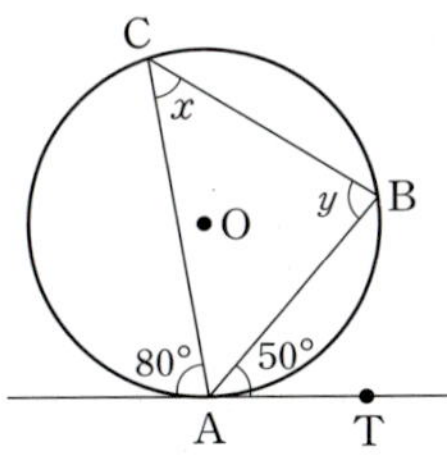

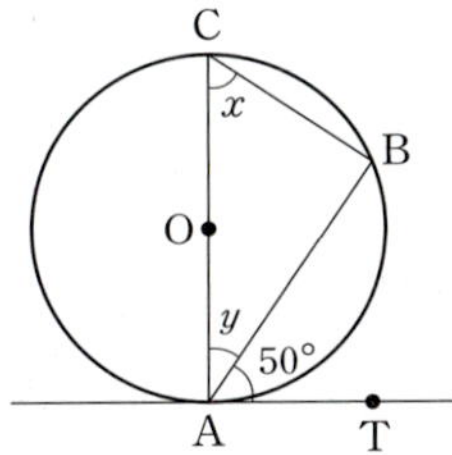

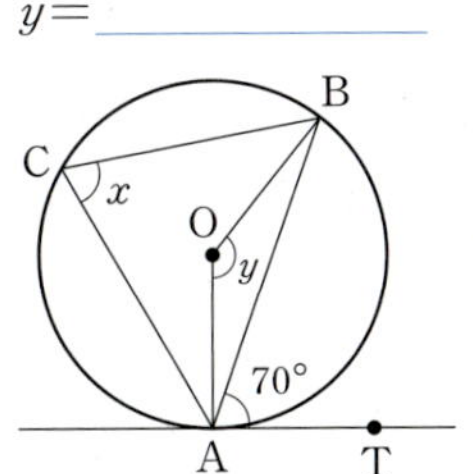

◉ $\overleftrightarrow{\text{TS}}$는 두 원 O, O′의 공통인 접선이고 P는 그 접점이다.

010 ∠APT의 크기   _________

011 ∠BPS의 크기   _________

012 ∠BDP의 크기   _________

013 $\overline{\text{AC}}$와 평행인 선분   _________

014 ∠x의 크기   _________

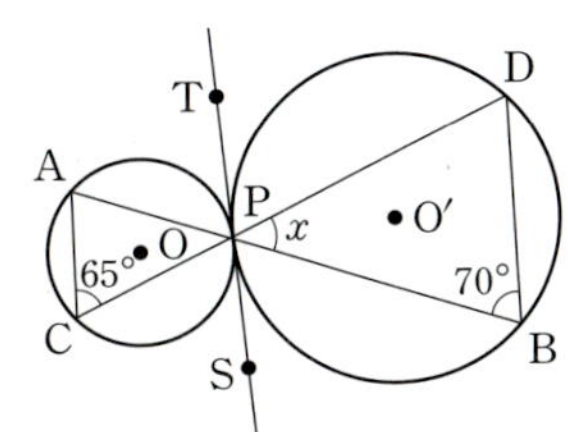

PART Ⓑ

꼭 풀어보아야 하는

필수문제편

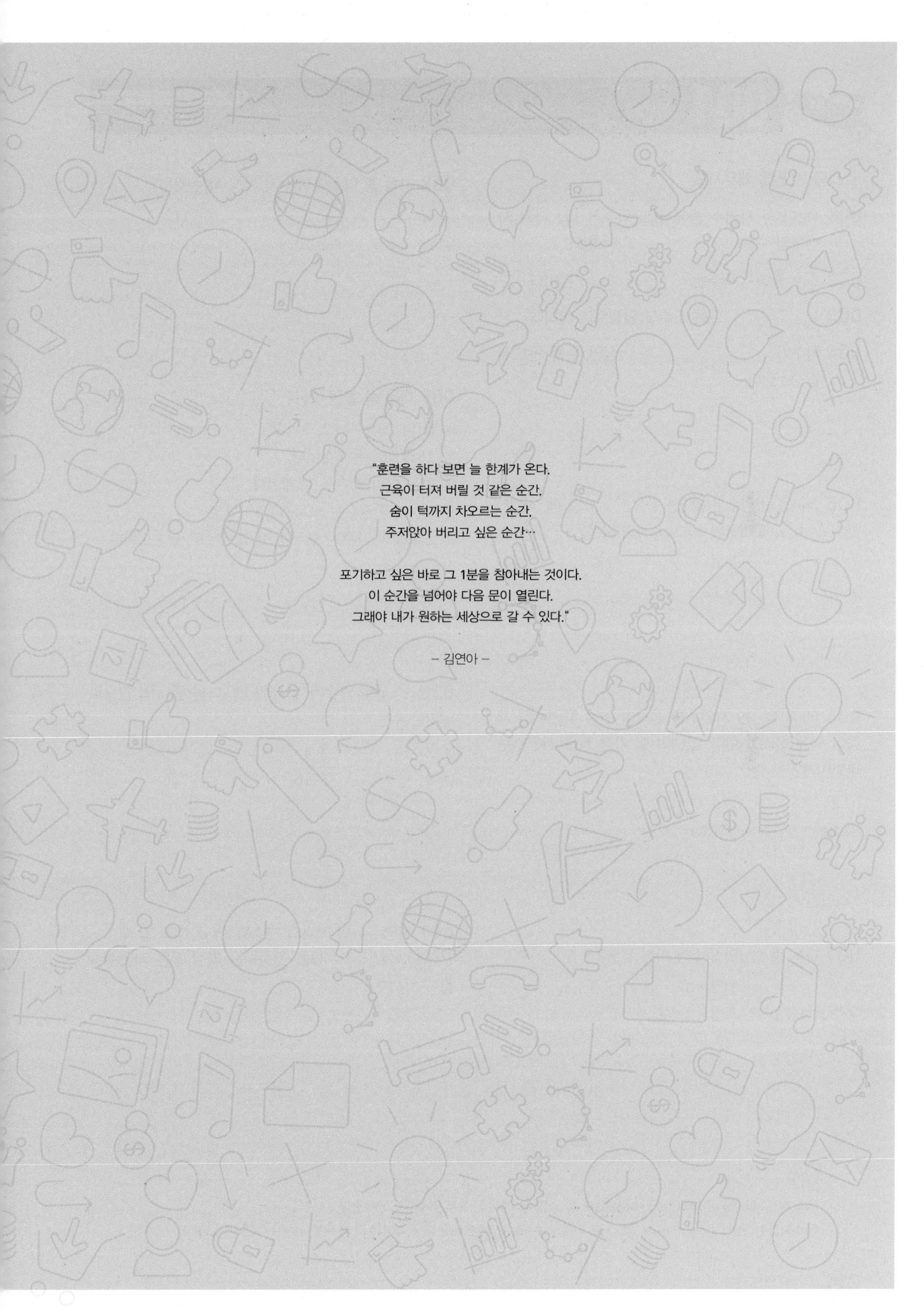

"훈련을 하다 보면 늘 한계가 온다.
근육이 터져 버릴 것 같은 순간,
숨이 턱까지 차오르는 순간,
주저앉아 버리고 싶은 순간…

포기하고 싶은 바로 그 1분을 참아내는 것이다.
이 순간을 넘어야 다음 문이 열린다.
그래야 내가 원하는 세상으로 갈 수 있다."

– 김연아 –

◉ **다음 빈 칸을 채우시오.**

001 1보다 큰 자연수 중에서 그 약수가 1과 자기 자신뿐인 수를 ____________라 한다.

002 소수 중에서 짝수는 ____________뿐이다.

003 ____________은 소수도 합성수도 아니다.

004 약수가 ____________개 이상인 수는 반드시 합성수이다.

005 360을 소인수분해하면 $2^l \times 3^m \times n$일 때, 세 자연수 l, m, n에 대하여 $l+m+n$의 값은?

① 4 ② 6 ③ 8
④ 10 ⑤ 12

006 60에 적당한 자연수를 곱하여 어떤 자연수의 제곱이 되게 하려고 한다. 곱해야 할 가장 작은 자연수는 무엇인가?

① 2 ② 6 ③ 10
④ 12 ⑤ 15

007 다음 중 270의 약수가 <u>아닌</u> 것은?

① 3^3 ② 2×3^2 ③ $3^3 \times 5$
④ $2^2 \times 3 \times 5$ ⑤ $2 \times 3^3 \times 5$

008 다음 중 약수의 개수가 가장 적은 것은?

① 60 ② $2^3 \times 3^2$ ③ 112
④ $2 \times 3 \times 5^2$ ⑤ 1024

009 다음 중 옳은 것은?

① 50의 소인수는 2, 3이다.
② 70의 약수는 7개이다.
③ $3^2 \times 22$의 약수는 12개이다.
④ $2^2 \times 3$의 약수는 모두 2^2, 3이다.
⑤ $2^2 \times 5^2$의 약수는 모두 1, 2, 5, 2^2, 5^2, $2^2 \times 5^2$이다.

010 $8 \times a$의 약수가 12개일 때, 다음 중 a의 값으로 알맞은 수는?

① 2 ② 4 ③ 5
④ 9 ⑤ 16

011 자연수 n의 약수의 개수를 $P(n)$이라 할 때, $P(54) \times P(x) = 32$를 만족하는 가장 작은 자연수 x를 구하시오.

006 자연수의 제곱이 되려면 소인수분해했을 때, 소인수의 지수는 모두 짝수가 되어야 한다.
008 자연수 N이 $N = a^m \times b^n$(a, b는 서로 다른 소수)로 소인수분해될 때 N의 약수의 개수는 $(m+1) \times (n+1)$이다.

002 최대공약수와 최소공배수

⊙ 두 수가 서로소이면 ○, 아니면 ×

001 2, 4

002 3, 5

003 12, 21

004 15, 27

005 두 수 $2^2 \times 3 \times 5$, $2^3 \times 3^2 \times 7$의 최대공약수는?

① 2×3 ② $2^2 \times 3$ ③ $2^2 \times 3 \times 5$

④ $2^2 \times 3 \times 5 \times 7$ ⑤ $2^2 \times 3^2 \times 5 \times 7$

006 두 수 $2^3 \times 3 \times 5^2$, $2^2 \times 5^3 \times 7$의 공약수의 개수는?

① 5개   ② 6개   ③ 7개

④ 8개   ⑤ 9개

007 세 분수 $\dfrac{18}{n}$, $\dfrac{24}{n}$, $\dfrac{30}{n}$을 모두 자연수로 만드는 자연수 n의 값들의 합은?

① 9   ② 10   ③ 11

④ 12   ⑤ 13

008 사과 24개, 귤 36개, 감 60개를 되도록 많은 학생들에게 똑같이 나누어 주려고 한다. 몇 명의 학생에게 나누어 줄 수 있는가?

① 6명   ② 8명   ③ 9명

④ 12명   ⑤ 15명

009 두 수 $2^3 \times 3 \times 7$, $2^2 \times 3^2 \times 5$의 최소공배수는?

① $2^2 \times 3$ ② $2^3 \times 3$ ③ $2^3 \times 3^2$

④ $2^2 \times 3 \times 5 \times 7$ ⑤ $2^3 \times 3^2 \times 5 \times 7$

010 최소공배수가 18인 두 자연수의 공배수 중에서 100 이하의 수는 모두 몇 개인가?

① 3개   ② 4개   ③ 5개

④ 6개   ⑤ 7개

011 두 수 $2^a \times 3$, $2^2 \times 3^b \times 5$의 최대공약수는 2×3이고 최소공배수는 $2^2 \times 3^3 \times 5$일 때, $a \times b$의 값을 구하시오. (단, a, b는 자연수이다.)

006 두 자연수의 공약수의 개수는 최대공약수의 약수의 개수와 같다.

010 두 자연수의 공배수는 두 자연수의 최소공배수의 배수이다.

⊙ 맞으면 ○, 틀리면 ×

001 모든 정수는 유리수이다.

002 모든 유리수는 수직선 위에 나타낼 수 없다.

003 0과 1 사이에는 무수히 많은 유리수가 있다.

004 양수는 양의 부호($+$)를 생략할 수 있다.

005 다음 수에 대한 설명으로 옳지 <u>않은</u> 것은?

$$0, \ \frac{3}{2}, \ -\frac{9}{3}, \ +5, \ 3.14, \ -0.1, \ 10, \ -\frac{1}{5}$$

① 자연수는 2개이다.
② 정수는 3개이다.
③ 양수는 4개이다.
④ 양의 유리수는 4개이다.
⑤ 정수가 아닌 유리수는 4개이다.

006 수직선 위에서 $-\dfrac{1}{3}$에 가장 가까운 정수를 a, $\dfrac{16}{5}$에 가장 가까운 정수를 b라 할 때, $a+b$의 값을 구하시오.

007 다음 중 대소 관계가 옳지 <u>않은</u> 것은?

① $2<3$ ② $-5>-3$ ③ $-2<0$
④ $\dfrac{1}{3}<0.7$ ⑤ $-\dfrac{1}{2}<-\dfrac{1}{3}$

008 $-1<a<0$일 때, 다음 중 가장 큰 것은?

① $-a$ ② $-a^2$ ③ a^2
④ $\dfrac{1}{a}$ ⑤ $\dfrac{1}{a^2}$

009 다음 수를 수직선 위에 나타낼 때, 가장 오른쪽에 있는 수는?

① $-\dfrac{2}{5}$ ② $+\dfrac{4}{3}$ ③ 0
④ $+0.75$ ⑤ -3

010 두 수 $-\dfrac{7}{3}, \dfrac{9}{2}$ 사이에 있는 정수의 개수는?

① 4개 ② 5개 ③ 6개
④ 7개 ⑤ 8개

011 다음 중 부등호를 사용하여 나타낸 것으로 옳은 것은?

① x는 3 미만이다. → $x\leq3$
② x는 2 초과이다. → $x\geq2$
③ x는 1보다 크거나 같다. → $x\leq1$
④ x는 -2보다 크고 3 이하이다. → $-2\leq x\leq3$
⑤ x는 -1보다 작지 않고 2보다 작거나 같다.
　　 → $-1\leq x\leq2$

공략기술

008 $-1<a<0$을 만족하는 적당한 a의 값을 대입해보면 된다.
009 수직선 위에 나타내었을 때, 가장 오른쪽에 있는 수가 가장 큰 수이다.

004 절댓값

⊙ **다음을 구하시오.**

001 -5의 절댓값

002 $\left|-\dfrac{2}{3}\right|$

003 절댓값이 0인 수

004 절댓값이 2인 수

005 다음 중 절댓값이 가장 큰 수는?

① $-\dfrac{3}{4}$ ② $-\dfrac{2}{3}$ ③ 0

④ $\dfrac{1}{2}$ ⑤ $\dfrac{1}{3}$

006 절댓값이 4인 두 수 a, b에 대응하는 두 점을 수직선 위에 나타내었을 때, 두 점 사이의 거리는?

① 2   ② 4   ③ 6

④ 8   ⑤ 10

007 다음 중 대소 관계가 옳지 <u>않은</u> 것은?

① $2.4 < |-3|$ ② $|-2| < 0$

③ $-7 < |-7|$ ④ $|-5| > |-3|$

⑤ $\left|-\dfrac{1}{2}\right| > \left|+\dfrac{1}{3}\right|$

008 절댓값이 $\dfrac{13}{4}$보다 작은 정수의 개수는?

① 4개   ② 5개   ③ 6개

④ 7개   ⑤ 8개

009 두 수 A, B에 대하여 $|A|=3$, $|B+1|=2$이다. 이때 $A+B$의 값 중에서 가장 큰 값을 구하시오.

010 등식 $|2x+1|=3$을 만족하는 모든 x의 값의 합은?

① -3 ② -1 ③ 0

④ 1 ⑤ 2

011 $|x-2| < 3$을 만족하는 정수 x의 개수는?

① 2개   ② 3개   ③ 4개

④ 5개   ⑤ 6개

010 $|x|=k \Longleftrightarrow x=-k$ 또는 $x=k$

011 $|x| < k \Longleftrightarrow -k < x < k$

수와 연산

005 정수와 유리수의 덧셈, 뺄셈

◉ **계산하시오.**

001 $(-2)-(-9)$

002 $\left(+\dfrac{2}{3}\right)+\left(-\dfrac{4}{9}\right)$

003 $(+5)+(-3)-(-6)$

004 $\left(-\dfrac{3}{2}\right)+(+3)+\left(-\dfrac{1}{3}\right)$

005 -3보다 $-\dfrac{1}{3}$만큼 큰 수는?

① $-\dfrac{10}{3}$ ② $-\dfrac{8}{3}$ ③ 0

④ 1 ⑤ $\dfrac{8}{3}$

006 $\left|-\dfrac{3}{2}\right|$보다 $-\dfrac{2}{3}$만큼 작은 수는?

① $-\dfrac{13}{6}$ ② $-\dfrac{5}{6}$ ③ $\dfrac{1}{6}$

④ $\dfrac{5}{6}$ ⑤ $\dfrac{13}{6}$

007 다음 식의 □ 안에 알맞은 수는?

$$\square-\left(-\dfrac{2}{3}\right)=-\dfrac{1}{6}$$

① $-\dfrac{1}{6}$ ② $-\dfrac{1}{3}$ ③ $-\dfrac{1}{2}$

④ $-\dfrac{2}{3}$ ⑤ $-\dfrac{5}{6}$

008 다음 계산 과정에서 (가), (나)에 이용된 연산법칙을 차례로 나열한 것은?

$$\begin{aligned}
&(-2)+(+3)+(+2) \\
&=(+3)+(-2)+(+2) \quad \text{(가)} \\
&=(+3)+\{(-2)+(+2)\} \quad \text{(나)}
\end{aligned}$$

① 덧셈의 교환법칙, 덧셈의 결합법칙
② 덧셈의 교환법칙, 분배법칙
③ 덧셈의 결합법칙, 분배법칙
④ 덧셈의 결합법칙, 덧셈의 교환법칙
⑤ 분배법칙, 덧셈의 결합법칙

009 다음 중 계산 결과가 옳은 것은?

① $(+5)-(+3)=-2$
② $(+8.5)-(-4.5)=+4$
③ $\left(-\dfrac{1}{2}\right)-\left(-\dfrac{2}{3}\right)=+\dfrac{7}{6}$
④ $\left(-\dfrac{1}{4}\right)-\left(+\dfrac{5}{6}\right)=-\dfrac{13}{12}$
⑤ $\left(-\dfrac{1}{3}\right)-\left(-\dfrac{1}{4}\right)=-\dfrac{7}{12}$

010 어떤 유리수에 $-\dfrac{2}{3}$를 더해야 할 것을 잘못하여 빼었더니 그 결과가 $\dfrac{1}{2}$이 되었다. 이때 바르게 계산한 답을 구하시오.

011 $-\dfrac{1}{3}+\dfrac{1}{4}-\dfrac{5}{12}+\dfrac{3}{2}$을 계산하시오.

공략기술

007 두 수의 뺄셈은 빼는 수의 부호를 반대로 바꾸어 덧셈으로 고쳐서 계산한다.
010 어떤 유리수를 □로 놓는다.

⊙ 계산하시오.

001 $(-2)^3 \times (-3)^2$

002 $-3^2 - (-16) \div 4$

003 $\left(-\dfrac{3}{5}\right) \times \left(-\dfrac{5}{6}\right) \div \dfrac{2}{3}$

004 $\left(-\dfrac{9}{8}\right) \div \left(+\dfrac{3}{4}\right) \times \left(+\dfrac{2}{3}\right)$

005 다음 중 가장 큰 수는?

① -1^2 ② $-(-1^3)$ ③ $-(-2)^2$

④ $(-2)^3$ ⑤ -3^3

006 n이 짝수일 때, $(-1)^n + (-1^n) - (-1)^{n+1}$의 값은?

① -2 ② -1 ③ 0

④ 1 ⑤ 2

007 -0.25의 역수를 A, $-1\dfrac{1}{3}$의 역수를 B라 할 때, $A \times B$의 값은?

① -5 ② -3 ③ -1

④ 2 ⑤ 3

008 다음 식의 □ 안에 알맞은 수는?

$$\left(-\dfrac{2}{3}\right)^2 \times \square \times \left(-\dfrac{3}{2}\right) = -\dfrac{1}{6}$$

① $\dfrac{1}{4}$ ② $\dfrac{1}{2}$ ③ 2

④ 4 ⑤ 6

009 두 유리수 A, B에 대하여 $A \times B < 0$, $A - B > 0$일 때, 다음 중 옳지 않은 것은?

① $A < 0$ ② $-B > 0$ ③ $A > B$

④ $A \div B < 0$ ⑤ $B \div A < 0$

010 다음 중 계산 결과가 옳은 것은?

① $(+2) \times (-3) \times (+4) = 24$

② $(-6) \div (-0.5) \times (-4) = -3$

③ $\left(-\dfrac{4}{3}\right) \div \dfrac{4}{9} \div \left(-\dfrac{3}{2}\right) = 4$

④ $\dfrac{5}{6} \div \left(-\dfrac{1}{3}\right)^2 \times \left(-\dfrac{4}{5}\right) = -6$

⑤ $\dfrac{5}{3} \times \left(-\dfrac{2}{5}\right)^2 \div \left(-\dfrac{1}{15}\right) = -8$

011 $8 - \dfrac{2}{3} \times \left\{ \dfrac{5}{4} \div \left(-\dfrac{1}{2} + \dfrac{2}{3}\right) \right\} + 2$를 계산하시오.

007 두 수의 곱이 1일 때, 한 수를 다른 수의 역수라고 한다.

010 유리수의 나눗셈은 역수를 이용하여 나눗셈을 곱셈으로 고쳐서 계산한다.

⊙ **맞으면 ○, 틀리면 ×**

001 모든 소수는 유리수이다.

002 모든 유리수를 유한소수로 나타낼 수는 없다.

003 유한소수 중에는 유리수가 아닌 것도 있다.

004 무한소수는 유리수가 아니다.

005 다음 중 유리수가 <u>아닌</u> 것은?

① $\dfrac{1}{2}$ ② -3 ③ 3.14

④ $\pi+2$ ⑤ $\dfrac{3}{7}$

006 다음 분수 중 유한소수로 나타낼 수 있는 것은?

① $\dfrac{11}{33}$ ② $\dfrac{2}{49}$ ③ $\dfrac{32}{48}$

④ $\dfrac{42}{2^2\times5\times7}$ ⑤ $\dfrac{14}{2^2\times5^2\times7^2}$

007 다음 분수 중 유한소수로 나타낼 수 <u>없는</u> 것은?

① $\dfrac{7}{2}$ ② $\dfrac{3}{30}$ ③ $\dfrac{15}{36}$

④ $\dfrac{13}{40}$ ⑤ $\dfrac{21}{56}$

008 $\dfrac{22}{2^3\times3\times5\times7}\times A$가 유한소수로 나타내어질 때, 자연수 A의 값 중에서 가장 작은 수를 구하시오.

009 다음은 기약분수 $\dfrac{3}{2^3\times5}$을 유한소수로 나타내는 과정이다. 이때 a, b, c의 값을 차례로 구하면?

$$\frac{3}{2^3\times5}=\frac{3\times a}{2^3\times5\times a}=\frac{b}{1000}=c$$

① 2, 6, 0.006   ② 6, 18, 0.018
③ 8, 24, 0.024   ④ 10, 30, 0.03
⑤ 25, 75, 0.075

010 두 분수 $\dfrac{1}{6}$, $\dfrac{3}{70}$에 어떤 자연수 x를 곱하여 모두 유한소수로 나타내려고 한다. 이때 가장 작은 x의 값을 구하시오.

011 분수 $\dfrac{1}{2}$, $\dfrac{1}{3}$, $\dfrac{1}{4}$, $\cdots$, $\dfrac{1}{50}$ 중에서 유한소수로 나타낼 수 있는 것은 모두 몇 개인가?

① 7개   ② 8개   ③ 9개
④ 10개   ⑤ 11개

006 기약분수의 분모의 소인수 중에서 2나 5 이외의 소인수가 있으면 그 분수는 유한소수로 나타낼 수 없다.

009 기약분수의 분모의 소인수가 2나 5뿐이면 10의 거듭제곱꼴로 만들 수 있다.

⊙ **맞으면 ○, 틀리면 ×**

001 무한소수는 순환소수이다.

002 유한소수를 기약분수로 나타내면 분모의 소인수는 2나 5뿐이다.

003 유한소수는 분모가 10의 거듭제곱꼴인 분수로 나타낼 수 있다.

004 순환소수 중에는 분수로 나타낼 수 없는 것도 있다.

005 분수 $\dfrac{4}{37}$를 소수로 나타내면 순환소수가 된다. 이때 순환마디의 각 수들의 합은?

① 5   ② 7   ③ 9
④ 11   ⑤ 13

006 $\dfrac{3}{7}=0.\dot{4}2857\dot{1}$이다. 분수 $\dfrac{3}{7}$을 소수로 나타낼 때 소수점 아래 100번째 자리의 숫자는?

① 4   ② 2   ③ 8
④ 5   ⑤ 7

007 순환소수 $0.5\dot{6}$을 분수로 바르게 나타낸 것은?

① $\dfrac{5}{9}$ ② $\dfrac{17}{30}$ ③ $\dfrac{17}{33}$
④ $\dfrac{28}{45}$ ⑤ $\dfrac{56}{99}$

008 다음 중 옳은 것은?

① $2.3\dot{4}=\dfrac{234-23}{900}$ ② $1.\dot{5}=\dfrac{15-1}{90}$

③ $1.0\dot{5}=\dfrac{105-1}{90}$ ④ $5.\dot{4}\dot{3}=\dfrac{543-5}{90}$

⑤ $0.4\dot{5}=\dfrac{45-4}{90}$

009 순환소수 $x=0.1232323\cdots$을 분수로 나타내려고 한다. 다음 중 가장 편리한 식은?

① $10x-x$ ② $100x-10x$
③ $10000x-x$ ④ $1000x-10x$
⑤ $1000x-100x$

010 기약분수 $\dfrac{x}{15}$를 소수로 나타내면 $0.1333\cdots$이다. 이때 자연수 x의 값을 구하시오.

011 어떤 기약분수를 소수로 나타내는데 헤린이는 분모를 잘못 보아서 $0.1\dot{5}$로 나타내고, 건이는 분자를 잘못 보아서 $1.\dot{5}$로 나타내었다. 처음 기약분수를 순환소수로 나타내면?

① 0.15 ② $0.3\dot{1}$ ③ $0.5\dot{1}$
④ $0.\dot{7}$ ⑤ $1.\dot{5}$

006 순환소수의 순환마디는 한없이 되풀이된다.

011 헤린이는 분자를 제대로 보았고, 건이는 분모를 제대로 보았다.

009 제곱근의 뜻과 성질

◉ **맞으면 ○, 틀리면 ×**

001 제곱근 49는 7이다.

002 음수의 제곱근은 존재하지 않는다.

003 $\sqrt{81}$의 제곱근은 ±9이다.

004 음수가 아닌 수의 제곱근은 2개이다.

005 다음 중 그 값이 나머지 넷과 다른 하나는?

① 4의 제곱근　　　　② 제곱근 4

③ 2 또는 -2　　　　④ 제곱하여 4가 되는 수

⑤ $x^2=4$를 만족하는 x의 값

006 다음 중 제곱근을 바르게 구한 것이 <u>아닌</u> 것은?

① $25 \rightarrow \pm5$　　　　② $0.9 \rightarrow \pm0.3$

③ $\sqrt{16} \rightarrow \pm2$　　　　④ $(-9)^2 \rightarrow \pm9$

⑤ $\dfrac{36}{121} \rightarrow \pm\dfrac{6}{11}$

007 $\sqrt{(-0.5)^2} \times (-\sqrt{8})^2 - \sqrt{9} \div \sqrt{\left(\dfrac{3}{4}\right)^2}$ 을 계산하면?

① -2　　　　② 0　　　　③ 2

④ 4　　　　⑤ 6

008 다음 중 근호를 사용하지 않고 나타낼 수 <u>없는</u> 수는?

① $\sqrt{100}$　　　　② $\sqrt{0.36}$　　　　③ $\sqrt{8.1}$

④ $\sqrt{\dfrac{1}{9}}$　　　　⑤ $\sqrt{\dfrac{3}{12}}$

009 $a>0$, $b<0$일 때, $\sqrt{4a^2} - \sqrt{(-3b)^2}$을 간단히 하면?

① $-2a-3b$　　② $-2a+3b$　　③ $2a-3b$

④ $2a+3b$　　⑤ $4a-3b$

010 $1<x<2$일 때, $\sqrt{(4-2x)^2} + \sqrt{(1-x)^2}$을 간단히 하면?

① $-x-3$　　　② $-x+3$　　　③ $-3x-5$

④ $-3x+5$　　⑤ $3x+5$

011 $\sqrt{\dfrac{12}{5} \times A}$가 자연수가 되도록 하는 가장 작은 자연수 A의 값을 구하시오.

010 $A \geq 0$일 때 $\sqrt{A^2}=A$이고 $A<0$일 때 $\sqrt{A^2}=-A$이다.

011 $\sqrt{\square}=$ (자연수)이려면 $\square$는 소인수분해하였을 때, 소인수의 지수가 모두 짝수인 수이어야 한다.

⊙ **맞으면 ○, 틀리면 ×**

001 무한소수는 무리수이다.

002 근호를 사용하여 나타낸 수는 모두 무리수이다.

003 무리수는 분수로 나타낼 수 없다.

004 0.12345는 무리수이다.

005 다음 중 무리수인 것은?

① $\dfrac{2}{3}$ ② 3.14 ③ $0.4\dot{2}\dot{5}$

④ $\sqrt{25}$ ⑤ $0.23233233323333\cdots$

006 $\sqrt{a}$가 무리수가 되도록 하는 9보다 작은 자연수 a의 개수는?

① 3개 ② 4개 ③ 5개

④ 6개 ⑤ 7개

007 다음 중 소수로 나타내었을 때 순환하지 않는 무한소수가 되는 것은 모두 몇 개인가?

$$\sqrt{1},\ \sqrt{144},\ 0.\dot{7},\ \sqrt{9}-\sqrt{4},\ 2+\sqrt{3},$$
$$\pi,\ \sqrt{(-5)^2},\ \sqrt{0.01},\ \sqrt{0.9}$$

① 1개 ② 2개 ③ 3개

④ 4개 ⑤ 5개

008 오른쪽 그림과 같이 수직선 위에 정사각형 ABCD가 있다. $\overline{AB}=\overline{AP}$ 이고 점 P에 대응하는 수가 $-2+\sqrt{11}$일 때, 정사각형 ABCD의 넓이를 구하시오.

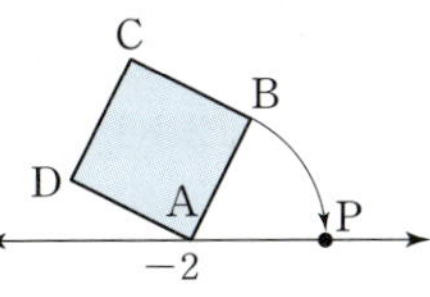

009 오른쪽 그림은 한 칸의 가로와 세로의 길이가 각각 1인 모눈종이 위에 정사각형과 수직선을 그린 것이다. $\overline{AB}=\overline{PB}$, $\overline{BC}=\overline{BQ}$이고 점 P에 대응하는 수가 $-2-\sqrt{5}$일 때, 점 Q에 대응하는 수는?

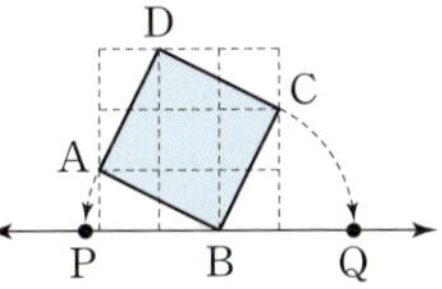

① $-2+\sqrt{2}$ ② $-2+\sqrt{3}$ ③ $-2+\sqrt{5}$

④ $-1+\sqrt{2}$ ⑤ $-1+\sqrt{3}$

010 다음 중 $\sqrt{2}$와 $\sqrt{3}$ 사이에 있는 수가 아닌 것은?
(단, $\sqrt{2}$는 1.414로, $\sqrt{3}$은 1.732로 계산한다.)

① $\sqrt{2}+0.1$ ② $\sqrt{3}-0.1$ ③ $2\sqrt{2}-1.2$

④ $\sqrt{3}-0.4$ ⑤ $\dfrac{\sqrt{2}+\sqrt{3}}{2}$

011 다음 중 옳지 않은 것을 모두 고르면? (정답 2개)

① 1과 2 사이에는 무수히 많은 무리수가 있다.

② $\sqrt{2}$와 $\sqrt{3}$ 사이에는 무수히 많은 유리수가 있다.

③ 수직선 위의 한 점에는 반드시 한 실수가 대응한다.

④ 무리수에 대응하는 점만으로 수직선을 완전히 메울 수 있다.

⑤ 유리수와 무리수에 대응하는 점만으로 수직선을 완전히 메울 수 없다.

005 무리수는 유리수가 아닌 수, 즉 소수로 나타내었을 때 순환하지 않는 무한소수이다.

011 실수에 대응하는 점들로 수직선을 완전히 메울 수 있다.

⊙ **맞으면 ○, 틀리면 ×**

001 $3>\sqrt{2}+1$

002 $\sqrt{5}-1>2$

003 $4-\sqrt{7}<1$

004 $1+\sqrt{3}<\sqrt{2}+\sqrt{3}$

005 다음 중 두 실수의 대소 관계가 옳은 것은?

① $\sqrt{3}+1<2$　　　　② $4-\sqrt{3}<2$

③ $\sqrt{3}-2>\sqrt{5}-2$　　④ $\sqrt{3}+4<\sqrt{3}+\sqrt{15}$

⑤ $\sqrt{5}+\sqrt{2}<\sqrt{5}+\sqrt{3}$

006 다음 세 수의 대소를 비교할 때, 옳은 것은?

$$a=\sqrt{5}+\sqrt{3},\ b=\sqrt{5}+1,\ c=\sqrt{3}+3$$

① $a<b<c$　　　　② $c<b<a$

③ $b<a<c$　　　　④ $b<c<a$

⑤ $c<a<b$

007 무리수 $\sqrt{x}$의 정수 부분이 3이 되도록 하는 자연수 x의 개수는?

① 5개　　　　② 6개　　　　③ 7개

④ 8개　　　　⑤ 9개

008 무리수 $\sqrt{5n}$의 정수 부분이 5가 되도록 하는 자연수 n의 개수는?

① 1개　　　　② 2개　　　　③ 3개

④ 4개　　　　⑤ 5개

009 $2+\sqrt{3}$의 정수 부분을 a, 소수 부분을 b라 할 때, $2a+b$의 값은?

① $3+\sqrt{3}$　　　② $4-\sqrt{3}$　　　③ $4+\sqrt{3}$

④ $5-\sqrt{3}$　　　⑤ $5+\sqrt{3}$

010 $\sqrt{7}$의 정수 부분을 a, $\sqrt{2}+1$의 소수 부분을 b라 할 때, $a+b$의 값은?

① $\sqrt{2}-2$　　　② $\sqrt{2}-1$　　　③ $\sqrt{2}$

④ $\sqrt{2}+1$　　　⑤ $\sqrt{2}+2$

011 자연수 x에 대하여 $\sqrt{x}$의 정수 부분을 $f(x)$라 할 때, $f(1)+f(2)+f(3)+\cdots+f(10)$의 값을 구하시오.

005 a, b가 실수일 때, $a-b>0$이면 $a>b$이다.

011 자연수 n에 대하여 $n<\sqrt{a}<n+1$일 때, $\sqrt{a}$의 정수 부분은 n, 소수 부분은 $\sqrt{a}-n$이다.

012 제곱근의 곱셈과 나눗셈, 분모의 유리화

고등수학에서 중요도 ★★★★★

◉ **계산하시오.**

001 $\sqrt{0.5} \times \sqrt{8}$

002 $2\sqrt{6} \times 3\sqrt{2}$

003 $\sqrt{48} \div \sqrt{6} \div \sqrt{2}$

004 $\dfrac{\sqrt{18}}{\sqrt{3}} \div \dfrac{\sqrt{6}}{\sqrt{10}}$

005 $\sqrt{432}=a\sqrt{3}$, $\sqrt{50}=b\sqrt{2}$일 때, $a-b$의 값은?

① 6   ② 7   ③ 8

④ 9   ⑤ 10

006 $\sqrt{0.12}=a\sqrt{3}$을 만족하는 유리수 a의 값은?

① $\dfrac{1}{10}$ ② $\dfrac{1}{5}$ ③ $\dfrac{1}{4}$

④ $\dfrac{1}{3}$ ⑤ $\dfrac{1}{2}$

007 $\dfrac{\sqrt{3}}{\sqrt{2}}=\dfrac{\sqrt{6}}{a}$, $\dfrac{3}{\sqrt{75}}=\dfrac{1}{5}\sqrt{b}$일 때, ab의 값을 구하시오.

008 다음 중 분모를 유리화한 것으로 옳지 <u>않은</u> 것은?

① $\dfrac{1}{\sqrt{2}}=\dfrac{\sqrt{2}}{2}$ ② $\dfrac{2}{3\sqrt{2}}=\dfrac{\sqrt{2}}{3}$

③ $\dfrac{\sqrt{5}}{5\sqrt{2}}=\dfrac{\sqrt{10}}{10}$ ④ $\dfrac{\sqrt{5}}{\sqrt{2}\sqrt{3}}=\dfrac{\sqrt{30}}{6}$

⑤ $\sqrt{\dfrac{12}{18}}=\dfrac{\sqrt{6}}{6}$

009 $\dfrac{3\sqrt{3}}{\sqrt{2}} \times \dfrac{\sqrt{5}}{\sqrt{6}} \div \sqrt{\dfrac{15}{8}}$를 간단히 하면?

① $\sqrt{2}$ ② $\sqrt{3}$ ③ 2

④ $\sqrt{5}$ ⑤ $\sqrt{6}$

010 $\sqrt{2}$를 1.414로, $\sqrt{20}$을 4.472로 계산할 때, 다음 중 옳지 <u>않은</u> 것은?

① $\sqrt{200}=14.14$ ② $\sqrt{2000}=44.72$

③ $\sqrt{0.2}=0.1414$ ④ $\sqrt{0.002}=0.04472$

⑤ $\sqrt{0.0002}=0.01414$

011 $\sqrt{2}=a$, $\sqrt{7}=b$일 때, $\sqrt{0.02}+\sqrt{1400}$을 a, b를 사용하여 나타내면?

① $0.01a+100ab$ ② $0.1a+10ab$

③ $0.1a+100ab$ ④ $0.1a+10a^2b$

⑤ $0.01a+10ab^2$

007 분모의 근호 안에 제곱인 인수가 있으면 $\sqrt{a^2b}=a\sqrt{b}$를 이용하여 인수를 근호 밖으로 꺼낸 후 분모를 유리화한다.

008 $\sqrt{100a}=10\sqrt{a}$, $\sqrt{10000a}=100\sqrt{a}$, $\sqrt{\dfrac{a}{100}}=\dfrac{\sqrt{a}}{10}$, $\sqrt{\dfrac{a}{10000}}=\dfrac{\sqrt{a}}{100}$를 이용한다.

013 제곱근의 덧셈과 뺄셈

◉ **계산하시오.**

001 $\sqrt{20}-\sqrt{45}+\sqrt{5}$

002 $(\sqrt{3}+\sqrt{2})^2$

003 $(\sqrt{7}-2)(\sqrt{7}+2)$

004 $(\sqrt{27}+3\sqrt{6})\div\sqrt{3}-4\sqrt{2}$

005 $(\sqrt{2}-1)(a+3\sqrt{2})$를 계산한 결과가 유리수가 되도록 하는 유리수 a의 값은?

① 1 　　② 2 　　③ 3
④ 4 　　⑤ 5

006 $\dfrac{\sqrt{54}-2\sqrt{6}}{\sqrt{3}}+\sqrt{2}(3\sqrt{2}-1)$을 계산하면?

① 6 　　② $2\sqrt{2}$ 　　③ $3+\sqrt{2}$
④ $2-\sqrt{6}$ 　　⑤ $\sqrt{2}+\sqrt{6}$

007 $(\sqrt{2}-1)^2+(\sqrt{5}-2)(\sqrt{5}+2)$를 계산하면?

① $4+2\sqrt{2}$ 　　② $4-2\sqrt{2}$ 　　③ $4+\sqrt{2}$
④ $4-\sqrt{2}$ 　　⑤ $\sqrt{2}$

008 $\dfrac{2}{2-\sqrt{3}}+\dfrac{3}{2+\sqrt{3}}=a+b\sqrt{3}$일 때, $a+b$의 값은? (단, a, b는 유리수이다.)

① 1 　　② 3 　　③ 5
④ 7 　　⑤ 9

009 $x=\sqrt{2}+1$일 때, x^2-2x+1의 값은?

① 1 　　② $\sqrt{2}$ 　　③ $\sqrt{3}$
④ 2 　　⑤ $\sqrt{5}$

010 $x=\dfrac{1}{\sqrt{2}+1}$, $y=\dfrac{1}{\sqrt{2}-1}$일 때, $\dfrac{y}{x}+\dfrac{x}{y}$의 값은?

① 2 　　② 4 　　③ 6
④ 8 　　⑤ 10

011 다음 식을 간단히 하시오.

$$\frac{1}{\sqrt{1}+\sqrt{2}}+\frac{1}{\sqrt{2}+\sqrt{3}}+\cdots+\frac{1}{\sqrt{99}+\sqrt{100}}$$

공략 기술

008 분모가 두 수의 합 또는 차로 되어 있는 무리수일 때, 곱셈공식 $(\sqrt{a}+\sqrt{b})(\sqrt{a}-\sqrt{b})=a-b$를 이용하여 분모를 유리화한다.

009 $(a-b)^2=a^2-2ab+b^2$을 이용한다.

⊙ 맞으면 ○, 틀리면 ×

001 $x\,\mathrm{kg}$의 10%는 $0.x\,\mathrm{kg}$이다.

002 $x\,\mathrm{m}$와 $y\,\mathrm{cm}$를 합한 길이는 $(100x+y)\mathrm{cm}$이다.

003 시속 $5\,\mathrm{km}$로 x시간 동안 걸은 거리는 $5x\,\mathrm{km}$이다.

004 10자루에 x원인 볼펜 한 자루의 가격은 $\dfrac{10}{x}$원이다.

005 다음 중 옳지 <u>않은</u> 것은?

① 한 봉지에 $x\,\mathrm{g}$인 과자 세 봉지의 총 무게는 $3x\,\mathrm{g}$이다.

② x를 2배한 것에서 y를 3배한 것을 뺀 값은 $2x-3y$이다.

③ 정가가 1000원인 물건을 $x\%$ 할인하여 판매할 때, 판매 가격은 $(1000-10x)$원이다.

④ 농도가 7%인 소금물 $x\,\mathrm{g}$에 녹아 있는 소금의 양은 $\dfrac{7}{100}x\,\mathrm{g}$이다.

⑤ 십의 자리의 숫자가 x, 일의 자리의 숫자가 y인 두 자리의 자연수는 xy이다.

006 다음 중 $\times$, $\div$ 기호를 생략하여 간단히 나타낸 식으로 옳지 <u>않은</u> 것을 모두 고르면? (정답 2개)

① $a+b\div2=\dfrac{a+b}{2}$

② $a\times2\div b=\dfrac{2a}{b}$

③ $a\div2\div b=\dfrac{a}{2b}$

④ $3\div a+b=\dfrac{3}{a+b}$

⑤ $(-0.1)\times a\times b\times c=-0.1abc$

007 다음 중 옳은 것은?

① $a\div b\div c=\dfrac{ac}{b}$

② $a\div(b\div c)=\dfrac{ab}{c}$

③ $a\times b\div c=\dfrac{ab}{c}$

④ $a\times(b\div c)=\dfrac{c}{ab}$

⑤ $a\div b\times c=\dfrac{a}{bc}$

008 $x=3$, $y=-4$일 때, x^2-xy의 값은?

① 13   ② 15   ③ 17
④ 19   ⑤ 21

009 $a=\dfrac{1}{2}$, $b=\dfrac{1}{3}$, $c=-\dfrac{1}{6}$일 때, $\dfrac{1}{a}+\dfrac{2}{b}+\dfrac{1}{c}$의 값을 구하시오.

010 $x:y=1:2$일 때, $\dfrac{x+2y}{x-y}$의 값은?

① -5 ② -3 ③ 1
④ 3   ⑤ 5

공략기술

007 나눗셈 기호($\div$)는 역수를 이용하여 곱셈 기호로 바꾼다.

010 $a:b=c:d$이면 $bc=ad$이다.

015 일차식의 사칙 연산

⊙ **맞으면 ○, 틀리면 ×**

001 $x+y$는 단항식이다.

002 $2x+4$에서 x의 계수는 4이다.

003 x^2+2x+3에서 계수의 합은 6이다.

004 $x+\dfrac{1}{x}+3$은 일차식이다.

005 다음 중 옳은 것은?

① $2-x$는 단항식이다.

② $\dfrac{x}{3}+2$에서 x의 계수는 3이다.

③ $-2x$의 차수는 -2이다.

④ $3x-2y+1$에서 상수항은 1이다.

⑤ x^2+x-2는 x^2, x, 2의 3개의 항으로 이루어진 식이다.

006 다음 중 다항식 $3x^2-x+2$에 대한 설명으로 옳지 <u>않은</u> 것은?

① 항은 $3x^2$, $-x$, 2의 3개이다.

② 이 다항식의 차수는 2이다.

③ x^2의 계수는 3이다.

④ x의 계수는 1이다.

⑤ 상수항은 2이다.

007 다음 중 일차식을 모두 고르면? (정답 2개)

① $2-3$ ② $-0.3x+1$ ③ $\dfrac{3}{x}+2$

④ $-y$ ⑤ x^2+2x+1

008 $-x^2+x+3+ax^2-5x-b$를 간단히 하면 x에 대한 일차식이 되고 상수항이 2일 때, $a+b$의 값은?

① -3 ② -1 ③ 1

④ 2 ⑤ 4

009 $-3(x-2)-(-2x+6)\div\dfrac{2}{3}$를 간단히 하면?

① $-3x+6$ ② $3x-9$ ③ -3

④ $-6x+3$ ⑤ $6x-9$

010 $\dfrac{x+3}{2}-\dfrac{2x-1}{3}$을 간단히 하면 $ax+b$일 때, 상수 a, b에 대하여 $b-a$의 값을 구하시오.

011 $A=2x-1$, $B=-x+3$일 때, $2A-3(A-B)$를 간단히 하면?

① $3x$ ② $-4x+8$ ③ $4x-8$

④ $-5x+10$ ⑤ $5x-10$

007 분모에 문자가 있는 식은 다항식이 아니다.

011 $2A-3(A-B)$를 먼저 간단히 한 다음에 대입한다.

016 항등식

◉ **항등식이면 ○, 아니면 ×**

001 $0+x=x$

002 $x\times x=2x$

003 $5x=5+x$

004 $2x+3x=5x$

005 다음 중 방정식의 해가 $x=2$인 것은?

① $x-1=2x+3$ ② $2x=3x-1$
③ $2(x-1)=x$ ④ $3x+4=-2$
⑤ $4x+3=5x+5$

006 다음 중 [   ] 안의 수가 주어진 방정식의 해가 <u>아닌</u> 것은?

① $1-x=x+1$ [0]
② $2x-5=1$ [3]
③ $3x-5=15-2x$ [4]
④ $3x-5(x-2)=0$ [5]
⑤ $2(x+1)=x$ [-3]

007 다음 중 x의 값에 관계없이 항상 참이 되는 등식을 모두 고르면? (정답 2개)

① $x-3=1$ ② $x+x=2$
③ $3x-2=3(x-2)$ ④ $4+2x=2(x+2)$
⑤ $(3x+6)\div3=x+2$

008 등식 $4x+a=bx-3$이 모든 x의 값에 대하여 항상 참일 때, $a+b$의 값은? (단, a, b는 상수이다.)

① -2 ② -1 ③ 0
④ 1   ⑤ 2

009 등식 $a(x+2)-(3x+b)=x+5$가 x의 값에 관계없이 항상 성립할 때, $a+b$의 값은?
(단, a, b는 상수이다.)

① 5   ② 6   ③ 7
④ 8   ⑤ 9

010 등식 $a(x-1)+b(x-2)=3x-5$가 x에 대한 항등식일 때, $a+b$의 값은? (단, a, b는 상수이다.)

① -1 ② 0   ③ 1
④ 2   ⑤ 3

011 등식 $ax^2+(b-1)x-c+2=x^2+x+1$이 모든 x의 값에 대하여 성립할 때, $a+b+c$의 값을 구하시오. (단, a, b, c는 상수이다.)

010 항등식에 포함된 문자에 어떤 값을 대입해도 등식은 항상 성립한다.

011 $ax^2+bx+c=a'x^2+b'x+c'$이 x에 대한 항등식이다. $\Longleftrightarrow a=a'$, $b=b'$, $c=c'$

017 일차방정식의 풀이

⊙ **맞으면 ○, 틀리면 ×**

001 $a+c=b+c$이면 $a=b$이다.

002 $a=b$이면 $ac=bc$이다.

003 $ac=bc$이면 $a=b$이다.

004 $\dfrac{a}{2}=\dfrac{b}{3}$이면 $2a=3b$이다.

005 x에 대한 일차방정식 $2-3x=x+10$의 해는?

① -2　　　② -1　　　③ 0
④ 1　　　　⑤ 2

006 일차방정식 $\dfrac{2}{3}x+\dfrac{1}{2}=\dfrac{1}{6}x-2$의 해는?

① -5　　　② -3　　　③ -1
④ 1　　　　⑤ 3

007 비례식 $(x-2):4=(2x+1):3$을 만족하는 x의 값은?

① -2　　　② -1　　　③ 0
④ 1　　　　⑤ 2

008 일차방정식 $0.3(x+1)=0.4(x-2)+1.2$를 풀면?

① -2　　　② -1　　　③ 0
④ 1　　　　⑤ 2

009 x에 대한 일차방정식
$$\dfrac{1+x}{3}+\dfrac{3x-5}{2}-\dfrac{10(x-1)}{6}=0$$의 해는?

① 0　　　　② 1　　　　③ 2
④ 3　　　　⑤ 4

010 x에 대한 일차방정식 $0.5(x-a)=0.2(x+1)$의 해가 $x=4$일 때, 상수 a의 값은?

① -2　　　② -1　　　③ 1
④ 2　　　　⑤ 3

011 x에 대한 두 일차방정식
$a(x+4)-2x=0$, $2x+5=1$의 해가 같을 때, 상수 a의 값을 구하시오.

공략기술

005 이항은 등식의 성질 중 '양변에 같은 수를 더하거나 빼도 등식은 여전히 성립한다.'를 이용한 것이다.

009 계수가 분수인 일차방정식은 양변에 분모의 최소공배수를 곱하여 계수를 정수로 고친다.

⊙ **10%의 소금물(A) 200 g과 20%의 소금물(B) 300 g을 섞었다. 다음 빈 칸을 채우시오.**

001 소금물 A의 소금의 양은 ＿＿＿＿＿＿ g이다.

002 소금물 B의 소금의 양은 ＿＿＿＿＿＿ g이다.

003 섞은 소금물의 소금의 양은 ＿＿＿＿＿＿ g 이다.

004 섞은 소금물의 농도는 ＿＿＿＿＿＿ %이다.

005 20%의 소금물 300 g에 물을 더 넣어서 농도가 15%인 소금물을 만들려고 한다. 물은 얼마나 더 넣어야 하는가?

① 50 g   ② 100 g   ③ 150 g
④ 200 g   ⑤ 250 g

006 10%의 소금물에 물을 더 넣어서 농도가 6%인 소금물 300 g을 만들려고 한다. 물은 얼마나 더 넣어야 하는가?

① 80 g   ② 100 g   ③ 120 g
④ 140 g   ⑤ 160 g

007 8%의 소금물 250 g이 있다. 이 소금물에서 물을 얼마나 증발시키면 농도가 10%인 소금물이 되는가?

① 35 g   ② 40 g   ③ 45 g
④ 50 g   ⑤ 55 g

008 10%의 소금물 200 g이 있다. 이 소금물에 소금을 얼마나 더 넣으면 농도가 20%인 소금물이 되는가?

① 25 g   ② 50 g   ③ 100 g
④ 150 g   ⑤ 200 g

009 10%의 소금물 50 g과 4%의 소금물을 섞어서 농도가 6%인 소금물을 만들려고 한다. 이때 4%의 소금물은 얼마나 섞어야 하는가?

① 25 g   ② 50 g   ③ 100 g
④ 150 g   ⑤ 200 g

010 6%의 소금물과 9%의 소금물을 섞어서 농도가 8%인 소금물 300 g을 만들려고 한다. 이때 6%의 소금물은 얼마나 섞어야 하는가?

① 25 g   ② 50 g   ③ 100 g
④ 150 g   ⑤ 200 g

011 8%의 소금물과 3%의 소금물을 섞어서 농도가 6%인 소금물 200 g을 만들었다. 8%의 소금물의 양과 3%의 소금물의 양의 차는 몇 g인가?

공략기출

005 소금물에 물을 더 넣거나 증발시켜도 소금의 양은 변하지 않고 그대로이다.

009 두 소금물을 섞었을 때, 섞기 전과 섞은 후의 소금의 양은 변하지 않고 그대로이다.

◉ 건이가 등산을 하는데 올라갈 때는 시속 $3\,km$, 내려올 때는 같은 길을 시속 $2\,km$로 걸었더니 총 2시간 30분이 걸렸다. 올라간 거리를 $x\,km$로 놓았을 때, 다음 빈 칸을 채우시오.

001 건이가 올라갈 때 걸린 시간은 ____________ 시간이다.

002 건이가 내려올 때 걸린 시간은 ____________ 시간이다.

003 일차방정식을 세우면 ____________ 이다.

004 올라간 거리는 ____________ km이다.

005 헤린이는 거리가 $5\,km$인 길을 가는 데 처음에는 시속 $3\,km$로 걸어가다가 나중에는 시속 $4\,km$로 걸어서 모두 90분이 걸렸다고 한다. 헤린이가 시속 $3\,km$로 걸어간 거리를 구하시오.

006 집에서 피아노 학원까지 걸어서 시속 $4\,km$로 가면 자전거를 타고 시속 $12\,km$로 가는 것보다 1시간 늦게 도착한다고 한다. 집에서 피아노 학원까지의 거리는?

① $4\,km$　　② $5\,km$　　③ $6\,km$
④ $7\,km$　　⑤ $8\,km$

007 둘레의 길이가 $800\,m$인 호수 공원의 산책로를 A, B 두 사람이 같은 지점에서 서로 반대방향으로 동시에 출발하여 도중에 처음으로 만났다. A는 분속 $60\,m$로, B는 분속 $40\,m$로 걸었을 때, A가 걸어간 거리를 구하시오.

008 어떤 열차가 일정한 속력으로 달려서 $300\,m$의 터널을 완전히 통과하는데 10초가 걸리고, $1\,km$의 철교를 완전히 통과하는데 20초가 걸렸다. 이 열차의 길이는?

① $250\,m$　　② $300\,m$　　③ $350\,m$
④ $400\,m$　　⑤ $450\,m$

009 어느 학교의 올해 학생 수는 작년보다 5% 증가하여 210명이 되었다. 이 학교의 작년 학생 수는?

① 100명　　② 150명　　③ 200명
④ 250명　　⑤ 300명

010 작년의 전체 학생 수는 남녀 합하여 500명이었다. 올해에는 작년보다 남학생 수가 10% 증가하고, 여학생 수가 10% 감소하여 전체 학생 수가 10명 증가하였다. 작년 남학생 수는?

① 300명　　② 310명　　③ 320명
④ 330명　　⑤ 340명

011 건이네 가게에서 청바지를 파는데 원가에 20%의 이익을 붙여 정가를 정했다. 할인 기간에 1000원을 할인하여 팔았더니 원가의 10%의 이익이 생겼다. 이 청바지의 원가는 얼마인가?

008 터널을 완전히 통과한다는 것은 열차가 완전히 빠져나온다는 것을 의미하므로 열차가 이동한 거리는 (터널의 길이)＋(열차의 길이)가 된다.

011 (정가)＝(원가)＋(이익), (판매 금액)＝(정가)－(할인 금액), (실제 이익)＝(판매 금액)－(원가)

◉ 맞으면 ○, 틀리면 ×

001 $x^2 \times x^3 = x^6$

002 $(a^2)^3 \div (a^3)^2 = 0$

003 $\{(-2)^3\}^2 = 2^6$

004 $a^2 + a^2 + a^2 = a^6$

005 다음 중 □ 안에 들어갈 수가 가장 작은 것은?

① $x^3 \times x^{\square} = x^7$ ② $(x^3)^{\square} = x^9$

③ $(x^6)^2 \div x^{10} = x^{\square}$ ④ $(x^{\square})^2 \div x^9 = x$

⑤ $x^3 \div x^4 = \dfrac{1}{x^{\square}}$

006 다음 중 계산 결과가 나머지 넷과 다른 하나는?

① $5 \times 5 \times 5$ ② $5^{12} \div 5^6 \div 5^3$

③ $5^4 \times 5^3 \div 125$ ④ $(5^3)^3 \div (5^2)^3$

⑤ $5^2 + 5^2 + 5^2 + 5^2 + 5^2$

007 $3^x \times 9^2 \div 3^{2-x} = 3^6$을 만족하는 x의 값은?

① 1   ② 2   ③ 3

④ 4   ⑤ 5

008 다음 중 옳은 것은?

① $(x^2 y^3)^4 = x^6 y^7$ ② $(-3x)^2 = -9x^2$

③ $\left(\dfrac{3x}{y^3}\right)^2 = \dfrac{9x^2}{y^6}$ ④ $\left(-\dfrac{x}{2y}\right)^3 = -\dfrac{x^3}{6y^3}$

⑤ $(-xy^3 z)^2 = -x^2 y^6 z^2$

009 $2^{x-1} = A$일 때, 16^x을 A를 이용하여 나타내면?

① A ② $2A$ ③ $4A^2$

④ $8A^3$ ⑤ $16A^4$

010 $2^5 \times 5^8$이 n자리의 자연수일 때, n의 값은?

① 5   ② 6   ③ 7

④ 8   ⑤ 9

011 $4^x + 4^x + 4^x + 4^x = 2^{10}$을 만족하는 x의 값을 구하시오.

007 양변의 지수를 비교하기 위해 먼저 밑이 같아지도록 주어진 식을 변형한다.

010 (n자리의 자연수)$\times 10^a$은 $(n+a)$자리의 자연수이다.

021 단항식의 곱셈과 나눗셈

⊙ 간단히 하시오.

001 $(-10xy) \times \dfrac{2}{5} x^2 y^3$

002 $\left(\dfrac{1}{2} x^2 y\right)^2 \times (-4x^3 y^2)$

003 $(-12a^4 b^3) \div \left(-\dfrac{3}{2} a^2 b^2\right)$

004 $\left(\dfrac{3}{2} a^3 b^5\right)^2 \div \dfrac{9}{8} a^5 b^7$

005 $\left(-\dfrac{1}{2} x^2 y\right)^3 \times 8xy^3 \div 2x^4 y^2$을 간단히 하면?

① $-6x^3 y^2$　　② $6x^3 y^2$　　③ $-3x^3 y^4$

④ $-\dfrac{1}{2} x^3 y^4$　　⑤ $\dfrac{1}{2} x^3 y^4$

006 $\dfrac{1}{3} xy^2 \div \dfrac{4}{3} x^2 y \times (-2x^3 y)^2$을 간단히 하면?

① $x^4 y^3$　　② $x^5 y^3$　　③ $x^6 y^3$

④ $x^4 y^4$　　⑤ $x^4 y^5$

007 등식 $(-2x^3 y^A)^2 \times (x^2 y)^B = Cx^{12} y^{11}$일 때, 상수 A, B, C에 대하여 $A+B+C$의 값은?

① 7　　② 8　　③ 9

④ 10　　⑤ 11

008 어떤 식에 $\dfrac{3}{4} x^2 y$를 곱해야 하는데 잘못하여 나누었더니 $16xy^2$이 되었다. 바르게 계산한 결과는?

① $9x$　　② $9xy$　　③ $12x^3 y^3$

④ $9x^5 y^4$　　⑤ $12x^6 y^5$

009 밑면의 가로의 길이가 $5x^2$이고 높이가 $3y$인 직육면체의 부피가 $15x^5 y^7$일 때, 밑면의 세로의 길이는?

① xy^2　　② $x^2 y^4$　　③ $x^3 y^6$

④ $x^4 y^8$　　⑤ $x^5 y^{10}$

010 $(-12x^2 y) \div \square \times 8xy^2 = -4x^2 y^2$일 때, $\square$ 안에 알맞은 식은?

① $-24xy$　　② $20xy$　　③ $24xy$

④ $-20xy^2$　　⑤ $20x^2 y$

011 $x=2$, $y=-1$일 때, 다음 식의 값을 구하시오.

$$(-x^3 y^6) \times 4x^3 y \div (2x^2 y)^2$$

006 나눗셈은 역수의 곱셈으로 바꾸어 계산한다.

011 먼저 주어진 식을 간단히 한 다음에 x와 y의 값을 대입한다.

⊙ **간단히 하시오.**

001 $x(2x-3)+3x(x+2)$

002 $5x(x-y)-x(2x+3y)$

003 $(-5xy+10y^2)\div\dfrac{5}{2}y$

004 $(8xy^3-2x^2y^2+4x^3y)\div 2xy$

005 $\dfrac{a-2b}{3}-\dfrac{2a-3b}{4}$ 를 간단히 하였을 때, a의 계수와 b의 계수의 합은?

① $-\dfrac{1}{12}$ ② $-\dfrac{1}{6}$ ③ $-\dfrac{1}{2}$

④ -1 ⑤ -2

006 $\left(\dfrac{1}{2}x^2-x+\dfrac{3}{4}\right)-\left(\dfrac{1}{3}x^2+\dfrac{2}{3}x-\dfrac{1}{2}\right)$ 을 간단히 하면?

① $\dfrac{1}{6}x^2+\dfrac{5}{3}x+\dfrac{5}{4}$ ② $\dfrac{1}{6}x^2-\dfrac{5}{3}x+\dfrac{5}{4}$

③ $-\dfrac{1}{6}x^2+\dfrac{1}{3}x+\dfrac{5}{4}$ ④ $-\dfrac{5}{6}x^2+\dfrac{1}{3}x+\dfrac{5}{4}$

⑤ $\dfrac{5}{6}x^2+\dfrac{1}{3}x+\dfrac{5}{4}$

007 $2a^2-[-a^2-4+\{3a^2+2a-(3a+1)\}]$ 을 간단히 하면?

① $a+5$ ② $a+4$ ③ $a+3$

④ $-a+4$ ⑤ $-a+3$

008 어떤 식에 x^2-x+1을 더해야 할 것을 잘못하여 뺐었더니 x^2+4x+3이 되었다. 바르게 계산한 결과는?

① $2x^2+2x+3$ ② $3x^2+2x+4$

③ $2x^2+2x+4$ ④ $3x^2+2x+5$

⑤ $2x^2+2x+5$

009 직사각형의 넓이가 $6a^2b+12ab^2-9b^2$이고 세로의 길이가 $\dfrac{3}{2}b$일 때, 가로의 길이는?

① $4a^2+8ab-6b$ ② $4a^2-8ab+6b$

③ $9a^2+18ab+6b$ ④ $9a^2+18ab-6b$

⑤ $9a^2-18ab+6b$

010 $x(x-2)+(4x^3-2x)\div(-2x)$ 를 간단히 하였을 때, x^2의 계수를 a, x의 계수를 b라 하자. 이때 $a-b$의 값을 구하시오.

011 $x=-2$, $y=1$일 때, $\dfrac{4x^2y-6xy^2}{2xy}-\dfrac{4y^2-3y}{-y}$ 의 값은?

① -8 ② -6 ③ -4

④ -2 ⑤ 2

007 여러 가지 괄호가 있을 때는 소괄호 → 중괄호 → 대괄호의 순서로 괄호를 풀어서 계산한다.

011 먼저 주어진 식을 간단히 한 다음에 x와 y의 값을 대입한다.

⊙ 맞으면 ○, 틀리면 ×

001 $a+2<b+2$이면 $a<b$이다.

002 $a>b$이면 $a^2>b^2$이다.

003 $ac>bc$이면 $a>b$이다.

004 $a>b$이면 $\dfrac{a}{c}>\dfrac{b}{c}$이다.

005 다음 문장을 부등식으로 나타낸 것 중 옳지 <u>않은</u> 것은?

① x는 7 미만이다. → $x<7$
② x와 5의 합은 7 이상이다. → $x+5\geq7$
③ x에서 3을 뺀 수의 2배는 7 초과이다.
  → $2(x-3)\geq7$
④ x를 2배한 수는 x에 2를 더한 수보다 작다.
  → $2x<x+2$
⑤ x를 2배한 수에서 3을 빼면 5보다 크지 않다.
  → $2x-3\leq5$

006 x의 값이 -1, 0, 1, 2일 때, 부등식 $5-2x\leq3$의 해는?

① -1, 0   ② -1, 1   ③ -1, 2
④ 0, 1   ⑤ 1, 2

007 $-2\leq x<1$일 때, $-2x+1$의 값의 범위는?

① $-5\leq-2x+1<5$ ② $-5<-2x+1\leq-1$
③ $-5\leq-2x+1<-1$ ④ $-1<-2x+1\leq5$
⑤ $1\leq-2x+1<5$

008 다음 부등식 중 해가 $x<1$인 것은?

① $2x+3>1$ ② $-x+2<1$
③ $5x-3>2x$ ④ $2x+4<-x+1$
⑤ $3x+1<2(x+1)$

009 x에 대한 일차부등식 $-2x+3>2a-3$의 해가 $x<2$일 때, 상수 a의 값을 구하시오.

010 x에 대한 일차부등식 $(a-1)x+2-2a>0$의 해는? (단, $a<1$)

① $x<-2$ ② $x<1$ ③ $x>1$
④ $x<2$ ⑤ $x>2$

011 일차부등식 $\dfrac{x}{2}-\dfrac{2}{3}<\dfrac{2}{3}x+\dfrac{1}{6}$을 풀면?

① $x<-5$ ② $x>-5$ ③ $x>-3$
④ $x<5$ ⑤ $x>5$

공략기술

007 부등식의 양변에 같은 음수를 곱하면 부등호의 방향이 바뀐다.

011 분모 2, 3, 6의 최소공배수를 구한다. 이때 최소공배수를 곱하지 않으면 계수가 한 번에 정수가 되지 않는다.

⊙ 6%의 소금물 300 g으로 10% 이상의 소금물을 만들려면 최소 몇 g 이상의 물을 증발시켜야 하는지 구하려고 한다. 다음 빈 칸을 채우시오.

001 증발시켜야 하는 물의 양을 ___________ g 으로 놓는다.

002 6%의 소금물 300 g에 들어 있는 소금의 양은 ___________ g이다.

003 부등식을 세우면 ___________ 이다.

004 물은 최소 ___________ g 이상을 증발시켜야 한다.

005 어떤 정수 x의 2배에서 4를 빼면 6보다 작다고 한다. 이와 같은 정수 중에서 가장 큰 정수 x는 무엇인가?

① 1   ② 2   ③ 3
④ 4   ⑤ 5

006 가로의 길이가 10 cm인 직사각형의 둘레의 길이가 36 cm 이상일 때, 세로의 길이는 몇 cm 이상인가?

① 5   ② 6   ③ 7
④ 8   ⑤ 9

007 한 개에 300원인 연필과 500원인 공책을 합하여 20개를 7000원 이하의 가격으로 사려고 한다. 이때 공책은 최대 몇 개까지 살 수 있는가?

008 성민이는 집에서 출발하여 강변을 따라 산책을 하는데 갈 때는 시속 6 km, 돌아올 때는 같은 길을 시속 4 km로 걸어서 1시간 30분 이내에 집에 돌아오려고 한다. 집에서 최대 몇 km 떨어진 곳까지 갔다올 수 있는가?

① 3 km   ② $\dfrac{16}{5}$ km   ③ $\dfrac{17}{5}$ km
④ $\dfrac{18}{5}$ km   ⑤ $\dfrac{19}{5}$ km

009 농도가 12%인 소금물 200 g이 있다. 이 소금물에 물을 더 넣어 농도가 6% 이하가 되게 하려고 한다. 이때 물은 얼마나 더 넣어야 하는가?

① 180 g 이하   ② 200 g 이하
③ 200 g 이상   ④ 230 g 이상
⑤ 250 g 이상

010 농도가 5%인 소금물 200 g에 농도가 10%인 소금물을 섞어서 농도가 8% 이상인 소금물을 만들려고 한다. 농도가 10%인 소금물은 몇 g 이상 필요한가?

① 250 g 이하   ② 300 g 이하
③ 300 g 이상   ④ 350 g 이상
⑤ 400 g 이상

007 공책을 x개 산다고 하면 연필은 $(20-x)$개 사게 된다.

009 더 넣는 물의 양을 xg이라 한다.

025 연립방정식의 풀이

⊙ **미지수가 2개인 일차방정식이면 ○, 아니면 ×**

001 $2x+1=0$

002 $2x=x+y+1$

003 $x+2y=x+1$

004 $x^2+y-2=0$

005 일차방정식 $ax-y-3=0$의 한 해가 $x=2$, $y=1$일 때, 상수 a의 값은?

① 1 　　　② 2 　　　③ 3
④ 4 　　　⑤ 5

006 연립방정식 $\begin{cases} x-2y=4 \\ 2x+3y=1 \end{cases}$의 해가 $x=a$, $y=b$일 때, $a+b$의 값은?

① -3 　　　② -1 　　　③ 1
④ 3 　　　⑤ 5

007 연립방정식 $\begin{cases} y=-x+7 \\ 2x-y=5 \end{cases}$의 해가 일차방정식 $3y-2x+k=0$을 만족할 때, 상수 k의 값은?

① -1 　　　② 1 　　　③ 3
④ 5 　　　⑤ 7

008 다음 중 해가 $(-2, 1)$인 연립방정식은?

① $\begin{cases} x+y=5 \\ 2x+y=8 \end{cases}$ 　　② $\begin{cases} x-y=-3 \\ x+2y=0 \end{cases}$

③ $\begin{cases} -x+y=2 \\ x+y=-2 \end{cases}$ 　　④ $\begin{cases} 2x-y=0 \\ x+2y=5 \end{cases}$

⑤ $\begin{cases} 3x+2y=4 \\ 2x-3y=7 \end{cases}$

009 연립방정식 $\begin{cases} ax+y=6 \\ bx-y=2 \end{cases}$의 해가 $(2, 4)$일 때, 두 상수 a, b에 대하여 $a+b$의 값은?

① 2 　　　② 3 　　　③ 4
④ 5 　　　⑤ 6

010 연립방정식 $\begin{cases} 2x+y=a \\ x+y=0 \end{cases}$의 해가 일차방정식 $2x+y=1$을 만족할 때, 상수 a의 값은?

① -2 　　　② -1 　　　③ 1
④ 2 　　　⑤ 3

011 두 연립방정식 $\begin{cases} x+2y=4 \\ 2x-y=a \end{cases}$, $\begin{cases} x-y=1 \\ bx-3y=-1 \end{cases}$의 해가 서로 같을 때, 상수 a, b에 대하여 $a+b$의 값을 구하시오.

007 가감법보다는 대입법이 더 효과적이다.

009 해가 $(2, 4)$이므로 $x=2$, $y=4$를 연립방정식에 대입한다.

026 여러 가지 연립방정식

◉ **계수가 정수가 되도록 고치시오.**

001 $\dfrac{x}{6}+\dfrac{y}{3}=\dfrac{1}{2}$

002 $\dfrac{1}{3}x+\dfrac{1}{4}y=\dfrac{7}{6}$

003 $0.3x+0.4y=1.2$

004 $1.2x+0.3y=2$

005 연립방정식 $\begin{cases} \dfrac{x}{2}+\dfrac{y}{3}=2 \\ 0.1x+0.2y=0.8 \end{cases}$ 의 해는?

① $x=2,\ y=3$ ② $x=3,\ y=2$

③ $x=3,\ y=4$ ④ $x=4,\ y=3$

⑤ $x=4,\ y=5$

006 연립방정식 $\begin{cases} 0.2x+0.1y=0.2 \\ \dfrac{x}{4}+\dfrac{y}{12}=\dfrac{1}{3} \end{cases}$ 을 만족하는 $x,\ y$ 에 대하여 $(x-y)^2$의 값은?

① 10 ② 12 ③ 14

④ 16 ⑤ 18

007 방정식 $x+y=3x-y=2$를 만족하는 $x,\ y$에 대하여 x^2+y^2의 값을 구하시오.

008 연립방정식 $\dfrac{x+3}{2}=\dfrac{x+y+3}{3}=\dfrac{x-y+9}{4}$의 해는?

① $x=1,\ y=1$ ② $x=1,\ y=2$

③ $x=2,\ y=1$ ④ $x=2,\ y=2$

⑤ $x=2,\ y=3$

009 다음 연립방정식 중에서 해가 <u>없는</u> 것은?

① $\begin{cases} x+y=0 \\ 0.1x+0.1y=0 \end{cases}$ ② $\begin{cases} -x+y=2 \\ x+y=4 \end{cases}$

③ $\begin{cases} x-2y=3 \\ 2x-4y=4 \end{cases}$ ④ $\begin{cases} x-2y=3 \\ 2x-4y=6 \end{cases}$

⑤ $\begin{cases} x-y=-1 \\ 2x-y=1 \end{cases}$

010 연립방정식 $\begin{cases} ax+3y=1 \\ 6x+9y=b \end{cases}$의 해가 무수히 많을 때, 상수 $a,\ b$에 대하여 $a+b$의 값은?

① 5 ② 6 ③ 7

④ 8 ⑤ 9

011 연립방정식 $\begin{cases} 3x+y=2 \\ 6x+ay=-4 \end{cases}$의 해가 없을 때, 상수 a의 값은?

① 1 ② 2 ③ 3

④ 4 ⑤ 5

005 계수가 분수이면 양변에 분모의 최소공배수를 곱하여 계수를 정수로 바꾸어 푼다.

006 계수가 소수이면 양변에 10의 거듭제곱을 곱하여 계수를 정수로 바꾸어 푼다.

027 연립방정식의 활용

◉ 두 자리의 자연수가 있다. 각 자리의 숫자의 합은 9이고, 십의 자리 숫자와 일의 자리 숫자를 바꾼 수는 처음 수보다 9가 클 때, 다음 빈 칸을 채우시오.

001 처음 수의 십의 자리 숫자를 ____________로, 일의 자리 숫자를 ____________로 놓는다.

002 처음 수는 ____________이다.

003 십의 자리 숫자와 일의 자리 숫자를 바꾼 수는 ____________이다.

004 연립방정식을 세우면 ____________이다.

005 합이 34인 두 자연수가 있다. 큰 자연수의 2배에서 작은 자연수를 빼면 23일 때, 두 자연수의 차를 구하시오.

006 현재를 기준으로 5년 전에는 영규의 나이가 건이의 나이의 2배였고, 5년 후에는 영규의 나이가 건이의 나이의 1.5배라고 한다. 현재 영규의 나이는?

① 20세   ② 23세   ③ 25세
④ 27세   ⑤ 29세

007 5%의 소금물과 10%의 소금물을 섞어서 7%의 소금물 100 g을 만들었다. 5%의 소금물의 양과 10%의 소금물의 양의 차는 몇 g인가?

① 10 g   ② 15 g   ③ 20 g
④ 25 g   ⑤ 30 g

008 둘레의 길이가 10 km인 공원에서 시속 3 km로 걷다가 시속 6 km로 뛰어서 공원을 한 바퀴 돌았더니 모두 3시간이 걸렸다. 걸어간 거리를 x km, 뛰어간 거리를 y km라 할 때, x와 y를 구하는 식은?

① $\begin{cases} x+y=10 \\ 3x-6y=3 \end{cases}$ ② $\begin{cases} x+y=10 \\ 3x+6y=3 \end{cases}$

③ $\begin{cases} x+y=10 \\ \dfrac{x}{3}-\dfrac{y}{6}=3 \end{cases}$ ④ $\begin{cases} x+y=10 \\ \dfrac{x}{3}+\dfrac{y}{6}=3 \end{cases}$

⑤ $\begin{cases} x+y=10 \\ \dfrac{y}{3}-\dfrac{x}{6}=3 \end{cases}$

009 작년에 전체 학생 수는 1000명이었다. 올해에 남학생 수는 3% 증가하고, 여학생 수는 2% 감소하여 전체적으로 10명이 증가하였다. 올해 여학생 수는 몇 명인가?

① 300명   ② 392명   ③ 400명
④ 592명   ⑤ 600명

010 민지와 상곤이는 가위바위보를 하여 이긴 사람은 3계단씩 올라가고, 진 사람은 1계단씩 내려가기로 하였다. 가위바위보를 몇 번 한 후 처음 위치보다 민지는 15계단을, 상곤이는 3계단을 올라가 있었다. 이때 민지가 이긴 횟수를 구하시오. (단, 비길 때는 계단을 오르내리지 않는다.)

009 작년의 남학생 수를 x명, 여학생 수를 y명으로 놓는다.
010 민지가 이긴 횟수를 x회, 진 횟수를 y회로 놓으면 상곤이가 이긴 횟수는 y회, 진 횟수는 x회이다.

⊙ 간단히 하시오.

001 $(x+3)^2$

002 $(2x+3)(2x-3)$

003 $(x+3)(2x-4)$

004 $(-2x+y)(3x-2y)$

005 $(x+2y-1)(2x-3y+4)$의 전개식에서 xy의 계수를 a, x의 계수를 b라 할 때, $a+b$의 값은?

① -3 ② -1 ③ 1

④ 3 ⑤ 5

006 $(2x+a)(bx+4)$를 전개한 식이 cx^2-x-12일 때, 상수 a, b, c에 대하여 $a+b+c$의 값은?

① 3 ② 4 ③ 5

④ 6 ⑤ 7

007 다음 중 식을 바르게 전개한 것은?

① $(-x+y)^2=x^2+2xy+y^2$

② $(3x-2y)^2=9x^2-4y^2$

③ $(-x-1)(-x+1)=x^2+1$

④ $(x+3)(x-2)=x^2+x-6$

⑤ $(3x-1)(2x+1)=6x^2-x-1$

008 6.3×5.7을 곱셈공식을 이용하여 계산할 때, 가장 알맞은 공식은?

① $(a+b)^2=a^2+2ab+b^2$

② $(a-b)^2=a^2-2ab+b^2$

③ $(a+b)(a-b)=a^2-b^2$

④ $(x+a)(x+b)=x^2+(a+b)x+ab$

⑤ $(ax+b)(cx+d)=acx^2+(ad+bc)x+bd$

009 $(2+1)(2^2+1)(2^4+1)(2^8+1)(2^{16}+1)+1=2^x$일 때, x의 값은?

① 31 ② 32 ③ 63

④ 64 ⑤ 127

010 $x+y=5$, $xy=3$일 때, x^2+y^2의 값은?

① 15 ② 16 ③ 17

④ 18 ⑤ 19

011 $x^2-3x+1=0$일 때, $x^2+\dfrac{1}{x^2}$의 값을 구하시오.

009 $(a+b)(a-b)=a^2-b^2$을 이용한다.

010 $x^2+y^2=(x+y)^2-2xy$를 이용한다.

⊙ **인수분해하시오.**

001 $2xy + y^2$

002 $x^2 + 2x - 15$

003 $3x^2 + 10x + 8$

004 $3x^2 - 75$

005 다음 중 다항식 $x^2 y - xy^2$의 인수가 <u>아닌</u> 것은?

① x ② y ③ xy
④ $x(x-y)$ ⑤ $x(x+y)$

006 다음 중 완전제곱식이 <u>아닌</u> 것은?

① $x^2 - 4x + 4$ ② $x^2 + 10x + 25$
③ $x^2 + x + \dfrac{1}{4}$ ④ $x^2 - \dfrac{1}{2}x + \dfrac{1}{4}$
⑤ $16x^2 - 8x + 1$

007 $0 < x < 2$일 때, $\sqrt{x^2 + 4x + 4} + \sqrt{x^2 - 4x + 4}$를 간단히 하면?

① -4 ② 4 ③ $-2x$
④ $2x$ ⑤ $2x - 4$

008 두 다항식 $x^2 - 2x - 3$, $x^2 - 5x - 6$의 공통인 인수는?

① $x - 1$ ② $x + 1$ ③ $x + 2$
④ $x - 3$ ⑤ $x - 6$

009 $6x^2 - 11x - 10$이 $(2x + a)(bx + 2)$로 인수분해될 때, $b - a$의 값은? (단, a, b는 상수이다.)

① 5 ② 6 ③ 7
④ 8 ⑤ 9

010 다음 중 $x^4 - 16$의 인수가 <u>아닌</u> 것은?

① $x + 2$ ② $x - 2$ ③ $x^2 + 2$
④ $x^2 + 4$ ⑤ $x^2 - 4$

011 $1^2 - 2^2 + 3^2 - 4^2 + 5^2 - 6^2 + \cdots + 9^2 - 10^2$의 값을 구하시오.

006 $x^2 + ax + b$가 완전제곱식이 되기 위한 b의 조건은 $b = \left(\dfrac{a}{2}\right)^2$이다.

007 $A \geq 0$일 때 $\sqrt{A^2} = A$이고 $A < 0$일 때 $\sqrt{A^2} = -A$이다.

⊙ **치환하여 인수분해하시오.**

001 $(x+2)^2+2(x+2)-3$

002 $(x+y+1)(x+y)-6$

003 $x^2-(2x-1)^2$

004 $(2x+1)^2-(3y-1)^2$

005 $ab+a+b+1$을 인수분해하면?

① $(a-1)(b-1)$ ② $(a+1)(b-1)$

③ $(a-1)(b+1)$ ④ $(a+1)(b+1)$

⑤ $(a-1)(1-b)$

006 x^2-y^2+2y-1을 인수분해하면?

① $(x+y-1)(x-y-1)$

② $(x+y-1)(x+y+1)$

③ $(x-y-1)(x-y+1)$

④ $(x+y-1)(x-y+1)$

⑤ $(x+y+1)(x-y-1)$

007 $2bc+9a^2-b^2-c^2$을 인수분해하면?

① $(3a-b-c)(3a-b+c)$

② $(3a+b-c)(3a-b-c)$

③ $(3a-b+c)(3a+b+c)$

④ $(3a+b+c)(3a-b-c)$

⑤ $(3a+b-c)(3a-b+c)$

008 $x(x+1)(x+2)(x+3)-3$을 인수분해하면?

① $(x^2+3x-1)(x^2+3x+3)$

② $(x^2-3x-1)(x^2-3x+3)$

③ $(x^2+3x-1)(x^2-3x+3)$

④ $(x^2-3x-1)(x^2+3x+3)$

⑤ $(x^2+3x+1)(x^2+3x-3)$

009 $x^2+3xy+2y^2-2x-y-3$을 인수분해하면?

① $(x+2y-3)(x+y+1)$

② $(x+2y+3)(x+y-1)$

③ $(x-2y-3)(x-y+1)$

④ $(x-2y+3)(x-y-1)$

⑤ $(x+2y+3)(x+y+1)$

010 $x+y=3$, $x-y=-2$일 때, $x^2-y^2-2x+2y$ 의 값은?

① -4 ② -2 ③ 2

④ 4 ⑤ 6

011 $x-y=1$일 때, $x^2-2xy+y^2+6x-6y+9$의 값을 구하시오.

006 3개의 항이 완전제곱식이면 A^2-B^2꼴이 생기도록 묶는다.

009 문자가 여러 개이고 차수가 같으면 어느 한 문자에 대하여 내림차순으로 정리한다.

⊙ **이차방정식의 해를 구하시오.**

001 $x^2-4x+3=0$

002 $x^2+x-30=0$

003 $4x^2-4x+1=0$

004 $(x+2)(x-3)=6$

005 다음 중 이차방정식인 것은?

① $x-1=0$ 　　② x^2+x+1

③ $x^3-3x=0$ 　　④ $(x-1)(x+2)=0$

⑤ $x^2+2x+1=x(x+1)$

006 이차방정식 $x^2+2x+a=0$의 한 근이 -1일 때, 상수 a의 값은?

① 1　　　　② 2　　　　③ 3

④ 4　　　　⑤ 5

007 이차방정식 $x^2+ax-6=0$의 한 근이 -2일 때, 상수 a의 값과 다른 한 근의 합은?

① -4　　　② -2　　　③ 2

④ 4　　　　⑤ 6

008 이차방정식 $x^2-5x+1=0$의 한 근이 a일 때, $a^2+\dfrac{1}{a^2}$의 값은?

① 17　　　　② 19　　　　③ 21

④ 23　　　　⑤ 25

009 이차방정식 $(2x+3)(x-2)=0$을 풀면?

① $x=-\dfrac{2}{3}$ 또는 $x=-2$　　② $x=-\dfrac{3}{2}$ 또는 $x=0$

③ $x=-\dfrac{3}{2}$ 또는 $x=2$　　④ $x=\dfrac{3}{2}$ 또는 $x=-2$

⑤ $x=\dfrac{2}{3}$ 또는 $x=2$

010 $x:(2x-1)=2:(x+1)$을 만족하는 x의 값은?

① $x=0$ 또는 $x=1$　　② $x=0$ 또는 $x=2$

③ $x=1$ 또는 $x=2$　　④ $x=1$ 또는 $x=3$

⑤ $x=2$ 또는 $x=3$

011 이차방정식 $x^2+(k-1)x+16=0$이 중근을 갖도록 하는 상수 k의 값의 합을 구하시오.

010 $a:b=c:d$이면 $bc=ad$이다.

011 이차방정식 $x^2+bx+c=0$이 중근을 가지려면 $c=\left(\dfrac{b}{2}\right)^2$이어야 한다. ➡ $\left(x+\dfrac{b}{2}\right)^2=0$

032 이차방정식의 근의 공식

⊙ $(x+a)^2=b$꼴로 나타내시오.

001 $x^2-2x-1=0$

002 $x^2+4x-3=0$

003 $x^2+2x-3=0$

004 $4x^2-2x-1=0$

005 다음 중 이차방정식 $(x-1)^2=a+3$이 해를 갖기 위한 상수 a의 값으로 옳지 <u>않은</u> 것은?

① 0   ② -1 ③ -2

④ -3 ⑤ -4

006 다음은 이차방정식 $x^2+7x-4=0$의 좌변을 완전제곱식으로 고치는 과정의 일부분이다. ( ) 안에 알맞은 수는?

$$x^2+7x+(\quad)=4+(\quad)$$

① $\dfrac{7}{2}$ ② $\dfrac{7}{4}$ ③ $\dfrac{49}{4}$

④ $\dfrac{49}{16}$ ⑤ $\dfrac{16}{49}$

007 이차방정식 $x^2+x-3=0$의 해가 $x=\dfrac{A\pm\sqrt{B}}{2}$일 때, $A+B$의 값을 구하시오. (단, A, B는 유리수이다.)

008 이차방정식 $x^2-4x+1=0$의 해가 $x=2\pm\sqrt{A}$일 때, A의 값은?

① 0   ② 1   ③ 2

④ 3   ⑤ 4

009 다음 이차방정식 중 근이 <u>없는</u> 것은?

① $x^2-x-2=0$ ② $2x^2-3x-2=0$

③ $x^2-6x+9=0$ ④ $x^2-4x+1=0$

⑤ $x^2-x+3=0$

010 이차방정식 $2x^2-8x+k=0$이 서로 다른 두 근을 가질 때, 상수 k의 값의 범위는?

① $k>-4$ ② $k>-2$ ③ $k<2$

④ $k<4$ ⑤ $k<8$

011 이차방정식 $x^2+2kx-k+2=0$이 중근을 가질 때, 상수 k의 값의 합은?

① -5 ② -3 ③ -1

④ 1   ⑤ 3

006 x^2+ax+b가 완전제곱식이 되기 위한 b의 조건은 $b=\left(\dfrac{a}{2}\right)^2$이다.

009 이차방정식의 근이 존재하지 않으려면 판별식 D가 0보다 작아야 한다.

033 이차방정식의 근과 계수의 관계

◉ 이차방정식의 두 근이 α, β이다. 합 $\alpha+\beta$와 곱 $\alpha\beta$를 구하시오.

001 $x^2-x-2=0$ $\alpha+\beta=$ _______________

002 $2x^2+3x-2=0$ $\alpha+\beta=$ _______________

003 $x^2-5x+6=0$ $\alpha\beta=$ _______________

004 $2x^2-5x-3=0$ $\alpha\beta=$ _______________

005 이차방정식 $2x^2-3x-4=0$의 두 근의 합을 a, 두 근의 곱을 b라 할 때, $2a-b$의 값은?

① 2   ② 3   ③ 4
④ 5   ⑤ 6

006 이차방정식 $x^2-4x-1=0$의 두 근을 α, β라 할 때, $\alpha^2+\beta^2$의 값은?

① 16   ② 18   ③ 20
④ 22   ⑤ 24

007 이차방정식 $2x^2-5x+1=0$의 두 근을 α, β라 할 때, $\dfrac{1}{\alpha}+\dfrac{1}{\beta}$의 값을 구하시오.

008 이차방정식 $x^2-3x+1=0$의 두 근을 α, β라 할 때, 다음 중 옳지 <u>않은</u> 것은?

① $\alpha+\beta=3$ ② $\alpha\beta=1$ ③ $\dfrac{1}{\alpha}+\dfrac{1}{\beta}=3$

④ $\alpha^2+\beta^2=7$ ⑤ $\dfrac{\beta}{\alpha}+\dfrac{\alpha}{\beta}=9$

009 이차방정식 $x^2+ax+b=0$의 두 근이 -2, 1일 때, 이차방정식 $ax^2+bx-3=0$의 두 근의 합은?

① -2 ② -1 ③ 1
④ 2   ⑤ 3

010 이차방정식 $2x^2-8x+a=0$의 두 근의 차가 2일 때, 상수 a의 값은?

① 6   ② 8   ③ 10
④ 12   ⑤ 14

011 이차방정식 $3x^2-12x-a=0$의 두 근의 비가 1 : 3일 때, 상수 a의 값은?

① -10 ② -9 ③ -8
④ -7 ⑤ -6

006 이차방정식 $ax^2+bx+c=0$의 두 근을 α, β라 할 때, 근과 계수의 관계에 의해 $\alpha+\beta=-\dfrac{b}{a}$, $\alpha\beta=\dfrac{c}{a}$이다.

011 두 근의 비가 1 : 3이므로 두 근을 α, 3α로 놓는다.

⊙ **이차방정식을 구하시오.**

001 두 근이 -2, 3이고 x^2의 계수가 1이다.

002 두 근이 $\dfrac{1}{2}$, $\dfrac{1}{3}$이고 x^2의 계수가 6이다.

003 두 근의 합이 2, 곱이 1이고 x^2의 계수가 1이다.

004 두 근의 합이 $\dfrac{1}{3}$, 곱이 $-\dfrac{1}{2}$이고 x^2의 계수가 6이다.

005 이차방정식 $x^2+ax+b=0$의 두 근이 2, -1일 때, 상수 a, b에 대하여 $a-2b$의 값을 구하시오.

006 이차방정식 $x^2+ax+b=0$의 두 근이 -4, 1일 때, 이차방정식 $x^2+bx+a=0$의 근은?

(단, a, b는 상수이다.)

① $x=-1$ 또는 $x=-3$ ② $x=1$ 또는 $x=-3$
③ $x=-1$ 또는 $x=3$ ④ $x=1$ 또는 $x=3$
⑤ $x=1$ 또는 $x=2$

007 이차방정식 $x^2-2x-1=0$의 두 근을 α, β라 할 때, 다음 중 $\alpha+\beta$, $\alpha\beta$를 두 근으로 하는 이차방정식은?

① $x^2+x+2=0$ ② $x^2+x-2=0$
③ $x^2-x-2=0$ ④ $x^2+2x+1=0$
⑤ $x^2-2x+1=0$

008 이차방정식 $2x^2-3x+1=0$의 두 근을 α, β라 할 때, $\dfrac{1}{\alpha}$, $\dfrac{1}{\beta}$을 두 근으로 하는 이차방정식은 $x^2+ax+b=0$이다. 이때 ab의 값은?

① -6 ② -4 ③ -2
④ 2   ⑤ 4

009 이차방정식 $x^2-ax+1=0$의 한 근이 $2+\sqrt{3}$일 때, 유리수 a의 값은?

① 1   ② 2   ③ 3
④ 4   ⑤ 5

010 이차방정식 $x^2+2x+m=0$의 한 근이 $-1+\sqrt{2}$일 때, 유리수 m의 값은?

① -3 ② -2 ③ -1
④ 1   ⑤ 2

011 이차방정식 $x^2+ax+b=0$을 푸는데, 산하는 일차항의 계수를 잘못 보고 풀었더니 해가 1, -3이 되었고, 강산이는 상수항을 잘못 보고 풀었더니 해가 -1, 3이 되었다. 이때 $a+b$의 값은? (단, a, b는 상수이다.)

① -7 ② -5 ③ -3
④ -1 ⑤ 1

009 계수가 유리수인 이차방정식의 한 근이 $p+q\sqrt{m}$이면 다른 한 근은 $p-q\sqrt{m}$이다. (단, p, q는 유리수, $\sqrt{m}$은 무리수)
011 산하는 상수항을 바르게 보았고, 강산이는 일차항의 계수를 바르게 보았다.

035 이차방정식의 활용

⊙ 지면에서 지면과 수직인 방향으로 초속 $30\,\mathrm{m}$로 쏘아 올린 물체의 t초 후의 높이는 $-5t^2+30t\,(\mathrm{m})$이다. 다음 빈칸을 채우시오.

001 쏘아 올린지 1초 후의 물체의 높이는 ________ m이다.

002 물체의 높이가 $40\,\mathrm{m}$가 되는 것은 쏘아 올린지 ________ 초 후이다.

003 물체의 높이가 $45\,\mathrm{m}$가 되는 것은 쏘아 올린지 ________ 초 후이다.

004 물체가 다시 지면에 떨어지는 것은 쏘아 올린지 ________ 초 후이다.

005 연속하는 두 자연수의 제곱의 합이 25일 때, 두 자연수의 합은?

① 6 　　　② 7 　　　③ 8
④ 9 　　　⑤ 10

006 5보다 큰 어떤 수 x에서 5를 뺀 다음 제곱해야 할 것을 잘못하여 5를 뺀 다음 2배를 하였는데도 같은 값이 나왔다고 할 때, x의 값을 구하시오.

007 건이와 혜린이의 나이 차이는 2살이고, 혜린이의 나이의 제곱은 건이의 나이의 제곱을 3배한 것보다 4만큼 크다. 이때 혜린이의 나이는? (단, 혜린이가 건이보다 나이가 많다.)

① 2살 　　　② 3살 　　　③ 4살
④ 5살 　　　⑤ 6살

008 가로와 세로의 길이의 비가 3 : 2인 직사각형이 있다. 이 직사각형의 가로와 세로의 길이를 똑같이 $3\,\mathrm{cm}$씩 늘렸더니 처음 직사각형의 넓이의 2배가 되었다. 처음 직사각형의 가로의 길이는?

① $5\,\mathrm{cm}$ 　　　② $6\,\mathrm{cm}$ 　　　③ $7\,\mathrm{cm}$
④ $8\,\mathrm{cm}$ 　　　⑤ $9\,\mathrm{cm}$

009 오른쪽 그림과 같이 길이가 10인 선분 AB 위에 크기가 다른 두 정사각형을 붙여 놓았더니 두 정사각형의 넓이의 합이 58이었다. 큰 정사각형의 한 변의 길이를 구하시오.

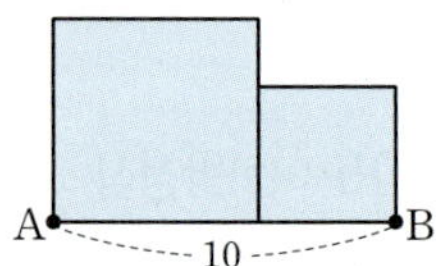

010 반지름의 길이가 $4\,\mathrm{cm}$인 원이 있다. 이 원의 반지름의 길이를 $x\,\mathrm{cm}$만큼 늘렸더니 그 넓이가 처음 원의 넓이보다 $20\pi\,\mathrm{cm}^2$만큼 늘어났을 때, x의 값은?

① 1 　　　② 2 　　　③ 3
④ 4 　　　⑤ 5

011 오른쪽 그림과 같이 가로의 길이가 $20\,\mathrm{m}$, 세로의 길이가 $10\,\mathrm{m}$인 직사각형 모양의 땅에 폭이 $x\,\mathrm{m}$로 일정한 길을 만들고, 길을 제외한 나머지 땅에 화단을 만들었다. 화단의 넓이가 $75\,\mathrm{m}^2$일 때, x의 값을 구하시오.

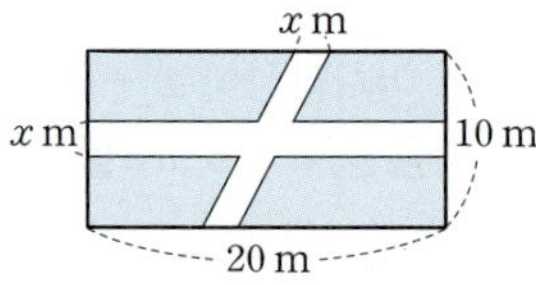

005 연속하는 두 자연수를 x, $x+1$로 놓는다.

008 처음 직사각형의 가로의 길이를 $3x\,\mathrm{cm}$라 하면 세로의 길이는 $2x\,\mathrm{cm}$이다.

⊙ 오른쪽 좌표평면 위에 있는 점의 좌표를 나타내시오.

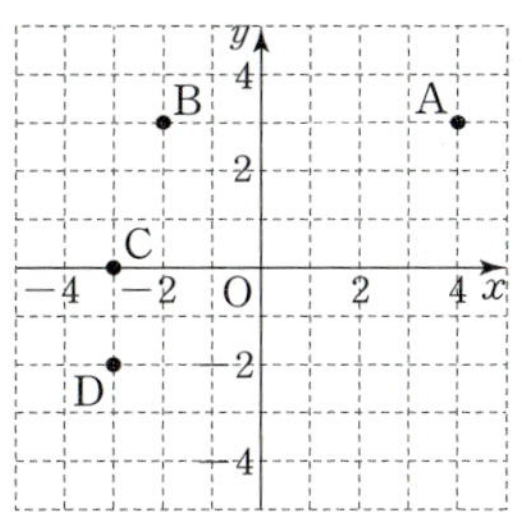

001 A

002 B

003 C

004 D

005 x축 위에 있고 x좌표가 -3인 점의 좌표는?

① $(-3, 0)$　② $(-3, 3)$　③ $(0, -3)$

④ $(0, 3)$　⑤ $(3, 0)$

006 좌표평면 위의 세 점 $A(2, 2)$, $B(-1, -2)$, $C(3, -2)$를 꼭짓점으로 하는 삼각형 ABC의 넓이를 구하시오.

007 다음 중 제3사분면 위의 점은?

① $(-2, 3)$　② $(-3, -2)$　③ $(2, 3)$

④ $(3, -2)$　⑤ $(-2, 0)$

008 $a>0$, $b<0$일 때, 점 $P(a, -b)$는 제 몇 사분면 위의 점인가?

① 제1사분면　② 제2사분면

③ 제3사분면　④ 제4사분면

⑤ 어느 사분면에도 속하지 않는다.

009 $ab<0$, $a>b$일 때, 점 $P(a, b)$는 제 몇 사분면 위의 점인가?

① 제1사분면　② 제2사분면

③ 제3사분면　④ 제4사분면

⑤ 어느 사분면에도 속하지 않는다.

010 점 $P(a, b)$가 제3사분면 위의 점일 때, 점 $P(ab, a+b)$는 제 몇 사분면 위의 점인가?

① 제1사분면　② 제2사분면

③ 제3사분면　④ 제4사분면

⑤ 어느 사분면에도 속하지 않는다.

011 좌표평면 위의 점 $A(2, -3)$과 y축에 대하여 대칭인 점 B의 좌표는?

① $B(2, 3)$　② $B(-2, 3)$　③ $B(-2, -3)$

④ $B(3, 2)$　⑤ $B(-3, -2)$

009 $ab<0$이므로 a와 b의 부호는 서로 다르다. 즉, $a>0$, $b<0$인 경우와 $a<0$, $b>0$인 경우가 있다.

011 점 $A(a, b)$와 y축에 대하여 대칭인 점 B의 좌표는 $B(-a, b)$이다.

⊙ 함수 $y=ax(a\neq0)$의 그래프에 대한 설명이다.
맞으면 ○, 틀리면 ×

001 점 $(1, a)$를 지난다.

002 a의 값에 관계없이 항상 원점을 지난다.

003 함수 $y=-ax$의 그래프와 만나지 않는다.

004 $a>0$일 때, x의 값이 증가하면 y의 값은 감소한다.

005 다음 중 y가 x에 정비례하는 것을 모두 고르면?

(정답 2개)

① $y=x+1$ ② $x-3y=0$ ③ $xy=6$

④ $y=-\dfrac{2}{x}$ ⑤ $y=-\dfrac{x}{5}$

006 y가 x에 정비례하고 $x=2$일 때, $y=6$이다.
$x=-3$일 때, y의 값은?

① -9 ② -6 ③ -3

④ 3 ⑤ 6

007 함수 $y=-2x$의 그래프가 점 $(a, 10)$을 지나고
점 $(6, b)$가 함수 $y=\dfrac{x}{2}$의 그래프 위에 있을 때, $a+b$
의 값은?

① -3 ② -2 ③ -1

④ 1 ⑤ 2

008 다음 중 함수 $y=-2x$의 그래프에 대한 설명으
로 옳은 것을 모두 고르면? (정답 2개)

① 점 $(2, -1)$을 지난다.

② 제1, 3사분면을 지난다.

③ 오른쪽 위로 향하는 직선이다.

④ $y=-x$의 그래프보다 y축에 더 가깝다.

⑤ x의 값이 증가하면 y의 값은 감소한다.

009 오른쪽 그림과 같이 함수
$y=ax$의 그래프가 두 점
$A(1, 2)$, $B(b, -4)$를 지날 때,
ab의 값을 구하시오.

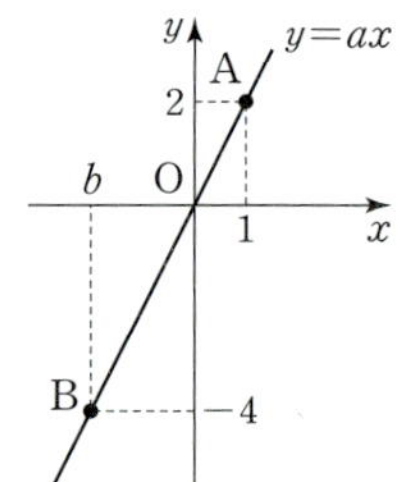

010 네 함수
$y=ax$, $y=bx$,
$y=cx$, $y=dx$의 그래프
가 오른쪽 그림과 같을 때,
네 상수 a, b, c, d 중에서
가장 큰 값과 가장 작은
값을 차례로 나열하면?

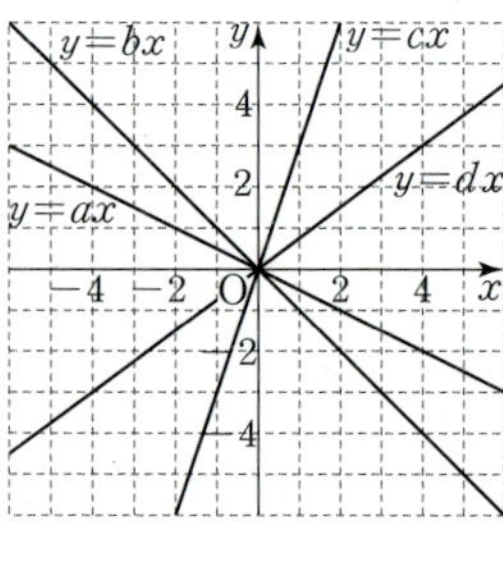

① a, c ② a, d ③ b, c

④ b, d ⑤ c, b

008 함수 $y=ax$의 그래프는 $a>0$이면 오른쪽 위로, $a<0$이면 오른쪽 아래로 향한다.

010 함수 $y=ax$의 그래프는 $|a|$의 값이 클수록 y축에 가까워진다.

⊙ 함수 $y=\dfrac{a}{x}\,(a\neq0)$의 그래프에 대한 설명이다.

맞으면 ○, 틀리면 ×

001 점 $(a,\,1)$을 지난다.

002 a의 절댓값이 클수록 원점에 가까워진다.

003 $a<0$이면 제2사분면과 제4사분면을 지난다.

004 $a>0$일 때, x의 값이 증가하면 y의 값도 증가한다.

005 다음 중 y가 x에 반비례하는 것을 모두 고르면?

(정답 2개)

① $y=\dfrac{x}{4}$　　　② $y=\dfrac{5}{x}$　　　③ $\dfrac{y}{x}=3$

④ $y+2x=0$　　　⑤ $xy=6$

006 y가 x에 반비례하고 $x=-3$일 때, $y=6$이다. $x=-9$일 때, y의 값은?

① 1　　　② 2　　　③ 3

④ 4　　　⑤ 5

007 두 점 $(-2,\,3)$, $(3,\,b)$가 함수 $y=\dfrac{a}{x}$의 그래프 위에 있을 때, $a-b$의 값은? (단, a는 상수이다.)

① -4　　　② -3　　　③ -2

④ -1　　　⑤ 1

008 다음 중 함수 $y=-\dfrac{2}{x}$의 그래프에 대한 설명으로 옳은 것을 모두 고르면? (정답 2개)

① 점 $(2,\,1)$을 지난다.

② 제1, 3사분면을 지난다.

③ 원점을 지나는 한 쌍의 매끄러운 곡선이다.

④ $y=\dfrac{3}{x}$의 그래프보다 원점에 더 가깝다.

⑤ x의 값이 증가하면 y의 값도 증가한다.

009 오른쪽 그림과 같이 두 함수 $y=\dfrac{3}{2}x$, $y=\dfrac{a}{x}$의 그래프가 점 A에서 만난다. 점 A의 y좌표가 -3일 때, 상수 a의 값은?

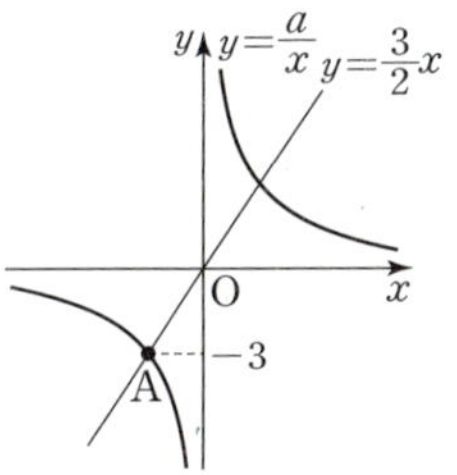

① 2　　　② 4

③ 6　　　④ 8　　　⑤ 10

010 오른쪽 그림은 함수 $y=\dfrac{11}{x}\ (x>0)$의 그래프이다. 이 그래프 위의 점 A에 대하여 직사각형 POQA의 넓이를 구하시오.

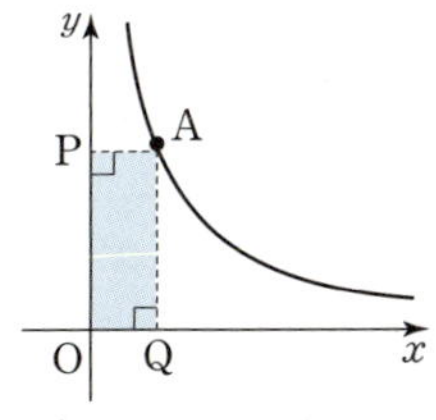

공략기술

008 함수 $y=\dfrac{a}{x}$의 그래프는 $|a|$의 값이 클수록 원점에서 멀어진다.

010 선분 OQ의 길이는 점 A의 x좌표이고, 선분 OP의 길이는 점 A의 y좌표이다.

039 함수와 함숫값

⊙ y가 x의 함수이면 ○, 아니면 ×

001 자연수 x의 약수 y

002 자연수 x와의 차가 2인 자연수 y

003 한 권에 500원인 공책 x권의 가격 y원

004 넓이가 $10\,cm^2$인 직사각형의 가로의 길이 $x\,cm$와 세로의 길이 $y\,cm$

005 다음 중 함수가 <u>아닌</u> 것은?

① y는 x의 10%이다.
② x와 y의 합이 3이다.
③ 자연수 x보다 작은 자연수의 개수는 y이다.
④ 자연수 x에 가장 가까운 자연수는 y이다.
⑤ x%의 소금물 $100\,g$에 들어 있는 소금의 양은 $y\,g$이다.

006 함수 $f(x)=-2x+3$에 대하여 $f(-1)+f(2)$의 값은?

① 2 　　　② 3 　　　③ 4
④ 5 　　　⑤ 6

007 함수 $f(x)=-2x+5$에 대하여 $f(a)=13$일 때, a의 값은?

① -4 　　　② -3 　　　③ -2
④ -1 　　　⑤ 0

008 함수 $f(x)=ax+2$에 대하여 $f(3)=11$일 때, $f(-2)$의 값은?

① -6 　　　② -4 　　　③ -2
④ 2 　　　⑤ 4

009 함수 $f(x)=$ (자연수 x를 3으로 나눈 나머지)에 대하여 다음 중 옳지 <u>않은</u> 것은? (단, n은 자연수이다.)

① $f(3)=0$
② $f(3n)=0$
③ $f(4)=f(10)$
④ $f(3n)=f(9n)$
⑤ $f(12)+f(13)+f(14)=4$

010 함수 $f(x)=\dfrac{a}{x}+1$에 대하여 $f(-2)=3$일 때, 상수 a의 값은?

① -4 　　　② -2 　　　③ 0
④ 2 　　　⑤ 4

011 $f(x)=ax$에서 $f(-2)=6,\ f(3)=b$일 때, $a-b$의 값을 구하시오.

005 x의 값 하나에 y의 값이 대응하지 않거나, 2개 이상 대응하면 함수가 아니다.
007 함수 $y=f(x)$에 대하여 $f(a)$는 $f(x)$의 x에 a를 대입하여 얻은 값이다.

⊙ y가 x에 대한 **일차함수이면 ○, 아니면 ×**

001 1개에 x원인 사과 10개의 가격 y원

002 한 변의 길이가 $x\,\mathrm{cm}$인 정사각형의 둘레의 길이 $y\,\mathrm{cm}$

003 반지름의 길이가 $x\,\mathrm{cm}$인 원의 넓이 $y\,\mathrm{cm}^2$

004 시속 $x\,\mathrm{km}$로 y시간 동안 달린 거리 $100\,\mathrm{km}$

005 다음 중 일차함수인 것은?

① $y=3$　　　　② $y=x(x+1)$

③ $2x-y=3$　　　④ $y=2(x+1)-2x$

⑤ $y=\dfrac{1}{x}+2$

006 일차함수 $f(x)=2x+b$에 대하여 $f(-3)=1$일 때, 상수 b의 값은?

① 5　　　　② 6　　　　③ 7

④ 8　　　　⑤ 9

007 다음 중 일차함수 $y=2x-4$의 그래프 위의 점은?

① $(-1,\,6)$　　② $(0,\,4)$　　③ $(1,\,2)$

④ $(2,\,0)$　　　⑤ $(3,\,-2)$

008 일차함수 $y=-3x+a$의 그래프가 두 점 $(1,\,-2)$, $(-1,\,k)$를 지날 때, k의 값은?

(단, a는 상수이다.)

① 1　　　　② 2　　　　③ 3

④ 4　　　　⑤ 5

009 일차함수 $y=2x+3$의 그래프를 y축의 방향으로 a만큼 평행이동하였더니 $y=2x-1$이 되었다. 이때 a의 값은?

① -4　　　② -2　　　③ 2

④ 4　　　　⑤ 6

010 일차함수 $y=-2x+5$의 그래프를 y축의 방향으로 -3만큼 평행이동하였더니 점 $(a,\,0)$을 지난다. 이때 a의 값을 구하시오.

011 다음 일차함수 중 그 그래프가 일차함수 $y=2x-1$의 그래프를 평행이동하면 겹쳐지는 것은?

① $y=x+2$　　　　② $y=2x+3$

③ $y=-x+2$　　　④ $y=-2x+3$

⑤ $y=-\dfrac{1}{2}x+2$

009 일차함수 $y=ax+b$의 그래프는 일차함수 $y=ax$의 그래프를 y축의 방향으로 b만큼 평행이동한 직선이다.

011 두 일차함수의 그래프가 겹쳐지려면 두 일차함수의 기울기가 서로 같아야 한다.

041 일차함수의 절편과 기울기

◉ 기울기와 절편을 구하시오.

001 $y=3x-2$ (기울기) = ______________

002 $y=-2x+5$ (기울기) = ______________

003 $y=2x+4$ (x절편) = ______________

004 $y=-\dfrac{1}{2}x+2$ (y절편) = ______________

005 일차함수 $y=-3x+6$의 그래프의 x절편을 a, y절편을 b라 할 때, $a+b$의 값은?

① 5   ② 6   ③ 7
④ 8   ⑤ 9

006 일차함수 $y=2x-3$의 그래프를 y축의 방향으로 5만큼 평행이동한 그래프의 x절편은?

① -2 ② -1 ③ 0
④ 1   ⑤ 2

007 일차함수 $y=\dfrac{2}{3}x+k$의 그래프의 x절편이 6일 때, 상수 k의 값은?

① -4 ② -2 ③ 2
④ 4   ⑤ 6

008 일차함수 $y=2x-8$의 그래프와 x축, y축으로 둘러싸인 도형의 넓이는?

① 4   ② 8   ③ 12
④ 16   ⑤ 20

009 일차함수 $y=\dfrac{3}{2}x+1$의 그래프에서 x의 값의 증가량이 3일 때, y의 값의 증가량은?

① $\dfrac{7}{2}$ ② 4   ③ $\dfrac{9}{2}$
④ 5   ⑤ $\dfrac{11}{2}$

010 두 점 $(1, k)$, $(4, 8)$을 지나는 일차함수의 기울기가 3일 때, k의 값은?

① -3 ② -2 ③ -1
④ 2   ⑤ 4

011 세 점 $(0, 1)$, $(2, 5)$, $(4, a)$가 한 직선 위에 있을 때, a의 값을 구하시오.

009 일차함수의 기울기는 x의 값의 증가량에 대한 y의 값의 증가량의 비율이다.

011 한 직선 위에 있는 여러 개의 점 중에서 어느 두 개의 점을 선택해도 그 기울기는 항상 일정하다.

⊙ <보기>에서 모두 고르시오.

〈보기〉
ㄱ. $y=-2x+1$　　ㄴ. $y=x+1$
ㄷ. $y=x-2$　　ㄹ. $y=3x+2$

001 오른쪽 아래로 향하는 직선

002 y축과 가장 가까운 직선

003 y축 위에서 만나는 두 직선

004 서로 평행한 두 직선

005 다음 일차함수의 그래프 중 x의 값이 증가할 때, y의 값이 감소하는 것을 모두 고르면? (정답 2개)

① $y=x+2$ 　　　② $y=-2(x+1)$
③ $y=-\dfrac{2}{3}x+1$ 　　④ $y=\dfrac{1}{2}x-3$
⑤ $y=3x+2$

006 일차함수 $y=-ax+b$의 그래프가 오른쪽 그림과 같을 때, 다음 중 옳은 것은?

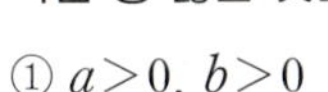

① $a>0$, $b>0$ 　② $a>0$, $b<0$
③ $a<0$, $b>0$ 　④ $a<0$, $b<0$
⑤ $a<0$, $b=0$

007 다음 일차함수의 그래프 중 제1사분면을 지나지 않는 것은?

① $y=x$ 　　② $y=x-2$ 　　③ $y=-x-2$
④ $y=-x+5$ 　⑤ $y=-2x+1$

008 다음 중 오른쪽 그림과 같은 일차함수 $y=ax+b$의 그래프에 대한 설명으로 옳은 것을 모두 고르면? (정답 2개)

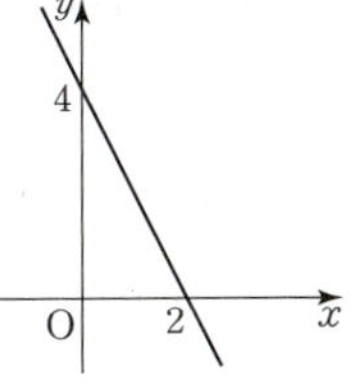

① 기울기는 -2이다.
② 점 $(1, 3)$을 지난다.
③ 일차함수 $y=x+4$의 그래프와 점 $(4, 0)$에서 만난다.
④ x의 값이 2만큼 증가하면 y의 값은 4만큼 증가한다.
⑤ 이 함수의 그래프를 y축의 방향으로 -4만큼 평행
　이동하면 원점을 지난다.

009 다음 일차함수 중 그 그래프가 일차함수 $y=-2x+3$의 그래프와 평행한 것은?

① $y=2x-3$ 　　　② $y=2x+3$
③ $y=3x+2$ 　　　④ $y=3x-2$
⑤ $y=-2x+1$

010 두 점 $(2, 3)$, $(4, a)$를 지나는 일차함수의 그래프가 일차함수 $y=\dfrac{3}{2}x+4$의 그래프와 서로 평행할 때, a의 값을 구하시오.

011 두 일차함수 $y=(2a-1)x+2$, $y=ax-1$의 그래프는 서로 평행하고, 두 일차함수 $y=x+1$, $y=x+(b-1)$의 그래프는 서로 일치할 때, $a+b$의 값을 구하시오.

공략
기술

007 기울기가 음수일 때, y절편이 양수이면 제1사분면을 지나지만 y절편이 음수이면 제1사분면을 지나지 않는다.

009 두 일차함수의 그래프가 서로 평행하려면 기울기가 같고 y절편이 달라야 한다.

◉ 일차방정식의 그래프의 기울기와 절편을 구하시오.

001 $x+y+1=0$ (기울기)= ___________

002 $2x-y+3=0$ (기울기)= ___________

003 $2x+3y-6=0$ (x절편)= ___________

004 $-3x+2y+4=0$ (y절편)= ___________

005 다음 중 일차방정식 $2x+y=7$의 그래프 위의 점이 <u>아닌</u> 것은?

① $(-2, 11)$ ② $(-1, 9)$ ③ $(0, 7)$
④ $(1, 4)$ ⑤ $(2, 3)$

006 다음 중 일차방정식 $3x+2y+4=0$의 그래프와 같은 그래프를 갖는 일차함수의 식은?

① $y=-\dfrac{3}{2}x+2$ ② $y=-\dfrac{3}{2}x-2$

③ $y=\dfrac{2}{3}x-2$ ④ $y=\dfrac{2}{3}x+2$

⑤ $y=-\dfrac{2}{3}x-2$

007 다음 중 일차방정식 $2x-y+3=0$의 그래프에 대한 설명으로 옳지 <u>않은</u> 것은?

① 기울기는 2이다.
② 제4사분면을 지나지 않는다.
③ $y=2x$의 그래프와 평행하다.
④ x절편은 $\dfrac{3}{2}$이고 y절편은 3이다.
⑤ x의 값이 증가하면 y의 값도 증가한다.

008 오른쪽 그림은 일차방정식 $ax+y+b=0$의 그래프이다. 다음 중 옳은 것은?

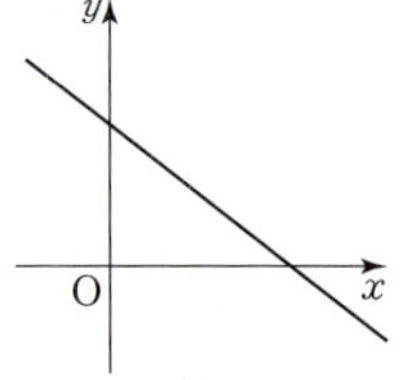

① $a<0$, $b>0$
② $a<0$, $b<0$
③ $a>0$, $b<0$
④ $a>0$, $b>0$
⑤ $a>0$, $b=0$

009 점 $(2, -3)$을 지나고 x축에 수직인 직선의 방정식은?

① $x=2$ ② $x=-3$ ③ $y=2$
④ $y=-3$ ⑤ 6

010 두 점 $(-2, k+3)$, $(1, 2k-1)$을 지나는 직선이 x축에 평행할 때, k의 값을 구하시오.

011 일차방정식 $2x-4y+3=0$의 그래프와 평행하고 점 $(0, 3)$을 지나는 직선의 방정식은?

① $x-2y+6=0$ ② $x+2y+6=0$
③ $x+2y-6=0$ ④ $x-2y-6=0$
⑤ $x+2y-3=0$

공략기술

010 x축과 평행한 직선 위에 있는 모든 점들은 y좌표의 값이 같다.

011 점 $(0, b)$를 지나는 직선의 y절편은 b이다.

044 직선의 방정식 구하기

◉ **직선의 방정식을 구하시오.**

001 기울기가 -2이고 y절편이 3인 직선

002 기울기가 2이고 점 $(1, 3)$을 지나는 직선

003 직선 $y=x+2$와 평행하고 점 $(0, -1)$을 지나는 직선

004 직선 $4x+2y-1=0$과 평행하고 x절편이 2인 직선

005 일차함수 $y=ax+b$의 그래프는 기울기가 -2이고 y절편이 3인 직선이다. 이때 상수 a, b에 대하여 $a+b$의 값은?

① -2　　　② -1　　　③ 0
④ 1　　　⑤ 2

006 x의 값이 2만큼 증가할 때, y의 값은 4만큼 증가하고 점 $(1, 4)$를 지나는 일차함수의 그래프의 y절편을 구하시오.

007 두 점 $(-1, 3)$, $(2, 0)$을 지나는 직선을 그래프로 하는 일차함수의 식은?

① $x-y-2=0$　　　② $x+y-2=0$
③ $x-y-3=0$　　　④ $x+y-3=0$
⑤ $x-y-4=0$

008 두 점 $(-2, 3)$, $(2, 7)$을 지나는 직선이 점 $(1, k)$를 지날 때, 상수 k의 값은?

① 3　　　② 4　　　③ 5
④ 6　　　⑤ 7

009 두 점 $(-2, 1)$, $(3, 6)$을 지나는 직선과 평행하고 x절편이 2인 직선을 그래프로 하는 일차함수의 식은?

① $y=x-2$　　② $y=x+2$　　③ $y=x-3$
④ $y=x+3$　　⑤ $y=x-4$

010 x절편이 3이고 y절편이 4인 직선의 방정식은?

① $\dfrac{x}{3}+\dfrac{y}{4}=1$　　　　② $\dfrac{x}{4}+\dfrac{y}{3}=1$
③ $3x+4y=1$　　　　④ $4x+3y=1$
⑤ $3x+4y=-1$

011 직선 $y=x-2$와 x축 위에서 만나고 직선 $y=-2x+3$과 y축 위에서 만나는 직선의 방정식은?

① $3x+2y=6$　　　　② $3x-2y=6$
③ $3x+2y=-6$　　　④ $3x-2y=-6$
⑤ $2x+3y=-6$

006 기울기가 a인 직선의 방정식은 $y=ax+b$로 놓는다.

011 두 직선이 x축 위에서 만나면 x절편이 같고, y축 위에서 만나면 y절편이 같다.

◉ 두 직선 $x+y=3$, $x-y=1$이 있다.
다음 빈칸을 채우시오.

001 두 직선의 교점은 __________개이다.

002 연립방정식 $\begin{cases} x+y=3 \\ x-y=1 \end{cases}$의 해는 __________이다.

003 오른쪽 그림은 연립방정식 $\begin{cases} ax+y=5 \\ 2x+by=4 \end{cases}$의 해를 구하기 위하여 두 일차방정식의 그래프를 그린 것이다. 상수 a, b에 대하여 $a+b$의 값은?

① -2　　　② -1　　　③ 0
④ 1　　　⑤ 2

004 두 일차방정식 $x+y+1=0$, $2x-3y+a=0$의 그래프의 교점의 좌표가 $(-2, b)$일 때, $a+b$의 값을 구하시오. (단, a는 상수이다.)

005 세 일차방정식 $x+y=1$, $x+2y=3$, $ax+y=-1$의 그래프가 한 점에서 만날 때, 상수 a의 값은?

① -2　　　② -1　　　③ 1
④ 2　　　⑤ 3

006 두 직선 $2x-y-5=0$, $x-4y+1=0$의 교점을 지나고 일차방정식 $2x-y-3=0$의 그래프와 평행한 직선을 그래프로 하는 일차함수의 식은?

① $y=2x+3$　　② $y=2x+5$　　③ $y=2x-3$
④ $y=2x-5$　　⑤ $y=2x-7$

007 두 일차방정식 $x-y+2=0$, $2x-y-2=0$의 그래프와 x축으로 둘러싸인 도형의 넓이를 구하시오.

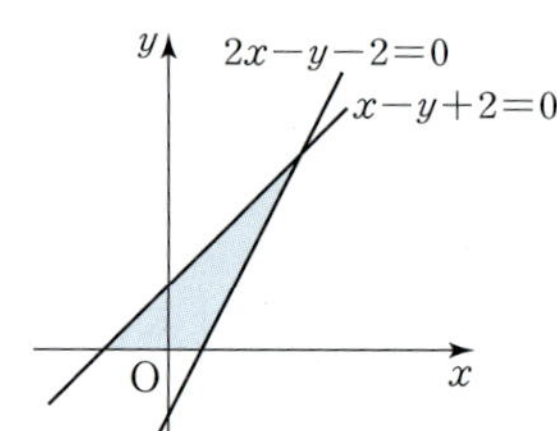

008 두 일차방정식 $ax-2y=1$, $6x+by=2$의 그래프의 교점이 무수히 많을 때, 상수 a, b에 대하여 $a+b$의 값은?

① -2　　　② -1　　　③ 0
④ 1　　　⑤ 2

009 두 일차방정식 $kx-y+6=0$, $6x-2y+3=0$의 그래프의 교점이 없을 때, 상수 k의 값은?

① 1　　　② 2　　　③ 3
④ 4　　　⑤ 5

공략기술

003 연립방정식 $\begin{cases} ax+by+c=0 \\ a'x+b'y+c'=0 \end{cases}$의 해가 $x=p$, $y=q$이면 두 직선 $ax+by+c=0$, $a'x+b'y+c'=0$의 교점의 좌표는 (p, q)이다.

008 두 직선의 교점이 무수히 많다는 것은 두 직선이 일치한다는 의미이다.

⊙ y가 x에 대한 **이차함수이면** ○, **아니면** ×

001 한 변의 길이가 $x$cm인 정삼각형의 둘레의 길이 $y$cm

002 한 변의 길이가 $x$cm인 정사각형의 넓이 $y$cm^2

003 반지름의 길이가 $x$cm인 구의 겉넓이 $y$cm^2

004 한 모서리의 길이가 $x$cm인 정육면체의 부피 $y$cm^3

005 다음 중 이차함수인 것은?

① $y=x+1$ ② $x^2+2x-3=0$
③ $y=x(x+2)$ ④ $y=(x+1)^2-x^2$
⑤ $y=\dfrac{1}{x^2}$

006 함수 $y=(2-k)x^2+2x-1$이 x에 대한 이차함수일 때, 다음 중 상수 k의 값이 될 수 없는 것은?

① 1   ② 2   ③ 3
④ 4   ⑤ 5

007 이차함수 $f(x)=-2x^2+3x-1$에 대하여 $f(2)$의 값은?

① -5 ② -4 ③ -3
④ -2 ⑤ -1

008 이차함수 $f(x)=ax^2+x+1$에 대하여 $f(1)=3, f(k)=6$을 만족하는 k의 값의 합은?

① -5 ② -4 ③ -3
④ -2 ⑤ -1

009 이차함수 $y=3x^2$의 그래프가 점 $(-1, k)$를 지날 때, k의 값을 구하시오.

010 다음 중 이차함수 $y=x^2$의 그래프에 대한 설명으로 옳지 <u>않은</u> 것을 모두 고르면? (정답 2개)

① 원점 $(0, 0)$을 지난다.
② 아래로 볼록한 곡선이다.
③ 축의 방정식은 $y=0$이다.
④ y의 값은 항상 0보다 크거나 같다.
⑤ x의 값이 증가하면 y의 값도 증가한다.

011 다음 중 이차함수 $y=-x^2$의 그래프에 대한 설명으로 옳지 <u>않은</u> 것은?

① 위로 볼록한 곡선이다.
② 제1, 2사분면을 지난다.
③ 축의 방정식은 $x=0$이다.
④ $x<0$일 때, x의 값이 증가하면 y의 값이 증가한다.
⑤ $y=x^2$의 그래프와 x축에 대하여 대칭이다.

008 이차방정식 $ax^2+bx+c=0$의 두 근을 α, β라 하면 근과 계수의 관계에 의해 $\alpha+\beta=-\dfrac{b}{a}$, $\alpha\beta=\dfrac{c}{a}$이다.

011 두 이차함수 $y=ax^2$, $y=-ax^2$의 그래프는 x축에 대하여 서로 대칭이다.

◉ 이차함수 $y=ax^2\,(a\neq0)$의 그래프에 대한 설명이다. 맞으면 ○, 틀리면 ×

001 꼭짓점의 좌표는 $(0,0)$이다.

002 축의 방정식은 $y=0$이다.

003 a의 값이 클수록 폭이 좁아진다.

004 $y=-ax^2$의 그래프와 x축에 대하여 대칭이다.

005 이차함수 $y=x^2$의 그래프가 오른쪽 그림과 같을 때, ㉠의 그래프가 될 수 없는 것은?

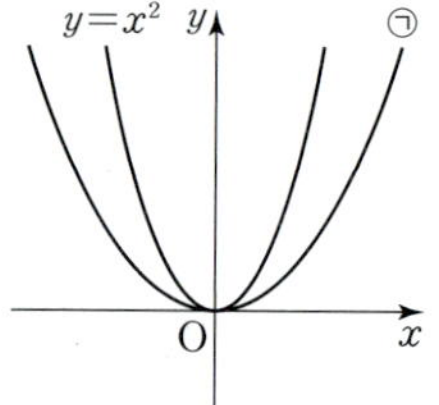

① $y=\dfrac{3}{4}x^2$ ② $y=\dfrac{1}{4}x^2$

③ $y=\dfrac{2}{3}x^2$ ④ $y=\dfrac{1}{3}x^2$

⑤ $y=\dfrac{3}{2}x^2$

006 다음 중 이차함수 $y=\dfrac{1}{2}x^2$의 그래프에 대한 설명으로 옳지 <u>않은</u> 것은?

① 점 $(-2,2)$를 지난다.
② 아래로 볼록한 곡선이다.
③ 꼭짓점의 좌표는 $(0,0)$이다.
④ $y=-2x^2$의 그래프보다 폭이 더 넓다.
⑤ $y=-\dfrac{1}{2}x^2$의 그래프와 y축에 대하여 대칭이다.

007 이차함수 $y=-x^2+k$의 그래프가 점 $(2,-1)$을 지날 때, 꼭짓점의 좌표는? (단, k는 상수이다.)

① $(0,1)$ ② $(0,2)$ ③ $(0,3)$
④ $(0,-1)$ ⑤ $(0,-2)$

008 이차함수 $y=-\dfrac{2}{3}x^2$의 그래프를 y축의 방향으로 m만큼 평행이동하면 점 $(3,2)$를 지난다고 할 때, m의 값을 구하시오.

009 이차함수 $y=3x^2$의 그래프를 x축의 방향으로 -2만큼 평행이동한 그래프의 식은?

① $y=3x^2+2$ ② $y=3x^2-2$
③ $y=3(x+2)^2$ ④ $y=3(x-2)^2$
⑤ $y=3(x^2-2)$

010 이차함수 $y=-2(x+1)^2$의 그래프에서 x의 값이 증가할 때, y의 값도 증가하는 x의 값의 범위는?

① $x>1$ ② $x<1$ ③ $x=1$
④ $x>-1$ ⑤ $x<-1$

011 다음 중 이차함수 $y=3(x-2)^2$의 그래프에 대한 설명으로 옳은 것을 모두 고르면? (정답 2개)

① 꼭짓점의 좌표는 $(-2,0)$이다.
② x축과 만나는 점의 좌표는 $(2,0)$이다.
③ $y=-3x^2$의 그래프와 폭이 같다.
④ $x>2$일 때, x의 값이 증가하면 y의 값은 감소한다.
⑤ $y=3x^2$의 그래프를 x축의 방향으로 -2만큼 평행이동한 것이다.

005 이차함수 $y=ax^2$의 그래프는 $|a|$의 값이 작을수록 폭이 넓어진다.
010 이차함수 $y=a(x-p)^2$의 그래프는 이차함수 $y=ax^2$의 그래프를 x축의 방향으로 p만큼 평행이동한 것이다.

048 이차함수의 그래프(표준형)

⊙ **이차함수** $y=a(x-p)^2+q\,(a\neq0)$**의 그래프에 대한 설명이다. 맞으면 ○, 틀리면 ×**

001 축의 방정식은 $x=p$이다.

002 꼭짓점의 좌표는 $(-p,\,q)$이다.

003 $a>0$이고 $x>p$일 때, x의 값이 증가하면 y의 값도 증가한다.

004 $y=ax^2$의 그래프를 x축의 방향으로 $-p$만큼, y축의 방향으로 q만큼 평행이동한 것이다.

005 이차함수 $y=-x^2$의 그래프를 x축의 방향으로 2만큼, y축의 방향으로 -3만큼 평행이동한 그래프의 식은?

① $y=-(x+2)^2+3$　　② $y=-(x+2)^2-3$

③ $y=-(x-2)^2+3$　　④ $y=-(x-2)^2-3$

⑤ $y=(x-2)^2-3$

006 다음 이차함수의 그래프 중 평행이동하여 $y=(x-1)^2+2$의 그래프와 완전히 포갤 수 <u>없는</u> 것은?

① $y=x^2$　　　　　　② $y=x^2+1$

③ $y=(x-1)^2$　　　　④ $y=(x+1)^2-2$

⑤ $y=2(x-1)^2-2$

007 이차함수 $y=3(x+2)^2-1$의 꼭짓점의 좌표가 $(a,\,b)$이고 축의 방정식이 $x=c$이다. 이때 $a+b+c$의 값은? (단, c는 상수이다.)

① -5　　　② -4　　　③ -3

④ -2　　　⑤ -1

008 오른쪽 그림과 같은 포물선을 그래프로 갖는 이차함수의 식이 $y=a(x-p)^2+q$ 이다. 이때 상수 a, p, q에 대하여 $a+p+q$의 값은?

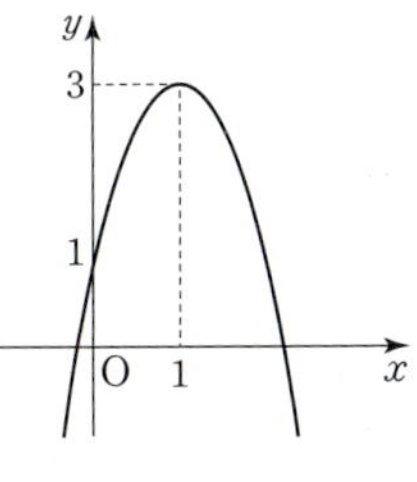

① -3　　　② -2

③ -1　　　④ 1　　　⑤ 2

009 이차함수 $y=-(x+2)^2-3$의 그래프를 x축에 대하여 대칭이동한 그래프가 점 $(1,\,m)$을 지날 때, m의 값을 구하시오.

010 이차함수 $y=3(x-2)^2+1$의 그래프를 y축에 대하여 대칭이동한 그래프의 식은?

① $y=-3(x-2)^2+1$　　② $y=-3(x-2)^2-1$

③ $y=3(x+2)^2+1$　　　④ $y=3(x+2)^2-1$

⑤ $y=3(x-2)^2-1$

011 오른쪽 그림은 이차함수 $y=a(x-p)^2+q$의 그래프이다. 상수 a, p, q의 부호는?

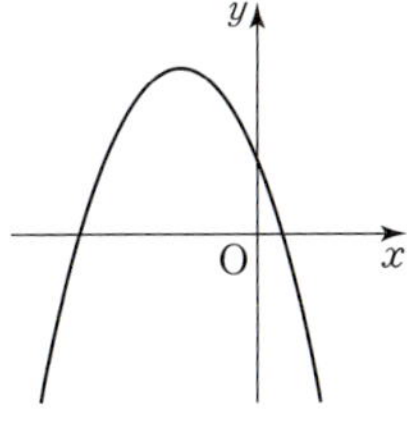

① $a>0,\ p>0,\ q>0$

② $a>0,\ p<0,\ q>0$

③ $a<0,\ p>0,\ q>0$

④ $a<0,\ p<0,\ q>0$

⑤ $a<0,\ p<0,\ q<0$

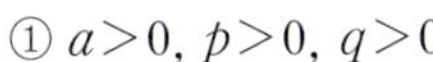

005 이차함수 $y=a(x-p)^2+q$의 그래프는 이차함수 $y=ax^2$의 그래프를 x축의 방향으로 p만큼, y축의 방향으로 q만큼 평행이동한 것이다.

009 이차함수 $y=a(x-p)^2+q$의 그래프를 x축에 대하여 대칭이동하면 y대신에 $-y$를 대입한다.

◉ 이차함수 $y=x^2-4x+3$에 대하여 다음을 구하시오.

001 y축과 만나는 점의 좌표

002 x축과 만나는 두 점의 좌표

003 꼭짓점의 좌표

004 축의 방정식

005 이차함수 $y=-2x^2+4x-1$의 꼭짓점의 좌표는?

① $(1, 0)$　　② $(1, 1)$　　③ $(2, 1)$

④ $(2, 2)$　　⑤ $(2, 3)$

006 이차함수 $y=x^2-6x+k$의 꼭짓점이 직선 $y=x$ 위에 있을 때, 상수 k의 값은?

① 8　　② 9　　③ 10

④ 11　　⑤ 12

007 이차함수 $y=-\dfrac{1}{3}x^2-x+2$의 축의 방정식은?

① $x=-2$　　② $x=-\dfrac{3}{2}$　　③ $x=-1$

④ $x=-\dfrac{1}{2}$　　⑤ $x=0$

008 이차함수 $y=-x^2+4x+k$의 그래프가 x축과 만나는 두 점 사이의 거리가 6일 때, 상수 k의 값은?

① 5　　② 6　　③ 7

④ 8　　⑤ 9

009 이차함수 $y=2x^2+4x+1$의 그래프를 x축의 방향으로 2만큼, y축의 방향으로 3만큼 평행이동하면 점 $(2, k)$를 지난다. 이때 k의 값을 구하시오.

010 오른쪽 그림과 같이 이차함수 $y=-x^2+3x+4$의 그래프가 y축과 만나는 점을 A, x축과 만나는 두 점을 각각 B, C라 할 때, $\triangle ABC$의 넓이를 구하시오.

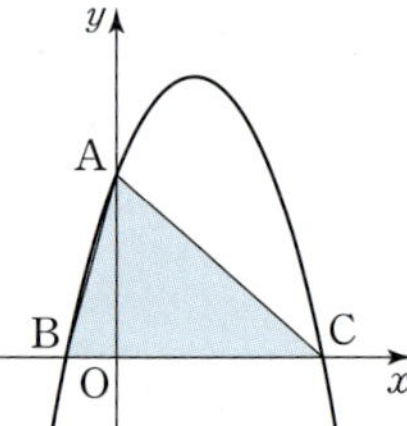

011 다음 중 이차함수 $y=x^2+4x+3$의 그래프에 대한 설명으로 옳은 것을 모두 고르면? (정답 2개)

① 축의 방정식은 $x=2$이다.

② $y=-x^2$의 그래프와 폭이 같다.

③ $y=-(x+2)^2-1$의 그래프와 x축에 대하여 대칭이다.

④ $y=x^2$의 그래프를 x축의 방향으로 -2만큼, y축의 방향으로 -1만큼 평행이동한 것이다.

⑤ $x<-2$일 때, x의 값이 증가하면 y의 값도 증가한다.

007 이차함수 $y=a(x-p)^2+q$의 축의 방정식은 $x=p$이다.

010 이차함수의 그래프와 x축과의 교점은 $y=0$을 대입하여 x의 값을 구한다.

⊙ **이차함수의 식을 구하시오.**

001 꼭짓점의 좌표가 $(1, 2)$이고 점 $(0, 3)$을 지난다.

002 축의 방정식이 $x=-1$이고 두 점 $(0, 2)$, $(1, -1)$을 지난다.

003 세 점 $(-1, 3)$, $(0, 3)$, $(1, 5)$를 지난다.

004 x절편이 1, 2이고 y절편이 4이다.

005 이차함수 $y=ax^2+bx+c$의 그래프가 점 $(2, -1)$을 지나고 꼭짓점의 좌표가 $(1, 2)$일 때, $a+b+c$의 값은? (단, a, b, c는 상수이다.)

① 0   ② 1   ③ 2

④ 3   ⑤ 4

006 이차함수 $y=x^2+bx+c$의 그래프는 축의 방정식이 $x=1$이고 점 $(2, 3)$을 지나는 포물선이다. 이때 상수 b, c에 대하여 $b+c$의 값을 구하시오.

007 이차함수

$y=ax^2+bx+c$의 그래프가 오른쪽 그림과 같을 때, a, b, c의 부호는? (단, a, b, c는 상수이다.)

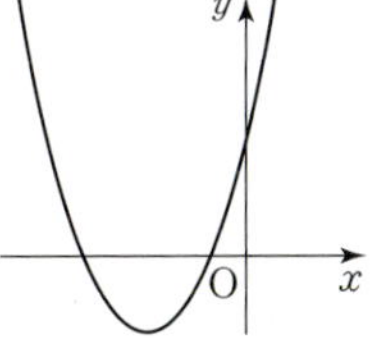

① $a>0$, $b>0$, $c>0$

② $a>0$, $b<0$, $c>0$ ③ $a>0$, $b<0$, $c<0$

④ $a<0$, $b<0$, $c>0$ ⑤ $a<0$, $b<0$, $c<0$

008 이차함수

$y=ax^2+bx+c$의 그래프가 오른쪽 그림과 같을 때, 다음 중 옳은 것은? (단, a, b, c는 상수이다.)

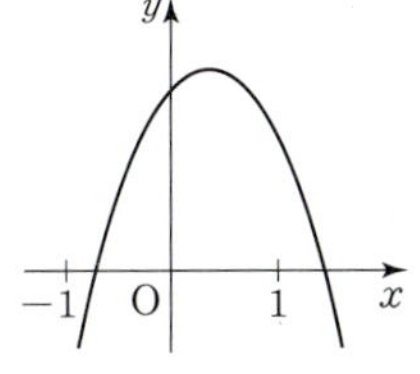

① $a>0$ ② $b<0$

③ $c<0$ ④ $a+b+c>0$

⑤ $a-b+c>0$

009 이차함수 $f(x)$에 대하여 $f(-1)=6$, $f(0)=1$, $f(1)=2$이다. $f(2)$의 값을 구하시오.

010 이차함수 $y=ax^2+bx+c$의 그래프가 x축과 두 점 $(-3, 0)$, $(2, 0)$에서 만나고 점 $(1, -4)$를 지날 때, 상수 a, b, c에 대하여 abc의 값은?

① -6 ② -3 ③ 0

④ 3   ⑤ 6

011 오른쪽 그림은 이차함수 $y=ax^2+bx+c$의 그래프이다. 이때 $3a-2b+c$의 값은? (단, a, b, c는 상수이다.)

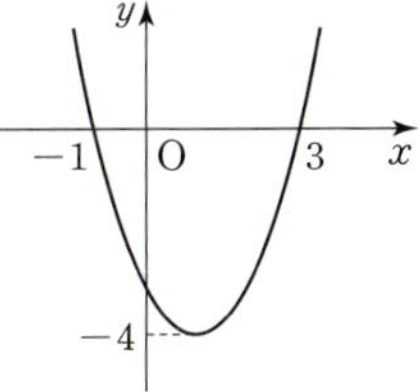

① 1   ② 2

③ 3   ④ 4

⑤ 5

공략기술

007 이차함수 $y=ax^2+bx+c$의 그래프에서 축이 y축의 왼쪽에 있을 때 a, b는 같은 부호이다.

009 이차함수의 그래프가 지나는 세 점을 알 때는 $y=ax^2+bx+c$로 놓고 세 점의 좌표를 대입하여 a, b, c의 값을 구한다.

◉ 서로 다른 주사위 2개를 동시에 던진다.
다음을 구하시오.

001 두 눈의 수의 합이 7인 경우의 수

002 두 눈의 수의 차가 3인 경우의 수

003 두 눈의 수의 합이 5 또는 8인 경우의 수

004 두 눈의 수의 차가 3 또는 4인 경우의 수

005 한 개의 주사위를 던질 때, 2의 배수 또는 5의 배수의 눈이 나오는 경우의 수는?

① 1가지 ② 2가지 ③ 3가지
④ 4가지 ⑤ 5가지

006 1부터 10까지의 자연수가 각각 적힌 10장의 카드에서 한 장을 임의로 뽑을 때, 소수 또는 4의 배수가 나오는 경우의 수는?

① 5가지 ② 6가지 ③ 7가지
④ 8가지 ⑤ 9가지

007 서로 다른 장난감 5개와 서로 다른 인형 6개 중에서 친구에게 줄 선물 한 가지를 고르는 경우의 수는?

① 7가지 ② 8가지 ③ 9가지
④ 10가지 ⑤ 11가지

008 주사위 1개와 동전 1개를 동시에 던질 때, 주사위는 소수의 눈이 나오고 동전은 뒷면이 나오는 경우의 수는?

① 1가지 ② 2가지 ③ 3가지
④ 4가지 ⑤ 5가지

009 세 사람이 가위바위보를 한 번 할 때, 일어날 수 있는 모든 경우의 수는?

① 6가지 ② 8가지 ③ 9가지
④ 12가지 ⑤ 27가지

010 오른쪽 그림과 같이 A지점에서 B지점으로 가는 길이 4가지, B지점에서 C지점으로 가는 길이 2가지, A지점에서 B지점을 거치지 않고 C지점으로 가는 길이 1가지이다. 이때 A지점에서 C지점으로 가는 모든 경우의 수는?

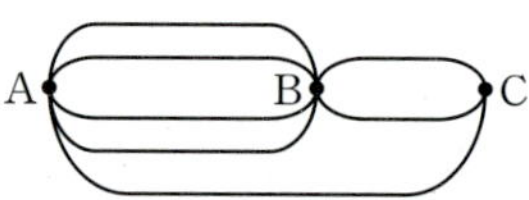

① 8가지 ② 9가지 ③ 10가지
④ 11가지 ⑤ 12가지

011 동전 1개와 서로 다른 주사위 2개를 동시에 던질 때, 동전은 앞면이 나오고 주사위는 모두 2의 배수의 눈이 나오는 경우의 수를 구하시오.

008 두 사건 A, B가 일어나는 경우의 수가 각각 m가지, n가지이면 두 사건 A, B가 동시에 일어나는 경우의 수는 $m \times n$(가지)이다.

011 동전 m개와 주사위 n개를 동시에 던질 때, 일어나는 모든 경우의 수는 $2^m \times 6^n$(가지)이다.

052 여러 가지 경우의 수 - 한 줄로 세우기

⊙ 1, 2, 3, 4, 5의 숫자가 각각 적힌 5장의 카드가 있다. 다음을 구하시오.

001 2장을 뽑아서 만들 수 있는 정수의 개수

002 2장을 뽑아서 만들 수 있는 짝수의 개수

003 3장을 뽑아서 만들 수 있는 정수의 개수

004 3장을 뽑아서 만들 수 있는 홀수의 개수

005 A, B, C, D 네 명을 한 줄로 세우는 경우의 수는?

① 12가지 　　② 15가지 　　③ 18가지
④ 21가지 　　⑤ 24가지

006 A, B, C, D, E 다섯 명이 이어달리기 순서를 정할 때, A와 B가 이어달리는 경우의 수는?

① 24가지 　　② 36가지 　　③ 48가지
④ 60가지 　　⑤ 120가지

007 다섯 개의 영문자 K, O, R, E, A를 한 줄로 배열할 때, 모음끼리 이웃하는 경우의 수는?

① 24가지 　　② 36가지 　　③ 48가지
④ 60가지 　　⑤ 120가지

008 A, B, C, D, E 다섯 명이 한 줄로 설 때, C가 가운데 서는 경우의 수는?

① 24가지 　　② 36가지 　　③ 48가지
④ 60가지 　　⑤ 120가지

009 부모님을 포함한 다섯 명의 가족이 일렬로 서서 사진을 찍으려고 한다. 부모님이 양 끝에 서는 경우의 수는?

① 12가지 　　② 15가지 　　③ 18가지
④ 21가지 　　⑤ 24가지

010 0, 1, 2, 3, 4의 숫자가 각각 적힌 5장의 카드 중에서 3장을 동시에 뽑아 세 자리의 자연수를 만들 때, 320 이상인 자연수는 모두 몇 개인가?

① 12개 　　② 15개 　　③ 18개
④ 21개 　　⑤ 24개

011 0, 1, 2, 3, 4, 5의 숫자가 각각 적힌 6장의 카드 중에서 3장을 동시에 뽑아 세 자리의 자연수를 만들 때, 5의 배수는 모두 몇 개인지 구하시오.

006 이웃하는 대상을 한 묶음으로 생각하고 나머지와 함께 한 줄로 세운다.

011 5의 배수는 일의 자리의 숫자가 0 또는 5일 때이다.

◉ **영규를 포함한 남학생 7명이 있다. 다음을 구하시오.**

001 대표 1명과 부대표 1명을 뽑는 경우의 수

002 대표 2명을 뽑는 경우의 수

003 대표 1명과 부대표 2명을 뽑는 경우의 수

004 대표 3명을 뽑을 때 영규가 반드시 포함되는 경우의 수

005 A, B, C, D, E 다섯 명 중에서 대표 1명과 부대표 1명을 뽑는 경우의 수를 a, 대표 2명을 뽑는 경우의 수를 b라 할 때, $a+b$의 값은?

① 20 　　② 25 　　③ 30
④ 35 　　⑤ 40

006 7개의 농구팀이 서로 한 번씩 경기하는 경우의 수는?

① 12가지 　　② 15가지 　　③ 18가지
④ 21가지 　　⑤ 24가지

007 어떤 모임에서 모든 회원이 서로 빠짐없이 한 번씩 악수를 하였더니 모두 45회의 악수를 하였다. 이 모임의 회원 수는?

① 7명 　　② 8명 　　③ 9명
④ 10명 　　⑤ 11명

008 국어, 영어, 수학, 사회, 과학 5권의 책이 있다. 이 중에서 3권의 책을 살 때, 수학책이 반드시 포함되는 경우의 수는?

① 4가지 　　② 6가지 　　③ 8가지
④ 10가지 　　⑤ 12가지

009 남자 4명과 여자 5명이 있다. 이 중에서 남자 대표 2명과 여자 대표 2명을 뽑는 경우의 수는?

① 52가지 　　② 54가지 　　③ 56가지
④ 58가지 　　⑤ 60가지

010 오른쪽 그림과 같이 원 위에 8개의 점이 있다. 이 중에서 2개의 점을 연결하여 만들 수 있는 직선의 개수는?

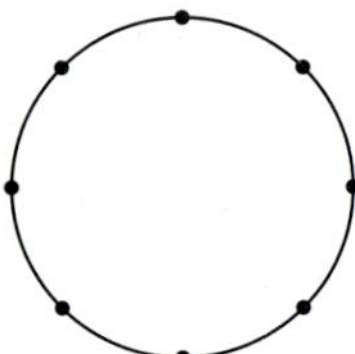

① 24개 　　② 26개
③ 28개 　　④ 30개
⑤ 32개

011 오른쪽 그림과 같이 반원 위에 7개의 점이 있다. 이 중에서 3개의 점을 선택하여 만들 수 있는 삼각형의 개수를 구하시오.

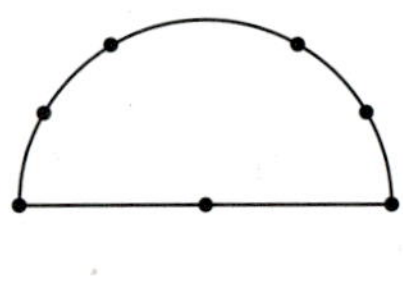

005 n명 중에서 자격이 다른 대표 2명을 뽑는 경우의 수는 $n(n-1)$가지, 자격이 같은 대표 2명을 뽑는 경우의 수는 $\dfrac{n(n-1)}{2\times1}$가지이다.

011 한 선분 위에 있는 3개의 점으로는 삼각형을 만들 수 없다.

054 확률의 뜻과 성질

⊙ **맞으면 ○, 틀리면 ×**

001 반드시 일어나는 사건의 확률은 1이다.

002 절대로 일어나지 않는 사건의 확률은 0이다.

003 어떤 사건의 확률이 1보다 큰 경우도 있다.

004 사건 A가 일어날 확률이 p이면 사건 A가 일어나지 않을 확률은 $1-p$이다.

005 1개의 주사위를 던질 때, 소수가 나올 확률은?

① $\dfrac{1}{6}$　　② $\dfrac{1}{4}$　　③ $\dfrac{1}{3}$

④ $\dfrac{1}{2}$　　⑤ $\dfrac{2}{3}$

006 A, B, C, D, E 다섯 명이 한 줄로 설 때, A와 B가 이웃하여 설 확률은?

① $\dfrac{1}{5}$　　② $\dfrac{2}{5}$　　③ $\dfrac{3}{5}$

④ $\dfrac{4}{5}$　　⑤ 1

007 서로 다른 2개의 주사위를 동시에 던질 때, 두 눈의 수의 합이 5의 배수가 될 확률은?

① $\dfrac{1}{9}$　　② $\dfrac{5}{36}$　　③ $\dfrac{1}{6}$

④ $\dfrac{7}{36}$　　⑤ $\dfrac{2}{9}$

008 1, 2, 3, 4, 5의 숫자가 각각 적힌 5장의 카드 중에서 2장을 동시에 뽑아 두 자리의 자연수를 만들 때, 그 수가 짝수일 확률은?

① $\dfrac{1}{5}$　　② $\dfrac{2}{5}$　　③ $\dfrac{3}{5}$

④ $\dfrac{4}{5}$　　⑤ 1

009 A, B, C, D, E 다섯 명 중에서 대표 2명을 뽑을 때, 대표에 A가 반드시 포함될 확률은?

① $\dfrac{1}{5}$　　② $\dfrac{2}{5}$　　③ $\dfrac{3}{5}$

④ $\dfrac{4}{5}$　　⑤ 1

010 서로 다른 2개의 주사위를 동시에 던질 때, 서로 다른 눈이 나올 확률은?

① $\dfrac{1}{6}$　　② $\dfrac{1}{3}$　　③ $\dfrac{1}{2}$

④ $\dfrac{2}{3}$　　⑤ $\dfrac{5}{6}$

011 남학생 5명과 여학생 3명 중에서 대표 3명을 뽑을 때, 적어도 여학생 한 명이 뽑힐 확률을 구하시오.

010 (서로 다른 눈이 나올 확률)＝1－(서로 같은 눈이 나올 확률)

011 (적어도 여학생 한 명이 뽑힐 확률)＝1－(3명 모두 남학생이 뽑힐 확률)

⊙ 두 사건 A, B가 일어날 확률이 각각 p, q이다. 다음을 구하시오.

(단, 두 사건 A, B는 서로 영향을 끼치지 않는다.)

001 A, B 모두 일어날 확률

002 A는 일어나고 B는 일어나지 않을 확률

003 A, B 모두 일어나지 않을 확률

004 A, B 중에서 적어도 한 사건은 일어날 확률

005 서로 다른 2개의 주사위를 동시에 던질 때, 나오는 두 눈의 수의 합이 4 또는 7일 확률은?

① $\dfrac{1}{2}$ ② $\dfrac{1}{3}$ ③ $\dfrac{2}{3}$

④ $\dfrac{1}{4}$ ⑤ $\dfrac{1}{5}$

006 남학생 3명과 여학생 4명 중에서 대표 2명을 뽑을 때, 2명 모두 남학생이거나 여학생일 확률은?

① $\dfrac{1}{7}$ ② $\dfrac{2}{7}$ ③ $\dfrac{3}{7}$

④ $\dfrac{4}{7}$ ⑤ $\dfrac{5}{7}$

007 동전 1개와 주사위 1개를 동시에 던질 때, 동전은 앞면이 나오고 주사위는 소수의 눈이 나올 확률을 구하시오.

008 A, B 두 사람이 도서관에서 만나기로 약속했다. A, B가 약속을 지켜 도서관에 갈 확률이 각각 $\dfrac{4}{5}$, $\dfrac{2}{3}$일 때, 두 사람이 도서관에서 만나지 못할 확률은?

① $\dfrac{7}{15}$ ② $\dfrac{8}{15}$ ③ $\dfrac{3}{5}$

④ $\dfrac{2}{3}$ ⑤ $\dfrac{11}{15}$

009 혜린이와 건이가 어떤 시험에 합격할 확률이 각각 $\dfrac{1}{2}$, $\dfrac{1}{3}$일 때, 적어도 한 사람은 시험에 합격할 확률을 구하시오.

010 A, B, C 세 사람이 화살을 쏠 때, 과녁에 맞힐 확률이 각각 $\dfrac{1}{3}$, $\dfrac{1}{2}$, $\dfrac{1}{4}$이다. 세 사람이 동시에 화살을 쏘았을 때, 한 사람만 과녁에 맞힐 확률은?

① $\dfrac{5}{24}$ ② $\dfrac{7}{24}$ ③ $\dfrac{3}{8}$

④ $\dfrac{11}{24}$ ⑤ $\dfrac{13}{24}$

011 상자 안에 당첨 제비 4개를 포함하여 제비 10개가 들어 있다. A, B 두 사람이 이 상자에서 제비를 차례로 한 개를 뽑을 때, 두 사람 모두 당첨 제비를 뽑을 확률은? (단, 뽑은 제비는 다시 넣지 않는다.)

① $\dfrac{1}{9}$ ② $\dfrac{11}{90}$ ③ $\dfrac{2}{15}$

④ $\dfrac{13}{90}$ ⑤ $\dfrac{7}{45}$

007 (사건 A와 사건 B가 동시에 일어날 확률)＝(사건 A가 일어날 확률)×(사건 B가 일어날 확률)

009 두 사건 A, B가 일어날 확률이 각각 p, q이면 두 사건 A, B 중에서 적어도 한 사건은 일어날 확률은 $1-(1-p)\times(1-q)$이다.

⊙ 어느 학급 40명의 수학 성적에 대한 도수분포표이다.
맞으면 ○, 틀리면 ×

수학 점수(점)	도수(명)
$50^{이상} \sim 60^{미만}$	5
60 ~ 70	8
70 ~ 80	11
80 ~ 90	A
90 ~ 100	6
합계	40

001 $A=11$이다.

002 계급의 크기는 10점이다.

003 계급의 개수는 10개이다.

004 도수가 가장 큰 계급은 80점 이상 90점 미만이다.

⊙ [005-006] 오른쪽 도수분포표는 건이네 반 학생들의 체육 실기 시험 점수를 조사하여 나타낸 것이다.

체육 점수(점)	도수(명)
$0^{이상} \sim 10^{미만}$	3
10 ~ 20	1
20 ~ 30	A
30 ~ 40	5
40 ~ 50	4
합계	20

005 A의 값은?

① 4 ② 5 ③ 6
④ 7 ⑤ 8

006 체육 실기 시험 점수가 20점 미만인 학생 수의 백분율은 몇 %인가?

① 15 % ② 20 % ③ 25 %
④ 30 % ⑤ 35 %

007 오른쪽 도수분포표는 영어 시험 점수를 조사하여 나타낸 것이다. 영어 점수가 낮은 쪽에서 7번째인 학생이 속하는 계급의 도수를 구하시오.

영어 점수(점)	도수(명)
$50^{이상} \sim 60^{미만}$	1
60 ~ 70	3
70 ~ 80	
80 ~ 90	5
90 ~ 100	2
합계	20

008 오른쪽 표는 혜린이네 반 학생들의 하루 운동 시간을 조사하여 나타낸 도수분포표이다. 운동 시간이 20분 미만인 학생이 전체의 40 %일 때, $A-B$의 값을 구하시오.

운동 시간(분)	도수(명)
$0^{이상} \sim 10^{미만}$	5
10 ~ 20	A
20 ~ 30	11
30 ~ 40	B
40 ~ 50	4
합계	30

009 도수가 4인 어느 계급의 상대도수가 0.2일 때, 상대도수가 0.3인 계급의 도수를 구하시오.

010 오른쪽 상대도수의 분포표는 어느 학급 40명의 봉사 활동 시간을 조사하여 나타낸 것이다. 봉사 활동 시간이 7시간 이상인 학생은 전체의 몇 %인지 구하시오.

봉사 활동 시간(시간)	상대도수
$1^{이상} \sim 3^{미만}$	0.1
3 ~ 5	0.2
5 ~ 7	0.2
7 ~ 9	
9 ~ 11	0.2
합계	

공략기술

008 백분율은 $\dfrac{(해당\ 계급의\ 도수)}{(도수의\ 총합)} \times 100(\%)$로 구한다.

010 상대도수의 총합은 항상 1이다.

⊙ **맞으면 ○, 틀리면 ×**

001 대푯값은 자료 전체의 특징을 하나의 수로 나타낸 값이다.

002 극단적인 값이 있을 경우에 평균이 대푯값으로 적합하다.

003 변량의 개수가 짝수이면 중앙값은 없다.

004 최빈값은 없을 수도 있고 여러 개가 있을 수도 있다.

005 3개의 수 a, b, c의 평균이 5일 때, 다음 5개의 수의 평균은?

$$7,\ a-1,\ b-2,\ c+3,\ 8$$

① 6 　　② 7 　　③ 8
④ 9 　　⑤ 10

006 오른쪽 표는 A, B 두 반의 학생 수와 수학 성적의 평균을 각각 나타낸 것이다. 이 두 반 전체의 수학 성적의 평균을 구하시오.

반	A	B
학생 수(명)	30	30
평균	68	84

007 다음 중 평균을 대푯값으로 하기에 가장 적절하지 <u>않은</u> 자료는?

① 1, 2, 3, 4, 5 　　② 10, 20, 30, 40, 50
③ 2, 2, 2, 3, 3 　　④ 3, 3, 3, 3, 3
⑤ 1, 2, 2, 2, 100

008 건이의 3회에 걸친 수학 시험 점수의 평균이 88점이었다. 4회까지의 평균이 90점 이상이 되려면 4회에는 최소한 몇 점을 받아야 하는가?

009 변량 6, 9, a의 중앙값이 9이고 변량 14, 17, a의 중앙값이 14일 때, 다음 중 a의 값이 될 수 <u>없는</u> 것은?

① 11 　　② 12 　　③ 13
④ 14 　　⑤ 15

010 다음은 12개의 자료를 크기 순으로 나열한 것이다. 최빈값이 17이고 중앙값이 16일 때, $b-a$의 값은?

$$9,\ 10,\ 11,\ 11,\ 14,\ a,\ b,\ 17,\ 17,\ 20,\ 23,\ 25$$

① -4 　　② -2 　　③ 2
④ 4 　　⑤ 6

011 오른쪽 도수분포표는 학생 10명의 수학 수행평가 점수를 조사하여 나타낸 것이다. 이 자료의 중앙값을 a, 최빈값을 b라 할 때, $a+b$의 값은?

수학 점수(점)	도수(명)
0^{이상} ~ 10^{미만}	2
10 ~ 20	3
20 ~ 30	4
30 ~ 40	1
합계	10

① 30 　　② 35 　　③ 40
④ 45 　　⑤ 50

공략기술

010 자료 중에서 도수가 가장 큰 값이 한 개 이상 있으면 그 값이 모두 최빈값이다.

011 도수의 총합 N이 짝수이면, 중앙값은 $\dfrac{N}{2}$번째와 $\left(\dfrac{N}{2}+1\right)$번째 도수가 각각 속하는 계급의 계급값의 평균이다.

⊙ **맞으면 ○, 틀리면 ×**

001 편차의 합은 항상 0이다.

002 편차의 절댓값이 작은 변량일수록 평균에 가깝다.

003 표준편차가 클수록 자료는 고르게 분포되어 있다.

004 평균이 서로 같은 두 자료는 표준편차도 서로 같다.

005 4개의 수의 편차를 구했더니 -1, x, 2, y일 때, $x+y$의 값은?

① -2 ② -1 ③ 0
④ 1 ⑤ 2

006 다음 표는 어떤 자료의 편차를 나타낸 것이다. 이때 $a+b$의 값을 구하시오.

자료	3	5	8	9	10
편차	a		b		

007 다음 표는 학생 5명의 수학 점수의 편차를 나타낸 것이다. 이 자료의 분산과 표준편차의 곱은?

학생	A	B	C	D	E
편차	-1	2	-2	0	

① 1 ② $2\sqrt{2}$ ③ $3\sqrt{3}$
④ 8 ⑤ $5\sqrt{5}$

008 4개의 수 a, b, c, d의 평균이 2이고 표준편차가 3일 때, $(a-2)^2+(b-2)^2+(c-2)^2+(d-2)^2$의 값은?

① 4 ② 18 ③ 24
④ 36 ⑤ 48

009 3개의 수 $7-a$, 7, $7+a$의 표준편차가 $\sqrt{2}$일 때, 양수 a의 값은?

① 1 ② $\sqrt{2}$ ③ $\sqrt{3}$
④ 2 ⑤ $\sqrt{5}$

010 연속하는 3개의 홀수의 분산은?

① $\dfrac{5}{3}$ ② 2 ③ $\dfrac{7}{3}$
④ $\dfrac{8}{3}$ ⑤ 3

011 5개의 수 x, y, 3, 5, 7의 평균이 4이고 분산이 4일 때, x^2+y^2의 값은?

① 9 ② 11 ③ 13
④ 15 ⑤ 17

007 편차의 합은 항상 0이다.

010 세 변량 x_1, x_2, x_3의 평균이 m일 때, 분산은 $\dfrac{(x_1-m)^2+(x_2-m)^2+(x_3-m)^2}{3}$이다.

● 오른쪽 도수분포표에서 다음을 구하시오.

수학 점수(점)	학생 수(명)
55^{이상} ～ 65^{미만}	1
65 ～ 75	A
75 ～ 85	1
합계	5

001 A의 값

002 평균

003 분산

004 표준편차

005 오른쪽 도수분포표는 건이네 반 학생 10명의 등교 시간을 조사하여 나타낸 것이다. 이 자료의 표준편차는?

등교 시간(분)	학생 수(명)
10^{이상} ～ 20^{미만}	1
20 ～ 30	3
30 ～ 40	4
40 ～ 50	2
합계	10

① 5 ② 6 ③ 7
④ 8 ⑤ 9

006 오른쪽 도수분포표는 혜린이네 반 학생 20명의 음악 실기 점수를 조사하여 나타낸 것이다. 이 자료의 분산을 구하시오.

음악 점수(점)	학생 수(명)
10^{이상} ～ 20^{미만}	1
20 ～ 30	9
30 ～ 40	7
40 ～ 50	3
합계	20

007 3개의 수 a, b, c의 평균이 2이고 표준편차가 $\sqrt{3}$일 때, $2a$, $2b$, $2c$의 분산을 구하시오.

008 4개의 수 a, b, c, d의 평균이 4이고 표준편차가 3이다. $a+1$, $b+1$, $c+1$, $d+1$의 평균을 x, 표준편차를 y라 할 때, $x+y$의 값은?

① 6 ② 7 ③ 8
④ 9 ⑤ 10

009 다음 표는 5개 반의 국어 성적에 대한 평균과 표준편차를 나타낸 것이다. 국어 성적의 분포가 가장 고른 반은?

반	A	B	C	D	E
평균(점)	72	67	80	92	85
표준편차(점)	$\sqrt{3}$	4	2	$2\sqrt{2}$	3

① A반 ② B반 ③ C반
④ D반 ⑤ E반

010 오른쪽 표는 영어 성적의 평균과 표준편차를 나타낸 것이다. 다음 중 이 자료에 대한 설명으로 옳은 것은?

반	A	B
평균(점)	78	78
표준편차(점)	5.1	6.4

① 성적은 A반이 B반보다 우수하다.
② 분산은 A반이 B반보다 크다.
③ 성적은 A반이 B반보다 고르다.
④ 성적의 총합은 A반과 B반이 같다.
⑤ 고득점자는 B반이 A반보다 많다.

공략
기술

008 변량 x_1, x_2, x_3의 평균이 m, 표준편차가 n일 때, 변량 ax_1+b, ax_2+b, ax_3+b의 평균은 $am+b$, 표준편차는 $|a|n$이다.

009 분산 또는 표준편차가 작으면 자료의 분포 상태가 고르다.

◉ **학생 15명의 수학 성적과 영어 성적에 대한 산점도이다. 다음을 구하시오.**

001 수학 성적과 영어 성적이 같은 학생 수

002 수학 성적이 영어 성적보다 더 낮은 학생 수

003 수학 성적이 70점 이상인 학생 수

004 영어 성적이 80점 미만인 학생 수

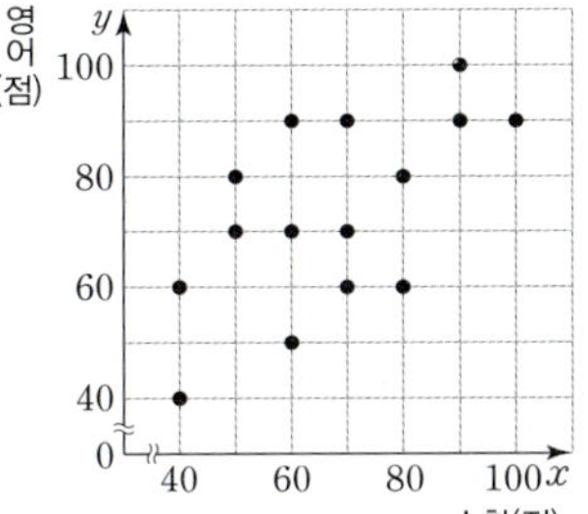

005 오른쪽 그림은 건이네 반 학생 15명의 1차, 2차에 걸친 수학 수행평가 점수에 대한 산점도이다. 1차 점수와 2차 점수가 모두 9점 이상인 학생 수를 구하시오.

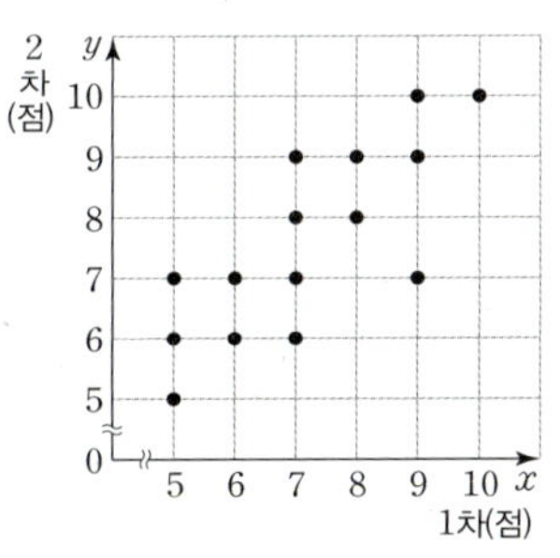

006 오른쪽 그림은 혜린이네 반 학생들의 영어 성적과 국어 성적의 산점도이다. 영어 성적이 국어 성적보다 좋은 학생은 전체의 몇 %인지 구하시오.

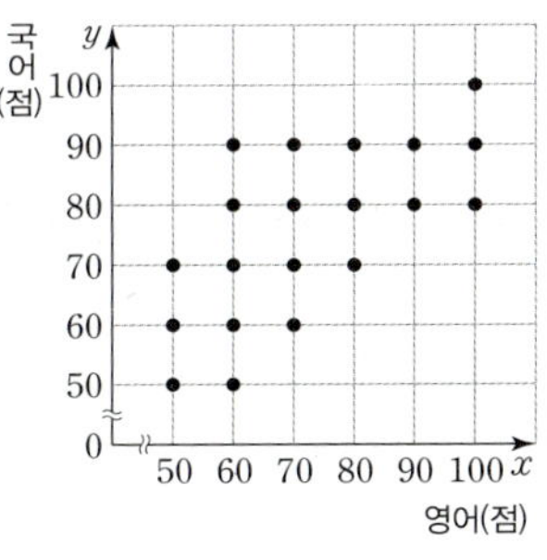

007 오른쪽 그림은 어느 반 학생 15명의 음악 성적과 미술 성적에 대한 산점도이다. 음악 성적과 미술 성적의 평균이 55점 이하인 학생은 모두 몇 명인가?

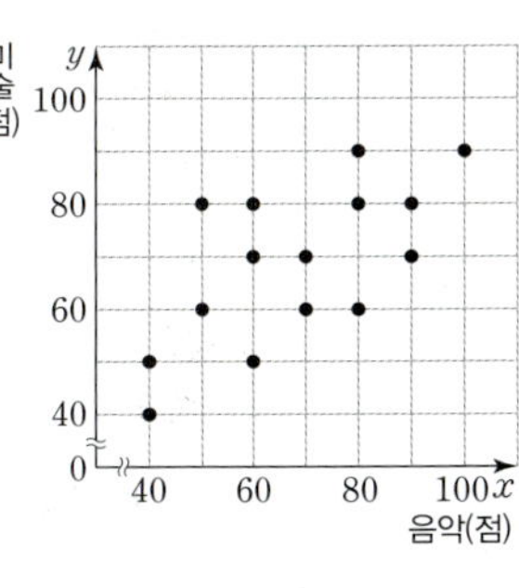

① 2명　　　② 3명　　　③ 4명
④ 5명　　　⑤ 6명

008 다음 중 오른쪽 그림과 같은 산점도로 나타낼 수 있는 두 변량은?

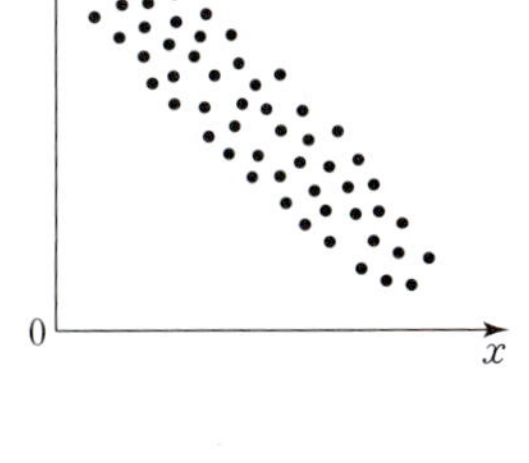

① 운동량과 칼로리 소비량
② 스마트폰 사용 시간과 남은 배터리 양
③ 음반 판매량과 가수 인기도
④ 청력과 시력
⑤ 여름철 기온과 전력 소비량

009 다음 두 변량 사이에 상관관계가 없다고 할 수 있는 것은?

① 저축과 소비　　　② 수학 성적과 노래 실력
③ 감자 생산량과 가격　　　④ 통학 거리와 통학 시간
⑤ 키와 몸무게

005 가로축, 세로축과 평행한 기준선을 그어서 생각한다.

007 평균이 55점 이하인 경우는 음악 성적과 미술 성적의 합이 110점 이하인 경우이다.

⊙ **맞으면 ○, 틀리면 ×**

001 교선의 모양은 직선과 선분 뿐이다.

002 서로 다른 두 점을 지나는 직선은 여러 개이다.

003 시작점이 같고 뻗어 나가는 방향이 같으면 모두 같은 반직선이다.

004 서로 다른 두 점을 잇는 선 중에서 가장 짧은 것은 선분이다.

005 오른쪽 그림과 같은 입체도형에서 교점의 개수를 a개, 교선의 개수를 b개라 할 때, $a+b$의 값은?

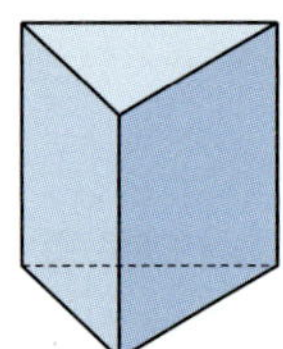

① 9 ② 11
③ 13 ④ 15
⑤ 17

006 오른쪽 그림과 같이 직선 AB 위에 점 C가 있다. 다음 중 옳지 <u>않은</u> 것은?

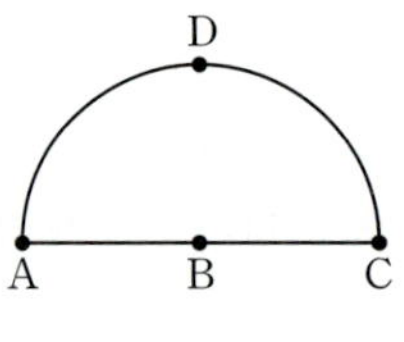

① $\overline{AB}=\overline{BA}$ ② $\overrightarrow{AB}=\overrightarrow{AC}$ ③ $\overrightarrow{BA}=\overrightarrow{BC}$
④ $\overrightarrow{CA}=\overrightarrow{CB}$ ⑤ $\overleftrightarrow{AB}=\overleftrightarrow{BC}$

007 오른쪽 그림과 같이 반원 위에 A, B, C, D 네 점이 있다. 두 점을 이어 만들 수 있는 서로 다른 반직선의 개수를 구하시오.

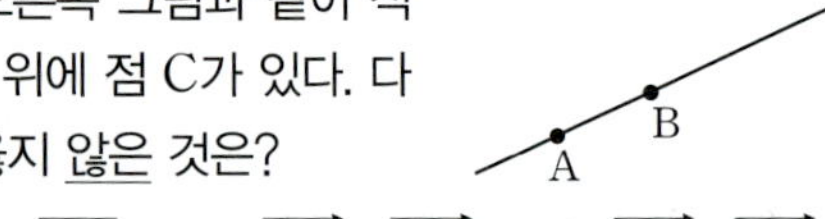

008 다음 그림과 같이 네 점 A, B, C, D가 한 직선 위에 있을 때, 서로 다른 선분의 개수는?

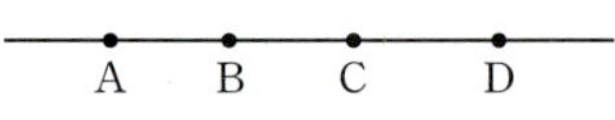

① 4개 ② 6개 ③ 8개
④ 10개 ⑤ 12개

009 다음 그림에서 점 M은 $\overline{AB}$의 중점이고 점 N은 $\overline{MB}$의 중점이다. 다음 중 옳지 <u>않은</u> 것은?

① $\overline{AM}=\overline{MB}$ ② $\overline{AN}=2\overline{MN}$
③ $\overline{AB}=4\overline{NB}$ ④ $\overline{MB}=2\overline{MN}$
⑤ $2\overline{AN}=3\overline{MB}$

010 다음 그림에서 두 점 M, N은 각각 $\overline{AC}$, $\overline{BC}$의 중점이다. $\overline{MN}=8\,\mathrm{cm}$일 때, $\overline{AB}$의 길이는?

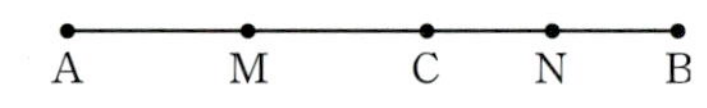

① 10 cm ② 12 cm ③ 14 cm
④ 16 cm ⑤ 18 cm

011 점 C는 $\overline{AB}$의 삼등분점, 점 M은 $\overline{AB}$의 중점, 점 N은 $\overline{MB}$의 중점이다. $\overline{CM}=2\,\mathrm{cm}$일 때, $\overline{AN}$의 길이를 구하시오.

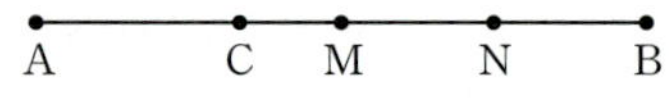

007 시작점과 뻗어 나가는 방향이 모두 같은 두 반직선은 서로 같다.
011 $\overline{AB}=12k$로 놓고 $\overline{AN}=\Box k$의 $\Box$를 구한다.

◉ **맞으면** ○, **틀리면** ×

001 $\overline{AB}$와 $\overline{CD}$는 서로 직교한다.

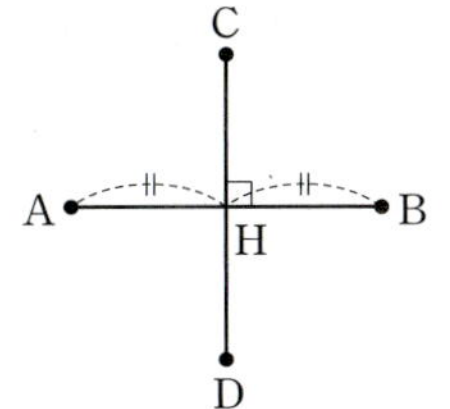

002 선분 CD는 선분 AB의 수직이등분선이다.

003 점 C에서 $\overline{AB}$에 내린 수선의 발은 점 H이다.

004 점 C와 $\overline{AB}$ 사이의 거리는 $\overline{BC}$의 길이이다.

005 다음 각 중에서 예각은 모두 몇 개인가?

$$60°, 135°, 37.5°, 180°, 45°, 100°$$

① 1개 ② 2개 ③ 3개
④ 4개 ⑤ 5개

006 오른쪽 그림에서 $\angle x : \angle y : \angle z = 3 : 4 : 5$ 일 때, $\angle y$의 크기는?

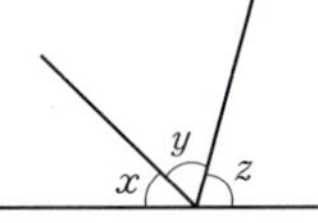

① 40° ② 45°
③ 50° ④ 55° ⑤ 60°

007 오른쪽 그림에서 $\angle AOD$는 평각이고 $\angle BOC = 90°$이다. $\angle COD = 2\angle AOB$일 때, $\angle COD$의 크기를 구하시오.

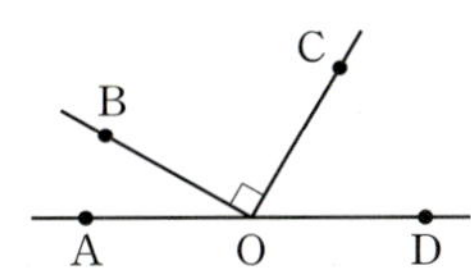

008 오른쪽 그림에서 $\angle x + \angle y$의 크기는?

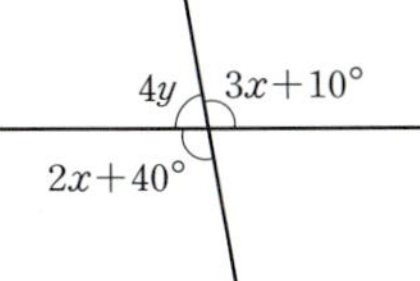

① 30° ② 40°
③ 50° ④ 60°
⑤ 70°

009 오른쪽 그림에서 $\angle x$의 크기는?

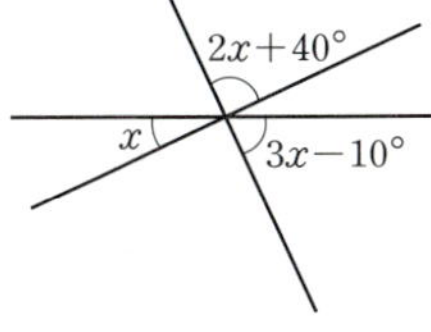

① 20° ② 25°
③ 30° ④ 35°
⑤ 40°

010 오른쪽 그림에서 $\angle x$의 크기는?

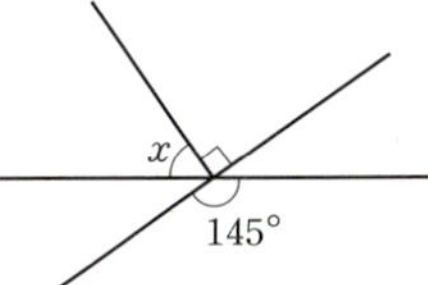

① 35° ② 40°
③ 45° ④ 50°
⑤ 55°

011 다음 중 오른쪽 그림과 같은 사다리꼴 ABCD에 대한 설명으로 옳지 **않은** 것은?

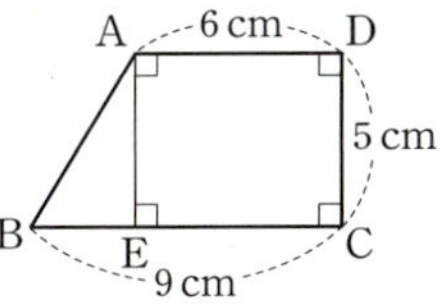

① $\overline{BC} \perp \overline{AE}$
② $\overline{DC}$의 수선은 2개이다.
③ $\overline{AE}$는 $\overline{BC}$의 수직이등분선이다.
④ 점 B와 $\overline{AD}$ 사이의 거리는 5 cm이다.
⑤ 점 B에서 $\overline{CD}$에 내린 수선의 발은 점 C이다.

007 평각의 크기는 180°이다.
008 맞꼭지각의 크기는 서로 같다.

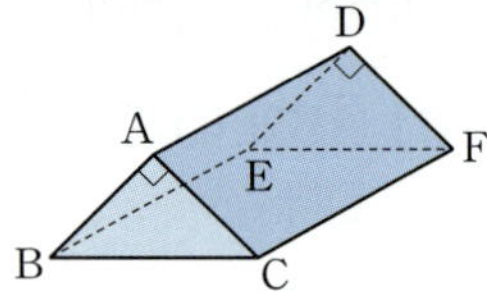

⊙ **맞으면 ○, 틀리면 ×**

001 직선 l은 점 A를 지난다.

002 직선 l은 점 B를 지나
지 않는다.

003 점 C는 직선 l 위에 있지 않다.

004 점 D는 직선 l 위에 있다.

005 다음 중 한 평면 위에 있는 두 직선의 위치 관계
가 <u>아닌</u> 것은?

① 한 점에서 만난다.　　② 평행하다.
③ 일치한다.　　　　　　④ 수직이다.
⑤ 꼬인 위치에 있다.

006 오른쪽 그림과 같은 정육각
형에서 각 변을 연장한 직선에 대
한 다음 설명 중 옳지 <u>않은</u> 것은?

① $\overleftrightarrow{DE}$ 와 $\overleftrightarrow{AF}$ 는 한 점에서
　만난다.
② $\overleftrightarrow{AB}$ 와 $\overleftrightarrow{DE}$ 는 평행하다.
③ $\overleftrightarrow{CD}$ 와 $\overleftrightarrow{DC}$ 는 일치한다.
④ $\overleftrightarrow{CD}$ 와 만나는 직선은 4개이다.
⑤ $\overleftrightarrow{BC}$ 와 만나는 직선은 $\overleftrightarrow{AB}$, $\overleftrightarrow{CD}$ 2개뿐이다.

007 오른쪽 그림과 같은
삼각기둥에 대한 설명으로
다음 중 옳은 것을 모두 고
르면? (정답 2개)

① 모서리 BC와 모서리 DE는 평행하다.
② 모서리 BC와 모서리 EF는 일치한다.
③ 모서리 DE와 모서리 DF는 수직이다.
④ 모서리 AC와 모서리 DE는 꼬인 위치에 있다.
⑤ 모서리 BC와 모서리 DF는 한 점에서 만난다.

008 다음 중 오른쪽 그림의 직육
면체에서 모서리 EF와의 위치 관
계가 다른 하나는?

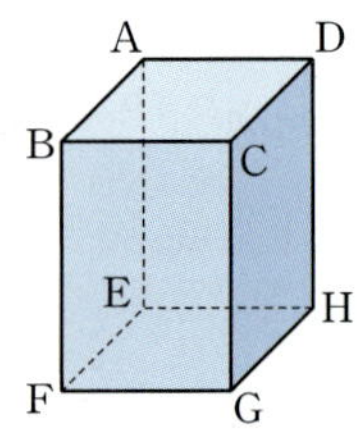

① $\overline{AD}$　　　　② $\overline{BC}$
③ $\overline{CD}$　　　　④ $\overline{CG}$
⑤ $\overline{DH}$

009 오른쪽 그림과 같은 직육
면체에서 모서리 BF와 수직이
고 모서리 CD와 꼬인 위치에
있는 모서리는?

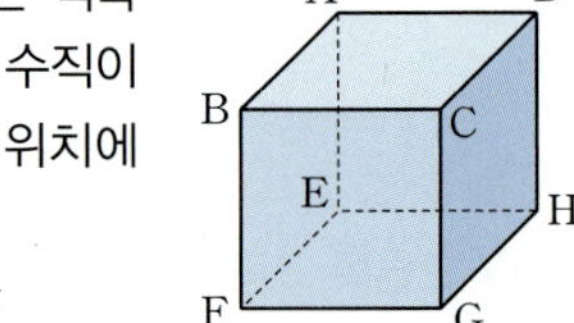

① $\overline{AB}$　　　　② $\overline{BC}$
③ $\overline{EF}$　　　　④ $\overline{FG}$
⑤ $\overline{GH}$

008 공간에서 두 직선이 서로 만나지도 않고 평행하지도 않을 때, 두 직선은 꼬인 위치에 있다고 한다.

009 꼬인 위치에 있는 모서리를 찾으려면, 한 점에서 만나는 모서리와 평행한 모서리를 모두 제외하면 된다.

◉ 밑면이 직각삼각형인 삼각기둥이다. 다음을 구하시오.

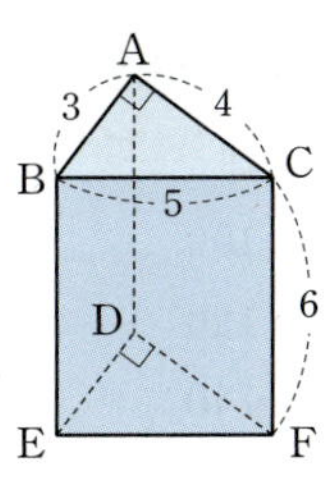

001 면 ABED에 수직인 모서리

002 면 ABED에 수직인 면

003 점 E와 면 ADFC 사이의 거리

004 점 A와 면 DEF 사이의 거리

005 다음 중 공간에서 직선과 평면의 위치 관계가 <u>아닌</u> 것은?

① 직선이 평면에 포함된다.
② 직선과 평면이 한 점에서 만난다.
③ 직선과 평면이 만나지 않는다.
④ 직선이 평면에 수직이다.
⑤ 직선이 평면과 만나지도 않고 평행하지도 않다.

006 다음 중 공간에서 두 평면의 위치 관계가 <u>아닌</u> 것은?

① 일치한다.　　　　② 한 직선에서 만난다.
③ 수직으로 만난다.　④ 평행하다.
⑤ 꼬인 위치에 있다.

007 오른쪽 그림과 같은 직육면체에 대한 다음 설명 중 옳지 <u>않은</u> 것은?

① 모서리 AC와 평행한 면은 1개이다.
② 모서리 AD와 수직인 면은 2개이다.
③ 면 AEGC와 평행한 모서리는 2개이다.
④ 면 AEGC와 수직인 모서리는 1개이다.
⑤ 모서리 AC와 꼬인 위치에 있는 모서리는 6개이다.

008 오른쪽 그림과 같은 정육각기둥에서 면 ABHG와 평행한 모서리의 개수는?

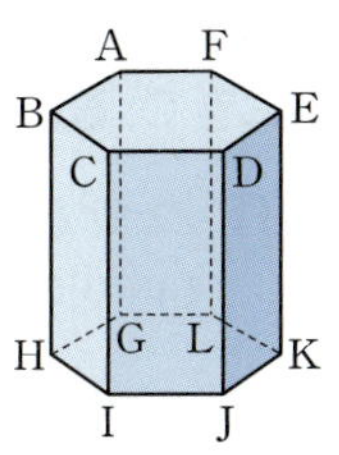

① 3개　　② 4개
③ 5개　　④ 6개
⑤ 7개

009 오른쪽 그림과 같은 직육면체에서 모서리 AB와 평행하면서 면 ABCD와 수직인 면은?

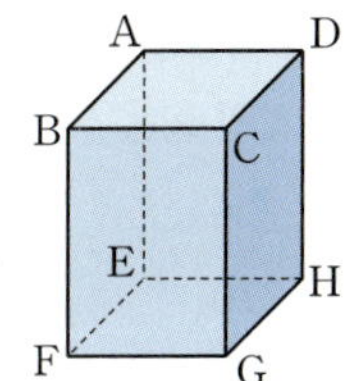

① 면 AEHD　② 면 BFEA
③ 면 BFGC　④ 면 CGHD
⑤ 면 EFGH

010 오른쪽 그림과 같은 삼각기둥에서 점 B와 평면 ACFD 사이의 거리를 구하시오.

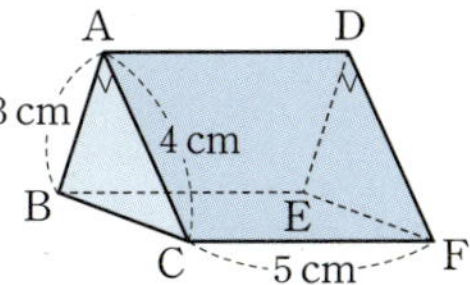

005 직선과 평면은 만나거나 평행한 경우밖에 없다.
006 꼬인 위치에 있는 두 평면은 존재하지 않는다.

⊙ $\angle d = 80°$, $\angle f = 40°$**이다.**
맞으면 ○, 틀리면 ×

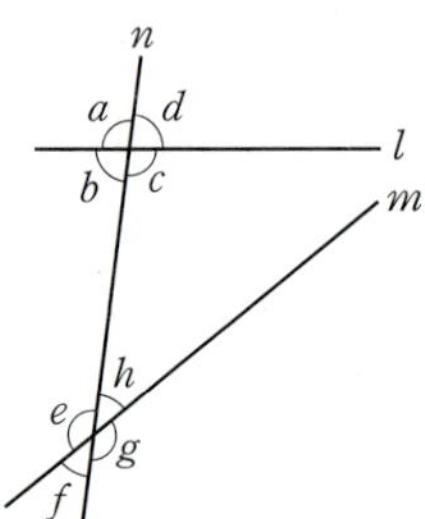

001 $\angle a$의 동위각의 크기는 140°이다.

002 $\angle g$의 동위각의 크기는 100°이다.

003 $\angle b$의 엇각의 크기는 40°이다.

004 $\angle c$의 엇각의 크기는 40°이다.

005 오른쪽 그림에서 $\angle x$의 모든 동위각의 크기의 합은?

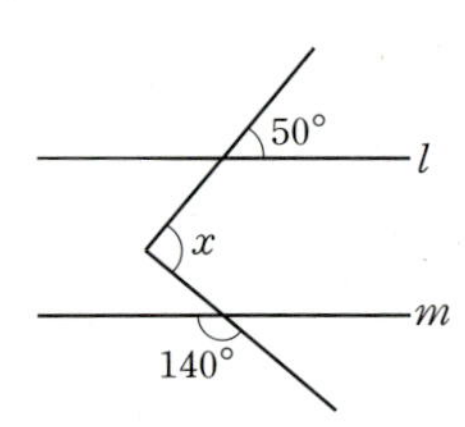

① 250°   ② 260°
③ 270°   ④ 280°
⑤ 290°

006 오른쪽 그림에서 $l \parallel m$ 일 때, $\angle x$의 크기는?

① 110°   ② 120°
③ 130°   ④ 140°
⑤ 150°

007 오른쪽 그림에서 $l \parallel m$ 일 때, $\angle x$의 크기는?

① 70°   ② 80°
③ 90°   ④ 100°
⑤ 110°

008 오른쪽 그림에서 $l \parallel m$ 일 때, $\angle x$의 크기는?

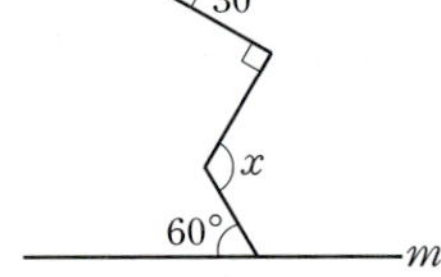

① 100°   ② 110°
③ 120°   ④ 130°
⑤ 140°

009 오른쪽 그림에서 $l \parallel m$ 일 때, $\angle x$의 크기는?

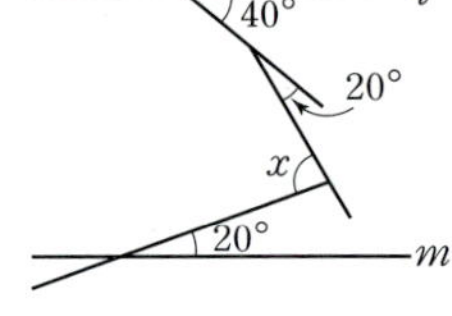

① 50°   ② 60°
③ 70°   ④ 80°
⑤ 90°

010 오른쪽 그림에서 $l \parallel m$ 이고 $\angle BAC = \angle CAD$, $\angle ABC = \angle CBE$일 때, $\angle ACB$의 크기는?

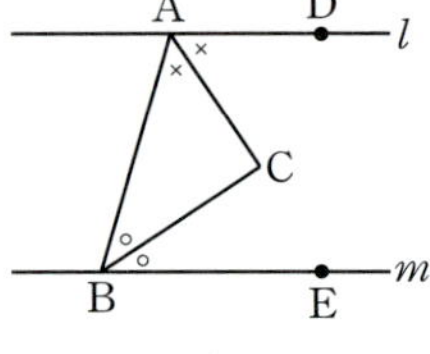

① 70°   ② 80°
③ 90°   ④ 100°   ⑤ 110°

011 오른쪽 그림과 같이 직사각형 모양의 종이 테이프를 선분 AB를 따라 접었을 때, $\angle x$의 크기를 구하시오.

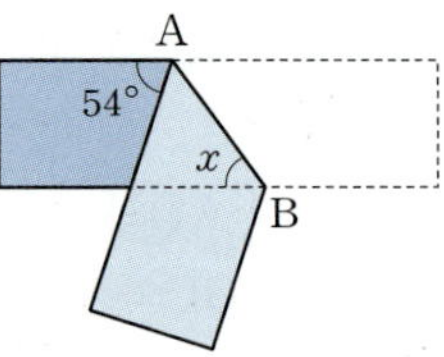

006 서로 다른 두 직선과 다른 한 직선이 만날 때, 두 직선이 평행하면 동위각의 크기는 같다.

009 꺾인 부분의 각의 꼭짓점에서 주어진 직선과 평행한 보조선을 그은 다음, 평행선에서 동위각과 엇각의 크기가 각각 같음을 이용한다.

⊙ △ABC에 대하여 다음을 구하시오.

001 ∠A의 대변

002 ∠B의 대변

003 변 AB의 대각

004 변 BC의 대각

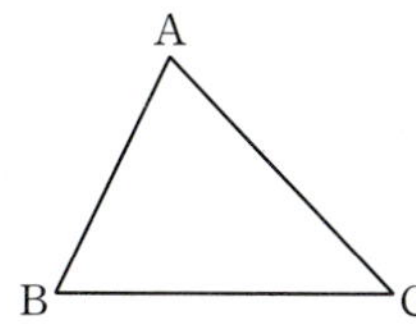

005 다음 중 삼각형의 세 변의 길이가 될 수 <u>없는</u> 것을 모두 고르면? (정답 2개)

① 1 cm, 2 cm, 3 cm
② 2 cm, 2 cm, 3 cm
③ 3 cm, 4 cm, 5 cm
④ 2 cm, 4 cm, 8 cm
⑤ 5 cm, 7 cm, 9 cm

006 삼각형의 세 변의 길이가 $4\,cm$, $7\,cm$, $x\,cm$일 때, x의 값의 범위는?

① $x>3$
② $3<x<11$
③ $x>4$
④ $x<4$
⑤ $x>11$

007 길이가 $2\,cm$, $3\,cm$, $4\,cm$, $5\,cm$인 4개의 선분 중 3개의 선분을 골라서 만들 수 있는 삼각형의 개수를 구하시오.

008 다음 중 △ABC가 하나로 정해지는 것을 모두 고르면? (정답 2개)

① $\overline{AB}=2\,cm$, $\overline{BC}=3\,cm$, $\overline{CA}=6\,cm$
② $\overline{AB}=3\,cm$, $\overline{AC}=3\,cm$, $\angle A=30°$
③ $\overline{AB}=4\,cm$, $\angle A=30°$, $\angle B=45°$
④ $\angle A=45°$, $\angle B=60°$, $\angle C=75°$
⑤ $\overline{AB}=4\,cm$, $\overline{BC}=2\,cm$, $\angle A=45°$

009 △ABC에서 $\overline{AB}=4\,cm$, $\overline{BC}=2\,cm$일 때, △ABC가 하나로 정해지기 위해 더 필요한 나머지 조건 하나를 다음 <보기>에서 모두 고르면?

〈보기〉

ㄱ. $\angle A=45°$ ㄴ. $\angle B=60°$
ㄷ. $\overline{CA}=5\,cm$ ㄹ. $\overline{CA}=7\,cm$

① ㄱ, ㄴ
② ㄱ, ㄷ
③ ㄴ, ㄷ
④ ㄴ, ㄹ
⑤ ㄷ, ㄹ

010 $\overline{AB}$의 길이가 주어졌을 때, 다음 중 △ABC가 하나로 정해지기 위해 더 필요한 조건이 <u>아닌</u> 것은?

① ∠A와 $\overline{CA}$
② ∠B와 $\overline{BC}$
③ ∠C와 $\overline{BC}$
④ $\overline{BC}$와 $\overline{CA}$
⑤ ∠A와 ∠B

공략기술

005 가장 긴 변의 길이는 나머지 두 변의 길이의 합보다 작아야 한다.

008 세 각의 크기가 주어질 때는 모양은 같고 크기가 다른, 즉 닮음인 삼각형이 무수히 많이 그려진다.

기하

⊙ △ABC≡△FED
이다.
맞으면 ○, 틀리면 ×

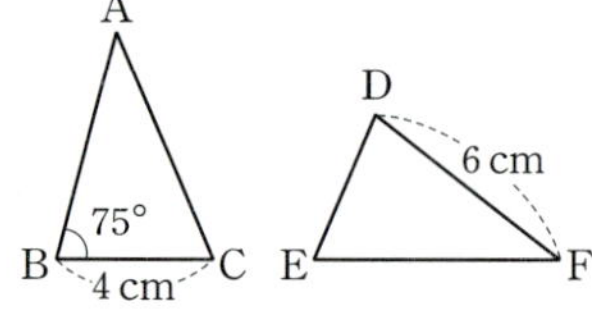

001 $\overline{AC}$의 대응변은 $\overline{DE}$이다.

002 ∠A의 대응각은 ∠F이다.

003 $\overline{AC}$의 길이는 6cm이다.

004 ∠F의 크기는 75°이다.

005 다음 그림에서 △ABC≡△DEF일 때, $\overline{EF}$의 길이와 ∠F의 크기를 차례로 나열한 것은?

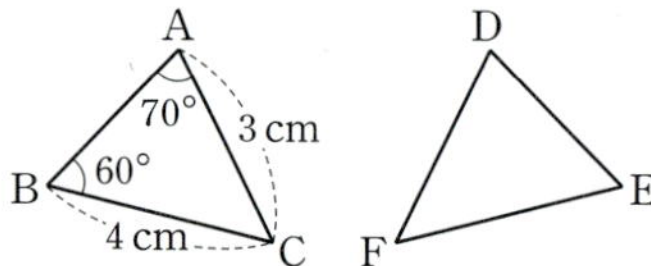

① 3cm, 50°　② 3cm, 70°　③ 4cm, 50°
④ 4cm, 60°　⑤ 4cm, 70°

006 오른쪽 그림의 두 삼각형은 서로 합동이다. 이때 합동 기호와 합동 조건을 바르게 말한 것은?

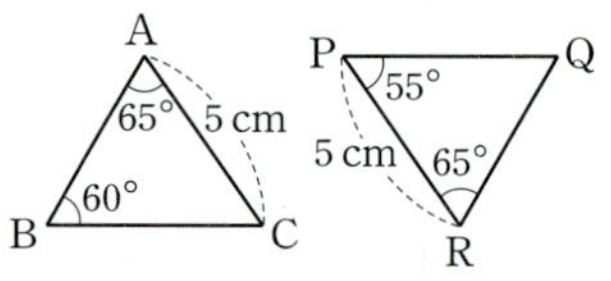

① △ABC≡△PQR, SAS합동
② △ABC≡△PQR, ASA합동
③ △ABC≡△RPQ, ASA합동
④ △ABC≡△RQP, SAS합동
⑤ △ABC≡△RQP, ASA합동

007 다음 중 △ABC와 △DEF가 합동이 될 수 <u>없는</u> 것을 모두 고르면? (정답 2개)

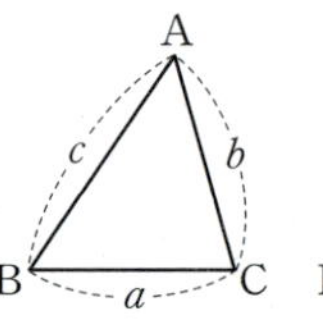 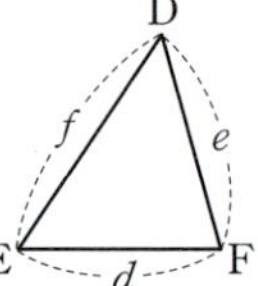

① $a=d$, $b=e$, $c=f$
② $a=d$, $b=e$, ∠C=∠F
③ $b=e$, $c=f$, ∠B=∠E
④ $a=d$, ∠B=∠E, ∠C=∠F
⑤ ∠A=∠D, ∠B=∠E, ∠C=∠F

008 다음 그림에서 $\overline{AB}=\overline{DE}$, $\overline{BC}=\overline{EF}$일 때, △ABC≡△DEF가 되기 위해 더 필요한 나머지 한 조건을 모두 고르면? (정답 2개)

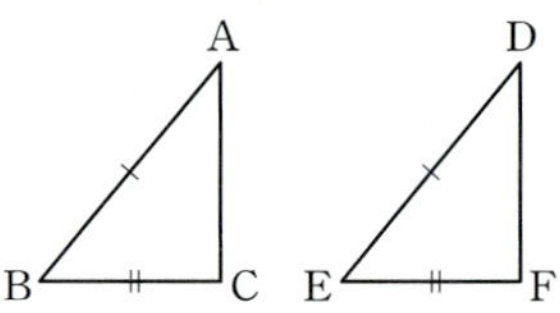

① $\overline{AC}=\overline{DE}$　② $\overline{AC}=\overline{DF}$　③ ∠A=∠D
④ ∠B=∠E　⑤ ∠C=∠F

005 두 도형이 합동이면 대응변의 길이가 서로 같고, 대응각의 크기가 서로 같다.
006 삼각형의 합동조건은 SSS합동, SAS합동, ASA합동이 있다.

◉ **맞으면 ○, 틀리면 ×**

001 여러 개의 선분으로 둘러싸인 평면도형을 다각형이라 한다.

002 다각형에서 이웃하는 두 변으로 이루어진 각을 내각이라 한다.

003 모든 변의 길이가 같은 다각형은 정다각형이다.

004 다각형의 한 꼭짓점에서 내각과 외각의 크기의 합은 $180°$이다.

005 대각선이 27개인 다각형의 한 꼭짓점에서 대각선을 모두 그었을 때, 생기는 삼각형의 개수를 구하시오.

006 오른쪽 그림에서 $\angle x$의 크기는?

① $20°$ ② $25°$
③ $30°$ ④ $35°$
⑤ $40°$

007 오른쪽 그림에서 $\angle x$의 크기는?

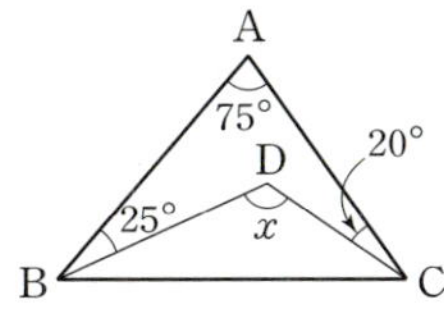

① $110°$ ② $115°$
③ $120°$ ④ $125°$
⑤ $130°$

008 오른쪽 그림에서 $\overline{AB}=\overline{AC}=\overline{CD}$일 때, $\angle x$의 크기는?

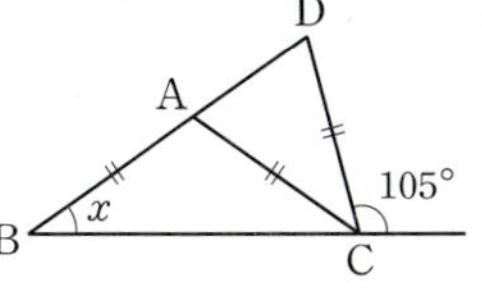

① $29°$ ② $31°$
③ $33°$ ④ $35°$
⑤ $37°$

009 오른쪽 그림에서 $\angle x+\angle y+\angle z+\angle t$의 크기는?

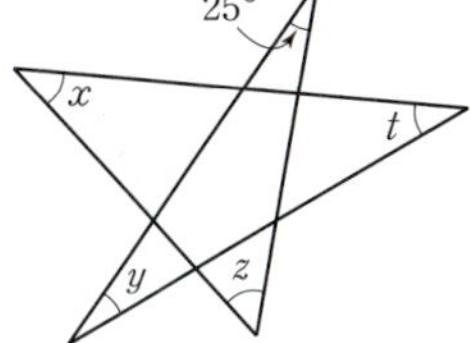

① $135°$ ② $140°$
③ $145°$ ④ $150°$
⑤ $155°$

010 내각의 크기의 합이 $1800°$인 정다각형의 한 외각의 크기는?

① $30°$ ② $35°$ ③ $40°$
④ $45°$ ⑤ $50°$

011 한 내각의 크기와 한 외각의 크기의 비가 $4:1$인 정다각형은?

① 정칠각형 ② 정팔각형 ③ 정구각형
④ 정십각형 ⑤ 정십일각형

008 삼각형의 한 외각의 크기는 그와 이웃하지 않는 두 내각의 크기의 합과 같다.

010 정n각형의 한 내각의 크기는 $\dfrac{180°\times(n-2)}{n}$, 한 외각의 크기는 $\dfrac{360°}{n}$이다.

◉ **맞으면 ◯, 틀리면 ✕**

001 호의 길이는 중심각의 크기에 정비례한다.

002 현의 길이는 중심각의 크기에 정비례한다.

003 부채꼴의 넓이는 중심각의 크기에 정비례한다.

004 크기가 같은 중심각에 대한 현의 길이는 같다.

005 오른쪽 그림의 원 O에서 $\angle COD = 2\angle AOB$일 때, 다음 <보기> 중 옳지 <u>않은</u> 것을 모두 고르면? (정답 2개)

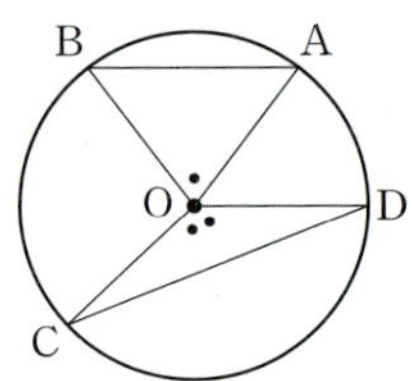

〈보기〉

ㄱ. $\overset{\frown}{CD} = 2\overset{\frown}{AB}$
ㄴ. $\overline{CD} = 2\overline{AB}$
ㄷ. $\triangle COD = 2\triangle AOB$
ㄹ. 부채꼴 COD의 넓이는 부채꼴 AOB의 넓이의 2배이다.

① ㄱ, ㄴ   ② ㄱ, ㄷ   ③ ㄴ, ㄷ
④ ㄴ, ㄹ   ⑤ ㄷ, ㄹ

006 오른쪽 그림에서 $\overset{\frown}{AB} : \overset{\frown}{BC} : \overset{\frown}{CA} = 2 : 3 : 4$ 일 때, $\angle AOB$의 크기는?

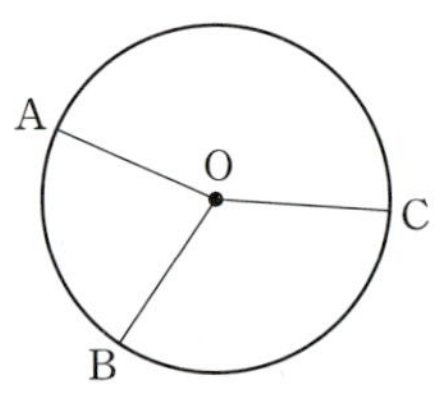

① 70°   ② 80°
③ 90°   ④ 100°
⑤ 110°

007 오른쪽 그림에서 부채꼴 AOB의 넓이는?

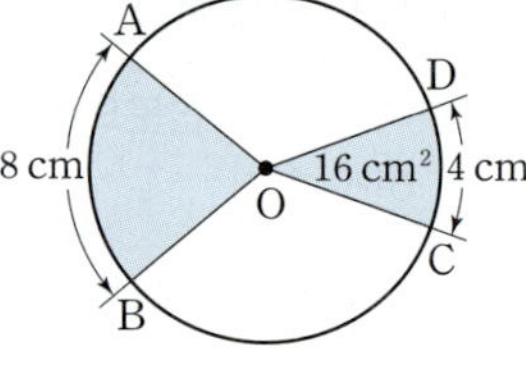

① 26 cm²   ② 28 cm²
③ 30 cm²   ④ 32 cm²
⑤ 34 cm²

008 오른쪽 그림의 반원 O에서 $\overline{AD} /\!/ \overline{OC}$이고 $\angle BOC = 40°$일 때, $\overset{\frown}{AD}$의 길이를 구하시오.

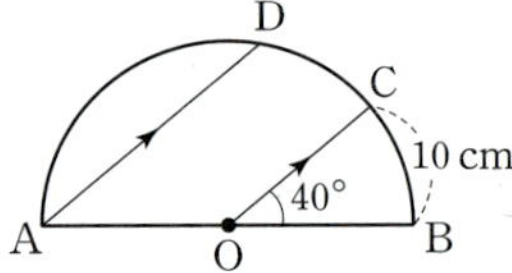

009 오른쪽 그림은 지름의 길이가 18 cm인 원이다. $\overline{AD}$는 원의 지름이고 $\overline{AB} = \overline{BC} = \overline{CD}$일 때, 색칠한 부분의 둘레의 길이를 구하시오.

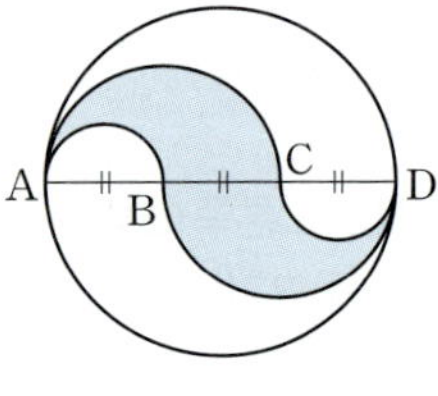

010 오른쪽 그림과 같은 정사각형에서 색칠한 부분의 넓이는?

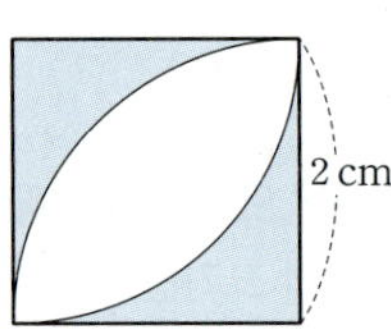

① $(4 - 2\pi)\,cm^2$
② $(6 - 2\pi)\,cm^2$
③ $(8 - 2\pi)\,cm^2$
④ $(10 - 2\pi)\,cm^2$
⑤ $(12 - 2\pi)\,cm^2$

005 한 원 또는 합동인 두 원에서 현의 길이는 중심각의 크기에 정비례하지 않는다.

010 부채꼴의 넓이는 (원의 넓이) $\times \dfrac{(중심각의 크기)}{360}$ 이다.

◉ **맞으면 ○, 틀리면 ×**

001 오각기둥과 육각뿔의 면의 개수는 같다.

002 모든 면이 합동인 정다각형으로 이루어진 다면체는 정다면체이다.

003 정다면체의 모든 면은 합동이다.

004 모든 면이 정삼각형인 삼각뿔은 정사면체이다.

005 다음 중 오른쪽 그림의 다면체와 면의 개수가 같은 것은?

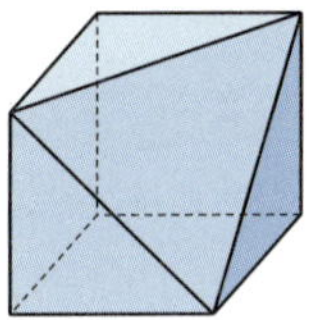

① 사각뿔대　　② 오각뿔
③ 육각뿔　　④ 육각뿔대
⑤ 칠각기둥

006 다음 중 다면체와 그 모서리의 개수가 잘못 짝지어진 것은?

① 삼각뿔 − 6개　　② 정사각뿔 − 8개
③ 삼각기둥 − 9개　　④ 사각기둥 − 12개
⑤ 오각뿔대 − 13개

007 다음 중 다면체와 그 옆면의 모양이 바르게 짝지어진 것은?

① 삼각뿔 − 정삼각형　　② 사각뿔 − 사각형
③ 삼각기둥 − 사다리꼴　　④ 오각기둥 − 직사각형
⑤ 오각뿔대 − 정사각형

008 다음 조건을 모두 만족하는 입체도형은?

> (가) 칠면체이다.
> (나) 밑면의 모서리의 개수는 6개이다.
> (다) 옆면의 모양은 삼각형이다.

① 오각뿔　　② 오각기둥　　③ 육각뿔
④ 육각기둥　　⑤ 육각뿔대

009 다음 조건을 모두 만족하는 정다면체를 구하시오.

> (가) 모든 면이 합동인 정삼각형이다.
> (나) 꼭짓점의 개수는 6개이다.

010 다음 정다면체 중 한 꼭짓점에 모인 면의 개수가 3개가 <u>아닌</u> 것을 모두 고르면? (정답 2개)

① 정사면체　　② 정육면체　　③ 정팔면체
④ 정십이면체　　⑤ 정이십면체

011 다음 중 정다면체에 대한 설명으로 옳지 <u>않은</u> 것은?

① 정다면체는 5가지뿐이다.
② 정팔면체의 모서리의 개수는 12개이다.
③ 정십이면체의 꼭짓점의 개수는 20개이다.
④ 정이십면체의 면의 모양은 정오각형이다.
⑤ 모서리의 개수가 30개인 정다면체는 정십이면체와 정이십면체이다.

006 각뿔은 밑면이 다각형이고 옆면이 모두 삼각형인 다면체이다.

011 정다면체는 모든 면이 합동인 정다각형이고 각 꼭짓점에 모인 면의 개수가 같은 다면체이다.

⊙ **맞으면 ○, 틀리면 ×**

001 회전축이 무수히 많은 회전체가 있다.

002 원뿔대는 직사각형을 회전하여 얻어진 회전체이다.

003 회전축에 수직인 평면으로 자른 단면은 모두 합동이다.

004 회전축을 포함한 평면으로 자른 단면은 선대칭도형이다.

005 원뿔대, 정육면체, 정사각뿔, 반구, 육각기둥, 원기둥, 원뿔, 오각뿔대 중에서 회전축을 갖는 입체도형은 모두 몇 개인가?

006 다음 중 회전체와 그 회전체를 회전축을 포함하는 평면으로 자를 때 생기는 단면의 모양이 <u>잘못</u> 짝지어진 것은?

① 원기둥−직사각형　　② 원뿔−이등변삼각형
③ 원뿔대−마름모　　　④ 구−원
⑤ 반구−반원

007 오른쪽 그림의 전개도를 이용하여 입체도형을 만들 때, 이 입체도형의 이름과 이 입체도형을 회전축을 포함하는 평면으로 자를 때 생기는 단면의 모양이 바르게 짝지어진 것은?

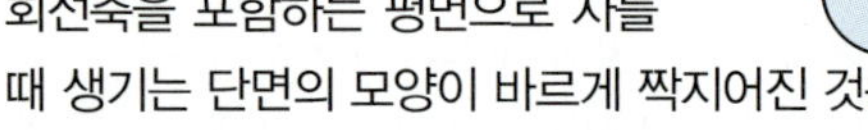

① 원기둥−원　　　　② 원기둥−직사각형
③ 원뿔대−원　　　　④ 원뿔대−등변사다리꼴
⑤ 원뿔−이등변삼각형

008 오른쪽 그림과 같은 직각삼각형을 변 AB를 축으로 하여 1회전시켰다. 이때 생긴 회전체를 축을 포함하는 평면으로 자를 때 생기는 단면의 넓이를 구하시오.

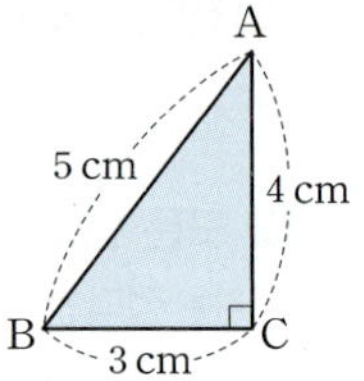

009 오른쪽 그림은 원뿔의 전개도이다. 밑면의 반지름의 길이는?

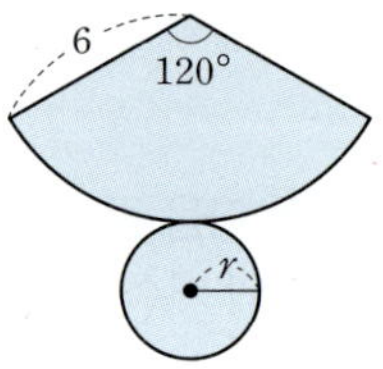

① 2π　　　　③ 3π
③ 2　　　　　④ 3
⑤ 4

010 밑면의 반지름의 길이가 3 cm, 모선의 길이가 6 cm인 원뿔의 전개도에서 옆면에 해당하는 부채꼴의 중심각의 크기는?

① 90°　　　③ 100°
③ 120°　　　④ 150°　　　⑤ 180°

011 다음 그림은 원뿔대와 그 전개도이다. 이 전개도에서 $\widehat{AB}$와 $\widehat{CD}$의 길이의 합을 구하시오.

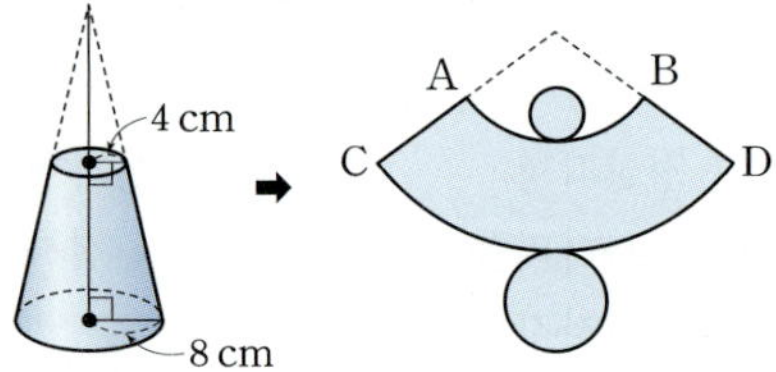

010 원뿔의 전개도에서 부채꼴의 호의 길이는 원뿔의 밑면인 원의 둘레의 길이와 같다.
011 원뿔대의 전개도에서 위쪽 부채꼴의 호의 길이는 원뿔대의 위쪽 밑면인 원의 둘레의 길이와 같다.

⊙ **삼각기둥이다. 맞으면 ○, 틀리면 ×**

001 밑넓이는 $6\,cm^2$이다.

002 옆넓이는 $48\,cm^2$이다.

003 겉넓이는 $60\,cm^2$이다.

004 부피는 $28\,cm^3$이다.

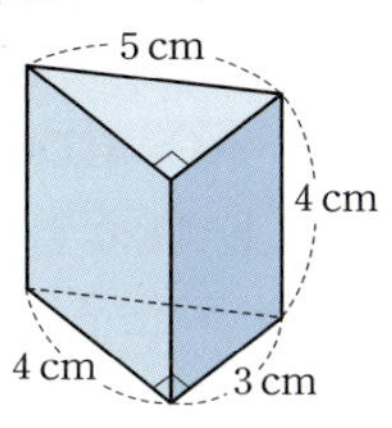

005 오른쪽 그림과 같은 직사각형을 직선 l을 축으로 하여 1회전시킬 때, 생기는 입체도형의 부피는?

① $60\pi\,cm^3$ ② $65\pi\,cm^3$

③ $70\pi\,cm^3$ ④ $75\pi\,cm^3$

⑤ $80\pi\,cm^3$

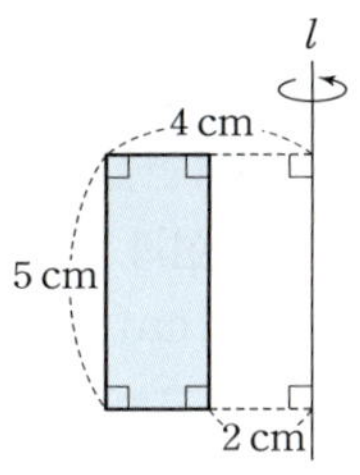

006 오른쪽 입체도형의 밑면은 반지름의 길이가 3이고 중심각의 크기가 $300°$인 부채꼴이고 높이는 8이다. 이 입체도형의 겉넓이는?

① $55\pi+48$ ② $55\pi+24$

③ $60\pi+48$ ④ $60\pi+24$

⑤ $65\pi+48$

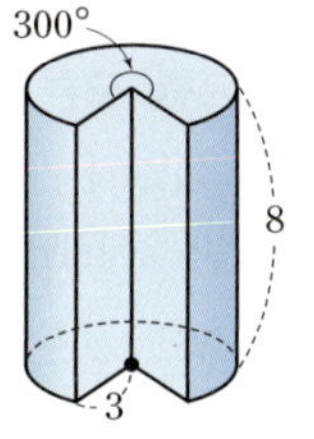

007 오른쪽 그림과 같은 전개도로 만들어지는 입체도형의 겉넓이를 구하시오.

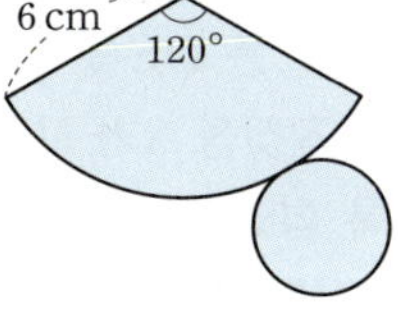

008 오른쪽 그림과 같은 원뿔대의 부피는?

① $76\pi\,cm^3$ ② $78\pi\,cm^3$

③ $80\pi\,cm^3$ ④ $82\pi\,cm^3$

⑤ $84\pi\,cm^3$

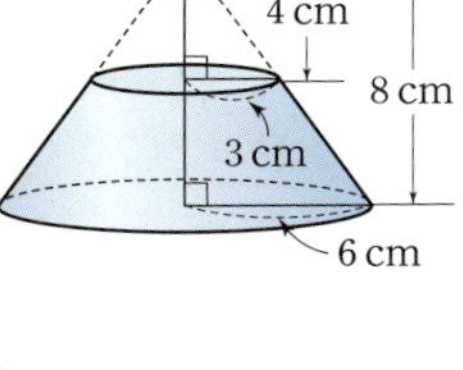

009 오른쪽 그림과 같이 반지름의 길이가 $4\,cm$인 속이 찬 구의 $\dfrac{1}{8}$을 잘라낸 도형의 겉넓이는?

① $66\pi\,cm^2$ ② $68\pi\,cm^2$

③ $70\pi\,cm^2$ ④ $72\pi\,cm^2$

⑤ $74\pi\,cm^2$

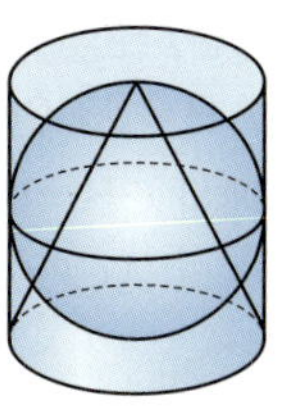

010 겉넓이가 $256\pi\,cm^2$인 구 모양의 쇠구슬을 녹여 반지름의 길이가 $2\,cm$인 구 모양의 쇠구슬을 몇 개 만들 수 있는가?

011 오른쪽 그림처럼 구와 원뿔이 원기둥 안에 꼭 맞게 들어 있다. 이때 원뿔, 구, 원기둥의 부피의 비는?

① $1:1:1$ ② $1:1:2$

③ $1:2:3$ ④ $1:2:4$

⑤ $1:3:5$

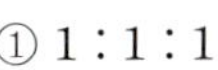

 **공략기출**

007 원뿔의 전개도에서 부채꼴의 호의 길이는 원뿔의 밑면인 원의 둘레의 길이와 같다.

008 뿔의 부피는 기둥의 부피의 $\dfrac{1}{3}$이다.

◉ 이등변삼각형 ABC이다.
맞으면 ○, 틀리면 ×

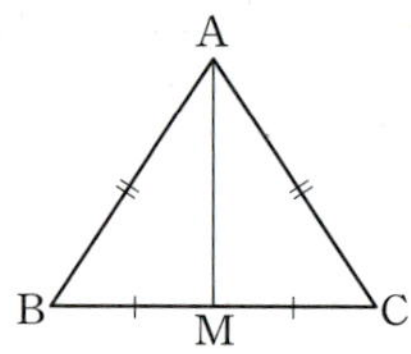

001 $\angle B = \angle C$

002 $\overline{BC} \perp \overline{AM}$

003 $\angle BAM = \angle CAM$

004 $\angle BAM = 40°$이면 $\angle C = 70°$이다.

005 오른쪽 그림과 같이 $\overline{BA} = \overline{BC}$인 이등변삼각형 ABC 에서 $\angle B = 70°$일 때, $\angle DAC$의 크기를 구하시오.

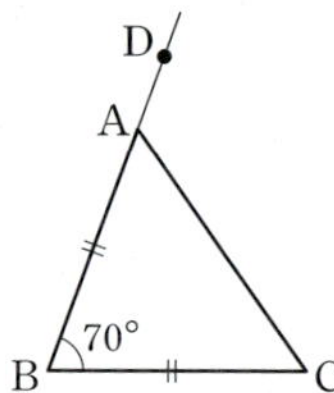

006 오른쪽 그림과 같은 삼각형 ABC에서 $\overline{AD} = \overline{BD} = \overline{CD}$이고 $\angle B = 40°$일 때, $\angle DAC$의 크기를 구하시오.

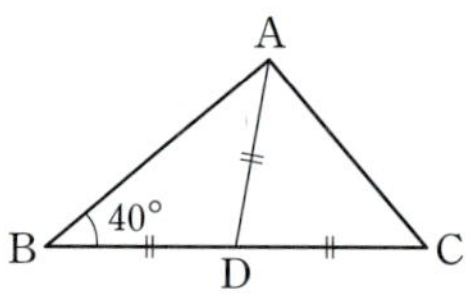

007 오른쪽 그림과 같이 $\overline{AB} = \overline{AC}$인 이등변삼각형 ABC 에서 $\overline{CB} = \overline{CD}$이고 $\angle B = 70°$일 때, $\angle ACD$의 크기는?

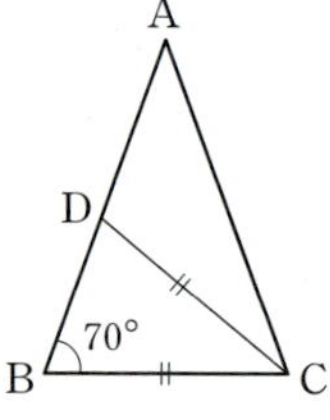

① 20°   ② 25°
③ 30°   ④ 35°
⑤ 40°

008 오른쪽 그림과 같은 △ABC에서 $\overline{AB} = \overline{AC} = \overline{CD}$이고 $\angle DCE = 120°$일 때, $\angle B$의 크기는?

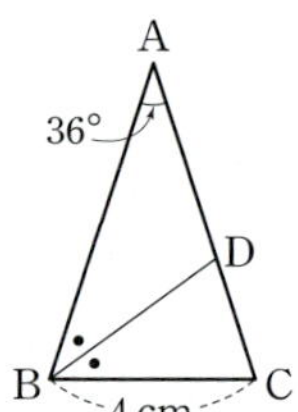

① 25°   ② 30°   ③ 35°
④ 40°   ⑤ 45°

009 오른쪽 그림과 같이 $\overline{AB} = \overline{AC}$ 인 이등변삼각형 ABC에서 $\angle B$의 이등분선과 $\overline{AC}$의 교점을 D라 하자. $\overline{BC} = 4\,\mathrm{cm}$, $\angle A = 36°$일 때, $\overline{AD}$의 길이를 구하시오.

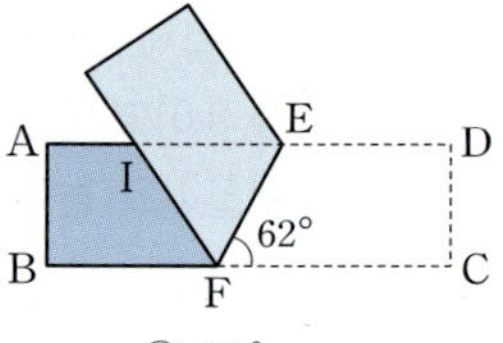

010 폭이 일정한 종이테 이프를 오른쪽 그림과 같 이 접었다. $\angle EFC = 62°$ 일 때, $\angle EIF$의 크기는?

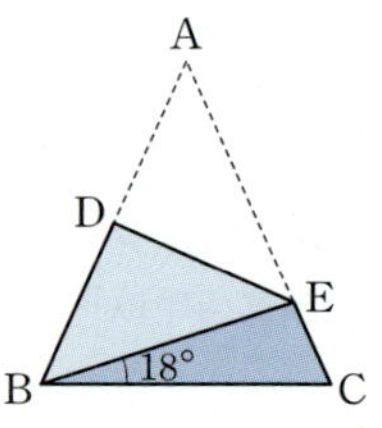

① 56°   ② 58°   ③ 60°
④ 62°   ⑤ 64°

011 오른쪽 그림과 같이 $\overline{AB} = \overline{AC}$인 이등변삼각형 ABC를 $\overline{DE}$를 접는 선으로 하 여 꼭짓점 A가 꼭짓점 B에 오도 록 접었다. $\angle EBC = 18°$일 때, $\angle C$의 크기를 구하시오.

공략 기술

008 삼각형의 한 외각의 크기는 그와 이웃하지 않는 두 내각의 크기의 합과 같다.

010 직사각형 모양의 종이접기 문제에서 종이가 겹쳐진 부분은 이등변삼각형이다.

⊙ 점 O는 △ABC의 세 변의 수직이등분선의 교점이다. 맞으면 ○, 틀리면 ×

001 $\overline{OD}=\overline{OE}$

002 $\overline{OA}=\overline{OB}$

003 △OAD≡△OAF

004 △OBE≡△OCE

005 오른쪽 그림에서 점 O는 △ABC의 외심이다. $\overline{AC}=6\,cm$이고 △OAC의 둘레의 길이가 $14\,cm$일 때, △ABC의 외접원의 반지름의 길이를 구하시오.

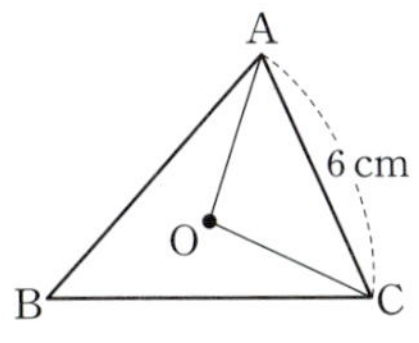

006 오른쪽 그림과 같이 $\angle C=90°$인 직각삼각형 ABC에서 $\overline{AM}=\overline{BM}$, $\overline{AB}=6\,cm$일 때, $\overline{AC}$의 길이를 구하시오.

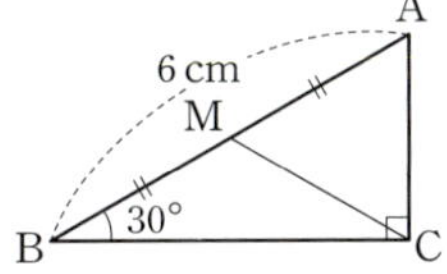

007 오른쪽 그림과 같이 $\angle A=90°$인 직각삼각형 ABC에서 점 M이 $\overline{BC}$의 중점이고 $\angle B=56°$일 때, $\angle AMC$의 크기를 구하시오.

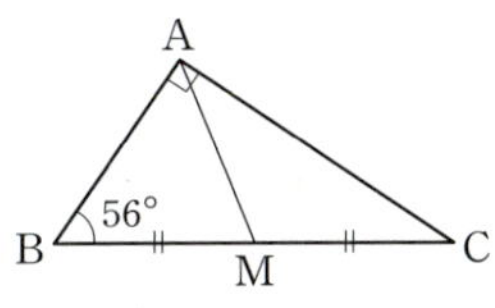

008 오른쪽 그림에서 점 O는 △ABC의 외심이다. $\angle ABO=25°$일 때, $\angle x$의 크기를 구하시오.

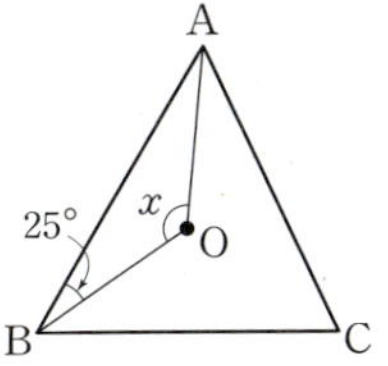

009 오른쪽 그림에서 점 O는 △ABC의 외심이다. $\angle OAC=40°$, $\angle OCB=30°$일 때, $\angle x$의 크기는?

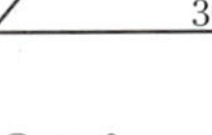

① $10°$　　　② $15°$

③ $20°$　　　④ $25°$　　　⑤ $30°$

010 오른쪽 그림에서 점 O는 △ABC의 외심이다. $\angle OBC=34°$일 때, $\angle x$의 크기는?

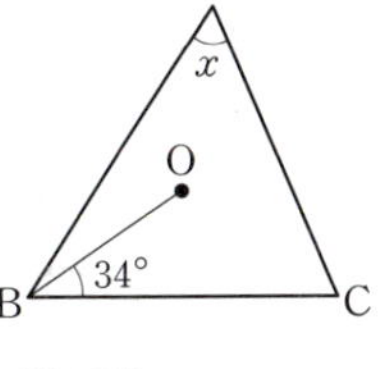

① $56°$　　　② $60°$

③ $64°$　　　④ $68°$　　　⑤ $72°$

011 오른쪽 그림에서 점 O는 △ABC의 외심이다. $\angle AOB : \angle BOC : \angle COA = 2:3:4$일 때, $\angle ABC$의 크기를 구하시오.

006 직각삼각형의 외접원의 반지름의 길이는 $\frac{1}{2} \times$ (빗변의 길이)이다.

008 삼각형의 외심에서 세 꼭짓점에 이르는 거리는 같다.

⊙ 점 I는 △ABC의 세 내각의 이등분선의 교점이다. 맞으면 ○, 틀리면 ×

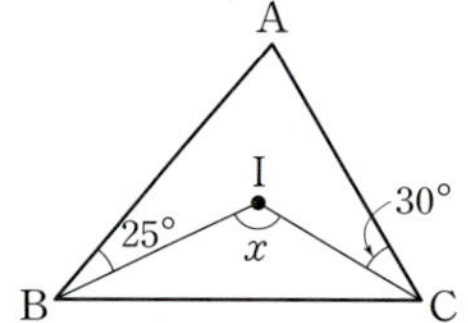

001 $\overline{IA}=\overline{IB}$

002 $\overline{ID}=\overline{IE}$

003 △IBE≡△ICE

004 △ICE≡△ICF

005 오른쪽 그림에서 점 I는 △ABC의 내심이다. ∠ABI=25°, ∠ACI=30°일 때, ∠x의 크기를 구하시오.

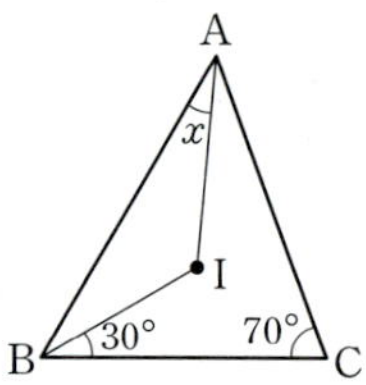

006 오른쪽 그림에서 점 I는 △ABC의 내심이다. ∠IBC=30°, ∠C=70°일 때, ∠x의 크기는?

① 25° ② 30°
③ 35° ④ 40°
⑤ 45°

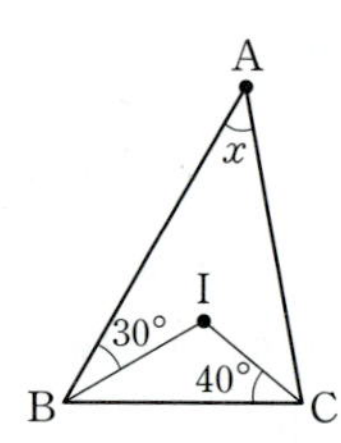

007 오른쪽 그림에서 점 I는 △ABC의 내심이다. ∠ABI=30°, ∠ICB=40°일 때, ∠x의 크기는?

① 20° ② 25°
③ 30° ④ 35°
⑤ 40°

008 오른쪽 그림에서 점 I는 △ABC의 내심이다. ∠BIC=115°일 때, ∠x의 크기를 구하시오.

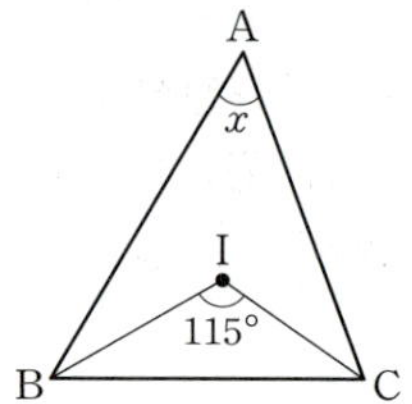

009 오른쪽 그림에서 점 O는 △ABC의 외심이고 점 I는 △OBC의 내심이다. ∠A=52°일 때, ∠x의 크기는?

① 130° ② 134°
③ 138° ④ 142°
⑤ 146°

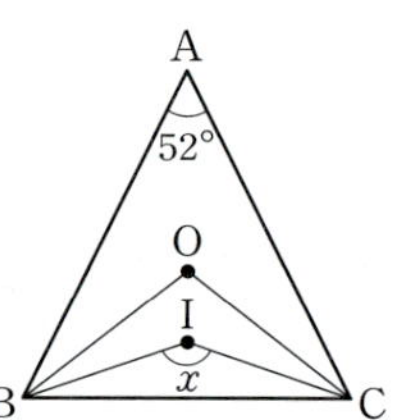

010 오른쪽 그림과 같이 △ABC의 외심 O와 내심 I가 일치할 때, ∠x의 크기는?

① 100° ② 110°
③ 120° ④ 130°
⑤ 140°

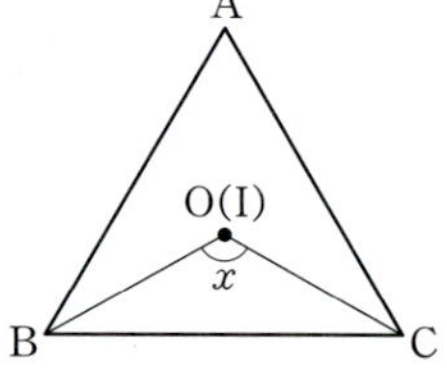

011 오른쪽 그림에서 점 O, I는 $\overline{AB}=\overline{AC}$인 이등변삼각형 ABC의 외심과 내심이다. ∠A=80°일 때, ∠x의 크기를 구하시오.

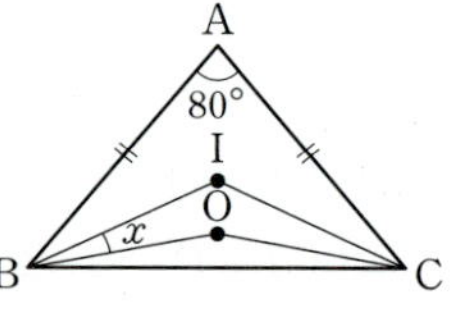

005 삼각형의 내심은 세 내각의 이등분선의 교점이다.

010 정삼각형의 외심과 내심은 일치한다.

076 삼각형의 내접원의 활용

⊙ 원 I는 △ABC의 내접원이다. 맞으면 ○, 틀리면 ×

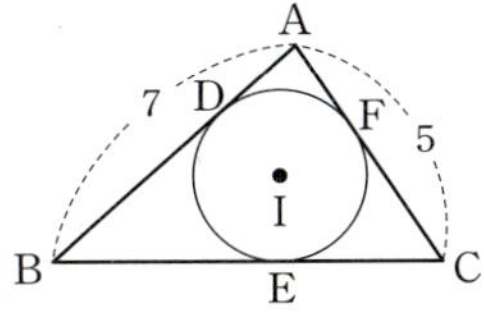

001 $\overline{AF}=2$이면 $\overline{AD}=2$이다.

002 $\overline{AF}=2$이면 $\overline{BD}=4$이다.

003 $\overline{AF}=2$이면 $\overline{BC}=8$이다.

004 $\overline{AF}=2$이고 내접원 I의 반지름의 길이가 2이면 △ABC의 넓이는 20이다.

005 오른쪽 그림에서 점 I는 직각삼각형 ABC의 내심일 때, △ABC의 내접원의 반지름의 길이를 구하시오.

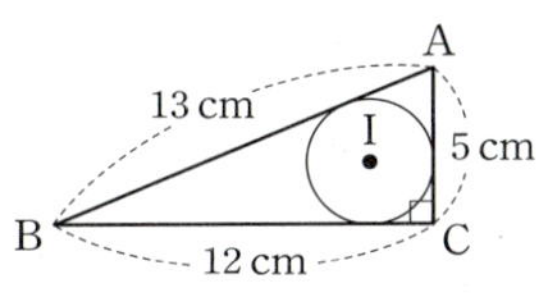

006 오른쪽 그림에서 점 I는 △ABC의 내심이다. △ABC의 둘레의 길이가 24 cm, 넓이가 36 cm²일 때, 원 I의 넓이를 구하시오.

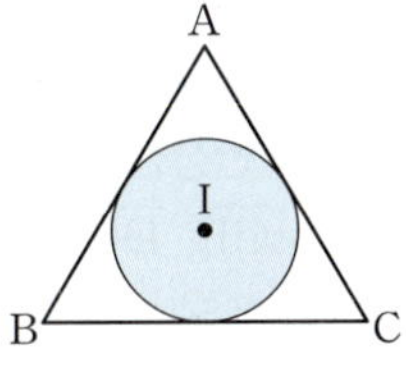

007 오른쪽 그림에서 점 I가 △ABC의 내심일 때, △ABC와 △IBC의 넓이의 비는?

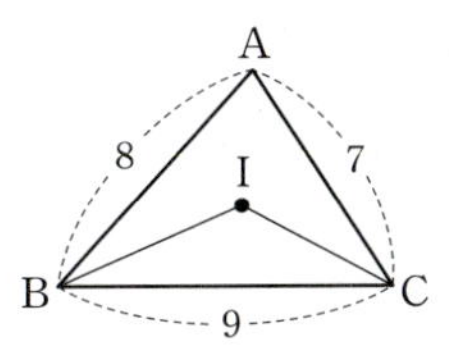

① 4 : 1　② 8 : 3
③ 8 : 5　④ 9 : 4
⑤ 9 : 5

008 오른쪽 그림에서 원 I는 ∠B=90°인 직각삼각형 ABC의 내접원이다. 이때 색칠한 부채꼴의 넓이는?

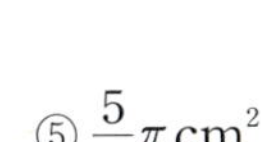

① $\dfrac{1}{8}\pi\,cm^2$　② $\dfrac{1}{4}\pi\,cm^2$
③ $\dfrac{3}{8}\pi\,cm^2$　④ $\dfrac{1}{2}\pi\,cm^2$　⑤ $\dfrac{5}{8}\pi\,cm^2$

009 오른쪽 그림에서 점 I는 △ABC의 내심이고 세 점 D, E, F는 각각 내접원과 세 변의 접점일 때, $\overline{BE}$의 길이를 구하시오.

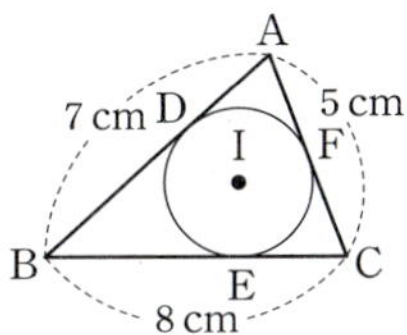

010 오른쪽 그림에서 점 I는 △ABC의 내심이고 $\overline{DE}\,/\!/\,\overline{BC}$일 때, △ADE의 둘레의 길이를 구하시오.

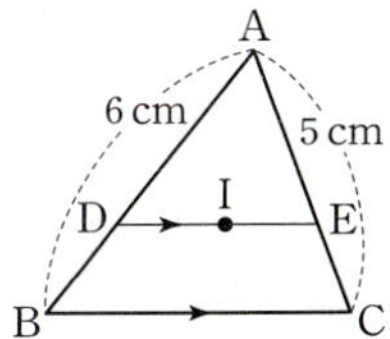

011 오른쪽 그림에서 점 I는 △ABC의 내심이다. $\overline{DE}\,/\!/\,\overline{BC}$일 때, △ABC의 둘레의 길이는?

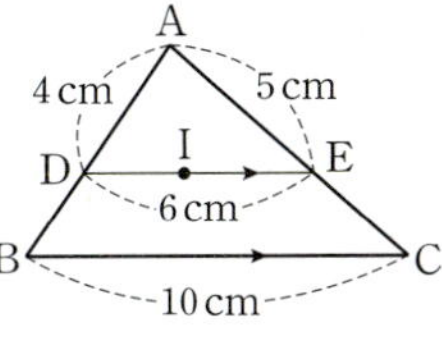

① 25 cm　② 26 cm
③ 27 cm　④ 28 cm　⑤ 29 cm

005 △ABC의 내접원의 반지름의 길이가 r일 때, △ABC의 넓이는 $\dfrac{1}{2}r(\overline{AB}+\overline{BC}+\overline{CA})$이다.

009 △ABC의 내접원과 $\overline{AB}$, $\overline{BC}$, $\overline{CA}$의 접점을 각각 D, E, F라 하면 $\overline{AD}=\overline{AF}$, $\overline{BD}=\overline{BE}$, $\overline{CE}=\overline{CF}$이다.

⊙ □ABCD는 **평행사변형이다. 맞으면 ○, 틀리면 ×**

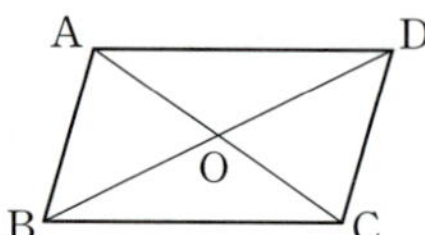

001 $\overline{AB}=\overline{DC}$, $\overline{AD}=\overline{BC}$

002 $\angle A=\angle C$, $\angle B=\angle D$

003 $\overline{OA}=\overline{OC}$, $\overline{OB}=\overline{OD}$

004 $\overline{AD}/\!/\overline{BC}$, $\overline{AD}=\overline{BC}$

005 오른쪽 그림과 같은 평행사변형 ABCD에서 $\angle ABC=60°$, $\angle ACB=50°$일 때, $\angle y-\angle x$의 크기는?

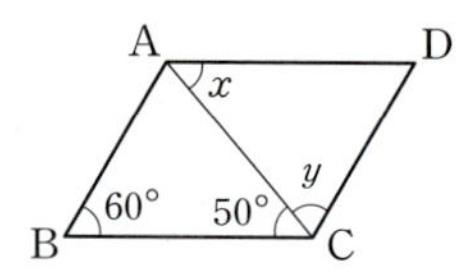

① $10°$
② $15°$
③ $20°$
④ $25°$
⑤ $30°$

006 오른쪽 그림과 같은 평행사변형에서 $\overline{AE}$, $\overline{DF}$는 각각 $\angle A$, $\angle D$의 이등분선일 때, $\overline{FE}$의 길이를 구하시오.

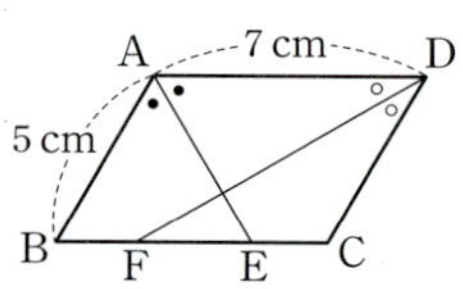

007 오른쪽 그림과 같은 평행사변형 ABCD에서 $\angle C$의 이등분선이 $\overline{AD}$와 만나는 점을 E, $\overline{AB}$의 연장선과 만나는 점을 F라 하자. 이때 $\overline{AF}$의 길이를 구하시오.

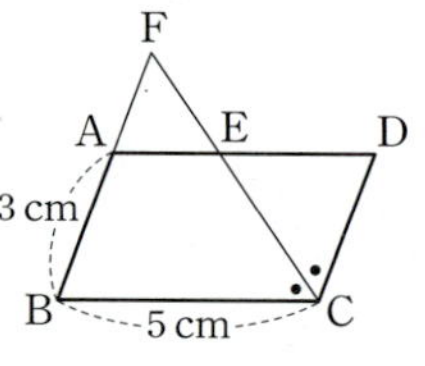

008 다음 중 사각형 ABCD가 평행사변형이 되지 <u>않</u>는 것은? (단, 점 O는 두 대각선의 교점이다.)

① $\angle A=120°$, $\angle B=60°$, $\angle C=120°$
② $\overline{AD}/\!/\overline{BC}$, $\overline{AD}=5\,cm$, $\overline{BC}=5\,cm$
③ $\overline{AB}=\overline{AD}=5\,cm$, $\overline{BC}=\overline{CD}=3\,cm$
④ $\overline{OA}=3\,cm$, $\overline{OB}=5\,cm$, $\overline{OC}=3\,cm$, $\overline{OD}=5\,cm$
⑤ $\angle A=100°$, $\angle B=80°$, $\overline{AD}=5\,cm$, $\overline{BC}=5\,cm$

009 오른쪽 그림과 같은 평행사변형 ABCD의 넓이가 $100\,cm^2$일 때, 색칠한 부분의 넓이는?

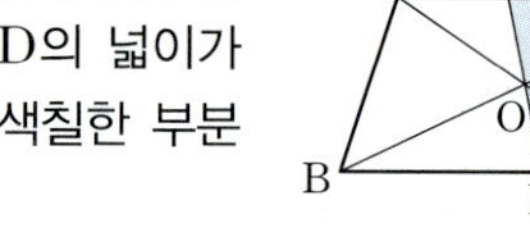

① $20\,cm^2$
② $25\,cm^2$
③ $30\,cm^2$
④ $35\,cm^2$
⑤ $40\,cm^2$

010 오른쪽 그림과 같이 평행사변형 ABCD에서 $\overline{BC}$와 $\overline{DC}$의 연장선 위에 각각 $\overline{BC}=\overline{CE}$, $\overline{DC}=\overline{CF}$가 되도록 두 점 E, F를 잡는다. $\triangle AOB=10\,cm^2$일 때, □BFED의 넓이를 구하시오.

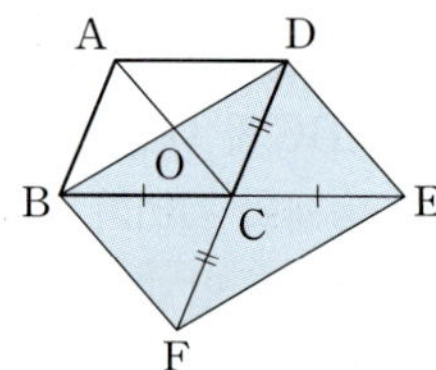

011 오른쪽 그림과 같은 평행사변형 ABCD의 넓이가 $70\,cm^2$이고 $\triangle PAB$와 $\triangle PCD$의 넓이의 비가 $3:4$일 때, $\triangle PAB$의 넓이를 구하시오.

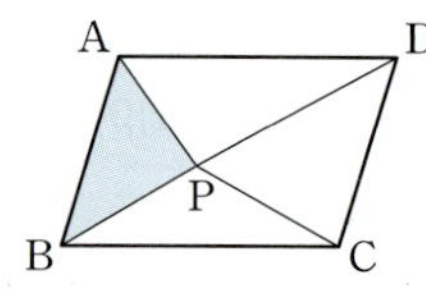

005 평행사변형에서 이웃하는 두 내각의 크기의 합은 $180°$이다.

010 평행사변형의 넓이는 한 대각선에 의해 2등분되고, 두 대각선에 의해 4등분된다.

⊙ <보기>에서 모두 고르시오.

〈보기〉
ㄱ. 한 내각이 직각이다.
ㄴ. 두 대각선의 길이가 같다.
ㄷ. 이웃하는 두 변의 길이가 같다.
ㄹ. 두 대각선이 직교한다.

001 평행사변형이 직사각형이 되는 조건

002 평행사변형이 마름모가 되는 조건

003 직사각형이 정사각형이 되는 조건

004 마름모가 정사각형이 되는 조건

005 다음 중 오른쪽 그림과 같은 평행사변형 ABCD가 직사각형이 되기 위한 조건이 아닌 것은?

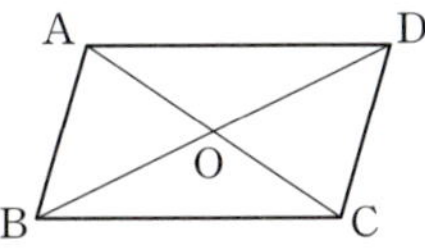

① $\overline{AC}=\overline{BD}$ ② $\overline{OA}=\overline{OD}$ ③ $\angle A=\angle B$
④ $\angle A=\angle C$ ⑤ $\angle A=90°$

006 오른쪽 그림과 같은 마름모 ABCD에서 x의 값을 구하시오.

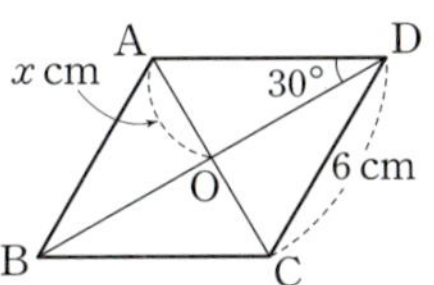

007 오른쪽 그림과 같은 평행사변형 ABCD에서 $\angle CAD=60°$, $\angle CBD=30°$일 때, a의 값을 구하시오.

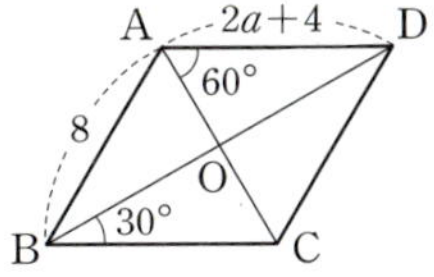

008 다음 중 오른쪽 그림과 같은 직사각형 ABCD가 정사각형이 되기 위한 조건을 모두 고르면? (정답 2개)

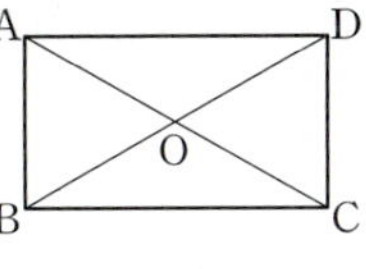

① $\overline{AB}=\overline{BC}$ ② $\overline{AC}=\overline{BD}$
③ $\overline{AO}=\overline{CO}$ ④ $\angle AOB=\angle AOD$
⑤ $\angle ABC=60°$

009 오른쪽 그림과 같이 $\overline{AD}/\!/\overline{BC}$인 등변사다리꼴 ABCD에서 $\overline{AB}=\overline{AD}$이고 $\angle ABD=34°$일 때, $\angle x$의 크기를 구하시오.

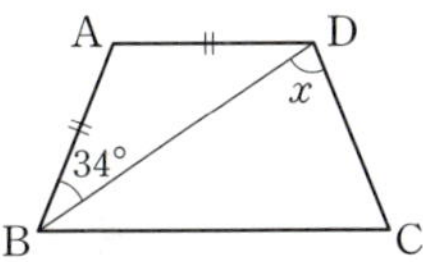

010 오른쪽 그림과 같이 $\overline{AD}/\!/\overline{BC}$인 등변사다리꼴 ABCD에서 $\overline{AB}=8\,cm$, $\overline{AD}=6\,cm$, $\angle B=60°$일 때, □ABCD의 둘레의 길이를 구하시오.

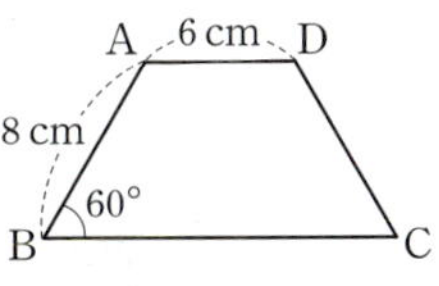

011 오른쪽 그림과 같이 평행사변형 ABCD의 네 내각의 이등분선의 교점을 각각 E, F, G, H라 할 때, □EFGH는 어떤 사각형인가?

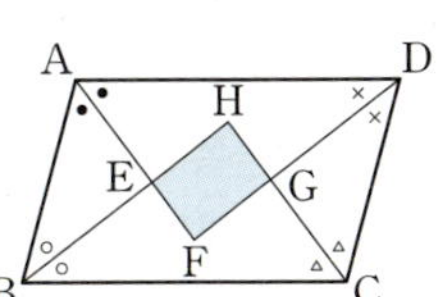

① 정사각형   ② 마름모   ③ 직사각형
④ 평행사변형   ⑤ 사다리꼴

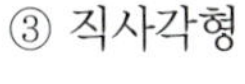

공략
기술

007 마름모의 두 대각선은 서로 다른 것을 수직이등분한다.
010 등변사다리꼴은 밑변의 양 끝각의 크기가 같은 사다리꼴이다.

⊙ <보기>에서 모두 고르시오.

─〈보기〉─
ㄱ. 평행사변형　　　ㄴ. 직사각형
ㄷ. 마름모　　　　　ㄹ. 정사각형

001 두 대각선의 길이가 같은 사각형

002 두 대각선이 직교하는 사각형

003 두 대각선이 내각을 이등분하는 사각형

004 두 대각선이 서로 다른 것을 수직이등분하는 사각형

005 다음 사각형 중 두 대각선의 길이가 같지 _않은_ 것을 모두 고르면? (정답 2개)

① 평행사변형　　② 직사각형　　③ 마름모
④ 정사각형　　　⑤ 등변사다리꼴

006 다음 중 두 대각선의 길이가 같고 서로 다른 것을 수직이등분하는 사각형은?

① 사다리꼴　　② 평행사변형　　③ 직사각형
④ 마름모　　　⑤ 정사각형

007 오른쪽 그림과 같은 $\square ABCD$에서 꼭짓점 A를 지나고 $\overline{BD}$와 평행한 직선이 $\overline{BC}$의 연장선과 만나는 점을 E라 하자. $\square ABCD = 30\,cm^2$일 때, $\triangle DEC$의 넓이를 구하시오.

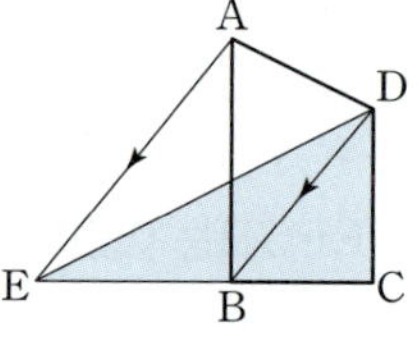

008 오른쪽 그림과 같은 $\triangle ABC$에서 $\overline{AC} /\!/ \overline{DE}$이고 $\triangle ABC = 8\,cm^2$, $\triangle ABE = 5\,cm^2$일 때, $\triangle ADC$의 넓이는?

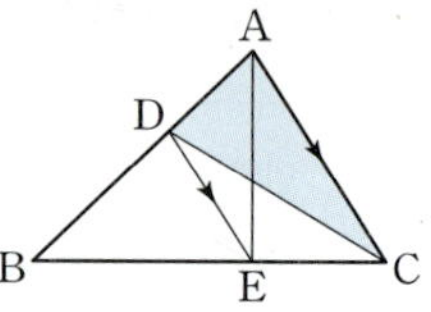

① $3\,cm^2$　　② $4\,cm^2$　　③ $5\,cm^2$
④ $6\,cm^2$　　⑤ $7\,cm^2$

009 오른쪽 그림과 같은 평행사변형 ABCD에서 $\overline{AP} : \overline{PC} = 1 : 2$이고 $\square ABCD = 36\,cm^2$일 때, $\triangle APD$의 넓이를 구하시오.

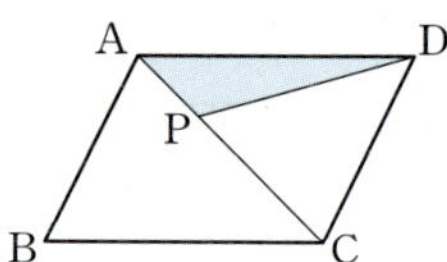

010 오른쪽 그림과 같은 $\triangle ABC$에서 점 M은 $\overline{BC}$의 중점이고 $\overline{AN} : \overline{NM} = 1 : 2$이다. $\triangle BMN = 8\,cm^2$일 때, $\triangle ABC$의 넓이를 구하시오.

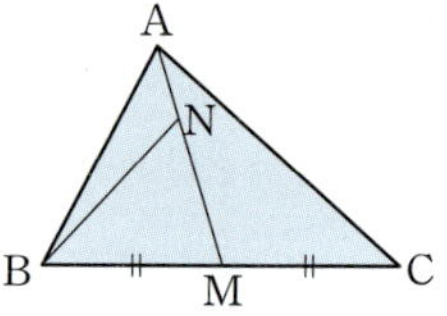

011 오른쪽 그림과 같이 $\overline{AD} /\!/ \overline{BC}$인 등변사다리꼴 ABCD에서 $\overline{AO} : \overline{OC} = 1 : 2$이다. $\triangle AOD = 6\,cm^2$일 때, $\square ABCD$의 넓이는?

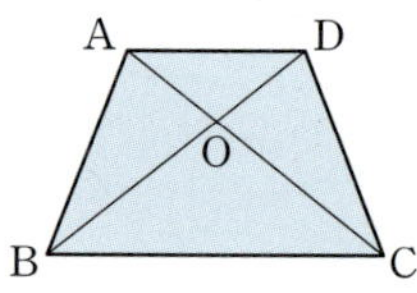

① $50\,cm^2$　　② $52\,cm^2$　　③ $54\,cm^2$
④ $56\,cm^2$　　⑤ $58\,cm^2$

공략기술

007 밑변의 길이와 높이가 같은 두 삼각형의 넓이는 서로 같다.

010 높이가 같은 두 삼각형의 넓이의 비는 밑변의 길이의 비와 같다.

◉ **맞으면 ○, 틀리면 ×**

001 닮음인 두 도형의 넓이는 같다.

002 합동인 두 도형의 닮음비는 1 : 1이다.

003 두 닮은 도형의 대응각의 크기는 같다.

004 두 닮은 도형의 대응하는 변의 길이는 같다.

005 다음 중 항상 닮은 도형이라고 할 수 <u>없는</u> 것을 모두 고르면? (정답 2개)

① 두 정삼각형　　② 두 마름모　　③ 두 정사면체
④ 두 원뿔　　⑤ 두 직각이등변삼각형

006 오른쪽 그림에서 △ABC∽△DEF이고 닮음비가 3 : 4일 때, 다음 중 옳지 <u>않은</u> 것은?

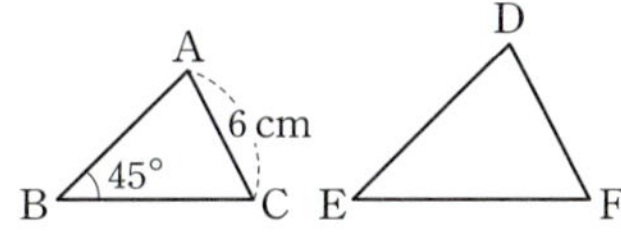

① ∠E=45°　　　　　② $\overline{AB} : \overline{DE}$=3 : 4
③ ∠C=∠F　　　　　④ $\overline{DF}$=8 cm
⑤ ∠A : ∠D=3 : 4

007 다음 그림과 같은 두 삼각형 ABC, DEF는 닮은 도형이다. 두 삼각형의 닮음비는?

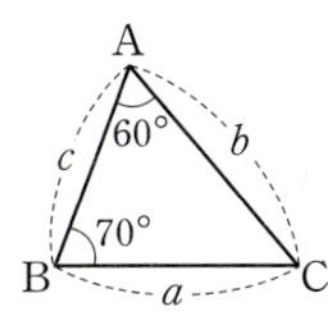
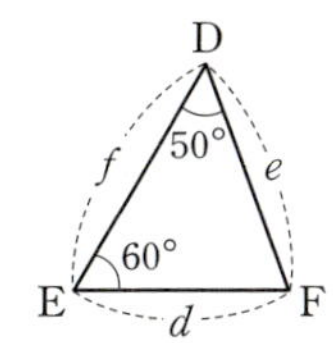

① $a : d$　　　② $a : f$　　　③ $b : d$
④ $b : e$　　　⑤ $c : d$

008 다음 그림에서 △ABC∽△DEF이고 닮음비가 3 : 4일 때, △ABC의 둘레의 길이를 구하시오.

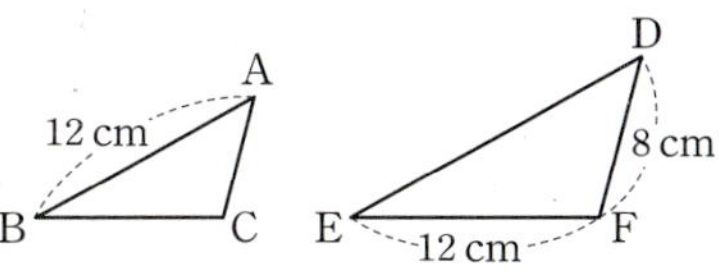

009 오른쪽 그림에서 △ADE∽△ACB일 때, 닮음 조건은?

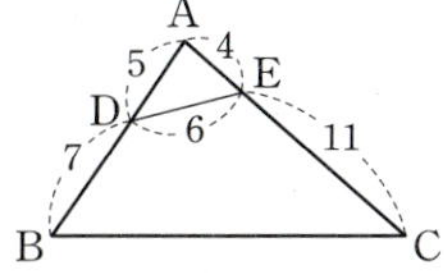

① SSS닮음　　　② SAS닮음
③ ASA닮음　　　④ AA닮음　　　⑤ RHS닮음

010 오른쪽 그림에서 ∠BAC=∠DEB일 때, $\overline{EC}$의 길이는?

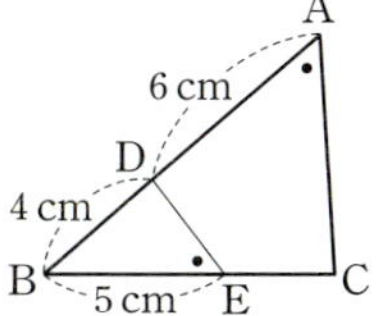

① 1.5 cm　　　② 2 cm
③ 2.5 cm　　　④ 3 cm
⑤ 3.5 cm

011 오른쪽 그림과 같은 평행사변형 ABCD에서 $\overline{BF}$의 연장선과 $\overline{CD}$의 연장선이 만나는 점을 E라 할 때, $\overline{AF}$의 길이를 구하시오.

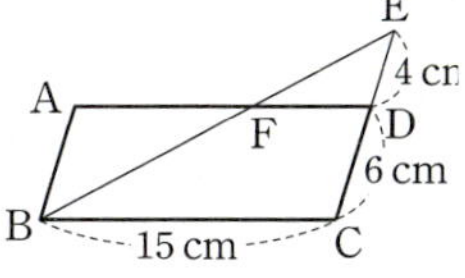

008 서로 닮은 두 평면도형에서 대응하는 변의 길이의 비는 일정하다.
010 대응하는 두 쌍의 각의 크기가 각각 같을 때, AA닮음이다.

● $\overline{AD} \perp \overline{BC}$인 직각삼각형 ABC이다. 다음을 구하시오.

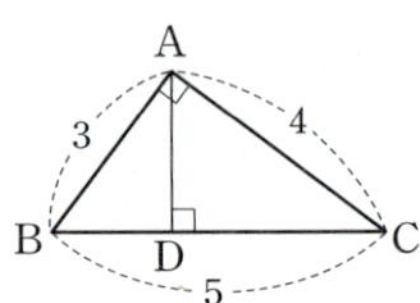

001 $\overline{BD}$의 길이

002 $\overline{CD}$의 길이

003 $\overline{AD}$의 길이

004 오른쪽 그림과 같이 ∠A＝90°인 직각삼각형 ABC에서 $\overline{AD} \perp \overline{BC}$일 때, 다음 중 옳지 <u>않은</u> 것은?

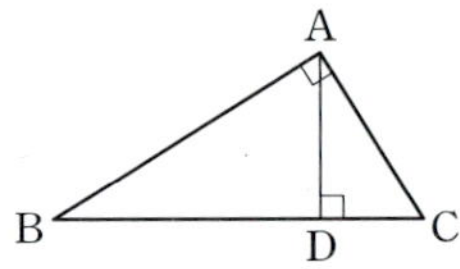

① △ABC∽△DBA ② △ABC∽△DAC
③ △DBA∽△DAC ④ $\overline{AD}^2 = \overline{BD} \times \overline{CD}$
⑤ $\overline{AC}^2 = \overline{BD} \times \overline{BC}$

005 오른쪽 그림과 같이 ∠A＝90°인 직각삼각형 ABC에서 $\overline{AD} \perp \overline{BC}$일 때, $\overline{AB}$의 길이를 구하시오.

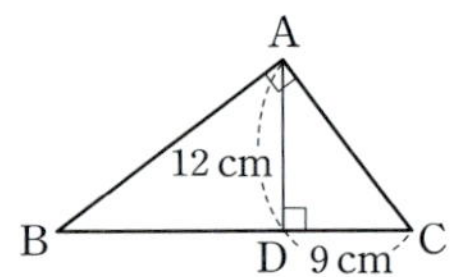

006 오른쪽 그림과 같이 직사각형 ABCD에서 꼭짓점 C가 $\overline{AD}$ 위의 점 F에 오도록 접었을 때, $\overline{BF}$의 길이를 구하시오.

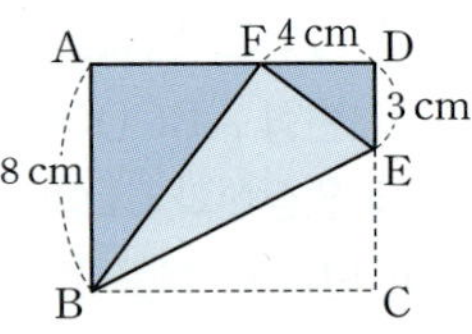

007 오른쪽 그림은 정삼각형 ABC를 꼭짓점 A가 $\overline{BC}$ 위의 점 E에 오도록 접은 것이다. $\overline{DE}$의 길이는?

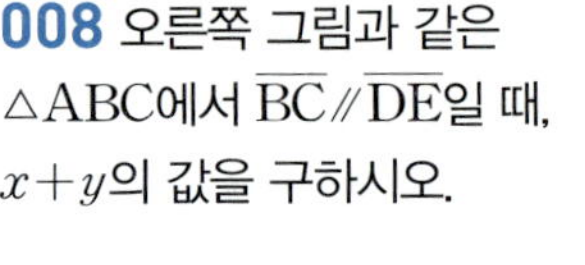

① 4 cm ② $\dfrac{13}{3}$ cm

③ $\dfrac{14}{3}$ cm ④ 5 cm ⑤ $\dfrac{16}{3}$ cm

008 오른쪽 그림과 같은 △ABC에서 $\overline{BC} /\!/ \overline{DE}$일 때, $x+y$의 값을 구하시오.

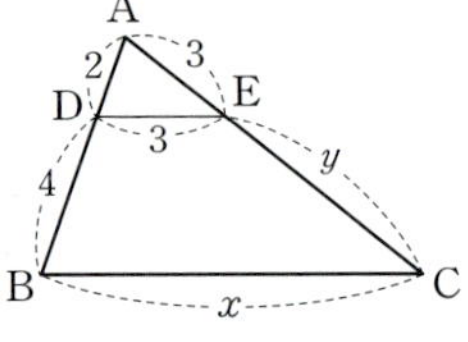

009 오른쪽 그림과 같은 △ABC에서 $\overline{BC} /\!/ \overline{DE}$일 때, $x+y$의 값은?

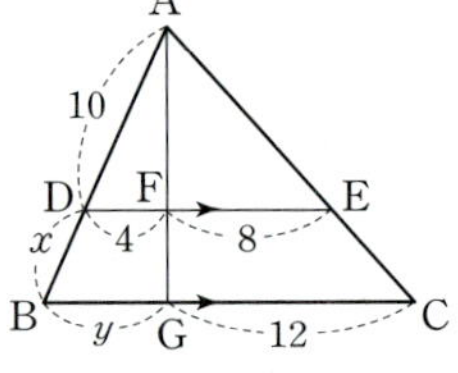

① 11 ② 12
③ 13 ④ 14
⑤ 15

010 오른쪽 그림에서 $\overline{BC} /\!/ \overline{DE}$이고 $\overline{BD}$와 $\overline{CE}$의 교점을 A라 할 때, △ABC의 둘레의 길이를 구하시오.

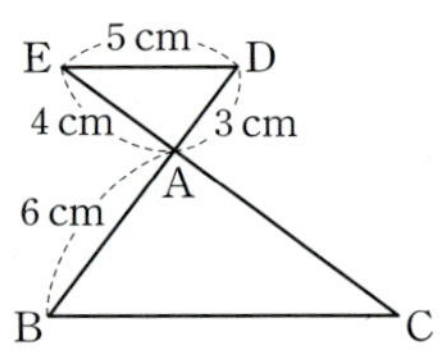

공략
기술

006 △ABF∽△DFE(AA 닮음)이다.
007 △DBE∽△ECF(AA 닮음)이다.

⊙ ∠BAD = ∠CAD**이다.**
다음을 구하시오.

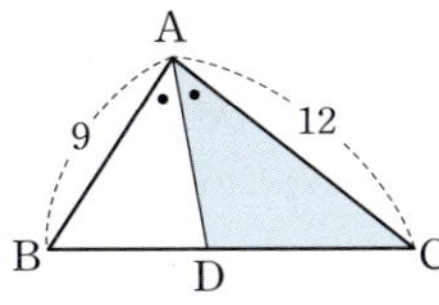

001 $\overline{BD} : \overline{CD}$의 값

002 △ABD : △ADC의 값

003 △ABD = 9일 때, △ADC의 넓이

004 오른쪽 그림과 같은
△ABC에서 ∠A의 이등분선
이 $\overline{BC}$와 만나는 점을 D라 할
때, $\overline{BD}$의 길이는?

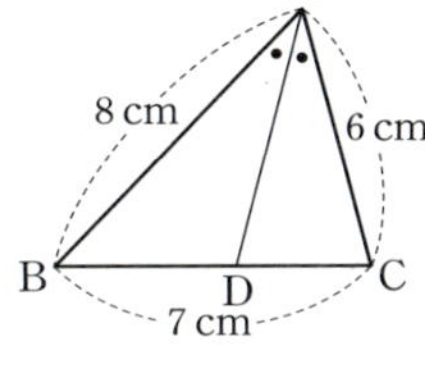

① 2 cm   ② 3 cm
③ 4 cm   ④ 5 cm   ⑤ 6 cm

005 오른쪽 그림과 같은
△ABC에서 $\overline{AD}$는 ∠A
의 외각의 이등분선이다.
△ABD의 넓이가 18 cm²
일 때, △ABC의 넓이를 구하시오.

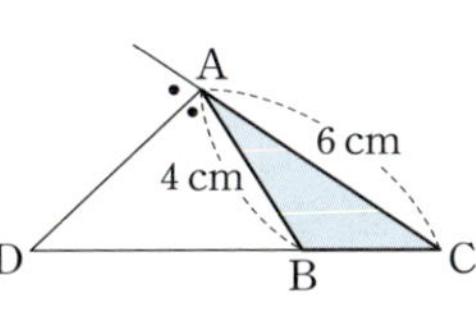

006 오른쪽 그림에서
$l /\!/ m /\!/ n$일 때, x의 값은?

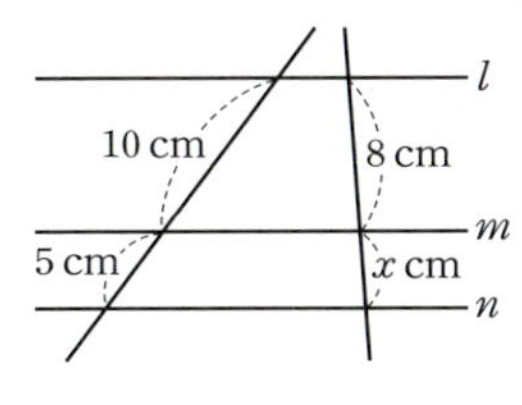

① 4   ② 5
③ 6   ④ 7
⑤ 8

007 오른쪽 그림에서
$l /\!/ m /\!/ n$일 때, x의 값은?

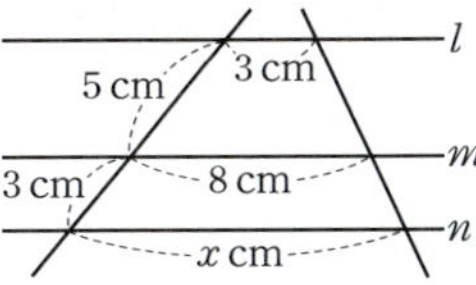

① 11   ② 12
③ 13   ④ 14
⑤ 15

008 오른쪽 그림과 같은 사다
리꼴 ABCD에서
$\overline{AD} /\!/ \overline{EF} /\!/ \overline{BC}$이고
$\overline{AE} : \overline{EB} = 3 : 2$일 때, $\overline{EF}$의
길이를 구하시오.

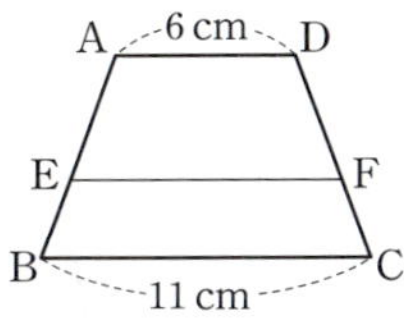

009 오른쪽 그림과 같은 사다
리꼴 ABCD에서
$\overline{AD} /\!/ \overline{EF} /\!/ \overline{BC}$이고
$\overline{AE} : \overline{EB} = 3 : 2$일 때, $\overline{MN}$의
길이는?

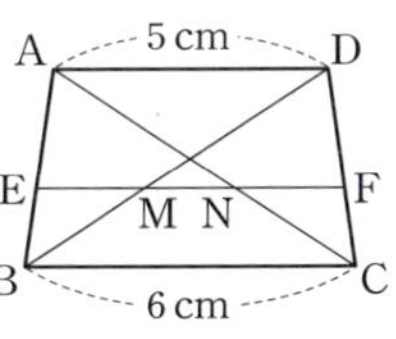

① 1 cm   ② $\dfrac{6}{5}$ cm   ③ $\dfrac{7}{5}$ cm
④ $\dfrac{8}{5}$ cm   ⑤ $\dfrac{9}{5}$ cm

010 오른쪽 그림과 같은 사
다리꼴 ABCD에서
$\overline{AD} /\!/ \overline{EF} /\!/ \overline{BC}$일 때, $\overline{EO}$의
길이를 구하시오.

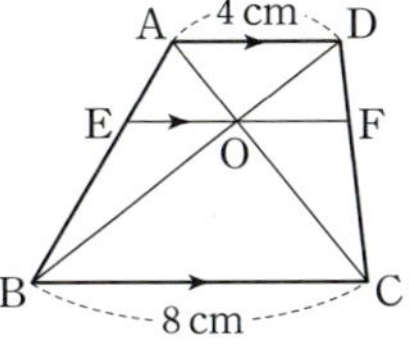

004 ∠A의 이등분선이 $\overline{BC}$와 만나는 점을 D라 하면 $\overline{AB} : \overline{AC} = \overline{BD} : \overline{CD}$이다.

007 하나의 선분을 평행이동하여 삼각형을 만든다.

083 삼각형의 두 변의 중점을 연결한 선분의 성질

정답과 해설 P. 176

⊙ **맞으면 ○, 틀리면 ×**

001 $\triangle ABE \backsim \triangle CDE$

002 $\overline{BE} : \overline{DE} = 3 : 2$

003 $\triangle BFE \backsim \triangle BCD$

004 $\overline{EF} : \overline{DC} = 2 : 5$

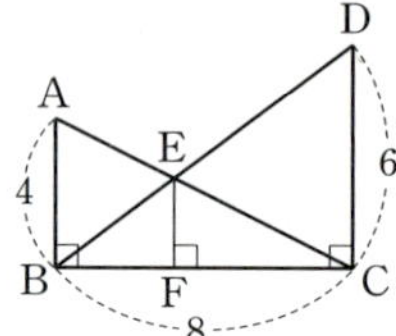

005 오른쪽 그림에서 $\overline{AB} /\!\!/ \overline{EF} /\!\!/ \overline{DC}$일 때, $\overline{BF}$의 길이를 구하시오.

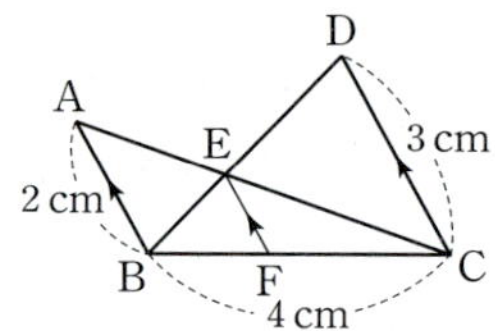

006 오른쪽 그림에서 $\overline{PH}$의 길이는?

① 4.6 cm   ② 4.8 cm
③ 5.0 cm   ④ 5.2 cm
⑤ 5.4 cm

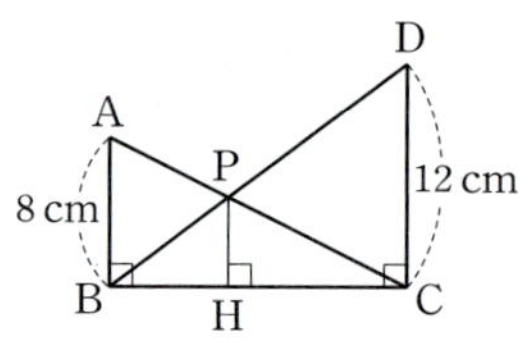

007 오른쪽 그림에서 세 점 D, E, F는 각각 $\overline{AB}$, $\overline{BC}$, $\overline{CA}$의 중점이다. $\triangle ABC$의 둘레의 길이가 36 cm일 때, $\triangle DEF$의 둘레의 길이를 구하시오.

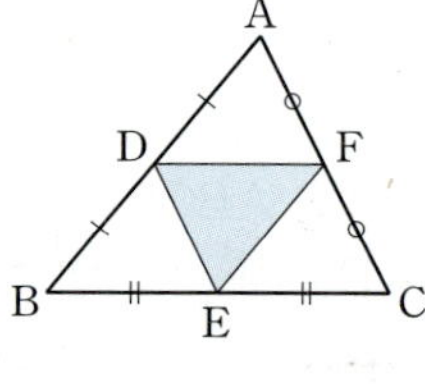

008 오른쪽 그림과 같은 $\triangle ABC$에서 $\overline{AE} = \overline{EF} = \overline{FB}$이고 $\overline{BD} = \overline{DC}$이다. $\overline{CG} = 6$ cm일 때, $\overline{EG}$의 길이는?

① 1 cm   ② 2 cm
③ 3 cm   ④ 4 cm
⑤ 5 cm

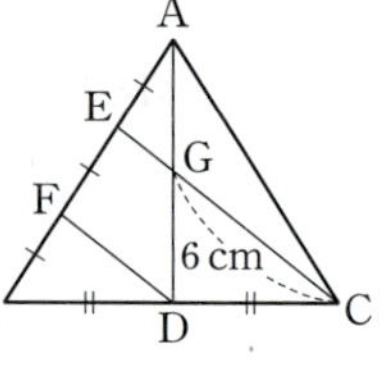

009 오른쪽 그림과 같은 □ABCD에서 $\overline{AB}$, $\overline{BC}$, $\overline{CD}$, $\overline{DA}$의 중점을 각각 E, F, G, H라 하자. $\overline{AC} = 8$ cm, $\overline{BD} = 10$ cm일 때, □EFGH의 둘레의 길이를 구하시오.

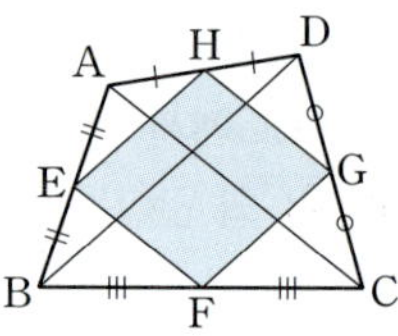

010 오른쪽 그림과 같이 $\overline{AD} /\!\!/ \overline{BC}$인 사다리꼴 ABCD에서 두 점 E, F는 각각 $\overline{AB}$, $\overline{DC}$의 중점이다. 이때 $\overline{EF}$의 길이는?

① 4 cm   ② 5 cm   ③ 6 cm
④ 7 cm   ⑤ 8 cm

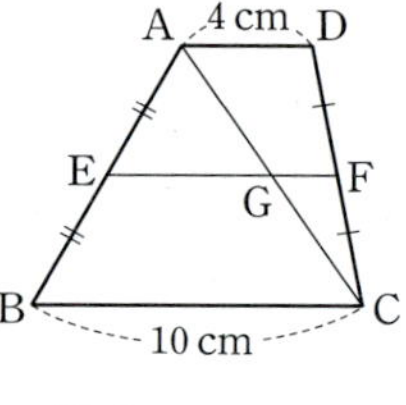

011 오른쪽 그림과 같이 $\overline{AD} /\!\!/ \overline{BC}$인 사다리꼴 ABCD에서 두 점 M, N은 각각 $\overline{AB}$, $\overline{DC}$의 중점이다. 이때 $\overline{PQ}$의 길이를 구하시오.

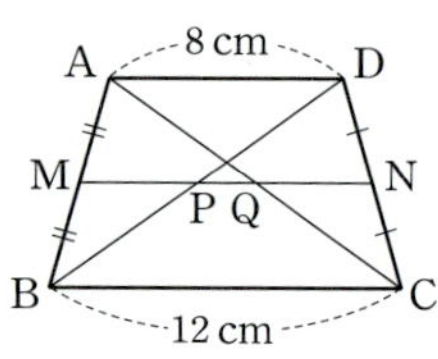

006 $\triangle ABP \backsim \triangle CDP$이고 $\triangle BHP \backsim \triangle BCD$이다.

008 삼각형의 두 변의 중점을 연결한 선분은 나머지 한 변과 평행하고, 그 길이는 나머지 한 변의 길이의 $\dfrac{1}{2}$이다.

⊙ 점 G는 △ABC의 무게중심이다. 맞으면 ○, 틀리면 ×

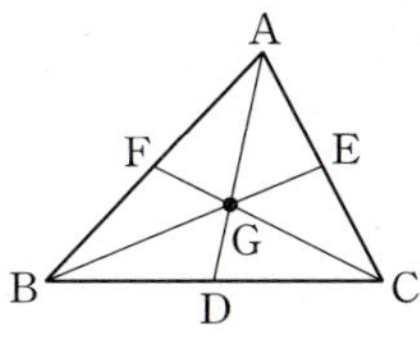

001 $\overline{AG} : \overline{GD} = 2 : 1$

002 $\overline{AG} = \overline{BG} = \overline{CG}$

003 $\triangle GBD = \triangle GEA$

004 $\triangle ABC = 6\triangle GDC$

005 점 M은 $\overline{AC}$의 중점, 점 D는 $\overline{BM}$의 중점이다. $\triangle ABC = 16\,cm^2$일 때, $\triangle ABD$의 넓이를 구하시오.

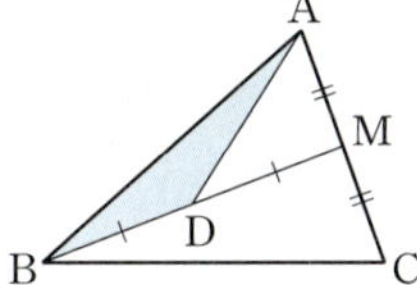

006 오른쪽 그림과 같이 $\angle C = 90°$인 직각삼각형 ABC에서 점 G는 △ABC의 무게중심이다. $\overline{GD} = 5\,cm$일 때, $\overline{AB}$의 길이는?

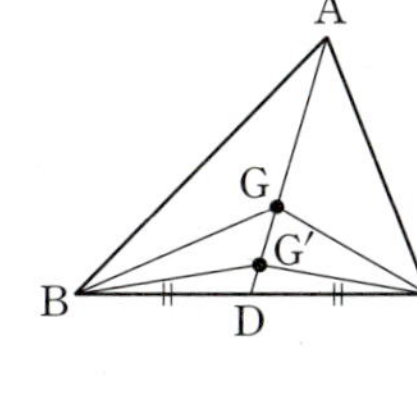

① 22 cm ② 24 cm ③ 26 cm
④ 28 cm ⑤ 30 cm

007 오른쪽 그림과 같은 △ABC에서 $\overline{AD}$는 △ABC의 한 중선이고 두 점 G, G′은 각각 △ABC, △GBC의 무게중심이다. $\overline{AD} = 18\,cm$일 때, $\overline{GG'}$의 길이를 구하시오.

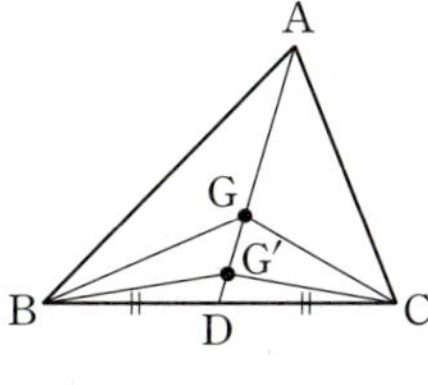

008 오른쪽 그림에서 점 G는 △ABC의 무게중심이고 $\overline{BC} /\!/ \overline{EF}$이다. $\overline{GD} = 3\,cm$, $\overline{BD} = 6\,cm$일 때, $x+y$의 값을 구하시오.

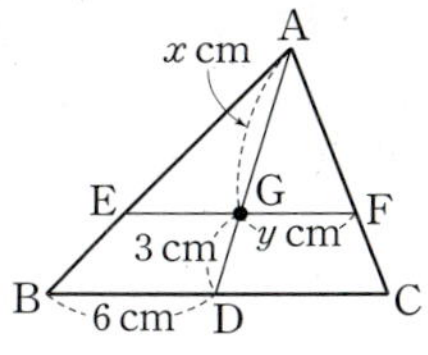

009 오른쪽 그림에서 점 G는 △ABC의 무게중심이고 △BGD의 넓이가 $5\,cm^2$일 때, □DCEG의 넓이는?

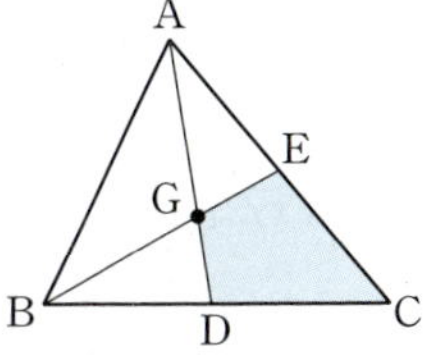

① $8\,cm^2$ ② $9\,cm^2$
③ $10\,cm^2$ ④ $11\,cm^2$
⑤ $12\,cm^2$

010 오른쪽 그림에서 두 점 G, G′은 각각 △ABC, △GBC의 무게중심이다. $\triangle G'BD = 2\,cm^2$일 때, △ABC의 넓이는?

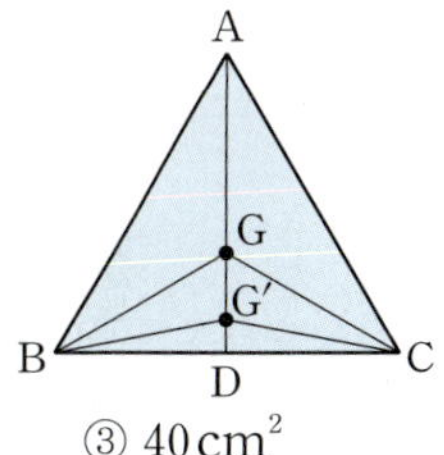

① $32\,cm^2$ ② $36\,cm^2$
③ $40\,cm^2$
④ $44\,cm^2$ ⑤ $48\,cm^2$

011 오른쪽 그림과 같은 평행사변형 ABCD에서 $\overline{BM} = \overline{MC}$, $\overline{DN} = \overline{NC}$이고 $\overline{PQ} = 4\,cm$일 때, $\overline{BD}$의 길이를 구하시오.

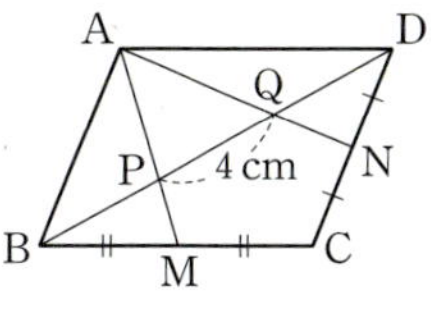

005 중선은 삼각형의 넓이를 이등분한다.

007 무게중심은 세 중선의 길이를 각 꼭짓점으로부터 2 : 1로 나눈다.

085 닮은 도형의 넓이와 부피

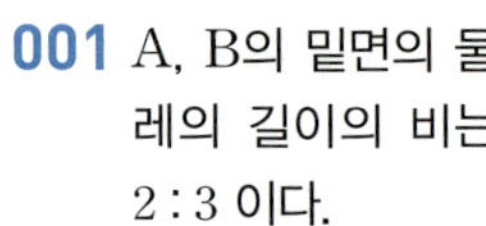
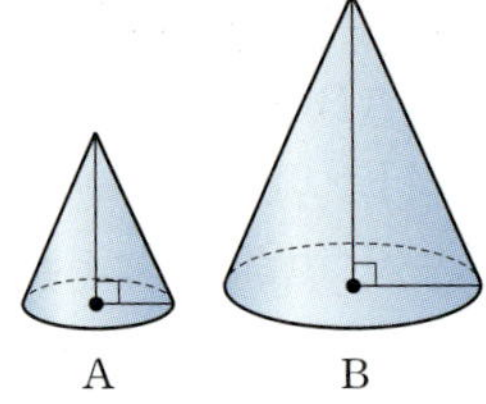

⊙ 닮은 두 원뿔 A, B의 높이의 비가 2 : 3이다. 맞으면 ○, 틀리면 ×

001 A, B의 밑면의 둘레의 길이의 비는 2 : 3 이다.

002 A, B의 옆넓이의 비는 4 : 9이다.

003 A의 밑면의 넓이가 20일 때, B의 밑면의 넓이는 40이다.

004 B의 부피가 54일 때, A의 부피는 16이다.

005 오른쪽 그림과 같은 △ABC에서 $\overline{DE} /\!/ \overline{BC}$이다. △ADE의 넓이가 16 cm²일 때, □DBCE의 넓이를 구하시오.

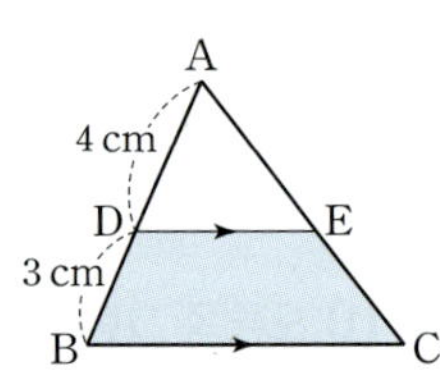

006 오른쪽 그림과 같이 $\overline{AD} /\!/ \overline{BC}$인 사다리꼴 ABCD에서 △COB = 32 cm²일 때, △AOD의 넓이를 구하시오.

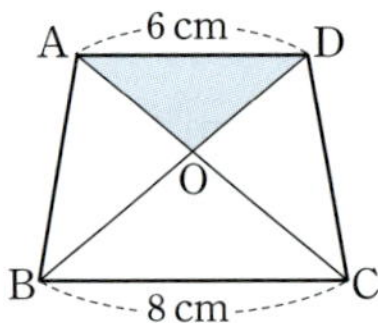

007 오른쪽 그림과 같은 △ABC에서 ∠ADE = ∠ACB이고 △ABC = 28 cm²일 때, △AED의 넓이를 구하시오.

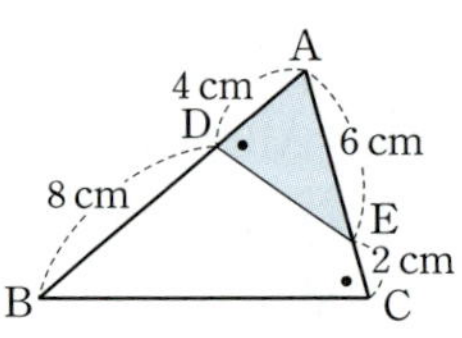

008 오른쪽 그림과 같이 닮음인 두 삼각기둥이 있다. 작은 삼각기둥과 큰 삼각기둥의 높이가 각각 2 cm, 3 cm이고 큰 삼각기둥의 겉넓이가 81 cm²일 때, 작은 삼각기둥의 겉넓이를 구하시오.

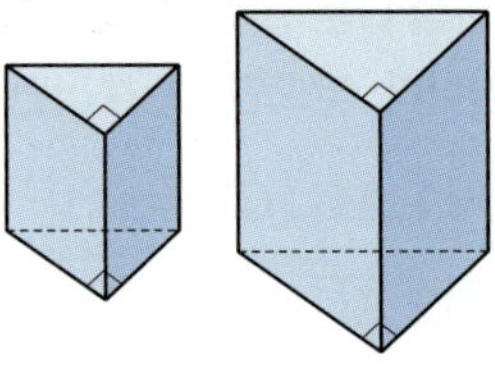

009 닮은 두 원기둥 A, B의 겉넓이가 12 cm², 27 cm²이고 원기둥 B의 부피가 81 cm³일 때, 원기둥 A의 부피는?

① 12 cm³ ② 15 cm³ ③ 18 cm³

④ 21 cm³ ⑤ 24 cm³

010 오른쪽 그림과 같은 원뿔 모양의 그릇에 일정한 속력으로 물을 채우고 있다. 그릇의 전체 높이의 절반을 채우는 데 3분이 걸렸다면 같은 속력으로 물을 더 넣을 때, 나머지를 가득 채우는 데 걸리는 시간은?

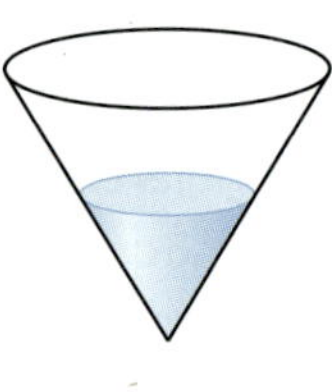

① 21분 ② 23분 ③ 25분

④ 27분 ⑤ 29분

011 반지름의 길이가 15 cm인 구 모양의 쇠구슬 1개를 녹여 반지름의 길이가 3 cm인 구 모양의 쇠구슬을 만들려고 한다. 이때 몇 개까지 만들 수 있는가?

공략 기술

005 서로 닮은 두 평면도형의 닮음비가 $m : n$이면 넓이의 비는 $m^2 : n^2$이다.

009 서로 닮은 두 입체도형의 겉넓이의 비가 $m^2 : n^2$이면 부피의 비는 $m^3 : n^3$이다.

⊙ **다음 세 변의 길이로 직각삼각형을 만들 수 있으면 ○, 없으면 ×**

001 2 cm, 3 cm, 4 cm

002 2 cm, $\sqrt{5}$ cm, 3 cm

003 5 cm, 12 cm, 13 cm

004 6 cm, 8 cm, 11 cm

005 오른쪽 직각삼각형 ABC에서 x의 값은?

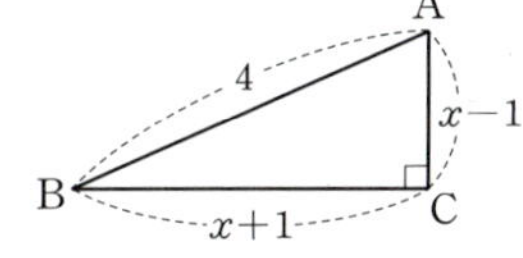

① $\sqrt{6}$ ② $\sqrt{7}$

③ $2\sqrt{2}$ ④ 3

⑤ $\sqrt{10}$

006 오른쪽 직각삼각형 ABC에서 $x+y$의 값은?

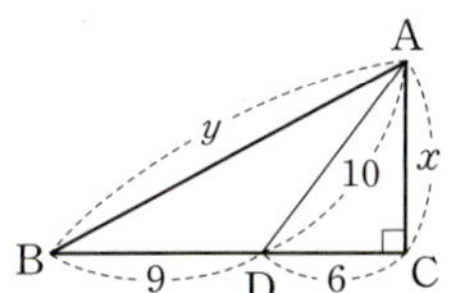

① 24   ② 25

③ 26   ④ 27

⑤ 28

007 오른쪽 그림에서 $\angle B = \angle ACD = 90°$이고 $\overline{AB} = \overline{BC} = \overline{CD}$이다. $\overline{AC} = 8$ cm일 때, $\overline{AD}$의 길이는?

① $2\sqrt{15}$ cm   ② $4\sqrt{5}$ cm   ③ $3\sqrt{10}$ cm

④ $4\sqrt{6}$ cm   ⑤ 10 cm

008 오른쪽 그림에서 $\overline{PF}$의 길이는?

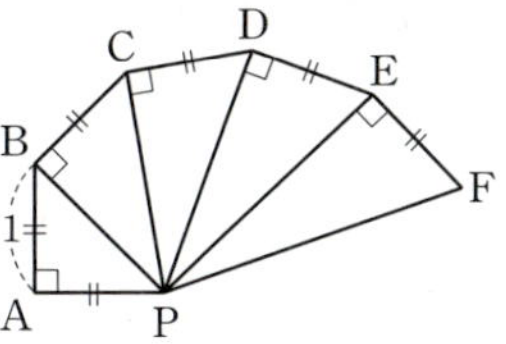

① $\sqrt{3}$ ② 2

③ $\sqrt{5}$ ④ $\sqrt{6}$

⑤ $\sqrt{7}$

009 다음 그림에서 □AOCB는 한 변의 길이가 $\sqrt{2}$인 정사각형이다. 두 점 E, G는 각각 점 O를 중심으로 하고 $\overline{OB}$, $\overline{OD}$를 반지름으로 하는 원의 일부와 $\overline{OC}$의 연장선의 교점이다. 이때 $\overline{OF}$의 길이는?

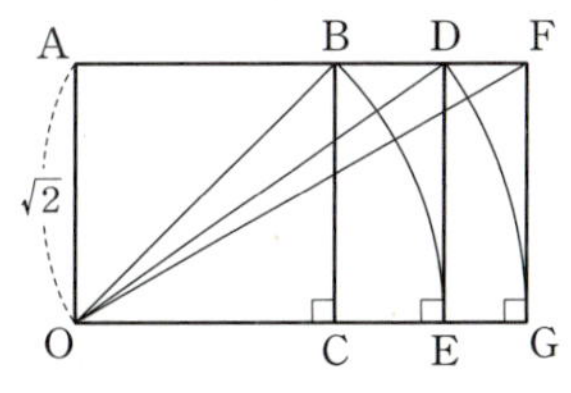

① 2   ② $\sqrt{5}$ ③ $\sqrt{6}$

④ $\sqrt{7}$ ⑤ $2\sqrt{2}$

010 세 변의 길이가 $x+3$, x, $x-3$인 삼각형이 직각삼각형이 되기 위한 x의 값을 구하시오.

011 세 변의 길이가 3, x, 5인 삼각형이 예각삼각형이 되기 위한 x의 값의 범위는? (단, $0 < x < 5$)

① $0 < x < 4$ ② $1 < x < 5$ ③ $2 < x < 5$

④ $3 < x < 5$ ⑤ $4 < x < 5$

005 직각삼각형에서 직각을 낀 두 변의 길이가 a, b, 빗변의 길이가 c일 때, $a^2+b^2=c^2$이 성립한다.

011 △ABC의 세 변의 길이가 a, b, c이고 c가 가장 긴 변의 길이일 때, $c^2<a^2+b^2$이면 $\angle C<90°$인 예각삼각형이다.

◉ 오른쪽 그림은 $\angle C=90°$인 직각삼각형 ABC에 각 변을 한 변으로 하는 정사각형을 그린 것이다. 맞으면 ○, 틀리면 ×

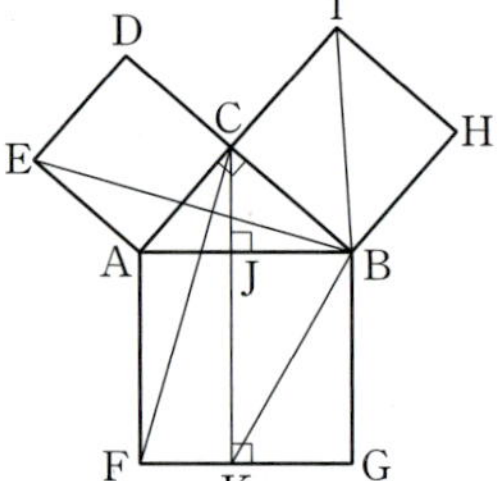

001 $\overline{BE}=\overline{CF}$

002 $\triangle BHI \equiv \triangle BJK$

003 $\triangle ABC=\dfrac{1}{2}\square BHIC$

004 오른쪽 그림과 같이 직각삼각형 ABC의 세 변을 각각 한 변으로 하는 세 정사각형을 만들 때, 다음 중 넓이가 $\triangle EBC$의 넓이와 같지 <u>않은</u> 것은?

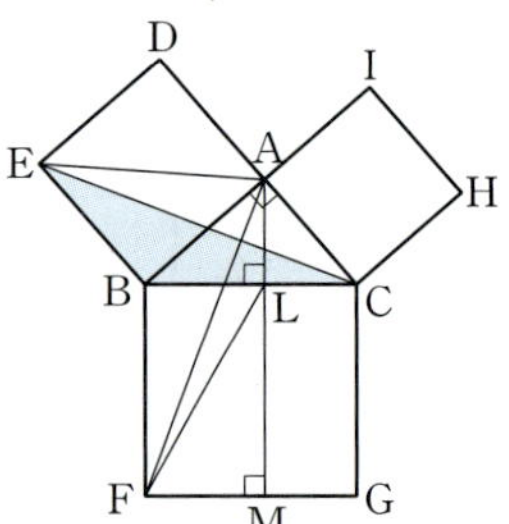

① $\triangle AEC$
② $\triangle EAD$
③ $\triangle EBA$
④ $\triangle ABF$
⑤ $\triangle LBF$

005 오른쪽 그림은 $\angle A=90°$인 직각삼각형 ABC의 세 변을 각각 한 변으로 하는 세 정사각형을 그린 것이다. $\overline{AB}=8\,\text{cm}$, $\overline{AC}=6\,\text{cm}$일 때, $\triangle BFL$의 넓이는?

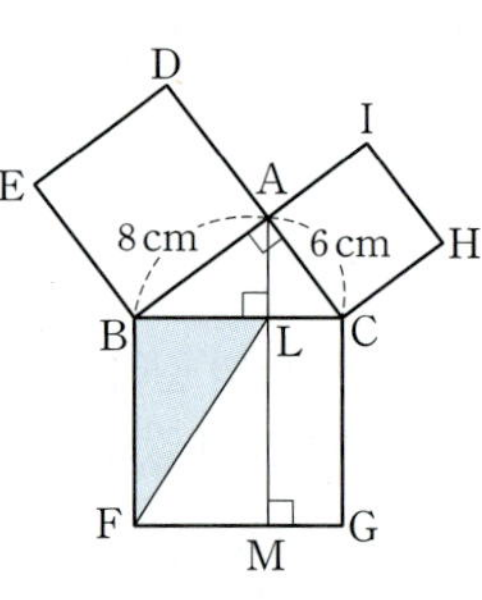

① $26\,\text{cm}^2$
② $28\,\text{cm}^2$
③ $30\,\text{cm}^2$
④ $32\,\text{cm}^2$
⑤ $34\,\text{cm}^2$

6 오른쪽 그림과 같이 $\angle C=90°$인 직각삼각형 ABC의 세 변 $\overline{AB}$, $\overline{BC}$, $\overline{CA}$를 각각 한 변으로 하는 정사각형의 넓이를 각각 S_1, S_2, S_3라 하자. $\overline{CA}:\overline{BC}=4:3$일 때, $S_1:S_2$를 가장 간단한 자연수의 비로 나타내면?

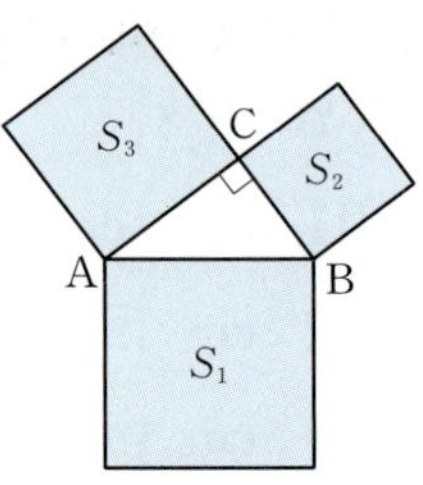

① $4:1$
② $9:4$
③ $16:9$
④ $25:9$
⑤ $25:16$

007 오른쪽 그림과 같이 $\overline{AE}=\overline{BF}=\overline{CG}=\overline{DH}=3$이고 $\square EFGH$의 넓이가 45인 정사각형일 때, $\square ABCD$의 넓이를 구하시오.

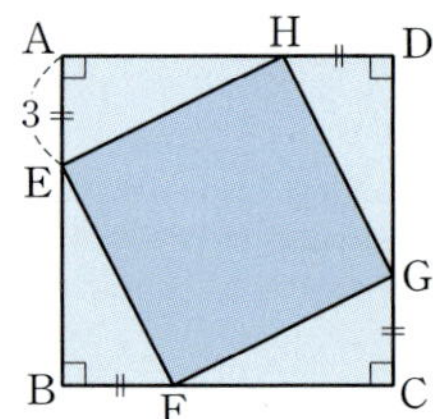

008 오른쪽 그림은 합동인 4개의 직각삼각형을 이용하여 정사각형을 만든 것이다. 이때 $\square ABCD$의 넓이는 얼마인가?

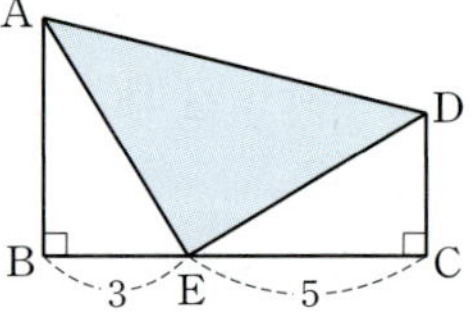

① $25\,\text{cm}^2$
② $27\,\text{cm}^2$
③ $29\,\text{cm}^2$
④ $31\,\text{cm}^2$
⑤ $33\,\text{cm}^2$

009 오른쪽 그림과 같은 사다리꼴 ABCD에서 $\angle B=\angle C=90°$, $\triangle ABE\equiv\triangle ECD$이다. $\overline{BE}=3$, $\overline{CE}=5$일 때, $\triangle AED$의 넓이를 구하시오.

006 $\overline{CA}=4k$, $\overline{BC}=3k(k>0)$로 놓는다.

007 $\triangle AEH\equiv\triangle BFE\equiv\triangle CGF\equiv\triangle DHG$ (RHS합동)이다.

◉ 다음을 구하시오.

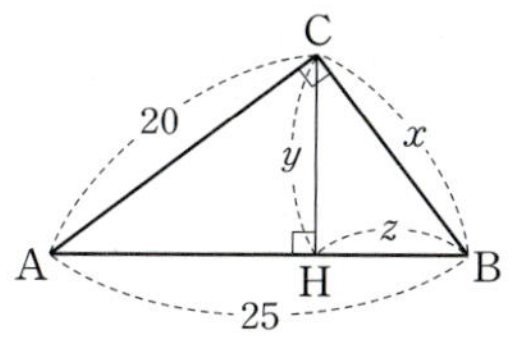

001 x의 값

002 z의 값

003 y의 값

---

007 오른쪽 그림과 같이 직각삼각형 ABC의 세 변 AB, BC, CA를 각각 지름으로 하는 반원을 그렸을 때, 색칠한 부분의 넓이를 구하시오.

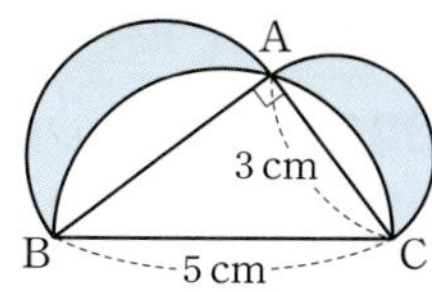

---

004 오른쪽 그림과 같은 □ABCD에서 $\overline{AC}\perp\overline{BD}$ 일 때, $\overline{BC}$의 길이는?

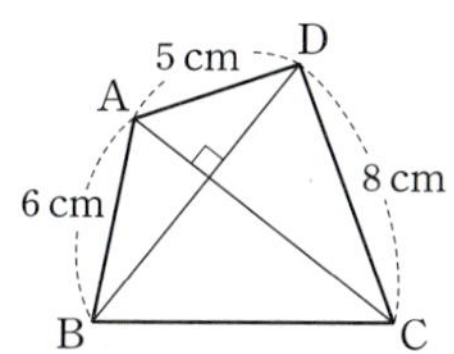

① $2\sqrt{6}\,\mathrm{cm}$ ② $2\sqrt{7}\,\mathrm{cm}$

③ $3\sqrt{3}\,\mathrm{cm}$ ④ $4\sqrt{2}\,\mathrm{cm}$

⑤ $5\sqrt{3}\,\mathrm{cm}$

---

008 오른쪽 그림과 같이 직각삼각형 ABC의 세 변을 각각 지름으로 하는 세 반원의 넓이를 S_1, S_2, S_3라 할 때, $S_1+S_2+S_3$의 값은?

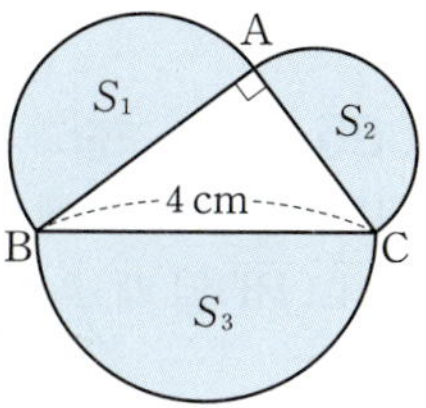

① $\pi\,\mathrm{cm}^2$ ② $2\pi\,\mathrm{cm}^2$

③ $3\pi\,\mathrm{cm}^2$ ④ $4\pi\,\mathrm{cm}^2$ ⑤ $5\pi\,\mathrm{cm}^2$

---

005 오른쪽 그림과 같은 직사각형 ABCD의 내부에 한 점 P가 있다. $\overline{DP}$의 길이는?

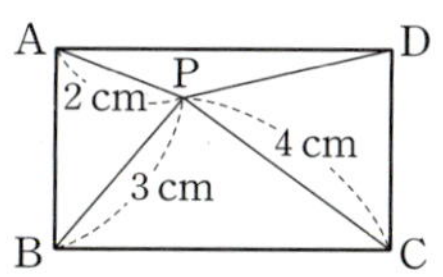

① $\sqrt{11}\,\mathrm{cm}$ ② $2\sqrt{3}\,\mathrm{cm}$

③ $\sqrt{13}\,\mathrm{cm}$ ④ $\sqrt{14}\,\mathrm{cm}$

⑤ $\sqrt{15}\,\mathrm{cm}$

---

009 오른쪽 그림과 같이 직사각형 ABCD를 $\overline{AF}$를 접는 선으로 하여 꼭짓점 D가 $\overline{BC}$ 위의 점 E에 오도록 접었을 때, $\triangle$AEF의 넓이를 구하시오.

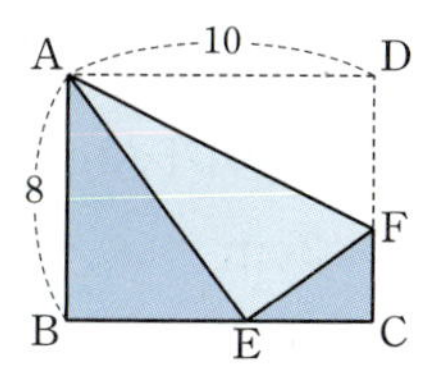

---

006 오른쪽 그림과 같은 직각삼각형 ABC의 꼭짓점 A에서 $\overline{BC}$에 내린 수선의 발을 H라 할 때, $\overline{AH}$의 길이를 구하시오.

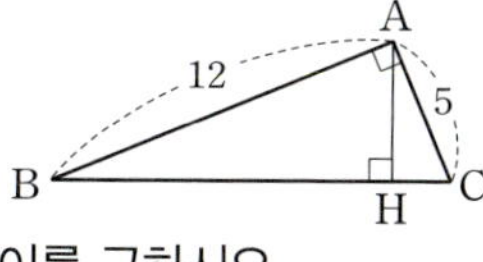

---

010 오른쪽 그림은 $\overline{AB}=\overline{AC}$인 직각이등변삼각형 ABC를 $\overline{EF}$를 접는 선으로 하여 꼭짓점 B가 $\overline{AC}$의 중점 D에 오도록 접은 것이다. 이때 $\overline{DE}$의 길이를 구하시오.

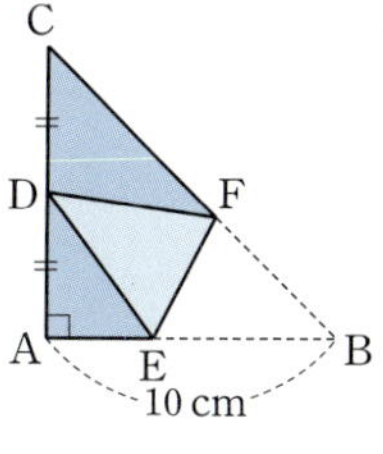

004 □ABCD에서 두 대각선이 직교할 때, $\overline{AB}^2+\overline{CD}^2=\overline{AD}^2+\overline{BC}^2$이 성립한다.

005 □ABCD의 내부에 한 점 P가 있을 때, $\overline{AP}^2+\overline{CP}^2=\overline{BP}^2+\overline{DP}^2$이 성립한다.

089 피타고라스의 정리(평면 활용)

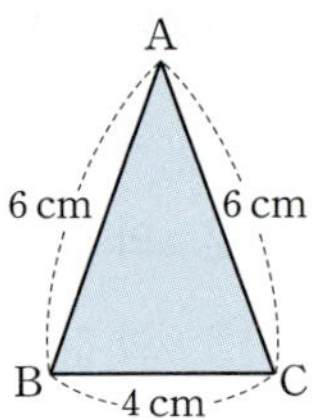

◉ 다음을 구하시오.

001 한 변의 길이가 4인 정삼각형의 높이

002 한 변의 길이가 4인 정삼각형의 넓이

003 높이가 $3\sqrt{3}$인 정삼각형의 한 변의 길이

004 넓이가 $9\sqrt{3}$인 정삼각형의 한 변의 길이

005 오른쪽 그림과 같이 직사각형 ABCD에서 $\overline{AH}\perp\overline{BD}$일 때, $\overline{AH}$의 길이는?

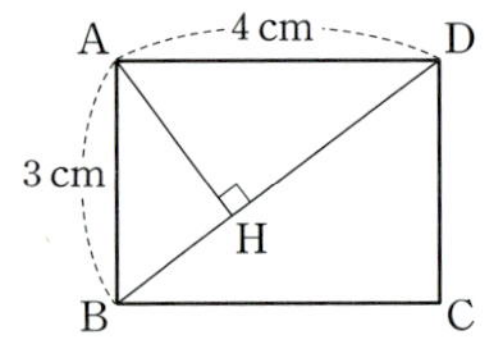

① $2\,cm$
② $\dfrac{11}{5}\,cm$
③ $\dfrac{12}{5}\,cm$
④ $\dfrac{13}{5}\,cm$
⑤ $\dfrac{14}{5}\,cm$

006 높이가 $\sqrt{3}\,cm$인 정삼각형의 넓이는?

① $\sqrt{2}\,cm^2$
② $\sqrt{3}\,cm^2$
③ $2\,cm^2$
④ $2\sqrt{2}\,cm^2$
⑤ $2\sqrt{3}\,cm^2$

007 오른쪽 그림과 같이 한 변의 길이가 $2\,cm$인 정육각형의 넓이는?

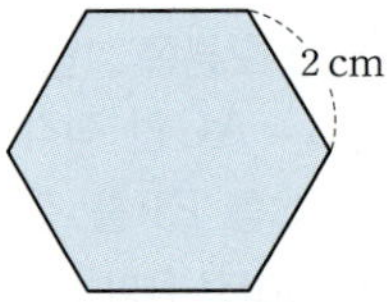

① $7\,cm^2$
② $6\sqrt{2}\,cm^2$
③ $7\sqrt{2}\,cm^2$
④ $6\sqrt{3}\,cm^2$
⑤ $7\sqrt{3}\,cm^2$

008 오른쪽 그림과 같이 세 변의 길이가 각각 $6\,cm$, $6\,cm$, $4\,cm$인 이등변삼각형의 넓이는?

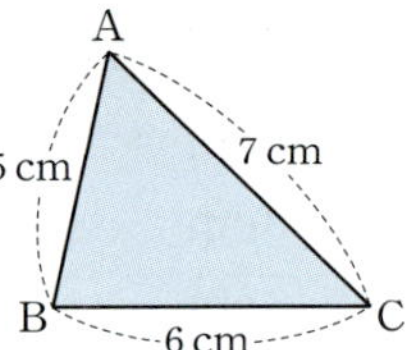

① $6\sqrt{2}\,cm^2$
② $6\sqrt{3}\,cm^2$
③ $7\sqrt{2}\,cm^2$
④ $7\sqrt{3}\,cm^2$
⑤ $8\sqrt{2}\,cm^2$

009 오른쪽 그림과 같이 세 변의 길이가 각각 $5\,cm$, $6\,cm$, $7\,cm$인 삼각형의 넓이는?

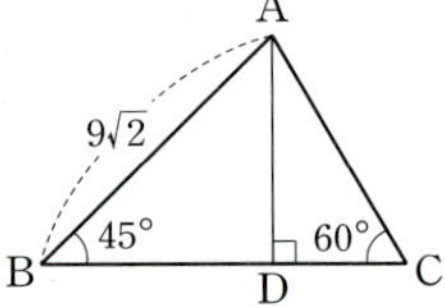

① $6\sqrt{5}\,cm^2$
② $6\sqrt{6}\,cm^2$
③ $7\sqrt{5}\,cm^2$
④ $7\sqrt{6}\,cm^2$
⑤ $8\sqrt{5}\,cm^2$

010 오른쪽 그림과 같은 삼각형 ABC에서 $\overline{CD}$의 길이는?

① 3
② $3\sqrt{2}$
③ $3\sqrt{3}$
④ $4\sqrt{2}$
⑤ $4\sqrt{3}$

011 좌표평면 위의 두 점 $A(2, 5)$, $B(a, 2)$ 사이의 거리가 $\sqrt{10}$일 때, 모든 a의 값의 합을 구하시오.

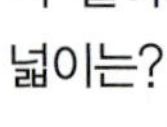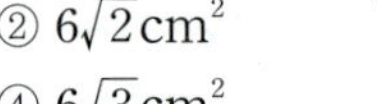

006 한 변의 길이가 a인 정삼각형의 높이는 $\dfrac{\sqrt{3}}{2}a$, 넓이는 $\dfrac{\sqrt{3}}{4}a^2$이다.

011 두 점 $P(x_1, y_1)$, $Q(x_2, y_2)$ 사이의 거리는 $\overline{PQ}=\sqrt{(x_2-x_1)^2+(y_2-y_1)^2}$이다.

090 피타고라스의 정리(입체 활용)

◉ **한 모서리의 길이가 12인 정사면체이다. 다음을 구하시오.**

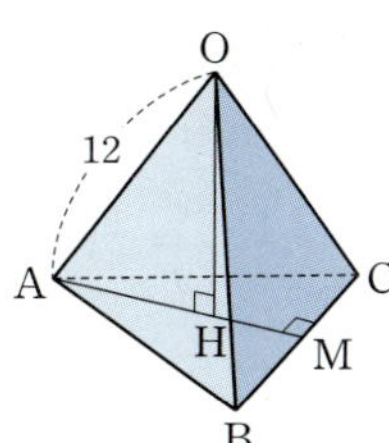

001 $\overline{AM}$의 길이

002 $\overline{OH}$의 길이

003 $\triangle ABC$의 넓이

004 정사면체의 부피

005 오른쪽 그림은 세 모서리의 길이가 각각 $3\,cm$, $4\,cm$, $5\,cm$인 직육면체이다. $\overline{AG}$의 길이를 구하시오.

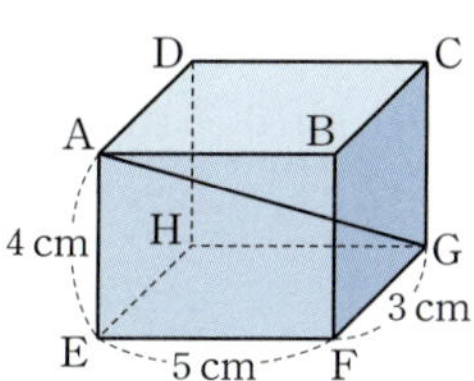

006 오른쪽 그림과 같이 한 모서리의 길이가 $6\,cm$인 정육면체의 꼭짓점 B에서 $\triangle AFC$에 내린 수선의 발을 I라 할 때, $\overline{BI}$의 길이를 구하시오.

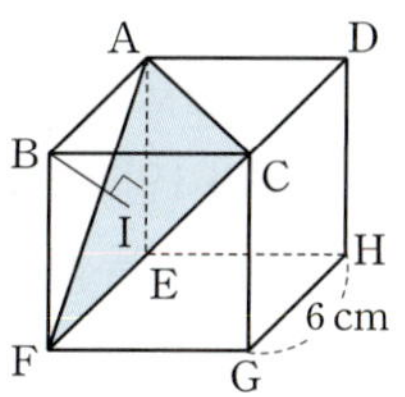

007 오른쪽 그림과 같이 한 모서리의 길이가 $6\,cm$인 정사면체의 꼭짓점 A에서 밑면에 내린 수선의 발을 H라 할 때, $\triangle AHD$의 넓이는?

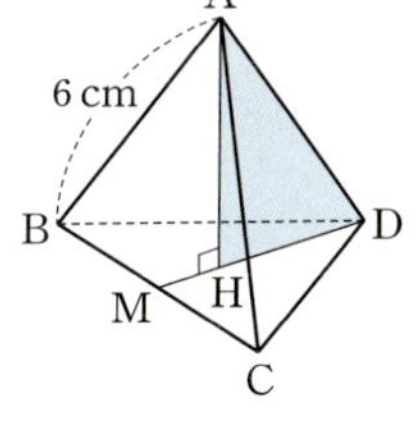

① $4\sqrt{2}\,cm^2$ ② $4\sqrt{3}\,cm^2$
③ $5\sqrt{2}\,cm^2$ ④ $5\sqrt{3}\,cm^2$
⑤ $6\sqrt{2}\,cm^2$

008 오른쪽 그림과 같은 전개도로 만든 정사각뿔의 부피는?

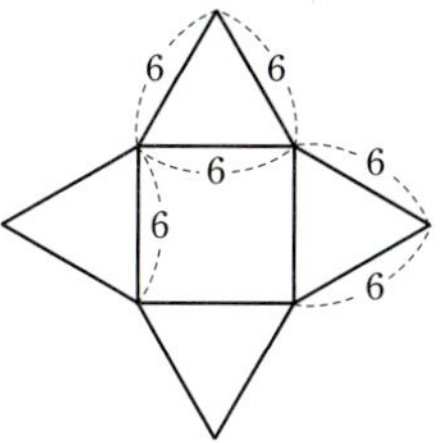

① 18 ② $36\sqrt{2}$
③ $18\sqrt{2}$ ④ $36\sqrt{3}$
⑤ $18\sqrt{3}$

009 오른쪽 그림과 같이 중심각의 크기가 $240°$이고 반지름의 길이가 $9\,cm$인 부채꼴을 옆면으로 하는 원뿔을 만들 때, 이 원뿔의 부피는?

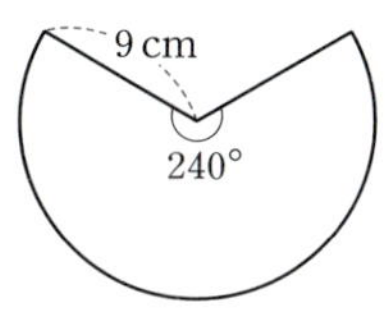

① $32\sqrt{5}\pi\,cm^3$ ② $34\sqrt{5}\pi\,cm^3$ ③ $36\sqrt{5}\pi\,cm^3$
④ $38\sqrt{5}\pi\,cm^3$ ⑤ $40\sqrt{5}\pi\,cm^3$

010 오른쪽 그림과 같은 직육면체의 꼭짓점 A에서 겉면을 따라 모서리 BC를 지나 꼭짓점 G에 이르는 최단 거리를 구하시오.

011 오른쪽 그림과 같이 밑면의 반지름의 길이가 $2\,cm$, 모선의 길이가 $12\,cm$인 원뿔이 있다. 밑면의 점 A에서 원뿔의 옆면을 따라 한 바퀴 돌아 다시 점 A에 이르는 최단 거리를 구하시오.

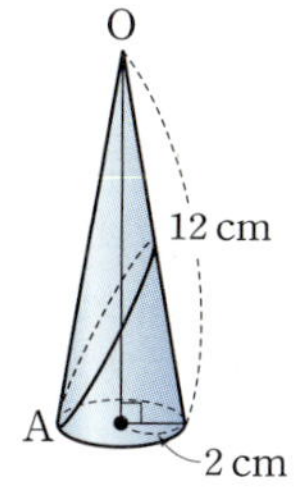

007 한 변의 길이가 a인 정삼각형의 높이는 $\dfrac{\sqrt{3}}{2}a$이다.

009 원뿔의 전개도에서 부채꼴의 호의 길이는 원뿔의 밑면인 원의 둘레의 길이와 같다.

⊙ ∠B$=90°$인 **직각삼각형이다. 다음을 구하시오.**

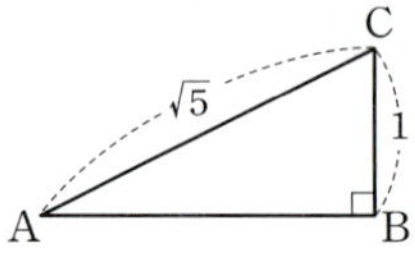

001 $\sin A$

002 $\cos A$

003 $\tan A$

004 오른쪽 그림과 같은 직각삼각형 ABC에서 $\angle A=30°$일 때, x의 값은?

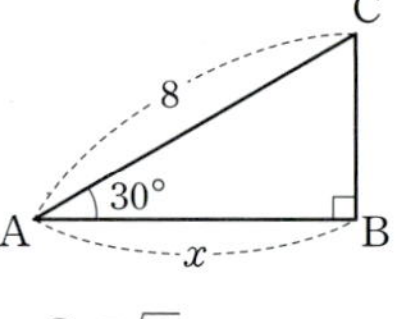

① 4 ② $4\sqrt{2}$
③ $4\sqrt{3}$ ④ $5\sqrt{2}$ ⑤ $5\sqrt{3}$

005 오른쪽 그림과 같은 직각삼각형 ABC에서 $\sin A=\dfrac{3}{5}$일 때, $\tan A$의 값은?

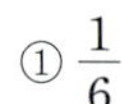

① $\dfrac{1}{6}$ ② $\dfrac{1}{3}$
③ $\dfrac{1}{2}$ ④ $\dfrac{2}{3}$ ⑤ $\dfrac{3}{4}$

006 오른쪽 그림과 같은 직각삼각형 ABC에서 $\angle ABH=60°$, $\angle CAH=45°$일 때, $\overline{AC}$의 길이를 구하시오.

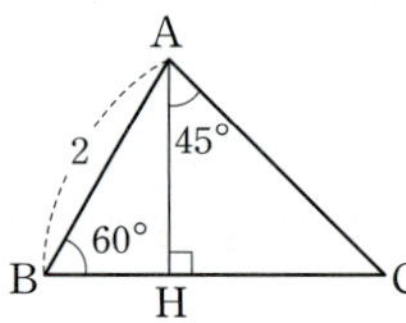

007 오른쪽 그림과 같은 직각삼각형 ABC에서 $\overline{BC}\perp\overline{DE}$일 때, $\sin x$의 값은?

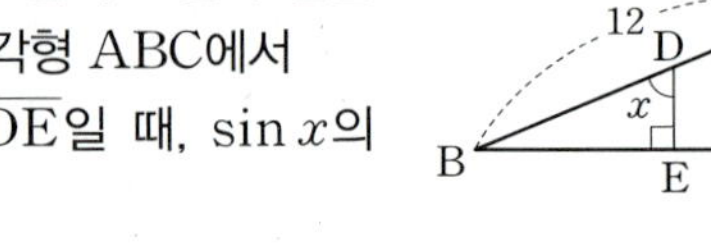

① $\dfrac{5}{12}$ ② $\dfrac{5}{13}$ ③ $\dfrac{12}{13}$
④ $\dfrac{12}{5}$ ⑤ $\dfrac{13}{5}$

008 $\sin 0°+\tan 0°+\cos 90°-\cos 0°\times\sin 90°$의 값은?

① -1 ② 0 ③ 1
④ 2 ⑤ 3

009 오른쪽 그림과 같이 반지름의 길이가 1인 사분원에서 다음 중 옳지 <u>않은</u> 것을 모두 고르면?

(정답 2개)

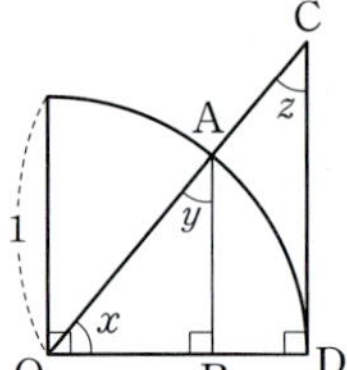

① $\sin x=\overline{AB}$
② $\cos x=\overline{OD}$
③ $\cos y=\overline{AB}$
④ $\sin z=\overline{OC}$
⑤ $\tan x=\overline{CD}$

010 $0°<x<90°$일 때, $\sqrt{(\sin x+1)^2}+\sqrt{(\sin x-1)^2}$을 간단히 하시오.

007 $\triangle ABC \backsim \triangle EBD$(AA닮음)이다.

010 x의 크기가 $0°$에서 $90°$로 증가하면 $\sin x$의 값은 0에서 1로 증가한다.

⊙ ∠B＝60°인 삼각형이다.
다음을 구하시오.

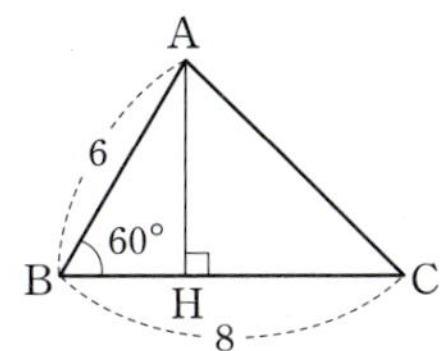

001 $\overline{AH}$의 길이

002 $\overline{BH}$의 길이

003 $\overline{CH}$의 길이

004 $\overline{AC}$의 길이

005 오른쪽 그림과 같은 직각삼각형 ABC에서 x의 값을 구하는 식으로 옳은 것은?

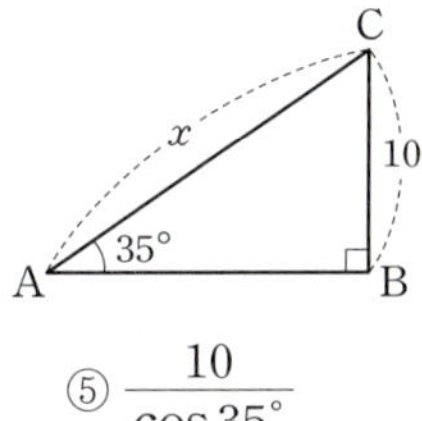

① $10\sin 35°$　② $10\cos 35°$

③ $10\tan 35°$　④ $\dfrac{10}{\sin 35°}$

⑤ $\dfrac{10}{\cos 35°}$

006 오른쪽 그림과 같은 삼각형 ABC에서 ∠B＝60°일 때, $\overline{AC}$의 길이는?

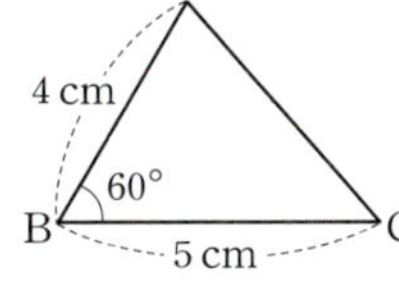

① $2\sqrt{3}\,cm$　② $3\sqrt{2}\,cm$

③ $2\sqrt{5}\,cm$　④ $\sqrt{21}\,cm$

⑤ $5\,cm$

007 오른쪽 그림과 같은 삼각형 ABC에서 ∠BCA＝120°일 때, $\overline{AB}$의 길이를 구하시오.

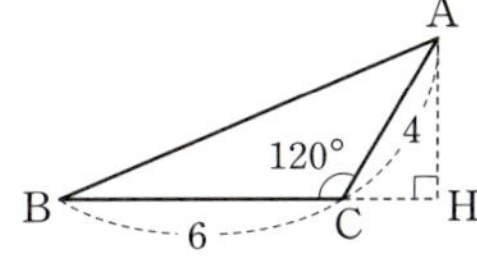

008 오른쪽 그림은 호수의 양 끝에 있는 두 지점 A, C 사이의 거리를 구하기 위하여 측량한 것이다. ∠ABC＝60°, ∠ACB＝75°일 때, 두 지점 A, C 사이의 거리를 구하시오.

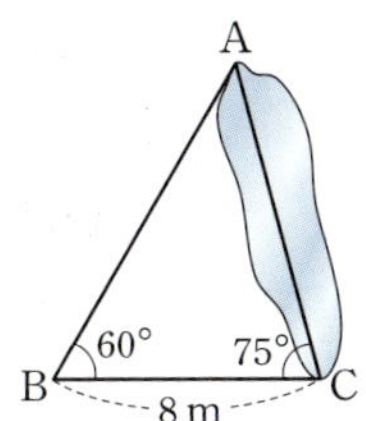

009 오른쪽 그림과 같이 나무를 사이에 두고 두 지점 B, C에서 나무의 꼭대기 A를 올려다 보았을 때,

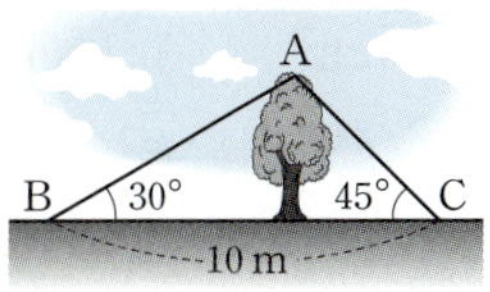

각의 크기는 각각 30°, 45°이었다. 두 지점 B, C 사이의 거리가 10m일 때, 나무의 높이는?

① $3(\sqrt{3}-1)\,m$　② $4(\sqrt{3}-1)\,m$　③ $5(\sqrt{3}-1)\,m$

④ $3(\sqrt{3}+1)\,m$　⑤ $4(\sqrt{3}+1)\,m$

010 오른쪽 그림과 같이 나무의 높이를 측정하기 위하여 A지점에서 나무를 올려다 보았을 때 각의 크기는 30°이었고, A지점으로부터 나무 쪽으로 8m 걸어

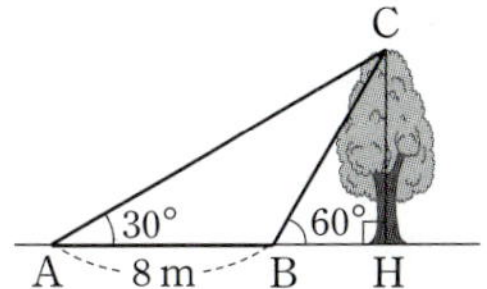

간 B지점에서 나무를 올려다 보았을 때 각의 크기는 60°이었다. 이때 나무의 높이를 구하시오.

006 꼭짓점 A에서 밑변 BC에 수선을 내린다.

008 꼭짓점 C에서 밑변 AB에 수선을 내린다.

기
하

⊙ **삼각형 ABC가 있다.**
다음을 구하시오.

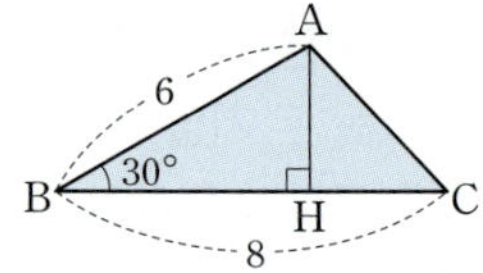

001 $\overline{AH}$의 길이

002 △ABC의 넓이

003 오른쪽 그림과 같은
삼각형 ABC의 넓이는?

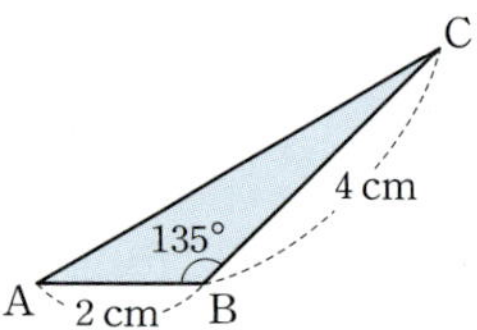

① $2\,cm^2$ ② $\sqrt{5}\,cm^2$
③ $\sqrt{6}\,cm^2$ ④ $\sqrt{7}\,cm^2$
⑤ $2\sqrt{2}\,cm^2$

004 오른쪽 그림과 같은 삼
각형 ABC의 넓이가 $18\sqrt{3}$일
때, $\overline{AB}$의 길이를 구하시오.

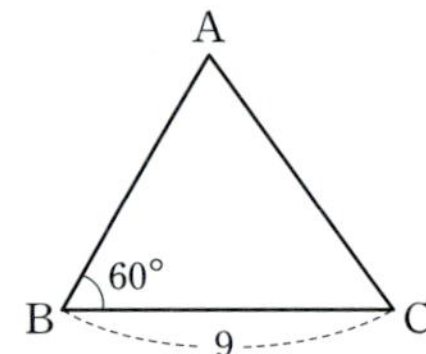

005 오른쪽 그림과 같이 반
지름의 길이가 $6\,cm$인 반원
O에서 $\angle ABC = 30°$일 때,
색칠한 부분의 넓이는?

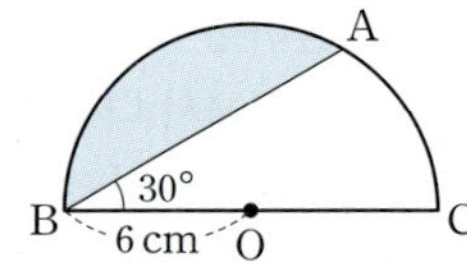

① $(12\pi - 7\sqrt{3})\,cm^2$ ② $(10\pi - 7\sqrt{3})\,cm^2$
③ $(12\pi - 8\sqrt{3})\,cm^2$ ④ $(10\pi - 8\sqrt{3})\,cm^2$
⑤ $(12\pi - 9\sqrt{3})\,cm^2$

006 오른쪽 그림과 같은 사
각형 ABCD의 넓이는?

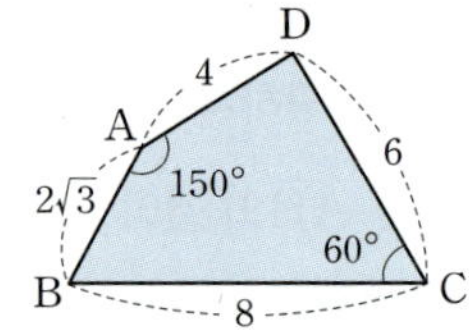

① $10\sqrt{3}$ ② $11\sqrt{3}$
③ $12\sqrt{3}$ ④ $13\sqrt{3}$
⑤ $14\sqrt{3}$

007 오른쪽 그림과 같은 평
행사변형 ABCD의 넓이가
$36\sqrt{2}\,cm^2$일 때, $\angle C$의 크기
는? (단, $\angle C$는 둔각이다.)

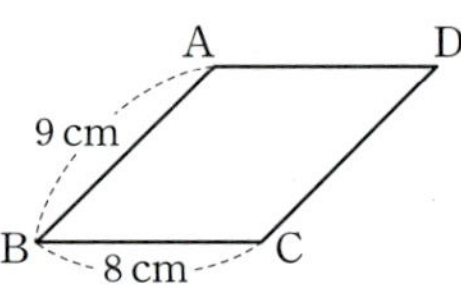

① $115°$ ② $120°$ ③ $125°$
④ $130°$ ⑤ $135°$

008 오른쪽 그림과 같은
마름모 ABCD의 넓이가
$32\sqrt{3}$일 때, 이 마름모의 둘
레의 길이를 구하시오.

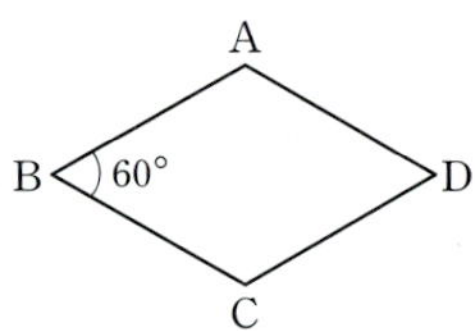

009 오른쪽 그림과 같은 사
각형 ABCD의 넓이가 $12\sqrt{3}$
일 때, $\angle x$의 크기는?
　　(단, $\angle x$는 예각이다.)

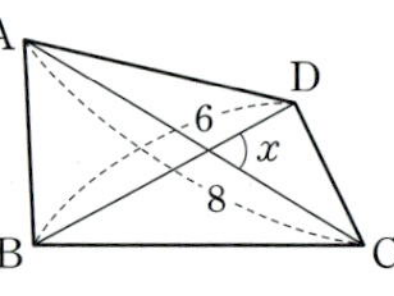

① $30°$ ② $45°$ ③ $60°$
④ $75°$ ⑤ $85°$

004 두 변의 길이가 a, b이고 그 끼인 각의 크기가 $\angle x$인 삼각형의 넓이는 $\dfrac{1}{2}ab\sin x$이다.

007 이웃하는 두 변의 길이가 a, b이고 그 끼인 각의 크기가 $\angle x$인 평행사변형의 넓이는 $ab\sin x$이다.

⊙ **한 원에서 맞으면 ○, 틀리면 ×**

001 현의 길이는 중심각의 크기에 정비례한다.

002 크기가 같은 두 중심각에 대한 현의 길이는 같다.

003 현의 수직이등분선은 원의 중심을 지난다.

004 중심으로부터 같은 거리에 있는 두 현의 길이는 같다.

005 오른쪽 그림의 원 O에서 $\overline{AB}\perp\overline{OH}$일 때, 원 O의 둘레의 길이는?

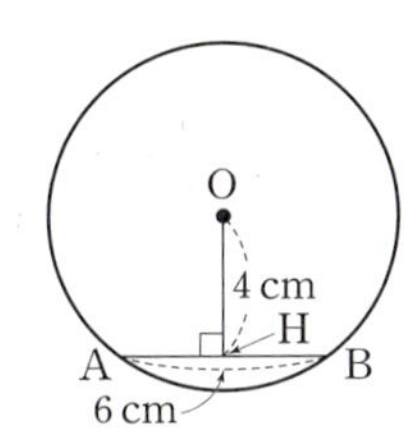

① 2π cm
② 4π cm
③ 6π cm
④ 8π cm
⑤ 10π cm

006 오른쪽 그림의 원 O에서 $\overline{AB}\perp\overline{OC}$일 때, 원 O의 반지름의 길이를 구하시오.

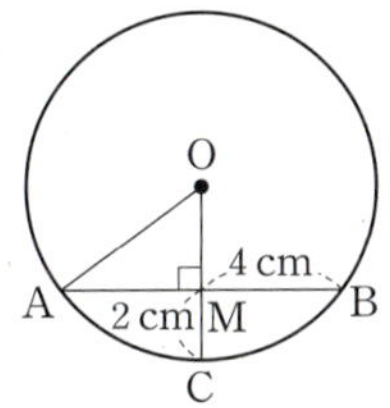

007 오른쪽 그림에서 $\overparen{AB}$는 원의 일부분이다. $\overline{AB}\perp\overline{CH}$일 때, 이 원의 지름의 길이를 구하시오.

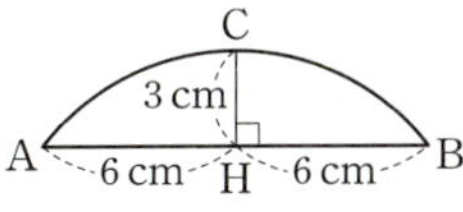

008 오른쪽 그림과 같이 중심이 같고 반지름의 길이가 각각 6 cm, 10 cm인 두 원이 있다. 큰 원의 현 AB가 작은 원과 점 T에서 접할 때, 현 AB의 길이는?

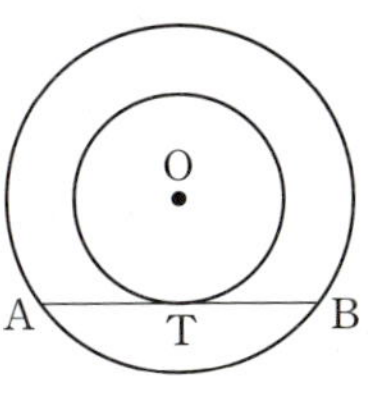

① 15 cm
② 16 cm
③ 17 cm
④ 18 cm
⑤ 19 cm

009 오른쪽 그림과 같이 원 O 위의 한 점이 원의 중심에 오도록 접었더니 접힌 현의 길이가 6 cm이었다. 이때 원의 반지름의 길이를 구하시오.

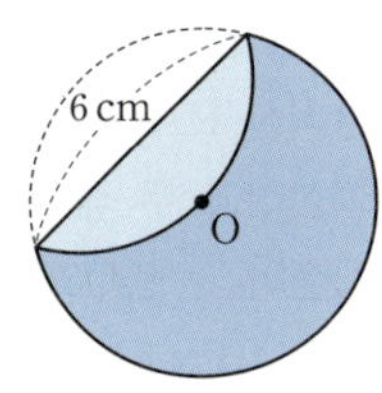

010 오른쪽 그림의 원 O에서 $\overline{AD}\perp\overline{ON}$, $\overline{BC}\perp\overline{OM}$이고 $\overline{OM}=\overline{ON}$일 때, $\overline{DN}$의 길이를 구하시오.

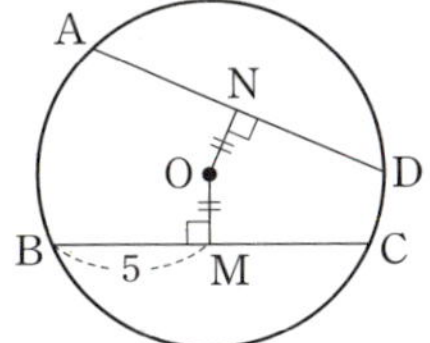

011 오른쪽 그림의 원 O에서 $\overline{AB}\perp\overline{OM}$, $\overline{AC}\perp\overline{ON}$이고 $\overline{OM}=\overline{ON}$이다. $\angle A=54°$일 때, $\angle x$의 크기는?

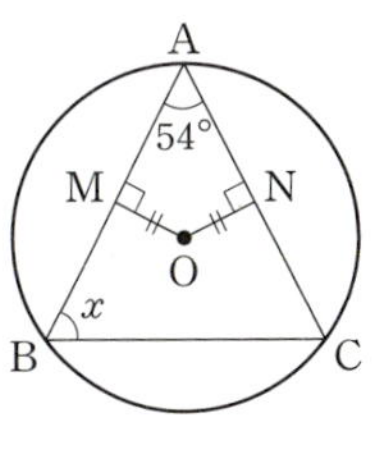

① 63°
② 64°
③ 65°
④ 66°
⑤ 67°

006 원의 중심에서 현에 내린 수선은 그 현을 수직이등분한다.

010 한 원에서 중심으로부터 같은 거리에 있는 두 현의 길이는 같다.

095 원의 접선

⊙ $\overrightarrow{PA}$, $\overrightarrow{PB}$는 원 O의 접선이다.
맞으면 ○, 틀리면 ×

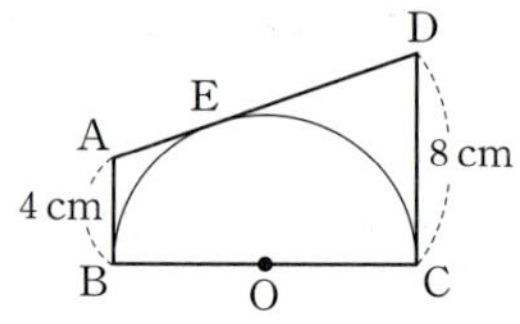

001 $\overline{PA}=\overline{PB}$

002 $\angle PAO=90°$

003 $\angle AOB=130°$이면 $\angle P=40°$이다.

004 $\angle P=60°$이면 △APB는 정삼각형이다.

005 오른쪽 그림에서 두 반직선 $\overrightarrow{PA}$, $\overrightarrow{PB}$는 원 O의 접선이고 두 점 A, B는 그 접점이다. 원 O에서 $\angle AOB=140°$일 때, $\angle APB$의 크기를 구하시오.

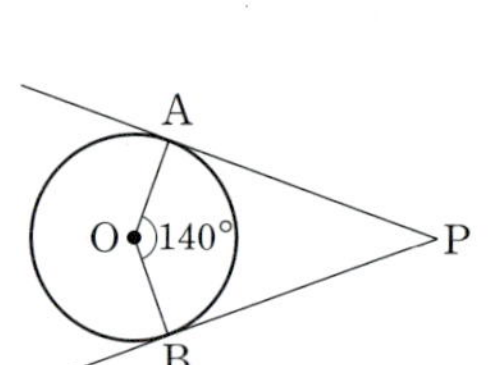

006 오른쪽 그림에서 $\overrightarrow{BC}$, $\overrightarrow{AE}$, $\overrightarrow{AF}$는 원 O의 접선이고 세 점 D, E, F는 그 접점이다. 이때 $\overline{AF}$의 길이는?

① 8 cm ② 9 cm
③ 10 cm ④ 11 cm ⑤ 12 cm

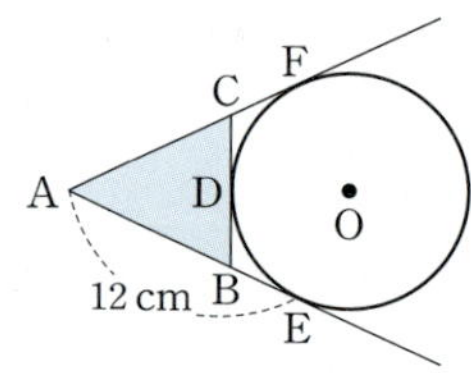

007 오른쪽 그림에서 $\overrightarrow{BC}$, $\overrightarrow{AE}$, $\overrightarrow{AF}$는 원 O의 접선이고 세 점 D, E, F는 그 접점이다. 이때 △ABC의 둘레의 길이를 구하시오.

008 오른쪽 그림에서 $\overline{AB}$, $\overline{AD}$, $\overline{CD}$는 원 O의 접선이고 세 점 B, E, C는 그 접점이다. 반원 O의 반지름의 길이를 구하시오.

009 오른쪽 그림에서 원 O는 △ABC의 내접원이고 세 점 D, E, F는 그 접점이다. 이때 $\overline{AF}$의 길이는?

① 3 cm ② 4 cm
③ 5 cm ④ 6 cm ⑤ 7 cm

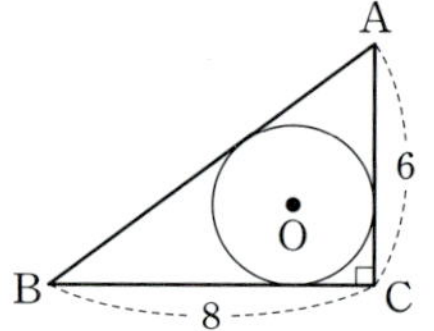

010 오른쪽 그림의 원 O는 직각삼각형 ABC의 내접원이다. 이 원의 반지름의 길이를 구하시오.

011 오른쪽 그림에서 □ABCD가 원 O에 외접할 때, $\overline{CD}$의 길이는?

① 8 cm ② 8.5 cm
③ 9 cm ④ 9.5 cm
⑤ 10 cm

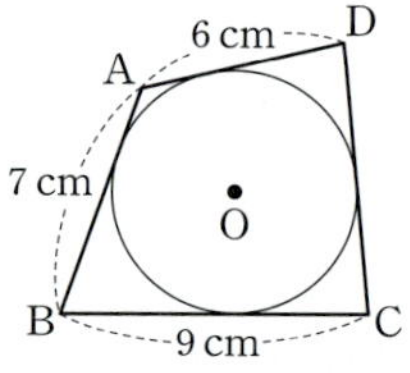

공략 기술

006 원 밖의 한 점에서 그 원에 그은 두 접선의 길이는 같다.

011 원에 외접하는 사각형에서 두 쌍의 대변의 길이의 합은 서로 같다.

◉ 한 원에서 맞으면 ○, 틀리면 ×

001 한 호에 대한 원주각의 크기는 그 호에 대한 중심 각의 크기의 절반이다.

002 반원에 대한 원주각의 크기는 $90°$이다.

003 길이가 같은 호에 대한 원주각의 크기는 같다.

004 호의 길이는 원주각의 크기에 정비례하지 않는다.

005 오른쪽 그림에서 $\angle OBC=32°$일 때, $\angle x$의 크기를 구하시오.

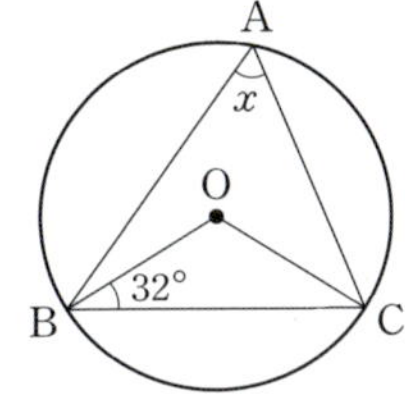

006 오른쪽 그림에서 $\angle x+\angle y$의 크기는?

① $180°$ ② $200°$
③ $220°$ ④ $240°$
⑤ $260°$

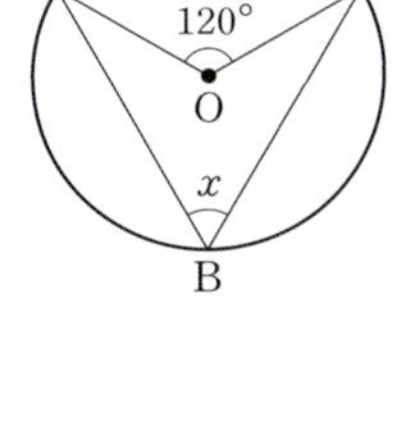

007 오른쪽 그림에서 $\overarc{AC}=\overarc{BD}$이고 $\angle PCB=40°$일 때, $\angle APC$의 크기를 구하시오.

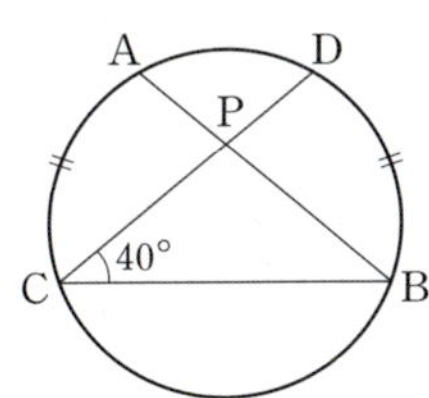

008 오른쪽 그림에서 $\overline{BD}$는 원 O의 중심을 지난다. $\angle A=40°$일 때, $\angle DBC$의 크기를 구하시오.

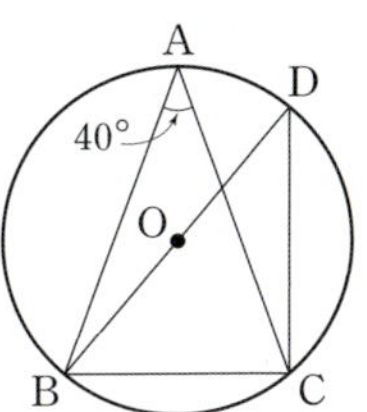

009 오른쪽 그림에서 $\angle APB=30°$일 때, $\angle CQD$의 크기는?

① $20°$ ② $22°$
③ $24°$ ④ $26°$
⑤ $28°$

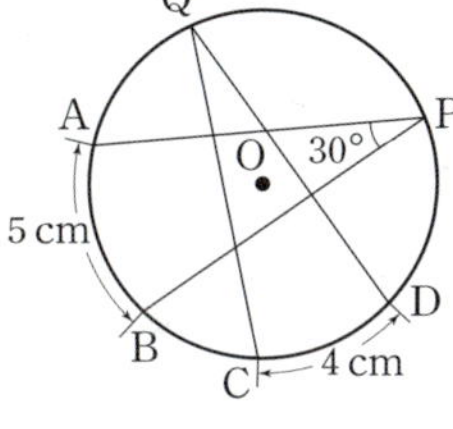

010 오른쪽 그림에서 원 O 는 △ABC의 외접원이다. $\overarc{AB}:\overarc{AC}=2:1$이고 $\angle B=32°$일 때, $\angle A$의 크기를 구하시오.

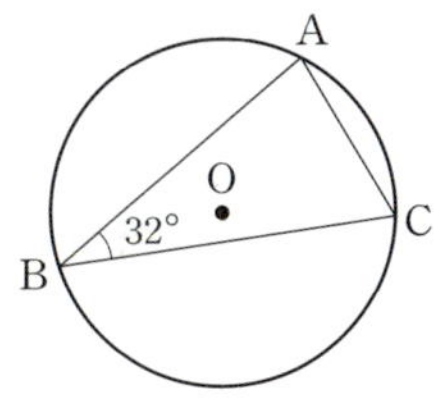

011 오른쪽 그림에서 네 점 A, B, C, D가 한 원 위에 있을 때, $\angle ADB$의 크기는?

① $20°$ ② $21°$
③ $22°$ ④ $23°$
⑤ $24°$

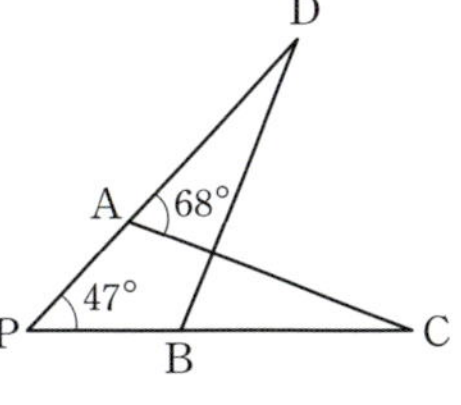

007 한 원에서 길이가 같은 호에 대한 원주각의 크기는 같다.
009 한 원에서 호의 길이는 원주각의 크기에 정비례한다.

⊙ **맞으면 ○, 틀리면 ×**

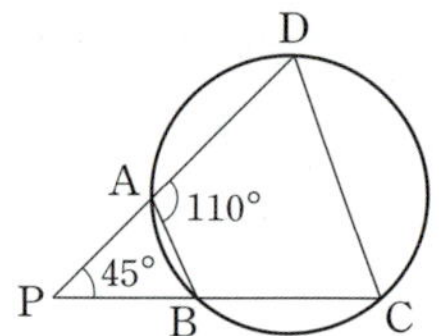

001 $\angle BCD = 60°$

002 $\angle PAB = \angle BCD$

003 $\angle ABC = 115°$

004 $\angle ABP = \angle ADC$

005 오른쪽 그림에서 □ABCD가 원 O에 내접할 때, $\angle x$의 크기는?

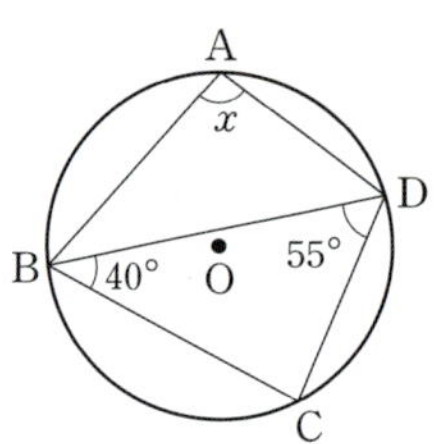

① 75° ② 80°
③ 85° ④ 90°
⑤ 95°

006 오른쪽 그림에서 □ABCD가 원 O에 내접할 때, $\angle x + \angle y$의 크기는?

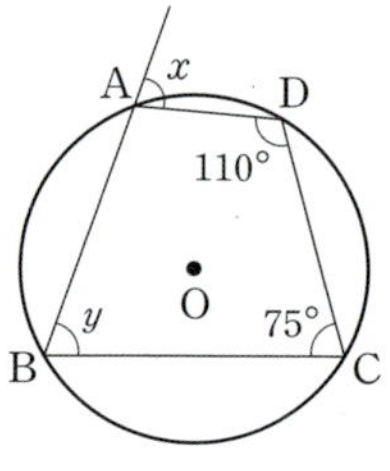

① 130° ② 135°
③ 140° ④ 145°
⑤ 150°

007 오른쪽 그림과 같이 원 O에 내접하는 오각형 ABCDE에서 $\angle COD = 80°$일 때, $\angle B + \angle E$의 크기는?

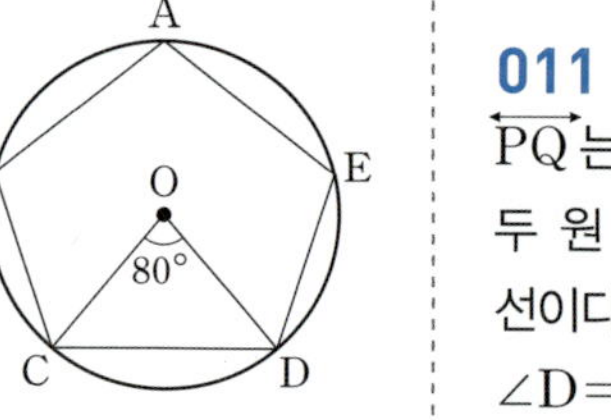

① 180° ② 200°
③ 220° ④ 240°
⑤ 260°

008 오른쪽 그림에서 $\overleftrightarrow{BD}$는 원 O의 접선이고 점 B는 그 접점이다. $\overarc{AB} : \overarc{BC} : \overarc{CA} = 4 : 5 : 3$일 때, $\angle x$의 크기를 구하시오.

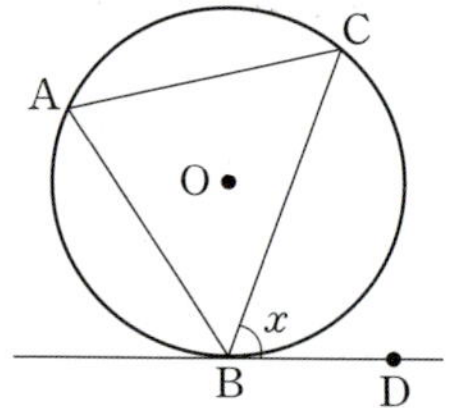

009 오른쪽 그림에서 $\overrightarrow{PT}$는 원 O의 접선이고 점 T는 그 접점이다. $\overline{AB}$는 지름이고 $\angle BPT = 30°$일 때, $\angle BTC$의 크기는?

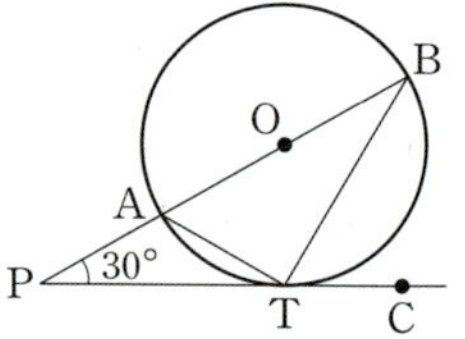

① 45° ② 50° ③ 55°
④ 60° ⑤ 65°

010 오른쪽 그림에서 $\overline{PT}$는 원의 접선이고 점 T는 그 접점이다. $\overline{AP} = \overline{AT}$, $\angle P = 35°$일 때, $\angle ATB$의 크기를 구하시오.

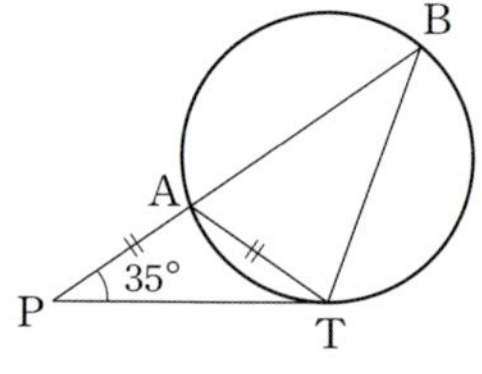

011 오른쪽 그림에서 $\overleftrightarrow{PQ}$는 점 T에서 접하는 두 원 O, O′의 공통인 접선이다. $\angle A = 60°$, $\angle D = 70°$일 때, $\angle DTC$의 크기를 구하시오.

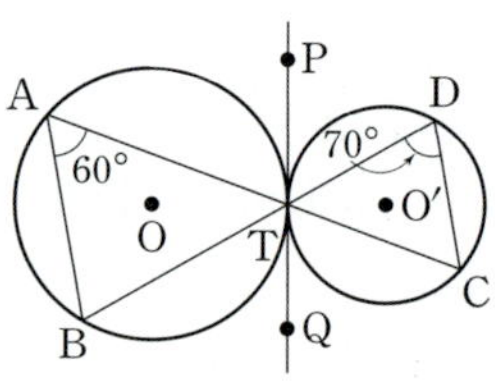

005 원에 내접하는 사각형에서 한 쌍의 대각의 크기의 합은 180°이다.

009 반원에 대한 원주각의 크기는 90°이다.

문자와 식
함수
확률과 통계
수와 연산
기하

Never give up!

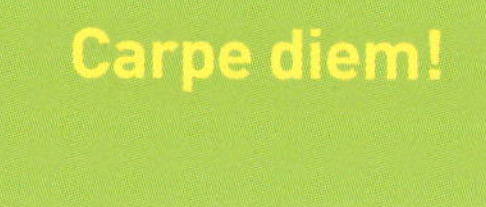
Carpe diem!

중학수학 총정리

한권으로 끝내기

이규영·고희권 | 지음

정답 및 해설

쏠티북스

중학수학 총정리

한권으로 끝내기

필수개념편+필수문제편

정답 및 해설

쏠티북스

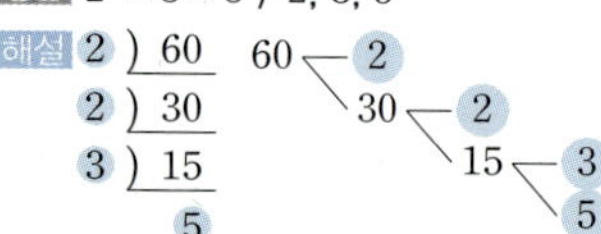

001 소수와 합성수, 소인수분해
본문 P. 11

001 정답 ×
해설 가장 작은 소수는 2이다.

002 정답 ×
해설 2는 소수 중에서 유일하게 짝수이다.

003 정답 ○
해설 가장 작은 소수 2는 $2=1\times2$이다.
이때 2의 약수는 1과 자기 자신인 2로 2개이다.

004 정답 ○
해설 1에서 15까지의 자연수 중에서 소수는 2, 3, 5, 7, 11, 13으로 6개이다.

005 정답 ×
해설 가장 작은 합성수 4는 $4=1\times4=2\times2$이다.
이때 4의 약수는 1, 2, 4로 그 개수는 홀수 3이다.
또한 합성수 6은 $6=1\times6=2\times3$이다.
이때 6의 약수는 1, 2, 3, 6으로 그 개수는 짝수 4이다.
따라서 합성수의 약수의 개수는 3 이상이며, 짝수일 수도 있고 홀수일 수도 있다.

006 정답 ×
해설 자연수는 1과 소수와 합성수로 이루어져 있다.

007 정답 ×
해설 24를 소인수분해하면 $2^3\times3$이다.
1은 소수가 아니므로 소인수분해할 때, 1을 곱해서는 안 된다.

008 정답 11일
해설 소수는 2, 3, 5, 7, 11, 13, 17, 19, 23, 29, 31로 11개이다.

009 정답 6일
해설 $28=1\times28=2\times14=4\times7$이므로
28의 인수는 1, 2, 4, 7, 14, 28로 6개이다.

010 정답 8일
해설 $30=1\times30=2\times15=3\times10=5\times6$이므로
30의 약수는 1, 2, 3, 5, 6, 10, 15, 30으로 8개이다.

011 정답 $2^2\times3\times5$ / 2, 3, 5
해설
$$\begin{array}{r|l}2 & 60 \\ 2 & 30 \\ 3 & 15 \\ & 5\end{array}$$
같은 소인수의 곱은 거듭제곱을 이용하여 나타낸다.
$60=2\times2\times3\times5=2^2\times3\times5$

---

012 정답 $2^3\times3^2$ / 2, 3

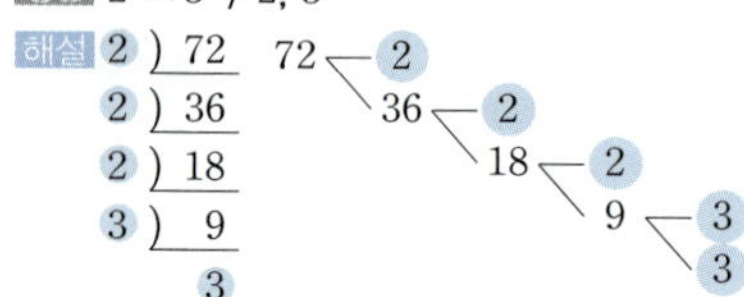

해설
$$\begin{array}{r|l}2 & 72 \\ 2 & 36 \\ 2 & 18 \\ 3 & 9 \\ & 3\end{array}$$
$72=2\times2\times2\times3\times3=2^3\times3^2$

013 정답 $2\times3^2\times5$ / 2, 3, 5

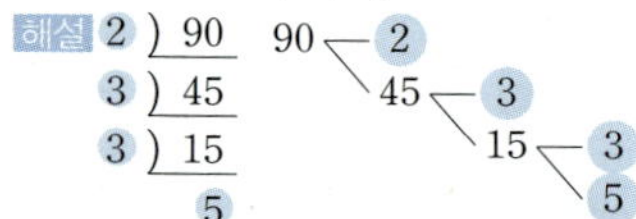

해설
$$\begin{array}{r|l}2 & 90 \\ 3 & 45 \\ 3 & 15 \\ & 5\end{array}$$
$90=2\times3\times3\times5=2\times3^2\times5$

014 정답 11^2 / 11
해설 $121=11\times11=11^2$

015 정답 $1, 2, 2^2, 2^3, 2^4$ / 5
해설 $2^4=2\times2\times2\times2$
$\quad=1\times(2\times2\times2\times2)=1\times2^4$
$\quad=2\times(2\times2\times2)=2\times2^3$
$\quad=(2\times2)\times(2\times2)=2^2\times2^2$
따라서 2^4의 약수는 $1, 2, 2^2, 2^3, 2^4$으로 5개이다.

016 정답 $1, 3, 3^2$ / 3
해설 $3^2=3\times3$
$\quad=1\times(3\times3)=1\times3^2$
따라서 3^2의 약수는 $1, 3, 3^2$으로 3개이다.

017 정답

×	1	2	2^2	2^3	2^4
1	1	2	4	8	16
3	3	6	12	24	48
3^2	9	18	36	72	144

해설 $144=2^4\times3^2$이다. 2^4의 약수인 $1, 2, 2^2, 2^3, 2^4$을 가로 칸에, 3^2의 약수인 $1, 3, 3^2$을 세로 칸에 놓고 가로 축에 있는 수(2^4의 약수)와 세로 축에 있는 수(3^2의 약수)를 각각 곱하면 약수를 빠짐없이 구할 수 있다.

018 정답 15
해설 $144=2^4\times3^2$의 약수는 $(4+1)\times(2+1)=15$(개)이다.

019 정답 6개
해설 $2^2\times7$의 약수는 $(2+1)\times(1+1)=6$(개)이다.

020 정답 24개
해설 $2^3\times3^2\times5$의 약수는
$(3+1)\times(2+1)\times(1+1)=24$(개)이다.

021 정답 9개
해설 $100=2^2\times5^2$의 약수는 $(2+1)\times(2+1)=9$(개)이다.

---

022 정답 18개

해설
```
2 ) 180        180 ─ 2
2 )  90          90 ─ 2
3 )  45             45 ─ 3
3 )  15                15 ─ 3
         5                      5
```

$180=2^2\times3^2\times5$

따라서 180의 약수는

$(2+1)\times(2+1)\times(1+1)=18$(개)이다.

023 정답 195

해설 $72=2^3\times3^2$의 약수의 총합은

$(1+2+2^2+2^3)\times(1+3+3^2)=195$이다.

참고 $(1+2+2^2+2^3)\times(1+3+3^2)$의 값은

아래 표에서 색칠한 부분에 있는 수를 모두 더한 것과 같다.

$\times$	1	2	2^2	2^3
1	1×1	1×2	1×2^2	1×2^3
3	3×1	3×2	3×2^2	3×2^3
3^2	$3^2\times1$	$3^2\times2$	$3^2\times2^2$	$3^2\times2^3$

002 최대공약수와 최소공배수

001 정답 ○

해설 $5=1\times5$이므로 5의 약수는 1, 5이다.

$12=1\times12=2\times6=3\times4$이므로 12의 약수는 1, 2, 3, 4, 6, 12이다.

이때 5와 12의 공약수는 5의 약수와 12의 약수 중에서 공통으로 들어 있는 1 하나뿐이다.

따라서 5와 12는 최대공약수가 1이므로 서로소이다.

참고 두 수를 동시에 나눌 수 있는 수가 1 하나 뿐이면 두 수는 서로소이다.

002 정답 ×

해설 $8=1\times8=2\times4$이므로 8의 약수는 1, 2, 4, 8이다.

$12=1\times12=2\times6=3\times4$이므로 12의 약수는 1, 2, 3, 4, 6, 12이다.

이때 8과 12의 공약수는 8의 약수와 12의 약수 중에서 공통으로 들어 있는 1, 2, 4이다.

따라서 8과 12는 최대공약수가 4이므로 서로소가 아니다.

참고 두 수를 동시에 나눌 수 있는 수가 1 이외의 다른 수가 있으면 두 수는 서로소가 아니다.

003 정답 ×

해설 $13=1\times13$이므로 13의 약수는 1, 13이다.

$65=1\times65=5\times13$이므로 65의 약수는 1, 5, 13, 65이다.

이때 13과 65의 공약수는 13의 약수와 65의 약수 중에서 공통으로 들어 있는 1, 13이다.

따라서 13과 65는 최대공약수가 13이므로 서로소가 아니다.

별해 두 수 13, 65를 동시에 나눌 수 있는 수가 1 이외에도 13이 있으므로 두 수는 서로소가 아니다.

004 정답 ○

해설 $28=1\times28=2\times14=4\times7$이므로 28의 약수는 1, 2, 4, 7, 14, 28이다.

$45=1\times45=3\times15=5\times9$이므로 45의 약수는 1, 3, 5, 9, 15, 45이다.

이때 28과 45의 공약수는 28의 약수와 45의 약수 중에서 공통으로 들어 있는 1 하나뿐이다.

따라서 28과 45는 최대공약수가 1이므로 서로소이다.

별해 두 수 28, 45를 동시에 나눌 수 있는 수가 1 하나 뿐이므로 두 수는 서로소이다.

005 정답 1, 2, 4, 8, 16, 32

해설 $32=1\times32=2\times16=4\times8$

006 정답 1, 2, 4, 5, 8, 10, 20, 40

해설 $40=1\times40=2\times20=4\times10=5\times8$

007 정답 1, 2, 4, 8

해설 32와 40의 공약수는 32의 약수와 40의 약수 중에서 공통으로 들어 있는 1, 2, 4, 8이다.

008 정답 8

해설 32와 40의 최대공약수는 32와 40의 공약수 1, 2, 4, 8 중에서 가장 큰 수인 8이다.

009 정답 $2^2\times3$

해설
$$2^2\times3^2=2\times2\ \ \ \ \times3\times3$$
$$2^4\times3=2\times2\times2\times2\times3$$
$$(\text{최대공약수})=2\times2\ \ \ \ \times3$$

별해 공통인 소인수를 찾아 지수가 같거나 작은 쪽을 선택하여 곱한다.

$$2^2\times3^2=2^2\ \ \ \ \times3\times3$$
$$2^4\times3=2^2\times2^2\times3$$
$$(\text{최대공약수})=2^2\ \ \ \ \times3$$

010 정답 $2^2\times3$

해설
$$2^2\times3\times7=2\times2\ \ \ \ \times3\ \ \ \ \ \times7$$
$$2^3\times3^2\times5=2\times2\times2\times3\times3\times5$$
$$(\text{최대공약수})=2\times2\ \ \ \ \times3$$

별해 공통인 소인수를 찾아 지수가 같거나 작은 쪽을 선택하여 곱한다.

$$2^2\times3\times7=2^2\ \ \ \ \times3\ \ \ \ \ \times7$$
$$2^3\times3^2\times5=2^2\times2\times3\times3\times5$$
$$(\text{최대공약수})=2^2\ \ \ \ \times3$$

011 정답 2×3^2

해설
$$\begin{array}{rl}
2^3\times3^2\times5=&2\times2\times2\times3\times3\qquad\ \times5\\
2\times3^4\times7=&2\qquad\ \ \times3\times3\times3\times3\quad\ \ \times7\\
\hline
(최대공약수)=&2\qquad\ \ \times3\times3
\end{array}$$

별해 공통인 소인수를 찾아 지수가 같거나 작은 쪽을 선택하여 곱한다.
$$\begin{array}{rl}
2^3\times3^2\times5=&2\times2^2\times3^2\quad\ \ \times5\\
2\times3^4\times7=&2\quad\ \times3^2\times3^2\quad\times7\\
\hline
(최대공약수)=&2\quad\ \times3^2
\end{array}$$

012 정답 2^3

해설
$$\begin{array}{r|rr}
2&24&32\\
2&12&16\\
2&6&8\\
\hline
&3&4
\end{array}$$

013 정답 2×3^2

해설
$$\begin{array}{r|rr}
2&36&54\\
3&18&27\\
3&6&9\\
\hline
&2&3
\end{array}$$

014 정답 $2^2\times3$

해설
$$\begin{array}{r|rr}
2&60&72\\
2&30&36\\
3&15&18\\
\hline
&5&6
\end{array}$$

015 정답 8, 16, 24, 32, 40, 48, 56, 64, 72, …

016 정답 12, 24, 36, 48, 60, 72, …

017 정답 24, 48, 72, …

해설 8과 12의 공배수는 8의 배수와 12의 배수 중에서 공통으로 들어 있는 24, 48, 72, …이다.

018 정답 24

해설 8과 12의 최소공배수는 8과 12의 공배수 24, 48, 72, … 중에서 가장 작은 수인 24이다.

019 정답 $2^2\times3^2$

해설
$$\begin{array}{rl}
2^2\times3=&2\times2\times3\\
2\times3^2=&2\quad\ \times3\times3\\
\hline
(최소공배수)=&2\times2\times3\times3
\end{array}$$

별해 공통인 소인수를 찾아 지수가 같거나 큰 쪽을 선택하여 곱하고 공통이 아닌 소인수도 모두 곱한다.
$$\begin{array}{rl}
2^2\times3=&2^2\times3\\
2\times3^2=&2\quad\times3^2\\
\hline
(최소공배수)=&2^2\times3^2
\end{array}$$

020 정답 $2^2\times3^2\times5\times7$

해설
$$\begin{array}{rl}
2\times3^2\times5=&2\qquad\ \ \times3\times3\times5\\
2^2\times3\times7=&2\times2\times3\qquad\quad\ \times7\\
\hline
(최소공배수)=&2\times2\times3\times3\times5\times7
\end{array}$$

별해 공통인 소인수를 찾아 지수가 같거나 큰 쪽을 선택하여 곱하고 공통이 아닌 소인수도 모두 곱한다.
$$\begin{array}{rl}
2\times3^2\times5=&2\ \times3^2\times5\\
2^2\times3\times7=&2^2\times3\qquad\ \times7\\
\hline
(최소공배수)=&2^2\times3^2\times5\times7
\end{array}$$

021 정답 $2^3\times3^4\times5\times7$

해설
$$\begin{array}{rl}
2^3\times3^2\times5=&2\times2\times2\times3\times3\qquad\qquad\qquad\ \times5\\
2\times3^4\times7=&2\qquad\ \ \times3\times3\times3\times3\qquad\qquad\ \ \times7\\
\hline
(최소공배수)=&2\times2\times2\times3\times3\times3\times3\times5\times7
\end{array}$$

별해 공통인 소인수를 찾아 지수가 같거나 큰 쪽을 선택하여 곱하고 공통이 아닌 소인수도 모두 곱한다.
$$\begin{array}{rl}
2^3\times3^2\times5=&2^3\times3^2\times5\\
2\times3^4\times7=&2\ \times3^4\qquad\ \times7\\
\hline
(최소공배수)=&2^3\times3^4\times5\times7
\end{array}$$

022 정답 $2^4\times3$

해설
$$\begin{array}{r|rr}
2&16&24\\
2&8&12\\
2&4&6\\
\hline
&2&3
\end{array}$$

023 정답 $2^2\times3^2\times5$

해설
$$\begin{array}{r|rr}
2&36&60\\
2&18&30\\
3&9&15\\
\hline
&3&5
\end{array}$$

024 정답 $2^3\times3^3$

해설
$$\begin{array}{r|rr}
2&54&72\\
3&27&36\\
3&9&12\\
\hline
&3&4
\end{array}$$

$(최소공배수)=2\times3\times3\times3\times4=2^3\times3^3$

025 정답 2×3^2

해설
$$\begin{array}{rl}
2^3\times3^2=&2\times2\times2\times3\times3\\
2^2\times3^2\times5=&2\times2\qquad\ \ \times3\times3\qquad\ \times5\\
2\times3^3\times7=&2\qquad\qquad\ \times3\times3\times3\qquad\ \times7\\
\hline
(최대공약수)=&2\qquad\qquad\ \times3\times3
\end{array}$$

별해 공통인 소인수를 찾아 지수가 같거나 작은 쪽을 선택하여 곱한다.
$$\begin{array}{rl}
2^3\times3^2=&2\times2^2\times3^2\\
2^2\times3^2\times5=&2\times2\ \ \times3^2\qquad\ \times5\\
2\times3^3\times7=&2\qquad\ \times3^2\times3\qquad\ \times7\\
\hline
(최대공약수)=&2\qquad\ \times3^2
\end{array}$$

026 정답 $2^3 \times 3^3 \times 5 \times 7$

해설
$$2^3 \times 3^2 = 2 \times 2 \times 2 \times 3 \times 3$$
$$2^2 \times 3^2 \times 5 = 2 \times 2 \qquad \times 3 \times 3 \qquad \times 5$$
$$2 \times 3^3 \times 7 = 2 \qquad \times 3 \times 3 \times 3 \qquad \times 7$$
$$\overline{(\text{최소공배수}) = 2 \times 2 \times 2 \times 3 \times 3 \times 3 \times 5 \times 7}$$

별해 공통인 소인수를 찾아 지수가 같거나 큰 쪽을 선택하여 곱하고 공통이 아닌 소인수도 모두 곱한다.
$$2^3 \times 3^2 = 2^3 \times 3^2$$
$$2^2 \times 3^2 \times 5 = 2^2 \times 3^2 \times 5$$
$$2 \times 3^3 \times 7 = 2 \times 3^3 \qquad \times 7$$
$$\overline{(\text{최소공배수}) = 2^3 \times 3^3 \times 5 \times 7}$$

003 정수와 유리수

본문 P. 15

001 정답 ○

해설 정수는 음의 정수, 0, 양의 정수로 나뉘는데, 양의 정수는 자연수이다.

002 정답 ×

해설 $1 \div 2 = \frac{1}{2}$처럼 정수를 0이 아닌 정수로 나누면 정수가 아닌 유리수가 되는 경우도 있다.

003 정답 ×

해설 분모는 항상 0이 되어서는 안 된다.
즉, 어떤 수를 0으로 절대 나눌 수 없다.

004 정답 ○

005 정답 ×

해설 분수 $\frac{9}{4}$는 분모 4와 분자 9가 1이 아닌 수로 더 이상 나누어 떨어지지 않으므로 기약분수이다.

006 정답 ×

해설 $\frac{32}{8} = 4$는 정수인 유리수이다.

007 정답 ○

008 정답 ○

009 정답 $-2, 0, +5, 10, -\frac{10}{5}$

해설 $-\frac{10}{5} = -2$는 정수이다.

010 정답 $+\frac{1}{2}, -\frac{2}{3}, 3.14, -1.5, 1\frac{1}{2}$

해설 주어진 수들 중에서 정수가 아닌 수를 선택하면 된다.

011 정답 $+\frac{1}{2}, +5, 3.14, 10, 1\frac{1}{2}$

주어진 수들 중에서 숫자 앞에 양의 부호($+$)가 있거나 아무 부호도 없는 수가 양의 유리수이다. 단, 0은 양의 유리수도 음의 유리수도 아니다.
참고 모든 정수는 유리수이다.

012 정답 $-2, -\frac{2}{3}, -1.5, -\frac{10}{5}$

해설 주어진 수들 중에서 숫자 앞에 음의 부호($-$)가 있는 수가 음의 유리수이다.
참고 모든 정수는 유리수이다.

013 정답 $-\frac{11}{3}$

해설 $-4 + \frac{1}{3} = -\frac{12}{3} + \frac{1}{3} = -\frac{11}{3}$

별해 $-3 - \frac{2}{3} = -\frac{9}{3} - \frac{2}{3} = -\frac{11}{3}$

014 정답 $-\frac{4}{3}$

해설 $-2 + \frac{2}{3} = -\frac{6}{3} + \frac{2}{3} = -\frac{4}{3}$

별해 $-1 - \frac{1}{3} = -\frac{3}{3} - \frac{1}{3} = -\frac{4}{3}$

015 정답 $\frac{3}{2}$

해설 $1 + \frac{1}{2} = \frac{2}{2} + \frac{1}{2} = \frac{3}{2}$

별해 $2 - \frac{1}{2} = \frac{4}{2} - \frac{1}{2} = \frac{3}{2}$

016 정답 $\frac{15}{4}$

해설 $3 + \frac{3}{4} = \frac{12}{4} + \frac{3}{4} = \frac{15}{4}$

별해 $4 - \frac{1}{4} = \frac{16}{4} - \frac{1}{4} = \frac{15}{4}$

017 정답 $-5, -\frac{3}{2}, 0, +0.4, 3$

018 정답 $-\frac{2}{3}, -0.25, 0, \frac{4}{3}, 2$

해설 $-\frac{2}{3} = -\frac{8}{12}$

$-0.25 = -\frac{25}{100} = -\frac{1}{4} = -\frac{3}{12}$

019 정답 $x < 4$

해설 '초과'와 '미만'은 등호($=$)를 포함하지 않는다.

020 정답 $x \geq 3$

021 정답 $x \leq -2$
해설 'x는 -2보다 크지 않다.'는 'x는 -2보다 작거나 같다.'와 같은 뜻이다.

022 정답 $1 \leq x < 3$
해설 'x는 1보다 작지 않고 3보다 작다.'는 'x는 1보다 크거나 같고 3보다 작다.'와 같은 뜻이다.

023 정답 $-2 < x < 5$
해설 '초과'와 '미만'은 등호($=$)를 포함하지 않는다.

 **004** 절댓값   본문 P. 17

001 정답 $\times$
해설 0의 절댓값은 0이다.
절댓값은 항상 0보다 크거나 같다.

002 정답 ○

003 정답 ○

004 정답 ○
해설 절댓값은 수직선 위에서 원점으로부터 어떤 수에 대응하는 점까지의 거리이므로 절댓값이 큰 수는 원점에서 멀리 있는 수이다.

005 정답 ○
해설 예를 들어 $|-3| > |-2|$에서 알 수 있듯이 -2의 절댓값이 -3의 절댓값보다 작다.
그런데 절댓값이 작은 -2가 -3보다 더 큰 수이다.

006 정답 7

007 정답 $\dfrac{3}{2}$

008 정답 $+0.2, -0.2$

009 정답 $-\dfrac{1}{3}$
해설 절댓값이 $\dfrac{1}{3}$인 수는 $\dfrac{1}{3}, -\dfrac{1}{3}$이다.
이 중에서 음수는 $-\dfrac{1}{3}$이다.

010 정답 -1
해설 $|-1|=1, |0|=0$이므로
$|-1| > |0|$

011 정답 -3
해설 $|-3|=3, |-2|=2$이므로
$|-3| > |-2|$

012 정답 -4
해설 $|-4|=4, |3|=3$이므로
$|-4| > |3|$

013 정답 5
해설 $|-2|=2, |5|=5$이므로
$|-2| < |5|$

014 정답 $x=0$
해설 절댓값이 0인 수는 0 하나 뿐이다.

015 정답 $x=-1$ 또는 $x=1$
해설 절댓값이 1인 두 수는 $-1, 1$이다.

016 정답 $-2 < x < 2$

017 정답 $1 \leq x \leq 3$
해설 $|x-2| \leq 1$이므로
$-1 \leq x-2 \leq 1$
이 부등식의 각 변에 2를 더하면
$-1+2 \leq x-2+2 \leq 1+2$
$\therefore 1 \leq x \leq 3$

018 정답 $x \leq -3$ 또는 $x \geq 3$

019 정답 $x < -1$ 또는 $x > 3$
해설 $|x-1| > 2$이므로
$x-1 < -2$ 또는 $x-1 > 2$
이 부등식의 양변에 1을 더하면
$x-1+1 < -2+1$ 또는 $x-1+1 > 2+1$
$\therefore x < -1$ 또는 $x > 3$

005 정수와 유리수의 덧셈, 뺄셈   본문 P. 19

001 정답 $+6$
해설 두 수가 서로 같은 부호일 때, 두 수의 절댓값의 합에 공통인 부호를 붙인다.
$(+2)+(+4)=+(2+4)=+6$

002 정답 -8
해설 $(-3)+(-5)=-(3+5)=-8$

003 정답 $+3$
해설 두 수가 서로 다른 부호일 때, 두 수의 절댓값의 차에 절댓값이 큰 수의 부호를 붙인다.
$(+5)+(-2)=+(5-2)=+3$

004 정답 $+1$
해설 $(-3)+(+4)=+(4-3)=+1$

005 정답 $-\dfrac{1}{2}$

해설 $\left(-\dfrac{3}{4}\right)+\left(+\dfrac{1}{4}\right)=-\left(\dfrac{3}{4}-\dfrac{1}{4}\right)=-\dfrac{2}{4}=-\dfrac{1}{2}$

006 정답 $+\dfrac{17}{12}$

해설 $\left(+\dfrac{3}{4}\right)+\left(+\dfrac{2}{3}\right)=\left(+\dfrac{9}{12}\right)+\left(+\dfrac{8}{12}\right)$
$$=+\left(\dfrac{9}{12}+\dfrac{8}{12}\right)=+\dfrac{17}{12}$$

007 정답 $-\dfrac{1}{4}$

해설 $(+0.5)+\left(-\dfrac{3}{4}\right)=\left(+\dfrac{1}{2}\right)+\left(-\dfrac{3}{4}\right)$
$$=\left(+\dfrac{2}{4}\right)+\left(-\dfrac{3}{4}\right)$$
$$=-\left(\dfrac{3}{4}-\dfrac{2}{4}\right)=-\dfrac{1}{4}$$

008 정답 -5.5

해설 $(-2.1)+(-3.4)=-(2.1+3.4)=-5.5$

009 정답 교환법칙

해설 $(-2)+(+3)+(-4)$
$$=(+3)+(-2)+(-4)$$

에서처럼 -2와 $+3$의 앞뒤의 순서를 바꿔도 계산 결과는 같다.

010 정답 결합법칙

해설 $(+3)+(-2)+(-4)$
$$=\{(+3)+(-2)\}+(-4)$$
$$=(+3)+\{(-2)+(-4)\}$$

에서처럼 괄호({ })의 위치를 바꿔도 계산 결과는 같다.

011 정답 -4

해설 두 수의 뺄셈은 빼는 수의 부호를 반대로 바꾸어 덧셈으로 고쳐서 계산한다.
$(+3)-(+7)=(+3)+(-7)=-(7-3)=-4$

012 정답 $+11$

해설 $(+4)-(-7)=(+4)+(+7)$
$$=+(4+7)=+11$$

013 정답 -9

해설 $(-7)-(+2)=(-7)+(-2)$
$$=-(7+2)=-9$$

014 정답 -5

해설 $(-8)-(-3)=(-8)+(+3)$
$$=-(8-3)=-5$$

015 정답 -2

해설 $\left(-\dfrac{2}{3}\right)-\left(+\dfrac{4}{3}\right)=\left(-\dfrac{2}{3}\right)+\left(-\dfrac{4}{3}\right)$
$$=-\left(\dfrac{2}{3}+\dfrac{4}{3}\right)=-\dfrac{6}{3}=-2$$

016 정답 $+\dfrac{13}{6}$

해설 $\left(+\dfrac{2}{3}\right)-\left(-\dfrac{3}{2}\right)=\left(+\dfrac{2}{3}\right)+\left(+\dfrac{3}{2}\right)$
$$=\left(+\dfrac{4}{6}\right)+\left(+\dfrac{9}{6}\right)$$
$$=+\left(\dfrac{4}{6}+\dfrac{9}{6}\right)=+\dfrac{13}{6}$$

017 정답 $-\dfrac{1}{5}$

해설 $(+0.2)-\left(+\dfrac{2}{5}\right)=\left(+\dfrac{1}{5}\right)+\left(-\dfrac{2}{5}\right)$
$$=-\left(\dfrac{2}{5}-\dfrac{1}{5}\right)=-\dfrac{1}{5}$$

018 정답 -4.1

해설 $(-5.3)-(-1.2)=(-5.3)+(+1.2)$
$$=-(5.3-1.2)=-4.1$$

019 정답 $+11$

해설 $(-3)-(-10)+(+4)$
$$=(-3)+(+10)+(+4)$$
$$=(-3)+(10+4)$$
$$=(-3)+(+14)$$
$$=+(14-3)=+11$$

020 정답 $+\dfrac{14}{3}$

해설 $(+2)-\left(+\dfrac{1}{3}\right)+(+3)$
$$=\left(+\dfrac{6}{3}\right)+\left(-\dfrac{1}{3}\right)+\left(+\dfrac{9}{3}\right)$$
$$=+\left(\dfrac{6}{3}-\dfrac{1}{3}\right)+\left(+\dfrac{9}{3}\right)$$
$$=\left(+\dfrac{5}{3}\right)+\left(+\dfrac{9}{3}\right)$$
$$=+\left(\dfrac{5}{3}+\dfrac{9}{3}\right)=+\dfrac{14}{3}$$

021 정답 $+\dfrac{7}{6}$

해설 $\left(+\dfrac{2}{3}\right)+\left(-\dfrac{1}{2}\right)-(-1)$
$$=\left(+\dfrac{4}{6}\right)+\left(-\dfrac{3}{6}\right)-(-1)$$
$$=+\left(\dfrac{4}{6}-\dfrac{3}{6}\right)+(+1)$$
$$=\left(+\dfrac{1}{6}\right)+(+1)$$
$$=+\left(\dfrac{1}{6}+1\right)=+\dfrac{7}{6}$$

022 정답 $+\dfrac{1}{10}$

해설 $(-0.3)-\left(+\dfrac{3}{5}\right)-(+0.5)+\left(+\dfrac{3}{2}\right)$

$=(-0.3)+\left(-\dfrac{3}{5}\right)+(-0.5)+\left(+\dfrac{3}{2}\right)$

$=(-0.3)+(-0.5)+\left(-\dfrac{3}{5}\right)+\left(+\dfrac{3}{2}\right)$

$=-(0.3+0.5)+\left(-\dfrac{6}{10}\right)+\left(+\dfrac{15}{10}\right)$

$=(-0.8)+\left(\dfrac{15}{10}-\dfrac{6}{10}\right)$

$=(-0.8)+\left(+\dfrac{9}{10}\right)=\left(-\dfrac{8}{10}\right)+\left(+\dfrac{9}{10}\right)$

$=+\left(\dfrac{9}{10}-\dfrac{8}{10}\right)=+\dfrac{1}{10}$

023 정답 $+1$

해설 $9-11+3=(+9)-(+11)+(+3)$

$=(+9)+(-11)+(+3)$

$=-(11-9)+(+3)$

$=(-2)+(+3)$

$=+(3-2)=+1$

024 정답 -8

해설 $-10+6.4-1.2-3.2$

$=(-10)+(+6.4)-(+1.2)-(+3.2)$

$=-(10-6.4)+(-1.2)+(-3.2)$

$=(-3.6)-(1.2+3.2)$

$=(-3.6)-(+4.4)$

$=(-3.6)+(-4.4)$

$=-(3.6+4.4)$

$=-8$

025 정답 -1

해설 $-\dfrac{2}{3}+\dfrac{1}{2}-\dfrac{5}{6}=\left(-\dfrac{2}{3}\right)+\left(+\dfrac{1}{2}\right)-\left(+\dfrac{5}{6}\right)$

$=\left(-\dfrac{4}{6}\right)+\left(+\dfrac{3}{6}\right)+\left(-\dfrac{5}{6}\right)$

$=-\left(\dfrac{4}{6}-\dfrac{3}{6}\right)+\left(-\dfrac{5}{6}\right)$

$=\left(-\dfrac{1}{6}\right)+\left(-\dfrac{5}{6}\right)$

$=-\left(\dfrac{1}{6}+\dfrac{5}{6}\right)=-1$

026 정답 $-\dfrac{1}{2}$

해설 $-\dfrac{3}{2}+1.2+\dfrac{2}{5}-0.6$

$=\left(-\dfrac{3}{2}\right)+(+1.2)+\left(+\dfrac{2}{5}\right)-(+0.6)$

$=\left(-\dfrac{3}{2}\right)+\left(+\dfrac{2}{5}\right)+(+1.2)+(-0.6)$

$=\left(-\dfrac{15}{10}\right)+\left(+\dfrac{4}{10}\right)+(1.2-0.6)$

$=-\left(\dfrac{15}{10}-\dfrac{4}{10}\right)+(+0.6)$

$=\left(-\dfrac{11}{10}\right)+\left(+\dfrac{6}{10}\right)$

$=-\left(\dfrac{11}{10}-\dfrac{6}{10}\right)$

$=-\dfrac{1}{2}$

별해 $-\dfrac{3}{2}+1.2+\dfrac{2}{5}-0.6$

$=\left(-\dfrac{3}{2}\right)+(+1.2)+\left(+\dfrac{2}{5}\right)-(+0.6)$

$=-\left(\dfrac{15}{10}-\dfrac{12}{10}\right)+\left(+\dfrac{2}{5}\right)+(-0.6)$

$=\left(-\dfrac{3}{10}\right)+\left(+\dfrac{4}{10}\right)+\left(-\dfrac{6}{10}\right)$

$=+\left(\dfrac{4}{10}-\dfrac{3}{10}\right)+\left(-\dfrac{6}{10}\right)$

$=\left(+\dfrac{1}{10}\right)+\left(-\dfrac{6}{10}\right)$

$=-\left(\dfrac{6}{10}-\dfrac{1}{10}\right)$

$=-\dfrac{1}{2}$

006 정수와 유리수의 곱셈, 나눗셈   본문 P. 21

001 정답 $+14$

해설 두 수가 서로 같은 부호일 때, 두 수의 절댓값의 곱에 양의 부호($+$)를 붙인다.

$(+7)\times(+2)=+(7\times2)=+14$

002 정답 $+8$

해설 $\left(-\dfrac{2}{3}\right)\times(-12)=+\left(\dfrac{2}{3}\times12\right)=+8$

003 정답 $-\dfrac{2}{3}$

해설 두 수가 서로 다른 부호일 때, 두 수의 절댓값의 곱에 음의 부호($-$)를 붙인다.

$\left(+\dfrac{8}{9}\right)\times\left(-\dfrac{3}{4}\right)=-\left(\dfrac{8}{9}\times\dfrac{3}{4}\right)=-\dfrac{2}{3}$

004 정답 -3

해설 $(-0.6)\times(+5)=-(0.6\times5)=-3$

005 정답 -3

해설 음수가 홀수개이면 음의 부호를 갖는다.

$(-2)\times(-3)\times\left(-\dfrac{1}{2}\right)=-\left(2\times3\times\dfrac{1}{2}\right)=-3$

006 정답 $+\dfrac{5}{4}$

해설 음수가 짝수개이면 양의 부호를 갖는다.

$\left(-\dfrac{5}{6}\right)\times\dfrac{3}{8}\times(-4)=+\left(\dfrac{5}{6}\times\dfrac{3}{8}\times4\right)=+\dfrac{5}{4}$

007 정답 -2

해설 $(-1)^{101}$은 -1을 홀수번 곱한 수이므로 음의 부호를 갖는다.
$(-1)^{101}-1^{100}$
$=(-1)-1$
$=(-1)+(-1)$
$=-(1+1)$
$=-2$

주의 $(-1)^{101}=\underbrace{(-1)\times(-1)\times(-1)\times\cdots\times(-1)}_{101개}$
$=-(\underbrace{1\times1\times1\times\cdots\times1}_{101개})=-1$
$-1^{100}=-(\underbrace{1\times1\times1\times\cdots\times1}_{100개})=-1$

008 정답 $+18$

해설 $-2^4\times(-3)^2\times\left(-\dfrac{1}{2}\right)^3$
$=(-16)\times(+9)\times\left(-\dfrac{1}{8}\right)$
$=+\left(16\times9\times\dfrac{1}{8}\right)$
$=+18$

주의 $-2^4=-(2\times2\times2\times2)=-16$
$(-2)^4=(-2)\times(-2)\times(-2)\times(-2)$
$=+(2\times2\times2\times2)=+16$

009 정답 ○

010 정답 ○

011 정답 ○

012 정답 ×

해설 다음 예처럼 나눗셈에 대한 결합법칙은 성립하지 않는다.
$(8\div4)\div2=2\div2=1,\ 8\div(4\div2)=8\div2=4$
이므로 $(8\div4)\div2\neq8\div(4\div2)$

013 정답 ×

해설 괄호에 주의해야 한다.
$(-3)^2=(-3)\times(-3)=+(3\times3)=+9$
$-3^2=-(3\times3)=-9$

014 정답 교환법칙

해설 $(-2)\times(+0.7)\times(+5)$
$=(+0.7)\times(-2)\times(+5)$
에서처럼 -2와 $+0.7$의 앞뒤의 순서를 바꿔도 계산 결과는 같다.

015 정답 결합법칙

해설 $(+0.7)\times(-2)\times(+5)$
$=\{(+0.7)\times(-2)\}\times(+5)$
$=(+0.7)\times\{(-2)\times(+5)\}$
에서처럼 괄호($\{\ \}$)의 위치를 바꿔도 계산 결과는 같다.

016 정답 $+\dfrac{4}{3}$

해설 분자와 분모를 서로 바꾼다.

017 정답 $-\dfrac{1}{6}$

해설 정수는 분모가 1인 분수로 고친다. 즉, $-6=-\dfrac{6}{1}$
분자와 분모를 서로 바꾼다. 즉, $-\dfrac{1}{6}$

018 정답 $+\dfrac{2}{7}$

해설 대분수는 가분수로 고친다. 즉, $+3\dfrac{1}{2}=+\dfrac{7}{2}$
분자와 분모를 서로 바꾼다. 즉, $+\dfrac{2}{7}$

019 정답 $-\dfrac{2}{3}$

해설 소수는 분수로 고친다. 즉, $-1.5=-\dfrac{3}{2}$
분자와 분모를 서로 바꾼다. 즉, $-\dfrac{2}{3}$

020 정답 $+4$

해설 역수를 이용하여 나눗셈을 곱셈으로 고쳐서 계산한다.
$(+12)\div(+3)=(+12)\times\left(+\dfrac{1}{3}\right)$
$=+\left(12\times\dfrac{1}{3}\right)=+4$

021 정답 $+0.7$

해설 $(-4.2)\div(-6)=(-4.2)\div\left(-\dfrac{6}{1}\right)$
$=(-4.2)\times\left(-\dfrac{1}{6}\right)$
$=+\left(\dfrac{42}{10}\times\dfrac{1}{6}\right)=+\dfrac{7}{10}=+0.7$

022 정답 $-\dfrac{2}{5}$

해설 $(-0.2)\div(+0.5)=\left(-\dfrac{2}{10}\right)\div\left(+\dfrac{1}{2}\right)$
$=\left(-\dfrac{2}{10}\right)\times(+2)$
$=-\left(\dfrac{2}{10}\times2\right)=-\dfrac{2}{5}$

023 정답 -9

해설 $(+6)\div\left(-\dfrac{2}{3}\right)=(+6)\times\left(-\dfrac{3}{2}\right)$
$=-\left(6\times\dfrac{3}{2}\right)=-9$

024 정답 $-\dfrac{8}{3}$

해설 $\left(+\dfrac{14}{3}\right)\div\left(-\dfrac{7}{4}\right)=\left(+\dfrac{14}{3}\right)\times\left(-\dfrac{4}{7}\right)$
$=-\left(\dfrac{14}{3}\times\dfrac{4}{7}\right)=-\dfrac{8}{3}$

025 정답 $-\dfrac{1}{6}$

해설 $\left(-\dfrac{3}{14}\right) \div \left(+1\dfrac{2}{7}\right)$

$\quad = \left(-\dfrac{3}{14}\right) \div \left(+\dfrac{9}{7}\right)$

$\quad = \left(-\dfrac{3}{14}\right) \times \left(+\dfrac{7}{9}\right)$

$\quad = -\left(\dfrac{3}{14} \times \dfrac{7}{9}\right)$

$\quad = -\dfrac{1}{6}$

026 정답 $+2$

해설 음수가 짝수개이면 양의 부호를 갖는다.

$\left(+\dfrac{2}{5}\right) \div \left(-\dfrac{3}{10}\right) \div \left(-\dfrac{2}{3}\right)$

$= \left(+\dfrac{2}{5}\right) \times \left(-\dfrac{10}{3}\right) \times \left(-\dfrac{3}{2}\right)$

$= +\left(\dfrac{2}{5} \times \dfrac{10}{3} \times \dfrac{3}{2}\right)$

$= +2$

027 정답 $-\dfrac{1}{2}$

해설 음수가 홀수개이면 음의 부호를 갖는다.

$\left(-\dfrac{2}{3}\right) \div \left(-\dfrac{1}{6}\right) \div (-8)$

$= \left(-\dfrac{2}{3}\right) \div \left(-\dfrac{1}{6}\right) \div \left(-\dfrac{8}{1}\right)$

$= \left(-\dfrac{2}{3}\right) \times \left(-\dfrac{6}{1}\right) \times \left(-\dfrac{1}{8}\right)$

$= -\left(\dfrac{2}{3} \times \dfrac{6}{1} \times \dfrac{1}{8}\right)$

$= -\dfrac{1}{2}$

007 유리수와 유한소수 본문 P. 23

001 정답 $\times$

해설 0은 정수인 유리수이다.

002 정답 $\bigcirc$

003 정답 $\bigcirc$

해설 $\dfrac{1}{6} = \dfrac{1}{2 \times 3} = 0.1666\cdots$처럼 어떤 기약분수의 분모에 2나 5 이외의 다른 소인수가 있으면 무한소수가 된다.

004 정답 $\times$

해설 $\dfrac{1}{3} = 0.333\cdots$처럼 어떤 유리수를 소수로 나타내면 무한소수가 된다.

005 정답 $\times$

해설 $\dfrac{1}{3} = 0.333\cdots$처럼 어떤 기약분수의 분모에 2나 5 이외의 다른 소인수가 있으면 유한소수로 나타낼 수 없다.

006 정답 $\times$

해설 $0.333\cdots = \dfrac{1}{3}$처럼 어떤 무한소수는 유리수이다.

007 정답 $\bigcirc$

해설 기약분수 $\dfrac{5}{2^3}$의 분모에 2나 5 이외의 다른 소인수가 없으므로 유한소수로 나타낼 수 있다.

$\dfrac{5}{2^3} = \dfrac{5}{2^3} \times \dfrac{5^3}{5^3} = \dfrac{5^4}{(2 \times 5)^3} = \dfrac{625}{1000} = 0.625$

008 정답 $\times$

해설 기약분수 $\dfrac{7}{2^2 \times 3}$의 분모에 2나 5 이외의 다른 소인수가 있으므로 유한소수로 나타낼 수 없다.

실제로 구해보면 $\dfrac{7}{2^2 \times 3} = 0.58333\cdots$이다.

009 정답 $\bigcirc$

해설 $\dfrac{7}{2^2 \times 5 \times 7} = \dfrac{1}{2^2 \times 5}$

기약분수 $\dfrac{1}{2^2 \times 5}$의 분모에 2나 5 이외의 다른 소인수가 없으므로 유한소수로 나타낼 수 있다.

$\dfrac{7}{2^2 \times 5 \times 7} = \dfrac{1}{2^2 \times 5} = \dfrac{1}{2^2 \times 5} \times \dfrac{5}{5}$

$\qquad = \dfrac{5}{(2 \times 5)^2} = \dfrac{5}{100} = 0.05$

010 정답 $\times$

해설 $\dfrac{2 \times 7}{2^3 \times 3 \times 5} = \dfrac{7}{2^2 \times 3 \times 5}$

기약분수 $\dfrac{7}{2^2 \times 3 \times 5}$의 분모에 2나 5 이외의 다른 소인수가 있으므로 유한소수로 나타낼 수 없다.

실제로 구해보면 $\dfrac{7}{2^2 \times 3 \times 5} = 0.11666\cdots$이다.

011 정답 $\times$

해설 $\dfrac{21}{2 \times 3^2 \times 5} = \dfrac{3 \times 7}{2 \times 3^2 \times 5} = \dfrac{7}{2 \times 3 \times 5}$

기약분수 $\dfrac{7}{2 \times 3 \times 5}$의 분모에 2나 5 이외의 다른 소인수가 있으므로 유한소수로 나타낼 수 없다.

실제로 구해보면 $\dfrac{7}{2 \times 3 \times 5} = 0.2333\cdots$이다.

012 정답 ○

해설 $\dfrac{78}{2^2\times5\times13}=\dfrac{2\times3\times13}{2^2\times5\times13}=\dfrac{3}{2\times5}$

기약분수 $\dfrac{3}{2\times5}$의 분모에 소인수가 2나 5 이외의 다른 소인수가 없으므로 유한소수로 나타낼 수 있다.

$$\dfrac{78}{2^2\times5\times13}=\dfrac{2\times3\times13}{2^2\times5\times13}=\dfrac{3}{2\times5}$$
$$=\dfrac{3}{2\times5}\times\dfrac{2\times5}{2\times5}$$
$$=\dfrac{30}{(2\times5)^2}=\dfrac{30}{100}=0.3$$

013 정답 ○

해설 $\dfrac{7}{32}=\dfrac{7}{2^5}$

이 기약분수의 분모에 2나 5 이외의 다른 소인수가 없으므로 유한소수로 나타낼 수 있다.

$$\dfrac{7}{32}=\dfrac{7}{2^5}=\dfrac{7}{2^5}\times\dfrac{5^5}{5^5}$$
$$=\dfrac{7\times5^5}{(2\times5)^5}=\dfrac{21875}{100000}=0.21875$$

014 정답 ×

해설 $\dfrac{6}{54}=\dfrac{1}{9}=\dfrac{1}{3^2}$

기약분수 $\dfrac{1}{3^2}$의 분모에 2나 5 이외의 다른 소인수가 있으므로 유한소수로 나타낼 수 없다.

실제로 구해보면 $\dfrac{1}{3^2}=0.111\cdots$이다.

015 정답 ○

해설 $\dfrac{17}{68}=\dfrac{17}{2^2\times17}=\dfrac{1}{2^2}$

기약분수 $\dfrac{1}{2^2}$의 분모에 2나 5 이외의 다른 소인수가 없으므로 유한소수로 나타낼 수 있다.

$$\dfrac{17}{68}=\dfrac{17}{2^2\times17}=\dfrac{1}{2^2}=\dfrac{1}{2^2}\times\dfrac{5^2}{5^2}$$
$$=\dfrac{5^2}{(2\times5)^2}=\dfrac{25}{100}=0.25$$

016 정답 ×

해설 $\dfrac{28}{75}=\dfrac{2^2\times7}{3\times5^2}$

이 기약분수의 분모에 2나 5 이외의 다른 소인수가 있으므로 유한소수로 나타낼 수 없다.

실제로 구해보면 $\dfrac{2^2\times7}{3\times5^2}=0.37333\cdots$이다.

017 정답 3

해설 기약분수가 유한소수가 되려면 분모에 2나 3 이외의 다른 소인수가 없어야 한다.

기약분수 $\dfrac{1}{3\times5}$의 분모에 있는 소인수 3을 약분하여 없애려면 3의 배수를 곱해주어야 한다. 이때 가장 작은 3의 배수는 3이다.

018 정답 7

해설 기약분수 $\dfrac{2\times3}{5^2\times7}$의 분모에 있는 소인수 7을 약분하여 없애려면 7의 배수를 곱해주어야 한다. 이때 가장 작은 7의 배수는 7이다.

019 정답 7

해설 $\dfrac{3\times7}{2^2\times5\times7^2}=\dfrac{3}{2^2\times5\times7}$

기약분수 $\dfrac{3}{2^2\times5\times7}$의 분모에 있는 소인수 7을 약분하여 없애려면 7의 배수를 곱해주어야 한다. 이때 가장 작은 7의 배수는 7이다.

020 정답 33

해설 $\dfrac{2^3\times3}{3^2\times5\times11}=\dfrac{2^3}{3\times5\times11}$

기약분수 $\dfrac{2^3}{3\times5\times11}$의 분모에 있는 소인수 3과 11을 약분하여 모두 없애려면 3×11의 배수를 곱해주어야 한다. 이때 가장 작은 3×11의 배수는 33이다.

021 정답 0.75

해설 $\dfrac{3}{4}=\dfrac{3}{2^2}=\dfrac{3}{2^2}\times\dfrac{5^2}{5^2}$
$$=\dfrac{3\times5^2}{(2\times5)^2}=\dfrac{75}{100}=0.75$$

022 정답 0.44

해설 $\dfrac{11}{25}=\dfrac{11}{5^2}=\dfrac{11}{5^2}\times\dfrac{2^2}{2^2}$
$$=\dfrac{11\times2^2}{(2\times5)^2}=\dfrac{44}{100}=0.44$$

023 정답 0.25

해설 $\dfrac{2\times7}{2^3\times7}=\dfrac{1}{2^2}=\dfrac{1}{2^2}\times\dfrac{5^2}{5^2}$
$$=\dfrac{5^2}{(2\times5)^2}=\dfrac{25}{100}=0.25$$

024 정답 0.8

해설 $\dfrac{2^2\times3\times7}{3\times5\times7}=\dfrac{2^2}{5}=\dfrac{2^2}{5}\times\dfrac{2}{2}$
$$=\dfrac{2^3}{2\times5}=\dfrac{8}{10}=0.8$$

008 순환소수

본문 P. 25

001 정답 $0.\dot{9}$

해설 순환마디는 9이다.

002 정답 $0.1\dot{6}$

해설 순환마디는 6이다.

003 정답 $0.4\dot{7}$

해설 순환마디는 47이다.

004 정답 $2.35\dot{7}$

해설 순환마디는 7이다.

005 정답 $2.\dot{1}5\dot{4}$

해설 순환마디는 154이다. 이때 순환마디의 양 끝 숫자 위에 점을 찍어 순환소수를 나타낸다.

006 정답 $1.4\dot{9}\dot{5}$

해설 순환마디는 95이다.

007 정답 $10x-x$

해설 $x=0.\dot{5}=0.55555\cdots$로 놓으면

$$
\begin{array}{r}
10x=5.5555\cdots \\
-)\quad x=0.5555\cdots \\
\hline
9x=5
\end{array}
$$

$$\therefore x=\frac{5}{9}$$

008 정답 $100x-10x$

해설 $x=3.1\dot{6}=3.166666\cdots$으로 놓으면

$$
\begin{array}{r}
100x=316.6666\cdots \\
-)\quad 10x=31.6666\cdots \\
\hline
90x=316-31
\end{array}
$$

$$\therefore x=\frac{316-31}{90}=\frac{285}{90}=\frac{19}{6}$$

009 정답 $100x-x$

해설 $x=1.\dot{7}\dot{2}=1.727272\cdots$로 놓으면

$$
\begin{array}{r}
100x=172.7272\cdots \\
-)\quad x=1.7272\cdots \\
\hline
99x=172-1
\end{array}
$$

$$\therefore x=\frac{172-1}{99}=\frac{171}{99}=\frac{19}{11}$$

010 정답 $1000x-100x$

해설 $x=2.91\dot{7}=2.9177777\cdots$로 놓으면

$$
\begin{array}{r}
1000x=2917.7777\cdots \\
-)\quad 100x=291.7777\cdots \\
\hline
900x=2917-291
\end{array}
$$

$$\therefore x=\frac{2917-291}{900}=\frac{2626}{900}=\frac{1313}{450}$$

011 정답 $1000x-x$

해설 $x=2.\dot{3}4\dot{5}=2.345345345\cdots$로 놓으면

$$
\begin{array}{r}
1000x=2345.345345\cdots \\
-)\quad x=2.345345\cdots \\
\hline
999x=2345-2
\end{array}
$$

$$\therefore x=\frac{2345-2}{999}=\frac{2343}{999}=\frac{781}{333}$$

012 정답 $1000x-10x$

해설 $x=0.3\dot{2}\dot{4}=0.3242424\cdots$로 놓으면

$$
\begin{array}{r}
1000x=324.2424\cdots \\
-)\quad 10x=3.2424\cdots \\
\hline
990x=324-3
\end{array}
$$

$$\therefore x=\frac{324-3}{990}=\frac{321}{990}=\frac{107}{330}$$

013 정답 $\dfrac{7}{9}$

해설 $x=0.\dot{7}=0.77777\cdots$로 놓으면

$$
\begin{array}{r}
10x=7.7777\cdots \\
-)\quad x=0.7777\cdots \\
\hline
9x=7
\end{array}
$$

$$\therefore x=\frac{7}{9}$$

014 정답 $\dfrac{106}{45}$

해설 $x=2.3\dot{5}=2.355555\cdots$로 놓으면

$$
\begin{array}{r}
100x=235.5555\cdots \\
-)\quad 10x=23.5555\cdots \\
\hline
90x=235-23
\end{array}
$$

$$\therefore x=\frac{235-23}{90}=\frac{212}{90}=\frac{106}{45}$$

015 정답 $\dfrac{338}{99}$

해설 $x=3.\dot{4}\dot{1}=3.414141\cdots$로 놓으면

$$
\begin{array}{r}
100x=341.4141\cdots \\
-)\quad x=3.4141\cdots \\
\hline
99x=341-3
\end{array}
$$

$$\therefore x=\frac{341-3}{99}=\frac{338}{99}$$

016 정답 $\dfrac{1}{75}$

해설 $x=0.01\dot{3}=0.0133333\cdots$으로 놓으면

$$
\begin{array}{r}
1000x=13.3333\cdots \\
-)\quad 100x=1.3333\cdots \\
\hline
900x=13-1
\end{array}
$$

$$\therefore x=\frac{13-1}{900}=\frac{12}{900}=\frac{1}{75}$$

017 정답 $\dfrac{335}{333}$

해설 $x=1.\dot{0}0\dot{6}=1.006006006\cdots$으로 놓으면

$$
\begin{array}{r}
1000x=1006.006006\cdots \\
-)\quad x=1.006006\cdots \\
\hline
999x=1006-1
\end{array}
$$

$$\therefore x=\frac{1005}{999}=\frac{335}{333}$$

018 정답 $\dfrac{47}{330}$

해설 $x=0.14\dot{2}=0.1424242\cdots$로 놓으면

$$1000x=142.4242\cdots$$
$$-)\quad 10x=1.4242\cdots$$
$$990x=142-1$$

$$\therefore x=\dfrac{141}{990}=\dfrac{47}{330}$$

019 정답 $\dfrac{4}{9}$

020 정답 $\dfrac{223}{90}$

해설 $2.4\dot{7}=\dfrac{247-24}{90}=\dfrac{223}{90}$

021 정답 $\dfrac{107}{33}$

해설 $3.\dot{2}\dot{4}=\dfrac{324-3}{99}=\dfrac{321}{99}=\dfrac{107}{33}$

022 정답 $\dfrac{1}{225}$

해설 $0.00\dot{4}=\dfrac{4}{900}=\dfrac{1}{225}$

023 정답 $\dfrac{1028}{999}$

해설 $1.\dot{0}2\dot{9}=\dfrac{1029-1}{999}=\dfrac{1028}{999}$

024 정답 $\dfrac{67}{495}$

해설 $0.1\dot{3}\dot{5}=\dfrac{135-1}{990}=\dfrac{134}{990}=\dfrac{67}{495}$

025 정답 ○

026 정답 ×

해설 $\pi=3.14159265358979\cdots$처럼 순환하지 않는 무한소수도 있다.

027 정답 ○

028 정답 ×

해설 $\pi=3.14159265358979\cdots$처럼 순환하지 않는 무한소수는 유리수가 아니다. 즉, 무리수이다.

029 정답 ○

해설 $\pi=3.14159265358979\cdots$처럼 유리수가 아닌, 즉 무리수인 소수도 있다.

001 정답 ×

해설 9의 제곱근은 제곱하여 9가 되는 수이므로 ±3이다.

002 정답 ×

해설 제곱근 9는 $\sqrt{9}=3$이다.

주의 제곱근 9와 9의 제곱근을 혼동해서는 안 된다.

003 정답 ×

해설 $\sqrt{25}=5$의 제곱근은 제곱하여 5가 되는 수이므로 $\pm\sqrt{5}$이고 제곱근 5는 $\sqrt{5}$이다.

004 정답 ×

해설 음수가 아닌 수는 0과 양수이다.

0의 제곱근은 0 하나뿐이다.

양수의 제곱근은 2개이다.

005 정답 ○

해설 예를 들어, 양수 16의 제곱근은 제곱하여 16이 되는 수이므로 $\pm\sqrt{16}=\pm4$이다.

이때 $|+4|=|-4|=4$이다.

006 정답 ○

해설 $\sqrt{(-3)^2}=\sqrt{3^2}=3$의 제곱근은 제곱하여 3이 되는 수이므로 $\pm\sqrt{3}$이다.

007 정답 ×

해설 제곱하면 음수가 되는 수는 없으므로 음수의 제곱근은 생각하지 않는다.

008 정답 ○

해설 $\sqrt{A^2}=|A|=\begin{cases} A & (A\geq0) \\ -A & (A<0) \end{cases}$

009 정답 ×

해설 $A\geq0$일 때 $\sqrt{(-A)^2}=A$

$A<0$일 때 $\sqrt{(-A)^2}=-A$

010 정답 ×

해설 $\sqrt{A^2}=|A|\geq0$이므로 0이거나 양수이다.

011 정답 ±7

해설 $\pm\sqrt{49}=\pm\sqrt{7^2}=\pm|7|=\pm7$

별해 ±7을 제곱하면 49가 되므로 49의 제곱근은 ±7이다.

012 정답 0

해설 $\pm\sqrt{0}=0$

013 정답 존재하지 않는다.

해설 제곱하면 음수가 되는 수는 없으므로 음수의 제곱근은 생각하지 않는다.

014 정답 ±0.5

해설 $\pm\sqrt{(-0.5)^2}=\pm\sqrt{0.5^2}=\pm|0.5|=\pm0.5$

015 정답 $\pm\dfrac{4}{5}$

해설 $\pm\sqrt{\dfrac{16}{25}}=\pm\sqrt{\left(\dfrac{4}{5}\right)^2}=\pm\left|\dfrac{4}{5}\right|=\pm\dfrac{4}{5}$

016 정답 ±0.3

해설 $\pm\sqrt{0.09}=\pm\sqrt{(0.3)^2}=\pm|0.3|=\pm0.3$

017 정답 7

해설 $(\sqrt{7})^2=7$

별해 7의 제곱근이 $\pm\sqrt{7}$이므로 $(\pm\sqrt{7})^2=7$이다.

018 정답 0.3

해설 $(-\sqrt{0.3})^2=(\sqrt{0.3})^2=0.3$

별해 0.3의 제곱근이 $\pm\sqrt{0.3}$이므로
$(\pm\sqrt{0.3})^2=0.3$이다.

019 정답 3

해설 $\sqrt{3^2}=|3|=3$

020 정답 5

해설 $\sqrt{(-5)^2}=\sqrt{5^2}=|5|=5$

별해 $\sqrt{(-5)^2}=|-5|=-(-5)=5$

021 정답 $\dfrac{1}{2}$

해설 $\left(-\sqrt{\dfrac{1}{2}}\right)^2=\left(\sqrt{\dfrac{1}{2}}\right)^2=\dfrac{1}{2}$

별해 $\dfrac{1}{2}$의 제곱근이 $\pm\sqrt{\dfrac{1}{2}}$이므로 $\left(\pm\sqrt{\dfrac{1}{2}}\right)^2=\dfrac{1}{2}$이다.

022 정답 $\dfrac{2}{3}$

해설 $\sqrt{\left(-\dfrac{2}{3}\right)^2}=\sqrt{\left(\dfrac{2}{3}\right)^2}=\left|\dfrac{2}{3}\right|=\dfrac{2}{3}$

별해 $\sqrt{\left(-\dfrac{2}{3}\right)^2}=\left|-\dfrac{2}{3}\right|=-\left(-\dfrac{2}{3}\right)=\dfrac{2}{3}$

023 정답 5

해설 $\sqrt{(-3)^2}+(\sqrt{2})^2=\sqrt{3^2}+(\sqrt{2})^2$
$\qquad\qquad\qquad=|3|+2=3+2=5$

별해 $\sqrt{(-3)^2}+(\sqrt{2})^2=|-3|+2$
$\qquad\qquad\qquad=-(-3)+2=5$

024 정답 7

해설 $\sqrt{4^2}+(-\sqrt{3})^2=|4|+3=4+3=7$

025 정답 $x-1$

해설 $x>1$이므로 $1-x<0$
$\therefore\sqrt{(1-x)^2}=|1-x|=-(1-x)=-1+x$

026 정답 2

해설 $0<x<2$이므로 $x>0$, $x-2<0$
$\therefore\sqrt{x^2}+\sqrt{(x-2)^2}=|x|+|x-2|$
$\qquad\qquad\qquad\qquad=x-(x-2)$
$\qquad\qquad\qquad\qquad=2$

027 정답 5

해설 $-2<x<3$이므로 $x+2>0$, $x-3<0$
$\therefore\sqrt{(x+2)^2}+\sqrt{(x-3)^2}=|x+2|+|x-3|$
$\qquad\qquad\qquad\qquad=(x+2)-(x-3)$
$\qquad\qquad\qquad\qquad=5$

028 정답 a

해설 $a>0$이므로 $\sqrt{a^2}=|a|=a$

029 정답 $a-b$

해설 $a>0$, $b<0$이므로 $a-b>0$
$\therefore\sqrt{(a-b)^2}=|a-b|=a-b$

030 정답 0

해설 $a>0$, $b<0$이므로 $b-a<0$
$\therefore\sqrt{a^2}+\sqrt{b^2}-\sqrt{(b-a)^2}$
$=|a|+|b|-|b-a|$
$=a-b+(b-a)$
$=0$

010 무리수와 실수

001 정답 ○

002 정답 ×

해설 무한소수는 순환하는 무한소수와 순환하지 않는 무한소수로 나누어진다. 이때 순환하는 무한소수는 유리수이고 순환하지 않는 무한소수는 무리수이다.

예를 들어, $0.333\cdots=\dfrac{1}{3}$처럼 순환하는 무한소수는 유리수이다.

003 정답 ○

해설 실수는 유리수와 무리수로 나누어진다.
따라서 실수 중에서 유리수가 아닌 수는 모두 무리수이다.

004 정답 ○

해설 무한소수는 순환하는 무한소수와 순환하지 않는 무한소수로 나누어진다. 이때 순환하는 무한소수는 유리수이고 순환하지 않는 무한소수는 무리수이다.

005 정답 ○

해설 무한소수는 순환하는 무한소수와 순환하지 않는 무한소수로 나누어진다. 이때 순환하는 무한소수는 유리수이고 순환하지 않는 무한소수는 무리수이다.

006 정답 ×

해설 무리수 $\sqrt{2}$는 유리수가 아니므로 분자와 분모 모두가 정수인 분수로 나타낼 수 없다.

007 정답 ○

해설 $\sqrt{0.04}$를 있는 그대로 보고 무리수로 판단해서는 안 된다. 무리수로 주어졌다고 하더라도 유리수로 고칠 수 있다면 그 수는 유리수이다.

008 정답 -2, $\sqrt{4}$, $-\dfrac{10}{5}$

해설 $\sqrt{4}=2$이므로 $\sqrt{4}$는 정수이다. $\sqrt{4}$를 있는 그대로 보고 무리수로 판단해서는 안 된다. 무리수로 주어졌다고 하더라도 정수로 고칠 수 있다면 그 수는 정수이다.

$-\dfrac{10}{5}=-2$이므로 $-\dfrac{10}{5}$은 정수인 유리수이다.

009 정답 $\sqrt{5}$, π, $\sqrt{2}-1$

해설 $\sqrt{0.09}=\sqrt{(0.3)^2}=0.3$이므로 $\sqrt{0.09}$는 유리수이다.

$\sqrt{\dfrac{3}{12}}=\sqrt{\dfrac{1}{4}}=\sqrt{\left(\dfrac{1}{2}\right)^2}=\dfrac{1}{2}$이므로 $\sqrt{\dfrac{3}{12}}$은 유리수이다.

$1.1\dot{6}=\dfrac{116-11}{90}=\dfrac{7}{6}$이므로 $1.1\dot{6}$은 유리수이다.

즉, 순환하는 무한소수는 유리수이다.

010 정답 -2, 0.1, $\sqrt{4}$, $-\dfrac{2}{3}$, $\sqrt{0.09}$, 3.14, $\sqrt{\dfrac{3}{12}}$, $-\dfrac{10}{5}$, $1.1\dot{6}$

해설 실수는 유리수와 무리수로 나누어지므로 무리수를 제외한 나머지 수는 유리수이다.

011 정답 -2, 0.1, $\sqrt{4}$, $-\dfrac{2}{3}$, $\sqrt{5}$, $\sqrt{0.09}$, 3.14, $\sqrt{\dfrac{3}{12}}$, π, $-\dfrac{10}{5}$, $1.1\dot{6}$, $\sqrt{2}-1$

해설 유리수와 무리수를 통틀어 실수라고 한다.

012 정답 $-\sqrt{2}$

해설 색칠한 정사각형의 넓이가 2이므로 정사각형의 한 변의 길이는 $\sqrt{2}$이다. 수직선에서 점 A는 0으로부터 0의 왼쪽 방향으로 $\sqrt{2}$만큼 떨어져 있으므로 $0-\sqrt{2}=-\sqrt{2}$이다.

참고 점선으로 이루어진 정사각형 하나의 넓이가 1이므로 색칠한 정사각형의 넓이는 2이다.

013 정답 $\sqrt{2}$

해설 수직선에서 점 B는 0으로부터 0의 오른쪽 방향으로 $\sqrt{2}$만큼 떨어져 있으므로 $0+\sqrt{2}=\sqrt{2}$이다.

014 정답 $5-\sqrt{2}$

해설 수직선에서 점 C는 5로부터 5의 왼쪽 방향으로 $\sqrt{2}$만큼 떨어져 있으므로 $5-\sqrt{2}$이다.

015 정답 $5+\sqrt{2}$

해설 수직선에서 점 D는 5로부터 5의 오른쪽 방향으로 $\sqrt{2}$만큼 떨어져 있으므로 $5+\sqrt{2}$이다.

016 정답 $-\sqrt{5}$

해설 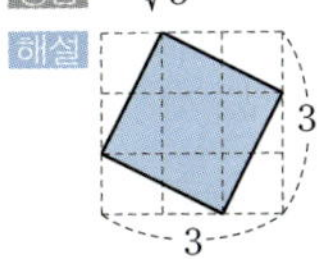

(색칠한 정사각형의 넓이)

$=$ (큰 정사각형의 넓이) $-$ (직각삼각형의 넓이) $\times 4$

$=3\times 3-\left(\dfrac{1}{2}\times 1\times 2\right)\times 4=9-4=5$

색칠한 정사각형의 넓이가 5이므로 정사각형의 한 변의 길이는 $\sqrt{5}$이다. 수직선에서 점 A는 0으로부터 0의 왼쪽 방향으로 $\sqrt{5}$만큼 떨어져 있으므로 $0-\sqrt{5}=-\sqrt{5}$이다.

017 정답 $\sqrt{5}$

해설 수직선에서 점 B는 0으로부터 0의 오른쪽 방향으로 $\sqrt{5}$만큼 떨어져 있으므로 $0+\sqrt{5}=\sqrt{5}$이다.

018 정답 $6-\sqrt{5}$

해설 수직선에서 점 C는 6으로부터 6의 왼쪽 방향으로 $\sqrt{5}$만큼 떨어져 있으므로 $6-\sqrt{5}$이다.

019 정답 $6+\sqrt{5}$

해설 수직선에서 점 D는 6으로부터 6의 오른쪽 방향으로 $\sqrt{5}$만큼 떨어져 있으므로 $6+\sqrt{5}$이다.

020 정답 ○

해설 서로 다른 두 실수 사이에는 무수히 많은 무리수와 유리수가 존재한다.

021 정답 ○

해설 서로 다른 두 실수 사이에는 무수히 많은 실수가 존재한다.

022 정답 ×

해설 모든 무리수와 유리수는 수직선 위에 나타낼 수 있다.

따라서 무리수 $2+\sqrt{3}$에 대응하는 점을 수직선 위에 나타낼 수 있다.

023 정답 ○

해설 실수, 즉 모든 유리수와 무리수에 대응하는 점들만으로 수직선을 완전히 메울 수 있다.

001 정답 $1 \,/\, \sqrt{3}-1$
해설 $\sqrt{1}<\sqrt{3}<\sqrt{4}$이므로 $1<\sqrt{3}<2$이다.
$\sqrt{3}$의 정수 부분은 1이고 소수 부분은 $\sqrt{3}$에서 정수 부분 1을 뺀 $\sqrt{3}-1$이다.
별해 $\sqrt{3}=1.732\times\times\times$이므로 $\sqrt{3}$의 정수 부분은 1이고 소수 부분은 $\sqrt{3}$에서 정수 부분 1을 뺀 $\sqrt{3}-1$이다.
참고 $\sqrt{2}=1.414$, $\sqrt{3}=1.732$로 외워두는 것이 좋다.

002 정답 $3 \,/\, \sqrt{11}-3$
해설 $\sqrt{9}<\sqrt{11}<\sqrt{16}$이므로 $3<\sqrt{11}<4$이다.
$\sqrt{11}$의 정수 부분은 3이고 소수 부분은 $\sqrt{11}$에서 정수 부분 3을 뺀 $\sqrt{11}-3$이다.

003 정답 $5 \,/\, \sqrt{27}-5$
해설 $\sqrt{25}<\sqrt{27}<\sqrt{36}$이므로 $5<\sqrt{27}<6$이다.
$\sqrt{27}$의 정수 부분은 5이고 소수 부분은 $\sqrt{27}$에서 정수 부분 5를 뺀 $\sqrt{27}-5$이다.

004 정답 $6 \,/\, \sqrt{48}-6$
해설 $\sqrt{36}<\sqrt{48}<\sqrt{49}$이므로 $6<\sqrt{48}<7$이다.
$\sqrt{48}$의 정수 부분은 6이고 소수 부분은 $\sqrt{48}$에서 정수 부분 6을 뺀 $\sqrt{48}-6$이다.

005 정답 $7 \,/\, \sqrt{60}-7$
해설 $\sqrt{49}<\sqrt{60}<\sqrt{64}$이므로 $7<\sqrt{60}<8$이다.
$\sqrt{60}$의 정수 부분은 7이고 소수 부분은 $\sqrt{60}$에서 정수 부분 7을 뺀 $\sqrt{60}-7$이다.

006 정답 $10 \,/\, \sqrt{101}-10$
해설 $\sqrt{100}<\sqrt{101}<\sqrt{121}$이므로 $10<\sqrt{101}<11$이다.
$\sqrt{101}$의 정수 부분은 100고 소수 부분은 $\sqrt{101}$에서 정수 부분 10을 뺀 $\sqrt{101}-10$이다.

007 정답 $0 \,/\, \sqrt{2}-1$
해설 $\sqrt{1}<\sqrt{2}<\sqrt{4}$, 즉 $1<\sqrt{2}<2$이므로
$1-1<\sqrt{2}-1<2-1$　　$\therefore 0<\sqrt{2}-1<1$
$\sqrt{2}-1$의 정수 부분은 0, 소수 부분은 $\sqrt{2}-1$이다.
별해 $\sqrt{2}=1.414\times\times\times$이므로
$\sqrt{2}-1=0.414\times\times\times$이다.
$\sqrt{2}-1$의 정수 부분은 0이고 소수 부분은 $\sqrt{2}-1$이다.

008 정답 $2 \,/\, \sqrt{2}-1$
해설 $\sqrt{1}<\sqrt{2}<\sqrt{4}$, 즉 $1<\sqrt{2}<2$이므로
$1+1<1+\sqrt{2}<1+2$　　$\therefore 2<1+\sqrt{2}<3$
$1+\sqrt{2}$의 정수 부분은 2, 소수 부분은
$(1+\sqrt{2})-2=\sqrt{2}-1$이다.
별해 $\sqrt{2}=1.414\times\times\times$이므로
$1+\sqrt{2}=2.414\times\times\times$이다.
$1+\sqrt{2}$의 정수 부분은 2이고 소수 부분은 $1+\sqrt{2}$에서 정수 부분 2를 뺀 $(1+\sqrt{2})-2=\sqrt{2}-1$이다.

009 정답 $4 \,/\, \sqrt{5}-2$
해설 $\sqrt{4}<\sqrt{5}<\sqrt{9}$, 즉 $2<\sqrt{5}<3$이므로
$2+2<2+\sqrt{5}<2+3$　　$\therefore 4<2+\sqrt{5}<5$
$2+\sqrt{5}$의 정수 부분은 4, 소수 부분은
$(2+\sqrt{5})-4=\sqrt{5}-2$이다.

010 정답 $3 \,/\, 2-\sqrt{3}$
해설 $\sqrt{1}<\sqrt{3}<\sqrt{4}$, 즉 $1<\sqrt{3}<2$이므로
$-2<-\sqrt{3}<-1$, $5-2<5-\sqrt{3}<5-1$
$\therefore 3<5-\sqrt{3}<4$
$5-\sqrt{3}$의 정수 부분은 3, 소수 부분은
$(5-\sqrt{3})-3=2-\sqrt{3}$이다.
별해 $\sqrt{3}=1.732\times\times\times$이므로
$5-\sqrt{3}=3.267\times\times\times$이다.
$5-\sqrt{3}$의 정수 부분은 3이고 소수 부분은 $5-\sqrt{3}$에서 정수 부분 3을 뺀 $(5-\sqrt{3})-3=2-\sqrt{3}$이다.

011 정답 $0 \,/\, \sqrt{7}-2$
해설 $\sqrt{4}<\sqrt{7}<\sqrt{9}$, 즉 $2<\sqrt{7}<3$이므로
$2-2<\sqrt{7}-2<3-2$　　$\therefore 0<\sqrt{7}-2<1$
$\sqrt{7}-2$의 정수 부분은 0, 소수 부분은 $\sqrt{7}-2$이다.

012 정답 $5 \,/\, \sqrt{8}-2$
해설 $\sqrt{4}<\sqrt{8}<\sqrt{9}$, 즉 $2<\sqrt{8}<3$이므로
$2+3<\sqrt{8}+3<3+3$　　$\therefore 5<\sqrt{8}+3<6$
$\sqrt{8}+3$의 정수 부분은 5, 소수 부분은
$(\sqrt{8}+3)-5=\sqrt{8}-2$이다.

013 정답 $<$
해설 $(\sqrt{3}+1)-3=\sqrt{3}-2=\sqrt{3}-\sqrt{4}<0$
$\therefore \sqrt{3}+1<3$

014 정답 $<$
해설 $(\sqrt{6}-1)-2=\sqrt{6}-3=\sqrt{6}-\sqrt{9}<0$
$\therefore \sqrt{6}-1<2$

015 정답 $>$
해설 $(6-\sqrt{2})-4=2-\sqrt{2}=\sqrt{4}-\sqrt{2}>0$
$\therefore 6-\sqrt{2}>4$

016 정답 $>$
해설 $(\sqrt{15}+3)-6=\sqrt{15}-3=\sqrt{15}-\sqrt{9}>0$
$\therefore \sqrt{15}+3>6$

017 정답 $<$
해설 $(2+\sqrt{2})-(\sqrt{5}+\sqrt{2})=2-\sqrt{5}=\sqrt{4}-\sqrt{5}<0$
$\therefore 2+\sqrt{2}<\sqrt{5}+\sqrt{2}$

018 정답 $<$
해설 $(\sqrt{13}-\sqrt{26})-(\sqrt{13}-5)=5-\sqrt{26}=\sqrt{25}-\sqrt{26}<0$
$\therefore \sqrt{13}-\sqrt{26}<\sqrt{13}-5$

019 정답 $>$

해설 $(4-\sqrt{7})-(\sqrt{15}-\sqrt{7})=4-\sqrt{15}=\sqrt{16}-\sqrt{15}>0$

$\therefore 4-\sqrt{7}>\sqrt{15}-\sqrt{7}$

020 정답 $>$

해설 $(-\sqrt{11}-3)-(-\sqrt{12}-3)=\sqrt{12}-\sqrt{11}>0$

$\therefore -\sqrt{11}-3>-\sqrt{12}-3$

021 정답 $\sqrt{5}+1<\sqrt{5}+\sqrt{3}<3+\sqrt{3}$

해설 $(\sqrt{5}+1)-(\sqrt{5}+\sqrt{3})=1-\sqrt{3}<0$

$\therefore \sqrt{5}+1<\sqrt{5}+\sqrt{3}$

$(\sqrt{5}+\sqrt{3})-(3+\sqrt{3})=\sqrt{5}-3=\sqrt{5}-\sqrt{9}<0$

$\therefore \sqrt{5}+\sqrt{3}<3+\sqrt{3}$

022 정답 $1+\sqrt{2}<3<5-\sqrt{3}$

해설 $(1+\sqrt{2})-3=\sqrt{2}-2=\sqrt{2}-\sqrt{4}<0$

$\therefore 1+\sqrt{2}<3$

$3-(5-\sqrt{3})=\sqrt{3}-2=\sqrt{3}-\sqrt{4}<0$

$\therefore 3<5-\sqrt{3}$

012 제곱근의 곱셈과 나눗셈, 분모의 유리화   본문 P. 33

001 정답 $\sqrt{15}$

해설 $\sqrt{5}\sqrt{3}=\sqrt{5\times3}=\sqrt{15}$

002 정답 9

해설 $\sqrt{3}\sqrt{27}=\sqrt{3\times27}=\sqrt{81}=\sqrt{9^2}=9$

003 정답 -10

해설 $-\sqrt{2}\sqrt{5}\sqrt{10}=-\sqrt{2\times5\times10}$

$=-\sqrt{100}=-\sqrt{10^2}=-10$

004 정답 $8\sqrt{2}$

해설 $2\sqrt{3}\times4\sqrt{\dfrac{2}{3}}=2\times4\times\sqrt{3\times\dfrac{2}{3}}=8\sqrt{2}$

005 정답 $\sqrt{7}$

해설 $\dfrac{\sqrt{21}}{\sqrt{3}}=\sqrt{\dfrac{21}{3}}=\sqrt{7}$

006 정답 $-\sqrt{7}$

해설 $-\sqrt{35}\div\sqrt{5}=-\sqrt{\dfrac{35}{5}}=-\sqrt{7}$

007 정답 $-2\sqrt{3}$

해설 $4\sqrt{6}\div(-2\sqrt{2})=4\sqrt{6}\times\left(-\dfrac{1}{2\sqrt{2}}\right)$

$=-\dfrac{4\sqrt{6}}{2\sqrt{2}}=-2\sqrt{\dfrac{6}{2}}$

$=-2\sqrt{3}$

008 정답 $\sqrt{3}$

해설 $\sqrt{\dfrac{2}{5}}\div\sqrt{\dfrac{2}{15}}=\dfrac{\sqrt{2}}{\sqrt{5}}\div\dfrac{\sqrt{2}}{\sqrt{15}}$

$=\dfrac{\sqrt{2}}{\sqrt{5}}\times\dfrac{\sqrt{15}}{\sqrt{2}}=\dfrac{\sqrt{15}}{\sqrt{5}}$

$=\sqrt{\dfrac{15}{5}}=\sqrt{3}$

009 정답 $2\sqrt{2}$

해설 $\sqrt{8}=\sqrt{4\times2}=\sqrt{4}\sqrt{2}$

$=\sqrt{2^2}\sqrt{2}=2\sqrt{2}$

010 정답 $-2\sqrt{5}$

해설 $-\sqrt{20}=-\sqrt{4\times5}=-\sqrt{4}\sqrt{5}$

$=-\sqrt{2^2}\sqrt{5}=-2\sqrt{5}$

011 정답 $-5\sqrt{5}$

해설 $-\sqrt{125}=-\sqrt{25\times5}=-\sqrt{25}\sqrt{5}$

$=-\sqrt{5^2}\sqrt{5}=-5\sqrt{5}$

012 정답 $10\sqrt{2}$

해설 $\sqrt{200}=\sqrt{100\times2}=\sqrt{100}\sqrt{2}$

$=\sqrt{10^2}\sqrt{2}=10\sqrt{2}$

013 정답 $\dfrac{\sqrt{3}}{5}$

해설 $\sqrt{\dfrac{3}{25}}=\dfrac{\sqrt{3}}{\sqrt{25}}=\dfrac{\sqrt{3}}{\sqrt{5^2}}=\dfrac{\sqrt{3}}{5}$

014 정답 $-\dfrac{\sqrt{10}}{7}$

해설 $-\sqrt{\dfrac{10}{49}}=-\dfrac{\sqrt{10}}{\sqrt{49}}=-\dfrac{\sqrt{10}}{\sqrt{7^2}}=-\dfrac{\sqrt{10}}{7}$

015 정답 $\dfrac{\sqrt{3}}{10}$

해설 $\sqrt{0.03}=\sqrt{\dfrac{3}{100}}=\dfrac{\sqrt{3}}{\sqrt{100}}=\dfrac{\sqrt{3}}{\sqrt{10^2}}=\dfrac{\sqrt{3}}{10}$

016 정답 $\dfrac{\sqrt{3}}{5}$

해설 $\sqrt{0.12}=\sqrt{\dfrac{12}{100}}=\dfrac{\sqrt{12}}{\sqrt{100}}=\dfrac{\sqrt{4\times3}}{\sqrt{100}}=\dfrac{\sqrt{4}\sqrt{3}}{\sqrt{100}}$

$=\dfrac{\sqrt{2^2}\sqrt{3}}{\sqrt{10^2}}=\dfrac{2\sqrt{3}}{10}=\dfrac{\sqrt{3}}{5}$

017 정답 $\sqrt{28}$

해설 $2\sqrt{7}=\sqrt{4}\sqrt{7}=\sqrt{4\times7}=\sqrt{28}$

018 정답 $-\sqrt{18}$

해설 $-3\sqrt{2}=-\sqrt{9}\sqrt{2}=-\sqrt{9\times2}=-\sqrt{18}$

019 정답 $-\sqrt{\dfrac{2}{25}}$

해설 $-\dfrac{\sqrt{2}}{5}=-\dfrac{\sqrt{2}}{\sqrt{25}}=-\sqrt{\dfrac{2}{25}}$

020 정답 $\sqrt{\dfrac{8}{3}}$

해설 $2\sqrt{\dfrac{2}{3}}=\dfrac{2\sqrt{2}}{\sqrt{3}}=\dfrac{\sqrt{4}\sqrt{2}}{\sqrt{3}}$

$\qquad =\dfrac{\sqrt{4\times2}}{\sqrt{3}}=\dfrac{\sqrt{8}}{\sqrt{3}}=\sqrt{\dfrac{8}{3}}$

021 정답 $\dfrac{\sqrt{6}}{3}$

해설 $\dfrac{\sqrt{2}}{\sqrt{3}}=\dfrac{\sqrt{2}\sqrt{3}}{\sqrt{3}\sqrt{3}}=\dfrac{\sqrt{2\times3}}{(\sqrt{3})^2}=\dfrac{\sqrt{6}}{3}$

022 정답 $\dfrac{\sqrt{3}}{2}$

해설 $\dfrac{3}{2\sqrt{3}}=\dfrac{3\sqrt{3}}{2\sqrt{3}\sqrt{3}}=\dfrac{3\sqrt{3}}{2(\sqrt{3})^2}=\dfrac{3\sqrt{3}}{2\times3}$

$\qquad =\dfrac{\sqrt{3}}{2}$

023 정답 $\dfrac{3\sqrt{2}}{4}$

해설 $\dfrac{3}{\sqrt{8}}=\dfrac{3}{2\sqrt{2}}=\dfrac{3\sqrt{2}}{2\sqrt{2}\sqrt{2}}=\dfrac{3\sqrt{2}}{2(\sqrt{2})^2}$

$\qquad =\dfrac{3\sqrt{2}}{4}$

별해 $\dfrac{3}{\sqrt{8}}=\dfrac{3\sqrt{8}}{\sqrt{8}\sqrt{8}}=\dfrac{3\times2\sqrt{2}}{(\sqrt{8})^2}=\dfrac{6\sqrt{2}}{8}=\dfrac{3\sqrt{2}}{4}$

024 정답 $\dfrac{\sqrt{5}}{5}$

해설 $\dfrac{2}{\sqrt{20}}=\dfrac{2}{\sqrt{4\times5}}=\dfrac{2}{\sqrt{4}\sqrt{5}}=\dfrac{2}{\sqrt{2^2}\sqrt{5}}$

$\qquad =\dfrac{2}{2\sqrt{5}}=\dfrac{1}{\sqrt{5}}=\dfrac{\sqrt{5}}{\sqrt{5}\sqrt{5}}$

$\qquad =\dfrac{\sqrt{5}}{(\sqrt{5})^2}=\dfrac{\sqrt{5}}{5}$

별해 $\dfrac{2}{\sqrt{20}}=\dfrac{2\sqrt{20}}{\sqrt{20}\sqrt{20}}=\dfrac{2\times2\sqrt{5}}{(\sqrt{20})^2}=\dfrac{4\sqrt{5}}{20}=\dfrac{\sqrt{5}}{5}$

025 정답 $\dfrac{\sqrt{6}}{3}$

해설 $\dfrac{2\sqrt{3}}{3\sqrt{2}}=\dfrac{2\sqrt{3}\sqrt{2}}{3\sqrt{2}\sqrt{2}}=\dfrac{2\sqrt{3\times2}}{3(\sqrt{2})^2}$

$\qquad =\dfrac{2\sqrt{6}}{3\times2}=\dfrac{\sqrt{6}}{3}$

026 정답 $\dfrac{5\sqrt{6}}{6}$

해설 $\dfrac{5}{\sqrt{2}\sqrt{3}}=\dfrac{5\sqrt{2}\sqrt{3}}{\sqrt{2}\sqrt{3}\sqrt{2}\sqrt{3}}=\dfrac{5\sqrt{2\times3}}{(\sqrt{2})^2(\sqrt{3})^2}$

$\qquad =\dfrac{5\sqrt{6}}{2\times3}=\dfrac{5\sqrt{6}}{6}$

027 정답 14.14

해설 $\sqrt{200}=\sqrt{2\times100}=\sqrt{2}\sqrt{100}=\sqrt{2}\sqrt{10^2}$

$\qquad =\sqrt{2}\times10=1.414\times10=14.14$

028 정답 44.72

해설 $\sqrt{2000}=\sqrt{20\times100}=\sqrt{20}\sqrt{100}$

$\qquad =\sqrt{20}\sqrt{10^2}=\sqrt{20}\times10$

$\qquad =4.472\times10=44.72$

029 정답 0.1414

해설 $\sqrt{0.02}=\sqrt{\dfrac{2}{100}}=\dfrac{\sqrt{2}}{\sqrt{100}}=\dfrac{\sqrt{2}}{\sqrt{10^2}}$

$\qquad =\dfrac{\sqrt{2}}{10}=\dfrac{1.414}{10}=0.1414$

030 정답 0.4472

해설 $\sqrt{0.2}=\sqrt{\dfrac{20}{100}}=\dfrac{\sqrt{20}}{\sqrt{100}}=\dfrac{\sqrt{20}}{\sqrt{10^2}}$

$\qquad =\dfrac{\sqrt{20}}{10}=\dfrac{4.472}{10}=0.4472$

013 제곱근의 덧셈과 뺄셈　　본문 P.35

001 정답 $6\sqrt{3}$

해설 $4\sqrt{3}+2\sqrt{3}=(4+2)\sqrt{3}=6\sqrt{3}$

002 정답 $4\sqrt{2}$

해설 $5\sqrt{2}+\sqrt{8}-3\sqrt{2}$

$=5\sqrt{2}+\sqrt{2^2\times2}-3\sqrt{2}$

$=5\sqrt{2}+2\sqrt{2}-3\sqrt{2}$

$=(5+2-3)\sqrt{2}$

$=4\sqrt{2}$

003 정답 $3\sqrt{3}$

해설 $2\sqrt{48}-3\sqrt{12}+\sqrt{3}$

$=2\sqrt{4^2\times3}-3\sqrt{2^2\times3}+\sqrt{3}$

$=2\times4\sqrt{3}-3\times2\sqrt{3}+\sqrt{3}$

$=8\sqrt{3}-6\sqrt{3}+\sqrt{3}$

$=(8-6+1)\sqrt{3}$

$=3\sqrt{3}$

004 정답 $5(\sqrt{2}+\sqrt{3})$

해설 $\sqrt{8}+\sqrt{12}+\sqrt{18}+\sqrt{27}$

$=\sqrt{2^2\times2}+\sqrt{2^2\times3}+\sqrt{3^2\times2}+\sqrt{3^2\times3}$

$=2\sqrt{2}+2\sqrt{3}+3\sqrt{2}+3\sqrt{3}$

$=(2+3)\sqrt{2}+(2+3)\sqrt{3}$

$=5(\sqrt{2}+\sqrt{3})$

005 정답 $2\sqrt{2}$

해설 $\sqrt{18}-\dfrac{\sqrt{6}}{\sqrt{3}}=\sqrt{3^2\times2}-\sqrt{\dfrac{6}{3}}$

$\qquad =3\sqrt{2}-\sqrt{2}$

$\qquad =(3-1)\sqrt{2}=2\sqrt{2}$

006 정답 $-\sqrt{2}$

해설 $\sqrt{50}-\sqrt{8}-\dfrac{8}{\sqrt{2}}=\sqrt{5^2\times2}-\sqrt{2^2\times2}-\dfrac{8\sqrt{2}}{\sqrt{2}\sqrt{2}}$

$\qquad =5\sqrt{2}-2\sqrt{2}-\dfrac{8\sqrt{2}}{(\sqrt{2})^2}$

$\qquad =5\sqrt{2}-2\sqrt{2}-4\sqrt{2}$

$\qquad =(5-2-4)\sqrt{2}$

$\qquad =-\sqrt{2}$

007 정답 $6(\sqrt{3}+1)$

해설 $3\sqrt{2}(\sqrt{6}+\sqrt{2})$
$=3\sqrt{2}\sqrt{6}+3(\sqrt{2})^2$
$=3\sqrt{2\times6}+3\times2=3\sqrt{12}+6$
$=3\sqrt{2^2\times3}+6=6\sqrt{3}+6$
$=6(\sqrt{3}+1)$

008 정답 $\sqrt{6}-\sqrt{3}$

해설 $(\sqrt{12}-\sqrt{6})\div\sqrt{2}$
$=\dfrac{\sqrt{12}-\sqrt{6}}{\sqrt{2}}=\dfrac{\sqrt{12}}{\sqrt{2}}-\dfrac{\sqrt{6}}{\sqrt{2}}$
$=\sqrt{\dfrac{12}{2}}-\sqrt{\dfrac{6}{2}}=\sqrt{6}-\sqrt{3}$

009 정답 $7+4\sqrt{3}$

해설 $(2+\sqrt{3})^2=2^2+2\times2\times\sqrt{3}+(\sqrt{3})^2$
$=4+4\sqrt{3}+3$
$=7+4\sqrt{3}$

010 정답 $5-2\sqrt{6}$

해설 $(\sqrt{3}-\sqrt{2})^2=(\sqrt{3})^2-2\times\sqrt{3}\times\sqrt{2}+(\sqrt{2})^2$
$=3-2\sqrt{3\times2}+2$
$=3-2\sqrt{6}+2$
$=5-2\sqrt{6}$

011 정답 1

해설 $(3+2\sqrt{2})(3-2\sqrt{2})$
$=3^2-(2\sqrt{2})^2=9-(\sqrt{8})^2$
$=9-8=1$

참고 $(2\sqrt{2})^2=2^2\times(\sqrt{2})^2=4\times2=8$

012 정답 $16+\sqrt{3}$

해설 $(2\sqrt{3}-1)(3\sqrt{3}+2)$
$=2\sqrt{3}\times3\sqrt{3}+2\sqrt{3}\times2-1\times3\sqrt{3}-1\times2$
$=6(\sqrt{3})^2+4\sqrt{3}-3\sqrt{3}-2$
$=18+4\sqrt{3}-3\sqrt{3}-2$
$=16+\sqrt{3}$

참고 $(a+b)(c+d)=ac+ad+bc+bd$

013 정답 $\dfrac{\sqrt{2}}{2}$

해설 $\dfrac{1}{\sqrt{2}}=\dfrac{\sqrt{2}}{\sqrt{2}\sqrt{2}}=\dfrac{\sqrt{2}}{(\sqrt{2})^2}=\dfrac{\sqrt{2}}{2}$

014 정답 $3\sqrt{3}$

해설 $\dfrac{9}{\sqrt{3}}=\dfrac{9\sqrt{3}}{\sqrt{3}\sqrt{3}}=\dfrac{9\sqrt{3}}{(\sqrt{3})^2}=\dfrac{9\sqrt{3}}{3}=3\sqrt{3}$

015 정답 $\sqrt{2}-1$

해설 분모가 $\sqrt{a}+\sqrt{b}$꼴이면 $\sqrt{a}-\sqrt{b}$를, 분모가 $\sqrt{a}-\sqrt{b}$
꼴이면 $\sqrt{a}+\sqrt{b}$를 분자와 분모에 모두 곱한다.

$\dfrac{1}{\sqrt{2}+1}=\dfrac{\sqrt{2}-1}{(\sqrt{2}+1)(\sqrt{2}-1)}$
$=\dfrac{\sqrt{2}-1}{(\sqrt{2})^2-1^2}=\dfrac{\sqrt{2}-1}{2-1}=\sqrt{2}-1$

016 정답 $2(3+2\sqrt{2})$

해설 $\dfrac{2}{3-\sqrt{8}}=\dfrac{2(3+\sqrt{8})}{(3-\sqrt{8})(3+\sqrt{8})}$
$=\dfrac{2(3+2\sqrt{2})}{3^2-(\sqrt{8})^2}$
$=\dfrac{2(3+2\sqrt{2})}{9-8}=2(3+2\sqrt{2})$

017 정답 $9+4\sqrt{5}$

해설 $\dfrac{\sqrt{5}+2}{\sqrt{5}-2}=\dfrac{(\sqrt{5}+2)^2}{(\sqrt{5}-2)(\sqrt{5}+2)}$
$=\dfrac{(\sqrt{5})^2+2\times\sqrt{5}\times2+2^2}{(\sqrt{5})^2-2^2}$
$=\dfrac{5+4\sqrt{5}+4}{5-4}$
$=9+4\sqrt{5}$

018 정답 $5-2\sqrt{6}$

해설 $\dfrac{\sqrt{3}-\sqrt{2}}{\sqrt{3}+\sqrt{2}}=\dfrac{(\sqrt{3}-\sqrt{2})^2}{(\sqrt{3}+\sqrt{2})(\sqrt{3}-\sqrt{2})}$
$=\dfrac{(\sqrt{3})^2-2\times\sqrt{3}\times\sqrt{2}+(\sqrt{2})^2}{(\sqrt{3})^2-(\sqrt{2})^2}$
$=\dfrac{3-2\sqrt{6}+2}{3-2}$
$=5-2\sqrt{6}$

019 정답 $2\sqrt{3}$

해설 $\dfrac{1}{\sqrt{3}+\sqrt{2}}+\dfrac{1}{\sqrt{3}-\sqrt{2}}$
$=\dfrac{\sqrt{3}-\sqrt{2}}{(\sqrt{3}+\sqrt{2})(\sqrt{3}-\sqrt{2})}+\dfrac{\sqrt{3}+\sqrt{2}}{(\sqrt{3}-\sqrt{2})(\sqrt{3}+\sqrt{2})}$
$=\dfrac{(\sqrt{3}-\sqrt{2})+(\sqrt{3}+\sqrt{2})}{(\sqrt{3})^2-(\sqrt{2})^2}$
$=\dfrac{2\sqrt{3}}{3-2}=2\sqrt{3}$

020 정답 $-8\sqrt{2}$

해설 $\dfrac{2}{3+2\sqrt{2}}-\dfrac{2}{3-2\sqrt{2}}$
$=\dfrac{2(3-2\sqrt{2})}{(3+2\sqrt{2})(3-2\sqrt{2})}-\dfrac{2(3+2\sqrt{2})}{(3-2\sqrt{2})(3+2\sqrt{2})}$
$=\dfrac{2(3-2\sqrt{2})-2(3+2\sqrt{2})}{3^2-(2\sqrt{2})^2}$
$=\dfrac{6-4\sqrt{2}-6-4\sqrt{2}}{9-8}$
$=-8\sqrt{2}$

021 정답 $2+\sqrt{6}$

해설 $(2\sqrt{3}+\sqrt{8})\div\sqrt{2}$
$=\dfrac{2\sqrt{3}+2\sqrt{2}}{\sqrt{2}}=\dfrac{(2\sqrt{3}+2\sqrt{2})\sqrt{2}}{(\sqrt{2})^2}$
$=\dfrac{2\sqrt{3}\sqrt{2}+2(\sqrt{2})^2}{2}=\dfrac{2\sqrt{6}+4}{2}$
$=2+\sqrt{6}$

022 정답 $6+2\sqrt{2}$

해설 $2\sqrt{3}(\sqrt{6}+\sqrt{3})-4\sqrt{2}$
$=2\sqrt{3}\sqrt{6}+2(\sqrt{3})^2-4\sqrt{2}$
$=2\sqrt{18}+6-4\sqrt{2}$
$=6\sqrt{2}+6-4\sqrt{2}=6+2\sqrt{2}$

023 정답 $-3+3\sqrt{5}$

해설 $\sqrt{5}+(2\sqrt{15}-\sqrt{27})\div\sqrt{3}$
$=\sqrt{5}+\dfrac{2\sqrt{15}-\sqrt{27}}{\sqrt{3}}=\sqrt{5}+\dfrac{2\sqrt{15}}{\sqrt{3}}-\dfrac{\sqrt{27}}{\sqrt{3}}$
$=\sqrt{5}+2\sqrt{\dfrac{15}{3}}-\sqrt{\dfrac{27}{3}}=\sqrt{5}+2\sqrt{5}-3$
$=-3+3\sqrt{5}$

024 정답 $4-\sqrt{6}$

해설 $\sqrt{2}\left(\sqrt{3}-\dfrac{\sqrt{2}}{2}\right)-\sqrt{3}\left(2\sqrt{2}-\dfrac{5}{\sqrt{3}}\right)$
$=\sqrt{2}\sqrt{3}-\dfrac{(\sqrt{2})^2}{2}-2\sqrt{3}\sqrt{2}+\dfrac{5\sqrt{3}}{\sqrt{3}}$
$=\sqrt{6}-1-2\sqrt{6}+5$
$=4-\sqrt{6}$

025 정답 1

해설 $\dfrac{1}{\sqrt{2}+1}+\dfrac{1}{\sqrt{3}+\sqrt{2}}+\dfrac{1}{2+\sqrt{3}}$
$=\dfrac{\sqrt{2}-1}{(\sqrt{2}+1)(\sqrt{2}-1)}+\dfrac{\sqrt{3}-\sqrt{2}}{(\sqrt{3}+\sqrt{2})(\sqrt{3}-\sqrt{2})}$
$\quad+\dfrac{2-\sqrt{3}}{(2+\sqrt{3})(2-\sqrt{3})}$
$=\dfrac{\sqrt{2}-1}{(\sqrt{2})^2-1^2}+\dfrac{\sqrt{3}-\sqrt{2}}{(\sqrt{3})^2-(\sqrt{2})^2}+\dfrac{2-\sqrt{3}}{2^2-(\sqrt{3})^2}$
$=\dfrac{\sqrt{2}-1}{2-1}+\dfrac{\sqrt{3}-\sqrt{2}}{3-2}+\dfrac{2-\sqrt{3}}{4-3}$
$=(\sqrt{2}-1)+(\sqrt{3}-\sqrt{2})+(2-\sqrt{3})$
$=1$

014 문자와 식
본문 P. 39

001 정답 $500x$원

해설 $500\times x=500x$

002 정답 $4x\,\text{cm}$

해설 $x\times4=4x$

003 정답 $\dfrac{x}{4}$시간

해설 (시간) $=\dfrac{(거리)}{(속력)}=\dfrac{x}{4}$

004 정답 $\dfrac{x}{20}\,\text{g}$

해설 (소금의 양) $=$ (소금물의 양) $\times\dfrac{(소금물의\ 농도)}{100}$
$\qquad\qquad=x\times\dfrac{5}{100}=\dfrac{x}{20}$

005 정답 $10x+y$

해설 십의 자리의 숫자가 x, 일의 자리의 숫자가 y인 두 자리의 자연수는 $xy\to10\times x+y$이다.
예를 들어, $23\to2\times10+3$이다.

006 정답 $\dfrac{4}{5}a$원

해설 (판매 금액) $=$ (정가) $-$ (할인 금액)
$\qquad\qquad=a-a\times\dfrac{20}{100}=a-\dfrac{1}{5}a=\dfrac{4}{5}a$

별해 (판매 금액) $=$ (정가) $\times\left\{1-\dfrac{(할인율)}{100}\right\}$
$\qquad\qquad=a\times\left(1-\dfrac{20}{100}\right)=\dfrac{80}{100}a=\dfrac{4}{5}a$

007 정답 $0.1ab$

해설 $0.1\times a\times b=0.1ab$

주의 $0.1ab$에서 1은 생략하지 않는다.

008 정답 $-x$

해설 $x\times(-1)=-1x=-x$

주의 $1\times$(문자), $-1\times$(문자)에서 1은 생략한다.

009 정답 abc

해설 $a\times c\times b=abc$

문자는 알파벳 순서로 쓴다.

010 정답 $-3x^2y^2$

해설 $(-3)\times x\times x\times y\times y=-3x^2y^2$

011 정답 $\dfrac{a}{b+c}$

해설 $a\div(b+c)=a\times\dfrac{1}{b+c}=\dfrac{a}{b+c}$

012 정답 $\dfrac{xy}{2}$

해설 $x\times y\div2=x\times y\times\dfrac{1}{2}=\dfrac{xy}{2}$

013 정답 $\dfrac{a}{b(2-c)}$

해설 $a\div b\div(2-c)=a\times\dfrac{1}{b}\times\dfrac{1}{2-c}=\dfrac{a}{b(2-c)}$

014 정답 $2-\dfrac{3x}{y}$

해설 $2-3\times x\div y=2-3\times x\times\dfrac{1}{y}=2-\dfrac{3x}{y}$

015 정답 1

해설 $2x-3=2\times2-3=1$

016 정답 8

해설 $x^2+2x=2^2+2\times2=4+4=8$

017 정답 2

해설 $\dfrac{10}{x+3}=\dfrac{10}{2+3}=\dfrac{10}{5}=2$

018 정답 5

해설 $x\left(1+\dfrac{3}{x}\right)=2\left(1+\dfrac{3}{2}\right)=2\times\dfrac{5}{2}=5$

019 정답 -1

해설 $2a+b=2\times(-2)+3=-4+3=-1$

020 정답 1

해설 $a^3+b^2=(-2)^3+3^2=-8+9=1$

021 정답 2

해설 $\dfrac{a}{2}+b=\dfrac{-2}{2}+3=-1+3=2$

022 정답 1

해설 $\dfrac{4}{a}+\dfrac{9}{b}=\dfrac{4}{-2}+\dfrac{9}{3}=-2+3=1$

023 정답 $-\dfrac{3}{4}$

해설 $4xy-y^2=4\times\dfrac{1}{4}\times\left(-\dfrac{1}{2}\right)-\left(-\dfrac{1}{2}\right)^2$

$\qquad\quad=-\dfrac{1}{2}-\dfrac{1}{4}=-\dfrac{3}{4}$

024 정답 16

해설 $\dfrac{3}{x}-\dfrac{2}{y}=3\div x-2\div y$

$\qquad\quad=3\div\dfrac{1}{4}-2\div\left(-\dfrac{1}{2}\right)$

$\qquad\quad=3\times4-2\times(-2)$

$\qquad\quad=12+4=16$

015 일차식의 사칙 연산

본문 P. 41

001 정답 $\times$

해설 상수항도 항이므로 $3x+2y+1$의 항은 $3x$, $2y$, 1로 3개이다.

002 정답 $\times$

해설 $3x$의 계수는 3이다.

003 정답 $\bigcirc$

해설 분모에 문자가 있는 식은 다항식이 아니므로 $\dfrac{1}{x}$은 일차식이 아니다.

004 정답 $\bigcirc$

해설 x^2+x+2에서 x^2의 차수가 2차로 가장 크므로 이 다항식은 이차식이다.

005 정답 $\times$

해설 $3a^2$은 이차, $2a^3$은 삼차이다.

즉, 차수가 다르기 때문에 동류항이 아니다.

006 정답 1차

해설 $-2x+5$에서 x의 차수가 1차로 가장 크므로 이 다항식은 1차이다.

007 정답 1차

해설 $\dfrac{x}{3}-2$에서 x의 차수가 1차로 가장 크므로 이 다항식은 1차이다.

008 정답 2차

해설 $3+2a+a^2$에서 a^2의 차수가 2차로 가장 크므로 이 다항식은 2차이다.

009 정답 2차

해설 $-3+2y+y^2$에서 y^2의 차수가 2차로 가장 크므로 이 다항식은 2차이다.

010 정답 $-12a$

해설 수끼리 곱한 후 문자 앞에 쓴다.

$(-6)\times2a=(-6\times2)\times a=-12a$

011 정답 $-\dfrac{1}{8}x$

해설 $\left(-\dfrac{3}{4}x\right)\div6=\left(-\dfrac{3}{4}x\right)\times\dfrac{1}{6}=\left(-\dfrac{3}{4}\times\dfrac{1}{6}\right)\times x$

$\qquad\qquad\qquad=-\dfrac{1}{8}x$

012 정답 $8a-12$

해설 $(2a-3)\times4=2a\times4-3\times4$

$\qquad\qquad\quad=(2\times4)\times a-12$

$\qquad\qquad\quad=8a-12$

013 정답 $6x-3$

해설 $(2x-1)\div\dfrac{1}{3}=(2x-1)\times3$

$\qquad\qquad\quad=2x\times3-1\times3$

$\qquad\qquad\quad=(2\times3)\times x-3$

$\qquad\qquad\quad=6x-3$

014 정답 $-\dfrac{3}{2}a+6$

해설 $\left(\dfrac{1}{6}a-\dfrac{2}{3}\right)\times(-9)$

$=\dfrac{1}{6}a\times(-9)-\dfrac{2}{3}\times(-9)$

$=\dfrac{1}{6}\times(-9)\times a+\left(-\dfrac{2}{3}\right)\times(-9)$

$=-\dfrac{3}{2}a+6$

015 [정답] $-1+4x$

[해설] $\left(\dfrac{3}{2}-6x\right)\div\left(-\dfrac{3}{2}\right)$

$=\left(\dfrac{3}{2}-6x\right)\times\left(-\dfrac{2}{3}\right)$

$=\dfrac{3}{2}\times\left(-\dfrac{2}{3}\right)-6x\times\left(-\dfrac{2}{3}\right)$

$=-1+(-6)\times\left(-\dfrac{2}{3}\right)\times x$

$=-1+4x$

016 [정답] $4a$

017 [정답] $-2b$

018 [정답] -3

[해설] 상수항의 동류항은 상수항이다.

019 [정답] $2a$

[해설] 동류항의 덧셈과 뺄셈은 동류항의 계수끼리 더하거나 뺀 후 문자 앞에 쓴다.

$a+3a-2a=(1+3-2)a=2a$

020 [정답] $5x-2$

[해설] $x+3+4x-5=x+4x+3-5$
$\qquad\qquad\qquad\quad=(1+4)x-2$
$\qquad\qquad\qquad\quad=5x-2$

021 [정답] $-3a+2$

[해설] $(0.7a-1)+(-3.7a+3)$
$=0.7a-3.7a-1+3$
$=(0.7-3.7)a+2$
$=-3a+2$

022 [정답] $-2x-3$

[해설] $(3x-2)-(5x+1)$
$=3x-2-5x-1$
$=3x-5x-2-1$
$=(3-5)x-3$
$=-2x-3$

023 [정답] $\dfrac{4}{3}a+\dfrac{1}{6}$

[해설] $\dfrac{a+2}{3}+\dfrac{2a-1}{2}$

$=\dfrac{2(a+2)}{6}+\dfrac{3(2a-1)}{6}$

$=\dfrac{2a+4+6a-3}{6}$

$=\dfrac{(2+6)a+4-3}{6}$

$=\dfrac{8a+1}{6}=\dfrac{8}{6}a+\dfrac{1}{6}$

$=\dfrac{4}{3}a+\dfrac{1}{6}$

024 [정답] $\dfrac{1}{6}x+\dfrac{1}{6}$

[해설] $\dfrac{2x-1}{3}-\dfrac{x-1}{2}$

$=\dfrac{2(2x-1)}{6}-\dfrac{3(x-1)}{6}$

$=\dfrac{2(2x-1)-3(x-1)}{6}$

$=\dfrac{4x-2-3x+3}{6}$

$=\dfrac{(4x-3x)-2+3}{6}$

$=\dfrac{x+1}{6}=\dfrac{1}{6}x+\dfrac{1}{6}$

[주의] $-\dfrac{3(x-1)}{6}=\dfrac{-3(x-1)}{6}=\dfrac{-3x+3}{6}$

025 [정답] $11a-1$

[해설] $2(4a-2)+3(a+1)$
$=8a-4+3a+3$
$=(8a+3a)-4+3$
$=11a-1$

026 [정답] $2(x+1)$

[해설] $8\left(x-\dfrac{1}{4}\right)-6\left(x-\dfrac{2}{3}\right)$

$=8x-2-6x+4$
$=(8x-6x)-2+4$
$=2x+2=2(x+1)$

016 항등식

본문 P. 43

001 [정답] ×

[해설] $3x+4=-1$에 $x=-1$을 대입하면
(좌변)$=3\times(-1)+4=1$, (우변)$=-1$
좌변과 우변의 값이 서로 다르므로 $x=-1$은 주어진 방정식의 해가 아니다.

002 [정답] ○

[해설] $x+1=4x-2$에 $x=1$을 대입하면
(좌변)$=1+1=2$, (우변)$=4\times1-2=2$
좌변과 우변의 값이 서로 같으므로 $x=1$은 주어진 방정식의 해이다.

003 [정답] ○

[해설] $x-(2x-3)=5$에 $x=-2$를 대입하면
(좌변)$=-2-\{2\times(-2)-3\}$
$\qquad\quad=-2-(-7)=-2+7=5$
(우변)$=5$
좌변과 우변의 값이 서로 같으므로 $x=-2$는 주어진 방정식의 해이다.

004 정답 ×

해설 $7x+1=4(x+1)$에 $x=-1$을 대입하면

(좌변)$=7\times(-1)+1=-6$, (우변)$=4(-1+1)=0$

좌변과 우변의 값이 서로 다르므로 $x=-1$은 주어진 방정식의 해가 아니다.

005 정답 ◯

해설 미지수에 어떤 값을 대입해도 항상 참이 되는 등식이 항등식이므로 항등식의 해는 무수히 많다.

006 정답 ◯

007 정답 ◯

008 정답 ×

해설 x의 값에 따라 참이 되기도 하고, 거짓이 되기도 하는 등식은 항등식이 아니라 방정식이다.

009 정답 ◯

해설 (좌변)$=0\times x=0$, (우변)$=0$

좌변과 우변이 서로 같으므로 항등식이다.

010 정답 ◯

해설 (좌변)$=x\times x\times x=x^3$, (우변)$=x^3$

좌변과 우변이 서로 같으므로 항등식이다.

011 정답 ◯

해설 (좌변)$=2x+3x=5x$, (우변)$=5x$

좌변과 우변이 서로 같으므로 항등식이다.

012 정답 ◯

해설 (좌변)$=2(x+3)=2x+6$, (우변)$=2x+6$

좌변과 우변이 서로 같으므로 항등식이다.

013 정답 ◯

해설 (좌변)$=(2x+1)^2=4x^2+4x+1$

(우변)$=4x^2+4x+1$

좌변과 우변이 서로 같으므로 항등식이다.

014 정답 ×

해설 (좌변)$=3(x+1)=3x+3$, (우변)$=3x$

좌변과 우변이 서로 다르므로 항등식이 아니다.

015 정답 $0\,/\,1$

해설 (좌변)$=ax+b$, (우변)$=0\cdot x+1$

좌변과 우변이 서로 같아야 하므로 $a=0$, $b=1$

별해 $ax+b=1$에서 $ax+(b-1)=0$

이 등식이 항등식이므로 $a=0$, $b-1=0$이어야 한다.

$\therefore b=1$

016 정답 $5\,/\,-3$

해설 (좌변)$=ax-3$, (우변)$=5x+b$

좌변과 우변이 서로 같아야 하므로

$a=5$, $b=-3$

별해 $ax-3=5x+b$에서 $(a-5)x+(-3-b)=0$

이 등식이 항등식이므로 $a-5=0$, $-3-b=0$이어야 한다.

$\therefore a=5$, $b=-3$

017 정답 $2\,/\,-2$

해설 (좌변)$=a(x-1)=ax-a$, (우변)$=2x+b$

좌변과 우변이 서로 같아야 하므로

$a=2$, $-a=b$ $\therefore b=-2$

별해 $a(x-1)=2x+b$에서 $ax-a=2x+b$,

$(a-2)x+(-a-b)=0$

이 등식이 항등식이므로 $a-2=0$, $-a-b=0$이어야 한다.

$\therefore a=2$, $b=-a=-2$

018 정답 $3\,/\,2$

해설 $(3-a)x+(2-b)=0\cdot x+0$

좌변과 우변이 서로 같아야 하므로

$3-a=0$, $2-b=0$ $\therefore a=3$, $b=2$

019 정답 $-2\,/\,4$

해설 $(a+2)x+4=0\cdot x+b$

좌변과 우변이 서로 같아야 하므로

$a+2=0$, $b=4$ $\therefore a=-2$

별해 $(a+2)x+4=b$에서 $(a+2)x+(4-b)=0$

이 등식이 항등식이므로 $a+2=0$, $4-b=0$이어야 한다.

$\therefore a=-2$, $b=4$

020 정답 $0\,/\,0\,/\,1$

해설 $ax^2+bx+c=0\cdot x^2+0\cdot x+1$

좌변과 우변이 서로 같아야 하므로

$a=0$, $b=0$, $c=1$

별해 $ax^2+bx+c=1$에서 $ax^2+bx+(c-1)=0$

이 등식이 항등식이어야 하므로 $a=0$, $b=0$, $c-1=0$이어야 한다.

$\therefore c=1$

021 정답 $0\,/\,2\,/\,-3$

해설 $2x^2+ax-3=bx^2+0\cdot x+c$

좌변과 우변이 서로 같아야 하므로

$b=2$, $a=0$, $c=-3$

별해 $2x^2+ax-3=bx^2+c$에서

$(2-b)x^2+ax+(-3-c)=0$

이 등식이 항등식이어야 하므로 $2-b=0$, $a=0$,

$-3-c=0$이어야 한다.

$\therefore a=0$, $b=2$, $c=-3$

022 4 / 2 / 3
해설 $(a-1)x^2+bx+(c-2)=3x^2+2x+1$
좌변과 우변이 서로 같아야 하므로
$a-1=3,\ b=2,\ c-2=1$
$\therefore a=4,\ c=3$
별해 $(a-1)x^2+bx+(c-2)=3x^2+2x+1$에서
$(a-4)x^2+(b-2)x+(c-3)=0$
이 등식이 항등식이므로 $a-4=0,\ b-2=0,\ c-3=0$
$\therefore a=4,\ b=2,\ c=3$

023 정답 1
해설 항등식은 미지수에 어떤 값을 대입해도 항상 참이
되는 등식이므로 $a(x+1)+2=b(x-1)+4$의 양변에
$x=1$을 대입하면
$2a+2=4$　　$\therefore a=1$

024 정답 1
해설 항등식은 미지수에 어떤 값을 대입해도 항상 참이
되는 등식이므로 $a(x+1)+2=b(x-1)+4$의 양변에
$x=-1$을 대입하면
$2=-2b+4$　　$\therefore b=1$

017 일차방정식의 풀이

본문 P. 45

001 정답 ○
해설 등식의 양변에 같은 수를 더해도 등식은 여전히 성
립한다.

002 정답 ×
해설 $a+3=b-3$의 양변에서 3을 빼면
$a+3-3=b-3-3$　　$\therefore a=b-6$

003 정답 ○
해설 $\dfrac{a}{3}=\dfrac{b}{2}$의 양변에 1을 더하면
$\dfrac{a}{3}+1=\dfrac{b}{2}+1$　　$\therefore \dfrac{a+3}{3}=\dfrac{b+2}{2}$

004 정답 ×
해설 예를 들어 $2\times0=3\times0$이지만 $2\neq3$이다.
참고 등식의 양변을 0이 아닌 같은 수로 나누어도 등식은
여전히 성립한다.
따라서 '$ac=bc$이면 $a=b$이다.'가 참이 되려면 $c\neq0$이라
는 조건이 더 필요하다.

005 정답 $2x=6+4$
해설 좌변의 -4를 우변으로 이항하면 $+4$로 바뀐다.

006 정답 $-2x-x=-3$
해설 우변의 $+x$를 좌변으로 이항하면 $-x$로 바뀐다.

007 정답 $x+2x=7-1$
해설 좌변의 $+1$을 우변으로 이항하면 -1로 바뀌고
우변의 $-2x$를 좌변으로 이항하면 $+2x$로 바뀐다.

008 정답 $x+4x=10+5$
해설 좌변의 -5를 우변으로 이항하면 $+5$로 바뀌고
우변의 $-4x$를 좌변으로 이항하면 $4x$로 바뀐다.

009 정답 $x=2$
해설 $4x-1=7$에서 좌변의 -1을 우변으로 이항한다.
$4x=7+1$
$4x=8$의 양변을 4로 나눈다.
$\dfrac{4x}{4}=\dfrac{8}{4}$　　$\therefore x=2$

010 정답 $x=3$
해설 $3+4x=5x$에서 좌변의 $+3$을 우변으로, 우변의
$+5x$를 좌변으로 이항한다.
$4x-5x=-3$
$-x=-3$의 양변을 -1로 나눈다.
$\dfrac{-x}{-1}=\dfrac{-3}{-1}$　　$\therefore x=3$
참고 $-x=-3$의 양변에 -1을 곱해도 된다.
별해 $3+4x=5x$에서 좌변의 $+4x$를 우변으로 이항한
다.
$3=5x-4x$　　$\therefore x=3$

011 정답 $x=-1$
해설 $3x=5x+2$에서 우변의 $+5x$를 좌변으로 이항한
다.
$3x-5x=2$
$-2x=2$의 양변을 -2로 나눈다.
$\dfrac{-2x}{-2}=\dfrac{2}{-2}$　　$\therefore x=-1$

012 정답 $x=-4$
해설 $x-1=2x+3$에서 좌변의 -1을 우변으로, 우변의
$+2x$를 좌변으로 이항한다.
$x-2x=3+1$
$-x=4$의 양변을 -1로 나눈다.
$\dfrac{-x}{-1}=\dfrac{4}{-1}$　　$\therefore x=-4$
별해 $x-1=2x+3$에서 좌변의 $+x$를 우변으로, 우변의
$+3$을 좌변으로 이항한다.
$-1-3=2x-x$　　$\therefore x=-4$

013 정답 $x=3$
해설 $10-4x=x-5$에서 좌변의 $+10$을 우변으로, 우변
의 $+x$를 좌변으로 이항한다.
$-4x-x=-5-10$
$-5x=-15$의 양변을 -5로 나눈다.
$\dfrac{-5x}{-5}=\dfrac{-15}{-5}$　　$\therefore x=3$

[별해] $10-4x=x-5$에서 좌변의 $-4x$를 우변으로, 우변의 -5를 좌변으로 이항한다.

$10+5=x+4x$

$15=5x$의 양변을 5로 나눈다.

$\dfrac{15}{5}=\dfrac{5x}{5}$ $\therefore x=3$

014 [정답] $x=2$

[해설] $2x-2=6-2x$에서 좌변의 -2를 우변으로, 우변의 $-2x$를 좌변으로 이항한다.

$2x+2x=6+2$

$4x=8$의 양변을 4로 나눈다.

$\dfrac{4x}{4}=\dfrac{8}{4}$ $\therefore x=2$

015 [정답] $x=3$

[해설] $2(2x-1)=10$

$4x-2=10$에서 좌변의 -2를 우변으로 이항한다.

$4x=10+2$

$4x=12$의 양변을 4로 나눈다.

$\dfrac{4x}{4}=\dfrac{12}{4}$ $\therefore x=3$

016 [정답] $x=2$

[해설] $x+10=3(x+2)$

$x+10=3x+6$에서 좌변의 $+10$을 우변으로, 우변의 $+3x$를 좌변으로 이항한다.

$x-3x=6-10$

$-2x=-4$의 양변을 -2로 나눈다.

$\dfrac{-2x}{-2}=\dfrac{-4}{-2}$ $\therefore x=2$

017 [정답] $x=3$

[해설] $3(2x-4)=x+3$

$6x-12=x+3$에서 좌변의 -12를 우변으로, 우변의 $+x$를 좌변으로 이항한다.

$6x-x=3+12$

$5x=15$의 양변을 5로 나눈다.

$\dfrac{5x}{5}=\dfrac{15}{5}$ $\therefore x=3$

018 [정답] $x=-2$

[해설] $x+8=-2(x-1)$

$x+8=-2x+2$에서 좌변의 $+8$을 우변으로, 우변의 $-2x$를 좌변으로 이항한다.

$x+2x=2-8$

$3x=-6$의 양변을 3으로 나눈다.

$\dfrac{3x}{3}=\dfrac{-6}{3}$ $\therefore x=-2$

019 [정답] $x=-1$

[해설] $3x+4(x+1)=-3$

$3x+4x+4=-3$에서 좌변의 $+4$를 우변으로 이항한다.

$3x+4x=-3-4$

$7x=-7$의 양변을 7로 나눈다.

$\dfrac{7x}{7}=\dfrac{-7}{7}$ $\therefore x=-1$

020 [정답] $x=4$

[해설] $3(1-x)+5=2(x-6)$

$3-3x+5=2x-12$

$8-3x=2x-12$에서 좌변의 $+8$을 우변으로, 우변의 $+2x$를 좌변으로 이항한다.

$-3x-2x=-12-8$

$-5x=-20$의 양변을 -5로 나눈다.

$\dfrac{-5x}{-5}=\dfrac{-20}{-5}$ $\therefore x=4$

021 [정답] $x=5$

[해설] $2:(x+3)=5:4x$에서 내항의 곱은 외항의 곱과 같으므로

$(x+3)\times5=2\times4x$

$5x+15=8x$에서 좌변의 $+15$를 우변으로, 우변의 $+8x$를 좌변으로 이항한다.

$5x-8x=-15$

$-3x=-15$의 양변을 -3으로 나눈다.

$\dfrac{-3x}{-3}=\dfrac{-15}{-3}$ $\therefore x=5$

[별해] $5x+15=8x$에서 좌변의 $+5x$를 우변으로 이항한다.

$15=8x-5x$

$15=3x$의 양변을 3으로 나눈다.

$\dfrac{15}{3}=\dfrac{3x}{3}$ $\therefore x=5$

022 [정답] $x=3$

[해설] $(x+2):1=(x+7):2$

$1\times(x+7)=(x+2)\times2$

$x+7=2x+4$에서 좌변의 $+7$을 우변으로, 우변의 $+2x$를 좌변으로 이항한다.

$x-2x=4-7$

$-x=-3$의 양변을 -1로 나눈다.

$\dfrac{-x}{-1}=\dfrac{-3}{-1}$ $\therefore x=3$

[별해] $x+7=2x+4$에서 좌변의 $+x$를 우변으로, 우변의 $+4$를 좌변으로 이항한다.

$7-4=2x-x$ $\therefore x=3$

023 정답 $x=-2$

해설 $\dfrac{x}{2}=\dfrac{x-3}{5}$의 양변에 분모 2, 5의 최소공배수인 10
을 곱한다.

$\dfrac{x}{2}\times 10=\dfrac{x-3}{5}\times 10$

$5x=2(x-3)$

$5x=2x-6$에서 우변의 $+2x$를 좌변으로 이항한다.

$5x-2x=-6$

$3x=-6$의 양변을 3으로 나눈다.

$\dfrac{3x}{3}=\dfrac{-6}{3}$ $\quad\therefore x=-2$

024 정답 $x=2$

해설 $\dfrac{x}{2}=\dfrac{2}{3}(x-2)+1$의 양변에 분모 2, 3의 최소공배
수 6을 곱한다.

$\dfrac{x}{2}\times 6=\dfrac{2}{3}(x-2)\times 6+1\times 6$

$3x=4(x-2)+6$

$3x=4x-8+6$

$3x=4x-2$에서 우변의 $+4x$를 좌변으로 이항한다.

$3x-4x=-2$

$-x=-2$의 양변을 -1로 나눈다.

$\dfrac{-x}{-1}=\dfrac{-2}{-1}$ $\quad\therefore x=2$

별해 $3x=4x-2$에서 좌변의 $+3x$를 우변으로, 우변의
-2를 좌변으로 이항한다.

$2=4x-3x$ $\quad\therefore x=2$

025 정답 $x=-7$

해설 $\dfrac{3}{2}=\dfrac{x}{6}-\dfrac{x-1}{3}$의 양변에 분모 2, 6, 3의 최소공배
수 6을 곱한다.

$\dfrac{3}{2}\times 6=\dfrac{x}{6}\times 6-\dfrac{x-1}{3}\times 6$

$9=x-2(x-1)$

$9=x-2x+2$

$9=-x+2$에서 좌변의 $+9$를 우변으로, 우변의 $-x$를
좌변으로 이항한다.

$x=2-9$ $\quad\therefore x=-7$

026 정답 $x=-10$

해설 $\dfrac{2}{5}x+\dfrac{3}{2}=\dfrac{1}{4}x$의 양변에 분모 5, 2, 4의 최소공배수
20을 곱한다.

$\dfrac{2}{5}x\times 20+\dfrac{3}{2}\times 20=\dfrac{1}{4}x\times 20$

$8x+30=5x$에서 좌변의 $+30$을 우변으로, 우변의
$+5x$를 좌변으로 이항한다.

$8x-5x=-30$

$3x=-30$의 양변을 3으로 나눈다.

$\dfrac{3x}{3}=\dfrac{-30}{3}$ $\quad\therefore x=-10$

027 정답 $x=4$

해설 $0.2(x+1)=0.5(x-2)$의 양변에 10을 곱한다.

$2(x+1)=5(x-2)$

$2x+2=5x-10$에서 좌변의 $+2$를 우변으로, 우변의
$+5x$를 좌변으로 이항한다.

$2x-5x=-10-2$

$-3x=-12$의 양변을 -3으로 나눈다.

$\dfrac{-3x}{-3}=\dfrac{-12}{-3}$ $\quad\therefore x=4$

별해 $2x+2=5x-10$에서 좌변의 $+2x$를 우변으로, 우
변의 -10을 좌변으로 이항한다.

$2+10=5x-2x$

$12=3x$의 양변을 3으로 나눈다.

$\dfrac{12}{3}=\dfrac{3x}{3}$ $\quad\therefore x=4$

028 정답 $x=6$

해설 $0.1x-0.3=0.02x+0.18$의 양변에 100을 곱한다.

$10x-30=2x+18$에서 좌변의 -30을 우변으로, 우변
의 $+2x$를 좌변으로 이항한다.

$10x-2x=18+30$

$8x=48$의 양변을 8로 나눈다.

$\dfrac{8x}{8}=\dfrac{48}{8}$ $\quad\therefore x=6$

018 소금물의 농도 본문 P. 47

001 정답 7

해설 소수나 분수에 100을 곱하면 퍼센트가 된다.

$0.07\times 100=7(\%)$

별해 전체의 수량을 1을 기준으로 다루는 것이 소수나 분
수이고 100을 기준으로 다루는 것이 퍼센트이다.

$1:0.07=100:x$

$0.07\times 100=1\times x$ $\quad\therefore x=7(\%)$

002 정답 12

해설 $0.12\times 100=12(\%)$

003 정답 80

해설 $\dfrac{4}{5}\times 100=80(\%)$

별해 전체의 수량을 1을 기준으로 다루는 것이 소수나 분
수이고 100을 기준으로 다루는 것이 퍼센트이다.

$1:\dfrac{4}{5}=100:x$

$\dfrac{4}{5}\times 100=1\times x$ $\quad\therefore x=80(\%)$

004 정답 75

해설 $\dfrac{3}{4}\times 100=75(\%)$

005 정답 $\dfrac{3}{20}$

해설 퍼센트를 100으로 나누면 소수나 분수가 된다.

$$15\% = 15 \times \dfrac{1}{100} = \dfrac{3}{20}$$

별해 전체의 수량을 1을 기준으로 다루는 것이 소수나 분수이고 100을 기준으로 다루는 것이 퍼센트이다.

$$100 : 15 = 1 : x$$

$$15 \times 1 = 100 \times x \qquad \therefore\ x = \dfrac{15}{100} = \dfrac{3}{20}$$

006 정답 $\dfrac{1}{4}$

해설 $25\% = 25 \times \dfrac{1}{100} = \dfrac{1}{4}$

007 정답 280

해설 $40\% = 40 \times \dfrac{1}{100} = \dfrac{2}{5}$

$$\therefore\ 700 \times \dfrac{2}{5} = 280(\mathrm{g})$$

별해 $700 \times 40(\%) = 700 \times 0.4 = 280(\mathrm{g})$

008 정답 200

해설 $25\% = 25 \times \dfrac{1}{100} = \dfrac{1}{4}$

$$\therefore\ 800 \times \dfrac{1}{4} = 200(원)$$

별해 $800 \times 25(\%) = 800 \times 0.25 = 200(원)$

009 정답 20

해설 (소금물의 농도)

$$= \dfrac{(\text{소금의 양})}{(\text{소금물의 양})} \times 100$$

$$= \dfrac{(\text{소금의 양})}{(\text{소금의 양}) + (\text{물의 양})} \times 100$$

$$= \dfrac{20}{20 + 80} \times 100 = 20(\%)$$

주의 (소금물의 양) = (소금의 양) + (물의 양)

010 정답 25

해설 (설탕물의 농도)

$$= \dfrac{(\text{설탕의 양})}{(\text{설탕물의 양})} \times 100$$

$$= \dfrac{50}{200} \times 100 = 25(\%)$$

011 정답 30

해설 $(\text{소금의 양}) = (\text{소금물의 양}) \times \dfrac{(\text{농도})}{100}$

$$= 100 \times \dfrac{30}{100} = 30(\mathrm{g})$$

012 정답 5

해설 농도가 10%인 소금물 200g에 들어있는 소금의 양은

$$(\text{소금의 양}) = (\text{소금물의 양}) \times \dfrac{(\text{농도})}{100}$$

$$= 200 \times \dfrac{10}{100} = 20(\mathrm{g})$$

농도가 10%인 소금물 200g에 물 200g을 더 넣었으므로 소금의 양은 그대로이고 소금물의 양은 400g이 된다.

$$\therefore\ (\text{소금물의 농도}) = \dfrac{(\text{소금의 양})}{(\text{소금물의 양})} \times 100$$

$$= \dfrac{20}{400} \times 100 = 5(\%)$$

013 정답 10

해설 농도가 7%인 소금물 200g에 들어있는 소금의 양은

$$(\text{소금의 양}) = (\text{소금물의 양}) \times \dfrac{(\text{농도})}{100}$$

$$= 200 \times \dfrac{7}{100} = 14(\mathrm{g})$$

농도가 7%인 소금물 200g에서 물 60g을 증발시켰으므로 소금의 양은 그대로이고 소금물의 양은 140g이 된다.

$$\therefore\ (\text{소금물의 농도}) = \dfrac{(\text{소금의 양})}{(\text{소금물의 양})} \times 100$$

$$= \dfrac{14}{140} \times 100 = 10(\%)$$

014 정답 40

해설 농도가 25%인 소금물 100g에 들어있는 소금의 양은

$$(\text{소금의 양}) = (\text{소금물의 양}) \times \dfrac{(\text{농도})}{100}$$

$$= 100 \times \dfrac{25}{100} = 25(\mathrm{g})$$

농도가 25%인 소금물 100g에 소금 25g을 더 넣었으므로 소금의 양은 50g이 되고 소금물의 양은 125g이 된다.

$$\therefore\ (\text{소금물의 농도}) = \dfrac{(\text{소금의 양})}{(\text{소금물의 양})} \times 100$$

$$= \dfrac{50}{125} \times 100 = 40(\%)$$

015 정답 6

해설 $(\text{A 소금의 양}) = (\text{소금물의 양}) \times \dfrac{(\text{농도})}{100}$

$$= 100 \times \dfrac{6}{100} = 6(\mathrm{g})$$

016 정답 18

해설 $(\text{B 소금의 양}) = (\text{소금물의 양}) \times \dfrac{(\text{농도})}{100}$

$$= 200 \times \dfrac{9}{100} = 18(\mathrm{g})$$

017 정답 24

해설 (C 소금의 양)

$$= (\text{A 소금의 양}) + (\text{B 소금의 양})$$

$$= 6 + 18 = 24(\mathrm{g})$$

018 정답 8

해설 (C 소금물의 양)

$=$ (A 소금물의 양) $+$ (B 소금물의 양)

$=100+200=300(\mathrm{g})$

$\therefore$ (C 소금물의 농도) $=\dfrac{(\text{소금의 양})}{(\text{소금물의 양})}\times100$

$\qquad\qquad\qquad\quad=\dfrac{24}{300}\times100=8(\%)$

019 정답 5

해설 (A 소금의 양) $=$ (소금물의 양) $\times\dfrac{(\text{농도})}{100}$

$\qquad\qquad\qquad=50\times\dfrac{10}{100}=5(\mathrm{g})$

020 정답 15

해설 (B 소금의 양)

$=$ (A 소금의 양) $+$ (더 넣은 소금의 양)

$=5+10=15(\mathrm{g})$

021 정답 30

해설 A 소금물에서 물 10g을 증발시키고 소금 10g을 넣어 B 소금물을 만들었으므로 B 소금물의 양은 50g 그대로이다.

$\therefore$ (B 소금물의 농도) $=\dfrac{(\text{소금의 양})}{(\text{소금물의 양})}\times100$

$\qquad\qquad\qquad\qquad=\dfrac{15}{50}\times100=30(\%)$

019 속력과 증가, 감소
본문 P. 49

001 정답 x

해설 일반적으로 구하는 것을 미지수 x로 놓는다.

002 정답 $\dfrac{x}{10}$

해설 (시간) $=\dfrac{(\text{거리})}{(\text{속력})}=\dfrac{x}{10}$ (시간)

003 정답 $\dfrac{x}{5}$

해설 (시간) $=\dfrac{(\text{거리})}{(\text{속력})}=\dfrac{x}{5}$ (시간)

004 정답 5

해설 갈 때 걸린 시간과 올 때 걸린 시간의 합이 1시간 30분이므로

$\dfrac{x}{10}+\dfrac{x}{5}=1.5$

등식의 양변에 분모 10, 5의 최소공배수 10을 곱하면

$x+2x=15,\ 3x=15$ $\quad\therefore\ x=5(\mathrm{km})$

005 정답 x

006 정답 $\dfrac{x}{60}$

해설 (시간) $=\dfrac{(\text{거리})}{(\text{속력})}=\dfrac{x}{60}$ (시간)

007 정답 $\dfrac{x}{20}$

해설 (시간) $=\dfrac{(\text{거리})}{(\text{속력})}=\dfrac{x}{20}$ (시간)

008 정답 30

해설 시속 60km의 버스로 가면 시속 20km의 자전거로 가는 것보다 1시간 빨리 도착하므로

$\dfrac{x}{20}-\dfrac{x}{60}=1$

등식의 양변에 분모 20, 60의 최소공배수 60을 곱하면

$3x-x=60,\ 2x=60$ $\quad\therefore\ x=30(\mathrm{km})$

009 정답 x

010 정답 $40x$

해설 (거리) $=$ (속력) $\times$ (시간) $=40\times x=40x(\mathrm{m})$

011 정답 $80x$

해설 (거리) $=$ (속력) $\times$ (시간) $=80\times x=80x(\mathrm{m})$

012 정답 20

해설 운동장을 출발점에서 동시에 출발하여 서로 같은 방향으로 돌 때, 두 사람이 이동한 거리의 차와 운동장의 둘레의 길이가 같으면 두 사람은 다시 만난다.

$80x-40x=800,\ 40x=800$ $\quad\therefore\ x=20(\text{분})$

참고 운동장을 출발점에서 동시에 출발하여 서로 반대 방향으로 돌 때, 두 사람이 이동한 거리의 합과 운동장의 둘레의 길이가 같으면 두 사람은 다시 만난다.

$80x+40x=800,\ 120x=800$ $\quad\therefore\ x=\dfrac{20}{3}(\text{분})$

013 정답 x

014 정답 $\dfrac{6}{5}x$

해설 원가에 20%의 이익을 붙여 정가를 정했으므로

(정가) $=$ (원가) $+$ (이익)

$=x+x\times\dfrac{20}{100}=x+\dfrac{1}{5}x=\dfrac{6}{5}x(\text{원})$

별해 (정가) $=$ (원가) $\times\left\{1+\dfrac{(\text{이익률})}{100}\right\}$

$=x\times\left(1+\dfrac{20}{100}\right)=\dfrac{120}{100}x=\dfrac{6}{5}x(\text{원})$

015 정답 $\dfrac{6}{5}x-200$

해설 정가에서 200원을 할인하여 팔았으므로
(판매 금액)$=$(정가)$-$(할인 금액)
$$=\dfrac{6}{5}x-200(원)$$

016 정답 3000

해설 400원의 실제 이익이 생겼으므로
(실제 이익)$=$(판매 금액)$-$(원가)이므로
$$400=\left(\dfrac{6}{5}x-200\right)-x$$
등식의 양변에 5를 곱하면
$$2000=6x-1000-5x \qquad \therefore\ x=3000(원)$$

020 지수법칙　본문 P. 51

001 정답 a^{14}

해설 $a^5\times a^9=a^{5+9}=a^{14}$

002 정답 $-b^5$

해설 $(-b)^2\times(-b)^3=(-b)^{2+3}=(-b)^5$
$$=(-1)^5b^5=-b^5$$

별해 $(-b)^2\times(-b)^3$
$=(-1)^2b^2\times(-1)^3b^3$
$=b^2\times(-b^3)=(-1)\times b^2\times b^3$
$=-b^{2+3}=-b^5$

003 정답 a^9

해설 $a\times a^3\times a^5=a^{1+3+5}=a^9$

004 정답 $-b^{11}$

해설 $(-b)^4\times(-b)^2\times(-b)^5$
$=(-b)^{4+2+5}=(-b)^{11}$
$=(-1)^{11}b^{11}=-b^{11}$

005 정답 x^4y^7

해설 $x\times y^5\times x^3\times y^2=x\times x^3\times y^5\times y^2$
$$=x^{1+3}\times y^{5+2}$$
$$=x^4y^7$$

006 정답 x^4y^5

해설 $(-x)\times y\times y^4\times(-x)^3$
$=(-x)\times(-x)^3\times y\times y^4$
$=(-x)^{1+3}\times y^{1+4}=(-x)^4\times y^5$
$=(-1)^4x^4\times y^5=x^4y^5$

007 정답 a^{20}

해설 $(a^5)^4=a^{5\times4}=a^{20}$

008 정답 a^{14}

해설 $a^2\times(a^3)^4=a^2\times a^{3\times4}=a^2\times a^{12}$
$$=a^{2+12}=a^{14}$$

009 정답 $-b^{21}$

해설 $(b^2)^3\times(-b^3)^5=b^{2\times3}\times(-1)^5b^{3\times5}$
$$=b^6\times(-b^{15})$$
$$=(-1)\times b^6\times b^{15}$$
$$=-b^{6+15}=-b^{21}$$

010 정답 $c^{20}d^6$

해설 $(c^2)^5\times(d^3)^2\times(c^5)^2=c^{2\times5}\times d^{3\times2}\times c^{5\times2}$
$$=c^{10}\times d^6\times c^{10}$$
$$=c^{10}\times c^{10}\times d^6$$
$$=c^{10+10}d^6$$
$$=c^{20}d^6$$

011 정답 a^2

해설 $a^5\div a^3=a^{5-3}=a^2$

012 정답 1

해설 $b^5\div b^5=\dfrac{b^5}{b^5}=1$

013 정답 $\dfrac{1}{a^6}$

해설 $a\div a^7=\dfrac{1}{a^{7-1}}=\dfrac{1}{a^6}$

별해 $a\div a^7=a\times\dfrac{1}{a^7}=\dfrac{a}{a^7}=\dfrac{1}{a^6}$

014 정답 b^2

해설 $b^7\div b^2\div b^3=b^{7-2-3}=b^2$

별해 $b^7\div b^2\div b^3=b^7\times\dfrac{1}{b^2}\times\dfrac{1}{b^3}$
$$=\dfrac{b^7}{b^2\times b^3}=\dfrac{b^7}{b^{2+3}}=\dfrac{b^7}{b^5}=b^2$$

015 정답 a^2

해설 $(a^2)^4\div(a^3)^2=a^{2\times4}\div a^{3\times2}$
$$=a^8\div a^6=a^{8-6}=a^2$$

016 정답 1

해설 $(-b^2)^4\div b^3\div b^5$
$=(-1)^4b^{2\times4}\div b^3\div b^5$
$=b^8\div b^3\div b^5$
$=b^{8-3}\div b^5$
$=b^5\div b^5$
$=1$

017 정답 a^5b^5

해설 $(ab)^5=a^5b^5$

018 정답 x^6y^2

해설 $(-x^3y)^2=(-1)^2(x^3)^2y^2$
$$=x^{3\times2}y^2$$
$$=x^6y^2$$

019 정답 $\dfrac{a^{10}}{b^{15}}$

해설 $\left(\dfrac{a^2}{b^3}\right)^5=\dfrac{(a^2)^5}{(b^3)^5}=\dfrac{a^{2\times5}}{b^{3\times5}}=\dfrac{a^{10}}{b^{15}}$

020 정답 $-\dfrac{27x^3}{125y^6}$

해설 $\left(-\dfrac{3x}{5y^2}\right)^3=(-1)^3\times\dfrac{(3x)^3}{(5y^2)^3}$
$$=-\dfrac{3^3x^3}{5^3(y^2)^3}=-\dfrac{27x^3}{125y^{2\times3}}$$
$$=-\dfrac{27x^3}{125y^6}$$

021 정답 a^4b^7

해설 $(a^2b)^3\times\left(\dfrac{b^2}{a}\right)^2=(a^2)^3b^3\times\dfrac{(b^2)^2}{a^2}$
$$=a^{2\times3}b^3\times\dfrac{b^4}{a^2}$$
$$=a^6\times\dfrac{1}{a^2}\times b^3\times b^4$$
$$=a^4b^{3+4}$$
$$=a^4b^7$$

022 정답 $\dfrac{x^4}{y}$

해설 $(x^3y)^2\div x^2y^3=(x^3)^2y^2\div x^2y^3$
$$=x^{3\times2}y^2\div x^2y^3$$
$$=x^6y^2\div x^2y^3$$
$$=x^{6-2}\times\dfrac{1}{y^{3-2}}$$
$$=\dfrac{x^4}{y}$$

023 정답 3^3

해설 $3^2+3^2+3^2=3\times3^2=3^{1+2}=3^3$

024 정답 4^4

해설 $4^3+4^3+4^3+4^3=4\times4^3=4^{1+3}=4^4$

025 정답 1

해설 어떤 수를 0제곱하면 무조건 1이 된다.

026 정답 1

해설 어떤 수를 0제곱하면 무조건 1이 된다.

027 정답 $\dfrac{1}{32}$

해설 $2^{-5}=(2^{-1})^5=\left(\dfrac{1}{2}\right)^5=\dfrac{1}{2^5}=\dfrac{1}{32}$

028 정답 $\dfrac{9}{4}$

해설 $\left(\dfrac{2}{3}\right)^{-2}=\left\{\left(\dfrac{2}{3}\right)^{-1}\right\}^2=\left(\dfrac{3}{2}\right)^2=\dfrac{3^2}{2^2}=\dfrac{9}{4}$

029 정답 27

해설 $3^{\frac{1}{2}}\times3^{\frac{5}{2}}=3^{\frac{1}{2}+\frac{5}{2}}=3^3=27$

030 정답 2

해설 $4^{0.5}=4^{\frac{1}{2}}=(2^2)^{\frac{1}{2}}=2^{2\times\frac{1}{2}}=2^1=2$

031 정답 2

해설 $16^{\frac{1}{3}}\div16^{\frac{1}{12}}=16^{\frac{1}{3}-\frac{1}{12}}=16^{\frac{4}{12}-\frac{1}{12}}$
$$=16^{\frac{3}{12}}=16^{\frac{1}{4}}=(2^4)^{\frac{1}{4}}$$
$$=2^{4\times\frac{1}{4}}=2^1=2$$

032 정답 72

해설 $(3^{\frac{1}{2}}\times2^{\frac{3}{4}})^4=(3^{\frac{1}{2}})^4\times(2^{\frac{3}{4}})^4$
$$=3^{\frac{1}{2}\times4}2^{\frac{3}{4}\times4}$$
$$=3^22^3=72$$

021 단항식의 곱셈과 나눗셈 본문 P. 53

001 정답 $6xy$

해설 $3y\times2x=3\times2\times x\times y=6xy$

002 정답 $-6a^3b$

해설 $(-2a^2)\times3ab=(-2)\times3\times a^2\times a\times b$
$$=-6a^3b$$

003 정답 $12xy^2$

해설 $(-3x)\times(-4y^2)=(-3)\times(-4)\times x\times y^2$
$$=12xy^2$$

004 정답 $54a^6$

해설 $(-a^2)\times2a\times(-3a)^3$
$=(-a^2)\times2a\times(-3)^3a^3$
$=(-1)\times2\times(-27)\times a^2\times a\times a^3$
$=54a^{2+1+3}=54a^6$

005 정답 $3x^5y$

해설 $(-x^2y)^2\times\dfrac{3x}{y}=(-1)^2(x^2)^2y^2\times\dfrac{3x}{y}$
$$=x^4y^2\times\dfrac{3x}{y}$$
$$=3\times x^4\times x\times y^2\times\dfrac{1}{y}$$
$$=3x^5y$$

006 정답 $\dfrac{8b^3}{a}$

해설 $6ab \times \left(-\dfrac{2}{3a}\right)^2 \times 3b^2$

$=6ab \times \dfrac{(-2)^2}{3^2 a^2} \times 3b^2$

$=6ab \times \dfrac{4}{9a^2} \times 3b^2$

$=6 \times \dfrac{4}{9} \times 3 \times a \times \dfrac{1}{a^2} \times b \times b^2$

$=\dfrac{8b^3}{a}$

007 정답 $2x$

해설 $4xy \div 2y = 4xy \times \dfrac{1}{2y}$

$\qquad\qquad = 4 \times \dfrac{1}{2} \times x \times y \times \dfrac{1}{y} = 2x$

008 정답 $12a$

해설 $16a^3 \div \dfrac{4}{3}a^2 = 16a^3 \div \dfrac{4a^2}{3}$

$\qquad\qquad = 16a^3 \times \dfrac{3}{4a^2}$

$\qquad\qquad = 16 \times \dfrac{3}{4} \times a^3 \times \dfrac{1}{a^2}$

$\qquad\qquad = 12a$

주의 $\dfrac{4}{3}a^2$에서 a^2을 분자에 곱해준 다음 나눗셈을 역수의
곱셈으로 바꾸어 계산한다.

009 정답 $2x^3$

해설 $(-2x^2)^3 \div (-4x^3) = (-2)^3 (x^2)^3 \div (-4x^3)$

$\qquad\qquad = (-8x^6) \times \left(-\dfrac{1}{4x^3}\right)$

$\qquad\qquad = (-8) \times \left(-\dfrac{1}{4}\right) \times x^6 \times \dfrac{1}{x^3}$

$\qquad\qquad = 2x^3$

010 정답 6

해설 $(-3a)^3 \div \left(-\dfrac{9}{2}a^3\right) = (-3)^3 a^3 \div \left(-\dfrac{9a^3}{2}\right)$

$\qquad\qquad = (-27a^3) \times \left(-\dfrac{2}{9a^3}\right)$

$\qquad\qquad = (-27) \times \left(-\dfrac{2}{9}\right) \times a^3 \times \dfrac{1}{a^3}$

$\qquad\qquad = 6$

011 정답 $4y^2$

해설 $72x^5 y^4 \div (-3xy)^2 \div 2x^3$

$=72x^5 y^4 \div (-3)^2 x^2 y^2 \div 2x^3$

$=72x^5 y^4 \div 9x^2 y^2 \div 2x^3$

$=72x^5 y^4 \times \dfrac{1}{9x^2 y^2} \times \dfrac{1}{2x^3}$

$=72 \times \dfrac{1}{9} \times \dfrac{1}{2} \times x^5 \times \dfrac{1}{x^2} \times \dfrac{1}{x^3} \times y^4 \times \dfrac{1}{y^2}$

$=4y^2$

012 정답 $\dfrac{1}{ab}$

해설 $(-2ab)^2 \div 3ab \div \dfrac{4}{3}a^2 b^2$

$=(-2)^2 a^2 b^2 \div 3ab \div \dfrac{4a^2 b^2}{3}$

$=4a^2 b^2 \times \dfrac{1}{3ab} \times \dfrac{3}{4a^2 b^2}$

$=4 \times \dfrac{1}{3} \times \dfrac{3}{4} \times a^2 b^2 \times \dfrac{1}{ab} \times \dfrac{1}{a^2 b^2}$

$=\dfrac{1}{ab}$

013 정답 $4y^2$

해설 $2xy \times 8y \div 4x = 2xy \times 8y \times \dfrac{1}{4x}$

$\qquad\qquad = 2 \times 8 \times \dfrac{1}{4} \times xy \times y \times \dfrac{1}{x}$

$\qquad\qquad = 4y^2$

014 정답 $8a^2 b$

해설 $16ab^2 \div (-4b) \times (-2a)$

$=16ab^2 \times \left(-\dfrac{1}{4b}\right) \times (-2a)$

$=16 \times \left(-\dfrac{1}{4}\right) \times (-2) \times ab^2 \times \dfrac{1}{b} \times a$

$=8a^2 b$

별해 먼저 부호를 결정한다. 음수가 짝수개이므로 양의 부
호를 가지므로 음의 부호를 모두 없애고 계산해도 된다.
$16ab^2 \div 4b \times 2a$

$=16ab^2 \times \dfrac{1}{4b} \times 2a$

$=16 \times \dfrac{1}{4} \times 2 \times ab^2 \times \dfrac{1}{b} \times a$

$=8a^2 b$

015 정답 $5x^3 y^4$

해설 $15xy^3 \div 3x^2 y \times (-x^2 y)^2$

$=15xy^3 \times \dfrac{1}{3x^2 y} \times x^4 y^2$

$=15 \times \dfrac{1}{3} \times xy^3 \times \dfrac{1}{x^2 y} \times x^4 y^2$

$=5 \times \dfrac{x \times x^4}{x^2} \times \dfrac{y^3 \times y^2}{y}$

$=5x^{1+4-2} y^{3+2-1}$

$=5x^3 y^4$

016 정답 $-a^2 b^5$

해설 $(-ab^2)^3 \times 4a^3 b \div (2a^2 b)^2$

$=(-a^3 b^6) \times 4a^3 b \div 4a^4 b^2$

$=(-a^3 b^6) \times 4a^3 b \times \dfrac{1}{4a^4 b^2}$

$=(-1) \times 4 \times \dfrac{1}{4} \times a^3 b^6 \times a^3 b \times \dfrac{1}{a^4 b^2}$

$=(-1) \times \dfrac{a^3 \times a^3}{a^4} \times \dfrac{b^6 \times b}{b^2}$

$=-a^{3+3-4} b^{6+1-2}$

$=-a^2 b^5$

017 정답 $\dfrac{1}{2}x^3y^4$

해설 $\dfrac{2}{3}x^4y^2\div\left(-\dfrac{4}{3}x^2y\right)\times(-xy^3)$

$=\dfrac{2}{3}x^4y^2\div\left(-\dfrac{4x^2y}{3}\right)\times(-xy^3)$

$=\dfrac{2}{3}x^4y^2\times\left(-\dfrac{3}{4x^2y}\right)\times(-xy^3)$

$=\dfrac{2}{3}\times\left(-\dfrac{3}{4}\right)\times(-1)\times x^4y^2\times\dfrac{1}{x^2y}\times xy^3$

$=\dfrac{1}{2}\times\dfrac{x^4\times x}{x^2}\times\dfrac{y^2\times y^3}{y}$

$=\dfrac{1}{2}x^{4+1-2}y^{2+3-1}$

$=\dfrac{1}{2}x^3y^4$

018 정답 $-\dfrac{b^2}{a^3}$

해설 $\dfrac{16b^2}{a^4}\times\left(-\dfrac{b}{2a}\right)^3\div\dfrac{2b^3}{a^4}$

$=\dfrac{16b^2}{a^4}\times\left(-\dfrac{b^3}{8a^3}\right)\times\dfrac{a^4}{2b^3}$

$=16\times\left(-\dfrac{1}{8}\right)\times\dfrac{1}{2}\times\dfrac{b^2}{a^4}\times\dfrac{b^3}{a^3}\times\dfrac{a^4}{b^3}$

$=-\dfrac{b^2}{a^3}$

019 정답 $2xy^2$

해설 $(-x^2y)^3\times\square=-2x^7y^5$

$-x^6y^3\times\square=-2x^7y^5$의 양변을 $-x^6y^3$으로 나눈다.

$\therefore \square=\dfrac{-2x^7y^5}{-x^6y^3}=2xy^2$

020 정답 $3x^3y^4$

해설 $18x^4y^6\div\square=6xy^2$

$18x^4y^6\times\dfrac{1}{\square}=6xy^2$의 양변에 $\square$를 곱한다.

$18x^4y^6=6xy^2\times\square$의 양변을 $6xy^2$으로 나눈다.

$\therefore \square=\dfrac{18x^4y^6}{6xy^2}=3x^3y^4$

별해 $\dfrac{18x^4y^6}{\square}=6xy^2$에서 $\square$ 안에 어떤 식을 넣으면 등식

이 성립하는지 생각해본다.

021 정답 $4x^3y^2$

해설 $\square\div(2xy)^2=x$

$\square\times\dfrac{1}{(2xy)^2}=x$

$\dfrac{\square}{4x^2y^2}=x$의 양변에 $4x^2y^2$을 곱한다.

$\therefore \square=x\times4x^2y^2=4x^3y^2$

022 정답 x^3y^4

해설 $(x^2y)^2\div\square\times(-2x^2y^3)=-2x^3y$

$x^4y^2\times\dfrac{1}{\square}\times(-2x^2y^3)=-2x^3y$

$-2x^6y^5\times\dfrac{1}{\square}=-2x^3y$의 양변에 $\square$를 곱한다.

$-2x^6y^5=-2x^3y\times\square$의 양변을 $-2x^3y$로 나눈다.

$\therefore \square=\dfrac{-2x^6y^5}{-2x^3y}=x^3y^4$

별해 $\dfrac{-2x^6y^5}{\square}=-2x^3y$에서 $\square$ 안에 어떤 식을 넣으면

등식이 성립하는지 생각해본다.

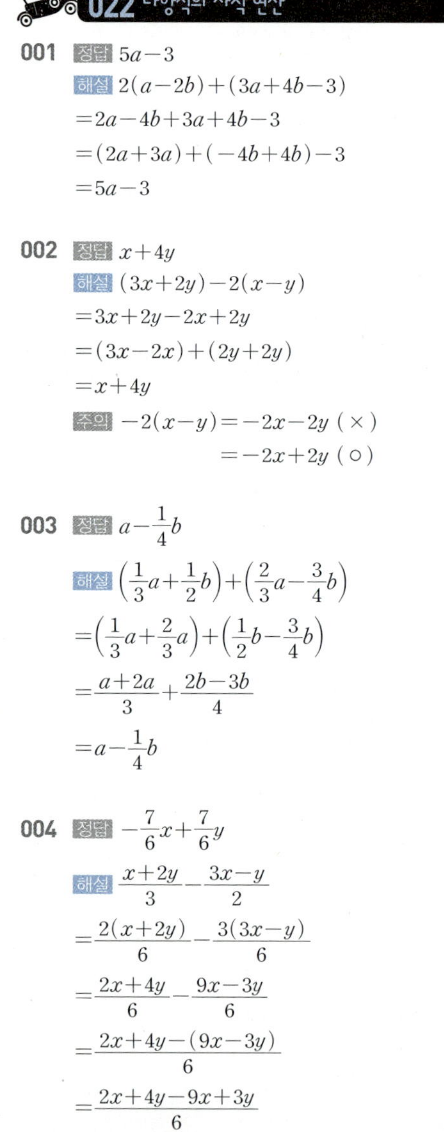

022 다항식의 사칙 연산

본문 P. 55

001 정답 $5a-3$

해설 $2(a-2b)+(3a+4b-3)$

$=2a-4b+3a+4b-3$

$=(2a+3a)+(-4b+4b)-3$

$=5a-3$

002 정답 $x+4y$

해설 $(3x+2y)-2(x-y)$

$=3x+2y-2x+2y$

$=(3x-2x)+(2y+2y)$

$=x+4y$

주의 $-2(x-y)=-2x-2y\ (\times)$

$\qquad\qquad\qquad =-2x+2y\ (\bigcirc)$

003 정답 $a-\dfrac{1}{4}b$

해설 $\left(\dfrac{1}{3}a+\dfrac{1}{2}b\right)+\left(\dfrac{2}{3}a-\dfrac{3}{4}b\right)$

$=\left(\dfrac{1}{3}a+\dfrac{2}{3}a\right)+\left(\dfrac{1}{2}b-\dfrac{3}{4}b\right)$

$=\dfrac{a+2a}{3}+\dfrac{2b-3b}{4}$

$=a-\dfrac{1}{4}b$

004 정답 $-\dfrac{7}{6}x+\dfrac{7}{6}y$

해설 $\dfrac{x+2y}{3}-\dfrac{3x-y}{2}$

$=\dfrac{2(x+2y)}{6}-\dfrac{3(3x-y)}{6}$

$=\dfrac{2x+4y}{6}-\dfrac{9x-3y}{6}$

$=\dfrac{2x+4y-(9x-3y)}{6}$

$=\dfrac{2x+4y-9x+3y}{6}$

$=\dfrac{-7x+7y}{6}$

$=-\dfrac{7}{6}x+\dfrac{7}{6}y$

005 정답 $3a+5b$

해설 $4a+\{2b-(a-3b)\}$
$=4a+2b-a+3b$
$=(4a-a)+(2b+3b)$
$=3a+5b$

006 정답 $6x-5y$

해설 $5x-[4y-\{3x-(2x+y)\}]$
$=5x-[4y-\{3x-2x-y\}]$
$=5x-[4y-\{x-y\}]$
$=5x-[4y-x+y]$
$=5x-[-x+5y]$
$=5x+x-5y$
$=6x-5y$

별해 $5x-[4y-\{3x-(2x+y)\}]$
$=5x-4y+\{3x-(2x+y)\}$
$=5x-4y+3x-(2x+y)$
$=5x-4y+3x-2x-y$
$=(5x+3x-2x)+(-4y-y)$
$=6x-5y$

007 정답 $-x^2-x+1$

해설 $(x^2+2x+1)+(-2x^2-3x)$
$=(x^2-2x^2)+(2x-3x)+1$
$=-x^2-x+1$

008 정답 $-y^2-3y+4$

해설 $(2y^2-3y+1)-3(y^2-1)$
$=2y^2-3y+1-3y^2+3$
$=(2y^2-3y^2)-3y+(1+3)$
$=-y^2-3y+4$

009 정답 $2x^2+x+2$

해설 $(x^2+3x-2)-(-x^2+2x-4)$
$=x^2+3x-2+x^2-2x+4$
$=(x^2+x^2)+(3x-2x)+(-2+4)$
$=2x^2+x+2$

010 정답 $\dfrac{1}{6}y^2-2y+\dfrac{1}{3}$

해설 $\left(\dfrac{1}{2}y^2-3y+\dfrac{1}{3}\right)-\left(\dfrac{1}{3}y^2-y\right)$
$=\dfrac{1}{2}y^2-3y+\dfrac{1}{3}-\dfrac{1}{3}y^2+y$
$=\left(\dfrac{1}{2}y^2-\dfrac{1}{3}y^2\right)+(-3y+y)+\dfrac{1}{3}$
$=\left(\dfrac{3}{6}y^2-\dfrac{2}{6}y^2\right)-2y+\dfrac{1}{3}$
$=\dfrac{1}{6}y^2-2y+\dfrac{1}{3}$

011 정답 $6ab-8a$

해설 $2a(3b-4)=6ab-8a$

012 정답 x^2-4x

해설 $3x^2-2x(x+2)$
$=3x^2-2x^2-4x$
$=x^2-4x$

013 정답 $3a+8b$

해설 $a(2b+3)-2b(a-4)$
$=2ab+3a-2ab+8b$
$=3a+8b$

014 정답 $-5y^2+10y-2$

해설 $3y(-y+2)-2(y^2-2y+1)$
$=-3y^2+6y-2y^2+4y-2$
$=(-3y^2-2y^2)+(6y+4y)-2$
$=-5y^2+10y-2$

015 정답 $a-3$

해설 $(2a^2-6a)\div 2a$
$=(2a^2-6a)\times\dfrac{1}{2a}$
$=2a^2\times\dfrac{1}{2a}-6a\times\dfrac{1}{2a}$
$=a-3$

016 정답 $x-2y$

해설 $(5x^2y-10xy^2)\div 5xy$
$=(5x^2y-10xy^2)\times\dfrac{1}{5xy}$
$=5x^2y\times\dfrac{1}{5xy}-10xy^2\times\dfrac{1}{5xy}$
$=x-2y$

017 정답 $-a+2b-3$

해설 $(3a^2-6ab+9a)\div(-3a)$
$=(3a^2-6ab+9a)\times\left(-\dfrac{1}{3a}\right)$
$=3a^2\times\left(-\dfrac{1}{3a}\right)-6ab\times\left(-\dfrac{1}{3a}\right)+9a\times\left(-\dfrac{1}{3a}\right)$
$=-a+2b-3$

018 정답 $-2y+3x$

해설 $(2xy^2-3x^2y)\div(-xy)$
$=(2xy^2-3x^2y)\times\left(-\dfrac{1}{xy}\right)$
$=2xy^2\times\left(-\dfrac{1}{xy}\right)-3x^2y\times\left(-\dfrac{1}{xy}\right)$
$=-2y+3x$

019 정답 $2a-6$

해설 $(a^2-3a)\div\dfrac{a}{2}$

$=(a^2-3a)\times\dfrac{2}{a}$

$=a^2\times\dfrac{2}{a}-3a\times\dfrac{2}{a}$

$=2a-6$

020 정답 $3x-6y$

해설 $(5x^2y-10xy^2)\div\dfrac{5}{3}xy$

$=(5x^2y-10xy^2)\div\dfrac{5xy}{3}$

$=(5x^2y-10xy^2)\times\dfrac{3}{5xy}$

$=5x^2y\times\dfrac{3}{5xy}-10xy^2\times\dfrac{3}{5xy}$

$=3x-6y$

021 정답 $-2a+4b-6$

해설 $(3a^2-6ab+9a)\div\left(-\dfrac{3}{2}a\right)$

$=(3a^2-6ab+9a)\div\left(-\dfrac{3a}{2}\right)$

$=(3a^2-6ab+9a)\times\left(-\dfrac{2}{3a}\right)$

$=3a^2\times\left(-\dfrac{2}{3a}\right)-6ab\times\left(-\dfrac{2}{3a}\right)+9a\times\left(-\dfrac{2}{3a}\right)$

$=-2a+4b-6$

022 정답 $-25y+5x$

해설 $(10xy^2-2x^2y)\div\left(-\dfrac{2}{5}xy\right)$

$=(10xy^2-2x^2y)\div\left(-\dfrac{2xy}{5}\right)$

$=(10xy^2-2x^2y)\times\left(-\dfrac{5}{2xy}\right)$

$=10xy^2\times\left(-\dfrac{5}{2xy}\right)-2x^2y\times\left(-\dfrac{5}{2xy}\right)$

$=-25y+5x$

023 정답 $-3x-3y$

해설 $(4x^2-12xy)\div2x-(5xy-3y^2)\div y$

$=(4x^2-12xy)\times\dfrac{1}{2x}-(5xy-3y^2)\times\dfrac{1}{y}$

$=(4x^2-12xy)\times\dfrac{1}{2x}+(-5xy+3y^2)\times\dfrac{1}{y}$

$=4x^2\times\dfrac{1}{2x}-12xy\times\dfrac{1}{2x}+(-5xy)\times\dfrac{1}{y}+3y^2\times\dfrac{1}{y}$

$=2x-6y-5x+3y$

$=(2x-5x)+(-6y+3y)$

$=-3x-3y$

024 정답 x^2-8x+9

해설 $(3x^2y-6xy)\times\dfrac{1}{3y}-(2x^2-3x)\div\dfrac{1}{3}x$

$=(3x^2y-6xy)\times\dfrac{1}{3y}+(-2x^2+3x)\times\dfrac{3}{x}$

$=3x^2y\times\dfrac{1}{3y}-6xy\times\dfrac{1}{3y}+(-2x^2)\times\dfrac{3}{x}+3x\times\dfrac{3}{x}$

$=x^2-2x-6x+9$

$=x^2-8x+9$

025 정답 $4xy-8x$

해설 $3x(2y-4)+(5xy^2-10xy)\div\left(-\dfrac{5}{2}y\right)$

$=6xy-12x+(5xy^2-10xy)\times\left(-\dfrac{2}{5y}\right)$

$=6xy-12x+5xy^2\times\left(-\dfrac{2}{5y}\right)-10xy\times\left(-\dfrac{2}{5y}\right)$

$=6xy-12x-2xy+4x$

$=(6xy-2xy)+(-12x+4x)$

$=4xy-8x$

001 정답 $>$

해설 $a>b$의 양변에 2를 더하면 부등호의 방향은 바뀌지 않으므로 $a+2>b+2$

002 정답 $>$

해설 $a>b$의 양변에 양수 3을 곱하면 부등호의 방향은 바뀌지 않으므로 $3a>3b$

$3a>3b$의 양변에서 1을 빼면 부등호의 방향은 바뀌지 않으므로 $3a-1>3b-1$

003 정답 $<$

해설 $a>b$의 양변에 음수 -2를 곱하면 부등호의 방향은 바뀌므로 $-2a<-2b$

$-2a<-2b$의 양변에 3을 더하면 부등호의 방향은 바뀌지 않으므로 $-2a+3<-2b+3$

004 정답 $<$

해설 $a>b$의 양변에 음수 $-\dfrac{1}{3}$을 곱하면 부등호의 방향은 바뀌므로 $-\dfrac{1}{3}a<-\dfrac{1}{3}b$

$-\dfrac{1}{3}a<-\dfrac{1}{3}b$의 양변에 $\dfrac{2}{3}$를 더하면 부등호의 방향은 바뀌지 않으므로

$-\dfrac{1}{3}a+\dfrac{2}{3}<-\dfrac{1}{3}b+\dfrac{2}{3}$　　$\therefore\ -\dfrac{a-2}{3}<-\dfrac{b-2}{3}$

005 정답 $\geq$

해설 $-2x \leq -2y$의 양변에 음수 $-\dfrac{1}{2}$을 곱하면 부등호의 방향은 바뀌므로

$$(-2x) \times \left(-\dfrac{1}{2}\right) \geq (-2y) \times \left(-\dfrac{1}{2}\right) \qquad \therefore x \geq y$$

006 정답 $>$

해설 $2x-3 > 2y-3$의 양변에 3을 더하면 부등호의 방향은 바뀌지 않으므로 $2x > 2y$

$2x > 2y$의 양변을 양수 2로 나누면 부등호의 방향은 바뀌지 않으므로 $x > y$

007 정답 $>$

해설 $-\dfrac{3}{2}a+1 < -\dfrac{3}{2}b+1$의 양변에서 1을 빼면 부등호의 방향은 바뀌지 않으므로 $-\dfrac{3}{2}a < -\dfrac{3}{2}b$

$-\dfrac{3}{2}a < -\dfrac{3}{2}b$의 양변에 음수 $-\dfrac{2}{3}$를 곱하면 부등호의 방향은 바뀌므로

$$\left(-\dfrac{3}{2}a\right) \times \left(-\dfrac{2}{3}\right) > \left(-\dfrac{3}{2}b\right) \times \left(-\dfrac{2}{3}\right) \qquad \therefore a > b$$

008 정답 $\leq$

해설 $\dfrac{2-a}{3} \geq \dfrac{2-b}{3}$의 양변에서 $\dfrac{2}{3}$를 빼면 부등호의 방향은 바뀌지 않으므로 $-\dfrac{a}{3} \geq -\dfrac{b}{3}$

$-\dfrac{a}{3} \geq -\dfrac{b}{3}$의 양변에 음수 -3을 곱하면 부등호의 방향은 바뀌므로

$$\left(-\dfrac{a}{3}\right) \times (-3) \leq \left(-\dfrac{b}{3}\right) \times (-3) \qquad \therefore a \leq b$$

009 정답 $x > 4$

해설 $x+2 > 6$에서 좌변의 $+2$를 우변으로 이항한다.

$x > 6-2 \qquad \therefore x > 4$

010 정답 $x \leq -3$

해설 $2x \leq x-3$에서 우변의 $+x$를 좌변으로 이항한다.

$2x-x \leq -3 \qquad \therefore x \leq -3$

011 정답 $x \leq 2$

해설 $3x-4 \leq x$에서 좌변의 -4를 우변으로, 우변의 $+x$를 좌변으로 이항한다.

$3x-x \leq 4$

$2x \leq 4$의 양변을 2로 나누면 부등호의 방향은 바뀌지 않는다.

$\therefore x \leq 2$

012 정답 $x > 1$

해설 $x+2 > -x+4$에서 좌변의 $+2$를 우변으로, 우변의 $-x$를 좌변으로 이항한다.

$x+x > 4-2$

$2x > 2$의 양변을 2로 나누면 부등호의 방향은 바뀌지 않는다.

$\therefore x > 1$

013 정답 $x \leq -4$

해설 $x-1 \geq 2x+3$에서 좌변의 -1을 우변으로, 우변의 $+2x$를 좌변으로 이항한다.

$x-2x \geq 3+1$

$-x \geq 4$의 양변에 음수 -1을 곱하면 부등호의 방향은 바뀐다.

$\therefore x \leq -4$

014 정답 $x \geq -3$

해설 $7x-3 \leq 11x+9$에서 좌변의 -3을 우변으로, 우변의 $+11x$를 좌변으로 이항한다.

$7x-11x \leq 9+3$

$-4x \leq 12$의 양변을 음수 -4로 나누면 부등호의 방향은 바뀐다.

$\therefore x \geq -3$

015 정답 $x > 2$

해설 $2(x-3) > -x$

$2x-6 > -x$에서 좌변의 -6을 우변으로, 우변의 $-x$를 좌변으로 이항한다.

$2x+x > 6$

$3x > 6$의 양변을 3으로 나누면 부등호의 방향은 바뀌지 않는다.

$\therefore x > 2$

016 정답 $x > -3$

해설 $2(x-4) < 4x-2$

$2x-8 < 4x-2$에서 좌변의 -8을 우변으로, 우변의 $+4x$를 좌변으로 이항한다.

$2x-4x < -2+8$

$-2x < 6$의 양변을 음수 -2로 나누면 부등호의 방향은 바뀐다.

$\therefore x > -3$

017 정답 $x \leq -1$

해설 $4x-(5-x) \leq -10$

$4x-5+x \leq -10$에서 좌변의 -5를 우변으로 이항한다.

$5x \leq -10+5$

$5x \leq -5$의 양변을 5로 나누면 부등호의 방향은 바뀌지 않는다.

$\therefore x \leq -1$

018 정답 $x\leq 2$

해설 $3(1-x)+4x\leq 5$

$3-3x+4x\leq 5$에서 좌변의 $+3$을 우변으로 이항한다.

$\therefore x\leq 2$

019 정답 $x\geq -1$

해설 $4(x+2)\geq 2(x+3)$

$4x+8\geq 2x+6$에서 좌변의 $+8$을 우변으로, 우변의 $+2x$를 좌변으로 이항한다.

$4x-2x\geq 6-8$

$2x\geq -2$의 양변을 2로 나누면 부등호의 방향은 바뀌지 않는다.

$\therefore x\geq -1$

020 정답 $x<3$

해설 $-2(2x+1)+5>3(x-6)$

$-4x-2+5>3x-18$

$-4x+3>3x-18$에서 좌변의 $+3$을 우변으로, 우변의 $+3x$를 좌변으로 이항한다.

$-4x-3x>-18-3$

$-7x>-21$의 양변을 음수 -7로 나누면 부등호의 방향은 바뀐다.

$\therefore x<3$

021 정답 $x>5$

해설 $\dfrac{x-1}{2}>\dfrac{x+3}{4}$의 양변에 분모 2, 4의 최소공배수 4를 곱한다.

$2(x-1)>x+3$

$2x-2>x+3$에서 좌변의 -2를 우변으로, 우변의 $+x$를 좌변으로 이항한다.

$2x-x>3+2$ $\quad$ $\therefore x>5$

022 정답 $x\leq 9$

해설 $\dfrac{x}{2}-\dfrac{x+4}{3}\leq\dfrac{1}{6}$의 양변에 분모 2, 3, 6의 최소공배수 6을 곱한다.

$3x-2(x+4)\leq 1$

$3x-2x-8\leq 1$에서 좌변의 -8을 우변으로 이항한다.

$\therefore x\leq 9$

023 정답 $x\geq -1$

해설 $\dfrac{x-1}{2}-\dfrac{x+1}{3}\leq x$의 양변에 분모 2, 3의 최소공배수 6을 곱한다.

$3(x-1)-2(x+1)\leq 6x$

$3x-3-2x-2\leq 6x$

$x-5\leq 6x$에서 좌변의 -5를 우변으로, 우변의 $+6x$를 좌변으로 이항한다.

$x-6x\leq 5$

$-5x\leq 5$의 양변을 음수 -5로 나누면 부등호의 방향은 바뀐다.

$\therefore x\geq -1$

024 정답 $x\leq -2$

해설 $\dfrac{x}{2}-(2+x)\geq\dfrac{x-2}{4}$의 양변에 분모 2, 4의 최소공배수 4를 곱한다.

$2x-4(2+x)\geq x-2$

$2x-8-4x\geq x-2$에서 좌변의 -8을 우변으로, 우변의 $+x$를 좌변으로 이항한다.

$-2x-x\geq -2+8$

$-3x\geq 6$의 양변을 음수 -3으로 나누면 부등호의 방향은 바뀐다.

$\therefore x\leq -2$

025 정답 $x<-2$

해설 $0.3(x+4)<0.6$의 양변에 10을 곱한다.

$3(x+4)<6$

$3x+12<6$에서 좌변의 $+12$를 우변으로 이항한다.

$3x<6-12$

$3x<-6$의 양변을 3으로 나누면 부등호의 방향은 바뀌지 않는다.

$\therefore x<-2$

별해 $0.3(x+4)<0.6$의 양변을 0.3으로 나눈다.

$x+4<2$에서 좌변의 $+4$를 우변으로 이항한다.

$\therefore x<-2$

026 정답 $x<2$

해설 $0.2x-0.7<-0.1(x+1)$의 양변에 10을 곱한다.

$2x-7<-(x+1)$

$2x-7<-x-1$에서 좌변의 -7을 우변으로, 우변의 $-x$를 좌변으로 이항한다.

$2x+x<-1+7$

$3x<6$의 양변을 3으로 나누면 부등호의 방향은 바뀌지 않는다.

$\therefore x<2$

027 정답 $x\geq 4$

해설 $x-1.4\geq 0.5x+0.6$의 양변에 10을 곱한다.

$10x-14\geq 5x+6$에서 좌변의 -14를 우변으로, 우변의 $+5x$를 좌변으로 이항한다.

$10x-5x\geq 6+14$

$5x\geq 20$의 양변을 5로 나누면 부등호의 방향은 바뀌지 않는다.

$\therefore x\geq 4$

028 정답 $x>-2$

해설 $0.01x<0.1x+0.18$의 양변에 100을 곱한다.

$x<10x+18$에서 우변의 $+10x$를 좌변으로 이항한다.

$x-10x<18$

$-9x<18$의 양변을 음수 -9로 나누면 부등호의 방향은 바뀐다.

$\therefore x>-2$

001 정답 11

해설 어떤 자연수를 x라 하고

x를 3배하여 2를 빼면 28보다 크므로 부등식을 세우면

$3x-2>28$

$3x>30$ ∴ $x>10$

따라서 가장 작은 자연수는 11이다.

002 정답 15

해설 가장 작은 자연수를 x라 하면 연속하는 세 자연수는

x, $x+1$, $x+2$이다.

연속하는 세 자연수의 합이 45보다 크므로 부등식을 세우면

$x+(x+1)+(x+2)>45$

$3x+3>45$, $3x>42$ ∴ $x>14$

따라서 가장 작은 자연수는 15이다.

003 정답 4

해설 어떤 자연수를 x라 하고

어떤 자연수의 5배에서 3을 뺀 수는 어떤 자연수의 2배에

6을 더한 수보다 크므로 부등식을 세우면

$5x-3>2x+6$

$3x>9$ ∴ $x>3$

따라서 가장 작은 자연수는 4이다.

004 정답 10

해설 삼각형의 높이를 $x\,\mathrm{cm}$라 하고

밑변의 길이가 6cm인 삼각형의 넓이가 $30\,\mathrm{cm}^2$ 이상이므

로 부등식을 세우면

$\dfrac{1}{2}\times 6\times x\geq 30$, $3x\geq 30$ ∴ $x\geq 10$

따라서 삼각형의 높이는 10 cm 이상이다.

005 정답 4

해설 직사각형의 세로의 길이를 $x\,\mathrm{cm}$라 하고

가로의 길이가 8cm인 직사각형의 둘레의 길이가 24cm

이상이므로 부등식을 세우면

$2\times(8+x)\geq 24$, $8+x\geq 12$ ∴ $x\geq 4$

따라서 세로의 길이는 4cm 이상이다.

006 정답 5

해설 초콜릿을 x개 산다고 하면 초콜릿 x개의 가격은

$500x$이다.

한 개에 500원인 초콜릿을 1000원짜리 상자에 담아서 사

는데 총 금액이 3500원 이하이므로

즉, (초콜릿 x개의 가격)+(상자의 가격)≤ 3500이므로

$500x+1000\leq 3500$, $500x\leq 2500$ ∴ $x\leq 5$

따라서 초콜릿은 최대 5개까지 살 수 있다.

007 정답 6

해설 국화를 x송이 살 수 있다고 할 때, 장미와 국화를 합

하여 6송이를 사므로 장미는 $(6-x)$송이를 살 수 있다.

한 송이에 900원 하는 국화를 x송이 사면 국화의 가격은

$900x$원이고

한 송이에 700원 하는 장미를 $(6-x)$송이 사면 장미의

가격은 $700(x-6)$원이다.

전체 가격이 5400원을 넘지 않도록 하므로

$900x+700(x-6)\leq 5400$

$900x+700x-4200\leq 5400$

$1600x\leq 9600$ ∴ $x\leq 6$

따라서 국화는 최대 6송이까지 살 수 있다.

008 정답 6

해설 공책을 x권 이상을 살 때, 할인마트에서 사는 것이

유리하다고 하자.

이때 유리하다는 것은 가격이 더 싸다는 것을 의미한다.

공책을 살 때 드는 비용을 표로 나타내면

	문구점	할인마트
공책의 개수(권)	x	x
가격(원)	$1000x$	$500x+2500$

부등식을 세우면 $1000x>500x+2500$

$500x>2500$ ∴ $x>5$

따라서 할인마트에서 사는 것이 유리하려면 공책을 6권

이상 사야 한다.

009 정답 300

해설 더 넣어야 할 물의 양을 $x\,\mathrm{g}$이라 하자.

농도가 10%인 소금물 300g에 들어있는 소금의 양은

$300\times\dfrac{10}{100}=30\,(\mathrm{g})$

물을 넣기 전과 후의 소금의 양을 표로 나타내면

	물을 넣기 전		물을 넣기 후
	소금물	물	
농도	10%		5% 이하
소금물의 양(g)	300	x	$300+x$
소금의 양(g)	$300\times\dfrac{10}{100}=30$		30

농도가 5% 이하인 소금물을 만들려고 하므로

$\dfrac{30}{300+x}\times 100\leq 5$

$3000\leq 5(300+x)$, $3000\leq 1500+5x$

$5x\geq 1500$ ∴ $x\geq 300$

따라서 최소 300g의 물을 더 넣어야 한다.

010 정답 20

해설 더 넣어야 할 농도가 10%인 소금물의 양을 xg이라 하면

$(소금의 양)=(소금물의 양)\times\dfrac{(농도)}{100}$ 이므로

농도가 4%인 소금물 100g에 들어있는 소금의 양은

$100\times\dfrac{4}{100}=4(g)$

농도가 10%인 소금물 xg에 들어있는 소금의 양은

$x\times\dfrac{10}{100}=\dfrac{x}{10}(g)$

섞기 전과 후의 소금의 양을 표로 나타내면

	섞기 전		섞기 후
농도	4%	10%	5% 이상
소금물의 양(g)	100	x	$100+x$
소금의 양(g)	$100\times\dfrac{4}{100}$	$x\times\dfrac{10}{100}$	$100\times\dfrac{4}{100}+x\times\dfrac{10}{100}$

$(소금물의 농도)=\dfrac{(소금의 양)}{(소금물의 양)}\times100(\%)$ 이므로

농도가 4%인 소금물 100g에 농도가 10%인 소금물 xg 을 더 넣어 만든 소금물의 농도는

$\dfrac{100\times\dfrac{4}{100}+x\times\dfrac{10}{100}}{100+x}\times100(\%)$

농도가 5% 이상인 소금물을 만들려고 하므로

$\dfrac{100\times\dfrac{4}{100}+x\times\dfrac{10}{100}}{100+x}\times100\geq5$

$\dfrac{400+10x}{100+x}\geq5,\ 400+10x\geq5(100+x)$

$400+10x\geq500+5x,\ 5x\geq100\qquad\therefore x\geq20$

따라서 농도가 10%인 소금물을 20g 이상 더 넣어야 한다.

011 정답 $\dfrac{18}{5}$

해설 최대 $x$km까지 올라갔다가 내려온다고 하면

$(시간)=\dfrac{(거리)}{(속력)}$ 이고

올라간 거리가 $x$km이고 시속 2km로 걸었으므로

올라가는데 걸리는 시간은 $\dfrac{x}{2}$(시간)

내려온 거리가 $x$km이고 시속 3km로 걸었으므로

내려오는데 걸리는 시간은 $\dfrac{x}{3}$(시간)

걸린 시간을 표로 나타내면

	올라갈 때	내려올 때
거리(km)	x	x
속력$(km/시)$	2	3
걸린 시간(시간)	$\dfrac{x}{2}$	$\dfrac{x}{3}$

3시간 이하에 등산을 마치려고 하므로

$\dfrac{x}{2}+\dfrac{x}{3}\leq3$

$\dfrac{3x}{6}+\dfrac{2x}{6}\leq3,\ 5x\leq18\qquad\therefore x\leq\dfrac{18}{5}$

따라서 최대 $\dfrac{18}{5}$km까지 올라갔다가 내려오면 된다.

025 연립방정식의 풀이

본문 P. 61

001 정답 ×

해설 미지수가 2개인 일차식이다.

002 정답 ○

해설 미지수가 x, y 2개이고 차수가 모두 1인 방정식이므로 미지수가 2개인 일차방정식이다.

003 정답 ○

해설 $x+y+z=3+z\qquad\therefore x+y-3=0$

$x+y-3=0$은 미지수가 x, y 2개이고 차수가 모두 1인 방정식이므로 미지수가 2개인 일차방정식이다.

004 정답 ×

해설 $xy+3=0$에서 xy는 일차식끼리 곱해진 꼴이므로 이차식으로 간주한다.

005 정답 ×

해설 $x+2y+5=x+3\qquad\therefore 2y+2=0$

$2y+2=0$은 미지수가 x 1개이고 차수가 1이므로 미지수가 1개인 일차방정식이다.

006 정답 ×

해설 미지수 x, y가 분모에 있으므로 일차식이 아니다.

007 정답 $(1, 5), (2, 1)$

x	1	2	3
y	5	1	

해설 $4x+y=9$에

$x=1$을 대입하면 $4\times1+y=9\qquad\therefore y=5$

$x=2$를 대입하면 $4\times2+y=9\qquad\therefore y=1$

$x=3$을 대입하면 $4\times3+y=9\qquad\therefore y=-3$

그러나 x, y는 자연수이므로 $x=3$, $y=-3$은 방정식 $4x+y=9$를 만족하지 못한다.

$\therefore (x, y)=(1, 5), (2, 1)$

008 정답 $(5, 1), (2, 2)$

x	5	2	
y	1	2	3

해설 $x+3y=8$에

$y=1$을 대입하면 $x+3\times1=8$ $\quad\therefore x=5$

$y=2$를 대입하면 $x+3\times2=8$ $\quad\therefore x=2$

$y=3$을 대입하면 $x+3\times3=8$ $\quad\therefore x=-1$

그러나 x, y는 자연수이므로 $x=-1$, $y=3$은 방정식 $x+3y=8$을 만족하지 못한다.

$\therefore (x, y)=(5, 1), (2, 2)$

009 정답 $1 / -3$

해설 $\begin{cases} ax+y=3 \\ x+by=-5 \end{cases}$ 의 해가 $(1, 2)$이므로

$ax+y=3$에 $x=1$, $y=2$를 대입하면

$a+2=3$ $\quad\therefore a=1$

$x+by=-5$에 $x=1$, $y=2$를 대입하면

$1+2b=-5$ $\quad\therefore b=-3$

010 정답 $-3 / 2$

해설 $\begin{cases} x+2y=a \\ x+by=-3 \end{cases}$ 의 해가 $(1, -2)$이므로

$x+2y=a$에 $x=1$, $y=-2$를 대입하면

$1-4=a$ $\quad\therefore a=-3$

$x+by=-3$에 $x=1$, $y=-2$를 대입하면

$1-2b=-3$ $\quad\therefore b=2$

011 정답 $x=3$, $y=1$

해설 $\begin{cases} x+y=4 & \cdots\cdots\ ㉠ \\ 2x-y=5 & \cdots\cdots\ ㉡ \end{cases}$

$㉠+㉡$을 하면 $3x=9$ $\quad\therefore x=3$

$x=3$을 ㉠에 대입하면 $3+y=4$ $\quad\therefore y=1$

012 정답 $x=3$, $y=-2$

해설 $\begin{cases} x-y=5 & \cdots\cdots\ ㉠ \\ x+2y=-1 & \cdots\cdots\ ㉡ \end{cases}$

$㉠-㉡$을 하면 $-3y=6$ $\quad\therefore y=-2$

$y=-2$를 ㉠에 대입하면 $x+2=5$ $\quad\therefore x=3$

013 정답 $x=1$, $y=-2$

해설 $\begin{cases} x-y=3 & \cdots\cdots\ ㉠ \\ x+3y=-5 & \cdots\cdots\ ㉡ \end{cases}$

$㉠-㉡$을 하면 $-4y=8$ $\quad\therefore y=-2$

$y=-2$를 ㉠에 대입하면 $x+2=3$ $\quad\therefore x=1$

014 정답 $x=6$, $y=-1$

해설 $\begin{cases} 2x-3y=15 & \cdots\cdots\ ㉠ \\ x+y=5 & \cdots\cdots\ ㉡ \end{cases}$

$㉡\times3$을 하면 $3x+3y=15$ $\cdots\cdots\ ㉢$

$㉠+㉢$을 하면 $5x=30$ $\quad\therefore x=6$

$x=6$을 ㉡에 대입하면 $6+y=5$ $\quad\therefore y=-1$

015 정답 $x=2$, $y=5$

해설 $\begin{cases} y=x+3 & \cdots\cdots\ ㉠ \\ x+y=7 & \cdots\cdots\ ㉡ \end{cases}$

㉠을 ㉡에 대입하면 $x+(x+3)=7$

$2x=4$ $\quad\therefore x=2$

$x=2$를 ㉠에 대입하면 $y=5$

016 정답 $x=-3$, $y=2$

해설 $\begin{cases} x+3y=3 & \cdots\cdots\ ㉠ \\ 2x+y=-4 & \cdots\cdots\ ㉡ \end{cases}$

㉠을 $x=-3y+3$으로 변형하여 ㉡에 대입하면

$2(-3y+3)+y=-4$, $-6y+6+y=-4$

$-5y=-10$ $\quad\therefore y=2$

$y=2$를 $x=-3y+3$에 대입하면 $x=-3$

017 정답 $x=0$, $y=1$

해설 $\begin{cases} x=y-1 & \cdots\cdots\ ㉠ \\ 2x=3-3y & \cdots\cdots\ ㉡ \end{cases}$

㉠을 ㉡에 대입하면 $2(y-1)=3-3y$

$2y-2=3-3y$, $5y=5$ $\quad\therefore y=1$

$y=1$을 ㉠에 대입하면 $x=0$

018 정답 $x=18$, $y=6$

해설 $\begin{cases} x:y=3:1 & \cdots\cdots\ ㉠ \\ x+3y=36 & \cdots\cdots\ ㉡ \end{cases}$

㉠에서 $x=3y$ $\cdots\cdots\ ㉢$

$x=3y$를 ㉡에 대입하면 $6y=36$ $\quad\therefore y=6$

$y=6$을 ㉢에 대입하면 $x=18$

참고 비례식 $a:b=c:d$에서 내항의 곱은 외항의 곱과 같으므로 $b\times c=a\times d$이다.

즉, $x:y=3:1$에서 $y\times3=x\times1$이므로 $x=3y$이다.

026 여러 가지 연립방정식

본문 P. 63

001 정답 $x=3$, $y=2$

해설 $\begin{cases} 2(x-1)+y=6 & \cdots\cdots\ ㉠ \\ \dfrac{x}{3}+\dfrac{y}{2}=2 & \cdots\cdots\ ㉡ \end{cases}$

㉠에서 $2x-2+y=6$이므로 $2x+y=8$ $\cdots\cdots\ ㉢$

㉡에 분모 3, 2의 최소공배수 6을 곱하면

$2x+3y=12$ $\cdots\cdots\ ㉣$

$㉢-㉣$을 하면 $-2y=-4$ $\quad\therefore y=2$

$y=2$를 ㉢에 대입하면 $2x+2=8$ $\quad\therefore x=3$

002 정답 $x=1,\ y=2$

해설 $\begin{cases} \dfrac{x}{3}+\dfrac{y}{4}=\dfrac{5}{6} & \cdots\cdots\ \text{㉠} \\[2mm] \dfrac{x+y}{2}-\dfrac{y}{3}=\dfrac{5}{6} & \cdots\cdots\ \text{㉡} \end{cases}$

㉠에 분모 3, 4, 6의 최소공배수 12를 곱하면

$4x+3y=10 \qquad\qquad \cdots\cdots\ \text{㉢}$

㉡에 분모 2, 3, 6의 최소공배수 6을 곱하면

$3(x+y)-2y=5 \quad \therefore\ 3x+y=5 \quad \cdots\cdots\ \text{㉣}$

㉣$\times3$을 하면 $9x+3y=15 \qquad \cdots\cdots\ \text{㉤}$

㉢$-$㉤을 하면 $-5x=-5 \quad \therefore\ x=1$

$x=1$을 ㉣에 대입하면 $3+y=5 \quad \therefore\ y=2$

003 정답 $x=1,\ y=1$

해설 $\begin{cases} -0.2x+y=0.8 & \cdots\cdots\ \text{㉠} \\ 0.2(x+y)-0.1y=0.3 & \cdots\cdots\ \text{㉡} \end{cases}$

㉠에 10을 곱하면 $-2x+10y=8 \ \cdots\cdots\ \text{㉢}$

㉡에 10을 곱하면 $2(x+y)-y=3$

$\therefore\ 2x+y=3 \qquad\qquad \cdots\cdots\ \text{㉣}$

㉢$+$㉣을 하면 $11y=11 \quad \therefore\ y=1$

$y=1$을 ㉣에 대입하면 $2x+1=3 \quad \therefore\ x=1$

004 정답 $x=1,\ y=1$

해설 $\begin{cases} 0.1x+0.3y=0.4 & \cdots\cdots\ \text{㉠} \\[2mm] \dfrac{2}{3}x-\dfrac{1}{2}y=\dfrac{1}{6} & \cdots\cdots\ \text{㉡} \end{cases}$

㉠에 10을 곱하면 $x+3y=4 \ \cdots\cdots\ \text{㉢}$

㉡에 분모 3, 2, 6의 최소공배수 6을 곱하면

$4x-3y=1 \qquad\qquad \cdots\cdots\ \text{㉣}$

㉢$\times4$를 하면 $4x+12y=16 \quad \cdots\cdots\ \text{㉤}$

㉤$-$㉣을 하면 $15y=15 \quad \therefore\ y=1$

$y=1$을 ㉢에 대입하면 $x+3=4 \quad \therefore\ x=1$

005 정답 $x=2,\ y=-3$

해설 $2x+y=3x+2y+1=x-y-4$에서

$\begin{cases} 2x+y=3x+2y+1 \\ 2x+y=x-y-4 \end{cases}$, 즉 $\begin{cases} x+y=-1 & \cdots\cdots\ \text{㉠} \\ x+2y=-4 & \cdots\cdots\ \text{㉡} \end{cases}$

㉡$-$㉠을 하면 $y=-3$

$y=-3$을 ㉠에 대입하면 $x-3=-1 \quad \therefore\ x=2$

006 정답 $x=3,\ y=-1$

해설 $\dfrac{x+y}{2}=\dfrac{2x+3y}{3}=\dfrac{3x+2y-3}{4}$에서

$\begin{cases} \dfrac{x+y}{2}=\dfrac{2x+3y}{3} & \cdots\cdots\ \text{㉠} \\[2mm] \dfrac{x+y}{2}=\dfrac{3x+2y-3}{4} & \cdots\cdots\ \text{㉡} \end{cases}$

㉠에 분모 2, 3의 최소공배수 6을, ㉡에 분모 2, 4의 최소공배수 4를 곱하여 정리하면

$\begin{cases} 3x+3y=4x+6y \\ 2x+2y=3x+2y-3 \end{cases} \quad \therefore\ \begin{cases} x=-3y \\ x=3 \end{cases}$

$x=3$을 $x=-3y$에 대입하면 $3=-3y \quad \therefore\ y=-1$

007 정답 $x=1,\ y=0$

해설 $5x-y=2x+y+3=5$에서

$\begin{cases} 5x-y=5 \\ 2x+y+3=5 \end{cases}$, 즉 $\begin{cases} 5x-y=5 & \cdots\cdots\ \text{㉠} \\ 2x+y=2 & \cdots\cdots\ \text{㉡} \end{cases}$

㉠$+$㉡을 하면 $7x=7 \quad \therefore\ x=1$

$x=1$을 ㉡에 대입하면 $2+y=2 \quad \therefore\ y=0$

008 정답 해가 무수히 많다.

해설 $\begin{cases} 6x+9y=3 & \cdots\cdots\ \text{㉠} \\ 2x+3y=1 & \cdots\cdots\ \text{㉡} \end{cases}$

㉡에 3을 곱하면 $6x+9y=3$

따라서 ㉠과 $x,\ y$의 계수, 상수항이 각각 서로 같으므로 해가 무수히 많다.

009 정답 해가 없다.

해설 $\begin{cases} x-5y=2 & \cdots\cdots\ \text{㉠} \\ -2x+10y=-6 & \cdots\cdots\ \text{㉡} \end{cases}$

㉠에 -2를 곱하면 $-2x+10y=-4$

따라서 ㉡과 $x,\ y$의 계수가 각각 서로 같지만 상수항이 서로 다르므로 해가 없다.

010 정답 해가 없다.

해설 $\begin{cases} x+2y=3 & \cdots\cdots\ \text{㉠} \\ 2(x-1)+4y=6 & \cdots\cdots\ \text{㉡} \end{cases}$

㉡을 정리하면 $2x+4y=8 \quad \therefore\ x+2y=4$

따라서 ㉠과 $x,\ y$의 계수가 각각 서로 같지만 상수항이 서로 다르므로 해가 없다.

011 정답 해가 무수히 많다.

해설 $\begin{cases} \dfrac{1}{2}x+\dfrac{1}{3}y=1 & \cdots\cdots\ \text{㉠} \\[2mm] 0.3x+0.2y=0.6 & \cdots\cdots\ \text{㉡} \end{cases}$

㉠의 양변에 분모 2, 3의 최소공배수 6을 곱하면

$3x+2y=6$

㉡의 양변에 10을 곱하면 $3x+2y=6$

$\therefore\ \begin{cases} 3x+2y=6 \\ 3x+2y=6 \end{cases}$

따라서 $x,\ y$의 계수, 상수항이 각각 서로 같으므로 해가 무수히 많다.

012 정답 $a=4,\ b=3$

해설 $\begin{cases} 2x+6y=a \\ x+by=2 \end{cases}$, 즉 $\begin{cases} 2x+6y=a \\ 2x+2by=4 \end{cases}$

연립방정식의 해가 무수히 많으려면 $x,\ y$의 계수, 상수항이 각각 서로 같아야 하므로

$6=2b,\ a=4 \quad \therefore\ b=3$

013 정답 $a=3,\ b=2$

해설 $\begin{cases} ax+y=2 \\ 6x+by=4 \end{cases}$, 즉 $\begin{cases} 2ax+2y=4 \\ 6x+by=4 \end{cases}$

연립방정식의 해가 무수히 많으려면 x, y의 계수, 상수항이 각각 서로 같아야 하므로
$2a=6$, $2=b$　∴ $a=3$

014 정답 $a=-4$, $b\neq6$

해설 $\begin{cases} x-2y=3 \\ 2x+ay=b \end{cases}$, 즉 $\begin{cases} 2x-4y=6 \\ 2x+ay=b \end{cases}$

연립방정식의 해가 없으려면 x, y의 계수가 각각 서로 같지만 상수항은 서로 달라야 하므로
$-4=a$, $6\neq b$

015 정답 $a\neq3$, $b=3$

해설 $\begin{cases} 3x+9y=a \\ x+by=1 \end{cases}$, 즉 $\begin{cases} 3x+9y=a \\ 3x+3by=3 \end{cases}$

연립방정식의 해가 없으려면 x, y의 계수가 각각 서로 같지만 상수항은 서로 달라야 하므로
$9=3b$, $a\neq3$　∴ $b=3$

027 연립방정식의 활용

본문 P. 65

001 정답 x / y

002 정답 $x+10$ / $y+10$

해설 현재 아버지의 나이를 x라 하면 10년 후에 아버지의 나이는 $x+10$이다.
현재 딸의 나이를 y라 하면 10년 후에 딸의 나이는 $y+10$이다.

003 정답 $\begin{cases} x+y=50 \\ x+10=2(y+10)+7 \end{cases}$

해설 현재 아버지와 딸의 나이의 합이 50이므로
$x+y=50$
10년 후에 아버지의 나이는 딸의 나이의 2배보다 7세만큼 많아지므로
$x+10=2(y+10)+7$

004 정답 x / y

005 정답 $10x+y$ / $10y+x$

해설 처음 수의 십의 자리의 숫자를 x로, 일의 자리의 숫자를 y로 놓으면 처음 수는 $10x+y$이다.
십의 자리 숫자와 일의 자리 숫자를 바꾼 수는 $10y+x$이다.

006 정답 $\begin{cases} x+y=6 \\ 10y+x=(10x+y)+18 \end{cases}$

해설 각 자리의 숫자의 합이 6이므로

$x+y=6$
십의 자리 숫자와 일의 자리 숫자를 바꾸면 처음 수보다 18이 크므로
$10y+x=(10x+y)+18$

007 정답 x / y

008 정답 $\dfrac{x}{4}$ / $\dfrac{y}{8}$

해설 (시간)$=\dfrac{(거리)}{(속력)}$이므로

(걸어간 시간)$=\dfrac{(걸어간\ 거리)}{(걸어갈\ 때의\ 속력)}=\dfrac{x}{4}$

(달려간 시간)$=\dfrac{(달려간\ 거리)}{(달려갈\ 때의\ 속력)}=\dfrac{y}{8}$

009 정답 $\begin{cases} x+y=10 \\ \dfrac{x}{4}+\dfrac{y}{8}=2 \end{cases}$

해설 둘레의 길이가 10 km인 호수 공원의 산책로를 따라 걷다가 달려서 한 바퀴 돌았으므로
$x+y=10$
시속 4 km로 걷다가 시속 8 km로 달려서 한 바퀴 도는 데 2시간이 걸렸으므로
$\dfrac{x}{4}+\dfrac{y}{8}=2$

010 정답 x / y

011 정답 $\dfrac{4x}{100}$ / $\dfrac{10y}{100}$

해설 (소금의 양)$=$(소금물의 양)$\times\dfrac{(농도)}{100}$이므로

(4 % 소금물의 소금의 양)$=x\times\dfrac{4}{100}=\dfrac{4x}{100}$

(10 % 소금물의 소금의 양)$=y\times\dfrac{10}{100}=\dfrac{10y}{100}$

012 정답 $\begin{cases} x+y=600 \\ \dfrac{4x}{100}+\dfrac{10y}{100}=36 \end{cases}$

해설 4 %의 소금물과 10 %의 소금물을 섞어서 소금물 600 g을 만들었으므로
$x+y=600$
6 %의 소금물 600 g에 들어 있는 소금의 양은
(6 % 소금물의 소금의 양)$=600\times\dfrac{6}{100}=36$
4 % 소금물에 들어 있는 소금의 양과 10 % 소금물에 들어 있는 소금의 양의 합이 6 % 소금물에 들어 있는 소금의 양과 같으므로
$\dfrac{4x}{100}+\dfrac{10y}{100}=36$

013 정답 $x\,/\,y$

014 정답 $\dfrac{6x}{100}\,/\,\dfrac{4y}{100}$

해설 올해에 감소한 남학생 수는 작년 남학생 수의 6%가 감소하였으므로

$x\times\dfrac{6}{100}$

올해에 증가한 여학생 수는 작년 여학생 수의 4%가 증가하였으므로

$y\times\dfrac{4}{100}$

015 정답 $\begin{cases} x+y=1000 \\ \dfrac{4y}{100}-\dfrac{6x}{100}=-5 \end{cases}$

해설 작년 전체 학생수는 1000명이었으므로

$x+y=1000$

올해에 남학생 수는 6% 감소하고, 여학생 수는 4% 증가하여 전체적으로 5명이 감소하였으므로

$(-x)\times\dfrac{6}{100}+y\times\dfrac{4}{100}=-5$

$\therefore \dfrac{4y}{100}-\dfrac{6x}{100}=-5$

028 곱셈공식

본문 P. 67

001 정답 $ac-ad+2bc-2bd$
해설 $(a+2b)(c-d)$
$=a\times c+a\times(-d)+2b\times c+2b\times(-d)$
$=ac-ad+2bc-2bd$

002 정답 $3ax-2ay-3bx+2by$
해설 $(a-b)(3x-2y)$
$=a\times 3x+a\times(-2y)+(-b)\times 3x+(-b)\times(-2y)$
$=3ax-2ay-3bx+2by$

003 정답 $x^2+2xy-5x-4y+6$
해설 $(x-2)(x+2y-3)$
$=x^2+2xy-3x-2x-4y+6$
$=x^2+2xy-5x-4y+6$

004 정답 $x^2-2y^2-xy-3x+6y$
해설 $(x-2y)(x+y-3)$
$=x^2+xy-3x-2xy-2y^2+6y$
$=x^2-2y^2-xy-3x+6y$

005 정답 x^2+6x+9
해설 $(x+3)^2=x^2+2\times x\times 3+3^2$
$=x^2+6x+9$
주의 $(x+3)^2\neq x^2+9$

006 정답 x^2-4x+4
해설 $(x-2)^2=x^2-2\times x\times 2+2^2$
$=x^2-4x+4$

007 정답 $4p^2+4pq+q^2$
해설 $(2p+q)^2=(2p)^2+2\times 2p\times q+q^2$
$=4p^2+4pq+q^2$

008 정답 $p^2-10pq+25q^2$
해설 $(-p+5q)^2=(-p)^2+2\times(-p)\times 5q+(5q)^2$
$=p^2-10pq+25q^2$
별해 $(5q-p)^2=(5q)^2-2\times 5q\times p+p^2$
$=25q^2-10pq+p^2$
$(-p+5q)^2=\{-(p-5q)\}^2$
$=(p-5q)^2$
$=p^2-2\times p\times 5q+(5q)^2$
$=p^2-10pq+25q^2$

009 정답 $4a^2-12ab+9b^2$
해설 $(2a-3b)^2=(2a)^2-2\times 2a\times 3b+(3b)^2$
$=4a^2-12ab+9b^2$

010 정답 $25a^2+40ab+16b^2$
해설 $(-5a-4b)^2$
$=\{-(5a+4b)\}^2=(5a+4b)^2$
$=(5a)^2+2\times 5a\times 4b+(4b)^2$
$=25a^2+40ab+16b^2$
별해 $(-5a-4b)^2$
$=(-5a)^2-2\times(-5a)\times 4b+(4b)^2$
$=25a^2+40ab+16b^2$

011 정답 $4x^2-1$
해설 $(2x-1)(2x+1)=(2x)^2-1^2=4x^2-1$

012 정답 $9-16x^2$
해설 $(3+4x)(3-4x)=3^2-(4x)^2=9-16x^2$

013 정답 $9a^2-4$
해설 $(-3a+2)(-3a-2)$
$=(-3a)^2-2^2$
$=9a^2-4$

별해 $(-3a+2)(-3a-2)$
$=\{-(-3a+2)\}\{-(-3a-2)\}$
$=(3a-2)(3a+2)$
$=(3a)^2-2^2$
$=9a^2-4$

014 정답 $4b^2-9a^2$
해설 $(-3a+2b)(3a+2b)$
$=(2b-3a)(2b+3a)$
$=(2b)^2-(3a)^2$
$=4b^2-9a^2$

015 정답 x^2+3x+2
해설 $(x+1)(x+2)=x^2+(1+2)x+1\times2$
$=x^2+3x+2$
별해 $(x+1)(x+2)=x^2+2x+x+2$
$=x^2+3x+2$

016 정답 $x^2-7x+12$
해설 $(x-3)(x-4)$
$=x^2+\{(-3)+(-4)\}x+(-3)\times(-4)$
$=x^2-7x+12$
별해 $(x-3)(x-4)=x^2-4x-3x+12$
$=x^2-7x+12$

017 정답 p^2+p-12
해설 $(p+4)(p-3)=p^2+\{4+(-3)\}p+4\times(-3)$
$=p^2+p-12$

018 정답 p^2-p-6
해설 $(p-3)(p+2)=p^2+\{(-3)+2\}p+(-3)\times2$
$=p^2-p-6$

019 정답 $2x^2+7x+6$
해설 $(2x+3)(x+2)$
$=(2\times1)x^2+(2\times2+3\times1)x+3\times2$
$=2x^2+7x+6$
별해 $(2x+3)(x+2)=2x^2+4x+3x+6$
$=2x^2+7x+6$

020 정답 $3x^2-5x+2$
해설 $(3x-2)(x-1)$
$=(3\times1)x^2+\{3\times(-1)+(-2)\times1\}x$
$+(-2)\times(-1)$
$=3x^2-5x+2$
별해 $(3x-2)(x-1)=3x^2-3x-2x+2$
$=3x^2-5x+2$

021 정답 $3p^2-2p-1$
해설 $(3p+1)(p-1)$
$=(3\times1)p^2+\{3\times(-1)+1\times1\}p+1\times(-1)$
$=3p^2-2p-1$

022 정답 $4p^2+4p-3$
해설 $(2p+3)(2p-1)$
$=(2\times2)p^2+\{2\times(-1)+3\times2\}p+3\times(-1)$
$=4p^2+4p-3$

023 정답 $2x^2-xy-6y^2$
해설 $(2x+3y)(x-2y)$
$=(2\times1)x^2+\{2\times(-2y)+3y\times1\}x+3y\times(-2y)$
$=2x^2-xy-6y^2$
별해 $(2x+3y)(x-2y)$
$=2x^2-4xy+3xy-6y^2$
$=2x^2-xy-6y^2$

024 정답 $2x^2-13xy+15y^2$
해설 $(2x-3y)(x-5y)$
$=(2\times1)x^2+\{2\times(-5y)+(-3y)\times1\}x$
$+(-3y)\times(-5y)$
$=2x^2-13xy+15y^2$
별해 $(2x-3y)(x-5y)$
$=2x^2-10xy-3xy+15y^2$
$=2x^2-13xy+15y^2$

025 정답 5
해설 $\alpha^2+\beta^2=(\alpha+\beta)^2-2\alpha\beta=3^2-2\times2=5$

026 정답 $\dfrac{5}{2}$
해설 $\dfrac{\beta}{\alpha}+\dfrac{\alpha}{\beta}=\dfrac{\alpha^2+\beta^2}{\alpha\beta}=\dfrac{(\alpha+\beta)^2-2\alpha\beta}{\alpha\beta}$
$=\dfrac{3^2-2\times2}{2}=\dfrac{5}{2}$

027 정답 7
해설 $\alpha^2+\dfrac{1}{\alpha^2}=\left(\alpha+\dfrac{1}{\alpha}\right)^2-2\times\alpha\times\dfrac{1}{\alpha}$
$=\left(\alpha+\dfrac{1}{\alpha}\right)^2-2$
$=3^2-2=7$

028 정답 5
해설 $\left(\alpha-\dfrac{1}{\alpha}\right)^2=\left(\alpha+\dfrac{1}{\alpha}\right)^2-4\times\alpha\times\dfrac{1}{\alpha}$
$=\left(\alpha+\dfrac{1}{\alpha}\right)^2-4$
$=3^2-4=5$

별해 $\left(a-\dfrac{1}{a}\right)^2=a^2+\dfrac{1}{a^2}-2\times a\times\dfrac{1}{a}$

$=a^2+\dfrac{1}{a^2}-2$

$=7-2=5\left(\because a^2+\dfrac{1}{a^2}=7\right)$

029 정답 x^3+3x^2+3x+1
해설 $(x+1)^3=x^3+3\times x^2\times1+3\times x\times1^2+1^3$
$=x^3+3x^2+3x+1$

030 정답 $8a^3-12a^2b+6ab^2-b^3$
해설 $(2a-b)^3$
$=(2a)^3-3\times(2a)^2\times b+3\times 2a\times b^2-b^3$
$=8a^3-12a^2b+6ab^2-b^3$

031 정답 x^3+8y^3
해설 $(x+2y)(x^2-2xy+4y^2)$
$=(x+2y)\{x^2-x\times 2y+(2y)^2\}$
$=x^3+(2y)^3$
$=x^3+8y^3$

032 정답 a^3-1
해설 $(a-1)(a^2+a+1)$
$=(a-1)(a^2+a\times1+1^2)$
$=a^3-1^3=a^3-1$

029 이차식의 인수분해
본문 P. 69

001 정답 3
해설 $3x+12=3(x+4)$

002 정답 $2a$
해설 $2a^2-4ab=2a(a-2b)$

003 정답 $x-y$
해설 $x(x-y)+4(x-y)=(x-y)(x+4)$

004 정답 $2x-y$
해설 $a(2x-y)-b(2x-y)=(2x-y)(a-b)$

005 정답 $(x+1)^2$
해설 $x^2+2x+1=x^2+2\times x\times1+1^2$
$=(x+1)^2$

006 정답 $(x-2)^2$
해설 $x^2-4x+4=x^2-2\times x\times2+2^2$
$=(x-2)^2$

007 정답 $(2p+1)^2$
해설 $4p^2+4p+1=(2p)^2+2\times 2p\times1+1^2$
$=(2p+1)^2$

008 정답 $(3p-1)^2$
해설 $9p^2-6p+1=(3p)^2-2\times 3p\times1+1^2$
$=(3p-1)^2$

009 정답 $(a+5b)^2$
해설 $a^2+10ab+25b^2=a^2+2\times a\times5b+(5b)^2$
$=(a+5b)^2$

010 정답 $(2a-3b)^2$
해설 $4a^2-12ab+9b^2=(2a)^2-2\times 2a\times3b+(3b)^2$
$=(2a-3b)^2$

011 정답 $(x+2)(x-2)$
해설 $x^2-4=x^2-2^2=(x+2)(x-2)$

012 정답 $(3+2x)(3-2x)$
해설 $9-4x^2=3^2-(2x)^2$
$=(3+2x)(3-2x)$

013 정답 $(5a+2b)(5a-2b)$
해설 $25a^2-4b^2=(5a)^2-(2b)^2$
$=(5a+2b)(5a-2b)$

014 정답 $(ab+1)(ab-1)$
해설 $a^2b^2-1=(ab)^2-1^2$
$=(ab+1)(ab-1)$

015 정답 $(x+1)(x+3)$
해설 x^2+4x+3
$$\begin{array}{ccc} x & +1 \to & x \\ x & +3 \to & \dfrac{3x}{4x}\,\big|\,+ \end{array}$$

016 정답 $(x+2)(x+3)$
해설 x^2+5x+6
$$\begin{array}{ccc} x & +2 \to & +2x \\ x & +3 \to & \dfrac{+3x}{+5x}\,\big|\,+ \end{array}$$

017 정답 $(x-1)(x-2)$
해설 x^2-3x+2
$$\begin{array}{ccc} x & -1 \to & -x \\ x & -2 \to & \dfrac{-2x}{-3x}\,\big|\,+ \end{array}$$

018 정답 $(x-2)(x-4)$
해설 x^2-6x+8
$$\begin{array}{ccc} x & -2 \to & -2x \\ x & -4 \to & \dfrac{-4x}{-6x}\,\big|\,+ \end{array}$$

019 정답 $(p+5)(p-4)$

해설 p^2+p-20

$$\begin{array}{l} p \quad\nearrow\quad +5 \;\rightarrow\; +5p \\ p \quad\searrow\quad -4 \;\rightarrow\; \underline{-4p} \;\;\big|+ \\ \hphantom{p \quad\searrow\quad -4 \;\rightarrow\;\;} +p \end{array}$$

020 정답 $(p-6)(p+2)$

해설 $p^2-4p-12$

$$\begin{array}{l} p \quad\nearrow\quad -6 \;\rightarrow\; -6p \\ p \quad\searrow\quad +2 \;\rightarrow\; \underline{+2p} \;\;\big|+ \\ \hphantom{p \quad\searrow\quad +2 \;\rightarrow\;\;} -4p \end{array}$$

021 정답 $(x-3y)(x+2y)$

해설 $x^2-xy-6y^2$

$$\begin{array}{l} x \quad\nearrow\quad -3y \;\rightarrow\; -3xy \\ x \quad\searrow\quad +2y \;\rightarrow\; \underline{+2xy}\;\big|+ \\ \hphantom{x \quad\searrow\quad +2y \;\rightarrow\;} -xy \end{array}$$

022 정답 $(x-3y)(x+5y)$

해설 $x^2+2xy-15y^2$

$$\begin{array}{l} x \quad\nearrow\quad -3y \;\rightarrow\; -3xy \\ x \quad\searrow\quad +5y \;\rightarrow\; \underline{+5xy}\;\big|+ \\ \hphantom{x \quad\searrow\quad +5y \;\rightarrow\;} +2xy \end{array}$$

023 정답 $(2x+1)(x+2)$

해설 $2x^2+5x+2$

$$\begin{array}{l} 2x \quad\nearrow\quad +1 \;\rightarrow\; +x \\ x \quad\searrow\quad +2 \;\rightarrow\; \underline{+4x}\;\big|+ \\ \hphantom{x \quad\searrow\quad +2 \;\rightarrow\;} +5x \end{array}$$

024 정답 $(5x-2)(x-1)$

해설 $5x^2-7x+2$

$$\begin{array}{l} 5x \quad\nearrow\quad -2 \;\rightarrow\; -2x \\ x \quad\searrow\quad -1 \;\rightarrow\; \underline{-5x}\;\big|+ \\ \hphantom{x \quad\searrow\quad -1 \;\rightarrow\;} -7x \end{array}$$

025 정답 $(2p+1)(p-1)$

해설 $2p^2-p-1$

$$\begin{array}{l} 2p \quad\nearrow\quad +1 \;\rightarrow\; +p \\ p \quad\searrow\quad -1 \;\rightarrow\; \underline{-2p}\;\big|+ \\ \hphantom{p \quad\searrow\quad -1 \;\rightarrow\;} -p \end{array}$$

026 정답 $(2p-1)(2p+3)$

해설 $4p^2+4p-3$

$$\begin{array}{l} 2p \quad\nearrow\quad -1 \;\rightarrow\; -2p \\ 2p \quad\searrow\quad +3 \;\rightarrow\; \underline{+6p}\;\big|+ \\ \hphantom{2p \quad\searrow\quad +3 \;\rightarrow\;} +4p \end{array}$$

027 정답 $(2x-3y)(x+2y)$

해설 $2x^2+xy-6y^2$

$$\begin{array}{l} 2x \quad\nearrow\quad -3y \;\rightarrow\; -3xy \\ x \quad\searrow\quad +2y \;\rightarrow\; \underline{+4xy}\;\big|+ \\ \hphantom{x \quad\searrow\quad +2y \;\rightarrow\;} +xy \end{array}$$

028 정답 $(2x-5y)(x-3y)$

해설 $2x^2-11xy+15y^2$

$$\begin{array}{l} 2x \quad\nearrow\quad -5y \;\rightarrow\; -5xy \\ x \quad\searrow\quad -3y \;\rightarrow\; \underline{-6xy}\;\big|+ \\ \hphantom{x \quad\searrow\quad -3y \;\rightarrow\;} -11xy \end{array}$$

029 정답 $(x+2y)^3$

해설 $x^3+6x^2y+12xy^2+8y^3$
$=x^3+3\times x^2\times 2y+3\times x\times(2y)^2+(2y)^3$
$=(x+2y)^3$

030 정답 $(2x-y)^3$

해설 $8x^3-12x^2y+6xy^2-y^3$
$=(2x)^3-3\times(2x)^2\times y+3\times 2x\times y^2-y^3$
$=(2x-y)^3$

031 정답 $(a+2b)(a^2-2ab+4b^2)$

해설 $a^3+8b^3=a^3+(2b)^3$
$\quad\;=(a+2b)\{a^2-a\times 2b+(2b)^2\}$
$\quad\;=(a+2b)(a^2-2ab+4b^2)$

032 정답 $(a-3b)(a^2+3ab+9b^2)$

해설 $a^3-27b^3=a^3-(3b)^3$
$\quad\;=(a-3b)\{a^2+a\times 3b+(3b)^2\}$
$\quad\;=(a-3b)(a^2+3ab+9b^2)$

030 복잡한 식의 인수분해
본문 P. 71

001 정답 $(x+2)(x+3)$

해설 $(x+1)^2+3(x+1)+2$ ← $x+1=A$로 치환
$=A^2+3A+2$
$=(A+1)(A+2)$ ← $A=x+1$로 역치환
$=(x+1+1)(x+1+2)$
$=(x+2)(x+3)$

002 정답 $(a+b-1)^2$

해설 $(a+b)^2-2(a+b)+1$ ← $a+b=A$로 치환
$=A^2-2A+1$
$=(A-1)^2$ ← $A=a+b$로 역치환
$=(a+b-1)^2$

003 정답 $(x+y+3)(x+y-1)$

해설 $(x+y+2)(x+y)-3$ ← $x+y=A$로 치환
$=(A+2)A-3$
$=A^2+2A-3$
$=(A+3)(A-1)$ ← $A=x+y$로 역치환
$=(x+y+3)(x+y-1)$

004 정답 $(a-b-1)(a-b-3)$
해설 $(a-b)(a-b-4)+3$ ← $a-b=A$로 치환
$=A(A-4)+3$
$=A^2-4A+3$
$=(A-1)(A-3)$ ← $A=a-b$로 역치환
$=(a-b-1)(a-b-3)$

005 정답 $(x+y+1)(x-y+3)$
해설 $(x+2)^2-(y-1)^2$← $x+2=A$, $y-1=B$로 치환
$=A^2-B^2$
$=(A+B)(A-B)$ ← $A=x+2$, $B=y-1$로 역치환
$=(x+2+y-1)(x+2-y+1)$
$=(x+y+1)(x-y+3)$

006 정답 $3a(a+2b)$
해설 $(2a+b)^2-(a-b)^2$← $2a+b=A$, $a-b=B$로 치환
$=A^2-B^2$
$=(A+B)(A-B)$← $A=2a+b$, $B=a-b$로 역치환
$=(2a+b+a-b)(2a+b-a+b)$
$=3a(a+2b)$

007 정답 $(x-1)(y-z)$
해설 $xy-xz-y+z$
$=x(y-z)-(y-z)$
$=(x-1)(y-z)$

008 정답 $(a-1)(b-1)$
해설 $ab-a-b+1$
$=a(b-1)-(b-1)$
$=(a-1)(b-1)$

009 정답 $(x-y)(1-y)$
해설 $x-xy-y+y^2$
$=x(1-y)-y(1-y)$
$=(x-y)(1-y)$

010 정답 $(a+b)(a-b+2)$
해설 $a^2-b^2+2a+2b$
$=(a+b)(a-b)+2(a+b)$
$=(a+b)(a-b+2)$

011 정답 $(x+y+1)(x-y+1)$
해설 $x^2+2x+1-y^2$
$=(x+1)^2-y^2$
$=(x+1+y)(x+1-y)$
$=(x+y+1)(x-y+1)$
주의 $x^2+2x+1-y^2$에서 x^2+2x+1과 같이 완전제곱
식이 있는지 확인해야 한다.

012 정답 $(a+3b-1)(a-3b+1)$
해설 a^2-9b^2+6b-1
$=a^2-(9b^2-6b+1)$
$=a^2-(3b-1)^2$
$=(a+3b-1)(a-3b+1)$

013 정답 $(x-y+2)(-x+y+2)$
해설 $4-x^2+2xy-y^2$
$=4-(x^2-2xy+y^2)$
$=2^2-(x-y)^2$
$=(2+x-y)(2-x+y)$
$=(x-y+2)(-x+y+2)$

014 정답 $(a+b-2)(a-b-2)$
해설 a^2-b^2-4a+4
$=(a^2-4a+4)-b^2$
$=(a-2)^2-b^2$
$=(a-2+b)(a-2-b)$
$=(a+b-2)(a-b-2)$

015 정답 $(x-3)(x+y-2)$
해설 $x^2+xy-5x-3y+6$을 y에 대하여 내림차순으로
정리하면
$(x-3)y+x^2-5x+6$
$=(x-3)y+(x-2)(x-3)$
$=(x-3)(y+x-2)$
주의 y에 대한 1차식이므로 y에 대하여 내림차순으로 정
리하려면 ( )$y+$( )꼴로 놓고 괄호 안을 채운다.

016 정답 $(y-1)(x+y-2)$
해설 $y^2+xy-x-3y+2$를 x에 대하여 내림차순으로
정리하면
$(y-1)x+y^2-3y+2$
$=(y-1)x+(y-1)(y-2)$
$=(y-1)(x+y-2)$
주의 x에 대한 1차식이므로 x에 대하여 내림차순으로 정
리하려면 ( )$x+$( )꼴로 놓고 괄호 안을 채운다.

017 정답 $(x+y+2)(x+y-1)$
해설 $x^2+2xy+y^2+x+y-2$를 y에 대하여 내림차순으
로 정리하면
$y^2+(2x+1)y+x^2+x-2$
$=y^2+(2x+1)y+(x+2)(x-1)$
$=(y+x+2)(y+x-1)$
$=(x+y+2)(x+y-1)$
참고 $y^2+(2x+1)y+(x+2)(x-1)$

$$y \diagdown +(x+2) \rightarrow +(x+2)y$$
$$y \diagup +(x-1) \rightarrow \underline{+(x-1)y} \Big| +$$
$$+(2x+1)y$$

018 정답 $(x+2y-1)(x+y-2)$

해설 $x^2+3xy+2y^2-3x-5y+2$를 x에 대하여 내림차순으로 정리하면

$x^2+(3y-3)x+(2y^2-5y+2)$
$=x^2+(3y-3)x+(2y-1)(y-2)$
$=(x+2y-1)(x+y-2)$

참고 $x^2+(3y-3)x+(2y-1)(y-2)$

$$\begin{array}{ll} x & +(2y-1) \to +(2y-1)x \\ x & +(y-2) \to +(y-2)x \\ & \overline{} \\ & +(3y-3)x \end{array}$$

019 정답 $2\sqrt{3}$

해설 $a=\dfrac{1}{2-\sqrt{3}}=\dfrac{2+\sqrt{3}}{(2-\sqrt{3})(2+\sqrt{3})}$
$=\dfrac{2+\sqrt{3}}{2^2-(\sqrt{3})^2}=\dfrac{2+\sqrt{3}}{4-3}$
$=2+\sqrt{3}$

$b=\dfrac{1}{2+\sqrt{3}}=\dfrac{2-\sqrt{3}}{(2+\sqrt{3})(2-\sqrt{3})}$
$=\dfrac{2-\sqrt{3}}{2^2-(\sqrt{3})^2}=\dfrac{2-\sqrt{3}}{4-3}$
$=2-\sqrt{3}$

$\therefore a^2b-ab^2$
$=ab(a-b)=(2+\sqrt{3})(2-\sqrt{3})\{(2+\sqrt{3})-(2-\sqrt{3})\}$
$=\{2^2-(\sqrt{3})^2\}\times 2\sqrt{3}$
$=2\sqrt{3}$

020 정답 18

해설 $x^2-y^2+4x-4y$
$=(x+y)(x-y)+4(x-y)$
$=(x-y)(x+y+4)$
$=3\times(2+4)\ (\because x+y=2,\ x-y=3)$
$=18$

021 정답 20

해설 $x^2+2xy+y^2+3x+3y+2$를 x에 대하여 내림차순으로 정리하면

$x^2+(2y+3)x+(y^2+3y+2)$
$=x^2+(2y+3)x+(y+1)(y+2)$
$=(x+y+1)(x+y+2)$
$=(3+1)\times(3+2)\ (\because x+y=3)$
$=20$

참고 $x^2+(2y+3)x+(y+1)(y+2)$

$$\begin{array}{ll} x & +(y+1) \to +(y+1)x \\ x & +(y+2) \to +(y+2)x \\ & \overline{} \\ & +(2y+3)x \end{array}$$

별해 $x^2+2xy+y^2+3x+3y+2$
$=(x+y)^2+3(x+y)+2$
$=3^2+3\times3+2$
$=20$

001 정답 ○

002 정답 ×

해설 $(x+3)^2=x^2+4x$
$x^2+6x+9=x^2+4x$
$2x+9=0$이 되어 일차방정식이다.

003 정답 ○

해설 $x(x-5)=2x^2-1$
$x^2-5x=2x^2-1$
$x^2-2x^2-5x+1=0$
$-x^2-5x+1=0$
$x^2+5x-1=0$이 되어 이차방정식이다.

004 정답 ×

해설 $2x^2+12x+7=(2x+2)(x+5)-3$
$2x^2+12x+7=2x^2+12x+7$
즉, 좌변과 우변이 같으므로 이차방정식이 아니라 항등식이다.

005 정답 ○

해설 $x(x-2)=0$에 $x=2$를 대입하면
$2\times0=0$
즉, 등식이 성립하므로 $x=2$는 이차방정식
$x(x-2)=0$의 해이다.

006 정답 ×

해설 $x^2-5=0$에 $x=5$를 대입하면
$25-5\neq0$
즉, 등식이 성립하지 않으므로 $x=5$는 이차방정식
$x^2-5=0$의 해가 아니다.

007 정답 ○

해설 $x^2-2x-8=0$에 $x=4$를 대입하면
$16-8-8=0$
즉, 등식이 성립하므로 $x=4$는 이차방정식
$x^2-2x-8=0$의 해이다.

008 정답 ×

해설 $2x^2-x+1=0$에 $x=1$을 대입하면
$2-1+1\neq0$
즉, 등식이 성립하지 않으므로 $x=1$은 이차방정식
$2x^2-x+1=0$의 해가 아니다.

009 정답 3

해설 $x^2+3x-3=0$에 $x=\alpha$를 대입하면
$\alpha^2+3\alpha-3=0 \quad \therefore \alpha^2+3\alpha=3$

010 정답 -6
해설 $-2a^2-6a=-2(a^2+3a)=(-2)\times 3=-6$

011 정답 $x=0$ 또는 $x=2$
해설 $x(x-2)=0$에서 $x=0$ 또는 $x-2=0$
$\therefore x=0$ 또는 $x=2$

012 정답 $x=-2$ 또는 $x=3$
해설 $(x+2)(x-3)=0$에서 $x+2=0$ 또는 $x-3=0$
$\therefore x=-2$ 또는 $x=3$

013 정답 $x=1$ 또는 $x=2$
해설 $x^2-3x+2=0$

$$\begin{array}{l} x \quad\searrow\quad -1 \to\ -x \\ x \quad\nearrow\quad -2 \to\ \underline{-2x}\ |+ \\ \qquad\qquad\qquad\ -3x \end{array}$$

$(x-1)(x-2)=0$
$x-1=0$ 또는 $x-2=0$
$\therefore x=1$ 또는 $x=2$

014 정답 $x=-1$ 또는 $x=4$
해설 $x^2-3x-4=0$

$$\begin{array}{l} x \quad\searrow\quad +1 \to\ +x \\ x \quad\nearrow\quad -4 \to\ \underline{-4x}\ |+ \\ \qquad\qquad\qquad\ -3x \end{array}$$

$(x+1)(x-4)=0$
$x+1=0$ 또는 $x-4=0$
$\therefore x=-1$ 또는 $x=4$

015 정답 $a=-2$ 또는 $a=\dfrac{1}{2}$

해설 $2a^2+3a-2=0$

$$\begin{array}{l} a \quad\searrow\quad +2 \to\ +4a \\ 2a \quad\nearrow\quad -1 \to\ \underline{-a}\ |+ \\ \qquad\qquad\qquad\ +3a \end{array}$$

$(a+2)(2a-1)=0$
$a+2=0$ 또는 $2a-1=0$
$\therefore a=-2$ 또는 $a=\dfrac{1}{2}$

016 정답 $a=-1$ 또는 $a=\dfrac{3}{2}$

해설 $2a^2-a-3=0$

$$\begin{array}{l} a \quad\searrow\quad +1 \to\ +2a \\ 2a \quad\nearrow\quad -3 \to\ \underline{-3a}\ |+ \\ \qquad\qquad\qquad\ -a \end{array}$$

$(a+1)(2a-3)=0$
$a+1=0$ 또는 $2a-3=0$
$\therefore a=-1$ 또는 $a=\dfrac{3}{2}$

017 정답 $p=-2$ 또는 $p=2$
해설 $p^2-4=0$, $(p+2)(p-2)=0$
$p+2=0$ 또는 $p-2=0$
$\therefore p=-2$ 또는 $p=2$

018 정답 $p=-5$ 또는 $p=3$
해설 $p^2+7p=5(p+3)$, $p^2+7p=5p+15$
$p^2+2p-15=0$

$$\begin{array}{l} p \quad\searrow\quad +5 \to\ +5p \\ p \quad\nearrow\quad -3 \to\ \underline{-3p}\ |+ \\ \qquad\qquad\qquad\ +2p \end{array}$$

$(p+5)(p-3)=0$
$p+5=0$ 또는 $p-3=0$
$\therefore p=-5$ 또는 $p=3$

019 정답 $x=-1$
해설 $x^2+2x+1=0$, $(x+1)^2=0$
$x+1=0$ $\qquad\therefore x=-1$(중근)

020 정답 $x=2$
해설 $x^2-4x+4=0$, $(x-2)^2=0$
$x-2=0$ $\qquad\therefore x=2$(중근)

021 정답 $a=-\dfrac{1}{2}$

해설 $a^2+a+\dfrac{1}{4}=0$, $\left(a+\dfrac{1}{2}\right)^2=0$

$a+\dfrac{1}{2}=0$ $\qquad\therefore a=-\dfrac{1}{2}$(중근)

022 정답 $a=\dfrac{1}{3}$

해설 $9a^2-6a+1=0$, $(3a-1)^2=0$

$3a-1=0$ $\qquad\therefore a=\dfrac{1}{3}$(중근)

023 정답 $m=-\dfrac{3}{2}$

해설 $4m^2+12m+9=0$, $(2m+3)^2=0$

$2m+3=0$ $\qquad\therefore m=-\dfrac{3}{2}$(중근)

024 정답 $m=\dfrac{3}{4}$

해설 $16m^2-24m+9=0$, $(4m-3)^2=0$

$4m-3=0$ $\qquad\therefore m=\dfrac{3}{4}$(중근)

025 정답 $k=16$
해설 $x^2-8x+k=0$이 중근을 가지려면
$k=\left(\dfrac{-8}{2}\right)^2=16$이어야 한다.

026 정답 $k=49$
해설 $x^2+14x+k=0$이 중근을 가지려면
$k=\left(\dfrac{14}{2}\right)^2=49$이어야 한다.

027 정답 $k=\pm 4$
해설 $x^2+kx+4=0$이 중근을 가지려면 $4=\left(\dfrac{k}{2}\right)^2$이어

야 한다. 즉, $4=\dfrac{k^2}{4}$, $k^2=16$ $\qquad\therefore k=\pm 4$

주의 주어진 식을 $x^2+4x+4=0$이라고 생각하여
$k=4$ 하나뿐이라고 생각해서는 안 된다.
$x^2-4x+4=0$, $(x-2)^2=0$
$x-2=0$ $\therefore x=2$(중근)
즉, $x^2-4x+4=0$도 중근을 가진다.

028 정답 $k=5$ 또는 $k=-7$
해설 $x^2-(k+1)x+9=0$이 중근을 가지려면
$9=\left\{\dfrac{-(k+1)}{2}\right\}^2$이어야 한다.
$9=\dfrac{(k+1)^2}{4}$, $36=(k+1)^2$, $k+1=\pm6$이므로
$k+1=6$ 또는 $k+1=-6$
$\therefore k=5$ 또는 $k=-7$

029 정답 $x=0$ 또는 $x=1$ 또는 $x=-1$
해설 $x(x-1)(x+1)=0$이므로
$x=0$ 또는 $x-1=0$ 또는 $x+1=0$
$\therefore x=0$ 또는 $x=1$ 또는 $x=-1$

030 정답 $x=2$ 또는 $x=-3$ 또는 $x=4$
해설 $(x-2)(x+3)(x-4)=0$이므로
$x-2=0$ 또는 $x+3=0$ 또는 $x-4=0$
$\therefore x=2$ 또는 $x=-3$ 또는 $x=4$

031 정답 $b=0$ 또는 $b=1$ 또는 $b=2$
해설 $b(b^2-3b+2)=0$이므로
$b(b-1)(b-2)=0$
$b=0$ 또는 $b-1=0$ 또는 $b-2=0$
$\therefore b=0$ 또는 $b=1$ 또는 $b=2$

032 정답 $b=-2$ 또는 $b=\dfrac{1}{2}$ 또는 $b=-1$
해설 $(2b^2+3b-2)(b+1)=0$
$(b+2)(2b-1)(b+1)=0$
$b+2=0$ 또는 $2b-1=0$ 또는 $b+1=0$
$\therefore b=-2$ 또는 $b=\dfrac{1}{2}$ 또는 $b=-1$

032 이차방정식의 근의 공식
본문 P. 75

001 정답 $x=-2$ 또는 $x=2$
해설 $x^2=4$ $\therefore x=\pm\sqrt{4}=\pm2$
별해 $x^2=4$, $x^2=2^2$ $\therefore x=\pm2$

002 정답 $x=-\sqrt{3}$ 또는 $x=\sqrt{3}$
해설 $x^2=3$ $\therefore x=\pm\sqrt{3}$
별해 $x^2=3$, $x^2=(\sqrt{3})^2$ $\therefore x=\pm\sqrt{3}$

003 정답 $x=-\dfrac{\sqrt{3}}{3}$ 또는 $x=\dfrac{\sqrt{3}}{3}$
해설 $9x^2=3$, $x^2=\dfrac{1}{3}$
$\therefore x=\pm\sqrt{\dfrac{1}{3}}=\pm\dfrac{1}{\sqrt{3}}=\pm\dfrac{\sqrt{3}}{\sqrt{3}\sqrt{3}}=\pm\dfrac{\sqrt{3}}{3}$
별해 $9x^2=3$, $x^2=\dfrac{1}{3}$, $x^2=\left(\dfrac{\sqrt{3}}{3}\right)^2$
$\therefore x=\pm\dfrac{\sqrt{3}}{3}$

004 정답 $x=-\dfrac{\sqrt{3}}{2}$ 또는 $x=\dfrac{\sqrt{3}}{2}$
해설 $4x^2-3=0$, $x^2=\dfrac{3}{4}$
$\therefore x=\pm\sqrt{\dfrac{3}{4}}=\pm\dfrac{\sqrt{3}}{\sqrt{4}}=\pm\dfrac{\sqrt{3}}{2}$
별해 $4x^2-3=0$, $x^2=\dfrac{3}{4}$, $x^2=\left(\dfrac{\sqrt{3}}{2}\right)^2$
$\therefore x=\pm\dfrac{\sqrt{3}}{2}$

005 정답 $x=-3$ 또는 $x=1$
해설 $(x+1)^2=4$, $x+1=\pm\sqrt{4}$, $x+1=\pm2$
$\therefore x=-1\pm2$
$\therefore x=-1+2$ 또는 $x=-1-2$
$\therefore x=1$ 또는 $x=-3$
별해 $(x+1)^2=4$, $(x+1)^2=2^2$, $x+1=\pm2$
$\therefore x=-1\pm2$

006 정답 $x=2-\sqrt{3}$ 또는 $x=2+\sqrt{3}$
해설 $(x-2)^2=3$, $x-2=\pm\sqrt{3}$
$\therefore x=2\pm\sqrt{3}$
별해 $(x-2)^2=3$, $(x-2)^2=(\sqrt{3})^2$
$x-2=\pm\sqrt{3}$ $\therefore x=2\pm\sqrt{3}$

007 정답 $x=1-\sqrt{2}$ 또는 $x=1+\sqrt{2}$
해설 $4(x-1)^2-8=0$, $(x-1)^2=2$
$x-1=\pm\sqrt{2}$ $\therefore x=1\pm\sqrt{2}$
별해 $4(x-1)^2-8=0$, $(x-1)^2=2$
$(x-1)^2=(\sqrt{2})^2$, $x-1=\pm\sqrt{2}$
$\therefore x=1\pm\sqrt{2}$

008 정답 $x=-\dfrac{7}{3}$ 또는 $x=-\dfrac{5}{3}$
해설 $9(x+2)^2-1=0$, $(x+2)^2=\dfrac{1}{9}$
$x+2=\pm\sqrt{\dfrac{1}{9}}=\pm\dfrac{1}{\sqrt{9}}=\pm\dfrac{1}{3}$
$\therefore x=-2\pm\dfrac{1}{3}$
$\therefore x=-2-\dfrac{1}{3}$ 또는 $x=-2+\dfrac{1}{3}$
$\therefore x=-\dfrac{7}{3}$ 또는 $x=-\dfrac{5}{3}$

$\boxed{\text{별해}}$ $9(x+2)^2-1=0$, $(x+2)^2=\dfrac{1}{9}$

$(x+2)^2=\left(\dfrac{1}{3}\right)^2$, $x+2=\pm\dfrac{1}{3}$

$\therefore x=-2\pm\dfrac{1}{3}$

009 $\boxed{\text{정답}}$ $(x+2)^2=6$

$\boxed{\text{해설}}$ 일차항의 계수의 절반의 제곱 $\left(\dfrac{4}{2}\right)^2=4$를 더하고 뺀다.

$x^2+4x=2$, $x^2+4x+4-4=2$

$x^2+4x+4=6$ $\quad\therefore (x+2)^2=6$

010 $\boxed{\text{정답}}$ $(x-4)^2=10$

$\boxed{\text{해설}}$ 일차항의 계수의 절반의 제곱 $\left(\dfrac{-8}{2}\right)^2=16$을 더하고 뺀다.

$x^2-8x+6=0$, $x^2-8x+16-16+6=0$

$x^2-8x+16=10$

$\therefore (x-4)^2=10$

011 $\boxed{\text{정답}}$ $\left(x-\dfrac{1}{2}\right)^2=\dfrac{5}{4}$

$\boxed{\text{해설}}$ 일차항의 계수의 절반의 제곱 $\left(\dfrac{-1}{2}\right)^2=\dfrac{1}{4}$을 더하고 뺀다.

$x^2-x=1$, $x^2-x+\dfrac{1}{4}-\dfrac{1}{4}=1$

$x^2-x+\dfrac{1}{4}=\dfrac{5}{4}$ $\quad\therefore\left(x-\dfrac{1}{2}\right)^2=\dfrac{5}{4}$

012 $\boxed{\text{정답}}$ $\left(x+\dfrac{3}{2}\right)^2=\dfrac{5}{4}$

$\boxed{\text{해설}}$ 일차항의 계수의 절반의 제곱 $\left(\dfrac{3}{2}\right)^2=\dfrac{9}{4}$를 더하고 뺀다.

$x^2+3x+1=0$, $x^2+3x+\dfrac{9}{4}-\dfrac{9}{4}+1=0$

$x^2+3x+\dfrac{9}{4}=\dfrac{5}{4}$ $\quad\therefore\left(x+\dfrac{3}{2}\right)^2=\dfrac{5}{4}$

013 $\boxed{\text{정답}}$ $x=\dfrac{-3\pm\sqrt{13}}{2}$

$\boxed{\text{해설}}$ $x^2+3x-1=0$의 $a=1$, $b=3$, $c=-1$을 근의 공식 $x=\dfrac{-b\pm\sqrt{b^2-4ac}}{2a}$에 대입하면

$x=\dfrac{-3\pm\sqrt{3^2-4\times1\times(-1)}}{2\times1}$

$=\dfrac{-3\pm\sqrt{13}}{2}$

014 $\boxed{\text{정답}}$ $x=\dfrac{1\pm\sqrt{17}}{4}$

$\boxed{\text{해설}}$ $2x^2-x-2=0$의 $a=2$, $b=-1$, $c=-2$를 근의 공식 $x=\dfrac{-b\pm\sqrt{b^2-4ac}}{2a}$에 대입하면

$x=\dfrac{-(-1)\pm\sqrt{(-1)^2-4\times2\times(-2)}}{2\times2}$

$=\dfrac{1\pm\sqrt{17}}{4}$

015 $\boxed{\text{정답}}$ $x=2\pm\sqrt{10}$

$x^2-4x-6=0$의 $a=1$, $b=-4$, $c=-6$을 근의 공식 $x=\dfrac{-b\pm\sqrt{b^2-4ac}}{2a}$에 대입하면

$x=\dfrac{-(-4)\pm\sqrt{(-4)^2-4\times1\times(-6)}}{2\times1}$

$=\dfrac{4\pm2\sqrt{10}}{2}$

$=2\pm\sqrt{10}$

$\boxed{\text{별해}}$ $x^2+\{2\times(-2)\}x-6=0$의 $a=1$, $b'=-2$, $c=-6$을 근의 짝수 공식 $x=\dfrac{-b'\pm\sqrt{b'^2-ac}}{a}$에 대입하면

$x=\dfrac{-(-2)\pm\sqrt{(-2)^2-1\times(-6)}}{1}$

$=2\pm\sqrt{10}$

016 $\boxed{\text{정답}}$ $x=-1\pm\sqrt{6}$

$x^2+2x-5=0$의 $a=1$, $b=2$, $c=-5$를 근의 공식 $x=\dfrac{-b\pm\sqrt{b^2-4ac}}{2a}$에 대입하면

$x=\dfrac{-2\pm\sqrt{2^2-4\times1\times(-5)}}{2\times1}$

$=\dfrac{-2\pm2\sqrt{6}}{2}$

$=-1\pm\sqrt{6}$

$\boxed{\text{별해}}$ $x^2+(2\times1)x-5=0$의 $a=1$, $b'=1$, $c=-5$를 근의 짝수 공식 $x=\dfrac{-b'\pm\sqrt{b'^2-ac}}{a}$에 대입하면

$x=\dfrac{-1\pm\sqrt{1^2-1\times(-5)}}{1}$

$=-1\pm\sqrt{6}$

017 $\boxed{\text{정답}}$ $x=\dfrac{-2\pm\sqrt{2}}{2}$

$\boxed{\text{해설}}$ $2x^2+4x+1=0$의 $a=2$, $b=4$, $c=1$을 근의 공식 $x=\dfrac{-b\pm\sqrt{b^2-4ac}}{2a}$에 대입하면

$x=\dfrac{-4\pm\sqrt{4^2-4\times2\times1}}{2\times2}$

$=\dfrac{-4\pm2\sqrt{2}}{4}$

$=\dfrac{-2\pm\sqrt{2}}{2}$

$\boxed{\text{별해}}$ $2x^2+(2\times2)x+1=0$의 $a=2$, $b'=2$, $c=1$을 근의 짝수 공식 $x=\dfrac{-b'\pm\sqrt{b'^2-ac}}{a}$에 대입하면

$x=\dfrac{-2\pm\sqrt{2^2-2\times1}}{2}$

$=\dfrac{-2\pm\sqrt{2}}{2}$

018 정답 $x=\dfrac{1\pm\sqrt{7}}{2}$

해설 $2x^2-2x-3=0$의 $a=2$, $b=-2$, $c=-3$을

근의 공식 $x=\dfrac{-b\pm\sqrt{b^2-4ac}}{2a}$에 대입하면

$$x=\dfrac{-(-2)\pm\sqrt{(-2)^2-4\times2\times(-3)}}{2\times2}$$
$$=\dfrac{2\pm2\sqrt{7}}{4}$$
$$=\dfrac{1\pm\sqrt{7}}{2}$$

별해 $2x^2+\{2\times(-1)\}x-3=0$의 $a=2$, $b'=-1$,

$c=-3$을 근의 짝수 공식 $x=\dfrac{-b'\pm\sqrt{b'^2-ac}}{a}$에 대입

하면

$$x=\dfrac{-(-1)\pm\sqrt{(-1)^2-2\times(-3)}}{2}$$
$$=\dfrac{1\pm\sqrt{7}}{2}$$

019 정답 9

해설 $2x^2-x-1=0$의 $a=2$, $b=-1$, $c=-1$을

$D=b^2-4ac$에 대입하면

$D=(-1)^2-4\times2\times(-1)=9$

020 정답 2개

해설 $D>0$이면 서로 다른 2개의 근을 갖는다.

021 정답 0

해설 $x^2-6x+9=0$의 $a=1$, $b=-6$, $c=9$를

$D=b^2-4ac$에 대입하면

$D=(-6)^2-4\times1\times9=0$

별해 $x^2+\{2\times(-3)\}x+9=0$의 $a=1$, $b'=-3$, $c=9$

를 $\dfrac{D}{4}=b'^2-ac$에 대입하면

$\dfrac{D}{4}=(-3)^2-1\times9=0$

022 정답 1개

해설 $D=0$이면 1개의 중근을 갖는다.

023 정답 -7

해설 $x^2-3x+4=0$의 $a=1$, $b=-3$, $c=4$를

$D=b^2-4ac$에 대입하면

$D=(-3)^2-4\times1\times4=-7$

024 정답 0개

해설 $D<0$이면 근이 없다.

025 정답 $k<4$

해설 이차방정식이 서로 다른 두 근을 가지려면 $D>0$이

어야 한다.

$x^2-4x+k=0$의 $a=1$, $b=-4$, $c=k$를

$D=b^2-4ac$에 대입하면

$D=b^2-4ac=(-4)^2-4\times1\times k=16-4k>0$

$\therefore k<4$

별해 이차방정식이 서로 다른 두 근을 가지려면 $\dfrac{D}{4}>0$이

어야 한다.

$x^2+\{2\times(-2)\}x+k=0$의 $a=1$, $b'=-2$, $c=k$를

$\dfrac{D}{4}=b'^2-ac$에 대입하면

$\dfrac{D}{4}=(-2)^2-1\times k=4-k>0$　　$\therefore k<4$

026 정답 $k=4$

해설 이차방정식이 중근을 가지려면 $D=0$이어야 한다.

$D=b^2-4ac=16-4k=0$

$\therefore k=4$

027 정답 $k>4$

해설 이차방정식이 근을 갖지 않으려면 $D<0$이어야 한

다.

$D=b^2-4ac=16-4k<0$

$\therefore k>4$

028 정답 $k<4$

해설 이차방정식이 서로 다른 두 실근을 가지려면 $D>0$

이어야 한다.

$D=b^2-4ac=(-4)^2-4\times1\times k=16-4k>0$

$\therefore k<4$

별해 이차방정식이 서로 다른 두 실근을 가지려면

$\dfrac{D}{4}>0$이어야 한다.

$x^2+\{2\times(-2)\}x+k=0$의 $a=1$, $b'=-2$, $c=k$를

$\dfrac{D}{4}=b'^2-ac$에 대입하면

$\dfrac{D}{4}=(-2)^2-1\times k=4-k>0$　　$\therefore k<4$

029 정답 $k=4$

해설 이차방정식이 중근을 가지려면 $D=0$이어야 한다.

$D=b^2-4ac=16-4k=0$

$\therefore k=4$

030 정답 $k>4$

해설 이차방정식이 서로 다른 두 허근을 가지려면 $D<0$

이어야 한다.

$D=b^2-4ac=16-4k<0$

$\therefore k>4$

033 이차방정식의 근과 계수의 관계　　본문 P. 77

001 정답 $1\ /\ -2$

해설 $x^2-x-2=0$의 $a=1$, $b=-1$, $c=-2$를

$\alpha+\beta=-\dfrac{b}{a}$, $\alpha\beta=\dfrac{c}{a}$에 대입하면

$\alpha+\beta=-\dfrac{-1}{1}=1$, $\alpha\beta=\dfrac{-2}{1}=-2$

002 정답 $-\dfrac{3}{2}$ / -1

해설 $2x^2+3x-2=0$의 $a=2$, $b=3$, $c=-2$를

$\alpha+\beta=-\dfrac{b}{a}$, $\alpha\beta=\dfrac{c}{a}$에 대입하면

$\alpha+\beta=-\dfrac{3}{2}$, $\alpha\beta=\dfrac{-2}{2}=-1$

003 정답 $\dfrac{4}{3}$ / $\dfrac{1}{3}$

해설 $3x^2-4x+1=0$의 $a=3$, $b=-4$, $c=1$을

$\alpha+\beta=-\dfrac{b}{a}$, $\alpha\beta=\dfrac{c}{a}$에 대입하면

$\alpha+\beta=-\dfrac{-4}{3}=\dfrac{4}{3}$, $\alpha\beta=\dfrac{1}{3}$

004 정답 3

해설 $x^2-3x+2=0$의 $a=1$, $b=-3$, $c=2$를

$\alpha+\beta=-\dfrac{b}{a}$에 대입하면

$\alpha+\beta=-\dfrac{-3}{1}=3$

주의 $x^2-3x+2=0$, $(x-1)(x-2)=0$

$\therefore x=1$ 또는 $x=2$

이처럼 이차방정식의 해를 직접 구할 수 있다. 하지만 여기서는 이차방정식의 근과 계수의 관계를 이용하여 풀기를 권한다.

005 정답 2

해설 $x^2-3x+2=0$의 $a=1$, $b=-3$, $c=2$를

$\alpha\beta=\dfrac{c}{a}$에 대입하면

$\alpha\beta=\dfrac{2}{1}=2$

006 정답 5

해설 $\alpha^2+\beta^2=(\alpha+\beta)^2-2\alpha\beta=3^2-2\times 2=5$

007 정답 1

해설 $(\alpha-\beta)^2=(\alpha+\beta)^2-4\alpha\beta=3^2-4\times 2=1$

008 정답 $\dfrac{3}{2}$

해설 $\dfrac{1}{\alpha}+\dfrac{1}{\beta}=\dfrac{\alpha+\beta}{\alpha\beta}=\dfrac{3}{2}$

009 정답 $\dfrac{5}{2}$

해설 $\dfrac{\beta}{\alpha}+\dfrac{\alpha}{\beta}=\dfrac{\alpha^2+\beta^2}{\alpha\beta}=\dfrac{(\alpha+\beta)^2-2\alpha\beta}{\alpha\beta}$

$=\dfrac{3^2-2\times 2}{2}=\dfrac{5}{2}$

010 정답 -2

해설 $2x^2+4x-6=0$의 $a=2$, $b=4$, $c=-6$을

$\alpha+\beta=-\dfrac{b}{a}$에 대입하면

$\alpha+\beta=-\dfrac{4}{2}=-2$

011 정답 -3

해설 $2x^2+4x-6=0$의 $a=2$, $b=4$, $c=-6$을

$\alpha\beta=\dfrac{c}{a}$에 대입하면

$\alpha\beta=\dfrac{-6}{2}=-3$

012 정답 10

해설 $\alpha^2+\beta^2=(\alpha+\beta)^2-2\alpha\beta$

$=(-2)^2-2\times(-3)=10$

013 정답 16

해설 $(\alpha-\beta)^2=(\alpha+\beta)^2-4\alpha\beta$

$=(-2)^2-4\times(-3)=16$

014 정답 $\dfrac{2}{3}$

해설 $\dfrac{1}{\alpha}+\dfrac{1}{\beta}=\dfrac{\alpha+\beta}{\alpha\beta}=\dfrac{-2}{-3}=\dfrac{2}{3}$

015 정답 $-\dfrac{10}{3}$

해설 $\dfrac{\beta}{\alpha}+\dfrac{\alpha}{\beta}=\dfrac{\alpha^2+\beta^2}{\alpha\beta}=\dfrac{(\alpha+\beta)^2-2\alpha\beta}{\alpha\beta}$

$=\dfrac{(-2)^2-2\times(-3)}{-3}=-\dfrac{10}{3}$

016 정답 4

해설 $2x^2-kx+3=0$의 두 근의 합이 2이므로

근과 계수의 관계에 의해

$-\dfrac{-k}{2}=2$ $\quad\therefore k=4$

017 정답 9

해설 $3x^2-4x+k=0$의 두 근의 곱이 3이므로

근과 계수의 관계에 의해

$\dfrac{k}{3}=3$ $\quad\therefore k=9$

018 정답 -3 / 2

해설 $x^2+ax+b=0$의 두 근의 합이 3, 곱이 2이므로

근과 계수의 관계에 의해

$3=-\dfrac{a}{1}$ $\quad\therefore a=-3$

$2=\dfrac{b}{1}$ $\quad\therefore b=2$

019 정답 1 / -2

해설 $x^2+ax+b=0$의 두 근의 합이 -1, 곱이 -2이므로 근과 계수의 관계에 의해

$-1=-\dfrac{a}{1}$ $\quad\therefore a=1$

$-2=\dfrac{b}{1}$ $\quad\therefore b=-2$

020 정답 $\dfrac{3}{2}$

해설 $2x^3-3x^2+2x+4=0$의 $a=2$, $b=-3$, $c=2$, $d=4$를 $\alpha+\beta+\gamma=-\dfrac{b}{a}$에 대입하면

$\alpha+\beta+\gamma=-\dfrac{-3}{2}=\dfrac{3}{2}$

021 정답 1

해설 $2x^3-3x^2+2x+4=0$의 $a=2$, $b=-3$, $c=2$, $d=4$를 $\alpha\beta+\beta\gamma+\gamma\alpha=\dfrac{c}{a}$에 대입하면

$\alpha\beta+\beta\gamma+\gamma\alpha=\dfrac{2}{2}=1$

022 정답 -2

해설 $2x^3-3x^2+2x+4=0$의 $a=2$, $b=-3$, $c=2$, $d=4$를 $\alpha\beta\gamma=-\dfrac{d}{a}$에 대입하면

$\alpha\beta\gamma=-\dfrac{4}{2}=-2$

034 이차방정식 구하기
본문 P. 79

001 정답 $x^2-5x+6=0$

해설 x^2의 계수가 1, 두 근이 2, 3인 이차방정식은

$(x-2)(x-3)=0$

$\therefore\ x^2-5x+6=0$

별해 x^2의 계수가 1, 두 근이 2, 3인 이차방정식은

$x^2-(2+3)x+2\times3=0$

$\therefore\ x^2-5x+6=0$

002 정답 $2x^2+2x-4=0$

해설 x^2의 계수가 2, 두 근이 1, -2인 이차방정식은

$2(x-1)\{x-(-2)\}=0$, $2(x-1)(x+2)=0$

$2(x^2+x-2)=0$　　$\therefore\ 2x^2+2x-4=0$

별해 x^2의 계수가 2, 두 근이 1, -2인 이차방정식은

$2[x^2-\{1+(-2)\}x+1\times(-2)]=0$

$\therefore\ 2x^2+2x-4=0$

003 정답 $6x^2+x-1=0$

해설 x^2의 계수가 6, 두 근이 $-\dfrac{1}{2}$, $\dfrac{1}{3}$인 이차방정식은

$6\left\{x-\left(-\dfrac{1}{2}\right)\right\}\left(x-\dfrac{1}{3}\right)=0$, $6\left(x+\dfrac{1}{2}\right)\left(x-\dfrac{1}{3}\right)=0$

$6\left(x^2+\dfrac{1}{6}x-\dfrac{1}{6}\right)=0$　　$\therefore\ 6x^2+x-1=0$

별해 x^2의 계수가 6, 두 근이 $-\dfrac{1}{2}$, $\dfrac{1}{3}$인 이차방정식은

$6\left[x^2-\left\{\left(-\dfrac{1}{2}\right)+\dfrac{1}{3}\right\}x+\left(-\dfrac{1}{2}\right)\times\dfrac{1}{3}\right]=0$

$6\left[x^2+\dfrac{1}{6}x-\dfrac{1}{6}\right]=0$　　$\therefore\ 6x^2+x-1=0$

004 정답 $-x^2+4x-4=0$

해설 x^2의 계수가 -1, 중근이 2인 이차방정식은

$-(x-2)^2=0$　　$\therefore\ -x^2+4x-4=0$

005 정답 $3x^2+6x+3=0$

해설 x^2의 계수가 3, 중근이 -1인 이차방정식은

$3\{x-(-1)\}^2=0$, $3(x+1)^2=0$

$\therefore\ 3x^2+6x+3=0$

006 정답 $-2x^2+6x-4=0$

해설 x^2의 계수가 -2, 두 근의 합이 3, 곱이 2인 이차방정식은

$-2(x^2-3x+2)=0$　　$\therefore\ -2x^2+6x-4=0$

007 정답 $3x^2+3x-18=0$

해설 x^2의 계수가 3, 두 근의 합이 -1, 곱이 -6인 이차방정식은

$3\{x^2-(-1)x-6\}=0$, $3(x^2+x-6)=0$

$\therefore\ 3x^2+3x-18=0$

008 정답 $2x^2-4x-2=0$

해설 한 근이 $1+\sqrt{2}$이므로 다른 한 근은 $1-\sqrt{2}$이다.

두 근의 합은 $(1+\sqrt{2})+(1-\sqrt{2})=2$

두 근의 곱은 $(1+\sqrt{2})\times(1-\sqrt{2})=1-2=-1$

x^2의 계수가 2이므로 $2(x^2-2x-1)=0$

$\therefore\ 2x^2-4x-2=0$

009 정답 $-x^2+4x-1=0$

해설 한 근이 $2-\sqrt{3}$이므로 다른 한 근은 $2+\sqrt{3}$이다.

두 근의 합은 $(2-\sqrt{3})+(2+\sqrt{3})=4$

두 근의 곱은

$(2-\sqrt{3})\times(2+\sqrt{3})=2^2-(\sqrt{3})^2=4-3=1$

x^2의 계수가 -1이므로 $-(x^2-4x+1)=0$

$\therefore\ -x^2+4x-1=0$

010 정답 $-5\ /\ 6$

해설 $x^2+ax+b=0$의 두 근이 2, 3이므로

근과 계수의 관계에 의해

두 근의 합은 $2+3=-\dfrac{a}{1}$　　$\therefore\ a=-5$

두 근의 곱은 $2\times3=\dfrac{b}{1}$　　$\therefore\ b=6$

011 정답 $1\ /\ -2$

해설 $x^2+ax+b=0$의 두 근이 -2, 1이므로

근과 계수의 관계에 의해

두 근의 합은 $(-2)+1=-\dfrac{a}{1}$　　$\therefore\ a=1$

두 근의 곱은 $(-2)\times1=\dfrac{b}{1}$　　$\therefore\ b=-2$

012 정답 2 / -1

해설 $x^2+ax+b=0$의 한 근이 $-1+\sqrt{2}$이므로 다른 한 근은 $-1-\sqrt{2}$이다.

두 근의 합은

$$(-1+\sqrt{2})+(-1-\sqrt{2})=-\frac{a}{1} \qquad \therefore a=2$$

두 근의 곱은

$$(-1+\sqrt{2})\times(-1-\sqrt{2})=\frac{b}{1}$$

$$\therefore b=(-1)^2-(\sqrt{2})^2=1-2=-1$$

013 정답 -4 / 1

해설 $x^2+ax+b=0$의 한 근이 $2+\sqrt{3}$이므로 다른 한 근은 $2-\sqrt{3}$이다.

두 근의 합은

$$(2+\sqrt{3})+(2-\sqrt{3})=-\frac{a}{1} \qquad \therefore a=-4$$

두 근의 곱은

$$(2+\sqrt{3})\times(2-\sqrt{3})=\frac{b}{1}$$

$$\therefore b=2^2-(\sqrt{3})^2=4-3=1$$

035 이차방정식의 활용　　본문 P. 81

001 정답 x

해설 자연수는 양수이므로 $x>0$ ㆍㆍㆍㆍㆍ ㉠

차가 3인 두 자연수이므로 큰 자연수를 x로 놓으면 작은 자연수는 $x-3$이다.

이때 자연수는 양수이므로 $x-3>0$, 즉 $x>3$ ㆍㆍㆍㆍㆍ ㉡

㉠, ㉡에서 $x>3$이다.

002 정답 x^2 / $3(x-3)^2+1$

해설 큰 수를 제곱하면 x^2이고 작은 수를 제곱한 것의 3배에 1을 더하면 $3(x-3)^2+1$이다.

003 정답 $x^2=3(x-3)^2+1$

해설 큰 수의 제곱은 작은 수를 제곱한 것의 3배에 1을 더한 것과 같으므로

$$x^2=3(x-3)^2+1$$

004 정답 7

해설 $x^2=3(x-3)^2+1$

$$x^2=3(x^2-6x+9)+1$$

$$x^2=3x^2-18x+27+1$$

$$2x^2-18x+28=0, \; x^2-9x+14=0$$

$$(x-2)(x-7)=0 \qquad \therefore x=2 \text{ 또는 } x=7$$

$x>3$이므로 $x=7$

005 정답 x

해설 늘린 길이는 양수이므로 $x>0$이다.

006 정답 $x+6$ / $x+9$

007 정답 $(x+6)(x+9)=108$

해설 가로와 세로의 길이를 똑같이 늘렸더니 그 넓이가 처음 직사각형의 넓이의 2배가 되었으므로

$$(x+6)(x+9)=2\times(6\times9)$$

008 정답 3

해설 $(x+6)(x+9)=108$

$$x^2+15x+54=108, \; x^2+15x-54=0$$

$$(x+18)(x-3)=0 \qquad \therefore x=-18 \text{ 또는 } x=3$$

$x>0$이므로 $x=3$

009 정답 x

해설 길의 폭은 $8\,\text{m}$보다 작아야 한다. 즉, $x<8$이다.

010 정답 $(10-x)(8-x)=8$

해설 다음 그림과 같이 길 부분을 제거하면 가로의 길이가 $(10-x)\,\text{m}$, 세로의 길이가 $(8-x)\,\text{m}$인 직사각형 모양의 땅이 된다.

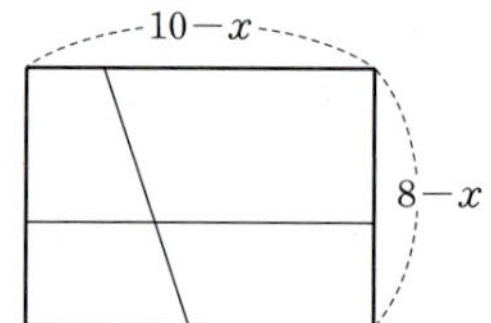

이 직사각형의 넓이가 $8\,\text{m}^2$이므로

$$(10-x)(8-x)=8$$

011 정답 6

해설 $(10-x)(8-x)=8$

$$x^2-18x+80=8, \; x^2-18x+72=0$$

$$(x-6)(x-12)=0 \qquad \therefore x=6 \text{ 또는 } x=12$$

$x<8$이므로 $x=6$

012 정답 $\dfrac{n(n-3)}{2}=27$

해설 일각형, 이각형은 존재하지 않으므로 $n\geq3$이다.

n각형의 대각선의 개수가 27이므로

$$\frac{n(n-3)}{2}=27$$

013 정답 9

해설 $\dfrac{n(n-3)}{2}=27, \; n^2-3n-54=0$

$$(n+6)(n-9)=0 \qquad \therefore n=-6 \text{ 또는 } n=9$$

$n\geq3$이므로 $n=9$

014 정답 0

015 정답 $70t - 5t^2 = 0$

해설 공이 다시 지면에 떨어지는 시간을 구하는 것이므로
$t > 0$이다.

016 정답 14

해설 $70t - 5t^2 = 0$, $t^2 - 14t = 0$
$t(t - 14) = 0$ ∴ $t = 0$ 또는 $t = 14$
$t > 0$이므로 $t = 14$

036 순서쌍과 좌표
본문 P. 85

001 정답 $A(-3)$

002 정답 $B(0)$

003 정답 $C(3.5)$

004 정답 $A(3, 3)$

005 정답 $B(-3, 2)$

006 정답 $C(-1, -2)$

007 정답 $D(2, -3)$

008 정답 y

해설 점 $(0, b)$는 y축 위에 있다.

009 정답 0

해설 x축 위에 있는 모든 점 $(a, 0)$의 y좌표는 0이다.

010 정답 $(0, -4)$

해설 y축 위에 있는 모든 점 $(0, b)$의 x좌표는 0이다.

011 정답 3

해설 좌표평면 위의 점 (a, b)에서 x축까지의 거리는 y좌표의 절댓값인 $|b|$이므로 점 $(2, 3)$에서 x축까지의 거리는 $|3| = 3$이다.
참고 좌표평면 위의 점 (a, b)에서 y축까지의 거리는 x좌표의 절댓값인 $|a|$이다.

012 정답 5

해설 좌표평면 위의 점 (a, b)에서 x축에 내린 수선의 길이는 y좌표의 절댓값인 $|b|$이므로 점 $(3, 5)$에서 x축에 내린 수선의 길이는 $|5| = 5$이다.

013 정답 4

해설 좌표평면 위의 점 (a, b)에서 y축에 내린 수선의 길이는 x좌표의 절댓값인 $|a|$이므로 점 $(4, -3)$에서 y축에 내린 수선의 길이는 $|4| = 4$이다.

014 정답 제2사분면

해설 $A(-4, 2)$는 $(-, +)$이므로 제2사분면 위의 점이다.

015 정답 제3사분면

해설 $B(-3, -1)$은 $(-, -)$이므로 제3사분면 위의 점이다.

016 정답 제1사분면

해설 $C(5, 3)$은 $(+, +)$이므로 제1사분면 위의 점이다.

017 정답 제4사분면

해설 $D\left(6, -\dfrac{1}{2}\right)$은 $(+, -)$이므로 제4사분면 위의 점이다.

018 정답 3

해설 $A(x, y)$가 제2사분면 위의 점이므로
$x < 0$, $y > 0$ ∴ $-y < 0$
$B(x, -y)$는 $(-, -)$이므로 제3사분면 위의 점이다.

019 정답 1

해설 $A(-x, y)$가 제4사분면 위의 점이므로
$-x > 0$, $y < 0$ ∴ $-y > 0$
$B(-x, -y)$는 $(+, +)$이므로 제1사분면 위의 점이다.

037 함수 $y = ax$의 그래프와 정비례
본문 P. 87

001 정답

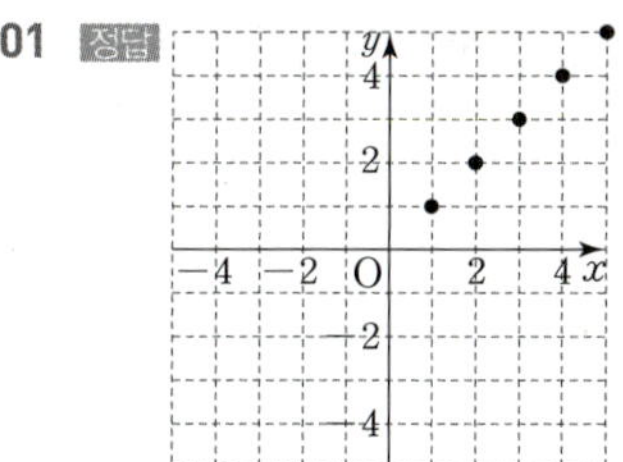

해설 x값의 범위가 자연수이므로 $x = 1, 2, 3, 4, 5, \cdots$일 때의 점 $(1, 1), (2, 2), (3, 3), (4, 4), (5, 5), \cdots$를 좌표평면 위에 나타낸다.

002 정답

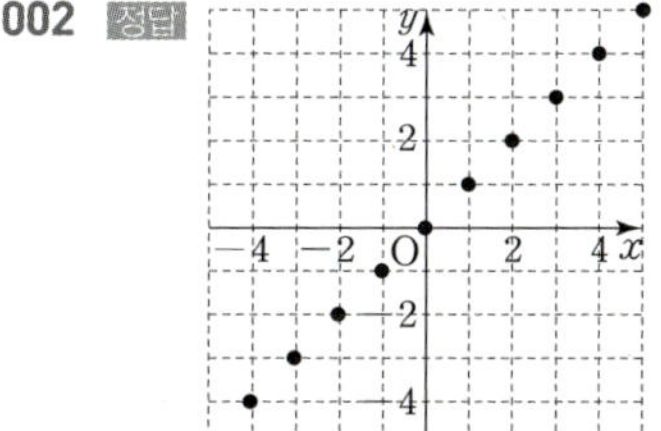

해설 x값의 범위가 정수이므로 $x = \cdots, -3, -2, -1, 0, 1, 2, 3, \cdots$일 때의 점 $\cdots, (-3, -3), (-2, -2), (-1, -1), (0, 0), (1, 1), (2, 2), (3, 3), \cdots$을 좌표평면 위에 나타낸다.

003 정답 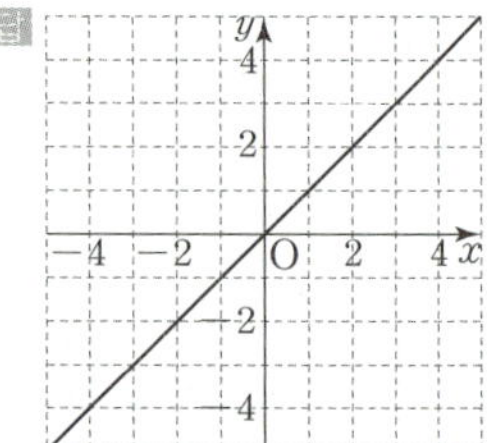

해설 함수 $y=x$에서 x값의 간격을 계속 작게 나누어 이들로부터 얻어지는 순서쌍들을 좌표평면 위에 나타내면 이 점들은 점점 촘촘하게 되어 직선에 가까워진다.

004 정답 ⓓ

해설 $y=\dfrac{3}{4}x$에서 기울기가 $\dfrac{3}{4}>0$이므로 오른쪽 위로 향한다.

$y=\dfrac{3}{4}x$에 $x=0$을 대입하면 $y=0$

$\qquad\qquad x=4$를 대입하면 $y=3$

즉, 두 점 $(0,0)$, $(4,3)$을 지나는 직선이다.

005 정답 ⓑ

해설 $y=-x$에서 기울기가 $-1<0$이므로 오른쪽 아래로 향한다.

$y=-x$에 $x=0$을 대입하면 $y=0$

$\qquad\qquad x=1$을 대입하면 $y=-1$

즉, 두 점 $(0,0)$, $(1,-1)$을 지나는 직선이다.

006 정답 ⓒ

해설 $y=3x$에서 기울기가 $3>0$이므로 오른쪽 위로 향한다.

$y=3x$에 $x=0$을 대입하면 $y=0$

$\qquad\qquad x=1$을 대입하면 $y=3$

즉, 두 점 $(0,0)$, $(1,3)$을 지나는 직선이다.

007 정답 ⓐ

해설 $y=-\dfrac{1}{2}x$에서 기울기가 $-\dfrac{1}{2}<0$이므로 오른쪽 아래로 향한다.

$y=-\dfrac{1}{2}x$에 $x=0$을 대입하면 $y=0$

$\qquad\qquad\quad x=2$를 대입하면 $y=-1$

즉, 두 점 $(0,0)$, $(2,-1)$을 지나는 직선이다.

008 정답 ×

해설 $y=-2x$에 $x=1$, $y=2$를 대입하면

$2\neq(-2)\times1$

즉, 등식이 성립하지 않으므로 함수 $y=-2x$의 그래프는 점 $(1,2)$를 지나지 않는다.

009 정답 ×

해설 $y=-2x$에서 기울기가 $-2<0$이므로 오른쪽 아래로 향한다. 즉, x의 값이 증가하면 y의 값은 감소한다.

010 정답 ○

해설 $y=-2x$에서 기울기가 $-2<0$이므로 오른쪽 아래로 향한다.

$y=-2x$에 $x=0$을 대입하면 $y=0$이므로 원점 $(0,0)$을 지난다.

즉, 원점을 지나고 오른쪽 아래로 향하는 직선은 제2사분면과 제4사분면을 지난다.

011 정답 ○

해설 $|-2|>\left|-\dfrac{1}{2}\right|$이므로 함수 $y=-2x$의 그래프는 함수 $y=-\dfrac{1}{2}x$의 그래프보다 y축에 더 가깝다.

012 정답 ○

해설 $y=-2x$에 $x=a\,(a\neq0)$, $y=b$를 대입하면

$b=-2a$ $\quad\therefore\dfrac{b}{a}=-2$

따라서 함수 $y=-2x$의 그래프 위의 점 (a,b)에 대하여 $\dfrac{b}{a}$의 값은 항상 -2이다.

013 정답 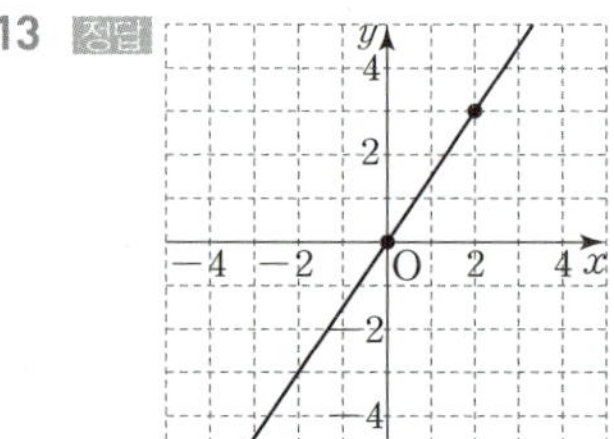

해설 $y=\dfrac{3}{2}x$에서 기울기가 $\dfrac{3}{2}>0$이므로 오른쪽 위로 향한다.

$y=\dfrac{3}{2}x$에 $x=0$을 대입하면 $y=0$

$\qquad\qquad x=2$를 대입하면 $y=3$

즉, 두 점 $(0,0)$, $(2,3)$을 지나는 직선이다.

014 정답 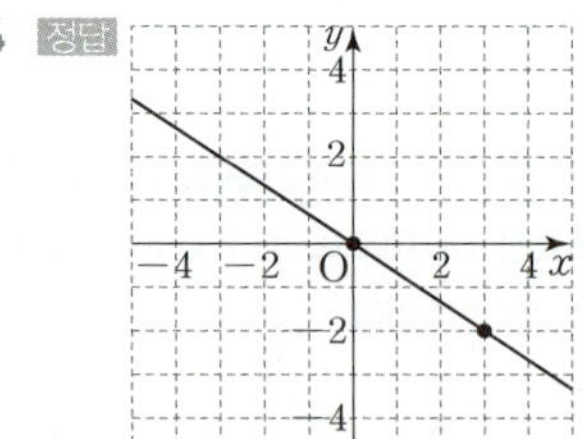

해설 $y=-\dfrac{2}{3}x$에서 기울기가 $-\dfrac{2}{3}<0$이므로 오른쪽 아래로 향한다.

$y=-\dfrac{2}{3}x$에 $x=0$을 대입하면 $y=0$

$\qquad\qquad\quad x=3$을 대입하면 $y=-2$

즉, 두 점 $(0,0)$, $(3,-2)$를 지나는 직선이다.

001 정답

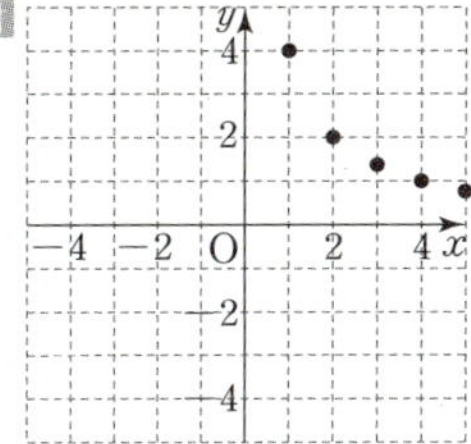

해설 x값의 범위가 자연수이므로 $x=1, 2, 3, 4, 5, \cdots$일 때의 점 $(1, 4)$, $(2, 2)$, $\left(3, \dfrac{4}{3}\right)$, $(4, 1)$, $\left(5, \dfrac{4}{5}\right)$, $\cdots$를 좌표평면 위에 나타낸다.

002 정답

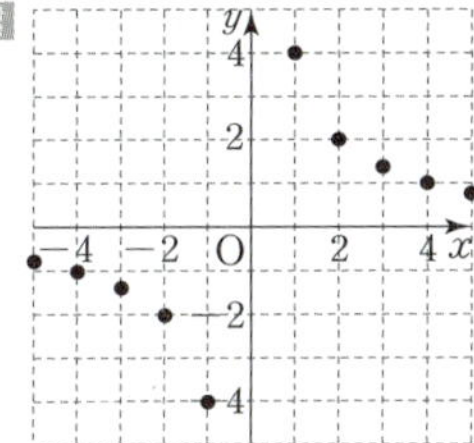

해설 x값의 범위가 정수이므로 $x=\cdots, -3, -2, -1, 1,$ $2, 3, \cdots$일 때의 점 $\cdots, \left(-3, -\dfrac{4}{3}\right)$, $(-2, -2)$, $(-1, -4)$, $(1, 4)$, $(2, 2)$, $\left(3, \dfrac{4}{3}\right)$, $\cdots$를 좌표평면 위에 나타낸다.

003 정답

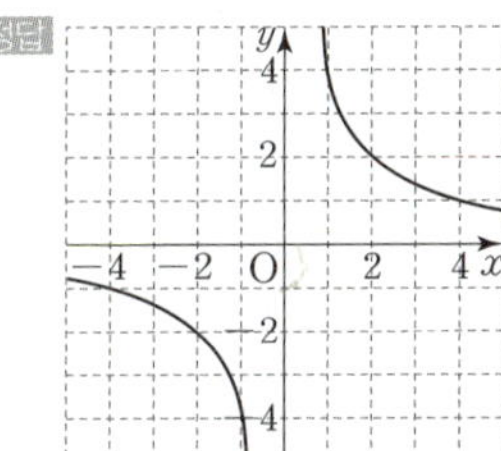

해설 함수 $y=\dfrac{4}{x}$에서 x값의 간격을 계속 작게 나누어 이들로부터 얻어지는 순서쌍들을 좌표평면 위에 나타내면 이 점들은 점점 촘촘하게 되어 한 쌍의 매끄러운 곡선에 가까워진다.

004 정답 ⓐ, ⓒ

해설 $y=\dfrac{2}{x}$에서 $2>0$이므로 제1, 3사분면을 지나고 원점에 대하여 대칭인 한 쌍의 곡선이다.

$y=\dfrac{2}{x}$에 $x=1$을 대입하면 $y=2$

　　　　$x=2$를 대입하면 $y=1$

$y=\dfrac{2}{x}$에 $x=-1$을 대입하면 $y=-2$

　　　　$x=-2$를 대입하면 $y=-1$

즉, 두 점 $(1, 2)$, $(2, 1)$과 두 점 $(-1, -2)$, $(-2, -1)$을 지나는 한 쌍의 곡선이다.

005 정답 ⓑ, ⓓ

해설 $y=-\dfrac{3}{x}$에서 $-3<0$이므로 제2, 4사분면을 지나고 원점에 대하여 대칭인 한 쌍의 곡선이다.

$y=-\dfrac{3}{x}$에 $x=1$을 대입하면 $y=-3$

　　　　$x=3$을 대입하면 $y=-1$

$y=-\dfrac{3}{x}$에 $x=-1$을 대입하면 $y=3$

　　　　$x=-3$을 대입하면 $y=1$

즉, 두 점 $(1, -3)$, $(3, -1)$과 두 점 $(-1, 3)$, $(-3, 1)$을 지나는 한 쌍의 곡선이다.

006 정답 ◯

해설 $y=-\dfrac{4}{x}$에 $x=1$, $y=-4$를 대입하면

$$-4=-\dfrac{4}{1}$$

즉, 등식이 성립하므로 함수 $y=-\dfrac{4}{x}$의 그래프는 점 $(1, -4)$를 지난다.

별해 $y=-\dfrac{4}{x}$에 $x=1$을 대입하면 $y=-4$이므로 점 $(1, -4)$를 지난다.

007 정답 ✕

해설 $y=-\dfrac{4}{x}$에서 $-4<0$이므로 제2, 4사분면을 지나고 원점에 대하여 대칭인 한 쌍의 곡선이다. 즉, x의 값이 증가하면 y의 값도 증가한다.

008 정답 ◯

해설 $y=-\dfrac{4}{x}$에서 $-4<0$이므로 제2, 4사분면을 지나고 원점에 대하여 대칭인 한 쌍의 곡선이다.

009 정답 ✕

해설 $|-4|>|3|$이므로 함수 $y=-\dfrac{4}{x}$의 그래프는 함수 $y=\dfrac{3}{x}$의 그래프보다 원점에서 더 멀다.

010 정답 ◯

해설 $y=-\dfrac{4}{x}$에 $x=a$, $y=b$를 대입하면

$$b=-\dfrac{4}{a} \qquad \therefore ab=-4$$

따라서 함수 $y=-\dfrac{4}{x}$의 그래프 위의 점 (a, b)에 대하여 ab의 값은 항상 -4이다.

011 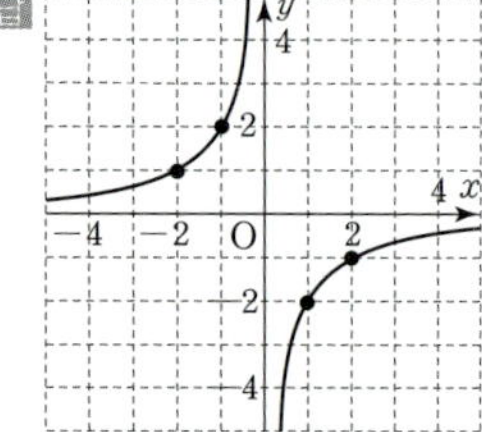

정답

해설 $y=-\dfrac{2}{x}$에서 $-2<0$이므로 제2, 4사분면을 지나고 원점에 대하여 대칭이다.

$y=-\dfrac{2}{x}$에 $x=1$을 대입하면 $y=-2$

$\qquad\qquad x=2$를 대입하면 $y=-1$

$y=-\dfrac{2}{x}$에 $x=-1$을 대입하면 $y=2$

$\qquad\qquad x=-2$를 대입하면 $y=1$

즉, 두 점 $(1,-2)$, $(2,-1)$과 두 점 $(-1,2)$, $(-2,1)$을 지나는 한 쌍의 곡선이다.

012

정답

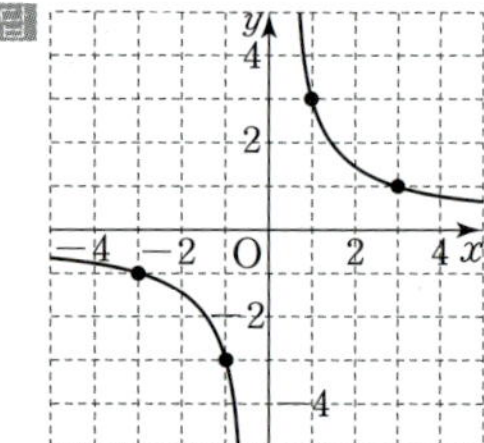

해설 $y=\dfrac{3}{x}$에서 $3>0$이므로 제1, 3사분면을 지나고 원점에 대하여 대칭이다.

$y=\dfrac{3}{x}$에 $x=1$을 대입하면 $y=3$

$\qquad\qquad x=3$을 대입하면 $y=1$

$y=\dfrac{3}{x}$에 $x=-1$을 대입하면 $y=-3$

$\qquad\qquad x=-3$을 대입하면 $y=-1$

즉, 두 점 $(1,3)$, $(3,1)$과 두 점 $(-1,-3)$, $(-3,-1)$을 지나는 한 쌍의 곡선이다.

039 함수와 함숫값
본문 P. 91

001 정답 5

해설 $2x-1$에 $x=3$을 대입하면
$2\times3-1=5$

002 정답 7

해설 x^2+3에 $x=-2$를 대입하면
$(-2)^2+3=7$

003 정답 $\times$

해설 예컨대 자연수 $1(=x)$보다 큰 홀수 y는 $3, 5, 7, \cdots$이다.

즉, x의 값 하나에 y의 값이 오직 하나씩만 대응하지 않고 무수히 많이 대응하므로 함수가 아니다.

004 정답 $\bigcirc$

해설 자연수 x를 3으로 나눈 나머지 y는 0, 1, 2 중에서 하나이다.

즉, x의 값이 정해지면 y의 값도 오직 하나만 정해지므로 함수이다.

005 정답 $\times$

해설 예컨대 절댓값이 $1(=x)$인 수 y는 -1, 1이다.

즉, x의 값 하나에 y의 값이 오직 하나씩만 대응하지 않고 2개가 대응하므로 함수가 아니다.

006 정답 $\bigcirc$

해설 800원인 빵 1개의 가격은 800원이고 2개의 가격은 1600원이다. 즉, 빵 x개의 가격은 $800x$원이다.

따라서 빵의 개수가 정해지면 가격도 오직 하나만 정해지므로 함수이다.

007 정답 $\bigcirc$

해설 시속 $10\,\mathrm{km}$로 1시간 동안 달린 거리는 $10\,\mathrm{km}$이고 2시간 동안 달린 거리는 $20\,\mathrm{km}$이다. 즉, x시간 동안 달린 거리는 $10x\,\mathrm{km}$이다.

따라서 시간이 정해지면 달린 거리도 오직 하나만 정해지므로 함수이다.

008 정답 $\times$

해설 예컨대 자연수 $1(=x)$보다 작은 소수 y는 존재하지 않는다. 또한 자연수 $4(=x)$보다 작은 소수 y는 2, 3이고 자연수 $6(=x)$보다 작은 소수는 2, 3, 5이다.

즉, x의 값 하나에 y의 값이 하나도 대응하지 않거나 2개 이상이 대응하므로 함수가 아니다.

009 정답 5

해설 $f(x)=2+3x$에 $x=1$을 대입하면
$f(1)=2+3\times1=5$

010 정답 -4

해설 $f(x)=\dfrac{8}{x}-4$에 $x=4$를 대입하면

$f(4)=\dfrac{8}{4}-4=-2$

$\therefore 2f(4)=2\times(-2)=-4$

011 정답 3

해설 자연수 14를 3으로 나눈 나머지는 2이고, 자연수 19를 3으로 나눈 나머지는 1이다.

$\therefore f(14)+f(19)=2+1=3$

012 정답 2

해설 8 이하의 소수는 2, 3, 5, 7로 4개이고 11 이하의 소수는 2, 3, 5, 7, 11로 5개이다.

$\therefore 3f(8)-2f(11)=3\times4-2\times5=2$

013 정답 2

해설 $f(x)=ax+1$에 대하여 $f(2)=5$이므로
$$f(2)=2a+1=5$$
$$\therefore a=2$$

014 정답 2

해설 $f(x)=\dfrac{2}{x}+a$가 $f(4)=\dfrac{3}{2}$을 만족하므로
$$f(4)=\dfrac{2}{4}+a=\dfrac{3}{2} \qquad \therefore a=1$$
$$\therefore f(x)=\dfrac{2}{x}+1$$
$$\therefore f(2)=\dfrac{2}{2}+1=2$$

015 정답 5

해설 $f(x)=x+a$에 대하여 $f(1)=3$이므로
$$f(1)=1+a=3 \qquad \therefore a=2$$
$g(x)=\dfrac{b}{x}+2$에 대하여 $g(-3)=1$이므로
$$g(-3)=\dfrac{b}{-3}+2=1 \qquad \therefore b=3$$
$$\therefore a+b=2+3=5$$

016 정답 ⓐ

해설 ⓑ는 X의 값 중에서 3에 대응하는 Y의 값이 없으므로 함수가 아니다.
ⓒ는 X의 값 2가 Y의 값 c, d 2개에 대응하므로 함수가 아니다.

017 정답 $\{1, 2, 3, 4\}$

해설 ⓐ에서 정의역은 X의 값들을 모두 $\{\ \}$ 모양의 괄호 안에 넣은 것이다.

018 정답 $\{a, b, d\}$

해설 ⓐ에서 치역은 Y의 값 중에서 X의 값과 대응하고 있는 값들을 $\{\ \}$ 모양의 괄호 안에 넣은 것이다.

040 일차함수의 뜻과 그래프
본문 P. 93

001 정답 ○

002 정답 ×

해설 $y=3$은 일차함수가 아니라 상수함수이다.

003 정답 ×

해설 $y=\dfrac{5}{x}+2$에서 $\dfrac{5}{x}$의 분모에 문자 x가 있으므로 일차함수가 아니다.

004 정답 ○

해설 $y=\dfrac{2x-1}{3}$, 즉 $y=\dfrac{2}{3}x-\dfrac{1}{3}$은 일차함수이다.

005 정답 ×

해설 $y=x^2-3x+2$는 이차함수이다.

006 정답 ×

해설 $y=2x-2(x+1)=2x-2x-2=-2$가 되어 일차함수가 아니라 상수함수이다.

007 정답 3

해설 $y=2x+3$의 그래프는 $y=2x$의 그래프를 y축의 방향으로 3만큼 평행이동한 것이다.

008 정답 -5

해설 $y=2x-5$의 그래프는 $y=2x$의 그래프를 y축의 방향으로 -5만큼 평행이동한 것이다.

009 정답 $-\dfrac{2}{3}$

해설 $y=2\left(x-\dfrac{1}{3}\right)=2x-\dfrac{2}{3}$의 그래프는 $y=2x$의 그래프를 y축의 방향으로 $-\dfrac{2}{3}$만큼 평행이동한 것이다.

010 정답 1

해설 $y=2\left(x+\dfrac{1}{2}\right)=2x+1$의 그래프는 $y=2x$의 그래프를 y축의 방향으로 1만큼 평행이동한 것이다.

011 정답 ○

012 정답 ○

해설 $y=2x+1$의 그래프는 $y=2x$의 그래프를 y축의 방향으로 1만큼 평행이동한 것이다.

013 정답 ×

해설 $y=2x+1$의 그래프를 y축의 방향으로 -2만큼 평행이동하면 $y=2x+1+(-2)$, 즉 $y=2x-1$의 그래프가 된다.
$y=2x-1$에 $x=0$을 대입하면 $y=-1$
$$y=0$을 대입하면 $x=\dfrac{1}{2}$$
이 그래프는 두 점 $(0, -1)$, $\left(\dfrac{1}{2}, 0\right)$을 지나는 직선이므로 제1, 3, 4사분면을 지난다.

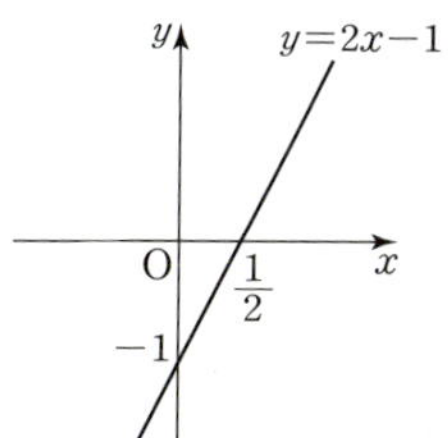

014 정답 $y=-2x+4$

해설 $y=-2x$의 그래프를 y축의 방향으로 4만큼 평행이
동한 그래프의 식은
$y=-2x+4$

별해 y축의 방향으로 a만큼 평행이동하면 y대신에 $y-a$
를 대입하면 된다. 이때 $y+a$가 아니라 $y-a$를 대입해야
한다.
$y=-2x$의 그래프를 y축의 방향으로 4만큼 평행이동한
그래프의 식은
$y-4=-2x$　　$\therefore y=-2x+4$

015 정답 $y=3x-2$

해설 $y=3x$의 그래프를 y축의 방향으로 -2만큼 평행이
동한 그래프의 식은
$y=3x+(-2)$　　$\therefore y=3x-2$

별해 y축의 방향으로 a만큼 평행이동하면 y대신에 $y-a$
를 대입하면 된다. 이때 $y+a$가 아니라 $y-a$를 대입해야
한다.
$y=3x$의 그래프를 y축의 방향으로 -2만큼 평행이동하
면
$y-(-2)=3x$　　$\therefore y=3x-2$

016 정답 $y=-x+1$

해설 $y=-x+3$의 그래프를 y축의 방향으로 -2만큼
평행이동한 그래프의 식은
$y=-x+3+(-2)$　　$\therefore y=-x+1$

017 정답 $y=2x+2$

해설 $y=2x-1$의 그래프를 y축의 방향으로 3만큼 평행
이동한 그래프의 식은
$y=2x-1+3$　　$\therefore y=2x+2$

018 정답 $y=-3x+2$

해설 $y=-3x-\dfrac{1}{2}$의 그래프를 y축의 방향으로 $\dfrac{5}{2}$만큼
평행이동한 그래프의 식은
$y=-3x-\dfrac{1}{2}+\dfrac{5}{2}$　　$\therefore y=-3x+2$

019 정답 $y=2x$

해설 $y=2\left(x+\dfrac{1}{3}\right)$의 그래프를 y축의 방향으로 $-\dfrac{2}{3}$만
큼 평행이동한 그래프의 식은
$y=2\left(x+\dfrac{1}{3}\right)+\left(-\dfrac{2}{3}\right)$　　$\therefore y=2x$

020 정답 $(3,\ 1)$

해설 점 $(2,\ 1)$을 x축의 방향으로 1만큼 평행이동한 점은
$(2+1,\ 1)$, 즉 $(3,\ 1)$이다.

021 정답 $(2,\ -1)$

해설 점 $(2,\ 1)$을 y축의 방향으로 -2만큼 평행이동한 점
은 $(2,\ 1+(-2))$, 즉 $(2,\ -1)$이다.

022 정답 $(3,\ -1)$

해설 점 $(2,\ 1)$을 x축의 방향으로 1만큼, y축의 방향으로
-2만큼 평행이동한 점은 $(2+1,\ 1+(-2))$, 즉
$(3,\ -1)$이다.

023 정답 $x+2y+1=0$

해설 도형 $x+2y+3=0$을 x축의 방향으로 2만큼 평행
이동한 도형은 $(x-2)+2y+3=0$, 즉 $x+2y+1=0$이
다.

참고 x축의 방향으로 a만큼 평행이동하면 x대신에 $x-a$
를 대입하면 된다. 이때 $x+a$가 아니라 $x-a$를 대입해야
한다.

024 정답 $x+2y+9=0$

해설 도형 $x+2y+3=0$을 y축의 방향으로 -3만큼 평
행이동한 도형은 $x+2\{y-(-3)\}+3=0$, 즉
$x+2y+9=0$이다.

025 정답 $x+2y+7=0$

해설 도형 $x+2y+3=0$을 x축의 방향으로 2만큼, y축
의 방향으로 -3만큼 평행이동한 도형은
$(x-2)+2\{y-(-3)\}+3=0$, 즉 $x+2y+7=0$이다.

041 일차함수의 절편과 기울기　　본문 P. 95

001 정답 $2\ /\ 1\ /\ -2$

해설 직선 위의 두 점 $A(1,\ 0)$, $B(2,\ 2)$에 대하여 x의
값이 1만큼 증가할 때, y의 값은 2만큼 증가하므로 기울기
는 $\dfrac{+2}{+1}=2$이다.

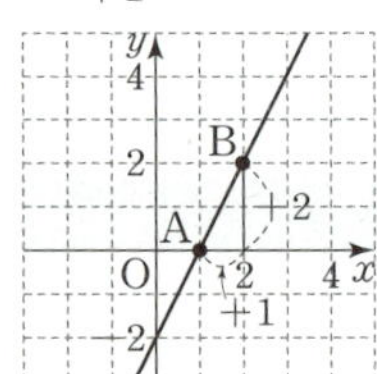

그래프가 x축과 만나는 점 $(1,\ 0)$의 x좌표가 1이므로 x
절편은 1이다.
그래프가 y축과 만나는 점 $(0,\ -2)$의 y좌표가 -2이므
로 y절편은 -2이다.

002 정답 $-\dfrac{2}{3}\ /\ 3\ /\ 2$

해설 직선 위의 두 점 $A(0,\ 2)$, $B(3,\ 0)$에 대하여 x의
값이 3만큼 증가할 때, y의 값은 2만큼 감소하므로 기울기
는 $\dfrac{-2}{+3}=-\dfrac{2}{3}$이다.

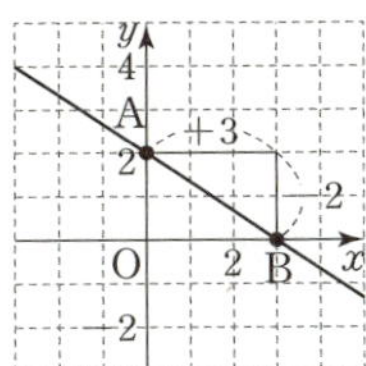

그래프가 x축과 만나는 점 $(3, 0)$의 x좌표가 3이므로 x절편은 3이다.

그래프가 y축과 만나는 점 $(0, 2)$의 y좌표가 2이므로 y절편은 2이다.

---

003 정답 $-3 / 0 / 0$

해설 $y=-3x$의 그래프는 원점 $(0, 0)$을 지나므로 x절편과 y절편이 모두 0이다.

---

004 정답 $2 / 2 / -4$

해설 $y=2x-4$에 $y=0$을 대입하면

$$0=2x-4 \quad \therefore x=2$$

그래프가 x축과 만나는 점 $(2, 0)$의 x좌표가 2이므로 x절편은 2이다.

$y=2x-4$에 $x=0$을 대입하면 $y=-4$

그래프가 y축과 만나는 점 $(0, -4)$의 y좌표가 -4이므로 y절편은 -4이다.

---

005 정답 $4 / \dfrac{1}{2} / -2$

해설 $y=4x-2$에 $y=0$을 대입하면

$$0=4x-2 \quad \therefore x=\dfrac{1}{2}$$

그래프가 x축과 만나는 점 $\left(\dfrac{1}{2}, 0\right)$의 x좌표가 $\dfrac{1}{2}$이므로 x절편은 $\dfrac{1}{2}$이다.

$y=4x-2$에 $x=0$을 대입하면 $y=-2$

그래프가 y축과 만나는 점 $(0, -2)$의 y좌표가 -2이므로 y절편은 -2이다.

---

006 정답 $-\dfrac{1}{2} / 6 / 3$

해설 $y=-\dfrac{1}{2}x+3$에 $y=0$을 대입하면

$$0=-\dfrac{1}{2}x+3 \quad \therefore x=6$$

그래프가 x축과 만나는 점 $(6, 0)$의 x좌표가 6이므로 x절편은 6이다.

$y=-\dfrac{1}{2}x+3$에 $x=0$을 대입하면 $y=3$

그래프가 y축과 만나는 점 $(0, 3)$의 y좌표가 3이므로 y절편은 3이다.

---

007 정답 $1 / 2$

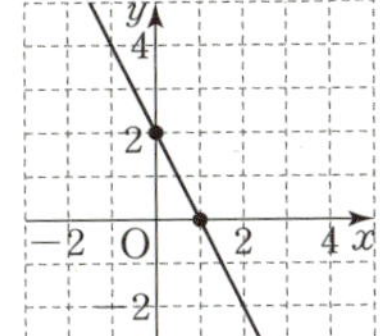

해설 $y=-2x+2$에 $y=0$을 대입하면

$$0=-2x+2 \quad \therefore x=1$$

$y=-2x+2$에 $x=0$을 대입하면 $y=2$

$y=-2x+2$의 그래프는 x절편이 1, y절편이 2이므로 두 점 $(1, 0)$, $(0, 2)$를 연결한 직선이다.

---

008 정답 $3 / -2$

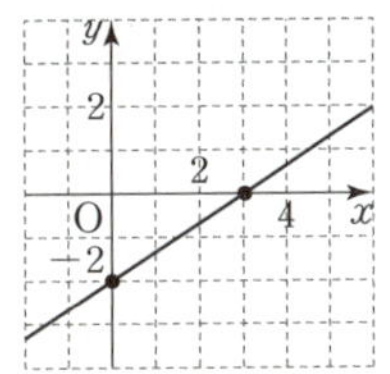

해설 $y=\dfrac{2}{3}x-2$에 $y=0$을 대입하면

$$0=\dfrac{2}{3}x-2 \quad \therefore x=3$$

$y=\dfrac{2}{3}x-2$에 $x=0$을 대입하면 $y=-2$

$y=\dfrac{2}{3}x-2$의 그래프는 x절편이 3, y절편이 -2이므로 두 점 $(3, 0)$, $(0, -2)$를 연결한 직선이다.

---

009 정답 $-1 / \dfrac{3}{2}$

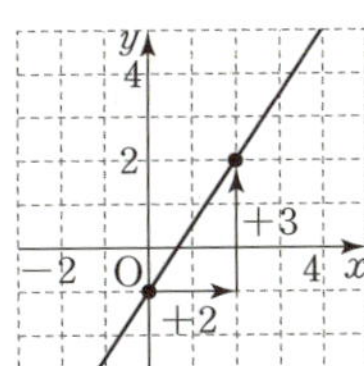

해설 $y=\dfrac{3}{2}x-1$에 $x=0$을 대입하면 $y=-1$이므로 y절편은 -1이다. 즉, 점 $(0, -1)$을 찍는다.

기울기가 $\dfrac{3}{2}=\dfrac{+3}{+2}$이므로 점 $(0, -1)$에서 x의 값이 2만큼 증가하고, y의 값이 3만큼 증가한 점 $(0+2, (-1)+3)$, 즉 $(2, 2)$를 찍는다.

두 점 $(0, -1)$, $(2, 2)$를 연결한 직선이다.

010 정답 $3 \ / \ -\dfrac{2}{3}$

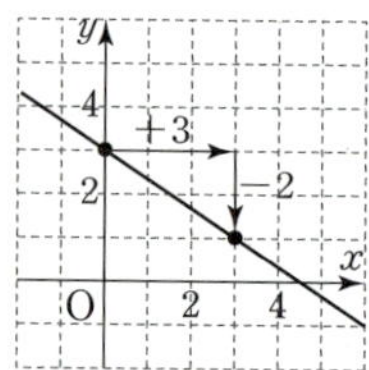

해설 $y=-\dfrac{2}{3}x+3$에 $x=0$을 대입하면 $y=3$이므로 y절편은 3이다. 즉, 점 $(0,\,3)$을 찍는다.

기울기가 $-\dfrac{2}{3}=\dfrac{-2}{+3}$이므로 점 $(0,\,3)$에서 x의 값이 3만큼 증가하고, y의 값이 2만큼 감소한 점 $(0+3,\,3+(-2))$, 즉 $(3,\,1)$을 찍는다.

두 점 $(0,\,3)$, $(3,\,1)$을 연결한 직선이다.

---

042 일차함수의 그래프의 성질

001 정답 ↗

해설 $y=x-2$에서 기울기가 $1>0$이므로 오른쪽 위로 향하는 직선이다.

002 정답 ↘

해설 $y=-2x+3$에서 기울기가 $-2<0$이므로 오른쪽 아래로 향하는 직선이다.

003 정답 ↗

해설 $y=\dfrac{2}{3}x+1$에서 기울기가 $\dfrac{2}{3}>0$이므로 오른쪽 위로 향하는 직선이다.

004 정답 ↘

해설 $y=-\dfrac{3}{2}x-2$에서 기울기가 $-\dfrac{3}{2}<0$이므로 오른쪽 아래로 향하는 직선이다.

005 정답 ⓑ, ⓒ

해설 $a>0$이면 오른쪽 위로 향하는 직선이다.

006 정답 ⓐ

해설 $a<0$이면 오른쪽 아래로 향하는 직선이다.

007 정답 ⓑ

해설 $|a|$의 값이 가장 큰 그래프는 y축에 가장 까까운 ⓑ이다.

008 정답 ⓐ

해설 $|a|$의 값이 가장 작은 그래프는 y축에서 가장 먼 ⓐ이다.

009 정답 $-\ /\ -$

해설 오른쪽 아래로 향하는 직선이므로 기울기는 음수이다.

y축과 음의 부분에서 만나므로 y절편도 음수이다.

010 정답 $-\ /\ +$

해설 오른쪽 아래로 향하는 직선이므로 기울기는 음수이다.

y축과 양의 부분에서 만나므로 y절편은 양수이다.

011 정답 $+\ /\ +$

해설 오른쪽 위로 향하는 직선이므로 기울기는 양수이다.
y축과 양의 부분에서 만나므로 y절편도 양수이다.

012 정답 $+\ /\ -$

해설 오른쪽 위로 향하는 직선이므로 기울기는 양수이다.
y축과 음의 부분에서 만나므로 y절편은 음수이다.

013 정답 ⓐ, ⓑ, ⓓ

해설 x의 값이 증가할 때, y의 값도 증가하는 직선은 기울기가 양수인 직선이다.

014 정답 ⓒ, ⓔ

해설 x의 값이 증가할 때, y의 값이 감소하는 직선은 기울기가 음수인 직선이므로 $y=-2x-3$, $y=-\dfrac{1}{2}x+2$이다.

015 정답 ⓔ

해설 $\left|-\dfrac{1}{2}\right|<|1|<|-2|<|3|$이다.

x축과 가장 가까운 직선은 기울기의 절댓값이 가장 작은 직선이므로 $y=-\dfrac{1}{2}x+2$이다.

016 정답 ⓓ

해설 $|3|>|-2|>|1|>\left|-\dfrac{1}{2}\right|$이다.

y축과 가장 가까운 직선은 기울기의 절댓값이 가장 큰 직선이므로 $y=3x+1$이다.

017 정답 ⓐ

해설 제2사분면을 지나지 않는 직선은 기울기가 양수이고 y절편이 음수인 직선이므로 $y=x-1$이다.

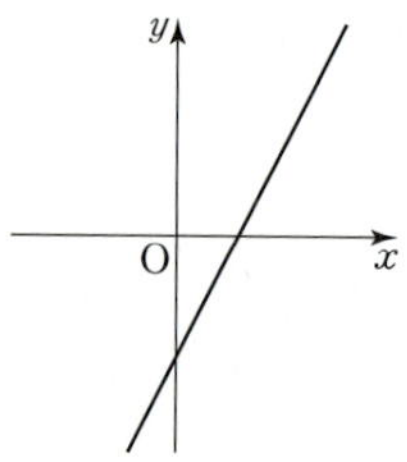

018 정답 ⓑ, ⓔ

해설 y축 위에서 만나는 두 직선은 y절편이 같은 직선이
므로 $y=x+2$, $y=-\dfrac{1}{2}x+2$이다.

019 정답 ⓐ, ⓑ

해설 서로 평행한 두 직선은 기울기가 같은 직선이므로
$y=x-1$, $y=x+2$이다.

020 정답 $a=2 / b\neq-1$

해설 두 직선 $y=2ax+b+2$, $y=4x-b$가 평행하려면
기울기가 같고 y절편은 달라야 한다.
즉, $2a=4$, $b+2\neq-b$　∴ $a=2$, $b\neq-1$

021 정답 $a=2 / b=-1$

해설 두 직선 $y=2ax+b+2$, $y=4x-b$가 일치하려면
기울기가 같고 y절편도 같아야 한다.
즉, $2a=4$, $b+2=-b$　∴ $a=2$, $b=-1$

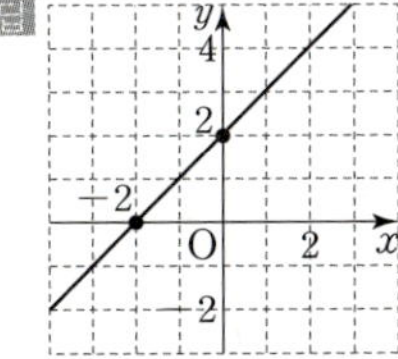

043 일차함수와 일차방정식

본문 P. 99

001 정답 $-2 / 4$

해설 $2x+y-4=0$에서 $y=-2x+4$이므로 기울기는
-2, y절편은 4이다.

002 정답 $2 / -3$

해설 $2x-y-3=0$에서 $y=2x-3$이므로 기울기는 2, y
절편은 -3이다.

003 정답 $1 / -2$

해설 $x-y=2$에서 $y=x-2$이므로 기울기는 1, y절편은
-2이다.

004 정답 $-\dfrac{3}{2} / 3$

해설 $\dfrac{x}{2}+\dfrac{y}{3}=1$의 양변에 6을 곱하면

$3x+2y=6$　∴ $y=-\dfrac{3}{2}x+3$

즉, 기울기는 $-\dfrac{3}{2}$, y절편은 3이다.

005 정답

해설 $x-y+2=0$에
$x=0$을 대입하면 $y=2$이므로 y절편은 2이다.
$y=0$을 대입하면 $x=-2$이므로 x절편은 -2이다.
두 점 $(0, 2)$, $(-2, 0)$을 연결한 직선이다.

006 정답 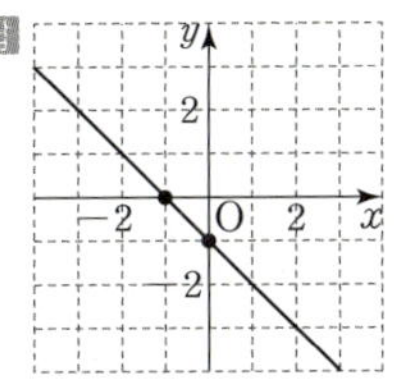

해설 $x+y+1=0$에
$x=0$을 대입하면 $y=-1$이므로 y절편은 -1이다.
$y=0$을 대입하면 $x=-1$이므로 x절편은 -1이다.
두 점 $(0, -1)$, $(-1, 0)$을 연결한 직선이다.

007 정답 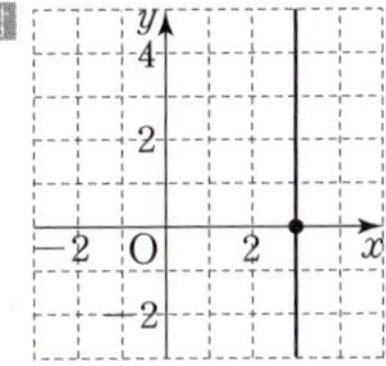

해설 $x-3=0$, 즉 $x=3$은 점 $(3, 0)$을 지나고 y축에 평
행한 직선이다.

008 정답 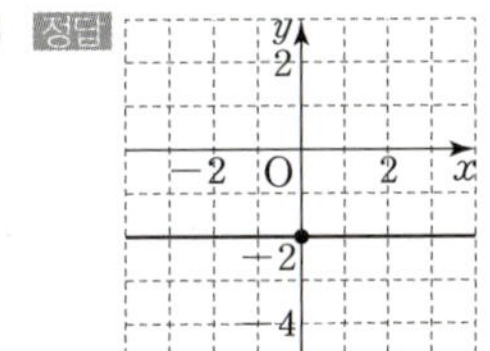

해설 $y+2=0$, 즉 $y=-2$는 점 $(0, -2)$를 지나고 x축
에 평행한 직선이다.

009 정답 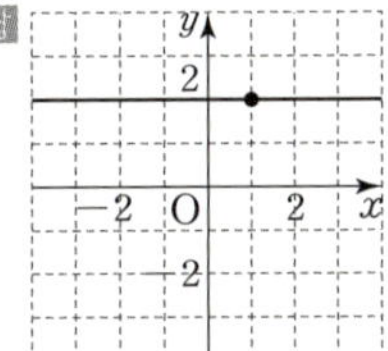

010 정답 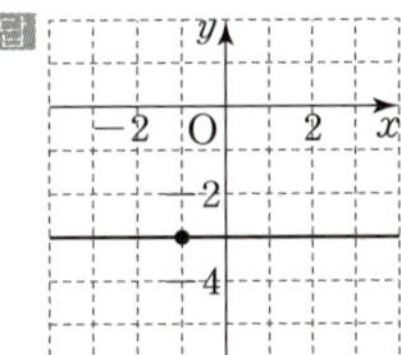

011 정답 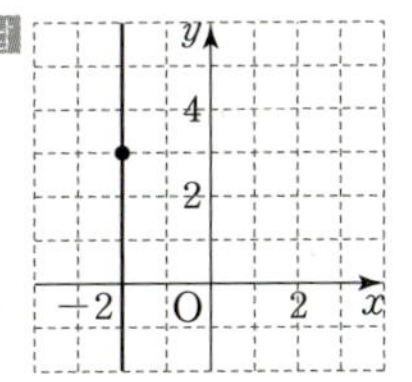

012 [정답] 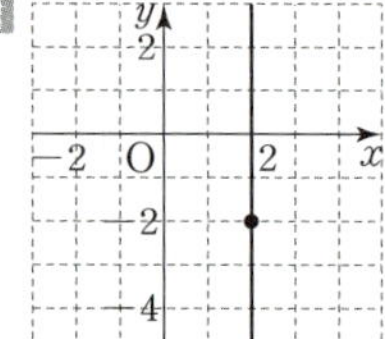

013 [정답] ⓑ
[해설] y축에 수직인 직선은 x축과 평행하다.
점 $(-1, 3)$을 지나면서 x축에 평행한 직선의 방정식은
$y=3$이다.

014 [정답] ⓐ
[해설] 두 점 $(3, -1)$, $(3, 1)$을 지나는 직선의 방정식은
$x=3$이다.
[별해] y의 좌표가 어떤 값을 갖더라도 x의 좌표가 항상 3
인 직선의 방정식은 $x=3$이다.

015 [정답] ⓒ
[해설] 〈보기〉의 직선의 방정식 중에서 두 점 $(-1, 3)$,
$(1, -3)$을 대입했을 때 모두 성립하는 것은
ⓒ $3x+y=0$뿐이다.
[별해] 두 점 $(-1, 3)$, $(1, -3)$을 지나는 직선의 기울기
는 $\dfrac{-3-3}{1-(-1)}=-3$이다.
〈보기〉의 방정식 중에서 기울기가 -3이면서
점 $(-1, 3)$을 대입했을 때 성립하는 것은 ⓒ $3x+y=0$
뿐이다.
[별해] $y=ax+b$에 두 점 $(-1, 3)$, $(1, -3)$을 대입하여
얻은 두 방정식을 연립하여 푸는 방법도 있다.
$$\begin{cases} 3=-a+b & \cdots\cdots ㉠ \\ -3=a+b & \cdots\cdots ㉡ \end{cases}$$
㉠+㉡을 하면 $0=2b$ $\quad \therefore b=0$
$b=0$을 ㉠에 대입하면 $a=-3$
$\therefore y=-3x, 3x+y=0$

016 [정답] ⓔ
[해설] $2x+y-3=0$, 즉 $y=-2x+3$의 그래프와 평행하
므로 기울기는 -2이다.
〈보기〉의 방정식 중에서 기울기가 -2이면서
점 $(1, -3)$을 대입했을 때 성립하는 것은
ⓔ $2x+y+1=0$뿐이다.

044 직선의 방정식 구하기
본문 P. 101

001 [정답] $y=x+2$

002 [정답] $y=2x-3$
[해설] 점 $(0, -3)$을 지나는 직선의 y절편은 -3이다.
기울기가 2, y절편이 -3인 직선의 방정식은
$y=2x-3$이다.

003 [정답] $y=-4x+1$
[해설] y절편이 1인 직선 $y=x+1$과 y축 위에서 만난다는
것은 y절편이 1이라는 의미이다.
기울기가 -4, y절편이 1인 직선의 방정식은
$y=-4x+1$이다.

004 [정답] $y=-x+3$
[해설] 직선 $y=-x+2$와 평행하므로 구하는 직선의 기울
기는 -1이다.
기울기가 -1, y절편이 3인 직선의 방정식은
$y=-x+3$이다.

005 [정답] $y=x-3$
[해설] 기울기가 1이므로 직선의 방정식을 $y=x+b$로 놓
는다.
점 $(1, -2)$를 지나므로 $y=x+b$에 $x=1$, $y=-2$를 대
입하면
$-2=1+b$ $\quad \therefore b=-3$
$\therefore y=x-3$

006 [정답] $y=-\dfrac{3}{4}x-2$
[해설] x의 값이 4만큼 증가할 때, y의 값이 3만큼 감소하
는 직선의 기울기는 $\dfrac{-3}{+4}=-\dfrac{3}{4}$이다.
기울기가 $-\dfrac{3}{4}$이므로 직선의 방정식을 $y=-\dfrac{3}{4}x+b$로
놓는다.
점 $(4, -5)$를 지나므로 $y=-\dfrac{3}{4}x+b$에
$x=4$, $y=-5$를 대입하면
$-5=\left(-\dfrac{3}{4}\right)\times4+b$ $\quad \therefore b=-2$
$\therefore y=-\dfrac{3}{4}x-2$

007 [정답] $y=-x+3$
[해설] 직선 $y=-x+4$와 평행하므로 구하는 직선의 기울
기는 -1이다.
기울기가 -1이므로 직선의 방정식을 $y=-x+b$로 놓
는다.
점 $(1, 2)$를 지나므로 $y=-x+b$에 $x=1$, $y=2$를 대입
하면
$2=(-1)+b$ $\quad \therefore b=3$
$\therefore y=-x+3$

008 [정답] $y=\dfrac{1}{2}x-2$
[해설] 직선 $y=\dfrac{1}{2}x-3$과 평행하므로 구하는 직선의 기울
기는 $\dfrac{1}{2}$이다.

기울기가 $\frac{1}{2}$이므로 직선의 방정식을 $y=\frac{1}{2}x+b$로 놓는다.

x절편이 4이므로 $y=\frac{1}{2}x+b$에 $x=4$, $y=0$을 대입하면

$$0=\frac{1}{2}\times 4+b \qquad \therefore b=-2$$

$$\therefore y=\frac{1}{2}x-2$$

참고 x절편이 a이면 점 $(a, 0)$을 지난다.
y절편이 b이면 점 $(0, b)$를 지난다.

009 정답 $y=2x-5$
해설 두 점 $(1, 1)$, $(2, 3)$을 지나는 직선의 기울기는
$\frac{3-1}{2-1}=2$이다.
기울기가 2이므로 직선의 방정식을 $y=2x+b$로 놓는다.
점 $(2, -1)$을 지나므로 $y=2x+b$에 $x=2$, $y=-1$을 대입하면

$$-1=2\times 2+b \qquad \therefore b=-5$$

$$\therefore y=2x-5$$

010 정답 $y=2x+3$

해설 $4x-2y+3=0$, 즉 $y=2x+\frac{3}{2}$과 평행하므로 구하는 직선의 기울기는 2이다.
기울기가 2이므로 직선의 방정식을 $y=2x+b$로 놓는다.
점 $(-1, 1)$을 지나므로 $y=2x+b$에 $x=-1$, $y=1$을 대입하면
$$1=2\times(-1)+b \qquad \therefore b=3$$
$$\therefore y=2x+3$$

011 정답 $y=x+2$
해설 두 점 $(-2, 0)$, $(1, 3)$을 지나는 직선의 기울기는
$\frac{3-0}{1-(-2)}=1$이다.
기울기가 1이므로 직선의 방정식을 $y=x+b$로 놓는다.
점 $(1, 3)$을 지나므로 $y=x+b$에 $x=1$, $y=3$을 대입하면
$$3=1+b \qquad \therefore b=2$$
$$\therefore y=x+2$$
참고 두 점 $(-2, 0)$, $(1, 3)$ 중에서 계산하기 편한 점 $(1, 3)$을 대입하는 것이 좋다.

012 정답 $y=2x-3$
해설 두 점 $(1, -1)$, $(2, 1)$을 지나는 직선의 기울기는
$\frac{1-(-1)}{2-1}=2$이다.
기울기가 2이므로 직선의 방정식을 $y=2x+b$로 놓는다.
점 $(2, 1)$을 지나므로 $y=2x+b$에 $x=2$, $y=1$을 대입하면
$$1=2\times 2+b \qquad \therefore b=-3$$
$$\therefore y=2x-3$$

013 정답 $y=-x+3$
해설 두 점 $(0, 3)$, $(2, 1)$을 지나는 직선의 기울기는
$\frac{1-3}{2-0}=-1$이다.
점 $(0, 3)$에서 y절편은 3이다.
$$\therefore y=-x+3$$

014 정답 $y=-2x+2$
해설 두 점 $(-1, 4)$, $(2, -2)$를 지나는 직선의 기울기는 $\frac{-2-4}{2-(-1)}=-2$이다.
기울기가 -2이므로 직선의 방정식을 $y=-2x+b$로 놓는다.
점 $(-1, 4)$를 지나므로 $y=-2x+b$에 $x=-1$, $y=4$를 대입하면
$$4=(-2)\times(-1)+b \qquad \therefore b=2$$
$$\therefore y=-2x+2$$

015 정답 $y=2x-2$
해설 x절편이 1, y절편이 -2인 직선은 두 점 $(1, 0)$, $(0, -2)$를 지나는 직선이다.
이 직선의 기울기는 $\frac{-2-0}{0-1}=2$이다.
점 $(0, -2)$에서 y절편은 -2이다.
$$\therefore y=2x-2$$

016 정답 $y=\frac{1}{2}x+2$
해설 x절편이 -4, y절편이 2인 직선은 두 점 $(-4, 0)$, $(0, 2)$를 지나는 직선이다.
이 직선의 기울기는 $\frac{2-0}{0-(-4)}=\frac{1}{2}$이다.
점 $(0, 2)$에서 y절편은 2이다.
$$\therefore y=\frac{1}{2}x+2$$

017 정답 $y=\frac{3}{2}x-3$
해설 두 점 $(2, 0)$, $(0, -3)$을 지나는 직선의 기울기는
$\frac{-3-0}{0-2}=\frac{3}{2}$이다.
점 $(0, -3)$에서 y절편은 -3이다.
$$\therefore y=\frac{3}{2}x-3$$

018 정답 $y=-\frac{1}{2}x+3$
해설 두 점 $(-2, 4)$, $(2, 2)$를 지나는 직선의 기울기는
$\frac{2-4}{2-(-2)}=-\frac{1}{2}$이다.
기울기가 $-\frac{1}{2}$이므로 직선의 방정식을 $y=-\frac{1}{2}x+b$로 놓는다.
점 $(2, 2)$를 지나므로 $y=-\frac{1}{2}x+b$에 $x=2$, $y=2$를 대입하면

$$2=\left(-\frac{1}{2}\right)\times 2+b \qquad \therefore b=3$$
$$\therefore y=-\frac{1}{2}x+3$$

019 정답 $y=\frac{4}{3}x-1$

해설 두 점 $(3, 3)$, $(0, -1)$을 지나는 직선의 기울기는
$\frac{-1-3}{0-3}=\frac{4}{3}$이다.
점 $(0, -1)$에서 y절편은 -1이다.
$$\therefore y=\frac{4}{3}x-1$$

020 정답 $y=-\frac{2}{3}x+2$

해설 두 점 $(3, 0)$, $(0, 2)$를 지나는 직선의 기울기는
$\frac{2-0}{0-3}=-\frac{2}{3}$이다.
점 $(0, 2)$에서 y절편은 2이다.
$$\therefore y=-\frac{2}{3}x+2$$

045 연립방정식의 해와 두 직선의 교점 본문 P. 103

001 정답

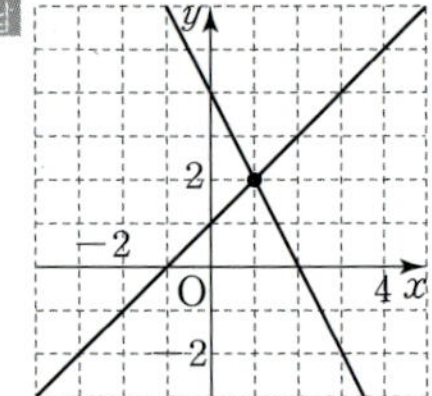

해설 $x-y=-1$에
$x=0$을 대입하면 $y=1$이므로 y절편은 1이다.
$y=0$을 대입하면 $x=-1$이므로 x절편은 -1이다.
$x-y=-1$은 두 점 $(0, 1)$, $(-1, 0)$을 연결한 직선이
다.
$2x+y=4$에
$x=0$을 대입하면 $y=4$이므로 y절편은 4이다.
$y=0$을 대입하면 $x=2$이므로 x절편은 2이다.
$2x+y=4$는 두 점 $(0, 4)$, $(2, 0)$을 연결한 직선이다.

002 정답 $(1, 2)$

003 정답 $1 / 2$

해설 $\begin{cases} x-y=-1 & \cdots\cdots \text{㉠} \\ 2x+y=4 & \cdots\cdots \text{㉡} \end{cases}$

㉠+㉡을 하면 $3x=3$ $\qquad \therefore x=1$
$x=1$을 ㉠에 대입하면 $1-y=-1$ $\qquad \therefore y=2$

004 정답 $2 / -4$

해설 두 직선이 한 점 $(-2, 1)$에서 만나므로
$ax+y=-3$에 $x=-2$, $y=1$을 대입하면
$-2a+1=-3$ $\qquad \therefore a=2$
$x-2y=b$에 $x=-2$, $y=1$을 대입하면
$-2-2=b$ $\qquad \therefore b=-4$

005 정답 $4 / -1$

해설 두 직선이 한 점 $(2, 1)$에서 만나므로
$x+2y=a$에 $x=2$, $y=1$을 대입하면
$2+2=a$ $\qquad \therefore a=4$
$x+by=1$에 $x=2$, $y=1$을 대입하면
$2+b=1$ $\qquad \therefore b=-1$

006 정답 -2

해설 $\begin{cases} 2x-4y=-3 \\ x+ay=3 \end{cases}$의 해가 없으므로
$$\frac{2}{1}=\frac{-4}{a}\neq\frac{-3}{3}$$
$\frac{2}{1}=\frac{-4}{a}$에서 $2a=-4$ $\qquad \therefore a=-2$

별해 $\begin{cases} 2x-4y=-3 & \cdots\cdots \text{㉠} \\ x+ay=3 & \cdots\cdots \text{㉡} \end{cases}$

㉡$\times 2$를 하면 $2x+2ay=6$ $\cdots\cdots$ ㉢
㉠과 ㉢의 좌변은 같고 우변이 다를 때 해가 존재하지 않
으므로
$-4=2a$ $\qquad \therefore a=-2$

007 정답 $2 / -4$

해설 $\begin{cases} -x+y=2 \\ ax-2y=b \end{cases}$의 해가 무수히 많으므로
$$\frac{-1}{a}=\frac{1}{-2}=\frac{2}{b}$$
$\frac{-1}{a}=\frac{1}{-2}$에서 $a=2$
$\frac{1}{-2}=\frac{2}{b}$에서 $b=-4$

별해 $\begin{cases} -x+y=2 & \cdots\cdots \text{㉠} \\ ax-2y=b & \cdots\cdots \text{㉡} \end{cases}$

㉠$\times(-2)$를 하면 $2x-2y=-4$ $\cdots\cdots$ ㉢
㉡=㉢일 때 해가 무수히 많으므로
$a=2$, $b=-4$

008 정답 $a=-2$, $b\neq-2$

해설 두 직선 $ax-y+1=0$, $4x+2y+b=0$이 서로 만
나지 않으므로, 즉 평행하므로
$$\frac{a}{4}=\frac{-1}{2}\neq\frac{1}{b}$$
$\frac{a}{4}=\frac{-1}{2}$에서 $2a=-4$ $\qquad \therefore a=-2$
$\frac{-1}{2}\neq\frac{1}{b}$에서 $-b\neq 2$ $\qquad \therefore b\neq-2$

별해 $\begin{cases} ax-y+1=0 & \cdots\cdots\ \bigcirc \\ 4x+2y+b=0 & \cdots\cdots\ \bigcirc \end{cases}$

$\bigcirc\times(-2)$를 하면 $-2ax+2y=2$ $\cdots\cdots\ \bigcirc$

$\bigcirc$에서 $4x+2y=-b$ $\cdots\cdots\ \bigcirc$

$\bigcirc$과 $\bigcirc$의 좌변은 같고 우변이 다를 때 해가 존재하지 않으므로

$-2a=4,\ 2\ne -b$ $\quad\therefore a=-2,\ b\ne -2$

009 정답 $a=2,\ b=-4$

해설 두 직선 $ax-y+2=0,\ 4x-2y-b=0$이 일치하므로

$\dfrac{a}{4}=\dfrac{-1}{-2}=\dfrac{2}{-b}$

$\dfrac{a}{4}=\dfrac{-1}{-2}$에서 $-2a=-4$ $\quad\therefore a=2$

$\dfrac{-1}{-2}=\dfrac{2}{-b}$에서 $b=-4$

별해 $\begin{cases} ax-y+2=0 & \cdots\cdots\ \bigcirc \\ 4x-2y-b=0 & \cdots\cdots\ \bigcirc \end{cases}$

$\bigcirc\times 2$를 하면 $2ax-2y+4=0$ $\cdots\cdots\ \bigcirc$

$\bigcirc=\bigcirc$일 때 해가 무수히 많으므로

$4=2a,\ -b=4$ $\quad\therefore a=2,\ b=-4$

046 이차함수의 뜻과 그래프
본문 P. 105

001 정답 ○

002 정답 ×

해설 $y=x(x+2)-x^2=x^2+2x-x^2=2x$이므로 일차함수이다.

003 정답 ×

해설 이차함수가 아니라 이차방정식이다.

004 정답 ○

005 정답 ×

해설 $y=-\dfrac{2}{x^2}+3$에서 $-\dfrac{2}{x^2}$의 분모에 x^2이 있으므로 이차함수가 아니다.

006 정답 ○

해설 $y=\dfrac{x^2-1}{2}$, 즉 $y=\dfrac{1}{2}x^2-\dfrac{1}{2}$은 이차함수이다.

007 정답 ○

해설 (원의 넓이)$=\pi\times$(반지름의 길이)^{2}이다.

$y=\pi\left(\dfrac{x}{2}\right)^2$, 즉 $y=\dfrac{\pi}{4}x^2$은 이차함수이다.

008 정답 ○

해설 (정사각형의 넓이)$=$(한 변의 길이)^{2}이다.

$y=x^2$은 이차함수이다.

009 정답 ×

해설 (시간)$=\dfrac{(거리)}{(속력)}$이다.

$y=\dfrac{3}{x}$은 이차함수가 아니다.

010 정답 ×

해설 (직사각형의 둘레의 길이)

$=2\{$(가로의 길이)$+$(세로의 길이)$\}$

$y=2(x+2x)$, 즉 $y=6x$는 이차함수가 아닌 일차함수이다.

011 정답 $2\ /\ 1\ /\ 0$

해설 $y=x(2x+1)=2x^2+x$

012 정답 $3\ /\ 0\ /\ -3$

해설 $y=3(x+1)(x-1)$
$=3(x^2-1)$
$=3x^2-3$

013 정답 $2\ /\ 4\ /\ -1$

해설 $y=2(x+1)^2-3$
$=2(x^2+2x+1)-3$
$=2x^2+4x-1$

014 정답 5

해설 $f(x)=2(x-1)^2+3$에 $x=0$을 대입하면
$f(0)=2(0-1)^2+3=5$

015 정답 11

해설 $f(x)=2(x-1)^2+3$에 $x=-1$을 대입하면
$f(-1)=2(-1-1)^2+3=11$

016 정답 11

해설 $f(x)=2(x-1)^2+3$에 $x=3$을 대입하면
$f(3)=2(3-1)^2+3=11$

017 정답 26

해설 $f(x)=2(x-1)^2+3$에
$x=-2$를 대입하면 $f(-2)=2(-2-1)^2+3=21$
$x=2$를 대입하면 $f(2)=2(2-1)^2+3=5$
$\therefore f(-2)+f(2)=21+5=26$

018 정답 ×

해설 포물선 $y=-x^2$은 제3사분면과 제4사분면을 지난다.

019 정답 ○

해설 포물선 $y=x^2$을 x축에 대하여 대칭이동하면 포물선 $y=-x^2$이 된다.

020 정답 ○

해설

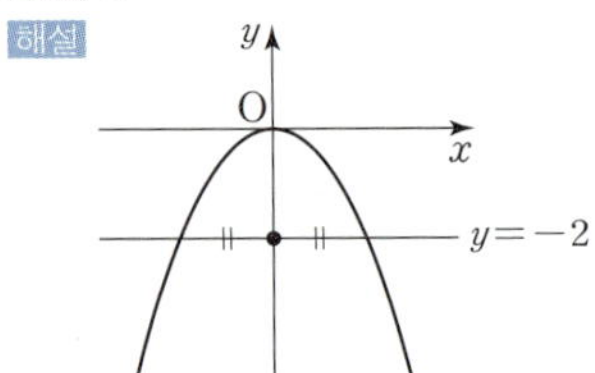

포물선 $y=-x^2$은 y축에 대하여 대칭이다.

포물선 $y=-x^2$과 직선 $y=-2$가 만나는 두 점도 y축에 대하여 대칭이다.

따라서 직선 $y=-2$와 만나는 두 점의 중점은 y축 위에 있다.

021 정답 ×

해설 x가 어떤 값을 갖더라도 y의 값은 항상 음수 또는 0 이다.

022 정답 ×

해설

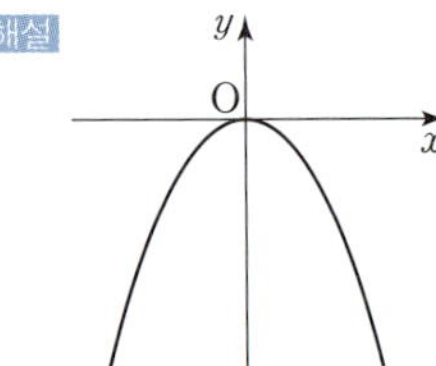

$y=-x^2$은

$x<0$일 때, x의 값이 증가하면 y의 값도 증가한다.

$x>0$일 때, x의 값이 증가하면 y의 값은 감소한다.

따라서 x의 값이 1에서 3까지 증가할 때, y의 값은 감소한다.

047 이차함수의 그래프(기본형)

본문 P. 107

001 정답 $y=-\dfrac{1}{2}x^2,\ y=-2x^2$

해설 이차항의 계수가 음수이면 그래프는 위로 볼록하다.

$-\dfrac{1}{2}<0,\ -2<0$이므로 두 이차함수 $y=-\dfrac{1}{2}x^2$,

$y=-2x^2$의 그래프는 위로 볼록하다.

002 정답 $y=2x^2,\ y=-2x^2$

해설 이차항의 계수의 부호가 서로 반대이고$(2,\ -2)$ 그 절댓값이 서로 같은$(|2|=|-2|)$ 두 이차함수 $y=2x^2$, $y=-2x^2$의 그래프는 x축에 대하여 서로 대칭이다.

003 정답 $y=3x^2$

해설 $|3|>|2|=|-2|>\left|-\dfrac{1}{2}\right|$이다.

그래프의 폭이 가장 좁은 이차함수는 이차항의 계수의 절 댓값이 가장 큰 $y=3x^2$이다.

004 정답 $y=-\dfrac{1}{2}x^2$

해설 $\left|-\dfrac{1}{2}\right|<|-2|=|2|<|3|$이다.

그래프의 폭이 가장 넓은 이차함수는 이차항의 계수의 절 댓값이 가장 작은 $y=-\dfrac{1}{2}x^2$이다.

005 정답 $y=\dfrac{1}{2}x^2+3$

해설 $y=\dfrac{1}{2}x^2$의 그래프를 y축의 방향으로 3만큼 평행이 동한 그래프의 식은 $y=\dfrac{1}{2}x^2+3$이다.

별해 y축의 방향으로 a만큼 평행이동하면 y대신에 $y-a$ 를 대입하면 된다. 이때 $y+a$가 아니라 $y-a$를 대입해야 한다.

$y=\dfrac{1}{2}x^2$의 그래프를 y축의 방향으로 3만큼 평행이동한 그래프의 식은

$y-3=\dfrac{1}{2}x^2 \qquad \therefore\ y=\dfrac{1}{2}x^2+3$

006 정답 $y=\dfrac{1}{2}x^2-2$

해설 $y=\dfrac{1}{2}x^2$의 그래프를 y축의 방향으로 -2만큼 평행 이동한 그래프의 식은

$y=\dfrac{1}{2}x^2+(-2) \qquad \therefore\ y=\dfrac{1}{2}x^2-2$

별해 y축의 방향으로 a만큼 평행이동하면 y대신에 $y-a$ 를 대입하면 된다. 이때 $y+a$가 아니라 $y-a$를 대입해야 한다.

$y=\dfrac{1}{2}x^2$의 그래프를 y축의 방향으로 -2만큼 평행이동한 그래프의 식은

$y-(-2)=\dfrac{1}{2}x^2 \qquad \therefore\ y=\dfrac{1}{2}x^2-2$

007 정답 $y=-3(x-2)^2$

해설 $y=-3x^2$의 그래프를 x축의 방향으로 2만큼 평행 이동한 그래프의 식은

$y=-3(x-2)^2$

참고 x축의 방향으로 a만큼 평행이동하면 x대신에 $x-a$ 를 대입하면 된다. 이때 $x+a$가 아니라 $x-a$를 대입해야 한다.

008 정답 $y=-3(x+3)^2$

해설 $y=-3x^2$의 그래프를 x축의 방향으로 -3만큼 평 행이동한 그래프의 식은

$y=-3\{x-(-3)\}^2 \qquad \therefore\ y=-3(x+3)^2$

009 정답 $(0, -1)$ / $x=0$

해설 $y=x^2-1$의 그래프는 꼭짓점의 좌표가 $(0, 0)$이고 축의 방정식이 $x=0$인 $y=x^2$의 그래프를 y축의 방향으로 -1만큼 평행이동한 것이다.
따라서 꼭짓점 $(0, 0)$을 y축의 방향으로 -1만큼 평행이동하면 $(0, 0-1)$, 즉 $(0, -1)$이고 축의 방정식은 $x=0$ 그대로이다.

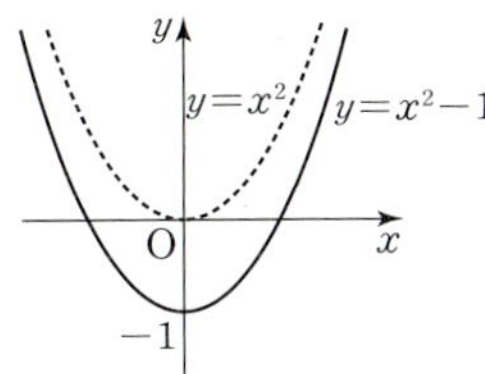

010 정답 $(0, 3)$ / $x=0$

해설 $y=-\dfrac{1}{2}x^2+3$의 그래프는 꼭짓점의 좌표가 $(0, 0)$이고 축의 방정식이 $x=0$인 $y=-\dfrac{1}{2}x^2$의 그래프를 y축의 방향으로 3만큼 평행이동한 것이다.
따라서 꼭짓점 $(0, 0)$을 y축의 방향으로 3만큼 평행이동하면 $(0, 0+3)$, 즉 $(0, 3)$이고 축의 방정식은 $x=0$ 그대로이다.

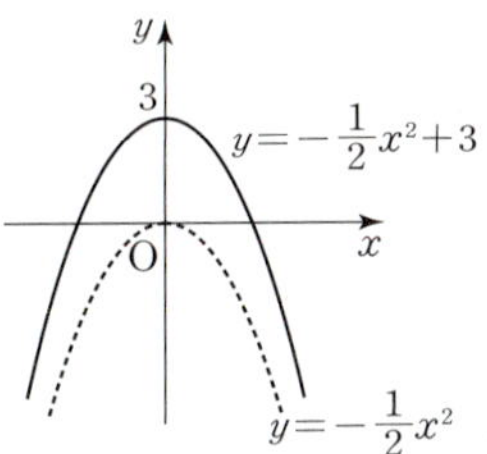

011 정답 $(-1, 0)$ / $x=-1$

해설 $y=-2(x+1)^2=-2\{x-(-1)\}^2$의 그래프는 꼭짓점의 좌표가 $(0, 0)$이고 축의 방정식이 $x=0$인 $y=-2x^2$의 그래프를 x축의 방향으로 -1만큼 평행이동한 것이다.
따라서 꼭짓점 $(0, 0)$을 x축의 방향으로 -1만큼 평행이동하면 $(0-1, 0)$, 즉 $(-1, 0)$이고 축의 방정식 $x=0$을 x축의 방향으로 -1만큼 평행이동하면 $x=0-1$, 즉 $x=-1$이다.

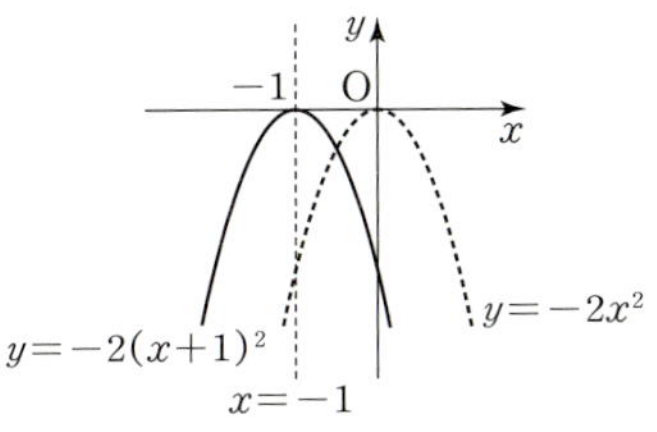

012 정답 $(2, 0)$ / $x=2$

해설 $y=\dfrac{1}{3}(x-2)^2$의 그래프는 꼭짓점이 $(0, 0)$이고 축의 방정식이 $x=0$인 $y=\dfrac{1}{3}x^2$의 그래프를 x축의 방향으로 2만큼 평행이동한 것이다.
따라서 꼭짓점 $(0, 0)$을 x축의 방향으로 2만큼 평행이동하면 $(0+2, 0)$, 즉 $(2, 0)$이고 축의 방정식 $x=0$을 x축의 방향으로 2만큼 평행이동하면 $x=0+2$, 즉 $x=2$이다.

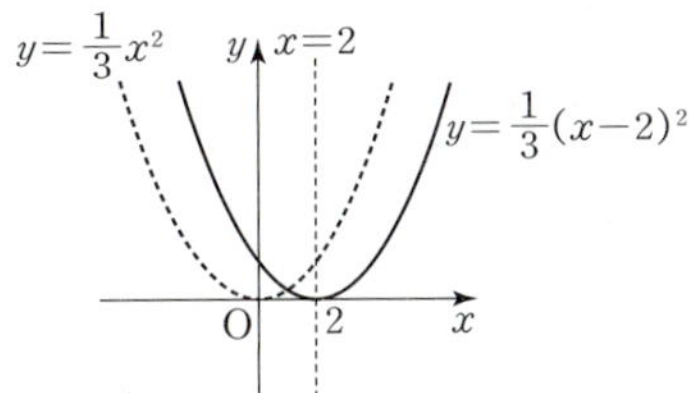

013 정답 y / 3

해설 $y=-x^2+3$의 그래프는 $y=-x^2$의 그래프를 y축의 방향으로 3만큼 평행이동한 것이다.

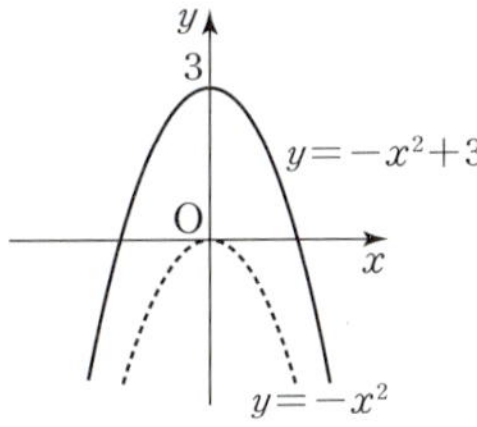

014 정답 $y=2x^2$ / $-\dfrac{1}{2}$

해설 $y=2x^2-\dfrac{1}{2}$의 그래프는 $y=2x^2$의 그래프를 y축의 방향으로 $-\dfrac{1}{2}$만큼 평행이동한 것이다.

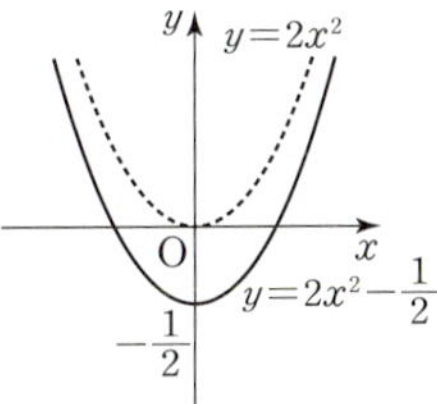

015 정답 x / 3

해설 $y=-2(x-3)^2$의 그래프는 $y=-2x^2$의 그래프를 x축의 방향으로 3만큼 평행이동한 것이다.

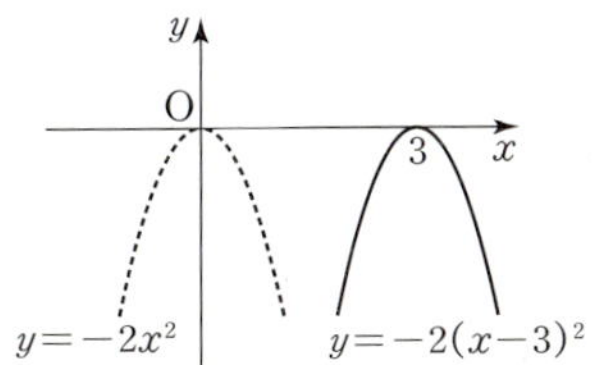

016 정답 $y=3x^2$ / $-\dfrac{3}{2}$

해설 $y=3\left(x+\dfrac{3}{2}\right)^2=3\left\{x-\left(-\dfrac{3}{2}\right)\right\}^2$ 의 그래프는

$y=3x^2$의 그래프를 x축의 방향으로 $-\dfrac{3}{2}$만큼 평행이동
한 것이다.

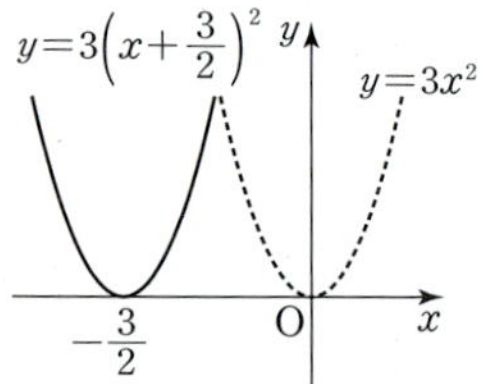

017 정답 ○

해설 평행이동은 그래프 위의 모든 점을 같은 방향으로
같은 거리만큼 이동하는 것이므로 그래프의 모양과 폭은
변하지 않고 그대로이다.

018 정답 ○

해설 꼭짓점이 $(a,\ b)$일 때, 축의 방정식은 $x=a$이다. 즉,
축의 방정식은 꼭짓점의 x좌표와 직접적으로 관련되어 있
다.

x축의 방향으로 평행이동하면 꼭짓점의 x좌표가 바뀌므
로 축의 방정식도 바뀐다.

참고 y축의 방향으로 평행이동하면 축의 방정식은 바뀌지
않는다.

019 정답 ×

해설 y축의 방향으로 양수만큼 평행이동하면 y축의 양의
방향(위쪽)으로 이동한다.

020 정답 ○

해설 두 그래프 $y=3x^2$, $y=-3x^2$은 x축에 대하여 서로
대칭이다.

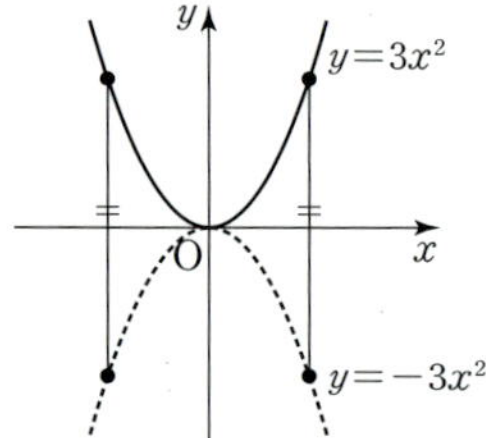

021 정답 ×

해설 $y=-2(x-1)^2$의 그래프는
$x>1$일 때, x의 값이 증가하면 y의 값은 감소한다.
$x<1$일 때, x의 값이 증가하면 y의 값도 증가한다.

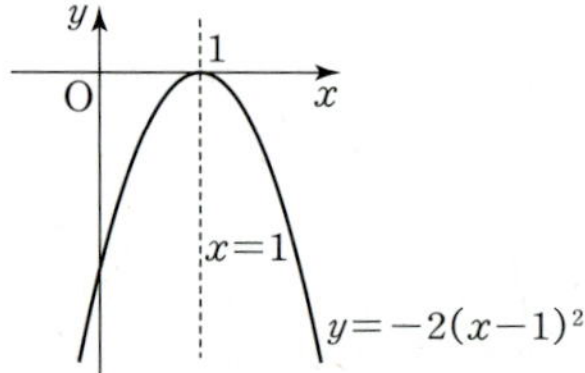

001 정답 -1 / -3

해설 $y=2(x+1)^2-3 \rightarrow y=2\{x-(-1)\}^2-3$

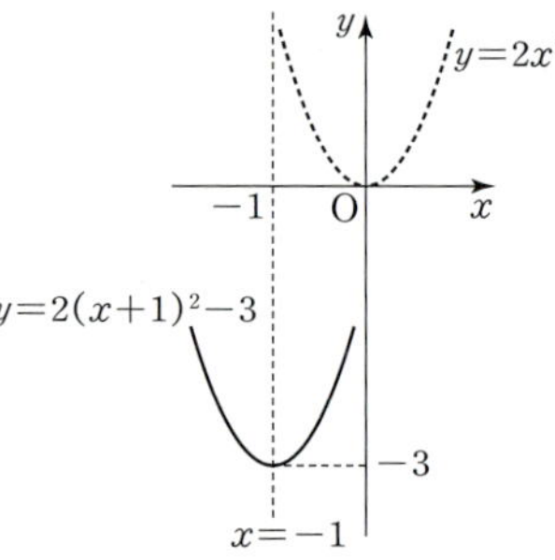

002 정답 1 / 2

해설

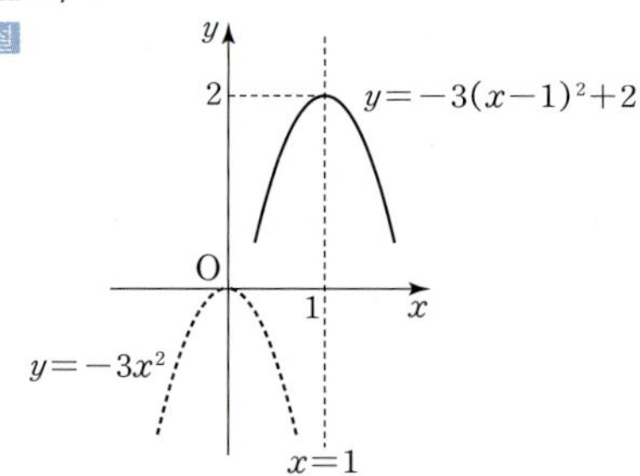

003 정답 $y=x^2$ / 1

해설

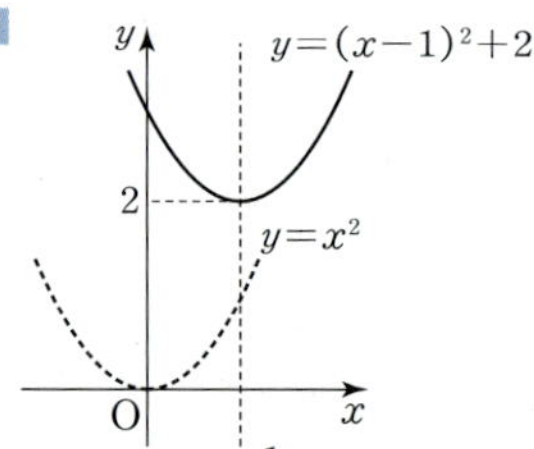

004 정답 $y=-2x^2$ / -2

해설 $y=-2(x+2)^2-2 \rightarrow y=-2\{x-(-2)\}^2-2$

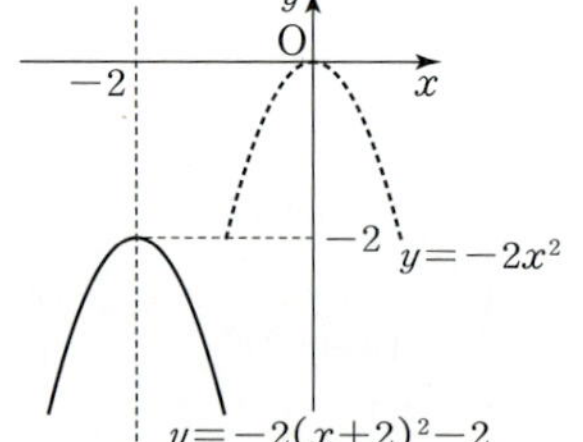

005 정답 $(-1, -3) \ / \ x=-1$
해설 $y=2(x+1)^2-3 \rightarrow y=2\{x-(-1)\}^2-3$

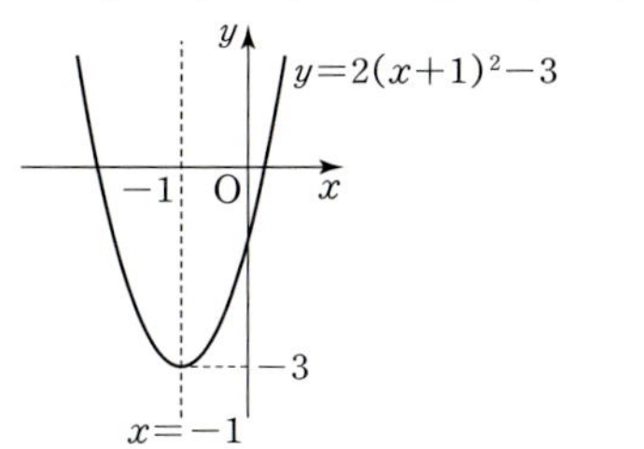

006 정답 $(3, 2) \ / \ x=3$
해설

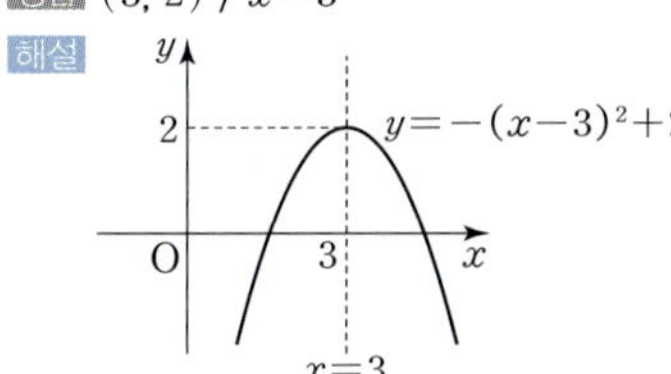

007 정답 $\left(\dfrac{1}{2}, -1\right) \ / \ x=\dfrac{1}{2}$

해설

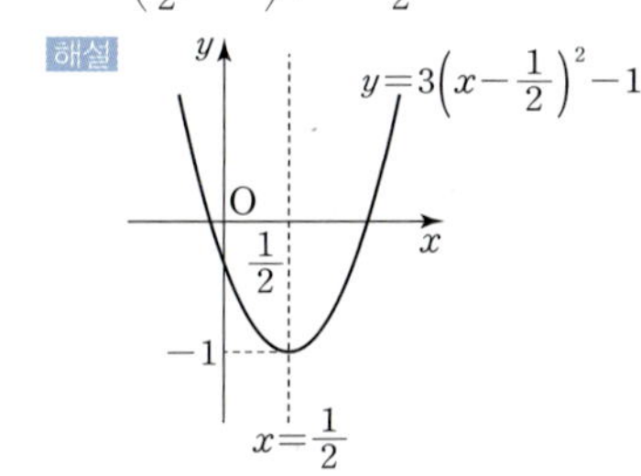

008 정답 $y=3(x-1)^2+3 \ / \ (1, 3) \ /x=1$
해설 $y=3(x-2)^2+1$의 그래프를 x축의 방향으로 -1
만큼, y축의 방향으로 2만큼 평행이동한 그래프의 식은
$$y=3(x+1-2)^2+1+2$$
$$\therefore y=3(x-1)^2+3$$

009 정답 $y=2x^2-1 \ / \ (0, -1) \ / \ x=0$
해설 $y=2(x+2)^2-3$의 그래프를 x축의 방향으로 2만
큼, y축의 방향으로 2만큼 평행이동한 그래프의 식은
$$y=2(x-2+2)^2-3+2$$
$$\therefore y=2x^2-1$$

010 정답 $y=-\dfrac{1}{2}(x-2)^2+3 \ / \ (2, 3) \ / \ x=2$

해설 $y=-\dfrac{1}{2}(x-1)^2+4$의 그래프를 x축의 방향으로 1
만큼, y축의 방향으로 -1만큼 평행이동한 그래프의 식은
$$y=-\dfrac{1}{2}(x-1-1)^2+4+(-1)$$
$$\therefore y=-\dfrac{1}{2}(x-2)^2+3$$

011 정답 $y=x^2-3 \ / \ y=-x^2+3$
해설 $y=-x^2+3$의 그래프를
x축에 대하여 대칭이동하면
$$-y=-x^2+3 \qquad \therefore y=x^2-3$$
y축에 대하여 대칭이동하면
$$y=-(-x)^2+3 \qquad \therefore y=-x^2+3$$
주의 x축에 대하여 대칭이동하면 y대신에 $-y$를 대입하
고, y축에 대하여 대칭이동하면 x대신에 $-x$를 대입한다.

012 정답 $y=-2(x-1)^2-3 \ / \ y=2(x+1)^2+3$
해설 $y=2(x-1)^2+3$의 그래프를
x축에 대하여 대칭이동하면
$$-y=2(x-1)^2+3 \qquad \therefore y=-2(x-1)^2-3$$
y축에 대하여 대칭이동하면
$$y=2(-x-1)^2+3 \qquad \therefore y=2(x+1)^2+3$$
참고 $(-a-b)^2=(a+b)^2$

013 정답 $y=\dfrac{1}{2}\left(x+\dfrac{3}{2}\right)^2+1 \ / \ y=-\dfrac{1}{2}\left(x-\dfrac{3}{2}\right)^2-1$

해설 $y=-\dfrac{1}{2}\left(x+\dfrac{3}{2}\right)^2-1$의 그래프를

x축에 대하여 대칭이동하면
$$-y=-\dfrac{1}{2}\left(x+\dfrac{3}{2}\right)^2-1 \qquad \therefore y=\dfrac{1}{2}\left(x+\dfrac{3}{2}\right)^2+1$$

y축에 대하여 대칭이동하면
$$y=-\dfrac{1}{2}\left(-x+\dfrac{3}{2}\right)^2-1 \qquad \therefore y=-\dfrac{1}{2}\left(x-\dfrac{3}{2}\right)^2-1$$

참고 $(-a+b)^2=(a-b)^2$

014 정답 ○

015 정답 ○
해설 점 (a, b)를 x축의 방향으로 m만큼 평행이동한 점
은 $(a+m, b)$이다.
참고 곡선 $y=f(x)$를 x축의 방향으로 m만큼 평행이동
한 그래프의 식은 $y=f(x-m)$이다.

016 정답 ×
해설 곡선 $y=f(x)$를 x축의 방향으로 m만큼 평행이동
한 곡선의 식은 $y=f(x-m)$이다.
참고 곡선 $y=f(x)$를 y축의 방향으로 m만큼 평행이동
한 곡선의 식은 $y-m=f(x)$이다.

017 정답 ×
해설 곡선 $y=f(x)$를 y축에 대하여 대칭이동한 곡선의
식은 $y=f(-x)$이다.
참고 곡선 $y=f(x)$를 x축에 대하여 대칭이동한 곡선의
식은 $-y=f(x)$, 즉 $y=-f(x)$이다.

001 정답 $y=(x+2)^2-1$ / $(-2,-1)$ / $x=-2$ / $(0,3)$

해설 $y=x^2+4x+3$
$$=(x^2+4x+4-4)+3$$
$$=(x+2)^2-4+3$$
$$=(x+2)^2-1$$

참고 일차항의 계수의 절반의 제곱 $\left(\dfrac{4}{2}\right)^2=4$를 더하고 빼다.

002 정답 $y=-(x-3)^2+2$ / $(3,2)$ / $x=3$ / $(0,-7)$

해설 $y=-x^2+6x-7$
$$=-(x^2-6x)-7$$
$$=-(x^2-6x+9-9)-7$$
$$=-(x-3)^2+9-7$$
$$=-(x-3)^2+2$$

참고 일차항의 계수의 절반의 제곱 $\left(\dfrac{-6}{2}\right)^2=9$를 더하고 빼다.

003 정답 $y=2(x-1)^2-3$ / $(1,-3)$ / $x=1$ / $(0,-1)$

해설 $y=2x^2-4x-1$
$$=2(x^2-2x)-1$$
$$=2(x^2-2x+1-1)-1$$
$$=2(x-1)^2-2-1$$
$$=2(x-1)^2-3$$

참고 일차항의 계수의 절반의 제곱 $\left(\dfrac{-2}{2}\right)^2=1$을 더하고 빼다.

004 정답 $y=-\dfrac{1}{2}(x+2)^2+3$ / $(-2,3)$ / $x=-2$ / $(0,1)$

해설 $y=-\dfrac{1}{2}x^2-2x+1$
$$=-\dfrac{1}{2}(x^2+4x)+1$$
$$=-\dfrac{1}{2}(x^2+4x+4-4)+1$$
$$=-\dfrac{1}{2}(x+2)^2+2+1$$
$$=-\dfrac{1}{2}(x+2)^2+3$$

참고 일차항의 계수의 절반의 제곱 $\left(\dfrac{4}{2}\right)^2=4$를 더하고 빼다.

005 정답 $(2,-1)$ / $(0,3)$ / $x=2$ / $\cup$

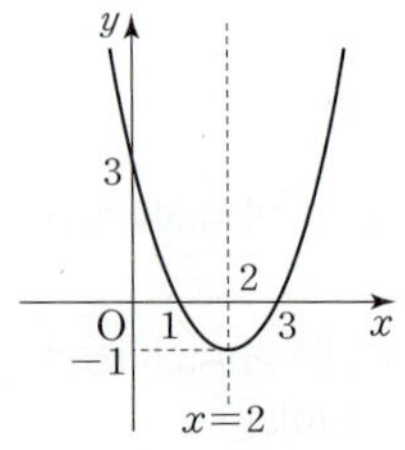

해설 $y=x^2-4x+3$
$$=(x^2-4x+4-4)+3$$
$$=(x-2)^2-4+3$$
$$=(x-2)^2-1$$

006 정답 $(1,2)$ / $(0,0)$ / $x=1$ / $\cap$

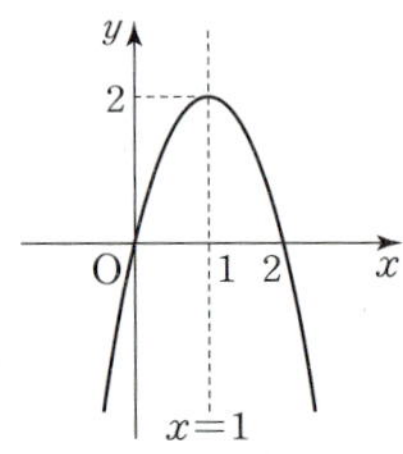

해설 $y=-2x^2+4x$
$$=-2(x^2-2x)$$
$$=-2(x^2-2x+1-1)$$
$$=-2(x-1)^2+2$$

007 정답 $\left(\dfrac{1}{2},\dfrac{1}{2}\right)$ / $\left(0,\dfrac{3}{4}\right)$ / $x=\dfrac{1}{2}$ / $\cup$

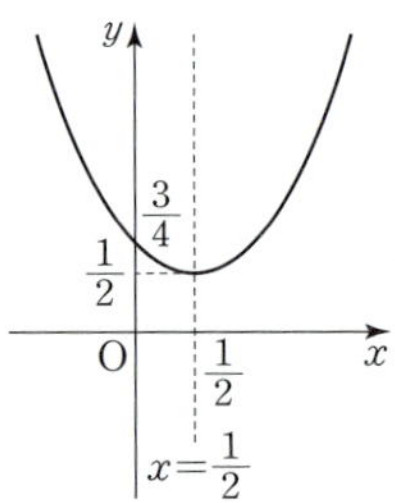

해설 $y=x^2-x+\dfrac{3}{4}$
$$=\left(x^2-x+\dfrac{1}{4}-\dfrac{1}{4}\right)+\dfrac{3}{4}$$
$$=\left(x-\dfrac{1}{2}\right)^2-\dfrac{1}{4}+\dfrac{3}{4}$$
$$=\left(x-\dfrac{1}{2}\right)^2+\dfrac{1}{2}$$

008 정답 $(-1,2)$ / $\left(0,\dfrac{3}{2}\right)$ / $x=-1$ / $\cap$

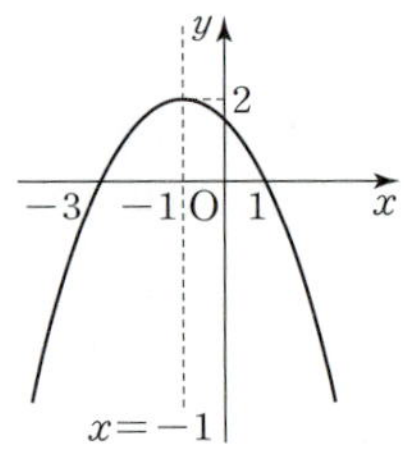

해설 $y=-\dfrac{1}{2}x^2-x+\dfrac{3}{2}$
$$=-\dfrac{1}{2}(x^2+2x)+\dfrac{3}{2}$$
$$=-\dfrac{1}{2}(x^2+2x+1-1)+\dfrac{3}{2}$$
$$=-\dfrac{1}{2}(x+1)^2+\dfrac{1}{2}+\dfrac{3}{2}$$
$$=-\dfrac{1}{2}(x+1)^2+2$$

009 정답 $(-2, 0)$, $(1, 0)$ / $(0, 2)$
해설 $y=-(x+2)(x-1)$에
$y=0$을 대입하면 $-(x+2)(x-1)=0$
$\therefore x=-2$ 또는 $x=1$
따라서 x절편의 좌표는 $(-2, 0)$, $(1, 0)$
$x=0$을 대입하면 $y=2$
따라서 y절편의 좌표는 $(0, 2)$

010 정답 $(-1, 0)$, $(3, 0)$ / $(0, -9)$
해설 $y=3x^2-6x-9$에
$y=0$을 대입하면 $3x^2-6x-9=0$
$3(x^2-2x-3)=0$, $3(x+1)(x-3)=0$
$\therefore x=-1$ 또는 $x=3$
따라서 x절편의 좌표는 $(-1, 0)$, $(3, 0)$
$x=0$을 대입하면 $y=-9$
따라서 y절편의 좌표는 $(0, -9)$

011 정답 $(-2, 0)$, $\left(\dfrac{1}{2}, 0\right)$ / $(0, -2)$
해설 $y=2x^2+3x-2$에
$y=0$을 대입하면 $2x^2+3x-2=0$
$(x+2)(2x-1)=0$
$\therefore x=-2$ 또는 $x=\dfrac{1}{2}$
따라서 x절편의 좌표는 $(-2, 0)$, $\left(\dfrac{1}{2}, 0\right)$
$x=0$을 대입하면 $y=-2$
따라서 y절편의 좌표는 $(0, -2)$

012 정답 $(2, 8)$
해설 $y=-2x^2+8x$
$\quad=-2(x^2-4x)$
$\quad=-2(x^2-4x+4-4)$
$\quad=-2(x^2-4x+4)+8$
$\quad=-2(x-2)^2+8$

013 정답 $(4, 0)$
해설 $y=-2x^2+8x$에
$y=0$을 대입하면 $-2x^2+8x=0$
$-2x(x-4)=0$
따라서 x절편은 $x=0$ 또는 $x=4$

014 정답 16
해설 꼭짓점 A에서 변 OB에 내린 수선의 발을 H라 하면

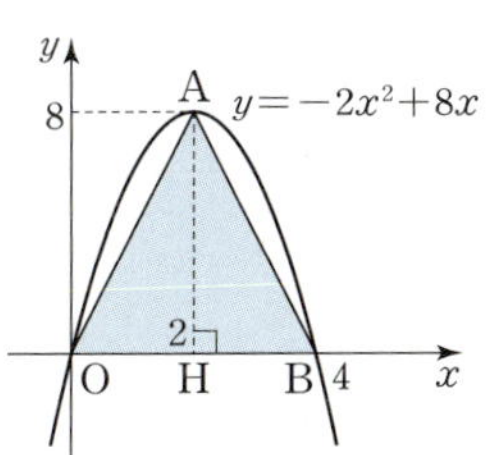

$$\triangle AOB=\frac{1}{2}\times\overline{OB}\times\overline{AH}$$
$$=\frac{1}{2}\times4\times8=16$$

001 정답 $a>0$ / $p>0$ / $q>0$
해설 그래프가 아래로 볼록이므로 $a>0$
꼭짓점 (p, q)가 제1사분면 위의 점이므로
$p>0$, $q>0$

002 정답 $a<0$ / $p<0$ / $q>0$
해설 그래프가 위로 볼록이므로 $a<0$
꼭짓점 (p, q)가 제2사분면 위의 점이므로
$p<0$, $q>0$

003 정답 $a<0$ / $b>0$ / $c<0$
해설 그래프가 위로 볼록하므로 $a<0$
축이 y축의 오른쪽에 있으므로 a, b는 다른 부호이다.
$\therefore b>0$
y축과의 교점이 x축보다 아래쪽에 있으므로 $c<0$
주의 축이 y축의 왼쪽에 있으면 a, b는 같은 부호이고, 축이 y축의 오른쪽에 있으면 a, b는 다른 부호이다.

004 정답 $a>0$ / $b>0$ / $c>0$
해설 그래프가 아래로 볼록하므로 $a>0$
축이 y축의 왼쪽에 있으므로 a, b는 같은 부호이다.
$\therefore b>0$
y축과의 교점이 x축보다 위쪽에 있으므로 $c>0$

005 정답 $y=(x-2)^2$
해설 꼭짓점의 좌표가 $(2, 0)$이므로
$y=a(x-2)^2$
점 $(0, 4)$를 지나므로 $x=0$, $y=4$를 대입하면
$4=a(0-2)^2$ $\therefore a=1$
$\therefore y=(x-2)^2$

006 정답 $y=3(x+2)^2+1$
해설 꼭짓점의 좌표가 $(-2, 1)$이므로
$y=a\{x-(-2)\}^2+1$ $\therefore y=a(x+2)^2+1$
점 $(-1, 4)$를 지나므로 $x=-1$, $y=4$를 대입하면
$4=a(-1+2)^2+1$ $\therefore a=3$
$\therefore y=3(x+2)^2+1$

007 정답 $y=-(x+1)^2+2$
해설 축의 방정식이 $x=-1$이므로
$y=a\{x-(-1)\}^2+q$ $\therefore y=a(x+1)^2+q$
점 $(0, 1)$을 지나므로 $x=0$, $y=1$을 대입하면
$1=a+q$ $\cdots\cdots$ ㉠

점 $(1, -2)$를 지나므로 $x=1$, $y=-2$를 대입하면
$-2=4a+q$ $\cdots\cdots$ ⓛ
ⓛ$-$㉠을 하면 $-3=3a$ $\therefore a=-1$
$a=-1$을 ㉠에 대입하면 $1=-1+q$ $\therefore q=2$
$\therefore y=-(x+1)^2+2$

008 정답 $y=2x^2-3x+4$
해설 점 $(0, 4)$를 지나므로
$y=ax^2+bx+4$
점 $(1, 3)$을 지나므로 $x=1$, $y=3$을 대입하면
$3=a+b+4$ $\therefore a+b=-1$ $\cdots\cdots$ ㉠
점 $(2, 6)$을 지나므로 $x=2$, $y=6$을 대입하면
$6=4a+2b+4$ $\therefore 2a+b=1$ $\cdots\cdots$ ⓛ
ⓛ$-$㉠을 하면 $a=2$
$a=2$를 ㉠에 대입하면 $2+b=-1$ $\therefore b=-3$
$\therefore y=2x^2-3x+4$
참고 점 $(0, 4)$를 지난다는 것은 y절편이 4임을 의미한다.

009 정답 $y=3(x+1)(x-2)$
해설 두 점 $(-1, 0)$, $(2, 0)$을 지나므로
$y=a\{x-(-1)\}(x-2)$ $\therefore y=a(x+1)(x-2)$
점 $(1, -6)$을 지나므로 $x=1$, $y=-6$을 대입하면
$-6=-2a$ $\therefore a=3$
$\therefore y=3(x+1)(x-2)$
참고 두 점 $(-1, 0)$, $(2, 0)$을 지난다는 것은 x절편이
-1, 2임을 의미한다.

010 정답 $y=(x-1)^2$
해설 꼭짓점의 좌표가 $(1, 0)$이므로
$y=a(x-1)^2$
점 $(0, 1)$을 지나므로 $x=0$, $y=1$을 대입하면
$a=1$
$\therefore y=(x-1)^2$

011 정답 $y=-2(x+1)^2+1$
해설 꼭짓점의 좌표가 $(-1, 1)$이므로
$y=a\{x-(-1)\}^2+1$ $\therefore y=a(x+1)^2+1$
점 $(0, -1)$을 지나므로 $x=0$, $y=-1$을 대입하면
$-1=a+1$ $\therefore a=-2$
$\therefore y=-2(x+1)^2+1$

012 정답 $y=-(x-1)^2+4$
해설 축의 방정식이 $x=1$이므로
$y=a(x-1)^2+q$
점 $(3, 0)$을 지나므로 $x=3$, $y=0$을 대입하면
$0=4a+q$ $\cdots\cdots$ ㉠
점 $(0, 3)$을 지나므로 $x=0$, $y=3$을 대입하면
$3=a+q$ $\cdots\cdots$ ⓛ
㉠$-$ⓛ을 하면 $-3=3a$ $\therefore a=-1$
$a=-1$을 ⓛ에 대입하면 $3=-1+q$ $\therefore q=4$
$\therefore y=-(x-1)^2+4$

013 정답 $y=\dfrac{1}{3}(x+1)(x-3)$
해설 두 점 $(-1, 0)$, $(3, 0)$을 지나므로
$y=a\{x-(-1)\}(x-3)$ $\therefore y=a(x+1)(x-3)$
점 $(0, -1)$을 지나므로 $x=0$, $y=-1$을 대입하면
$-1=-3a$ $\therefore a=\dfrac{1}{3}$
$\therefore y=\dfrac{1}{3}(x+1)(x-3)$

051 경우의 수
본문 P. 117

001 정답 3가지
해설 $3, 6, 9$

002 정답 2가지
해설 $5, 10$

003 정답 5가지
해설 3의 배수는 $3, 6, 9$
5의 배수는 $5, 10$
$\therefore 3+2=5$

004 정답 3가지

005 정답 4가지

006 정답 12가지
해설 A지점에서 B지점으로 가는 경우의 수는 3가지
B지점에서 C지점으로 가는 경우의 수는 4가지
$\therefore 3\times4=12$

007 정답 36가지
해설 1개의 주사위에서 일어날 수 있는 경우의 수는 6가지이다.
$\therefore 6\times6=36$
참고 $(1, 1)$, $(1, 2)$, $(1, 3)$, $(1, 4)$, $(1, 5)$, $(1, 6)$
$(2, 1)$, $(2, 2)$, $(2, 3)$, $(2, 4)$, $(2, 5)$, $(2, 6)$
$(3, 1)$, $(3, 2)$, $(3, 3)$, $(3, 4)$, $(3, 5)$, $(3, 6)$
$(4, 1)$, $(4, 2)$, $(4, 3)$, $(4, 4)$, $(4, 5)$, $(4, 6)$
$(5, 1)$, $(5, 2)$, $(5, 3)$, $(5, 4)$, $(5, 5)$, $(5, 6)$
$(6, 1)$, $(6, 2)$, $(6, 3)$, $(6, 4)$, $(6, 5)$, $(6, 6)$

008 정답 6가지
해설 $(1, 1)$, $(2, 2)$, $(3, 3)$, $(4, 4)$, $(5, 5)$, $(6, 6)$

009 정답 4가지
해설 $(1, 5)$, $(2, 6)$, $(5, 1)$, $(6, 2)$
참고 $(1, 5)$와 $(5, 1)$은 서로 다른 경우이다.
또한 $(2, 6)$과 $(6, 2)$도 서로 다른 경우이다.

010 정답 7가지

해설 두 눈의 수의 합이 5의 배수가 되려면 5 또는 10이어야 한다.

두 눈의 수의 합이 5인 경우 :
$(1, 4), (2, 3), (3, 2), (4, 1)$

두 눈의 수의 합이 10인 경우 :
$(4, 6), (5, 5), (6, 4)$

$\therefore 4+3=7$

011 정답 8가지

해설 1개의 동전에서 일어날 수 있는 경우의 수는 2가지이다.

$\therefore 2 \times 2 \times 2 = 8$

012 정답 2가지

해설 동전의 앞면을 H(head), 뒷면을 T(tail)라 하면
$(H, H, H), (T, T, T)$

013 정답 3가지

해설 $(H, T, T), (T, H, T), (T, T, H)$

014 정답 24가지

해설 1개의 동전에서 일어날 수 있는 경우의 수는 2가지이므로 2개의 동전에서 일어날 수 있는 경우의 수는 (2×2)가지이다.

1개의 주사위에서 일어날 수 있는 경우의 수는 6가지이다.

$\therefore (2 \times 2) \times 6 = 24$

015 정답 2가지

해설 3의 배수는 3, 6이므로
$(H, H, 3), (H, H, 6)$

016 정답 6가지

해설 동전에서 서로 다른 면이 나오는 경우는 (H, T), (T, H)로 2가지이다.

주사위에서 짝수가 나오는 경우는 2, 4, 6으로 3가지이다.

$\therefore 2 \times 3 = 6$

017 정답 8가지

해설 동전에서 서로 같은 면이 나오는 경우는 (H, H), (T, T)로 2가지이다.

주사위에서 6의 약수가 나오는 경우는 1, 2, 3, 6으로 4가지이다.

$\therefore 2 \times 4 = 8$

052 여러 가지 경우의 수 – 한 줄로 세우기 본문 P. 119

001 정답 120가지

해설 $5 \times 4 \times 3 \times 2 \times 1 = 120$

002 정답 20가지

해설 $5 \times 4 = 20$

003 정답 60가지

해설 $5 \times 4 \times 3 = 60$

004 정답 24가지

해설 B, C, D, E 4명을 한 줄로 세우는 경우의 수는
$4 \times 3 \times 2 \times 1 = 24$

005 정답 6가지

해설 C, D, E 3명을 한 줄로 세우는 경우의 수는
$3 \times 2 \times 1 = 6$

006 정답 12가지

해설 C, D, E 3명을 한 줄로 세우는 경우의 수는
$3 \times 2 \times 1 = 6$

A와 B가 서로 자리를 바꾸는 경우의 수는
$2 \times 1 = 2$

$\therefore 6 \times 2 = 12$

007 정답 48가지

해설 A와 B가 이웃하면 A와 B를 한 사람으로 취급해야 하므로 5명이 아니라 AB, C, D, E 4명을 한 줄로 세우는 경우의 수를 구하면 된다.

$4 \times 3 \times 2 \times 1 = 24$

이때 A와 B가 서로 자리를 바꾸는 경우를 고려해야 한다.

$2 \times 1 = 2$

$\therefore 24 \times 2 = 48$

008 정답 720가지

해설 남자 3명이 이웃하면 남자 3명을 한 사람으로 취급해야 하므로 7명이 아니라 5명을 한 줄로 세우는 경우의 수를 구하면 된다.

$5 \times 4 \times 3 \times 2 \times 1 = 120$

이때 이웃하는 남자 3명이 서로 자리를 바꾸는 경우를 고려해야 한다.

$3 \times 2 \times 1 = 6$

$\therefore 120 \times 6 = 720$

009 정답 576가지

해설 여자 4명이 이웃하면 여자 4명을 한 사람으로 취급해야 하므로 7명이 아니라 4명을 한 줄로 세우는 경우의 수를 구하면 된다.

$4 \times 3 \times 2 \times 1 = 24$

이때 이웃하는 여자 4명이 서로 자리를 바꾸는 경우를 고려해야 한다.

$4 \times 3 \times 2 \times 1 = 24$

$\therefore 24 \times 24 = 576$

010 정답 20개

해설 $5 \times 4 = 20$

011 정답 60개

해설 $5 \times 4 \times 3 = 60$

012 정답 24개

해설 세 자리 자연수 중에서 짝수는 일의 자리의 수가 2, 4이면 된다.

□□2꼴의 자연수의 개수는

$4 \times 3 = 12$

□□4꼴의 자연수의 개수는

$4 \times 3 = 12$

$\therefore 12 + 12 = 24$

참고 □□2꼴의 자연수의 개수는 1, 3, 4, 5 중에서 2장을 뽑으면 되므로 $4 \times 3 = 12$이다.

013 정답 25개

해설 두 자리 자연수 □□에서

십의 자리에는 0을 제외한 나머지 숫자 1, 2, 3, 4, 5가 올 수 있으므로 5가지이다.

일의 자리에는 십의 자리에 이미 사용된 숫자를 제외한 나머지 숫자가 올 수 있으므로 5가지이다.

$\therefore 5 \times 5 = 25$

참고 십의 자리에는 0이 올 수 없지만 일의 자리에는 0이 올 수 있다.

014 정답 100개

해설 세 자리 자연수 □□□에서

백의 자리에는 0을 제외한 나머지 숫자 1, 2, 3, 4, 5가 올 수 있으므로 5가지이다.

십의 자리에는 백의 자리에 이미 사용된 숫자를 제외한 나머지 숫자가 올 수 있으므로 5가지이다.

일의 자리에는 백의 자리와 십의 자리에 이미 사용된 숫자를 제외한 나머지 숫자가 올 수 있으므로 4가지이다.

$\therefore 5 \times 5 \times 4 = 100$

참고 백의 자리에는 0이 올 수 없지만 십의 자리와 일의 자리에는 0이 올 수 있다.

015 정답 48개

해설 세 자리 자연수 중에서 홀수는 일의 자리의 수가 1, 3, 5이면 된다.

□□1꼴의 자연수의 개수는

$4 \times 4 = 16$

□□3꼴의 자연수의 개수는

$4 \times 4 = 16$

□□5꼴의 자연수의 개수는

$4 \times 4 = 16$

$\therefore 16 \times 3 = 48$

참고 □□1꼴의 자연수의 경우, 백의 자리에는 0과 1을 제외한 나머지 숫자 2, 3, 4, 5가 올 수 있으므로 4가지이다.

십의 자리에는 백의 자리에 이미 사용된 숫자와 1을 제외한 나머지 숫자가 올 수 있으므로 4가지이다.

016 정답 120

해설 $_6P_3 = 6 \times 5 \times 4 = 120$

017 정답 24

해설 $_4P_4 = 4 \times 3 \times 2 \times 1 = 24$

018 정답 720

해설 $6! = _6P_6 = 6 \times 5 \times 4 \times 3 \times 2 \times 1 = 720$

---

053 여러 가지 경우의 수 – 대표 뽑기   본문 P. 121

001 정답 20가지

해설 대표와 부대표는 자격이 다르다.

$\therefore 5 \times 4 = 20$

002 정답 10가지

해설 대표 2명은 자격이 같다.

$\therefore \dfrac{5 \times 4}{2 \times 1} = 10$

003 정답 60가지

해설 대표, 부대표, 진행요원은 자격이 다르다.

$\therefore 5 \times 4 \times 3 = 60$

004 정답 10가지

해설 진행요원 3명은 자격이 같다.

$\therefore \dfrac{5 \times 4 \times 3}{3 \times 2 \times 1} = 10$

005 정답 30가지

해설 5명 중에서 대표 1명을 뽑은 후에 나머지 4명 중에서 진행요원 2명을 뽑으면 된다.

이때 진행요원 2명은 자격이 같다.

$\therefore 5 \times \dfrac{4 \times 3}{2 \times 1} = 30$

006 정답 36가지

해설 대표 2명은 자격이 같다.

$\therefore \dfrac{9 \times 8}{2 \times 1} = 36$

007 정답 60가지

해설 (i) 남학생 5명 중에서 자격이 같은 남학생 대표 2명을 뽑는 경우의 수는

$\dfrac{5 \times 4}{2 \times 1} = 10$

(ii) 여학생 4명 중에서 자격이 같은 여학생 대표 2명을 뽑는 경우의 수는

$\dfrac{4 \times 3}{2 \times 1} = 6$

$\therefore 10 \times 6 = 60$

008 정답 ×

해설 회장과 부회장은 자격이 다르다.

즉, 철수가 회장, 영희가 부회장인 경우와 영희가 회장, 철수가 부회장인 경우는 서로 다르다.

009 정답 ○

해설 악수하는 두 사람은 자격이 같다.

즉, 철수와 영희가 악수하는 경우와, 영희와 철수가 악수하는 경우는 서로 같다.

010 정답 ○

해설 축구 경기를 하는 두 팀은 자격이 같다.

즉, A팀과 B팀이 경기하는 경우와, B팀과 A팀이 경기하는 경우는 서로 같다.

011 정답 ○

해설 연결하는 두 점은 자격이 같다.

즉, 선분 AB와 선분 BA는 서로 같다.

012 정답 ×

해설 두 정수는 자격이 다르다.

즉, 두 자리 정수 12와 21은 서로 다르다.

013 정답 ○

해설 뽑히는 청소당번 2명은 자격이 같다.

청소당번이 (철수, 영희)인 경우와 (영희, 철수)인 경우는 서로 같다.

014 정답 ○

해설 이미 푼 수학책 2권은 자격이 같다.

015 정답 21가지

해설 경기하는 두 팀은 자격이 같다.

즉, A팀과 B팀이 경기하는 경우와, B팀과 A팀이 경기하는 경우는 서로 같다.

$$\therefore \frac{7 \times 6}{2 \times 1} = 21$$

016 정답 15가지

해설 경기하는 두 팀은 자격이 같다.

$$\frac{6 \times 5}{2 \times 1} = 15$$

017 정답 10가지

해설 선택되는 3권의 책은 자격이 같다.

$$\therefore \frac{5 \times 4 \times 3}{3 \times 2 \times 1} = 10$$

018 정답 21가지

해설 연결하는 두 점은 자격이 같다.

즉, 직선 AB와 직선 BA는 서로 같다.

$$\therefore \frac{7 \times 6}{2 \times 1} = 21$$

019 정답 35가지

해설 연결하는 세 점은 자격이 같다.

즉, △ABC, △ACB, △BCA, △BAC, △CAB, △CBA는 서로 같다.

$$\therefore \frac{7 \times 6 \times 5}{3 \times 2 \times 1} = 35$$

020 정답 10

해설 $_5C_2 = \dfrac{5 \times 4}{2 \times 1} = 10$

021 정답 35

해설 $_7C_3 = \dfrac{7 \times 6 \times 5}{3 \times 2 \times 1} = 35$

054 확률의 뜻과 성질
본문 P. 123

001 정답 ×

해설 어떤 사건이 일어날 확률을 p라 하면 $0 \leq p \leq 1$이다.

002 정답 ○

해설 어떤 사건이 일어날 확률을 p라 하면 그 사건이 일어나지 않을 확률은 $1-p$이다.

$$\therefore p + (1-p) = 1$$

003 정답 ×

해설 확률이 1에 가까울수록 어떤 사건이 일어날 가능성이 높다.

004 정답 0

해설 주사위에는 7의 눈이 없으므로 7의 눈이 나올 확률은 0이다.

005 정답 1

해설 주사위의 눈은 모두 6 이하이므로 6 이하의 눈이 나올 확률은 1이다.

006 정답 $\dfrac{1}{2}$

해설 소수는 2, 3, 5이다.

$$\therefore \frac{3}{6} = \frac{1}{2}$$

007 정답 $\dfrac{2}{3}$

해설 6의 약수는 1, 2, 3, 6이다.

$$\therefore \frac{4}{6} = \frac{2}{3}$$

008 정답 1

해설 주사위에서 가장 큰 눈의 수가 6이고, 가장 작은 눈의 수가 1이므로 두 눈의 수의 차의 최댓값은 5이다.

두 눈의 수의 차는 반드시 5 이하이므로 두 눈의 수의 차가 5 이하가 될 확률은 1이다.

009 정답 $\dfrac{1}{12}$

해설 두 눈의 수의 합이 4인 경우는

$(1, 3), (2, 2), (3, 1)$: 3가지

$\therefore \dfrac{3}{36} = \dfrac{1}{12}$

010 정답 $\dfrac{2}{9}$

해설 두 눈의 수의 차가 2인 경우는

$(1, 3), (3, 1), (2, 4), (4, 2), (3, 5), (5, 3), (4, 6),$
$(6, 4)$: 8가지

$\therefore \dfrac{8}{36} = \dfrac{2}{9}$

011 정답 $\dfrac{11}{12}$

해설 두 눈의 수의 합이 4인 경우는

$(1, 3), (2, 2), (3, 1)$: 3가지

$\therefore$ (두 눈의 수의 합이 4가 아닐 확률)

$=1-$ (두 눈의 수의 합이 4일 확률)

$=1-\dfrac{3}{36}=\dfrac{11}{12}$

012 정답 $\dfrac{5}{6}$

해설 두 눈의 수가 서로 같은 경우는

$(1, 1), (2, 2), (3, 3), (4, 4), (5, 5), (6, 6)$: 6가지

$\therefore$ (두 눈의 수가 서로 다를 확률)

$=1-$ (두 눈의 수가 서로 같을 확률)

$=1-\dfrac{6}{36}=\dfrac{5}{6}$

013 정답 $\dfrac{3}{4}$

해설 두 눈이 모두 홀수인 경우의 수는

$3 \times 3 = 9$

$\therefore$ (적어도 1개는 짝수의 눈이 나올 확률)

$=1-$ (2개 모두 홀수의 눈이 나올 확률)

$=1-\dfrac{9}{36}=\dfrac{3}{4}$

014 정답 $\dfrac{2}{5}$

해설 (i) 5명이 한 줄로 서는 모든 경우의 수는

$5 \times 4 \times 3 \times 2 \times 1 = 120$

(ii) 남학생끼리 이웃하면 남학생 2명을 한 사람으로 취급
해야 하므로 5명이 아닌 4명이 한 줄로 서는 경우의
수는

$4 \times 3 \times 2 \times 1 = 24$

이때 이웃하는 남학생 2명이 서로 자리를 바꾸는 경우
의 수는

$2 \times 1 = 2$

남학생끼리 이웃하여 서는 경우의 수는

$24 \times 2 = 48$

(i), (ii)에서 남학생끼리 이웃하여 설 확률은

$\dfrac{48}{120} = \dfrac{2}{5}$

015 정답 $\dfrac{1}{10}$

해설 (i) 5명이 한 줄로 서는 모든 경우의 수는

$5 \times 4 \times 3 \times 2 \times 1 = 120$

(ii) 남 여 여 여 남 에서

가운데 여학생 3명이 한 줄로 서는 경우의 수는

$3 \times 2 \times 1 = 6$

양 끝에 있는 남학생 2명이 서로 자리를 바꾸는 경우
의 수는

$2 \times 1 = 2$

양 끝에 남학생이 서는 경우의 수는

$6 \times 2 = 12$

(i), (ii)에서 양 끝에 남학생이 설 확률은

$\dfrac{12}{120} = \dfrac{1}{10}$

016 정답 $\dfrac{3}{5}$

해설 (남학생끼리 이웃하지 않고 설 확률)

$=1-$ (남학생끼리 이웃하여 설 확률)

$=1-\dfrac{2}{5}=\dfrac{3}{5}$

017 정답 $\dfrac{1}{20}$

해설 (i) 학생 6명 중에서 3명의 대표를 뽑는 경우의 수는

$\dfrac{6 \times 5 \times 4}{3 \times 2 \times 1} = 20$

(ii) 남학생 3명 중에서 3명의 대표를 뽑는 경우의 수는

$\dfrac{3 \times 2 \times 1}{3 \times 2 \times 1} = 1$

(i), (ii)에서 3명 모두 남학생일 확률은 $\dfrac{1}{20}$

018 정답 $\dfrac{9}{20}$

해설 (i) 학생 6명 중에서 3명의 대표를 뽑는 경우의 수는

$\dfrac{6 \times 5 \times 4}{3 \times 2 \times 1} = 20$

(ii) 남학생 3명 중에서 2명을 뽑는 경우의 수는

$\dfrac{3 \times 2}{2 \times 1} = 3$

여학생 3명 중에서 1명을 뽑는 경우의 수는

3

2명은 남학생, 1명은 여학생인 경우의 수는

$3 \times 3 = 9$

(i), (ii) 2명은 남학생, 1명은 여학생일 확률은 $\dfrac{9}{20}$

001 정답 $\dfrac{1}{4}$

해설 4의 배수가 나오는 경우는

4, 8, 12, 16, 20 : 5가지

∴ (4의 배수가 나올 확률) $=\dfrac{5}{20}=\dfrac{1}{4}$

002 정답 $\dfrac{2}{5}$

해설 소수가 나오는 경우는

2, 3, 5, 7, 11, 13, 17, 19 : 8가지

∴ (소수가 나올 확률) $=\dfrac{8}{20}=\dfrac{2}{5}$

003 정답 $\dfrac{13}{20}$

해설 4의 배수가 나오는 경우는

4, 8, 12, 16, 20 : 5가지

소수가 나오는 경우는

2, 3, 5, 7, 11, 13, 17, 19 : 8가지

∴ (4의 배수 또는 소수가 나올 확률)

$=\dfrac{5+8}{20}=\dfrac{13}{20}$

004 정답 $\dfrac{2}{5}$

해설 (A주머니에서 흰 공, B주머니에서 검은 공이 나올 확률)

$=$ (A주머니에서 흰 공이 나올 확률)

　　$\times$ (B주머니에서 검은 공이 나올 확률)

$=\dfrac{3}{5}\times\dfrac{4}{6}=\dfrac{2}{5}$

005 정답 $\dfrac{1}{5}$

해설 (두 주머니에서 모두 흰 공이 나올 확률)

$=$ (A주머니에서 흰 공이 나올 확률)

　　$\times$ (B주머니에서 흰 공이 나올 확률)

$=\dfrac{3}{5}\times\dfrac{2}{6}=\dfrac{1}{5}$

006 정답 $\dfrac{4}{15}$

해설 (두 주머니에서 모두 검은 공이 나올 확률)

$=$ (A주머니에서 검은 공이 나올 확률)

　　$\times$ (B주머니에서 검은 공이 나올 확률)

$=\dfrac{2}{5}\times\dfrac{4}{6}=\dfrac{4}{15}$

007 정답 $\dfrac{1}{6}$

해설 (영규는 합격하고, 건이는 불합격할 확률)

$=$ (영규가 합격할 확률) $\times$ (건이가 불합격할 확률)

$=$ (영규가 합격할 확률) $\times$ $\{1-$ (건이가 합격할 확률)$\}$

$=\dfrac{2}{3}\times\left(1-\dfrac{3}{4}\right)=\dfrac{2}{3}\times\dfrac{1}{4}=\dfrac{1}{6}$

008 정답 $\dfrac{1}{12}$

해설 (두 사람 모두 불합격할 확률)

$=$ (영규가 불합격할 확률) $\times$ (건이가 불합격할 확률)

$=\{1-$ (영규가 합격할 확률)$\}$

　　$\times\{1-$ (건이가 합격할 확률)$\}$

$=\left(1-\dfrac{2}{3}\right)\times\left(1-\dfrac{3}{4}\right)$

$=\dfrac{1}{3}\times\dfrac{1}{4}=\dfrac{1}{12}$

009 정답 $\dfrac{11}{12}$

해설 (적어도 한 사람은 합격할 확률)

$=1-$ (두 사람이 모두 불합격할 확률)

$=1-\left(1-\dfrac{2}{3}\right)\times\left(1-\dfrac{3}{4}\right)$

$=1-\dfrac{1}{12}=\dfrac{11}{12}$

010 정답 $\dfrac{9}{100}$

해설 A가 먼저 뽑은 1개의 제비를 상자 안에 다시 넣었으므로 B가 당첨제비를 뽑을 확률은 달라지지 않는다.

∴ $\dfrac{3}{10}\times\dfrac{3}{10}=\dfrac{9}{100}$

011 정답 $\dfrac{21}{100}$

해설 (A는 당첨되고 B는 당첨되지 않을 확률)

$=$ (A가 당첨될 확률) $\times$ (B가 당첨되지 않을 확률)

$=$ (A가 당첨될 확률) $\times$ $\{1-$ (B가 당첨될 확률)$\}$

$=\dfrac{3}{10}\times\left(1-\dfrac{3}{10}\right)$

$=\dfrac{3}{10}\times\dfrac{7}{10}=\dfrac{21}{100}$

012 정답 $\dfrac{49}{100}$

해설 (두 사람 모두 당첨되지 않을 확률)

$=$ (A가 당첨되지 않을 확률) $\times$ (B가 당첨되지 않을 확률)

$=\{1-$ (A가 당첨될 확률)$\}\times\{1-$ (B가 당첨될 확률)$\}$

$=\left(1-\dfrac{3}{10}\right)\times\left(1-\dfrac{3}{10}\right)$

$=\dfrac{7}{10}\times\dfrac{7}{10}=\dfrac{49}{100}$

013 정답 $\dfrac{4}{49}$

해설 처음 꺼낸 1개의 공을 주머니 안에 다시 넣었으므로 두 번째 꺼낼 때 검은 공을 꺼낼 확률은 달라지지 않는다.

$$\therefore \ \frac{2}{7} \times \frac{2}{7} = \frac{4}{49}$$

014 정답 $\dfrac{1}{21}$

해설 처음 꺼낸 검은 공 1개를 주머니 안에 다시 넣지 않았으므로 두 번째 공을 꺼낼 때 주머니 안에는 검은 공 1개를 포함하여 6개의 공이 들어 있다.

$$\therefore \ \frac{2}{7} \times \frac{1}{6} = \frac{1}{21}$$

056 도수분포표와 상대도수
본문 P. 127

001 정답 ×

해설 계급의 개수가 너무 적거나 많으면 자료의 분포 상태를 파악하기 어렵다.

002 정답 ○

003 정답 ×

해설 계급값은 계급을 대표하는 값으로 그 계급의 가운데 값이다.

004 정답 ○

해설 계급의 크기가 4이고 계급값이 8인 계급은 계급값에서 계급의 크기의 $\dfrac{1}{2}$을 빼거나 더해주면 된다.

즉, 계급은 $8 - \dfrac{4}{2}$ 이상 $8 + \dfrac{4}{2}$ 미만이므로 6 이상 10 미만이다.

005 정답 2 / 5

해설 계급의 크기는

$3 - 1 = 5 - 3 = 7 - 5 = \cdots = 11 - 9 = 2$이다.

계급은 (1개 이상 3개 미만), (3개 이상 5개 미만), (5개 이상 7개 미만), (7개 이상 9개 미만), (9개 이상 11개 미만)으로 모두 5개이다.

006 정답 20

해설 도수의 총합은 변량의 개수와 같다.

007 정답 7

해설 4개, 3개, 3개, 4개, 3개, 3개, 4개를 가진 7명이다.

008 정답 8

해설 계급값은 계급의 가운데 값이므로 7개 이상 9개 미만인 계급의 계급값은 $\dfrac{7+9}{2} = 8$(개)이다.

009 정답

펜의 개수(개)	도수(명)	
$1^{이상} \sim 3^{미만}$	///	3
3 ~ 5	////// //	7
5 ~ 7	////// /	6
7 ~ 9	///	3
9 ~ 11	/	1
합계	20	

010 정답 9

해설 도수의 총합이 20이므로

$1 + 5 + A + 3 + 2 = 20$

$11 + A = 20$ $\quad \therefore A = 9$

011 정답 5

해설 도서관 이용 횟수가 12회 이상인 학생 수는

$3 + 2 = 5$이다.

012 정답 0 이상 4 미만

해설 도수가 가장 작은 계급은 0 이상 4 미만이다.

013 정답 30%

해설 도서관 이용 횟수가 8회 미만인 학생 수는 $1 + 5 = 6$이다.

따라서 구하는 백분율은 $\dfrac{6}{20} \times 100 = 30$(%)이다.

014 정답 $\dfrac{3}{20}$

해설 도서관 이용 횟수가 큰 쪽에서 4번째인 학생이 속하는 계급은 12 이상 16 미만이다.

도수의 총합이 20이고 이 계급의 도수가 3이므로 이 계급의 상대도수는 $\dfrac{3}{20}$이다.

015 정답 ×

해설 상대도수의 총합은 항상 1이다.

016 정답 ○

해설 예컨대 어떤 계급의 도수가 10이고 도수의 총합이 100이면 그 계급의 상대도수는 $\dfrac{10}{100} = 0.1$이다.

017 정답 ○

해설 (어떤 계급의 도수)

= (도수의 총합) × (그 계급의 상대도수)이므로 도수의 총합이 50, 상대도수가 0.12인 계급의 도수는

$50 \times 0.12 = 6$이다.

018 정답 ○

해설 상대도수는 각 계급이 전체에서 차지하는 비중을 의미하므로 도수의 총합이 다른 두 자료에서 같은 계급의 비중을 비교하기에 편리하다.

001 정답 ○

002 정답 ○

003 정답 ○
해설 자료 중에 극단적인 값이 있으면 평균은 왜곡될 수 있어 자료 전체의 특징을 잘 나타낼 수 없다. 이때는 중앙값이 대푯값으로 적합하다.

004 정답 ○
해설 1, 2, 3, 4, 100의 평균은
$$\frac{1+2+3+4+100}{5}=\frac{110}{5}=22$$
이다. 그런데 평균 22는 이 자료를 대표하는 값으로 적절하지 않다. 그 이유는 극단적인 값인 100이 평균을 왜곡시키기 때문이다. 이때는 평균보다 중앙값인 3이 대푯값으로 더 적절하다.

005 정답 ○
해설 1, 2, 3, 4의 도수가 모두 2로 같다. 이처럼 자료의 도수가 모두 같으면 최빈값은 없다.
주의 최빈값은 평균이나 중앙값과 달리 한 개만 존재하는 것이 아니라 없거나 여러 개가 존재할 수 있다.

006 정답 5
해설 (평균)$=\dfrac{2+3+3+5+6+7+9}{7}=\dfrac{35}{7}=5$

007 정답 5
해설 자료가 작은 값부터 크기순으로 차례로 나열되어 있고 자료가 홀수개이므로 가운데에 위치한 값 5가 중앙값이다.

008 정답 3
해설 2, 5, 6, 7, 9의 도수는 모두 1이고 3의 도수는 2이다. 자료 중에서 가장 많이 나타나는 3이 최빈값이다.

009 정답 6
해설 (평균)$=\dfrac{3+4+5+6+6+8+8+8}{8}=\dfrac{48}{8}=6$

010 정답 6
해설 자료가 작은 값부터 크기순으로 차례로 나열되어 있고 자료가 짝수개이므로 가운데 위치한 두 값 6, 6의 평균 $\dfrac{6+6}{2}=6$이 중앙값이다.

011 정답 8
해설 3, 4, 5의 도수는 모두 1, 6의 도수는 2, 8의 도수는 3이다. 자료 중에서 가장 많이 나타나는 8이 최빈값이다.

012 정답 10점
해설

수학 수행평가 점수(점)	계급값	도수 (명)	(계급값)×(도수)
0 이상 ~ 4 미만	2	1	2
4 ~ 8	6	2	12
8 ~ 12	10	3	30
12 ~ 16	14	2	28
16 ~ 20	18	1	18
합계		9	90

$$(\text{평균})=\frac{2\times1+6\times2+10\times3+14\times2+18\times1}{9}$$
$$=\frac{90}{9}=10(\text{점})$$

013 정답 10점
해설 도수의 총합 9가 홀수이므로 $\dfrac{9+1}{2}=5$번째의 도수가 속하는 계급(8점 이상 12점 미만)의 계급값 10점이 중앙값이다.

014 정답 10점
해설 3으로 도수가 가장 큰 계급(8점 이상 12점 미만)의 계급값 10점이 최빈값이다.

015 정답 27회
해설

윗몸일으키기 횟수(회)	계급값	도수 (명)	(계급값)×(도수)
0 이상 ~ 10 미만	5	1	5
10 ~ 20	15	2	30
20 ~ 30	25	2	50
30 ~ 40	35	4	140
40 ~ 50	45	1	45
합계		10	270

$$(\text{평균})=\frac{5\times1+15\times2+25\times2+35\times4+45\times1}{10}$$
$$=\frac{270}{10}=27(\text{회})$$

016 정답 30회
도수의 총합 10이 짝수이므로 $\dfrac{10}{2}=5$번째의 도수가 속하는 계급(20회 이상 30회 미만)의 계급값 25회와 $\dfrac{10}{2}+1=6$번째의 도수가 속하는 계급(30회 이상 40회 미만)의 계급값 35회의 평균 $\dfrac{25+35}{2}=30(\text{회})$가 중앙값이다.

017 정답 35회
4로 도수가 가장 큰 계급(30회 이상 40회 미만)의 계급
값 35회가 최빈값이다.

058 분산과 표준편차
본문 P. 131

001 정답 5

해설 $(평균)=\dfrac{7+8+1+5+4}{5}=\dfrac{25}{5}=5$

002 정답 2 / 3 / -4 / 0 / -1

해설 (편차)=(변량)−(평균)이므로
$7-5=2,\ 8-5=3,\ 1-5=-4,\ 5-5=0,\ 4-5=-1$

주의 편차는 변량에서 평균을 뺀 값이다. 편차가 양수이면
변량이 평균보다 크다는 뜻이고, 편차가 음수이면 변량이
평균보다 작다는 뜻이다.

003 정답 ○

해설 산포도는 자료의 값들이 대푯값에 모일수록 작아지
고, 대푯값에서 멀리 흩어질수록 커진다.

004 정답 ○

해설 (편차)=(자료의 값)−(평균)
∴ (자료의 값)=(평균)+(편차)

005 정답 ×

해설 (편차)=(변량)−(평균)이므로 평균보다 작은 변
량의 편차는 음수이다.

006 정답 ×

해설 편차의 절댓값이 작을수록 변량은 평균 가까이에 있
다.

007 정답 16

해설 $(평균)=\dfrac{14+17+18+15+16}{5}=\dfrac{80}{5}=16$

008 정답 -2 / 1 / 2 / -1 / 0

해설 (편차)=(변량)−(평균)이므로
$14-16=-2,\ 17-16=1,\ 18-16=2,$
$15-16=-1,\ 16-16=0$

009 정답 2

해설 $(분산)=\dfrac{\{(편차)^2의\ 총합\}}{(변량의\ 개수)}$
$=\dfrac{(-2)^2+1^2+2^2+(-1)^2+0^2}{5}=\dfrac{10}{5}=2$

010 정답 $\sqrt{2}$

해설 $(표준편차)=\sqrt{(분산)}=\sqrt{2}$

011 정답 10

해설 $(평균)=\dfrac{12+7+12+9+10+10}{6}=\dfrac{60}{6}=10$

012 정답 2 / -3 / 2 / -1 / 0 / 0

해설 (편차)=(변량)−(평균)이므로
$12-10=2,\ 7-10=-3,\ 12-10=2,$
$9-10=-1,\ 10-10=0,\ 10-10=0$

013 정답 3

해설 $(분산)=\dfrac{\{(편차)^2의\ 총합\}}{(변량의\ 개수)}$
$=\dfrac{2^2+(-3)^2+2^2+(-1)^2+0^2+0^2}{6}$
$=\dfrac{18}{6}=3$

014 정답 $\sqrt{3}$

해설 $(표준편차)=\sqrt{(분산)}=\sqrt{3}$

015 정답 ⓐ / ⓔ

해설 표준편차는 변량들이 평균에서 얼마나 흩어져 있는
지를 나타낸 값이므로 자료의 값들이 평균 주위에 모여 있
으면 작고 평균에서 멀리 떨어져 있으면 크다.
주어진 자료 5개 모두 평균은 3이다.
ⓐ (분산)
$=\dfrac{\{(편차)^2의\ 총합\}}{(변량의\ 개수)}$
$=\dfrac{(-2)^2+2^2+(-2)^2+2^2+(-2)^2+2^2+(-2)^2+2^2+(-2)^2+2^2}{10}$
$=\dfrac{40}{10}=4$
ⓑ (분산)
$=\dfrac{(-2)^2+2^2+(-2)^2+2^2+(-2)^2+2^2+0^2+0^2+0^2+0^2}{10}$
$=\dfrac{24}{10}=2.4$
ⓒ (분산)
$=\dfrac{(-1)^2+1^2+(-1)^2+1^2+(-1)^2+1^2+(-1)^2+1^2+(-1)^2+1^2}{10}$
$=\dfrac{10}{10}=1$
ⓓ (분산)
$=\dfrac{(-1)^2+1^2+(-1)^2+1^2+(-1)^2+1^2+0^2+0^2+0^2+0^2}{10}$
$=\dfrac{6}{10}=0.6$
ⓔ (분산)
$=\dfrac{0^2+0^2+0^2+0^2+0^2+0^2+0^2+0^2+0^2+0^2}{10}$
$=0$
표준편차가 가장 큰 것은 ⓐ이고, 가장 작은 것은 ⓔ이다.

001 정답 5

해설 $(\text{평균})=\dfrac{\{(\text{계급값})\times(\text{도수})\text{의 총합}\}}{(\text{도수의 총합})}$

$\qquad\quad=\dfrac{50}{10}=5$

계급	도수	계급값	(계급값)×(도수)
$1^{\text{이상}}\sim3^{\text{미만}}$	2	2	4
$3\ \sim5$	3	4	12
$5\ \sim7$	3	6	18
$7\ \sim9$	2	8	16
합계	10		50

002 정답 4.2

해설 $(\text{분산})=\dfrac{\{(\text{편차})^2\times(\text{도수})\text{의 총합}\}}{(\text{도수의 총합})}$

$\qquad\quad=\dfrac{42}{10}=4.2$

계급	편차	$(\text{편차})^2$	$(\text{편차})^2\times(\text{도수})$
$1^{\text{이상}}\sim3^{\text{미만}}$	-3	9	18
$3\ \sim5$	-1	1	3
$5\ \sim7$	1	1	3
$7\ \sim9$	3	9	18
합계			42

003 정답 $\sqrt{4.2}$

해설 $(\text{표준편차})=\sqrt{(\text{분산})}=\sqrt{4.2}$

004 정답 5

해설 $(\text{평균})=\dfrac{\{(\text{계급값})\times(\text{도수})\text{의 총합}\}}{(\text{도수의 총합})}$

$\qquad\quad=\dfrac{100}{20}=5$

빵의 개수(개)	학생 수 (명)	계급값	(계급값)×(도수)
$0^{\text{이상}}\sim2^{\text{미만}}$	2	1	2
$2\ \sim4$	4	3	12
$4\ \sim6$	8	5	40
$6\ \sim8$	4	7	28
$8\ \sim10$	2	9	18
합계	20		100

005 정답 4.8

해설 $(\text{분산})=\dfrac{\{(\text{편차})^2\times(\text{도수})\text{의 총합}\}}{(\text{도수의 총합})}$

$\qquad\quad=\dfrac{96}{20}=4.8$

빵의 개수(개)	편차	$(\text{편차})^2$	$(\text{편차})^2\times(\text{도수})$
$0^{\text{이상}}\sim2^{\text{미만}}$	-4	16	32
$2\ \sim4$	-2	4	16
$4\ \sim6$	0	0	0
$6\ \sim8$	2	4	16
$8\ \sim10$	4	16	32
합계			96

006 정답 $\sqrt{4.8}$

해설 $(\text{표준편차})=\sqrt{(\text{분산})}=\sqrt{4.8}$

007 정답 15

해설 a,b,c의 평균이 5이므로

$\dfrac{a+b+c}{3}=5\qquad\therefore a+b+c=15$

$3a,3b,3c$의 평균은

$\dfrac{3a+3b+3c}{3}=a+b+c=15$

008 정답 3

해설 a,b,c의 평균이 5이므로

$\dfrac{a+b+c}{3}=5\qquad\therefore a+b+c=15$

$a-2,b-2,c-2$의 평균은

$\dfrac{(a-2)+(b-2)+(c-2)}{3}$

$=\dfrac{a+b+c-6}{3}=\dfrac{9}{3}=3$

009 정답 13

해설 a,b,c의 평균이 5이므로

$\dfrac{a+b+c}{3}=5\qquad\therefore a+b+c=15$

$2a+3,2b+3,2c+3$의 평균은

$\dfrac{(2a+3)+(2b+3)+(2c+3)}{3}$

$=\dfrac{2(a+b+c)+9}{3}=\dfrac{39}{3}=13$

010 정답 ○

해설 C반의 평균이 가장 높으므로 C반의 성적이 가장 좋다.

011 정답 ×

해설 A반과 B반의 평균이 같으므로 A반과 B반의 성적이 같다.

012 정답 ○

해설 B반의 표준편차가 가장 작으므로 B반의 성적이 가장 고르다.

013 정답 ○

해설 C반의 표준편차가 A반의 표준편차보다 작으므로 C반이 A반보다 성적이 고르다.

014 정답 ×

해설 평균과 표준편차만으로 95점 이상의 고득점자의 인원 수를 알 수 없다.

060 산점도와 상관관계

본문 P. 135

001 정답 8

해설 A의 1차 점수는 8점이다.

002 정답 3

해설 대각선 위에 있는 점은 1차 점수와 2차 점수가 같은 점이다.

따라서 1차 점수와 2차 점수가 같은 학생은 모두 3명이다.

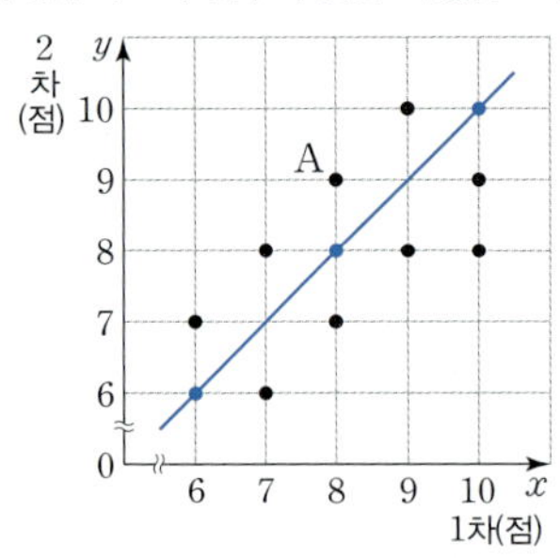

003 정답 8

해설 1차 점수가 8점 이상인 점은 1차 점수가 8점인 직선과 그 오른쪽에 있는 점의 개수와 같다.

따라서 1차 점수가 8점 이상인 학생은 8명이다.

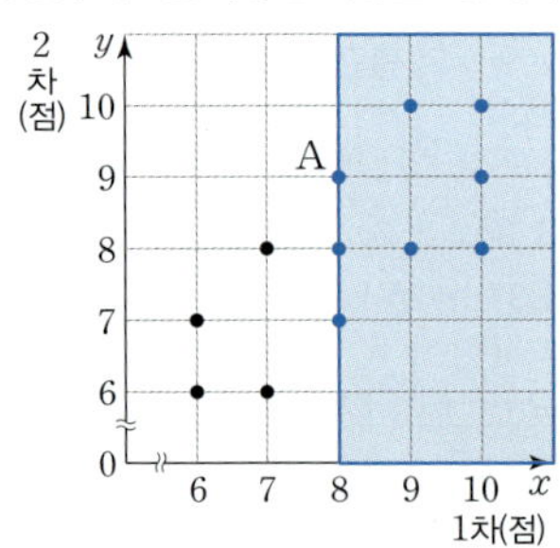

004 정답 4

해설 2차 점수가 1차 점수보다 높은 점은 대각선 위쪽에 있는 점이다.

따라서 2차 점수가 1차 점수보다 높은 학생은 4명이다.

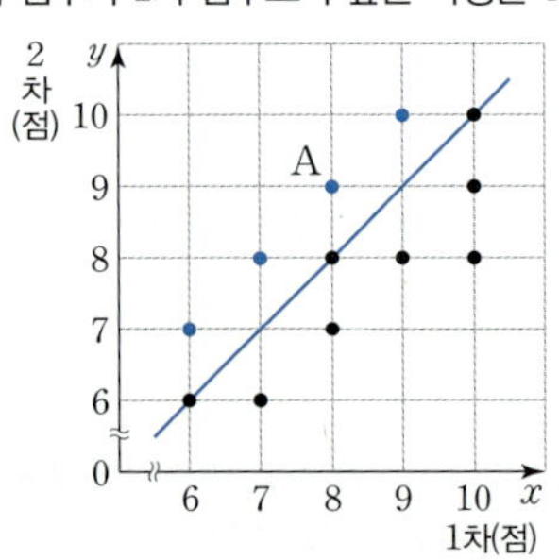

005 정답 양

해설 여름철에 기온이 올라가면 물 소비량이 증가하고 기온이 내려가면 물 소비량이 감소한다.

따라서 여름철 기온과 물 소비량은 양의 상관관계가 있다.

006 정답 음

해설 물건의 공급량이 증가할수록 가격은 대체로 감소하므로 물건의 공급량과 가격은 음의 상관관계가 있다.

007 정답 없

해설 노래 실력과 수학 성적은 상관관계가 없다.

008 정답 음

해설 낮의 길이가 길어질수록 밤의 길이는 짧아지므로 낮의 길이와 밤의 길이는 음의 상관관계가 있다.

009 정답 양

해설 교통량이 증가할수록 대기 오염도가 대체로 증가하므로 교통량과 대기 오염도는 양의 상관관계가 있다.

010 정답 없

해설 키와 시력은 상관관계가 없다.

011 정답 ⓒ

해설 도시 인구가 증가할수록 교통량이 대체로 증가하므로 도시 인구와 교통량은 양의 상관관계가 있다.

012 정답 ⓐ

해설 발의 크기와 수학 성적은 상관관계가 없다.

013 정답 ⓑ

해설 장미꽃의 생산량이 증가할수록 가격은 대체로 감소하므로 장미꽃의 생산량과 가격은 음의 상관관계가 있다.

014 정답 ×

해설 A는 영어 성적이 낮지만 수학 성적은 높다.

015 정답 ○

해설 B는 수학 성적보다 영어 성적이 더 낮은 편이다.

016 정답 ○

해설 C는 수학 성적과 영어 성적이 모두 높은 편이다.

017 정답 ×

해설 D는 E보다 수학 성적도 낮고 영어 성적도 낮은 편이다.

018 정답 ×

해설 수학 성적과 영어 성적 사이에는 양의 상관관계가 있다.

001 정답 4개 / 6개
해설 교점은 꼭짓점이고 그 개수는 4개이다.
교선은 모서리이고 그 개수는 6개이다.

002 정답 6개 / 9개
해설 교점은 꼭짓점이고 그 개수는 6개이다.
교선은 모서리이고 그 개수는 9개이다.

003 정답 $\overline{AB}$
해설 $\overline{BA}$로 나타낼 수도 있지만 잘 쓰이지 않는다.

004 정답 $\overrightarrow{AB}$
해설 $\overrightarrow{BA}$로 나타낼 수도 있지만 잘 쓰이지 않는다.

005 정답 $\overrightarrow{AB}$
해설 점 A를 시작점으로 하고 점 B의 방향으로 뻗어 나가는 반직선이므로 $\overrightarrow{AB}$이다.

006 정답 $\overrightarrow{BA}$
해설 점 B를 시작점으로 하고 점 A의 방향으로 뻗어 나가는 반직선이므로 $\overrightarrow{BA}$이다.

007 정답 ○

008 정답 ×
해설 $\overrightarrow{BA}$는 점 B를 시작점으로 하고 점 A의 방향으로 뻗어 나가는 반직선이다.
$\overrightarrow{BC}$는 점 B를 시작점으로 하고 점 C의 방향으로 뻗어 나가는 반직선이다.
따라서 $\overrightarrow{BA}$와 $\overrightarrow{BC}$는 반대 방향의 반직선이다.
$\therefore \overrightarrow{BA} \neq \overrightarrow{BC}$

009 정답 ○
해설 두 반직선 $\overrightarrow{AB}$, $\overrightarrow{AC}$ 모두 점 A를 시작점으로 하고 점 A에서 점 B와 점 C가 같은 방향이므로 $\overrightarrow{AB}=\overrightarrow{AC}$이다.

010 정답 ○
해설 세 점 A, B, C가 일직선 위에 있으므로 세 점 중에서 어떤 두 점을 지나는 직선은 모두 같다.
$\overleftrightarrow{AB}=\overleftrightarrow{BA}=\overleftrightarrow{BC}=\overleftrightarrow{CB}=\overleftrightarrow{CA}=\overleftrightarrow{AC}$

011 정답 ×
해설 교점은 선과 선 또는 선과 면이 만나서 생기는 점이다.

012 정답 ○

013 정답 ×
해설 두 반직선이 같으려면 시작점과 뻗어 나가는 방향이 모두 같아야 한다.

014 정답 ○
해설 서로 다른 두 점을 지나는 직선은 오직 하나뿐이다.
즉, 서로 다른 두 점은 오직 하나의 직선을 결정한다.

015 정답 ○

016 정답 6
해설 $\overline{AN}=\overline{NM}=3$
$\therefore \overline{MB}=\overline{AM}=2\overline{AN}=2\times3=6$

017 정답 15
해설 $\overline{AM}=\overline{MN}=\overline{NB}$
$\overline{AM}=\dfrac{1}{2}\overline{AN}=2\times10=5$
$\therefore \overline{AB}=3\overline{AM}=3\times5=15$

018 정답 6
해설 $\overline{AM}=\overline{MC}=\overline{CB}=\dfrac{1}{3}\overline{AB}=\dfrac{1}{3}\times12=4$
$\overline{CN}=\overline{NB}=\dfrac{1}{2}\overline{CB}=\dfrac{1}{2}\times4=2$
$\therefore \overline{MN}=\overline{MC}+\overline{CN}=4+2=6$

001 정답 $50°$
해설 $130°+x=180°$ $\therefore x=50°$

002 정답 $30°$
해설 $2x+3x+x=180°$ $\therefore x=30°$

003 정답 $60°$
해설 $90°+x+30°=180°$ $\therefore x=60°$

004 정답 $140°$ / $40°$
해설 맞꼭지각의 크기는 서로 같으므로 $x=140°$
$140°+y=180°$ $\therefore y=180°-140°=40°$

005 정답 $30°$ / $150°$
해설 맞꼭지각의 크기는 서로 같으므로
$x=2x-30°$ $\therefore x=30°$
$x+y=180°$ $\therefore y=180°-x=150°$

006 정답 $110°$ / $40°$
해설 맞꼭지각의 크기는 서로 같으므로
$3y-50°=y+30°$ $\therefore y=40°$
$(3y-50°)+x=180°$
$\therefore x=180°-3y+50°=110°$

 정답 80°
해설 맞꼭지각의 크기가 서로 같음을 이용하면
$$60°+x+40°=180° \qquad ∴ x=80°$$

008 정답 30°
해설 맞꼭지각의 크기가 서로 같음을 이용하면
$$2x+3x+x=180° \qquad ∴ x=30°$$

009 정답 30°
해설 맞꼭지각의 크기가 서로 같음을 이용하면
$$x+40°+(4x-10°)=180° \qquad ∴ x=30°$$

010 정답 2.4cm / 4cm
해설 점 B와 선분 AC 사이의 거리는 점 B에서 선분 AC에 내린 수선 BD의 길이인 2.4cm이다.
점 C와 선분 AB 사이의 거리는 선분 BC의 길이인 4cm이다.

011 정답 5cm / 4cm
해설 점 A와 선분 CD 사이의 거리는 점 A에서 선분 CD에 내린 수선의 발까지의 거리인 5cm이다.
점 A와 선분 BC 사이의 거리는 점 A에서 선분 BC에 내린 수선의 발까지의 거리인데 이 거리와 선분 DE의 길이가 같으므로 4cm이다.

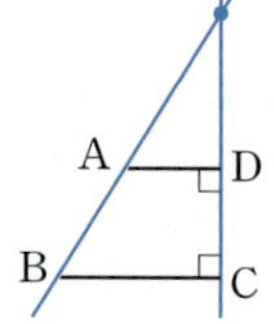
063 점과 직선, 점과 평면, 두 직선의 위치 관계 본문 P. 143

001 정답 점 B, 점 E
해설 직선 l이 두 점 B, E를 지난다.

002 정답 점 E
해설 두 직선 l, m 위에 동시에 있는 점은 두 직선 l, m의 교점 E이다.

003 정답 점 A, 점 C, 점 D
해설 직선 l이 세 점 A, C, D를 지나지 않는다.

004 정답 점 D
해설 두 직선 l, m이 지나지 않는 점은 D이다.

005 정답 점 A, 점 B

006 정답 $\overrightarrow{AB}$, $\overrightarrow{BC}$

007 정답 $\overrightarrow{AD}$, $\overrightarrow{BC}$, $\overrightarrow{CD}$
해설 $\overrightarrow{AB}$와 $\overrightarrow{CD}$는 다음 그림과 같이 한 점에서 만난다.

008 정답 $\overrightarrow{BC}$

009 정답 면 ABC, 면 ACD, 면 ADB

010 정답 면 ABC, 면 BCD

011 정답 점 A

012 정답 모서리 AC, 모서리 AD, 모서리 BC, 모서리 BE

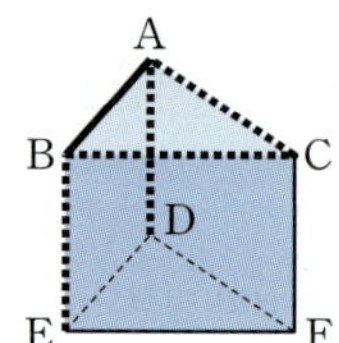

013 정답 모서리 AD, 모서리 CF

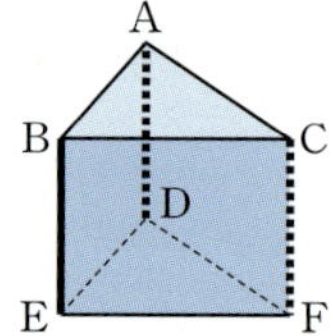

014 정답 모서리 AB, 모서리 AC, 모서리 AD

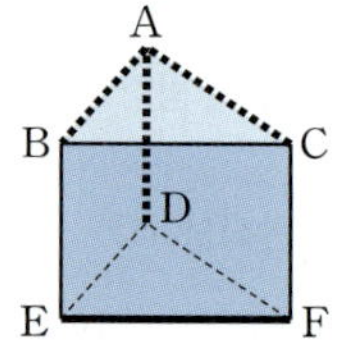

015 정답 모서리 CD

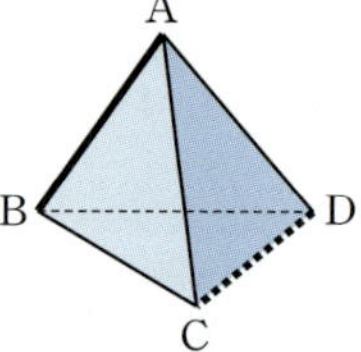

016 정답 모서리 AD

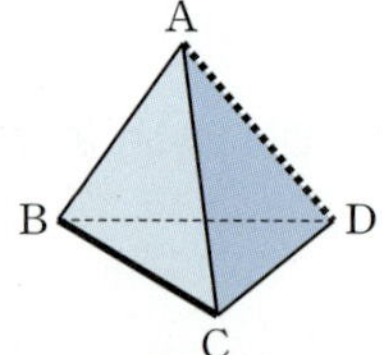

017 정답 모서리 AC

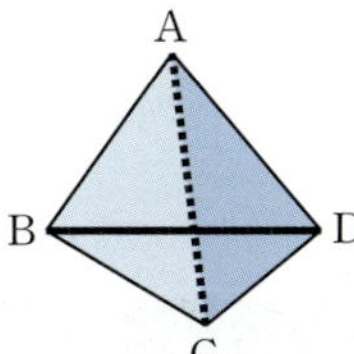

064 공간에서 직선과 평면, 두 평면의 위치 관계 　본문 P. 145

001 정답 면 ABCD, 면 ABFE

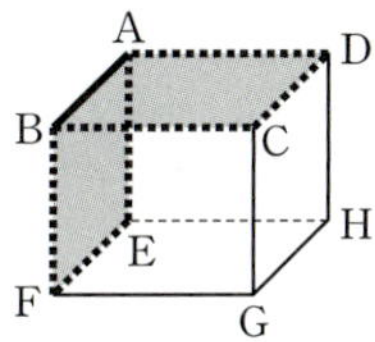

002 정답 면 ABFE, 면 CGHD

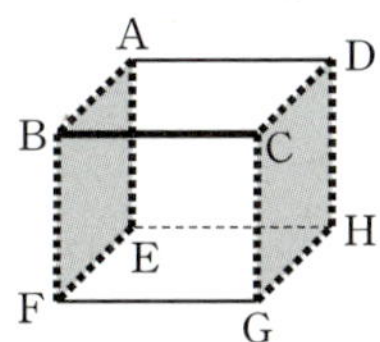

003 정답 모서리 AE, 모서리 BF, 모서리 CG, 모서리 DH

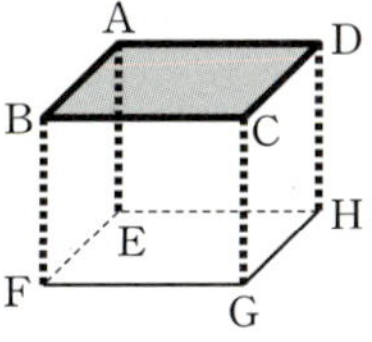

004 정답 모서리 AE, 모서리 EH, 모서리 HD, 모서리 DA

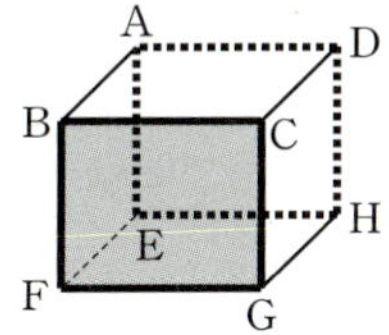

005 정답 모서리 AB, 모서리 BC, 모서리 CA

006 정답 모서리 AB, 모서리 AC, 모서리 DE, 모서리 DF

007 정답 면 BEFC

008 정답 면 DEF
해설 직선과 평면이 만나지 않을 때, 평행하다.

---

009 정답 면 ABFE, 면 BCGF, 면 CDHG, 면 DAEH
해설 평행하지 않은 서로 다른 두 평면은 반드시 만나 교선을 만든다.

010 정답 면 ABCD, 면 EFGH, 면 BFEA, 면 CGHD

011 정답 면 BFEA
해설 두 평면이 만나지 않을 때, 평행하다.

012 정답 모서리 BC
해설 면과 면이 만나는 선을 교선이라 한다.

013 정답 ×
해설 면 ABC와 평행한 모서리는 모서리 DE, 모서리 EF, 모서리 FD로 3개이다.

014 정답 ×
해설 면 ADEB와 만나는 면은 면 ABC, 면 DEF, 면 BEFC, 면 ADFC로 4개이다.

015 정답 ○
해설 면 BEFC와 수직인 면은 면 ABC, 면 DEF, 면 ADEB로 3개이다.

016 정답 ○
해설 모서리 AC와 모서리 DE는 서로 만나지도 않고 평행하지도 않으므로 꼬인 위치에 있다.

017 정답 ×
해설 모서리 BC와 모서리 DF는 꼬인 위치에 있으므로 한 점에서 만나지 않는다.

---

065 동위각과 엇각, 평행선의 성질 　본문 P. 147

001 정답 $85°$ / $115°$
해설 두 직선 l, m이 평행하므로 동위각의 크기는 같다.
$\angle x$와 $85°$는 동위각이므로 $x=85°$
$(\angle y$의 동위각$)+65°=180°$이므로 $y=115°$
별해 $(\angle y$의 엇각$)+65°=180°$이므로 $y=115°$

002 정답 $40°$ / $45°$
해설 두 직선 l, m이 평행하므로 엇각의 크기는 같다.
$\angle x$와 $40°$는 엇각이므로 $x=40°$
$(\angle y$의 엇각$)+135°=180°$이므로 $y=45°$

003 정답 $130°$ / $70°$
해설 두 직선 l, m이 평행하므로 동위각의 크기가 같고, 엇각의 크기도 같다.
$(\angle x$의 동위각$)+50°=180°$이므로 $x=130°$

$50°+\angle y$와 $120°$는 엇각이므로

$50°+\angle y=120°$ $\quad\therefore\ y=70°$

별해 ($50°$의 엇각)$+\angle x=180°$이므로 $x=130°$

004 정답 $75°\ /\ 130°$

해설 두 직선 l, m이 평행하므로 엇각의 크기는 같다.

$\{(\angle x+50°)$의 엇각$\}+55°=180°$이므로 $x=75°$

($\angle y$의 엇각)$+50°=180°$이므로 $y=130°$

별해 $\angle x+50°+(55°$의 동위각$)=180°$이므로

$x=75°$

($50°$의 엇각)$+\angle y=180°$이므로 $y=130°$

005 정답 $105°$

해설 두 직선 l, m에 평행한 점선을 그린다.

두 직선이 평행하면 엇각의 크기는 같으므로

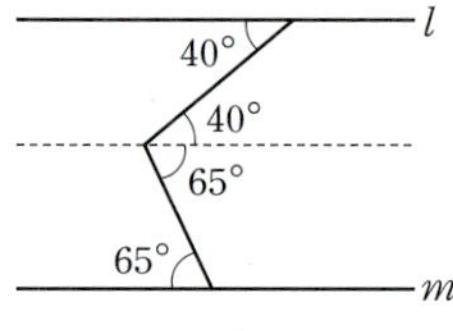

$x=40°+65°=105$

006 정답 $130°$

해설 두 직선 l, m에 평행한 2개의 점선을 그린다.

두 직선이 평행하면 엇각의 크기는 같으므로

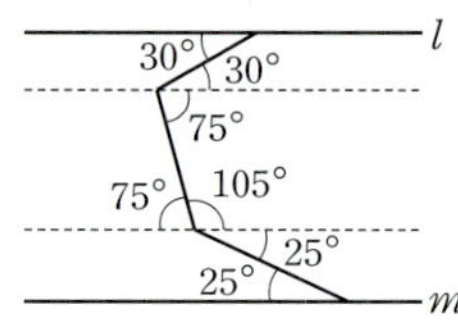

$x=105°+25°=130$

007 정답 $l/\!/n$

해설 동위각($70°$)의 크기가 같으면 두 직선(l, n)은 평행하다.

008 정답 $l/\!/m$

해설 엇각($60°$)의 크기가 같으면 두 직선(l, m)은 평행하다.

009 정답 $40°$

해설 $\angle FEC=\angle FEG$(접은 각)

$\qquad =\angle GFE$(엇각)

$\qquad =\dfrac{1}{2}(180°-100°)=40°$

참고 $\triangle GEF$는 양 밑각의 크기가 $40°$인 이등변삼각형이다.

010 정답 $40°$

해설 $\angle FEG=\angle DEG$(접은 각)

$\qquad =\angle FGE$(엇각)

$\qquad =180°-110°=70°$

$\triangle FEG$는 양 밑각의 크기가 $70°$인 이등변삼각형이므로

$\angle EFG=180°-2\times\angle FEG$

$\qquad =180°-2\times70°=40°$

본문 P. 149

001 정답 $\overline{BC}$

해설 $\angle A$의 대변은 $\angle A$와 마주보는 변 BC이다.

002 정답 $\angle C$

해설 $\overline{AB}$의 대각은 변 AB와 마주보는 $\angle C$이다.

003 정답 $\overline{CA}$

해설 $\angle B$의 대변은 $\angle B$와 마주보는 변 CA이다.

004 정답 $\angle A$

해설 $\overline{BC}$의 대각은 변 BC와 마주보는 $\angle A$이다.

005 정답 $\overline{AB}$

해설 $\angle C$의 대변은 $\angle C$와 마주보는 변 AB이다.

006 정답 $\angle B$

해설 $\overline{CA}$의 대각은 변 CA와 마주보는 $\angle B$이다.

007 정답 $\times$

해설 $3=1+2$

즉, (가장 긴 변의 길이)$\geq$(나머지 두 변의 길이의 합)이므로 삼각형을 작도할 수 없다.

008 정답 $\times$

해설 $5>1+3$

즉, (가장 긴 변의 길이)$\geq$(나머지 두 변의 길이의 합)이므로 삼각형을 작도할 수 없다.

009 정답 $\bigcirc$

해설 $4<2+3$

즉, (가장 긴 변의 길이)$<$(나머지 두 변의 길이의 합)이므로 삼각형을 작도할 수 있다.

010 정답 $\bigcirc$

해설 $5<3+4$

즉, (가장 긴 변의 길이)$<$(나머지 두 변의 길이의 합)이므로 삼각형을 작도할 수 있다.

011 정답 $\bigcirc$

해설 $4<4+4$

즉, (가장 긴 변의 길이)$<$(나머지 두 변의 길이의 합)이므로 삼각형을 작도할 수 있다.

이때 세 변의 길이가 모두 같으므로 정삼각형이다.

012 정답 $3 < x < 9$

해설 가장 긴 변의 길이가 $x$cm일 때
$x < 3 + 6$ ∴ $x < 9$ …… ㉠
가장 긴 변의 길이가 6cm일 때
$6 < 3 + x$ ∴ $x > 3$ …… ㉡
㉠, ㉡에서 $3 < x < 9$

013 정답 $3 < x < 15$

해설 가장 긴 변의 길이가 $x$cm일 때
$x < 6 + 9$ ∴ $x < 15$ …… ㉠
가장 긴 변의 길이가 9cm일 때
$9 < 6 + x$ ∴ $x > 3$ …… ㉡
㉠, ㉡에서 $3 < x < 15$

014 정답 ×

해설 세 변의 길이가 주어졌을지라도 $6 > 3 + 2$, 즉
(가장 긴 변의 길이)≥(나머지 두 변의 길이의 합)이므
로 삼각형이 그려지지 않는다.

015 정답 ○

해설 세 변의 길이가 주어지고 $6 < 3 + 4$, 즉
(가장 긴 변의 길이)<(나머지 두 변의 길이의 합)이므
로 삼각형이 하나로 정해진다.

016 정답 ×

해설 세 변의 길이가 주어졌을지라도 $8 = 3 + 5$, 즉
(가장 긴 변의 길이)≥(나머지 두 변의 길이의 합)이므
로 삼각형이 그려지지 않는다.

017 정답 ○

해설 두 변 AB, BC의 길이와 그 끼인 각 ∠B의 크기가
주어지면 삼각형이 하나로 정해진다.

018 정답 ×

해설 다음 그림과 같이 △A₁BC와 △A₂BC 2개로 그려
진다.

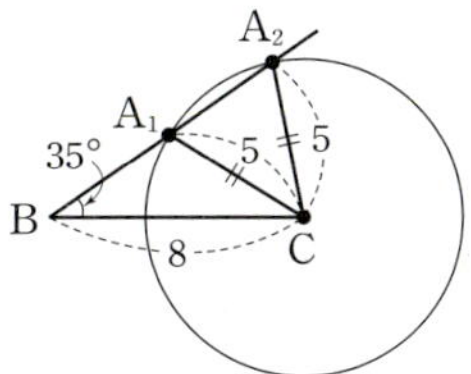

두 변의 길이와 그 끼인 각이 아닌 다른 한 각의 크기가 주
어지면 삼각형이 그려지지 않거나 1개 또는 2개로 그려진
다.

019 정답 ○

해설 한 변 BC의 길이와 그 양 끝각 ∠B, ∠C의 크기가
주어졌으므로 삼각형이 하나로 정해진다.

020 정답 ○

해설 ∠A와 ∠C가 변 AB의 양 끝각이 아니지만 ∠A와
∠C의 크기가 주어졌으므로 ∠B의 크기를 알 수 있다.
즉, 한 변 AB의 길이와 그 양 끝각 ∠A, ∠B의 크기가
주어진 것과 같으므로 삼각형은 하나로 결정된다.

021 정답 ×

해설 세 각의 크기가 주어지면 모양은 같고 크기가 다른,
즉 닮음인 삼각형이 무수히 많이 그려진다.

001 정답 ASA합동

해설 △ABC에서 ∠B=60°, $\overline{BC}$=5cm, ∠C=40°
△DEF에서 ∠E=60°, $\overline{EF}$=5cm, ∠F=40°
즉, 대응하는 한 변의 길이가 같고 그 양 끝각의 크기가 각
각 같으므로 ASA합동이다.

002 정답 △DEF

해설 ∠A=80°, ∠F=40°이므로
∠A=∠D, ∠B=∠E, ∠C=∠F이다.
∴ △ABC≡△DEF

003 정답 ∠E

해설 △ABC≡△DEF이므로 ∠B의 대응각은 ∠E이
다.

004 정답 $\overline{DF}$

해설 △ABC≡△DEF이므로 변 AC의 대응변은 $\overline{DF}$이
다.

005 정답 ○

해설 대응하는 세 변의 길이가 같으므로 SSS합동이다.

006 정답 ×

해설 대응하는 두 변의 길이가 같지만 서로 같은 각이 두
변 사이에 끼인 각이 아니므로 두 삼각형은 합동일 수도
있고 합동이 아닐 수도 있다.

007 정답 ○

해설 대응하는 두 변의 길이가 같고 그 끼인 각의 크기가
같으므로 SAS합동이다.

008 정답 ○

해설 대응하는 한 변의 길이가 같고 그 양 끝각의 크기가
각각 같으므로 ASA합동이다.

009 정답 ×
해설 대응하는 세 각의 크기가 같다고 해서 반드시 합동이 되는 것은 아니다. 이때 두 삼각형은 닮음이다.

010 정답 △EFD / SSS합동
해설 대응하는 세 변의 길이가 같으므로 SSS합동이다.

011 정답 △FDE / ASA합동
해설 대응하는 한 변의 길이가 같고 ∠B=80°이므로 그 양 끝각의 크기가 각각 같다.

012 정답 △EDF / SAS합동
해설 대응하는 두 변의 길이가 같고 ∠E=50°이므로 그 끼인 각의 크기가 같다.

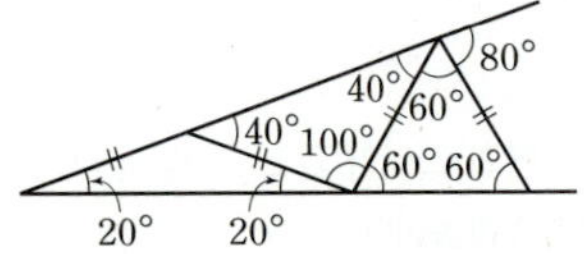

068 다각형의 내각과 외각

001 정답 8개
해설 팔각형이므로 꼭짓점의 개수는 8개이다.

002 정답 5개
해설 n각형의 한 꼭짓점에서 그을 수 있는 대각선의 개수는 자기 자신과 양 옆의 꼭짓점을 제외한 $(n-3)$개이다.
∴ $8-3=5$

003 정답 20개
해설 n개의 꼭짓점에서 대각선을 모두 그으면 $n(n-3)$개가 된다. 그런데 이것은 한 대각선을 두 번씩 센 것이므로 실제 대각선의 개수는 $\dfrac{n(n-3)}{2}$이다.
∴ $\dfrac{8\times(8-3)}{2}=20$

004 정답 20°
해설 삼각형의 세 내각의 크기의 합은 180°이므로
$(x+40°)+2x+(3x+20°)=180°$
$6x=120°$ ∴ $x=20°$

005 정답 50°
해설 삼각형의 한 외각의 크기는 그와 이웃하지 않는 두 내각의 크기의 합과 같으므로
$2x=(x-10°)+60°$ ∴ $x=50°$

006 정답 80°
해설 삼각형의 한 외각의 크기는 그와 이웃하지 않는 두 내각의 크기의 합과 같음을 이용한다.

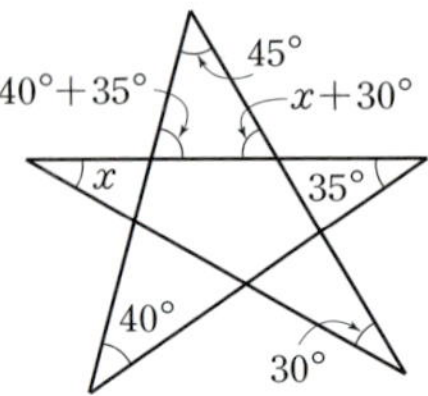

007 정답 30°
해설 삼각형의 한 외각의 크기는 그와 이웃하지 않는 두 내각의 크기의 합과 같음을 이용한다.

$(40°+35°)+(x+30°)+45°=180°$ ∴ $x=30°$

008 정답 110°
해설 5각형의 내각의 크기의 합은 $180°\times(5-2)$이므로
$105°+120°+110°+x+(180°-85°)$
$=180°\times(5-2)$
∴ $x=110°$

009 정답 70°
해설 다각형의 외각의 크기의 합은 360°이므로
$60°+90°+(2x-10°)+80°=360°$ ∴ $x=70°$

010 정답 120° / 60°
해설 (정육각형의 한 내각의 크기)$=\dfrac{180°\times(6-2)}{6}$
$=120°$

(정육각형의 한 외각의 크기)$=\dfrac{360°}{6}=60°$

별해 정다각형의 한 외각의 크기를 먼저 구한 다음 한 내각과 외각의 크기의 합이 180°라는 것을 이용하여 한 내각의 크기를 구하는 방법도 있다.
(정육각형의 한 외각의 크기)$=\dfrac{360°}{6}=60°$
(정육각형의 한 내각의 크기)$=180°-60°=120°$

011 정답 135° / 45°
해설 (정팔각형의 한 내각의 크기)$=\dfrac{180°\times(8-2)}{8}$
$=135°$

(정팔각형의 한 외각의 크기)$=\dfrac{360°}{8}=45°$

별해 (정팔각형의 한 외각의 크기)$=\dfrac{360°}{8}=45°$
(정팔각형의 한 내각의 크기)$=180°-45°=135°$

012 정답 144° / 36°
해설 (정십각형의 한 내각의 크기)$=\dfrac{180°\times(10-2)}{10}$
$=144°$

(정십각형의 한 외각의 크기)$=\dfrac{360°}{10}=36°$

별해 (정십각형의 한 외각의 크기)$=\dfrac{360°}{10}=36°$
(정십각형의 한 내각의 크기)$=180°-36°=144°$

001 정답 6

해설 호의 길이는 중심각의 크기에 정비례하므로
$$60° : 3 = 120° : x$$
$$3 \times 120° = 60° \times x \qquad \therefore x = 6$$

참고 비례식 $a : b = c : d$에서 내항의 곱은 외항의 곱과 같으므로 $b \times c = a \times d$이다.

002 정답 $25°$

해설 호의 길이는 중심각의 크기에 정비례하므로
$$100° : 16 = x : 4$$
$$16 \times x = 100° \times 4 \qquad \therefore x = 25°$$

003 정답 5

해설 호의 길이는 중심각의 크기에 정비례하므로
$$80° : 8 = 50° : x$$
$$8 \times 50° = 80° \times x \qquad \therefore x = 5$$

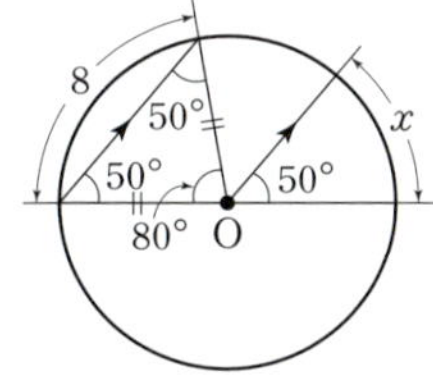

004 정답 3

해설 부채꼴의 넓이는 중심각의 크기에 정비례하므로
$$150° : 9 = 50° : x$$
$$9 \times 50° = 150° \times x \qquad \therefore x = 3$$

005 정답 15

해설 부채꼴의 넓이는 중심각의 크기에 정비례하므로
$$40° : 5 = 120° : x$$
$$5 \times 120° = 40° \times x \qquad \therefore x = 15$$

006 정답 $90°$

해설 부채꼴의 넓이는 중심각의 크기에 정비례하므로
$$30° : 4 = x : 12$$
$$4 \times x = 30° \times 12 \qquad \therefore x = 90°$$

007 정답 ○

해설 호의 길이는 중심각의 크기에 정비례한다.
즉, 중심각의 크기가 2배 커지면 호의 길이도 2배 커진다.

008 정답 ×

해설 현의 길이는 중심각의 크기에 정비례하지 않는다.
즉, 중심각의 크기가 2배 커진다고 해서 현의 길이도 2배 커지는 것은 아니다.

009 정답 ○

해설 원의 둘레의 길이는 중심각의 크기가 $360°$인 호의 길이이므로 중심각의 크기가 $60°$인 호의 길이의 6배이다.

별해 $60° : \widehat{AB} = 360° : (원의 둘레의 길이)$
$$\therefore (원의 둘레의 길이) = 6\widehat{AB}$$

010 정답 ×

해설 $\triangle COD$를 다음 그림과 같이 $\triangle AOE$로 옮겨 그리면 $\triangle AOB$의 넓이는 $\triangle AOE$의 넓이의 2배보다 작다.

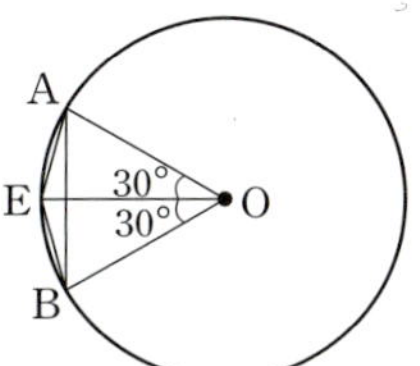

참고 $\triangle AOB$의 변 AB와 $\triangle COD$의 변 CD는 모두 현이다. 그런데 현의 길이는 중심각의 크기에 정비례하지 않으므로 삼각형의 넓이도 중심각의 크기에 정비례하지 않는다.

011 정답 ○

해설 부채꼴의 넓이는 중심각의 크기에 정비례한다.
$$60° : (부채꼴 AOB의 넓이)$$
$$= 30° : (부채꼴 COD의 넓이)$$
$$\therefore (부채꼴 AOB의 넓이) = 2(부채꼴 COD의 넓이)$$

012 정답 $(6\pi + 18)\,\text{cm} \,/\, 27\pi\,\text{cm}^2$

해설 $l = (2\pi \times 9) \times \dfrac{120}{360} + 9 \times 2 = 6\pi + 18$

$$S = (\pi \times 9^2) \times \dfrac{120}{360} = 27\pi$$

참고 반지름의 길이가 r인 원의 둘레의 길이는 $2\pi \times r$, 원의 넓이는 $\pi \times r^2$이다.

013 정답 $(5\pi + 6)\,\text{cm} \,/\, \dfrac{15}{2}\pi\,\text{cm}^2$

해설 $l = (2\pi \times 9 + 2\pi \times 6) \times \dfrac{60}{360} + 3 \times 2 = 5\pi + 6$

$$S = (\pi \times 9^2 - \pi \times 6^2) \times \dfrac{60}{360} = \dfrac{15}{2}\pi$$

014 정답 $(10\pi + 12)\,\text{cm} \,/\, 30\pi\,\text{cm}^2$

해설 부채꼴의 중심각의 크기를 $x°$라 하면
$$(2\pi \times 6) \times \dfrac{x}{360} = 10\pi \qquad \therefore x = 300$$

$$l = (2\pi \times 6) \times \dfrac{300}{360} + 6 \times 2 = 10\pi + 12$$

$$S = (\pi \times 6^2) \times \dfrac{300}{360} = 30\pi$$

015 정답 $(16\pi - 32)\,\text{cm}^2$

해설 $(사분원의 넓이) - (직각이등변삼각형의 넓이)$
$$= (\pi \times 8^2) \times \dfrac{1}{4} - \dfrac{1}{2} \times 8 \times 8$$
$$= 16\pi - 32$$

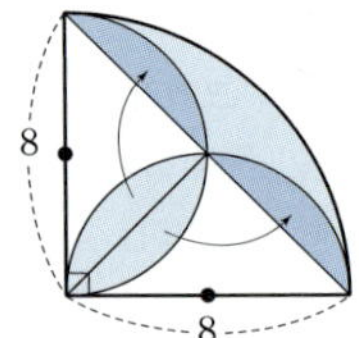

016 정답 $3\pi\,\mathrm{cm}^2$

해설 (반지름의 길이가 3인 반원의 넓이)
  ─(반지름의 길이가 2인 반원의 넓이)
  ＋(반지름의 길이가 1인 반원의 넓이)
$$=(\pi\times3^2-\pi\times2^2+\pi\times1^2)\times\frac{1}{2}=3\pi$$

017 정답 $(64-16\pi)\,\mathrm{cm}^2$

해설 부채꼴 4개를 서로 붙이면 반지름의 길이가 4인 원이 된다.
한 변의 길이가 8인 정사각형의 넓이에서 반지름의 길이가 4인 원의 넓이를 빼면 된다.
$$\therefore\ 8\times8-\pi\times4^2=64-16\pi$$

070 다면체
본문 P. 157

001 정답 삼각기둥 / 사각뿔 / 오각뿔대

002 정답 5개 / 5개 / 7개

003 정답 9개 / 8개 / 15개

004 정답 6개 / 5개 / 10개

005 정답 오각뿔

해설 밑면이 1개이고 옆면이 모두 삼각형이므로 각뿔 모양이다. 각뿔에서 모서리의 개수는
(밑면의 모서리의 개수)×2이므로 모서리가 10개인 각뿔은 오각뿔이다.

006 정답 칠각뿔대

해설 2개의 밑면이 서로 평행하고 옆면이 모두 사다리꼴이므로 각뿔대 모양이다. 각뿔대에서 꼭짓점의 개수는
(밑면의 꼭짓점의 개수)×2이므로 꼭짓점이 14개인 각뿔대는 칠각뿔대이다.

007 정답 ×

해설 모든 면이 합동인 정다각형이고 각 꼭짓점에 모인 면의 개수가 같은 다면체를 정다면체라 한다.

008 정답 ×

해설 한 꼭짓점에 모인 면이 3개인 정다면체는 정사면체, 정육면체, 정십이면체로 모두 3가지이다.

009 정답 ○

해설 정사면체, 정팔면체, 정이십면체의 면의 모양은 정삼각형으로 모두 같다.

010 정답 ○

해설 정팔면체는 정삼각형 8개로 만들어진 입체도형이고 꼭짓점 하나를 4개의 정삼각형이 공유한다.
따라서 정팔면체의 꼭짓점의 개수는
$$\frac{(\text{정삼각형의 꼭짓점의 개수})\times8}{4}=\frac{3\times8}{4}=6$$

011 정답 ○

해설 정십이면체는 정오각형 12개로 만들어진 입체도형이고 모서리 하나를 2개의 정오각형이 공유한다.
따라서 정십이면체의 모서리의 개수는
$$\frac{(\text{정오각형의 모서리의 개수})\times12}{2}=\frac{5\times12}{2}=30$$

012 정답 정육면체

해설 한 꼭짓점에 모인 면이 3개인 정다면체는 정사면체, 정육면체, 정십이면체이다.
이 중에서 모서리가 12개인 정다면체는 정육면체이다.

013 정답 정이십면체

해설 모든 면이 합동인 정삼각형으로 이루어진 정다면체는 정사면체, 정팔면체, 정이십면체이다.
이 중에서 한 꼭짓점에 모인 면이 5개인 정다면체는 정이십면체이다.

014 정답 정팔면체

해설 정삼각형 8개로 이루어진 정다면체는 정팔면체뿐이다.

015 정답 4개

해설 정팔면체의 한 꼭짓점에 모인 면은 4개이다.

016 정답 6개

해설 정팔면체는 정삼각형 8개로 만들어진 입체도형이고 꼭짓점 하나를 4개의 정삼각형이 공유한다.
따라서 정팔면체의 꼭짓점의 개수는
$$\frac{(\text{정삼각형의 꼭짓점의 개수})\times8}{4}=\frac{3\times8}{4}=6$$

017 정답 12개

해설 정팔면체는 정삼각형 8개로 만들어진 입체도형이고 모서리 하나를 2개의 정삼각형이 공유한다.
따라서 정팔면체의 모서리의 개수는
$$\frac{(\text{정삼각형의 모서리의 개수})\times8}{2}=\frac{3\times8}{2}=12$$

071 회전체

001 정답
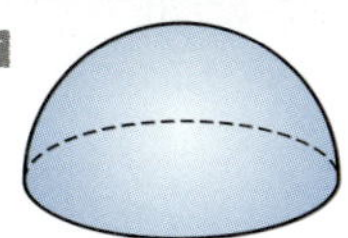

002 정답
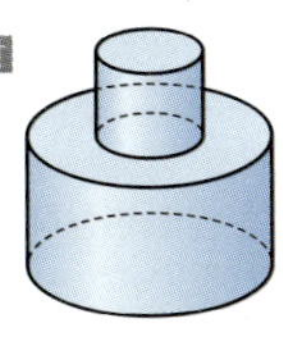

003 정답
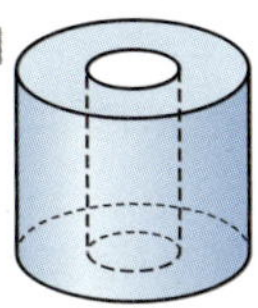

004 정답 직사각형

005 정답 이등변삼각형

006 정답 등변사다리꼴

007 정답 반원

008 정답 ○
해설 구의 중심을 지나는 모든 직선이 회전축이다.

009 정답 ×
해설 구는 전개도를 그릴 수 없다.

010 정답 ○

011 정답 ○

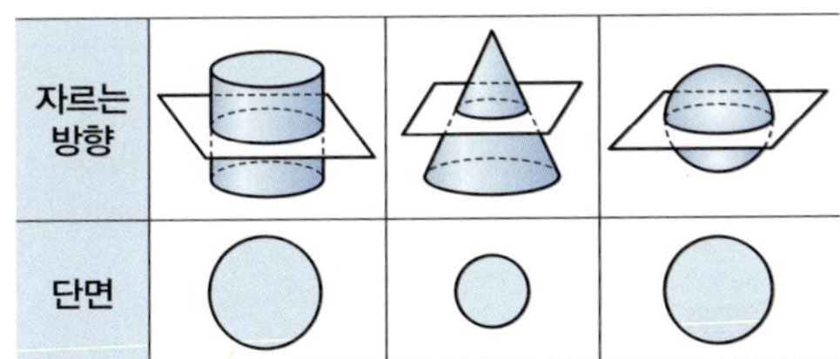

자르는 방향			
단면			

012 정답 ×
해설 원뿔을 회전축에 수직인 평면으로 자른 단면은 모두 원이다. 이때 이 원들은 합동이 아니라 닮음이다.

013 정답 5
해설 a는 원기둥의 밑면의 반지름의 길이와 같다.

014 정답 10π
해설 b는 원기둥의 밑면의 둘레의 길이와 같다.
반지름의 길이가 5인 원의 둘레의 길이는
$2\pi \times 5 = 10\pi$

015 정답 5
해설 a는 원뿔의 모선의 길이와 같다.

016 정답 3
해설 b는 원뿔의 밑면의 반지름의 길이와 같다.

017 정답 6π
해설 (호 AB의 길이)$=2\pi \times 3 = 6\pi$

018 정답 12π
해설 (호 CD의 길이)$=2\pi \times 6 = 12\pi$

---

072 기둥, 뿔, 구의 겉넓이와 부피

001 정답 $12\,\mathrm{cm}^2 \,/\, 70\,\mathrm{cm}^2$
해설 (밑넓이)$=$(직사각형의 넓이)$=4 \times 3 = 12$
(옆넓이)$=$(직사각형의 넓이)$=(4+3+4+3) \times 5$
$=70$

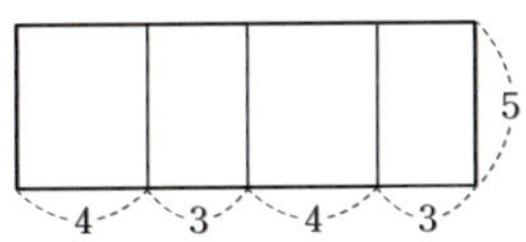

002 정답 $9\pi\,\mathrm{cm}^2 \,/\, 36\pi\,\mathrm{cm}^2$
해설 (밑넓이)$=$(원의 넓이)$=\pi \times 3^2 = 9\pi$
(옆넓이)$=$(직사각형의 넓이)$=(2\pi \times 3) \times 6 = 36\pi$

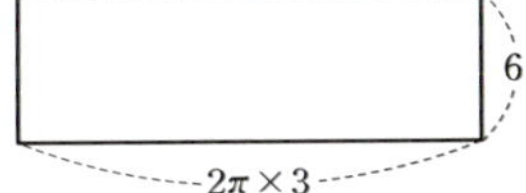

003 정답 $14\,\mathrm{cm}^2 \,/\, 42\,\mathrm{cm}^3$
해설 (밑넓이)$=$(사다리꼴의 넓이)$=\dfrac{5+2}{2} \times 4 = 14$
(부피)$=$(밑넓이)$\times$(높이)$=14 \times 3 = 42$

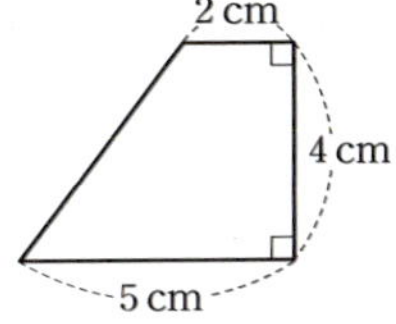

004 정답 $21\pi\,\mathrm{cm}^2 \,/\, 210\pi\,\mathrm{cm}^3$
해설 (밑넓이)$=$(큰 원의 넓이)$-$(작은 원의 넓이)
$=\pi \times 5^2 - \pi \times 2^2 = 21\pi$
(부피)$=$(밑넓이)$\times$(높이)$=21\pi \times 10 = 210\pi$

005 정답 $36\,\mathrm{cm}^2 \,/\, 84\,\mathrm{cm}^3$
해설 (밑넓이)$=$(정사각형의 넓이)$=6 \times 6 = 36$
(부피)$=\dfrac{1}{3} \times$(밑넓이)$\times$(높이)$=\dfrac{1}{3} \times 36 \times 7 = 84$

006 정답 $9\pi\,\mathrm{cm}^2$ / $18\pi\,\mathrm{cm}^3$

해설 (밑넓이)=(원의 넓이)=$\pi\times 3^2=9\pi$

(부피)=$\dfrac{1}{3}\times$(밑넓이)$\times$(높이)=$\dfrac{1}{3}\times 9\pi\times 6=18\pi$

007 정답 $36\pi\,\mathrm{cm}^2$ / $36\pi\,\mathrm{cm}^3$

해설 (겉넓이)=$4\pi\times 3^2=36\pi$

(부피)=$\dfrac{4}{3}\pi\times 3^3=36\pi$

008 정답 $33\pi\,\mathrm{cm}^2$ / $30\pi\,\mathrm{cm}^3$

해설 (원뿔의 옆넓이)

$=\dfrac{1}{2}\times$(원뿔의 모선의 길이)$\times$(밑면인 원의 둘레의 길이)

$=\dfrac{1}{2}\times 5\times(2\pi\times 3)$

(겉넓이)=(반구의 겉넓이)+(원뿔의 옆넓이)

$=(4\pi\times 3^2)\times\dfrac{1}{2}+\dfrac{1}{2}\times 5\times(2\pi\times 3)$

$=18\pi+15\pi$

$=33\pi$

(부피)=$\left(\dfrac{4}{3}\pi\times 3^3\right)\times\dfrac{1}{2}+\dfrac{1}{3}\times(\pi\times 3^2)\times 4$

$=18\pi+12\pi$

$=30\pi$

009 정답 $18\pi\,\mathrm{cm}^3$

해설 (원뿔의 부피)=$\dfrac{1}{3}\times(\pi\times 3^2)\times 6=18\pi$

010 정답 $36\pi\,\mathrm{cm}^3$

해설 (구의 부피)=$\dfrac{4}{3}\pi\times 3^3=36\pi$

011 정답 $54\pi\,\mathrm{cm}^3$

해설 (원기둥의 부피)=$(\pi\times 3^2)\times 6=54\pi$

012 정답 $1:2:3$

해설 (원뿔의 부피) : (구의 부피) : (원기둥의 부피)

$=18\pi:36\pi:54\pi$

$=1:2:3$

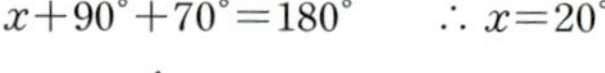

073 이등변삼각형

본문 P. 163

001 정답 $50°$

해설 이등변삼각형의 두 밑각의 크기는 x로 같다.

$x+x+80°=180°$　　$\therefore\ x=50°$

002 정답 $56°$

해설 이등변삼각형의 두 밑각의 크기는 $62°$로 같다.

$x+62°+62°=180°$　　$\therefore\ x=56°$

003 정답 $110°$

해설 $y+y+40°=180°$　　$\therefore\ y=70°$

$x+y=180°$　　$\therefore\ x=110°$

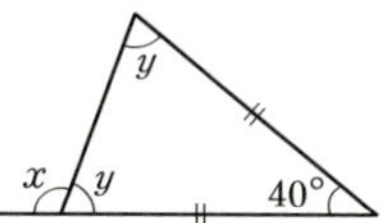

004 정답 $30°$

해설 $\overline{AB}=\overline{AC}$이므로 △ABC는 이등변삼각형이다.

$\therefore\ \angle ABC=\angle ACB=70°$

$\therefore\ \angle BAC=180°-(\angle ABC+\angle ACB)$

$=180°-(70°+70°)=40°$

$\overline{BC}=\overline{BD}$이므로 △BCD는 이등변삼각형이다.

$\therefore\ \angle BDC=\angle BCD=70°$

△ABD에서 삼각형의 한 외각의 크기는 그와 이웃하지 않는 두 내각의 크기의 합과 같으므로

$70°=x+40°$　　$\therefore\ x=30°$

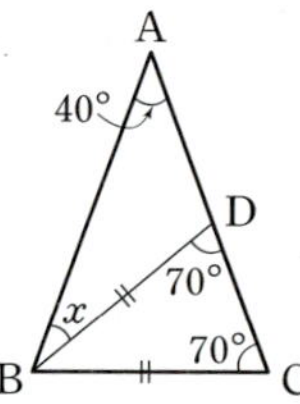

005 정답 $78°$

해설 $\angle ABD=y$라 하면 △ABC는 이등변삼각형이므로

$\angle BCD=2y$

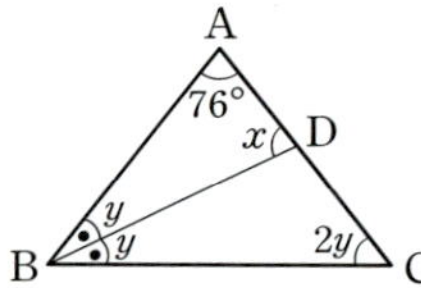

△ABC에서 세 내각의 크기의 합이 $180°$이므로

$(y+y)+2y+76°=180°$　　$\therefore\ y=26°$

△ABD에서 세 내각의 크기의 합이 $180°$이므로

$x+y+76°=180°$　　$\therefore\ x=78°\ (\because\ y=26°)$

006 정답 $20°$

해설 이등변삼각형 ABC에서 $\overline{AD}\perp\overline{BC}$이므로

△ACD는 직각삼각형이다.

$x+90°+70°=180°$　　$\therefore\ x=20°$

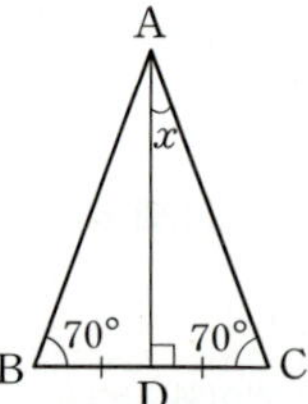

참고 선분 AD는 선분 BC의 수직이등분선이므로

$\angle ADC=90°$이다.

007 정답 8

해설

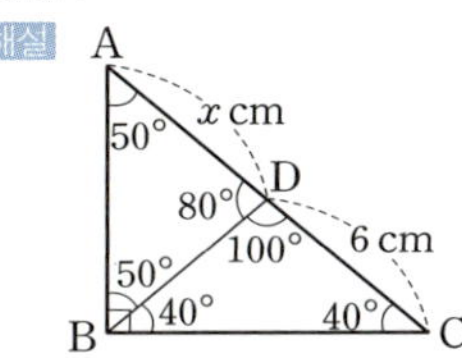

△CAB는 이등변삼각형이므로
$x=\overline{CB}=\overline{CA}=8$

008 정답 6

해설

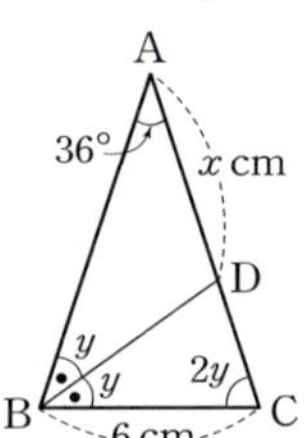

△DBC가 이등변삼각형이므로
$\overline{DB}=\overline{DC}=6$
△DAB가 이등변삼각형이므로
$x=\overline{DA}=\overline{DB}=6$

009 정답 6

해설 ∠ABD$=y$라 하면 △ABC는 이등변삼각형이므로
∠BCD$=2y$

△ABC에서 세 내각의 크기의 합이 $180°$이므로
$(y+y)+2y+36°=180°$　∴ $y=36°$
△BCD에서 세 내각의 크기의 합이 $180°$이므로
∠BDC$+y+2y=180°$
∴ ∠BDC$=72°$ ($∵ y=36°$)
∠BCD$=$∠BDC$=72°$이므로 △BCD는 이등변삼각형
이다.
∴ $\overline{BD}=\overline{BC}=6$
∠DAB$=$∠DBA이므로 △DAB는 이등변삼각형이다.
∴ $x=\overline{DA}=\overline{DB}=6$

010 정답 ∠BAC / ∠BCA

해설 ∠DAC$=$∠BAC(접은 각)
　　　　$=$∠BCA(엇각)

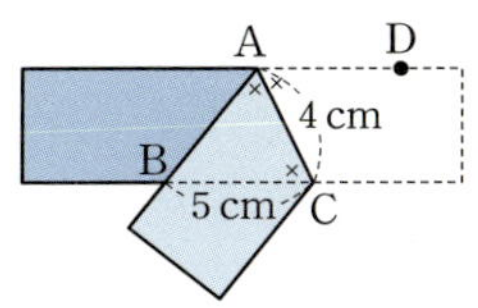

011 정답 5 cm

해설 △BAC는 ∠BAC$=$∠BCA인 이등변삼각형이므로
$\overline{AB}=\overline{CB}=5$

012 정답 △NOM / RHS합동

해설 △ABC에서 $\overline{AC}=5\,cm$, $\overline{AB}=4\,cm$
△NOM에서 $\overline{NM}=5\,cm$, $\overline{NO}=4\,cm$
즉, 두 직각삼각형 ABC, NOM에서 빗변의 길이와 다른
한 변의 길이가 각각 같으므로 RHS합동이다.

013 정답 △IGH / RHA합동

해설 △JKL에서 $\overline{JL}=5\,cm$, ∠LJK$=60°$
△IGH에서 $\overline{IH}=5\,cm$, ∠HIG$=60°$
즉, 두 직각삼각형 JKL, IGH에서 빗변의 길이와 한 예
각의 크기가 각각 같으므로 RHA합동이다.

074 삼각형의 외심　　　　본문 P. 165

001 정답 ○

해설 삼각형의 외심은 삼각형의 세 꼭짓점을 지나는 외접
원의 중심이므로 외심에서 삼각형의 세 꼭짓점에 이르는
거리는 모두 같다.
∴ $\overline{OA}=\overline{OB}=\overline{OC}$

002 정답 ×

해설 주어진 조건을 만족하는 것은 외심이 아니라 내심이
다.

003 정답 ○

해설 △OAD와 △OBD가 합동이므로
$\overline{AD}=\overline{BD}=\dfrac{1}{2}\overline{AB}$

004 정답 ×

해설 주어진 조건을 만족하는 것은 외심이 아니라 내심이
다.

005 정답 ○

해설 △OBE와 △OCE가 합동이므로
∠OBE$=$∠OCE

006 정답 ○

007 정답 4 / 40°

해설 △OBC가 이등변삼각형이므로 $x=4$
△OCA가 이등변삼각형이므로 $y=40°$

008 정답 5 / 30°

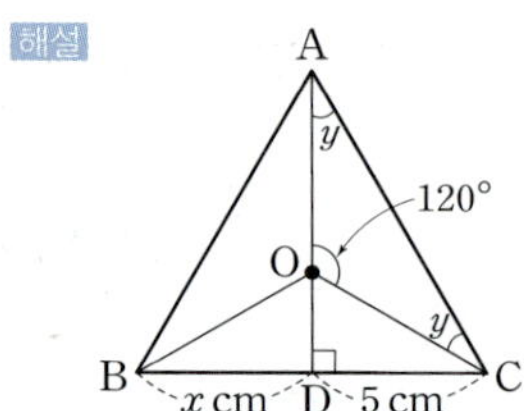

$\triangle$OBD와 $\triangle$OCD가 합동이므로 $x=5$
$\triangle$OCA가 이등변삼각형이므로
$$y+y+120\degree=180\degree \qquad \therefore y=30\degree$$

009 정답 $6 \,/\, 100\degree$

해설 $\triangle$OAB가 이등변삼각형이므로 $x=6$
$\triangle$OBC가 이등변삼각형이므로
$$y+40\degree+40\degree=180\degree \qquad \therefore y=100\degree$$

010 정답 5

해설 직각삼각형의 외심은 빗변의 중점에 위치하므로 점 M은 $\triangle$ABC의 외심이다.
$$\overline{MA}=\overline{MB}=\overline{MC}$$
$$\therefore x=\overline{MC}=\frac{1}{2}\overline{AB}=\frac{1}{2}\times 10=5$$

011 정답 $80\degree$

해설 직각삼각형의 외심은 빗변의 중점에 위치하므로 점 M은 $\triangle$ABC의 외심이다.
$\triangle$MAB는 이등변삼각형이므로
$$\angle MAB=\angle MBA=40\degree$$
$\triangle$MAB에서 삼각형의 한 외각의 크기는 그와 이웃하지 않는 두 내각의 크기의 합과 같으므로
$$x=40\degree+40\degree=80\degree$$

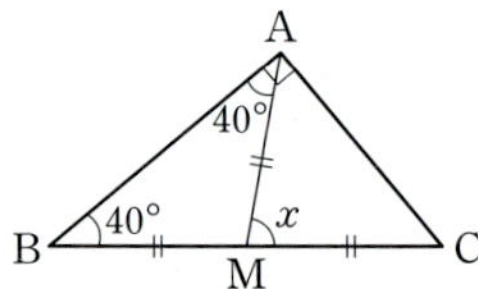

012 정답 6

해설 직각삼각형의 외심은 빗변의 중점에 위치하므로 점 M은 $\triangle$ABC의 외심이다.
$\overline{MA}=\overline{MB}$이므로 $\angle MAB=\angle MBA=60\degree$
$$\therefore \angle AMB=60\degree$$
$\triangle$MAB가 정삼각형이므로
$$\overline{MA}=\overline{MB}=\overline{AB}=6 \qquad \therefore x=\overline{MC}=\overline{MA}=6$$

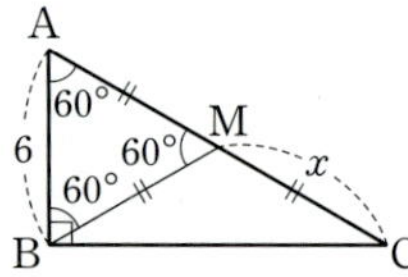

013 정답 $26\degree$

해설 $\triangle$OAB, $\triangle$OBC, $\triangle$OCA가 모두 이등변삼각형이고 $\triangle$ABC의 세 내각의 크기의 합이 $180\degree$이므로
$$(24\degree+24\degree)+(x+x)+(40\degree+40\degree)=180\degree$$

$$\therefore x=26\degree$$

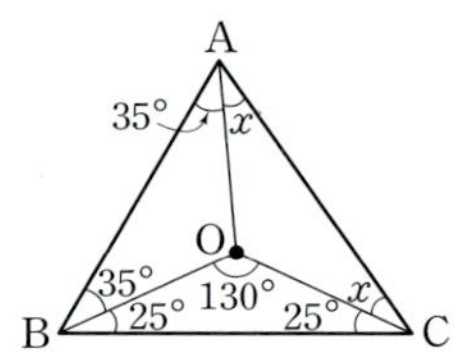

별해 $\angle BOC=2\angle A$이므로
$$180\degree-2x=2\times(24\degree+40\degree) \qquad \therefore x=26\degree$$

014 정답 $30\degree$

해설 $\triangle$OAB, $\triangle$OBC, $\triangle$OCA가 모두 이등변삼각형이고 $\triangle$ABC의 세 내각의 크기의 합이 $180\degree$이므로
$$(35\degree+35\degree)+(25\degree+25\degree)+(x+x)=180\degree$$
$$\therefore x=30\degree$$

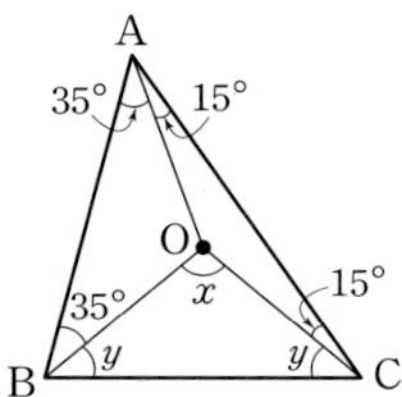

별해 $\angle BOC=2\angle A$이므로
$$130\degree=2\times(35\degree+x) \qquad \therefore x=30\degree$$

015 정답 $100\degree$

해설 $\triangle$OAB, $\triangle$OBC, $\triangle$OCA가 모두 이등변삼각형이고 $\triangle$ABC의 세 내각의 크기의 합이 $180\degree$이므로
$$(35\degree+35\degree)+(y+y)+(15\degree+15\degree)=180\degree$$
$$\therefore y=40\degree$$
$\triangle$OBC의 세 내각의 크기의 합이 $180\degree$이므로
$$x+y+y=180\degree \qquad \therefore x=100\degree \;(\because y=40\degree)$$

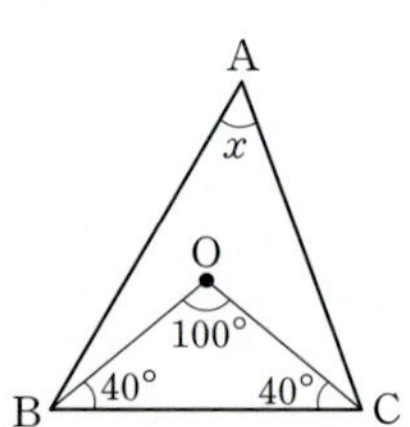

별해 $\angle BOC=2\angle A$이므로
$$x=2\times(35\degree+15\degree) \qquad \therefore x=100\degree$$

016 정답 $50\degree$

해설 $\triangle$BOC가 이등변삼각형이므로
$$\angle BOC=180\degree-(40\degree+40\degree)=100\degree$$
$$\angle BOC=2\angle A$이므로$$
$$100\degree=2x \qquad \therefore x=50\degree$$

017 정답 $25°$

해설 $\angle BOC = 2\angle A$이므로

$180° - 2x = 2 \times 65°$ $\quad \therefore x = 25°$

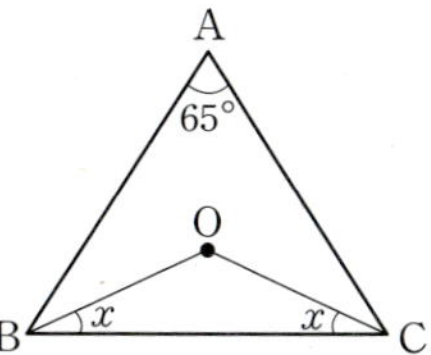

018 정답 $120°$

해설 $\angle BOC = 2\angle A$이므로

$x = 2(24° + 36°) = 120°$

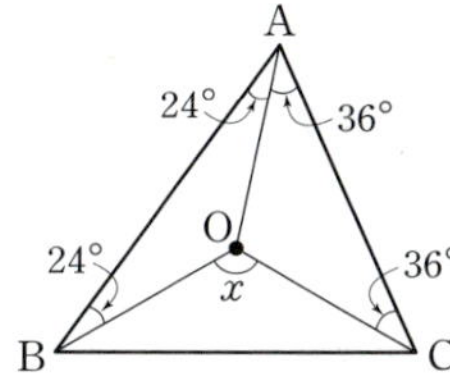

본문 P. 167

001 정답 ⓐ, ⓓ

해설 삼각형의 외심은 삼각형의 세 변의 수직이등분선의 교점이고, 외심에서 세 꼭짓점에 이르는 거리는 모두 같다.

002 정답 ⓑ, ⓒ

해설 삼각형의 내심은 삼각형의 세 내각의 이등분선의 교점이고, 내심에서 세 변에 이르는 거리는 모두 같다.

참고 ⓔ 삼각형의 세 중선의 교점인 점 P는 △ABC의 무게중심이다.

ⓕ 삼각형의 세 꼭짓점에서 마주보는 대변에 내린 세 수선의 교점인 점 P는 △ABC의 수심이다.

003 정답 ×

해설 주어진 조건을 만족하는 것은 내심이 아니라 외심이다. 즉, 삼각형의 외심은 삼각형의 세 꼭짓점을 지나는 외접원의 중심이므로 외심에서 삼각형의 세 꼭짓점에 이르는 거리는 모두 같다.

004 정답 ○

해설 △ICE와 △ICF가 합동이므로

$\overline{CE} = \overline{CF}$

005 정답 ○

해설 △IBE와 △IBD가 합동이므로

$\overline{IE} = \overline{ID}$

006 정답 ○

해설 선분 AI는 $\angle A$의 이등분선이므로

$\angle DAI = \angle FAI$

007 정답 ×

해설 주어진 조건을 만족하는 것은 내심이 아니라 외심이다.

008 정답 ○

009 정답 $30°$

해설 선분 IC는 $\angle C$의 이등분선이므로

$x = \angle ICB = \angle ICA = 30°$

010 정답 $25°$

해설 선분 IC는 $\angle C$의 이등분선이므로

$\angle ICB = \angle ICA = 35°$

△IBC의 세 내각의 크기의 합이 $180°$이므로

$x + 35° + 120° = 180°$ $\quad \therefore x = 25°$

011 정답 $125°$

해설 선분 IB는 $\angle B$의 이등분선이므로

$\angle IBC = \angle IBA = 25°$

선분 IC는 $\angle C$의 이등분선이므로

$\angle ICB = \angle ICA = 30°$

△IBC의 세 내각의 크기의 합이 $180°$이므로

$x + 25° + 30° = 180°$ $\quad \therefore x = 125°$

012 정답 $20°$

해설 선분 IA는 $\angle A$의 이등분선이므로

$\angle IAC = \angle IAB = 30°$

선분 IB는 $\angle B$의 이등분선이므로

$\angle IBA = \angle IBC = x$

선분 IC는 $\angle C$의 이등분선이므로

$\angle ICB = \angle ICA = 40°$

△ABC의 세 내각의 크기의 합이 $180°$이므로

$2(30° + x + 40°) = 180°$ $\quad \therefore x = 20°$

별해 $\angle BIC = 90° + \dfrac{1}{2}\angle A$이므로

$180° - (x + 40°) = 90° + 30°$ $\quad \therefore x = 20°$

013 정답 $25°$

해설 $2x + 2 \times 35° + 60° = 180°$ $\quad \therefore x = 25°$

별해 $\angle BIC = 90° + \dfrac{1}{2}\angle A$이므로

$180° - (x + 35°) = 90° + \dfrac{1}{2} \times 60°$ $\quad \therefore x = 25°$

014 정답 $30°$

해설 $2x + 2 \times 35° + 50° = 180°$ $\quad \therefore x = 30°$

별해 $\angle AIB = 90° + \dfrac{1}{2}\angle C$이므로

$180° - (x + 35°) = 90° + \dfrac{1}{2} \times 50°$ $\quad \therefore x = 30°$

015 정답 118°

해설 $\angle \mathrm{BIC} = 90° + \dfrac{1}{2}\angle \mathrm{A}$이므로

$x = 90° + \dfrac{1}{2} \times 56° = 118°$

016 정답 35°

해설 $\angle \mathrm{BIC} = 90° + \dfrac{1}{2}\angle \mathrm{A}$이므로

$125° = 90° + x$ $\qquad \therefore x = 35°$

017 정답 60°

해설 $\angle \mathrm{BIC} = 90° + \dfrac{1}{2}\angle \mathrm{A}$이므로

$180° - (35° + 25°) = 90° + \dfrac{1}{2}x$ $\qquad \therefore x = 60°$

076 삼각형의 내접원의 활용　본문 P. 169

001 정답 1 cm

해설 $\triangle \mathrm{ABC}$의 내접원의 반지름의 길이를 r cm, 넓이를 S cm^{2}이라 하면

$S = \dfrac{1}{2} \times 4 \times 3 = \dfrac{1}{2} \times r \times (3+4+5)$ $\qquad \therefore r = 1$

002 정답 2 cm

해설 $\triangle \mathrm{ABC}$의 내접원의 반지름의 길이를 r cm, 넓이를 S cm^{2}라 하면

$S = \dfrac{1}{2} \times 12 \times 5 = \dfrac{1}{2} \times r \times (5+13+12)$ $\qquad \therefore r = 2$

003 정답 24

해설 (삼각형의 넓이)

$= \dfrac{1}{2} \times$ (내접원의 반지름의 길이) $\times$ (삼각형의 둘레의 길이)

$= \dfrac{1}{2} \times 2 \times 24 = 24$

004 정답 10

해설 (삼각형의 넓이)

$= \dfrac{1}{2} \times$ (내접원의 반지름의 길이) $\times$ (삼각형의 둘레의 길이)

이므로

$20 = \dfrac{1}{2} \times 4 \times$ (삼각형의 둘레의 길이)

$\therefore$ (삼각형의 둘레의 길이) $= 10$

005 정답 9

해설 $\overline{\mathrm{AD}} = \overline{\mathrm{AF}} = 5$

$\therefore x = \overline{\mathrm{BE}} = \overline{\mathrm{BD}} = \overline{\mathrm{AB}} - \overline{\mathrm{AD}} = 14 - 5 = 9$

006 정답 9

해설 $\overline{\mathrm{BD}} = \overline{\mathrm{BE}} = x$이므로

$\overline{\mathrm{AF}} = \overline{\mathrm{AD}} = \overline{\mathrm{AB}} - \overline{\mathrm{BD}} = 12 - x$

$\overline{\mathrm{CF}} = \overline{\mathrm{CE}} = \overline{\mathrm{BC}} - \overline{\mathrm{BE}} = 15 - x$

$\overline{\mathrm{AC}} = \overline{\mathrm{AF}} + \overline{\mathrm{CF}}$이므로

$9 = (12-x) + (15-x)$ $\qquad \therefore x = 9$

007 정답 6 cm

해설 점 I가 $\triangle \mathrm{ABC}$의 내심이므로 $\angle \mathrm{ICE} = \angle \mathrm{ICB}$

$\overline{\mathrm{DE}} /\!/ \overline{\mathrm{BC}}$이므로 $\angle \mathrm{EIC} = \angle \mathrm{ICB}$(엇각)

$\therefore \angle \mathrm{ICE} = \angle \mathrm{EIC}$

$\triangle \mathrm{EIC}$가 이등변삼각형이므로 $\overline{\mathrm{IE}} = \overline{\mathrm{CE}} = 6$

008 정답 13 cm

해설 $\overline{\mathrm{DI}} = \overline{\mathrm{DB}}$, $\overline{\mathrm{EI}} = \overline{\mathrm{EC}}$이므로

($\triangle \mathrm{ADE}$의 둘레의 길이)

$= \overline{\mathrm{AD}} + \overline{\mathrm{DI}} + \overline{\mathrm{AE}} + \overline{\mathrm{EI}}$

$= \overline{\mathrm{AD}} + \overline{\mathrm{DB}} + \overline{\mathrm{AE}} + \overline{\mathrm{EC}}$

$= \overline{\mathrm{AB}} + \overline{\mathrm{AC}}$

$= 7 + 6 = 13$

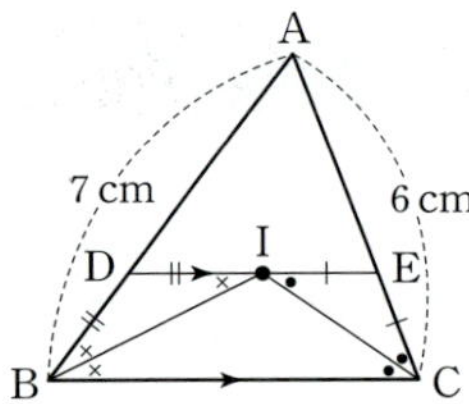

077 평행사변형　본문 P. 171

001 정답 3 / 7

해설 평행사변형에서 두 쌍의 대변의 길이가 각각 같으므로

$2x + 5 = 11$ $\qquad \therefore x = 3$

$y - 1 = 6$ $\qquad \therefore y = 7$

002 정답 4 / 3

해설 평행사변형에서 두 쌍의 대변의 길이가 각각 같으므로

$2x - 1 = x + 3$ $\qquad \therefore x = 4$

$y + 2 = 3y - 4$ $\qquad \therefore y = 3$

003 정답 60° / 120°

해설 평행사변형에서 이웃하는 두 내각의 크기의 합이 180°이므로

$x + 120° = 180°$ $\qquad \therefore x = 60°$

평행사변형에서 두 쌍의 대각의 크기가 각각 같으므로

$y = 120°$

004 정답 30° / 110°

해설 평행사변형에서 두 쌍의 대변이 각각 평행하므로

$\overline{\mathrm{AD}} /\!/ \overline{\mathrm{BC}}$

엇각에 의해 $x=\angle\text{CBD}=\angle\text{ADB}=30°$
평행사변형에서 두 쌍의 대각의 크기가 각각 같으므로
$y=110°$

005　정답 3 / 60°
해설 평행사변형에서 두 쌍의 대변의 길이가 각각 같으므로
$3x+1=10$　∴ $x=3$
△DAC에서 세 내각의 크기의 합이 180°이므로
$\angle\text{D}+50°+70°=180°$　∴ $\angle\text{D}=60°$
평행사변형에서 두 쌍의 대각의 크기가 각각 같으므로
$y=60°$

006　정답 4 / 125°

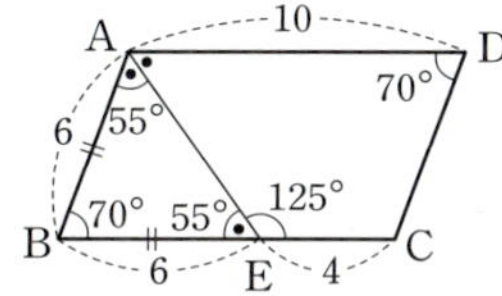

해설 평행사변형에서 두 쌍의 대변이 각각 평행하므로
$\overline{\text{AD}} /\!/ \overline{\text{BC}}$
엇각에 의해 $\angle\text{DAE}=\angle\text{BEA}$
∴ $\angle\text{BAE}=\angle\text{BEA}$
△ABE는 이등변삼각형이므로 $\overline{\text{BE}}=\overline{\text{AB}}=6$
∴ $x=\overline{\text{EC}}=\overline{\text{BC}}-\overline{\text{BE}}=\overline{\text{AD}}-\overline{\text{BE}}=10-6=4$
$\angle\text{BEA}=\angle\text{BAE}=\dfrac{1}{2}(180°-70°)=55°$이므로
$y=\angle\text{AEC}=180°-\angle\text{BEA}=180°-55°=125°$

007　정답 40°
해설 평행사변형에서 이웃하는 두 내각의 크기의 합이
180°이므로 $\angle\text{A}+\angle\text{D}=180°$
$\angle\text{A}:\angle\text{D}=7:2$이므로 $\angle\text{D}=180°\times\dfrac{2}{7+2}=40°$
평행사변형에서 두 쌍의 대각의 크기가 각각 같으므로
$\angle\text{B}=\angle\text{D}=40°$
별해 $\angle\text{A}:\angle\text{D}=7:2$이므로 $\angle\text{A}=7a$, $\angle\text{D}=2a$라 하자.
평행사변형에서 이웃하는 두 내각의 크기의 합이 180°이
므로
$\angle\text{A}+\angle\text{D}=7a+2a=180°$　∴ $a=20°$, $\angle\text{D}=40°$
평행사변형에서 두 쌍의 대각의 크기가 각각 같으므로
$\angle\text{B}=\angle\text{D}=40°$

008　정답 140°
해설 평행사변형에서 이웃하는 두 내각의 크기의 합이
180°이므로 $\angle\text{A}+\angle\text{D}=180°$
$\angle\text{A}:\angle\text{D}=7:2$이므로 $\angle\text{A}=180°\times\dfrac{7}{7+2}=140°$
평행사변형에서 두 쌍의 대각의 크기가 각각 같으므로
$\angle\text{C}=\angle\text{A}=140°$

009　정답 6 cm
해설 평행사변형에서 두 쌍의 대변의 길이가 각각 같으므로
$\overline{\text{AB}}=\overline{\text{DC}}=6$

010　정답 4 cm
해설 평행사변형에서 두 대각선이 서로 다른 것을 이등분
하므로
$\overline{\text{AO}}=\dfrac{1}{2}\overline{\text{AC}}=\dfrac{1}{2}\times8=4$

011　정답 7 cm
해설 평행사변형에서 두 대각선이 서로 다른 것을 이등분
하므로
$\overline{\text{BO}}=\dfrac{1}{2}\overline{\text{BD}}=\dfrac{1}{2}\times14=7$

012　정답 17 cm
해설 (△ABO의 둘레의 길이)
$=\overline{\text{AB}}+\overline{\text{AO}}+\overline{\text{BO}}=6+4+7=17$

013　정답 20
해설 평행사변형의 넓이는 두 대각선에 의해 4등분되므로
$\square\text{ABCD}=4\times\triangle\text{ABO}=4\times5=20$

014　정답 20
해설 $\triangle\text{PAB}+\triangle\text{PCD}=\dfrac{1}{2}\times\square\text{ABCD}=\dfrac{1}{2}\times40=20$

참고

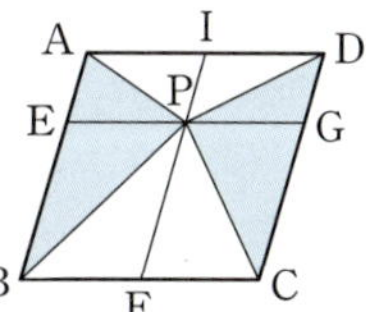

$\triangle\text{PAE}=\triangle\text{PAI}$, $\triangle\text{PBE}=\triangle\text{PBF}$
$\triangle\text{PCG}=\triangle\text{PCF}$, $\triangle\text{PDG}=\triangle\text{PDI}$이므로
$\triangle\text{PAE}+\triangle\text{PBE}+\triangle\text{PCG}+\triangle\text{PDG}$
$=\triangle\text{PAI}+\triangle\text{PBF}+\triangle\text{PCF}+\triangle\text{PDI}$
$\triangle\text{PAB}+\triangle\text{PCD}=\triangle\text{PAD}+\triangle\text{PBC}$
∴ $\triangle\text{PAB}+\triangle\text{PCD}=\dfrac{1}{2}\times\square\text{ABCD}$

015　정답 8
해설 $\triangle\text{PBC}+\triangle\text{PAD}=\dfrac{1}{2}\times\square\text{ABCD}=\dfrac{1}{2}\times50=25$
이므로
$\triangle\text{PBC}+17=25$
∴ $\triangle\text{PBC}=8\ (\because \triangle\text{PAD}=17)$

078 여러 가지 사각형　　본문 P. 173

001　정답 8 / 90°
해설 직사각형에서 두 대각선은 길이가 같고 서로 다른
것을 이등분하므로
$x=8$
직사각형에서 네 내각의 크기는 모두 90°이므로
$y=90°$

 정답 $30° / 60°$

해설 △OBC가 이등변삼각형이므로
$x=∠OCB=∠OBC=30°$
△ABC가 직각삼각형이므로
$x+y=90°$ ∴ $y=60°$ (∵ $x=30°$)

003 정답 $3 / 30°$

해설 직사각형에서 두 대각선은 길이가 같고 서로 다른 것을 이등분하므로
$2x-3=3x-6$ ∴ $x=3$
직사각형에서 대변이 평행하므로 엇각에 의해
$∠ACB=∠CAD=30°$
△OBC가 이등변삼각형이므로
$y=∠OBC=∠OCB=30°$

004 정답 $5 / 90°$

해설 마름모에서 네 변의 길이는 모두 같으므로
$x=5$
마름모에서 두 대각선은 서로 다른 것을 수직이등분하므로
$y=90°$

005 정답 $60° / 30°$

해설 △ABD가 이등변삼각형이므로
$∠ADO=∠ABO=30°$
△AOD가 직각삼각형이므로
$x+∠ADO=90°$, $x+30°=90°$ ∴ $x=60°$
마름모에서 대변이 평행하므로 엇각에 의해
$y=∠CDO=∠ABO=30°$

006 정답 $2 / 30°$

해설 마름모에서 두 대각선은 서로 다른 것을 수직이등분하므로 $4x-1=7$ ∴ $x=2$
△ABD가 이등변삼각형이므로
$y=∠ABD=∠ADB=\dfrac{1}{2}×(180°-120°)=30°$

007 정답 $4 / 45°$

해설 정사각형에서 네 변의 길이는 모두 같으므로 $x=4$
△OBC가 직각이등변삼각형이므로
$y=∠OBC=∠OCB=\dfrac{1}{2}×(180°-90°)=45°$

008 정답 $4 / 90°$

해설 정사각형에서 두 대각선은 길이가 같고 서로 다른 것을 수직이등분하므로 $x=4$, $y=90°$

009 정답 $5 / 45°$

해설 정사각형에서 두 대각선은 길이가 같고 서로 다른 것을 수직이등분하므로 $2x-1=9$ ∴ $x=5$
△OCD가 직각이등변삼각형이므로
$y=∠ODC=∠OCD=\dfrac{1}{2}×(180°-90°)=45°$

010 정답 $4 / 75°$

해설 등변사다리꼴에서 평행하지 않은 한 쌍의 대변의 길이가 같으므로 $x=4$
등변사다리꼴에서 밑변의 양 끝각의 크기가 같으므로
$y=∠DCB=∠ABC=75°$

011 정답 $10 / 6$

해설 등변사다리꼴에서 두 대각선의 길이가 같으므로
$x=10$
등변사다리꼴에서 평행하지 않은 한 쌍의 대변의 길이가 같으므로 $y=6$

012 정답 $120° / 60°$

해설 등변사다리꼴에서 대각의 크기의 합이 180°이므로
$x+60°=180°$ ∴ $x=120°$
등변사다리꼴에서 밑변의 양 끝각의 크기가 같으므로
$y=∠ABC=∠DCB=60°$

013 정답 ×

해설 평행사변형에서 한 내각의 크기를 직각(90°)이 되게 만들거나 두 대각선의 길이를 같게 만들면 직사각형이 된다.

014 정답 ○

해설 평행사변형에서 한 내각의 크기를 직각(90°)이 되게 만들거나 두 대각선의 길이를 같게 만들면 직사각형이 된다.

015 정답 ×

해설 평행사변형에서 이웃하는 두 변의 길이를 같게 만들거나 두 대각선이 직교하게 만들면 마름모가 된다.

016 정답 ○

해설 직사각형에서 이웃하는 두 변의 길이를 같게 만들거나 두 대각선이 직교하게 만들면 정사각형이 된다.

079 여러 가지 사각형 사이의 관계, 평행선과 넓이 본문 P. 175

001 정답 직사각형

해설 평행사변형에서 한 내각의 크기를 90°가 되게 만들면 나머지 세 내각의 크기도 90°가 되어 직사각형으로 바뀐다.

002 정답 직사각형

해설 평행사변형에서 이웃하는 두 내각의 크기의 합은 180°이다. 이웃하는 한 쌍의 각의 크기를 같게 만들면(한 내각의 크기를 90°가 되게 만들면) 나머지 두 각의 크기도 90°가 되어 직사각형으로 바뀐다.

003 정답 직사각형

해설 평행사변형에서 두 대각선의 길이를 같게 만들면 직사각형으로 바뀐다.

004 정답 마름모

해설 평행사변형에서 이웃하는 두 변의 길이를 같게 만들면 네 변의 길이가 모두 같게 되어 마름모로 바뀐다.

005 정답 마름모

해설 평행사변형에서 두 대각선을 직교하게 만들면 마름모로 바뀐다.

006 정답 정사각형

해설 평행사변형에서 직사각형 조건과 마름모 조건을 모두 만족시키면 정사각형으로 바뀐다.

$\angle A = 90°$: 평행사변형에서 한 내각의 크기를 $90°$가 되게 만들면 직사각형으로 바뀐다.

$\overline{AC} \perp \overline{BD}$: 평행사변형에서 두 대각선을 직교하게 만들면 마름모로 바뀐다.

007 정답 정사각형

해설 평행사변형에서 직사각형 조건과 마름모 조건을 모두 만족시키면 정사각형으로 바뀐다.

$\angle A = 90°$: 평행사변형에서 한 내각의 크기를 $90°$가 되게 만들면 직사각형으로 바뀐다.

$\overline{AB} = \overline{AD}$: 평행사변형에서 이웃하는 두 변의 길이를 같게 만들면 마름모로 바뀐다.

008 정답 정사각형

해설 평행사변형에서 직사각형 조건과 마름모 조건을 모두 만족시키면 정사각형으로 바뀐다.

$\overline{AB} = \overline{AD}$: 평행사변형에서 이웃하는 두 변의 길이를 같게 만들면 마름모로 바뀐다.

$\overline{AC} = \overline{BD}$: 평행사변형에서 두 대각선의 길이를 같게 만들면 직사각형으로 바뀐다.

009 정답 10

해설 $\overline{AE} /\!/ \overline{BD}$이므로 $\triangle BDE = \triangle BDA$

$\therefore \triangle DEC = \triangle BDE + \triangle BDC$
$\qquad\qquad = \triangle BDA + \triangle BDC$
$\qquad\qquad = \square ABCD = 10$

010 정답 11

해설 $\overline{AC} /\!/ \overline{DE}$이므로 $\triangle ACD = \triangle ACE$

$\therefore \square ABCD = \triangle ABC + \triangle ACD$
$\qquad\qquad = \triangle ABC + \triangle ACE = 6 + 5 = 11$

011 정답 6

해설 $\overline{DB} : \overline{DC} = 2 : 3$이므로

$$\triangle ADC = \triangle ABC \times \frac{3}{2+3} = 10 \times \frac{3}{5} = 6$$

012 정답 2

해설 $\overline{DB} : \overline{DC} = 1 : 2$이므로

$$\triangle ADC = \triangle ABC \times \frac{2}{1+2} = 9 \times \frac{2}{3} = 6$$

$\overline{EA} : \overline{EC} = 2 : 1$이므로

$$\triangle EDC = \triangle ADC \times \frac{1}{2+1} = 6 \times \frac{1}{3} = 2$$

013 정답 10

해설 $\triangle DBC = \triangle ABC = 10$

참고 $\triangle DBC = \triangle EBC = \triangle ABC$

014 정답 10

해설 $\triangle ACD = \triangle ABC = \triangle EBC = 10$

015 정답 20

해설 $\triangle ABE : \triangle EBD = \overline{AE} : \overline{ED}$이므로

$4 : \triangle EBD = 2 : 3$ $\quad \therefore \triangle EBD = 6$

$\therefore \square ABCD = 2 \times \triangle ABD = 2(\triangle ABE + \triangle EBD)$
$\qquad\qquad\quad = 2(4 + 6) = 20$

016 정답 $4\,\mathrm{cm}^2$

해설 $\triangle OAB : \triangle OAD = \overline{OB} : \overline{OD}$이므로

$\triangle OAB : 2 = 2 : 1$ $\quad \therefore \triangle OAB = 4$

017 정답 $4\,\mathrm{cm}^2$

해설 $\triangle OCD = \triangle OAB = 4$

018 정답 $8\,\mathrm{cm}^2$

해설 $\triangle OBC : \triangle OAB = \triangle OCD : \triangle OAD$이므로

$\triangle OBC : 4 = 4 : 2$ $\quad \therefore \triangle OBC = 8$

019 정답 $18\,\mathrm{cm}^2$

해설 $\square ABCD$
$= \triangle OAD + \triangle OAB + \triangle OCD + \triangle OBC$
$= 2 + 4 + 4 + 8 = 18$

080 닮은 도형
본문 P. 177

001 정답 $2 : 3$

해설 $\overline{AB} : \overline{EF} = 6 : 9 = 2 : 3$

002 정답 $12\,\mathrm{cm}$

해설 $\overline{BC} : \overline{FG} = 2 : 3$이므로

$8 : \overline{FG} = 2 : 3$ $\quad \therefore \overline{FG} = 12$

참고 비례식 $a : b = c : d$에서 내항의 곱은 외항의 곱과 같으므로 $b \times c = a \times d$이다.

003 정답 $85°$

해설 $\angle A + \angle B + \angle C + \angle D$

$= \angle A + \angle F + \angle G + \angle D$

$= \angle A + 65° + 80° + 130°$

$= 360°$

$\therefore x = 85°$

004 정답 $2:3$

해설 $\overline{AD}:\overline{EH}=8:12=2:3$

005 정답 $4\,cm$

해설 $\overline{CD}:\overline{GH}=2:3$이므로

$\overline{CD}:6=2:3 \qquad \therefore \overline{CD}=4$

006 정답 $9\,cm$

해설 $\overline{BC}:\overline{FG}=2:3$이므로

$6:\overline{FG}=2:3 \qquad \therefore \overline{FG}=9$

007 정답 $\triangle CBD$ 또는 $\triangle CDB$ / SSS닮음

해설 $\overline{AB}:\overline{CB}=4:6=2:3$

$\overline{BC}:\overline{BD}=6:9=2:3$

$\overline{CA}:\overline{DC}=4:6=2:3$

또는 $\overline{AB}:\overline{CD}=4:6=2:3$

$\overline{BC}:\overline{DB}=6:9=2:3$

$\overline{CA}:\overline{BC}=4:6=2:3$

즉, 대응하는 세 쌍의 변의 길이의 비가 모두 $2:3$이므로
SSS닮음이다.

008 정답 $\triangle ADE$ / AA닮음

해설 $\angle A$는 공통각, $\angle B = \angle D$

즉, 대응하는 두 쌍의 각의 크기가 각각 같으므로 AA닮음이다.

009 정답 $\triangle DEC$ / SAS닮음

해설 $\overline{AC}:\overline{DC}=6:4=3:2$

$\overline{BC}:\overline{EC}=9:6=3:2$

$\angle ACB = \angle DCE$(맞꼭지각)

즉, 대응하는 두 쌍의 변의 길이의 비가 모두 $3:2$이고 그
끼인각의 크기가 같으므로 SAS닮음이다.

010 정답 $\triangle AED$

해설 $\angle A$는 공통각

$\overline{AB}:\overline{AE}=9:3=3:1$

$\overline{AC}:\overline{AD}=12:4=3:1$

즉, 대응하는 두 쌍의 변의 길이의 비가 모두 $3:1$이고 그
끼인각의 크기가 같으므로 $\triangle ABC$와 $\triangle AED$는 SAS닮음이다.

011 정답 7

해설 $\angle A$는 공통각

$\overline{AB}:\overline{AE}=10:5=2:1$

$\overline{AC}:\overline{AD}=12:6=2:1$

즉, 대응하는 두 쌍의 변의 길이의 비가 모두 $2:1$이고 그
끼인각의 크기가 같으므로 $\triangle ABC$와 AED는 SAS닮음
이다.

$\overline{BC}:\overline{ED}=14:x=2:1 \qquad \therefore x=7$

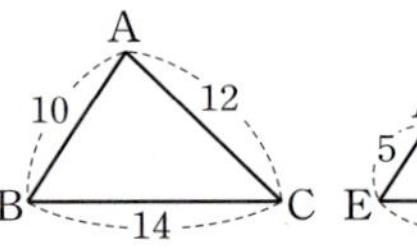

012 정답 15

해설 $\angle B$는 공통각

$\overline{AB}:\overline{DB}=12:9=4:3$

$\overline{BC}:\overline{BA}=16:12=4:3$

즉, 대응하는 두 쌍의 변의 길이의 비가 모두 $4:3$이고 그
끼인각의 크기가 같으므로 $\triangle ABC$와 $\triangle DBA$는 SAS닮음이다.

$\overline{CA}:\overline{AD}=20:x=4:3 \qquad \therefore x=15$

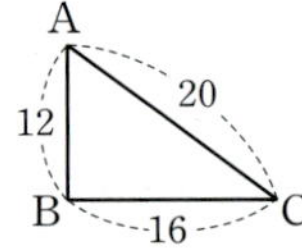

013 정답 $\triangle AED$

$\angle A$는 공통각

$\angle B = \angle E$

즉, 대응하는 두 쌍의 각의 크기가 각각 같으므로
$\triangle ABC$와 $\triangle AED$는 AA닮음이다.

014 정답 3

해설 $\angle A$는 공통각

$\angle B = \angle E$

즉, 대응하는 두 쌍의 각의 크기가 각각 같으므로
$\triangle ABC$와 $\triangle AED$는 AA닮음이다.

$\overline{AB}:\overline{AE}=\overline{AC}:\overline{AD}$

$(7+x):5=14:7 \qquad \therefore x=3$

015 정답 8

해설 $\angle B$는 공통각

$\angle C = \angle A$

즉, 대응하는 두 쌍의 각의 크기가 각각 같으므로
$\triangle ABC$와 $\triangle DBA$는 AA닮음이다.

$\overline{AB}:\overline{DB}=\overline{BC}:\overline{BA}$

$12:x=18:12 \qquad \therefore x=8$

001 정답 5
해설 $\overline{AB}^2=\overline{BH}\times\overline{BC}$이므로
$6^2=4\times(4+x)$ $\therefore x=5$

002 정답 9
해설 $\overline{AC}^2=\overline{CH}\times\overline{CB}$이므로
$6^2=3\times(3+x)$ $\therefore x=9$

003 정답 6
해설 $\overline{AH}^2=\overline{HB}\times\overline{HC}$이므로
$x^2=9\times4$ $\therefore x=6$

004 정답 12 / 9 / 16
해설 $\dfrac{1}{2}\times20\times15=\dfrac{1}{2}\times25\times\overline{AD}$이므로 $\overline{AD}=12$
$\overline{AB}^2=\overline{BD}\times\overline{BC}$이므로
$15^2=\overline{BD}\times25$ $\therefore \overline{BD}=9$
$\overline{AC}^2=\overline{CD}\times\overline{CB}$이므로
$20^2=\overline{CD}\times25$ $\therefore \overline{CD}=16$

005 정답 △DEF / 5 / 3
해설

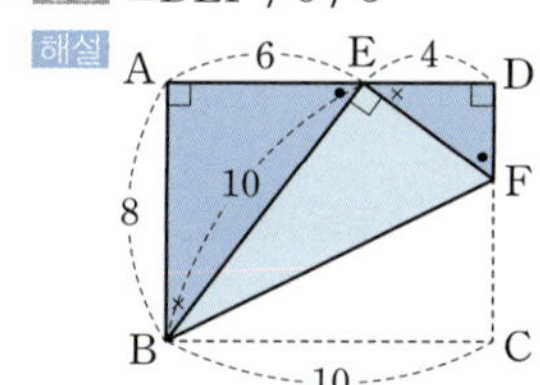

$\triangle ABE\backsim\triangle DEF$(AA닮음)에서
$\overline{BE}:\overline{EF}=\overline{AB}:\overline{DE}$이므로
$10:\overline{EF}=8:4$ $\therefore \overline{EF}=5$
$\overline{AE}:\overline{DF}=\overline{AB}:\overline{DE}$이므로
$6:\overline{DF}=8:4$ $\therefore \overline{DF}=3$

006 정답 △ECF / 4 / $\dfrac{28}{5}$
해설

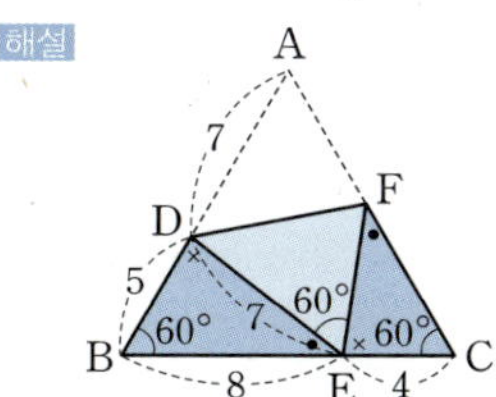

$\triangle DBE\backsim\triangle ECF$(AA닮음)에서
$\overline{DE}:\overline{EF}=\overline{DB}:\overline{EC}$이므로
$7:\overline{EF}=5:4$ $\therefore \overline{EF}=\dfrac{28}{5}$

$\therefore \overline{AF}=\overline{EF}=\dfrac{28}{5}$

007 정답 12 / 8
해설 $\triangle ABC\backsim\triangle ADE$에서
$\overline{AB}:\overline{AD}=\overline{AC}:\overline{AE}$이므로
$15:10=x:8$ $\therefore x=12$
$\overline{AB}:\overline{AD}=\overline{BC}:\overline{DE}$이므로
$15:10=12:y$ $\therefore y=8$

008 정답 6 / 10
해설 $\triangle ABC\backsim\triangle ADE$에서
$\overline{AD}:\overline{DB}=\overline{AE}:\overline{EC}$이므로
$4:x=6:9$ $\therefore x=6$
$\overline{AB}:\overline{AD}=\overline{BC}:\overline{DE}$이므로
$(4+6):4=y:4$ $\therefore y=10$
별해 $\overline{AB}:\overline{AD}=\overline{AC}:\overline{AE}$이므로
$(4+x):4=(6+9):6$ $\therefore x=6$

009 정답 3 / 9
해설 $\triangle ABC\backsim\triangle ADE$에서
$\overline{AD}:\overline{DB}=\overline{AE}:\overline{EC}$이므로
$8:4=6:x$ $\therefore x=3$
$\overline{AB}:\overline{AD}=\overline{BC}:\overline{DE}$이므로
$(8+4):8=y:6$ $\therefore y=9$
별해 $\overline{AB}:\overline{AD}=\overline{AC}:\overline{AE}$
$(8+4):8=(6+x):6$ $\therefore x=3$

010 정답 12 / 10
해설 $\triangle ABC\backsim\triangle ADE$에서
$\overline{AB}:\overline{AD}=\overline{AC}:\overline{AE}$이므로
$x:6=8:4$ $\therefore x=12$
$\overline{AC}:\overline{AE}=\overline{BC}:\overline{DE}$이므로
$8:4=y:5$ $\therefore y=10$

011 정답 6 / 6
해설 $\triangle ABC\backsim\triangle ADE$에서
$\overline{AB}:\overline{AD}=\overline{BC}:\overline{DE}$이므로
$9:x=12:8$ $\therefore x=6$
$\overline{AC}:\overline{AE}=\overline{BC}:\overline{DE}$이므로
$y:4=12:8$ $\therefore y=6$

012 정답 15 / 3
해설 $\triangle ABC\backsim\triangle ADE$에서
$\overline{AB}:\overline{AD}=\overline{AC}:\overline{AE}$이므로
$x:5=12:4$ $\therefore x=15$
$\overline{AC}:\overline{AE}=\overline{BC}:\overline{DE}$이므로
$12:4=9:y$ $\therefore y=3$

082 각의 이등분선, 평행선과 선분   본문 P. 181

001 정답 3
해설 $\overline{AB}:\overline{AC}=\overline{BD}:\overline{CD}$이므로
$8:6=4:x$ $\therefore x=3$

002 정답 6

해설 $\overline{AB}:\overline{AC}=\overline{BD}:\overline{CD}$이므로

$9:x=6:4$ ∴ $x=6$

003 정답 16

해설 $\overline{AB}:\overline{AC}=\overline{BD}:\overline{CD}$이므로

$8:x=4:(12-4)$ ∴ $x=16$

004 정답 2

해설 $\overline{AB}:\overline{AC}=\overline{BD}:\overline{CD}$이므로

$4:3=(x+6):6$ ∴ $x=2$

005 정답 8

해설 $\overline{AC}:\overline{AB}=\overline{CD}:\overline{BD}$이므로

$10:x=(3+12):12$ ∴ $x=8$

006 정답 4

해설 $\overline{AC}:\overline{AB}=\overline{CD}:\overline{BD}$이므로

$9:6=(2+x):x$ ∴ $x=4$

007 정답 3

해설 $4:8=x:6$ ∴ $x=3$

008 정답 6

해설 $6:9=4:x$ ∴ $x=6$

009 정답 15

해설 $4:12=5:x$ ∴ $x=15$

010 정답 1 / 3 / 4

해설 $\triangle ABH\backsim\triangle AEG$에서

$\overline{AB}:\overline{AE}=\overline{BH}:\overline{EG}$이므로

$(1+2):1=(6-3):\overline{EG}$ ∴ $\overline{EG}=1$

□AGFD가 평행사변형이므로 $\overline{GF}=3$

∴ $\overline{EF}=\overline{EG}+\overline{GF}=1+3=4$

011 정답 4 / 3 / 7

해설 $\triangle ABC\backsim\triangle AEG$에서

$\overline{AB}:\overline{AE}=\overline{BC}:\overline{EG}$이므로

$(2+3):2=10:\overline{EG}$ ∴ $\overline{EG}=4$

$\triangle CDA\backsim\triangle CFG$에서

$\overline{CD}:\overline{CF}=\overline{DA}:\overline{FG}$이므로

$(3+2):3=5:\overline{FG}$ ∴ $\overline{FG}=3$

∴ $\overline{EF}=\overline{EG}+\overline{GF}=4+3=7$

083 삼각형의 두 변의 중점을 연결한 선분의 성질 본문 P. 183

001 정답 8 / 6

해설 $\triangle ABE\backsim\triangle CDE$(AA닮음)에서

$\overline{BE}:\overline{DE}=\overline{AB}:\overline{CD}=10:15=2:3$

$\triangle BFE\backsim\triangle BCD$(AA닮음)에서

$\overline{BF}:\overline{FC}=\overline{BE}:\overline{ED}$이므로

$x:12=2:3$ ∴ $x=8$

$\overline{BF}:\overline{BC}=\overline{FE}:\overline{CD}$이므로

$8:(8+12)=y:15$ ∴ $y=6$

002 정답 3 / 2

해설 $\triangle ABE\backsim\triangle CDE$(AA닮음)에서

$\overline{BE}:\overline{DE}=\overline{AB}:\overline{CD}=6:3=2:1$

$\triangle BFE\backsim\triangle BCD$(AA닮음)에서

$\overline{BF}:\overline{FC}=\overline{BE}:\overline{ED}$이므로

$(9-x):x=2:1$ ∴ $x=3$

$\overline{BF}:\overline{BC}=\overline{FE}:\overline{CD}$이므로

$6:9=y:3$ ∴ $y=2$

003 정답 2 : 3

해설 $\triangle ABE\backsim\triangle CDE$(AA닮음)에서

$\overline{BE}:\overline{ED}=\overline{BE}:\overline{DE}=\overline{AB}:\overline{CD}$

$\qquad=10:15=2:3$

004 정답 2 : 5

해설 $\triangle BFE\backsim\triangle BCD$(AA닮음)에서

$\overline{BF}:\overline{BC}=\overline{BE}:\overline{BD}=2:(2+3)=2:5$

005 정답 8 cm

해설 $\triangle BFE\backsim\triangle BCD$(AA닮음)에서

$\overline{BF}:\overline{BC}=\overline{BE}:\overline{BD}=2:5$이므로

$\overline{BF}:20=2:5$ ∴ $\overline{BF}=8$

006 정답 6 cm

해설 $\triangle BFE\backsim\triangle BCD$(AA닮음)에서

$\overline{EF}:\overline{DC}=\overline{BE}:\overline{BD}=2:5$이므로

$\overline{EF}:15=2:5$ ∴ $\overline{EF}=6$

007 정답 15 cm

해설 $\overline{DE}+\overline{EF}+\overline{FD}=\dfrac{1}{2}\overline{AC}+\dfrac{1}{2}\overline{BA}+\dfrac{1}{2}\overline{CB}$

$\qquad=\dfrac{1}{2}(\overline{AC}+\overline{BA}+\overline{CB})$

$\qquad=\dfrac{1}{2}(8+12+10)$

$\qquad=15$

008 정답 28 cm

해설 $\overline{HE}+\overline{EF}+\overline{FG}+\overline{GH}$

$\qquad=\dfrac{1}{2}\overline{DB}+\dfrac{1}{2}\overline{AC}+\dfrac{1}{2}\overline{BD}+\dfrac{1}{2}\overline{CA}$

$\qquad=\overline{BD}+\overline{AC}$

$\qquad=16+12=28$

009 정답 20 cm / 5 cm / 15 cm
해설 $\overline{BF}=2\overline{DE}=2\times10=20$

$\overline{GF}=\dfrac{1}{2}\overline{DE}=\dfrac{1}{2}\times10=5$

$\overline{BG}=\overline{BF}-\overline{GF}=20-5=15$

010 정답 16 cm / 4 cm / 12 cm
해설 $\overline{DG}=2\overline{EC}=2\times8=16$

$\overline{DF}=\dfrac{1}{2}\overline{EC}=\dfrac{1}{2}\times8=4$

$\overline{FG}=\overline{DG}-\overline{DF}=16-4=12$

011 정답 6 / 5 / 11
해설 $\overline{MP}=\dfrac{1}{2}\overline{BC}=\dfrac{1}{2}\times12=6$

$\overline{PN}=\dfrac{1}{2}\overline{AD}=\dfrac{1}{2}\times10=5$

$\overline{MN}=\overline{MP}+\overline{PN}=6+5=11$

012 정답 9 / 4 / 5
해설 $\overline{MQ}=\dfrac{1}{2}\overline{BC}=\dfrac{1}{2}\times18=9$

$\overline{MP}=\dfrac{1}{2}\overline{AD}=\dfrac{1}{2}\times8=4$

$\overline{PQ}=\overline{MQ}-\overline{MP}=9-4=5$

084 삼각형의 중선과 무게중심 본문 P. 185

001 정답 ⓑ
해설 ⓐ 수선 ⓑ 중선 ⓒ 수직이등분선 ⓓ 각의 이등분선
무게중심은 삼각형의 세 중선의 교점이므로 ⓑ이다.

002 정답 5 / 8
해설 무게중심은 중선의 길이를 꼭짓점으로부터 2 : 1로
나눈다.
$\overline{AD}$는 중선이므로 $\overline{BD}=\overline{DC}$　∴ $x=5$
$\overline{AG}:\overline{GD}=2:1$이므로 $y:4=2:1$　∴ $y=8$

003 정답 5 / 2
해설 무게중심은 중선의 길이를 꼭짓점으로부터 2 : 1로
나눈다.
$\overline{BF}$는 중선이므로 $\overline{FC}=\dfrac{1}{2}\overline{AC}$　∴ $x=\dfrac{1}{2}\times10=5$

$\overline{BG}:\overline{GF}=2:1$이므로 $4:y=2:1$　∴ $y=2$

004 정답 9 / 3
해설 직각삼각형의 빗변의 중점은 삼각형의 외심이므로
$\overline{DA}=\overline{DB}=\overline{DC}=9$　∴ $x=9$
무게중심은 중선의 길이를 꼭짓점으로부터 2 : 1로 나눈
다.
$\overline{BG}:\overline{GD}=2:1$이므로

$y=\overline{GD}=\overline{DB}\times\dfrac{1}{2+1}=9\times\dfrac{1}{3}=3$

005 정답 20
해설 삼각형의 중선은 그 삼각형의 넓이를 이등분하므로
$\triangle BCD=\triangle BAD=20$

006 정답 15
해설 삼각형의 세 중선은 삼각형의 넓이를 6등분하므로
$\square ADGE=\triangle BCG=15$
참고 $\square ADGE$, $\triangle BCG$의 넓이는 모두 세 중선으로 6등
분된 삼각형 중에서 2개에 해당하는 넓이이다.

007 정답 10
해설 삼각형의 세 중선은 삼각형의 넓이를 6등분하므로
$\triangle BCG=\dfrac{2}{3}\times\triangle DAC=\dfrac{2}{3}\times15=10$

008 정답 $G(1,2)$
해설 $G\left(\dfrac{0+(-2)+5}{3},\ \dfrac{3+(-1)+4}{3}\right)$

∴ $G(1,2)$

009 정답 $G(1,2)$
해설 $G\left(\dfrac{2+(-2)+3}{3},\ \dfrac{4+2+0}{3}\right)$　∴ $G(1,2)$

010 정답 $G(2,2)$
해설 $\triangle DEF$의 세 변의 중점을 연결하여 만든 $\triangle ABC$의
무게중심의 좌표는 $\triangle DEF$의 무게중심의 좌표와 같다.
$G\left(\dfrac{0+2+4}{3},\ \dfrac{4+0+2}{3}\right)$　∴ $G(2,2)$

085 닮은 도형의 넓이와 부피 본문 P. 187

001 정답 2 : 3 / 4 : 9
해설 두 평면도형의 닮음비가 2 : 3이므로
두 평면도형의 둘레의 길이의 비는 2 : 3이고
넓이의 비는 $2^2:3^2$, 즉 4 : 9이다.

002 정답 3 : 5 / 9 : 25
해설 두 평면도형의 닮음비가 3 : 5이므로
두 평면도형의 둘레의 길이의 비는 3 : 5이고
넓이의 비는 $3^2:5^2$, 즉 9 : 25이다.

003 정답 4 : 25 / 8 : 125
해설 두 입체도형의 닮음비가 2 : 5이므로
두 입체도형의 겉넓이의 비는 $2^2:5^2$, 즉 4 : 25이고
부피의 비는 $2^3:5^3$, 즉 8 : 125이다.

004 정답 4 : 9 / 8 : 27
해설 두 입체도형의 닮음비가 2 : 3이므로
두 입체도형의 넓이의 비는 $2^2:3^2$, 즉 4 : 9이고
부피의 비는 $2^3:3^3$, 즉 8 : 27이다.

005 정답 $2:1$

해설 ($\triangle$ABC와 $\triangle$ADE의 닮음비)
$=\overline{AB}:\overline{AD}=2\overline{AD}:\overline{AD}=2:1$

006 정답 $4:1$

해설 두 평면도형의 닮음비가 $m:n$일 때, 두 평면도형의 넓이의 비는 $m^2:n^2$이므로
($\triangle$ABC와 $\triangle$ADE의 넓이의 비)$=2^2:1^2=4:1$

007 정답 $12\,\text{cm}^2\,/\,9\,\text{cm}^2$

해설 $\triangle$ABC $:\triangle$ADE $=4:1$이므로
$\triangle$ABC $:3=4:1$ $\therefore$ $\triangle$ABC $=12$
$\therefore$ $\square$DBCE $=\triangle$ABC$-\triangle$ADE$=12-3=9$

008 정답 $50\,\text{cm}^2$

해설 ($\triangle$ABC와 $\triangle$ADE의 닮음비)
$=(10+5):10=3:2$
($\triangle$ABC와 $\triangle$ADE의 넓이의 비)
$=3^2:2^2=9:4$
즉, $\triangle$ABC $:\triangle$ADE $=9:4$이므로
$\triangle$ABC $:40=9:4$ $\therefore$ $\triangle$ABC $=90$
$\therefore$ $\square$DBCE $=\triangle$ABC$-\triangle$ADE$=90-40=50$

009 정답 $28\pi\,\text{cm}^3$

해설 (큰 원뿔과 작은 원뿔의 닮음비)$=2:1$
(큰 원뿔과 작은 원뿔의 부피의 비)$=2^3:1^3=8:1$
즉, (큰 원뿔의 부피) : (작은 원뿔의 부피)$=8:1$이므로
$32\pi:$ (작은 원뿔의 부피)$=8:1$
$\therefore$ (작은 원뿔의 부피)$=4\pi$
$\therefore$ (원뿔대의 부피)
$=$ (큰 원뿔의 부피)$-$(작은 원뿔의 부피)
$=32\pi-4\pi$
$=28\pi$

086 피타고라스의 정리 본문 P. 189

001 정답 13

해설 $12^2+5^2=x^2$, $x^2=169$ $\therefore$ $x=\pm13$
변의 길이는 항상 양수이므로 $x=13$이다.

002 정답 2

해설 $\triangle$ABC에서 $\overline{AC}=\sqrt{1^2+1^2}=\sqrt{2}$
$\triangle$ACD에서 $\overline{AD}=\sqrt{(\sqrt{2})^2+1^2}=\sqrt{3}$
$\triangle$ADE에서 $x=\overline{AE}=\sqrt{(\sqrt{3})^2+1^2}=2$

003 정답 4

해설 $x^2+x^2=(4\sqrt{2})^2$, $x^2=16$ $\therefore$ $x=\pm4$
변의 길이는 항상 양수이므로 $x=4$이다.

004 정답 $12\,/\,16$

해설 $\triangle$ABD에서 $9^2+x^2=15^2$ $\therefore$ $x=12$
$\triangle$ADC에서 $y^2+12^2=20^2$ $\therefore$ $y=16$

005 정답 $5\,/\,20$

해설 $\triangle$ADC에서 $x^2+12^2=13^2$ $\therefore$ $x=5$
$\triangle$ABC에서 $16^2+12^2=y^2$ $\therefore$ $y=20$

006 정답 $8\,/\,17$

해설 $\triangle$ABD에서 $6^2+x^2=10^2$ $\therefore$ $x=8$
$\triangle$ABC에서 $15^2+8^2=y^2$ $\therefore$ $y=17$

007 정답 $\bigcirc$

해설 $1^2+(\sqrt{2})^2=(\sqrt{3})^2$

008 정답 $\times$

해설 $5^2+6^2>7^2$

009 정답 $\bigcirc$

해설 $2^2+(\sqrt{5})^2=3^2$

010 정답 $\bigcirc$

해설 $8^2+15^2=17^2$

011 정답 둔각삼각형

해설 $4^2>2^2+3^2$

012 정답 예각삼각형

해설 $(\sqrt{5})^2<(\sqrt{3})^2+(\sqrt{4})^2$

013 정답 예각삼각형

해설 $8^2<6^2+7^2$

014 정답 직각삼각형

해설 $(\sqrt{10})^2=1^2+3^2$

015 정답 $8<x<10$

해설 x가 가장 긴 변이므로
$x<8+6$ $\therefore$ $x<14$
$x>8$이므로 $8<x<14$ $\cdots\cdots$ ㉠
예각삼각형이므로
$x^2<6^2+8^2$ $\therefore$ $x<10$ $\cdots\cdots$ ㉡
㉠, ㉡에서 $8<x<10$

016 정답 6

해설 직각삼각형이므로
$(x+4)^2=8^2+x^2$, $x^2+8x+16=64+x^2$
$8x=48$ $\therefore$ $x=6$

017 정답 $2<x<4$

해설 5가 가장 긴 변이므로
$5<x+3$ $\therefore$ $x>2$ $\cdots\cdots$ ㉠
둔각삼각형이므로
$5^2>x^2+3^2$ $\therefore$ $x<4$ $\cdots\cdots$ ㉡
㉠, ㉡에서 $2<x<4$

001 [정답] $14\,\text{cm}^2$

[해설] $\square\text{AFGB}=\square\text{ACDE}+\square\text{BHIC}$
$$=4+10=14\,(\text{cm}^2)$$

002 [정답] $64\,\text{cm}^2$

[해설] 직각삼각형 CAB에서
$$\overline{\text{AC}}^2=10^2-6^2=100-36=64=8^2$$
$$\therefore\ \overline{\text{AC}}=8\ (\because\ \overline{\text{AC}}>0)$$

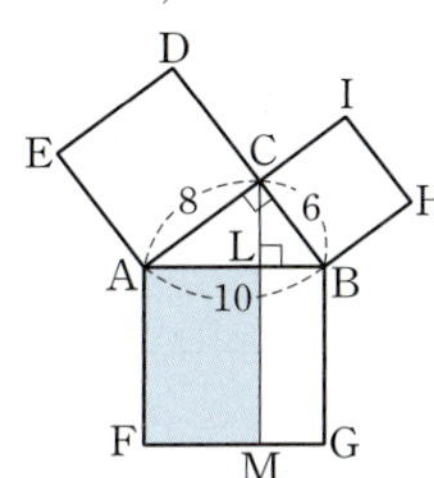

$$\therefore\ \square\text{AFML}=\square\text{ACDE}=\overline{\text{AC}}^2$$
$$=8\times8=64\,(\text{cm}^2)$$

003 [정답] $72\,\text{cm}^2$

[해설] 직각삼각형 CAB에서
$$\overline{\text{AC}}^2=13^2-5^2=169-25=144=12^2$$
$$\therefore\ \overline{\text{AC}}=12\ (\because\ \overline{\text{AC}}>0)$$

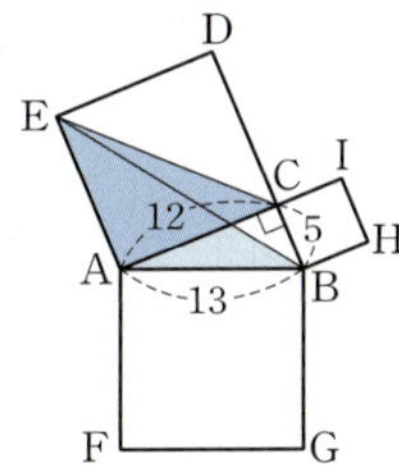

$$\therefore\ \triangle\text{EAB}=\triangle\text{EAC}$$
$$=\frac{1}{2}\square\text{ACDE}=\frac{1}{2}\times12^2$$
$$=\frac{1}{2}\times144=72\,(\text{cm}^2)$$

004 [정답] $25\,\text{cm}^2$

[해설] 직각삼각형 FCG에서
$$\overline{\text{FG}}^2=4^2+3^2=16+9=25=5^2$$
$$\therefore\ \overline{\text{FG}}=5\ (\because\ \overline{\text{FG}}>0)$$
이때 $\square\text{EFGH}$는 정사각형이므로
$$\square\text{EFGH}=\overline{\text{FG}}^2=5\times5=25\,(\text{cm}^2)$$

005 [정답] $40\,\text{cm}^2$

[해설] $\overline{\text{AE}}=\overline{\text{DH}}=2$이므로 직각삼각형 AEH에서
$$\overline{\text{EH}}^2=6^2+2^2=36+4=40$$
이때 $\square\text{EFGH}$는 정사각형이므로
$$\square\text{EFGH}=\overline{\text{EH}}^2=40\,(\text{cm}^2)$$

006 [정답] $100\,\text{cm}^2$

[해설] $\overline{\text{AE}}=\overline{\text{DH}}=8$
$$\overline{\text{AH}}=14-8=6$$

직각삼각형 AEH에서
$$\overline{\text{EH}}^2=8^2+6^2=64+36=100$$
$$\therefore\ \square\text{EFGH}=\overline{\text{EH}}^2=100\,(\text{cm}^2)$$

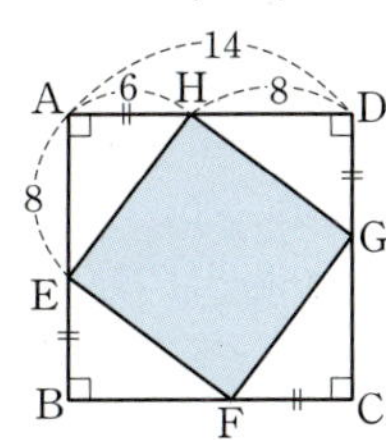

007 [정답] 1

[해설] 직각삼각형 ABE에서
$$\overline{\text{BE}}^2=5^2-3^2=25-9=16=4^2$$
$$\therefore\ \overline{\text{BE}}=4\ (\because\ \overline{\text{BE}}>0)$$
$\overline{\text{BF}}=\overline{\text{AE}}=3$이므로
$$\overline{\text{FE}}=\overline{\text{BE}}-\overline{\text{BF}}=4-3=1$$
$$\therefore\ \square\text{EFGH}=\overline{\text{FE}}^2=1^2=1$$

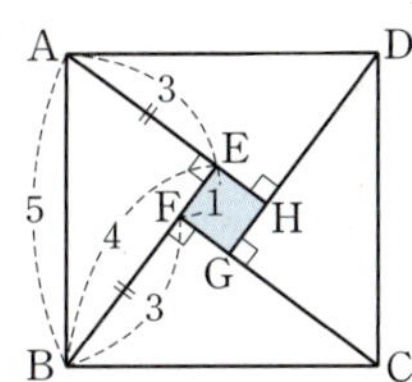

008 [정답] 4

[해설] 직각삼각형 BCF에서
$$\overline{\text{BF}}^2=10^2-6^2=100-36=64=8^2$$
$$\therefore\ \overline{\text{BF}}=8\ (\because\ \overline{\text{BF}}>0)$$
$\overline{\text{BE}}=\overline{\text{CF}}=6$이므로
$$\overline{\text{EF}}=\overline{\text{BF}}-\overline{\text{BE}}=8-6=2$$
$$\therefore\ \square\text{EFGH}=\overline{\text{EF}}^2=2^2=4$$

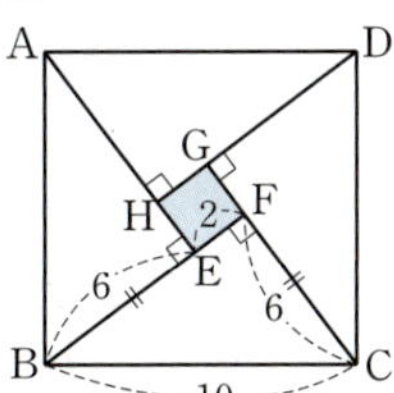

009 [정답] 49

[해설] 직각삼각형 BCG에서
$$\overline{\text{BG}}^2=13^2-12^2=169-144=25=5^2$$
$$\therefore\ \overline{\text{BG}}=5\ (\because\ \overline{\text{BG}}>0)$$
$\overline{\text{CH}}=\overline{\text{BG}}=5$이므로
$$\overline{\text{GH}}=\overline{\text{GC}}-\overline{\text{CH}}=12-5=7$$
$$\therefore\ \square\text{EFGH}=\overline{\text{GH}}^2=7^2=49$$

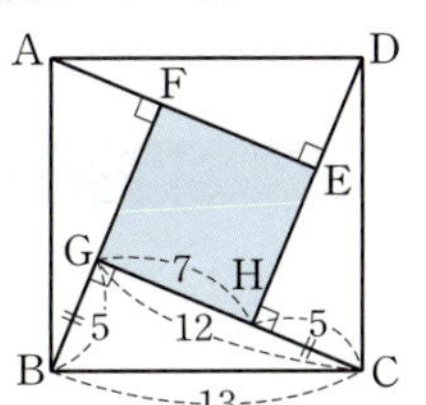

010 정답 $\dfrac{25}{2}$

해설 $\triangle CAB \equiv \triangle BDE$ (SAS합동)이므로
$\overline{AB}=\overline{DE}=3$
직각삼각형 ABC에서
$\overline{BC}^2=4^2+3^2=16+9=25=5^2$
$\therefore \overline{BC}=5 \ (\because \overline{BC}>0)$
$\triangle CBE$는 직각이등변삼각형이므로
$\triangle CBE=\dfrac{1}{2}\times 5\times 5=\dfrac{25}{2}$

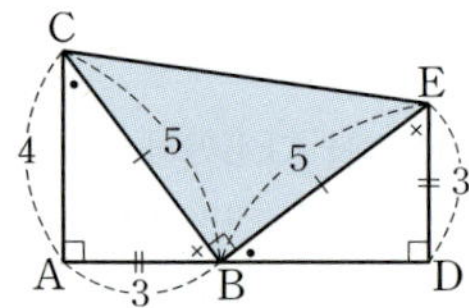

011 정답 20

해설 $\triangle CAB \equiv \triangle BDE$ (SAS합동)이므로
$\overline{AB}=\overline{DE}=6$
직각삼각형 ABC에서
$\overline{BC}^2=6^2+2^2=36+4=40$
$\triangle CBE$는 직각이등변삼각형이므로
$\triangle CBE=\dfrac{1}{2}\times \overline{BC}^2=\dfrac{1}{2}\times 40=20$

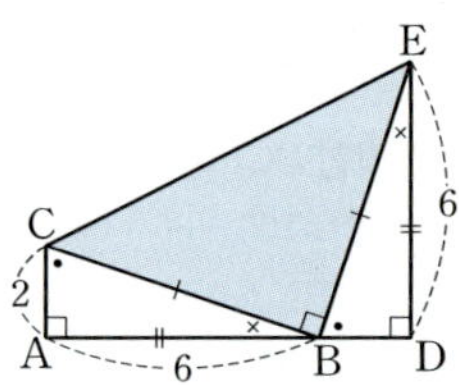

012 정답 $\dfrac{169}{2}$

해설 $\triangle CAB \equiv \triangle BDE$ (SAS합동)이므로
$\overline{AC}=\overline{DB}=12$
직각삼각형 ABC에서
$\overline{BC}^2=5^2+12^2=25+144=169=13^2$
$\therefore \overline{BC}=13 \ (\because \overline{BC}>0)$
$\triangle CBE$는 직각이등변삼각형이므로
$\triangle CBE=\dfrac{1}{2}\times 13\times 13=\dfrac{169}{2}$

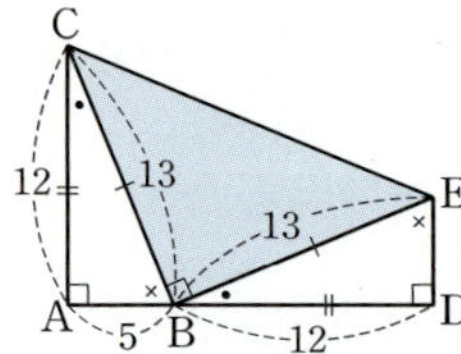

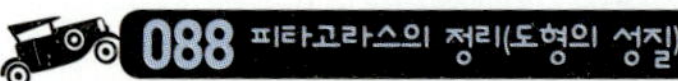

001 정답 4

해설 $\overline{AB}^2+\overline{CD}^2=\overline{AD}^2+\overline{BC}^2$이므로
$x^2+(3\sqrt{2})^2=5^2+3^2 \qquad \therefore x=4$

002 정답 5

해설 $\overline{AB}^2+\overline{CD}^2=\overline{AD}^2+\overline{BC}^2$이므로
$4^2+x^2=(\sqrt{5})^2+6^2 \qquad \therefore x=5$

003 정답 $\sqrt{11}$

해설 $\overline{AP}^2+\overline{CP}^2=\overline{BP}^2+\overline{DP}^2$이므로
$x^2+3^2=2^2+4^2 \qquad \therefore x=\sqrt{11}$

004 정답 $2\sqrt{5}$

해설 $\overline{AP}^2+\overline{CP}^2=\overline{BP}^2+\overline{DP}^2$이므로
$3^2+6^2=5^2+x^2 \qquad \therefore x=2\sqrt{5}$

005 정답 $4\sqrt{5} \ / \ 4$

해설 $\triangle ABC$가 직각삼각형이므로
$(2\sqrt{5})^2+x^2=10^2 \qquad \therefore x=4\sqrt{5}$
$\triangle ABC$의 넓이는
$\dfrac{1}{2}\times 2\sqrt{5}\times 4\sqrt{5}=\dfrac{1}{2}\times 10\times y \qquad \therefore y=4$

006 정답 $9 \ / \ \sqrt{10}$

해설 $\overline{AD}^2=\overline{DB}\times \overline{DC}$이므로
$3^2=x\times 1 \qquad \therefore x=9$
$\overline{AC}^2=\overline{CD}\times \overline{CB}$이므로
$y^2=1\times(1+9) \qquad \therefore y=\sqrt{10}$

007 정답 25π

해설 반지름의 길이가 r인 원의 넓이가 $\pi\times r^2$이므로
$\left(\pi\times 3^2\times \dfrac{1}{2}+\pi\times 4^2\times \dfrac{1}{2}\right)\times 2=9\pi+16\pi=25\pi$

008 정답 24

해설 $\triangle ABC$가 직각삼각형이므로
$\overline{AB}=\sqrt{\overline{BC}^2-\overline{AC}^2}=\sqrt{10^2-6^2}=8$
$\therefore \triangle ABC=\dfrac{1}{2}\times \overline{AC}\times \overline{AB}=\dfrac{1}{2}\times 6\times 8=24$

001 정답 10

해설 직각삼각형 BCD에서
$x=\sqrt{\overline{BC}^2+\overline{CD}^2}=\sqrt{8^2+6^2}=10$
별해 직각삼각형 BCD에서
$8^2+6^2=x^2 \qquad \therefore x=10$

002 정답 $\dfrac{12}{5}$

해설 직각삼각형 ABC에서
$\overline{AC}=\sqrt{\overline{AB}^2+\overline{BC}^2}=\sqrt{3^2+4^2}=5$
직각삼각형 ACD의 넓이는
$\dfrac{1}{2}\times 4\times 3=\dfrac{1}{2}\times 5\times x \qquad \therefore x=\dfrac{12}{5}$

003 정답 $3\sqrt{3}\,\text{cm}$ / $9\sqrt{3}\,\text{cm}^2$

해설 $h=\dfrac{\sqrt{3}}{2}\times 6=3\sqrt{3}$

$S=\dfrac{\sqrt{3}}{4}\times 6^2=9\sqrt{3}$

별해 직각삼각형 ABH에서

$h=\sqrt{\overline{AB}^2-\overline{BH}^2}=\sqrt{6^2-3^2}$

$\quad=\sqrt{27}=3\sqrt{3}$

$S=\dfrac{1}{2}\times\overline{BC}\times\overline{AH}=\dfrac{1}{2}\times 6\times 3\sqrt{3}=9\sqrt{3}$

004 정답 $2\sqrt{5}\,\text{cm}$, $8\sqrt{5}\,\text{cm}^2$

해설 $h=\sqrt{\overline{AB}^2-\overline{BH}^2}=\sqrt{6^2-4^2}$

$\quad=\sqrt{20}=2\sqrt{5}$

$S=\dfrac{1}{2}\times\overline{BC}\times\overline{AH}=\dfrac{1}{2}\times 8\times 2\sqrt{5}=8\sqrt{5}$

005 정답 $12\,\text{cm}$ / $126\,\text{cm}^2$

해설 직각삼각형 ABH에서

$h^2=\overline{AB}^2-\overline{BH}^2$ ······ ㉠

직각삼각형 AHC에서

$h^2=\overline{AC}^2-\overline{HC}^2=\overline{AC}^2-(\overline{BC}-\overline{BH})^2$ ······ ㉡

㉠, ㉡에서 $\overline{AB}^2-\overline{BH}^2=\overline{AC}^2-(\overline{BC}-\overline{BH})^2$

$13^2-\overline{BH}^2=20^2-(21-\overline{BH})^2$ $\quad\therefore \overline{BH}=5$

㉠에서 $h=\sqrt{\overline{AB}^2-\overline{BH}^2}=\sqrt{13^2-5^2}=12$

$\therefore S=\dfrac{1}{2}\times\overline{BC}\times\overline{AH}=\dfrac{1}{2}\times 21\times 12=126$

006 정답 $12\,\text{cm}$ / $84\,\text{cm}^2$

해설 직각삼각형 ABH에서

$h^2=\overline{AB}^2-\overline{BH}^2$ ······ ㉠

직각삼각형 AHC에서

$h^2=\overline{AC}^2-\overline{HC}^2=\overline{AC}^2-(\overline{BC}-\overline{BH})^2$ ······ ㉡

㉠, ㉡에서 $\overline{AB}^2-\overline{BH}^2=\overline{AC}^2-(\overline{BC}-\overline{BH})^2$

$13^2-\overline{BH}^2=15^2-(14-\overline{BH})^2$ $\quad\therefore \overline{BH}=5$

㉠에서 $h=\sqrt{\overline{AB}^2-\overline{BH}^2}=\sqrt{13^2-5^2}=12$

$\therefore S=\dfrac{1}{2}\times\overline{BC}\times\overline{AH}=\dfrac{1}{2}\times 14\times 12=84$

007 정답 3 / $3\sqrt{2}$

해설 $\overline{BC}:\overline{CA}:\overline{AB}=1:1:\sqrt{2}$이므로

$3:x:y=1:1:\sqrt{2}$

$\quad\quad\quad=(3\times 1):(3\times 1):(3\times\sqrt{2})$

$\quad\quad\quad=3:3:3\sqrt{2}$

$\therefore x=3,\ y=3\sqrt{2}$

008 정답 8 / $8\sqrt{3}$

해설 $\overline{AB}:\overline{BC}:\overline{CA}=1:\sqrt{3}:2$이므로

$x:y:16=1:\sqrt{3}:2$

$\quad\quad\quad=(1\times 8):(\sqrt{3}\times 8):(2\times 8)$

$\quad\quad\quad=8:8\sqrt{3}:16$

$\therefore x=8,\ y=8\sqrt{3}$

009 정답 5

해설 $\sqrt{(3-0)^2+(-4-0)^2}=5$

010 정답 4

해설 $\sqrt{(4-4)^2+\{3-(-1)\}^2}=4$

011 정답 10

해설 $\sqrt{\{4-(-4)\}^2+(-3-3)^2}=10$

012 정답 $2\sqrt{5}$

해설 $\sqrt{(-2-2)^2+(1-3)^2}=2\sqrt{5}$

090 피타고라스의 정리(입체 활용) 본문 P. 197

001 정답 $3\sqrt{6}$

해설 $\sqrt{5^2+5^2+2^2}=\sqrt{54}=3\sqrt{6}$

002 정답 $4\sqrt{3}$

해설 $\sqrt{4^2+4^2+4^2}=\sqrt{48}=4\sqrt{3}$

003 정답 $3\sqrt{3}$ / $2\sqrt{3}$ / $2\sqrt{6}$ / $9\sqrt{3}$ / $18\sqrt{2}$

해설 한 변의 길이가 6인 정삼각형 BCD의 높이 $\overline{DM}$의 길이는

$\overline{DM}=\dfrac{\sqrt{3}}{2}\times 6=3\sqrt{3}$

점 H는 정삼각형 BCD의 무게중심이므로

$\overline{DH}=\overline{DM}\times\dfrac{2}{3}=3\sqrt{3}\times\dfrac{2}{3}=2\sqrt{3}$

직각삼각형 AHD에서

$\overline{AH}=\sqrt{\overline{AD}^2-\overline{DH}^2}=\sqrt{6^2-(2\sqrt{3})^2}=2\sqrt{6}$

한 변의 길이가 6인 정삼각형 BCD의 넓이는

$\triangle BCD=\dfrac{\sqrt{3}}{4}\times 6^2=9\sqrt{3}$

$\therefore$ (정사면체의 부피)

$=\dfrac{1}{3}\times\triangle BCD\times\overline{AH}$

$=\dfrac{1}{3}\times 9\sqrt{3}\times 2\sqrt{6}=18\sqrt{2}$

004 정답 $6\sqrt{3}$ / $4\sqrt{3}$ / $4\sqrt{6}$ / $36\sqrt{3}$ / $144\sqrt{2}$

해설 한 변의 길이가 12인 정삼각형 BCD의 높이 $\overline{BM}$의 길이는

$\overline{BM}=\dfrac{\sqrt{3}}{2}\times 12=6\sqrt{3}$

점 H는 정삼각형 BCD의 무게중심이므로

$\overline{BH}=\overline{BM}\times\dfrac{2}{3}=6\sqrt{3}\times\dfrac{2}{3}=4\sqrt{3}$

직각삼각형 AHB에서

$\overline{AH}=\sqrt{\overline{AB}^2-\overline{BH}^2}=\sqrt{12^2-(4\sqrt{3})^2}=4\sqrt{6}$

한 변의 길이가 12인 정삼각형 BCD의 넓이는

$\triangle BCD=\dfrac{\sqrt{3}}{4}\times 12^2=36\sqrt{3}$

$\therefore$ (정사면체의 부피)

$$=\frac{1}{3}\times\triangle BCD\times\overline{AH}$$

$$=\frac{1}{3}\times36\sqrt{3}\times4\sqrt{6}=144\sqrt{2}$$

005 정답 $6\sqrt{2}\,\mathrm{cm}$ / $3\sqrt{2}\,\mathrm{cm}$ / $3\sqrt{7}\,\mathrm{cm}$ / $36\,\mathrm{cm}^2$ / $36\sqrt{7}\,\mathrm{cm}^3$

해설 직각이등변삼각형 ABC에서

$$\overline{AC}=\sqrt{\overline{AB}^2+\overline{BC}^2}=\sqrt{6^2+6^2}=6\sqrt{2}$$

$$\overline{AH}=\frac{1}{2}\overline{AC}=\frac{1}{2}\times6\sqrt{2}=3\sqrt{2}$$

직각삼각형 OHA에서

$$\overline{OH}=\sqrt{\overline{OA}^2-\overline{AH}^2}=\sqrt{9^2-(3\sqrt{2})^2}=3\sqrt{7}$$

$$\square ABCD=6\times6=36$$

$\therefore$ (정사각뿔의 부피)

$$=\frac{1}{3}\times\square ABCD\times\overline{OH}$$

$$=\frac{1}{3}\times36\times3\sqrt{7}=36\sqrt{7}$$

006 정답 $8\,\mathrm{cm}$ / $36\pi\,\mathrm{cm}^2$ / $96\pi\,\mathrm{cm}^3$

해설 직각삼각형 AOB에서

$$\overline{AO}=\sqrt{\overline{AB}^2-\overline{OB}^2}=\sqrt{10^2-6^2}=8$$

$$(\text{밑면의 넓이})=\pi\times6^2=36\pi$$

$\therefore$ (원뿔의 부피)

$$=\frac{1}{3}\times(\text{밑면의 넓이})\times\overline{AO}$$

$$=\frac{1}{3}\times36\pi\times8=96\pi$$

007 정답 $20\,\mathrm{cm}$

해설 직육면체의 전개도를 그리면 직육면체의 옆면은 직사각형이 된다.

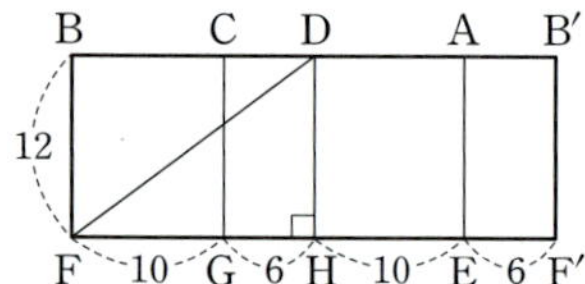

직각삼각형 FHD에서

$$\overline{FD}=\sqrt{\overline{FH}^2+\overline{DH}^2}$$

$$=\sqrt{(10+6)^2+12^2}=20$$

008 정답 $15\pi\,\mathrm{cm}$

해설 원기둥의 전개도를 그리면 원기둥의 옆면은 직사각형이 된다. 이때 직사각형의 가로의 길이는 원기둥의 밑면인 원의 둘레의 길이와 같다.

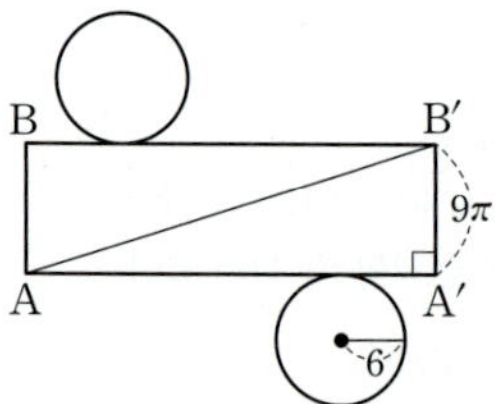

직각삼각형 AA'B'에서

$$\overline{AB'}=\sqrt{\overline{AA'}^2+\overline{A'B'}^2}$$

$$=\sqrt{(2\pi\times6)^2+(9\pi)^2}=15\pi$$

009 정답 $6\,\mathrm{cm}$

해설 원뿔의 전개도에서 부채꼴의 중심각의 크기를 $x°$라 하면

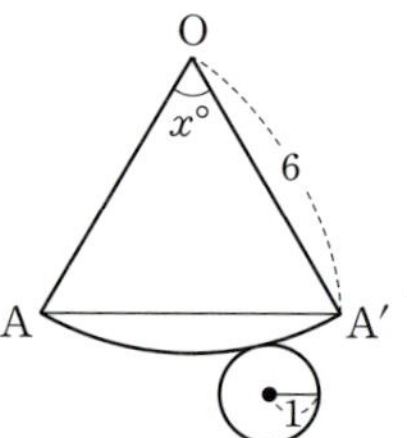

$$(\text{옆면인 부채꼴의 호의 길이})=(\text{밑면인 원의 둘레의 길이})$$

이므로

$$2\pi\times6\times\frac{x}{360}=2\pi\times1 \qquad \therefore x=60°$$

$\triangle OAA'$은 정삼각형이므로

$$(\text{최단 거리})=\overline{AA'}=6$$

091 삼각비 본문 P. 199

001 정답 $\sin A=\dfrac{3}{5}$ / $\cos A=\dfrac{4}{5}$ / $\tan A=\dfrac{3}{4}$

$\sin C=\dfrac{4}{5}$ / $\cos C=\dfrac{3}{5}$ / $\tan C=\dfrac{4}{3}$

해설 기준각과 직각을 이은 변이 삼각형의 밑변이 되므로 만약 각 C가 기준각이면 오른쪽 그림과 같이 삼각형을 그린 다음 삼각비를 구하는 것이 좋다.

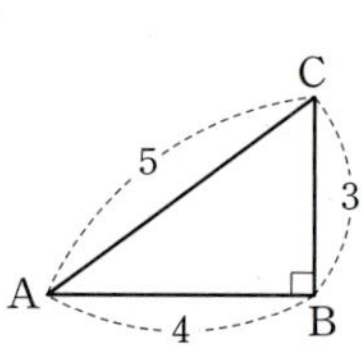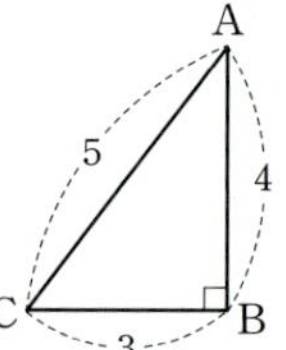

002 정답 $\sin A=\dfrac{12}{13}$ / $\cos A=\dfrac{5}{13}$ / $\tan A=\dfrac{12}{5}$

$\sin B=\dfrac{5}{13}$ / $\cos B=\dfrac{12}{13}$ / $\tan B=\dfrac{5}{12}$

해설 직각삼각형 ABC에서 피타고라스의 정리에 의해

$$\overline{BC}=\sqrt{\overline{AB}^2-\overline{CA}^2}=\sqrt{13^2-5^2}$$

$$=\sqrt{144}=12$$

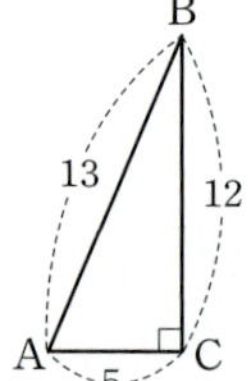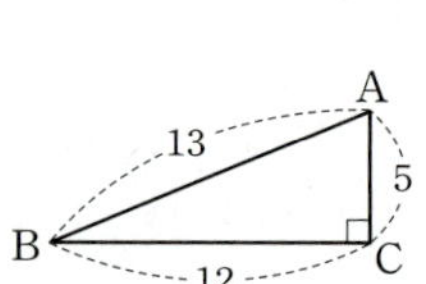

003 정답 $\dfrac{3}{2}$

해설 $\sin 30° + \tan 45° = \dfrac{1}{2} + 1 = \dfrac{3}{2}$

004 정답 1

해설 $\sin 60° \times \tan 60° - \cos 60° = \dfrac{\sqrt{3}}{2} \times \sqrt{3} - \dfrac{1}{2} = 1$

005 정답 $\dfrac{\sqrt{6}}{2}$

해설 $(\cos 45° + \sin 45°) \times \cos 30°$

$= \left(\dfrac{\sqrt{2}}{2} + \dfrac{\sqrt{2}}{2}\right) \times \dfrac{\sqrt{3}}{2} = \dfrac{\sqrt{6}}{2}$

006 정답 2

해설 $\sin 30° + \cos 60° + \sqrt{3}\tan 30°$

$= \dfrac{1}{2} + \dfrac{1}{2} + \sqrt{3} \times \dfrac{\sqrt{3}}{3} = 2$

007 정답 $2 / 2\sqrt{3}$

해설 $\sin B = \dfrac{\overline{AC}}{\overline{AB}}$ 에서 $\sin 30° = \dfrac{x}{4}$ 이므로

$\dfrac{1}{2} = \dfrac{x}{4}$ $\quad \therefore x = 2$

$\cos B = \dfrac{\overline{BC}}{\overline{AB}}$ 에서 $\cos 30° = \dfrac{y}{4}$ 이므로

$\dfrac{\sqrt{3}}{2} = \dfrac{y}{4}$ $\quad \therefore y = 2\sqrt{3}$

008 정답 $5 / 5\sqrt{3}$

해설 직각삼각형 ADC에서

$\tan C = \dfrac{\overline{AD}}{\overline{DC}}$ 에서 $\tan 45° = \dfrac{x}{5}$ 이므로

$1 = \dfrac{x}{5}$ $\quad \therefore x = 5$

직각삼각형 ABD에서

$\tan B = \dfrac{\overline{AD}}{\overline{BD}}$ 에서 $\tan 30° = \dfrac{x}{y}$ 이므로

$\dfrac{1}{\sqrt{3}} = \dfrac{5}{y}$ $\quad \therefore y = 5\sqrt{3}$

009 정답 ○

해설 직각삼각형 OAB에서

$\sin x = \dfrac{\overline{AB}}{\overline{OA}} = \dfrac{\overline{AB}}{1} = \overline{AB}$

010 정답 ×

해설 직각삼각형 OAB에서

$\sin y = \dfrac{\overline{OB}}{\overline{OA}} = \dfrac{\overline{OB}}{1} = \overline{OB}$

011 정답 ○

해설 직각삼각형 OAB에서

$\cos x = \dfrac{\overline{OB}}{\overline{OA}} = \dfrac{\overline{OB}}{1} = \overline{OB}$

012 정답 ×

해설 직각삼각형 OAB에서

$\cos y = \dfrac{\overline{AB}}{\overline{OA}} = \dfrac{\overline{AB}}{1} = \overline{AB}$

013 정답 ○

해설 직각삼각형 OCD에서

$\tan x = \dfrac{\overline{CD}}{\overline{OD}} = \dfrac{\overline{CD}}{1} = \overline{CD}$

014 정답 2

해설 $(\cos 0° + \tan 45°) \div \sin 90°$

$= (1 + 1) \div 1 = 2$

015 정답 0

해설 $\cos 90° \times \cos 0° + \sin 0° + \tan 0°$

$= 0 \times 1 + 0 + 0 = 0$

016 정답 $\dfrac{\sqrt{2}}{2}$

해설 $\sin 90° \times \cos 45° + \cos 90° \times \sin 45°$

$= 1 \times \dfrac{\sqrt{2}}{2} + 0 \times \dfrac{\sqrt{2}}{2} = \dfrac{\sqrt{2}}{2}$

092 삼각비의 활용(변의 길이)
본문 P. 201

001 정답 $8\sin 35° / 8\cos 35°$

해설 $\sin 35° = \dfrac{x}{8}$ $\quad \therefore x = 8\sin 35°$

$\cos 35° = \dfrac{y}{8}$ $\quad \therefore y = 8\cos 35°$

002 정답 $\dfrac{7}{\cos 32°} / 7\tan 32°$

해설 $\cos 32° = \dfrac{7}{x}$ $\quad \therefore x = \dfrac{7}{\cos 32°}$

$\tan 32° = \dfrac{y}{7}$ $\quad \therefore y = 7\tan 32°$

003 정답 $\dfrac{6}{\sin 29°} / \dfrac{6}{\tan 29°}$

해설 $\sin 29° = \dfrac{6}{x}$ $\quad \therefore x = \dfrac{6}{\sin 29°}$

$\tan 29° = \dfrac{6}{y}$ $\quad \therefore y = \dfrac{6}{\tan 29°}$

004 정답 $2\sqrt{3} / 2 / 4 / 2\sqrt{7}$

해설 $\triangle ABH$에서

$\overline{AH} = 4\sin 60° = 4 \times \dfrac{\sqrt{3}}{2} = 2\sqrt{3}$

$\overline{BH} = 4\cos 60° = 4 \times \dfrac{1}{2} = 2$

$\overline{CH} = \overline{BC} - \overline{BH} = 6 - 2 = 4$

직각삼각형 AHC에서

$\overline{AC} = \sqrt{\overline{AH}^2 + \overline{CH}^2} = \sqrt{(2\sqrt{3})^2 + 4^2} = 2\sqrt{7}$

005 정답 $3\sqrt{3}$ / 3 / 7 / $2\sqrt{19}$

해설 $\triangle ACH$에서

$\overline{AH}=6\sin 60°=6\times\dfrac{\sqrt{3}}{2}=3\sqrt{3}$

$\overline{CH}=6\cos 60°=6\times\dfrac{1}{2}=3$

$\overline{BH}=\overline{BC}+\overline{CH}=4+3=7$

직각삼각형 ABH에서
$\overline{AB}=\sqrt{\overline{BH}^2+\overline{AH}^2}=\sqrt{7^2+(3\sqrt{3})^2}=2\sqrt{19}$

006 정답 $3\sqrt{2}$ / $60°$ / $2\sqrt{6}$

해설 $\triangle ABH$에서

$\overline{AH}=6\sin 45°=6\times\dfrac{\sqrt{2}}{2}=3\sqrt{2}$

$\angle C=180°-(75°+45°)=60°$

$\triangle AHC$에서

$\overline{AH}=\overline{AC}\sin 60°$이므로

$3\sqrt{2}=\overline{AC}\sin 60°$

$\therefore \overline{AC}=\dfrac{3\sqrt{2}}{\sin 60°}=\dfrac{3\sqrt{2}}{\dfrac{\sqrt{3}}{2}}=\dfrac{6\sqrt{2}}{\sqrt{3}}$

$=\dfrac{6\sqrt{2}\sqrt{3}}{\sqrt{3}\sqrt{3}}=2\sqrt{6}$

007 정답 $4\sqrt{3}$ / $45°$ / $4\sqrt{6}$

해설 $\triangle AHC$에서

$\overline{AH}=8\sin 60°=8\times\dfrac{\sqrt{3}}{2}=4\sqrt{3}$

$\angle B=180°-(75°+60°)=45°$

$\triangle ABH$에서

$\overline{AH}=\overline{AB}\sin 45°$이므로

$4\sqrt{3}=\overline{AB}\sin 45°$

$\therefore \overline{AB}=\dfrac{4\sqrt{3}}{\sin 45°}=\dfrac{4\sqrt{3}}{\dfrac{\sqrt{2}}{2}}=\dfrac{8\sqrt{3}}{\sqrt{2}}$

$=\dfrac{8\sqrt{3}\sqrt{2}}{\sqrt{2}\sqrt{2}}=4\sqrt{6}$

008 정답 $3(\sqrt{3}-1)$

해설 $\triangle ABH$에서 $\overline{BH}=\overline{AH}\tan 45°$

$\triangle ACH$에서 $\overline{CH}=\overline{AH}\tan 60°$

$6=\overline{BC}=\overline{BH}+\overline{CH}=\overline{AH}\tan 45°+\overline{AH}\tan 60°$

$\therefore \overline{AH}=\dfrac{6}{\tan 45°+\tan 60°}=\dfrac{6}{1+\sqrt{3}}$

$=\dfrac{6(\sqrt{3}-1)}{(\sqrt{3}+1)(\sqrt{3}-1)}$

$=\dfrac{6(\sqrt{3}-1)}{3-1}=3(\sqrt{3}-1)$

009 정답 $5(3-\sqrt{3})$

해설 $\triangle ABH$에서 $\overline{BH}=\overline{AH}\tan 45°$

$\triangle ACH$에서 $\overline{CH}=\overline{AH}\tan 30°$

$10=\overline{BC}=\overline{BH}+\overline{CH}=\overline{AH}\tan 45°+\overline{AH}\tan 30°$

$\therefore \overline{AH}=\dfrac{10}{\tan 45°+\tan 30°}=\dfrac{10}{1+\dfrac{\sqrt{3}}{3}}$

$=\dfrac{30}{3+\sqrt{3}}=\dfrac{30(3-\sqrt{3})}{(3+\sqrt{3})(3-\sqrt{3})}$

$=\dfrac{30(3-\sqrt{3})}{9-3}=5(3-\sqrt{3})$

010 정답 $5\sqrt{3}$

해설 $\triangle ABH$에서 $\overline{BH}=\overline{AH}\tan 60°$

$\triangle ACH$에서 $\overline{CH}=\overline{AH}\tan 30°$

$10=\overline{BC}=\overline{BH}-\overline{CH}=\overline{AH}\tan 60°-\overline{AH}\tan 30°$

$\therefore \overline{AH}=\dfrac{10}{\tan 60°-\tan 30°}=\dfrac{10}{\sqrt{3}-\dfrac{\sqrt{3}}{3}}=\dfrac{10}{\dfrac{2\sqrt{3}}{3}}$

$=\dfrac{15}{\sqrt{3}}=\dfrac{15\sqrt{3}}{\sqrt{3}\sqrt{3}}=5\sqrt{3}$

011 정답 $3(3+\sqrt{3})$

해설 $\triangle ABH$에서 $\overline{BH}=\overline{AH}\tan 45°$

$\triangle ACH$에서 $\overline{CH}=\overline{AH}\tan 30°$

$6=\overline{BC}=\overline{BH}-\overline{CH}=\overline{AH}\tan 45°-\overline{AH}\tan 30°$

$\therefore \overline{AH}=\dfrac{6}{\tan 45°-\tan 30°}=\dfrac{6}{1-\dfrac{\sqrt{3}}{3}}$

$=\dfrac{18}{3-\sqrt{3}}=\dfrac{18(3+\sqrt{3})}{(3-\sqrt{3})(3+\sqrt{3})}$

$=\dfrac{18(3+\sqrt{3})}{9-3}=3(3+\sqrt{3})$

093 삼각비의 활용(도형의 넓이) 본문 P. 203

001 정답 $12\,\text{cm}^2$

해설 $S=\dfrac{1}{2}\times 6\times 8\times\sin 30°$

$=\dfrac{1}{2}\times 6\times 8\times\dfrac{1}{2}=12$

002 정답 $14\sqrt{2}\,\text{cm}^2$

해설 $S=\dfrac{1}{2}\times 7\times 8\times\sin 45°$

$=\dfrac{1}{2}\times 7\times 8\times\dfrac{\sqrt{2}}{2}=14\sqrt{2}$

003 정답 $15\sqrt{3}\,\text{cm}^2$

해설 $S=\dfrac{1}{2}\times 6\times 10\times\sin(180°-120°)$

$=\dfrac{1}{2}\times 6\times 10\times\dfrac{\sqrt{3}}{2}=15\sqrt{3}$

별해

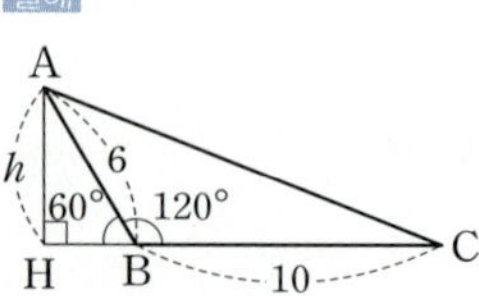

$\triangle$AHB에서 $\sin 60° = \dfrac{\overline{AH}}{\overline{AB}}$이므로

$h = \overline{AH} = \overline{AB} \sin 60° = 6 \times \dfrac{\sqrt{3}}{2} = 3\sqrt{3}$

$S = \dfrac{1}{2} \times \overline{BC} \times \overline{AH}$

$ = \dfrac{1}{2} \times 10 \times 3\sqrt{3} = 15\sqrt{3}$

004 정답 $6\sqrt{2}\,\mathrm{cm}^2$

해설 $S = 3 \times 4 \times \sin 45°$

$ = 3 \times 4 \times \dfrac{\sqrt{2}}{2} = 6\sqrt{2}$

005 정답 $24\sqrt{3}\,\mathrm{cm}^2$

해설 $S = 8 \times 6 \times \sin(180° - 120°)$

$ = 8 \times 6 \times \dfrac{\sqrt{3}}{2} = 24\sqrt{3}$

006 정답 $8\,\mathrm{cm}^2$

해설 $S = 4 \times 4 \times \sin(180° - 150°)$

$ = 4 \times 4 \times \dfrac{1}{2} = 8$

007 정답 $10\,\mathrm{cm}^2$

해설 $S = \dfrac{1}{2} \times 4 \times 5 \times \sin 90°$

$ = \dfrac{1}{2} \times 4 \times 5 \times 1 = 10$

008 정답 $15\sqrt{3}\,\mathrm{cm}^2$

해설 $S = \dfrac{1}{2} \times 6 \times 10 \times \sin(180° - 120°)$

$ = \dfrac{1}{2} \times 6 \times 10 \times \dfrac{\sqrt{3}}{2} = 15\sqrt{3}$

009 정답 $30\sqrt{2}\,\mathrm{cm}^2$

해설 $S = \dfrac{1}{2} \times 12 \times 10 \times \sin 45°$

$ = \dfrac{1}{2} \times 12 \times 10 \times \dfrac{\sqrt{2}}{2} = 30\sqrt{2}$

010 정답 $16\sqrt{3}\,\mathrm{cm}^2$

해설 $\square$ABCD

$= \triangle$ADC $+ \triangle$ABC

$= \dfrac{1}{2} \times 4 \times 4 \times \sin(180° - 120°)$

$ + \dfrac{1}{2} \times 4\sqrt{3} \times 4\sqrt{3} \times \sin 60°$

$= \dfrac{1}{2} \times 4 \times 4 \times \dfrac{\sqrt{3}}{2} + \dfrac{1}{2} \times 4\sqrt{3} \times 4\sqrt{3} \times \dfrac{\sqrt{3}}{2}$

$= 4\sqrt{3} + 12\sqrt{3}$

$= 16\sqrt{3}$

011 정답 $7\,\mathrm{cm}^2$

해설 $\square$ABCD

$= \triangle$DAB $+ \triangle$DCB

$= \dfrac{1}{2} \times \sqrt{2} \times 2 \times \sin(180° - 135°)$

$ + \dfrac{1}{2} \times 3\sqrt{2} \times 4 \times \sin 45°$

$= \dfrac{1}{2} \times \sqrt{2} \times 2 \times \dfrac{\sqrt{2}}{2} + \dfrac{1}{2} \times 3\sqrt{2} \times 4 \times \dfrac{\sqrt{2}}{2}$

$= 1 + 6 = 7$

012 정답 $12\sqrt{3}\,\mathrm{cm}^2$

해설 $\square$ABCD

$= \triangle$DAB $+ \triangle$DCB

$= \dfrac{1}{2} \times 2\sqrt{3} \times 2\sqrt{3} \times \sin(180° - 120°)$

$ + \dfrac{1}{2} \times 6 \times 6 \times \sin 60°$

$= \dfrac{1}{2} \times 2\sqrt{3} \times 2\sqrt{3} \times \dfrac{\sqrt{3}}{2} + \dfrac{1}{2} \times 6 \times 6 \times \dfrac{\sqrt{3}}{2}$

$= 3\sqrt{3} + 9\sqrt{3} = 12\sqrt{3}$

094 원의 현
본문 P. 205

001 정답 5

해설 한 원에서 중심각의 크기가 같으면 현의 길이도 같다.

002 정답 $70°$

해설 한 원에서 현의 길이가 같으면 중심각의 크기도 같다.

003 정답 $130°$

해설 한 원에서 현의 길이가 같으면 중심각의 크기도 같다.

$x + x + 100° = 360° \qquad \therefore x = 130°$

004 정답 6

해설 원의 중심에서 현에 내린 수선은 그 현을 수직이등분하므로 $x = \dfrac{1}{2} \times 12 = 6$

005 정답 16

해설 원의 중심에서 현에 내린 수선은 그 현을 수직이등분하므로 피타고라스 정리에 의해

$\left(\dfrac{x}{2}\right)^2 + 6^2 = 10^2 \qquad \therefore x = 16$

006 정답 13

해설 원의 중심에서 현에 내린 수선은 그 현을 수직이등분하므로 피타고라스 정리에 의해

$12^2 + 5^2 = x^2 \qquad \therefore x = 13$

007 정답 12

해설 한 원에서 원의 중심으로부터 같은 거리에 있는 두 현의 길이는 같고, 원의 중심에서 현에 내린 수선은 그 현을 수직이등분하므로
$x=6\times2=12$

008 정답 5

해설 한 원에서 두 현의 길이가 같으면 원의 중심으로부터 같은 거리에 있으므로 $x=5$

009 정답 6

해설 원의 중심에서 현에 내린 수선은 그 현을 수직이등분하므로 $\overline{AB}=8$

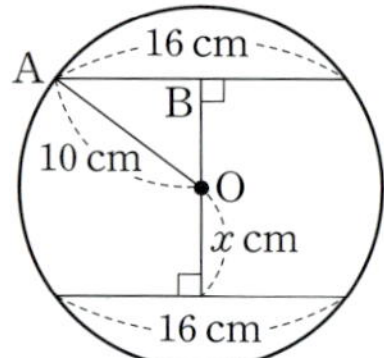

△ABO는 직각삼각형이므로 피타고라스 정리에 의해
$\overline{BO}=\sqrt{\overline{AO}^2-\overline{AB}^2}=\sqrt{10^2-8^2}=6$
한 원에서 두 현의 길이가 같으면 원의 중심으로부터 같은 거리에 있으므로 $x=\overline{BO}=6$

010 정답 $40°$

해설 한 원에서 원의 중심으로부터 같은 거리에 있는 두 현 AC, BC의 길이가 같으므로 △ABC는 이등변삼각형이다.
$x+70°+70°=180°$ $\quad\therefore x=40°$

011 정답 $65°$

해설 한 원에서 원의 중심으로부터 같은 거리에 있는 두 현 AB, AC의 길이가 같으므로 △ABC는 이등변삼각형이다.
$50°+x+x=180°$ $\quad\therefore x=65°$

012 정답 10

해설 한 원에서 원의 중심으로부터 같은 거리에 있는 두 현 AB, AC의 길이가 같다.
이때 길이가 같은 두 현 AB, AC 사이에 끼인각의 크기가 $60°$이므로 △ABC는 정삼각형이다.
$\therefore x=\overline{BC}=\overline{AC}=2\overline{AN}=2\times5=10$

095 원의 접선   본문 P. 207

001 정답 $225°$

해설 원의 접선은 그 접점을 지나는 원의 반지름과 서로 수직이므로 $\angle OAP=\angle OBP=90°$
$\angle APB+\angle AOB=180°$

$45°+\angle AOB=180°$ $\quad\therefore \angle AOB=135°$
$\therefore x=360°-\angle AOB=360°-135°=225°$

002 정답 $25°$

해설 원의 접선은 그 접점을 지나는 원의 반지름과 서로 수직이므로 $\angle OAP=\angle OBP=90°$
원 밖의 한 점에서 그 원에 그은 두 접선의 길이가 같으므로 $\overline{PA}=\overline{PB}$
△PAB가 이등변삼각형이므로
$2\angle PAB+50°=180°$ $\quad\therefore \angle PAB=65°$
$\therefore x=\angle OAB=\angle OAP-\angle PAB$
$\qquad=90°-65°=25°$

003 정답 $\sqrt{11}$

해설 원의 접선은 그 접점을 지나는 원의 반지름과 서로 수직이므로 △OAP는 $\angle A=90°$인 직각삼각형이다.
△OAP에서 피타고라스 정리에 의해
$\overline{OA}^2+\overline{AP}^2=\overline{OP}^2$이므로
$\overline{OA}^2+5^2=6^2$ $\quad\therefore \overline{OA}=\sqrt{11}$
$\therefore x=\overline{OB}=\overline{OA}=\sqrt{11}$

004 정답 8

해설 원 밖의 한 점에서 그 원에 그은 두 접선의 길이가 같으므로 $x=\overline{PB}=\overline{PA}=8$

005 정답 6

해설 원 밖의 한 점에서 그 원에 그은 두 접선의 길이가 같으므로
$\overline{PA}=\overline{PB}, \overline{CE}=\overline{CA}, \overline{DE}=\overline{DB}$
$\therefore$ (△PCD의 둘레의 길이)
$=\overline{PC}+\overline{CE}+\overline{ED}+\overline{DP}$
$=(\overline{PC}+\overline{CA})+(\overline{PD}+\overline{DB})$
$=\overline{PA}+\overline{PB}=2\overline{PA}$
이므로 $8+x+10=2\times12$ $\quad\therefore x=6$

별해 원 밖의 한 점에서 그 원에 그은 두 접선의 길이가 같으므로
$\overline{PA}=\overline{PB}, \overline{CE}=\overline{CA}, \overline{DE}=\overline{DB}$
$\overline{CE}=\overline{CA}=\overline{PA}-\overline{PC}=12-8=4$
$\overline{ED}=\overline{DB}=\overline{PB}-\overline{PD}=\overline{PA}-\overline{PD}=12-10=2$
$\therefore x=\overline{CD}=\overline{CE}+\overline{ED}=4+2=6$

006 정답 3

해설 원 밖의 한 점에서 그 원에 그은 두 접선의 길이가 같으므로
$\overline{PA}=\overline{PB}, \overline{CE}=\overline{CA}, \overline{DE}=\overline{DB}$

$\therefore$ (△PCD의 둘레의 길이)
$$=\overline{PC}+\overline{CE}+\overline{ED}+\overline{DP}$$
$$=(\overline{PC}+\overline{CA})+(\overline{PD}+\overline{DB})$$
$$=\overline{PA}+\overline{PB}=2\overline{PA}$$
이므로 $8+5+9=2(8+x)$ $\quad\therefore x=3$

007 정답 5

해설 원 밖의 한 점에서 그 원에 그은 두 접선의 길이가 같으므로
$$x=\overline{AF}=\overline{AD}=5$$

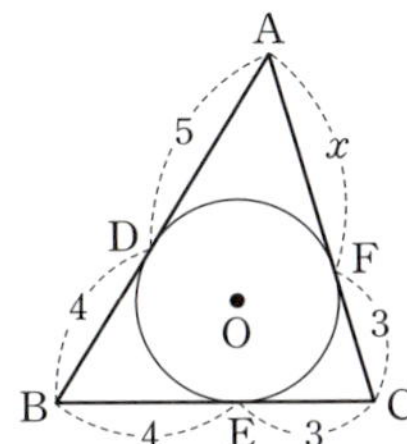

008 정답 11

해설 원 밖의 한 점에서 그 원에 그은 두 접선의 길이가 같으므로
$$x=6+5=11$$

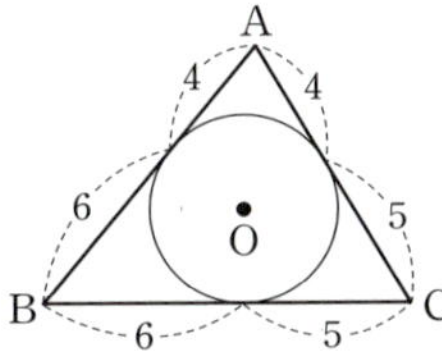

009 정답 9

해설 원 밖의 한 점에서 그 원에 그은 두 접선의 길이가 같으므로
$$(12-x)+(14-x)=8 \quad \therefore x=9$$

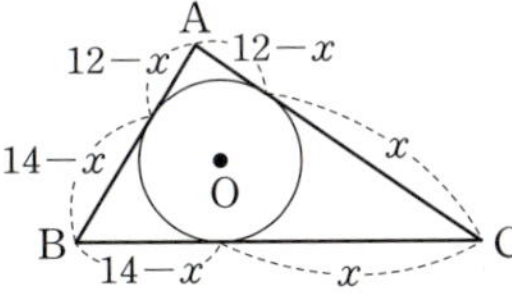

010 정답 15 cm

해설 원 밖의 한 점에서 그 원에 그은 두 접선의 길이가 같으므로
$$\overline{AD}+\overline{BE}+\overline{CF}$$
$$=\frac{1}{2}(\overline{AD}+\overline{AF})+\frac{1}{2}(\overline{BE}+\overline{BD})+\frac{1}{2}(\overline{CF}+\overline{CE})$$
$$=\frac{1}{2}(\overline{AD}+\overline{BD}+\overline{BE}+\overline{CE}+\overline{CF}+\overline{AF})$$
$$=\frac{1}{2}(\overline{AB}+\overline{BC}+\overline{CA})$$
$$=\frac{1}{2}\times(8+12+10)=15$$

011 정답 3 cm

해설 $\overline{AD}=x$라 하면 원 밖의 한 점에서 그 원에 그은 두 접선의 길이가 같으므로
$$x+(x+4)=10 \quad \therefore x=3$$

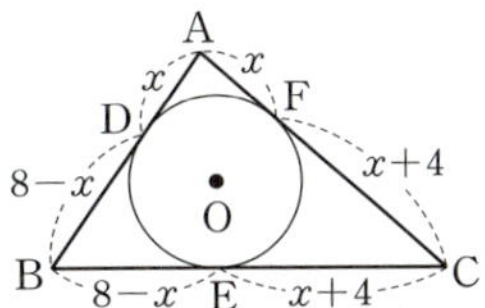

012 정답 7

해설 원에 외접하는 사각형에서 두 쌍의 대변의 길이의 합은 서로 같으므로
$$x+11=8+10 \quad \therefore x=7$$

013 정답 3

해설 원에 외접하는 사각형에서 두 쌍의 대변의 길이의 합은 서로 같으므로
$$6+4=3+(4+x) \quad \therefore x=3$$

014 정답 10

해설 원에 외접하는 사각형에서 두 쌍의 대변의 길이의 합은 서로 같으므로
$$x+(4+9)=7+16 \quad \therefore x=10$$

096 원주각

본문 P. 209

001 정답 50°

해설 한 원에서 한 호에 대한 원주각의 크기는 그 호에 대한 중심각의 크기의 $\frac{1}{2}$이므로
$$x=\frac{1}{2}\times100°=50°$$

002 정답 220°

해설 한 원에서 한 호에 대한 원주각의 크기는 그 호에 대한 중심각의 크기의 $\frac{1}{2}$이므로
$$110°=\frac{1}{2}\times x \quad \therefore x=220°$$

003 정답 90°

해설 한 원에서 한 호에 대한 원주각의 크기는 그 호에 대한 중심각의 크기의 $\frac{1}{2}$이므로
$$x=\frac{1}{2}\times180°=90°$$

별해 반원에 대한 원주각의 크기는 90°이다.
즉, $\overline{AB}$가 원의 지름이므로 $\angle ACB=90°$이다.

004 정답 $50°$

해설 한 원에서 길이가 같은 호에 대한 원주각의 크기는 같다.

즉, $\widehat{BC}$에 대한 원주각의 크기가 같으므로

$x=\angle BDC=\angle BAC=50°$

005 정답 $30°$

해설 $\widehat{BC}$에 대한 원주각의 크기가 같으므로

$\angle BDC=\angle BAC=60°$

반원에 대한 원주각의 크기는 $90°$이므로 $\angle BCD=90°$

$\triangle BCD$가 직각삼각형이므로

$x+60°+90°=180°$ $\therefore x=30°$

006 정답 $55°$

해설 $\widehat{BC}$에 대한 원주각의 크기가 같으므로

$x=\angle BAC=\angle BDC$

삼각형의 한 외각의 크기는 그와 이웃하지 않는 두 내각의 크기의 합과 같으므로

$85°=\angle BDC+\angle ACD$

$85°=x+30°$ $\therefore x=55°$

007 정답 12

해설 한 원에서 크기가 같은 원주각에 대한 호의 길이는 같다.

즉, $\angle COD=\angle AOB=60°$이므로

$x=\widehat{CD}=\widehat{AB}=12$

008 정답 $35°$

해설 한 원에서 길이가 같은 호에 대한 원주각의 크기는 같다.

즉, $\widehat{CD}=\widehat{EF}$이므로 $x=\angle EBF=\angle CAD=35°$

009 정답 $80°$

해설 한 원에서 한 호에 대한 원주각의 크기는 그 호에 대한 중심각의 크기의 $\frac{1}{2}$이므로

$\angle ACB=\frac{1}{2}\angle AOB=\frac{1}{2}x$

$\therefore x=2\angle ACB$

한 원에서 길이가 같은 호에 대한 원주각의 크기는 같다.

즉, $\widehat{AB}=\widehat{CD}$이므로 $\angle ACB=\angle CED$이다.

$\therefore x=2\angle ACB=2\angle CED$

$\quad=2\times40°=80°$

010 정답 8

해설 한 원에서 호의 길이는 원주각의 크기에 정비례하므로

$56°:16=28°:x$ $\therefore x=8$

011 정답 $72°$

해설 한 원에서 호의 길이는 원주각의 크기에 정비례하므로

$(180°-x):12=x:8$ $\therefore x=72°$

012 정답 $45°$

해설 한 원에서 한 호에 대한 원주각의 크기는 그 호에 대한 중심각의 크기의 $\frac{1}{2}$이므로 $\widehat{AB}$의 원주각의 크기는

$\frac{1}{2}\times60°=30°$이다.

한 원에서 호의 길이는 원주각의 크기에 정비례하므로

$30°:4=x:6$ $\therefore x=45°$

013 정답 $65°$

해설 네 점 A, B, C, D가 한 원에 있고 $\widehat{AD}$에 대한 원주각의 크기가 같으므로

$x=\angle ACD=\angle ABD=65°$

014 정답 $80°$

해설 네 점 A, B, C, D가 한 원에 있고 $\widehat{BC}$에 대한 원주각의 크기가 같으므로

$x=\angle BDC=\angle BAC$

삼각형의 세 내각의 크기의 합이 $180°$이므로

$x+40°+60°=180°$ $\therefore x=80°$

015 정답 $70°$

해설 네 점 A, B, C, D가 한 원에 있고 $\widehat{BC}$에 대한 원주각의 크기가 같으므로

$\angle BAC=\angle BDC=35°$

$\triangle ABC$의 세 내각의 크기의 합이 $180°$이므로

$35°+75°+x=180°$ $\therefore x=70°$

097 원주각의 활용

본문 P. 211

001 정답 $80°$

해설 원에 내접하는 사각형에서 한 쌍의 대각의 크기의 합이 $180°$이므로

$100°+x=180°$ $\therefore x=80°$

002 정답 $100°$

해설 원에 내접하는 사각형에서 한 쌍의 대각의 크기의 합이 $180°$이므로

$x+\angle D=180°$ $\therefore \angle D=180°-x$

$\triangle ACD$의 세 내각의 크기의 합이 $180°$이므로

$30°+70°+(180°-x)=180°$ $\therefore x=100°$

003 정답 $107°$

해설 한 원에서 한 호에 대한 원주각의 크기는 그 호에 대한 중심각의 크기의 $\frac{1}{2}$이므로

$\angle BAD=\frac{1}{2}\angle BOD=\frac{1}{2}\times146°=73°$

원에 내접하는 사각형에서 한 쌍의 대각의 크기의 합이 $180°$이므로

$\angle BAD+x=180°$, $73°+x=180°$ $\therefore x=107°$

 정답 $60°$ / $80°$
해설 원에 내접하는 사각형에서 한 쌍의 대각의 크기의
합이 $180°$이므로
$$x+120°=180° \qquad \therefore x=60°$$
원에 내접하는 사각형에서 한 외각의 크기는 그 내각의 대
각의 크기와 같으므로
$$y=80°$$

005 정답 $110°$ / $105°$
해설 원에 내접하는 사각형에서 한 쌍의 대각의 크기의
합이 $180°$이므로
$$x+70°=180° \qquad \therefore x=110°$$
원에 내접하는 사각형에서 한 외각의 크기는 그 내각의 대
각의 크기와 같으므로
$$y=105°$$

006 정답 $80°$ / $65°$
해설 원에 내접하는 사각형에서 한 쌍의 대각의 크기의
합이 $180°$이므로
$$x+100°=180° \qquad \therefore x=80°$$
$\triangle ABE$의 세 내각의 크기의 합이 $180°$이므로
$$y+80°+35°=180° \qquad \therefore y=65°$$

007 정답 $50°$ / $80°$
해설 원의 접선과 그 접점을 지나는 현이 이루는 각의 크
기는 그 각의 내부에 있는 호에 대한 원주각의 크기와 같
다.
$$\therefore x=50°, y=80°$$

008 정답 $50°$ / $40°$
해설 원의 접선과 그 접점을 지나는 현이 이루는 각의 크
기는 그 각의 내부에 있는 호에 대한 원주각의 크기와 같
으므로 $x=50°$
반원에 대한 원주각의 크기는 $90°$이므로
$$\angle ABC=90°$$
$\triangle ABC$의 세 내각의 크기의 합이 $180°$이므로
$$y+90°+50°=180° \qquad \therefore y=40°$$
별해 한 원에서 원의 접선은 그 접점을 지나는 원의 반지
름과 서로 수직이므로 $\overline{OA}\perp\overline{AT}$이다.
$$y+50°=90° \qquad \therefore y=40°$$

009 정답 $70°$ / $140°$
해설 원의 접선과 그 접점을 지나는 현이 이루는 각의 크
기는 그 각의 내부에 있는 호에 대한 원주각의 크기와 같
으므로 $x=70°$
한 원에서 한 호에 대한 원주각의 크기는 그 호에 대한 중
심각의 크기의 $\dfrac{1}{2}$이므로
$$\angle ACB=\dfrac{1}{2}\angle AOB, \ 70°=\dfrac{1}{2}y \qquad \therefore y=140°$$

별해 한 원에서 원의 접선은 그 접점을 지나는 원의 반지
름과 서로 수직이므로 $\overline{OA}\perp\overline{AT}$이다.
$$\angle OAB+70°=90° \qquad \therefore \angle OAB=20°$$
$\triangle OAB$는 이등변삼각형이고 삼각형의 세 내각의 크기의
합이 $180°$이므로
$$20°+20°+y=180° \qquad \therefore y=140°$$

010 정답 $65°$
해설 원의 접선과 그 접점을 지나는 현이 이루는 각의 크
기는 그 각의 내부에 있는 호에 대한 원주각의 크기와 같
으므로 $\angle APT=\angle ACP=65°$

011 정답 $65°$
해설 맞꼭지각의 크기는 서로 같으므로
$$\angle BPS=\angle APT=65°$$

012 정답 $65°$
해설 원의 접선과 그 접점을 지나는 현이 이루는 각의 크
기는 그 각의 내부에 있는 호에 대한 원주각의 크기와 같
으므로 $\angle BDP=\angle BPS=65°$

013 정답 $\overline{BD}$
해설 두 엇각 $\angle ACP$와 $\angle BDP$의 크기가 서로 같으므로
두 직선 $\overline{AC}$와 $\overline{BD}$는 평행하다.

014 정답 $45°$
해설 $\triangle BDP$의 세 내각의 크기의 합이 $180°$이므로
$$70°+65°+x=180° \qquad \therefore x=45°$$

PART ⓑ 필수문제편

001 소수와 합성수, 소인수분해   본문 P. 214

001 소수	002 2	003 1	004 3	005 ④	006 ⑤
007 ④	008 ③	009 ③	010 ④	011 6	

001 정답 소수

002 정답 2

003 정답 1

004 정답 3

005 정답 ④
해설 $360 = 2^3 \times 3^2 \times 5$이므로
$l=3,\ m=2,\ n=5$
$\therefore\ l+m+n = 3+2+5 = 10$

006 정답 ⑤
해설 자연수의 제곱이 되려면 소인수분해했을 때, 소인수의 지수는 모두 짝수가 되어야 한다.
$60 = 2^2 \times 3 \times 5$이므로 곱해야 할 자연수 중에서 가장 작은 자연수는 $3 \times 5 = 15$이다.
결국, 15를 곱하면
$(2^2 \times 3 \times 5) \times (3 \times 5) = (2 \times 3 \times 5)^2 = 30^2$이 된다.

007 정답 ④
해설 $270 = 2 \times 3^3 \times 5$이므로 270의 약수가 아닌 것은 ④이다.

008 정답 ③
해설 자연수 N이 $N = a^m \times b^n$($a,\ b$는 서로 다른 소수)로 소인수분해될 때 N의 약수의 개수는 $(m+1)(n+1)$
① $60 = 2^2 \times 3 \times 5$의 약수의 개수는
$(2+1)(1+1)(1+1) = 12$
② $2^3 \times 3^2$의 약수의 개수는
$(3+1)(2+1) = 12$
③ $112 = 2^4 \times 7$의 약수의 개수는
$(4+1)(1+1) = 10$
④ $2 \times 3 \times 5^2$의 약수의 개수는
$(1+1)(1+1)(2+1) = 12$
⑤ $1024 = 2^{10}$의 약수의 개수는
$10+1 = 11$

009 정답 ③
해설 ① $50 = 2 \times 5^2$의 소인수는 2, 5이다.
② $70 = 2 \times 5 \times 7$의 약수의 개수는
$(1+1)(1+1)(1+1) = 8$
③ $3^2 \times 22 = 2 \times 3^2 \times 11$의 약수의 개수는
$(1+1)(2+1)(1+1) = 12$
④ $2^2 \times 3$의 약수는 모두 1, 2, 2^2, 3, 3×2,
3×2^2이다.
⑤ $2^2 \times 5^2$의 약수는 모두 1, 2, 2^2, 5, 5×2,
5×2^2, 5^2, $5^2 \times 2$, $5^2 \times 2^2$이다.

010 정답 ④
해설 $8 = 2^3$이다.
① $2^3 \times 2 = 2^4$이므로 약수의 개수는 $4+1 = 5$
② $2^3 \times 4 = 2^3 \times 2^2 = 2^5$이므로 약수의 개수는
$5+1 = 6$
③ $2^3 \times 5$이므로 약수의 개수는
$(3+1)(1+1) = 8$
④ $2^3 \times 9 = 2^3 \times 3^2$이므로 약수의 개수는
$(3+1)(2+1) = 12$
⑤ $2^3 \times 16 = 2^3 \times 2^4 = 2^7$이므로 약수의 개수는
$7+1 = 8$

011 정답 6
해설 $54 = 2^1 \times 3^3$이므로
$P(54) = (1+1)(3+1) = 8$
$P(54) \times P(x) = 32$에서 $P(x) = 4$
약수의 개수가 4인 가장 작은 자연수 x는 $2^1 \times 3^1 = 6$이다.

002 최대공약수와 최소공배수   본문 P. 215

001 ×	002 ○	003 ×	004 ×	005 ②	006 ⑤	007 ④
008 ④	009 ⑤	010 ③	011 3			

001 정답 ×

002 정답 ○

003 정답 ×

004 정답 ×

005 정답 ②
해설 두 수 $2^2 \times 3 \times 5$, $2^3 \times 3^2 \times 7$의 최대공약수는 $2^2 \times 3$이다.

006 정답 ⑤
해설 두 수 $2^3 \times 3 \times 5^2$, $2^2 \times 5^3 \times 7$의 최대공약수는 $2^2 \times 5^2$이고 공약수는 최대공약수의 약수이다.
공약수의 개수는 $(2+1)(2+1) = 9$이다.

007 정답 ④

해설 자연수 n은 세 수 18, 24, 30의 최대공약수인 6의 약수 1, 2, 3, 6이다.

자연수 n의 값들의 합은 $1+2+3+6=12$이다.

008 정답 ④

해설 되도록 많은 학생들에게 나누어 주어야 하므로 학생 수는 24, 36, 60의 최대공약수인 12이다.

009 정답 ⑤

해설 두 수 $2^3 \times 3 \times 7$, $2^2 \times 3^2 \times 5$의 최소공배수는 $2^3 \times 3^2 \times 5 \times 7$이다.

010 정답 ③

해설 두 자연수 A, B의 공배수는 두 자연수 A, B의 최소공배수 18의 배수와 같으므로 100 이하의 수는 18, 36, 54, 72, 90으로 5개이다.

011 정답 3

해설 두 수 $2^a \times 3$, $2^2 \times 3^b \times 5$의 최대공약수가 2×3이므로 $a=1$이다.

두 수 $2^a \times 3$, $2^2 \times 3^b \times 5$의 최소공배수가 $2^2 \times 3^3 \times 5$이므로 $b=3$이다.

∴ $a \times b = 3$

---

003 정수와 유리수　　본문 P. 216

001 ○　002 ×　003 ○　004 ○　005 ②　006 3　007 ②
008 ⑤　009 ②　010 ④　011 ⑤

---

001 정답 ○

002 정답 ×

003 정답 ○

004 정답 ○

005 정답 ②

해설 ① 자연수는 $+5$, 10으로 2개이다. (참)

② 정수는 0, $-\dfrac{9}{3}$, $+5$, 10으로 4개이다. (거짓)

③ 양수는 $\dfrac{3}{2}$, $+5$, 3.14, 10으로 4개이다. (참)

④ 양의 유리수는 $\dfrac{3}{2}$, $+5$, 3.14, 10으로 4개이다. (참)

⑤ 정수가 아닌 유리수는 $\dfrac{3}{2}$, 3.14, -0.1, $-\dfrac{1}{5}$로 4개이다. (참)

---

006 정답 3

해설 $-\dfrac{1}{3}$에 가장 가까운 정수는 0이므로 $a=0$

$\dfrac{16}{5}$에 가장 가까운 정수는 3이므로 $b=3$

∴ $a+b=3$

007 정답 ②

008 정답 ⑤

해설 $-1<a<0$을 만족하는 적당한 a의 값을 대입해보면 된다. 즉, $a=-\dfrac{1}{2}$을 대입한다.

① $-a=-\left(-\dfrac{1}{2}\right)=\dfrac{1}{2}$

② $-a^2=-\left(-\dfrac{1}{2}\right)^2=-\dfrac{1}{4}$

③ $a^2=\left(-\dfrac{1}{2}\right)^2=\dfrac{1}{4}$

④ $\dfrac{1}{a}=-2$

⑤ $\dfrac{1}{a^2}=4$

009 정답 ②

해설 수직선 위에 나타내었을 때, 가장 오른쪽에 있는 수가 가장 큰 수이다.

010 정답 ④

해설 $-\dfrac{7}{3}=-2\dfrac{1}{3}$, $\dfrac{9}{2}=4\dfrac{1}{2}$이므로 두 수 $-\dfrac{7}{3}$, $\dfrac{9}{2}$ 사이에 있는 정수는 -2, -1, 0, 1, 2, 3, 4로 7개이다.

011 정답 ⑤

해설 ① x는 3 미만이다. → $x<3$

② x는 2 초과이다. → $x>2$

③ x는 1보다 크거나 같다. → $x \geq 1$

④ x는 -2보다 크고 3 이하이다. → $-2<x \leq 3$

---

004 절댓값　　본문 P. 217

001 5　002 $\dfrac{2}{3}$　003 0　004 2, -2　005 ①　006 ④
007 ②　008 ④　009 4　010 ②　011 ④

---

001 정답 5

002 정답 $\dfrac{2}{3}$

003 정답 0

해설 $|x|=0$을 만족하는 수는 0 하나뿐이다.

004 정답 $2, -2$
해설 $|x|=2$를 만족하는 수는 2와 -2이다.

005 정답 ①
해설 $\left|-\dfrac{3}{4}\right|=\dfrac{3}{4},\ \left|-\dfrac{2}{3}\right|=\dfrac{2}{3}$

006 정답 ④
해설 수직선에서 절댓값이 4인 두 수 -4, 4에 대응하는 두 점 사이의 거리는 8이다.

007 정답 ②
해설 ② $|-2|>0$

008 정답 ④
해설 절댓값이 $\dfrac{13}{4}=3\dfrac{1}{4}$보다 작은 정수는 $-3, -2, -1,$ 0, 1, 2, 3으로 7개이다.

009 정답 4
해설 $|A|=3$에서 $A=3$ 또는 $A=-3$
$|B+1|=2$에서 $B+1=2$ 또는 $B+1=-2$
$\therefore\ B=1$ 또는 $B=-3$
$A+B$의 값이 가장 크려면 A, B 모두 양수이어야 한다.
$\therefore\ 3+1=4$

010 정답 ②
해설 $|x|=k \Longleftrightarrow x=-k$ 또는 $x=k$이므로
$|2x+1|=3$에서
(ⅰ) $2x+1=3$ $\quad \therefore\ x=1$
(ⅱ) $2x+1=-3$ $\quad \therefore\ x=-2$
등식을 만족하는 모든 x의 값의 합은 $1+(-2)=-1$

011 정답 ④
해설 $|x-2|<3$
$\Longleftrightarrow -3<x-2<3$
$\Longleftrightarrow -1<x<5$
$|x-2|<3$을 만족하는 정수는 0, 1, 2, 3, 4로 5개이다.

---

005 정수와 유리수의 덧셈, 뺄셈 　　　　본문 P. 218

001 $+7$　　002 $+\dfrac{2}{9}$　　003 $+8$　　004 $+\dfrac{7}{6}$　　005 ①

006 ⑤　　007 ⑤　　008 ①　　009 ④

010 $-\dfrac{5}{6}$　　011 1

---

001 정답 $+7$
해설 $(-2)-(-9)=(-2)+(+9)$
$\qquad\qquad\qquad =+(9-2)=+7$

002 정답 $+\dfrac{2}{9}$
해설 $\left(+\dfrac{2}{3}\right)+\left(-\dfrac{4}{9}\right)=+\left(\dfrac{2}{3}-\dfrac{4}{9}\right)$
$=+\left(\dfrac{6}{9}-\dfrac{4}{9}\right)=+\dfrac{2}{9}$

003 정답 $+8$
해설 $(+5)+(-3)-(-6)$
$=(+5)+(-3)+(+6)$
$=(+5)+(+6)+(-3)$
$=+(5+6)+(-3)$
$=(+11)+(-3)$
$=+(11-3)=+8$

004 정답 $+\dfrac{7}{6}$
해설 $\left(-\dfrac{3}{2}\right)+(+3)+\left(-\dfrac{1}{3}\right)$
$=+\left(3-\dfrac{3}{2}\right)+\left(-\dfrac{1}{3}\right)$
$=\left(+\dfrac{3}{2}\right)+\left(-\dfrac{1}{3}\right)$
$=+\left(\dfrac{3}{2}-\dfrac{1}{3}\right)=+\left(\dfrac{9}{6}-\dfrac{2}{6}\right)=+\dfrac{7}{6}$

005 정답 ①
해설 $-3+\left(-\dfrac{1}{3}\right)=\left(-\dfrac{9}{3}\right)+\left(-\dfrac{1}{3}\right)$
$=-\left(\dfrac{9}{3}+\dfrac{1}{3}\right)=-\dfrac{10}{3}$

006 정답 ⑤
해설 $\left|-\dfrac{3}{2}\right|-\left(-\dfrac{2}{3}\right)=\left(+\dfrac{3}{2}\right)+\left(+\dfrac{2}{3}\right)$
$=+\left(\dfrac{3}{2}+\dfrac{2}{3}\right)$
$=+\left(\dfrac{9}{6}+\dfrac{4}{6}\right)=+\dfrac{13}{6}$

007 정답 ⑤
해설 $\square-\left(-\dfrac{2}{3}\right)=-\dfrac{1}{6}$에서 $\square+\left(+\dfrac{2}{3}\right)=-\dfrac{1}{6}$
$\therefore\ \square=\left(-\dfrac{1}{6}\right)-\left(+\dfrac{2}{3}\right)=\left(-\dfrac{1}{6}\right)+\left(-\dfrac{2}{3}\right)$
$=-\left(\dfrac{1}{6}+\dfrac{2}{3}\right)=-\dfrac{5}{6}$

008 정답 ①

009 정답 ④

해설 ① $(+5)-(+3)=+2$

② $(+8.5)-(-4.5)=+13$

③ $\left(-\dfrac{1}{2}\right)-\left(-\dfrac{2}{3}\right)=+\dfrac{1}{6}$

⑤ $\left(-\dfrac{1}{3}\right)-\left(-\dfrac{1}{4}\right)=-\dfrac{1}{12}$

010 정답 $-\dfrac{5}{6}$

해설 어떤 유리수를 $\square$라 하면 $\square-\left(-\dfrac{2}{3}\right)=\dfrac{1}{2}$

$\therefore \square=\dfrac{1}{2}-\dfrac{2}{3}=\dfrac{3}{6}-\dfrac{4}{6}=-\dfrac{1}{6}$

바르게 계산하면

$\square+\left(-\dfrac{2}{3}\right)=-\dfrac{1}{6}+\left(-\dfrac{2}{3}\right)=-\dfrac{1}{6}-\dfrac{4}{6}=-\dfrac{5}{6}$

011 정답 1

해설 $-\dfrac{1}{3}+\dfrac{1}{4}-\dfrac{5}{12}+\dfrac{3}{2}$

$=\left(-\dfrac{1}{3}\right)+\left(+\dfrac{1}{4}\right)-\left(+\dfrac{5}{12}\right)+\left(+\dfrac{3}{2}\right)$

$=\left(-\dfrac{4}{12}\right)+\left(+\dfrac{3}{12}\right)-\left(+\dfrac{5}{12}\right)+\left(+\dfrac{18}{12}\right)$

$=\dfrac{(-4)+(+3)-(+5)+(+18)}{12}$

$=\dfrac{12}{12}=1$

006 정수와 유리수의 곱셈, 나눗셈   본문 P. 219

001 -72 **002** -5 **003** $+\dfrac{3}{4}$ **004** -1 **005** ②

006 ④   **007** ⑤   **008** ①   **009** ①   **010** ④   **011** 5

001 정답 -72

해설 $(-2)^3\times(-3)^2$

$=(-8)\times(+9)$

$=-(8\times9)=-72$

002 정답 -5

해설 $-3^2-(-16)\div4$

$=-9-(-16)\div(+4)$

$=-9-(-4)$

$=(-9)+(+4)$

$=-(9-4)=-5$

003 정답 $+\dfrac{3}{4}$

해설 $\left(-\dfrac{3}{5}\right)\times\left(-\dfrac{5}{6}\right)\div\dfrac{2}{3}$

$=\left(-\dfrac{3}{5}\right)\times\left(-\dfrac{5}{6}\right)\times\left(+\dfrac{3}{2}\right)$

$=+\left(\dfrac{3}{5}\times\dfrac{5}{6}\times\dfrac{3}{2}\right)=+\dfrac{3}{4}$

004 정답 -1

해설 $\left(-\dfrac{9}{8}\right)\div\left(+\dfrac{3}{4}\right)\times\left(+\dfrac{2}{3}\right)$

$=\left(-\dfrac{9}{8}\right)\times\left(+\dfrac{4}{3}\right)\times\left(+\dfrac{2}{3}\right)$

$=-\left(\dfrac{9}{8}\times\dfrac{4}{3}\times\dfrac{2}{3}\right)=-1$

005 정답 ②

해설 ① $-1^2=-1$

② $-(-1^3)=-(-1)=1$

③ $-(-2)^2=-4$

④ $(-2)^3=-8$

⑤ $-3^3=-27$

006 정답 ④

해설 $-1^n=-1$

n이 짝수이므로 $(-1)^n=1$, $(-1)^{n+1}=-1$

$\therefore (-1)^n+(-1^n)-(-1)^{n+1}$

$=1+(-1)-(-1)=1$

007 정답 ⑤

해설 $-0.25=-\dfrac{1}{4}$의 역수는 -4이므로 $A=-4$

$-1\dfrac{1}{3}=-\dfrac{4}{3}$의 역수는 $-\dfrac{3}{4}$이므로 $B=-\dfrac{3}{4}$

$\therefore A\times B=(-4)\times\left(-\dfrac{3}{4}\right)=3$

008 정답 ①

해설 $\left(-\dfrac{2}{3}\right)^2\times\square\times\left(-\dfrac{3}{2}\right)=-\dfrac{1}{6}$에서

$\dfrac{4}{9}\times\square\times\left(-\dfrac{3}{2}\right)=-\dfrac{1}{6}$

$\therefore \square=\left(-\dfrac{1}{6}\right)\times\left(-\dfrac{2}{3}\right)\times\dfrac{9}{4}$

$=\dfrac{1}{6}\times\dfrac{2}{3}\times\dfrac{9}{4}$

$=\dfrac{1}{4}$

009 정답 ①

해설 $A\times B<0$이므로 두 수 A, B는 서로 다른 부호이다.

즉, $A>0$, $B<0$인 경우와 $A<0$, $B>0$인 경우가 있다.

이때 $A-B>0$에서 $A>B$이므로 $A>0$, $B<0$인 경우이다.

① $A<0$ (거짓)

② $-B>0$ (참)

③ $A>B$ (참)

④ $A\div B<0$ (참)

⑤ $B\div A<0$ (참)

010 정답 ④

해설 ① $(+2)\times(-3)\times(+4)$

$=-(2\times3\times4)=-24$

② $(-6) \div (-0.5) \times (-4)$
$= (-6) \times (-2) \times (-4)$
$= -(6 \times 2 \times 4) = -48$

③ $\left(-\dfrac{4}{3}\right) \div \dfrac{4}{9} \div \left(-\dfrac{3}{2}\right)$
$= \left(-\dfrac{4}{3}\right) \times \dfrac{9}{4} \times \left(-\dfrac{2}{3}\right) = 2$

④ $\dfrac{5}{6} \div \left(-\dfrac{1}{3}\right)^2 \times \left(-\dfrac{4}{5}\right)$
$= \dfrac{5}{6} \times 9 \times \left(-\dfrac{4}{5}\right) = -6$

⑤ $\dfrac{5}{3} \times \left(-\dfrac{2}{5}\right)^2 \div \left(-\dfrac{1}{15}\right)$
$= \dfrac{5}{3} \times \dfrac{4}{25} \times (-15) = -4$

011 정답 5

해설 $8 - \dfrac{2}{3} \times \left\{ \dfrac{5}{4} \div \left(-\dfrac{1}{2} + \dfrac{2}{3}\right) \right\} + 2$
$= 8 - \dfrac{2}{3} \times \left\{ \dfrac{5}{4} \div \left(-\dfrac{3}{6} + \dfrac{4}{6}\right) \right\} + 2$
$= 8 - \dfrac{2}{3} \times \left(\dfrac{5}{4} \div \dfrac{1}{6} \right) + 2$
$= 8 - \dfrac{2}{3} \times \dfrac{5}{4} \times 6 + 2$
$= 8 - 5 + 2$
$= 5$

007 유리수와 무한소수
본문 P. 220

001 ×　002 ○　003 ×　004 ×　005 ④　006 ④　007 ③
008 21　009 ⑤　010 21　011 ⑤

---

001 정답 ×

해설 (반대의 예) $\pi = 3.141592\cdots$와 같은 무한소수는 유리수가 아니다.

002 정답 ○

003 정답 ×

해설 유한소수는 모두 유리수이다.

004 정답 ×

해설 무한소수 중에는 유리수인 것도 있으며, 유리수가 아닌 것도 있다.

005 정답 ④

해설 π, $\pi + 2$는 유리수가 아니다.

006 정답 ④

해설 ① $\dfrac{11}{33} = \dfrac{1}{3}$

② $\dfrac{2}{49} = \dfrac{2}{7^2}$

③ $\dfrac{32}{48} = \dfrac{2^5}{2^4 \times 3} = \dfrac{2}{3}$

④ $\dfrac{42}{2^2 \times 5 \times 7} = \dfrac{2 \times 3 \times 7}{2^2 \times 5 \times 7} = \dfrac{3}{2 \times 5}$
기약분수의 분모의 소인수가 2나 5뿐이면 그 분수는 유한소수로 나타낼 수 있다.

⑤ $\dfrac{14}{2^2 \times 5^2 \times 7^2} = \dfrac{2 \times 7}{2^2 \times 5^2 \times 7^2} = \dfrac{1}{2 \times 5^2 \times 7}$

007 정답 ③

해설 ① $\dfrac{7}{2}$

② $\dfrac{3}{30} = \dfrac{1}{10} = \dfrac{1}{2 \times 5}$

③ $\dfrac{15}{36} = \dfrac{5}{12} = \dfrac{5}{2^2 \times 3}$
기약분수의 분모의 소인수 중에서 2나 5 이외의 소인수 3이 있으므로 유한소수로 나타낼 수 없다.

④ $\dfrac{13}{40} = \dfrac{13}{2^3 \times 5}$

⑤ $\dfrac{21}{56} = \dfrac{3}{8} = \dfrac{3}{2^3}$

008 정답 21

해설 $\dfrac{22}{2^3 \times 3 \times 5 \times 7} \times A$를 유한소수로 나타낼 수 있도록 하는 A의 값은 분모의 소인수 중에서 2나 5 이외의 소인수 3과 7을 약분하여 없앨 수 있는 수이어야 하므로 구하는 가장 작은 수는 $3 \times 7 = 21$이다.

009 정답 ⑤

해설 $\dfrac{3}{2^3 \times 5} = \dfrac{3 \times 5^2}{2^3 \times 5 \times 5^2} = \dfrac{75}{(2 \times 5)^3} = \dfrac{75}{1000} = 0.075$
$\therefore a = 5^2 = 25$, $b = 75$, $c = 0.075$

010 정답 21

해설 $\dfrac{1}{6} = \dfrac{1}{2 \times 3}$, $\dfrac{3}{70} = \dfrac{3}{2 \times 5 \times 7}$이므로 x는 3과 7의 공배수, 즉 21의 배수이어야 한다.
가장 작은 x의 값은 21이다.

011 정답 ⑤

해설 $\dfrac{1}{2}$, $\dfrac{1}{4} = \dfrac{1}{2^2}$, $\dfrac{1}{5}$, $\dfrac{1}{8} = \dfrac{1}{2^3}$, $\dfrac{1}{10} = \dfrac{1}{2 \times 5}$, $\dfrac{1}{16} = \dfrac{1}{2^4}$,
$\dfrac{1}{20} = \dfrac{1}{2^2 \times 5}$, $\dfrac{1}{25} = \dfrac{1}{5^2}$, $\dfrac{1}{32} = \dfrac{1}{2^5}$, $\dfrac{1}{40} = \dfrac{1}{2^3 \times 5}$,
$\dfrac{1}{50} = \dfrac{1}{2 \times 5^2}$로 모두 11개이다.

001 ×   002 ○   003 ○   004 ×   005 ③   006 ④   007 ②
008 ⑤   009 ④   010 2   011 ④

---

001 정답 ×

해설 순환하지 않는 무한소수도 있다. 즉, 무한소수에는 순환소수와 순환하지 않는 무한소수가 있다.

002 정답 ○

003 정답 ○

004 정답 ×

해설 유한소수와 순환소수는 모두 분수로 나타낼 수 있으므로 유리수이다.

005 정답 ③

해설 $\dfrac{4}{37}=0.108108108\cdots=0.\dot{1}0\dot{8}$이므로 순환마디는 108이다.
순환마디의 각 수들의 합은 $1+0+8=9$이다.

006 정답 ④

해설 $\dfrac{3}{7}=0.\dot{4}2857\dot{1}$이므로 순환마디는 428571이다.
$100=6\times16+4$이므로 소수점 아래 100번째 자리의 숫자는 소수점 아래 4번째 자리의 숫자와 같다.
소수점 아래 100번째 자리의 숫자는 5이다.

007 정답 ②

해설 $0.5\dot{6}=\dfrac{56-5}{90}=\dfrac{51}{90}=\dfrac{17}{30}$

008 정답 ⑤

해설 ① $2.3\dot{4}=\dfrac{234-23}{90}$
② $1.\dot{5}=\dfrac{15-1}{9}$
③ $1.0\dot{5}=\dfrac{105-10}{90}$
④ $5.\dot{4}\dot{3}=\dfrac{543-5}{99}$

009 정답 ④

해설 $x=0.1232323\cdots=0.1\dot{2}\dot{3}$이므로
$1000x-10x=123.2323\cdots-1.232323\cdots$
$990x=123-1$ $\therefore x=\dfrac{123-1}{990}$

010 정답 2

해설 $0.1333\cdots=0.1\dot{3}=\dfrac{13-1}{90}=\dfrac{12}{90}=\dfrac{2}{15}$

011 정답 ④

해설 $0.1\dot{5}=\dfrac{15-1}{90}=\dfrac{7}{45}$이므로 처음 기약분수의 분자는 7이다.

$1.\dot{5}=\dfrac{15-1}{9}=\dfrac{14}{9}$이므로 처음 기약분수의 분모는 9이다.

처음 기약분수는 $\dfrac{7}{9}$이므로 $\dfrac{7}{9}=0.\dot{7}$이다.

001 ○   002 ○   003 ×   004 ×   005 ②   006 ②   007 ②
008 ③   009 ④   010 ②   011 15

---

001 정답 ○

002 정답 ○

003 정답 ×

해설 $\sqrt{81}$, 즉 9의 제곱근은 ±3이다.

004 정답 ×

해설 0의 제곱근은 0 하나뿐이다.

005 정답 ②

해설 ② 제곱근 4는 $\sqrt{4}$, 즉 2이다.

006 정답 ②

해설 ① 25의 제곱근은 ±5이다. $\Longleftrightarrow(\pm5)^2=25$
② $(\pm0.3)^2\neq0.09$이므로 0.9의 제곱근은 ±0.30이 아니다.
③ $\sqrt{16}$, 즉 4의 제곱근은 ±2이다. $\Longleftrightarrow(\pm2)^2=4$
④ $(-9)^2$, 즉 81의 제곱근은 ±9이다. $\Longleftrightarrow(\pm9)^2=81$
⑤ $\dfrac{36}{121}$의 제곱근은 $\pm\dfrac{6}{11}$이다. $\Longleftrightarrow\left(\pm\dfrac{6}{11}\right)^2=\dfrac{36}{121}$

007 정답 ②

해설 $\sqrt{(-0.5)^2}\times(-\sqrt{8})^2-\sqrt{9}\div\sqrt{\left(\dfrac{3}{4}\right)^2}$
$=0.5\times8-3\div\dfrac{3}{4}=4-3\times\dfrac{4}{3}=4-4=0$

008 정답 ③

해설 ① $\sqrt{100}=\sqrt{10^2}=10$
② $\sqrt{0.36}=\sqrt{(0.6)^2}=0.6$
③ $\sqrt{8.1}=\sqrt{\dfrac{81}{10}}=\dfrac{\sqrt{81}}{\sqrt{10}}=\dfrac{\sqrt{9^2}}{\sqrt{10}}=\dfrac{9}{\sqrt{10}}$
④ $\sqrt{\dfrac{1}{9}}=\sqrt{\left(\dfrac{1}{3}\right)^2}=\dfrac{1}{3}$
⑤ $\sqrt{\dfrac{3}{12}}=\sqrt{\dfrac{1}{4}}=\sqrt{\left(\dfrac{1}{2}\right)^2}=\dfrac{1}{2}$

009 정답 ④

해설 $a>0$, $b<0$이므로 $2a>0$, $-3b>0$이다.

$$\therefore \sqrt{4a^2}-\sqrt{(-3b)^2}=\sqrt{(2a)^2}-\sqrt{(-3b)^2}$$
$$=2a-(-3b)$$
$$=2a+3b$$

010 정답 ②

해설 $1<x<2$이므로 $4-2x>0$, $1-x<0$이므로

$$\sqrt{(4-2x)^2}+\sqrt{(1-x)^2}$$
$$=(4-2x)-(1-x)$$
$$=-x+3$$

011 정답 15

해설 $\dfrac{12}{5}\times A=\dfrac{2^2\times 3}{5}\times A$이므로 제곱수, 즉 소인수의 지수가 짝수가 되도록 하는 가장 작은 자연수는 $A=3\times 5$ 이다.

010 무리수와 실수   본문 P. 223

001 ✕   002 ✕   003 ○   004 ✕   005 ⑤   006 ④   007 ③
008 11   009 ③   010 ④   011 ④, ⑤

001 정답 ✕

해설 순환하는 무한소수는 유리수이다.

002 정답 ✕

해설 $\sqrt{4}=2$처럼 근호를 사용하여 나타낸 수는 항상 무리수가 아니다.

003 정답 ○

004 정답 ✕

해설 $0.12345\dot{}=\dfrac{12345-1234}{90000}$이므로 유리수이다.

005 정답 ⑤

해설 ③ $0.4\dot{2}\dot{5}=\dfrac{425}{999}$

④ $\sqrt{25}=5$

⑤ $0.23233233323333\cdots$은 순환하지 않는 무한소수이므로 무리수이다.

006 정답 ④

해설 $\sqrt{a}$가 무리수가 되려면 a는 제곱수가 아니어야 한다. 9보다 작은 자연수 중에서 제곱수는 1, 4의 3개이므로 제곱수가 아닌 수는 $8-2=6$(개)이다.

007 정답 ③

해설 소수로 나타내었을 때, 순환하지 않는 무한소수는 무리수이다.

$$\sqrt{1}=1,\ \sqrt{144}=\sqrt{12^2}=12,\ 0.\dot{7}=\frac{7}{9}$$
$$\sqrt{9}-\sqrt{4}=\sqrt{3^2}-\sqrt{2^2}=3-2=1$$
$$\sqrt{(-5)^2}=\sqrt{5^2}=5$$
$$\sqrt{0.01}=\sqrt{(0.1)^2}=0.1$$
$$\sqrt{0.9}=\sqrt{0.09\times 10}=\sqrt{0.09}\times\sqrt{10}$$
$$=\sqrt{(0.3)^2}\times\sqrt{10}=0.3\times\sqrt{10}$$

무리수인 것은 $2+\sqrt{3}$, π, $\sqrt{0.9}$로 3개이다.

008 정답 11

해설 점 P에 대응하는 수가 $-2+\sqrt{11}$이므로 $\overline{AP}=\overline{AB}=\sqrt{11}$, 즉 정사각형 ABCD의 한 변의 길이가 $\sqrt{11}$이다.

정사각형 ABCD의 넓이는 $(\sqrt{11})^2=11$이다.

009 정답 ③

해설 점 P에 대응하는 수가 $-2-\sqrt{5}$이므로 $\overline{AB}=\overline{PB}=\sqrt{5}$, 즉 정사각형 ABCD의 한 변의 길이가 $\sqrt{5}$이다. 이때 점 P에 대응하는 수가 $-2-\sqrt{5}$이므로 점 B에 대응하는 수는 -2이고 점 Q에 대응하는 수는 $-2+\sqrt{5}$이다.

010 정답 ④

해설 ③ $2\sqrt{2}-1.2=2\times 1.414-1.2$
$$=2.828-1.2=1.628$$
④ $\sqrt{3}-0.4=1.732-0.4=1.332<\sqrt{2}$

011 정답 ④, ⑤

해설 ④ 무리수에 대응하는 점만으로 수직선을 완전히 메울 수 없다.

⑤ 유리수와 무리수에 대응하는 점만으로 수직선을 완전히 메울 수 있다.

011 실수의 대소 관계   본문 P. 224

001 ○   002 ✕   003 ✕   004 ○   005 ⑤   006 ③   007 ②
008 ②   009 ⑤   010 ④   011 19

001 정답 ○

해설 $3-(\sqrt{2}+1)=2-\sqrt{2}>0$
$$\therefore 3>\sqrt{2}+1$$

002 정답 ✕

해설 $(\sqrt{5}-1)-2=\sqrt{5}-3<0$
$$\therefore \sqrt{5}-1<2$$

003 정답 ×

해설 $(4-\sqrt{7})-1=3-\sqrt{7}>0$

$\therefore 4-\sqrt{7}>1$

004 정답 ○

해설 $(1+\sqrt{3})-(\sqrt{2}+\sqrt{3})=1-\sqrt{2}<0$

$\therefore 1+\sqrt{3}<\sqrt{2}+\sqrt{3}$

005 정답 ⑤

해설 ① $(\sqrt{3}+1)-2=\sqrt{3}-1>0$

$\therefore \sqrt{3}+1>2$

② $(4-\sqrt{3})-2=2-\sqrt{3}>0$

$\therefore 4-\sqrt{3}>2$

③ $(\sqrt{3}-2)-(\sqrt{5}-2)=\sqrt{3}-\sqrt{5}<0$

$\therefore \sqrt{3}-2<\sqrt{5}-2$

④ $(\sqrt{3}+4)-(\sqrt{3}+\sqrt{15})=4-\sqrt{15}>0$

$\therefore \sqrt{3}+4>\sqrt{3}+\sqrt{15}$

⑤ $(\sqrt{5}+\sqrt{2})-(\sqrt{5}+\sqrt{3})=\sqrt{2}-\sqrt{3}<0$

$\therefore \sqrt{5}+\sqrt{2}<\sqrt{5}+\sqrt{3}$

006 정답 ③

해설 $a-b=(\sqrt{5}+\sqrt{3})-(\sqrt{5}+1)=\sqrt{3}-1>0$

$\therefore a>b$

$a-c=(\sqrt{5}+\sqrt{3})-(\sqrt{3}+3)=\sqrt{5}-3<0$

$\therefore a<c$

$\therefore b<a<c$

007 정답 ②

해설 무리수 $\sqrt{x}$의 정수 부분이 3이므로

$3<\sqrt{x}<4$

$\sqrt{9}<\sqrt{x}<\sqrt{16}$　　$\therefore 9<x<16$

자연수 x는 10, 11, 12, 13, 14, 15로 6개이다.

008 정답 ②

해설 무리수 $\sqrt{5n}$의 정수 부분이 5이므로

$5<\sqrt{5n}<6$

$\sqrt{25}<\sqrt{5n}<\sqrt{36}$, $25<5n<36$

$\therefore 5<n<\dfrac{36}{5}\left(=7\dfrac{1}{5}\right)$

자연수 n은 6, 7로 2개이다.

009 정답 ⑤

해설 $1<\sqrt{3}<2$에서 $3<2+\sqrt{3}<4$이다.

$2+\sqrt{3}$의 정수 부분은 $a=3$, 소수 부분은

$b=(2+\sqrt{3})-3=\sqrt{3}-1$이다.

$\therefore 2a+b=2\times3+(\sqrt{3}-1)=5+\sqrt{3}$

010 정답 ④

해설 $\sqrt{4}<\sqrt{7}<\sqrt{9}$, 즉 $2<\sqrt{7}<3$이므로 $\sqrt{7}$의 정수 부분은 $a=2$이다.

$1<\sqrt{2}<2$에서 $2<\sqrt{2}+1<3$이므로 $\sqrt{2}+1$의 정수 부분은 2이고 소수 부분은 $b=(\sqrt{2}+1)-2=\sqrt{2}-1$이다.

$\therefore a+b=2+(\sqrt{2}-1)=\sqrt{2}+1$

011 정답 19

해설 자연수 x에 대하여 $\sqrt{x}$의 정수 부분이 $f(x)$이고 $\sqrt{4}=2$, $\sqrt{9}=3$이므로

$f(1)=f(2)=f(3)=1$

$f(4)=f(5)=f(6)=\cdots=f(8)=2$

$f(9)=f(10)=3$

$\therefore f(1)+f(2)+f(3)+\cdots+f(10)$

$=1\times3+2\times5+3\times2=19$

012 제곱근의 곱셈과 나눗셈, 분모의 유리화　　본문 P. 225

001 2	002 $12\sqrt{3}$	003 2	004 $\sqrt{10}$	005 ②	006 ②
007 6	008 ⑤	009 ⑤	010 ③	011 ②	

001 정답 2

해설 $\sqrt{0.5}\times\sqrt{8}=\sqrt{0.5\times8}=\sqrt{4}=2$

002 정답 $12\sqrt{3}$

해설 $2\sqrt{6}\times3\sqrt{2}=6\sqrt{12}=12\sqrt{3}$

003 정답 2

해설 $\sqrt{48}\div\sqrt{6}\div\sqrt{2}$

$=\sqrt{48}\times\dfrac{1}{\sqrt{6}}\times\dfrac{1}{\sqrt{2}}$

$=\sqrt{\dfrac{48}{6\times2}}=\sqrt{4}=2$

004 정답 $\sqrt{10}$

해설 $\dfrac{\sqrt{18}}{\sqrt{3}}\div\dfrac{\sqrt{6}}{\sqrt{10}}=\dfrac{\sqrt{18}}{\sqrt{3}}\times\dfrac{\sqrt{10}}{\sqrt{6}}$

$=\sqrt{\dfrac{18}{3}\times\dfrac{10}{6}}=\sqrt{10}$

005 정답 ②

해설 $\sqrt{432}=\sqrt{144\times3}=\sqrt{12^2\times3}=12\sqrt{3}$

$\sqrt{50}=\sqrt{25\times2}=\sqrt{5^2\times2}=5\sqrt{2}$

$\therefore a-b=12-5=7$

006 정답 ②

해설 $\sqrt{0.12}=\sqrt{\dfrac{12}{100}}=\dfrac{\sqrt{12}}{\sqrt{100}}=\dfrac{\sqrt{2^2\times3}}{\sqrt{10^2}}$

$=\dfrac{2\sqrt{3}}{10}=\dfrac{\sqrt{3}}{5}$

$\therefore a=\dfrac{1}{5}$

007 정답 6

해설 $\dfrac{\sqrt{3}}{\sqrt{2}}=\dfrac{\sqrt{3}\sqrt{2}}{\sqrt{2}\sqrt{2}}=\dfrac{\sqrt{6}}{2}$ 이므로 $a=2$

$\dfrac{3}{\sqrt{75}}=\dfrac{3}{\sqrt{5^2\times3}}=\dfrac{3}{5\sqrt{3}}$

$\qquad=\dfrac{3\sqrt{3}}{5\sqrt{3}\sqrt{3}}=\dfrac{3\sqrt{3}}{5\times3}=\dfrac{\sqrt{3}}{5}$

$b=3 \qquad \therefore ab=6$

008 정답 ⑤

해설 ⑤ $\sqrt{\dfrac{12}{18}}=\sqrt{\dfrac{2}{3}}=\dfrac{\sqrt{2}}{\sqrt{3}}=\dfrac{\sqrt{2}\sqrt{3}}{\sqrt{3}\sqrt{3}}=\dfrac{\sqrt{6}}{3}$

009 정답 ⑤

해설 $\dfrac{3\sqrt{3}}{\sqrt{2}}\times\dfrac{\sqrt{5}}{\sqrt{6}}\div\sqrt{\dfrac{15}{8}}$

$=\dfrac{3\sqrt{3}}{\sqrt{2}}\times\dfrac{\sqrt{5}}{\sqrt{6}}\times\dfrac{\sqrt{8}}{\sqrt{15}}$

$=\dfrac{3\sqrt{3}}{\sqrt{2}}\times\dfrac{\sqrt{5}}{\sqrt{2}\sqrt{3}}\times\dfrac{2\sqrt{2}}{\sqrt{3}\sqrt{5}}$

$=\dfrac{6}{\sqrt{6}}=\dfrac{6\sqrt{6}}{\sqrt{6}\sqrt{6}}=\sqrt{6}$

010 정답 ③

해설 ① $\sqrt{200}=\sqrt{100\times2}=10\sqrt{2}=14.14$

② $\sqrt{2000}=\sqrt{100\times20}=10\sqrt{20}=44.72$

③ $\sqrt{0.2}=\sqrt{\dfrac{20}{100}}=\dfrac{\sqrt{20}}{10}=0.4472$

④ $\sqrt{0.002}=\sqrt{\dfrac{20}{10000}}=\dfrac{\sqrt{20}}{100}=0.04472$

⑤ $\sqrt{0.0002}=\sqrt{\dfrac{2}{10000}}=\dfrac{\sqrt{2}}{100}=0.01414$

011 정답 ②

해설 $\sqrt{0.02}+\sqrt{1400}$

$=\sqrt{\dfrac{2}{100}}+\sqrt{2\times7\times100}$

$=\dfrac{\sqrt{2}}{10}+10\sqrt{2}\sqrt{7}$

$=\dfrac{a}{10}+10ab$

$=0.1a+10ab$

013 제곱근의 덧셈과 뺄셈　본문 P. 226

001 0　002 $5+2\sqrt{6}$　003 3　004 $3-\sqrt{2}$　005 ③　006 ①
007 ②　008 ⑤　009 ④　010 ③　011 9

001 정답 0

해설 $\sqrt{20}-\sqrt{45}+\sqrt{5}$

$=2\sqrt{5}-3\sqrt{5}+\sqrt{5}=0$

002 정답 $5+2\sqrt{6}$

해설 $(\sqrt{3}+\sqrt{2})^2$

$=3+2\sqrt{3}\sqrt{2}+2=5+2\sqrt{6}$

003 정답 3

해설 $(\sqrt{7}-2)(\sqrt{7}+2)=7-4=3$

004 정답 $3-\sqrt{2}$

해설 $(\sqrt{27}+3\sqrt{6})\div\sqrt{3}-4\sqrt{2}$

$=\dfrac{\sqrt{27}}{\sqrt{3}}+\dfrac{3\sqrt{6}}{\sqrt{3}}-4\sqrt{2}$

$=\sqrt{9}+3\sqrt{2}-4\sqrt{2}$

$=3-\sqrt{2}$

005 정답 ③

해설 $(\sqrt{2}-1)(a+3\sqrt{2})$

$=a\sqrt{2}+6-a-3\sqrt{2}$

$=(6-a)+(a-3)\sqrt{2}$

유리수가 되려면 $a-3=0 \qquad \therefore a=3$

006 정답 ①

해설 $\dfrac{\sqrt{54}-2\sqrt{6}}{\sqrt{3}}+\sqrt{2}(3\sqrt{2}-1)$

$=3\sqrt{2}-2\sqrt{2}+6-\sqrt{2}$

$=6$

007 정답 ②

해설 $(\sqrt{2}-1)^2+(\sqrt{5}-2)(\sqrt{5}+2)$

$=(2-2\sqrt{2}+1)+(5-4)$

$=4-2\sqrt{2}$

008 정답 ⑤

해설 $\dfrac{2}{2-\sqrt{3}}+\dfrac{3}{2+\sqrt{3}}$

$=\dfrac{2(2+\sqrt{3})}{(2-\sqrt{3})(2+\sqrt{3})}+\dfrac{3(2-\sqrt{3})}{(2+\sqrt{3})(2-\sqrt{3})}$

$=(4+2\sqrt{3})+(6-3\sqrt{3})$

$=10-\sqrt{3}$

$\therefore a=10,\, b=-1$

$\therefore a+b=9$

009 정답 ④

해설 $x=\sqrt{2}+1$에서 $x-1=\sqrt{2}$

이 식의 양변을 제곱하면 $(x-1)^2=(\sqrt{2})^2$

$\therefore x^2-2x+1=2$

010 정답 ③

해설 $x=\dfrac{1}{\sqrt{2}+1}=\dfrac{\sqrt{2}-1}{(\sqrt{2}+1)(\sqrt{2}-1)}=\sqrt{2}-1$

$y=\dfrac{1}{\sqrt{2}-1}=\dfrac{\sqrt{2}+1}{(\sqrt{2}-1)(\sqrt{2}+1)}=\sqrt{2}+1$

$\therefore \dfrac{y}{x}+\dfrac{x}{y}=\dfrac{x^2+y^2}{xy}=\dfrac{(\sqrt{2}-1)^2+(\sqrt{2}+1)^2}{(\sqrt{2}-1)(\sqrt{2}+1)}$

$\qquad=(2-2\sqrt{2}+1)+(2+2\sqrt{2}+1)=6$

011 정답 9

해설 $\dfrac{1}{\sqrt{1}+\sqrt{2}}+\dfrac{1}{\sqrt{2}+\sqrt{3}}+\cdots+\dfrac{1}{\sqrt{99}+\sqrt{100}}$

$=\dfrac{1}{\sqrt{2}+\sqrt{1}}+\dfrac{1}{\sqrt{3}+\sqrt{2}}+\cdots+\dfrac{1}{\sqrt{100}+\sqrt{99}}$

$=\dfrac{\sqrt{2}-\sqrt{1}}{(\sqrt{2}+\sqrt{1})(\sqrt{2}-\sqrt{1})}$

$\quad+\dfrac{\sqrt{3}-\sqrt{2}}{(\sqrt{3}+\sqrt{2})(\sqrt{3}-\sqrt{2})}+\cdots$

$\quad+\dfrac{\sqrt{100}-\sqrt{99}}{(\sqrt{100}+\sqrt{99})(\sqrt{100}-\sqrt{99})}$

$=(\sqrt{2}-1)+(\sqrt{3}-\sqrt{2})+(\sqrt{4}-\sqrt{3})+\cdots$

$\quad+(\sqrt{100}-\sqrt{99})$

$=(\sqrt{2}+\sqrt{3}+\sqrt{4}+\cdots+\sqrt{100})$

$\quad-(1+\sqrt{2}+\sqrt{3}+\cdots+\sqrt{99})$

$=\sqrt{100}-1=9$

014 문자와 식
본문 P. 227

001 × 　002 ○ 　003 ○ 　004 × 　005 ⑤ 　006 ①, ④
007 ③ 　008 ⑤ 　009 2 　010 ①

---

001 정답 ×

해설 $x\text{kg}$의 10%는 $0.1x\text{kg}$이다.

002 정답 ○

003 정답 ○

004 정답 ×

해설 10자루에 x원인 볼펜 한 자루의 가격은 $\dfrac{x}{10}$ 원이다.

005 정답 ⑤

해설 ⑤ 십의 자리의 숫자가 x, 일의 자리의 숫자가 y인 두 자리의 자연수는 $10x+y$이다.

006 정답 ①, ④

해설 ① $a+b\div2=a+\dfrac{b}{2}$

④ $3\div a+b=\dfrac{3}{a}+b$

007 정답 ③

해설 ① $a\div b\div c=a\times\dfrac{1}{b}\times\dfrac{1}{c}=\dfrac{a}{bc}$

② $a\div(b\div c)=a\div\left(b\times\dfrac{1}{c}\right)=a\div\dfrac{b}{c}$

$\qquad\qquad\qquad=a\times\dfrac{c}{b}=\dfrac{ac}{b}$

③ $a\times b\div c=a\times b\times\dfrac{1}{c}=\dfrac{ab}{c}$

④ $a\times(b\div c)=a\times\left(b\times\dfrac{1}{c}\right)=\dfrac{ab}{c}$

⑤ $a\div b\times c=a\times\dfrac{1}{b}\times c=\dfrac{ac}{b}$

008 정답 ⑤

해설 $x^2-xy=3^2-3\times(-4)=9+12=21$

009 정답 2

해설 $\dfrac{1}{a}+\dfrac{2}{b}+\dfrac{1}{c}$

$=1\div a+2\div b+1\div c$

$=1\div\dfrac{1}{2}+2\div\dfrac{1}{3}+1\div\left(-\dfrac{1}{6}\right)$

$=1\times2+2\times3+1\times(-6)$

$=2+6-6$

$=2$

010 정답 ①

해설 $x:y=1:2$이므로 $y=2x$

$y=2x$를 $\dfrac{x+2y}{x-y}$에 대입하면

$\dfrac{x+2y}{x-y}=\dfrac{x+4x}{x-2x}=\dfrac{5x}{-x}=-5$

015 일차식의 사칙 연산
본문 P. 228

001 × 　002 × 　003 ○ 　004 × 　005 ④ 　006 ④
007 ②, ④ 　008 ④ 　009 ③ 　010 2 　011 ④

---

001 정답 ×

해설 $x+y$는 다항식이다.

002 정답 ×

해설 $2x+4$에서 x의 계수는 2이다.

003 정답 ○

해설 x^2+2x+3에서 계수의 합은 $1+2+3=6$이다.

004 정답 ×

005 정답 ④

해설 ① $2-x$는 다항식이다.

② $\dfrac{x}{3}+2$에서 x의 계수는 $\dfrac{1}{3}$이다.

③ $-2x$의 차수는 1이다.

⑤ x^2+x-2는 x^2, x, -2의 3개의 항으로 이루어진 식이다.

006 정답 ④

해설 ④ x의 계수는 -1이다.

007 정답 ②, ④

해설 ① 상수 $2-3$은 일차식이 아니다.

③ $\dfrac{3}{x}+2$에서 $\dfrac{3}{x}$은 분모에 문자가 있으므로 다항식이 아니다. 즉, 일차식이 아니다.

⑤ x^2+2x+1은 이차식이다.

008 정답 ④

해설 $-x^2+x+3+ax^2-5x-b$
$=(-1+a)x^2-4x+(3-b)$
$-1+a=0,\ 3-b=2$ $\quad\therefore a=1,\ b=1$
$\therefore a+b=2$

009 정답 ③

해설 $-3(x-2)-(-2x+6)\div\dfrac{2}{3}$
$=-3(x-2)+(2x-6)\times\dfrac{3}{2}$
$=(-3x+6)+\dfrac{6x-18}{2}$
$=-3x+6+3x-9$
$=-3$

010 정답 2

해설 $\dfrac{x+3}{2}-\dfrac{2x-1}{3}$
$=\dfrac{3(x+3)}{6}-\dfrac{2(2x-1)}{6}$
$=\dfrac{3x+9}{6}+\dfrac{-4x+2}{6}$
$=\dfrac{3x-4x}{6}+\dfrac{9+2}{6}$
$=-\dfrac{1}{6}x+\dfrac{11}{6}$
$\therefore a=-\dfrac{1}{6},\ b=\dfrac{11}{6}$
$\therefore b-a=\dfrac{11}{6}-\left(-\dfrac{1}{6}\right)=2$

011 정답 ④

해설 $2A-3(A-B)$
$=2A-3A+3B$
$=-A+3B$
$=-(2x-1)+3(-x+3)$
$=-2x+1-3x+9$
$=(-2x-3x)+(1+9)$
$=-5x+10$

🚂 016 항등식　　　본문 P. 229

001 ○　002 ×　003 ×　004 ○　005 ③　006 ⑤
007 ④, ⑤　008 ④　009 ③　010 ⑤　011 4

---

001 정답 ○

002 정답 ×

003 정답 ×

004 정답 ○

005 정답 ③

해설 ③ $2(x-1)=x$에 $x=2$를 대입하면
$2(2-1)=2$와 같이 등호가 성립한다.

006 정답 ⑤

해설 ⑤ $2(x+1)=x$에 $x=-3$을 대입하면
(좌변)$=2(-3+1)=-4$
(우변)$=-3$
즉, 좌변과 우변이 같지 않으므로 $x=-3$은
방정식 $2(x+1)=x$의 해가 아니다.

007 정답 ④, ⑤

008 정답 ④

해설 $4x+a=bx-3$이 x에 대한 항등식이므로
$4=b,\ a=-3$
$\therefore a+b=(-3)+4=1$

009 정답 ③

해설 $a(x+2)-(3x+b)=x+5$에서
$(a-3)x+(2a-b)=x+5$
이 식이 x에 대한 항등식이므로
$a-3=1,\ 2a-b=5$ $\quad\therefore a=4,\ b=3$
$\therefore a+b=7$

010 정답 ⑤

해설 $a(x-1)+b(x-2)=3x-5$의 양변에
$x=1$을 대입하면 $-b=-2$ $\quad\therefore b=2$
$x=2$를 대입하면 $a=1$
$\therefore a+b=3$

011 정답 4

해설 $ax^2+(b-1)x-c+2=x^2+x+1$이 x에 대한 항
등식이므로
$a=1,\ b-1=1,\ -c+2=1$
$\therefore b=2,\ c=1$
$\therefore a+b+c=4$

🚂 017 일차방정식의 풀이　　　본문 P. 230

001 ○　002 ○　003 ×　004 ×　005 ①　006 ①　007 ①
008 ②　009 ④　010 ④　011 -2

---

001 정답 ○

002 정답 ○

003 정답 ×

해설 $ac=bc$이면 $a\neq b$이다.

예컨대 $2\times0=5\times0$이지만 $2\neq5$이다.

즉, '$ac=bc$이면 $a=b$이다.'는 $c\neq0$일 때만 성립한다.

004 정답 ×

해설 $\dfrac{a}{2}=\dfrac{b}{3}$의 양변에 분모 2, 3의 최소공배수 6을 곱하면 $3a=2b$이다.

005 정답 ①

해설 $2-3x=x+10$에서 $-3x$를 우변으로, 10을 좌변으로 이항하면

$2-10=x+3x$

$-8=4x$ $\therefore x=-2$

006 정답 ①

해설 $\dfrac{2}{3}x+\dfrac{1}{2}=\dfrac{1}{6}x-2$의 양변에 분모 3, 2, 6의 최소공배수 6을 곱하면

$4x+3=x-12,\ 4x-x=-12-3$

$3x=-15$ $\therefore x=-5$

007 정답 ①

해설 $(x-2):4=(2x+1):3$에서

$4(2x+1)=3(x-2)$

$8x+4=3x-6,\ 8x-3x=-6-4$

$5x=-10$ $\therefore x=-2$

008 정답 ②

해설 $0.3(x+1)=0.4(x-2)+1.2$의 양변에 10을 곱하면

$3(x+1)=4(x-2)+12$

$3x+3=4x-8+12$

$3+8-12=4x-3x$ $\therefore x=-1$

009 정답 ④

해설 $\dfrac{1+x}{3}+\dfrac{3x-5}{2}-\dfrac{10(x-1)}{6}=0$의 양변에 분모 3, 2, 6의 최소공배수 6을 곱하면

$2(1+x)+3(3x-5)-10(x-1)=0$

$2+2x+9x-15-10x+10=0$

$(2x+9x-10x)+(2-15+10)=0$

$x-3=0$ $\therefore x=3$

010 정답 ④

해설 $x=4$를 $0.5(x-a)=0.2(x+1)$에 대입하면

$0.5(4-a)=0.2(4+1)$

이 식의 양변에 10을 곱하면

$5(4-a)=2(4+1),\ 20-5a=10$

$5a=10$ $\therefore a=2$

011 정답 -2

해설 $2x+5=1$의 해가 $x=-2$이므로

$x=-2$를 $a(x+4)-2x=0$에 대입하면

$2a+4=0$ $\therefore a=-2$

018 소금물의 농도

본문 P. 231

001 20 **002** 60 **003** 80 **004** 16 **005** ② **006** ③ **007** ④
008 ① **009** ③ **010** ③ **011** 40 g

---

001 정답 20

해설 $200\times\dfrac{10}{100}=20(\mathrm{g})$

002 정답 60

해설 $300\times\dfrac{20}{100}=60(\mathrm{g})$

003 정답 80

해설 $20+60=80(\mathrm{g})$

004 정답 16

해설 $\dfrac{80}{500}\times100=16(\%)$

005 정답 ②

해설 더 넣어야 하는 물의 양을 $x\,\mathrm{g}$이라 하면

$300\times\dfrac{20}{100}=(300+x)\times\dfrac{15}{100}$

이 식의 양변에 100을 곱하면

$6000=15(300+x)$ $\therefore x=100(\mathrm{g})$

006 정답 ③

해설 더 넣어야 하는 물의 양을 $x\,\mathrm{g}$이라 하면

$(300-x)\times\dfrac{10}{100}=300\times\dfrac{6}{100}$

이 식의 양변에 100을 곱하면

$10(300-x)=1800$ $\therefore x=120(\mathrm{g})$

007 정답 ④

해설 증발시켜야 하는 물의 양을 $x\,\mathrm{g}$이라 하면

$250\times\dfrac{8}{100}=(250-x)\times\dfrac{10}{100}$

이 식의 양변에 100을 곱하면

$2000=10(250-x)$ $\therefore x=50(\mathrm{g})$

008 정답 ①

해설 더 넣어야 하는 소금의 양을 $x\,\mathrm{g}$이라 하면

$200\times\dfrac{10}{100}+x=(200+x)\times\dfrac{20}{100}$

이 식의 양변에 100을 곱하면

$2000+100x=20(200+x)$ $\therefore x=25(\mathrm{g})$

009 정답 ③

해설 4%의 소금물 xg을 섞는다고 하면
$$50 \times \frac{10}{100} + x \times \frac{4}{100} = (50+x) \times \frac{6}{100}$$
이 식의 양변에 100을 곱하면
$$500 + 4x = 6(50+x) \qquad \therefore x = 100(\text{g})$$

010 정답 ③

해설 6%의 소금물 xg을 넣는다면 9%의 소금물은
$(300-x)$g을 넣어야 한다.
$$x \times \frac{6}{100} + (300-x) \times \frac{9}{100} = 300 \times \frac{8}{100}$$
이 식의 양변에 100을 곱하면
$$6x + 9(300-x) = 2400 \qquad \therefore x = 100(\text{g})$$

011 정답 40g

해설 8%의 소금물 xg을 넣는다면 3%의 소금물은
$(200-x)$g을 넣어야 한다.
$$x \times \frac{8}{100} + (200-x) \times \frac{3}{100} = 200 \times \frac{6}{100}$$
이 식의 양변에 100을 곱하면
$$8x + 3(200-x) = 1200 \qquad \therefore x = 120(\text{g})$$
8%의 소금물 120g과 3%의 소금물 80g의 차는
$120 - 80 = 40(\text{g})$이다.

019 속력과 증가, 감소

본문 P. 232

001 $\frac{x}{3}$　**002** $\frac{x}{2}$　**003** $\frac{x}{3}+\frac{x}{2}=\frac{5}{2}$　**004** 3　**005** 3 km

006 ③　**007** 480 m　**008** ④　　**009** ③　**010** ①

011 10000원

---

001 정답 $\frac{x}{3}$

해설 건이가 올라갈 때 걸린 시간은 $\frac{x}{3}$이다.

002 정답 $\frac{x}{2}$

해설 건이가 내려올 때 걸린 시간은 $\frac{x}{2}$이다.

003 정답 $\frac{x}{3}+\frac{x}{2}=\frac{5}{2}$

해설 2시간 30분은 2.5시간, 즉 $\frac{5}{2}$시간이므로

일차방정식을 세우면 $\frac{x}{3}+\frac{x}{2}=\frac{5}{2}$

004 정답 3

해설 $\frac{x}{3}+\frac{x}{2}=\frac{5}{2}$

이 식의 양변에 분모 3, 2의 최소공배수 6을 곱하면
$$2x + 3x = 15 \qquad \therefore x = 3(\text{km})$$

005 정답 3 km

해설 혜린이가 시속 3 km로 걸어간 거리를 x km라 하면
시속 4 km로 걸어간 거리는 $(5-x)$ km이다.
모두 90분이 걸렸으므로
$$\frac{x}{3}+\frac{5-x}{4}=\frac{3}{2}$$
이 식의 양변에 분모 3, 4, 2의 최소공배수 12를 곱하면
$$4x + 3(5-x) = 18 \qquad \therefore x = 3(\text{km})$$

006 정답 ③

해설 집에서 피아노 학원까지의 거리를 x km라 하면 걸
어서 간 거리는 $\frac{x}{4}$, 자전거를 타고 간 거리는 $\frac{x}{12}$이다.
걸어서 가면 자전거를 타고 가는 것보다 1시간 늦게 도착
하므로 $\frac{x}{4} - \frac{x}{12} = 1$
이 식의 양변에 분모 4, 12의 최소공배수 12를 곱하면
$$3x - x = 12 \qquad \therefore x = 6(\text{km})$$

007 정답 480 m

해설 A가 걸어간 거리를 x m라 하면 B가 걸어간 거리는
$(800-x)$ m이다.
A, B가 걸은 시간이 같으므로
$$\frac{x}{60} = \frac{800-x}{40}$$
이 식의 양변에 분모 60, 40의 최소공배수 120을 곱하면
$$2x = 3(800-x) \qquad \therefore x = 480(\text{m})$$

별해 A, B 두 사람이 x분 동안 걸어간 거리의 합이
$(60x + 40x)$ m이므로
$$60x + 40x = 800 \qquad \therefore x = 8$$
A가 걸어간 거리는 $60 \times 8 = 480(\text{m})$이다.

008 정답 ④

해설 열차의 길이를 x m라 하면 열차가 터널과 철교를 완
전히 통과하는 데 이동한 거리는 각각
(터널의 길이) + (열차의 길이) = $(300+x)$ m,
(철교의 길이) + (열차의 길이) = $(1000+x)$ m이다.
이때 열차의 속력은 일정하므로
$$\frac{300+x}{10} = \frac{1000+x}{20}$$
이 식의 양변에 분모 10, 20의 최소공배수 20을 곱하면
$$2(300+x) = 1000+x \qquad \therefore x = 400(\text{m})$$

009 정답 ③

해설 이 학교의 작년 학생 수를 x명이라 하면 올해 학생
수는 작년보다 5% 증가하여 210명이 되었으므로
$$x + x \times \frac{5}{100} = 210$$
이 식의 양변에 100을 곱하면
$$100x + 5x = 21000 \qquad \therefore x = 200(\text{명})$$

010 정답 ①

해설 작년의 남학생 수를 x명이라 하면 작년의 여학생 수는 $(500-x)$명이다.

올해에는 작년보다 남학생 수가 10% 증가하고, 여학생 수가 10% 감소하여 전체 학생 수가 10명 증가하였으므로

$$x \times \frac{10}{100} - (500-x) \times \frac{10}{100} = 10$$

이 식의 양변에 10을 곱하면

$$x - (500-x) = 100 \qquad \therefore x = 300(\text{명})$$

011 정답 10000원

해설 청바지의 원가를 x원이라 하면

원가에 20%의 이익을 붙여 정가를 정했으므로

$$(\text{정가}) = (\text{원가}) + (\text{이익}) = x + x \times \frac{20}{100} = \frac{6}{5}x(\text{원})$$

1000원을 할인하여 팔았으므로

$$(\text{판매 금액}) = (\text{정가}) - (\text{할인 금액})$$
$$= \left(\frac{6}{5}x - 1000\right)\text{원}$$

원가의 10%의 이익이 생겼으므로

$$(\text{실제 이익}) = (\text{판매 금액}) - (\text{원가})$$
$$= \left(\frac{6}{5}x - 1000\right) - x = x \times \frac{10}{100}$$

이 식의 양변에 100을 곱하면

$$120x - 100000 - 100x = 10x \qquad \therefore x = 10000(\text{원})$$

020 지수법칙
본문 P. 233

001 × **002** × **003** ○ **004** × **005** ⑤ **006** ③ **007** ②
008 ③ **009** ⑤ **010** ④ **011** 4

---

001 정답 ×

해설 $x^2 \times x^3 = x^5$

002 정답 ×

해설 $(a^2)^3 \div (a^3)^2 = a^{2 \times 3} \div a^{3 \times 2}$
$= a^6 \div a^6$
$= 1$

003 정답 ○

해설 $\{(-2)^3\}^2 = \{(-1)^3 \times 2^3\}^2$
$= (-2^3)^2 = (-1)^2 \times (2^3)^2$
$= 2^{3 \times 2} = 2^6$

004 정답 ×

해설 $a^2 + a^2 + a^2 = 3a^2$

005 정답 ⑤

해설 ① $x^3 \times x^\square = x^{3+\square} = x^7 \qquad \therefore \square = 4$
② $(x^3)^\square = x^{3 \times \square} = x^9 \qquad \therefore \square = 3$

③ $(x^6)^2 \div x^{10} = x^{12} \div x^{10} = x^{12-10} = x^\square$
$\quad \therefore \square = 2$
④ $(x^\square)^2 \div x^9 = x^{\square \times 2} \div x^9 = x^{\square \times 2 - 9} = x$
$\quad \square \times 2 - 9 = 1 \qquad \therefore \square = 5$
⑤ $x^3 \div x^4 = \frac{1}{x^{4-3}} = \frac{1}{x^\square} \qquad \therefore \square = 1$

006 정답 ③

해설 ① $5 \times 5 \times 5 = 5^3$
② $5^{12} \div 5^6 \div 5^3 = 5^{12-6-3} = 5^3$
③ $5^4 \times 5^3 \div 125 = 5^4 \times 5^3 \div 5^3 = 5^{4+3-3} = 5^4$
④ $(5^3)^3 \div (5^2)^3 = 5^{3 \times 3} \div 5^{2 \times 3} = 5^9 \div 5^6$
$\qquad = 5^{9-6} = 5^3$
⑤ $5^2 + 5^2 + 5^2 + 5^2 + 5^2 = 5 \times 5^2 = 5^{1+2} = 5^3$

007 정답 ②

해설 $3^x \times 9^2 \div 3^{2-x} = 3^x \times (3^2)^2 \div 3^{2-x}$
$= 3^x \times 3^4 \div 3^{2-x}$
$= 3^{x+4-(2-x)}$
$= 3^{2x+2} = 3^6$
$2x + 2 = 6 \qquad \therefore x = 2$

008 정답 ③

해설 ① $(x^2 y^3)^4 = x^{2 \times 4} y^{3 \times 4} = x^8 y^{12}$
② $(-3x)^2 = (-3)^2 x^2 = 9x^2$
③ $\left(\frac{3x}{y^3}\right)^2 = \frac{3^2 x^2}{y^{3 \times 2}} = \frac{9x^2}{y^6}$
④ $\left(-\frac{x}{2y}\right)^3 = (-1)^3 \times \frac{x^3}{2^3 y^3} = -\frac{x^3}{8y^3}$
⑤ $(-xy^3 z)^2 = (-1)^2 x^2 y^{3 \times 2} z^2 = x^2 y^6 z^2$

009 정답 ⑤

해설 $2^{x-1} = 2^x \div 2 = 2^x \times \frac{1}{2} = A$이므로 $2^x = 2A$
$\therefore 16^x = (2^4)^x = 2^{4x} = (2^x)^4 = (2A)^4 = 16A^4$

010 정답 ④

해설 $2^5 \times 5^8 = 2^5 \times 5^5 \times 5^3 = (2 \times 5)^5 \times 5^3$
$= 125 \times 10^5$
$= 12500000$
$2^5 \times 5^8$은 8자리의 자연수이다.

011 정답 4

해설 $4^x + 4^x + 4^x + 4^x$
$= 4 \times 4^x = 2^2 \times (2^2)^x$
$= 2^2 \times 2^{2x} = 2^{2+2x}$
$= 2^{10}$
$2 + 2x = 10 \qquad \therefore x = 4$

🚗 021 단항식의 곱셈과 나눗셈

001 $-4x^3y^4$ **002** $-x^7y^4$ **003** $8a^2b$ **004** $2ab^3$ **005** ④
006 ② **007** ⑤ **008** ④ **009** ③ **010** ③
011 4

---

001 정답 $-4x^3y^4$

해설 $(-10xy) \times \dfrac{2}{5}x^2y^3 = -4x^3y^4$

002 정답 $-x^7y^4$

해설 $\left(\dfrac{1}{2}x^2y\right)^2 \times (-4x^3y^2)$

$= \dfrac{1}{4}x^4y^2 \times (-4x^3y^2) = -x^7y^4$

003 정답 $8a^2b$

해설 $(-12a^4b^3) \div \left(-\dfrac{3}{2}a^2b^2\right)$

$= (-12a^4b^3) \times \left(-\dfrac{2}{3a^2b^2}\right) = 8a^2b$

004 정답 $2ab^3$

해설 $\left(\dfrac{3}{2}a^3b^5\right)^2 \div \dfrac{9}{8}a^5b^7$

$= \dfrac{9}{4}a^6b^{10} \times \dfrac{8}{9a^5b^7} = 2ab^3$

005 정답 ④

해설 $\left(-\dfrac{1}{2}x^2y\right)^3 \times 8xy^3 \div 2x^4y^2$

$= \left(-\dfrac{1}{8}x^6y^3\right) \times 8xy^3 \times \dfrac{1}{2x^4y^2}$

$= -\dfrac{1}{2}x^3y^4$

006 정답 ②

해설 $\dfrac{1}{3}xy^2 \div \dfrac{4}{3}x^2y \times (-2x^3y)^2$

$= \dfrac{1}{3}xy^2 \times \dfrac{3}{4x^2y} \times 4x^6y^2$

$= x^5y^3$

007 정답 ⑤

해설 $(-2x^3y^A)^2 \times (x^2y)^B$

$= 4x^6y^{2A} \times x^{2B}y^B$

$= 4x^{6+2B}y^{2A+B}$

$= Cx^{12}y^{11}$

$4=C$, $6+2B=12$, $2A+B=11$이므로

$B=3$, $A=4$

$\therefore A+B+C=11$

008 정답 ④

해설 어떤 식을 A라 하면

$A \div \dfrac{3}{4}x^2y = 16xy^2$

$\therefore A = 16xy^2 \times \dfrac{3}{4}x^2y = 12x^3y^3$

바르게 계산한 식은

$12x^3y^3 \times \dfrac{3}{4}x^2y = 9x^5y^4$

009 정답 ③

해설 (밑면의 세로의 길이)

= (직육면체의 부피) ÷ (밑면의 가로의 길이) ÷ (높이)

$= 15x^5y^7 \div 5x^2 \div 3y$

$= 15x^5y^7 \times \dfrac{1}{5x^2} \times \dfrac{1}{3y}$

$= x^3y^6$

010 정답 ③

해설 $\square = (-12x^2y) \times 8xy^2 \div (-4x^2y^2)$

$\qquad = 24xy$

011 정답 4

해설 $(-x^3y^6) \times 4x^3y \div (2x^2y)^2$

$= (-x^3y^6) \times 4x^3y \div 4x^4y^2$

$= -x^{3+3-4}y^{6+1-2}$

$= -x^2y^5$

$= (-2^2) \times (-1)^5$

$= 4$

🚗 022 다항식의 사칙 연산

001 $5x^2+3x$ **002** $3x^2-8xy$ **003** $-2x+4y$
004 $4y^2-xy+2x^2$ **005** ① **006** ② **007** ① **008** ④
009 ① **010** 1 **011** ②

---

001 정답 $5x^2+3x$

해설 $x(2x-3)+3x(x+2)$

$= 2x^2-3x+3x^2+6x$

$= (2x^2+3x^2)+(-3x+6x)$

$= 5x^2+3x$

002 정답 $3x^2-8xy$

해설 $5x(x-y)-x(2x+3y)$

$= 5x^2-5xy-2x^2-3xy$

$= (5x^2-2x^2)+(-5xy-3xy)$

$= 3x^2-8xy$

003 정답 $-2x+4y$

해설 $(-5xy+10y^2) \div \dfrac{5}{2}y$

$= (-5xy+10y^2) \times \dfrac{2}{5y}$

$= (-5xy) \times \dfrac{2}{5y} + 10y^2 \times \dfrac{2}{5y}$

$= -2x+4y$

004 정답 $4y^2-xy+2x^2$

해설 $(8xy^3-2x^2y^2+4x^3y)\div 2xy$

$=\dfrac{8xy^3-2x^2y^2+4x^3y}{2xy}$

$=\dfrac{8xy^3}{2xy}-\dfrac{2x^2y^2}{2xy}+\dfrac{4x^3y}{2xy}$

$=4y^2-xy+2x^2$

005 정답 ①

해설 $\dfrac{a-2b}{3}-\dfrac{2a-3b}{4}$

$=\dfrac{4(a-2b)}{12}-\dfrac{3(2a-3b)}{12}$

$=\dfrac{4a-8b}{12}+\dfrac{-6a+9b}{12}$

$=\dfrac{4a-6a}{12}+\dfrac{-8b+9b}{12}$

$=-\dfrac{1}{6}a+\dfrac{1}{12}b$

a의 계수는 $-\dfrac{1}{6}$, b의 계수는 $\dfrac{1}{12}$이므로

$\left(-\dfrac{1}{6}\right)+\dfrac{1}{12}=-\dfrac{2}{12}+\dfrac{1}{12}=-\dfrac{1}{12}$

006 정답 ②

해설 $\left(\dfrac{1}{2}x^2-x+\dfrac{3}{4}\right)-\left(\dfrac{1}{3}x^2+\dfrac{2}{3}x-\dfrac{1}{2}\right)$

$=\left(\dfrac{1}{2}x^2-\dfrac{1}{3}x^2\right)+\left(-x-\dfrac{2}{3}x\right)+\left(\dfrac{3}{4}+\dfrac{1}{2}\right)$

$=\left(\dfrac{3}{6}x^2-\dfrac{2}{6}x^2\right)+\left(-\dfrac{5}{3}x\right)+\left(\dfrac{3}{4}+\dfrac{2}{4}\right)$

$=\dfrac{1}{6}x^2-\dfrac{5}{3}x+\dfrac{5}{4}$

007 정답 ①

해설 $2a^2-[-a^2-4+\{3a^2+2a-(3a+1)\}]$

$=2a^2-[-a^2-4+\{3a^2+2a-3a-1\}]$

$=2a^2-[-a^2-4+3a^2-a-1]$

$=2a^2-[2a^2-a-5]$

$=2a^2-2a^2+a+5$

$=a+5$

008 정답 ④

해설 어떤 식을 A라 하면

$A-(x^2-x+1)=x^2+4x+3$

$\therefore A=(x^2+4x+3)+(x^2-x+1)$

$\qquad =2x^2+3x+4$

바르게 계산한 결과는

$(2x^2+3x+4)+(x^2-x+1)=3x^2+2x+5$

009 정답 ①

해설 (가로의 길이)

$=$ (직사각형의 넓이) $\div$ (세로의 길이)

$=(6a^2b+12ab^2-9b^2)\div \dfrac{3}{2}b$

$=(6a^2b+12ab^2-9b^2)\times \dfrac{2}{3b}$

$=4a^2+8ab-6b$

010 정답 1

해설 $x(x-2)+(4x^3-2x)\div(-2x)$

$=(x^2-2x)+(-2x^2+1)$

$=-x^2-2x+1$

x^2의 계수는 $a=-1$, x의 계수는 $b=-2$이므로

$a-b=(-1)-(-2)=1$

011 정답 ②

해설 $\dfrac{4x^2y-6xy^2}{2xy}-\dfrac{4y^2-3y}{-y}$

$=\dfrac{4x^2y}{2xy}-\dfrac{6xy^2}{2xy}+\dfrac{4y^2}{y}-\dfrac{3y}{y}$

$=2x-3y+4y-3$

$=2x+y-3$

$=2\times(-2)+1-3$

$=-6$

023 일차부등식의 풀이

본문 P. 236

| 001 ○ | 002 × | 003 × | 004 × | 005 ③ | 006 ⑤ | 007 ④ |
| 008 ⑤ | 009 1 | 010 ④ | 011 ② | | | |

---

001 정답 ○

해설 $a+2<b+2$의 양변에서 2를 빼면 $a<b$이다.

002 정답 ×

해설 $a=1$, $b=-2$이면 $1>-2$이므로 $a>b$이지만 $1^2<(-2)^2$이므로 $a^2<b^2$이다.

003 정답 ×

해설 $a=-2$, $b=1$, $c=-3$이면

$(-2)\times(-3)>1\times(-3)$이므로 $ac>bc$이지만

$-2<1$이므로 $a<b$이다.

즉, '$ac>bc$이면 $a>b$이다.'가 성립하려면

'$ac>bc$이고 $c>0$이면 $a>b$이다.'처럼 $c>0$이라는 조건이 더 필요하다.

004 정답 ×

해설 $a=2$, $b=-1$, $c=-3$이면

$2>-1$이므로 $a>b$이지만 $\dfrac{2}{-3}<\dfrac{-1}{-3}$이므로

$\dfrac{a}{c}<\dfrac{b}{c}$이다.

즉, '$a>b$이면 $\dfrac{a}{c}>\dfrac{b}{c}$이다.'가 성립하려면

'$a>b$이고 $c>0$이면 $\dfrac{a}{c}>\dfrac{b}{c}$이다.'처럼 $c>0$이라는 조건이 더 필요하다.

005 정답 ③

해설 ③ x에서 3을 뺀 수의 2배는 7 초과이다.

$\rightarrow 2(x-3) > 7$

006 정답 ⑤

해설 $5-2x \leq 3$에서 $-2x \leq -2$ $\quad \therefore x \geq 1$

부등식의 해는 1, 2이다.

007 정답 ④

해설 $-2 \leq x < 1$의 양변에 -2를 곱하면

$4 \geq -2x > -2$ $\quad \therefore -2 < -2x \leq 4$

이 부등식의 양변에 1을 더하면

$-1 < -2x+1 \leq 5$

008 정답 ⑤

해설 ① $2x+3 > 1$에서 $2x > 1-3$

$2x > -2$ $\quad \therefore x > -1$

② $-x+2 < 1$에서 $-x < -1$ $\quad \therefore x > 1$

③ $5x-3 > 2x$에서 $5x-2x > 3$

$3x > 3$ $\quad \therefore x > 1$

④ $2x+4 < -x+1$에서 $2x+x < 1-4$

$3x < -3$ $\quad \therefore x < -1$

⑤ $3x+1 < 2(x+1)$에서 $3x+1 < 2x+2$

$3x-2x < 2-1$ $\quad \therefore x < 1$

009 정답 1

해설 $-2x+3 > 2a-3$에서 $-2x > 2a-6$

$-2x > 2(a-3), x < \dfrac{2(a-3)}{-2}$

$\therefore x < 3-a$

이 일차부등식의 해가 $x < 2$이므로

$3-a=2$ $\quad \therefore a=1$

010 정답 ④

해설 $(a-1)x+2-2a > 0$에서

$(a-1)x-2(a-1) > 0$

$(a-1)x > 2(a-1)$

$a < 1$에서 $a-1 < 0$이므로

$x < \dfrac{2(a-1)}{a-1}$ $\quad \therefore x < 2$

011 정답 ②

해설 $\dfrac{x}{2}-\dfrac{2}{3} < \dfrac{2}{3}x+\dfrac{1}{6}$의 양변에 분모 2, 3, 6의 최소공

배수를 곱하면

$3x-4 < 4x+1, 3x-4x < 1+4$

$-x < 5$ $\quad \therefore x > -5$

001 x **002** 18 **003** $\dfrac{18}{300-x} \times 100 \geq 10$ **004** 120

005 ④ **006** ④ **007** 5 **008** ④ **009** ③ **010** ③

001 정답 x

해설 증발시켜야 하는 물의 양을 xg으로 놓는다.

002 정답 18

해설 6%의 소금물 300 g에 들어 있는 소금의 양은

$300 \times \dfrac{6}{100} = 18(g)$

003 정답 $\dfrac{18}{300-x} \times 100 \geq 10$

해설 소금물 300 g에서 물 xg을 증발시키면 남는 소금물의 양은 $(300-x)g$이고 물을 증발시켜도 소금의 양 18 g은 변하지 않는다.

이때 10% 이상의 소금물을 만들려고 하므로 부등식을 세우면

$\dfrac{18}{300-x} \times 100 \geq 10$

004 정답 120

해설 $\dfrac{18}{300-x} \times 100 \geq 10$에서

$1800 \geq 10(300-x), 1800 \geq 3000-10x$

$10x \geq 1200$ $\quad \therefore x \geq 120$

따라서 물은 최소 120 g 이상을 증발시켜야 한다.

005 정답 ④

해설 어떤 정수 x의 2배에서 4를 빼면 6보다 작으므로

$2x-4 < 6$ $\quad \therefore x < 5$

따라서 부등식을 만족하는 정수는 4, 3, 2, 1, …이고 이 중에서 가장 큰 정수는 4이다.

006 정답 ④

해설 세로의 길이를 x cm라 하면

가로의 길이가 10 cm인 직사각형의 둘레의 길이가 36 cm 이상이므로

$2 \times (x+10) \geq 36$

$2x+20 \geq 36, 2x \geq 16$ $\quad \therefore x \geq 8$

따라서 세로의 길이는 8 cm 이상이다.

007 정답 5

해설 공책을 x개 산다고 하면 연필은 $(20-x)$개 사게 되므로

$500x+300(20-x) \leq 7000$

$200x \leq 1000$ $\quad \therefore x \leq 5$

따라서 공책은 최대 5개까지 살 수 있다.

008 정답 ④

해설 집에서 $x\,\mathrm{km}$ 떨어진 곳까지 산책을 갔다온다면

$$\frac{x}{6}+\frac{x}{4}\leq\frac{3}{2}$$

이 부등식의 양변에 분모 6, 4, 2의 최소공배수 12를 곱하면

$$2x+3x\leq18 \qquad \therefore x\leq\frac{18}{5}$$

따라서 집에서 최대 $\frac{18}{5}\,\mathrm{km}$ 떨어진 곳까지 산책을 갔다올

수 있다.

009 정답 ③

해설 더 넣어야 할 물의 양을 $x\,\mathrm{g}$이라 하자.

농도가 12%인 소금물 $200\,\mathrm{g}$에 들어 있는 소금의 양은

$$200\times\frac{12}{100}=24(\mathrm{g})$$

물을 넣기 전과 후의 소금의 양을 표로 나타내면

	물을 넣기 전		물을 넣은 후
	소금물	물	
농도	12%		6% 이하
소금물의 양(g)	200	x	$200+x$
소금의 양(g)	$200\times\frac{12}{100}=24$		24

농도가 6% 이하인 소금물을 만들려고 하므로

$$\frac{24}{200+x}\times100\leq6$$
$$2400\leq6(200+x)$$
$$2400\leq1200+6x,\ 6x\geq1200 \qquad \therefore x\geq200$$

따라서 $200\,\mathrm{g}$ 이상의 물을 더 넣어야 한다.

010 정답 ③

해설 필요한 10%의 소금물의 양을 $x\,\mathrm{g}$이라 하면

$$(\text{소금의 양})=(\text{소금물의 양})\times\frac{(\text{농도})}{100}\text{이므로}$$

5%의 소금물 $200\,\mathrm{g}$에 들어 있는 소금의 양은

$$200\times\frac{5}{100}(\mathrm{g})$$

10%의 소금물 $x\,\mathrm{g}$에 들어 있는 소금의 양은

$$x\times\frac{10}{100}(\mathrm{g})$$

섞기 전과 후의 소금의 양을 표로 나타내면

	섞기 전		섞기 후
농도	5%	10%	8% 이상
소금물의 양(g)	200	x	$200+x$
소금의 양(g)	$200\times\frac{5}{100}$	$x\times\frac{10}{100}$	$200\times\frac{5}{100}+x\times\frac{10}{100}$

$$(\text{소금물의 농도})=\frac{(\text{소금의 양})}{(\text{소금물의 양})}\times100(\%)\text{이므로}$$

5%의 소금물 $200\,\mathrm{g}$과 10%의 소금물 $x\,\mathrm{g}$을 섞어서 만든
소금물의 농도는

$$\frac{200\times\frac{5}{100}+x\times\frac{10}{100}}{200+x}\times100(\%)$$

8% 이상의 소금물을 만들려고 하므로

$$\frac{200\times\frac{5}{100}+x\times\frac{10}{100}}{200+x}\times100\geq8$$
$$\frac{1000+10x}{200+x}\geq8,\ 1000+10x\geq8(200+x)$$
$$1000+10x\geq1600+8x,\ 2x\geq600 \qquad \therefore x\geq300$$

따라서 10%의 소금물이 $300\,\mathrm{g}$ 이상 필요하다.

025 연립방정식의 풀이
본문 P. 238

001 ×　002 ○　003 ×　004 ×　005 ②　006 ③　007 ①
008 ②　009 ③　010 ③　011 4

---

001 정답 ×

002 정답 ○

해설 $2x=x+y+1$은 $x-y-1=0$이므로 미지수가 2개
인 일차방정식이다.

003 정답 ×

해설 $x+2y=x+1$은 $2y-1=0$은 미지수가 2개인 일차
방정식이 아니다.

004 정답 ×

005 정답 ②

해설 $x=2,\ y=1$을 $ax-y-3=0$에 대입하면
$$2a-1-3=0 \qquad \therefore a=2$$

006 정답 ③

해설 $\begin{cases} x-2y=4 & \cdots\cdots\ \text{㉠} \\ 2x+3y=1 & \cdots\cdots\ \text{㉡} \end{cases}$

㉡$-$㉠$\times2$를 하면 $7y=-7 \qquad \therefore y=-1$

$y=-1$을 ㉠에 대입하면 $x+2=4 \qquad \therefore x=2$

$\therefore a+b=(-1)+2=1$

007 정답 ①

해설 $\begin{cases} y=-x+7 \\ 2x-y=5 \end{cases}$에서

$y=-x+7$을 $2x-y=5$에 대입하면

$2x-(-x+7)=5,\ 3x-7=5 \qquad \therefore x=4$

$x=4$를 $y=-x+7$에 대입하면 $y=3$

$x=4,\ y=3$을 $3y-2x+k=0$에 대입하면

$9-8+k=0 \qquad \therefore k=-1$

008 정답 ②

해설 $x=-2$, $y=1$을 대입하였을 때, 성립하는 연립방정

식은 ② $\begin{cases} x-y=-3 \\ x+2y=0 \end{cases}$ 이다.

① $\begin{cases} x+y=5 \\ 2x+y=8 \end{cases}$ 의 해는 $x=3$, $y=2$이다.

③ $\begin{cases} -x+y=2 \\ x+y=-2 \end{cases}$ 의 해는 $x=-2$, $y=0$이다.

④ $\begin{cases} 2x-y=0 \\ x+2y=5 \end{cases}$ 의 해는 $x=1$, $y=2$이다.

⑤ $\begin{cases} 3x+2y=4 \\ 2x-3y=7 \end{cases}$ 의 해는 $x=2$, $y=-1$이다.

009 정답 ③

해설 $x=2$, $y=4$를 $\begin{cases} ax+y=6 \\ bx-y=2 \end{cases}$ 에 대입하면

$\begin{cases} 2a+4=6 \\ 2b-4=2 \end{cases}$ $\quad \therefore a=1$, $b=3$

$\therefore a+b=1+3=4$

010 정답 ③

해설 연립방정식 $\begin{cases} 2x+y=1 \\ x+y=0 \end{cases}$ 을 풀면

$x=1$, $y=-1$

이것을 $2x+y=a$에 대입하면

$2-1=a$ $\quad \therefore a=1$

011 정답 4

해설 연립방정식 $\begin{cases} x+2y=4 \\ x-y=1 \end{cases}$ 을 풀면

$x=2$, $y=1$

이것을 $2x-y=a$에 대입하면 $a=3$

이것을 $bx-3y=-1$에 대입하면 $b=1$

$\therefore a+b=3+1=4$

---

026 여러 가지 연립방정식
본문 P. 239

001 $x+2y=3$ **002** $4x+3y=14$ **003** $3x+4y=12$
004 $12x+3y=20$ **005** ① **006** ④ **007** 2 **008** ②
009 ③ **010** ① **011** ②

---

001 정답 $x+2y=3$

해설 $\dfrac{x}{6}+\dfrac{y}{3}=\dfrac{1}{2}$의 양변에 분모 6, 3, 2의 최소공배수 6

을 곱하면 $x+2y=3$

002 정답 $4x+3y=14$

해설 $\dfrac{1}{3}x+\dfrac{1}{4}y=\dfrac{7}{6}$의 양변에 분모 3, 4, 6의 최소공배수

12를 곱하면 $4x+3y=14$

---

003 정답 $3x+4y=12$

해설 $0.3x+0.4y=1.2$의 양변에 10을 곱하면

$3x+4y=12$

004 정답 $12x+3y=20$

해설 $1.2x+0.3y=2$의 양변에 10을 곱하면

$12x+3y=20$

005 정답 ①

해설 $\dfrac{x}{2}+\dfrac{y}{3}=2$의 양변에 분모 2, 3의 최소공배수 6을

곱하면 $3x+2y=12$ $\quad\cdots\cdots$ ㉠

$0.1x+0.2y=0.8$의 양변에 10을 곱하면

$x+2y=8$ $\quad\cdots\cdots$ ㉡

㉡$\times3-$㉠을 하면 $y=3$

$y=3$을 ㉡에 대입하면 $x=2$

006 정답 ④

해설 $0.2x+0.1y=0.2$의 양변에 10을 곱하면

$2x+y=2$ $\quad\cdots\cdots$ ㉠

$\dfrac{x}{4}+\dfrac{y}{12}=\dfrac{1}{3}$의 양변에 분모 4, 12, 3의 최소공배수 12를

곱하면 $3x+y=4$ $\quad\cdots\cdots$ ㉡

㉡$-$㉠을 하면 $x=2$

$x=2$를 ㉠에 대입하면 $y=-2$

$\therefore (x-y)^2=16$

007 정답 2

해설 연립방정식 $\begin{cases} x+y=2 \\ 3x-y=2 \end{cases}$ 를 풀면

$x=1$, $y=1$ $\quad \therefore x^2+y^2=2$

008 정답 ②

해설 $\dfrac{x+3}{2}=\dfrac{x+y+3}{3}=\dfrac{x-y+9}{4}$ 에서

$\begin{cases} \dfrac{x+3}{2}=\dfrac{x+y+3}{3} \\ \dfrac{x+3}{2}=\dfrac{x-y+9}{4} \end{cases}$ 에서 $\begin{cases} x-2y=-3 & \cdots\cdots ㉠ \\ x+y=3 & \cdots\cdots ㉡ \end{cases}$

㉡$-$㉠을 하면 $3y=6$ $\quad \therefore y=2$

$y=2$를 ㉡에 대입하면 $x=1$

009 정답 ③

해설 ① $\begin{cases} x+y=0 \\ 0.1x+0.1y=0 \end{cases}$ 의 해는 무수히 많다.

② $\begin{cases} -x+y=2 \\ x+y=4 \end{cases}$ 의 해는 $x=1$, $y=3$이다.

③ $\begin{cases} x-2y=3 \\ 2x-4y=4 \end{cases}$ 의 해는 없다.

④ $\begin{cases} x-2y=3 \\ 2x-4y=6 \end{cases}$ 의 해는 무수히 많다.

⑤ $\begin{cases} x-y=-1 \\ 2x-y=1 \end{cases}$ 의 해는 $x=2$, $y=3$이다.

010 정답 ①

해설 $\begin{cases} ax+3y=1 & \cdots\cdots \text{㉠} \\ 6x+9y=b & \cdots\cdots \text{㉡} \end{cases}$ 에서

㉠$\times 3-$㉡을 하면 $(3a-6)x=3-b$

해가 무수히 많으므로 $3a-6=0,\ 3-b=0$

$a=2,\ b=3 \quad \therefore a+b=2+3=5$

별해 ㉠$\times 3$을 하면

$\begin{cases} 3ax+9y=3 \\ 6x+9y=b \end{cases}$

해가 무수히 많으려면 두 식이 같아야 하므로

$3a=6,\ b=3 \quad \therefore a=2$

$\therefore a+b=2+3=5$

011 정답 ②

해설 $\begin{cases} 3x+y=2 & \cdots\cdots \text{㉠} \\ 6x+ay=-4 & \cdots\cdots \text{㉡} \end{cases}$ 에서

㉠$\times 2-$㉡을 하면 $(2-a)y=8$

해가 없으므로 $2-a=0 \quad \therefore a=2$

별해 ㉠$\times 2$를 하면

$\begin{cases} 6x+2y=4 \\ 6x+ay=-4 \end{cases}$

해가 없으려면 두 식의 좌변은 같고 우변은 달라야 하므로

$a=2$

---

027 연립방정식의 활용
본문 P. 240

001 $x\ /\ y$ **002** $10x+y$ **003** $10y+x$

004 $\begin{cases} x+y=9 \\ x-y=-1 \end{cases}$ **005** 4   **006** ③   **007** ③   **008** ④

009 ②   **010** 6회

---

001 정답 $x\ /\ y$

해설 처음 수의 십의 자리 숫자를 x로, 일의 자리 숫자를 y로 놓는다.

002 정답 $10x+y$

해설 $10\times x+y=10x+y$

003 정답 $10y+x$

해설 $y\times 10+x=10y+x$

004 정답 $\begin{cases} x+y=9 \\ x-y=-1 \end{cases}$

해설 각 자리의 숫자의 합은 9이고, 십의 자리 숫자와 일의 자리 숫자를 바꾼 수는 처음 수보다 9가 크므로

$\begin{cases} x+y=9 \\ 10y+x=(10x+y)+9 \end{cases}$

즉, $\begin{cases} x+y=9 \\ x-y=-1 \end{cases}$

005 정답 4

해설 큰 자연수를 x, 작은 자연수를 y라 하면

$\begin{cases} x+y=34 \\ 2x-y=23 \end{cases} \quad \therefore x=19,\ y=15$

두 자연수의 차는 4이다.

006 정답 ③

해설 현재 영규의 나이를 x세, 건이의 나이를 y세라 하면

5년 전에 영규, 건이의 나이는 각각 $(x-5)$세, $(y-5)$세이다.

5년 후에 영규, 건이의 나이는 각각 $(x+5)$세, $(y+5)$세이다.

5년 전에는 영규의 나이가 건이의 나이의 2배였고, 5년 후에는 영규의 나이가 건이의 나이의 1.5배이므로

$\begin{cases} x-5=2(y-5) \\ x+5=\dfrac{3}{2}(y+5) \end{cases}$

연립방정식을 풀면 $x=25,\ y=15$

현재 영규의 나이는 25세이다.

007 정답 ③

해설 5%의 소금물의 양을 $x\text{g}$, 10%의 소금물의 양을 $y\text{g}$이라 하면 두 소금물을 섞어서 7%의 소금물 100g을 만들었으므로

$\begin{cases} x+y=100 \\ x\times \dfrac{5}{100}+y\times \dfrac{10}{100}=100\times \dfrac{7}{100} \end{cases}$

연립방정식을 풀면 $x=60,\ y=40$

두 소금물의 양의 차는 20g이다.

008 정답 ④

009 정답 ②

해설 작년의 남학생 수를 x명, 여학생 수를 y명이라 하면

$\begin{cases} x+y=1000 \\ x\times \dfrac{3}{100}-y\times \dfrac{2}{100}=10 \end{cases}$

연립방정식을 풀면 $x=600,\ y=400$

올해의 여학생 수는 $400-400\times \dfrac{2}{100}=392(\text{명})$이다.

010 정답 6회

해설 민지가 이긴 횟수를 x회, 진 횟수를 y회라 하면 상곤이가 이긴 횟수는 y회, 진 횟수는 x회이다.

가위바위보를 몇 번 한 후 처음 위치보다 민지는 15계단을, 상곤이는 3계단을 올라가 있었으므로

$\begin{cases} 3x-y=15 \\ 3y-x=3 \end{cases}$

연립방정식을 풀면 $x=6,\ y=3$

민지가 이긴 횟수는 6회이다.

001 x^2+6x+9　**002** $4x^2-9$　**003** $2x^2+2x-12$
004 $-6x^2+7xy-2y^2$　　**005** ④　**006** ④　**007** ④　**008** ③
009 ②　**010** ⑤　**011** 7

---

001 정답 x^2+6x+9
해설 $(x+3)^2=x^2+6x+9$

002 정답 $4x^2-9$
해설 $(2x+3)(2x-3)=(2x)^2-3^2=4x^2-9$

003 정답 $2x^2+2x-12$
해설 $(x+3)(2x-4)=2x^2-4x+6x-12$
$\qquad\qquad\qquad\quad=2x^2+2x-12$

004 정답 $-6x^2+7xy-2y^2$
해설 $(-2x+y)(3x-2y)$
$=-6x^2+4xy+3xy-2y^2$
$=-6x^2+7xy-2y^2$

005 정답 ④
해설 $(x+2y-1)(2x-3y+4)$
$=2x^2-3xy+4x+4xy-6y^2+8y-2x+3y-4$
$=2x^2-6y^2+xy+2x+11y-4$
xy의 계수는 1, x의 계수는 2이므로
$a+b=1+2=3$

006 정답 ④
해설 $(2x+a)(bx+4)=2bx^2+8x+abx+4a$
$\qquad\qquad\qquad\quad=2bx^2+(8+ab)x+4a$
$\qquad\qquad\qquad\quad=cx^2-x-12$
$2b=c,\ 8+ab=-1,\ 4a=-12$
$\therefore a=-3,\ b=3,\ c=6$
$\therefore a+b+c=(-3)+3+6=6$

007 정답 ④
해설 ① $(-x+y)^2=x^2-2xy+y^2$
② $(3x-2y)^2=9x^2-12xy+4y^2$
③ $(-x-1)(-x+1)=x^2-1$
⑤ $(3x-1)(2x+1)=6x^2+x-1$

008 정답 ③
해설 $6.3\times5.7=(6+0.3)(6-0.3)$이므로 적당한 곱셈
공식은 $(a+b)(a-b)=a^2-b^2$이다.

009 정답 ②
해설 $(2+1)(2^2+1)(2^4+1)(2^8+1)(2^{16}+1)$
$=(2-1)(2+1)(2^2+1)(2^4+1)(2^8+1)(2^{16}+1)$
$=(2^2-1)(2^2+1)(2^4+1)(2^8+1)(2^{16}+1)$
$=(2^4-1)(2^4+1)(2^8+1)(2^{16}+1)$
$=(2^8-1)(2^8+1)(2^{16}+1)$
$=(2^{16}-1)(2^{16}+1)$
$=2^{32}-1$
$\therefore (2+1)(2^2+1)(2^4+1)(2^8+1)(2^{16}+1)+1$
$=2^{32}$
$\therefore x=32$

010 정답 ⑤
해설 $x^2+y^2=(x+y)^2-2xy=5^2-2\times3=19$

011 정답 7
해설 $x\neq0$이므로 $x^2-3x+1=0$의 양변을 x로 나누면
$x-3+\dfrac{1}{x}=0\qquad\therefore x+\dfrac{1}{x}=3$
$\therefore x^2+\dfrac{1}{x^2}=\left(x+\dfrac{1}{x}\right)^2-2=3^2-2=7$

001 $y(2x+y)$　　**002** $(x-3)(x+5)$
003 $(x+2)(3x+4)$　**004** $3(x+5)(x-5)$
005 ⑤　**006** ④　**007** ②　**008** ②　**009** ④　**010** ③
011 -55

---

001 정답 $y(2x+y)$
해설 $2xy+y^2=y(2x+y)$

002 정답 $(x-3)(x+5)$
해설 $x^2+2x-15=(x-3)(x+5)$

003 정답 $(x+2)(3x+4)$
해설 $3x^2+10x+8=(x+2)(3x+4)$

004 정답 $3(x+5)(x-5)$
해설 $3x^2-75=3(x^2-5^2)=3(x+5)(x-5)$

005 정답 ⑤
해설 $x^2y-xy^2=xy(x-y)$의 인수는 1, x, y, $x-y$,
xy, $x(x-y)$, $y(x-y)$, $xy(x-y)$이다.

006 정답 ④
해설 ① $x^2-4x+4=(x-2)^2$
② $x^2+10x+25=(x+5)^2$
③ $x^2+x+\dfrac{1}{4}=\left(x+\dfrac{1}{2}\right)^2$
⑤ $16x^2-8x+1=(4x-1)^2$

007 정답 ②

해설 $0<x<2$에서 $x+2>0$, $x-2<0$이므로
$\sqrt{x^2+4x+4}+\sqrt{x^2-4x+4}$
$=\sqrt{(x+2)^2}+\sqrt{(x-2)^2}$
$=(x+2)-(x-2)$
$=4$

008 정답 ②

해설 $x^2-2x-3=(x+1)(x-3)$
$x^2-5x-6=(x+1)(x-6)$

009 정답 ④

해설 $6x^2-11x-10=(2x-5)(3x+2)$
$\therefore a=-5,\ b=3$
$\therefore b-a=8$

010 정답 ③

해설 $x^4-16=(x^2)^2-4^2$
$\qquad\quad=(x^2+4)(x^2-2^2)$
$\qquad\quad=(x^2+4)(x+2)(x-2)$

011 정답 -55

해설 $1^2-2^2+3^2-4^2+5^2-6^2+\cdots+9^2-10^2$
$=(1-2)(1+2)+(3-4)(3+4)+(5-6)(5+6)$
$\quad+\cdots+(9-10)(9+10)$
$=-(1+2+\cdots+9+10)$
$=-55$

030 복잡한 식의 인수분해 본문 P. 243

001 $(x+5)(x+1)$　002 $(x+y+3)(x+y-2)$
003 $-(x-1)(3x-1)$　004 $(2x+3y)(2x-3y+2)$
005 ④　006 ④　007 ⑤　008 ①　009 ①　010 ②　011 16

---

001 정답 $(x+5)(x+1)$

해설 $x+2=A$로 치환하면
$(x+2)^2+2(x+2)-3$
$=A^2+2A-3=(A+3)(A-1)$
$=(x+2+3)(x+2-1)$
$=(x+5)(x+1)$

002 정답 $(x+y+3)(x+y-2)$

해설 $x+y=A$로 치환하면
$(x+y+1)(x+y)-6$
$=(A+1)A-6=A^2+A-6$
$=(A+3)(A-2)$
$=(x+y+3)(x+y-2)$

003 정답 $-(x-1)(3x-1)$

해설 $2x-1=A$로 치환하면
$x^2-(2x-1)^2$
$=x^2-A^2=(x+A)(x-A)$
$=(x+2x-1)(x-2x+1)$
$=(3x-1)(-x+1)$
$=-(x-1)(3x-1)$

004 정답 $(2x+3y)(2x-3y+2)$

해설 $2x+1=A$, $3y-1=B$로 치환하면
$(2x+1)^2-(3y-1)^2$
$=A^2-B^2=(A+B)(A-B)$
$=(2x+1+3y-1)(2x+1-3y+1)$
$=(2x+3y)(2x-3y+2)$

005 정답 ④

해설 $ab+a+b+1$
$=a(b+1)+(b+1)$
$=(a+1)(b+1)$

006 정답 ④

해설 x^2-y^2+2y-1
$=x^2-(y^2-2y+1)$
$=x^2-(y-1)^2$
$=(x+y-1)(x-y+1)$

007 정답 ⑤

해설 $2bc+9a^2-b^2-c^2$
$=9a^2-(b^2-2bc+c^2)$
$=(3a)^2-(b-c)^2$
$=(3a+b-c)(3a-b+c)$

008 정답 ①

해설 $x(x+1)(x+2)(x+3)-3$
$=\{x(x+3)\}\{(x+1)(x+2)\}-3$
$=(x^2+3x)(x^2+3x+2)-3$
$=A(A+2)-3\ \leftarrow\ x^2+3x=A$
$=A^2+2A-3=(A-1)(A+3)$
$=(x^2+3x-1)(x^2+3x+3)$

009 정답 ①

해설 x에 대하여 내림차순으로 정리하면
$x^2+3xy+2y^2-2x-y-3$
$=x^2+(3y-2)x+2y^2-y-3$
$\quad\leftarrow 2y^2-y-3=(2y-3)(y+1)$
$=(x+2y-3)(x+y+1)$

010 정답 ②

해설 $x^2-y^2-2x+2y$
$=(x^2-y^2)-2(x-y)$
$=(x+y)(x-y)-2(x-y)$
$=(x-y)(x+y-2)$
$=(-2)\times(3-2)$
$=-2$

011 정답 16

해설 $x^2-2xy+y^2+6x-6y+9$
$=(x^2-2xy+y^2)+6(x-y)+9$
$=(x-y)^2+6(x-y)+9 \leftarrow x-y=A$
$=A^2+6A+9=(A+3)^2$
$=(x-y+3)^2$
$=(1+3)^2$
$=16$

031 이차방정식의 풀이
본문 P. 244

001 $x=1$ 또는 $x=3$　**002** $x=-6$ 또는 $x=5$
003 $x=\dfrac{1}{2}$(중근)　**004** $x=-3$ 또는 $x=4$　**005** ④　**006** ①
007 ③　**008** ④　**009** ③　**010** ③　**011** 2

---

001 정답 $x=1$ 또는 $x=3$

해설 $x^2-4x+3=0$
$(x-1)(x-3)=0$
$\therefore x=1$ 또는 $x=3$

002 정답 $x=-6$ 또는 $x=5$

해설 $x^2+x-30=0$
$(x+6)(x-5)=0$
$\therefore x=-6$ 또는 $x=5$

003 정답 $x=\dfrac{1}{2}$(중근)

해설 $4x^2-4x+1=0$
$(2x-1)^2=0 \quad \therefore x=\dfrac{1}{2}$(중근)

004 정답 $x=-3$ 또는 $x=4$

해설 $(x+2)(x-3)=6$
$x^2-x-6=6,\ x^2-x-12=0$
$(x+3)(x-4)=0$
$\therefore x=-3$ 또는 $x=4$

005 정답 ④

해설 ① $x-1=0$은 일차방정식이다.
② x^2+x+1은 이차식이다.
③ $x^3-3x=0$은 삼차방정식이다.

④ $(x-1)(x+2)=0$은 이차방정식이다.
⑤ $x^2+2x+1=x(x+1)$에서
$x^2+2x+1=x^2+x \quad \therefore x+1=0$
이 식은 일차방정식이다.

006 정답 ①

해설 $x^2+2x+a=0$에 $x=-1$을 대입하면
$1-2+a=0 \quad \therefore a=1$

007 정답 ③

해설 $x^2+ax-6=0$에 $x=-2$를 대입하면
$4-2a-6=0 \quad \therefore a=-1$
즉, $x^2-x-6=0$에서 $(x+2)(x-3)=0$
$\therefore x=-2$ 또는 $x=3$
$\therefore (-1)+3=2$

008 정답 ④

해설 $x^2-5x+1=0$에 $x=a$를 대입하면
$a^2-5a+1=0$
$a\neq0$이므로 양변을 a로 나누면
$a-5+\dfrac{1}{a}=0 \quad \therefore a+\dfrac{1}{a}=5$
이 식의 양변을 제곱하면 $a^2+2+\dfrac{1}{a^2}=25$
$\therefore a^2+\dfrac{1}{a^2}=23$

009 정답 ③

해설 $(2x+3)(x-2)=0$을 풀면
$2x+3=0$ 또는 $x-2=0$
$\therefore x=-\dfrac{3}{2}$ 또는 $x=2$

010 정답 ③

해설 $x:(2x-1)=2:(x+1)$에서
$2(2x-1)=x(x+1),\ 4x-2=x^2+x$
$x^2-3x+2=0,\ (x-1)(x-2)=0$
$\therefore x=1$ 또는 $x=2$

011 정답 2

해설 $x^2+(k-1)x+16=0$이 중근을 갖기 위해서는 좌변이 완전제곱식이 되어야 한다.
즉, $16=\left(\dfrac{k-1}{2}\right)^2$이어야 한다.
$16=\dfrac{(k-1)^2}{4},\ 64=(k-1)^2$
$\therefore k-1=8$ 또는 $k-1=-8$
$\therefore k=9$ 또는 $k=-7$
$\therefore 9+(-7)=2$

001 $(x-1)^2=2$　　**002** $(x+2)^2=7$　**003** $(x+1)^2=4$

004 $\left(x-\dfrac{1}{4}\right)^2=\dfrac{5}{16}$　**005** ⑤　**006** ③　**007** 12　**008** ④

009 ⑤　**010** ⑤　　**011** ③

001　정답 $(x-1)^2=2$

해설 $x^2-2x-1=0$

$\Leftrightarrow x^2-2x=1$

$\Leftrightarrow x^2-2x+1=1+1$

$\Leftrightarrow (x-1)^2=2$

002　정답 $(x+2)^2=7$

해설 $x^2+4x-3=0$

$\Leftrightarrow x^2+4x=3$

$\Leftrightarrow x^2+4x+4=3+4$

$\Leftrightarrow (x+2)^2=7$

003　정답 $(x+1)^2=4$

해설 $x^2+2x-3=0$

$\Leftrightarrow x^2+2x=3$

$\Leftrightarrow x^2+2x+1=3+1$

$\Leftrightarrow (x+1)^2=4$

004　정답 $\left(x-\dfrac{1}{4}\right)^2=\dfrac{5}{16}$

해설 $4x^2-2x-1=0$

$\Leftrightarrow x^2-\dfrac{1}{2}x-\dfrac{1}{4}=0$

$\Leftrightarrow x^2-\dfrac{1}{2}x=\dfrac{1}{4}$

$\Leftrightarrow x^2-\dfrac{1}{2}x+\dfrac{1}{16}=\dfrac{1}{4}+\dfrac{1}{16}$

$\Leftrightarrow \left(x-\dfrac{1}{4}\right)^2=\dfrac{5}{16}$

005　정답 ⑤

해설 $(x-1)^2=a+3$이 해를 갖기 위해서는

$a+3\geq0$이어야 한다.

$\therefore a\geq-3$

해를 갖지 않는 경우는 ⑤ $a=-4$일 때이다.

006　정답 ③

해설 $x^2+7x+(\ \ )=4+(\ \ )$에서 $(\ \ )$에 알맞은 수

는 $\left(\dfrac{7}{2}\right)^2=\dfrac{49}{4}$이다.

007　정답 12

해설 $x^2+x-3=0$

$\Leftrightarrow x^2+x=3$

$\Leftrightarrow x^2+x+\dfrac{1}{4}=3+\dfrac{1}{4}$

$\Leftrightarrow \left(x+\dfrac{1}{2}\right)^2=\dfrac{13}{4}$

$\Leftrightarrow x+\dfrac{1}{2}=\pm\sqrt{\dfrac{13}{4}}$

$\Leftrightarrow x=-\dfrac{1}{2}\pm\dfrac{\sqrt{13}}{2}=\dfrac{-1\pm\sqrt{13}}{2}$

$\therefore A+B=(-1)+13=12$

별해 근의 공식에 의해

$x=\dfrac{-1\pm\sqrt{1^2-4\cdot1\cdot(-3)}}{2\cdot1}=\dfrac{-1\pm\sqrt{13}}{2}$

008　정답 ④

해설 $x^2-4x+1=0$

$\Leftrightarrow x^2-4x=-1$

$\Leftrightarrow x^2-4x+4=-1+4$

$\Leftrightarrow (x-2)^2=3$

$\Leftrightarrow x-2=\pm\sqrt{3}$

$\Leftrightarrow x=2\pm\sqrt{3}$

$\therefore A=3$

별해 근의 공식에 의해

$x=\dfrac{-(-4)\pm\sqrt{(-4)^2-4\cdot1\cdot1}}{2\cdot1}$

$=\dfrac{4\pm\sqrt{12}}{2}=\dfrac{4\pm2\sqrt{3}}{2}=2\pm\sqrt{3}$

별해 근의 짝수 공식에 의해

$x=\dfrac{-(-2)\pm\sqrt{(-2)^2-1\cdot1}}{1}$

$=2\pm\sqrt{3}$

009　정답 ⑤

해설 ① $D=(-1)^2-4\cdot1\cdot(-2)=9>0$

서로 다른 두 근을 갖는다.

② $D=(-3)^2-4\cdot2\cdot(-2)=25>0$

서로 다른 두 근을 갖는다.

③ $D=(-6)^2-4\cdot1\cdot9=0$

한 개의 중근을 갖는다.

④ $D=(-4)^2-4\cdot1\cdot1=12>0$

서로 다른 두 근을 갖는다.

⑤ $D=(-1)^2-4\cdot1\cdot3=-11<0$

근이 없다.

010　정답 ⑤

해설 $2x^2-8x+k=0$이 서로 다른 두 근을 가지려면 판

별식 D가 0보다 커야 한다.

$\therefore D=(-8)^2-4\cdot2\cdot k=64-8k>0$

$\therefore k<8$

011　정답 ③

해설 $x^2+2kx-k+2=0$이 중근을 가지려면 판별식 D

가 0이 되어야 한다.

$\therefore D=(2k)^2-4\cdot1\cdot(-k+2)=0$

즉, $4k^2+4k-8=0$, $k^2+k-2=0$
$(k+2)(k-1)=0$　　$\therefore k=-2$ 또는 $k=1$
$\therefore (-2)+1=-1$

033 이차방정식의 근과 계수의 관계

본문 P. 246

001 1　　002 $-\dfrac{3}{2}$　　003 6　　004 $-\dfrac{3}{2}$　　005 ④

006 ②　　007 5　　008 ⑤　　009 ④　　010 ①　　011 ②

001　정답　1

해설　$\alpha+\beta=-\dfrac{-1}{1}=1$

002　정답　$-\dfrac{3}{2}$

해설　$\alpha+\beta=-\dfrac{3}{2}$

003　정답　6

해설　$\alpha\beta=\dfrac{6}{1}=6$

004　정답　$-\dfrac{3}{2}$

해설　$\alpha\beta=\dfrac{-3}{2}=-\dfrac{3}{2}$

005　정답　④

해설　$2x^2-3x-4=0$의 두 근의 합이 a, 두 근의 곱이 b
이므로 근과 계수의 관계에 의해
$a=-\dfrac{-3}{2}=\dfrac{3}{2}$, $b=\dfrac{-4}{2}=-2$
$\therefore 2a-b=2\times\dfrac{3}{2}-(-2)=5$

006　정답　②

해설　$x^2-4x-1=0$의 두 근이 α, β이므로 근과 계수의
관계에 의해
$\alpha+\beta=4$, $\alpha\beta=-1$
$\therefore \alpha^2+\beta^2=(\alpha+\beta)^2-2\alpha\beta=4^2-2\times(-1)=18$

007　정답　5

해설　$2x^2-5x+1=0$의 두 근이 α, β이므로 근과 계수의
관계에 의해
$\alpha+\beta=\dfrac{5}{2}$, $\alpha\beta=\dfrac{1}{2}$
$\therefore \dfrac{1}{\alpha}+\dfrac{1}{\beta}=\dfrac{\alpha+\beta}{\alpha\beta}=\dfrac{5}{2}\div\dfrac{1}{2}=\dfrac{5}{2}\times2=5$

008　정답　⑤

해설　$x^2-3x+1=0$의 두 근이 α, β이므로 근과 계수의
관계에 의해
$\alpha+\beta=3$, $\alpha\beta=1$
$\therefore \dfrac{1}{\alpha}+\dfrac{1}{\beta}=\dfrac{\alpha+\beta}{\alpha\beta}=\dfrac{3}{1}=3$
$\therefore \alpha^2+\beta^2=(\alpha+\beta)^2-2\alpha\beta=3^2-2\times1=7$
$\therefore \dfrac{\beta}{\alpha}+\dfrac{\alpha}{\beta}=\dfrac{\alpha^2+\beta^2}{\alpha\beta}=\dfrac{7}{1}=7$

009　정답　④

해설　$x^2+ax+b=0$의 두 근이 -2, 1이므로 근과 계수
의 관계에 의해
$(-2)+1=-a$, $(-2)\times1=b$
$\therefore a=1$, $b=-2$
$\therefore ax^2+bx-3=x^2-2x-3=0$
$x^2-2x-3=0$의 두 근의 합은 근과 계수의 관계에 의해
$-\dfrac{-2}{1}=2$

010　정답　①

해설　$2x^2-8x+a=0$의 두 근의 차가 2이므로 두 근을
α, $\alpha+2$로 놓으면 근과 계수의 관계에 의해
$\alpha+(\alpha+2)=-\dfrac{-8}{2}=4$　　$\therefore \alpha=1$
두 근이 1, 3이므로 근과 계수의 관계에 의해
$1\times3=\dfrac{a}{2}$　　$\therefore a=6$

011　정답　②

해설　$3x^2-12x-a=0$의 두 근의 비가 $1:3$이므로 두 근
을 α, 3α로 놓으면 근과 계수의 관계에 의해
$\alpha+3\alpha=-\dfrac{-12}{3}=4$　　$\therefore \alpha=1$
두 근이 1, 3이므로 근과 계수의 관계에 의해
$1\times3=\dfrac{-a}{3}$　　$\therefore a=-9$

034 이차방정식 구하기

본문 P. 247

001 $x^2-x-6=0$　　002 $6x^2-5x+1=0$

003 $x^2-2x+1=0$　　004 $6x^2-2x-3=0$　　005 3　　006 ④

007 ③　　008 ①　　009 ④　　010 ③　　011 ②

001　정답　$x^2-x-6=0$

해설　두 근이 -2, 3이고 x^2의 계수가 1이므로
$1\times\{x-(-2)\}(x-3)=0$　　$\therefore x^2-x-6=0$

별해　두 근 -2, 3의 합이 $(-2)+3=1$,
곱이 $(-2)\times3=-6$이므로
$x^2-x-6=0$

002 정답 $6x^2-5x+1=0$

해설 두 근이 $\frac{1}{2}$, $\frac{1}{3}$이고 x^2의 계수가 6이므로
$$6\left(x-\frac{1}{2}\right)\left(x-\frac{1}{3}\right) \qquad \therefore 6x^2-5x+1=0$$

별해 두 근 $\frac{1}{2}$, $\frac{1}{3}$의 합이 $\frac{1}{2}+\frac{1}{3}=\frac{5}{6}$,

곱이 $\frac{1}{2}\times\frac{1}{3}=\frac{1}{6}$이므로
$$6\left(x^2-\frac{5}{6}x+\frac{1}{6}\right)=0 \qquad \therefore 6x^2-5x+1=0$$

003 정답 $x^2-2x+1=0$

004 정답 $6x^2-2x-3=0$

해설 $6\left(x^2-\frac{1}{3}x-\frac{1}{2}\right)=0$

005 정답 3

해설 두 근이 2, -1이고 x^2의 계수가 1이므로
$$(x-2)(x+1)=0 \qquad \therefore x^2-x-2=0$$
$$\therefore a=-1,\ b=-2$$
$$\therefore a-2b=(-1)+4=3$$

별해 두 근이 2, -1이므로
(두 근의 합)$=2+(-1)=1$
(두 근의 곱)$=2\times(-1)=-2$
x^2의 계수가 1이므로 이차방정식은
$$x^2-x-2=0$$

006 정답 ④

해설 $x^2+ax+b=0$의 두 근이 -4, 1이므로 근과 계수의 관계에 의해
$$(-4)+1=-a \qquad \therefore a=3$$
$$(-4)\times1=b \qquad \therefore b=-4$$
이차방정식 $x^2+bx+a=0$, 즉 $x^2-4x+3=0$의 근은
$$(x-1)(x-3)=0 \qquad \therefore x=1 \text{ 또는 } x=3$$

007 정답 ③

해설 $x^2-2x-1=0$의 두 근이 α, β이므로 근과 계수의 관계에 의해
$$\alpha+\beta=2,\ \alpha\beta=-1$$
2, -1을 두 근으로 하는 이차방정식은
$$2+(-1)=1,\ 2\times(-1)=-2$$
이므로 $x^2-x-2=0$이다.

008 정답 ①

해설 $2x^2-3x+1=0$의 두 근이 α, β이므로 근과 계수의 관계에 의해
$$\alpha+\beta=\frac{3}{2},\ \alpha\beta=\frac{1}{2}$$
$$\therefore \frac{1}{\alpha}+\frac{1}{\beta}=\frac{\alpha+\beta}{\alpha\beta}=\frac{3}{2}\div\frac{1}{2}=\frac{3}{2}\times2=3$$

$$\frac{1}{\alpha}\times\frac{1}{\beta}=\frac{1}{\alpha\beta}=2$$
두 근의 합이 3, 곱이 2이고 x^2의 계수가 1인 이차방정식은 $x^2-3x+2=0$
$$\therefore a=-3,\ b=2$$
$$\therefore ab=-6$$

009 정답 ④

해설 $x^2-ax+1=0$의 한 근이 $2+\sqrt{3}$이므로 다른 한 근은 $2-\sqrt{3}$이다.
근과 계수의 관계에 의해
$$(2+\sqrt{3})+(2-\sqrt{3})=a$$
$$\therefore a=4$$

010 정답 ③

해설 $x^2+2x+m=0$의 한 근이 $-1+\sqrt{2}$이므로 다른 한 근은 $-1-\sqrt{2}$이다.
근과 계수의 관계에 의해
$$(-1+\sqrt{2})(-1-\sqrt{2})=m$$
$$\therefore m=-1$$

011 정답 ②

해설 산하는 상수항을 바르게 보았으므로
$$b=1\times(-3)=-3$$
강산이는 일차항의 계수를 바르게 보았으므로
$$-a=(-1)+3 \qquad \therefore a=-2$$
$$\therefore a+b=(-2)+(-3)=-5$$

별해 산하는 상수항을 바르게 보았으므로
$$(x-1)(x+3)=0 \qquad \therefore x^2+2x-3=0$$
$$\therefore b=-3$$
강산이는 일차항의 계수를 바르게 보았으므로
$$(x+1)(x-3)=0 \qquad \therefore x^2-2x-3=0$$
$$\therefore a=-2$$
$$\therefore a+b=(-2)+(-3)=-5$$

---

035 이차방정식의 활용
본문 P. 248

001 25　002 2 또는 4　003 3　004 6　005 ②　006 7
007 ③　008 ⑤　　　009 7　010 ②　011 5

---

001 정답 25

해설 $-5t^2+30t$에 $t=1$을 대입하면
$$(-5)\times1^2+30\times1=25$$

002 정답 2 또는 4

해설 $-5t^2+30t=40$
$$t^2-6t+8=0,\ (t-2)(t-4)=0$$
$$\therefore t=2 \text{ 또는 } t=4$$

003 정답 3

해설 $-5t^2+30t=45$

$t^2-6t+9=0$, $(t-3)^2=0$

$\therefore t=3$

004 정답 6

해설 물체가 지면에 떨어질 때의 높이는 0m이므로

$-5t^2+30t=0$

$t^2-6t=0$, $t(t-6)=0$ $\therefore t=0$ 또는 $t=6$

$t>0$이므로 $t=6$이다.

005 정답 ②

해설 연속하는 두 자연수를 x, $x+1$이라 하면

$x^2+(x+1)^2=25$

$2x^2+2x+1=25$, $x^2+x-12=0$

$(x+4)(x-3)=0$ $\therefore x=-4$ 또는 $x=3$

$x>0$이므로 $x=3$이다.

연속한 두 자연수는 3, 4이므로 그 합은 $3+4=7$이다.

006 정답 7

해설 어떤 수 x에서 5를 뺀 다음 제곱한 값과 어떤 수 x에서 5를 뺀 다음 2배한 값이 같으므로

$(x-5)^2=2(x-5)$

$x^2-10x+25=2x-10$, $x^2-12x+35=0$

$(x-5)(x-7)=0$ $\therefore x=5$ 또는 $x=7$

$x>5$이므로 $x=7$이다.

007 정답 ③

해설 혜린이가 건이보다 나이가 많으므로 혜린이의 나이를 x살이라 하면 건이의 나이는 $(x-2)$살이다.

혜린이의 나이의 제곱은 건이의 나이의 제곱을 3배한 것보다 4만큼 크므로

$x^2=3(x-2)^2+4$

$x^2=3x^2-12x+16$, $x^2-6x+8=0$

$(x-2)(x-4)=0$ $\therefore x=2$ 또는 $x=4$

$x>2$이므로 $x=4$이다.

008 정답 ⑤

해설 처음 직사각형의 가로의 길이를 $3x$cm라 하면 세로의 길이는 $2x$cm이다.

가로와 세로의 길이를 똑같이 3cm씩 늘렸더니 처음 직사각형의 넓이의 2배가 되었으므로

$(3x+3)(2x+3)=2\times3x\times2x$

$6x^2+15x+9=12x^2$, $2x^2-5x-3=0$

$(2x+1)(x-3)=0$ $\therefore x=-\dfrac{1}{2}$ 또는 $x=3$

$x>0$이므로 $x=3$이다.

처음 직사각형의 가로의 길이는 $3x=3\times3=9$(cm)이다.

009 정답 7

해설 큰 정사각형의 한 변의 길이를 x라 하면 작은 정사각형의 한 변의 길이는 $10-x$이다.

두 정사각형의 넓이의 합이 58이므로

$x^2+(10-x)^2=58$

$x^2+x^2-20x+100=58$, $x^2-10x+21=0$

$(x-3)(x-7)=0$ $\therefore x=3$ 또는 $x=7$

큰 정사각형의 한 변의 길이는 7이다.

010 정답 ②

해설 반지름의 길이를 $x$cm만큼 늘렸더니 그 넓이가 처음 원의 넓이보다 20πcm^{2}만큼 늘어났으므로

$\pi(4+x)^2=\pi\times4^2+20\pi$

$x^2+8x+16=16+20$, $x^2+8x-20=0$

$(x+10)(x-2)=0$ $\therefore x=-10$ 또는 $x=2$

$x>0$이므로 $x=2$(cm)이다.

011 정답 5

해설 길의 폭을 xm라 하면

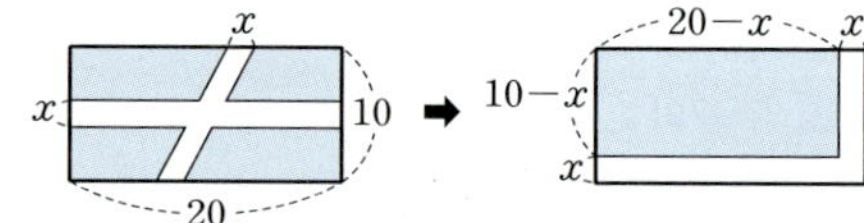

$(20-x)(10-x)=75$

$x^2-30x+200=75$, $x^2-30x+125=0$

$(x-5)(x-25)=0$ $\therefore x=5$ 또는 $x=25$

$0<x<10$이므로 $x=5$(m)이다.

036 순서쌍과 좌표
본문 P. 249

001 A$(4,\,3)$ **002** B$(-2,\,3)$ **003** C$(-3,\,0)$
004 D$(-3,\,-2)$ **005** ①   **006** 8   **007** ②   **008** ①   **009** ④
010 ④   **011** ③

---

001 정답 A$(4,\,3)$

002 정답 B$(-2,\,3)$

003 정답 C$(-3,\,0)$

004 정답 D$(-3,\,-2)$

005 정답 ①

해설 x축 위에 있고 x좌표가 -3인 점의 좌표는 $(-3,\,0)$이다.

006 정답 8

해설 삼각형 ABC의 넓이는 $\dfrac{1}{2}\times4\times4=8$

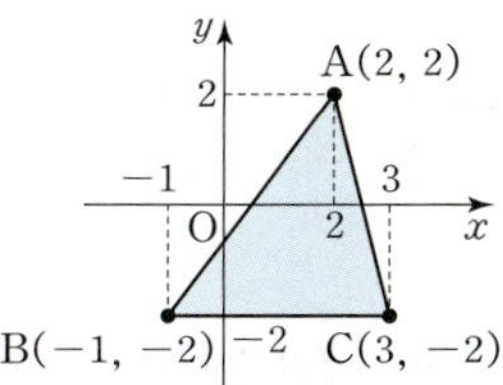

007 정답 ②

해설 ① $(-2, 3)$은 제2사분면 위의 점이다.

② $(-3, -2)$는 제3사분면 위의 점이다.

③ $(2, 3)$은 제1사분면 위의 점이다.

④ $(3, -2)$는 제4사분면 위의 점이다.

⑤ $(-2, 0)$은 x축 위의 점이다.

008 정답 ①

해설 $a>0$, $b<0$이므로 $-b>0$이다.

점 $P(a, -b)$는 제1사분면 위의 점이다.

009 정답 ④

해설 $ab<0$이므로 a와 b의 부호는 서로 다르다.

즉, $a>0$, $b<0$인 경우와 $a<0$, $b>0$인 경우가 있다.

$a>b$이므로 $a>0$, $b<0$이다.

점 $P(a, b)$는 제4사분면 위의 점이다.

010 정답 ④

해설 점 $P(a, b)$가 제3사분면의 점이므로 $a<0$, $b<0$이다.

$ab>0$, $a+b<0$이므로 점 $P(ab, a+b)$는 제4사분면 위의 점이다.

011 정답 ③

해설 점 $A(2, -3)$과 y축에 대하여 대칭인 점 B의 좌표는 $B(-2, -3)$이다.

---

037 함수 $y=ax$의 그래프와 정비례 　　본문 P. 250

001 ○　**002** ○　　**003** ×　**004** ×　**005** ②, ⑤　　**006** ①
007 ②　**008** ④, ⑤　　**009** -4　**010** ⑤

---

001 정답 ○

002 정답 ○

003 정답 ×

해설 함수 $y=-ax$의 그래프와 항상 원점에서 만난다.

004 정답 ×

해설 $a>0$일 때, x의 값이 증가하면 y의 값도 증가한다.

005 정답 ②, ⑤

해설 y가 x에 정비례하는 것은 ② $x-3y=0$, 즉 $y=\dfrac{1}{3}x$

와 ⑤ $y=-\dfrac{x}{5}$이다.

006 정답 ①

해설 y가 x에 정비례하므로 $y=ax$이다.

$x=2$일 때, $y=6$이므로 $6=2a$　　∴ $a=3$

∴ $y=3x$

$x=-3$일 때, y의 값은 $y=3\times(-3)=-9$이다.

007 정답 ②

해설 $y=-2x$에 $x=a$, $y=10$을 대입하면

$10=-2a$　　∴ $a=-5$

$y=\dfrac{x}{2}$에 $x=6$, $y=b$를 대입하면

$b=\dfrac{6}{2}=3$

∴ $a+b=(-5)+3=-2$

008 정답 ④, ⑤

해설 ① $(-2)\times 2\neq -1$이므로 점 $(2, -1)$을 지나지 않는다.

② 제2, 4사분면을 지난다.

③ 오른쪽 아래로 향하는 직선이다.

009 정답 -4

해설 $y=ax$의 그래프가 점 $A(1, 2)$를 지나므로

$y=ax$에 $x=1$, $y=2$를 대입하면

$a=2$

$y=2x$의 그래프가 점 $B(b, -4)$를 지나므로 $y=2x$에

$x=b$, $y=-4$를 대입하면

$-4=2b$　　∴ $b=-2$

∴ $ab=-4$

010 정답 ⑤

해설 $c>0$, $d>0$이고 $y=cx$의 그래프가 $y=dx$의 그래프보다 y축에 더 가까우므로 c의 절댓값이 d의 절댓값보다 크다.

∴ $c>d$

$a<0$, $b<0$이고 $y=bx$의 그래프가 $y=ax$의 그래프보다 y축에 더 가까우므로 b의 절댓값이 a의 절댓값보다 크다.

∴ $a>b$

a, b, c, d 중에서 가장 큰 값은 c, 가장 작은 값은 b이다.

---

038 함수 $y=\dfrac{a}{x}$의 그래프와 반비례 　　본문 P. 251

001 ○　**002** ×　**003** ○　　**004** ×　**005** ②, ⑤
006 ②　**007** ①　**008** ④, ⑤　　**009** ③　**010** 11

---

001 정답 ○

002 정답 ✕

해설 a의 절댓값이 클수록 원점에서 멀어진다.

003 정답 ○

004 정답 ✕

해설 $a>0$일 때, x의 값이 증가하면 y의 값은 감소한다.

005 정답 ②, ⑤

해설 y가 x에 반비례하는 것은 ② $y=\dfrac{5}{x}$와 ⑤ $xy=6$, 즉 $y=\dfrac{6}{x}$이다.

006 정답 ②

해설 y가 x에 반비례하므로 $y=\dfrac{a}{x}$이다.

$x=-3$일 때, $y=6$이므로

$6=-\dfrac{a}{3}$ ∴ $a=-18$

∴ $y=-\dfrac{18}{x}$

$x=-9$일 때, y의 값은 $y=\dfrac{18}{9}=2$이다.

007 정답 ①

해설 $y=\dfrac{a}{x}$에 $x=-2$, $y=3$을 대입하면

$3=-\dfrac{a}{2}$ ∴ $a=-6$

$y=-\dfrac{6}{x}$에 $x=3$, $y=b$를 대입하면

$b=-\dfrac{6}{3}=-2$

∴ $a-b=(-6)-(-2)=-4$

008 정답 ④, ⑤

해설 ① $1\neq-\dfrac{2}{2}$이므로 점 $(2,1)$을 지나지 않는다.

② 제2, 4사분면을 지난다.

③ x축, y축에 한없이 가까워지는 한 쌍의 곡선이다.

009 정답 ③

해설 $y=\dfrac{3}{2}x$에 $y=-3$을 대입하면

$-3=\dfrac{3}{2}x$ ∴ $x=-2$ ∴ A$(-2,-3)$

$y=\dfrac{a}{x}$에 $x=-2$, $y=-3$을 대입하면

$-3=\dfrac{a}{-2}$ ∴ $a=6$

010 정답 11

해설 점 Q의 x좌표를 a라 하자.

$y=\dfrac{11}{x}$에 $x=a$를 대입하면

$y=\dfrac{11}{a}$ ∴ A$\left(a,\dfrac{11}{a}\right)$

∴ (직사각형 POQA의 넓이)

$=$(선분 OQ의 길이)$\times$(선분 OP의 길이)

$=a\times\dfrac{11}{a}=11$

001 ✕   002 ✕   003 ○   004 ○   005 ④   006 ③   007 ①
008 ②   009 ⑤   010 ①   011 6

001 정답 ✕

해설 예컨대 자연수 $x=6$의 약수 y는 1, 2, 3, 6이다. 즉, x의 값 하나에 y의 값이 하나씩 대응하지 않고 4개에 대응하므로 함수가 아니다.

002 정답 ✕

해설 예컨대 자연수 $x=3$과의 차가 2인 자연수 y는 1, 5이다. 즉, x의 값 하나에 y의 값이 하나씩 대응하지 않고 2개에 대응하므로 함수가 아니다.

003 정답 ○

004 정답 ○

005 정답 ④

해설 예컨대 자연수 $x=2$에 가장 가까운 자연수 y는 1과 3이다. 즉, x의 값 하나에 y의 값이 하나씩 대응하지 않고 2개에 대응하므로 함수가 아니다.

006 정답 ③

해설 $f(x)=-2x+3$에 대하여

$f(-1)+f(2)=5+(-1)=4$

007 정답 ①

해설 $f(x)=-2x+5$에 대하여 $f(a)=13$이므로

$f(a)=-2a+5=13$ ∴ $a=-4$

008 정답 ②

해설 $f(x)=ax+2$에 대하여 $f(3)=11$이므로

$f(3)=3a+2=11$ ∴ $a=3$

∴ $f(-2)=3\times(-2)+2=-4$

009 정답 ⑤

해설 ① 3을 3으로 나눈 나머지는 0이므로

$f(3)=0$

② 3의 배수인 $3n$을 3으로 나눈 나머지는 0이므로

$f(3n)=0$

③ $f(4)=1$, $f(10)=1$이므로 $f(4)=f(10)$

④ $3n$과 $9n$은 3의 배수이므로

$f(3n)=f(9n)=0$

⑤ $f(12)+f(13)+f(14)=0+1+2=3$

010 정답 ①

해설 $f(x)=\dfrac{a}{x}+1$에 대하여 $f(-2)=3$이므로

$$f(-2)=-\frac{a}{2}+1=3 \qquad \therefore a=-4$$

011 정답 6

해설 $f(x)=ax$에 대하여 $f(-2)=6,\ f(3)=b$이므로

$$f(-2)=-2a=6 \qquad \therefore a=-3$$
$$f(3)=3a=3\times(-3)=b \qquad \therefore b=-9$$
$$\therefore a-b=(-3)-(-9)=6$$

040 일차함수의 뜻과 그래프
본문 P. 253

001 ○ 002 ○ 003 × 004 × 005 ③ 006 ③ 007 ④
008 ④ 009 ① 010 1 011 ②

---

001 정답 ○

해설 1개에 x원인 사과 10개의 가격이 y원이면 $y=10x$
이므로 일차함수이다.

002 정답 ○

해설 한 변의 길이가 $x\,\mathrm{cm}$인 정사각형의 둘레의 길이가
$y\,\mathrm{cm}$이면 $y=4x$이므로 일차함수이다.

003 정답 ×

해설 반지름의 길이가 $x\,\mathrm{cm}$인 원의 넓이가 $y\,\mathrm{cm}^2$이면
$y=\pi x^2$이므로 일차함수가 아니다.

004 정답 ×

해설 시속 $x\,\mathrm{km}$로 y시간 동안 달린 거리가 $100\,\mathrm{km}$이면
$y=\dfrac{100}{x}$이므로 일차함수가 아니다.

005 정답 ③

해설 ① $y=3$은 상수함수이다.
② $y=x(x+1)$, 즉 $y=x^2+x$는 이차함수이다.
③ $2x-y=3$, 즉 $y=2x-3$은 일차함수이다.
④ $y=2(x+1)-2x$, 즉 $y=2$는 상수함수이다.
⑤ $y=\dfrac{1}{x}+2$는 분수함수이다.

006 정답 ③

해설 $f(x)=2x+b$에 대하여 $f(-3)=1$이므로
$$f(-3)=-6+b=1 \qquad \therefore b=7$$

007 정답 ④

해설 $y=2x-4$에 $x=2,\ y=0$을 대입하면
$0=2\times2-4$가 되어 성립하므로 점 $(2,\,0)$은 일차함수
$y=2x-4$의 그래프의 위의 점이다.

---

008 정답 ④

해설 $y=-3x+a$의 그래프가 점 $(1,\,-2)$를 지나므로
$x=1,\ y=-2$를 대입하면
$$-2=-3+a \qquad \therefore a=1$$
$y=-3x+a$, 즉 $y=-3x+1$의 그래프가 점 $(-1,\,k)$
를 지나므로 $x=-1,\ y=k$를 대입하면
$$k=3+1=4$$

009 정답 ①

해설 $y=2x+3$의 그래프를 y축의 방향으로 a만큼 평행
이동한 그래프의 식은
$$y=2x+3+a$$
이 식이 $y=2x-1$과 일치하므로
$$3+a=-1 \qquad \therefore a=-4$$

010 정답 1

해설 $y=-2x+5$의 그래프를 y축의 방향으로 -3만큼
평행이동한 그래프의 식은
$$y=-2x+5-3,\ \text{즉}\ y=-2x+2$$
이 그래프가 점 $(a,\,0)$을 지나므로
$$y=-2x+2\text{에}\ x=a,\ y=0\text{을 대입하면}$$
$$0=-2a+2 \qquad \therefore a=1$$

011 정답 ②

해설 두 일차함수의 그래프가 평행이동하여 겹쳐지려면
두 일차함수의 기울기가 서로 같아야 한다.
$y=2x-1$의 기울기 2와 같은 일차함수는
② $y=2x+3$이다.

041 일차함수의 절편과 기울기
본문 P. 254

001 3 002 −2 003 −2 004 2 005 ④ 006 ② 007 ①
008 ④ 009 ③ 010 ③ 011 9

---

001 정답 3

002 정답 −2

003 정답 −2

해설 $y=2x+4$에 $y=0$을 대입하면
$$0=2x+4 \qquad \therefore x=-2$$

004 정답 2

해설 $y=-\dfrac{1}{2}x+2$에 $x=0$을 대입하면 $y=2$

005 정답 ④

해설 $y=-3x+6$에 $y=0$을 대입하면
$$0=-3x+6 \qquad \therefore x=2$$
$y=-3x+6$에 $x=0$을 대입하면 $y=6$
$a=2,\ b=6$이므로 $a+b=8$

006 정답 ②

해설 $y=2x-3$의 그래프를 y축의 방향으로 5만큼 평행이동한 그래프의 식은
$y=2x-3+5$, 즉 $y=2x+2$
$y=2x+2$에 $y=0$을 대입하면
$0=2x+2$ ∴ $x=-1$

007 정답 ①

해설 $y=\dfrac{2}{3}x+k$에 $y=0$, $x=6$을 대입하면
$0=4+k$ ∴ $k=-4$

008 정답 ④

해설 $y=2x-8$에 $y=0$을 대입하면
$0=2x-8$ ∴ $x=4$
$y=2x-8$에 $x=0$을 대입하면 $y=-8$
x절편이 4, y절편이 -8이므로 구하는 도형의 넓이는
$$\dfrac{1}{2}\times 4\times 8=16$$

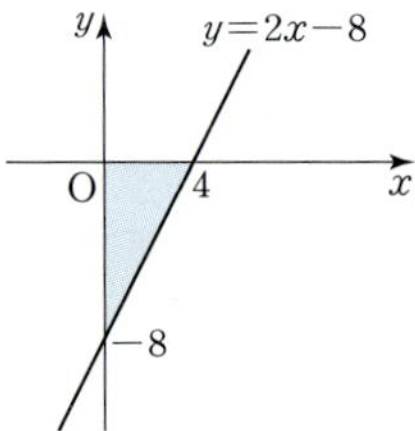

009 정답 ③

해설 일차함수의 기울기는 x의 값의 증가량에 대한 y의 값의 증가량의 비율이다.
$\dfrac{(y의\ 값의\ 증가량)}{3}=\dfrac{3}{2}$이므로 y의 값의 증가량은 $\dfrac{9}{2}$이다.

010 정답 ③

해설 두 점 $(1, k)$, $(4, 8)$을 지나는 일차함수의 기울기가 30이므로
$\dfrac{8-k}{4-1}=3$ ∴ $k=-1$

011 정답 9

해설 세 점이 한 직선 위에 있으므로 두 점 $(0, 1)$, $(2, 5)$를 지나는 직선과 두 점 $(2, 5)$, $(4, a)$를 지나는 직선의 기울기는 같다. 즉,
$\dfrac{5-1}{2-0}=\dfrac{a-5}{4-2}$ ∴ $a=9$

042 일차함수의 그래프의 성질
본문 P. 255

001 ㄱ	**002** ㄹ	**003** ㄱ, ㄴ	**004** ㄴ, ㄷ
005 ②, ③	**006** ②	**007** ③	**008** ①, ⑤
009 ⑤	**010** 6	**011** 3	

001 정답 ㄱ

해설 오른쪽 아래로 향하는 직선은 기울기가 음수이므로 ㄱ. $y=-2x+1$이다.

002 정답 ㄹ

해설 기울기의 절댓값이 클수록 y축과 가까우므로 ㄹ. $y=3x+2$의 그래프가 y축과 가장 가깝다.

003 정답 ㄱ, ㄴ

해설 y축 위에서 두 직선이 만나려면 y절편이 같아야 한다. y절편이 같은 두 직선은 ㄱ. $y=-2x+1$과 ㄴ. $y=x+1$이다.

004 정답 ㄴ, ㄷ

해설 서로 평행한 두 직선은 기울기가 같고 y절편이 다르므로 ㄴ. $y=x+1$과 ㄷ. $y=x-2$이다.

005 정답 ②, ③

해설 일차함수의 기울기가 음수인 것은 ②, ③이다.

006 정답 ②

해설 $(기울기)=-a<0$이므로 $a>0$
$(y절편)=b<0$

007 정답 ③

해설 기울기가 양수이면 y절편과 관계없이 항상 제1사분면을 지나므로 ① $y=x$와 ② $y=x-2$는 제1사분면을 지난다.
기울기가 음수일 때, y절편이 양수이면 제1사분면을 지나지만 y절편이 음수이면 제1사분면을 지나지 않으므로 ④ $y=-x+5$와 ⑤ $y=-2x+1$은 제1사분면을 지나지만 ③ $y=-x-2$는 제1사분면을 지나지 않는다.

008 정답 ①, ⑤

해설 두 점 $(0, 4)$, $(2, 0)$을 지나므로 기울기는
$\dfrac{0-4}{2-0}=-2$, y절편이 4이므로 이 일차함수의 식은
$y=-2x+4$이다.
① 기울기는 -2이다.
② $3\neq(-2)\times 1+4$이므로 점 $(1, 3)$을 지나지 않는다.
③ $y=-2x+4$, $y=x+4$의 y절편이 모두 4이므로 $y=x+4$의 그래프와 점 $(0, 4)$에서 만난다.
④ 기울기가 -2이므로 x의 값이 2만큼 증가하면 y의 값은 4만큼 감소한다.
⑤ $y=-2x+4$의 그래프를 y축의 방향으로 -4만큼 평행이동하면 $y=-2x+4-4$, 즉 $y=-2x$이므로 이 그래프는 원점을 지난다.

009 정답 ⑤

해설 기울기가 같고 y절편이 다르면 두 일차함수의 그래프가 평행하므로 $y=-2x+3$의 그래프와 평행한 그래프는 $y=-2x+1$이다.

010 정답 6

해설 두 점 $(2, 3)$, $(4, a)$를 지나는 일차함수의 기울기는 $\dfrac{a-3}{4-2}$이고 일차함수 $y=\dfrac{3}{2}x+4$의 기울기는 $\dfrac{3}{2}$이다.

두 그래프가 서로 평행하므로

$\dfrac{a-3}{4-2}=\dfrac{3}{2}$ $\therefore a=6$

011 정답 3

해설 $y=(2a-1)x+2$, $y=ax-1$의 그래프가 서로 평행하므로

$2a-1=a$ $\therefore a=1$

$y=x+1$, $y=x+(b-1)$의 그래프가 서로 일치하므로

$b-1=1$ $\therefore b=2$

$\therefore a+b=1+2=3$

043 일차함수와 일차방정식
본문 P. 256

001 -1 002 2 003 3 004 -2 005 ④ 006 ② 007 ④
008 ③ 009 ① 010 4 011 ①

---

001 정답 -1

해설 $x+y+1=0$에서 $y=-x-1$이므로 기울기는 -1이다.

002 정답 2

해설 $2x-y+3=0$에서 $y=2x+3$이므로 기울기는 2이다.

003 정답 3

해설 $2x+3y-6=0$에 $y=0$을 대입하면

$2x-6=0$ $\therefore x=3$

004 정답 -2

해설 $-3x+2y+4=0$에 $x=0$을 대입하면

$2y+4=0$ $\therefore y=-2$

005 정답 ④

해설 $2x+y=7$에 $x=1$, $y=4$를 대입하면

$2\times1+4\neq7$이므로 점 $(1, 4)$는 일차방정식 $2x+y=7$의 그래프 위의 점이 아니다.

006 정답 ②

해설 $3x+2y+4=0$을 y에 관하여 풀면

$y=-\dfrac{3}{2}x-2$

007 정답 ④

해설 $2x-y+3=0$에서 $y=2x+3$

① 기울기는 2이다.

② 기울기와 y절편이 모두 양수이므로 제4사분면을 지나지 않는다.

③ $y=2x+3$, $y=2x$의 기울기가 2로 같으므로 두 그래프는 서로 평행하다.

④ $y=2x+3$에 $y=0$을 대입하면

$2x+3=0$ $\therefore x=-\dfrac{3}{2}$

x절편은 $-\dfrac{3}{2}$이다.

⑤ 기울기 2가 양수이므로 x의 값이 증가하면 y의 값도 증가한다.

008 정답 ③

해설 $ax+y+b=0$에서 $y=-ax-b$이므로

$(기울기)=-a<0$, $(y절편)=-b>0$

$\therefore a>0, b<0$

009 정답 ①

해설 점 $(2, -3)$을 지나고 x축에 수직인 직선의 방정식 $x=2$이다.

010 정답 4

해설 두 점 $(-2, k+3)$, $(1, 2k-1)$을 지나는 직선이 x축에 평행하려면 두 점의 y좌표의 값이 같아야 하므로

$k+3=2k-1$ $\therefore k=4$

011 정답 ①

해설 $2x-4y+3=0$, 즉 $y=\dfrac{1}{2}x+\dfrac{3}{4}$의 그래프와 평행하므로 기울기는 $\dfrac{1}{2}$이다.

점 $(0, 3)$, 즉 y절편이 3인 직선의 방정식은

$y=\dfrac{1}{2}x+3$, 즉 $x-2y+6=0$

044 직선의 방정식 구하기
본문 P. 257

001 $y=-2x+3$ 002 $y=2x+1$ 003 $y=x-1$
004 $y=-2x+4$ 005 ④ 006 2 007 ② 008 ④
009 ① 010 ① 011 ①

---

001 정답 $y=-2x+3$

해설 기울기가 -2이고 y절편이 3인 직선의 방정식은

$y=-2x+3$

002 정답 $y=2x+1$

해설 기울기가 2이므로 $y=2x+b$

점 $(1, 3)$을 지나므로 $x=1$, $y=3$을 대입하면

$3=2+b$ $\therefore b=1$

$\therefore y=2x+1$

003 정답 $y=x-1$

해설 직선 $y=x+2$와 평행하므로 기울기는 1이다.
점 $(0, -1)$을 지나므로, 즉 y절편이 -1이므로
$y=x-1$

004 정답 $y=-2x+4$

해설 직선 $4x+2y-1=0$, 즉 $y=-2x+\dfrac{1}{2}$과 평행하므로
기울기는 -2이다.
$\therefore y=-2x+b$
x절편이 2, 즉 점 $(2, 0)$을 지나므로 $x=2, y=0$을 대입
하면
$0=-4+b$　　$\therefore b=4$
$\therefore y=-2x+4$

005 정답 ④

해설 (기울기)$=a=-2$, (y절편)$=b=3$이므로
$a+b=(-2)+3=1$

006 정답 2

해설 x의 값이 2만큼 증가할 때, y의 값은 4만큼 증가하
므로 기울기는 $\dfrac{4}{2}=2$이다.
$\therefore y=2x+b$
점 $(1, 4)$를 지나므로 $x=1, y=4$를 대입하면
$4=2+b$　　$\therefore b=2$
$y=2x+2$의 그래프의 y절편은 2이다.

007 정답 ②

해설 두 점 $(-1, 3)$, $(2, 0)$을 지나므로 기울기는
$\dfrac{0-3}{2-(-1)}=-1$
$\therefore y=-x+b$
점 $(2, 0)$을 지나므로 $x=2, y=0$을 대입하면
$0=-2+b$　　$\therefore b=2$
$y=-x+2$　　$\therefore x+y-2=0$

008 정답 ④

해설 두 점 $(-2, 3)$, $(2, 7)$을 지나므로 기울기는
$\dfrac{7-3}{2-(-2)}=1$
$\therefore y=x+b$
점 $(2, 7)$을 지나므로 $x=2, y=7$을 대입하면
$7=2+b$　　$\therefore b=5$
$\therefore y=x+5$
$y=x+5$에 $x=1, y=k$를 대입하면
$k=1+5=6$

009 정답 ①

해설 두 점 $(-2, 1)$, $(3, 6)$을 지나므로 기울기는
$\dfrac{6-1}{3-(-2)}=1$
$\therefore y=x+b$

---

x절편이 2, 즉 점 $(2, 0)$을 지나므로 $x=2, y=0$을 대입
하면
$0=2+b$　　$\therefore b=-2$
$\therefore y=x-2$

010 정답 ①

해설 x절편이 3, y절편이 4, 즉 두 점 $(3, 0)$, $(0, 4)$를 지
나므로 기울기는
$\dfrac{4-0}{0-3}=-\dfrac{4}{3}$
점 $(0, 4)$를 지나므로, 즉 y절편이 4이므로
$y=-\dfrac{4}{3}x+4$　　$\therefore \dfrac{x}{3}+\dfrac{y}{4}=1$

011 정답 ①

해설 직선 $y=x-2$와 x축 위에서 만나므로 x절편은 2,
직선 $y=-2x+3$과 y축 위에서 만나므로 y절편은 3이다.
즉, 두 점 $(2, 0)$, $(0, 3)$을 지나므로 기울기는
$\dfrac{3-0}{0-2}=-\dfrac{3}{2}$
점 $(0, 3)$을 지나므로, 즉 y절편이 3이므로
$y=-\dfrac{3}{2}x+3$　　$\therefore 3x+2y=6$

---

045 연립방정식의 해와 두 직선의 교점　본문 P. 258

001 1　002 $x=2, y=1$　003 ③　004 8　005 ⑤　006 ④
007 9　008 ②　009 ③

---

001 정답 1

해설 $x+y=3$에서 $y=-x+3$
$x-y=1$에서 $y=x-1$
두 직선의 기울기가 다르므로 두 직선은 한 점에서 만난
다. 즉, 두 직선의 교점은 1개이다.

002 정답 $x=2, y=1$

해설 연립방정식 $\begin{cases} x+y=3 \\ x-y=1 \end{cases}$을 풀면
$x=2, y=1$

003 정답 ③

해설 두 그래프의 교점의 좌표가 $(3, 2)$이므로
$ax+y=5$에 $x=3, y=2$를 대입하면
$3a+2=5$　　$\therefore a=1$
$2x+by=4$에 $x=3, y=2$를 대입하면
$6+2b=4$　　$\therefore b=-1$
$\therefore a+b=0$

004 정답 8

해설 두 그래프의 교점의 좌표가 $(-2, b)$이므로
$x+y+1=0$에 $x=-2, y=b$를 대입하면
$-2+b+1=0$　　$\therefore b=1$

$2x-3y+a=0$에 $x=-2$, $y=1$을 대입하면
$-4-3+a=0$ $\therefore a=7$
$\therefore a+b=1+7=8$

005 정답 ⑤

해설 연립방정식 $\begin{cases} x+y=1 \\ x+2y=3 \end{cases}$ 을 풀면

$x=-1$, $y=2$

즉, $x+y=1$, $x+2y=3$의 그래프의 교점의 좌표는
$(-1,\ 2)$이다.

$ax+y=-1$에 $x=-1$, $y=2$를 대입하면
$-a+2=-1$ $\therefore a=3$

006 정답 ④

해설 연립방정식 $\begin{cases} 2x-y-5=0 \\ x-4y+1=0 \end{cases}$ 을 풀면

$x=3$, $y=1$

즉, $2x-y-5=0$, $x-4y+1=0$의 그래프의 교점의 좌표는 $(3,\ 1)$이다.

$2x-y-3=0$, 즉 $y=2x-3$과 평행하므로 기울기는 2이다.

$\therefore y=2x+b$

점 $(3,\ 1)$을 지나므로 $x=3$, $y=1$을 대입하면
$1=6+b$ $\therefore b=-5$
$\therefore y=2x-5$

007 정답 9

해설 연립방정식 $\begin{cases} x-y+2=0 \\ 2x-y-2=0 \end{cases}$ 을 풀면

$x=4$, $y=6$

즉, $x-y+2=0$, $2x-y-2=0$의 그래프의 교점의 좌표는 $(4,\ 6)$이다.

$x-y+2=0$에 $y=0$을 대입하면 $x=-2$
즉, $x-y+2=0$의 그래프의 x절편은 -2이다.
$2x-y-2=0$에 $y=0$을 대입하면 $x=1$
즉, $2x-y-2=0$의 그래프의 x절편은 1이다.

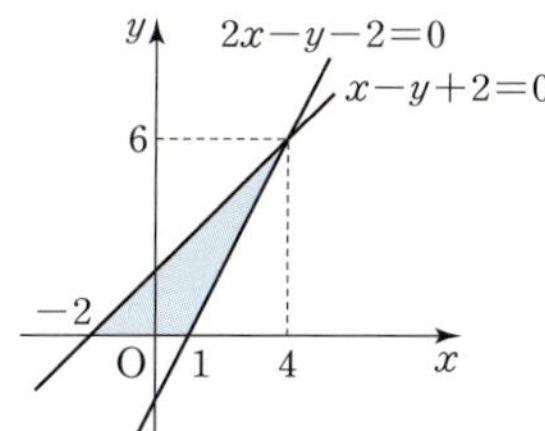

구하는 도형의 넓이는 $\dfrac{1}{2}\times3\times6=9$

008 정답 ②

해설 $ax-2y=1$에서 $y=\dfrac{a}{2}x-\dfrac{1}{2}$

$6x+by=2$에서 $y=-\dfrac{6}{b}x+\dfrac{2}{b}$

두 그래프의 교점이 무수히 많으므로, 즉 두 그래프가 일치하므로 기울기와 y절편이 각각 같아야 한다.

$\dfrac{a}{2}=-\dfrac{6}{b}$, $-\dfrac{1}{2}=\dfrac{2}{b}$

$\therefore a=3$, $b=-4$
$\therefore a+b=3+(-4)=-1$

009 정답 ③

해설 $kx-y+6=0$에서 $y=kx+6$

$6x-2y+3=0$에서 $y=3x+\dfrac{3}{2}$

두 그래프의 교점이 없으므로, 즉 두 그래프가 평행하므로 기울기는 같고 y절편은 달라야 한다.

$\therefore k=3$

001 ×　002 ○　003 ○　004 ×　005 ③　006 ②　007 ③
008 ⑤　009 3　010 ③, ⑤　011 ②

001 정답 ×

해설 $y=3x$이므로 일차함수이다.

002 정답 ○

해설 $y=x^2$이므로 이차함수이다.

003 정답 ○

해설 $y=4\pi x^2$이므로 이차함수이다.

004 정답 ×

해설 $y=x^3$이므로 삼차함수이다.

005 정답 ③

해설 ① $y=x+1$은 일차함수이다.
② $x^2+2x-3=0$은 이차방정식이다.
③ $y=x(x+2)$, 즉 $y=x^2+2x$는 이차함수이다.
④ $y=(x+1)^2-x^2$, 즉 $y=2x+1$은 일차함수이다.
⑤ 이차함수가 아니다.

006 정답 ②

해설 이차항의 계수 $2-k$가 0이 아니어야 하므로
$2-k\neq0$ $\therefore k\neq2$

007 정답 ③

해설 $f(x)=-2x^2+3x-1$에 대하여
$f(2)=-2\times2^2+3\times2-1$
$\quad\quad=-3$

008 정답 ⑤

해설 $f(x)=ax^2+x+1$에 대하여
$f(1)=3$이므로

$$f(1)=a+1+1=3 \qquad \therefore a=1$$
$f(k)=6$이므로
$$f(k)=k^2+k+1=6 \qquad \therefore k^2+k-5=0$$
$k^2+k-5=0$을 만족하는 k의 값의 합은 근과 계수의 관계에 의해 -1이다.

009 정답 3
해설 $y=3x^2$의 그래프가 점 $(-1, k)$를 지나므로
$x=-1$, $y=k$를 대입하면
$$k=3\times(-1)^2=3$$

010 정답 ③, ⑤
해설 ③ 축의 방정식은 $x=0$이다.
⑤ $x>0$일 때 x의 값이 증가하면 y값의 값도 증가하고, $x<0$일 때 x의 값이 증가하면 y의 값은 감소한다.

011 정답 ②
해설 ② 제3, 4분면을 지난다.

001 ○　**002** ×　**003** ×　**004** ○　**005** ⑤　**006** ⑤　**007** ③
008 8　**009** ③　**010** ⑤　**011** ②, ③

---

001 정답 ○

002 정답 ×
해설 축의 방정식은 $x=0$이다.

003 정답 ×
해설 $|a|$의 값이 클수록 폭이 좁아진다.

004 정답 ○

005 정답 ⑤
해설 ㉠의 그래프를 $y=ax^2\,(a>0)$이라 하면 $y=x^2$의 그래프보다 폭이 넓으므로 $|a|<1$이어야 한다.
$|a|<1$을 만족하지 않는 것은 ⑤이다.

006 정답 ⑤
해설 이차함수 $y=-\dfrac{1}{2}x^2$의 그래프와 x축에 대하여 대칭이다.

007 정답 ③
해설 $y=-x^2+k$의 그래프가 점 $(2, -1)$을 지나므로
$x=2$, $y=-1$을 대입하면
$$-1=-4+k \qquad \therefore k=3$$
$y=-x^2+3$의 그래프의 꼭짓점의 좌표는 $(0, 3)$이다.

008 정답 8
해설 $y=-\dfrac{2}{3}x^2$의 그래프를 y축의 방향으로 m만큼 평행이동한 그래프의 식은
$$y=-\frac{2}{3}x^2+m$$
이 그래프가 점 $(3, 2)$를 지나므로 $x=3$, $y=2$를 대입하면
$$2=(-6)+m \qquad \therefore m=8$$

009 정답 ③
해설 $y=3x^2$의 그래프를 x축의 방향으로 -2만큼 평행이동한 그래프는
$$y=3\{x-(-2)\}^2 \qquad \therefore y=3(x+2)^2$$

010 정답 ⑤
해설 $y=-2(x+1)^2$의 그래프에서 x의 값이 증가할 때, y의 값도 증가하는 x의 값의 범위는 $x<-1$이다.

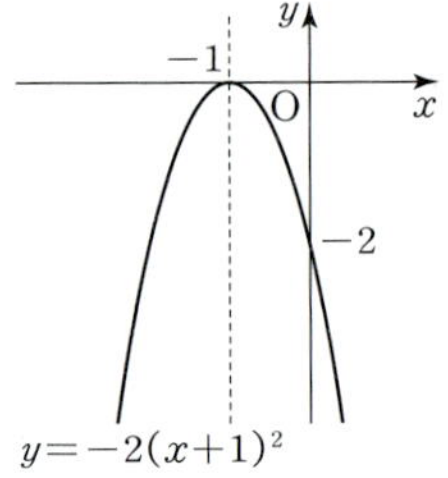

011 정답 ②, ③
해설 ① 꼭짓점의 좌표는 $(2, 0)$이다.
④ $x>2$일 때, x의 값이 증가하면 y의 값도 증가한다.
⑤ $y=3x^2$의 그래프를 x축의 방향으로 2만큼 평행이동한 것이다.

001 ○　**002** ×　**003** ○　**004** ×　**005** ④　**006** ⑤　**007** ①
008 ⑤　**009** 12　**010** ③　**011** ④

001 정답 ○

002 정답 ×
해설 꼭짓점의 좌표는 (p, q)이다.

003 정답 ○

004 정답 ×
해설 $y=ax^2$의 그래프를 x축의 방향으로 p만큼, y축의 방향으로 q만큼 평행이동한 것이다.

005 정답 ④

006 정답 ⑤

해설 두 이차함수의 그래프가 완전히 포개어지려면 이차항의 계수가 서로 같아야 한다.

$y=(x-1)^2+2$와 $y=2(x-1)^2-2$의 이차항의 계수가 다르므로 완전히 포갤 수 없다.

007 정답 ①

해설 $y=3(x+2)^2-1$의 그래프의 꼭짓점의 좌표는 $(-2, -1)$이고 축의 방정식은 $x=-2$이므로

$a=-2$, $b=-1$, $c=-2$

$\therefore a+b+c=(-2)+(-1)+(-2)=-5$

008 정답 ⑤

해설 꼭짓점의 좌표가 $(1, 3)$이므로

$y=a(x-1)^2+3$

이 그래프가 점 $(0, 1)$을 지나므로 $x=0$, $y=1$을 대입하면 $1=a+3$ $\therefore a=-2$

$\therefore y=-2(x-1)^2+3$

$\therefore a=-2$, $p=1$, $q=3$

$\therefore a+p+q=(-2)+1+3=2$

009 정답 12

해설 $y=-(x+2)^2-3$의 y대신에 $-y$를 대입하면

$-y=-(x+2)^2-3$ $\therefore y=(x+2)^2+3$

이 그래프가 점 $(1, m)$을 지나므로 $x=1$, $y=m$을 대입하면

$m=9+3=12$

010 정답 ③

해설 $y=3(x-2)^2+1$의 x대신에 $-x$를 대입하면

$y=3(-x-2)^2+1$ $\therefore y=3(x+2)^2+1$

011 정답 ④

해설 $y=a(x-p)^2+q$의 그래프가 위로 볼록하므로 $a<0$이다.

꼭짓점 (p, q)에서

x좌표가 음수이므로 $p<0$

y좌표가 양수이므로 $q>0$

---

049 이차함수의 그래프(일반형) 본문 P. 262

001 $(0, 3)$　　**002** $(1, 0), (3, 0)$　　**003** $(2, -1)$
004 $x=2$　　**005** ②　　**006** ⑤　　**007** ②　　**008** ①　　**009** 4
010 10　　**011** ②, ④

---

001 정답 $(0, 3)$

해설 $y=x^2-4x+3$에 $x=0$을 대입하면

$y=3$

002 정답 $(1, 0), (3, 0)$

해설 $y=x^2-4x+3$에 $y=0$을 대입하면

$x^2-4x+3=0$, $(x-1)(x-3)=0$

$\therefore x=1$ 또는 $x=3$

003 정답 $(2, -1)$

해설 $y=x^2-4x+3$

$\quad =(x^2-4x+4-4)+3$

$\quad =(x-2)^2-1$

004 정답 $x=2$

해설 $y=x^2-4x+3$

$\quad =(x-2)^2-1$

005 정답 ②

해설 $y=-2x^2+4x-1$

$\quad =-2(x^2-2x)-1$

$\quad =-2(x^2-2x+1-1)-1$

$\quad =-2(x-1)^2+2-1$

$\quad =-2(x-1)^2+1$

006 정답 ⑤

해설 $y=x^2-6x+k$

$\quad =(x^2-6x+9-9)+k$

$\quad =(x-3)^2-9+k$

꼭짓점 $(3, -9+k)$가 직선 $y=x$ 위에 있으므로 $y=x$에 $x=3$, $y=-9+k$를 대입하면

$-9+k=3$ $\therefore k=12$

007 정답 ②

해설 $y=-\dfrac{1}{3}x^2-x+2$

$\quad =-\dfrac{1}{3}(x^2+3x)+2$

$\quad =-\dfrac{1}{3}\left(x^2+3x+\dfrac{9}{4}-\dfrac{9}{4}\right)+2$

$\quad =-\dfrac{1}{3}\left(x+\dfrac{3}{2}\right)^2+\dfrac{3}{4}+2$

$\quad =-\dfrac{1}{3}\left(x+\dfrac{3}{2}\right)^2+\dfrac{11}{4}$

008 정답 ①

해설 $y=-x^2+4x+k$

$\quad =-(x^2-4x)+k$

$\quad =-(x^2-4x+4-4)+k$

$\quad =-(x-2)^2+4+k$

축의 방정식이 $x=2$이고 x축과 만나는 두 점 사이의 거리가 6이므로 x절편은 $(-1, 0)$, $(5, 0)$이다.

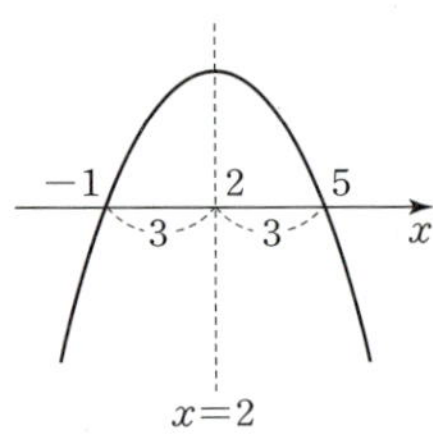

$y=-x^2+4x+k$에
$x=-1$, $y=0$을 대입하면
$0=-1-4+k$　　$\therefore k=5$

---

009 정답 4

해설 $y=2x^2+4x+1$
$\quad=2(x^2+2x)+1$
$\quad=2(x^2+2x+1-1)+1$
$\quad=2(x^2+2x+1)-2+1$
$\quad=2(x+1)^2-1$

이 그래프를 x축의 방향으로 2만큼, y축의 방향으로 3만큼 평행이동하면
$y=2(x+1-2)^2-1+3$
$\quad=2(x-1)^2+2$

이 그래프가 $(2, k)$를 지나므로 $x=2$, $y=k$를 대입하면
$k=2+2=4$

---

010 정답 10

해설 $y=-x^2+3x+4$에 $y=0$을 대입하면
$0=-x^2+3x+4$, $x^2-3x-4=0$
$(x+1)(x-4)=0$　　$\therefore x=-1$ 또는 $x=4$
$\therefore \mathrm{B}(-1, 0)$, $\mathrm{C}(4, 0)$
$y=-x^2+3x+4$에 $x=0$을 대입하면
$y=4$　　$\therefore \mathrm{A}(0, 4)$
삼각형 ABC의 넓이는
$\dfrac{1}{2}\times 5\times 4=10$

---

011 정답 ②, ④

해설 $y=x^2+4x+3$
$\quad=(x^2+4x+4-4)+3$
$\quad=(x+2)^2-1$

① 축의 방정식은 $x=-2$이다.
③ $y=(x+2)^2-1$의 그래프를 x축에 대하여 대칭이동하면 $y=-(x+2)^2+1$이다.
⑤ $x<-2$일 때, x의 값이 증가하면 y의 값은 감소한다.

---

050 이차함수의 계수의 부호와 식 구하기　본문 P. 263

001 $y=x^2-2x+3$　　002 $y=-x^2-2x+2$
003 $y=x^2+x+3$　　004 $y=2x^2-6x+4$　005 ③　006 1
007 ①　008 ④　009 9　010 ①　011 ④

---

001 정답 $y=x^2-2x+3$

해설 꼭짓점의 좌표가 $(1, 2)$이므로
$y=a(x-1)^2+2$
점 $(0, 3)$을 지나므로 $x=0$, $y=3$을 대입하면
$3=a+2$　　$\therefore a=1$
$\therefore y=(x-1)^2+2$
$\quad=x^2-2x+3$

---

002 정답 $y=-x^2-2x+2$

해설 축의 방정식이 $x=-1$이므로
$y=a(x+1)^2+b$
점 $(0, 2)$를 지나므로 $x=0$, $y=2$를 대입하면
$2=a+b$　　$\cdots\cdots$ ㉠
점 $(1, -1)$을 지나므로 $x=1$, $y=-1$을 대입하면
$-1=4a+b$　　$\cdots\cdots$ ㉡
㉠, ㉡을 연립하여 풀면 $a=-1$, $b=3$
$\therefore y=-(x+1)^2+3$
$\quad=-x^2-2x+2$

---

003 정답 $y=x^2+x+3$

해설 $y=ax^2+bx+c$라 하면
점 $(0, 3)$을 지나므로 $x=0$, $y=3$을 대입하면
$c=3$
점 $(-1, 3)$을 지나므로 $x=-1$, $y=3$을 대입하면
$3=a-b+3$　　$\cdots\cdots$ ㉠
점 $(1, 5)$를 지나므로 $x=1$, $y=5$를 대입하면
$5=a+b+3$　　$\cdots\cdots$ ㉡
㉠, ㉡을 연립하여 풀면 $a=1$, $b=1$
$\therefore y=x^2+x+3$

---

004 정답 $y=2x^2-6x+4$

해설 x절편이 1, 2이므로 $y=a(x-1)(x-2)$
y절편이 4, 즉 점 $(0, 4)$를 지나므로 $x=0$, $y=4$를 대입하면
$4=2a$　　$\therefore a=2$
$\therefore y=2(x-1)(x-2)$
$\quad=2x^2-6x+4$

---

005 정답 ③

해설 꼭짓점의 좌표가 $(1, 2)$이므로
$y=a(x-1)^2+2$
점 $(2, -1)$을 지나므로 $x=2$, $y=-1$을 대입하면
$-1=a+2$　　$\therefore a=-3$
$\therefore y=-3(x-1)^2+2$
$\quad=-3x^2+6x-1$
$\therefore a=-3$, $b=6$, $c=-1$
$\therefore a+b+c=(-3)+6+(-1)=2$

 정답 1

해설 이차항의 계수가 1이고 축의 방정식이 $x=1$이므로
$y=(x-1)^2+q$
점 $(2, 3)$을 지나므로 $x=2$, $y=3$을 대입하면
$3=1+q$ ∴ $q=2$
$y=(x-1)^2+2=x^2-2x+3$
∴ $b=-2$, $c=3$
∴ $b+c=(-2)+3=1$

007 정답 ①

해설 그래프가 아래로 볼록하므로 $a>0$
$y=ax^2+bx+c$의 그래프의 축의 방정식
$x=-\dfrac{b}{2a}$에서 $-\dfrac{b}{2a}<0$이므로
$ab>0$ ∴ $b>0$ ($∵ a>0$)
y절편이 양수이므로 $c>0$

008 정답 ④

해설 ① 그래프가 위로 볼록하므로 $a<0$
② $y=ax^2+bx+c$의 그래프의 축의 방정식
　$x=-\dfrac{b}{2a}$에서 $-\dfrac{b}{2a}>0$이므로
　$ab<0$ ∴ $b>0$ ($∵ a<0$)
③ y절편이 양수이므로 $c>0$
④, ⑤ $f(x)=ax^2+bx+c$라 하면
　$f(1)=a+b+c>0$
　$f(-1)=a-b+c<0$

009 정답 9

해설 $f(-1)=6$, $f(0)=1$, $f(1)=2$는 $y=f(x)$의 그래프가 세 점 $(-1, 6)$, $(0, 1)$, $(1, 2)$를 지난다는 의미이다.
$f(x)=ax^2+bx+c$라 하면
$f(0)=1$이므로 $c=1$
$f(-1)=6$이므로 $6=a-b+1$ …… ㉠
$f(1)=2$이므로 $2=a+b+1$ …… ㉡
㉠, ㉡을 연립하여 풀면 $a=3$, $b=-2$
∴ $f(x)=3x^2-2x+1$
∴ $f(2)=12-4+1=9$

010 정답 ①

해설 x축과 두 점 $(-3, 0)$, $(2, 0)$에서 만나므로
$y=a(x+3)(x-2)$
점 $(1, -4)$를 지나므로 $x=1$, $y=-4$를 대입하면
$-4=-4a$ ∴ $a=1$
∴ $y=(x+3)(x-2)=x^2+x-6$
∴ $a=1$, $b=1$, $c=-6$
∴ $abc=-6$

011 정답 ④

해설 x축과 두 점 $(-1, 0)$, $(3, 0)$에서 만나므로
$y=a(x+1)(x-3)$
x절편이 -1과 3이므로 축의 방정식은
$x=\dfrac{(-1)+3}{2}=1$이고 꼭짓점의 y좌표가 -4이므로
꼭짓점의 좌표는 $(1, -4)$이다.
점 $(1, -4)$를 지나므로 $x=1$, $y=-4$를 대입하면
$-4=-4a$ ∴ $a=1$
∴ $y=(x+1)(x-3)=x^2-2x-3$
∴ $a=1$, $b=-2$, $c=-3$
∴ $3a-2b+c=3+4+(-3)=4$

051 경우의 수

본문 P. 264

001 6가지	**002** 6가지	**003** 9가지	**004** 10가지	**005** ④
006 ②	**007** ⑤	**008** ③	**009** ⑤	**010** ②
011 9가지				

001 정답 6가지

해설 $(1, 6)$, $(2, 5)$, $(3, 4)$, $(4, 3)$, $(5, 2)$, $(6, 1)$

002 정답 6가지

해설 $(1, 4)$, $(2, 5)$, $(3, 6)$, $(4, 1)$, $(5, 2)$, $(6, 3)$

003 정답 9가지

해설 두 눈의 수의 합이 5인 경우의 수는
$(1, 4)$, $(2, 3)$, $(3, 2)$, $(4, 1)$: 4가지
두 눈의 수의 합이 8인 경우의 수는
$(2, 6)$, $(3, 5)$, $(4, 4)$, $(5, 3)$, $(6, 2)$: 5가지
합의 법칙에 의해 $4+5=9$(가지)

004 정답 10가지

해설 두 눈의 수의 차가 3인 경우의 수는
$(1, 4)$, $(2, 5)$, $(3, 6)$, $(4, 1)$, $(5, 2)$, $(6, 3)$: 6가지
두 눈의 수의 차가 4인 경우의 수는
$(1, 5)$, $(2, 6)$, $(5, 1)$, $(6, 2)$: 4가지
합의 법칙에 의해 $6+4=10$(가지)

005 정답 ④

해설 2의 배수는 2, 4, 6의 3가지이고 5의 배수는 5의 1가지이다.
합의 법칙에 의해 $3+1=4$(가지)

006 정답 ②

해설 소수는 2, 3, 5, 7의 4가지이고 4의 배수는 4, 8의 2가지이다.
합의 법칙에 의해 $4+2=6$(가지)

007 정답 ⑤

해설 합의 법칙에 의해 $5+6=11$(가지)

008 정답 ③

해설 소수는 2, 3, 5의 3가지이고 동전의 뒷면이 나오는 경우는 1가지이다.
곱의 법칙에 의해 $3\times1=3$(가지)

009 정답 ⑤

해설 한 사람이 가위, 바위, 보의 3가지를 낼 수 있으므로 곱의 법칙에 의해 $3\times3\times3=27$(가지)

010 정답 ②

해설 $A\to B\to C$: 곱의 법칙에 의해 $4\times2=8$(가지)
$A\to C$: 1가지
이 두 경로는 동시에 일어나지 않으므로 합의 법칙에 의해 $8+1=9$(가지)

011 정답 9가지

해설 동전의 앞면이 나오는 경우는 1가지이고 2의 배수는 2, 4, 6의 3가지이다.
곱의 법칙에 의해 $1\times(3\times3)=9$(가지)

---

052 여러 가지 경우의 수 - 한 줄로 세우기　　본문 P. 265

001 20개　　**002** 8개　　**003** 60개
004 36개　　**005** ⑤　　**006** ③　　**007** ②　　**008** ①　　**009** ①
010 ③　　**011** 36개

---

001 정답 20개

해설 $5\times4=20$(개)

002 정답 8개

해설 □2, □4와 같이 일의 자리에 올 수 있는 숫자는 2, 4의 2개이다.
□에 올 수 있는 숫자는 일의 자리의 숫자를 제외한 4개이다.
$\therefore 2\times4=8$(개)

003 정답 60개

해설 $5\times4\times3=60$(개)

004 정답 36개

해설 □□1, □□3, □□5와 같이 일의 자리에 올 수 있는 숫자는 1, 3, 5의 3개이다.
□□에 올 수 있는 숫자는 일의 자리의 숫자를 제외한 것이므로 $4\times3=12$(개)이다.
$\therefore 3\times12=36$(개)

005 정답 ⑤

해설 $4\times3\times2\times1=24$(가지)

---

006 정답 ③

해설 A와 B를 하나로 묶어 4명을 한 줄로 세우는 경우의 수 : $4\times3\times2\times1=24$(가지)
A와 B가 자리를 바꾸는 경우의 수 : $2\times1=2$(가지)
$\therefore 24\times2=48$(가지)

007 정답 ②

해설 모음 O, E, A를 하나로 묶어 3개를 한 줄로 배열하는 경우의 수 : $3\times2\times1=6$(가지)
모음 O, E, A가 자리를 바꾸는 경우의 수 :
$3\times2\times1=6$(가지)
$\therefore 6\times6=36$(가지)

008 정답 ①

해설 □□C□□에서 □□□□에 나머지 A, B, D, E 네 명이 한 줄로 서는 경우의 수는
$4\times3\times2\times1=24$(가지)

009 정답 ①

해설 부□□□모, 모□□□부 : 2가지
□□□에 나머지 가족이 일렬로 서는 경우의 수 :
$3\times2\times1=6$(가지)
$\therefore 2\times6=12$(가지)

010 정답 ③

해설 32□인 자연수의 개수 : 3개
34□인 자연수의 개수 : 3개
4□□인 자연수의 개수 : $4\times3=12$(개)
$\therefore 3+3+12=18$(개)

011 정답 36개

해설 5의 배수는 일의 자리의 숫자가 0 또는 5일 때이다.
□□0인 자연수의 개수 : $5\times4=20$(개)
□□5인 자연수의 개수 : 백의 자리에는 0이 오면 안 되므로 $4\times4=16$(개)
$\therefore 20+16=36$(개)

---

053 여러 가지 경우의 수 - 대표 뽑기　　본문 P. 266

001 42가지　　**002** 21가지　　**003** 105가지
004 15가지　　**005** ③　　**006** ④　　**007** ④　　**008** ②　　**009** ⑤
010 ③　　**011** 34개

---

001 정답 42가지

해설 $7\times6=42$(가지)

002 정답 21가지

해설 $\dfrac{7\times6}{2\times1}=21$(가지)

003 정답 105가지

해설 대표 1명을 먼저 뽑고 나머지 6명 중에서 부대표 2명을 뽑으면 되므로

$$7 \times \frac{6 \times 5}{2 \times 1} = 105\,(\text{가지})$$

004 정답 15가지

해설 영규를 미리 뽑아 놓았다고 생각하면 나머지 6명 중에서 2명의 대표를 뽑으면 되므로

$$\frac{6 \times 5}{2 \times 1} = 15\,(\text{가지})$$

005 정답 ③

해설 대표 1명과 부대표 1명을 뽑는 경우의 수는

$$a = 5 \times 4 = 20\,(\text{가지})$$

대표 2명을 뽑는 경우의 수는

$$b = \frac{5 \times 4}{2 \times 1} = 10\,(\text{가지})$$

$$\therefore a + b = 20 + 10 = 30$$

006 정답 ④

해설 7개팀 중에서 2개팀을 뽑는 경우이므로

$$\frac{7 \times 6}{2 \times 1} = 21\,(\text{가지})$$

007 정답 ④

해설 회원 수를 n명이라 하면

$$\frac{n(n-1)}{2 \times 1} = 45,\ n(n-1) = 90$$

$$n(n-1) = 10 \times 9 \qquad \therefore n = 10\,(\text{명})$$

008 정답 ②

해설 수학책 1권을 미리 사놓았다고 생각하면 나머지 4권 중에서 2권을 사면 되므로

$$\frac{4 \times 3}{2 \times 1} = 6\,(\text{가지})$$

009 정답 ⑤

해설 남자 4명 중에서 대표 2명을 뽑는 경우의 수는

$$\frac{4 \times 3}{2 \times 1} = 6\,(\text{가지})$$

여자 5명 중에서 대표 2명을 뽑는 경우의 수는

$$\frac{5 \times 4}{2 \times 1} = 10\,(\text{가지})$$

$$\therefore 6 \times 10 = 60\,(\text{가지})$$

010 정답 ③

해설 8개의 점 중에서 2개의 점을 뽑는 경우이므로

$$\frac{8 \times 7}{2 \times 1} = 28\,(\text{개})$$

011 정답 34개

해설 7개의 점 중에서 3개의 점을 뽑는 경우의 수는

$$\frac{7 \times 6 \times 5}{3 \times 2 \times 1} = 35\,(\text{가지})$$

한 선분 위에 있는 3개의 점으로는 삼각형을 만들 수 없다.

$$\therefore 35 - 1 = 34\,(\text{개})$$

054 확률의 뜻과 성질

본문 P. 267

001 ○   002 ○   003 ×   004 ○   005 ④   006 ②   007 ④
008 ②   009 ②   010 ⑤   011 $\dfrac{23}{28}$

---

001 정답 ○

002 정답 ○

003 정답 ×

해설 어떤 사건이 일어날 확률을 p라 하면

$$0 \leq p \leq 1 \text{이다.}$$

004 정답 ○

005 정답 ④

해설 소수는 2, 3, 5이므로 구하는 확률은 $\dfrac{3}{6} = \dfrac{1}{2}$이다.

006 정답 ②

해설 다섯 명이 한 줄로 서는 모든 경우의 수는

$$5 \times 4 \times 3 \times 2 \times 1 = 120\,(\text{가지})$$

A와 B를 하나로 묶어 4명을 한 줄로 세우는 경우의 수는

$$4 \times 3 \times 2 \times 1 = 24\,(\text{가지})$$

A와 B가 자리를 바꾸는 경우의 수는

$$2 \times 1 = 2\,(\text{가지})$$

$$\therefore 24 \times 2 = 48\,(\text{가지})$$

$$\therefore \frac{48}{120} = \frac{2}{5}$$

007 정답 ④

해설 서로 다른 2개의 주사위를 동시에 던질 때, 나오는 모든 경우의 수는

$$6 \times 6 = 36\,(\text{가지})$$

두 눈의 수의 합이 5인 경우의 수는

$$(1, 4),\ (2, 3),\ (3, 2),\ (4, 1)\text{의 4가지}$$

두 눈의 수의 합이 10인 경우의 수는

$$(4, 6),\ (5, 5),\ (6, 4)\text{의 3가지}$$

$$\therefore \frac{4 + 3}{36} = \frac{7}{36}$$

008 정답 ②

해설 5장의 카드 중에서 2장을 뽑는 모든 경우의 수는

$$5 \times 4 = 20\,(\text{가지})$$

$\square$2인 경우의 수는 12, 32, 42, 52의 4가지

$\square$4인 경우의 수는 14, 24, 34, 54의 4가지

$$\therefore \frac{4+4}{20}=\frac{2}{5}$$

009 정답 ②

해설 다섯 명 중에서 대표 2명을 뽑는 모든 경우의 수는

$$\frac{5\times4}{2\times1}=10(가지)$$

대표에 A가 반드시 포함된 경우의 수는 A를 미리 뽑아 놓았다고 생각하면 나머지 4명 중에서 1명의 대표를 뽑으면 되므로 4가지이다.

$$\therefore \frac{4}{10}=\frac{2}{5}$$

010 정답 ⑤

해설 서로 다른 2개의 주사위를 동시에 던질 때, 나오는 모든 경우의 수는

$$6\times6=36(가지)$$

서로 같은 눈이 나오는 경우의 수는

$(1, 1), (2, 2), (3, 3), (4, 4), (5, 5), (6, 6)$의 6가지

서로 같은 눈이 나올 확률은

$$\frac{6}{36}=\frac{1}{6}$$

$\therefore$ (서로 다른 눈이 나올 확률)

$$=1-(서로 같은 눈이 나올 확률)$$

$$=1-\frac{1}{6}=\frac{5}{6}$$

011 정답 $\dfrac{23}{28}$

해설 8명 중에서 대표 3명을 뽑는 모든 경우의 수는

$$\frac{8\times7\times6}{3\times2\times1}=56(가지)$$

남학생 5명 중에서 대표 3명을 뽑는 경우의 수는

$$\frac{5\times4\times3}{3\times2\times1}=10(가지)$$

3명 모두 남학생이 뽑힐 확률은

$$\frac{10}{56}=\frac{5}{28}$$

$\therefore$ (적어도 여학생 한 명이 뽑힐 확률)

$$=1-(3명 모두 남학생이 뽑힐 확률)$$

$$=1-\frac{5}{28}=\frac{23}{28}$$

---

055 확률의 계산

본문 P. 268

001 $p\times q$　　**002** $p\times(1-q)$　　**003** $(1-p)\times(1-q)$

004 $1-(1-p)\times(1-q)$　**005** ④　**006** ③　**007** $\dfrac{1}{4}$　**008** ①

009 $\dfrac{2}{3}$　**010** ④　**011** ③

---

001 정답 $p\times q$

002 정답 $p\times(1-q)$

003 정답 $(1-p)\times(1-q)$

004 정답 $1-(1-p)\times(1-q)$

해설 (A, B 중에서 적어도 한 사건은 일어날 확률)

$$=1-(A, B 모두 일어나지 않을 확률)$$

005 정답 ④

해설 서로 다른 2개의 주사위를 동시에 던질 때, 나오는 모든 경우의 수는

$$6\times6=36(가지)$$

두 눈의 수의 합이 4인 경우의 수는

$(1, 3), (2, 2), (3, 1)$의 3가지

두 눈의 수의 합이 7인 경우의 수는

$(1, 6), (2, 5), (3, 4), (4, 3), (5, 2), (6, 1)$의 6가지

$$\therefore \frac{3}{36}+\frac{6}{36}=\frac{1}{4}$$

006 정답 ③

해설 7명 중에서 대표 2명을 뽑는 모든 경우의 수는

$$\frac{7\times6}{2\times1}=21(가지)$$

2명 모두 남학생을 뽑는 경우의 수는

$$\frac{3\times2}{2\times1}=3(가지)$$

2명 모두 여학생을 뽑는 경우의 수는

$$\frac{4\times3}{2\times1}=6(가지)$$

$$\therefore \frac{3}{21}+\frac{6}{21}=\frac{3}{7}$$

007 정답 $\dfrac{1}{4}$

해설 동전의 앞면이 나올 확률은 $\dfrac{1}{2}$

소수 2, 3, 5의 눈이 나올 확률은 $\dfrac{3}{6}=\dfrac{1}{2}$

$$\therefore \frac{1}{2}\times\frac{1}{2}=\frac{1}{4}$$

008 정답 ①

해설 두 사람이 만날 확률은 $\dfrac{4}{5}\times\dfrac{2}{3}=\dfrac{8}{15}$

$\therefore$ (두 사람이 도서관에서 만나지 못할 확률)

$$=1-(두 사람이 만날 확률)=1-\frac{8}{15}=\frac{7}{15}$$

009 정답 $\dfrac{2}{3}$

해설 혜린이와 건이가 모두 불합격할 확률은

$$\left(1-\frac{1}{2}\right)\times\left(1-\frac{1}{3}\right)=\frac{1}{3}$$

$\therefore$ (적어도 한 사람은 시험에 합격할 확률)

$$=1-(두 사람이 모두 불합격할 확률)$$

$$=1-\frac{1}{3}=\frac{2}{3}$$

010 정답 ④

해설 A만 과녁에 맞힐 확률은

$$\frac{1}{3}\times\left(1-\frac{1}{2}\right)\times\left(1-\frac{1}{4}\right)=\frac{1}{3}\times\frac{1}{2}\times\frac{3}{4}=\frac{1}{8}$$

B만 과녁에 맞힐 확률은

$$\left(1-\frac{1}{3}\right)\times\frac{1}{2}\times\left(1-\frac{1}{4}\right)=\frac{2}{3}\times\frac{1}{2}\times\frac{3}{4}=\frac{1}{4}$$

C만 과녁에 맞힐 확률은

$$\left(1-\frac{1}{3}\right)\times\left(1-\frac{1}{2}\right)\times\frac{1}{4}=\frac{2}{3}\times\frac{1}{2}\times\frac{1}{4}=\frac{1}{12}$$

$$\therefore \frac{1}{8}+\frac{1}{4}+\frac{1}{12}=\frac{11}{24}$$

011 정답 ③

해설 A가 당첨 제비를 뽑을 확률은 $\frac{4}{10}$

B가 당첨 제비를 뽑을 확률은 $\frac{3}{9}$

$$\therefore \frac{4}{10}\times\frac{3}{9}=\frac{2}{15}$$

056 도수분포표와 상대도수 · 본문 P. 269

001 × 002 ○ 003 × 004 × 005 ④ 006 ② 007 9
008 4 009 6 010 50%

---

001 정답 ×

해설 $A=40-(5+8+11+6)=10$

002 정답 ○

해설 $60-50=70-60=\cdots=100-90=10$(점)

003 정답 ×

해설 계급은 5개이다.

004 정답 ×

해설 도수가 가장 큰 계급은 70점 이상 80점 미만이다.

005 정답 ④

해설 20점 이상 30점 미만인 계급의 도수는
$$A=20-(3+1+5+4)=7$$

006 정답 ②

해설 체육 실기 시험 점수가 20점 미만인 학생 수는
$$3+1=4(명)$$

따라서 구하는 백분율은 $\frac{4}{20}\times100=20(\%)$

007 정답 9

해설 70점 이상 80점 미만인 계급의 도수는
$$20-(1+3+5+2)=9$$
60점 미만인 학생 수가 1명이고
70점 미만인 학생 수가 $1+3=4$(명)이고

80점 미만인 학생 수가 $1+3+9=13$(명)이다.
따라서 영어 점수가 낮은 쪽에서 7번째인 학생이 속하는
계급은 70점 이상 80점 미만인 그 도수는 9이다.

008 정답 4

해설 운동 시간이 20분 미만인 학생 수는
$$30\times\frac{40}{100}=12(명)$$
이므로 $5+A=12$ $\quad\therefore A=7$
$$B=30-(5+7+11+4)=3$$
$$\therefore A-B=7-3=4$$

009 정답 6

해설 도수가 4인 계급의 상대도수가 0.2이므로 도수의 총
합은 $\frac{4}{0.2}=20$
상대도수가 0.3인 계급의 도수는
$$20\times0.3=6$$

010 정답 50%

해설 7시간 이상 9시간 미만인 계급의 상대도수는
$$1-(0.1+0.2+0.2+0.2)=0.3$$
봉사 활동 시간이 7시간 이상인 계급의 상대도수가
$0.3+0.2=0.5$이므로 전체의 $0.5\times100=50\%$이다.

057 대표값(평균, 중앙값, 최빈값) · 본문 P. 270

001 ○ 002 × 003 × 004 ○ 005 ① 006 76점
007 ⑤ 008 96점 009 ⑤ 010 ③ 011 ④

---

001 정답 ○

002 정답 ×

해설 자료에 극단적인 값이 있는 경우 평균은 자료의 중
심 경향을 잘 나타내지 못한다.

003 정답 ×

해설 자료가 짝수개이면 가운데 위치한 두 값의 평균이
중앙값이다.

004 정답 ○

005 정답 ①

해설 a, b, c의 평균이 5이므로
$$\frac{a+b+c}{3}=5 \quad\therefore a+b+c=15$$
$$\therefore (\text{평균})=\frac{7+(a-1)+(b-2)+(c+3)+8}{5}$$
$$=\frac{15+a+b+c}{5}=\frac{15+15}{5}=6$$

006 정답 76점

해설 두 반 전체의 수학 성적의 평균은

$$\frac{30 \times 68 + 30 \times 84}{30 + 30} = \frac{4560}{60} = 76(점)$$

007 정답 ⑤

해설 ⑤ 1, 2, 2, 2, 100에서 100은 다른 자료의 값과 비교하면 극단적인 값으로 평균이 대푯값으로 적절하지 않다. 이때는 중앙값인 2가 대푯값으로 더 적절하다.

008 정답 96점

해설 3회에 걸친 수학 시험 점수의 총합은

$$88 \times 3 = 264(점)$$

4회의 수학 시험 점수를 x점이라 하면

$$\frac{264 + x}{4} \geq 90,\ 264 + x \geq 360 \qquad \therefore\ x \geq 96$$

4회에는 최소한 96점을 받아야 한다.

009 정답 ⑤

해설 변량 6, 9, a의 중앙값이 9이므로 $a \geq 9$이어야 한다. 변량 14, 17, a의 중앙값이 14이므로 $a \leq 14$이어야 한다.

$$\therefore\ 9 \leq a \leq 14$$

a의 값이 될 수 없는 것은 15이다.

010 정답 ③

해설 최빈값이 17이고 두 자료 11, 17의 도수가 2로 같으므로 a와 b 중의 하나는 17이다.

중앙값이 16이므로 $\dfrac{a+b}{2} = 16$ $\qquad \therefore\ a+b = 32$

$a = 17$이면 $b = 15$이고 $b = 17$이면 $a = 15$이다.

$b > a$이므로 $b = 17$, $a = 15$이다.

$$\therefore\ b - a = 17 - 15 = 2$$

011 정답 ④

해설 자료가 짝수개일 때, 중앙값은 가운데 위치한 두 계급의 계급값의 평균이다.

즉, 계급 10점 이상 20점 미만의 계급값 $\dfrac{10+20}{2} = 15$와 계급 20점 이상 30점 미만의 계급값 $\dfrac{20+30}{2} = 25$의 평균이다.

$$\therefore\ a = \frac{15+25}{2} = 20$$

최빈값은 도수가 가장 큰 계급 20점 이상 30점 미만의 계급값이므로

$$b = \frac{20+30}{2} = 25$$

$$\therefore\ a+b = 20 + 25 = 45$$

058 분산과 표준편차　　본문 P. 271

001 ○　**002** ○　**003** ×　**004** ×　**005** ②　**006** -3　**007** ②
008 ④　**009** ③　**010** ④　**011** ③

---

001 정답 ○

002 정답 ○

003 정답 ×

해설 표준편차가 작을수록 자료는 고르게 분포되어 있다.

004 정답 ×

해설 평균이 서로 같은 자료일지라도 표준편차는 서로 같지 않을 수도 있다.

005 정답 ②

해설 편차의 합은 항상 0이므로

$$(-1) + x + 2 + y = 0 \qquad \therefore\ x + y = -1$$

006 정답 -3

해설 평균은 $\dfrac{3+5+8+9+10}{5} = 7$

(편차) = (변량) − (평균)이므로

$$a = 3 - 7 = -4,\ b = 8 - 7 = 1$$

$$\therefore\ a + b = (-4) + 1 = -3$$

007 정답 ②

해설 학생 E의 편차를 x라 하면 편차의 합은 항상 0이므로 $(-1) + 2 + (-2) + 0 + x = 0$

$$\therefore\ x = 1$$

$$(분산) = \frac{(-1)^2 + 2^2 + (-2)^2 + 0^2 + 1^2}{5} = \frac{10}{5} = 2$$

$$\therefore\ (표준편차) = \sqrt{2}$$

분산과 표준편차의 곱은 $2\sqrt{2}$이다.

008 정답 ④

해설 표준편차가 3이면 분산은 $3^2 = 9$이므로

$$\frac{(a-2)^2 + (b-2)^2 + (c-2)^2 + (d-2)^2}{4} = 9$$

$$\therefore\ (a-2)^2 + (b-2)^2 + (c-2)^2 + (d-2)^2 = 36$$

009 정답 ③

해설 $7-a$, 7, $7+a$의 평균은

$$\frac{(7-a) + 7 + (7+a)}{3} = 7$$

$7-a$, 7, $7+a$의 편차는

$$(7-a) - 7 = -a,\ 7 - 7 = 0,\ (7+a) - 7 = a$$

표준편차가 $\sqrt{2}$이면 분산은 $(\sqrt{2})^2 = 2$이므로

$$\frac{(-a)^2 + 0^2 + a^2}{3} = 2,\ 2a^2 = 6$$

$$\therefore\ a = \sqrt{3}\ (\because\ a > 0)$$

010 정답 ④

해설 연속하는 3개의 홀수를 x, $x+2$, $x+4$라 하면

$$(평균) = \frac{x + (x+2) + (x+4)}{3} = x + 2$$

x, $x+2$, $x+4$의 편차는

$$x-(x+2)=-2,\ (x+2)-(x+2)=0,$$
$$(x+4)-(x+2)=2$$
$$\therefore (\text{분산})=\frac{(-2)^2+0^2+2^2}{3}=\frac{8}{3}$$

011 정답 ⑤

해설 x, y, 3, 5, 7의 평균이 4이므로
$$\frac{x+y+3+5+7}{5}=4 \qquad \therefore x+y=5$$
분산이 4이므로
$$\frac{(x-4)^2+(y-4)^2+(3-4)^2+(5-4)^2+(7-4)^2}{5}$$
$$=4$$
$$(x-4)^2+(y-4)^2=9$$
$$x^2-8x+16+y^2-8y+16=9$$
$$\therefore x^2+y^2=8(x+y)-23$$
$$=8\times5-23=17$$

059 도수분포표에서의 분산과 표준편차 본문 P. 272

001 3 **002** 70점 **003** 40 **004** $2\sqrt{10}$점 **005** ⑤ **006** 64
007 12 **008** ③ **009** ① **010** ③

001 정답 3

해설 $1+A+1=5 \qquad \therefore A=3$

002 정답 70점

해설 $\dfrac{60\times1+70\times3+80\times1}{5}=\dfrac{350}{5}=70(\text{점})$

003 정답 40

해설 편차는 $60-70,\ 70-70,\ 80-70$
즉, $-10,\ 0,\ 10$이므로
$$\frac{(-10)^2\times1+0^2\times3+10^2\times1}{5}=\frac{200}{5}=40$$

004 정답 $2\sqrt{10}$점

해설 $\sqrt{40}=2\sqrt{10}(\text{점})$

005 정답 ⑤

해설 $(\text{평균})=\dfrac{15\times1+25\times3+35\times4+45\times2}{10}$
$$=\frac{320}{10}=32$$
편차는 $15-32,\ 25-32,\ 35-32,\ 45-32$
즉, $-17,\ -7,\ 3,\ 13$이므로
$$(\text{분산})=\frac{(-17)^2\times1+(-7)^2\times3+3^2\times4+13^2\times2}{10}$$
$$=\frac{810}{10}=81$$
$$\therefore (\text{표준편차})=\sqrt{81}=9$$

006 정답 64

해설 $(\text{평균})=\dfrac{15\times1+25\times9+35\times7+45\times3}{20}$
$$=\frac{620}{20}=31$$
편차는 $15-31,\ 25-31,\ 35-31,\ 45-31$
즉, $-16,\ -6,\ 4,\ 14$이므로
$$(\text{분산})=\frac{(-16)^2\times1+(-6)^2\times9+4^2\times7+14^2\times3}{10}$$
$$=\frac{1280}{20}=64$$

007 정답 12

해설 a, b, c의 평균이 2이므로
$$\frac{a+b+c}{3}=2 \qquad \therefore a+b+c=6$$
표준편차가 $\sqrt{3}$이므로 분산은 $(\sqrt{3})^2=3$
$$\frac{(a-2)^2+(b-2)^2+(c-2)^2}{3}=3$$
$$\therefore (a-2)^2+(b-2)^2+(c-2)^2=9$$
$2a$, $2b$, $2c$의 평균은
$$\frac{2a+2b+2c}{3}=\frac{2(a+b+c)}{3}=\frac{2\times6}{3}=4$$
$2a$, $2b$, $2c$의 분산은
$$\frac{(2a-4)^2+(2b-4)^2+(2c-4)^2}{3}$$
$$=\frac{4\{(a-2)^2+(b-2)^2+(c-2)^2\}}{3}$$
$$=\frac{4\times9}{3}=12$$

008 정답 ③

해설 a, b, c, d의 평균이 4이므로
$$\frac{a+b+c+d}{4}=4 \qquad \therefore a+b+c+d=16$$
표준편차가 3이므로 분산은 $3^2=9$이므로
$$\frac{(a-4)^2+(b-4)^2+(c-4)^2+(d-4)^2}{4}=9$$
$a+1$, $b+1$, $c+1$, $d+1$의 평균은
$$\frac{(a+1)+(b+1)+(c+1)+(d+1)}{4}$$
$$=\frac{(a+b+c+d)+4}{4}=\frac{16+4}{4}=5$$
$a+1$, $b+1$, $c+1$, $d+1$의 분산은
$$\frac{(a+1-5)^2+(b+1-5)^2+(c+1-5)^2+(d+1-5)^2}{4}$$
$$=\frac{(a-4)^2+(b-4)^2+(c-4)^2+(d-4)^2}{4}=9$$
표준편차는 $\sqrt{9}=3$
$$\therefore x+y=5+3=8$$

009 정답 ①

해설 표준편차가 가장 작은 반이 A반이므로 국어 성적의
분포가 가장 고른 반은 A반이다.

010 정답 ③

해설 ① A반과 B반의 성적의 평균이 같으므로 A반의 성적이 더 우수하다고 할 수 없다.

② 분산은 A반이 B반보다 작다.

④ A반과 B반의 학생 수를 알 수 없으므로 성적의 총합은 알 수 없다.

⑤ 평균과 표준편차만으로는 고득점자의 수를 알 수 없다.

060 산점도와 상관관계
본문 P. 273

001 4 **002** 7 **003** 8 **004** 8 **005** 3 **006** 30
007 ③ **008** ② **009** ②

---

001 정답 4

해설 대각선 위에 있는 점의 개수와 같으므로 4명이다.

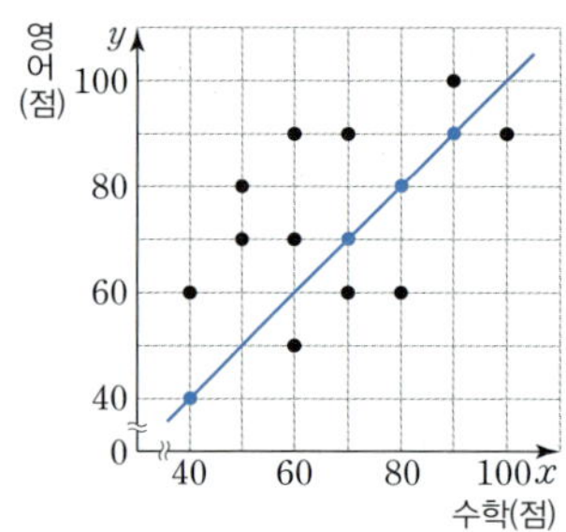

002 정답 7

해설 대각선의 위쪽에 있는 점의 개수와 같으므로 7명이다.

003 정답 8

해설 수학 성적이 70점인 직선과 그 직선의 오른쪽에 있는 점의 개수와 같으므로 8명이다.

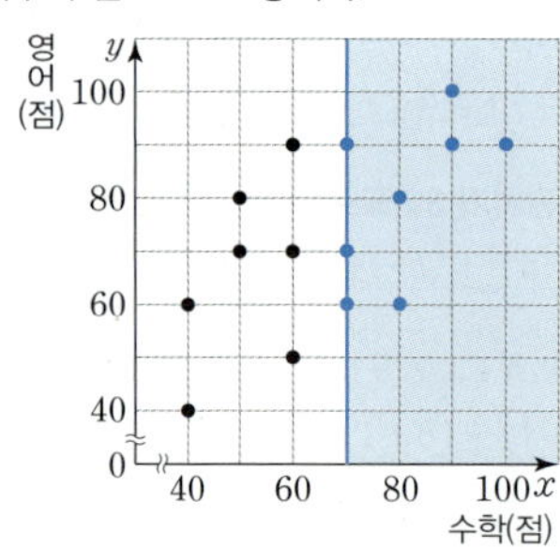

004 정답 8

해설 영어 성적이 80점인 직선 아래쪽에 있는 점의 개수와 같으므로 8명이다.

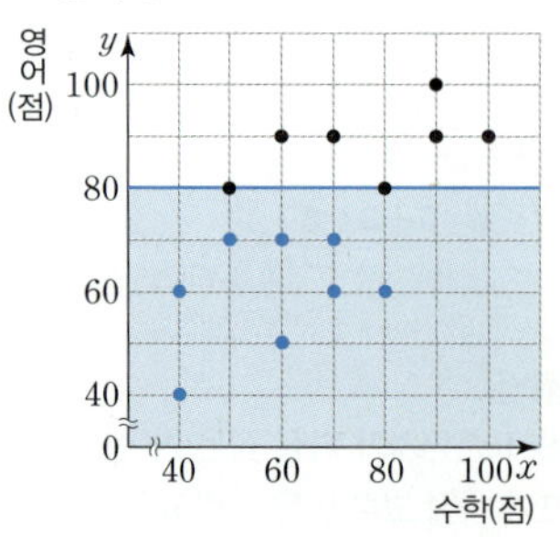

005 정답 3

해설 1차 점수와 2차 점수가 모두 9점인 두 직선으로 나누어지는 네 영역 중에서 경계를 포함하고 색칠한 부분에 있는 점의 개수와 같으므로 3명이다.

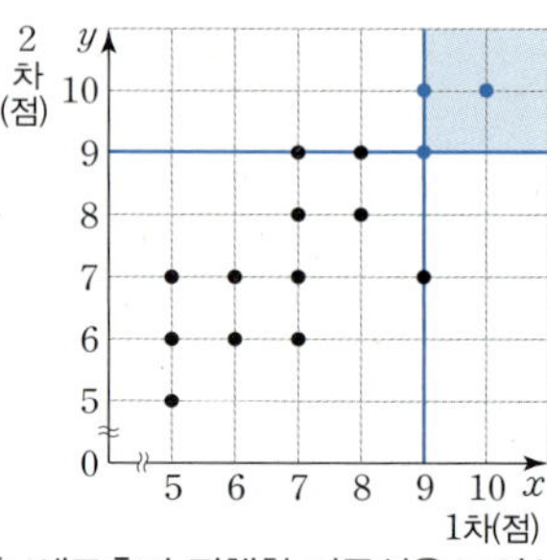

참고 가로축, 세로축과 평행한 기준선을 그어서 생각한다. 이때 이상과 이하는 기준선 위의 점을 포함하고 초과와 미만은 기준선 위의 점을 포함하지 않는다.

006 정답 30

해설 영어 성적이 국어 성적보다 좋은 학생 수는 그림에서 직선의 오른쪽에 있는 점의 개수와 같으므로 6명이다.

$$\therefore \frac{6}{20} \times 100 = 30(\%)$$

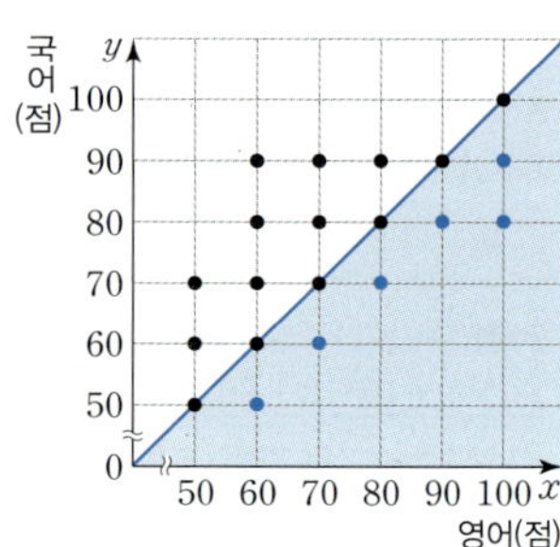

007 정답 ③

해설 음악 성적과 미술 성적의 평균이 55점 이하인 학생은 음악 성적과 미술 성적의 합이 110점 이하인 학생이다. 따라서 오른쪽 아래로 향하는 직선과 색칠한 부분에 속하는 점의 개수와 같으므로 4명이다.

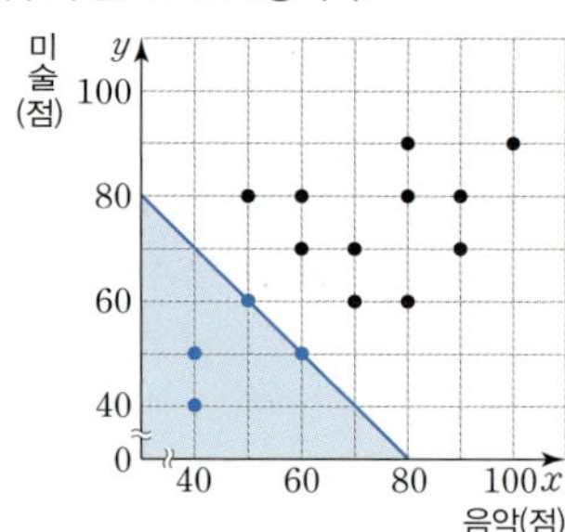

008 정답 ②

해설 ①, ③, ⑤는 양의 상관관계가, ②는 음의 상관관계가 있고 ④는 상관관계가 없다.

009 정답 ②

해설 ①, ③은 음의 상관관계가, ④, ⑤는 양의 상관관계가 있고 ②는 상관관계가 없다.

---

061 직선, 반직선, 선분, 두 점 사이의 거리 본문 P. 274

001 × 002 × 003 ○ 004 ○ 005 ④ 006 ③
007 10개 008 ② 009 ② 010 ④ 011 9 cm

---

001 정답 ×

해설 교선은 직선 외에도 곡선인 경우도 있다.

003 정답 ○

002 정답 ×

해설 서로 다른 두 점을 지나는 직선은 오직 하나뿐이다.

004 정답 ○

005 정답 ④

해설 교점은 6개, 교선은 9개이다.
∴ $a+b=6+9=15$

006 정답 ③

해설 출발점이 같아도 방향이 다르면 다른 반직선이다.

007 정답 10개

해설 $\overrightarrow{AC}$, $\overrightarrow{AD}$, $\overrightarrow{BA}$, $\overrightarrow{BC}$, $\overrightarrow{BD}$, $\overrightarrow{CA}$, $\overrightarrow{CD}$, $\overrightarrow{DA}$, $\overrightarrow{DB}$, $\overrightarrow{DC}$로 모두 10개이다.

008 정답 ②

해설 $\overline{AB}$, $\overline{AC}$, $\overline{AD}$, $\overline{BC}$, $\overline{BD}$, $\overline{CD}$로 모두 6개이다.

009 정답 ②

해설 $\overline{AN}=3\overline{MN}$

010 정답 ④

해설 $\overline{AB}=\overline{AC}+\overline{CB}$
$=2\overline{MC}+2\overline{CN}=2(\overline{MC}+\overline{CN})$
$=2\overline{MN}=16(\text{cm})$

011 정답 9 cm

해설 $\overline{AB}=12k$라 하면
$\overline{AC}=4k$, $\overline{AM}=\overline{MB}=6k$
∴ $\overline{CM}=2k$, $\overline{MN}=3k$
$\overline{CM}=2k=2$ ∴ $k=1$
∴ $\overline{AN}=\overline{AC}+\overline{CM}+\overline{MN}$
$=4k+2k+3k=9k=9(\text{cm})$

---

062 각, 수직과 수선 본문 P. 275

001 ○ 002 ○ 003 ○ 004 × 005 ③ 006 ⑤ 007 60°
008 ③ 009 ② 010 ⑤ 011 ③

---

001 정답 ○

002 정답 ○

003 정답 ○

004 정답 ×

해설 점 C와 $\overline{AB}$ 사이의 거리는 $\overline{CH}$의 길이이다.

005 정답 ③

해설 예각은 60°, 37.5°, 45°로 3개이다.

006 정답 ⑤

해설 $\angle y=180°\times\dfrac{4}{3+4+5}=60°$

007 정답 60°

해설 $\angle AOB+90°+\angle COD=180°$
$\angle AOB+90°+2\angle AOB=180°$
$\angle AOB=30°$ ∴ $\angle COD=2\angle AOB=60°$

008 정답 ③

해설 $3x+10°=2x+40°$ ∴ $x=30°$
$(2x+40°)+4y=180°$
$100°+4y=180°$ ∴ $y=20°$
∴ $\angle x+\angle y=30°+20°=50°$

009 정답 ②

해설 $x+(3x-10°)+(2x+40°)=180°$
∴ $\angle x=25°$

010 정답 ⑤

해설 $x+90°=145°$ ∴ $\angle x=55°$

011 정답 ③

해설 ③ $\overline{AE}$는 $\overline{BC}$의 수선이다.

---

063 점과 직선, 점과 평면, 두 직선의 위치 관계 본문 P. 276

001 ○ 002 ○ 003 ○ 004 × 005 ⑤ 006 ⑤
007 ③, ④ 008 ③ 009 ④

---

001 정답 ○

002 정답 ○

003 정답 ○

004 정답 ×
해설 점 D는 직선 l 위에 있지 않다.

005 정답 ⑤
해설 ⑤ 꼬인 위치는 공간에서만 가능한 위치 관계이다.

006 정답 ⑤
해설 ④ $\overleftrightarrow{CD}$와 만나는 직선은 $\overleftrightarrow{AB}$, $\overleftrightarrow{BC}$, $\overleftrightarrow{DE}$, $\overleftrightarrow{EF}$로 4개이다.
⑤ $\overleftrightarrow{BC}$와 만나는 직선은 $\overleftrightarrow{AB}$, $\overleftrightarrow{CD}$, $\overleftrightarrow{DE}$, $\overleftrightarrow{AF}$로 4개이다.

007 정답 ③, ④
해설 ① 모서리 BC와 모서리 DE는 꼬인 위치에 있다.
② 모서리 BC와 모서리 EF는 평행하다.
⑤ 모서리 BC와 모서리 DF는 꼬인 위치에 있다.

008 정답 ③
해설 모서리 EF와 ①, ②, ④, ⑤는 꼬인 위치에 있고 ③은 평행하다.

009 정답 ④
해설 모서리 BF와 수직인 모서리는 모서리 AB, BC, EF, FG이다. 이 중에서 모서리 CD와 꼬인 위치에 있는 것은 모서리 FG이다.

064 공간에서 직선과 평면, 두 평면의 위치 관계   본문 P. 277

001 $\overline{AC}$, $\overline{DF}$　**002** 면 ADFC, 면 ABC, 면 DEF **003** 3
004 6　**005** ⑤　**006** ⑤　**007** ④　**008** ④　**009** ④
010 3 cm

---

001 정답 $\overline{AC}$, $\overline{DF}$

002 정답 면 ADFC, 면 ABC, 면 DEF

003 정답 3
해설 점 E와 면 ADFC 사이의 거리는 $\overline{ED}$의 길이, 즉 3이다.

004 정답 6
해설 점 A와 면 DEF 사이의 거리는 $\overline{AD}$의 길이, 즉 6이다.

005 정답 ⑤
해설 직선과 평면은 만나거나(한 점에서 만나는 경우와 직선이 평면에 포함되는 경우) 평행한 경우밖에 없다.

006 정답 ⑤
해설 꼬인 위치에 있는 두 평면은 존재하지 않는다.

007 정답 ④
해설 ① 모서리 AC와 평행한 면은 면 EFGH로 1개이다.
② 모서리 AD와 수직인 면은 면 BFEA, 면 CGHD로 2개이다.
③ 면 AEGC와 평행한 모서리는 $\overline{BF}$, $\overline{DH}$로 2개이다.
④ 면 AEGC와 수직인 모서리는 없다.
⑤ 모서리 AC와 꼬인 위치에 있는 모서리는 $\overline{BF}$, $\overline{DH}$, $\overline{EF}$, $\overline{HG}$, $\overline{FG}$, $\overline{EH}$로 6개이다.

008 정답 ④
해설 면 ABHG와 평행한 모서리는 $\overline{CI}$, $\overline{DJ}$, $\overline{EK}$, $\overline{FL}$, $\overline{DE}$, $\overline{JK}$로 6개이다.

009 정답 ④
해설 모서리 AB와 평행한 면은 면 CGHD, 면 EFGH이고 이 중에서 면 ABCD와 수직인 면은 면 CGHD이다.

010 정답 3 cm
해설 점 B와 평면 ACFD 사이의 거리는 $\overline{AB}$의 길이, 즉 3 cm이다.

065 동위각과 엇각, 평행선의 성질   본문 P. 278

001 ○　**002** ○　**003** ○　**004** ×　**005** ⑤　**006** ③　**007** ③
008 ③　**009** ④　**010** ③　**011** 63°

---

001 정답 ○
해설 $\angle a$의 동위각은 $\angle e$이다.
$\therefore \angle e = 180° - \angle f = 180° - 40° = 140°$

002 정답 ○
해설 $\angle g$의 동위각은 $\angle c$이다.
$\therefore \angle c = 180° - \angle d = 180° - 80° = 100°$

003 정답 ○
해설 $\angle b$의 엇각은 $\angle h$이다.
$\therefore \angle h = \angle f = 40°$

004 정답 ×
해설 $\angle c$의 엇각은 $\angle e$이다.
$\therefore \angle e = 180° - \angle f = 180° - 40° = 140°$

005 정답 ⑤
해설 $\angle x$의 동위각은 $\angle y$, $\angle z$이다.
$\angle y = 180° - 40° = 140°$
$\angle z = 180° - 30° = 150°$
$\therefore \angle y + \angle z = 140° + 150° = 290°$

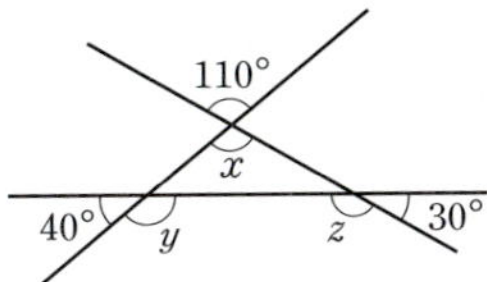

006 정답 ③

해설 $\angle x + 50° = 180°$ ∴ $\angle x = 130°$

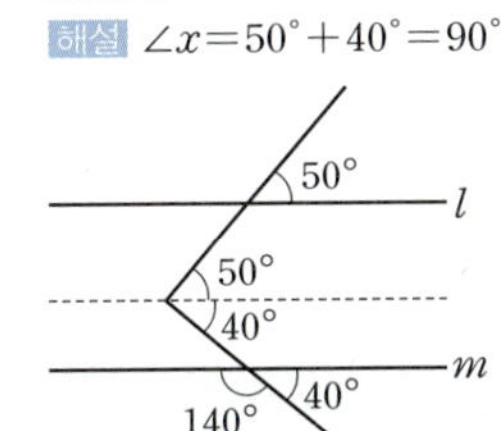

007 정답 ③

해설 $\angle x = 50° + 40° = 90°$

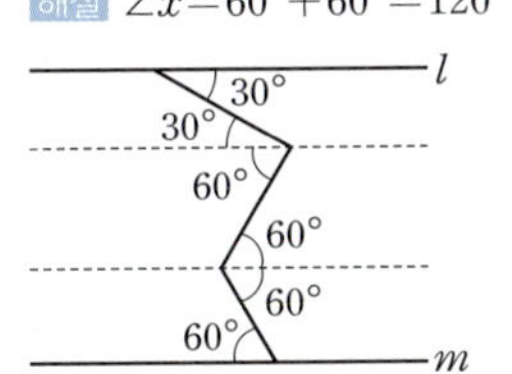

008 정답 ③

해설 $\angle x = 60° + 60° = 120°$

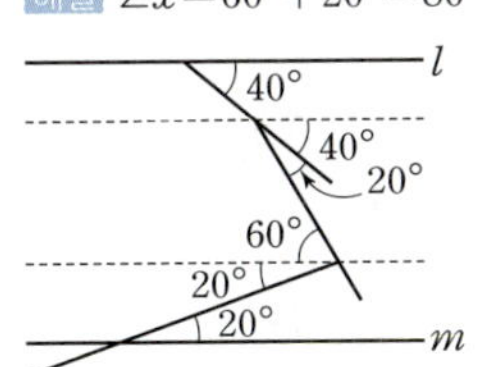

009 정답 ④

해설 $\angle x = 60° + 20° = 80°$

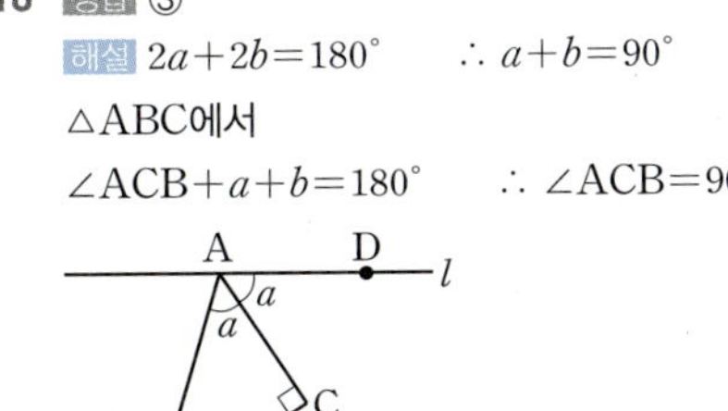

010 정답 ③

해설 $2a + 2b = 180°$ ∴ $a + b = 90°$

△ABC에서

$\angle ACB + a + b = 180°$ ∴ $\angle ACB = 90°$

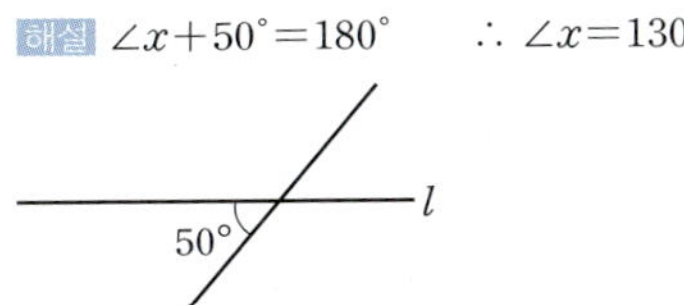

011 정답 $63°$

해설 $\angle x + \angle x + 54° = 180°$ ∴ $\angle x = 63°$

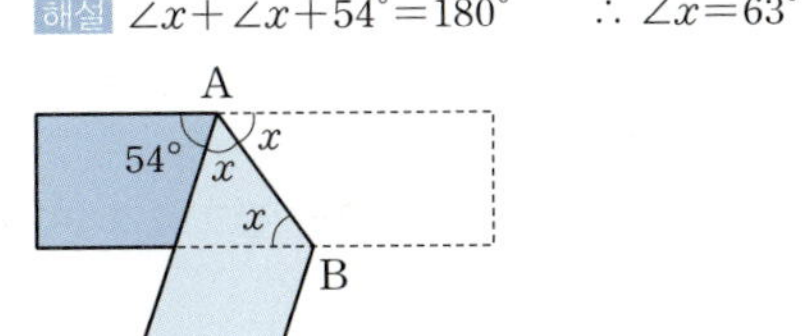

001 $\overline{BC}$ 002 $\overline{CA}$ 003 $\angle C$ 004 $\angle A$ 005 ①, ④
006 ② 007 3개 008 ②, ③ 009 ③ 010 ③

---

001 정답 $\overline{BC}$

002 정답 $\overline{CA}$

003 정답 $\angle C$

004 정답 $\angle A$

005 정답 ①, ④

해설 (가장 긴 변의 길이)<(나머지 두 변의 길이의 합)
이어야 하므로
① 1 cm, 2 cm, 3 cm의 경우 $3 = 1 + 2$이므로 삼각형을
　만들 수 없다.
④ 2 cm, 4 cm, 8 cm의 경우 $8 > 2 + 4$이므로 삼각형을
　만들 수 없다.

006 정답 ②

해설 가장 긴 변의 길이가 x cm일 때
$x < 4 + 7$ ∴ $x < 11$ …… ㉠
가장 긴 변의 길이가 7 cm일 때
$7 < x + 4$ ∴ $x > 3$ …… ㉡
㉠, ㉡에서 $3 < x < 11$

007 정답 3개

해설 $4 < 2 + 3$, $5 = 2 + 3$, $5 < 2 + 4$, $5 < 3 + 4$이므로 삼
각형을 만들 수 있는 세 선분의 길이는
$(2 \text{ cm}, 3 \text{ cm}, 4 \text{ cm})$, $(2 \text{ cm}, 4 \text{ cm}, 5 \text{ cm})$,
$(3 \text{ cm}, 4 \text{ cm}, 5 \text{ cm})$로 3개이다.

008 정답 ②, ③

해설 ① $6 > 2 + 3$, 즉 (가장 긴 변의 길이)>(나머지 두
　변의 길이의 합)이므로 삼각형이 하나로 정해지지 않
　는다.

② 두 변의 길이와 그 끼인 각이 주어졌으므로 삼각형이
하나로 정해진다.

③ 한 변의 길이와 그 양 끝각이 주어졌으므로 삼각형이
하나로 정해진다.

④ 세 각의 크기가 주어지면 모양은 같고 크기가 다른 삼
각형이 무수히 많이 그려진다.

⑤ 두 변의 길이와 그 끼인 각이 아닌 다른 한 각의 크기가
주어졌으므로 삼각형이 하나로 정해지지 않는다.

009 정답 ③

해설 ㄱ. $\angle A = 45°$는 두 변 $\overline{AB}$, $\overline{BC}$의 끼인 각이 아니
므로 $\triangle ABC$가 하나로 정해지지 않는다.

ㄴ. $\angle B = 60°$는 두 변 $\overline{AB}$, $\overline{BC}$의 끼인 각이므로
$\triangle ABC$가 하나로 정해진다.

ㄷ. $\overline{CA} = 5\,cm$일 때는 $5 < 4+2$, 즉 (가장 긴 변의 길
이) $<$ (나머지 두 변의 길이의 합)이므로 $\triangle ABC$가
하나로 정해진다.

ㄹ. $\overline{CA} = 7\,cm$일 때는 $7 > 4+2$, 즉 (가장 긴 변의 길
이) $>$ (나머지 두 변의 길이의 합)이므로 $\triangle ABC$가
하나로 정해지지 않는다.

010 정답 ③

해설 ① $\angle A$와 $\overline{CA}$: 두 변과 그 끼인 각

② $\angle B$와 $\overline{BC}$: 두 변과 그 끼인 각

③ $\angle C$와 $\overline{BC}$: 두 변과 그 끼인 각이 아닌 다른 한 각

④ $\overline{BC}$와 $\overline{CA}$: 세 변

⑤ $\angle A$와 $\angle B$: 한 변과 그 양 끝각

067 삼각형의 합동

001 × 002 ○ 003 ○ 004 × 005 ③ 006 ⑤
007 ③, ⑤   008 ②, ④

001 정답 ×

해설 $\overline{AC}$의 대응변은 $\overline{FD}$이다.

002 정답 ○

003 정답 ○

004 정답 ×

해설 $\angle F$의 크기는 알 수 없다.

또한, $\angle E$의 크기가 $75°$이다.

005 정답 ③

해설 $\triangle ABC \equiv \triangle DEF$이므로

$\overline{EF} = \overline{BC} = 4(cm)$

$\angle F = \angle C = 180° - (70° + 60°) = 50°$

006 정답 ⑤

해설 $\angle C = 180° - (60° + 65°) = 55°$

$\angle Q = 180° - (55° + 65°) = 60°$

$\triangle ABC$, $\triangle RQP$에서

$\overline{AC} = \overline{RP}$, $\angle A = \angle R$, $\angle C = \angle P$

$\therefore \triangle ABC \equiv \triangle RQP$ (ASA합동)

007 정답 ③, ⑤

해설 ① 대응하는 세 변의 길이가 각각 같으므로 합동이
다. (SSS 합동)

② 대응하는 두 변의 길이가 각각 같고, 그 끼인 각의 크기
가 같으므로 합동이다. (SAS 합동)

④ 대응하는 한 변의 길이가 같고, 양 끝각의 크기가 각각
같으므로 합동이다. (ASA 합동)

008 정답 ②, ④

해설 $\triangle ABC$와 $\triangle DEF$에서 $\overline{AB} = \overline{DE}$, $\overline{BC} = \overline{EF}$이므로
$\triangle ABC \equiv \triangle DEF$이려면 $\overline{AC} = \overline{DF}$ 또는 $\angle B = \angle E$이
어야 한다.

068 다각형의 내각과 외각

001 ○ 002 ○ 003 × 004 ○ 005 7개 006 ③ 007 ③
008 ④ 009 ⑤ 010 ① 011 ④

001 정답 ○

002 정답 ○

003 정답 ×

해설 모든 변의 길이가 같고, 모든 내각의 크기가 같은 다
각형을 정다각형이라 한다.

예컨대 네 변의 길이가 모두 같은 마름모는 정다각형이 아
니다.

004 정답 ○

005 정답 7개

해설 대각선이 27개인 다각형을 n각형이라 하면

$\dfrac{n(n-3)}{2} = 27$, $n(n-3) = 54$

$n(n-3) = 9 \times 6$ $\therefore n = 9$

구각형의 한 꼭짓점에서 대각선을 모두 그었을 때, 생기는
삼각형의 개수는 $9-2 = 7$(개)이다.

006 정답 ③

해설 삼각형의 세 내각의 크기의 합은 $180°$이므로

$(3x - 10°) + (x + 10°) + 2x = 180°$

$6x = 180°$ $\therefore \angle x = 30°$

007 정답 ③

해설 △ABC에서
$$\angle DBC + \angle DCB = 180° - (75° + 25° + 20°)$$
$$= 60°$$
△DBC에서
$$\angle x = 180° - (\angle DBC + \angle DCB)$$
$$= 180° - 60° = 120°$$

008 정답 ④

해설 $\overline{AB} = \overline{AC}$이므로
$$\angle ACB = \angle ABC = x$$
$$\angle CAD = \angle ACB + \angle ABC = x + x = 2x$$
$\overline{CA} = \overline{CD}$이므로 $\angle CDA = \angle CAD = 2x$
$\angle DBC + \angle BDC = 105°$이므로
$$x + 2x = 105°, \ 3x = 105°$$
$$\therefore \angle x = 35°$$

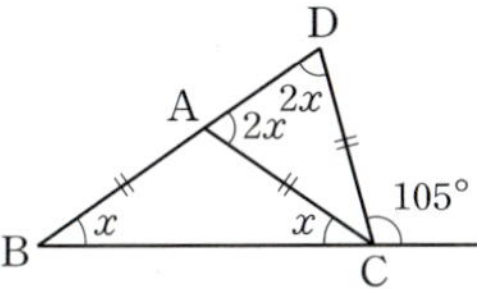

009 정답 ⑤

해설 △ACI에서 $\angle AIE = y + 25°$
△BDJ에서 $\angle DJE = x + z$
△EJI에서
$$(x + z) + (y + 25°) + t = 180°$$
$$\therefore \angle x + \angle y + \angle z + \angle t = 155°$$

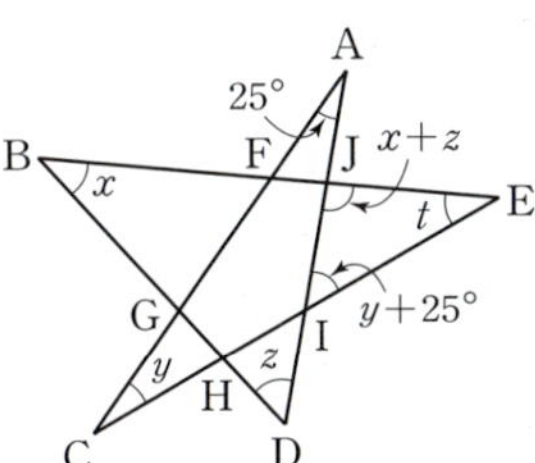

010 정답 ①

해설 정n각형이라 하면 $180° \times (n-2) = 1800°$
$$\therefore n = 12$$
정십이각형의 한 외각의 크기는
$$\frac{360°}{12} = 30°$$

011 정답 ④

해설 한 외각의 크기가 $180° \times \dfrac{1}{4+1} = 36°$이므로
정n각형이라 하면
$$\frac{360°}{n} = 36° \qquad \therefore n = 10$$

001 ○　002 ×　003 ○　004 ○　005 ③　006 ②　007 ④
008 $25\,\mathrm{cm}$　　009 $18\pi\,\mathrm{cm}$　　010 ③

---

001 정답 ○

002 정답 ×

해설 현의 길이는 중심각의 크기에 정비례하지 않는다.

003 정답 ○

004 정답 ○

005 정답 ③

해설 ㄴ. 한 원 또는 합동인 두 원에서 현의 길이는 중심
각의 크기에 정비례하지 않는다.
$$\therefore \overline{CD} < 2\overline{AB}$$
ㄷ. △COD < 2△AOB

006 정답 ②

해설 한 원 또는 합동인 두 원에서 호의 길이는 중심각의
크기에 정비례하므로
$$\angle AOB : \angle BOC : \angle COA = 2 : 3 : 4$$
$$\therefore \angle AOB = 360° \times \frac{2}{2+3+4} = 80°$$

007 정답 ④

해설 한 원 또는 합동인 두 원에서 부채꼴의 넓이는 호의
길이에 정비례한다.
부채꼴 AOB의 넓이를 $x\,\mathrm{cm}^2$이라 하면
$$4 : 16 = 8 : x, \ 4x = 128 \qquad \therefore x = 32(\mathrm{cm}^2)$$

008 정답 $25\,\mathrm{cm}$

해설 △OAD는 이등변삼각형이므로
$$\angle OAD = \angle ODA = 40°$$
$$\therefore \angle AOD = 180° - 2\angle OAD$$
$$= 180° - 80° = 100°$$
$\overline{AD} /\!/ \overline{OC}$이므로
$$\angle OAD = \angle BOC = 40° \text{(동위각)}$$

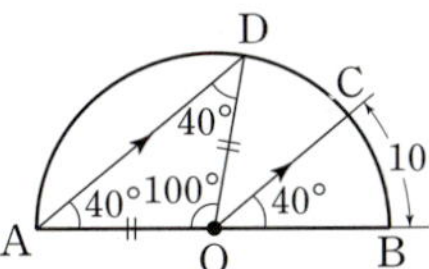

$$\widehat{AD} : \widehat{BC} = \angle AOD : \angle BOC$$
$$= 100° : 40° = 5 : 2$$
$$\therefore \widehat{AD} : 10 = 5 : 2$$
$$2\widehat{AD} = 50 \qquad \therefore \widehat{AD} = 25(\mathrm{cm})$$

009 정답 18π cm

해설 $\widehat{AC}+\widehat{AB}+\widehat{BD}+\widehat{CD}$
$=(\widehat{AC}+\widehat{BD})+(\widehat{AB}+\widehat{CD})$
$=2\pi\times6+2\pi\times3$
$=18\pi\,(\text{cm})$

010 정답 ③

해설

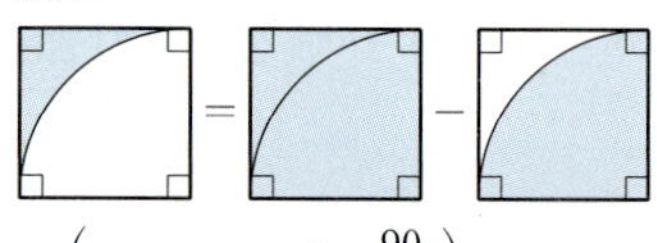

$$\therefore\left(2\times2-\pi\times2^2\times\frac{90}{360}\right)\times2=(8-2\pi)\,(\text{cm}^2)$$

 **070 다면체**　　　　　　　　본문 P. 283

001 ○　002 ×　003 ○　004 ○　005 ③　006 ⑤　007 ④
008 ③　009 정팔면체　　010 ③, ⑤　　011 ④

---

001 정답 ○

002 정답 ×

해설 모든 면이 합동인 정다각형이고 각 꼭짓점에 모인
면의 개수가 같은 다면체를 정다면체라 한다.

003 정답 ○

004 정답 ○

005 정답 ③

해설 주어진 그림의 다면체의 면의 개수는 7개이고 보기
의 다면체의 면의 개수는
① 6개　② 6개　③ 7개　④ 8개　⑤ 9개

006 정답 ⑤

해설 오각뿔대의 모서리는 15개이다.

007 정답 ④

해설 다면체의 옆면의 모양은
① 삼각형　② 삼각형　③ 직사각형　⑤ 사다리꼴

008 정답 ③

해설 옆면의 모양이 삼각형이므로 각뿔이고 밑면의 모서
리의 개수가 6개이므로 육각뿔이다.

009 정답 정팔면체

해설 모든 면이 합동인 정삼각형으로 이루어진 정다면체
는 정사면체, 정팔면체, 정이십면체이다.
꼭짓점의 개수가 6개인 정다면체는 정팔면체이다.

010 정답 ③, ⑤

해설 정팔면체, 정이십면체의 한 꼭짓점에 모인 면의 개수
는 각각 4개, 5개이다.

011 정답 ④

해설 ④ 정이십면체의 면의 모양은 정삼각형이다.

071 회전체　　　　　　　　본문 P. 284

001 ○　002 ×　003 ×　004 ○　005 4개　006 ③　007 ④
008 $12\,\text{cm}^2$　009 ③　010 ⑤　011 24π cm

---

001 정답 ○

해설 구는 회전축이 무수히 많다.

002 정답 ×

해설 원뿔대는 사다리꼴을 회전하여 얻어진 회전체이다.

003 정답 ×

해설 회전축에 수직인 평면으로 자른 단면은 모두 원이고
회전축을 포함한 평면으로 자른 단면은 모두 합동이다.

004 정답 ○

005 정답 4개

해설 회전체는 원뿔대, 반구, 원기둥, 원뿔로 모두 4개이다.

006 정답 ③

해설 ③ 원뿔대 — 등변사다리꼴

007 정답 ④

해설 주어진 그림은 원뿔대의 전개도이고 원뿔대를 회전
축을 포함하는 평면으로 자를 때 생기는 단면의 모양은 등
변사다리꼴이다.

008 정답 $12\,\text{cm}^2$

해설 직각삼각형을 변 AB를 축으로 하여 1회전시키면
다음 그림과 같은 회전체가 된다.

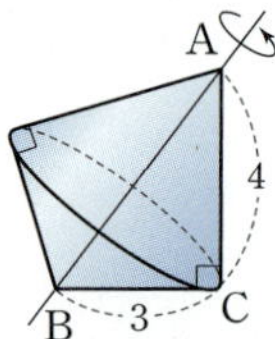

이 회전체를 축을 포함하는 평면으로 자를 때 생기는 단면
의 넓이는 회전시키기 전 도형인 직각삼각형의 넓이의 2
배이다.

$$\therefore\left(\frac{1}{2}\times3\times4\right)\times2=12\,(\text{cm}^2)$$

009 정답 ③

해설 원뿔의 전개도에서 부채꼴의 호의 길이는 원뿔의 밑면인 원의 둘레의 길이와 같다.

밑면인 원의 반지름의 길이가 r이므로

$$2\pi \times 6 \times \frac{120}{360} = 2\pi \times r \qquad \therefore r=2$$

010 정답 ⑤

해설 원뿔의 전개도에서 부채꼴의 호의 길이는 원뿔의 밑면인 원의 둘레의 길이와 같다.

부채꼴의 중심각의 크기를 $x°$라 하면

$$2\pi \times 6 \times \frac{x}{360} = 2\pi \times 3 \qquad \therefore x=180°$$

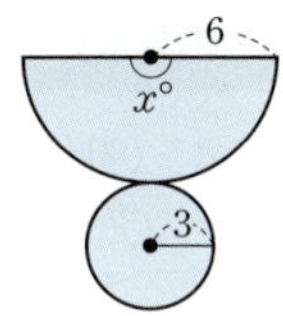

011 정답 $24\pi\,\mathrm{cm}$

해설 $\overset{\frown}{\mathrm{AB}} + \overset{\frown}{\mathrm{CD}} = 2\pi \times 4 + 2\pi \times 8 = 24\pi\,(\mathrm{cm})$

072 기둥, 뿔, 구의 겉넓이와 부피

본문 P. 285

001 ○　　002 ○　　003 ○　　004 ×　　005 ①　　006 ①
007 $16\pi\,\mathrm{cm}^2$　008 ⑤　　009 ②　　010 64개　　011 ③

---

001 정답 ○

002 정답 ○

003 정답 ○

004 정답 ×

해설 $\left(\dfrac{1}{2} \times 3 \times 4\right) \times 4 = 24\,(\mathrm{cm}^3)$

005 정답 ①

해설 직사각형을 직선 l을 축으로 하여 1회전시킬 때 생기는 입체도형은 다음 그림과 같다.

(큰 원기둥의 부피) $= (\pi \times 4^2) \times 5 = 80\pi$

(작은 원기둥의 부피) $= (\pi \times 2^2) \times 5 = 20\pi$

$$\therefore 80\pi - 20\pi = 60\pi\,(\mathrm{cm}^3)$$

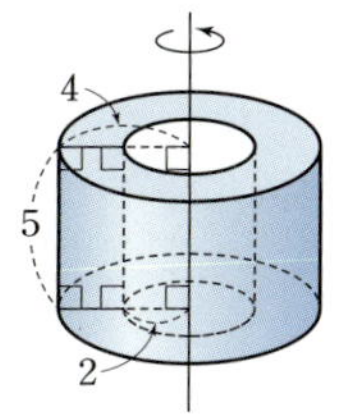

006 정답 ①

해설 $(3 \times 8) \times 2 + \left(2\pi \times 3 \times \dfrac{300}{360}\right) \times 8$

$\qquad + \left(\pi \times 3^2 \times \dfrac{300}{360}\right) \times 2$

$= 55\pi + 48$

007 정답 $16\pi\,\mathrm{cm}^2$

해설 밑면인 원의 반지름의 길이를 $r\,\mathrm{cm}$라 하면 원뿔의 전개도에서 부채꼴의 호의 길이는 원뿔의 밑면인 원의 둘레의 길이와 같으므로

$$2\pi \times 6 \times \frac{120}{360} = 2\pi \times r \qquad \therefore r=2$$

$$\therefore \pi \times 2^2 + \pi \times 6^2 \times \frac{120}{360} = 16\pi\,(\mathrm{cm}^2)$$

008 정답 ⑤

해설 원뿔대의 부피는 큰 원뿔의 부피에서 점선 부분인 작은 원뿔의 부피를 빼면 된다. 즉,

(큰 원뿔의 부피) $= \dfrac{1}{3} \times \pi \times 6^2 \times 8 = 96\pi$

(작은 원뿔의 부피) $= \dfrac{1}{3} \times \pi \times 3^2 \times 4 = 12\pi$

$$\therefore 96\pi - 12\pi = 84\pi\,(\mathrm{cm}^3)$$

009 정답 ②

해설 구의 $\dfrac{1}{8}$을 잘라냈으므로

$$(4\pi \times 4^2) \times \frac{7}{8} + \left\{(\pi \times 4^2) \times \frac{1}{4}\right\} \times 3$$

$$= 68\pi\,(\mathrm{cm}^2)$$

010 정답 64개

해설 구의 반지름의 길이를 $r\,\mathrm{cm}$라 하면

$$4\pi \times r^2 = 256 \qquad \therefore r=8$$

반지름의 길이가 8인 구의 부피는 $\dfrac{4}{3} \times \pi \times 8^3$

반지름의 길이가 2인 구의 부피는 $\dfrac{4}{3} \times \pi \times 2^3$

$$\therefore \left(\frac{4}{3} \times \pi \times 8^3\right) \div \left(\frac{4}{3} \times \pi \times 2^3\right) = 64\,(개)$$

011 정답 ③

해설 원기둥의 높이를 6으로 놓으면

(원뿔의 부피) : (구의 부피) : (원기둥의 부피)

$$= \left\{\frac{1}{3} \times (\pi \times 3^2) \times 6\right\} : \left(\frac{4}{3}\pi \times 3^3\right) : \{(\pi \times 3^2) \times 6\}$$

$$= 18\pi : 36\pi : 54\pi$$

$$= 1 : 2 : 3$$

073 이등변삼각형

본문 P. 286

001 ○　　002 ○　　003 ○　　004 ×　　005 125°　　006 50°
007 ③　　008 ④　　009 4 cm　　010 ①　　011 66°

---

001 정답 ○

002 정답 ○

003 정답 ○

004 정답 ×

해설 ∠BAM=40°이면 ∠A=80°이므로

$$\angle C=\frac{1}{2}\times(180°-80°)=50°$$

005 정답 125°

해설 ∠BAC=∠BCA이므로

$$\angle BAC=\frac{1}{2}\times(180°-70°)=55°$$

$$\therefore \angle DAC=180°-55°=125°$$

006 정답 50°

해설 △ABD에서 ∠DAB=∠DBA=40°이므로

∠ADC=∠DAB+∠DBA=40°+40°=80°

△ADC에서 $\angle DAC=\frac{1}{2}\times(180°-80°)=50°$

007 정답 ③

해설 $\overline{CB}=\overline{CD}$이므로 ∠CDB=∠B=70°

∴ ∠BCD=180°-(70°+70°)=40°

$\overline{AB}=\overline{AC}$이므로 ∠ACB=∠B=70°

∴ ∠ACD=∠ACB-∠BCD

$$=70°-40°=30°$$

008 정답 ④

해설 ∠B=x라 하면

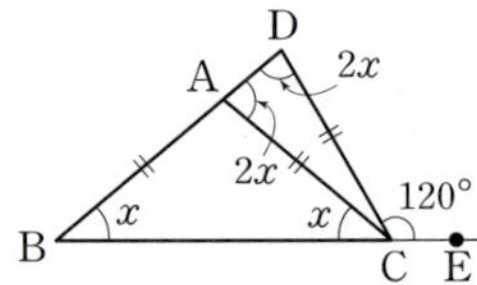

$\overline{AB}=\overline{AC}$이므로 ∠ACB=∠B=$x$

∠CAD=∠B+∠ACB=2x

$\overline{AC}=\overline{CD}$이므로 ∠D=∠CAD=2$x$

∠DCE=∠B+∠D이므로

$120°=x+2x$　　∴ $x=40°$

009 정답 4 cm

해설 $\overline{AB}=\overline{AC}$이므로

$\angle ABC=\angle C=\frac{1}{2}(180°-36°)=72°$

$\therefore \angle ABD=\angle DBC=\frac{1}{2}\times72°=36°$

즉, △ABD는 $\overline{AD}=\overline{BD}$인 이등변삼각형이다.

∠BDC=∠BAD+∠ABD=36°+36°=72°

즉, △BCD는 $\overline{BC}=\overline{BD}$인 이등변삼각형이다.

$\therefore \overline{AD}=\overline{BD}=\overline{BC}=4(cm)$

010 정답 ①

해설 ∠IFE=∠EFC=62° (접은 각)

$\overline{AD}\,/\!/\,\overline{BC}$이므로 ∠IEF=∠EFC=62° (엇각)

∴ ∠IFE=∠IEF=62°

△IFE에서 ∠EIF=180°-(62°+62°)=56°

011 정답 66°

해설 ∠C=x라 하면 ∠DBC=∠C=x

∠A=∠DBE=x-18° (접은 각)

삼각형의 세 내각의 크기의 합이 180°이므로

$x+x+(x-18°)=180°$　　∴ $x=66°$

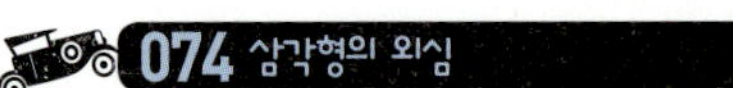

001 ×	002 ○	003 ×	004 ○	005 4 cm	006 3 cm
007 112°	008 130°	009 ③	010 ①	011 80°	

001 정답 ×

002 정답 ○

해설 점 O는 △ABC의 외심이므로 $\overline{OA}=\overline{OB}$이다.

003 정답 ×

004 정답 ○

005 정답 4 cm

해설 점 O가 △ABC의 외심이므로 $\overline{OA}=\overline{OC}$

△OAC에서 $\overline{OA}+\overline{OC}+6=14$

$$\therefore \overline{OA}=\overline{OC}=\frac{1}{2}\times(14-6)=4(cm)$$

006 정답 3 cm

해설 ∠A=90°-30°=60°

점 M이 △ABC의 외심이므로

$\overline{MA}=\overline{MC}=3$

∴ ∠MCA=∠A=60°

∴ ∠AMC=180°-2×60°=60°

△AMC는 정삼각형이므로 $\overline{AC}=\overline{MA}=3(cm)$

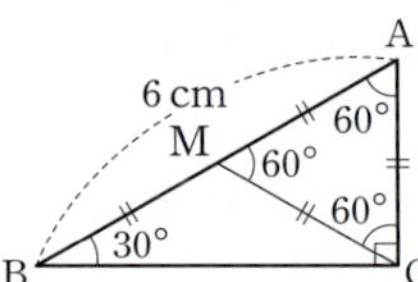

007 정답 112°

해설 점 M이 △ABC의 외심이므로

$\overline{AM}=\overline{BM}=\overline{CM}$

∴ ∠MAB=∠B=56°

∴ ∠AMC=∠MAB+∠B=56°+56°=112°

008 정답 $130°$

해설 $\angle OAB = \angle OBA = 25°$이므로

$\angle x = 180° - 2 \times 25° = 130°$

009 정답 ③

해설 $\overline{OB}$를 그으면

$x + 30° + 40° = 90°$ ∴ $\angle x = 20°$

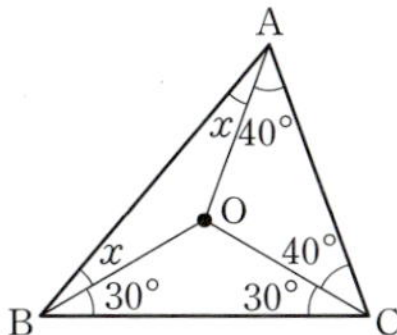

010 정답 ①

해설 $\overline{OC}$를 그으면

$\angle BOC = 180° - 2 \times 34° = 112°$

∴ $\angle x = \dfrac{1}{2} \angle BOC = \dfrac{1}{2} \times 112° = 56°$

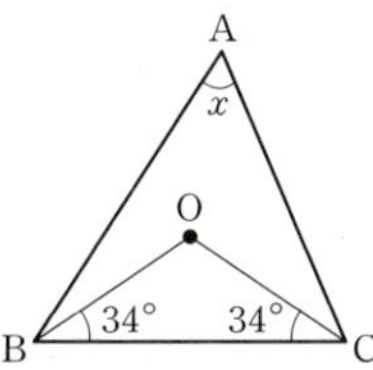

011 정답 $80°$

해설 $\angle COA = 360° \times \dfrac{4}{2+3+4} = 160°$

∴ $\angle ABC = \dfrac{1}{2} \angle COA = \dfrac{1}{2} \times 160° = 80°$

075 삼각형의 내심 · 본문 P. 288

001 × 002 ○ 003 × 004 ○ 005 $125°$ 006 ①
007 ⑤ 008 $50°$ 009 ④ 010 ③ 011 $15°$

---

001 정답 ×

002 정답 ○

해설 점 I는 △ABC의 내심이므로 $\overline{ID} = \overline{IE}$이다.

003 정답 ×

004 정답 ○

005 정답 $125°$

해설 △IBC의 세 내각의 크기의 합이 $180°$이므로

$x + 25° + 30° = 180°$ ∴ $\angle x = 125°$

006 정답 ①

해설 △ABC의 세 내각의 크기의 합이 $180°$이므로

$2x + 2 \times 30° + 70° = 180°$ ∴ $\angle x = 25°$

007 정답 ⑤

해설 △ABC의 세 내각의 크기의 합이 $180°$이므로

$x + 2 \times 30° + 2 \times 40° = 180°$ ∴ $\angle x = 40°$

008 정답 $50°$

해설 $115° = 90° + \dfrac{1}{2} x$ ∴ $\angle x = 50°$

009 정답 ④

해설 O가 △ABC의 외심이므로

$\angle BOC = 2\angle A = 2 \times 52° = 104°$

I가 △OBC의 내심이므로

$\angle x = 90° + \dfrac{1}{2} \angle BOC$

$= 90° + \dfrac{1}{2} \times 104° = 142°$

010 정답 ③

해설 외심과 내심이 일치하므로 △ABC는 정삼각형이다.

∴ $\angle x = 2\angle A = 2 \times 60° = 120°$

011 정답 $15°$

해설 △ABC가 이등변삼각형이므로

$\angle B = \angle C = \dfrac{1}{2} \times (180° - 80°) = 50°$

I가 △ABC의 내심이므로

$\angle IBC = \angle IBA = \dfrac{1}{2} \angle B = \dfrac{1}{2} \times 50° = 25°$

O가 △ABC의 외심이므로

$\angle BOC = 2\angle A = 2 \times 80° = 160°$

△BOC가 이등변삼각형이므로

$\angle OBC = \dfrac{1}{2} \times (180° - 160°) = 10°$

∴ $\angle x = \angle IBC - \angle OBC = 25° - 10° = 15°$

076 삼각형의 내접원의 활용 · 본문 P. 289

001 ○ 002 × 003 ○ 004 ○ 005 $2\,\mathrm{cm}$ 006 $9\pi\,\mathrm{cm}^2$
007 ② 008 ③ 009 $5\,\mathrm{cm}$ 010 $11\,\mathrm{cm}$ 011 ①

---

001 정답 ○

002 정답 ×

해설 $\overline{AD} = \overline{AF} = 2$

∴ $\overline{BD} = \overline{AB} - \overline{AD} = 7 - 2 = 5$

003 정답 ○

해설 $\overline{AD} = \overline{AF} = 2$

$\overline{BE} = \overline{BD} = \overline{AB} - \overline{AD} = 7 - 2 = 5$

$\overline{CE} = \overline{CF} = \overline{AC} - \overline{AF} = 5 - 2 = 3$

∴ $\overline{BC} = \overline{BE} + \overline{CE} = 5 + 3 = 8$

004 정답 ○

해설 $\dfrac{1}{2}\times2\times(5+7+8)=20$

005 정답 $2\,\mathrm{cm}$

해설 △ABC의 내접원의 반지름의 길이를 $r\,\mathrm{cm}$라 하면

$\dfrac{1}{2}\times12\times5=\dfrac{1}{2}\times r\times(13+12+5)$

$\therefore r=2\,(\mathrm{cm})$

006 정답 $9\pi\,\mathrm{cm}^2$

해설 △ABC의 내접원의 반지름의 길이를 $r\,\mathrm{cm}$라 하면

$(\triangle\mathrm{ABC}$의 넓이$)=\dfrac{1}{2}\times r\times(\triangle\mathrm{ABC}$의 둘레의 길이$)$

이므로

$36=\dfrac{1}{2}\times r\times24 \qquad \therefore r=3$

$\therefore \pi\times3^2=9\pi\,(\mathrm{cm}^2)$

007 정답 ②

해설 △ABC의 내접원의 반지름의 길이를 r라 하면

$\triangle\mathrm{ABC}:\triangle\mathrm{IBC}=\dfrac{1}{2}\times r\times(7+8+9):\dfrac{1}{2}\times r\times9$

$=8:3$

008 정답 ③

해설 △ABC의 내접원의 반지름의 길이를 $r\,\mathrm{cm}$라 하면

$(\triangle\mathrm{ABC}$의 넓이$)=\dfrac{1}{2}\times r\times(\triangle\mathrm{ABC}$의 둘레의 길이$)$

이므로

$\dfrac{1}{2}\times4\times3=\dfrac{1}{2}\times r\times(3+4+5) \qquad \therefore r=1$

$\angle\mathrm{AIC}=90^\circ+\dfrac{1}{2}\angle\mathrm{B}=90^\circ+45^\circ=135^\circ$

$\therefore \pi\times1^2\times\dfrac{135}{360}=\dfrac{3}{8}\pi\,(\mathrm{cm}^2)$

009 정답 $5\,\mathrm{cm}$

해설 $\overline{\mathrm{BE}}=x\,\mathrm{cm}$라 하면 $\overline{\mathrm{BE}}=\overline{\mathrm{BD}}=x$

$\overline{\mathrm{AD}}=\overline{\mathrm{AF}}=7-x,\ \overline{\mathrm{CE}}=\overline{\mathrm{CF}}=8-x$

$\overline{\mathrm{AC}}=\overline{\mathrm{AF}}+\overline{\mathrm{CF}}=5$이므로 $(7-x)+(8-x)=5$

$\therefore x=5\,(\mathrm{cm})$

010 정답 $11\,\mathrm{cm}$

해설 I가 △ABC의 내심이므로

$\angle\mathrm{IBD}=\angle\mathrm{IBC}$

$\overline{\mathrm{DE}}\,/\!/\,\overline{\mathrm{BC}}$이므로 $\angle\mathrm{IBC}=\angle\mathrm{BID}$ (엇각)

$\therefore \angle\mathrm{IBD}=\angle\mathrm{BID}$

즉, △DBI는 $\overline{\mathrm{DB}}=\overline{\mathrm{DI}}$인 이등변삼각형이다.

같은 방법으로 △ECI는 $\overline{\mathrm{EC}}=\overline{\mathrm{EI}}$인 이등변삼각형이다.

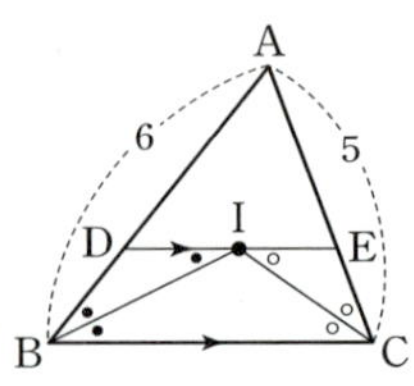

$\therefore \overline{\mathrm{AD}}+\overline{\mathrm{DE}}+\overline{\mathrm{AE}}$

$=\overline{\mathrm{AD}}+(\overline{\mathrm{DI}}+\overline{\mathrm{EI}})+\overline{\mathrm{AE}}$

$=\overline{\mathrm{AD}}+(\overline{\mathrm{DB}}+\overline{\mathrm{EC}})+\overline{\mathrm{AE}}$

$=(\overline{\mathrm{AD}}+\overline{\mathrm{DB}})+(\overline{\mathrm{AE}}+\overline{\mathrm{EC}})$

$=\overline{\mathrm{AB}}+\overline{\mathrm{AC}}$

$=6+5=11\,(\mathrm{cm})$

011 정답 ①

해설 $\overline{\mathrm{DB}}=\overline{\mathrm{DI}},\ \overline{\mathrm{EC}}=\overline{\mathrm{EI}}$이므로

$\overline{\mathrm{AB}}+\overline{\mathrm{BC}}+\overline{\mathrm{CA}}$

$=(\overline{\mathrm{AD}}+\overline{\mathrm{DB}})+\overline{\mathrm{BC}}+(\overline{\mathrm{CE}}+\overline{\mathrm{EA}})$

$=(\overline{\mathrm{AD}}+\overline{\mathrm{DI}})+\overline{\mathrm{BC}}+(\overline{\mathrm{IE}}+\overline{\mathrm{EA}})$

$=\overline{\mathrm{AD}}+(\overline{\mathrm{DI}}+\overline{\mathrm{IE}})+\overline{\mathrm{BC}}+\overline{\mathrm{EA}}$

$=\overline{\mathrm{AD}}+\overline{\mathrm{DE}}+\overline{\mathrm{EA}}+\overline{\mathrm{BC}}$

$=4+6+5+10=25\,(\mathrm{cm})$

본문 P. 290

001 ○	**002** ○	**003** ○	**004** ○	**005** ③	**006** $3\,\mathrm{cm}$
007 $2\,\mathrm{cm}$	**008** ③	**009** ②	**010** $80\,\mathrm{cm}^2$		**011** $15\,\mathrm{cm}^2$

---

001 정답 ○

해설 두 쌍의 대변의 길이가 각각 같다.

002 정답 ○

해설 두 쌍의 대각의 크기가 각각 같다.

003 정답 ○

해설 두 대각선이 서로 다른 것을 이등분한다.

004 정답 ○

해설 한 쌍의 대변이 평행하고 그 길이가 같다.

005 정답 ③

해설 $x=\angle\mathrm{ACB}=50^\circ$ (엇각)

$\angle\mathrm{B}+\angle\mathrm{BCD}=180^\circ$이므로

$60^\circ+(50^\circ+y)=180^\circ \qquad \therefore y=70^\circ$

$\therefore \angle y-\angle x=70^\circ-50^\circ=20^\circ$

006 정답 $3\,\mathrm{cm}$

해설 $\angle\mathrm{AEB}=\angle\mathrm{DAE}$(엇각)이므로

$\overline{\mathrm{BE}}=\overline{\mathrm{AB}}=5$

$\therefore \overline{\mathrm{EC}}=\overline{\mathrm{BC}}-\overline{\mathrm{BE}}=7-5=2$

∠DFC=∠ADF(엇각)이므로
$\overline{FC}=\overline{DC}=5$
∴ $\overline{FE}=\overline{FC}-\overline{EC}=5-2=3(cm)$

007 정답 2cm
해설 ∠BFC=∠DCF(엇각)이므로
∠BFC=∠BCF
즉, △BCF는 $\overline{BF}=\overline{BC}$인 이등변삼각형이므로
$\overline{BF}=\overline{BC}=5$
∴ $\overline{AF}=\overline{BF}-\overline{AB}=5-3=2(cm)$

008 정답 ③
해설 ① 두 쌍의 대각의 크기가 각각 같으므로 평행사변
형이다.
② 한 쌍의 대변이 평행하고, 그 길이가 같으므로 평행사
변형이다.
④ 두 대각선이 서로 다른 것을 이등분하므로 평행사변형
이다.
⑤ 한 쌍의 대변이 평행하고 그 길이가 같으므로 평행사변
형이다.

009 정답 ②
해설 △EOD+△COF
=△EOD+△AOE=△AOD
=$\dfrac{1}{4}$□ABCD=$\dfrac{1}{4}×100=25(cm^2)$

010 정답 80cm²
해설 △BOC=△COD=△AOB=10이므로
△BCD=△BOC+△COD=10+10=20
∴ □BFED=4△BCD=4×20=80(cm²)

011 정답 15cm²
해설 △PAB+△PCD=$\dfrac{1}{2}$□ABCD=$\dfrac{1}{2}×70=35$
∴ △PAB=$35×\dfrac{3}{3+4}=15(cm^2)$

078 여러 가지 사각형
본문 P. 291

001 정답 ㄱ, ㄴ

002 정답 ㄷ, ㄹ

003 정답 ㄷ, ㄹ

004 정답 ㄱ, ㄴ

005 정답 ④
해설 ① 평행사변형의 두 대각선의 길이가 같으면 직사각
형이다.
② $\overline{OA}=\overline{OD}$이면 $\overline{AC}=\overline{BD}$이다. 즉, 두 평행사변형의
두 대각선의 길이가 같으면 직사각형이다.
③ ∠A+∠B=180°이므로
∠A=∠B이면 ∠A=∠B=90°이다.
□ABCD는 직사각형이다.
⑤ 평행사변형의 한 내각이 직각이면 직사각형이다.

006 정답 3
해설 ∠CDO=∠ADO=30° ∴ ∠ADC=60°
∠ADC=60°, $\overline{AD}=\overline{CD}$이므로 △ADC는 정삼각형이다.
∴ $x=\dfrac{1}{2}\overline{AC}=\dfrac{1}{2}\overline{CD}=\dfrac{1}{2}×6=3(cm)$

007 정답 2
해설 ∠ADB=∠DBC=30°(엇각)이므로
△AOD에서 ∠AOD=180°−(60°+30°)=90°
평행사변형 ABCD의 두 대각선이 직교하므로
□ABCD는 마름모이다.
∴ 2a+4=8
∴ a=2

008 정답 ①, ④
해설 직사각형이 정사각형이 되는 조건은
① $\overline{AB}=\overline{BC}$, 즉 이웃하는 두 변의 길이가 같아야 한다.
④ ∠AOB=∠AOD, 즉 두 대각선이 직교해야 한다.

009 정답 78°
해설 △ABD는 $\overline{AB}=\overline{AD}$인 이등변삼각형이므로
∠ADB=∠ABD=34°
$\overline{AD}$∥$\overline{BC}$이므로 ∠CBD=∠ADB=34°(엇각)
∴ ∠B=34°+34°=68°
□ABCD는 등변사다리꼴이므로
∠C=∠B=68°
△BCD에서 ∠x=180°−(34°+68°)=78°

010 정답 36cm
해설 $\overline{AE}$∥$\overline{DC}$가 되도록 $\overline{BC}$ 위에 점 E를 잡으면

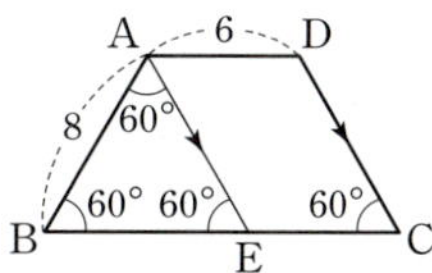

□AECD는 평행사변형이므로
$\overline{EC}=\overline{AD}=6$
∠C=∠B=60°, ∠AEB=∠C=60°(동위각)이므로
△ABE는 정삼각형이다.

$\therefore \overline{BE}=\overline{AB}=8$

$\therefore \overline{AB}+\overline{BC}+\overline{CD}+\overline{DA}$

$=8+(8+6)+8+6$

$=36(\text{cm})$

011 정답 ③

해설 $\angle BAD+\angle ADC=180°$이므로

$\angle FAD+\angle ADF=90°$

$\triangle ADF$에서 $\angle AFD=90°$

같은 방법으로 $\angle FGH=\angle GHE=\angle HEF=90°$

$\square EFGH$는 직사각형이다.

---

079 여러 가지 사각형 사이의 관계, 평행선과 넓이   본문 P. 292

001 ㄴ, ㄹ	002 ㄷ, ㄹ	003 ㄷ, ㄹ	
004 ㄷ, ㄹ	005 ①, ③	006 ⑤	007 30 cm²
008 ①	009 6 cm²	010 24 cm²	011 ③

---

001 정답 ㄴ, ㄹ

002 정답 ㄷ, ㄹ

003 정답 ㄷ, ㄹ

004 정답 ㄷ, ㄹ

005 정답 ①, ③

006 정답 ⑤

007 정답 30 cm²

해설 $\overline{EA}/\!/\overline{BD}$이므로 $\triangle EBD=\triangle ABD$

$\therefore \triangle DEC=\triangle EBD+\triangle BCD$

$=\triangle ABD+\triangle BCD$

$=\square ABCD$

$=30(\text{cm}^2)$

008 정답 ①

해설 $\overline{AC}/\!/\overline{DE}$이므로

$\triangle ADC=\triangle AEC$

$=\triangle ABC-\triangle ABE$

$=8-5=3(\text{cm}^2)$

009 정답 6 cm²

해설 $\triangle APD:\triangle PCD=1:2$이므로

$\triangle APD=\dfrac{1}{3}\triangle ACD$

$=\dfrac{1}{3}\times\dfrac{1}{2}\times\square ABCD$

$=\dfrac{1}{6}\times 36=6(\text{cm}^2)$

010 정답 24cm²

해설 $\overline{AN}:\overline{NM}=1:2$이므로

$\triangle ABN:\triangle BMN=1:2$

즉, $\triangle ABN:8=1:2$ $\therefore \triangle ABN=4$

$\triangle ABM=\triangle ABN+\triangle BMN=4+8=12$

$\therefore \triangle ABC=2\triangle ABM=2\times 12=24(\text{cm}^2)$

011 정답 ③

해설 $\overline{AO}:\overline{OC}=1:2$이므로

$\triangle AOD:\triangle COD=1:2$

즉, $6:\triangle COD=1:2$ $\therefore \triangle COD=12$

$\triangle AOB=\triangle COD=12$이고

$\triangle AOB:\triangle OBC=1:2$이므로

$12:\triangle OBC=1:2$ $\therefore \triangle OBC=24$

$\therefore \square ABCD=\triangle AOD+\triangle COD+\triangle AOB+\triangle OBC$

$=6+12+12+24=54(\text{cm}^2)$

---

080 닮은 도형   본문 P. 293

001 ×	002 ○	003 ○	004 ×	005 ②, ④	006 ⑤
007 ⑤	008 27 cm	009 ②	010 ④	011 9 cm	

---

001 정답 ×

해설 닮음인 두 도형의 넓이는 다를 수 있다.

002 정답 ○

003 정답 ○

004 정답 ×

해설 두 닮은 도형의 대응하는 변의 길이의 비는 같다.

005 정답 ②, ④

006 정답 ⑤

해설 ⑤ $\angle A:\angle D=1:1$

007 정답 ⑤

해설 $\angle C=180°-(60°+70°)=50°$이므로

$\angle A=\angle E, \angle C=\angle D$

$\therefore \triangle ABC\backsim\triangle EFD$ (AA닮음)

두 삼각형의 닮음비는 $a:e=b:f=c:d$

008 정답 27 cm

해설 $\overline{AC}:\overline{DF}=3:4$이므로

$\overline{AC}:8=3:4$ $\therefore \overline{AC}=6$

$\overline{BC}:\overline{EF}=3:4$이므로

$\overline{BC}:12=3:4$ $\therefore \overline{BC}=9$

$\therefore \overline{AB}+\overline{BC}+\overline{CA}=12+9+6=27(\text{cm})$

009 정답 ②

해설 ∠A는 공통

$\overline{AD}:\overline{AC}=5:15=1:3$

$\overline{AE}:\overline{AB}=4:12=1:3$

∴ △ADE∽△ACB (SAS닮음)

010 정답 ④

해설 ∠BAC=∠BED, ∠B는 공통

∴ △ABC∽△EBD (AA닮음)

$\overline{EC}=x$ cm라 하면 $\overline{BC}=x+5$

$\overline{AB}:\overline{EB}=\overline{BC}:\overline{BD}$이므로

$10:5=(x+5):4$ ∴ $x=3$(cm)

011 정답 9cm

해설 $\overline{AB}/\!/\overline{DE}$이므로 ∠ABF=∠DEF (엇각)

∠AFB=∠DFE (맞꼭지각)

∴ △ABF∽△DEF (AA닮음)

$\overline{AB}:\overline{DE}=\overline{DC}:\overline{DE}=6:4=3:2$

$\overline{AB}:\overline{DE}=\overline{AF}:\overline{DF}=3:2$이므로

$\overline{AF}=\dfrac{3}{5}\overline{AD}=\dfrac{3}{5}\times15=9$(cm)

081 닮음의 활용 본문 P. 294

001 $\dfrac{9}{5}$ 002 $\dfrac{16}{5}$ 003 $\dfrac{12}{5}$ 004 ⑤ 005 20 cm 006 10 cm

007 ③ 008 15 009 ① 010 24 cm

---

001 정답 $\dfrac{9}{5}$

해설 $3^2=\overline{BD}\times5$ ∴ $\overline{BD}=\dfrac{9}{5}$

002 정답 $\dfrac{16}{5}$

해설 $4^2=\overline{CD}\times5$ ∴ $\overline{CD}=\dfrac{16}{5}$

003 정답 $\dfrac{12}{5}$

해설 $\overline{AD}^2=\overline{BD}\times\overline{CD}=\dfrac{9}{5}\times\dfrac{16}{5}$ ∴ $\overline{AD}=\dfrac{12}{5}$

004 정답 ⑤

해설 ① ∠B는 공통, ∠BAC=∠BDA=90°이므로

△ABC∽△DBA (AA닮음)

② ∠C는 공통, ∠BAC=∠ADC=90°이므로

△ABC∽△DAC (AA닮음)

③ △ABC∽△DBA, △ABC∽△DAC이므로

△DBA∽△DAC

④ △DBA∽△DAC이므로

$\overline{BD}:\overline{AD}=\overline{AD}:\overline{CD}$ ∴ $\overline{AD}^2=\overline{BD}\times\overline{CD}$

⑤ △ABC∽△DAC이므로

$\overline{AC}:\overline{DC}=\overline{BC}:\overline{AC}$ ∴ $\overline{AC}^2=\overline{BC}\times\overline{DC}$

005 정답 20cm

해설 $\overline{AD}^2=\overline{BD}\times\overline{CD}$이므로

$12^2=\overline{BD}\times9$ ∴ $\overline{BD}=16$

$\overline{AB}^2=\overline{BD}\times\overline{BC}$이므로

$\overline{AB}^2=16\times(16+9)=400$ ∴ $\overline{AB}=20$(cm)

006 정답 10cm

해설 ∠ABF=∠DFE, ∠A=∠D=90°이므로

△ABF∽△DFE (AA닮음)

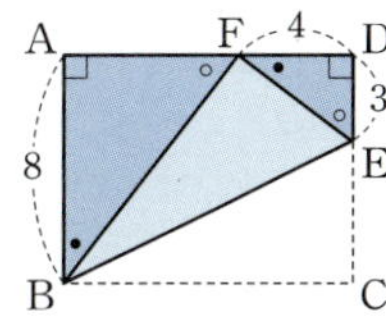

$\overline{CE}=\overline{CD}-\overline{DE}=8-3=5$이므로

$\overline{FE}=\overline{CE}=5$

$\overline{AB}:\overline{DF}=\overline{BF}:\overline{FE}$이므로

$8:4=\overline{BF}:5$ ∴ $\overline{BF}=10$(cm)

007 정답 ③

해설 △DBE∽△ECF(AA닮음)이고

$\overline{AC}=\overline{AF}+\overline{FC}=\overline{EF}+\overline{FC}=7+3=10$

$\overline{BE}=\overline{BC}-\overline{EC}=10-8=2$이므로

$\overline{DE}:\overline{EF}=\overline{BE}:\overline{CF}$에서 $\overline{DE}:7=2:3$

∴ $\overline{DE}=\dfrac{14}{3}$(cm)

008 정답 15

해설 $2:(2+4)=3:x$ ∴ $x=9$

$2:4=3:y$ ∴ $y=6$

∴ $x+y=9+6=15$

009 정답 ①

해설 $10:(10+x)=8:12$ ∴ $x=5$

$10:(10+5)=4:y$ ∴ $y=6$

∴ $x+y=5+6=11$

010 정답 24cm

해설 $3:6=4:\overline{CA}$ ∴ $\overline{CA}=8$

$3:6=5:\overline{BC}$ ∴ $\overline{BC}=10$

∴ $\overline{AB}+\overline{BC}+\overline{CA}=6+10+8=24$(cm)

082 각의 이등분선, 평행선과 선분 본문 P. 295

001 3:4 002 3:4 003 12 004 ③ 005 9cm²

006 ① 007 ① 008 9cm 009 ④ 010 $\dfrac{8}{3}$cm

---

001 정답 3:4

해설 $\overline{BD}:\overline{CD}=9:12=3:4$

002 정답 $3:4$

003 정답 12
해설 $\triangle ABD:\triangle ADC=3:4$이므로
$9:\triangle ADC=3:4$ $\therefore \triangle ADC=12$

004 정답 ③
해설 $8:6=\overline{BD}:(7-\overline{BD})$이므로
$6\overline{BD}=56-8\overline{BD}$ $\therefore \overline{BD}=4(\text{cm})$

005 정답 $9\,\text{cm}^2$
해설 $\overline{CD}:\overline{BD}=6:4=3:2$이므로
$\overline{BD}:\overline{BC}=2:1$
$\triangle ABD:\triangle ABC=2:1$이므로
$\triangle ABC=\dfrac{1}{2}\triangle ABD=\dfrac{1}{2}\times 18=9(\text{cm}^2)$

006 정답 ①
해설 $10:5=8:x$ $\therefore x=4(\text{cm})$

007 정답 ①
해설

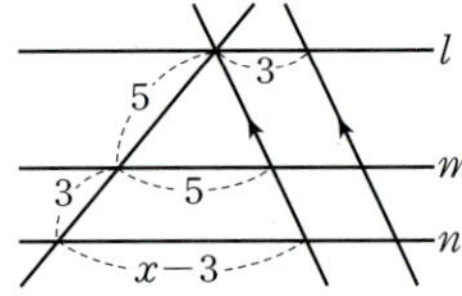

$5:(5+3)=5:(x-3)$ $\therefore x=11$

008 정답 $9\,\text{cm}$
해설 $\overline{DC}$와 평행한 직선 AH를 그으면

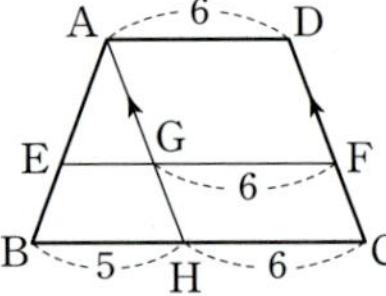

$\overline{AE}:\overline{AB}=\overline{EG}:\overline{BH}$이므로
$3:(3+2)=\overline{EG}:5$ $\therefore \overline{EG}=3$
$\therefore \overline{EF}=\overline{EG}+\overline{GF}=3+6=9(\text{cm})$

009 정답 ④
해설 $\triangle ABC$에서 $\overline{AE}:\overline{AB}=\overline{EN}:\overline{BC}$
$3:(3+2)=\overline{EN}:6$ $\therefore \overline{EN}=\dfrac{18}{5}$
$\triangle ABD$에서 $\overline{BE}:\overline{BA}=\overline{EM}:\overline{AD}$
$2:(2+3)=\overline{EM}:5$ $\therefore \overline{EM}=2$
$\therefore \overline{MN}=\overline{EN}-\overline{EM}=\dfrac{18}{5}-2=\dfrac{8}{5}(\text{cm})$

010 정답 $\dfrac{8}{3}\,\text{cm}$
해설 $\triangle AOD \backsim \triangle COB\,(\text{AA닮음})$이므로
$\overline{AO}:\overline{OC}=4:8=1:2$

$1:(1+2)=\overline{EO}:\overline{BC}$
$1:(1+2)=\overline{EO}:8$ $\therefore \overline{EO}=\dfrac{8}{3}(\text{cm})$

---

083 삼각형의 두 변의 중점을 연결한 선분의 성질 본문 P. 296

001 ○ 002 × 003 ○ 004 ○ 005 $\dfrac{8}{5}\,\text{cm}$ 006 ②
007 18 cm 008 ② 009 18 cm 010 ④
011 2 cm

---

001 정답 ○
해설 $\angle AEB=\angle CED$ (맞꼭지각)
$\angle BAE=\angle DCE$ (엇각)
$\therefore \triangle ABE \backsim \triangle CDE\,(\text{AA닮음})$

002 정답 ×
해설 $\triangle ABE \backsim \triangle CDE\,(\text{AA닮음})$
$\therefore \overline{BE}:\overline{DE}=\overline{AB}:\overline{CD}=4:6=2:3$

003 정답 ○
해설 $\angle EBF=\angle DBC,\ \angle BFE=\angle BCD$
$\therefore \triangle BFE \backsim \triangle BCD\,(\text{AA닮음})$

004 정답 ○
해설 $\triangle BFE \backsim \triangle BCD\,(\text{AA닮음})$
$\therefore \overline{EF}:\overline{DC}=\overline{BE}:\overline{BD}=4:(4+6)=2:5$

005 정답 $\dfrac{8}{5}\,\text{cm}$
해설 $\triangle ABE \backsim \triangle CDE\,(\text{AA닮음})$이므로
$\overline{BE}:\overline{DE}=2:3$
$\therefore \overline{BE}:\overline{BD}=2:(2+3)=2:5$
$\triangle BCD$에서 $\overline{BF}:\overline{BC}=\overline{BE}:\overline{BD}$
$\therefore \overline{BF}:4=2:5$ $\therefore \overline{BF}=\dfrac{8}{5}(\text{cm})$

006 정답 ②
해설 $\triangle ABP \backsim \triangle CDP\,(\text{AA닮음})$이고
닮음비는 $8:12=2:3$
$\triangle BHP \backsim \triangle BCD$이므로 $\overline{PH}:\overline{DC}=\overline{BH}:\overline{BC}$
$\overline{PH}:12=2:(2+3)$ $\therefore \overline{PH}=4.8(\text{cm})$

007 정답 $18\,\text{cm}$
해설 $\overline{EF}+\overline{FD}+\overline{DE}=\dfrac{1}{2}(\overline{AB}+\overline{BC}+\overline{CA})$
$=\dfrac{1}{2}\times 36=18(\text{cm})$

008 정답 ②
해설 $\overline{EG}=x\,\text{cm}$라 하면
$\triangle AFD$에서 $\overline{FD}=2\overline{EG}=2x$
$\triangle BCE$에서 $\overline{CE}=2\overline{FD}=4x$
$\overline{CG}=\overline{CE}-\overline{EG}=4x-x=3x=6$
$\therefore x=2(\text{cm})$

009 [정답] 18cm

[해설] $\overline{EF}=\overline{HG}=\dfrac{1}{2}\overline{AC}=\dfrac{1}{2}\times 8=4$

$\overline{EH}=\overline{FG}=\dfrac{1}{2}\overline{BD}=\dfrac{1}{2}\times 10=5$

$\therefore$ (□EFGH의 둘레의 길이)$=(4+5)\times 2=18(cm)$

010 [정답] ④

[해설] △ABC에서 $\overline{EG}=\dfrac{1}{2}\overline{BC}=\dfrac{1}{2}\times 10=5$

△ACD에서 $\overline{GF}=\dfrac{1}{2}\overline{AD}=\dfrac{1}{2}\times 4=2$

$\therefore \overline{EF}=\overline{EG}+\overline{GF}=5+2=7(cm)$

011 [정답] 2cm

[해설] △ABD에서 $\overline{MP}=\dfrac{1}{2}\overline{AD}=\dfrac{1}{2}\times 8=4$

△ABC에서 $\overline{MQ}=\dfrac{1}{2}\overline{BC}=\dfrac{1}{2}\times 12=6$

$\therefore \overline{PQ}=\overline{MQ}-\overline{MP}=6-4=2(cm)$

084 삼각형의 중선과 무게중심 본문 P. 297

001 ○ 002 × 003 ○ 004 ○ 005 4cm² 006 ⑤
007 4cm 008 10 009 ③ 010 ② 011 12cm

001 [정답] ○

002 [정답] ×

[해설] $\overline{AG}=\dfrac{2}{3}\overline{AD}$, $\overline{BG}=\dfrac{2}{3}\overline{BE}$, $\overline{CG}=\dfrac{2}{3}\overline{CF}$

△ABC의 세 중선 $\overline{AD}$, $\overline{BE}$, $\overline{CF}$의 길이가 서로 같은지 알 수 없으므로 $\overline{AG}$, $\overline{BG}$, $\overline{CG}$가 서로 같다고 할 수 없다.

003 [정답] ○

004 [정답] ○

005 [정답] 4cm²

[해설] $\triangle ABM=\dfrac{1}{2}\triangle ABC$

$\triangle ABD=\dfrac{1}{2}\triangle ABM$

$\therefore \triangle ABD=\dfrac{1}{4}\triangle ABC=\dfrac{1}{4}\times 16=4(cm^2)$

006 [정답] ⑤

[해설] G가 △ABC의 무게중심이므로

$\overline{CG}=2\overline{GD}=2\times 5=10$ $\therefore \overline{CD}=15$

직각삼각형 ABC에서 빗변의 중점 D는 △ABC의 외심이므로

$\overline{AD}=\overline{BD}=\overline{CD}=15$

$\therefore \overline{AB}=2\overline{AD}=2\times 15=30(cm)$

007 [정답] 4cm

[해설] $\overline{GG'}=\dfrac{2}{3}\overline{GD}=\dfrac{2}{3}\times\dfrac{1}{3}\overline{AD}$

$=\dfrac{2}{9}\times 18=4(cm)$

008 [정답] 10

[해설] $\overline{AG}:\overline{GD}=2:1$이므로

$x:3=2:1$ $\therefore x=6$

D는 $\overline{BC}$의 중점이므로

$\overline{DC}=\overline{BD}=6$

△ADC에서 $\overline{GF}/\!/\overline{DC}$이므로

$\overline{AG}:\overline{AD}=\overline{GF}:\overline{DC}$

$6:(6+3)=y:6$ $\therefore y=4$

$\therefore x+y=6+4=10$

009 [정답] ③

[해설] G가 △ABC의 무게중심이므로

$\triangle GDC=\triangle GCE=\triangle BGD=5$

$\therefore$ □DCEG$=\triangle GDC+\triangle GCE$

$=5+5=10(cm^2)$

010 [정답] ②

[해설] $\triangle GBC=6\triangle G'BD=6\times 2=12$

$\therefore \triangle ABC=3\triangle GBC=3\times 12=36(cm^2)$

011 [정답] 12cm

[해설] P, Q는 각각 △ABC, △ACD의 무게중심이므로

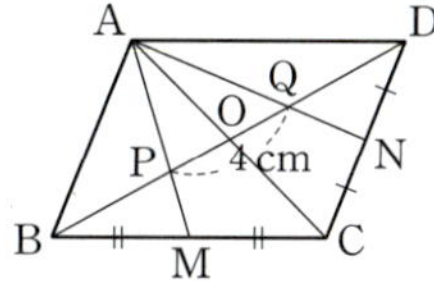

$\overline{BO}=3\overline{PO}$, $\overline{OD}=3\overline{OQ}$

$\therefore \overline{BD}=\overline{BO}+\overline{OD}=3(\overline{PO}+\overline{OQ})$

$=3\overline{PQ}=3\times 4=12(cm)$

085 닮은 도형의 넓이와 부피 본문 P. 298

001 ○ 002 ○ 003 × 004 ○ 005 33cm²
006 18cm² 007 7cm² 008 36cm² 009 ⑤ 010 ①
011 125개

001 [정답] ○

002 [정답] ○

003 [정답] ×

[해설] $20:$ (B의 밑면의 넓이)$=2^2:3^2$

$\therefore$ (B의 밑면의 넓이)$=45$

004 정답 ○

해설 (A의 부피) : $54=2^3:3^3$

$\therefore$ (A의 부피)$=16$

005 정답 $33\,\text{cm}^2$

해설 $\triangle ADE \backsim \triangle ABC$ (AA닮음)

닮음비는 $\overline{AD}:\overline{AB}=4:(4+3)=4:7$이므로

$\triangle ADE:\triangle ABC=4^2:7^2$

$16:\triangle ABC=16:49$

$\therefore \triangle ABC=49$

$\therefore \square DBCE=\triangle ABC-\triangle ADE$

$\qquad\qquad =49-16=33(\text{cm}^2)$

006 정답 $18\,\text{cm}^2$

해설 $\triangle AOD \backsim \triangle COB$ (AA닮음)

닮음비는 $\overline{AD}:\overline{BC}=6:8=3:4$이므로

$\triangle AOD:\triangle COB=3^2:4^2$

$\triangle AOD:32=9:16$

$\therefore \triangle AOD=18(\text{cm}^2)$

007 정답 $7\,\text{cm}^2$

해설 $\triangle AED \backsim \triangle ABC$ (AA닮음)

닮음비는 $\overline{AE}:\overline{AB}=6:12=1:2$이므로

$\triangle AED:\triangle ABC=1^2:2^2$

$\triangle AED:28=1:4$ $\qquad \therefore \triangle AED=7(\text{cm}^2)$

008 정답 $36\,\text{cm}^2$

해설 두 삼각기둥의 닮음비가 $2:3$이므로 겉넓이의 비는

$2^2:3^2=4:9$

(작은 삼각기둥의 겉넓이) : $81=4:9$

$\therefore$ (작은 삼각기둥의 겉넓이)$=36(\text{cm}^2)$

009 정답 ⑤

해설 A, B의 겉넓이의 비가 $12:27=2^2:3^2$이므로

닮음비는 $2:3$

부피의 비는 $2^3:3^3=8:27$

(A의 부피) : $81=8:27$

$\therefore$ (A의 부피)$=24(\text{cm}^3)$

010 정답 ①

해설 3분 동안 채운 물의 양과 그릇의 부피의 비는

$1^3:2^3=1:8$

그릇에 물을 가득 채우는 데 걸리는 시간을 x분이라 하면

$3:x=1:8$ $\quad \therefore x=24$

나머지를 가득 채우는 데 걸리는 시간은

$24-3=21(분)$

011 정답 125개

해설 닮음비는 $15:3=5:1$

부피의 비는 $5^3:1^3=125:1$

---

001 × 002 ○ 003 ○ 004 × 005 ② 006 ② 007 ④
008 ④ 009 ⑤ 010 12 011 ⑤

001 정답 ×

해설 $2^2+3^2 \neq 4^2$

002 정답 ○

해설 $2^2+(\sqrt{5})^2=3^2$

003 정답 ○

해설 $5^2+12^2=13^2$

004 정답 ×

해설 $6^2+8^2 \neq 11^2$

005 정답 ②

해설 $(x+1)^2+(x-1)^2=4^2$

$x^2+2x+1+x^2-2x+1=16$

$x^2=7$ $\quad \therefore x=\sqrt{7}\ (\because x>0)$

006 정답 ②

해설 $6^2+x^2=10^2$ $\quad \therefore x=8$

$15^2+8^2=y^2$ $\quad \therefore y=17$

$\therefore x+y=8+17=25$

007 정답 ④

해설 $\overline{AB}=\overline{BC}=x\,\text{cm}$라 하면

$x^2+x^2=8^2$ $\quad \therefore x=4\sqrt{2}$

$8^2+(4\sqrt{2})^2=\overline{AD}^2$ $\quad \therefore \overline{AD}=4\sqrt{6}(\text{cm})$

008 정답 ④

해설 $\overline{PB}=\sqrt{1^2+1^2}=\sqrt{2}$

$\overline{PC}=\sqrt{(\sqrt{2})^2+1^2}=\sqrt{3}$

$\overline{PD}=\sqrt{(\sqrt{3})^2+1^2}=2$

$\overline{PE}=\sqrt{2^2+1^2}=\sqrt{5}$

$\therefore \overline{PF}=\sqrt{(\sqrt{5})^2+1^2}=\sqrt{6}$

009 정답 ⑤

해설 $(\sqrt{2})^2+(\sqrt{2})^2=\overline{OB}^2$ $\quad \therefore \overline{OB}=\overline{OE}=2$

$2^2+(\sqrt{2})^2=\overline{OD}^2$ $\quad \therefore \overline{OD}=\overline{OG}=\sqrt{6}$

$(\sqrt{6})^2+(\sqrt{2})^2=\overline{OF}^2$ $\quad \therefore \overline{OF}=\sqrt{8}=2\sqrt{2}$

010 정답 12

해설 가장 긴 변이 $x+3$이므로

$(x+3)^2=(x-3)^2+x^2$

$x^2+6x+9=x^2-6x+9+x^2$

$x^2-12x=0,\ x(x-12)=0$

$\therefore x=0$ 또는 $x=12$

$x-3>0$, 즉 $x>3$이므로 $x=12$

011 정답 ⑤

해설 가장 긴 변이 5이므로

$5 < x+3$ ∴ $x > 2$

$0 < x < 5$에서 $2 < x < 5$ ····· ㉠

예각삼각형이므로

$5^2 < 3^2 + x^2$ ∴ $x > 4$ ····· ㉡

㉠, ㉡에서 $4 < x < 5$

---

087 피타고라스 정리의 설명 본문 P. 300

001 ○　**002** ○　**003** ×　**004** ①　**005** ④　**006** ④
007 81　**008** ③　**009** 17

---

001 정답 ○

해설 △EAB와 △CAF에서

$\overline{EA} = \overline{CA}$, $\overline{AB} = \overline{AF}$, ∠EAB = ∠CAF

이므로 △EAB ≡ △CAF (SAS합동)

∴ $\overline{BE} = \overline{CF}$

002 정답 ○

해설 △BHI $= \dfrac{1}{2}$□BHIC $= \dfrac{1}{2}$□BJKG = △BJK

003 정답 ×

해설 △ABC $= \dfrac{1}{2} \times \overline{AC} \times \overline{BC}$, □BHIC $= \overline{BC}^2$이므로

△ABC $\neq \dfrac{1}{2}$□BHIC

004 정답 ①

해설 ④ △EBC ≡ △ABF (SAS합동)

③ $\overline{DC} \,/\!/\, \overline{EB}$이므로 △EBC = △EBA

② □ADEB는 정사각형이므로 △EBA = △EAD

⑤ $\overline{BF} \,/\!/\, \overline{AM}$이므로 △ABF = △LBF

005 정답 ④

해설 △BFL $= \dfrac{1}{2}$□BFML $= \dfrac{1}{2}$□ADEB

　　　　$= \dfrac{1}{2} \times 8^2 = 32 \,(\text{cm}^2)$

006 정답 ④

해설 $\overline{CA} = 4k$, $\overline{BC} = 3k \,(k > 0)$라 하면

$\overline{AB}^2 = \overline{CA}^2 + \overline{BC}^2 = 16k^2 + 9k^2 = 25k^2$이므로

$\overline{AB} = 5k \,(\because \overline{AB} > 0)$

∴ $S_1 : S_2 = (5k)^2 : (3k)^2 = 25 : 9$

007 정답 81

해설 □EFGH는 그 넓이가 45인 정사각형이므로

$\overline{EH}^2 = 45$

직각삼각형 AEH에서

$\overline{AH}^2 = \overline{EH}^2 - \overline{AE}^2 = 45 - 3^2 = 36 = 6^2$

∴ $\overline{AH} = 6 \,(\because \overline{AH} > 0)$

△AEH ≡ △BFE ≡ △CGF ≡ △DHG (RHS합동)

이므로

$\overline{EB} = \overline{AH}$

$\overline{AB} = \overline{AE} + \overline{EB} = \overline{AE} + \overline{AH} = 3 + 6 = 9$

∴ □ABCD $= 9^2 = 81$

008 정답 ③

해설 □EFGH의 넓이가 9이

므로

$\overline{EF} = 3$

$\overline{BF} = \overline{BE} + \overline{EF} = 2 + 3 = 5$

$\overline{CF} = \overline{BE} = 2$

직각삼각형 BCF에서

$\overline{BC}^2 = 5^2 + 2^2 = 25 + 4 = 29$

∴ □ABCD $= \overline{BC}^2 = 29 \,(\text{cm}^2)$

009 정답 17

해설 $\overline{AE} = \overline{ED}$, ∠AED = 90°이므로 △AED는 직각

이등변삼각형이다.

이때 $\overline{AB} = \overline{EC} = 5$이므로 △ABE에서

$\overline{AE}^2 = 5^2 + 3^2 = 34$

∴ △AED $= \dfrac{1}{2}\overline{AE}^2 = \dfrac{1}{2} \times 34 = 17$

---

088 피타고라스의 정리(도형의 성질) 본문 P. 301

001 15　**002** 9　**003** 12　**004** ⑤　**005** ①　**006** $\dfrac{60}{13}$

007 6 cm²　**008** ④　**009** 25　**010** $\dfrac{25}{4}$ cm

---

001 정답 15

해설 $\overline{CB}^2 + \overline{AC}^2 = \overline{AB}^2$이므로

$x^2 + 20^2 = 25^2$ ∴ $x = 15$

002 정답 9

해설 $\overline{CB}^2 = \overline{BH} \times \overline{BA}$

즉, $x^2 = z \times 25$에서 $x = 15$이므로

$15^2 = z \times 25$ ∴ $z = 9$

003 정답 12

해설 $\overline{CH}^2 + \overline{HB}^2 = \overline{CB}^2$

즉, $y^2 + z^2 = x^2$에서 $x = 15$, $z = 9$이므로

$y^2 + 9^2 = 15^2$ ∴ $y = 12$

별해 $\dfrac{1}{2} \times 25 \times y = \dfrac{1}{2} \times x \times 20$에서 $x = 15$이므로

$y = 12$

004 정답 ⑤

해설 $\overline{AD}^2 + \overline{BC}^2 = \overline{AB}^2 + \overline{CD}^2$이므로

$5^2 + \overline{BC}^2 = 6^2 + 8^2$ ∴ $\overline{BC} = 5\sqrt{3} \,(\text{cm})$

005 정답 ①

해설 $\overline{AP}^2+\overline{CP}^2=\overline{BP}^2+\overline{DP}^2$이므로

$2^2+4^2=3^2+\overline{DP}^2$ $\therefore \overline{DP}=\sqrt{11}\,(\text{cm})$

006 정답 $\dfrac{60}{13}$

해설 $\overline{AC}^2+\overline{AB}^2=\overline{BC}^2$이므로

$5^2+12^2=\overline{BC}^2$ $\therefore \overline{BC}=13$

$\dfrac{1}{2}\times5\times12=\dfrac{1}{2}\times13\times\overline{AH}$ $\therefore \overline{AH}=\dfrac{60}{13}$

007 정답 $6\,\text{cm}^2$

해설 $\overline{AB}=\sqrt{5^2-3^2}=4$

$\therefore$ (색칠한 부분의 넓이)$=\triangle ABC=\dfrac{1}{2}\times3\times4$

$\qquad\qquad\qquad\qquad\quad=6\,(\text{cm}^2)$

008 정답 ④

해설 $S_1+S_2=S_3=\dfrac{1}{2}\times\pi\times2^2=2\pi$

$\therefore S_1+S_2+S_3=S_3+S_3=4\pi\,(\text{cm}^2)$

009 정답 25

해설 직각삼각형 ABE에서 $\overline{AE}=10$이므로

$\overline{BE}=\sqrt{10^2-8^2}=6$

$\overline{EC}=\overline{BC}-\overline{BE}=10-6=4$

$\overline{EF}=x$라 하면 $\overline{FC}=8-x$

직각삼각형 ECF에서 $4^2+(8-x)^2=x^2$ $\therefore x=5$

$\therefore \triangle AEF=\dfrac{1}{2}\times10\times5=25$

010 정답 $\dfrac{25}{4}\,\text{cm}$

해설 $\overline{BE}=\overline{DE}=x\,\text{cm}$라 하면

$\overline{AE}=10-x$, $\overline{DA}=5$

직각삼각형 ADE에서 $5^2+(10-x)^2=x^2$

$\therefore x=\dfrac{25}{4}\,(\text{cm})$

089 피타고라스의 정리(평면 활용) 본문 P. 302

001 $2\sqrt{3}$ 002 $4\sqrt{3}$ 003 6 004 6 005 ③ 006 ② 007 ④
008 ⑤ 009 ② 010 ③ 011 4

001 정답 $2\sqrt{3}$

해설 $\dfrac{\sqrt{3}}{2}\times4=2\sqrt{3}$

002 정답 $4\sqrt{3}$

해설 $\dfrac{\sqrt{3}}{4}\times4^2=4\sqrt{3}$

003 정답 6

해설 $\dfrac{\sqrt{3}}{2}\times a=3\sqrt{3}$ $\therefore a=6$

004 정답 6

해설 $\dfrac{\sqrt{3}}{4}\times a^2=9\sqrt{3}$ $\therefore a=6$

005 정답 ③

해설 직각삼각형 ABD에서 $\overline{BD}=\sqrt{3^2+4^2}=5$

$\overline{AB}\times\overline{AD}=\overline{BD}\times\overline{AH}$이므로

$3\times4=5\times\overline{AH}$ $\therefore \overline{AH}=\dfrac{12}{5}\,(\text{cm})$

006 정답 ②

해설 정삼각형의 한 변의 길이를 $a\,\text{cm}$라 하면

$\dfrac{\sqrt{3}}{2}\times a=\sqrt{3}$ $\therefore a=2$

$\therefore$ (정삼각형의 넓이)$=\dfrac{\sqrt{3}}{4}\times2^2=\sqrt{3}\,(\text{cm}^2)$

007 정답 ④

해설 정육각형은 한 변의 길이가 $2\,\text{cm}$인 정삼각형 6개로 나누어진다.

$\therefore$ (정육각형의 넓이)$=6\times\left(\dfrac{\sqrt{3}}{4}\times2^2\right)=6\sqrt{3}\,(\text{cm}^2)$

008 정답 ⑤

해설 A에서 $\overline{BC}$에 내린 수선의 발을 H라 하면

$\overline{BH}=\overline{CH}=2$

직각삼각형 ABH에서 $\overline{AH}=\sqrt{6^2-2^2}=4\sqrt{2}$

$\therefore \triangle ABC=\dfrac{1}{2}\times4\times4\sqrt{2}=8\sqrt{2}\,(\text{cm}^2)$

009 정답 ②

해설 $\overline{BH}=x$라 하면 $\overline{CH}=6-x$

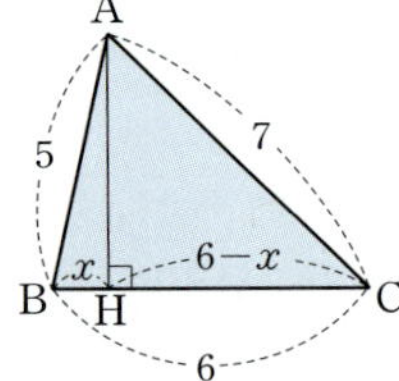

$\overline{AH}^2=5^2-x^2=7^2-(6-x)^2$ $\therefore x=1$

직각삼각형 ABH에서 $\overline{AH}=\sqrt{5^2-1^2}=2\sqrt{6}$

$\therefore \triangle ABC=\dfrac{1}{2}\times6\times2\sqrt{6}=6\sqrt{6}\,(\text{cm}^2)$

010 정답 ③

해설 $\angle BAD=45°$이므로 $\overline{AD}=\overline{BD}=x$라 하면

$\overline{AD}:\overline{BD}:\overline{AB}=x:x:9\sqrt{2}=1:1:\sqrt{2}$

$\therefore \overline{AD}=\overline{BD}=9$

$\overline{CD}=y$라 하면 $\angle CAD=30°$이므로

$\overline{CD}:\overline{AD}:\overline{AC}=y:9:\overline{AC}=1:\sqrt{3}:2$

$y:9=1:\sqrt{3},\ \sqrt{3}y=9$ $\therefore y=\dfrac{9}{\sqrt{3}}=\dfrac{9\sqrt{3}}{\sqrt{3}\sqrt{3}}=3\sqrt{3}$

011 정답 4

해설 $\overline{AB}=\sqrt{(a-2)^2+(2-5)^2}=\sqrt{10}$이므로

$a^2-4a+4+9=10$, $a^2-4a+3=0$

$(a-1)(a-3)=0$ $\therefore a=1$ 또는 $a=3$

$\therefore 1+3=4$

090 피타고라스의 정리(입체 활용) 본문 P. 303

001 $6\sqrt{3}$ **002** $4\sqrt{6}$ **003** $36\sqrt{3}$
004 $144\sqrt{2}$ **005** $5\sqrt{2}$ cm **006** $2\sqrt{3}$ cm **007** ⑤ **008** ②
009 ③ **010** 17 cm **011** 12 cm

---

001 정답 $6\sqrt{3}$

해설 직각삼각형 ABM에서 $\overline{AM}=\sqrt{12^2-6^2}=6\sqrt{3}$

002 정답 $4\sqrt{6}$

해설 H는 정삼각형 ABC의 무게중심이므로

$\overline{AH}=\dfrac{2}{3}\overline{AM}=\dfrac{2}{3}\times6\sqrt{3}=4\sqrt{3}$

직각삼각형 OAH에서 $\overline{OH}=\sqrt{12^2-(4\sqrt{3})^2}=4\sqrt{6}$

003 정답 $36\sqrt{3}$

해설 정삼각형 ABC의 한 변의 길이가 12이므로

$\triangle ABC=\dfrac{\sqrt{3}}{4}\times12^2=36\sqrt{3}$

004 정답 $144\sqrt{2}$

해설 (정사면체의 부피)$=\dfrac{1}{3}\times36\sqrt{3}\times4\sqrt{6}=144\sqrt{2}$

005 정답 $5\sqrt{2}$ cm

해설 (대각선의 길이)$=\sqrt{3^2+4^2+5^2}=5\sqrt{2}$ (cm)

006 정답 $2\sqrt{3}$ cm

해설 한 변의 길이가 $6\sqrt{2}$인 정삼각형 AFC의 넓이는

$\dfrac{\sqrt{3}}{4}\times(6\sqrt{2})^2=18\sqrt{3}$

(삼각뿔 B-AFC의 부피)=(삼각뿔 F-ABC의 부피)

이고 $\overline{BI}$는 삼각뿔 B-AFC의 높이이므로

$\dfrac{1}{3}\times18\sqrt{3}\times\overline{BI}=\dfrac{1}{3}\times\left(\dfrac{1}{2}\times6\times6\right)\times6$

$\therefore \overline{BI}=2\sqrt{3}$ (cm)

007 정답 ⑤

해설 $\overline{DM}=\dfrac{\sqrt{3}}{2}\times6=3\sqrt{3}$

H는 정삼각형 BCD의 무게중심이므로

$\overline{DH}=\dfrac{2}{3}\overline{DM}=\dfrac{2}{3}\times3\sqrt{3}=2\sqrt{3}$

직각삼각형 AHD에서 $\overline{AH}=\sqrt{6^2-(2\sqrt{3})^2}=2\sqrt{6}$

$\therefore \triangle AHD=\dfrac{1}{2}\times2\sqrt{3}\times2\sqrt{6}=6\sqrt{2}$ (cm²)

008 정답 ②

해설 $\overline{AC}=\sqrt{6^2+6^2}=6\sqrt{2}$

$\overline{AH}=\dfrac{1}{2}\overline{AC}=3\sqrt{2}$

직각삼각형 OAH에서 $\overline{OH}=\sqrt{6^2-(3\sqrt{2})^2}=3\sqrt{2}$

$\therefore$ (정사각뿔의 부피)$=\dfrac{1}{3}\times(6\times6)\times3\sqrt{2}=36\sqrt{2}$

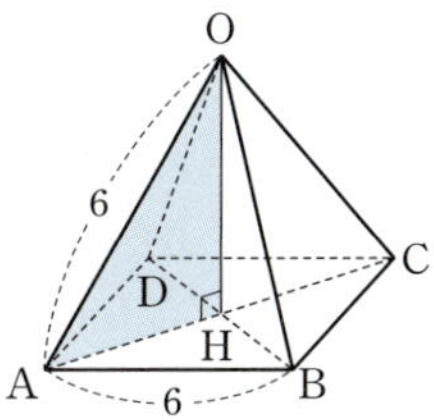

009 정답 ③

해설 원뿔의 전개도에서 부채꼴의 호의 길이는 원뿔의 밑면인 원의 둘레의 길이와 같으므로

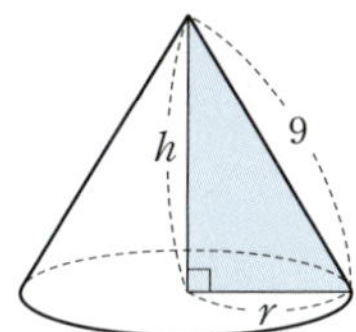

원뿔의 밑면인 원의 반지름의 길이를 r라 하면

$2\pi\times9\times\dfrac{240}{360}=2\pi\times r$ $\therefore r=6$

원뿔의 높이를 h라 하면

$h=\sqrt{9^2-6^2}=3\sqrt{5}$

$\therefore$ (원뿔의 부피)$=\dfrac{1}{3}\times(\pi\times6^2)\times3\sqrt{5}=36\sqrt{5}\pi$ (cm³)

010 정답 17 cm

해설 $\overline{AG}=\sqrt{(9+6)^2+8^2}=17$ (cm)

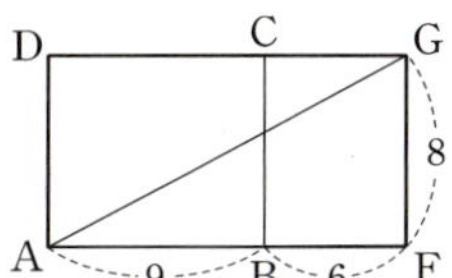

011 정답 12 cm

해설 원뿔의 전개도에서 부채꼴의 중심각의 크기를 x라 하면 부채꼴의 호의 길이는 밑면인 원의 둘레의 길이와 같으므로

$2\pi\times12\times\dfrac{x}{360}=2\pi\times2$ $\therefore x=60°$

$\triangle OAA'$은 정삼각형이므로

(최단 거리)$=\overline{AA'}=12$ (cm)

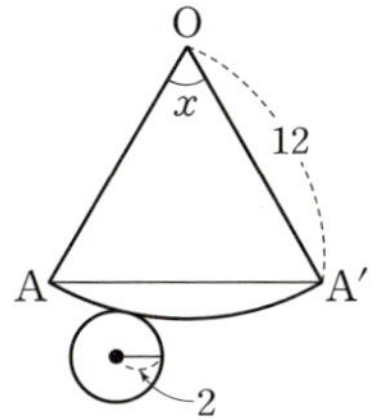

091 삼각비

$001\ \dfrac{\sqrt{5}}{5}$　　$002\ \dfrac{2\sqrt{5}}{5}$　　$003\ \dfrac{1}{2}$　　$004\ ③$　　$005\ ⑤$　　$006\ \sqrt{6}$

$007\ ③$　　$008\ ①$　　$009\ ②,\ ④$　　$010\ 2$

---

001 정답 $\dfrac{\sqrt{5}}{5}$

해설 $\sin A=\dfrac{1}{\sqrt{5}}=\dfrac{\sqrt{5}}{\sqrt{5}\sqrt{5}}=\dfrac{\sqrt{5}}{5}$

002 정답 $\dfrac{2\sqrt{5}}{5}$

해설 $\overline{AB}=\sqrt{(\sqrt{5})^2-1^2}=2$

$\therefore \cos A=\dfrac{2}{\sqrt{5}}=\dfrac{2\sqrt{5}}{\sqrt{5}\sqrt{5}}=\dfrac{2\sqrt{5}}{5}$

003 정답 $\dfrac{1}{2}$

해설 $\tan A=\dfrac{1}{2}$

004 정답 ③

해설 $\cos 30°=\dfrac{x}{8}=\dfrac{\sqrt{3}}{2}$　　$\therefore x=4\sqrt{3}$

005 정답 ⑤

해설 $\sin A=\dfrac{3}{5}=\dfrac{6}{10}$이므로 $\overline{BC}=6$

$\overline{AB}=\sqrt{10^2-6^2}=8$

$\therefore \tan A=\dfrac{6}{8}=\dfrac{3}{4}$

006 정답 $\sqrt{6}$

해설 직각삼각형 ABH에서 $\sin 60°=\dfrac{\overline{AH}}{2}=\dfrac{\sqrt{3}}{2}$

$\therefore \overline{AH}=\sqrt{3}$

직각삼각형 AHC에서 $\cos 45°=\dfrac{\overline{AH}}{\overline{AC}}=\dfrac{\sqrt{3}}{\overline{AC}}=\dfrac{\sqrt{2}}{2}$

$\sqrt{2}\,\overline{AC}=2\sqrt{3}$　　$\therefore \overline{AC}=\dfrac{2\sqrt{3}}{\sqrt{2}}=\dfrac{2\sqrt{3}\sqrt{2}}{\sqrt{2}\sqrt{2}}=\sqrt{6}$

007 정답 ③

해설 $\triangle ABC \backsim \triangle EBD$(AA닮음)이므로

$\angle C=\angle BDE=x$

직각삼각형 ABC에서 $\overline{BC}=\sqrt{12^2+5^2}=13$이므로

$\sin x=\sin C=\dfrac{12}{13}$

008 정답 ①

해설 $\sin 0°+\tan 0°+\cos 90°-\cos 0°\times\sin 90°$

$=0+0+0-1\times1=-1$

009 정답 ②, ④

해설 ② $\cos x=\overline{OB}$

④ $\sin z=\sin y=\overline{OB}$

010 정답 2

해설 $0°<x<90°$일 때, $0<\sin x<1$이므로

$\sqrt{(\sin x+1)^2}+\sqrt{(\sin x-1)^2}$

$=|\sin x+1|+|\sin x-1|$

$=(\sin x+1)-(\sin x-1)$

$=2$

092 삼각비의 활용(변의 길이)

$001\ 3\sqrt{3}$　$002\ 3$　$003\ 5$　$004\ 2\sqrt{13}$　$005\ ④$　$006\ ④$

$007\ 2\sqrt{19}$　$008\ 4\sqrt{6}\,\text{m}$　　$009\ ③$　　$010\ 4\sqrt{3}\,\text{m}$

---

001 정답 $3\sqrt{3}$

해설 직각삼각형 ABH에서

$\overline{AH}=6\sin 60°=6\times\dfrac{\sqrt{3}}{2}=3\sqrt{3}$

002 정답 3

해설 직각삼각형 ABH에서

$\overline{BH}=6\cos 60°=6\times\dfrac{1}{2}=3$

003 정답 5

해설 $\overline{CH}=\overline{BC}-\overline{BH}=8-3=5$

004 정답 $2\sqrt{13}$

해설 직각삼각형 AHC에서

$\overline{AC}=\sqrt{(3\sqrt{3})^2+5^2}=2\sqrt{13}$

005 정답 ④

해설 $\sin 35°=\dfrac{10}{x}$　　$\therefore x=\dfrac{10}{\sin 35°}$

006 정답 ④

해설 직각삼각형 ABH에서

$\overline{AH}=4\sin 60°=4\times\dfrac{\sqrt{3}}{2}=2\sqrt{3}$

$\overline{BH}=4\cos 60°=4\times\dfrac{1}{2}=2$

$\overline{CH}=\overline{BC}-\overline{BH}=5-2=3$

직각삼각형 AHC에서 $\overline{AC}=\sqrt{(2\sqrt{3})^2+3^2}=\sqrt{21}\,(\text{cm})$

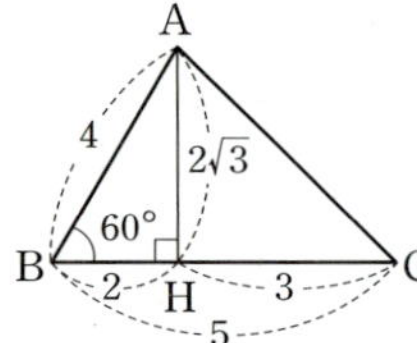

007 정답 $2\sqrt{19}$

해설 직각삼각형 ACH에서

$\overline{AH}=4\sin 60°=4\times\dfrac{\sqrt{3}}{2}=2\sqrt{3}$

$$\overline{CH}=4\cos 60°=4\times\frac{1}{2}=2$$
$$\therefore\ \overline{BH}=\overline{BC}+\overline{CH}=6+2=8$$
직각삼각형 ABH에서 $\overline{AB}=\sqrt{8^2+(2\sqrt{3})^2}=2\sqrt{19}$

008 정답 $4\sqrt{6}\,\mathrm{m}$

해설 직각삼각형 BCH에서
$$\overline{CH}=8\sin 60°=8\times\frac{\sqrt{3}}{2}=4\sqrt{3}$$

직각삼각형 AHC에서 $\overline{CH}=\overline{AC}\sin 45°$이므로
$$\overline{AC}=\frac{\overline{CH}}{\sin 45°}=\frac{4\sqrt{3}}{\frac{\sqrt{2}}{2}}=\frac{8\sqrt{3}}{\sqrt{2}}=\frac{8\sqrt{3}\sqrt{2}}{\sqrt{2}\sqrt{2}}$$
$$=4\sqrt{6}\,(\mathrm{m})$$

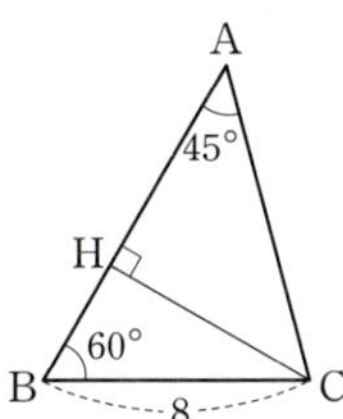

009 정답 ③

해설 직각삼각형 ABH에서 $\angle BAH=60°$이므로
$$\overline{BH}=\overline{AH}\tan 60°$$

직각삼각형 AHC에서 $\angle CAH=45°$이므로
$$\overline{CH}=\overline{AH}\tan 45°$$
$$\overline{BC}=\overline{BH}+\overline{CH}=\overline{AH}(\tan 60°+\tan 45°)=10$$
$$\therefore\ \overline{AH}=\frac{10}{\sqrt{3}+1}=\frac{10(\sqrt{3}-1)}{(\sqrt{3}+1)(\sqrt{3}-1)}$$
$$=5(\sqrt{3}-1)\,(\mathrm{m})$$

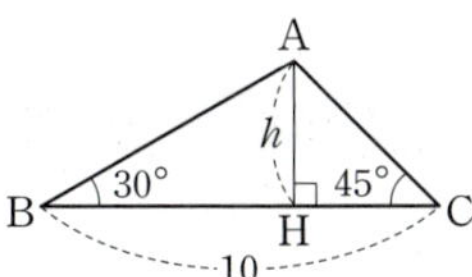

010 정답 $4\sqrt{3}\,\mathrm{m}$

해설 직각삼각형 AHC에서 $\angle ACH=60°$이므로
$$\overline{AH}=\overline{CH}\tan 60°$$

직각삼각형 BHC에서 $\angle BCH=30°$이므로
$$\overline{BH}=\overline{CH}\tan 30°$$
$$\overline{AB}=\overline{AH}-\overline{BH}=\overline{CH}(\tan 60°-\tan 30°)=8$$
$$\therefore\ \overline{CH}=\frac{8}{\sqrt{3}-\frac{\sqrt{3}}{3}}=\frac{8}{\frac{2\sqrt{3}}{3}}=\frac{24}{2\sqrt{3}}=\frac{12\sqrt{3}}{\sqrt{3}\sqrt{3}}$$
$$=4\sqrt{3}\,(\mathrm{m})$$

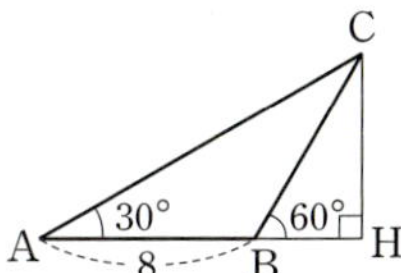

001 3　**002** 12　**003** ⑤　**004** 8　**005** ⑤　**006** ⑤　**007** ⑤
008 32　**009** ③

001 정답 3

해설 $\overline{AH}=\overline{AB}\times\sin 30°$
$$=6\times\frac{1}{2}=3$$

002 정답 12

해설 $\triangle ABC=\frac{1}{2}\times\overline{BC}\times\overline{AH}$
$$=\frac{1}{2}\times\overline{BC}\times\overline{AB}\times\sin 30°$$
$$=\frac{1}{2}\times 8\times 6\times\frac{1}{2}=12$$

003 정답 ⑤

해설 $\triangle ABC=\frac{1}{2}\times 2\times 4\times\sin(180°-135°)$
$$=4\sin 45°=2\sqrt{2}\,(\mathrm{cm}^2)$$

004 정답 8

해설 $\triangle ABC=\frac{1}{2}\times\overline{AB}\times 9\times\sin 60°=18\sqrt{3}$
$$\therefore\ \overline{AB}=8$$

005 정답 ⑤

해설 (색칠한 부분의 넓이)
$$=(\text{부채꼴 AOB의 넓이})-\triangle AOB$$
$$=\pi\times 6^2\times\frac{120}{360}-\frac{1}{2}\times 6\times 6\times\sin(180°-120°)$$
$$=(12\pi-9\sqrt{3})\,\mathrm{cm}^2$$

006 정답 ⑤

해설 $\square ABCD=\triangle ABD+\triangle BCD$
$$=\frac{1}{2}\times 2\sqrt{3}\times 4\times\sin(180°-150°)$$
$$+\frac{1}{2}\times 8\times 6\times\sin 60°$$
$$=2\sqrt{3}+12\sqrt{3}=14\sqrt{3}$$

007 정답 ⑤

해설 $\angle ABC=x$라 하면
$$\square ABCD=9\times 8\times\sin x=36\sqrt{2}$$
$$\sin x=\frac{\sqrt{2}}{2}\qquad\therefore\ x=45°$$
$$\therefore\ \angle C=180°-45°=135°$$

008 정답 32

해설 마름모의 한 변의 길이를 x라 하면
$$\square ABCD=x\times x\times\sin 60°=32\sqrt{3}$$
$$x^2=64\qquad\therefore\ x=8$$
$$\therefore\ (\text{마름모의 둘레의 길이})=4\times 8=32$$

009 정답 ③

해설 $\square ABCD = \dfrac{1}{2} \times 6 \times 8 \times \sin x = 12\sqrt{3}$

$\sin x = \dfrac{\sqrt{3}}{2} \qquad \therefore \angle x = 60°$

094 원의 현   본문 P. 307

001 ×   002 ○   003 ○   004 ○   005 ⑤   006 5 cm
007 15 cm   008 ②   009 $2\sqrt{3}$ cm   010 5 cm
011 ①

---

001 정답 ×

해설 한 원에서 현의 길이는 중심각의 크기에 정비례하지
않는다.

002 정답 ○

003 정답 ○

004 정답 ○

005 정답 ⑤

해설 $\overline{AH} = \dfrac{1}{2}\overline{AB} = 3$

직각삼각형 OAH에서 $\overline{OA} = \sqrt{3^2 + 4^2} = 5$

$\therefore$ (원 O의 둘레의 길이)$= 2\pi \times 5 = 10\pi$(cm)

006 정답 5 cm

해설 원 O의 반지름의 길이를 r cm라 하면
$\overline{OA} = r,\ \overline{OM} = r-2,\ \overline{AM} = 4$

직각삼각형 OAM에서 $4^2 + (r-2)^2 = r^2$

$\therefore r = 5$(cm)

007 정답 15 cm

해설 원 O의 반지름의 길이를 r cm라 하면
$\overline{OH} = r-3,\ \overline{OB} = r,\ \overline{BH} = 6$

직각삼각형 OBH에서 $r^2 = (r-3)^2 + 6^2$

$6r = 45 \qquad \therefore r = \dfrac{15}{2}$

$\therefore$ (원의 지름의 길이)$= 15$(cm)

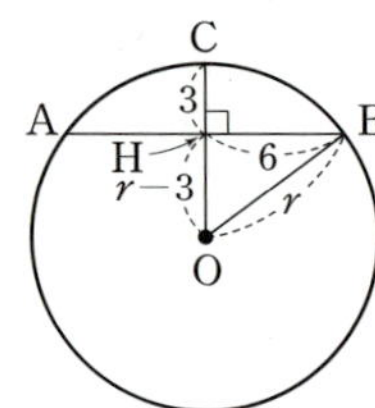

008 정답 ②

해설 직각삼각형 OAT에서 $\overline{AT} = \sqrt{10^2 - 6^2} = 8$

$\therefore \overline{AB} = 2\overline{AT} = 2 \times 8 = 16$(cm)

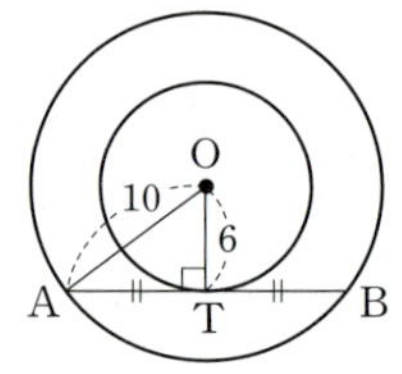

009 정답 $2\sqrt{3}$ cm

해설 원 O의 반지름의 길이를 r cm라 하면

$\overline{OM} = \dfrac{1}{2}r,\ \overline{AM} = \dfrac{1}{2}\overline{AB} = \dfrac{1}{2} \times 6 = 3$

직각삼각형 OAM에서 $3^2 + \left(\dfrac{1}{2}r\right)^2 = r^2$

$\therefore r = 2\sqrt{3}$(cm)

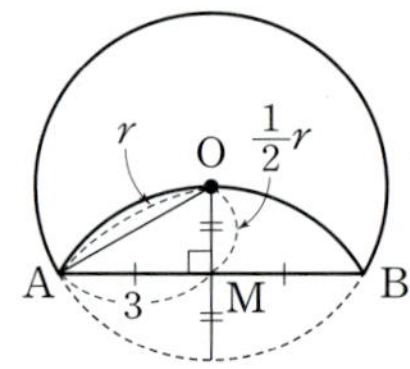

010 정답 5 cm

해설 $\overline{BC} = 2\overline{BM} = 2 \times 5 = 10$

$\therefore \overline{DN} = \dfrac{1}{2}\overline{AD} = \dfrac{1}{2}\overline{BC} = \dfrac{1}{2} \times 10 = 5$(cm)

011 정답 ①

해설 $\triangle ABC$는 $\overline{AB} = \overline{AC}$인 이등변삼각형이므로

$\angle x = \dfrac{1}{2} \times (180° - 54°) = 63°$

095 원의 접선   본문 P. 308

001 ○   002 ○   003 ×   004 ○   005 40°   006 ②
007 24 cm   008 $4\sqrt{2}$ cm   009 ①   010 2   011 ①

---

001 정답 ○

002 정답 ○

003 정답 ×

해설 $\angle AOB + \angle P = 180°$이므로

$130° + \angle P = 180° \qquad \angle P = 50°$

004 정답 ○

005 정답 40°

해설 $\angle APB = 360° - (140° + 90° + 90°) = 40°$

006 정답 ②

해설 $\overline{AB}+\overline{BC}+\overline{CA}=6+5+7=2\overline{AF}$이므로

$\overline{AF}=9(\text{cm})$

007 정답 $24\,\text{cm}$

해설 ($\triangle$ABC의 둘레의 길이)

$=\overline{AB}+\overline{BC}+\overline{CA}=2\overline{AE}=2\times12=24(\text{cm})$

008 정답 $4\sqrt{2}\,\text{cm}$

해설 $\overline{AD}=\overline{AE}+\overline{ED}$

$\qquad\quad=\overline{AB}+\overline{DC}=4+8=12$

$\overline{DH}=\overline{DC}-\overline{HC}=\overline{DC}-\overline{AB}=8-4=4$

직각삼각형 AHD에서 $\overline{AH}=\sqrt{12^2-4^2}=8\sqrt{2}$

$\therefore$ (원의 반지름의 길이)$=\dfrac{1}{2}\overline{AH}=\dfrac{1}{2}\times8\sqrt{2}$

$\qquad\qquad\qquad\qquad\qquad=4\sqrt{2}(\text{cm})$

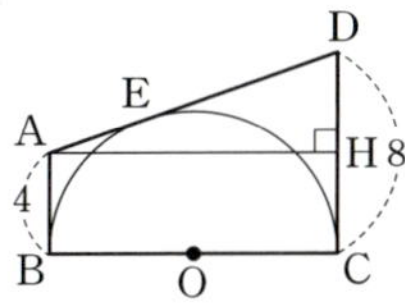

009 정답 ①

해설 $\overline{AF}=\overline{AD}=x\,\text{cm}$라 하면

$\overline{BE}=\overline{BD}=9-x$

$\overline{CE}=\overline{CF}=7-x$

$\overline{BC}=\overline{BE}+\overline{CE}=(9-x)+(7-x)=10$

$\therefore x=3(\text{cm})$

010 정답 2

해설 직각삼각형 ABC에서 $\overline{AB}=\sqrt{6^2+8^2}=10$

원 O의 반지름의 길이를 r이라 하면

$(6-r)+(8-r)=10 \qquad \therefore r=2$

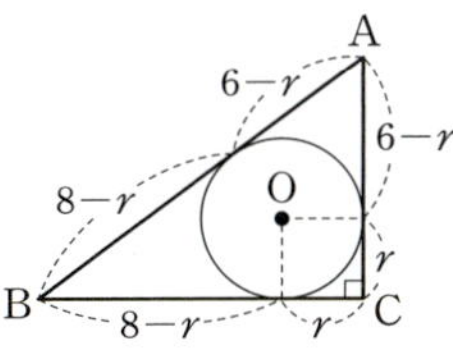

011 정답 ①

해설 $\overline{AB}+\overline{CD}=\overline{AD}+\overline{BC}$이므로

$7+\overline{CD}=6+9 \qquad \therefore \overline{CD}=8(\text{cm})$

096 원주각 본문 P. 309

001 ○ **002** ○ **003** ○ **004** × **005** 58° **006** ① **007** 80°
008 50° **009** ③ **010** 84° **011** ②

---

001 정답 ○

---

002 정답 ○

003 정답 ○

004 정답 ×

해설 원에서 호의 길이는 원주각의 크기에 정비례한다.

005 정답 58°

해설 $\angle BOC=180°-(32°+32°)=116°$

$\therefore \angle x=\dfrac{1}{2}\angle BOC=\dfrac{1}{2}\times116°=58°$

006 정답 ①

해설 $x=\dfrac{1}{2}\angle AOC=\dfrac{1}{2}\times120°=60°$

$y=\dfrac{1}{2}\times(360°-120°)=120°$

$\therefore \angle x+\angle y=60°+120°=180°$

007 정답 80°

해설 $\angle ABC=\angle DCB=40°$

삼각형의 한 외각의 크기는 그와 이웃하지 않는 두 내각의 크기의 합과 같으므로

$\angle APC=\angle ABC+\angle DCB=40°+40°=80°$

008 정답 50°

해설 $\angle BCD=90°$, $\angle BDC=\angle BAC=40°$

$\therefore \angle DBC=180°-(40°+90°)=50°$

009 정답 ③

해설 $\overparen{AB}:\overparen{CD}=\angle APB:\angle CQD$이므로

$5:4=30°:\angle CQD \qquad \therefore \angle CQD=24°$

010 정답 84°

해설 $\overparen{AB}:\overparen{AC}=\angle C:\angle B$이므로

$2:1=\angle C:32° \qquad \therefore \angle C=64°$

$\therefore \angle A=180°-(32°+64°)=84°$

011 정답 ②

해설 $\angle DBC=\angle DAC=68°$

$\triangle$PBD에서 삼각형의 한 외각의 크기는 그와 이웃하지 않는 두 내각의 크기의 합과 같으므로

$\angle DPB+\angle ADB=\angle DBC$

$47°+\angle ADB=68° \qquad \therefore \angle ADB=21°$

097 원주각의 활용 본문 P. 310

001 × **002** ○ **003** ○ **004** ○ **005** ⑤ **006** ④ **007** ③
008 75° **009** ④ **010** 75° **011** 50°

---

001 정답 ×

해설 $\angle C=70°$

002 정답 ○

003 정답 ○

004 정답 ○

005 정답 ⑤

해설 △BCD에서

$\angle C=180°-(40°+55°)=85°$

□ABCD에서 $x+85°=180°$

$\therefore \angle x=95°$

006 정답 ④

해설 □ABCD에서 $\angle BAD+75°=180°$

$\therefore \angle BAD=105°$

$\therefore x=180°-105°=75°$

□ABCD에서 $y+110°=180°$　　$\therefore y=70°$

$\therefore \angle x+\angle y=75°+70°=145°$

007 정답 ③

해설 $\angle CED=\dfrac{1}{2}\angle COD=\dfrac{1}{2}\times80°=40°$

□ABCD는 원에 내접하므로

$\angle B+\angle AEC=180°$

$\therefore \angle B+\angle E=(\angle B+\angle AEC)+\angle CED$

$\qquad\qquad =180°+40°=220°$

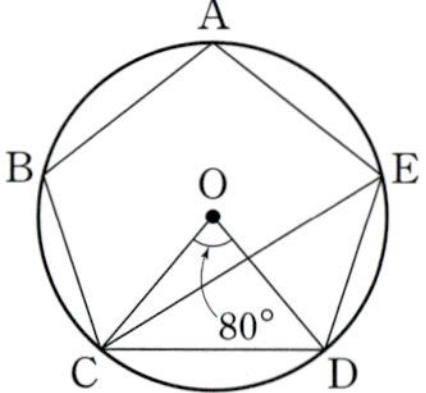

008 정답 75°

해설 한 호에서 호의 길이는 원주각의 크기에 정비례하므로

$\overset{\frown}{AB}:\overset{\frown}{BC}:\overset{\frown}{CA}=\angle BCA:\angle CAB:\angle ABC$

$\qquad\qquad\qquad =4:5:3$

$\therefore \angle x=\angle CAB=180°\times\dfrac{5}{4+5+3}=75°$

009 정답 ④

해설 $\angle BTC=\angle BAT=x$라 하면

△PTA에서 삼각형의 한 외각의 크기는 그와 이웃하지

않는 두 내각의 크기의 합과 같으므로

$\angle BAT=30°+\angle PTA$

$\therefore \angle PTA=\angle BAT-30°=x-30°$

$\angle PTA+\angle ATB+\angle BTC=180°$이므로

$(x-30°)+90°+x=180°$

$\therefore x=60°$

010 정답 75°

해설 △APT에서 $\angle ATP=\angle APT=35°$

△PTA에서 삼각형의 한 외각의 크기는 그와 이웃하지

않는 두 내각의 크기의 합과 같으므로

$\angle BAT=35°+35°=70°$

$\angle ABT=\angle ATP=35°$

△BAT에서 $35°+70°+\angle ATB=180°$

$\therefore \angle ATB=75°$

011 정답 50°

해설 원 O에서 $\angle BTQ=\angle A=60°$

원 O′에서 $\angle CTQ=\angle D=70°$

$\therefore \angle DTC=180°-(60°+70°)=50°$

생 각 한
만 큼 만
수학이다

문자와
식
함수
확률과
통계
수와
연산
기하

Believe in yourself!